1,000,000 Books

are available to read at

Forgotten Books

www.ForgottenBooks.com

Read online
Download PDF
Purchase in print

ISBN 978-1-332-36553-1
PIBN 10347327

This book is a reproduction of an important historical work. Forgotten Books uses state-of-the-art technology to digitally reconstruct the work, preserving the original format whilst repairing imperfections present in the aged copy. In rare cases, an imperfection in the original, such as a blemish or missing page, may be replicated in our edition. We do, however, repair the vast majority of imperfections successfully; any imperfections that remain are intentionally left to preserve the state of such historical works.

Forgotten Books is a registered trademark of FB &c Ltd.
Copyright © 2018 FB &c Ltd.
FB &c Ltd, Dalton House, 60 Windsor Avenue, London, SW19 2RR.
Company number 08720141. Registered in England and Wales.

For support please visit www.forgottenbooks.com

1 MONTH OF FREE READING

at
www.ForgottenBooks.com

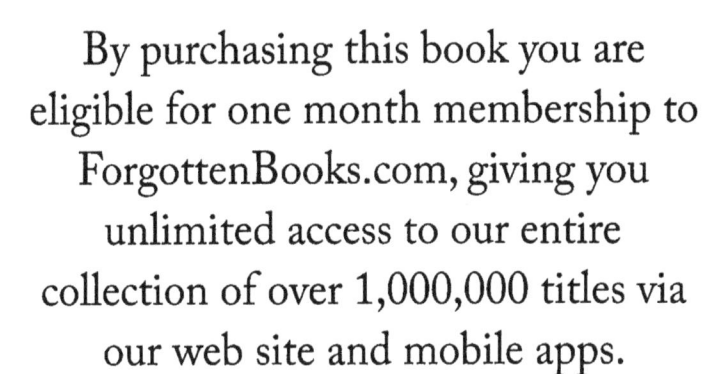

By purchasing this book you are eligible for one month membership to ForgottenBooks.com, giving you unlimited access to our entire collection of over 1,000,000 titles via our web site and mobile apps.

To claim your free month visit:
www.forgottenbooks.com/free347327

* Offer is valid for 45 days from date of purchase. Terms and conditions apply.

English
Français
Deutsche
Italiano
Español
Português

www.forgottenbooks.com

Mythology Photography **Fiction** Fishing Christianity **Art** Cooking Essays Buddhism Freemasonry Medicine **Biology** Music **Ancient Egypt** Evolution Carpentry Physics Dance Geology **Mathematics** Fitness Shakespeare **Folklore** Yoga Marketing **Confidence** Immortality Biographies Poetry **Psychology** Witchcraft Electronics Chemistry History **Law** Accounting **Philosophy** Anthropology Alchemy Drama Quantum Mechanics Atheism Sexual Health **Ancient History Entrepreneurship** Languages Sport Paleontology Needlework Islam **Metaphysics** Investment Archaeology Parenting Statistics Criminology **Motivational**

Niedere pflanzliche Organismen können Temperaturen bis zu 60° ertragen (Hoppe-Scyler); in gewissen Entwicklungsstadien werden Bacterien sogar durch Siedehitze nicht vernichtet (Tyndall, Chamberland).

Abnorm hohe Körpertemperaturen.

Abnorme Temperaturen treten auf, wenn entweder die Regulationsapparate nicht normal spielen, oder wenn Wärmebildung oder Wärmeausgabe dermassen von der Norm abweichen, dass die Regulationsmittel nicht ausreichen. Den wichtigsten dieser Fälle stellt das Fieber dar, ein pathologischer Zustand, in welchem 1. der Stoffumsatz (Respirationsgrössen und Harnstoffausscheidung) trotz verminderter Nahrungsaufnahme gesteigert, 2. die Körpertemperatur abnorm hoch (oft über 40°), 3. die calorimetrisch gemessene Wärmeproduction erhöht, 4. die Hauttemperatur der inneren näher ist als im gewöhnlichen Zustande. Die Theorie des Fiebers ist noch unklar; die Meisten sehen das Primäre in dem gesteigerten Stoffumsatz, der unmittelbar die Wärmeproduction steigern muss; es fragt sich nur, warum nicht gleichzeitig wie sonst die Wärmeausgabe sich compensatorisch steigert; der Grund hiervon wird theils in Lähmung der Schweisssecretion, theils in Contractionszuständen der Hautgefässe gesucht, welche letztere freilich nur im Fieberfrost nachweisbar sind, während sonst die Haut im Gegentheil, wie oben erwähnt, heiss ist. Die Ursache sowohl des gesteigerten Stoffumsatzes als der abnormen Hautbeschaffenheit kann kaum anders als im Centralnervensystem gesucht werden.

Abnorm niedrige Körpertemperaturen. Winterschlaf.

Kaltblütige Thiere können Temperaturen bis an den Gefrierpunct anhaltend ertragen, doch hört ihr Stoffumsatz (p. 210) und ihre Leistungen nahezu auf. Warmblüter sterben durch Abkühlung, sobald ihre Temperatur auf eine gewisse Grenze (circa 19°) gesunken ist. Vorher sinkt die Pulsfrequenz und die Darmbewegungen enorm, und die Centralorgane werden zu vielen Leistungen, z. B. Erstickungskrämpfen, unfähig (Horwath). Erreicht die Abkühlung diese Grenze nicht, so kann man die Thiere durch Wiedererwärmung aus dem soporösen (dem Winterschlaf entsprechenden) Zustand wieder erwecken. Erreicht die Abkühlung nicht 20—18°, so erwärmen sich die Thiere von selbst wieder, sobald sie aus der Kälte entfernt und in mittlere Temperatur gebracht werden. Auch unter dieser Grenze erfolgt die Erwärmung von selbst, wenn man künstliche Respiration einleitet

QP34   H42   1886

Columbia University
in the City of New York

College of Physicians and Surgeons

Library

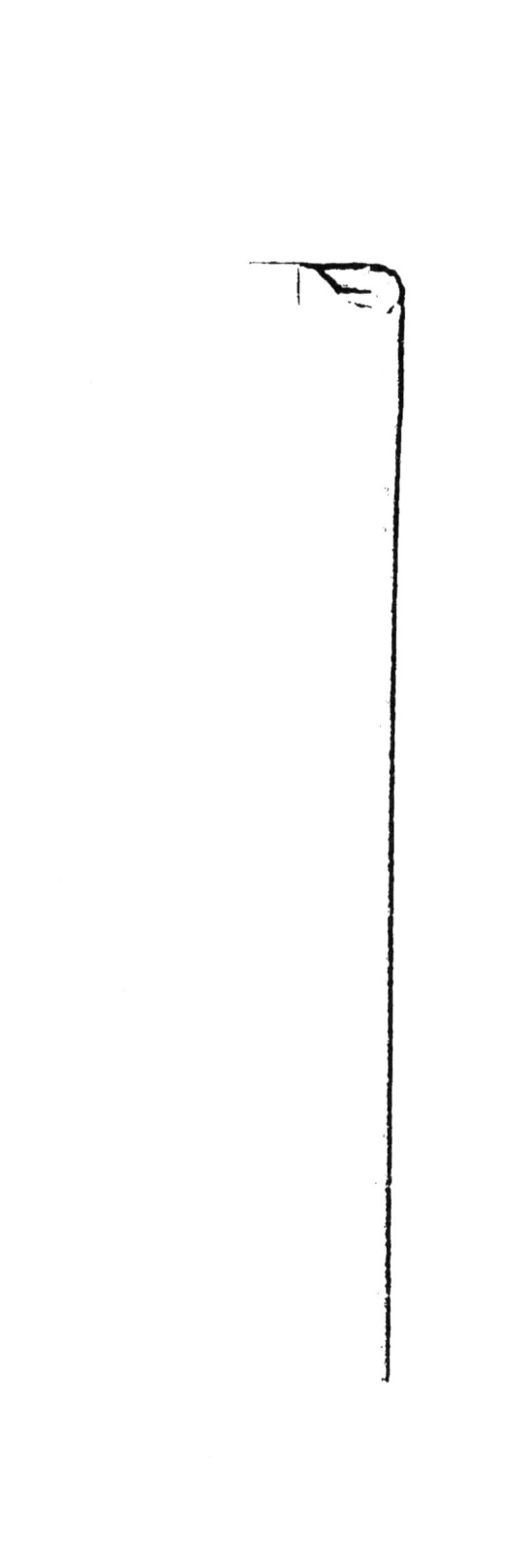

LEHRBUCH

DER

PHYSIOLOGIE

VON

Dr. L. HERMANN,
PROFESSOR DER PHYSIOLOGIE AN DER UNIVERSITÄT ZU KÖNIGSBERG i. Pr.

ACHTE, UMGEARBEITETE UND VERMEHRTE AUFLAGE.

Mit 140 in den Text eingedruckten Abbildungen.

BERLIN 1886.
VERLAG VON AUGUST HIRSCHWALD.
N.W. UNTER DEN LINDEN 68.

Das Recht der Uebersetzung in fremde Sprachen behält sich der Verfasser vor.

Vorwort zur achten Auflage.

Es ist ziemlich beschämend für den Verfasser eines Lehrbuches, wenn er bei der achten Bearbeitung wiederum eine umfassende Umgestaltung nöthig findet, welche nicht etwa durch den Fortschritt der Wissenschaft bedingt ist. Ich hoffe aber, man wird in dieser Umarbeitung wenigstens den guten Willen erkennen, eingesehene Mängel zu beseitigen und das Bestmögliche zu leisten.

Die diesmalige Bearbeitung ist, abweichend von der bisher von mir befolgten Tendenz, mit einer nicht unerheblichen Vergrösserung des Buches verbunden. Ich bin damit Wünschen nachgekommen, deren Berechtigung ich eingesehen habe; die frühere Darstellung nahm durch ihre Knappheit das Nachdenken des Lesers zu sehr für die blosse Reception in Anspruch, während dasselbe besser für das Weiterbauen aufgespart bleibt. Aus gleichem Grunde ist auch die Zahl der Abbildungen vermehrt worden. Ein Theil der Umfangsvermehrung kommt übrigens auf Rechnung des bedeutend vermehrten Materials, namentlich durch grössere Berücksichtigung der vergleichenden Physiologie, in Folge deren Excurse über den Kreislauf der Wirbelthiere, über die electrischen Fische, über das thierische Leuchten u. s. w. Aufnahme gefunden haben. Bei der Physiologie der Centralorgane hielt ich eine grössere Berücksichtigung des Anatomischen für unentbehrlich.

Die Tendenz, die Darstellung möglichst inductiv zu gestalten, hat wiederum zu zahlreichen kleinen Abänderungen derselben Anlass gegeben. Mit ihr hängt auch eine Neuerung zusammen, welche ich gewagt habe, obgleich vor der Hand nur Mangelhaftes geboten werden konnte, nämlich die den meisten Capiteln beigegebenen kleinen historischen Skizzen. Leider ist noch keine Geschichte der Physiologie geschrieben, und es ist ungemein schwer, in den allgemeiner zugänglichen Werken auch nur die nothwendigsten historischen Daten zu finden. Wer die Aufgabe einigermassen lösen will, hat selber die nöthigen Quellenstudien zu machen, woran ich nicht denken konnte. Trotzdem ich hiernach mich bald überzeugen musste, nur höchst Unvollständiges, vielleicht sogar Fehlerhaftes liefern zu können, habe ich doch es für so wünschenswerth gehalten, dem Anfänger eine ungefähre Vorstellung von der Entwicklung unserer wichtigsten Kenntnisse zu verschaffen, dass ich jene Zusätze nicht unterdrückt habe. Hoffentlich finde ich Gelegenheit sie später zu vervollkommnen.

Vor dem Gebrauche des Werkes wolle der Leser von den Nachträgen hinter dem Inhaltsverzeichniss Notiz nehmen, und dieselben an den betr. Stellen eintragen.

Königsberg i. Pr., im Juli 1885.

L. Hermann.

Inhalt.

	Seite
Vorwort	III
Nachträge	XV
Einleitung	1

Erster Abschnitt. Der Stoffwechsel des Organismus . 9
  Einleitung. Chemische Bestandtheile des menschlichen Körpers . . 9
    A. Elemente 9
    B. Chemische Verbindungen 10
      1. Wasser, Wasserstoffsuperoxyd 12
      2. Unorganische (C-freie) Säuren und deren Salze 12
      3. Kohlenwasserstoffe 13
      4. Organische (C-haltige) Säuren 14
      5. Alkohole 17
      6. N-freie Aetherarten und Anhydride 18
      7. Ammoniak und Ammoniakderivate 21
        a. Amine 21
        b. Amide 23
        c. Amidosäuren 25
        d. Amidosäuren mit substituirter Ammoniakgruppe 27
        e. Ammoniakderivate von unbekannter Constitution 28
      8 Complicirtere Körper von unbekannter Constitution 31
  1. Capitel. **Das Blut und seine Bewegung** 40
      1. Allgemeine Uebersicht der Blutbestandtheile 40
      2. Die rothen Blutkörperchen 42
        a. Der Farbstoff 44
        b Die übrigen Bestandtheile 50
      3. Die farblosen Blutkörperchen 50
      4. Das Blutplasma und die Blutgerinnung 51
      5. Quantitative Zusammensetzung und Menge des Blutes . . . 54
      6. Allgemeine Bedeutung des Blutes 55
      7. Allgemeine Uebersicht der Blutbewegung 56
          Geschichtliches 57.
      8. Die Herzbewegung 58
        a. Der Bau des Herzens 58
          Vergleichend Anatomisches 59.
        b. Die Pumpwirkung des Herzens 61
        c. Die Herztöne und der Herzstoss 64
        d. Die Pulsfrequenz 66
      9. Die Blutbewegung in den Gefässen 67
        a. Die Triebkraft und der Blutdruck im Allgemeinen . . . 67
        b. Weitere Erscheinungen an den Arterien 70
          Blutdruck 70. Puls 72. Strömungsgeschwindigkeit 75.
        c. Die Erscheinungen an den Venen 76

	Seite
d. Die Erscheinungen an den Capillaren	77
e. Dauer des Blutumlaufes	79
f. Die Verblutung	80
10. Der Einfluss des Nervensystems auf den Blutumlauf	80
a. Die Innervation des Herzens	80
1) Die intracardialen Centren und der Herzmuskel	80

Besondere Eigenschaften des Herzmuskels 81. Bedingungen und directe Beeinflussung des Herzschlages 83. Anordnung der intracardialen Nervencentren 84.

2) Hemmende Herznerven	85
Tonus der Hemmungsapparate 87.	
3) Beschleunigende Herznerven	88
b. Die Innervation der Gefässe	89
1) Gefässverengende Nerven	89
2) Gefässerweiternde Nerven	90
3) Gefässcentra und deren Erregung	91

Das Gefässcentrum im verlängerten Mark 91. Andere Gefässcentra 92.

2. Capitel. Die Athmung 94

Geschichtliches 95.

I. Die chemischen Vorgänge bei der Athmung	95
1. Die Blutgase	95
2. Die Chemie der Lungenathmung	102
a. Qualitative Feststellung	102
b. Quantitative Bestimmung	102
c. Die Mechanik des Gasaustauschs	105
3. Die Haut- und Darmathmung	107
4. Die innere Athmung	107
5. Der respiratorische Quotient und die Umsetzung in den Geweben	109
6. Athmung fremder Gase	110
II. Die Mechanik der Athmungsorgane	111
1. Die Athmungsorgane im Allgemeinen	111
2. Die Lungen und der Brustkasten	112
3. Die Athembewegungen	114
a. Die Inspiration	114
b. Die Exspiration	116
c. Die Wirkungen auf Lunge und Brustkasten	117
4. Die zuleitenden Luftwege	120
5. Der Rhythmus und die Innervation der Athembewegungen; die Erstickungserscheinungen	121
a. Der Rhythmus der Athmung	121
b. Das Athmungscentrum und seine Erregung	122
c. Nervöse Einflüsse auf das Athmungscentrum	125

3. Capitel. Die Absonderungsvorgänge und ihre Producte . . . 127

I. Der Absonderungsvorgang im Allgemeinen	127
Geschichtliches 127.	
1. Die Absonderungsorgane	128
2. Die Absonderungsvorgänge	129
3. Die Absonderungsnerven	130
4. Galvanische Eigenschaften der Drüsen	131
5. Verrichtungen und Schicksale der Secrete	132
II. Die einzelnen Drüsenabsonderungen	133
A. Die Verdauungssäfte	133
1. Der Speichel und der Mund- und Rachenschleim	133
2. Der Magensaft	136
3. Die Galle	139
4. Der Bauchspeichel oder Pancreassaft	143

Inhalt. VII

	Seite
5. Der Darmsaft	144
B. Der Harn	146
1. Die Zusammensetzung des Harns	146
Zufällige Harnbestandtheile 148	
2. Die Absonderung des Harns	151
Ursprung der Harnbestandtheile 151. Mechanismus und Menge der Absonderung 152. Einflüsse des Nervensystems 154.	
3. Die Herausbeförderung des Harns	155
4. Die Bedeutung der Harnsecretion	157
C. Die Hautabsonderungen und die Milch	157
1. Der Schweiss	157
2. Der Hauttalg	160
3. Die Milch	160
D. Andere Drüsenabsonderungen Thränen	164
III. Die Höhlenflüssigkeiten, Parenchymsäfte und Parenchyme	165
4. Capitel. Die Verdauung, Aufsaugung und Blutbildung	167
I. Die Verdauung	167
Geschichtliches 167.	
1. Die Vorgänge im Munde	168
2. Das Schlucken	171
3. Die Vorgänge im Magen	175
a. Mechanische Vorgänge	175
b. Verdauungsvorgänge	177
4. Die Vorgänge im Darm	180
a. Mechanische Vorgänge	180
b. Verdauungsvorgänge	181
5. Die Excremente und ihre Entleerung	185
6. Natur und Bedeutung der chemischen Verdauungsprocesse	186
II. Die Aufsaugung (Resorption)	186
1. Die Aufsaugung der Digestionsschleimhaut	186
2. Die Aufsaugung anderer Schleimhäute und der Haut	189
3. Die Aufsaugung der Höhlen und Spalträume	189
III. Die Lymph- und Blutbildung	190
1. Die Lymphe und der Chylus und deren Bewegung	190
2. Die Blutbildung	192
a. Das lymphatische Reticulum	192
b. Das Knochenmark	193
c. Die Milz	193
d. Andere Bildungsstätten	194
IV. Die Assimilation	195
Die Glycogenie der Leber	197
a. Der Zucker- und Glycogengehalt der Leber und andrer Gewebe	197
b Herkunft und Schicksal des Glycogens	198
c. Der Diabetes	200
5. Capitel. Der Stoffwechsel des Gesammt-Organismus	201
Geschichtliches 202.	
1. Die Maasse des Stoffverbrauches	202
2. Einfluss der Nahrung auf den Stoffverbrauch	204
a. Der Hungerzustand	204
b. Zufuhr von Eiweiss allein	206
c Zufuhr von Leim oder Collagen allein	207
d. Zufuhr von Fetten oder Kohlehydraten allein	207
e. Zufuhr von Eiweiss mit Fetten oder Kohlehydraten	207
f. Einfluss der Wasser- und Salzzufuhr	208
3. Einfluss der Athmung auf den Stoffverbrauch	209
4. Einfluss der Temperatur auf den Stoffverbrauch	210

VIII Inhalt.

Seite
5. Einfluss der Leistungen auf den Stoffverbrauch 211
6. Einige andere Einflüsse auf den Stoffverbrauch 212
7. Zur Theorie des Stoffumsatzes 213
    Die Fettbildung 215.
8. Der Stoffersatz durch die Nahrung 217
    a. Die Ernährungstriebe 217
    b. Begriff und Quelle der Nahrungsstoffe und Nahrungsmittel. 218
    c. Functionelle Eintheilung der Nahrungsstoffe 220
    d. Quantitativer Nahrungsbedarf 221
    e. Die wichtigsten Nahrungs- und Genussmittel 223

Zweiter Abschnitt. Die Leistungen des Organismus . 227

6. Capitel. Die Wärmebildung und die thierische Temperatur . . 227
    Geschichtliches 227.
1. Die Temperaturen des Körpers 228
    a. Warmblüter und Kaltblüter 228
    b. Messung und Vertheilung der Temperatur beim Warmblüter 228
    c. Temperatur der Kaltblüter. 229
    d. Abhängigkeit der Temperatur von äusseren und functionellen Einflüssen 230
2. Die Wärmeproduction. 231
    a. Messung derselben. 231
    b. Die Quellen der thierischen Wärme 233
        1) Die thierischen Verbrennungsprocesse 233. 2) Die Reibung 235.
    c. Einfluss des Nervensystems auf die Wärmebildung . . . 235
3. Die thierische Arbeitsleistung im Ganzen 235
4. Die Wärmeausgaben 236
5. Der Wärmehaushalt und die Erhaltung der constanten Temperatur 237
    a. Die innere Ausgleichung der Temperaturen 237
    b. Die regulatorischen Einrichtungen 238
        1) Unwillkürliche Regulationsmittel 239. 2) Willkürliche Regulationsmittel 240.
6. Die Grenzen der Körpertemperatur im Leben 240
    Abnorm hohe Körpertemperaturen 241. Abnorm niedrige Körpertemperaturen; Winterschlaf 241.
7. Verhalten der Temperatur nach dem Tode 242

Anhang zum 6. Capitel. Die thierische Lichtentwicklung 243

7. Capitel. Die Muskelbewegung und andere Bewegungsarten . . 244
    Geschichtliches 245.
I. Die quergestreiften Muskeln. 245
1. Die mechanischen Eigenschaften in der Ruhe 245
2. Die optischen Eigenschaften in der Ruhe 247
    Die Anisotropie des Muskels 247.
3. Die Zusammenziehung des Muskels 248
    a. Die Formveränderung im Allgemeinen 248
    b. Die microscopische Erscheinungsweise 248
    c. Die Zuckung 249
    d. Die Superposition von Zuckungen 253
    e. Die anhaltende Contraction 254
    f. Die Fortpflanzung der Verkürzung längs der Fasern . . 256
    g. Die Kraft, Verkürzungsgrösse und Arbeit des Muskels (bei maximaler Erregung) 257
        1) Die Verkürzungskraft 257. 2) Die Verkürzungsgrösse 258. 3) Die Arbeitsleistung 260.
4. Die Erregung des Muskels 260
    a. Die directe und indirecte Erregbarkeit 260

Inhalt IX

  b. Die direct erregenden und erregbarkeitsändernden Einwirkungen 261
    1) Electrische Einwirkungen 261. 2) Thermische Einwirkungen 263. 3) Mechanische Einwirkungen 263. 4) Chemische Einwirkungen 264. 5) Einwirkung des Nerven 264.
  c. Die Beziehungen zwischen Reiz- und Erregungsgrösse . . 264
    1) Directe Reizung 264. 2) Indirecte Reizung 265.
  d. Die Ermüdung und Erholung; das Muskelgefühl 266
    Ursache der Ermüdung 267. Muskelgefühl 267.
 5. Die Lebensbedingungen des Muskels 268
  a. Der isolirte Muskel 268
  b. Die Abhängigkeit von Kreislauf und Athmung 268
  c. Die Abhängigkeit vom Nervensystem und vom Gebrauch . 269
  d. Die Todtenstarre 270
 6. Thermische Erscheinungen am Muskel 271
  a. Bei der Contraction 271
  b. Bei der Erstarrung 273
 7. Galvanische Erscheinungen am Muskel 273
  a. Erscheinungen am ruhenden Muskel 274
    1) Verletzte Muskeln 274. 2) Unversehrte Muskeln 275. 3) Einfluss der Temperatur 276.
  b. Erscheinungen am thätigen Muskel 276
    1) Die negative Stromesschwankung verletzter Muskeln 276. 2) Der Actionsstrom unversehrter Muskeln 278 3) Die secundäre Zuckung und der secundäre Tetanus 280.
  c. Polarisationserscheinungen am Muskel 281
  d. Die Ursache der galvanischen Muskelwirkungen 282
 8. Chemie und chemische Erscheinungen des Muskels 284
  a. Die chemische Zusammensetzung 284
  b. Der Stoffumsatz in der Ruhe 286
  c. Der Stoffumsatz bei der Erstarrung 286
  d. Der Stoffumsatz bei der Thätigkeit 287
 9. Zur Theorie der Muskelthätigkeit 287
II Die glatten Muskeln 290
III. Die contractilen Zellkörper 292
    Geschichtliches 292.
IV. Die Flimmer- und Samenkörperbewegung 293

8. Capitel. Die Bewegungen des Skelets und die Locomotion . . 295
    Geschichtliches 295
 I. Die Mechanik des Skelets 295
  1. Die Synchondrosen 296
  2. Die Gelenke 296
   a. Die Formen der Gelenkflächen und die Drehaxen . . . 297
   b. Die Haftmechanismen 298
   c. Die Hemmungsmechanismen 299
 II. Die Wirkung der Muskeln 300
 III. Das Stehen 304
 IV. Das Gehen und Laufen 310
    Geschwindigkeit des Gehens 312.
 V. Das Schwimmen 315
 VI. Das Fliegen 317

9. Capitel. Die Stimme und Sprache 318
    Geschichtliches 318.
 I. Die Stimme 318
  1. Klänge und Töne im Allgemeinen 318
  2. Die Klänge der Zungen und Zungenpfeifen 321

	Seite
3. Die stimmbildenden Vorrichtungen	322
4. Die Stimmbildung	325
5. Der Klang und die Register der Stimme	326
6. Der Umfang, die Lage und Genauigkeit der Stimme	327
Anhang. Die Thierstimmen	328
II. Die Sprache	329
1. Die Vocale	329
a. Die Bildung der Vocale	329
b. Das Wesen und die Reproduction der Vocale	330
2. Die Consonanten	335

Dritter Abschnitt. Die Auslösungsapparate: Nervensystem und Sinnesorgane . . . 339

10. Capitel. Allgemeine Nervenphysiologie . . . 339
Geschichtliches 339.
- I. Die Nervenleitung . . . 340
  - 1. Die Grundgesetze der Nervenleitung . . . 341
  - 2 Die Geschwindigkeit der Nervenleitung . . . 343
- II. Die Erregung des Nerven . . . 344
  - 1. Electrische Einwirkungen . . . 344
    - a. Die Wirkungen des Stromes auf die Erregbarkeit. Electrotonus . . . 344
    - b. Die erregenden Wirkungen des Stromes . . . 347
      - 1) Das allgemeine Erregungsgesetz . . . 347
      - 2) Das Zuckungsgesetz und das polare Erregungsgesetz . . . 350
      - 3) Der Einfluss der Streckenlänge und des Stromwinkels . . . 352
      - 4) Der Einfluss der Durchströmungsdauer . . . 352
        - α. Sehr kurze Ströme 352 β. Sehr lange Ströme; Oeffnungstetanus 354.
      - 5) Superposition von Stromesschwankungen auf bestehende Ströme . . . 355
  - 2. Thermische Einwirkungen . . . 356
  - 3. Mechanische Einwirkungen . . . 357
  - 4. Chemische Einwirkungen . . . 358
  - 5. Die natürliche Nervenerregung . . . 358
  - 6. Beziehungen zwischen Reiz- und Erregungsgrösse . . . 358
- III. Die Lebensbedingungen des Nerven . . . 359
  - 1 Das Absterben ausgeschnittener Nerven . . . 359
  - 2. Der Einfluss der Nervencentra . . . 360
  - 3. Die Regeneration durchschnittener Nerven . . . 361
- IV. Die am Nerven selbst auftretenden functionellen Erscheinungen . . . 362
  - 1. Galvanische Erscheinungen an den Nerven . . . 362
    - a. Erscheinungen in der Ruhe . . . 362
    - b. Erscheinungen bei der Thätigkeit . . . 363
    - c. Der Electrotonus . . . 364
    - d. Die Erscheinungen nach der Oeffnung des polarisirenden Stromes . . . 366
    - e. Theorie der galvanischen Nervenphänomene . . . 367
  - 2. Chemische Erscheinungen am Nerven . . . 369
- V. Zur Theorie der Nervenfunction . . . 369
- VI. Die verschiedenen Arten von Nervenfasern . . . 371

Anhang zum 10. Capitel. Die electrischen Fische . . . 374

11. Capitel. Die nervösen Centralorgane mit Einschluss der speciellen Nervenphysiologie . . . 376
Geschichtliches 376.
- I. Das Rückenmark und seine Nerven . . . 378
  - 1. Der Bau des Rückenmarks in physiologischer Hinsicht . . . 378
  - 2. Die Rückenmarksnerven und der Bell'sche Lehrsatz . . . 383
  - 3 Das Rückenmark als Leiter zum Gehirn . . . 385

Inhalt. XI

	Seite
a. Durchschneidungsversuche	385
b. Reizversuche	387
4. Die Reflexfunction des Rückenmarks	388
a. Die geordneten Reflexe	389
b. Die Reflexkrämpfe	390
c. Gesetzmässigkeiten der Reflexe	391
d. Die Reflexauslösung und die Reflexzeit	392
e. Die Einwirkung des Gehirns auf die Reflexe und die Reflexhemmung	393
5. Theorie der Rückenmarkfunctionen nebst weiteren Thatsachen	395
a. Das Wesen des Reflexes und die Erregung der grauen Substanz	395
b. Die Beschränktheit des Reflexes und die isolirte Leitung zum Gehirn	397
c. Der geordnete Reflex und die Coordination	397
d. Die Reflexhemmung	398
e. Die Localisirung der spinalen Centra	399
f. Tonus spinaler Centra	400
II. Das Gehirn und seine Nerven	402
1. Anatomische Vorbemerkungen	402
a Allgemeines über die Fortsetzung der Rückenmarksbestandtheile	402
b. Speciellerer Ursprung der Hirnnerven	405
c. Selbstständige graue Massen des Hirnstammes	408
d. Das Grosshirn	409
e. Das Meynert'sche Schema der Centralorgane	410
2. Die Functionen der Hirnnerven	412
3. Die Functionen des verlängerten Marks	415
a. Beziehungen des verlängerten Marks zu seinen eigenen Nerven	416
b. Beziehungen des verlängerten Marks zu Rückenmarkscentren	416
1) Das Athmungscentrum 416. 2) Das allgemeine Reflexcentrum (sog. Krampfcentrum) des verlängerten Marks 417. 3) Das Gefässcentrum 418.	
c. Sonstige Functionen des verlängerten Marks	419
4. Die Functionen des Mittel- und Kleinhirns	419
5. Die Functionen des Grosshirns	424
a. Allgemeine Bedeutung und morphologische Stellung	424
b. Pathologische und experimentelle Daten über die Function des Grosshirns	427
c. Die Localisirung der Grosshirnfunctionen	427
1) Pathologische Erfahrungen 427. 2) Reizversuche 428. 3) Exstirpationsversuche 430. 4) Folgerungen, betr. die Localisationsfrage 431.	
d. Die physiologische Stellung der psychischen Functionen	433
1) Verbreitung der psychischen Functionen 434. 2) Beziehung der bewussten Handlungen zum Reflex 435. 3) Physiologisches Schema der centralen Anordnung 436 4) Coordination, Association, Mitempfindung 437	
e. Der Schlaf	438
f. Zeitliche Verhältnisse der psychischen Functionen	440
1) Die Reactionszeit 441. 2) Die Wahrnehmungszeiten 442. 3) Die Ueberlegungs- und Entschlusszeit (Wahlzeit) 444. 4) Complicirtere psychische Processe 445. 5) Die Zeitempfindung (der Zeitsinn) 445.	
III. Das sympathische Nervensystem	446
IV. Chemie, Ernährung und Druckverhältnisse des Cerebrospinalorgans	448
a. Die chemische Zusammensetzung	448

b. Die Abhängigkeit vom Blutkreislauf
c. Die Hirnbewegungen und der Hirndruck

12. Capitel. Die Sinnesorgane.
A. Das Gemeingefühl und die Hautempfindungen.
   Geschichtliches 451.
   I. Allgemeines über das Empfindungsvermögen
   II. Der Tastsinn
      1. Das absolute Empfindungsvermögen
      2. Die Unterschiedsempfindlichkeit und das sogenannte psychophysische Gesetz
      3. Das Localisationsvermögen und die Empfindungskreise
   III. Der Temperatursinn
   IV. Die Organe und die Abhängigkeiten der Hautempfindungen
   V. Die Bewegungsempfindungen
B. Der Geschmackssinn
   I. Das Geschmacksorgan und die Geschmacksnerven
   II. Die Geschmackserregung
C. Der Geruchssinn
   I. Das Geruchsorgan und die Geruchsnerven
   II. Die Geruchserregung
D. Der Gehörssinn
   Geschichtliches 471.
   I. Das Gehörorgan im Allgemeinen
   II. Die Functionen des äusseren Ohres
   III. Die Functionen des mittleren Ohres
      1. Das Trommelfell
      2. Die Gehörknöchelchen
      3. Die Paukenhöhle, die Tuba Eustachii und die inneren Ohrmuskeln
      4. Die Schallleitung im mittleren Ohr
   IV. Die Functionen des inneren Ohres
      1. Die Nervenendigungen im Labyrinth
      2. Die Erregung der Nervenendigungen
      3. Die Functionen der einzelnen Labyrinththeile
   V Die Schallwahrnehmung
      1. Die Wahrnehmung der Intensität
      2. Die Wahrnehmung der Tonhöhe
         a. Die Tonempfindung und ihre Grenzen
         b. Die Unterschiedsempfindlichkeit für Tonhöhen
         α Theorie der Tonempfindung
      3. Die Wahrnehmung der Klangfarbe und des Geräuschcharacters
         a. Theorie der Klangunterscheidung
         b. Schwebungen und Combinationstöne
         c. Geräusche
      4. Die Consonanz und die Dissonanz
      5. Das An- und Verklingen und die Ermüdung des Ohres
      6. Subjective und entotische Wahrnehmungen
      7. Das Hören mit beiden Ohren und die Localisation des Schalles
   VI. Die Schutzorgane des Ohres
E. Der Gesichtssinn
   Geschichtliches 497.
   I. Die Abbildung der Gegenstände im Auge
      1 Die optischen Constanten des Auges
         a. Die Schematisirung des dioptrischen Apparats
         b. Die Bestimmungsmethoden für die Constanten
         c. Die Werthe der Constanten
      2. Die Brechung an einer sphärischen Fläche

Inhalt. XIII

	Seite
3. Die Brechung an Systemen von zwei und mehr sphärischen Flächen	509
Anhang über Linsen	512
Bilder collectiver und dispersiver Systeme	513
4. Die Cardinalpuncte des Auges und das reducirte Auge	514
5. Die Netzhautbilder	516
6. Die Accommodation	518
a. Der Bereich derselben und die Grenzen des deutlichen Sehens	519
b. Die Ametropie	520
c. Der Mechanismus der Accommodation	521
7. Die Iris und die Pupille	524
a. Muskeln und Nerven der Iris	524
b. Physiologisches Verhalten der Pupille	525
8 Die Reflexion im Auge und der Augenspiegel	527
9 Der Grad der Vollkommenheit des dioptrischen Apparats	530
a. Der Grad der Achromasie	530
b. Der Grad der Aplanasie	532
c. Der Grad der Periscopie	532
d. Die Asymmetrien der brechenden Flächen und Medien	533
e. Der Grad der Centrirung	534
II. Die Erregung der Licht- und Farbenempfindung	534
1. Der Ort der Erregung	534
2. Veränderungen der Netzhaut selbst durch Licht	535
a. Die Veränderung der Farbe	535
b. Morphologische Veränderungen	537
c. Galvanische Vorgänge	537
3. Die Lichtempfindungen	538
a. Die Helligkeitsempfindung	538
b. Die Farbenempfindung	540
1) Begriff und Grenzen 540 2) Die Farbenmischung 541. 3) Theorie der Farbenempfindung 544.	
III. Die Wahrnehmung der Gegenstände	547
1. Das unioculare Gesichtsfeld	547
2. Die Empfindungskreise der Netzhaut und die Gesichtslinie	548
3. Die optischen Instrumente	551
4. Die subjectiven Gesichtserscheinungen	553
a. Die Nachbilder und der successive Contrast	553
b. Der simultane Contrast	554
c. Die Irradiation	555
d. Die entoptischen Erscheinungen	556
e. Die Wirkungen nicht optischer Reizungen	557
f. Erscheinungen cerebralen Ursprungs	558
IV. Die Bewegungen der Augäpfel	559
1. Die Bewegungsgesetze	559
2. Die Wirkung der Augenmuskeln	563
3. Die motorische Correspondenz beider Augen	564
V. Das binoculare Sehen	566
1. Die Correspondenz beider Netzhäute	566
2. Die Lage der identischen Puncte und der Horopter	568
3. Die Doppelbilder	573
4. Die Wahrnehmung der Tiefendimension und die Stereoscopie	574
a. Das körperliche Sehen	574
b. Das Stereoscop	576
c. Der stereoscopische Glanz	579
VI. Das Augenmaass	580

		Seite
1.	Die Schätzung der Entfernung und Grösse	580
2.	Die Schätzung der Dimensionen und Winkel in der Ebene	581
VII.	Die Ernährung und der Schutz des Auges	582
1.	Der Blutlauf im Augapfel	582
2.	Die Chemie und Absonderung der Augenflüssigkeiten	583
3.	Der intraoculare Druck	584
4.	Die Augenlider	585
5.	Der Thränenapparat	586

Vierter Abschnitt. Die Fortpflanzung und die zeitlichen Veränderungen des Organismus 587

13. Capitel. Die Zeugung 587
  Geschichtliches 587.
  1 Die Fortpflanzung im Allgemeinen und die Fruchtbarkeit . . . 588
  2. Die Formen der Zeugung 591
  3. Das Ei und seine Lösung 592
    a. Das Ei und der Graaf'sche Follikel 592
    b. Weibliche Pubertät, Brunst und Menstruation 594
  4. Der Samen, seine Bereitung und Entleerung 597
    a Samen, Hoden und männliche Pubertät 597
    b. Die Erection und Ejaculation 599
  5. Die Begattung und Befruchtung 601
  6 Die äusseren Schicksale des befruchteten Eies und die Geburt . . 603

13. Capitel. Die Entwicklung des Embryo und des Geborenen . . 607
  Geschichtliches 607.
  1. Allgemeines 608
  2. Die Furchung 609
  3 Die Anlage der Keimblätter und des Embryo 610
  4 Die Anlage der wichtigsten Organe 611
    a. Das Medullarrohr 611
    b. Das Wirbelsystem 613
    c. Die Darm- und Rumpfwand 613
    d. Das Gefässsystem 614
    e. Das Amnion, Chorion, die Allantois und die Placenta . . . 616
    f. Die Leibeswand und die Extremitäten 618
  5. Speciellere Ausbildung der einzelnen Organe 619
    a. Das Nervensystem und die Sinnesorgane 619
    b Der Darm, die anliegenden Drüsen und die Lungen . . . 621
    c. Das Gefässsystem 623
    d. Die inneren Harn- und Geschlechtsorgane 624
    e. Die äusseren Canalöffnungen und deren Anhangsapparate . . 627
  6. Chronologie der Embryonalentwicklung 628
  7 Die Entwicklungsvorgänge nach der Geburt 629
  8. Der Tod 630

Sachregister 632

Nachträge.

p. 26. Nach neueren Analysen (Külz, Baumann) scheint das Cystin H-ärmer zu sein, und die Zusammensetzung $C_6H_{12}N_2S_2O_4$ zu haben. Durch Reduction geht es in Cystein über ($C_3H_7NSO_2$, die bisherige Cystinformel).

p. 48 f. Nach Nencki & Sieber ist die Formel des Hämatins $C_{32}H_{32}N_4FeO_4$, die der Häminkrystalle $C_{32}H_{30}N_4FeO_3$ HCl, die des Hämatoporphyrins $C_{32}H_{32}N_4O_5$. Der Zusammenhang mit dem Urobilin ($C_{32}H_{40}N_4O_7$) wäre hiernach ziemlich einfach.

p. 52, Abs. 2. Gegen die Herleitung des Fibrinferments aus den farblosen Blutkörpern wird angeführt, dass auch aus centrifugirtem Plasma Ferment gewonnen werden kann (Wooldridge).

p. 79, unten. Die systolische Ausgabe kann directer bestimmt werden, indem man das ganze Aortenblut durch eine Stromuhr in eine Vene strömen lässt, und das in einer Zeit übergeströmte Volum durch die Zahl der Pulse dividirt (M. Smith).

p. 84, Abs. 2. Nach vollständiger Trennung aller nervösen Verbindungen zwischen Vorkammern und Kammern bei Säugethieren schlagen auch die Kammern noch fort; Vagusreizung ist auf sie ohne Wirkung (Tigerstedt). Dagegen hebt Verletzung einer Stelle unter dem oberen Drittel der Kammerscheidewand die Kammerpulsationen auf, und verwandelt sie in coordinationslose fibrilläre Zuckungen; an dieser Stelle scheint also ein Coordinationscentrum für die Kammermusculatur zu liegen (Kronecker & Schmey).

p. 118, Abs. 1. Nach den Resultaten der Pflüger'schen Methode würde die Residualluft nur etwa 500 Ccm. betragen (Kochs).

p. 135, unten. Das diastatische Speichelferment findet sich auch in den Extracten der Speicheldrüsen (Ellenberger & Hofmeister).

p. 154, Abs. 1. Compression des Brustkastens beim Menschen macht schon nach kurzer Zeit den Harn stark eiweisshaltig; die Ursache wird, da Dyspnoe nicht vorhanden ist, in Kreislaufseinflüssen gesucht (Schreiber).

p. 165, Abs. 1. Nach neueren Angaben (Kocher, Schiff, Albertoni & Tizzoni, Sanquirico & Canalis u. A.) ist die Exstirpation der Schilddrüse bei manchen Thieren, z. B. bei Hunden, tödtlich. Ueber die genaueren Umstände sind die Angaben sehr verschieden.

p. 184, Abs. 2. Pancreasextract des Pferdes ist ohne Wirkung auf Cellulose (Hofmeister).

p. 190, Abs. 1. Jede Art von Blutgefässerweiterung beschleunigt den Lymphstrom (Heidenhain & Rogowicz). Auch Curare wirkt beschleunigend (Paschutin), und zwar auch bei Ausschluss der Gefässerweiterung, also vielleicht durch einen directen secretorischen Einfluss (Rogowicz).

p. 207, Abs. 2. Der Angabe, dass auch Asparagin den Eiweissconsum vermindere (Weiske, Zuntz), wird widersprochen (J. Munk, Voit).

p. 235, Abs. 2. Nach einer neueren Angabe (Aronsohn & Sachs) soll ein Stich in eine bestimmte Stelle des Grosshirns ebenfalls Temperaturerhöhung, sowie die übrigen Erscheinungen des Fiebers hervorbringen; die wirksame Stelle soll nicht der Rinde angehören.

p. 283, Abs. 5. Auch morphologische Processe sind mit electromotorischen Wirkungen verbunden. Z. B. ist an keimenden Pflanzensamen das Würzelchen sowie die Blättchen negativ gegen die Cotyledonen (Hermann, Müller-Hettlingen); ferner am bebrüteten Hühnerei der Embryo positiv gegen den Dotter (Hermann & v. Gendre).

p. 317, Abs. 1. Die Schwimmblase beeinflusst auch die Lage des Schwerpuncts und somit die Stellung des Fisches im Wasser (Rückenlage, Bauchlage etc.) (Chabry).

p. 325, Abs. 2. Bei Thieren betheiligt sich noch ein dritter, aus dem R. pharyngeus vagi hervorgehender Nerv an der motorischen Innervation, besonders des Cricothyreoideus (Exner).

p. 359, Abs. 3. Der Nerv ermüdet viel weniger schnell als der von ihm erregte Muskel (Bernstein), und soll durch 6stündiges Tetanisiren nicht erschöpft werden (Wedenskii).

p. 361, unten. Auch in anderen Körpergebieten treten solche „pseudomotorischen" Wirkungen nach Degeneration der motorischen Nerven ein, wenn man die gefässerweiternden Nerven reizt (Heidenhain & Rogowicz; vgl. auch den Nachtrag zu p. 190).

p. 365, Abs. 1. Kälte vermindert den Electrotonus bis zum Verschwinden (Hermann & v. Gendre).

p. 388, Abs. 2. Die Zeit zwischen Reizung und Erfolg ist ungewöhnlich lang, was ebenfalls nur durch die Einschaltung von Zellen erklärbar ist (Gad).

p. 439, Abs. 1. Auf Grund von Unterbindungsversuchen (p. 55) wird umgekehrt behauptet, dass das Gehirn im Schlafe blutreicher sei (Spehl).

p. 469, Abs. 2. Im Gegensatz zu Weber's Angabe behauptet Aronsohn, dass auch Flüssigkeiten, welche die Nase erfüllen, riechbar sind; man versetzt hierzu körperwarme physiologische Kochsalzlösung mit kleinen Mengen ätherischer Oele oder dergl.

Einleitung.

Die Physiologie ist die Wissenschaft von den regelmässigen Vorgängen in den lebenden Wesen, den Pflanzen und Thieren. Zu den letzteren zählt auch der Mensch, dessen Physiologie den eigentlichen Gegenstand dieses Buches bildet. Unsere Kenntnisse über die Physiologie des Menschen sind aber zu einem grossen Theile durch Untersuchungen an anderen Objecten des Thierreiches gewonnen, und nur durch Analogieschlüsse auf den Menschen übertragen, so dass der Titel dieses Buches vielleicht richtiger lauten würde: Physiologie der höheren Klassen des Thierreiches mit besonderer Berücksichtigung des Menschen.

Die Erscheinungen des Lebens müssen vor allen Dingen festgestellt werden, wozu in erster Linie die Beobachtung dient. Die unmittelbare Beobachtung lehrt uns jedoch nur einen kleinen Theil der Lebenserscheinungen kennen. Die meisten spielen sich im Inneren des Organismus ab, und können nur durch Eingriffe in den normalen Gang des Lebens, z. B. durch Eröffnung von Körperhöhlen, der Beobachtung zugänglich gemacht werden. Jede unter willkürlich herbeigeführten Umständen angestellte Beobachtung heisst ein Experiment. Das Gebiet des Experimentes erstreckt sich aber viel weiter als auf die blosse Hinwegräumung natürlicher Beobachtungshindernisse. Die unten zu erörternde Aufgabe der Erklärung der Lebenserscheinungen macht es wünschenswerth, möglichst alle Eigenschaften des Organismus und seiner Theile kennen zu lernen, und diese enthüllen sich nur, wenn man sich nicht mit der Beobachtung der gleichsam zufällig sich darbietenden Aeusserungen im normalen Gange des Lebens begnügt, sondern die Theile willkürlich so variirten Bedingungen aussetzt, dass sich ihre Eigenschaften vollständiger zu erkennen geben. In der Variirung der Bedingungen, dergestalt dass möglichst bestimmte Fragen an die Natur gestellt und ihre Beantwortung erzwungen wird, besteht die Kunst des Experimentirens. Von grosser Wichtigkeit ist es, dass viele Organe, namentlich kaltblütiger Thiere, einen grossen Theil ihrer Lebenseigenschaften auch im isolirten Zustande längere Zeit beibehalten, wodurch das Experimentiren beträchtlich erleichtert wird. Immerhin muss bei der Uebertragung so gewonnener Resultate auf den unversehrten Zustand grosse Vorsicht beobachtet werden, bis genau festgestellt ist, welche Veränderungen das Organ durch die Isolirung erlitten hat.

Sowohl die einfache wie die experimentelle Beobachtung beruht auf **sinnlicher Wahrnehmung**. Ein grosser Theil der Lebenserscheinungen bietet sich unmittelbar unseren Sinnen dar, andere bedürfen zur Beobachtung besonderer **Hülfsmittel**. Sehr kleine Gegenstände werden erst erkennbar, wenn ihr Gesichtswinkel durch Microscope vergrössert wird. Galvanische Vorgänge können wir überhaupt nicht unmittelbar wahrnehmen, sondern müssen sie erst durch das Galvanometer dem Auge, durch das Telephon dem Ohre zugänglich machen. Absolute Temperaturen kann unser Temperatursinn nicht erkennen; das Thermometer macht sie dem Auge wahrnehmbar. Die Zusammensetzung der Farben und die Polarisation des Lichtes sind dem Auge nicht unmittelbar, sondern erst mit Hülfe des Prisma's und des analysirenden Nicols erkennbar.

Zur Feststellung der **zeitlichen Aufeinanderfolge** der Erscheinungen ist die **graphische Registrirung** ein unschätzbares Hülfsmittel, welches von Watt erfunden und von Helmholtz, Ludwig und Marey in die Physiologie eingeführt worden ist. Ihre Vorzüge liegen in der Continuirlichkeit der Beobachtung, in der documentarischen Feststellung der Resultate und in der beliebig genauen Analyse der zeitlichen Aenderung. Sie gestaltet sich am einfachsten, wenn der zu beobachtende Vorgang in einer Bewegung besteht, die sich auf die Bahn einer geraden Linie beschränkt; man hat dann nur eine Schreibfläche in einer zur Bewegung verticalen Richtung mit gleichförmiger Geschwindigkeit an einem der bewegten Puncte vorbeizuführen, damit letzterer eine Curve aufzeichne, deren Abscissen den Zeiten, deren Ordinaten den Ortsveränderungen des Punctes entsprechen. Auch nicht gleichförmige, ja sogar ganz unregelmässige Bewegungen können zur Verschiebung der Schreibfläche verwandt werden. Die Abscissen sind dann nicht den Zeiten proportional, sondern gewissen Functionen derselben, welche aus dem Gesetze der verwendeten Bewegung berechnet werden können. Wo dieses nicht bekannt ist, graduirt man die Abscissenaxe empirisch nach Zeiten, indem man ein Secundenpendel Marken verzeichnen oder für feinere Eintheilung eine schwingende Stimmgabel oder Zunge zeichnen lässt. — Durch einfache Kunstgriffe gelingt es, auch nicht lineare Bewegungen, z. B. Volumänderungen, Umfangsänderungen, in proportionale gradlinige Bewegungen umzusetzen und so aufzuschreiben; Volumänderungen lässt man z. B. mittels eines eingeschlossenen Luftquantums auf eine gespannte Membran wirken und schreibt die gradlinige Bewegung der Membrankuppe auf (Marey's Pantograph). Auch andre Vorgänge als Bewegungen lassen sich graphisch registriren, indem man sie künstlich in Bewegungen umsetzt; Temperaturänderungen z. B. kann man durch ihre ausdehnende Wirkung in Volumänderungen eines Luftquantums verwandeln, und diese in eben angegebener Weise aufschreiben. Im Wesen der graphischen Registrirung liegt es, dass sie nur Aenderungen in der Zeit darstellt, die Abscissen der gewonnenen Curven also Zeiten bedeuten; je schneller die Bewegung der Schreibfläche, um so mehr erscheinen die zeitlich rasch auf einander folgenden Phasen getrennt, um so genauer wird also die zeitliche Analyse. Durch **Kunstgriffe** kann man auch andre Abhängigkeiten, ausser denjenigen von der Zeit, graphisch darstellen, z. B. die Abhängigkeit der Muskellänge von den dehnenden Gewichten; man braucht dann nur das Gewicht proportional der Zeit wachsen zu lassen (durch Einfliessen von Quecksilber in ein belastendes Hohlgefäss), damit die Abscissen der erhaltenen Curve, welche eigentlich Zeiten bedeuten, zugleich Lasten darstellen.

Die durch Beobachtung und Experiment an den thierischen Organismen festgestellten Erscheinungen sind folgende: 1. **Selbstständige Bewegung**, sowohl grobe Massenbewegung des Gesammtkörpers, der Glieder, der Eingeweide, als auch Bewegungen kleinster, nur dem Microscop zugänglicher Körperelemente. 2. **Wärmeproduction**, vermöge welcher die Thiere im Allgemeinen wärmer sind als ihre Umgebung. 3. **Electricitätserzeugung**, bei den electrischen Fischen zu starken Wirkungen entwickelt, welche zu Angriff und Vertheidigung dienen; bei den übrigen Thieren nach Aussen fast unmerklich, d. h. nur durch feinere galvanometrische Hülfsmittel nachweisbar. 4. **Lichterzeugung**, nur bei gewissen Thierarten nachgewiesen, hier entweder an der ganzen Körperoberfläche oder nur in besonderen Leuchtorganen entwickelt. 5. **Gesetzmässige Veränderungen der Körperform**, sowohl im Grossen als in den kleinsten Theilen, besonders mächtig bei der Entstehung und Entwickelung des Thieres; hierzu gehören auch die morphologischen Processe der Bildung und Abgabe geformter Bestandtheile, aus welchen neue Thiere hervorgehen, d. h. die **Fortpflanzung**. 6. **Veränderungen des Stoffbestandes**, zunächst darin sich kundgebend, dass das Thier beständig Stoffe aufnimmt, und Stoffe aus seinem Körper abgiebt. Eine Vergleichung der wichtigsten aufgenommenen und ausgegebenen Stoffe ergiebt folgendes:

Aufgenommene Stoffe:	Ausgegebene Stoffe:
Sauerstoffgas	Kohlensäuregas
Eiweissstoffe	Ammoniakverbindungen
Kohlehydrate	(Harnstoff etc.)
Fette	Salze
Salze	Wasser
Wasser	

Aus der Vergleichung beider Seiten ergiebt sich, dass die Elemente der Einnahmen und Ausgaben dieselben sind, dass aber namentlich der Kohlenstoff und der Wasserstoff den Körper in oxydirteren Verbindungen (Kohlensäure, Wasser) verlassen als sie aufgenommen werden, dass also chemische Umsetzungen im Organismus stattfinden, deren wesentlicher Character Oxydation ist.

Ausser diesen Vorgängen, welche Alles umfassen, was am Thiere selbst festgestellt werden kann, lehrt eine umfassendere Beobachtung seiner Beziehungen zur Aussenwelt, dass diese in mächtigster und unmittelbarster Weise die thierischen Vorgänge beeinflusst. Fast jede Einwirkung der Aussenwelt wird durch eine Reaction in den Verrichtungen des Thieres beantwortet, besonders durch reactive Bewegungen. An uns selbst beobachten wir ferner, dass viele Einwirkungen der Aussenwelt durch Empfindungen zu unserem Bewusstsein kommen, eine Erinnerung zurücklassen, und in willkürlichen Bewegungen ein deutlicher Einfluss der Empfindungen und Erinnerungen erkennbar ist, die seelischen Vorgänge also in vielen Fällen ein Zwischenglied in der Reaction auf die Aussenwelt bilden, während andere Reactionen ohne Empfindung und ohne Willen sich vollziehen.

Aufgabe der Physiologie ist nicht allein die Feststellung, sondern auch die Erklärung der Erscheinungen des Lebens. Je nach dem Stande der allgemeinen Naturwissenschaften wird das Ziel der Erklärungsbemühungen, d. h. die Befriedigung des Causalitätsbedürfnisses, verschieden weit gesteckt werden.

Bis in die Mitte dieses Jahrhunderts hinein galt Vielen eine Lebenserscheinung genügend erklärt, wenn sie als Aeusserung der sogenannten Lebenskraft hingestellt war; so bezeichnete man eine Summe von Gesetzmässigkeiten, welche nur in lebenden Wesen gültig sein sollten, und gelegentlich mit den Gesetzen der unorganischen Natur in Widerspruch stehen konnten. Wenn aber neben der Physik der unbelebten Natur gleichsam eine Metaphysik der belebten existirte, so konnte die Hoffnung, in letztere einzudringen, nur äusserst gering sein, weil jeder experimentelle Eingriff die Lebensäusserung zu gefährden und also aus dem zu erforschenden Gebiete der Lebenskraft unvermerkt in das ganz heterogene der unorganischen Physik überzuführen drohte. So galt denn die Erforschung der Lebenskraft als unnahbar, und Viele beschränkten sich auf die Aufzählung ihrer Aeusserungen, d. h. eben der Lebenserscheinungen.

Dieser forschungslähmende Standpunct wurde allmählich um so mehr aufgegeben, je mehr es glückte, Lebenserscheinungen als nothwendige und gesetzmässige Folge aus gegebenen physicalischen und chemischen Bedingungen zu erkennen. Am frühesten gelang dies bei solchen Vorgängen, in welchen nur die Wirkungen der Leistungen von Organen, z. B. der Contraction von Muskeln, der Leitung von Nerven, der Absonderung von Drüsen, zu verfolgen waren, ohne diese Leistungen selbst zu erklären. Der erste grosse Schritt vorwärts war die Entdeckung des Blutkreislaufs durch Harvey, es folgte die Erklärung der Locomotion, der Athmung, der Verdauung, der Stimmbildung u. s. w. in ihren hauptsächlichen Erscheinungen. Das strengste physicalische Denken war hier vereinbar mit durchaus vitalistischen Anschauungen über die Leistungen der Elementarorgane selbst.

Erst in unserem Jahrhundert begann auch über die letzteren schärfere Betrachtung Platz zu greifen, in Folge einer Reihe glücklicher Untersuchungen über die Physik und Chemie einzelner Organe, vor Allem aber durch die Erkenntniss des wichtigen Naturprincips von der Erhaltung der Energie durch Rob. Mayer, Joule und Helmholtz, welchem gleich bei der ersten Begründung eine ganz allgemeine Gültigkeit auch für die belebten Wesen vindicirt wurde. Grade in der thierischen Wärmebildung wurde zuerst das Resultat der im thierischen Körper erfolgenden Verbrennungsprocesse und die Wiedergewinnung derjenigen Arbeitsgrösse erkannt, welche die Sonne verrichtet hatte, als sie in der Pflanze durch Zerlegung unorganischer Producte verbrennliche organische Substanzen und Sauerstoff schuf. Von nun ab entstand die Aufgabe, für alle thierischen Arbeiten die Quelle in solchen chemischen Umsetzungen zu suchen, bei welchen Spannkraft, d. h. aufgesammelte Arbeit, wieder in Arbeit verwandelt wird, sei es durch wirkliche Verbrennung, sei es durch Atomumlagerung, bei welcher stärkere Affinitäten als vorher gesättigt werden. Hierdurch gewann, zugleich mit der Aussicht auf Verständniss der thierischen Leistungen, auch die chemische Zergliederung des Organismus eine tiefere Bedeutung, und die Physiologie betrachtete es fortan als ihre Aufgabe, die Lebensvorgänge auf physicalische und chemische Vorgänge in den kleinsten Theilchen zurückzuführen.

Von dieser Aufgabe ist freilich erst ein sehr kleiner Theil wirklich gelöst. Vor Allem ist man noch nirgends weiter gekommen als bis zu dem Nachweis, dass in der That die Summe der Arbeiten des

Organismus oder eines Theiles desselben, in ihrem Wärmeäquivalent ausgedrückt, gleich ist derjenigen Wärmemenge, welche die stattfindenden chemischen Umsetzungen entwickeln können. Wovon es aber abhängt, ob die auftretende Arbeit die Form von Wärme, Electricität, Massenbewegung oder Licht annimmt, ist noch bei keinem einzigen Organe klar geworden, und ist auch auf unorganischem Gebiete noch nirgends aufgeklärt. Trotzdem trägt man sich mit der Hoffnung, dass auch diese Fragen, sowie die noch gänzlich unverständlichen Erscheinungen der organischen Gestaltung, des Wachsthums, der Fortpflanzung sich als nothwendige Consequenzen allgemein gültiger Naturgesetze erklären lassen werden; keineswegs aber kann es als sicher oder auch nur wahrscheinlich betrachtet werden, dass die bis jetzt bekannten Naturgesetze zur Erklärung des Lebens ausreichen. Die wesentliche Errungenschaft unsrer jetzigen Naturanschauung liegt eben nur darin, dass Niemand mehr bezweifelt, dass Naturgesetze auch auf dem Gebiete des Lebens keine Ausnahme erleiden, sondern nur Eine Gesetzmässigkeit sich über alle Erscheinungsgebiete der Materie erstreckt.

Die Einwirkungen der Aussenwelt, welche oben angeführt sind, beruhen auf der in den thierischen Organen sehr verbreiteten Eigenschaft der Reizbarkeit; sie besteht darin, Einwirkungen gewisser Art, welche man Reize nennt, mit einer vorübergehenden Veränderung, im Allgemeinen einer Arbeitsleistung, zu beantworten, welche Erregung heisst. Die Arbeit der Erregung ist keinesweges äquivalent der Arbeit des Reizes, sondern letzterer wirkt nur auslösend auf ein Quantum von Spannkräften, dessen Grösse von den verschiedensten Umständen abhängt, grade wie derselbe Funke ein kleines und ein grosses Pulverquantum zur Explosion bringen, und ein Wort eine einzelne Person und eine ganze Armee zum Handeln veranlassen kann. Ein besonderer Apparatencomplex des Organismus, das Nervensystem, ist dazu bestimmt, Reize der Aussenwelt mittels der Sinnesorgane aufzunehmen und die Reactionen des Organismus zu vermitteln. An das Nervensystem sind auch die seelischen Vorgänge geknüpft, von deren Bedeutung für die thierische Reaction schon die Rede war. Diese Vorgänge selbst sind der der Erforschung unzugänglichste Theil des thierischen Lebens, da sie in den übrigen Naturerscheinungen keinerlei Analogie haben, und keiner naturwissenschaftlichen Definition fähig sind. Wären sie nicht integrirende Glieder im Causalzusammenhang der thierischen Reaction, so könnte man versucht sein, sie ganz aus dem Gebiete der physiologischen Forschung zu streichen. So aber wird man stets mit der transscendenten Frage zu thun haben, wie Vorgänge, die wir schlechterdings nicht unter den sonst alles Geschehen umfassenden Begriff der Bewegung kleinster Theilchen unterordnen können, dennoch als Glieder in die Verkettung solcher Bewegung einzugreifen vermögen, oder man muss den nur scheinbar befriedigenden Ausweg wählen, die Seelenvorgänge als einen unwirksamen und gleichgültigen Begleiter der materiellen Vorgänge zu betrachten, welche sich ohne dieselben ebensogut abspielen müssten. So lange wir aber noch ungemein weit entfernt sind, den Causalzusammenhang der Reactionsvorgänge bis an die Grenze des Psychischen zu verfolgen, ist es verfrüht, die Aussichten für die Lösung dieser Fragen zu discutiren, und wenn man dieselben als absolut Null bezeichnet, so kann dies, da es nicht mit mathematischer Sicherheit geschehen kann, nur als ein nützlicher Wink gegen vorzeitige aussichtslose Speculation gebilligt werden.

Die anatomischen Einrichtungen sowohl, als die Verrichtungen aller Theile des Organismus machen auf jeden unbefangenen Betrachter den Eindruck höchster Zweckmässigkeit für die Erhaltung des Individuums und seiner Art; selbst in den Reactionen des Thieres auf die Aussenwelt, und auch da wo psychische Processe mitspielen, zeigt sich im Allgemeinen eine Zweckmässigkeit im genannten Sinne. Durch einen höchst glücklichen Gedanken Charles Darwin's ist diese Zweckmässigkeit ihres transscendentalen Characters entkleidet und auf ein Gesetz zurückgeführt worden, welches seinerseits freilich gänzlich unerklärt ist, aber doch in das Forschungsgebiet der Physiologie hineingehört. Dies ist das Gesetz der Vererbung, nach welchem in der Nachkommenschaft alle Eigenschaften des Erzeugers sich bis in die kleinsten Details, jedoch mit einer gewissen quantitativen Schwankungsbreite, wiederholen. Jede durch diese Schwankungen zufällig bei einem Individuum hervorgerufene Variation von Form oder Verrichtung setzt gleichsam einen neuen Mittelpunct für die Schwankungsbreite seiner Nachkommenschaft. In jeder Generation werden aber gewisse Eigenschaften ihren Besitzern Vortheile für die Erhaltung oder Fortpflanzung, und andre wieder Nachtheile bringen, so dass jede vortheilhafte Variation mehr Chance hat, auf eine grosse Zahl von Individuen vererbt zu werden, und nach dem gleichen Princip sich durch die Verschiebung des Schwankungsmittelpunctes weiter zu entwickeln. So unmerklich diese Einwirkung in einer kleineren Zahl von Generationen sein mag, so unwiderstehlich mächtig wird sich ihr Einfluss in ungeheuren Zeiträumen geltend machen, er wird die Form und Eigenschaften nach den verschiedensten Richtungen gänzlich verändern können, und stets Geschöpfe hervorbringen, welche bis in die feinsten Details den gegebenen Umständen angepasst, d. h. zweckmässig organisirt sind.

Da die Vorgänge des thierischen Körpers auf das Mannigfachste ineinandergreifen, und eigentlich kein einziges Gebiet vollständig erörtert werden kann, ohne vieles aus anderen Gebieten als bekannt vorauszusetzen, ist es unmöglich einen streng systematischen Gang bei der Darstellung der Physiologie innezuhalten, und die Reihenfolge der Abschnitte fast gleichgültig. Einige Vorzüge schien es zu haben, mit solchen Vorgängen zu beginnen, welche allen organisirten Wesen gemeinsam sind, d. h. mit den chemischen Processen oder der Ernährung. Schreitet man zu immer specieller thierischen Leistungen vor, so folgen zunächst die eigentlichen Arbeiten des Thieres, die selbstständige Wärmebildung, Bewegung etc., von welchen die Pflanzen nur schwache Analogien zeigen; dann die specifisch thierischen Auslösungsprocesse, d. h. die Lehre vom Nervensystem im weitesten Sinne (mit Einschluss der Sinnesorgane). Ein letzter Abschnitt, die Lehre von der Fortpflanzung und zeitlichen Veränderung des Körpers vom Anfang bis zum Tode, ist rein morphologischer Natur, und könnte wegen seines ganz heterogenen Inhaltes füglich auch von der Physiologie abgetrennt und den descriptiven Fächern, besonders der Anatomie, zugewiesen werden.

Erster Abschnitt.
Der Stoffwechsel des Organismus.

Einleitung.

Chemische Bestandtheile des menschlichen Körpers.

A. Elemente.

Folgende Elemente setzen den menschlichen Körper zusammen: Sauerstoff, Wasserstoff, Kohlenstoff, Stickstoff, Schwefel, Phosphor, Chlor, Fluor, Kiesel; — Kalium, Natrium, Calcium, Magnesium, Eisen, Mangan.

Als inconstante und höchst wahrscheinlich unwesentliche Bestandtheile finden sich noch Kupfer und Blei. Vermuthlich finden sich auch andere, in geringen Mengen überall verbreitete Metalle spurweise im Körper; nachgewiesen ist z. B. Lithium.

Nur wenige dieser Elemente sind in freiem Zustande*) im Organismus vorhanden, nämlich:

1. *Sauerstoffgas* O_2 o=o, wird in freiem Zustande in den Körper aufgenommen und zu den Oxydationsprocessen des Organismus verwandt. Er findet sich in vielen Körperflüssigkeiten, theils einfach gelöst, theils in lockerer chemischer Bindung.

2. *Ozon* O_3 —o—o—o— oder $\overset{O}{\underset{O-O}{\triangle}}$. Diese activere Sauerstoffmodification lässt sich im Blute, wenigstens unter gewissen Umständen, nachweisen, und spielt möglicherweise in den Geweben bei den Oxydationsprocessen eine Rolle.

3. *Stickstoffgas* N_2 N≡N wird beständig aus der Atmosphäre aufgenommen und findet sich in Folge dessen in den Körperflüssigkeiten

---

*) Man erinnere sich übrigens, dass auch die sog. freien Elemente in Wirklichkeit Verbindungen mehrerer gleichnamiger Atome sind, z. B. Sauerstoff O_2, Ozon O_3, Stickstoff N_2.

gelöst. Ausserdem wird er nach Einigen bei der Oxydation stickstoffhaltiger organischer Verbindungen frei und in diesem Zustande ausgeschieden.

4. *Wasserstoffgas* H_2 kommt im Darmcanal als Zersetzungsproduct unbekannten Ursprungs, vielleicht von Buttersäuregährung herrührend, vor.

B. Chemische Verbindungen.

Von den im Organismus vorkommenden Verbindungen gehört die grosse Mehrzahl zu den organischen oder kohlenstoffhaltigen, und auf der Oxydirbarkeit derselben beruhen, wie in der Einleitung erwähnt ist, im Wesentlichen die Arbeitsleistungen des Thieres. Die Endproducte der thierischen Verbrennung sind zum Theil unorganische Substanzen, wie Kohlensäure, Wasser, Ammoniak, zum Theil aber führt die Verbrennung nicht zu den äussersten möglichen Producten, sondern die Stoffe verlassen den Organismus in noch organischen, wenn auch sehr einfachen Atomgruppen, wie Oxalsäure, Harnstoff.

Von den zahlreichen aus den thierischen Geweben und Flüssigkeiten isolirten organischen Verbindungen sind diejenigen am besten bekannt, welche den Endproducten der thierischen Oxydation am nächsten stehen; diese sind grossentheils krystallisirbar, was ihre Reingewinnung sehr erleichtert, und vermöge ihres einfacheren chemischen Baues auch theilweise synthetisch herstellbar, und in ihrer Constitution gut bekannt. Man erkennt leicht, dass die Oxydation mit einem Zerfall complicirterer Molecüle verbunden ist, und zu immer einfacheren Producten, schliesslich sogar zu unorganischen führt. Dagegen sind diejenigen Verbindungen, an welche die Lebensprocesse am unmittelbarsten geknüpft sind, von so verwickelter Zusammensetzung, dass sie, selbst wenn ihre Reindarstellung gelingt, zu unübersehbar complicirten Formeln führen, welche keine Vermuthungen über die Constitution zulassen. Mit der Complicirtheit der Zusammensetzung wächst auch die Anzahl verwandter, isomerer oder doch nahezu gleich zusammengesetzter Glieder einer Gruppe, welche sich nur schwer von einander trennen und nur durch unsichere Kennzeichen unterscheiden lassen. Noch schlimmer ist es, dass viele dieser Substanzen so ungemein unbeständig sind, dass sie schon unter der Einwirkung der zu ihrer Isolirung disponiblen Methoden sich zersetzen, so dass gerade die wichtigsten Verbindungen der lebenden Gewebe vor der Hand noch jeder Darstellungsmethode spotten und gänzlich unbekannt sind.

So ist es auch keineswegs erwiesen oder wahrscheinlich, dass jeder Schritt in den chemischen Umsetzungen des Organismus in Oxydation besteht, wenn auch der Vergleich der aufgenommenen und der ausgeworfenen Stoffe diesen Process als den vorherrschenden im Thiere kennzeichnet. Im Einzelnen kommen vielfach nicht oxydative Spaltungen, besonders solche mit Wasseraufnahme (von mir als „hydrolytische" bezeichnet) vor, und andrerseits ist erwiesen, dass sich grade die wesentlichsten Gewebsbestandtheile aus Bestandtheilen der Nahrung erst durch Synthesen aufbauen. Freilich sind die thierischen Synthesen, soweit bekannt, nur sog. „hydrolytische", d. h. Aneinanderlegung von Molecülen unter Wasseraustritt, während die Pflanze Synthesen complicirter organischer Verbindungen aus Elementen oder unorganischen Verbindungen auszuführen vermag. Manche bezeichnen die chemischen Uebergänge aus den Nahrungsstoffen zu den eigentlichen Gewebsbildnern als „Assimilation" oder „progressive Metamorphose", die Uebergänge aus den Gewebsbildnern zu den Endproducten des Stoffwechsels als „regressive Metamorphose". Bei ersterer scheint die Synthese, bei letzterer die Spaltung und Oxydation zu überwiegen.

Die unorganischen Verbindungen, welche der Körper aufnimmt, durchlaufen den Organismus im Wesentlichen ohne Wechsel ihrer Atomgruppirung. Die hauptsächlichste derselben, das Wasser, dient als allgemeines Lösungsmittel im Körper, bildet der Masse nach den Hauptbestandtheil sämmtlicher Organe, mit Ausnahme der Knochen, und wird beständig in grossen Mengen aufgenommen und ausgeschieden, ein kleiner Theil auch im Körper selbst gebildet (s. oben). Unorganische Salze kommen ebenfalls in allen Körpertheilen vor, aber (mit Ausnahme der Knochen, die grösstentheils aus Salzen bestehen) nur in geringer Menge; bei der Verbrennung von Körpertheilen bleiben sie als „Asche" zurück. Ihre Bedeutung im Organismus ist nur zum kleinen Theile aufgeklärt. Grossentheils scheinen sie nicht einfach gelöst zu sein, sondern mit complicirteren (organischen) Körperbestandtheilen noch unbekannte chemische Verbindungen zu bilden. Nur so ist es verständlich, dass ihre Menge in sehr constanten Verhältnissen zu der anderer Substanzen steht, z. B. in den Knochen, und dass die Löslichkeit und Beschaffenheit gewisser Körper, z. B. der Eiweisskörper, sehr von den gleichzeitig vorhandenen Salzen abhängt. Die Kenntniss der im Organismus wirklich vorkommenden Salze ist übrigens noch höchst unvollkommen, da einmal die chemische Analyse der Aschen nur die darin vorhandenen Säuren und Metalle, nicht aber deren Verbindungen als Salze kennen lehrt, und zweitens die Säuren, die sich in der Asche finden, wie Phosphorsäure, Kohlensäure, zu einem Theil durch die Veraschung selbst entstanden sein können.

Unter den in den Auswurfsstoffen des Körpers vorkommenden Salzen finden sich auch solche, welche nicht mit der Nahrung aufgenommen, sondern erst im Organismus entstanden sind. Es sind dies namentlich kohlensaure, schwefelsaure, phosphorsaure Salze.

Folgende chemische Verbindungen kommen im Körper vor:

1. Wasser H_2O H–O–H ist, wie schon bemerkt, als allgemeines Lösungsmittel ein Hauptbestandtheil sämmtlicher Säfte und Gewebe (etwa 70 pCt. des ganzen Körpers; Näheres s. in der Tabelle p. 13). Es wird in grossen Mengen fortwährend mit der Nahrung aufgenommen und aus dem Körper ausgeschieden; kleinere Mengen bilden sich im Organismus durch Oxydation des Wasserstoffs organischer Verbindungen.

Wasserstoffsuperoxyd HO H–O– oder H_2O_2 H–O–O–H soll nach Einigen im Organismus vorkommen und bei der thierischen Oxydation eine Rolle spielen.

2. Unorganische (C-freie) Säuren und deren Salze.*)

1) *Chlorwasserstoffsäure* ClH Cl–$\overset{*}{H}$ kommt frei im Magensaft vor. Ihre Salze (Chloride) sind im Körper sehr verbreitet, namentlich Chlornatrium ClNa, Chlorcalcium Cl_2Ca.

2) *Fluorwasserstoffsäure* FlH kommt als Fluorcalcium Fl_2Ca im Knochen vor.

3) *Schwefelsäure* SO_4H_2 $\overset{*}{H}-O-\overset{O-O}{S}-O-\overset{*}{H}$ kommt in Salzen (neutrales schwefelsaures Natron SO_4Na_2, schwefelsaurer Kalk SO_4Ca), ferner in complicirteren Verbindungen (vgl. unten: Taurin, Eiweisskörper) vielfach im Organismus vor.

Das saure Secret einer Schneckenart (Dolium galea) enthält freie Schwefelsäure.

4) *Phosphorsäure* (gewöhnliche, 3 basische oder c-Phosphorsäure) PO_4H_3
$$\overset{*}{H}-O-\overset{\overset{O}{\|}}{\underset{\underset{\overset{*}{H}}{|}}{\underset{O}{|}}}P-O-\overset{*}{H}$$
kommt in Salzen (neutrales und saures phosphorsaures Kali und Natron PO_4K_2H und PO_4KH_2, basisch phosphorsaurer Kalk $(PO_4)_2Ca_3$, basisch phosphorsaure Magnesia, phosphorsaure

---

*) In den folgenden Modellen sind die durch Metall vertretbaren H-Atome der Säuren durch ein beigefügtes * bezeichnet; je nach der Zahl derselben sind die Säuren 1-, 2- oder mehrbasisch.

Ammoniakmagnesia PO₄MgNH₄) und ferner in complicirteren Verbindungen (vgl. unten, Glycerinphosphorsäure, Lecithin) vielfach im Körper vor.

5) *Kieselsäure* SiO₂ o=si=o ist in einigen Geweben des Körpers, vielleicht nur als zufälliger Bestandtheil durch Einathmen von Sandstaub, gefunden worden.

Die folgende Tabelle giebt eine ungefähre Uebersicht über den Wasser- und Aschengehalt einiger Körperbestandtheile:

In 100 Theilen:	Wasser	Asche
Zahnschmelz	3—6	90,4
Zahnbein	12	64,6
Knochen	5—16	48—65
Knorpel	62	3,4
Fettgewebe	14	0,1
Muskel	72—75	3,1
Gehirn, weisse Substanz	68	1,1
„ graue Substanz	82	1,0
Blut	79	0,8
Milch	89	0,2
Galle	86—91	0,8
Harn	96	1,3
Transsudate	94—99	0,6—0,9

3. Kohlenwasserstoffe.

1) *Methan* (Grubengas) CH₄ $\begin{smallmatrix} H \\ | \\ H-C-H \\ | \\ H \end{smallmatrix}$ bildet sich durch gewisse Gährungsprocesse im Inhalt des Digestionsapparates.

2) *Benzol* C₆H₆ kommt als solches nicht im Organismus vor, ist aber die Grundsubstanz der sogenannten aromatischen Verbindungen, deren der Organismus eine grosse Zahl enthält. Die Constitution des Benzols ist aus dem folgenden Schema ersichtlich. In den Benzolderivaten, den sog. **aromatischen Substanzen** sind die H-Atome durch Atomgruppen vertreten. Werden mehrere H-Atome vertreten, so sind durch die relative Stellung derselben in der Regel mehrere **isomere** Verbindungen gleicher Zusammensetzung möglich und nachweisbar. Beim Eintritt von zwei Atomgruppen in das Benzol sind z. B. drei solche Möglichkeiten vorhanden, welche man der Kürze halber durch die Vorsätze Para-, Meta- und Ortho- bezeichnet, z. B. sind die drei Oxybenzoësäuren (vgl. p. 17) folgende (in den Schematen sind die 6 C-Atome zusammengeschrieben):

Benzol.   Para-Oxybenzoësäure.   Meta-Oxybenzoësäure.   Ortho-Oxybenzoësäure.

4. Organische (C-haltige) Säuren.

1) *Fettsäuren*, allgemeine Formel $C_nH_{2n}O_2$. Die Reihe der bis jetzt bekannten Fettsäuren lautet:

Ameisensäure	CH_2O_2	$H-\overset{\overset{O}{\|}}{C}-O-\overset{.}{H}$
Essigsäure	$C_2H_4O_2$	$H-\overset{\overset{H}{\|}}{\underset{\underset{H}{\|}}{C}}-\overset{\overset{O}{\|}}{C}-O-\overset{.}{H}$
Propionsäure	$C_3H_6O_2$	$C_2H_5.CO.OH$
Buttersäure	$C_4H_8O_2$	$C_3H_6.CO.OH$
Baldriansäure	$C_5H_{10}O_2$	
Capronsäure	$C_6H_{12}O_2$	
Oenanthylsäure	$C_7H_{14}O_2$	
Caprylsäure	$C_8H_{16}O_2$	
Pelargonsäure	$C_9H_{18}O_2$	
Caprinsäure	$C_{10}H_{20}O_2$	
Laurostearinsäure	$C_{12}H_{24}O_2$	
Myristinsäure	$C_{14}H_{28}O_2$	
Palmitinsäure	$C_{16}H_{32}O_2$	
Margarinsäure	$C_{17}H_{34}O_2$	
Stearinsäure	$C_{18}H_{36}O_2$	
Arachinsäure	$C_{20}H_{40}O_2$	

Diese 1basischen Säuren bilden eine homologe Reihe; ihr Siedepunct nimmt mit jedem eintretenden CH_2 um 19° ab; die C-ärmeren sind flüssig und flüchtig, die C-reicheren fest und nichtflüchtig. Aus den letzteren entstehen die ersteren, indem CH_2 durch Oxydation (Bildung von CO_2 und H_2O) herausgenommen wird, z. B.

$$C_4H_8O_2 + 3\,O = C_3H_6O_2 + CO_2 + H_2O.$$
Buttersäure. Propionsäure.

Freie flüchtige Fettsäuren findet man häufig bei der Analyse von Köperbestandtheilen; indess ist ihr Vorkommen während des Lebens nicht festgestellt; die festen Fettsäuren kommen krystallisirt zuweilen in früher fetthaltig gewesenem Zellinhalte vor. Alkalisalze der Fettsäuren (Seifen, in Wasser löslich), ferner Amidverbindungen (vgl. unten, Glycin, Leucin), und vor allem gewisse ätherartige Verbindungen derselben (s. unten, neutrale Fette) kommen in sehr vielen Körperbestandtheilen vor; ausserdem sind sie in gewissen noch complicirteren Verbindungen (vgl. Lecithin) als constituirende Elemente vorhanden.

2) *Glycolsäuren*, allgemeine Formel $C_nH_{2n}O_3$.

Die Glycolsäuren entstehen durch Oxydation aus den Fettsäuren, indem ein mit C verbundenes H-Atom durch OH ersetzt wird; auch in diesem OH ist H durch Metall vertretbar, so dass diese Säuren 2basisch sind, wenn auch die meisten bis-

Glycolsäuren. Kohlensäure. Aethylidenmilchsäure. Aethylenmilchsäure. 15

her nur in 1 basischen Salzen bekannt sind. Aus denjenigen Fettsäuren, welche mehr als 2 C-Atome enthalten (also von der Propionsäure ab) können mehrere isomere Glycolsäuren entstehen, je nach dem C-Atom, in welches die zweite OH-Gruppe eintritt; man bezeichnet diese Säuren mit α, β, γ u. s. w., je nachdem die OH-Gruppe, von der Gruppe CO.OH ab gerechnet, in das nächste, zweitnächste, drittnächste u. s. w. C-Atom eingetreten ist. Die wichtigeren Glycolsäuren sind:

Kohlensäure (Oxyameisensäure)	CH_2O_3	$\overset{*}{H}-O-\overset{\overset{O}{\|}}{C}-O-\overset{*}{H}$
Kohlensäure-Anhydrid	CO_2	$O=C=O$
Glycolsäure (Oxyessigsäure)	$C_2H_4O_3$	$\overset{*}{H}-O-\overset{\overset{H}{\|}}{\underset{\underset{H}{\|}}{C}}-\overset{\overset{O}{\|}}{C}-O-\overset{*}{H}$
Milchsäure (Oxypropionsäure)	$C_3H_6O_3$ in zwei Isomeren:	
Aethylidenmilchsäure oder α-Oxypropionsäure		Aethylenmilchsäure oder β-Oxypropionsäure

$$H-\overset{\overset{H}{\|}}{\underset{\underset{H}{\|}}{C}}-\overset{\overset{H}{\|}}{\underset{\underset{O}{\|}}{C}}-\overset{\overset{O}{\|}}{C}-O-\overset{*}{H} \qquad \overset{*}{H}-O-\overset{\overset{H}{\|}}{\underset{\underset{H}{\|}}{C}}-\overset{\overset{H}{\|}}{\underset{\underset{H}{\|}}{C}}-\overset{\overset{O}{\|}}{C}-O-\overset{*}{H}$$
$$\overset{\|}{H}$$

Butlactinsäure (Oxybuttersäure)	$C_4H_8O_3$
Valerolactinsäure (Oxybaldriansäure)	$C_5H_{10}O_3$
Leucinsäure (α-Oxycapronsäure?)	$C_6H_{12}O_3$

Von diesen Säuren kommt im Organismus vor:

Kohlensäure, als Anhydrid und in Salzen und Amiden (Harnstoff etc.), das hauptsächlichste Product der thierischen Oxydation. Die wichtigsten Salze sind: einfach und doppeltkohlensaures Natron (CO_3Na_2 und CO_3NaH), kohlensaurer Kalk (CO_3Ca) und kohlensaure Magnesia (CO_3Mg).

Aethylidenmilchsäure in zwei Modificationen: eine optisch inactive (Gährungsmilchsäure) in der sauren Milch, und eine die Polarisationsebene nach rechts drehende (Fleisch- oder Paramilchsäure) im Muskel; für letztere ist $\alpha D = +3{,}5$.*)

Aethylenmilchsäure in sehr geringer Menge neben der vorigen im Muskel.

Die Glycolsäure und Leucinsäure gewinnt man aus den entsprechenden Amidosäuren (Glycin und Leucin, s. unten) durch Behandeln mit salpetriger Säure.

---

*) αD ist die specifische Drehung der Substanz für Natriumlicht (Linie D); d. h. die Anzahl der Grade, um welche eine 0,1 m lange Schicht einer 100procentigen Lösung der Substanz die Polarisationsebene des Natriumlichtes drehen würde; das Vorzeichen + bezeichnet Rechtsdrehung, — Linksdrehung.

3) *Oxalsäuren*, allgemeine Formel $C_nH_{2n-2}O_4$.

Die Oxalsäuren sind 2 basische Säuren, welche durch Oxydation der Fettsäuren oder Glycolsäuren (mit Austritt von H_2O) entstehen. Die hier in Betracht kommenden Glieder der Reihe sind:

$$\text{Oxalsäure} \quad C_2H_2O_4 \quad \overset{\ \ \ O\ \ O}{\underset{}{\overset{\ \ \ \|\ \ \|}{H-O-C-C-O-H}}}$$

$$\text{Malonsäure} \quad C_3H_4O_4 \quad \overset{\ \ \ O\ H\ O}{\underset{H}{\overset{\ \ \ \|\ |\ \|}{H-O-C-C-C-O-H}}}$$

$$\text{Bernsteinsäure} \quad C_4H_6O_4 \quad \overset{\ \ \ O\ H\ H\ O}{\underset{H\ H}{\overset{\ \ \ \|\ |\ |\ \|}{H-O-C-C-C-C-O-H}}}$$

Von diesen kommt normal nur die Oxalsäure, vielleicht auch die Bernsteinsäure, im Organismus in Form von Salzen vor; alle drei genannten aber in complicirteren Verbindungen (vgl. unten, Harnstoffe, Harnsäure u. s. w.).

4) *Oelsäuren*, allgemeine Formel $C_nH_{2n-2}O_2$.

Diese einbasischen Säuren entsprechen genau den Fettsäuren, in welchen jedoch 2 C-Affinitäten nicht (wenigstens nicht durch H) gesättigt sind. Einige Glieder dieser Reihe sind:

Acrylsäure $C_3H_4O_2$ $\quad H-\overset{H}{\underset{}{C}}-\overset{H}{\underset{}{C}}-\overset{O}{\underset{}{\overset{\|}{C}}}-O-H\quad$ oder $\quad H-\overset{H}{C}=\overset{H}{C}-\overset{O}{\overset{\|}{C}}-O-H$

Crotonsäure $C_4H_6O_2$

Angelicasäure $C_5H_8O_2$

Oelsäure $C_{18}H_{34}O_2$

Nur die Oelsäure (Oleinsäure, Elainsäure) kommt im Körper vor, und zwar in denselben Formen wie die Fettsäuren: als Seife, als neutrales Fett (Olein) und als Lecithin.

5) *Cholalsäuren*, eigenthümliche Säuren von unbekannter, jedenfalls complicirter Constitution, welche in der Galle und im Darminhalt aller Thiere, meist in complicirteren Verbindungen (gepaarte Gallensäuren, vgl. unten bei Glycin und Taurin) vorkommen. Die hauptsächlichsten sind:

Cholalsäure $\quad C_{24}H_{40}O_5$

Anhydride derselben: Choloidinsäure $\quad C_{24}H_{38}O_4$

Dyslysin $\quad C_{24}H_{36}O_3$

Hyocholalsäure $\quad C_{25}H_{40}O_4$ (in der Schweinegalle)

Hyodyslysin $\quad C_{25}H_{38}O_3$

Chenocholalsäure $\quad C_{27}H_{44}O_4$ (in der Gänsegalle)

Guanogallensäure ? (im Guano)
Lithofellinsäure $C_{20}H_{36}O_4$ (in Darmconcrementen, sog. Bezoaren).

Die Cholalsäuren sind in Wasser unlöslich, bilden leicht lösliche, seifenähnliche Alkalisalze, und zeigen eine gemeinsame characteristische (die Pettenkofer'sche) Reaction: Mit Zucker und concentrirter Schwefelsäure oder Phosphorsäure auf 60° erwärmt, geben sie eine purpurviolette Färbung. Unter ihren mannigfachen Oxydationsproducten ist am bemerkenswerthesten die Cholesterinsäure $C_8H_{10}O_5$, weil dieselbe auch aus dem Cholesterin (s. unten) erhalten wird. Sie drehen die Polarisationsebene nach rechts; für wasserfreie Cholalsäure $\alpha D = +33,9$.

6) *Aromatische Säuren.* Säuren, in welchen die sehr beständige Atomgruppe Benzol (p. 13) enthalten ist, indem sie, durch Wegnahme eines H-Atoms einwerthig geworden, als sog. Phenyl (C_6H_5) ein H-Atom vertritt.

Einige aromatische Säuren von physiologischem Interesse sind (vgl. p. 13):

Benzoësäure (Phenyl-Ameisensäure) $C_6H_5.CO.OH$
Salicylsäure (Ortho-Oxyphenyl-Ameisensäure) $C_6H_4(OH).CO.OH$
Anissäure (Methyl-Paraoxyphenyl-Ameisensäure) $C_6H_4(O.CH_3).CO.OH$

Diese Säuren kommen im Organismus an sich nicht regelmässig vor, jedoch durchwandern sie denselben häufig in Folge ihres Vorkommens in pflanzlicher Nahrung und gehen dann im Organismus eigenthümliche Verbindungen ein (vgl. unten, Hippursäure).

7) *Rhodanwasserstoffsäure* NCSH, kommt wahrscheinlich als Kaliumsalz im Speichel, Harn etc. vor.

$$N \equiv C - S - K$$
Rhodankalium.

5. Alkohole.

Die Alkohole (Kohlenwasserstoffe, in welchen H-Atome durch OH substituirt sind) umfassen sehr heterogene Substanzen.

1) *Cholesterin* $C_{26}H_{43}(OH)$, ein einatomiger Alkohol unbekannter Constitution, kommt sehr verbreitet im Organismus vor, besonders in den Nervensubstanzen, der Galle und den Blutkörperchen.

Das Cholesterin schmilzt bei 145°, ist in Wasser unlöslich, in Aether und heissem Alkohol löslich, es krystallisirt aus letzterem in rhombischen Tafeln, die sich mit Schwefelsäure und Jod blau färben. Es ist linksdrehend, $\alpha D = -31,6$. Durch Oxydation liefert es Cholesterinsäure (s. oben). Im Wollfett der Schafe kommt eine isomere Verbindung vor, das Isocholesterin (E. Schulze). Auch in pflanzlichen Gebilden finden sich Cholesterine (Phytosterin, Caulosterin, Paracholesterin etc.).

2) *Glycerin* $C_3H_5(OH)_3$, ein dreiatomiger Alkohol, kommt wahrscheinlich nur in Form von Aetherarten im Körper vor (s. unten p. 19, 20, wo auch das Schema).

3) *Phenol* (syn. Phenylsäure, Carbolsäure, Oxybenzol) $C_6H_5(OH)$ und

4) *Brenzcatechin* (Ortho-Dioxybenzol) $C_6H_4(OH)_2$, sind ebenfalls nur in complicirteren Verbindungen, und zwar im Harn enthalten.

5) *Zuckerarten*, sind als vielatomige Alkohole von unbekannter Constitution zu betrachten.

Die Zuckerarten sind leicht lösliche, süss schmeckende, krystallisirbare Körper, deren Lösungen die Polarisationsebene drehen, und die durch ihre leichte Oxydirbarkeit viele Metalloxyde zu Oxydulen oder Metallen reduciren. Sie zerfallen unter der Einwirkung von gewissen Organismen (Hefezellen) und anderen sog. Fermenten unter Wärmeentwicklung in einfachere Verbindungen (Gährungsprocesse). Folgende Zuckerarten kommen im Organismus vor:

Traubenzucker $C_6H_{12}O_6$ (syn. Stärkezucker, Krümelzucker, Harnzucker, Leberzucker), kommt spurweise im Blute, in der Leber, in den Muskeln und im Harne vor. In pathologischen Zuständen kann er massenhaft auftreten. Ausserdem ist dieser Atomcomplex in vielen complicirteren Körperbestandtheilen vorhanden (s. unten). Er dreht die Polarisations-Ebene nach rechts, $\alpha D = +56$.

Gährungen: a. Zerfall in Alkohol und Kohlensäure ($C_6H_{12}O_6 = 2 C_2H_6O + 2 CO_2$) bei Gegenwart von Hefe; b. Zerfall in Milchsäure ($C_6H_{12}O_6 = 2 C_3H_6O_3$) bei Gegenwart von sich zersetzenden Eiweisskörpern; die Milchsäure zerfällt unter der gleichen Bedingung in alkalischer Lösung weiter zu Buttersäure, Kohlensäure und Wasserstoffgas ($2 C_3H_6O_3 = C_4H_8O_2 + 2 CO_2 + 2 H_2$). Auch blosse Alkalien verwandeln bei Körpertemperatur den Traubenzucker theilweise in Milchsäure (Nencki & Sieber).

Milchzucker $C_{12}H_{22}O_{11}$, Bestandtheil der Milch, ebenfalls rechtsdrehend. $\alpha D = +52,53$. Dieser Zucker ist direct nur der Milchsäuregährung fähig, wird aber durch Kochen mit verdünnter Schwefelsäure in eine der alkoholischen Gährung fähige Zuckerart (Lactose) verwandelt.

Inosit $C_6H_{12}O_6$, Bestandtheil der Muskeln und einiger andern Gewebe, nicht drehend, ebenfalls der Milchsäuregährung fähig; kommt auch in Pflanzen vor.

Die Zuckerarten und deren Anhydride (s. unten) werden gewöhnlich unter dem Namen „Kohlehydrate" zusammengefasst, welcher nur ausdrückt, dass sie, neben Kohlenstoff, H und O in dem Mengenverhältniss wie sie im Wasser vorkommen enthalten.

6. N-freie Aetherarten und Anhydride.

Wenn Alkoholradicale oder Säureradicale oder Alkohol- und Säureradicale durch Sauerstoffatome zusammengehalten werden, so entstehen Aether; sind mehrere gleiche Radicale auf diese Weise untereinander verbunden, so nennt man die Verbindungen auch Anhydride. Z. B.

Aether und Anhydride. Glyceride.

$$\begin{array}{c} \text{H H} \quad \text{H H} \\ | \ | \quad | \ | \\ \text{H}-\text{C}-\text{C}-\text{O}-\text{C}-\text{C}-\text{H} \\ | \ | \quad | \ | \\ \text{H H} \quad \text{H H} \\ C_2H_5.O.C_2H_5 \end{array}$$
Aethyläthyläther (gewöhnlicher Aether oder Alkoholanhydrid).

$$\begin{array}{c} \text{H H} \quad \text{O H} \\ | \ | \quad \| \ | \\ \text{H}-\text{C}-\text{C}-\text{O}-\text{C}-\text{C}-\text{H} \\ | \ | \quad | \\ \text{H H} \quad \text{H} \\ C_2H_5.O.C_2H_3O \end{array}$$
Acetyläthyläther (Essigäther).

$$\begin{array}{c} \text{H O} \quad \text{O H} \\ | \ \| \quad \| \ | \\ \text{H}-\text{C}-\text{C}-\text{O}-\text{C}-\text{C}-\text{H} \\ | \quad \quad \quad | \\ \text{H} \quad \quad \quad \text{H} \\ C_2H_3O.O.C_2H_3O \end{array}$$
Acetylacetyläther (Essigsäureanhydrid).

Die Aetherarten und Anhydride entstehen aus den Alkoholen und Säuren durch Austritt von H_2O und gehen umgekehrt durch Aufnahme von H_2O wieder in diese über. Der erstere Process ist eine Synthese, der zweite eine Spaltung; beide Processe kann man zum Unterschied von anderen Synthesen und Spaltungen als **hydrolytische** bezeichnen. Die Rolle, welche das Wasser dabei spielt, erhellt aus folgendem Schema; man sieht, wie durch Eintritt der Wasseratome in

$$\begin{array}{c} \text{H H} \quad\quad\quad\quad\quad\quad \text{O H} \\ | \ | \quad\quad\quad\quad\quad\quad \| \ | \\ \text{H}-\text{C}-\text{C}\text{------O------}\text{C}-\text{C}-\text{H} \quad \text{Essigäther.} \\ | \ | \quad\quad\quad\quad\quad\quad | \\ \text{H H} \quad\quad\quad \text{H} \ | \ \text{H}-\text{O} \quad\quad \text{H} \quad \text{Elemente des Wassers.} \end{array}$$

Alkohol.   Essigsäure.

der angedeuteten Weise die Spaltung in Alkohol und Essigsäure erfolgt. Die hydrolytischen Spaltungen werden zuweilen durch blosse Berührung mit Wasser, in anderen Fällen durch Erhitzung mit Wasser (zuweilen erst über 100°, „Ueberhitzen") oder durch Kochen mit Wasser und Mineralsäuren, endlich schon bei mässiger Temperatur durch gewisse („hydrolytische") **Fermente** (s. unten) bewirkt. Im Organismus kommen folgende Aether und Anhydride vor:

1) *Glycerinäther*.

a. Die *neutralen Fette* (Schema s. umstehend) sind dreifache Aether des 3 atomigen Alkohols Glycerin mit den Fettsäuren und der Oelsäure. Thierische Fette sind: Olein, Stearin, Margarin, Palmitin; ausserdem in der Milch (Butterfette) Myristin, Caprinin, Caprylin, Capronin, Butyrin.

Von den neutralen Fetten sind die C-ärmeren und das Olein bei gewöhnlicher Temperatur flüssig (ölig), die übrigen schmelzbar; in Wasser unlöslich, in Aether und heissem Alkohol leicht löslich. flüssig machen sie Papier durchscheinend (Fettflecken); durch colloide Substanzen lassen sie sich in Wasser in feinen Tropfen vertheilen, wobei die Flüssigkeit weiss und undurchsichtig wird (Emulsion) Durch hydrolytische Fermente oder durch Ueberhitzen mit Wasser (s. oben) werden sie unter Wasseraufnahme gespalten in Glycerin und freie Fettsäure, welche letztere, wenn sie zu den flüchtigen gehört, den „ranzigen" Geruch bewirkt. Durch Alkalien werden die Fette ebenso zersetzt, indem sich fettsaure Alkalien (Seifen) bilden, in Wasser löslich; diese Lösungen lösen Fette.

b. Den neutralen Fetten schliesst sich noch ein anderer, aber saurer Glycerinäther an, die **Glycerinphosphorsäure** $C_3H_9PO_6$, d. h. eine Vereinigung von Glycerin mit Phosphorsäure unter Austritt vom 1 Mol. H_2O.

Zuckeranhydride. Ammoniakderivate.

$C_3H_8O_3$
Glycerin.

$C_{51}H_{98}O_6$
Tripalmitin oder Palmitin.
(Neutrales Fett.)

$C_3H_9PO_6$
Glycerinphosphorsäure.

Die Glycerinphosphorsäure ist ein Zersetzungsproduct des Lecithins (s. unten).

2) Im Walrath (aus den Schädelhöhlen einiger Wale) kommen einatomige Aether der Fettsäuren mit dem Cetylalkohol (Aethal) $C_{16}H_{33}.OH$ vor, namentlich *Palmitinsäure-Cetyläther* $C_{16}H_{33}.O.C_{16}H_{31}O$.

3) *Zuckeranhydride.* Im Pflanzenreich sind gewisse Substanzen sehr verbreitet, welche durch hydrolytische Einflüsse (s. oben: Kochen mit verdünnten Säuren, Einwirkung gewisser Fermente) sich unter Wasseraufnahme in Zucker verwandeln, also als Anhydride des Zuckers zu betrachten sind. Die Hauptvertreter derselben sind: Gummi $C_{12}H_{22}O_{11}$, Stärke $C_6H_{10}O_5$, Cellulose $C_6H_{10}O_5$, und das Zwischenproduct zwischen Stärke und Zucker: Dextrin $C_6H_{10}O_5$. Die Formeln dieser Körper, welche sich anscheinend zu den Zuckerarten verhalten wie der Aether zu den Alkoholen, wären demnach zu vervielfachen (Stärke $C_{12}H_{20}O_{10}$ oder $C_{18}H_{30}O_{15}$ etc.); und ihre „Umwandlung" in Zucker wäre in Wirklichkeit eine Spaltung. Auch unter den Zuckerarten selbst ist vermuthlich der Milchzucker, der sich durch hydrolytische Einflüsse in eine dem Traubenzucker verwandte Zuckerart, die Lactose, verwandelt oder vielmehr spaltet, ein Aether der Lactose; ähnlich verhält sich anscheinend der Rohrzucker.

Andere, in den Pflanzen, zum Theil auch in den Thieren vorkommende Körper, die Glucoside, sind Aether aus Zucker und anderen Atomgruppen, und spalten sich daher durch hydrolytische Einflüsse in diese und Traubenzucker.

Im thierischen Körper ist von eigentlichen Zuckeranhydriden fast nur nachgewiesen das

Glycogen $C_6H_{10}O_5$ (wahrscheinlich ein Vielfaches dieser Formel), Bestandtheil der Leber, der Muskeln und, wie es scheint, sämmtlicher embryonalen Organe, in Wasser mit Opalescenz löslich, dem Dextrin in der rothen Jodreaction und dem rechtsseitigen Drehungsvermögen ($\alpha D = +203-226$) am nächsten stehend, durch Säuren und Fermente leicht in Dextrin und Zucker übergehend.

Im Gehirn findet sich ausserdem eine der Stärke ähnliche, mit Jod sich bläuende Substanz.

Thierisches Gummi $C_{12}H_{20}O_{10}$ ist in zahlreichen Geweben enthalten, färbt sich nicht mit Jod, reducirt nicht, wird aber durch Kochen mit Säuren in einen reducirenden Körper verwandelt (Landwehr).

7. Ammoniak und Ammoniakderivate.

1) *Ammoniak* NH_3 und dessen Salze, die sogenannten Ammonium-

Ammoniakderivate. Amine. 21

salze, kommen spurweise in vielen Körperbestandtheilen, z. B. im Blute, vor.

Das Ammoniak kann sich an der Bildung von Verbindungen betheiligen, indem es als 1 werthige Gruppe $\overset{'}{N}H_2$ oder als 2 werthige Gruppe $\overset{'}{N}H$ 1 oder 2 Valenzen sättigt (1 oder 2 H vertritt), oder mit anderen Worten, indem die H-Atome des NH_3 durch andere Atomgruppen vertreten werden.

In die Gruppe der Ammoniakderivate gehören fast alle ihrer Zusammensetzung nach genauer bekannten stickstoffhaltigen Körperbestandtheile; dieselben gehen aus den Eiweisskörpern und deren Abkömmlingen hervor, in welchen also wahrscheinlich ebenfalls der Stickstoff in der Form des Ammoniaks vorhanden ist (zum Theil aber auch in der Form des Cyans, da einige stickstoffhaltige Substanzen auch Cyan enthalten, z. B. Harnsäure). Hier kommen in Betracht:

a. Amine,

Verbindungen, in welchen H-Atome des Ammoniaks oder des Ammoniumoxydhydrats durch Kohlenwasserstoffgruppen ersetzt sind, z. B.

NH_3 $NH_2(CH_3)$ $N(CH_3)_3$ $NH_4.OH$ $N(CH_3)_3(C_2H_5O)OH$
Ammoniak.[*]   Methylamin.   Trimethylamin.   Ammonium-   Cholin.
                                                                                                     oxydhydrat.

2) *Methylamin*, $NH_2(CH_3)$, und

3) *Trimethylamin*, $N(CH_3)_3$, kommen als Zersetzungsproducte des Cholins und Kreatins (s. unten) vor.

4) *Cholin* oder *Neurin*, $C_5H_{15}NO_2$, Trimethyl-Oxyaethyl-Ammoniumoxydhydrat, ist ein Zersetzungsproduct des Lecithins (s. unten). Man erhält es synthetisch aus Glycol und Trimethylamin, was leicht aus dem obigen Schema des Cholins zu ersehen ist; denn wenn man die beiden durch die schrägen Striche mit dem N verbundenen Gruppen für sich vereinigt, so erhält man das Modell des Glycols und der Rest ist Trimethylamin. Als eine Verbindung des Cholins ist anzuführen das

Lecithin $C_{44}H_{90}NPO_9$, Bestandtheil der Nervensubstanz, des Blutes, des Samens, des Eidotters u. s. w., in welchen es zum Theil in complicirteren Verbindungen vorkommt.

Beim Kochen mit Baryt liefert das Lecithin: Stearinsäure, Glycerinphosphorsäure (p. 20) und Cholin (s. oben):

$$C_{44}H_{90}NPO_9 + 3H_2O = 2\,C_{18}H_{36}O_2 + C_3H_9PO_6 + C_5H_{15}NO_2$$
Lecithin.   Stearinsaure.   Glycerin-   Cholin.
                                        phosphorsäure.

---

[*] Die beiden punctirten Affinitätsstriche im Schema deuten an, dass der Stickstoff auch 5 werthig auftreten kann, z. B. in den Ammoniumsalzen.

Es ist eine H_2O-ärmere Verbindung des Cholins und der Distearyl-Glycerinphosphorsäure; letztere ist ein Stearin, in welchem statt der dritten Stearinsäure ein Phosphorsäurerest am Glycerin haftet. Ob jene Verbindung ein Salz (Diaconow) oder eine Art Aether ist (Strecker), ist streitig. Das distearylglycerinphosphorsaure Cholin ist neuerdings dargestellt (Drechsel & Hundeshagen), mit dem Lecithin aber nicht identisch.

$$\begin{array}{c} H\ H\ H \\ |\ |\ | \\ H-C-C-C-H \\ |\ |\ | \\ C_{18}H_{35}O-O\ \ O\ \ O-C_{18}H_{35}O \\ | \\ HO-P-OH \\ \| \\ O \end{array}$$

Distearylglycerinphosphorsäure.

Neben dem Distearinlecithin scheint auch ein Dioleinlecithin, ein Olein-Palmitin-Lecithin u. s. w. vorzukommen.

5) *Guanidin*, Biamido-Imido-Kohlenstoff, $C(NH_2)_2(NH)$ (oder auch Biamido-Imido-Grubengas zu nennen), ein Zersetzungsproduct des Guanins (s. unten). Man erhält es synthetisch aus Chlorpicrin $C(NO_2)Cl_3$ und Ammoniak:

$$\begin{array}{c} H \\ | \\ H\ N\ H \\ |\ \|\ | \\ H-N-C-N-H \end{array}$$
Guanidin.

$$CNO_2Cl_3 + 4NH_3 = C(NH_2)_2(NH) + N_2 + 2H_2O + 3HCl.$$

Das Guanidin ist dem Harnstoff (s. unten) nahe verwandt.

6) *Methyluramin*, Methyl-Guanidin, $C_2H_7N_3$, ein Zersetzungsproduct des Kreatins (s. unten).

$$\begin{array}{c} H \\ | \\ H\ N\ H\ H \\ |\ \|\ |\ | \\ H-N-C-N-C-H \\ | \\ H \end{array}$$
Methyluramin.

7) *Indol* C_8H_7N (Baeyer), die Grundsubstanz der Indigokörper und

8) *Scatol* C_9H_9N (Nencki & Brieger) kommen als Zersetzungsproducte des Eiweiss im Darminhalt und in faulenden Massen vor, und sind aus Indigo darstellbar.

Beide Körper sind krystallinisch, schmelzbar (Indol bei $52°$, Scatol bei $95°$), flüchtig und höchst übelriechend, was jedoch möglicherweise von Beimengungen herrührt.

Die wahrscheinliche Constitution des Indols ist ein Benzol mit einer an zwei benachbarte C-Atome angreifenden Seitenkette (s. das Schema auf p. 23). Die Constitution des Scatols, eines Homologen des Indols, ist noch unbekannt (Methylindol?); es wird synthetisch aus Anilin und Glycerin erhalten (Fischer & German).

9) *Chinolin*, C_9H_7N, kommt im Organismus nur in complicirterer Verbindung vor (Kynurensäure, s. unten). Die wahrscheinliche Constitution ist der des Indols verwandt:

Ammoniakderivate. Amine. Amide.

C_8H_7N
Indol.

C_9H_9N
Methylindol
(Scatol?).

C_9H_7N
Chinolin.

b. Amide,

Verbindungen, in welchen die OH-Gruppe von Säuren durch NH_2 ersetzt ist:

10) *Harnstoff*, Biamid der Kohlensäure, $CO(NH_2)_2$,

CO_3H_2
Kohlensäure.

CO_2NH_3
Monamid der Kohlensäure
(Carbaminsäure).

CON_2H_4
Biamid der Kohlensäure
(Carbamid oder Harnstoff).

einer der einfachsten Amidkörper, welcher das Hauptproduct der Oxydation stickstoffhaltiger Substanzen im Organismus bildet und in grossen Mengen mit dem Harn entleert wird.

Der Harnstoff ist krystallisirbar, in Wasser und Alkohol leicht löslich, giebt mit Salpetersäure ein schwer lösliches Salz, mit salpetersaurem Quecksilberoxyd einen weissen Niederschlag. Bei Gegenwart faulender Substanzen, ferner beim Kochen mit Alkalien, beim Ueberhitzen mit Wasser, nimmt er 2 H_2O auf und liefert kohlensaures Ammoniak: $CO(NH_2)_2 + 2 H_2O = CO(O.NH_4)_2$. Harnstoff war die erste organische Substanz, welche synthetisch dargestellt wurde (Wöhler); man kann ihn auf verschiedene Weise künstlich erhalten, z. B. aus cyansaurem Ammoniak durch Erhitzen, wobei die Atome sich umlagern.

CNOH
Cyansäure.

$CNO(NH_4)$
Cyansaures Ammoniak

$CO(NH_2)_2$
Harnstoff.

ferner aus Chlorkohlenoxyd (Phosgengas) und Ammoniak: $COCl_2 + 2NH_3 = CO(NH_2)_2 + 2HCl$.

NH_3

$COCl_2$
Phosgen.

NH_3

HCl

$CO(NH_2)_2$
Harnstoff.

HCl

In den beiden NH_2-Gruppen des Harnstoffs können noch H-Atome durch Alkohol- oder Säureradicale vertreten werden. Verbindungen der letzteren Art, namentlich mit Ersetzung von 2H durch 2werthige Säureradicale, erhält man vielfach bei der künstlichen Oxydation der Harnsäure (welche selbst wahrscheinlich ein ähnlicher, aber complicirterer Körper ist) neben dem einfachen Harnstoff. Namentlich die Radicale der Oxalsäurereihe und der nächsten Abkömmlinge derselben*) bilden solche zusammengesetzte Harnstoffe; dieselben heissen zum Theil Säuren, weil das letzte noch vorhandene H-Atom der Amidgruppen durch Metall vertreten werden kann. Einige dieser Körper sind: **Parabansäure** = Oxalylharnstoff $CO(NH)_2(C_2O_2)$, **Barbitursäure** = Malonylharnstoff $CO(NH)_2(C_3H_2O_2)$, **Dialursäure** = Tartronylharnstoff $CO(NH)_2(C_3H_2O_3)$, **Alloxan** = Mesoxalylharnstoff $CO(NH)_2(C_3O_3)$.

Parabansäure.   Barbitursäure.   Dialursäure.   Alloxan.

Diese Harnstoffe nehmen bei hydrolytischer Behandlung entweder 1 oder 2 H_2O auf; im ersteren Falle öffnet sich der Ring und es bildet sich eine Säure, in welcher nur noch die eine OH-Gruppe durch Harnstoff vertreten ist; tritt auch das zweite Mol. H_2O ein, so spaltet sich der Harnstoff ganz von der Säure ab; z. B. liefert für die Parabansäure der erste H_2O-Eintritt (an der im Schema durch . bezeichneten Stelle) Oxalsäure;

$$C_3H_4N_2O_4$$
Oxalursäure.

der zweite H_2O-Eintritt (an der * Stelle) liefert

CH_4N_2O und $C_2H_2O_4$
Harnstoff.   Oxalsäure.

Das **Alloxan** (s. oben) geht durch Reduction über in **Alloxantin** ($C_8H_4N_4O_7$):

$$2\ C_4H_2N_2O_4 + H_2 = C_8H_4N_4O_7 + H_2O;$$

das Alloxantin ist eine ätherartige Verbindung des Alloxans und der Dialursäure (s. oben), und geht in Folge dessen unter H_2O-Aufnahme in diese beiden Körper über:

$$C_8H_4N_4O_7 + H_2O = C_4H_4N_2O_4 + C_4H_2N_2O_4.$$

Die Dialursäure erhält man durch weitere Reduction des Alloxans oder des Alloxantins:

$$C_4H_2N_2O_4 + H_2 = C_4H_4N_2O_4;\quad C_8H_4N_4O_7 + H_2O + H_2 = 2\ C_4H_4N_2O_4.$$

Wie die Radicale der Oxalsäurereihe, bilden auch die der **Glycolsäurereihe** (p. 15) zusammengesetzte Harnstoffe, z. B. **Hydantoin** = Glycolylharnstoff. Auch hier bildet sich durch Eintritt von H_2O (bei .) eine der Oxalursäure entsprechende Säure, die **Hydantoinsäure** = Glycolursäure:

---

*) Als solche sind hier anzuführen:
    Tartronsäure = Oxymalonsäure, $HO-CO-\overset{OH}{\underset{|}{C}H}-CO-OH$;
    Mesoxalsäure = Dioxymalonsäure minus Wasser, $HO-CO-CO-CO-OH$.

Ammoniakderivate. Amide. Amidosäuren.

$$\begin{array}{c} \text{CO}-\text{CH}_2 \\ \overset{*}{\text{NH}} \quad\quad \text{NH} \\ \text{CO} \end{array}$$

$C_3H_4N_2O_2$
Glycolylharnstoff
oder Hydantoin.

$$H_2N-CO-NH-CH_2-CO-OH$$

$C_3H_6N_2O_3$
Glycolursäure
oder Hydantoinsäure.

c. Amidosäuren,

Säuren, in welchen H-Atome des Radicals durch NH₂ ersetzt sind, z. B.

$$\begin{array}{c} \text{H} \quad \text{O} \\ | \quad \| \\ \text{H}-\text{C}-\text{C}-\text{O}-\overset{*}{\text{H}} \\ | \\ \text{H} \end{array} \qquad \begin{array}{c} \text{H} \quad \text{H} \quad \text{O} \\ | \quad | \quad \| \\ \text{H}-\text{N}-\text{C}-\text{C}-\text{O}-\overset{*}{\text{H}} \\ \quad\quad | \\ \quad\quad \text{H} \end{array}$$

$C_2H_4O_2$ $C_2H_3[NH_2]O_2$
Essigsäure.   Amidoessigsäure oder Glycin.

Die Amidosäuren verhalten sich einerseits wie Säuren, andererseits aber wie Basen, indem das Ammoniak mit Säuren sich verbindet, z. B.

$$\begin{array}{c} \text{H} \quad \text{H} \quad \text{O} \\ | \quad | \quad \| \\ \text{H}-\text{N}-\text{C}-\text{C}-\text{O}-\text{Ag} \\ \quad\quad | \\ \quad\quad \text{H} \end{array} \qquad \begin{array}{c} \text{H} \quad \text{H} \quad \text{O} \\ | \quad | \quad \| \\ \text{H}-\text{N}-\text{C}-\text{C}-\text{O}-\overset{*}{\text{H}} \\ \text{Cl} \quad \text{H} \end{array}$$

Glycinsilber (amidoessigsaures Silberoxyd).   Salzsaures Glycin.

Mit salpetriger Säure behandelt gehen die Amidosäuren in Oxysäuren, also z. B. die Amido-Fettsäuren in Oxy-Fettsäuren (Glycolsäuren, p. 14) über, indem die Gruppe NH₂ durch die Gruppe OH ersetzt wird.

11) *Glycin* (Glycocoll, Leimzucker), *Amidoessigsäure* $C_2H_5NO_2$, als solches nicht im Körper vorkommend, wohl aber in sogenannten gepaarten Säuren, und in complicirter Verbindung im Leim.

Das Glycin giebt mit salpetriger Säure Oxyessigsäure = Glycolsäure (p. 15). Es kann aus Chloressigsäure und Ammoniak (besser Ammoniumcarbonat, Nencki) synthetisch gewonnen werden. Es tritt mit einbasischen Säuren in der Weise in Verbindung, dass ein H des NH₂ durch das Säureradical vertreten wird (die OH-Gruppe und das H-Atom treten als H₂O aus), z. B.

$$\begin{array}{c} \text{O} \quad \text{H} \quad \text{H} \\ \| \quad | \quad | \\ \overset{*}{\text{H}}-\text{O}-\text{C}-\text{C}-\text{N}-\text{H} \\ \quad\quad | \\ \quad\quad \text{H} \end{array} \qquad \begin{array}{c} \text{O} \\ \| \\ \overset{*}{\text{H}}-\text{O}-\text{C}-\text{C}_6\text{H}_5 \end{array} \qquad \begin{array}{c} \text{O} \quad \text{H} \quad \text{H} \quad \text{O} \\ \| \quad | \quad | \quad \| \\ \overset{*}{\text{H}}-\text{O}-\text{C}-\text{C}-\text{N}-\text{C}-\text{C}_6\text{H}_5 \\ \quad\quad | \\ \quad\quad \text{H} \end{array}$$

$\qquad\qquad\qquad\qquad\qquad\qquad\qquad\qquad\qquad\qquad\qquad C_9H_9NO_3$
Glycin.   Benzoësäure (p 17).   Hippursäure.

Solche Verbindungen (welche sämmtlich durch hydrolytische Einflüsse H₂O aufnehmen und in Glycin und Säure zerfallen), sogenannte gepaarte Säuren, sind:

Glycocholsäure (Glyco-Cholalsäure, p. 16) $C_{26}H_{43}NO_6$, Bestandtheil der Galle.

Hippursäure (Glyco-Benzoësäure) $C_9H_9NO_3$, Bestandtheil des Harns der Pflanzenfresser. Bei jedem Thier tritt sie auf nach dem Genuss

Ammoniakderivate. Amidosäuren.

von Benzoësäure und einigen anderen aromatischen Säuren (Zimmtsäure, Mandelsäure, Chinasäure), vgl. Cap. III.

Andere aromatische Säuren, z. B. die mit Cl, OH etc. substituirten, bilden nicht Hippursäure selbst, sondern die ihr entsprechende Säure, in welcher das Benzol wie in der ursprünglichen Säure substituirt ist.

12) *Alanin*, *Amidopropionsäure*, $C_3H_5(NH_2)O_2$, kommt im thierischen Körper nicht vor.

13) *Butalanin*, *Amidobaldriansäure*, $C_5H_9(NH_2)O_2$, und

14) *Leucin*, *Amidocapronsäure* $C_6H_{11}(NH_2)O_2$, finden sich in vielen Körperbestandtheilen, jedoch ausser dem Pancreas wahrscheinlich nur als Fäulnissproducte. Mit salpetriger Säure giebt Leucin Oxycapronsäure = Leucinsäure (p. 15). Das Leucin ist ein wichtiges Ingrediens der Eiweisskörper (s. unten); es ist rechtsdrehend ($\alpha D = + 17,5$ in saurer Lösung, Mauthner).

15) *Serin* $C_3H_7NO_3$, aus dem Seidenleim (s. unten) neben Leucin und Tyrosin durch Kochen mit Säuren erhalten. Giebt mit salpetriger Säure Dioxypropionsäure oder Glycerinsäure. Das Serin ist α-Amido-β-Oxypropionsäure:

$$\begin{array}{cc} HO-CH_2-CH-CO-OH & HO-CH_2-CH-CO-OH \\ | & | \\ NH_2 & OH \\ \text{Serin.} & \text{Glycerinsäure.} \end{array}$$

16) *Asparaginsäure* (Amidobernsteinsäure), $C_4H_5(NH_2)O_4$, und

17) *Glutaminsäure* (nächstes Homologes derselben) $C_5H_7(NH_2)O_4$, beide aus Eiweisskörpern durch hydrolytische Spaltung entstehend.

18) *Cystin* $C_3H_7NSO_2$, Bestandtheil der Nieren, zuweilen auch im Harn und in Blasensteinen gefunden.

Das Cystin ist linksdrehend ($\alpha D = - 142$ Külz, $- 205,85$ Mauthner). Seine Constitution ist wahrscheinlich:

$$\begin{array}{c} SH \\ | \\ CH_3-C-CO-OH \\ | \\ NH_2 \end{array}$$

Ein Phenylcystin kann künstlich gewonnen werden (Baumann; vgl. Cap. III. unter Harn).

19) *Taurin* $C_2H_7NSO_3$, Amido-Aethylschwefelsäure, kommt frei

$$\begin{array}{ccc} HO.SO_2.OH & HO.SO_2.CH_2.CH_3 & HO.SO_2.CH_2.CH_2.NH_2 \\ \text{Schwefelsäure.} & \text{Aethylschwefelsäure.} & \text{Amido-Aethylschwefelsäure.} \end{array}$$

in einigen Drüsen, ausserdem wie Glycin in gepaarter Verbindung mit Cholalsäure, als

Taurocholsäure $C_{26}H_{45}NSO_7$, in der Galle vor.

d. **Amidosäuren, in denen aber Wasserstoffe der Ammoniakgruppe selbst substituirt sind.**

20) *Sarcosin*, Methylamido-Essigsäure oder Methylglycin, $C_3H_7NO_2$, erhält man beim Behandeln des Kreatins mit Alkalien (s. unten), oder auch synthetisch aus Chloressigsäure und Methylamin (vgl. oben p. 25 die Synthese des Glycins). Es ist dem Alanin (p. 26) isomer.

$$\begin{array}{c} H \; H \; H \; O \\ | \; \; | \; \; | \; \; \| \\ H-N-C-C-C-O-H \\ | \; \; | \\ H \; H \\ C_3H_7NO_2 \\ \text{Alanin.} \end{array} \qquad \begin{array}{c} H \; H \; H \; O \\ | \; \; | \; \; | \; \; \| \\ H-C-N-C-C-O-H \\ | \; \; \; \; \; | \\ H \; \; \; \; \; H \\ C_3H_7NO_2 \\ \text{Sarcosin.} \end{array}$$

21) *Kreatin*, Methyluramido-Essigsäure, $C_4H_9N_3O_2$, Bestandtheil des Blutes, der Muskeln, des Gehirns u. s. w.

$$\begin{array}{c} H_2N-C-NH-CH_3 \\ \| \\ NH \\ \text{Methyluramin (p. 22).} \end{array} \qquad \begin{array}{c} CH_3 \\ | \\ H_2N-C-N-CH_2-CO-OH \\ \| \\ NH \\ \text{Methyluramido-Essigsäure (Kreatin).} \end{array} \qquad \begin{array}{c} CH_3 \\ | \\ H_2N-C-N-CH_2-CO \\ \| \quad\quad\quad\quad\quad | \\ N\text{————————}\\ \text{Kreatinin? (s. unten).} \end{array}$$

Man erhält das Kreatin synthetisch (Volhard) aus Cyanamid ($CN.NH_2$) und Sarcosin (s. oben); auch erkennt man leicht im Schema des Kreatins links die Gruppe des Cyanamids, rechts die des Sarcosins. — Beim Kochen mit Baryt zerfällt das Kreatin unter Wasseraufnahme in Sarcosin und Harnstoff:

$$C_4H_9N_3O_2 + H_2O = C_3H_7NO_2 + CH_4N_2O;$$
$$\text{Sarcosin.} \quad\quad \text{Harnstoff.}$$

in der That unterscheidet sich der Harnstoff vom Cyanamid nur durch ein Plus von H_2O:

$$\begin{array}{c} H \\ | \\ H-N-C\equiv N \\ \text{Cyanamid.} \end{array} \qquad \begin{array}{c} H \; O \; H \\ | \; \; \| \; \; | \\ H-N-C-N-H \\ \text{Harnstoff.} \end{array}$$

Durch Oxydation (mit Quecksilberoxyd, Bleisuperoxyd u. s. w.) liefert das Kreatin: Methyluramin und Oxalsäure, was leicht verständlich ist, da Methyluramin und Essigsäure im Kreatin stecken (s. oben), und Oxalsäure eine zweifach oxydirte Essigsäure ist. Bei anderen Oxydationen liefert das Kreatin Methyl-Parabansäure (über Parabansäure s. p. 24), ebenfalls leicht verständlich.

Beim Erhitzen mit starken Säuren, auch durch blosses Kochen mit Wasser, ferner bei Gegenwart faulender Substanzen, giebt das Kreatin H_2O ab und verwandelt sich in

Kreatinin $C_4H_7N_3O$, Bestandtheil des Harns.

Das Kreatinin ist alkalisch, giebt mit Chlorzink eine characteristisch krystallisirende Verbindung, und wird durch Alkalien in Kreatin verwandelt; seine Constitution entspricht wahrscheinlich dem obigen Schema.

22) *Tyrosin* $C_9H_{11}NO_3$, eine aromatische Amidosäure, wird in geringeren Mengen neben Leucin gefunden. Es ist wie Leucin ein wichtiges Ingrediens der Eiweisskörper (s. unten).

Beim Erhitzen mit salpetersaurem Quecksilberoxyd in Gegenwart von wenig salpetriger Säure liefert das Tyrosin eine rothe Färbung. Synthetisch erhält man es durch Nitriren von Phenylalanin und Reduciren des gewonnenen Productes (Erlenmeyer & Lipp). Das Tyrosin ist hiernach Oxyphenylalanin, und zwar specieller Paraoxyphenyl-αAmidopropionsäure:

$$\begin{array}{cc} H\ H & CH_3 \\ \diagdown\diagup & | \\ HO-C_6-NH-CH \\ \diagup\diagdown & | \\ H\ H & CO-OH \end{array}$$
Tyrosin.

Diese Constitution steht derjenigen des Methylindols oder Scatols, wie sie p. 23 angedeutet ist, sehr nahe; sowohl Tyrosin wie Scatol sind Abkömmlinge des Eiweiss und entstehen aus demselben bei der Darmverdauung (Cap. IV.) Eine Phenylamidopropionsäure kommt in Pflanzenkeimlingen vor (Schulze & Barbieri).

e. **Ammoniakderivate von unbekannter Constitution.**

23) *Harnsäure* $C_5H_4N_4O_3$, ein Bestandtheil des Harns, bei einigen Thierclassen (Vögel, beschuppte Amphibien, Insecten) der Hauptbestandtheil desselben.

Die Harnsäure ist 2 basisch, wie die oben p. 24 angeführten zusammengesetzten Harnstoffe. Von den Salzen, von denen die sauren, wie die Harnsäure selbst, in Wasser sehr schwer löslich sind, kommen besonders harnsaures Natron und Ammoniak, beim Menschen hauptsächlich pathologisch, vor. Durch Oxydation liefert die Harnsäure: a. bei Gegenwart von Säuren: Alloxan und Harnstoff:

$$C_5H_4N_4O_3 + H_2O + O = C_4H_2N_2O_4 + CH_4N_2O;$$
Alloxan (p. 24).   Harnstoff.

das Alloxan liefert durch weitere Oxydation Kohlensäure und Parabansäure:

$$C_4H_2N_2O_4 + O = CO_2 + C_3H_2N_2O_3;$$
Alloxan.   Parabansäure (p. 24).

b. bei Gegenwart von Alkalien: Allantoin (s. unten) und Kohlensäure:

$$C_5H_4N_4O_3 + H_2O + O = C_4H_6N_4O_3 + CO_2;$$
Harnsäure.   Allantoin.

c. mit Salpetersäure zur Trockne verdampft giebt die Harnsäure einen gelbrothen Rückstand, der mit Ammoniak sich purpurroth färbt (Murexid, purpursaures Ammoniak), mit Kali blau.

Synthetisch soll die Harnsäure durch Ueberhitzen von Glycocoll mit Harnstoff gewonnen werden (Horbaczewski); über die Constitution giebt diese Synthese keinen Aufschluss. Hypothetische Constitutionen sind folgende:

$$\begin{array}{cc} & NH-C-NH \\ & |\ \ \|\ \ | \\ NC-HN-CO-CH-CO-NH-CN \quad \text{oder} \quad & CO\ \ C\ \ CO \\ |\ \ \ \ \ \ \ \ \ \ \ \ \ \ \ \ & |\ \ |\diagdown| \\ OH & NH-CO\ NH \end{array}$$
(Tartronyl-Dicyanamid.)

24) *Xanthin* $C_5H_4N_4O_2$ findet sich spurweise in vielen Körperorganen und im Harn (auch in Pflanzen, Salomon), und kann künst-

lich aus Hypoxanthin und aus Guanin erhalten werden. Ueber die Constitution s. unten bei Guanin.

25) *Hypoxanthin* oder *Sarkin* $C_5H_4N_4O$ kommt in Begleitung des Xanthins vor, in welches es durch Oxydationsmittel übergeführt werden kann. Es findet sich namentlich in der Milz, auch in Pflanzen. Ueber die Constitution s. unten.

26) *Carnin* $C_7H_8N_4O_3$ findet sich im Fleischextract in geringer Menge; durch Brom wird es zu Sarkin oxydirt:

$$C_7H_8N_4O_3 + Br_2 = C_5H_4N_4O \cdot HBr + CH_3Br + CO_2$$
Carnin. bromwasserstoffsaures Brommethyl. Sarkin.

27) *Guanin* $C_5H_5N_5O$ findet sich in geringen Mengen im Pancreas und in der Leber, ferner im Guano und in den Excrementen der Spinnen.

Die Krystalle, welche den Glanz und das Irisiren zahlreicher Hautgebilde bei niederen Wirbelthieren bewirken (v. Wittich), bestehen aus Guanin und Kalkverbindungen desselben (A. Ewald & Krukenberg). Durch Oxydation liefert das Guanin unter N-Entwickelung Xanthin:

$$2\,C_5H_5N_5O + 3\,O = 2\,C_5H_4N_4O_2 + H_2O + N_2.$$
Guanin.   Xanthin.

Andere Oxydationsmittel zerlegen es in Kohlensäure, Parabansäure (p. 24) und Guanidin (p. 22).

$$C_5H_5N_5O + H_2O + 3\,O = CO_2 + C_3H_2N_2O_3 + CH_5N_3.$$
Guanin.   Parabansäure.   Guanidin.

Nach einer neueren Vermuthung (E. Fischer) ist die Constitution des Hypoxanthins, Xanthins und Guanins folgende:

```
HN—CH              HN—OH              HN—OH
 |   |              |   ||              |   ||
CO  C—N             CO  C—NH           HN=C  C—NH
 |   |   \CH         |   |   \CO        |   |   \CO
HN—C=N              HN—C=N             HN—C=N
Hypoxanthin.        Xanthin.           Guanin.
```

28) *Inosinsäure* $C_{10}H_{14}N_4O_{11}$, Bestandtheil der Muskeln.

29) *Kynurensäure* $C_{10}H_7NO_3$, Bestandtheil des Hundeharns.

Die Kynurensäure entwickelt beim Erhitzen CO_2 und hinterlässt Kynurin C_9H_7NO; letzteres lässt sich zu Chinolin C_9H_7N (p. 22) reduciren (Kretschy). Wahrscheinlich ist demnach die Kynurensäure eine Oxy-Chinolin-Ameisensäure:

$$HO—C_9H_5N—CO—OH.$$

30) *Allantoin* $C_4H_6N_4O_3$, Bestandtheil des foetalen und Säuglingsharns (neuerdings auch in Pflanzen gefunden, Schulze & Barbieri).

Man erhält Allantoin durch Oxydation der Harnsäure (s. oben p. 28). Hydrolytische Behandlung spaltet das Allantoin in Harnstoff und Allantursäure:

$$C_4H_6N_4O_3 + H_2O = OH_4N_2O + C_3H_4N_2O_3.$$
Allantoin.   Harnstoff.   Allantursäure.

31) *Farbstoffe*. Diese Substanzen, von denen sich die am besten bekannten in ihrem Verhalten den Ammoniakderivaten anschliessen, sind meist krystallisirbar und stammen wahrscheinlich grossentheils von dem eisenhaltigen Hämatin ab, obgleich die meisten eisenfrei sind.

a. *Bilirubin*, auch Biliphaein oder Cholepyrrhin genannt, vielleicht mit Haematoidin identisch (s. unter Galle), $C_{16}H_{18}N_2O_3$, der orangeroth krystallisirbare Farbstoff der Galle, unlöslich in Wasser, löslich in Chloroform und in Alkalien, mit denen er wie eine einbasische Säure Verbindungen bildet. Durch Oxydation geht er in Biliverdin, bei stärkerer in Bilicyanin und Choletelin über.

In Berührung mit Salpetersäure, die etwas salpetrige Säure enthält, zeigt die Lösung des Bilirubin in Folge der erwähnten Oxydationen an der Grenze eine regenbogenartige Farbenschichtung, die zur Erkennung kleinster Mengen dienen kann (Gmelin'sche Probe).

b. *Biliverdin* $C_{16}H_{18}N_2O_4$, der grüne Farbstoff mancher Gallen, entsteht auch durch Oxydation des Bilirubins an der Luft und durch andere Oxydationsmittel.

c. *Bilifuscin* $C_{16}H_{20}N_2O_4$? und

d. *Biliprasin* $C_{16}H_{22}N_2O_6$ (= Bilifuscin + H_2O + O) sind in Gallensteinen in geringer Menge gefunden worden.

e. *Bilicyanin* (Heynsius & Campbell), blau, entsteht bei kräftiger Oxydation aller vorgenannten Farbstoffe, u. A. auch bei der Gmelin'schen Probe, hat in saurer Lösung einen Absorptionsstreifen bei F, und kommt in Gallensteinen vor.

f. *Choletelin* (Maly), letztes, braun gefärbtes Oxydationsproduct aller Gallenfarbstoffe ($C_{16}H_{18}N_2O_6$?).

g. *Urobilin* (Jaffé) findet sich im Harn, in der Galle und im Darminhalt, besitzt einen breiten Absorptionsstreifen im Grün (bei F), und zeigt in alkalischer Lösung mit Chlorzink starke Fluorescenz.

Wahrscheinlich ist das Urobilin identisch mit *Hydrobilirubin* $C_{32}H_{40}N_4O_7$ (Maly). welches aus Bilirubin durch Reduction in alkalischer Lösung darstellbar ist, und mit *Stercobilin* (Vanlair & Masius), einem Bestandtheil des Kothes. Aus Blutfarbstoff soll es durch Reductionsmittel darstellbar sein (Hoppe-Seyler).

h. *Indigofarbstoffe*; *Indigblau* ($C_{16}H_{10}N_2O_2$) findet sich zuweilen im Harn, wahrscheinlich aber nur als Zersetzungsproduct einer farblosen, ziemlich regelmässig im Harn vorkommenden Indolverbindung (vgl. p. 22), des *Indicans*. Das letztere ist eine gepaarte Schwefelsäure, und nicht identisch mit dem pflanzlichen Indican, welches ein Glucosid ist; Näheres s. im 3. Cap. unter Harn.

i. *Harnfarbstoffe*. Ausser dem schon genannten Urobilin und den Indigkörpern sind im Harn verschiedene, theils eisenhaltige, theils eisenfreie, nicht krystallinische Farbstoffe gefunden worden (Urohämatin, Urrhodin, Uroerythrin), deren Zusammensetzung unbekannt ist.

k. *Hämatin*, ein Zersetzungsproduct des natürlichen Blutfarbstoffs, in welchem es mit Eiweiss verbunden ist. Seine Bildung und Eigenschaften werden beim Blute besprochen.

l. *Melanin*, schwarze und braune, eisenhaltige, wenig bekannte Farbstoffe der Lungen, Bronchialdrüsen, des Rete Malpighii, der Haare, der Chorioidea u. s. w.

m. *Farbstoffe der Netzhaut*, s. Cap. XII.

6. Complicirtere Körper von unbekannter Constitution.

Wie aus dem p. 10 f. Gesagten hervorgeht, sind die bisher genannten Körper als natürliche oder künstliche Zersetzungsproducte anderer viel complicirterer zu betrachten, in welchen also die Elemente der bisher genannten, z. B. die Gruppen OH, CH_3, NH_2, C_6H_5, in den mannigfaltigsten und verwickeltsten Combinationen vorkommen. Von diesen Substanzen sind nur wenige rein darzustellen, bei den übrigen misslingt dies, weil sie zu unbeständig oder weil sie nicht krystallisirbar sind; man kennt daher von den meisten nicht einmal die Gewichts-Zusammensetzung genau, geschweige denn die Constitution.

Die Zerlegung dieser Verbindungen in einfachere gelingt fast stets leicht durch die p. 19 genannten hydrolytischen Einflüsse. Man kann sie daher sämmtlich oder doch grösstentheils als Anhydride oder ätherartige Verbindungen im Sinne des p. 19 Gesagten betrachten, wie man die daselbst genannten Verbindungen als Alkohol + Alkohol − Wasser, resp. als Alkohol + Säure − Wasser, oder als Säure + Säure − Wasser, die Amide (p. 23) als Säure + Ammoniak − Wasser, die complicirten Harnstoffe (p. 24) als Säure + Harnstoff − Wasser, die gepaarten Säuren (p. 25) als Glycin + Säure − Wasser etc. betrachten kann.

Indessen sind für viele dieser Verbindungen die hydrolytischen Spaltungsproducte noch nicht genügend bekannt, um eine vollständige Uebersicht über den Bau der Verbindung zu gewähren. Ausserdem sind, selbst wenn man die ersteren genau kennen würde, noch immer viele schwer zu entscheidende Möglichkeiten des Baues vorhanden. Schon bei den Zuckeranhydriden z. B. sind, wenn die Stärke auch nur aus Einem Zuckermolecül mit Austritt von 1 H_2O bestände $(C_6H_{10}O_5)$ die verschiedensten Möglichkeiten für den Ort des H_2O-Austritts vorhanden; die

Zahl derselben wächst aber ungemein, wenn die Stärke aus 2 Zuckermolecülen mit Austritt von 2 H_2O bestände $(C_6H_{10}O_4)_2O_2 = C_{12}H_{20}O_{10}$. So erklärt es sich, dass bei diesen complicirten Körpern so zahlreiche isomere und polymere Verbindungen von nahe übereinstimmenden Eigenschaften vorhanden sind, deren genaue Constitution unbekannt ist. Mit der Zusammenlagerung von immer zahlreicheren Atomcomplexen wächst auch die Complicirtheit der Gewichtsproportionen so, dass sie sich aus den Elementaranalysen nicht deutlich genug ergeben, um Formeln aufstellen zu können. Die Formeln der hier folgenden Substanzen sind deshalb unbekannt.

Wir führen hier folgende Gruppen von Körpern auf:

I. *Peptone und deren Anhydride (Eiweisskörper und Albuminoide).*

Die Peptone selbst entstehen im Organismus erst aus ihren Anhydriden durch hydrolytische Einflüsse (s. unter Verdauung), und gehen anscheinend bald wieder in Anhydride über; dagegen kommen die Anhydride, die Eiweisskörper und Albuminoide, ungemein verbreitet im Körper vor.

Die hydrolytischen Spaltungsproducte der Peptone sind hauptsächlich Amidosäuren, besonders Glycin, Leucin, Tyrosin, Asparaginsäure, Glutaminsäure; ferner Indol und kothartig riechende Substanzen. Dies können jedoch nicht die einzigen Spaltungsproducte sein, da die meisten dieser Körper Schwefel enthalten, anscheinend zum Theil als Schwefelsäure. Der Stickstoff scheint nicht allein in der Gruppirung der Amidosäuren, sodern auch in anderen (Cyan) vorzukommen. Die verschiedenen Peptone unterscheiden sich durch die relativen Mengen der von ihnen gelieferten Amidosäuren; während alle Peptone Leucin liefern, liefert das Leimpepton daneben nur Glycin, die übrigen Peptone neben Leucin nur Tyrosin in erheblicheren Mengen. Die Anhydride etc. liefern bei der hydrolytischen Behandlung zuerst Peptone, und dann erst die weiteren Spaltungsproducte der letzteren.

A) *Peptone.* Von diesen ist nur das aus dem Serumalbumin bei der Verdauung entstehende Pepton der procentischen Zusammensetzung nach annähernd bekannt (C 51,37, H 7,25, N 16,18, S 2,12, O 23,11 pCt.).

Die Peptone sind in Wasser, zum Theil auch in Alkohol (Brücke's „Alkophyr"), leicht löslich, diffundirbar; sie drehen die Polarisationsebene nach links; im Gegensatz zu den Eiweisslösungen werden sie nicht gefällt: durch Hitze, schwachen Alkohol, verdünntere Mineralsäuren und verschiedene Metallsalze, gefällt dagegen durch Sublimat, die Quecksilbernitrate, Silbernitrat, Chlor etc. Sie geben die drei unten bei den Eiweisskörpern angeführten Reactionen. Ueber ihre hydrolytischen Spaltungsproducte s. oben. Ueber ihre Entstehung s. unter Verdauung. Auch in Pflanzen kommen sie vor (Schulze & Barbieri). Die Angabe, dass sie künstlich (durch Ueberhitzen u. dgl.) in Eiweisskörper verwandelt werden können, ist noch nicht als sicher zu betrachten.

B) *Eiweisskörper* (Proteinstoffe, Albuminstoffe). Diese sehr mannigfaltigen Pepton-Anhydride finden sich fast in sämmtlichen Geweben und Flüssigkeiten des Körpers, stets im Verein mit Salzen, in Wasser gelöst oder vielmehr gequollen; diese Lösungen drehen die Polarisationsebene nach links (für Albumin ist $\alpha D = -57$). Sie sind meist nicht krystallisirbar (s. unten), daher nicht sicher zu reinigen und äusserst schwer von unorganischen Beimengungen, mit denen sie zum Theil chemische Verbindungen eingehen, zu befreien. Ihre Lösungen werden durch viele Metallsalze und durch Alkohol gefällt. Durch Hitze, Mineralsäuren und durch anhaltende Einwirkung des Alkohols werden sie in eine unlösliche Modification übergeführt (coagulirt).

Da bei hydrolytischer Behandlung und bei Verdauung der coagulirten Modification zuerst die lösliche Modification und dann erst Pepton entsteht, so scheint die coagulirte Modification ein weiteres Anhydrid der löslichen zu sein.

Krystallisirte Eiweisskörper sind bisher aus thierischem Material nicht mit Sicherheit gewonnen worden, wenigstens sind die im Dotter vorkommenden eiweisshaltigen Krystalle (Dotterplättchen) möglicherweise Eiweissverbindungen. Dagegen kommen in Pflanzen, besonders in Samen, vielfach krystallisirte Eiweissstoffe vor, die sich aus ihren Lösungen wieder krystallinisch abscheiden lassen.

Mit Säuren und mit Alkalien bilden die Eiweisskörper Verbindungen, von denen die ersteren (Säure-Albuminate, Acidalbumin, Syntonin) durch Alkalien, die letzteren (Alkali-Albuminate, Caseine) durch Säuren gefällt werden. Auch mit Schwermetallen (Platin, Kupfer etc.) werden Verbindungen gebildet.

Tiefer eingreifende zersetzende Agentien und Oxydationsmittel liefern aus den Eiweisskörpern namentlich Amidosäuren, besonders Leucin, Tyrosin, Asparaginsäure, Glutaminsäure; ferner Guanidin (von Einigen mit Harnstoff verwechselt), flüchtige Fettsäuren, Benzoësäure, Blausäure, Aldehyde der Fettsäuren und der Benzoësäure, Indol u. s. w. (angeblich auch Harnstoff). Sie enthalten also Stickstoff in der Ammoniak- und in der Cyangruppe. Im feuchten Zustande fallen sie der Fäulniss anheim, d. h. einer durch microscopische Organismen bewirkten tiefen oxydativen Zersetzung, bei welcher ein specifischer übler Geruch auftritt. Ueber die Producte s. Cap. IV. bei der Darmverdauung.

Salpetersäure färbt die Eiweisskörper (ebenso Peptone, s. oben) gelb („Xanthoproteinsäure"), und Alkalizusatz verwandelt die Farbe in Roth. — Salpetersaures

Quecksilberoxyd färbt bei Anwesenheit von wenig salpetriger Säure die Eiweisskörper bei 60° roth (Millon's Reagens). Diese Reaction, welche mit der des Tyrosins übereinstimmt, beruht möglicherweise auf einer intermediären Bildung von Tyrosin. — Mit Kupfersulphat und Kali geben die Eiweisskörper eine violette Lösung.

Die Herkunft der Eiweisskörper ist nicht sicher bekannt; aber es ist sehr wahrscheinlich, dass sie im thierischen Organismus aus Peptonen, vielleicht sogar aus noch einfacheren Spaltungsproducten derselben, welche durch die Verdauung aus genossenen Eiweisskörpern entstehen, synthetisch regenerirt werden können. Diese Ingredientien stammen in letzter Instanz aus den Pflanzen, den eigentlichen Eiweisserzeugern. Ebensowenig sicher ist ihr weiteres Schicksal im Organismus festgestellt. Es scheint, als ob die sogenannten Albuminoide (s. unten) ihre nächsten Abkömmlinge sind. Bei tieferer Zersetzung im Organismus geht der Stickstoff wahrscheinlich in Amidverbindungen über, deren am meisten oxydirte, z. B. Harnstoff, ausgeschieden werden. Ausserdem aber ist es der Zusammensetzung nach sehr leicht möglich, dass Fette, Glycogen, Zuckerarten aus den Eiweisskörpern hervorgehen, wofür auch wichtige physiologische Thatsachen sprechen. Umgekehrt scheinen auch synthetische Processe höherer Ordnung im Organismus vorzukommen, bei welchen Eiweisskörper complicirtere Verbindungen bilden (s. unten).

Die verschiedenen thierischen Eiweisskörper haben ziemlich ähnliche procentische Zusammensetzung: C 52,7—54,5, H 6,9—7,3, N 15,4—16,5, S 0,8—1,6, O 20,9—23,5 pCt. Bei hydrolytischer Behandlung liefern sie $\frac{1}{4}$—2 pCt. Tyrosin und 10—18 pCt. Leucin. Sie unterscheiden sich von einander ausserdem hauptsächlich durch die Bedingungen der Fällung und Coagulation. Die wichtigsten sind:

a) *Albumin*, im Blutserum, Eierweiss (etwas verschieden), und den meisten Gewebssäften. Gerinnt bei 60—70° in neutraler oder schwach saurer Lösung. Durch anhaltende Diffusion verliert das Albumin nahezu seinen ganzen Salzgehalt und seine Coagulirbarkeit durch Hitze.

Nach neueren Untersuchungen (Kühne & Chittenden) besteht das Albumin aus zwei Körpern: dem Antialbumid und Hemialbumin, welche sich bei der Verdauung verschieden verhalten (vgl. Cap. IV.).

Das Casein der Milch ist ein Kalialbuminat, gerinnt daher nicht ohne Weiteres durch Hitze, sondern erst nach Säurezusatz. Durch die meisten Säuren wird es gefällt.

b) *Globulin*, Bestandtheil des Blutes und vieler Gewebe, durch alle Säuren, selbst Kohlensäure, fällbar, und durch Sauerstoffzuleitung wieder lösbar (wahrscheinlich ein Alkalialbuminat). Es existiren verschiedene Modificationen dieses Körpers, die man zum Theil als „Paraglobulin" bezeichnet (s. unter Blutplasma).

Hoppe-Seyler bezeichnet als Globuline die in Wasser unlöslichen, aber in Salzlösungen löslichen Eiweissstoffe, ohne Rücksicht auf ihr Verhalten zu Kohlensäure.

c) *Fibrin*, das fasrige Gerinnsel im geronnenen Blute; eine Fällung, deren Componenten und Bedingungen beim Blute angegeben werden. Durch Erhitzen nimmt es die Eigenschaften coagulirter Eiweisskörper an.

d) *Myosin*, das Gerinnsel der spontan erstarrten Muskeln. Sowohl Fibrin als Myosin sind in verdünnten Salzlösungen löslich, durch weiteren Salzzusatz fällbar, und gehen durch verdünnte Säuren leicht in Säurealbuminat über. Myosinlösungen gerinnen bei 55°.

Das *Syntonin* der Muskeln ist nur ein durch die im Muskel auftretende oder zur Extraction verwandte Säure entstandenes Säurealbuminat.

e) *Vitellin*, ein Eiweisskörper des Eidotters, bei 70—80° coagulirend, dem Myosin sehr ähnlich, aber durch Salzzusatz nicht fällbar.

f) *Paralbumin*, nur pathologisch, in Eierstockscysten, vorkommend, bildet zähe Lösungen, die durch Alkohol oder durch schwache Säuren bei Gegenwart von viel Wasser gefällt werden; der Niederschlag ist in Wasser wieder zäh löslich. Linksdrehend.

C) *Albuminoide*. Diese Körper, welche in vielen Geweben als wesentliche Bestandtheile vorkommen und den Eiweisskörpern in der Zusammensetzung nahestehen (jedoch sind einige schwefelfrei), werden meist als nächste Abkömmlinge der Eiweisskörper betrachtet; ob sie durch Oxydation oder umgekehrt durch Synthese oder durch andere Vorgänge aus ihnen hervorgehen, ist unbekannt. Sie sind unter einander viel verschiedener als die Eiweisskörper und haben ausser ihrer Unkrystallisirbarkeit und Unfähigkeit ächte Lösungen zu bilden (Colloidsubstanzen) kein gemeinsames Kennzeichen. Bei hydrolytischer Behandlung liefern sie dieselben Producte wie die Eiweisskörper, namentlich tritt Leucin und Tyrosin in grossen Mengen auf. Einer derselben, das Chondrin, soll beim Kochen mit verdünnter Schwefelsäure Traubenzucker liefere, muss also als ein Glucosid von den anderen getrennt werden (s. unten p. 38). Die wichtigsten sind:

a) *Mucin, Schleimstoff* (C 52,2, H 7,0, N 12,6, O 28,2 pCt.)

bildet in Wasser zähe Quellungen (Schleim), die durch wenig Essigsäure und durch überschüssigen Alkohol gefällt werden. Es findet sich in den schleimigen Secreten und in den schleimigen Bindesubstanzen (Wharton'sche Sulze u. s. w.). Liefert neben Leucin sehr viel Tyrosin (7 pCt.).

Nach neueren Angaben (Landwehr) ist das Mucin schwefelhaltig, und bildet in dem Schneckenschleim ein Glucosid. Auch sonst wird angegeben, dass das Mucin ein Glucosid sei, weil es ein reducirendes Zersetzungsproduct liefert.

b) *Glutin, Leim* (C 50,4, H 6.8, N 18,3, S+O 24,5 pCt.) erhält man aus den meisten Bindesubstanzen (Knochen, Sehnen, Häute) durch Kochen mit Wasser. Der Leim quillt in kaltem Wasser gallertig auf, beim Kochen entsteht eine Lösung, die beim Erkalten wieder gelatinirt. Bei anhaltendem Kochen wird er zu ungelatinirbarem Leimpepton gespalten, welches auch bei der Verdauung entsteht. Liefert bei hydrolytischer Behandlung Leucin, Glycin und Ammoniak, kein Tyrosin.

c) *Collagen* wird die leimgebende Substanz der Bindegewebe genannt, wahrscheinlich ein Anhydrid des Glutins.

d) *Sericin, Seidenleim* ($C_{15}H_{23}N_5O_8$?), Bestandtheil der Seide.

e) *Keratin, Hornstoff* (C 50,3—52,5, H 6,4—7,0, N 16,2—17,7, S 0,7—5,0, O 20,7—25,0 pCt.), der Rückstand der sogenannten Horngewebe, nach Extraction mit Aether, Alkohol, Wasser und Säuren. Eine nur in heissen Alkalien lösliche, in kalten quellende Substanz. Liefert 10 pCt. Leucin, 3,6 pCt. Tyrosin.

f) *Elastin* (C 55,5, H 7,4, N 16,7, O 20,5 pCt.), der Rückstand des Bindegewebes nach Extraction alles Löslichen, die Substanz der elastischen Einlagerungen. Unlöslich in allen nicht zersetzend wirkenden Agentien. Liefert sehr viel Leucin (36—45 pCt.), wenig Tyrosin ($^1/_8$ pCt.).

g) *Fibroin* (C 48,6, H 6,5, N 17,3, O 27,6 pCt.), der Hauptbestandtheil der Seide, löslich in concentrirten Säuren und Alkalien.

h) *Amyloidsubstanz* (C 53,6, H 7,0, N 15,0, S etwa 1,3, O 24,4 pCt.), nur pathologisch in Concrementen und entarteten Organen vorkommend, unlöslich in Wasser, Magensaft etc., schwer durch Alkalien und Säuren in Albuminate übergehend. Giebt mit Jod eine rothe, mit Jod und Schwefelsäure eine blaue Färbung.

i) *Hydrolytische Fermente*, Körper, welche durch eine noch unverständliche Einwirkung in daneben vorhandenen andern Körpern eine Spaltung unter Wasseraufnahme bewirken, ohne selbst dabei verbraucht zu werden. Temperatur, Salzgehalt der Flüssigkeit etc. sind für ihre Wirksamkeit massgebend. Manche Fermente bestehen aus kleinen Organismen, mit deren Stoffwechsel die Spaltung innig verknüpft ist; die Wirksamkeit dieser Fermente wird durch vorübergehende Erhitzung und durch gewisse antiseptische Mittel (welche für jene Organismen giftig sind) gehemmt. Im normalen Organismus scheinen nur ungeformte Fermente (Enzyme) vorzukommen. Dieselben können in trocknem Zustande weit über 100° erhitzt werden, ohne ihre Wirksamkeit zu verlieren. Man rechnete sie früher zu den Eiweisskörpern, indessen zeigen die am besten bekannten thierischen Fermente nicht deren Eigenschaften, sondern scheinen den Eiweisskörpern nur sehr leicht mechanisch anzuhängen.

Zur Reindarstellung mancher Fermente kann man die Eigenschaft derselben benutzen, aus ihren wässerigen Lösungen durch voluminöse Niederschläge (Zusatz von Cholesterinlösungen, Collodium u. dgl.) mit niedergerissen zu werden.

Der Organismus enthält folgende hydrolytische Fermente:

α. *Zuckerbildende* oder *diastatische Fermente* (welche Stärke, Glycogen u. s. w. unter H_2O-Aufnahme in Zucker spalten), im Speichel, Pancreassaft, in der Leber und in vielen anderen Organen.

β. *Fettzerlegende Fermente* (welche neutrale Fette unter H_2O-Aufnahme in Glycerin und freie Fettsäure spalten), im Pancreassaft.

γ. *Eiweisskörper spaltende Fermente* (welche coagulirte und gelöste Eiweisskörper zunächst in Peptone, diese weiter in Leucin, Tyrosin etc. spalten), im Magensaft (Pepsin), Pancreassaft (Trypsin) und vielleicht im Darmsaft.

Andere als hydrolytische Fermente sind bisher im Organismus nicht nachgewiesen.

II. *Körper, welche noch complicirter sind als die Eiweissstoffe.* Mit Sicherheit lässt sich eine solche Complicirtheit der Constitution nur von solchen Körpern behaupten, welche durch Zersetzung Eiweisskörper liefern. Hierher gehört:

1) *Hämoglobin*, der rothe Farbstoff der Blutkörperchen, auch im Serum und in den Muskeln spurweise enthalten, ein krystallisirbarer Körper, dessen Eigenschaften beim Blute besprochen werden.

2) *Vitellinverbindungen* des Eidotters, welche anscheinend neben Vitellin Lecithin enthalten; möglicherweise die Dotterkrystalle bildend (s. oben p. 33).

3) *Ichthin*, ein ähnlich constituirter Körper der Fischeier. (Aehnliche Körper sind Ichthidin, Emydin.)

4) *Nuclein* ($C_{29}H_{49}N_9P_3O_{22}$? Miescher), eine Gruppe noch wenig untersuchter, ebenfalls phosphorhaltiger Körper in den Kernen von Blut- und Eiterkörperchen, in den Samenkörperchen etc., in den meisten Agentien unlöslich. Sie geben bei der Zersetzung Eiweissstoffe, bei tieferer Spaltung Phosphorsäure und Hypoxanthin (Kossel).

Andere Körper, welche als Verbindungen der Eiweisskörper zu betrachten sind, sind bisher noch nicht rein dargestellt. Höchstwahrscheinlich kommt ein solcher in den Muskeln vor, dessen Zersetzungsproduct das Myosin ist. (Vgl. hierüber unter Muskeln.)

III. N-haltige *Glucoside* (vgl. oben p. 20). Folgende N-haltigen Glucoside sind bis jetzt im thierischen Organismus nachgewiesen.

1) *Cerebrin* $C_{17}H_{33}NO_3$?, nach Parcus complicirter und ein Gemenge von drei verschiedenen Körpern, Bestandtheil der Nervensubstanz, leichtes weisses Pulver, in kaltem Wasser unlöslich, in heissem kleisterartig aufquellend, in heissem Alkohol löslich. Wird durch Baryt nicht gespalten, durch Kochen mit Säuren liefert es einen linksdrehenden, nicht gährungsfähigen Zucker, die übrigen Spaltungsproducte sind unbekannt.

2) *Protagon* (Liebreich), ein im Nervenmark enthaltenes phosphorhaltiges Glucosid, von ähnlicher Beschaffenheit wie das Cerebrin, beim Kochen mit Baryt die Zersetzungsproducte des Lecithins liefernd (p. 21). Von Einigen wird es als Gemenge von Cerebrin und Lecithin betrachtet.

3) *Chondrin* (C 47,8, H 6,8, N 13,9, S 0,6, O 31,0 pCt.) wird durch anhaltendes Kochen mit Wasser aus hyalinem Knorpel, Hornhautsubstanz, der Haut der Holothurien etc. gewonnen; in seinem äusseren Verhalten ist es dem Leim sehr ähnlich. Es liefert bei hydrolytischer Behandlung Leucin und Traubenzucker (letzteres übrigens bestritten), kein Glycin (vgl. Glutin, p. 36).

4) *Chondrigen*, die chondringebende Substanz der eben genannten Gewebe, wahrscheinlich ein Anhydrid des Chondrins.

5) *Glycosamin* $C_6H_{13}NO_5$ (Ledderhose), ein durch Spaltung des Chitins (s. unten) mit Säuren erhaltenes Glucosid, rechtsdrehend ($aD = +69,54$). Es liefert mit Alkalien Ammoniak und eine nicht gährungsfähige Zuckerart:

$$C_6H_{13}NO_5 + H_2O = C_6H_{12}O_6 + NH_3.$$

6) *Chitin* $C_{15}H_{26}N_2O_{10}$ (Ledderhose), Hauptbestandtheil des äusseren Gerüstes der Articulaten, ein Glucosid (Berthelot); die Zuckergruppe ist als Glycosamin im Chitin enthalten, welches mit Säuren sich in Glycosamin und Essigsäure spaltet (Ledderhose):

$$2\,C_{15}H_{26}N_2O_{10} + 6\,H_2O = 4\,C_6H_{13}NO_5 + 3\,C_2H_4O_2$$
Chitin. Glycosamin. Essigsäure.

7) *Hyalin*, N-haltiges Glucosid der Echinococcus-Blasen.

Ausserdem wird das Mucin (p. 35) von Einigen als Glucosid betrachtet. Bei allen hier genannten Glucosiden ist es zweifelhaft, ob die durch Spaltung erhaltenen reducirenden Substanzen wahre Zucker sind.

Erstes Capitel.

Das Blut und seine Bewegung.

1. Allgemeine Uebersicht der Blutbestandtheile.

Beim Einschneiden in den Körper eines lebenden Wirbelthieres fliesst stets (es sei denn, dass nur ein sog. Horngebilde angeschnitten ist), eine rothe, alkalisch reagirende Flüssigkeit aus, welche man Blut nennt, — bald in starkem, selbst beträchtlich ansteigenden Strahle, bald in mässigerem, nur der Schwere folgenden Strome, bald endlich nur in schwachem Rieseln und Sickern. Nähere Untersuchung lehrt bald, dass die Art des Ausfliessens weniger von der Grösse der Wunde, als von der Art der angeschnittenen Blutgefässe abhängt; aufsteigenden, zugleich hellrothen Strahl liefern nur Arterien, starken passiven, zugleich dunkelrothen Strom die grösseren Venen, schwaches Rieseln die kleinen Venen und die Capillaren. Das specifische Gewicht des menschlichen Blutes ist 1,05—1,06.

Die alkalische Reaction des Blutes ist am leichtesten am Serum (s. unten) festzustellen; beim Gesammtblut muss man nach dem Eintauchen den Lacmusstreifen durch schnelles Abspülen mit Wasser von den rothen Körperchen befreien; am besten gelingt dies, wenn der Streifen vorher mit starker Kochsalzlösung befeuchtet war. Der Alkaligehalt des Blutes entspricht dem einer Sodalösung von 0,2—0,4 pCt. (Zuntz).

Das Blut verliert kurze Zeit nach dem Ausfliessen seine flüssige Beschaffenheit, es gerinnt. Die geronnene rothe weiche Masse (Cruor genannt) zieht sich dann langsam allseitig etwas zusammen, und bildet nunmehr einen festeren, verjüngten Abguss des Gefässes, in welchem die Gerinnung stattgefunden hat, den Blutkuchen; während dieser Zusammenziehung sondert sich aus der Masse eine gelbe Flüssigkeit aus, welche den Blutkuchen umgiebt, das Blutwasser oder Blutserum.

Wird dagegen das Blut gleich nach seiner Entleerung, vor der Gerinnung, mit einem Stabe oder dgl. geschlagen, so setzt sich eine feste Masse an den Stab an, welche beim Auswaschen als ein weisser Faserfilz erscheint, der Faserstoff oder das Fibrin. Die rothe Flüssigkeit gerinnt nun nicht, und führt den Namen geschlagenes oder defibrinirtes Blut.

Die microscopische Untersuchung des ungeronnenen Blutes zeigt, dass das Blut aus zahllosen, kleinen, stark gefärbten Körperchen besteht, den Blutkörperchen, welche in einer wenig gefärbten Flüssigkeit, der Blutflüssigkeit oder dem Blutplasma, suspendirt sind. Die Blutkörperchen erscheinen in dickerer Schicht roth und heissen daher rothe Blutkörperchen, in dünner Schicht, oder einzeln, grünlichgelb; sie sind offenbar die Ursache der rothen Blutfarbe. Das defibrinirte Blut zeigt denselben microscopischen Anblick wie das natürliche; der Blutkuchen dagegen zeigt die Blutkörperchen in eine farblose, fasrige oder häutige Masse eingehüllt, welche mit dem Faserstoff identisch ist. Hieraus folgt unmittelbar, dass der Faserstoff die Ursache der Blutgerinnung ist; bei ruhigem Gerinnen des Blutes ist die Ausscheidung des Faserstoffs gleichmässig in der ganzen Blutmasse vertheilt und bei der Zusammenziehung des Gerinnsels nimmt dasselbe die suspendirten Körperchen mit (wie das Klärungsgerinnsel der Zuckerraffinerien die suspendirten Staubtheilchen), und bildet mit ihnen den Blutkuchen. Beim Schlagen dagegen sammelt sich das Gerinnsel für sich an dem schlagenden Stabe, und die Blutkörperchen bleiben in der Flüssigkeit suspendirt.

Zur völligen Aufklärung der Gerinnung ist noch zu entscheiden, ob der Faserstoff aus dem Plasma oder aus den Blutkörperchen stammt. Hierzu ist eine Trennung beider letzteren vor der Gerinnung erforderlich. Durch Filtration gelingt dieselbe nur bei sehr grossen Blutkörperchen, z. B. beim Froschblut, wenn man das Blut mit einer 2procentigen Zuckerlösung verdünnt; das farblose Filtrat scheidet Fibrin ab, welches also nur aus dem Plasma stammen kann. Besser als durch diesen (von Joh. Müller herrührenden) Versuch wird das Gleiche bewiesen durch die Gerinnung solchen Blutes, in welchem sich die Blutkörperchen vor der Gerinnung durch ihre Schwere etwas gesenkt haben; dies geschieht normal beim Pferdeblut, und kann künstlich durch Abkühlung des Blutes, welche die Gerinnung verzögert, herbeigeführt werden. Die oberste, körperchenfreie Plasmaschicht liefert dann ebenfalls eine Schicht des Blutkuchens, welche natürlich nicht roth ist, sondern gelblich, und nur aus Faserstoff besteht. Diese „Speckschicht" oder Speckhaut beweist, dass das Plasma für sich Fibrin liefert. Folglich ist die nach der Gerinnung auftretende gelbe Flüssigkeit, das Serum, nicht identisch mit dem Plasma, sondern Plasma minus Fibrin, und die ganze Scheidung bei der Gerinnung lässt sich durch folgende Schemata darstellen:

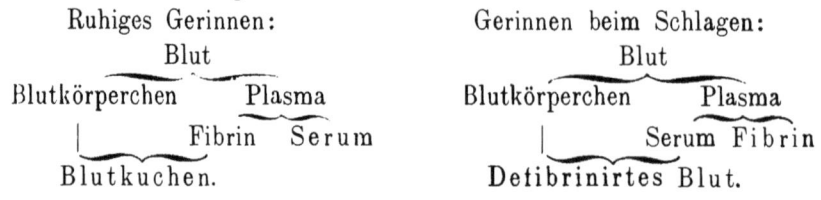

Ruhiges Gerinnen: Gerinnen beim Schlagen:
Blut   Blut
Blutkörperchen   Plasma   Blutkörperchen   Plasma
| Fibrin   Serum | Serum   Fibrin
Blutkuchen.   Defibrinirtes Blut.

Weiteres über die Umstände, das Wesen und die Ursache der Blutgerinnung s. unter Plasma.

Die Blutgerinnung ist für den Organismus wichtig, indem sie die Oeffnungen verletzter Gefässe verstopft und so der Blutung Einhalt thut.

2. Die rothen Blutkörperchen.

Die rothen Blutkörperchen des Menschen sind runde, in der Mitte verdünnte (biconcave) Scheiben; ihr grösster Durchmesser beträgt durchschnittlich $1/126$ mm. Sie sind sehr weich, biegsam und elastisch; weder eine Membran noch ein Kern ist an ihnen nachzuweisen, so dass man sie nicht als Zellen bezeichnen kann. Im entleerten Blute des Menschen haben sie die Neigung, sich zu geldrollenartigen Säulchen zu vereinigen. Im stehenden Blute senken sie sich sehr allmählich zu Boden, weil sie etwas schwerer sind, als das Plasma; die Gerinnung unterbricht diese Senkung, im defibrinirten Blute vollzieht sie sich etwas vollständiger. Durch die Centrifuge wird die Senkung beschleunigt.

Die Blutkörperchen der Säugethiere sind mit Ausnahme der elliptischen des Kameels ähnlich den menschlichen. Die der Vögel, Amphibien und Fische sind elliptisch, biconvex und haben Kerne, manche auch Kernkörperchen; sie sind ferner grösser als die der Säugethiere, am grössten (bis zu $1/18$ mm. bei Proteus) die der nackten Amphibien. In der gleichen Thierclasse haben in der Regel die grösseren Thiere grössere Blutkörperchen; doch giebt es hiervon bemerkenswerthe Ausnahmen; so sind die Blutkörperchen des Menschen viel grösser als die der grössten Wiederkäuer. — Fast alle Wirbellosen, und von den Wirbelthieren der Amphioxus lanceolatus, haben farbloses oder gelbliches Blut, mit farblosen Körperchen von mannigfacher Gestalt, doch besitzen einige auch rothes Blut mit ähnlichen Farbstoffen wie das der Wirbelthiere.

Rothe Blutkörperchen.

Geschichtliches. Die rothen Blutkörper wurden bald nach Erfindung des Microscops entdeckt, zuerst 1658 die grösseren (des Frosches etc.) von Swammerdam, dann die des Menschen und der Säugethiere 1661 von Malpighi. — Die farblosen Körper sind erst von Hewson entdeckt worden, ihre Bewegungen 1846 von Wharton Jones am Rochen, 1850 von Davaine am Menschen.

Die Anwesenheit der rothen Blutkörperchen ist nicht allein die Ursache der rothen Farbe, sondern auch der Undurchsichtigkeit des Blutes. Durch eine Anzahl von Mitteln (zuerst am Aether durch v. Wittich beobachtet) lässt sich der rothe Farbstoff von den Blutkörperchen trennen, wobei er sich im Plasma löst und dieses roth färbt; das Blut wird hierdurch in dünnen Schichten durchsichtig („lackfarben" Rollett), gleichzeitig aber dunkler, weil die Reflexion von den hohlspiegelartigen rothen Scheiben wegfällt; umgekehrt wird das Blut heller roth, wenn die Blutkörperchen durch Zusatz von Salzen zusammenschrumpfen und dadurch das reflectirte Licht mehr concentrirt wird. Die Blutkörperchen schwellen bei der Entfärbung zugleich vom Rande her auf (Hermann) und werden endlich kugelig; der entfärbte sehr blasse kugelige Rest des Körperchens heisst das Stroma (Rollett).

Die erwähnten entfärbenden Einwirkungen sind: Verdünnen des Blutes mit Wasser, Gefrieren und Wiederaufthauen des Blutes (Rollett), Durchleiten electrischer Entladungsschläge (Rollett), Entgasung des Blutes (Cap. II.), Behandlung mit gallensauren Salzen (v. Dusch), Aether (v. Wittich), Chloroform (Böttcher), kleinen Mengen Alkohol (Rollett), Schwefelkohlenstoff (Hermann). Ausser der erstgenannten und der Entgasung, lösen alle diese Einwirkungen bald nach der Entfärbung auch das Stroma im Plasma auf, zuweilen mit Hinterlassung eines klebrigen Körnchens.

An den kernhaltigen Blutkörperchen der Amphibien lässt sich durch Borsäure eine rothe, den Kern enthaltende Masse im Zusammenhange aus dem farblos zurückbleibenden Stroma austreiben; man muss also annehmen, dass jene zu Bewegungen fähige Masse (das „Zooid") in die Poren des farblosen Stroma („Oecoid") infiltrirt sei (Brücke).

Die Zahl der rothen Blutkörperchen ist so gross, dass sie im Blute dicht gedrängt sind, und ein Kubik-Millimeter mehrere Millionen enthält.

Zur Zählung wird entweder ein bekanntes sehr kleines Volumen Blut mit indifferenter Flüssigkeit verdünnt, und auf einem quadratisch eingetheilten Objectträger durchgezählt, oder in bekanntem Verhältniss verdünntes Blut in ein Capillarrohr von bekanntem Querschnitt gebracht, und in gemessenen Längen successive unter dem Microscop die Zahl ermittelt. Da die Fehler sich stark multipliciren, sind die ermittelten Werthe unsicher. Durch Herstellung von stark vergrösserten, möglichst ähnlichen Modellen der Körperchen lässt sich auch Oberfläche und Rauminhalt eines einzelnen Körperchens, sowie ihrer Summe in einem Blutvolum abschätzen. Einige Resultate giebt folgende Tabelle nach Welcker:

Thierart:	1 Blutkörperchen hat:				1 Cub.-mm. Blut enthält:			
					Blutkörperchen:			Plasma:
	Länge	Breite	Oberfl.[1]	Volum[2]	Zahl	Oberfl.[3]	Volum[4]	Volum[4]
Mensch	0,0077		128	72	5000000	640	0,36	0,64
Ziege (8 Tage alt)	0,0055		56	20	9720000	545	0,20	0,80
Lama	0,0080	0,0040	64	26	13900000	893	0,37	0,63
Buchfink	0,0124	0,0075	162	88	3600000	592	0,32	0,68
Lacerta agilis . .	0,0159	0,0099	274	201	1420000	387	0,28	0,72
Rana temporaria .	0,0220	0,0156	602	644	404000	243	0,26	0,74
Proteus anguineus	0,0582	0,0337	3444	9200	36000	124	0,33	0,67
Tinca Chrysitis .	0,0128	0,0102	—	—	—			

[1]) In Milliontel Quadrat-mm.
[2]) In Tausendmilliontel Cub.-mm.
[3]) In Quadrat-mm.
[4]) In Cub.-mm.

Die grosse Blutkörperchenoberfläche in einem Cub.-mm. Blut ist sehr bemerkenswerth, besonders für die Athmung. Beim Menschen würde (für 6 Liter Blut) die Gesammtoberfläche aller Blutkörperchen 3840 Quadratmeter betragen, d. h. das 2560 fache der Körperoberfläche.

Die chemischen Bestandtheile der rothen Blutkörperchen sind folgende:

a. Der Farbstoff.

Der färbende Bestandtheil der rothen Körperchen ist das *Hämoglobin* (syn. Hämatoglobulin. Hämatokrystallin), ein rother, eisenhaltiger Farbstoff, in Wasser wenig löslich, viel leichter in verdünnten Alkalien. Der Farbstoff ist in den farblosen Rest des Blutkörperchens wahrscheinlich nicht einfach mechanisch infiltrirt, sondern an andere Bestandtheile chemisch gebunden. Das Hämoglobin ist eine gefärbte, bei vielen Blutarten krystallisirbare Eiweissverbindung, von nur unvollkommen bekannter Zusammensetzung.

Folgende Procentzahlen geben eine ungefähre Vorstellung derselben (nach Hoppe-Seyler u. A.):

	Hämoglobin von:				
	Hund.	Pferd.	Meerschwein.	Schwein.	Gans.
C	53,85	54,87	54,12	53,99	54,26
H	7,32	6,97	7,36	7,13	7,10
N	16,17	17,31	16,78	16,19	16,21
O	21,84	19,73	20,68	21,58	20,69
S	0,39	0,65	0,58	0,66	0,54
Fe	0,43	0,47	0,48	0,449	0,43

Aus dem Bindungsvermögen für Gase (s. unten) würde sich, wenn man annimmt, dass 1 Molecül Hämoglobin 1 Mol. Gas bindet, das Moleculargewicht 14133 ergeben, wozu die Formel $C_{636}H_{1025}N_{164}FeS_3O_{189}$ passen würde (Hüfner).

Krystalle des Hämoglobins, die sogen. Blutkrystalle (meist rhombische Prismen oder Tafeln, seltner, z. B. beim Meerschweinchenblut, rhombische Tetraeder), erhält man durch Zerstörung der Blutkörperchen (mit Wasser, Aether, gallensauren Salzen, s. oben), und Eindunstung oder Abkühlung der jetzt durchweg rothgefärbten (lackfarbenen) Flüssigkeit. Leicht krystallisiren Hunde-, Pferde-, Meerschweinchen-, Vögelblut, schwer Menschen-, Kaninchen-, Schweine- und Schafblut, und anscheinend gar nicht Rindsblut. Ohne Zweifel sind also die Hämoglobine der verschiedenen Thiere einander nahe verwandt, aber, wie auch die Analysen zeigen, nicht identisch. In ihrem Verhalten gegen Gase, gegen das Licht, und ihren Zersetzungsproducten ist bisher noch nie ein Unterschied gefunden worden.

Die wichtigste Eigenschaft des Hämoglobins ist sein Verhalten zu Sauerstoff und einigen anderen Gasen. Die Art, wie diese Eigenschaft aufgefunden worden ist, ist aus der Lehre von den Blutgasen (Cap. II.) zu ersehen. Hämoglobinlösungen nehmen relativ grosse Mengen Sauerstoff auf, und zwar fast unabhängig vom Druck. Hieraus folgt, dass nur ein kleiner Theil des Gases wirklich absorbirt (d. h. nach dem Dalton'schen Gesetze dem Partiardruck des Gases proportional aufgenommen) wird (vgl. Cap. II.); dieser kleine Theil fällt unzweifelhaft auf Rechnung des Wassers der Lösung. Der grösste Theil wird also in festem Verhältniss aufgenommen, d. h. chemisch gebunden (L. Meyer). Die Menge beträgt auf 1 grm. Hämoglobin 1,6—1,8 (nach Hüfner 1,592) ccm. O_2, gemessen bei $0°$ und mittlerem Atmosphärendruck (760 mm. Hg); dies würde bedeuten, dass auf 1 Atom Fe 1 Molecül O_2 gebunden wird.

Der aufgenommene Sauerstoff lässt sich durch dieselben Mittel wie einfach absorbirte Gase wieder entziehen, d. h. durch das Vacuum, durch Wärme und durch Hindurchleiten fremder Gase (vgl. Cap. II.). Die chemische Verbindung des Sauerstoffs mit dem Hämoglobin, das Oxyhämoglobin, wird also dissociirt durch dieselben Einflüsse, welche absorbirte Gase entbinden; d. h. sie hat eine Spannung von Sauerstoff, und kann nur bestehen, wenn in der umgebenden Atmosphäre mindestens die gleiche Sauerstoffspannung herrscht. Diese Spannung, welche durch Wärme erhöht wird, ist zu 20 mm. Hg für $12°$ C. bestimmt worden (Worm-Müller).

Das Oxyhämoglobin ist heller roth (auch in seinen Lösungen) und etwas weniger löslich als Hämoglobin. Die Lösungen des letzteren sind dichroitisch (Brücke): in dünnen Schichten grün, in dicken bläulich roth, die des Oxyhämoglobins immer roth. Dieses

Verhalten zeigt sich auch an der Farbe des Blutes im Ganzen: das O-freie Erstickungsblut ist dichroitisch, das arterielle Blut nicht. Noch grösser zeigt sich der Unterschied bei spectraler Untersuchung (s. unten).

Aus dem Oxyhämoglobin wird der Sauerstoff durch Kohlenoxydgas verdrängt (L. Meyer), aus dem Kohlenoxydhämoglobin das Kohlenoxyd ebenso durch Stickoxydgas (Hermann). Das verdrängende Gas tritt in gleichem Volumen ein, wie das verdrängte enthalten war. Die genannten Gase bilden also festere, aber äquivalente Verbindungen mit Hämoglobin. Auch diese Gase werden durch das Vacuum ausgetrieben (Donders u. A.), haben also in ihren Verbindungen mit Hämoglobin eine Spannung, die freilich kleiner ist als die des Oxyhämoglobins. Die Verbindungen sind ebenso hell roth, wie die letztere, die des CO hat einen bläulichen Schein.

Die Reduction des Oxyhämoglobins zu Hämoglobin geschieht noch leichter als durch die oben genannten physicalischen Mittel durch chemische Reductionsmittel, wie Schwefelwasserstoff, Schwefelammonium, alkalische Oxydullösungen, Eisenfeile, kleine Mengen Stickoxyd, thierische Gewebe.

Das Hämoglobin, sowie seine Verbindungen und Zersetzungsproducte, haben ein characteristisches Verhalten zu farbigem Licht, durch welches Blut von anderen rothen Flüssigkeiten leicht zu unterscheiden ist. Es löscht nämlich schon in dünnen Schichten, resp. verdünnten Lösungen*) gewisse Strahlen vollständig aus, während andere noch durchgehen. Das Oxyhämoglobin, in Folge dessen auch das gewöhnliche Blut, zeigt ausser einer allgemeinen Auslöschung im Blau und Violett namentlich zwei solche Auslöschungen oder Absorptionsstreifen im Gelbgrün, welche die Fig. 1 und 2 verdeutlichen. Das reducirte Hämoglobin und das Erstickungsblut hat nur einen verwaschneren Absorptionsstreifen, entsprechend dem Zwischenraum der beiden ersteren. Das CO- und NO-Hämoglobin haben zwei Streifen, die mit denen des O-Hämoglobins identisch sind (beim CO ein wenig verschoben).

Um die Absorptionsstreifen zu sehen, hat man nur auf irgend eine Weise ein Spectrum herzustellen, und dann die Blutschicht irgendwie in den Weg der Strahlen zu bringen, z. B. zwischen Licht und Spalt, oder zwischen Spalt und Prisma,

---

*) Da es bei den Absorptionen, ähnlich wie bei den Drehungen der Polarisationsebene (s. oben p. 15) nur auf die Anzahl der hinter einander vom Lichte durchlaufenen Molecüle ankommt, so ergiebt sich die „wirksame Schicht" aus dem Product von absoluter Schichtdicke und Concentration; so dass der Effect z. B. genau der gleiche bleibt, wenn man bei doppelter Concentration die halbe absolute Schichtdicke nimmt.

Hämoglobin. Optisches Verhalten. Zersetzungen. 47

oder zwischen Prisma und Auge. Der gewöhnliche Spectralapparat hat ein mit einem Spalt endendes Rohr vor der einen Fläche des Prismenwinkels und ein Fernrohr vor der anderen; das Blut wird in einem planparallelen Gefäss zwischen Spalt und Licht gebracht. Bei beständiger Vermehrung der Schichtdicke oder der Concentration breiten sich die Absorptionen immer mehr aus und laufen zusammen, zuerst die beiden Absorptionsstreifen des Oxyhämoglobins untereinander, dann diese mit der Absorption im Blau, zuletzt verschwindet selbst das rothe Licht. Fig. 1 stellt dies Verhalten, links für Oxyhämoglobin, rechts für reducirtes, leicht ver-

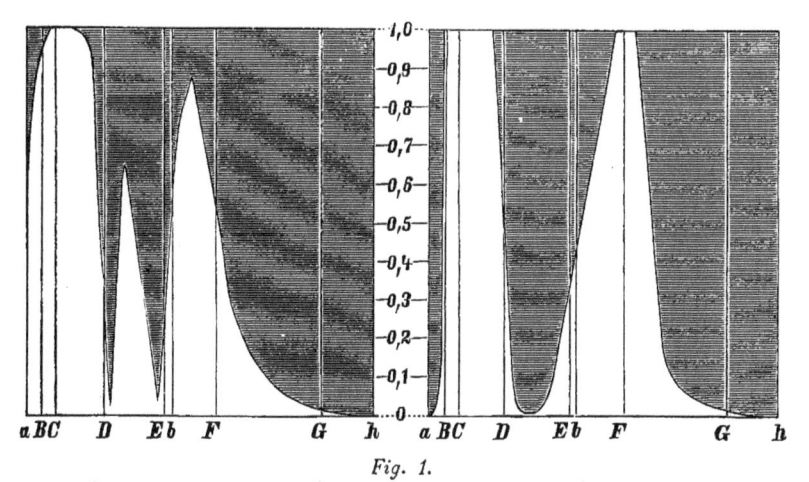

Fig. 1.
Spectrale Absorption des Oxyhämoglobins und des reducirten Hämoglobins (nach Rollett).

ständlich dar; die verticalen Linien sind die Fraunhofer'schen, die horizontalen Mittelstriche zeigen die Zunahme der wirksamen Schicht (vgl. p. 46. Anm.) an, und die von der betr. Horizontale geschnittenen Theile der dunklen Felder bezeichnen die Breite der entsprechenden Absorptionsstreifen. Bringt man eine verdünnte Blutlösung in einem keilförmigen Gefäss, das nach unten zu breiter wird, vor den Spectralapparat, so sieht man die Figur ohne Weiteres. — In Fig. 2 (auf folgender Seite) stellt das Spectrum 1 die Absorptionsstreifen des Oxyhämoglobins und das Spectrum 2 denjenigen des reducirten Hämoglobins bei mittlerer wirksamer Schicht dar.

Quantitative Bestimmungen der Absorption für eine bestimmte am Spectralapparat eingestellte Farbe (des sog. Extinctionscoëfficienten) kann man ausführen, indem man einen Theil des Spaltes von der Lösung frei lässt, und auf anderen Wegen, z. B. durch Verengerung oder durch polarisatorische Verdunkelung, den entsprechenden Theil des Gesichtsfeldes in gleichem Grade verdunkelt, wie es die Lösung thut (Vierordt u. A.).

Das Hämoglobin ist sehr zersetzlich. Es zerfällt sehr leicht unter Auftreten eines anscheinend dem Globulin (s. unten) am nächsten stehenden Eiweisskörpers (der aber nicht wie Globulin durch Sauerstoff gelöst wird) und eines Farbstoffs, Hämatin. Dieser Zerfall wird bewirkt durch alle eiweisscoagulirenden und eiweissfällenden

48 Hämoglobin. Hämatin. Hämin.

Einflüsse (Hitze, Alkohol, Mineralsäuren), ausserdem durch alle, auch die schwächsten Säuren (selbst Kohlensäure, bei Gegenwart von viel Wasser), endlich durch starke Alkalien.

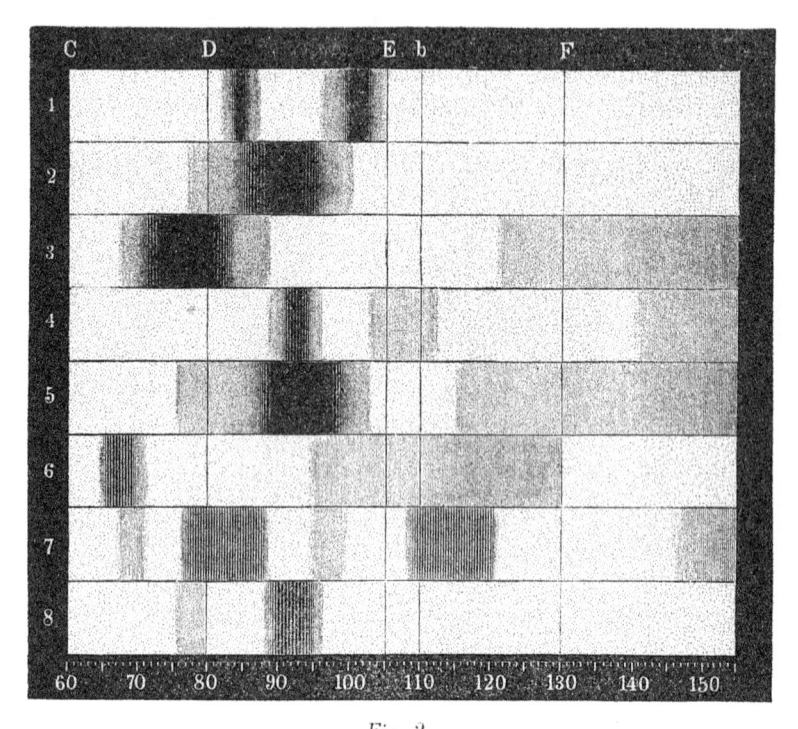

Fig. 2.
Absorptionsspectra des Hämoglobins und seiner Zersetzungsproducte (nach Hoppe-Seyler).
Das Nahere s. im Text.

Das gefärbte Spaltungsproduct des Hämoglobins. das Hämatin ($C_{68}H_{70}N_8Fe_2O_{10}$ Hoppe-Seyler), welches im Körper für sich nicht vorkommt, ist ein krystallinischer; getrocknet blauschwarzer, metallglänzender Farbstoff, in Wasser und Alkohol nicht löslich, wohl aber in wässrigen oder alkoholischen Säure- und Alkalilösungen. in welchen er jedoch Zersetzungen erleidet: die sauren Lösungen sind braun. die alkalischen dichroitisch: in dünnen Schichten grün, in dickeren roth Wird eingetrocknetes Blut bei Gegenwart von etwas Kochsalz mit starker Essigsäure erhitzt, so entstehen beim Abkühlen rhombische Krystalle, was zur Erkennung von Blut benutzt wird (Teichmann's Häminkrystalle). Die Krystalle sind salzsaures Hämatin $C_{68}H_{70}N_8Fe_2O_{10}.2HCl$ (Hoppe-Seyler).

Hämatin. Methämoglobin. Andre Zersetzungsproducte des Hämoglobins. 49

Auch das Hämatin hat ein characteristisches Spectrum, welches jedoch in alkalischer und in saurer Lösung verschieden ist. In Fig. 2 ist bei 3 das erstere, bei 6 das letztere dargestellt.

Bei der Zersetzung des Oxyhämoglobins durch Säuren wird der Sauerstoff nicht frei und kann auch nicht ausgepumpt werden; er wird also durch eins der Zersetzungsproducte fest chemisch gebunden (L. Meyer, Zuntz, Strassburg). Dasselbe ist der Fall bei der Zersetzung des O-Hämoglobins durch Hitze, und auch das CO- und NO-Hämoglobin zeigen dasselbe Verhalten (Hermann & Steger). Nach Hoppe-Seyler geht im ersteren Falle nur die Hälfte des Sauerstoffs in eine feste Verbindung über, welche man direct erhält, wenn Hämoglobin mit schwachen Säuren oder weniger eingreifenden Oxydationsmitteln behandelt wird: das Methämoglobin. Das Spectrum desselben stimmt mit dem der sauren Hämatinlösungen nahe überein. Durch Reduction geht das Methämoglobin in Hämoglobin über.

Andere Autoren (Jäderholm) halten das Methämoglobin für ein O-reicheres Peroxyhämoglobin, welches durch Reduction zunächst in Oxyhämoglobin und dann in Hämoglobin übergeht. Weitere Zersetzungsproducte des Hämoglobins sind:

Hämochromogen (Hoppe-Seyler), ein von Stokes zuerst durch Reduction von Hämatinlösungen erhaltener und als reducirtes Hämatin bezeichneter Farbstoff, mit zwei Absorptionsstreifen (bei 4, Fig. 2), welche denen des Oxyhämoglobins entfernt ähnlich sind; die Substanz geht bei Sauerstoffzutritt sofort in Hämatin über. Sie entsteht auch durch Spaltung des reducirten Hämoglobins durch Säuren, Hitze u. dgl. bei Luftabschluss.

Hämatoporphyrin $C_{68}H_{74}N_8O_{12}$ (Hoppe-Seyler) oder *eisenfreies Hämatin* (Mulder) entsteht durch Einwirkung starker Mineralsäuren auf Hämatin, wobei Eisen als Oxydulsalz abgespalten wird (Scherer), oder durch Reduction saurer alkoholischer Hämatinlösungen. Seine Spectra in alkalischer und saurer Lösung sind bei 7 und 8 in Fig. 2 dargestellt (nach Hoppe-Seyler).

Hydrobilirubin oder *Urobilin* (vgl. p. 30) entsteht durch Reduction alkoholischer Hämatinlösungen mit Zinn und Salzsäure (Hoppe-Seyler).

Hämatoidin (Virchow), orangerothe rhombische Tafeln, welche im Organismus durch Zersetzung von in Organen eingeschlossenen Blutergüssen entstehen. Der Körper steht dem Bilirubin (p. 30) in seinen Eigenschaften sehr nahe, und auch dieser Farbstoff ist zweifellos ein Abkömmling des Blutfarbstoffs (vgl. Cap. III. unter Galle).

Nach den vorstehenden Angaben ist das Hämoglobin als eine Eiweissverbindung des Hämatins zu betrachten, und verdankt wahrscheinlich letzterem Bestandtheil sein Krystallisationsvermögen. Jedoch wird immer wieder von Einzelnen behauptet, dass die Blutkrystalle entfärbt werden können und Globulinkrystalle seien, denen der Farbstoff anhaftet.

b. **Die übrigen Bestandtheile der rothen Blutkörperchen.**

1. Ein durch Kohlensäure fällbarer, durch Luftzuleitung sich wieder lösender Eiweisskörper, das **Globulin**.

Die **Kerne** der kernhaltigen Blutkörperchen (s. oben) enthalten eine mucinhaltige Substanz (Brunton) und Nuclein (Miescher).

2. Geringe Mengen in Aether löslicher Substanzen: Fette, Seifen, Cholesterin, Lecithin und dessen Zersetzungsproducte (Glycerinphosphorsäure etc.).

3. *Salze*, namentlich Kali- und Phosphorsäure-Verbindungen, wenig Chloride, sehr wenig oder gar kein Natron.

4. *Wasser*.

5. *Gase*; dieselben werden bei der Athmungslehre im Zusammenhang besprochen (Cap. II.).

3. Die farblosen Blutkörperchen.

Neben den rothen enthält das Blut regelmässig auch eine viel geringere Zahl farbloser Blutkörperchen (Lymphkörperchen), kuglige kernhaltige Zellen, mit granulösem Inhalt und maulbeerförmiger Oberfläche, grösser als die rothen (etwa $1/100$ mm.). Sie zeigen die grösste Aehnlichkeit mit den Zellen der Lymphe, von denen sie auch grossentheils herstammen. Diese (membranlosen) Zellen zeigen bei der Körpertemperatur lebhafte Bewegungen: Aussenden und Wiedereinziehen von Fortsätzen, wodurch fremde Körnchen in das Innere eindringen können, ferner Theilungen. Ihre chemischen Bestandtheile sind noch fast unbekannt, vermuthlich sind es, mit Ausnahme des Farbstoffs, nahezu die der rothen.

Die farblosen Körperchen senken sich weniger schnell als die rothen und finden sich daher vorzugsweise in der Speckhaut (p. 42). Beim Centrifugiren (p. 42) bilden sie, namentlich wenn die Gerinnung verhindert wird, eine Schicht zwischen dem rothen Theil und dem Plasma.

Die Zahl der farblosen Blutkörperchen ist ungemein schwankend; eins derselben kommt auf 350—700, ja 1200 rothe; im Milzvenenblut steigt ihre Zahl auf 1 : 70 (Hirt). Das defibrinirte Blut ist stets viel ärmer an farblosen Elementen als das ursprüngliche (A. Schmidt). Ueber die Beziehungen der farblosen Körper zur Blutgerinnung s. unten.

Ausserdem finden sich im Blute noch andere, weniger constante, morphologische Bestandtheile, z. B. feine Körnchen, ferner Plättchen (Blutplättchen, Bizzozero), deren Bedeutung noch zweifelhaft ist.

4. Das Blutplasma und die Blutgerinnung.

Das Plasma, welches man, wie schon erwähnt (p. 41), durch Senkung der Körperchen in abgekühltem Blut, sowie durch den Müller'schen Versuch gewinnen kann, reagirt alkalisch. Seine Bestandtheile sind mit Ausnahme des Fibrins zugleich die des Serums.

1. Das *Fibrin*. Seine Menge ist trotz des grossen Volums, welches es, namentlich anfangs, bei der Gerinnung einnimmt, sehr gering, und, selbst für verschiedene Proben desselben Blutes (S. Mayer), äusserst variabel; im Mittel beträgt sie etwa 0,2 pCt. des Blutes. Seitdem es gelungen ist, aus gewissen, aus Plasma und anderen thierischen Flüssigkeiten darstellbaren Eiweisskörpern, den **Fibringeneratoren**, eine Fibrincoagulation künstlich herbeizuführen, wird angenommen, dass das Fibrin nicht als solches im Blute präexistirt, sondern erst bei der Blutgerinnung sich bildet, und zwar unter der Einwirkung eines **Fermentes** welches gleichzeitig entsteht (A. Schmidt).

Nach A. Schmidt giebt es zwei Fibringeneratoren, die „fibrinogene" und die „fibrinoplastische" Substanz. Dieselben sind auch in vielen anderen normalen und pathologischen Flüssigkeiten enthalten, z. B. in Lymphe, Chylus, Liquor pericardii, Hydrocelefüssigkeiten u. s. w.; die beiden ersteren bilden auch das Ferment, coaguliren also spontan, aber langsamer als Blut; die übrigen bilden kein Ferment, gerinnen daher nur auf Zusatz desselben oder Blutzusatz. — Die fibrinogene und fibrinoplastische Substanz stehen dem Globulin (p. 34, 50) am nächsten; aus ihrer natürlichen Lösung im Plasma gewinnt man sie durch Zusatz von Wasser und Einleiten von Kohlensäure; die fibrinoplastische Substanz fällt zuerst aus und reisst Ferment mechanisch mit nieder. Beide sind in Alkalien, auch in Säuren, Salzlösungen löslich und lösen sich in Wasser bei Einleitung von Sauerstoff. Sie unterscheiden sich hauptsächlich dadurch, dass das Fibrinogen in der Salzlösung schon bei 55—56° gerinnt, die fibrinoplastische Substanz erst bei 75°. Das Ferment erhält man durch Ausfällen des Blutes mit Alkohol, und Extrahiren des nach längerer Zeit (damit nicht fibrinoplastische Substanz mit in Lösung gehe) abfiltrirten Niederschlags mit Wasser; unmittelbar aus der Ader in Alkohol einströmendes Blut liefert kein Ferment. Die fibrinogene und fibrinoplastische Substanz liefern beim Zusammenfügen ihrer Lösungen bei Gegenwart des Ferments das Fibrin als anfangs gelatinöse, später sich zusammenziehende Ausscheidung; die Menge beider Substanzen ist von Einfluss auf die Menge des Fibrins, jedoch in einer noch nicht völlig übersehbaren Weise; die Menge des Ferments ist nur für die Geschwindigkeit der Ausscheidung von Bedeutung. Das Serum enthält noch überschüssige fibrinoplastische Substanz (Rind 0,7—0,8, Pferd 0,3—0,6 pCt.). Gegenwart von unkrystallisirtem Hämoglobin, Kohle, Platin etc. beschleunigt die Fibrinbildung, wenn im Uebrigen alle Bedingungen erfüllt sind. Werden die Lösungen

4*

der Fibringeneratoren und des Fermentes vor der Vereinigung durch Wasserstoff O-frei gemacht, so bildet sich kein Fibrin. Sind die Lösungen der Fibringeneratoren durch Diffusion salzfrei gemacht, so liefern sie unter der Einwirkung des Ferments keine Fibrinausscheidung, sondern ein lösliches Zwischenproduct.

Als Bildungsstätte des Ferments sind die absterbenden farblosen Blut- und Lymphkörper zu betrachten (A. Schmidt), wie aus ihrer Abnahme bei der Gerinnung und vielen anderen Thatsachen hervorgeht; sie enthalten auch fibrinoplastische Substanz. Die Fibrinbildung ist, wie aus dem Gesagten sich ergiebt, ein chemisch noch sehr unverständlicher Vorgang.

Die Angabe (Heynsius), dass auch die (ausgewaschenen) Blutkörperchen Fibrin liefern, wird bestritten; nach Andern (Landois) ist dies „Stromafibrin" vom „Plasmafibrin" verschieden. — Das Embryonalblut ist im Anfang nicht gerinnungsfähig (Boll).

Der Ablauf der Blutgerinnung im entleerten Blute ist oben schon im Allgemeinen geschildert worden. Er erfolgt bei Vögeln fast augenblicklich, bei Säugethieren langsamer, beim Pferde besonders langsam (nach 5—13 Minuten), beim Menschen nach 1—6 Minuten, beim Frosche noch langsamer als bei Säugern. Er wird beschleunigt durch höhere Temperaturen und durch Berührung des Blutes mit fremden Körpern (z. B. beim Schlagen), auch mit Luft (in offenen Gefässen gerinnt das Blut schneller als über Quecksilber). Die Gerinnung wird verhindert durch den Zusatz von Alkalien oder alkalisch reagirenden Salzen, sowie durch Ausfällung der fibrinoplastischen Substanz (durch Kohlensäure oder andere schwache Säuren). Dem Blute des lebenden Thieres kann man die Gerinnungsfähigkeit für längere Zeit durch Injection von Peptonlösungen entziehen, jedoch nicht bei allen Thieren, z. B. nicht beim Kaninchen (Schmidt-Mülheim, Fano). Aehnlich wirkt auch das Defibriniren und Wiedereinspritzen grösserer Blutportionen (Lewaschew). Mangel an Gerinnbarkeit des Blutes kommt bei Menschen zuweilen erblich vor; die daran Leidenden (Bluter oder Hämophilen) kommen bei Blutungen in grosse Gefahr (vgl. p. 42).

Die Ursache der Blutgerinnung, resp. ihres Ausbleibens im Leben, ist noch nicht genügend aufgeklärt. Nur die Thatsache ist festgestellt, dass das Blut flüssig bleibt (d. h. dass das Fibrinferment sich nicht entwickelt), so lange es mit der lebenden Gefässwand in innige Berührung kommt (Brücke). Diese Berührung fällt fort nach der Entleerung, beim Tode des ganzen Thieres, und im lebenden Thiere, sobald das Blut in einem Gefässe stagnirt.

In einer stagnirenden Blutsäule sind nur die Wandschichten des Blutes mit der Gefässwand in Berührung, während die Circulation namentlich in den Capillaren jedes

Bluttheilchen mit Gefässwänden in Contact bringt. Entleertes Blut bleibt in einem pulsirenden Froschherzen flüssig (Brücke).

Die Blutgerinnung kann als eine Erscheinung des Absterbens des Blutes bezeichnet werden, und ist wahrscheinlich nur ein Theil complicirterer, grösstentheils noch unbekannter Veränderungen. Auf solche deutet die Thatsache, dass die alkalische Reaction des Blutes bis zur Gerinnung beständig abnimmt (Pflüger & Zuntz), also eine Säurebildung stattfindet. Zugleich finden gewisse Aenderungen im Gasgehalt statt (s. Cap. II.). Auf tiefere chemische Umsetzungen deutet auch die geringe bei der Gerinnung beobachtete Wärmebildung (Schiffer), für deren Erklärung die Aenderung des Aggregatzustandes bei der geringen Menge des Fibrins wohl kaum ausreicht. Auf galvanische Vorgänge beim Absterben des Blutes deuten die bei Gelegenheit des Muskelstroms zu erwähnenden Ströme bluthaltiger Froschdrüsen.

2. *Andere Eiweisskörper*, d. h. solche, welche auch im Serum enthalten sind. Die Hauptmasse (über 6—7 pCt. des Plasma) bildet das gewöhnliche Albumin. Nach Ausfällung desselben durch Hitze liefern Essigsäure und (nach Verdünnen mit Wasser) Kohlensäure weitere Eiweissfällungen, welche man neuerdings als Serumglobulin bezeichnet (etwa 0,5—1 pCt.).

Die letztere Substanz ist identisch mit der fibrinoplastischen Substanz von Schmidt, welche bei der Gerinnung nicht völlig verbraucht wird. Von anderen Globulinen unterscheidet sie sich hauptsächlich durch ihre hohe Gerinnungstemperatur in neutralen Lösungen (75°). Sie wurde früher auch als Paraglobulin, Serumcasein etc. bezeichnet.

3. *Kreatin, Sarkin, Harnstoff, Carbaminsäure* (?), zuweilen auch *Hippursäure*, sämmtlich in sehr geringer Menge (sogenannte Extractivstoffe).

4. *Traubenzucker*, in geringer und nach dem Orte verschiedener Menge (Näheres s. bei der Lehre vom Leberzucker, Cap. IV.).

5. *Fette, Fettsäuren, Cholesterin, Lecithin*, die Fette theils mittels der Seifen gelöst, theils emulgirt, ebenfalls nur in geringer, übrigens schwankender Menge (0,1—0,2 pCt.).

6. Ein, jeder Blutart eigenthümlicher *Riechstoff*.

7. Ein gelber *Farbstoff*.

8. *Salze*, und zwar vorwiegend Natriumsalze, Chloride und Carbonate, also besonders Kochsalz und Natriumcarbonat.

9. *Wasser*.

10. *Gase*; dieselben werden bei der Athmungslehre besprochen (Cap. II.).

Die alkalische Reaction des Serums ist nur etwa halb so stark wie die des Gesammtblutes, also (vgl. p. 40) entsprechend einer 0,1 — 0,2 procent. Sodalösung (Zuntz).

5. Quantitative Zusammensetzung und Menge des Blutes.

Das Verhältniss der Blutkörperchen zum Plasma ist dem Gewichte nach nur schwer auf Umwegen zu bestimmen (über Schätzungen des Volumverhältnisses s. oben p. 44). Die angegebenen Zahlen schwanken von 53:47 bis 33:67. Die Analysen des Plasma für sich sind genauer, als die der Körperchen für sich, weil man zwar leicht Plasma (oder Serum) ohne Körperchen, aber kaum Körperchen ohne Serum gewinnen kann.

Als Beispiel mögen folgende Analysen venösen Blutes dienen (aus Hoppe-Seyler's Laboratorium):

		Pferd	Hund
In 100 Th. Blut	Körperchen	32,6	38,3
	Plasma	67,4	61,7
In 100 Th. Körperchen	Feste Stoffe	43,5	—
	Wasser	56,5	—
In 100 Th. Plasma	Feste Stoffe	9,2	7,9
	Fibrin	1,0	0,2
	Albumin	7,8	6,1
	Fette	0,1	0,2
	Extractivstoffe	0,4	0,4
	Lösliche Salze	0,6	0,8
	Unlösl. Salze	0,2	0,2
	Wasser	90,8	92,1

Der Hämoglobingehalt des Blutes wird für den Hund zu 13,8, für den Menschen zu 11,5—15 pCt. angegeben.

Man unterscheidet zwei Arten von Blut, das hellrothe arterielle und das dunkelrothe venöse Blut; das Wesentliche ihres Unterschiedes wird bei der Athmung angegeben. Während das arterielle Blut überall im Körper die gleiche Zusammensetzung besitzt, ist das venöse Blut verschieden zusammengesetzt, je nach dem Organe, aus dem es herauskommt. Auch diese Unterschiede werden später erörtert werden.

Die Menge des Blutes bestimmt man am besten (Welcker, Heidenhain), indem man das freiwillig ausfliessende Blut des enthaupteten Körpers auffängt, und den in den Gefässen bleibenden Rest durch Ausspritzen der Gefässe und Auslaugen des zerstückelten Körpers mit Wasser gewinnt; der Blutgehalt des Spülwassers wird ermittelt durch Verdünnen einer gemessenen Blutprobe bis zu gleicher

Färbung mit dem Spülwasser. Das Hämoglobin der Muskeln muss in Abzug gebracht werden. Der Blutgehalt einzelner Glieder kann nach Abtrennung in gefrorenem Zustande, oder plötzlicher Abbindung intra vitam, bestimmt werden.

Am lebenden Thiere kann man die Blutmenge bestimmen, wenn man eine gemessene Menge Kohlenoxydgas einathmen lässt, und vor- und nachher eine Blutprobe entzieht; das Absorptionsvermögen für Sauerstoff ist in der zweiten Probe vermindert (vgl. p. 46); aus der Grösse der Verminderung lässt sich die Blutmenge berechnen (Gréhant & Quinquaud).

Die Blutmenge ist beim Menschen zu 7—8 pCt. des Körpergewichts bestimmt worden (Bischoff, von Anderen bis 12,5 pCt.). Beim Hunde beträgt sie 8—9 pCt., beim Kaninchen weniger. Bei letzterem enthalten die Muskeln nur 2,5, die Eingeweide 20,9 pCt. Blut (J. Ranke). Dass neugeborene Thiere und Menschen wesentlich blutärmer seien, als erwachsene, wird bestritten.

Durch Entziehung (Aderlass) und Einspritzung (Transfusion) kann die Blutmenge erheblich verändert werden. Bemerkenswerth ist, dass jedes Thier im Allgemeinen nur das Blut seiner eigenen Art in seinen Gefässen verträgt; Transfusion fremdartigen Blutes bewirkt tödtliche Erkrankung. Die wesentliche Ursache der letzteren liegt in schneller Zerstörung der fremden Blutkörper, deren Farbstoff durch die Nieren (die sich dabei entzünden) in den Harn übergeht, und deren klebrige Reste Kreislaufsstörnngen bewirken (Panum u. A.). Ein Hund wird getödtet durch 2 p. mille seines Gewichtes Schweine- oder Kalbsblut, 12 p. mille Lammblut, 20—25 p. mille Hühnerblut (Ponfick).

6. Allgemeine Bedeutung des Blutes.

Das Blut kreist beständig durch alle Organe des Körpers und steht mit denselben in lebhaftem Stoffaustausch. Im Allgemeinen kann ein Organ auf keinem anderen Wege Stoffe aufnehmen und ausgeben als aus dem Blute und an das Blut. Das letztere ist daher der Vermittler des ganzen Stoffverkehrs zwischen den Organen, und hierin, nicht etwa in eigener Vollziehung chemischer Umsetzungen, welche noch nie mit Sicherheit nachgewiesen werden konnte, liegt seine Bedeutung. Die Einfuhr und Ausfuhr von Stoffen vollzieht auch der Gesammtorganismus so, dass das Blut diese Stoffe in gewissen Organen von aussen empfängt oder nach aussen abgiebt. Besonders klar ist die stofftransportirende Rolle des Blutes bei der Athmung erwiesen.

7. Allgemeine Uebersicht der Blutbewegung.

Schon oben (p. 40) ist angegeben, dass das Blut aus Arterien in starkem Strahl, d. h. unter hohem Druck, aus Venen ohne Druckerscheinungen ausfliesst, was darauf deutet, dass die Arterien unter unmittelbarerer Einwirkung einer Triebkraft stehen. Oeffnet man eine Arterie, so strömt das Blut meist nur aus ihrem centralen, dem Herzen näheren Ende aus, comprimirt man eine Arterie, so schwillt das centrale Stück an, das peripherische ab (wenn nicht collaterale Verbindungen in der Nähe sind), und in allen peripherischer gelegenen Zweigen desselben steht das Blut still, und fliesst bei Verletzungen nicht aus. In den Arterien strömt also das Blut beständig unter dem Drucke des Herzens nach den feineren Aesten und Zweigen und nach den Capillaren. Umgekehrt ist es bei den Venen; hier fliesst das Blut aus dem peripherischen Ende aus, und bei localer Compression schwillt das peripherische Stück an, das centrale ab, und in letzterem steht das Blut still. In den Venen strömt also das Blut von den Capillaren nach den Zweigen und Stämmen und so zum Herzen. Diese Sätze gelten sowohl für das Körper- als für das Lungengefässsystem.

Da nun die Körpervenen durch die rechte Herzhälfte mit den Lungenarterien, und die Lungenvenen durch die linke Herzhälfte mit den Körperarterien communiciren, so vollzieht das Blut unaufhörlich einen einzigen Kreislauf, in welchem jedes Bluttheilchen abwechselnd Capillaren des Körpers und Capillaren der Lunge passiren muss.

Das Blut hat hellrothe, arterielle Beschaffenheit in den Lungenvenen, in der linken Herzhälfte und in den Körperarterien, dunkelrothe, venöse Beschaffenheit in den Körpervenen, in der rechten Herzhälfte und in den Lungenarterien. Die Verwandlung arteriellen Blutes in venöses geschieht also in den Körpercapillaren, der umgekehrte Process in den Lungencapillaren.

Wird das Herz abgebunden oder zum Stillstand gebracht, so steht alsbald das Blut in allen Theilen des Gefässsystems still, nachdem die vorhandenen Spannungsunterschiede sich durch die Elasticität der Gefässwände ausgeglichen haben. Die Herzbewegung ist also die Triebkraft, welche den Kreislauf unterhält.

Der Kreislauf zerfällt nach dem Gesagten in eine arterielle und eine venöse Abtheilung. Bei den höheren Wirbelthieren ist in jede dieser beiden Abtheilungen eine Herzhälfte als Triebkraft eingeschaltet, die linke in die arterielle, die rechte in die venöse Bahn. Eine Communication beider Herzhälften findet nicht statt. Obwohl hiernach die ganze Blutbewegung ein einziger Kreislauf ist, wird doch oft missbräuchlich der Abschnitt vom linken Herzen durch die Körpercapillaren zum rechten Herzen als grosser oder Körper-Kreislauf, der andere als kleiner oder Lungen-Kreislauf bezeichnet. — Ein Theil des Körpervenenblutes, nämlich das aus den Capillaren des Magens, des Darmes und der Milz kommende, vereinigt sich in einem Venenstamm (Pfortader), welcher nicht ohne Weiteres zum rechten Herzen geht, sondern sich erst, wie eine Arterie, zu einem zweiten Capillarsystem in der Leber verzweigt; erst aus diesem gelangt das Blut in die direct zum Herzen führenden Venen; auch dieser Abschnitt des Gefässsystems wird missbräuchlich als Pfortader-Kreislauf bezeichnet. Fig. 3 stellt den Kreislauf der Säugethiere und Vögel schematisch dar.

Bei den Fischen existirt nur ein der rechten Herzhälfte der Säuger entsprechendes venöses Herz (s. Fig. 4); die Kiemenvenen gehen direct in die Körperarterien über.

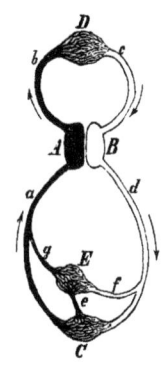

Fig. 3.
Schema des Säugethierkreislaufs. *A* rechtes oder venöses Herz. *B* linkes oder arterielles Herz. C Körpercapillaren. D Lungencapillaren. *a* Körpervenen. *b* Lungenarterien. *c* Lungenvenen. *d* Körperarterien. *e* Pfortader. *f* Leberarterie. *E* Lebercapillaren. *g* Lebervenen.

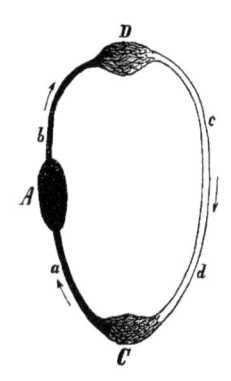

Fig. 4.
Schema des Fischkreislaufs. *A* Herz. C Körpercapillaren. *D* Kiemencapillaren. *a* Körpervenen. *b* Kiemenarterien. *c d* Kiemenvenen und Körperarterien.

In Fig. 3—8 ist durchweg **venöser** Inhalt der Gefässe **schwarz**, **arterieller weiss** bezeichnet.

Geschichtliches. Obwohl schon den Alten die Communication der Blutgefässe mit dem Herzen, der Klappenmechanismus des letzteren, der Synchronismus des Arterienpulses mit dem Herzstoss bekannt war, stand der Erkenntniss des Blutkreislaufs vor Allem der fundamentale Irrthum im Wege, dass die Arterien lufthaltig seien (daher der von ἀήρ abgeleitete Namen, den auch die Luftröhre, arteria aspera ἀρτηρία τραχεῖα, führte); dieser Luftgehalt, zu dessen Annahme ohne Zweifel die Blutleere der Arterien in der Leiche geführt hatte, wurde von den

Lungen, durch die Lungenvenen und das linke Herz, hergeleitet. Man nahm daher an, dass das Herz durch die Venen Blut, durch die Arterien Luft (Pneuma) in die Organe entsende; das durch die Venen wegströmende Blut liess man nach jedem Herzschlage auf demselben Wege zurückkehren. Der Alexandriner Herophilus (um 300 v. Chr.) nahm jedoch in den Arterien eine Mischung von Blut und Pneuma an, und sein Zeitgenosse Erasistratus ahnte die peripherische Communication der Arterien und Venen. Erst Galen (131—201 n. Chr.) bewies den Blutgehalt der Arterien, den er aber ebenfalls als mit Pneuma vermischt angenommen zu haben scheint, erkannte also den grossen Kreislauf im Wesentlichen richtig (ob er der erste gewesen ist, welcher dem Venenblut die ausschliessliche Richtung nach dem Herzen hin zuschrieb, ist zweifelhaft). Anstatt aber aus dem rechten Herzen das Blut in die Lunge strömen zu lassen, nahm er an, dass die noch brauchbaren Theile desselben durch die Herzscheidewand in das linke Herz übertreten, der unbrauchbare „Russ" aber durch die Lungenarterie den Lungen zugeführt und dort exhalirt werde, während „Pneuma" aus diesen durch die Lungenvenen ins linke Herz gehe, um sich mit dem Blute zu mischen. Diese Anschauung erhielt sich das ganze Mittelalter hindurch. Erst Vesal und seine Zeitgenossen (16. Jahrhundert) sahen ein, dass die Herzscheidewand vollkommen undurchgängig sei, und darauf hin, und nachdem die Entdeckung der Venenklappen (Cannani 1546, Fabricius ab Aquapendente 1574) den Weg des Venenblutes zum Herzen hin über allen Zweifel erhoben hatte, begannen Einzelne, wie Mich. Serveto (1509—1553), Realdo Colombo († 1559), Andr. Cesalpino (1519—1603) den Weg des Blutes vom rechten Herzen durch die Lungen in das linke Herz zu lehren, aber in unvollkommener und unrichtiger Weise, indem immer noch die Lungenvenen, das linke Herz und selbst die Arterien neben dem Blute etwas anderes, an das Pneuma Erinnerndes enthalten; auch sonst waren über die Functionen der Arterien vielfache Irrthümer verbreitet; man hielt ihren Puls für activ, und liess sie in den feinsten Zweigen Russ ausscheiden und Luft aufnehmen. William Harvey (1578—1658) war es vorbehalten, die grosse Wahrheit zu erkennen und in einer kurzen classischen Schrift (Exercitatio anatomica de motu cordis et sanguinis in animalibus. Francofurti 1628) unwiderleglich zu beweisen. Anatomisch wurde der peripherische Zusammenhang der Arterien und Venen erst nach 1660 durch Injectionen und das Microscop nachgewiesen (de Marchettis, Blankaard, Ruysch), und durch die microscopische Beobachtung des Capillar-Kreislaufs in Lunge und Gekröse des Frosches (Malpighi 1661) und am Warmblüter (Cowper 1697) vollends erkannt.

8. Die Herzbewegung.

a. Der Bau des Herzens.

Das Herz besteht aus zwei vollständig getrennten, übereinstimmend gebauten musculösen Hohlorganen, deren jedes durch rhythmische Zusammenziehungen und ventilartige Vorrichtungen seinen Inhalt in bestimmter Richtung durch sich selbst hindurchbefördert. Die rechte Herzhälfte ist, wie aus der allgemeinen Uebersicht hervorgeht, in die venöse, die linke in die arterielle Hälfte des Blutkreislaufs eingeschaltet; jene befördert das aus dem Körper kommende, durch die Hohlvenen einströmende Blut in die Lungenarterie, diese das aus den Lungen durch die Lungenvenen zurückkehrende in die Aorta. Jede Herzhälfte besteht aus einer dünnwandigen Vorkammer (Vorhof, Atrium), welche das einströmende Blut zunächst aufnimmt, und einer dickwandigen Kammer (Ventrikel), welche es in die Arterie presst.

Die Muskelfasern, welche den grössten Theil der Herzwand bilden, sind, obgleich dem Willen gänzlich entzogen, quergestreift, und, abweichend von fast allen übrigen, verzweigt und untereinander netzartig zusammenhängend. Jede Faser besteht aus einer grossen Anzahl aneinandergereihter Muskelzellen, deren Grenzen an den Herzen verschiedener Thiere bald mehr bald weniger deutlich sind. Die Fasern bilden mehrfache, verschieden gerichtete, zum Theil spiralig gewundene Schichten: die der Ventrikel entspringen von den faserknorpeligen Ringen an den Vorhofsgrenzen und setzen sich theils ebendaselbst wieder an, theils nachdem sie sich in die Mm. papillares umgeschlagen, an die Chordae tendineae der Klappen. Die Muskeln der Vorhöfe sind völlig von denen der Kammern getrennt; dagegen gehen viele Fasern von der rechten Herzhälfte auf die linke über. Diese Muskelanordnung erklärt es, dass stets beide Vorhöfe oder beide Ventrikel sich gleichzeitig contrahiren, während Vorhof und Ventrikel in ihrer Thätigkeit von einander unabhängig sind.

Vergleichend Anatomisches.

Bei den Säugethieren und Vögeln verhält sich das Herz wie beim Menschen. Dagegen weichen die Herzen der niederen Wirbelthiere in mannigfacher Hinsicht ab. Bei den Fischen entspricht das Herz, wie schon erwähnt, lediglich der rechten, venösen Herzhälfte des Menschen; die linke fehlt, d. h. das aus dem Athmungsorgane (Kiemen) zurückkehrende arterielle Blut geht direct in die Körperarterien über: die Kiemenvenen verbinden sich zu den beiden Aortae descendentes, welche sich weiter unten vereinigen. Ein ganz ähnlicher Zustand findet sich bei den Larven der Amphibien und bei den höheren Wirbelthieren in der Embryonalzeit (vgl. Cap. XIV.). Das Fischherz besteht aus einer Vorkammer mit Herzohr und einer Kammer; die Körpervenen münden aber in erstere nicht direct, sondern in einen selbstständig pulsirenden Venensinus. Auch geht die Aorta, welche die Kiemenarterien liefert, nicht direct aus der Kammer, sondern aus einem selbstständig pulsirenden Arterienbulbus hervor (vgl. Fig. 5).

Complicirter ist das Verhalten bei den Amphibien. Während bei den Fischen das Blut bei jedem Umlauf einmal das Athmungsorgan passiren muss und die Arterien rein arterielles Blut enthalten, findet bei den Amphibien nur eine partielle Athmung statt, d. h. die Lungenarterien sind Aeste der Aorta, so dass bei jedem Umlauf nur ein Theil des Blutes die Lungen passirt. Das arterielle Lungenvenenblut gelangt in einen linken Vorhof, beide Vorhöfe senden ihr Blut in eine gemeinsame Kammer, aus welcher (mittels eines Bulbus wie bei den Fischen) die beiden Aortenbögen hervorgehen. Kammer und Arterien, mit Einschluss der Lungenarterien, führen also ein Gemisch von arteriellem und venösem Blut; rein arterielles Blut enthalten nur Lungenvenen und linker Vorhof, rein venöses die Körpervenen, der Venensinus und der rechte Vorhof. Bei den höheren Amphibien, besonders den ungeschwänzten Batrachiern, bildet sich im Aortenbulbus eine longitudinale Scheidewand aus, welche so liegt, dass die Lungenarterien vorzugsweise das aus der rechten Vorkammer in die Kammer einströmende, also rein venöses Blut aufnehmen, wodurch die Partialathmung ergiebiger wird. Noch weiter geht in dieser Hinsicht der Kreislauf der Reptilien, bei welchen die Bulbusscheidewand sich, wenn auch unvollkommen, in die Kammer hinein fortsetzt, so dass, ähnlich wie bei den Warmblütern, zwei Kammern existiren; die rechte, vorzugsweise venöses Blut enthaltende, speist jetzt die Lungenarterien, ausserdem aber in der Regel den linken Aortenbogen, während der rechte, mit der linken Kammer communicirende Aortenbogen vorzugsweise arterielles Blut empfängt, die Aorta also gemischtes. Der Uebergang aus dieser Anordnung zu der der Vögel besteht einfach darin, dass die Scheidewand vollkommen wird und der linke Aortenbogen vergeht. Bei Säugethieren entspricht der bleibende Aortenbogen dem linken, der hier aber mit dem linken Ventrikel communicirt. Ueber die Beziehung der Aortenbögen zu den Kiemengefässen und deren embryonale Umwandlung beim Warmblüter s. Cap. XIV.

Die folgenden Schemata, in welchen venöser Gefässinhalt schwarz, arterieller weiss, gemischter schraffirt angedeutet ist, stellen das Gesagte dar.

Fig. 5. Schema des Fischherzens.

A Venensinus. B Vorkammer. C Kammer. D Aortenbulbus. a Aorta ascendens. bbb Kiemenarterien. EE Kiemencapillaren. ccc Kiemenvenen. d Absteigende Aorten, bei e vereinigt. f Körpervenen.

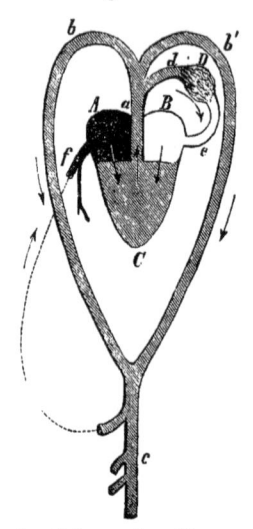

Fig. 6. Schema des Herzens geschwänzter Amphibien.

A Rechter Vorhof. B Linker Vorhof. C Kammer. a Aorta ascendens. b rechter Aortenbogen b' linker Aortenbogen. c Aorta descendens. d Lungenarterien. D Lungencapillaren. e Lungenvenen. f Körpervenen.

Bei den Wirbellosen, wo meist kein abgeschlossenes Gefässsystem existirt, kommt ein eigentliches Herz mit Kammern und Vorkammern nur in wenigen Ab-

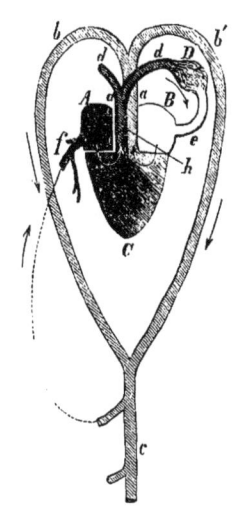

Fig. 7. *Schema des Herzens der ungeschwänzten Batrachier.*

Bezeichnungen wie Fig. 6; *h* Scheidewand des Bulbus aortae, welche das Blut des rechten Vorhofs vorzugsweise in die Lungenarterie leitet.

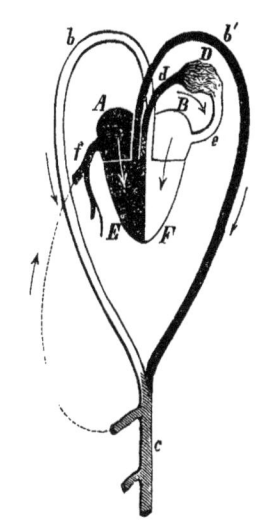

Fig. 8. *Schema des Herzens der beschuppten Amphibien.*

E Rechte Kammer. F Linke Kammer. Uebrige Bezeichnungen wie Fig. 6.

theilungen vor; in anderen ist nur ein offener mit Klappen versehener Schlauch vorhanden (z. B. das Rückengefäss der Insecten); andere haben gar nichts dergleichen.

b. Die Pumpwirkung des Herzens.

Die rhythmischen Bewegungen des Herzens bestehen in einer abwechselnden Zusammenziehung der Vorkammern und Kammern. Die beiden Herzhälften arbeiten durchaus parallel und gleichzeitig. Während der Zusammenziehung (Systole) beider Vorkammern geschieht die Erschlaffung (Diastole) beider Kammern, und umgekehrt; die Systole der Kammern folgt unmittelbar auf die der Vorkammern; dagegen bleibt nach der Kammersystole eine kleine Pause bis zur nächsten Systole der Vorkammern; die Systole der Vorkammern dauert ferner kürzere Zeit, als die der Kammern. Näheres über diese Zeitverhältnisse s. unten.

Die eigentliche Pumparbeit des Herzens besteht in der Systole der Ventrikel; der Anfang derselben vermehrt plötzlich den Druck ihres Inhalts, wodurch die Atrioventricularklappen sich schliessen. Der Klappenverschluss wird durch die gleichzeitige Contraction der Papillarmuskeln noch befestigt, und die Zusammenziehung der Kammern presst nun deren ganzen Inhalt mit grosser Kraft in die Arterien (Aorta und Pulmonalis). Sowie die Systole aufhört, verschliesst der hohe Druck in den Anfängen der Arterien die Semilunarklappen, so dass ein Rücktritt des Blutes in die erschlafften Ventrikel unmöglich ist.

Die **Atrioventricularklappen**, rechts die Tricuspidalis, links die Bicuspidalis oder Mitralis, bestehen aus 3 resp. 2 häutigen Platten, die mit breiter Basis an den Wänden der Grenzöffnung, mit ihren freien Rändern durch die Chordae tendineae an den Mm. papillares befestigt sind. In der Ruhe hängen sie schlaff in den Ventrikel herab. Sobald aber im Ventrikel ein höherer Druck herrscht, als im Vorhof, treibt sie der Rückstrom nach oben, entfaltet sie, und da ihr Umschlagen in den Vorhof durch die Chordae verhindert ist, so werden ihre inneren Ränder an einander gepresst, so dass ein vollständiger Verschluss zu Stande kommt. — An dem Schlusse der Atrioventricularklappen sind die in ihrem Basaltheil liegenden Muskeln wahrscheinlich betheiligt, indem sie durch Verkürzung der Klappen sie von der Ventrikelwand abheben, und so erst ihre Entfaltung durch den Blutdruck ermöglichen (Paladino). Ein Theil dieser Muskeln steht mit der Vorhofsmusculatur, ein anderer mit der Kammermusculatur in Zusammenhang, so dass sie vermuthlich sowohl mit dem Ende der Vorhofssystole als mit dem Anfang der Kammersystole sich contrahiren. — Die Bedeutung der **Papillarmuskeln** scheint wesentlich darin zu liegen (Hermann), dass sie die Annäherung zwischen Basis und Spitze des Ventrikels, welche die Chordae schlaff machen würde, durch ihre Verkürzung compensiren.

Die **Semilunarklappen** sind je drei am Umfange des Arterieneingang angeheftete wagentaschenartige Häute. Dem in die Arterien einströmenden Blute setzen sie keinen Widerstand entgegen. Sobald aber der Druck in den Arterien grösser wird, als in den Ventrikeln, schlagen sie sich nach innen und stossen mit ihren Rändern aneinander, die nun einen dreistrahligen Stern bilden; in dieser Lage bilden sie einen festen Verschluss gegen die Ventrikel.

Die Lage der Semilunarklappen in der Systole und ihr Verhalten zu den in dem Sinus Valsalvae der Aorta entspringenden Coronararterien ist Gegenstand einer Controverse. Die Einen (Scaramuzzi, Thebesius, Brücke) behaupten, dass die Klappen in der Systole der Wand anliegen, also die Zugänge zu den Coronararterien verschliessen, so dass letztere erst während der Diastole mit Blut gespeist werden; die Folge sei ein leichteres Eindringen des Blutes in die Herzsubstanz (während ihrer Erschlaffung), und eine Ausdehnung des diastolischen Ventrikels durch Turgescenz seiner Wandungen, wodurch eine active Aspiration auf das vom Vorhof einströmende Blut ausgeübt würde („Selbststeuerung des Herzens" Brücke); auch lässt sich der Blutreichthum der Herzwand in der Diastole und die Blutarmuth in der Systole direct nachweisen (Klug). Andere (Hamberger, Hyrtl, Rüdinger, Oehl, Ceradini u. A.) erheben hiergegen hauptsächlich folgende Einwände: 1) Die Klappen seien in der Systole nicht an die Wand angedrückt, sondern sehnenförmig über die Sinus hinweg gespannt. 2) Die Coronararterien spritzen, wenn man sie anschneidet, hauptsächlich während der Systole, und zwar aus dem centralen Ende; dem entsprechend ist auch ihr Puls demjenigen der

Körperarterien synchronisch (Martin & Sedgwick). 3) Der Durchgang durch Muskelcapillaren findet während der Contraction weniger Widerstand als während der Erschlaffung (vergl. die Muskelphysiologie). 4) Das Herzlumen wird durch Injection in die Coronararterien nicht vergrössert, sondern verkleinert. Nach den neuesten Untersuchungen (Ceradini) soll der diastolische Schluss der Klappen nicht durch eine Regurgitation, sondern im Moment der Unterbrechung des systolischen Axenstroms durch die jetzt frei werdende Spannung an der Peripherie des Bulbus stattfinden, wo während des Durchströmens der Druck grösser ist als in der sich schnell bewegenden Axenschicht. Ueber die Wirkung der Unterbindung von Coronararterien s. unten bei der Innervation des Herzens.

Während der Diastole der Kammern füllen sich dieselben aus den Vorhöfen wieder mit Blut. Früher glaubte man, dass letzteres durch die Systole der Vorhöfe eingepresst werde, indess ist eine pumpenartige Wirkung der Vorhöfe unverständlich, weil dieselben keine Eingangsklappen an den Venenmündungen haben; auch würde der Zweck zweier hinter einander arbeitenden Pumpenstiefel unbegreiflich sein. Viel verständlicher ist die (zuerst von Skoda ausgesprochene) Ansicht, dass die Vorkammer nur ein Venenende mit variablem Lumen darstellt, welche es ermöglicht, dass das Venenblut ununterbrochen in das Herz einströmt, indem während des Schlusses der Atrioventricularklappen der Vorhof sich erweitert, und nach Oeffnung derselben das unterdess beherbergte Blutquantum durch seine Systole nachträglich in den Ventrikel ergiesst. Für diese Ansicht spricht erstens, dass die Venen nur geringe Spuren cardialer Pulsation zeigen (s. unten bei den Venen), und zweitens, dass der Vorhof bei der Systole nie wirklich blutleer wird. Vielmehr scheint er bei der Systole nur sich zu einem gemeinsamen Stamm der einmündenden Venen zu verengen, und nur das Herzohr, welches auch einen dafür geeigneten trabeculären Bau besitzt, wirklich sich vollkommen zu entleeren.

Das umstehende Schema, Fig. 9, stellt eine nach Art des Herzens wirkende Pumpe dar, welche durch den vorgesetzten Stiefel A, dessen Querschnitt nur halb so gross ist als der von B, den Strom im Saugrohr a trotz des Pumpens constant hält. B ist die dem Ventrikel entsprechende eigentliche Pumpe mit ihren beiden Klappen c und d. Hätte A denselben Querschnitt wie B, so würde die Einsaugung aus a dadurch, statt auf die Zeit des Kolbenhubs in B (wie es ohne die Vorkammer A sein würde), auf die Zeit des Niedergangs in B verlegt; auf das Herz übertragen würde dies heissen, dass die venöse Ansaugung durch die Vorkammer auf die Zeit der Ventrikelsystole statt auf die der Diastole verlegt würde; schon dies würde, wie man leicht findet, den Kreislauf, besonders in der Lunge, wesentlich befördern. Hat A genau den halben Querschnitt von B, so wird die Einsaugung genau gleichmässig auf Diastole und Systole von B vertheilt. Ein ähnliches Verhältniss ist

Fig. 9.

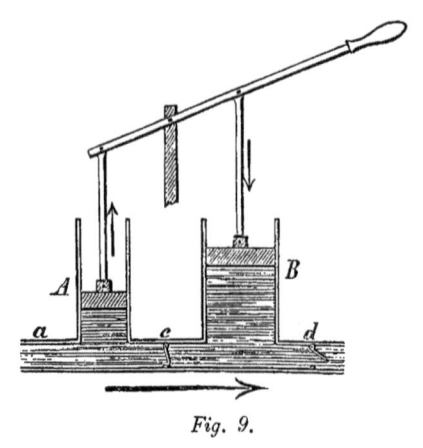

beim Herzen anzunehmen, da die venöse Einströmung ununterbrochen ist, und die Vorkammer bei allen Herzen ein beträchtlich kleineres Lumen hat als die Kammer.

Es bleibt nun noch die eigentliche Ursache des Bluteinströmens in das erschlaffte Herz zu untersuchen. Die Ansicht, dass das Herz, oder wenigstens die Kammern, activ durch Muskelwirkung in der Diastole sein Lumen erweitere und dadurch Blut einsauge (Ceradini u. A.), ist unhaltbar, die Erweiterung durch die Blutinjection in die Wand (s. oben p. 62 f.) von Vielen bestritten. Die Hauptursache des Bluteintritts liegt jedenfalls in dem Umstande, dass das Herz und die Gefässstämme unter dem negativen Druck des Thorax stehen (s. die Lehre von der Athmung). Da aber auch bei weit geöffnetem Thorax ein in die Kammer eingeführtes Manometer, welches ein nach innen sich öffnendes Ventil enthält, also den Minimaldruck anzeigt, einen negativen Druck aufweist (Goltz & Gaule), so ist anzunehmen, dass die Kammer bei der Diastole saugend wirkt, wahrscheinlich dadurch, dass sie durch die Elasticität ihrer Wand ein Lumen zu gewinnen sucht, was sich auch am todten Herzen nachweisen lässt (L. Fick).

Die Venen des Herzens selbst (Coronarvenen) haben an ihrer Mündung in den rechten Vorhof Klappen (Valvula Thebesii u. A.), was vielleicht damit zusammenhängt, dass auf diese, ganz im Thorax liegenden Venen die Brustsaugung nicht wirken kann, also während der Vorhofssystole leicht Blut in sie zurücktreten könnte. Dagegen liegen die Wurzeln der Lungenvenen ausserhalb des negativen Druckbereichs, so dass sie sich mechanisch wie die Körpervenen verhalten.

c. **Die Herztöne und der Herzstoss.**

An der Brust sieht und fühlt man bei jeder Ventrikelsystole in der Gegend der Herzspitze eine Erhebung oder Erschütterung der

Weichtheile, den **Herzstoss** oder **Spitzenstoss**, herrührend von einer systolischen Vordrängung der Herzspitze. Genauer liegt die Stossstelle im fünften, seltener im vierten Intercostalraum (nach Namias umgekehrt häufiger im vierten, besonders bei Frauen), etwas einwärts von der Verticale der Brustwarze. Bei den verschiedenen Körperstellungen ändert die Stelle sich etwas, entsprechend den geringen Verlagerungen des Herzens durch die Schwere. Für den Herzstoss werden folgende Erklärungen gegeben: 1. (Ludwig) Der schiefe abgeplattete Kegel, den die erschlafften Ventrikel darstellen, geht durch die Systole in einen graden mit runder Basis über; die Aufrichtung der schief nach unten und vorn zielenden Axe muss die Herzspitze nach oben und vorn drängen. 2. (Gutbrod, Skoda) Das systolische Ausströmen des Blutes nach hinten und oben bewirkt nach dem Princip der Erhaltung des Schwerpuncts, einen Reactionsstoss nach vorn und unten. 3. (Bamberger) Die Dehnung der sich füllenden Arterienstämme muss das Herz in gleicher Richtung zurückdrängen; zugleich wird ihre spiralige gegenseitige Umwindung eingeringe Drehung des Herzens bewirken (Kornitzer); eine ähnliche Drehung wird auch am ausgeschnittenen Herzen beobachtet, so dass vielleicht die spiralige Anordnung der Muskeln (p. 59) betheiligt ist (Oehl).

Ob das blutleere Herz einen Spitzenstoss ausführt, was für die erste Erklärung sprechen würde, ist streitig. Beim plötzlichen Zuklemmen der arteriellen Gefässtämme hört der Herzstoss auf (Guttmann, Jahn).

Sowohl am blossgelegten Herzen, wie am Thorax in der Herzgegend, hört man ferner mit dem aufgelegten Ohre oder mittels des Stethoscops je zwei schnell aufeinanderfolgende Töne, die **Herztöne**. Der **erste** (systolische) ist dumpf, am stärksten in der Gegend der Kammern hörbar, und hält so lange an wie die Systole der Kammern. Einige schreiben ihn den Schwingungen der gespannten membranösen Atrioventricularklappen zu, Andere erklären ihn für das Muskelgeräusch des Herzens (s. die Muskelphysiologie). Dass das letztere daran betheiligt ist, ergiebt sich daraus, dass man auch am ausgeschnittenen blutleeren Herzen noch den systolischen Ton hört (Ludwig & Dogiel). Mit geeigneten Resonatoren soll man den kurzen hohen Klappenton und den langen tiefen Muskelton nebeneinander im ersten Herzton wahrnehmen können (Wintrich). Der **zweite** (diastolische) folgt ihm unmittelbar, fällt also in den Anfang der Kammerdiastole. Er ist kürzer und heller, am stärksten an den

Ostia arteriosa, wird durch die grossen Arterien fortgeleitet, und rührt jedenfalls von dem plötzlichen Schlusse der Semilunarklappen her, an deren Schlussfähigkeit er gebunden ist (Williams).

Zur graphischen Registrirung der Herzthätigkeit (Cardiographie) giebt es verschiedene Methoden: 1. mittels des Herzstosses (Marey); auf die betr. Stelle der Brustwand wird eine Pelotte gesetzt, welche an einem elastischen Luftkissen befestigt ist, so dass jede Vortreibung der Brustwand die Luft comprimirt; die Druckschwankungen werden auf eine Registrirmembran übertragen (vgl. p. 2). Die so gewonnenen Curven lassen mehrere den verschiedenen Herzphasen entsprechende Elevationen erkennen, aus welchen man, freilich nicht mit absoluter Sicherheit, die Dauer derselben erkennen kann. Besser gelingt dies in Fällen von Fissura sterni, wo die Registrirpelotte dem Herzen directer anliegt. Ein solcher Fall ergab in Secunden (Gibson):

	Maximum	Minimum	Mittel
Dauer der Vorhofssystole	0,130	0,100	0,112
„ „ Kammersystole	0,395	0,325	0,368
„ „ Kammerdiastole + Pause (p. 61)	0,690	0,455	0,578
„ „ ganzen Periode	1,190	0,925	1,057

2. mittels in die Herzhöhlen eingeführter registrirender Manometer; hierüber s. unten bei den Arterien; 3. mittels Registrirung des Druckes im Herzbeutel (Franck, Knoll); 4. durch Registrirung des Arterienpulses (s. unten); 5. durch die cardialen Druckschwankungen im Athmungscanal (s. Athmung). Ueber die Methodik für ausgeschnittene Froschherzen s. unten bei der Innervation.

d. Die Pulsfrequenz.

Die Frequenz der Herzschläge wird, weil sie am bequemsten am Arterienpulse gezählt wird (s. unten), gewöhnlich Pulsfrequenz genannt. Sie beträgt im Mittel beim Erwachsenen 72 in der Minute; beim Fötus ist sie sehr gross (140 kurz vor der Geburt), und sinkt bis zum 21. Jahre. Bei Männern ist sie um einige Schläge geringer als bei Weibern, bei grossen Personen geringer als bei kleinen (ähnlich auch in der Säugethierreihe, z. B. Pferd: männlich 30, weiblich 40, neugeboren 100—120; Rind 35—42; Schaf 68—80; mittlerer Hund 90—100; Kaninchen 140 und mehr). — Die wirkliche Pulsfrequenz ist sehr veränderlich. Sie wird erhöht durch Wärme, Muskelanstrengung, verticale Körperstellung (auch passiv, ohne Muskelarbeit, z. B. wenn die Person auf ein drehbares Brett geschnallt ist), während der Verdauung, und ist auch beim Hungernden von der Tageszeit etwas abhängig (ein Maximum nach dem Aufstehen, ein zweites Nachmittags). Ausserdem wirken Gemüthsbewegungen in mannigfachster Weise ein, endlich viele Arzneistoffe und

Gifte. Ueber die Einwirkung des Nervensystems, welche die vorgenannten Einflüsse vermittelt, s. unten.

Die Arbeitsleistung und die Capacität des Herzens kommen im Folgenden gelegentlich zur Sprache.

9. Die Blutbewegung in den Gefässen.
a. Die Triebkraft und der Blutdruck im Allgemeinen.

Physicalische Vorbemerkungen. Bei jeder stationären Strömung durch ein Röhrensystem muss durch jeden Gesammtquerschnitt in gleicher Zeit gleich viel Flüssigkeit gehen, die mittlere Geschwindigkeit in jedem Querschnitt also der Grösse des Querschnitts umgekehrt proportional sein. In den einzelnen Theilen desselben Gesammtquerschnittes kann die Geschwindigkeit ganz ungleich sein, seien es nun verschiedene neben einander angeordnete Aeste, oder die Schichten in einem einzigen Rohre. Das constante Product aus der Geschwindigkeit v mit dem Gesammtquerschnitt ist das in der Zeiteinheit durchströmende Volumen V. Ist das System ein einziges cylindrisches Rohr vom Radius r, so ist

$$1)\ V = r^2 \pi v.$$

Als Ursache der Strömung, d. h. als Triebkraft kann man sich stets ein Reservoir von bestimmter Druckhöhe h denken. Bei freiem und widerstandslosem Ausströmen aus diesem Reservoir ergiebt sich die Geschwindigkeit v aus dem Toricelli'schen Theorem:

$$2)\ v^2 = 2gh,$$

worin g die Beschleunigung des freien Falles. An jeder einzelnen Rohrstelle aber kann man ebenfalls die vorhandene Geschwindigkeit als Resultat einer an der gleichen Stelle herrschenden Triebkraft von der Höhe h nach derselben Formel betrachten („Geschwindigkeitshöhe"). Während nun nach dem Gesagten in einem gleichmässig weiten Rohr die Geschwindigkeit, also auch die Geschwindigkeitshöhe überall dieselbe ist, findet sich der wirkliche, manometrisch bestimmbare Druck ungleich, und zwar in einem gleichmässig weiten Rohr gradlinigt abnehmend in der Richtung der Strömung. Die Steilheit der Abnahme ist um so grösser, je enger das Rohr. Die Ursache der Abnahme ist der Widerstand jedes Rohrelementes.

Der Einfluss der Rohrlänge l und des Radius r auf das durch ein capillares Rohr bei der Reservoirhöhe h ausströmende Volum V ergiebt sich aus der Poiseuille'schen Formel

$$3)\ V = k \cdot \frac{r^4}{l} \cdot h,$$

worin k eine von der Temperatur und den Substanzen von Rohr und Flüssigkeit abhängige Constante. Aus (1) und (3) folgt

$$4)\ v = \frac{k r^2 h}{\pi l},$$

d. h. die Geschwindigkeit ist dem Quadrate des Radius, also dem Querschnitt und nicht dem Umfang proportional, woraus folgt, dass der Widerstand nicht allein von der Reibung an der Wand, sondern auch von inneren Reibungen der Flüssigkeitstheilchen herrührt; in der That reibt sich jede Flüssigkeitsschicht an der nächst äusseren, und die die Wand benetzende Schicht kann als stillstehend betrachtet werden, während die Axenschicht am schnellsten strömt.

In ungleichweiten Röhren ist der Widerstand jedes Abschnittes um so grösser, je enger er ist; besondere, durch Wirbel und die damit verbundene besondere Reibung bedingte Widerstände finden sich ausserdem an Stellen, wo das Rohr sich krümmt oder knickt, sich plötzlich verengt oder erweitert und wo es sich verzweigt. Die Curve des Drucks längs des Rohres lässt überall an der Steilheit ihres Gefälles die Grösse des örtliches Widerstandes erkennen, da jeder Widerstand rückwärts den Druck erhöht und vorwärts ihn vermindert. Die Triebkraft kann für jede Rohrstelle gleich der Summe des Seitendrucks und der berechneten Geschwindigkeitshöhe angenommen werden, und man kann also sagen, dass die Triebkraft durch die Widerstände längs des Rohres immer mehr aufgezehrt wird. Da die Widerstände gleich den Differenzen der Seitendrücke sind, so kann man auch sagen, dass bei stationärer Strömung die Triebkraft an einer Stelle gleich der Summe aller folgenden Widerstände und der Geschwindigkeitshöhe ist.

Die Constante k in den obigen Formeln wird neuerdings als **Transspirationscoëfficient** bezeichnet (Haro). Setzt man sie für Wasser in Glascapillaren = 1, so ist sie für Hundeblut in gleichen Röhren 0,27, für menschliches Blut 0,41, (C. A. Ewald). Durch Wärme wird sie vergrössert, und durch Zusätze zum Blut stark verändert.

Der Blutkreislauf besteht in einer **nur annähernd stationären Strömung**; er wird nämlich durch die **rhythmisch wirkende Herzpumpe** bewirkt, und in den Arterien zeigt sich eine dem Herzrhythmus entsprechende Druckschwankung, der **Puls**. Betrachtet man indess statt der kleinsten Zeittheilchen etwas grössere Zeiten, so kann man die Blutströmung als stationär bezeichnen, insofern in denselben genau soviel Blut durch eine Herzhälfte wie durch jeden anderen Gesammtquerschnitt des Gefässsystems strömt. In den Capillaren ist die Strömung wirklich gleichmässig, das Herz pumpt also im Ganzen soviel Blut rhythmisch aus den Venen in die Capillaren über, wie durch die Capillaren gleichmässig aus den Arterien in die Venen fliesst. Auch muss, da beide Herzhälften genau synchronisch arbeiten, jede Systole des rechten und des linken Ventrikels genau gleich viel Blut in die zugehörige Arterie treiben.

Der durch eingesetzte Manometer messbare **Blutdruck** nimmt vom Herzen aus längs der Arterien ab, und ist in den Capillaren und Venen beträchtlich kleiner, als in den Arterien. Da der Widerstand der Verzweigungsstellen und der engen Röhren besonders gross ist, so ist der hohe Blutdruck der Arterien aus dem grossen Widerstande der Capillaren leicht erklärlich (s. oben).

Die Umsetzung der rhythmischen Triebkraft des Herzens in die continuirliche Strömung der Capillaren wird durch die **Elasticität** der Arterien ermöglicht und bedingt. In einem starren, unelastischen System müsste jede Systole die ganze Blutsäule vor sich herschieben, dies würde bei den vorhandenen Widerständen eine ungeheure Kraft erfordern.

In einem elastischen Rohre entspricht dem localen Seitendruck eine Erweiterung des Lumens durch Dehnung der Rohrwand, und bei stationärer Strömung ist der Dehnungsgrad der Rohrstellen dem Druckgefälle entsprechend. Hört die Triebkraft auf, so bewirkt die elastische Kraft der gedehnten Rohrstellen noch weiteres Ausfliessen bis der Gleichgewichtszustand erreicht ist, d. h. die Triebkraft wird nicht unmittelbar ganz in Strömungsarbeit umgesetzt, sondern ein Theil als elastische Kraft aufgesammelt. Eine einzelne plötzliche Eintreibung in ein solches Rohr bewirkt zunächst eine locale Ausdehnung, deren Elasticität dann eine Strömung hervorruft, bis zur Herstellung des Gleichgewichtszustandes durch Ausfluss des eingetriebenen Quantums. Folgen sich solche Eintreibungen in kürzeren Intervallen als zur Ausgleichung erforderlich sind, so vermehrt jede Eintreibung die Ausdehnung, zugleich aber die Strömungsgeschwindigkeit, und bei regelmässigem Rhythmus stellt sich ein dynamischer Gleichgewichtszustand her, in welchem die Ausflussmengen den eingetriebenen Mengen gleich sind, wenn von der Vertheilung auf die Zeit abgesehen wird. Einen solchen Zustand stellt das Arteriensystem während des Lebens dar, ebenso das Ausflusssystem einer Feuerspritze mit Windkessel, dessen elastischer Luftinhalt dieselbe Rolle spielt wie die elastische Arterienwand.

Die Strömung in einem solchen System ist nicht stationär, sondern abwechselnd schneller und langsamer. Die Periodicität der Geschwindigkeit und des Druckes ist an der Eintreibungsstelle am stärksten ausgeprägt, und nimmt längs des Rohres in dem Grade ab, dass sie in einer gewissen Entfernung unmerklich wird. Der Grund hiervon liegt darin, dass jeder Widerstand die Ausgleichung der elastischen Spannungen verzögert und in Folge dessen auf die Schwankung dämpfend wirkt. Das Arteriensystem zeigt also in allen seinen Theilen eine Schwankung der Strömungsgeschwindigkeit, des Druckes und der Rohrweite, deren Periode überall die gleiche und mit der des Herzschlages gleich ist, deren Amplitude aber wegen der zunehmenden Dämpfung vom Herzen nach den Capillaren zu beständig abnimmt, nach demselben Gesetze wie das Gefälle des (mittleren) Druckes selbst. Hinter besonders grossen Widerständen fällt diese Schwankung ganz fort, so kann man z. B. die Pulsschwankung im Manometer durch einen eingeschalteten engen Hahn beseitigen (Setschenow).

Die Phasen dieser Schwankung sind aber längs des Arteriensystems nicht gleichzeitig, sondern haben eine wellenförmige Succession, da die zu Grunde liegende Ausgleichung der elastischen Spannungsunterschiede Zeit erfordert. Die Fortpflanzungsgeschwindigkeit solcher Wellen hängt von der Natur und Weite des Rohrs und der Flüssigkeit ab. Sie ist (nach Moens)

$$c = k \cdot \sqrt{\frac{gEa}{sd}},$$

worin k eine Constante, E die Elasticität der Rohrsubstanz, a die Wanddicke, d der Rohrdurchmesser, s das specifische Gewicht der Flüssigkeit und g die Erdbeschleunigung bedeutet. Für Kautschukschläuche beträgt sie 10—18 m. (nach E. H. Weber und Anderen). Weiteres s. u. p. 72.

b. Weitere Erscheinungen an den Arterien.

Blutdruck.

Die Messung des Blutdrucks geschieht durch das gewöhnliche offene Manometer, mit Quecksilber als Flüssigkeit (bei sehr kleinen Thieren auch wohl Wasser, oder das Blut selbst). Zwischen Blut und Quecksilber wird zur Verhütung der Gerinnung eine starke Sodalösung eingeschaltet, oder vielleicht Peptonlösung in die Gefässe gespritzt u. dgl. (p. 52). Eine andere Methode der Druckmessung, welche in neuerer Zeit ausgebildet worden ist (Marey, Waldenburg, v. Basch, Talma, Roy & Brown) besteht in äusserer Compression der Arterie bis zur Unterdrückung der Pulsschwankungen; der hierzu erforderliche Druck wird dem in der Arterie herrschenden (mit zweifelhaftem Rechte) gleichgesetzt. Die hierauf beruhenden Apparate (Tonometer, Angiometer, Sphygmomanometer) haben den Vortheil auch am Menschen anwendbar zu sein, wo das Manometer nur ausnahmsweise (bei Amputationen) applicirt werden kann.

Ein Instrument letzterer Art, v. Basch's Sphygmomanometer, besteht in einer mit Wasser gefüllten Kautschukpelotte, welche der Arterienstelle angedrückt wird; der aufgewendete Druck wird dadurch gemessen, dass das eingeschlossene Wasser mit einem passenden Quecksilbermanometer communicirt. Der Druck wird soweit getrieben, bis der Puls unterhalb der comprimirten Stelle verschwindet. (Bei Compression eines endständigen Gefässgebietes, z. B. des Fingers durch Umgebung mit comprimirter Flüssigkeit, verschwindet übrigens der Puls selbst bei dem Doppelten des arteriellen Druckes nicht; Marey.)

Die Druckmessungen ergeben den schon p. 68 erwähnten Satz, dass der Druck mit der Entfernung vom Herzen abnimmt. In den kleinen Arterien ist er aber nur wenig kleiner als in der Aorta, weil die Hauptwiderstände erst in den feinsten Verzweigungen auftreten. Die absolute Höhe ist ferner in der gleichen Arterie im Allgemeinen um so höher, je grösser das Thier.

In der Carotis beträgt der Blutdruck: am Pferde über 300 mm. Hg, am Schaf gegen 200, am Hunde gegen 170, an der Katze 150. Am Menschen ist er gelegentlich bei Amputationen in der Femoralis und Brachialis zu 110—120 mm. bestimmt worden (Faivre), in den Unterschenkelarterien zu 100—160 mm. (Albert); mit dem Sphygmomanometer in der Radialis zu 125—180 mm. (v. Basch).

Bei Blutdruckmessungen im linken Ventrikel ergiebt sich paradoxerweise der Druck bei der Systole kleiner als in der Aorta (Fick); dies rührt aber nur dahe , dass das Manometer der schnellen Drucksteigerung nicht genügend folgt; wird ein nach aussen sich öffnendes Ventil eingefügt, so stellt sich nach einigen Systolen der zu erwartende hohe Manometerstand ein (Goltz & Gaule, vgl. p. 64).

In der Lungenarterie und im rechten Ventrikel ist der Blutdruck nur $^1/_3$—$^2/_5$ des Blutdrucks der Aorta (Beutner, Goltz und Gaule), was sich aus dem viel geringeren Widerstand der Lungencapillaren im Vergleich zu den Körpercapillaren erklärt.

Dem entsprechend sind auch die Arbeiten (d. h. die Producte aus den bewegten Massen mit den Hubhöhen, hier Druckhöhen) des rechten Ventrikels (3 mal) kleiner, und deshalb seine Muskelschicht dünner, als die des linken. Die Arbeit einer Systole des letzteren berechnet sich, wenn man die entleerte Blutmenge (s. unten) auf 175 grm. und den Aortendruck auf 250 mm. Hg = 3 m. Blut veranschlagt, zu 0,525 Kilogrammmeter, also die 24stündige Arbeit (75 Systolen in der Minute) zu 56700 Kgrmtr. Die Arbeit des ganzen Herzens ist also etwa 75600 Kgrmtr. Da das Gewicht des Herzens 292 grm. beträgt, so würde dasselbe sein eigenes Gewicht in einer Stunde 10788 m. heben können. Diese ganze Arbeit wird durch die Reibung in den Gefässen verbraucht, d. h. in Wärme verwandelt.

Der arterielle Blutdruck steigt und sinkt ferner mit der Geschwindigkeit und Energie der Herzschläge, und mit dem sehr variablen Widerstande der feinen Arterien und Capillaren (s. unten bei der Innervation). Im Sitzen ist er in der Regel höher als im Stehen, am höchsten im Liegen (Marey u. A.); die Ursache hiervon ist noch nicht aufgeklärt. Bei stillstehendem Herzen ist der nunmehr im Gefässsystem sich überall gleich einstellende Druck schwach positiv, d. h. die Blutmenge wenig grösser als die natürliche Capacität (Brunner).

Der von vornherein zu erwartende Einfluss der Blutmenge auf den Blutdruck hat nach neueren Untersuchungen (Ludwig mit Worm Müller und Lesser) enge Grenzen; bei Blutinjectionen und Blutentziehungen ändert sich der Druck nicht im erwarteten Maasse, was sich theils durch eine Anpassung des Gefässsystems an seinen Inhalt, theils durch compensatorischen Plasmaaustritt (und Eintritt?) erklärt. In ersterer Hinsicht ist sehr bemerkenswerth, dass das Volumen einer Arterie durch Drucksteigerung am meisten vermehrt wird bei demjenigen Druck, welcher dem vitalen entspricht (Roy). Bei normalem Druck muss also auch umgekehrt Aenderung des Inhalts die kleinste Druckänderung machen.

Nach Verschliessung einer Arterie nimmt oberhalb derselben der Druck zu (Talma), wodurch möglicherweise die Einleitung des sog. Collateralkreislaufs begünstigt wird.

Puls.

Der Puls der Arterien (p. 68) ist an den oberflächlich gelegenen dem Gefühl und Gesicht unmittelbar zugänglich. Er verschwindet, wenn die Arterie oberhalb der untersuchten Stelle in gewissem Grade comprimirt wird (vgl. p. 69). Der Puls ist mit dem Herzstoss nicht genau gleichzeitig, sondern zwischen beiden liegt eine mit der Entfernung der Arterienstelle vom Herzen zunehmende Zeit (für die Carotis etwa 0,1, Radialis 0,17, Femoralis 0,16 — 0,19, Fussarterien 0,24 — 0,28 Sec.) Hieraus berechnet sich eine **Fortpflanzungsgeschwindigkeit der Pulswelle von 6 — 9 m.**; aber ausserdem ergiebt sich, dass die Welle nicht im Momente des Herzstosses vom Herzen abgeht, sondern etwa 0,06 — 0,09 Sec. später (Donders, Keyt, Waller).

Der zeitliche Verlauf der Pulsschwankung wird am besten mit graphischen Apparaten ermittelt (Ludwig), welche entweder die manometrische Schwankung registriren (Kymographen) oder die Durchmesseränderung der Arterienwand (Sphygmographen), oder endlich die Volumsschwankung eines ganzen Gliedes (Plethysmographen).

Der älteste (Ludwig'sche) Kymograph ist ein mit schreibendem Schwimmer versehenes Quecksilbermanometer. Wegen der Trägheit und geringen Reibung des Quecksilbers giebt das Instrument nur die Frequenz und Amplitude, nicht den zeitlichen Verlauf des Pulses richtig wieder. Mehr aperiodisirte Apparate, d. h. solche ohne Eigenschwingungen, gewinnt man durch Anwendung elastischer Manometer mit leichten Schreibhebeln, z. B. Bourdon'scher Federmanometer oder blosser straffer Membranen (Fick), selbst bis zu nur noch microscopischen Excursionen, welche durch vergrössernde Hebel aufgeschrieben oder mit optischer Vergrösserung abgelesen werden (Marey). Aus der Kymographencurve (Fig. 11) kann der mittlere Blutdruck entweder durch Aufsuchung der mittleren Ordinate der Kymographioncurve berechnet oder durch völlige Amortisirung der Manometerschwankungen mittels eingeschalteter Widerstände (vgl. p. 69) direct dargestellt werden. Die mittlere Ordinate findet man am einfachsten durch Ausschneiden des Flächenstücks zwischen Curve und Abscisse, Bestimmung seiner Grösse durch Wägung des Papiers, und Division derselben durch die Abscissenlänge.

Der von Vierordt erfundene Sphygmograph, welcher den grossen Vortheil der Anwendbarkeit am unversehrten Menschen hat, wurde erst brauchbar, als ihn Marey durch Leichtigkeit des Hebels und Gegenwirkung einer Feder aperiodisch machte, und ihm ein leichtes Uhrwerk unmittelbar anfügte. Dies Instrument liefert das genaueste Bild der Pulsschwankung (s. Fig. 10).

Der Plethysmograph (Fick, Mosso) ist ein mit Wasser ganz gefülltes enges Gefäss, in welches eine Extremität oder ein noch mit dem Gefässsystem zusammenhängendes Organ (Milz, Niere) wasserdicht eingefügt wird; die im Wesentlichen vom Arterienpulse herrührenden Volumschwankungen verdrängen Wasser in ein communicirendes Rohr, dessen Niveaustand aufgeschrieben wird. Für Organe wie Milz und Niere wird das Gefäss möglichst eng anschliessend genommen und mit warmem Oel gefüllt; die Innenwand desselben wird von einer feinen Membran gebildet, in welche das Organ gleichsam eingestülpt wird (Oncograph von Roy). — Die Schädelkapsel bildet für das Gehirn eine Art von natürlichem Plethysmographen, der nur durch eine künstliche Oeffnung mit einem Volumschreiber zu verbinden ist (Mosso, vgl. Cap. XI).

Die Curve des Pulses ist steil ansteigend und langsamer fallend. Der absteigende Schenkel besitzt noch eine variable Anzahl secundärer Gipfel (Marey), der Puls ist mindestens doppelschlägig (dicrot),

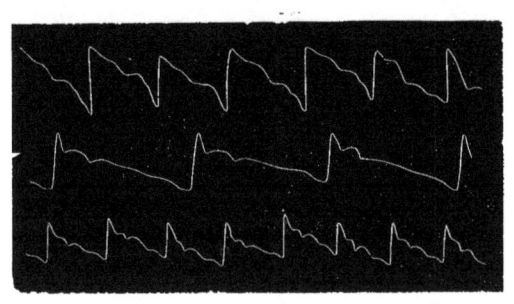

Sphygmographencurven der menschlichen Radialis.
Fig. 10.

meist aber tri- oder tetracrot. Die Ursache dieser secundären Schwankungen liegt im Gefässsystem selbst, denn sie sind auch an dem Strahle spritzender Arterien zu beobachten (Landois). Ihre Erklärung ist noch nicht widerspruchsfrei festgestellt.

Früher deutete man die erste (dicrotische) secundäre Elevation als Wirkung der von der Theilungsstelle der Aorta oder von den Capillaren reflectirten Pulswelle, oder als Wirkung der Regurgitation, welche die Semilunarklappen schliesst. Da sich aber auch an gewöhnlichen elastischen Systemen ähnliche Erscheinungen zeigen, so ist es wahrscheinlich, das die secundären Gipfel von sog. „Schliessungswellen" (Moens) herrühren, d. h. von der vermöge der Trägheit der Flüssigkeit etwas zu starken Entleerung des Anfangsstücks der Röhre, welche zu einer Rückwärtsbewegung und zu mehreren Hin- und Hergängen führt. Der Schluss der Semilunarklappen wäre hiernach Folge und nicht Ursache der ersten Rückwärtsbewegung. (Auch die oben p. 64 erwähnte Erscheinung am Minimalmanometer soll diesen Ursprung haben; Moens.) Andere Erklärungen (Grashey, Fleming u. A.) sind complicirter, enthalten aber ähnliche Elemente. Auch aus activen Contractionen der Arterienwand als Reaction auf die plötzliche Blutdrucksteigerung hat man die Polycrotic zu erklären versucht (Roy).

Der Kymograph zeigt ausser der cardialen noch eine zweite,

mit der Athmung synrhythmische Druckschwankung, auf welche die erstere aufgesetzt ist (Fig. 11). Der Druck steigt während der In-

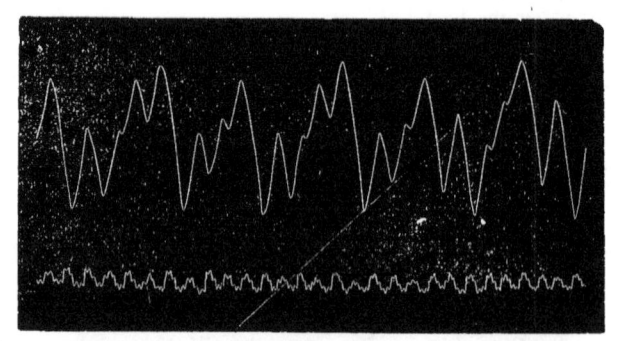

Kymographencurven der Carotis des Hundes (oben) und des Kaninchens (unten).
Fig. 11.

spiration und sinkt während der Exspiration (Ludwig & Einbrodt). Die Ursache dieser Schwankung ist ebenfalls noch streitig. Beim Menschen wurde sie mit dem Manometer vermisst (Albert); mit dem Sphygmomanometer fand man sie nur bei tiefer Respiration (Schweinburg).

Für die Erklärung dieser Schwankungen ist es von Wichtigkeit, dass ihr zeitliches Verhältniss zu den Athmungsphasen bei verschiedenen Thieren verschieden ist. (Frédéricq mit Moreau, Lecrenier, Legros, Griffé): bei Hund und Schwein gilt das im Text angegebene Verhalten, bei Kaninchen, Kalb, Schaf, Pferd, Katze etc. steigt dagegen der Druck bei der Exspiration. Die Angabe, dass die Schwankungen wegfallen, wenn das Zwerchfell gelähmt, oder die Bauchhöhle weit geöffnet, oder die Bauchaorta comprimirt ist (Schweinburg), wird bestritten (de Jager).

Die Athembewegung enthält folgende Momente, welche auf den arteriellen Blutdruck einwirken können: 1. Die Aspiration des Thorax, welche beständig Blut in die intrathoracischen Gefässstämme einsaugt, nimmt bei der Inspiration zu; die Inspiration muss also den Druck im ganzen Gefässsystem vermindern, in den Arterien allerdings viel weniger als in den Venen. 2. Die stärkere Venenaspiration während der Inspiration muss alsbald auch die Blutspeisung des linken Herzens und der Aorta vermehren (Einbrodt). 3. Die inspiratorische Dehnung der Lunge verändert Weite und Widerstand ihrer Gefässe, und zwar vergrössernd, wenn sie durch Aspiration, wie bei der natürlichen Athmung, geschieht (bei Aufblasung vermindernd); die natürliche Inspiration muss also die Speisung des linken Herzens und der Arterien im Anfang etwas vermindern, weil die Lunge selbst mehr Blut aufnimmt, dann aber vergrössern wegen des verminderten Strömungswiderstandes (Quincke & Pfeiffer; Funke & Latschenberger; Bowditch & Garland; de Jager). 4. Die respiratorische Schwankung der Pulsfrequenz (s. unter Innervation) besteht beim Hunde in einer bedeutenden exspiratorischen Verlangsamung;

hier muss also die Blutspeisung der Arterien bei der Inspiration grösser sein, also der Blutdruck steigen; bei den Thieren, denen dieser Einfluss fehlt (Kaninchen u. A., s. oben) und bei Hunden, wenn er (durch Atropin) beseitigt wird, kehrt sich die Schwankung um; wonach dieses Moment hauptsächlich beim Hunde über das ad 1 genannte den Sieg davonträgt, welches sonst ausschlaggebend wirkt (Frédéricq). 5. Die inspiratorischen Schwankungen des Gefässtonus (inspiratorische Abnahme, exspiratorische Zunahme, vgl. unten) müssen den Druck während der Exspiration steigern (Schiff, Frédéricq) Da die Wirkung aller dieser Momente auf den arteriellen Blutdruck eine gewisse Zeit erfordert, welche bei jedem derselben eine andere, und nirgends genau bekannt ist, kann man aus der Coincidenz der Athmungs- und Druckphasen nicht sicher ersehen, welches das eigentlich wirksame Moment ist; auch die Versuche mit experimenteller Ausschliessung der einzelnen Momente haben zu keinem durchschlagenden Resultate geführt.

Strömungsgeschwindigkeit.

Zur Messung der Strömungsgeschwindigkeit in den Arterien dienen folgende Methoden: 1. Volkmann's Hämodromometer ist ein mit Wasser gefülltes Glasrohr von bekanntem Volum, das man plötzlich in den Strom der Arterie einschalten kann; man misst mit der Uhr die Zeit, die das eindringende Blut gebraucht, um das Rohr zu durchlaufen, also alles Wasser hinauszudrängen. Eine Modification hiervon ist die Stromuhr von Ludwig (Fig. 12); sie besteht aus zwei (kugelförmigen) Dromometerschenkeln, von denen einer mit Oel, der andere mit Blut gefüllt ist; der Oelschenkel A ist mit dem centralen, der Blutschenkel B mit dem peripheren Ende p der Arterie in Verbindung. Ist nun das Oel aus A in B verdrängt, während B sein Blut an die Arterie abgegeben hat, so wird durch eine Drehung um 180° der nunmehrige Oelschenkel B mit dem centralen und A mit dem peripheren Arterienende verbunden, so dass das Spiel sich immer wiederholen kann. Beide Apparate ergeben die sog. Volumgeschwindigkeit, d. h. das in der Zeiteinheit durch den Arterienquerschnitt strömende Volum. Durch Division mit der Querschnittsfläche erhält man die Längengeschwindigkeit. 2. Direct erhält man letztere durch das Strompendel oder Tachometer (von Vierordt angewandt), ein in die Arterie eingeschaltetes Rohr, das ein leichtes Pendelchen enthält; die Ausschläge, welche man von Aussen beobachten kann, stehen in einer vorher zu ermittelnden Beziehung zu den Geschwindigkeiten der das Pendel ablenkenden Ströme. Ist der abgelenkte Körper mit einem

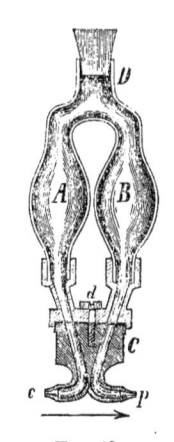

Fig. 12.

ausserhalb des Rohres befindlichen Schreibhebel verbunden, so kann man Curven gewinnen, deren Ordinaten die Stromgeschwindigkeit darstellen (Dromograph, Chauveau, Lortet). 3. Die Volumgeschwindigkeit ergiebt sich auch mittels der aus einer geöffneten Arterie in der Zeiteinheit ausfliessenden Blutmenge, während man die Spannung durch Regulirung der Oeffnungsgrösse unverändert erhält (Vierordt). Eine zweckmässige Modification dieses Verfahrens besteht darin, das Blut nicht frei, sondern in einen dünnen Kautschukbeutel abfliessen zu lassen, aus welchem man es in die Gefässe zurückdrücken kann (Ludwig). Noch besser ist es den Kautschukbeutel in ein Gefäss mit Salzlösung zu stecken, welches mit dem peripheren Arterienende communicirt; das ausfliessende Blut muss jetzt Salzlösung in letzteres verdrängen, der Ausfluss geschieht also unter normalem Widerstand (Solera & Capparelli).

Die Strömungsgeschwindigkeit ist in den Stämmen grösser als in den Aesten, weil der Gesammtquerschnitt mit der Verzweigung zunimmt (vgl. p. 67). In der Carotis des Hundes beträgt sie 200 bis 750 mm. pro sec.; beim Menschen ist sie unbekannt. Sie nimmt mit der Pulsfrequenz und dem Blutdruck zu, und ist in der gleichen Arterie bei grösseren Thieren grösser. Ausserdem schwankt sie mit der Pulsschwankung auf und nieder (Lortet, vgl. p. 69).

An den grösseren Arterien hört man je zwei **Töne**, einen mit der Pulserweiterung zusammenfallenden und einen mit dem zweiten Herzton synchronischen. Die Ursache derselben ist streitig.

Ueber die Contractilität der Arterien s. unten.

c. Die Erscheinungen an den Venen.

In den Venen langt das Blut aus den Capillaren fast ohne Geschwindigkeit an, und es würde lediglich der Schwere folgen, d. h. aus dem Kopfe herabfliessen, in den Füssen durch den Druck einer hohen Blutsäule den Capillarstrom hemmen, wenn nicht besondere Triebkräfte wirkten.

Das Manometer zeigt in den Venenstämmen meist einen **negativen Druck**, der bei der **Inspiration** besonders stark wird, so dass bei geöffneter Vene Luft eingesogen werden kann, was freilich meist durch ventilartigen Schluss der Vene selbst verhindert wird. Dieser Lufteintritt ist sehr gefährlich, weil die Luft die Lungencapillaren verstopft und schon durch ihre Anwesenheit im Herzen die Systolen fast unwirksam macht, indem diese die Luft comprimiren anstatt Blut auszutreiben. Bei der **Exspiration** steigt der Druck und kann sogar **positiv** werden; letzteres ist besonders bei activer Exspiration mit Hindernissen, z. B. bei geschlossener Stimmritze, beim Blasen, Schreien, Husten der Fall; die Venen schwellen hierbei stark an; ihr Inhalt kann zum Stillstand kommen. Die Ursache all dieser Erscheinungen ist die **Saugkraft des Brustkastens** (s. Athmung), welche auf die Venen aspirirend wirkt, am stärksten bei der Inspiration. Bei activer Exspiration mit Hindernissen geht der negative Brustdruck in positiven über.

Bei der Dünnwandigkeit der Venen ist ferner häufige Compression derselben durch anliegende Theile, besonders Muskeln, unvermeidlich; jede solche Compression kann aber das Blut, wegen der Venenklappen, nur in der Richtung zum Herzen auspressen, so dass Muskelbewegung den Venenblutlauf befördert.

Neben den oben angeführten respiratorischen zeigen die grösseren Venenstämme auch cardiale Pulsationen, freilich von unvergleichlich geringerer Intensität als die Arterien; die Curve ist polycrot (Gottwalt, Riegel), die genauere Deutung ist noch zweifelhaft; die Hauptursache ist jedenfalls das bei der Diastole etwas erleichterte Einströmen in den Vorhof; jedoch scheinen auch die übrigen Herztheile auf die im Thorax liegenden Venenstämme etwa wie auf die Luft in den Athemwegen (Cap. II.) etwas einzuwirken.

Manche Venen, z. B. die V. femoralis unter dem Poupart'schen Bande (Braune), werden durch Bewegungen der Glieder abwechselnd erweitert und verengt, so dass sie in Verbindung mit ihren Klappen ein passives Herz darstellen. An der Flughaut der Fledermaus pulsiren die Venen activ (vgl. u. p. 93), ebenso und zwar synchronisch mit den Ventrikeln, bei allen Säugethieren die Hohl- und Lungenvenenendstücke. — Dass Druck und Geschwindigkeit in den Venen äusserst unregelmässig sind, geht aus dem Obigen hervor. Die häufige zeitweilige Compression einzelner Venen macht die Multiplicität der Venen gegenüber den Arterien verständlich.

d. Die Erscheinungen an den Capillaren.

Der Blutlauf in den Capillaren ist unter dem Microscop an durchsichtigen Theilen (Schwimmhaut, Lunge, Zunge des Froschs, Netz von Warmblütern, Lippenfalten des Menschen) sichtbar, und die Geschwindigkeit an der Ortveränderung der Blutkörperchen messbar. Die Geschwindigkeit ist im Capillargebiet am kleinsten von allen Theilen des Kreislaufs, weil hier der Gesammtquerschnitt des Gefässsystems am grössten ist (vgl. p. 67 und 76). In den Lungencapillaren muss die Geschwindigkeit nach dem gleichen Princip viel grösser sein als in den Körpercapillaren.

Die Geschwindigkeit ist aus dem p. 68 angegebenen Grunde nicht bei allen Blutkörperchen die gleiche; sie fliessen um so langsamer, je näher der Wand sie liegen. In den feinsten Capillaren, durch welche nur eine einfache Reihe von rothen Blutkörperchen sich hindurchzwängen kann, sieht man diese vielfach ihre Gestalt den Verhältnissen accommodiren; sie ziehen sich in die Länge, biegen und knicken sich an den Theilungsstellen, drängen sich bis zur Unkenntlichkeit der Contouren zusammen, und nehmen dann wieder ihre natürliche Form an. Die mittlere Geschwindigkeit beträgt in der Schwimmhaut etwa 0,5, in der menschlichen Netzhaut (nach entoptischen Messungen, Vierordt; vgl. Sehorgan) etwa 0,6—0,9 mm.

Der Blutdruck in den Capillaren kann durch den zur Aufhebung des Bluteintritts erforderlichen äusseren Druck gemessen werden. An der Fingerhaut ist zur Herbeiführung des Erblassens ein Druck von 24—54 mm Hg erforderlich, je nachdem die Hand gehoben oder gesenkt ist; am Ohre 20, am Zahnfleisch des Kaninchens 32 mm (Ludwig & N. v. Kries). Ausser der Schwere ist noch die Herzenergie, die allgemeine Blutfülle, der Weitezustand der Arterien und Venen von grossem und leicht übersehbarem Einfluss. An der Schwimmhaut des Frosches sind zum Verschluss der Capillaren äussere Drücke nöthig, welche zwischen dem zum Verschluss der Venen und dem zum Verschluss der Arterien erforderlichen Drucke liegen; ersterer beträgt etwa 2—3, letzterer etwa 22 mm Hg (doch wird schon bei 16—17 mm der arterielle Strom stossweise); das Lumen der Capillaren wird, obwohl sehr variabel, durch äusseren Druck auffallend wenig beeinflusst, was auf eine active Contractilität der Capillarwand deutet (Roy & Brown). Letztere ist schon früher auf Grund directer Beobachtungen behauptet worden (Stricker). Sauerstoffgehalt des Blutes soll die Capillaren verengen, Kohlensäure sie erweitern (Severini).

Sowohl rothe als farblose Blutkörperchen können unter abnormen Verhältnissen die Gefässe ohne Zerreissung der Wand verlassen („Diapedesis"). Der Austritt der rothen geschieht bei Stauungen des Venenabflusses, wobei durch den hohen Druck zunächst das Plasma hinausgepresst wird, dann die Blutkörperchen bis zur Unkenntlichkeit ihrer Contouren zusammengedrückt und endlich wie eine flüssige Masse ausgepresst werden, worauf sie wieder ihre ursprüngliche Form annehmen (Cohnheim). — Farblose Blutkörperchen, allein oder mit wenigen rothen, verlassen die Gefässe bei der Entzündung. Nachdem auf noch unbekannte Weise durch den Entzündungsreiz eine Erweiterung der feinen Arterien und Venen zu Stande gekommen ist, und der Strom in ihnen sich bedeutend verlangsamt hat, bildet sich in letzterem eine Sonderung der farblosen Elemente, welche unmittelbar an der Gefässwand langsam dahinziehen und zuletzt ganz stillstehen, während die rothen in der Axe des Gefässes weiterfliessen. In den Venen und Capillaren sieht man jetzt die farblosen Körperchen unter amöboiden Bewegungen die Gefässwand durchsetzen, worauf sie aussen als „Eiterkörperchen" erscheinen (Cohnheim). Ob der Austritt durch active amöboide Bewegungen (Cohnheim) oder durch eine Art

Filtration (Hering, Samuel) geschieht, ist noch nicht entschieden. Er scheint stets durch morphologisch vorgebildete Oeffnungen zwischen den Epithelien („Stomata"), oder wenigstens durch die Epithelfugen zu erfolgen, durch welche die Körperchen zunächst in das lymphatische Saftcanälchensystem gelangen (Arnold u. A.).

e. Dauer des Blutumlaufs.

Um die Zeit zu messen, in welcher ein Bluttheilchen die ganze Kreisbahn durchläuft, injicirt man ein leicht nachweisbares Salz in das centrale Ende einer Vene und bestimmt die Zeit, nach welcher es in den aus dem peripherischen Ende derselben Vene in kurzen Intervallen entnommenen Blutproben nachzuweisen ist (Eduard Hering); die zuerst nachweisbaren Spuren der Salzlösung können nur durch das rechte Herz, die Lungencapillaren, das linke Herz und die Arterie und das Capillargebiet der gewählten Vene an den Ort der Prüfung gelangt sein, haben also einen ganzen Kreislauf durchgemacht. Der Kreislauf (durch die Kopfgefässe) beansprucht nach solchen Versuchen beim Hunde 15,2 Secunden, überhaupt etwa die Zeit von 27 Herzschlägen, was für den Menschen 23 Secunden heissen würde (Vierordt). Von zeitlichen Aenderungen der Pulsfrequenz (z. B. Vagusdurchschneidung) ist die Umlaufszeit in hohem Grade unabhängig (Ed. Hering).

Zur Injection benutzt man Ferrocyankalium, besser (Hermann) das nngiftige Ferrocyannatrium. Die Blutproben werden auf einer rotirenden Scheibe, welche mit Gefässen besetzt ist (Hering), oder auf einem vor der Vene vorüberziehenden Papier (Hermann) aufgefangen, und mit Eisenchlorid untersucht.

Die Zeit, während welcher die ganze Blutmenge eine Herzabtheilung passirt hat, ergiebt sich, wenn man die Blutmenge v durch den mit der Pulszahl n multiplicirten Ventrikelinhalt i dividirt; ist v = 5,6 Kilo, n = 72 p. M. oder 1,2 p. sec., und i = 180 grm., so findet man etwa 26 Secunden als mittlere Totalumlaufszeit, was zum Obigen ziemlich stimmt. 1,2 . 180 = 216 grm. wäre ferner die in jeder Secunde durch jeden Gesammtquerschnitt des Gefässsystems strömende Blutmenge.

Den Ventrikelinhalt i bestimmt man entweder direct durch Füllung des Leichenventrikels mit Blut, oder richtiger, da es sich mehr um die systolische Ausgabe im Leben handelt, durch Multiplication von Geschwindigkeit und Querschnitt der Aorta; so ergiebt sich i zu etwa $1/400$ des Körpergewichts (Volkmann), nach neueren Versuchen am Hunde zu nur etwa $1/700$ (Howell & Donaldson).

f. Die Verblutung.

Durch Ausfluss des Blutes aus geöffneten Gefässen tritt der Tod ein (Verblutung), und zwar schon lange vor Verlust der ganzen Blutmasse, welche überhaupt nicht ausfliessen kann, weil der Herzstillstand den Ausfluss unterbricht. Je grösser der Blutdruck in dem eröffneten Gefässe, um so schneller erfolgt die Verblutung; also am schnellsten aus grossen Arterien. Der sinkende Druck macht die Blutung immer langsamer; zuletzt kann sie durch Gerinnung zum Stillstand kommen, was bei Venen die Regel ist. Arterien bluten über 6 mal so stark als die entsprechenden Venen. Der Stillstand der Blutung tritt meist schon ein, wenn etwas über die Hälfte der Blutmenge ausgetreten ist. Dem Verblutungstod gehen Convulsionen vorauf; über diese vgl. Cap. II.

Ueber das Verhalten des Blutdrucks bei der Blutentziehung s. p. 71, über den Blutersatz durch Transfusion p. 55.

10. Der Einfluss des Nervensystems auf den Blutumlauf.

a. Die Innervation des Herzens.

1) Die intracardialen Centren und der Herzmuskel.

Die meisten Versuche über diesen Gegenstand sind, da sie directe Eingriffe auf das Herz erfordern, am ausgeschnittenen Froschherzen angestellt. Ausser directer Beobachtung wird graphische Registrirung angewandt, entweder durch einfaches Auflegen von Fühlhebeln oder durch Verbindung der Herzhöhle mit einem schreibenden Manometer; im letzteren Falle wählt man als Inhaltsflüssigkeit eine für das Herz möglichst indifferente; will man aber die Wirkung von Flüssigkeiten auf den Herzschlag prüfen, so ist es zweckmässig, diese in das Herz einzufüllen und nach Bedürfniss durch ein Seitenrohr zu erneuern (am besten ist die Canüle zweiwegig bis zu ihrer im Herzen liegenden Mündung). Da die Erneuerung der Flüssigkeit die Registrirung hindert, so ist es am besten das Herz in eine ganz geschlossene Kapsel einzufügen, welche nur die Canüle durchlässt, und diese Kapsel mit einem Schreibmanometer zu verbinden (entsprechend der Pericardialmethode p. 66). In neuerer Zeit hat man auch das Warmblüterherz in isolirtem Zustande dem Versuche zugänglich gemacht, indem man es künstlich mit Blut speiste, welches in den Lungen (bei rhythmischer Aufblasung derselben) arterialisirt wurde.

Das aus dem Körper entfernte oder von allen zu ihm tretenden Nerven getrennte Herz schlägt noch eine Zeit lang fort; bei kaltblütigen Thieren tagelang, bei warmblütigen so lange für die Zufuhr sauerstoffhaltigen Blutes gesorgt ist. Seine Bewegungen müssen daher, wenigstens zum Theil, durch Vorrichtungen, die in ihm selbst gelegen sind, ausgelöst werden. Auch zerstückelte Herzen schlagen im Allgemeinen weiter. Jedoch bleibt die abgeschnittene Kammerspitze des Froschherzens stehen; nähere Untersuchung zeigt, dass dieselbe nur aus Muskelfasern besteht, während die übrigen Herzabschnitte gangliöse Geflechte enthalten (Remak). Da nun überhaupt ein ganglienfreies Herzstück niemals automatisch schlägt, so muss die Automatie des Herzens von den in ihm enthaltenen Ganglienzellen herrühren. Fraglich aber ist, ob alle Ganglienzellen des Herzens automatisch motorische Function besitzen, da bei bestimmten Arten der Zerstückelung einzelne Herztheile stillstehen, obgleich sie Ganglien enthalten (Stannius; Näheres s. unten). Ferner könnte es fraglich erscheinen, ob die automatische Erregung der Ganglienzellen die einzelnen rhythmischen Impulse giebt, oder continuirlich wirkt; denn die Herzmusculatur hat die Eigenschaft, auch auf continuirliche Reize mit rhythmischen Contractionen zu antworten (Ludwig mit Merunowicz u. A.). Jedoch ist zu beachten, dass die geordnete Aufeinanderfolge der Contraction der einzelnen Herzabtheilungen, deren Musculaturen getrennt sind, nur durch nervöse Einrichtungen erklärbar ist. Jede Pulsation einer Herzabtheilung wird also durch eine nervöse Einwirkung ausgelöst.

Besondere Eigenschaften des Herzmuskels.

Der Herzmuskel zeigt in vielen Hinsichten ein anderes Verhalten als gewöhnliche quergestreifte Muskeln (vgl. Cap. VII.). Die hauptsächlichsten Unterschiede sind folgende: Die Zuckung ist ziemlich langsam im Vergleich mit anderen Muskeln. Die Contractionsgrösse wächst nicht mit der Reizstärke, sondern erreicht beim schwächsten, überhaupt wirksamen Reize sogleich ihr Maximum (Bowditch, Kronecker). Unzureichende Reize können bei rhythmischer Wiederholung durch Summation wirksam werden (v. Basch). Jede Contraction hinterlässt ferner ein kurzes Stadium herabgesetzter oder unterdrückter Erregbarkeit („refractäre Periode", Marey), womit es zusammenhängt, dass rhythmische Reize häufig zu schnell sind, um isochrone Pulsationen hervorzurufen, und niemals zu tetanischer Contraction führen. Sie wirken vielmehr von einer gewissen Frequenz ab wie ein continuirlicher Reiz, den der Herzmuskel mit einem selbstständigen Pulsationstempo beantwortet. Die letztere, merkwürdigste Eigenschaft des Herzmuskels wurde zuerst an der ganglienlosen Herzspitze beobachtet, welche in Versuchen mit dem schreibenden Manometer selbstthätig pulsirte (Merunowicz). Diese anfänglich für automatisch gehaltene Thätigkeit tritt aber an der ganz normal im Kreislauf befindlichen, aber vom Ventrikel abgequetschten Herzspitze nicht ein (Heidenhain, Bernstein), kann also nur auf einer durch das Versuchsverfahren bedingten continuirlichen Reizung beruhen, welche entweder in abnormer Spannung durch den Druck der Flüssigkeit (Luchsinger, Gaskell), oder in chemischer Reizwirkung der letzteren besteht; in der That ist die Zusammensetzung der Flüssigkeit entscheidend (Stiénon, Gaule, Langendorff u. A.). Auch constante Ströme bewirken rhythmisches Pulsiren.

Die nächstliegende Erklärung dieser Erscheinungen ist die, dass die Spannkräfte des Herzmuskels durch jede Contraction nahezu erschöpft werden (daher die refractäre Periode), wozu vielleicht beiträgt, dass die Contraction stets maximal ist. Bei continuirlicher Reizung tritt daher nach jeder Zuckung eine Pause ein, bis die Spannkräfte wieder in erforderlichem Masse angesammelt sind. Diese Verhältnisse erinnern an ähnliche Eigenschaften nervöser Centralorgane; die Herzmuskelzelle scheint eine gewisse functionelle Selbstständigkeit, wie sie niederen Protoplasmagebilden zukommt, bewahrt zu haben. Dass aber diese Eigenschaft nicht für die Erklärung der normalen Pulsation verwendet werden kann, ist schon oben hervorgehoben.

Bringt man während der Herzcontraction an einer Stelle einen mechanischen Reiz an, so zeigt sich eine locale Erschlaffung (Schiff, Rossbach u. A.), welche von den Einen als Folge mechanischer Schädigung, von Anderen als active Diastole (vgl. p. 64), von Einzelnen als Folge schnellerer Beendigung der Contraction in Folge localer Erregbarkeitszunahme gedeutet wird.

Wird ein ruhendes Herzmuskelstück an einer Stelle gereizt, so pflanzt sich die Contraction durch die ganze Continuität nach allen Richtungen fort. Die Fortpflanzungsgeschwindigkeit kann sowohl durch mechanische Mittel, wie auch durch die Actionsströme (Cap. VII.) gemessen werden und beträgt 10—30 mm. p. Sec. (Engelmann, Marchand; nach Sanderson & Page dagegen 125 mm.) Ueber die Grenze zweier Herzabtheilungen, wo die Musculatur unterbrochen ist (p. 59), pflanzt sich die Contraction dagegen nur durch nervöse Zwischenglieder fort (s. unten).

Der beim Frosche selbstständig pulsirende Aortenbulbus ist völlig ganglienlos; er geräth nach der Abtrennung durch continuirliche Reize in rhythmische Contraction, und zeigt überhaupt alle oben erörterten Eigenschaften eines ganglienfreien Herzstücks, z. B. der Herzspitze (Engelmann).

Bedingungen und directe Beeinflussung des Herzschlages.

Bedingungen des spontanen Herzschlages sind: Versorgung mit Sauerstoff und mit gewissen im Blute enthaltenen Nährstoffen, sowie gewisse Temperaturen (Ludwig, Volkmann, Goltz u. A.). In der Wärme wird der Puls schneller, auch am isolirten Herzen. Bei der Erstickung steht das Herz still.

Die ernährenden Gefässe des Herzens sind die Coronararterien; das Froschherz besitzt keine Gefässe, sondern wird durch das in das trabeculäre Gefüge eindringende Blut ernährt. Verschluss einer einzelnen Coronararterie bringt nach kurzer Zeit das ganze Herz zum Stillstand (Cohnheim & v. Schulthess), eine noch nicht aufgeklärte Erscheinung. Alle Ernährungsstörungen schädigen den linken Ventrikel schneller als den rechten, wodurch Stauungen im Lungenkreislauf und Lungenödem entstehen (Samuelson, S. Mayer).

Die Ernährungsbedingungen sind in letzter Zeit am Froschherzen genauer festgestellt worden (Stiénon, Gaule, Kronecker mit Martius und v. Ott). Durchspülung mit indifferenter Kochsalzlösung bringt das Herz zum Stillstand; alle Flüssigkeiten, welche Serumalbumin enthalten, unterhalten die Schlagfähigkeit. Jedoch ermüdet das Herz bald, wenn nicht durch häufigen Wechsel oder durch Zusatz von Alkali für Beseitigung der Ermüdungsstoffe (Cap. VII.), besonders der Kohlensäure gesorgt wird. Ueber die Einwirkung von Giften s. unten.

Temperaturen unter $0-4^{0}$ und über $30-40^{0}$ C. heben die Pulsationen des Froschherzens auf (Schelske, E. Cyon). Die Frequenz der Schläge wächst mit steigender Temperatur bis nahe an die Grenztemperatur. Die Intensität der Contractionen ist bei niedrigen und mittleren Temperaturen am grössten und ziemlich beständig; über $20-30^{0}$ nimmt sie ab. Plötzliche Einwirkung hoher Temperaturen bewirkt die Erscheinungen der Vagusreizung (s. unten); war aber das Herz vorher stark abgekühlt, so erfolgen rasch auf einander folgende Schläge, die endlich in Tetanus übergehen. — Im Wärmestillstand bringt Reizung am Sinus (welche sonst durch Vagusreizung Stillstand herbeiführt) anhaltende Systole der Ventrikel hervor (E. Cyon).

Streitig ist es, ob auch der Blutdruck im Herzen einen Einfluss auf die Schlagfolge hat. Erhöht man (bei durchschnittenen Herznerven, um die Wirkungen vom Gehirn her auszuschliessen) den Blutdruck, z. B. durch Verschluss der Aorta, Verengerung der feinen Arterien durch Reizung des Gefässcentrums oder einflussreicher Gefässnerven (Splanchnicus), so wird bei warmblütigen Thieren die Pulsfrequenz erhöht, während Abnahme des Blutdrucks sie vermindert (C. Ludwig & Thiry); diese Angabe wird auch für das Froschherz gemacht (M. Ludwig & Luchsinger), und daraus erklärt, dass nach einem allgemeineren Gesetze die Erregbarkeit mit der Dehnung zunimmt (vgl. Cap. VII. und X.). Dagegen findet Marey umgekehrt am Kaltblüterherzen innerhalb gewisser Grenzen Abnahme der Frequenz mit zunehmendem Druck, so dass die Arbeit constant bleibt. Andere finden am isolirten Kalt- oder Warmblüterherzen, wenn der venöse Zufluss constant erhalten wird, die Pulsfrequenz vom Druck völlig unabhängig (Martin mit Howell, Warfield u. A.). Aeusserer Druck im Pericard kann durch Verhinderung der Diastole das Herz unwirksam machen (Knoll).

Anordnung der intracardialen Nervencentra.

Ueber die Anordnung der nervösen Apparate im Herzen ist noch wenig Sicheres ermittelt, da sowohl die Trennungs- wie die Reizversuche zweideutige Resultate geben, besonders in Folge der Einmischung der Hemmungsnerven. An einem ruhenden, aber noch erregbaren Herzen bewirkt ein einzelner mechanischer, chemischer oder electrischer Reiz meist eine geordnete Pulsation der Herzabtheilungen in normaler Reihenfolge, oft eine Reihe solcher Pulsationen. Dies kann nur auf nervösen Verbindungen der gangliösen Centra der Herzabtheilungen beruhen. Die Reize wirken auf die innere Herzoberfläche am leichtesten.

Beim Froschherzen liegt der hauptsächlichste Ganglienhaufe (Remak'scher Haufen) in der Wand des Hohlvenensinus, nach dessen Abtrennung das Herz stillsteht, während der Sinus weiter pulsirt (Stannius); auch bringen Schädlichkeiten, welche nur den Sinus treffen, das Herz zum Stillstand (v. Bezold). Ein zweiter Ganglienhaufen (Bidder'scher Haufen) liegt in der Gegend der Atrioventriculargrenze; wird in dieser Gegend das vom Sinus befreite, stillstehende Herz durchtrennt, so schlägt derjenige Theil wieder rhythmisch, in welchem der Haufen geblieben ist, gewöhnlich der Ventrikel, zuweilen aber die Vorkammern, oder auch beide Theile. Diese Pulsationen sind aber vorübergehend und scheinen auf mechanischer Reizung des Bidder'schen Centrums zu beruhen. Auch ohne diese Trennung lässt sich das ruhende sinuslose Herz durch einen Stich in der Atrioventriculargrenze in vorübergehende Pulsationen versetzen (H. Munk). Die Erklärung dieser Erscheinungen ist sehr schwierig. Die Einen (Heidenhain u. A.) schreiben den Stillstand nach Abtrennung des Sinus der mechanischen Reizung der durch den Sinus verlaufenden hemmenden Vagusfasern oder vielleicht Hemmungscentra (s. unten) zu; für diese Deutung spricht, dass Reizung des Sinus oft anhaltenden Stillstand bewirkt. Andere schreiben den Sinusganglien die eigentliche Automatie zu, und lassen den Bidder'schen Haufen nur secundär auf Reize, welche von jenen kommen, oder in Folge abnormer directer Reize (s. oben) agiren. In der That ist der Rhythmus der Kammer durchaus von dem der voranliegenden Herztheile abhängig, was gegen eine unabhängige Automatie der Kammerganglien spricht. Die Durchtrennung der zwischen den Ganglienhaufen eingeschalteten Verbindungsstränge, z. B. in der Vorhofsscheidewand stört die Aufeinanderfolge der Contractionen (Eckhard u. A.). Neuerdings wird sogar angegeben, dass diese Verbindungen auch rückwärts die Contraction fortpflanzen (H. Munk). Ferner bewirkt Compression zwischen Vorkammer und Kammer, dass letztere nicht mehr auf jede Vorhofsystole, sondern aussetzend nur auf jede zweite, dritte oder vierte eine Systole macht (Gaskell), ein Verhalten, das auch bei manchen Giftwirkungen beobachtet ist. Ueberhaupt sind für die Frequenz der einzelnen Herztheile nur Einwirkungen auf den Sinus massgebend (Gaskell). Eine dritte Annahme (v. Bezold, Schmiedeberg) erklärt den Stillstand des Herzens nach Abtrennung des Sinus aus Hemmungscentren in den Vorkammern, welche nach Abtrennung eines Theiles der bewegenden Ganglien (mit dem Sinus) über die noch vorhandenen im Ventrikel den Sieg davontragen; diese Annahme würde erklären, warum der abgetrennte Ventrikel wieder schlägt. Ueber einige toxicologische Thatsachen, welche für die Annahme hemmender Ganglien im Herzen angeführt werden, s. bei den Hemmungsnerven.

Werden ganglienhaltige Herzstücke, z. B. der ganze Ventrikel, oder noch vollständigere Herzpräparate, continuirlichen oder rhythmischen Reizungen unterworfen, so sind die Folgen wegen der Einmischung der motorischen und hemmenden Ganglien von vorläufig unübersehbarer Complicirtheit. Hier sei nur erwähnt, dass zuweilen unterbrochene Reihen von Pulsationen (sog. „Gruppenbildung") vorkommen (Luciani). Sehr starke constante oder unterbrochene Ströme vernichten die Rhythmik und bewirken nur resultatlose wühlende Bewegungen (Ludwig & Hoffa, S. Mayer).

2) Hemmende Herznerven.

Der Vagus hat die merkwürdige Eigenschaft, bei anhaltender (mechanischer, chemischer oder electrischer) oder rhythmischer Reizung die Herzcontractionen zu verlangsamen und bei starker Reizung Stillstand des ganzen Herzens in Diastole zu bewirken (Ed. Weber, Budge). Der Vagus ist also für das Herz ein Hemmungsnerv, der wahrscheinlich nicht auf die Muskelfasern des Herzens, sondern auf die motorischen Ganglien seine Wirkung ausübt.

Beide Vagi haben meist ungleich starke Wirkung. Ist der eine Nerv erschöpft, so schlägt das Herz wieder, kann aber in der Regel durch den andern Vagus von Neuem zum Stillstand gebracht werden. Während des Stillstandes macht directe Herzreizung eine einzelne Pulsation. Im Beginn der Vagusreizung erfolgt meist noch eine Contraction im alten Tempo, ehe die Verlangsamung oder der Stillstand eintritt; ebenso überdauert die Verlangsamung die Reizung eine Zeit lang; die Wirkung des Vagus hat also ein beträchtliches Latenzstadium und eine Nachwirkung (Donders). Bei neugeborenen Thieren ist die Vagusreizung zuweilen unwirksam (v. Anrep), ebenso bei Kaltblütern und Winterschläfern zuweilen im Winterschlaf.

Neben der Verlangsamung tritt auch eine Schwächung der Herzschläge bei der Vagusreizung ein; bei gewissen Reizungsarten, z. B. durch rhythmische Inductionsschläge, kann sogar Schwächung ohne Verlangsamung erfolgen (Coats, Gaskell, Heidenhain). Zweifelhaft ist, ob beide Wirkungen von denselben (Heidenhain) oder von verschiedenen Fasern herrühren; bei der Schildkröte sollen beide Fasergattungen verschiedenen Verlauf im Herzen haben (Gaskell).

Ausserdem scheint die Vagusreizung die Diastole zu verstärken (Heidenhain, Stefani); nach letzterem soll, wenn bei erhöhtem Druck im Herzbeutel die Diastole verhindert wird (p. 84), Vagusreizung dieselbe wiederherstellen, was als „active Diastole" (p. 64) zu deuten wäre.

Die Wirksamkeit der Vagi wird durch zahlreiche Einwirkungen auf das Herz beeinflusst. Kälte hebt dieselbe auf; die Angabe, dass dies auch Wärme thue (Schelske), ist irrthümlich, vielmehr wird sogar angegeben, dass Wärme sie begünstige (Ludwig & Luchsinger). Erhöhter Druck im Herzen vermindert die Vaguswirkung (Ludwig & Luchsinger), überhaupt thun dies alle auf das Herz excitirend wirkenden Eingriffe. Die Wirksamkeit der Vagi wird ferner durch zahlreiche Gifte aufgehoben, besonders durch Curare, Nicotin und Atropin. Nicotin bewirkt vorher die Erscheinungen der Vagusreizung (Verlangsamung oder Stillstand).

Die Meisten fassen diese Einwirkungen als Lähmung der Endigungen des Vagus im Herzen auf; Nicotin würde hiernach dieselben zuerst reizen und dann lähmen, Muscarin, welches diastolischen Herzstillstand macht (Schmiedeberg), dieselben reizen. Da ferner der Nicotinstillstand durch Curare und Atropin beseitigt wird, der Muscarinstillstand dagegen nur durch Atropin, so wird angenommen (Schmiedeberg), dass das Muscarin und Atropin auf mehr peripherische Hemmungsapparate des Herzens reizend resp. lähmend wirke, als Nicotin und Curare; etwa die ersteren gangliöse Hemmungscentra, die letzteren die zu diesen tretenden Vagusendigungen, also eine ähnliche Annahme, wie die auf Grund der Zerstückelungsversuche von Einigen gemachte (p. 85). Jedoch wird neuerdings dieser Anschauung widersprochen (Luchsinger u. A.), indem die Stillstände als Lähmungszustände der motorischen Apparate und die sie beseitigenden Einwirkungen als Reizung derselben aufgefasst werden; der Unterschied in den Wirkungen der Gruppe Nicotin—Curare einerseits, Muscarin—Atropin andererseits wäre hiernach ein nur gradueller, die letzteren Gifte die intensiveren.

Mit der Frage, ob die Vagi direct hemmend auf die motorischen Centra, oder umgekehrt excitirend auf Hemmungscentra wirken, hängt die andere zusammen, ob sich ein Angriffspunct der Vagi im Herzen anatomisch oder durch Zerstückelungsversuche nachweisen lasse. Anatomisch lassen sich die Vagusfasern bis zu den Atrioventricularganglien verfolgen (die feinen an der Ventrikelaussenfläche des Säugethierherzens verlaufenden Fasern sind sensibel, Wooldridge), und Manche nehmen an, dass die Vagi auf alle Ganglien hemmend wirken. Andere lassen sie nur auf Sinus und Vorkammer oder nur auf das Hauptganglion des Sinus (p. 85) wirken, wofür u. A. angeführt wird (Klug; Sewall & Donaldson), dass zur Hemmung der Vorkammern schwächere Reizung genüge, als zu der der Kammer, und dass die Verminderung der Vaguswirkung durch Spannung der Herzwand (s. oben) nur eintrete, wenn die Sinus- oder Vorhofswand gespannt wird. Reizung des Sinus macht die Erscheinungen der Vagusreizung, was aber schon aus dem Verlauf der Herzäste des Vagus längs des Sinus erklärbar ist.

Manche Autoren beziehen sowohl die Vagushemmung wie auch die Einwirkungen der oben genannten Gifte gar nicht auf nervöse Apparate des Herzens, sondern auf dessen Musculatur. Jedoch sind diese Theorien noch nicht klar genug, um hier entwickelt zu werden. Eine Anzahl Gifte wirken dagegen sicher auf den Herzmuskel ein, indem sie die Erschlaffung unvollständiger machen (Verkürzungsrückstände, vgl. Cap. VII.) und endlich systolischen Stillstand oder Todtenstarre hervorbringen; am dickwandigen Ventrikel tritt diese permanente Contraction früher auf als an den Vorhöfen, welche daher länger pulsiren; so wirken Veratrin, Antiarin, Digitalin (nach Gaskell und Ringer auch die Alkalien).

Tonus der Hemmungsapparate.

Bei Warmblütern bewirkt Durchschneidung eines, noch mehr beider Vagi Beschleunigung der Herzschläge. Die Vagi sind also bei Warmblütern beständig (tonisch) von ihrem Centralorgan in der Medulla oblongata aus erregt. Directe Reizung dieses Centrums macht bei allen Wirbelthieren Verlangsamung und Stillstand. Ausserdem bewirkt Reizung vieler sensibler Nerven, ebenso Klopfen der Baucheingeweide (Goltz), Herzstillstand, ein Erfolg, der nach Durchschneidung der Vagi wegfällt. Das Centrum steht also unter reflectorischer Wirkung zahlreicher Nerven, von deren beständiger Erregung der Tonus der Vagi bei Warmblütern herzurühren scheint (Bernstein).

Reflectorischer Herzstillstand ist bei folgenden Nerven beobachtet: Bauch- und Halsstrang des Sympathicus, Splanchnicus, Vagus selber (ein Vagus central gereizt, der andere intact gelassen), die gewöhnlichen sensiblen Nerven. — Der Vagustonus wechselt auch aus centralen Ursachen, im Allgemeinen analog der Erregung des Athmungscentrums; jede Inspiration wirkt etwas vagusreizend, noch stärker die Dyspnoe (Traube, Donders), ebenso Blutandrang zum Gehirn (hiervon ist die p. 66 erwähnte Pulsverlangsamung beim Liegen wenigstens zum Theil herzuleiten, da sie nach Durchschneidung der Vagi geringer wird); wegen des Latenzstadiums (p. 86) fällt die entsprechende Pulsverlangsamung nicht mit der Inspiration zusammen, sondern später, zuweilen erst in die Exspiration. Aufblasung der Lunge beschleunigt den Puls durch Herabsetzung des Vagustonus. — Starke sensible Reizung hemmt die Reflexe auf den Vagus, wie alle anderen Reflexe. — Bei Neugeborenen fehlt der Tonus der Vagi (Soltmann), ebenso bei Winterschläfern im Schlaf.

3) Beschleunigende Herznerven.

Reizung des verlängerten Marks (nach Durchschneidung der Vagi) oder des Halsmarks bewirkt Zunahme der Pulsfrequenz durch Beschleunigungsnerven (Acceleratoren), welche durch die Rami communicantes der unteren Cervicalnerven und das Ganglion stellatum in den Plexus cardiacus eintreten, und in diesem Verlaufe gereizt den gleichen Erfolg haben (v. Bezold, M. & E. Cyon, Schmiedeberg, u A.). Der Halssympathicus (v. Bezold) und der Vagus (s. unten) führen ebenfalls meistens beschleunigende Fasern. Das Centrum derselben, über dessen Erregungsbedingungen Nichts bekannt ist, scheint in der Med. oblongata zu liegen; es ist nicht beständig erregt, denn die Rückenmarksdurchschneidung bewirkt keine Verlangsamung des Herzschlags, wenn die indirecte Verlangsamung durch vorherige Durchschneidung der Splanchnici (s. unten) ausgeschlossen ist (Gebr. Cyon).

Der Vagus enthält neben den hemmenden auch beschleunigende Fasern, seine Reizung wirkt bei Vergiftung mit Atropin (s. oben) beschleunigend (Schmiedeberg. Heidenhain). Sehr schwache Vagusreizung bewirkt zuweilen auch ohne Atropin Beschleunigung des Herzschlages (Schiff. Giannuzzi), ebenso chemische Reizung des verlängerten Marks (Heidenhain).. Die beschleunigenden Vagusfasern wirken zugleich verstärkend auf den Herzschlag (Heidenhain).

Der zeitliche Verlauf der Acceleranswirkung (bei directer Reizung) ist wesentlich von dem der Vaguswirkung verschieden, sie tritt viel langsamer ein, und schwindet langsamer. Wird Vagusreizung auf Acceleransreizung superponirt, so bewirkt sie dieselbe relative Verlangsamung wie sonst; die Wirkungen beider Nerven stören sich gegenseitig nicht, sie haben also wahrscheinlich verschiedene Angriffspuncte im Herzen und sind nicht blosse Antagonisten. Die Acceleransreizung wirkt sehr ähnlich wie Erwärmung des Herzens. (Ludwig mit Schmiedeberg, Bowditch und Baxt.)

b. Die Innervation der Gefässe.

Zahlreiche Thatsachen, wie die Schamröthe, die Erection, die Zunahme der localen Blutfülle durch Wärme und die Abnahme durch Kälte deuten auf eine vom Herzen unabhängige Veränderlichkeit der Gefässweite und auf eine Einwirkung des Nervensystems. Da die Arterien in ihrer Media circuläre glatte Muskelfasern besitzen, ist die Veränderlichkeit ihres Lumens verständlich. Contraction dieser Muskeln verengt die Arterie und vermindert den Blutzufluss zu ihrem Capillarbezirk, macht daher Blässe, Kühle, Schrumpfung; Erschlaffung vermehrt den Blutzufluss und macht Röthe, Wärme und Schwellung.

1) Gefässverengende Nerven.

Fast an allen Körpertheilen sind Nervenfasern nachgewiesen, deren Reizung die Gefässe verengt; man nennt sie vasomotorische oder constrictorische Fasern. Durchschneidung dieser Fasern macht Gefässerweiterung, ein Zeichen, dass die vasomotorischen Fasern eine centrale tonische Erregung, die Arterien einen Tonus besitzen.

Ueber den peripherischen Verlauf der vasomotorischen Fasern ist Folgendes festgestellt: 1) Kopf. Sie entspringen im unteren Theil des Halsmarks, und verlaufen im Halssympathicus (Bernard), am Kopf treten sie in die Bahnen verschiedener Hirnnerven, besonders des Trigeminus über. Bei manchen Thieren führt auch der Auricularis cervicalis direct Gefässnerven zum Ohr (Schiff). 2) Brusteingeweide. Sie entspringen vom Halsmark und gehen durch das 1. Brustganglion (Brown-Séquard, Fick & Badoud, Lichtheim), ein Theil scheint auch im Halssympathicus zu verlaufen (Bókay). Die Angabe, dass die Gefässnerven der Lunge im Vagus verlaufen (Schiff, v. Wittich), hat sich nicht bestätigt (O. Frey, Bókay u. A.). 3) Baucheingeweide. Sie entspringen vom Brustmark und verlaufen im Splanchnicus, welcher durch die grosse Capacität des Bauchgefässbezirks der einflussreichste Gefässnerv ist (v. Bezold, Cyon & Ludwig), vom Splanchnicus treten sie durch die abdominalen Ganglien in den Plexus lienalis, mesentericus, renalis etc. über. 4) Extremitäten. Sie entspringen aus gewissen Theilen des Rückenmarks, im Allgemeinen nicht zusammen mit den sonstigen Nerven der betr. Extremitäten; erst durch Vermittelung des Sympathicus gehen sie in die vorderen Spinalwurzeln oder den peripheren Verlauf der Extremitätennerven über, jedoch führen die Wurzeln auch eine Anzahl directer Fasern (Schiff, Bernard, Pflüger, Cyon u. A.). An der hinteren Extremität verlaufen die Vasomotoren für die Innenfläche des Oberschenkels hauptsächlich im Cruralis, die übrigen hauptsächlich im Ischiadicus; die peripherischen Theile sind reichlicher mit Gefässnerven versehen (Lewaschew).

2) Gefässerweiternde Nerven.

An manchen Körpertheilen kommen Gefässerweiterungen unter dem Einfluss des Nervensystems vor. wie die Erectio penis, die Schwellung des Hahnenkammes, welche ihrer Natur nach nicht gut aus blossem Nachlass der Erregung der vasomotorischen Nerven erklärbar sind. Nachdem nun an einzelnen Körperstellen active Gefässerweiterung auf Reizung gewisser Nerven beobachtet war, ist neuerdings fast überall das Dasein gefässerweiternder Fasern neben den verengenden festgestellt. Da gefässerweiternde Muskeln nicht nachweisbar sind, vermuthet man, dass die erweiternden Nerven den von den vasomotorischen Nerven oder peripherischen Ganglien (s. unten) erregten Tonus durch Einwirkung auf die Gefässe oder Ganglien hemmen. Durchschneidung gefässerweiternder Nerven bewirkt keine Verengung, sie besitzen also keinen Tonus.

Die erstentdeckten und zugleich sichersten Erweiterungsfasern sind solche, welche nicht mit verengenden zusammen verlaufen. So enthält die Chorda tympani Erweiterungsfasern für die Submaxillardrüse

(Bernard) und den vorderen Zungenabschnitt (Vulpian), der Glossopharyngeus für den hinteren Zungenabschnitt (Vulpian), die Nervi erigentes für die Arterien und die Corpora cavernosa des Penis (Eckhard, Lovén). Am Ohre ist die Existenz dilatirender Fasern schon frühzeitig dadurch erwiesen, dass dasselbe nach Durchschneidung des Halssympathicus noch sich bei psychischer Erregung des Thieres röthet (Schiff). Beim Hunde enthält der Halssympathicus selbst auch gefässerweiternde Fasern für Lippen, Zahnfleisch und Wangenschleimhaut; beim Kaninchen wirkt nur der Brusttheil erweiternd auf die Kopfgefässe, der Halstheil verengend, woraus geschlossen wird, dass die Erweiterungsnerven in das oberste Brust- und unterste Halsganglion eintreten und dort hemmend auf die Station machenden Verengerer wirken (Dastre & Morat). — An den Extremitäten sind die erweiternden Fasern nur sehr schwer von den verengenden experimentell zu trennen, weil beiderlei Fasern in gleicher Bahn verlaufen; Reizung des Ischiadicus wirkt auf die Hautgefässe der Pfote je nach Umständen verengend oder erweiternd (Goltz); bei schwachen rhythmischen Reizen, sowie einige Tage nach Durchschneidung des Nerven ist die Erweiterung begünstigt (Heidenhain & Ostroumoff, Kendall & Luchsinger), die Erweiterungsnerven scheinen also erregbarer zu sein und langsamer zu degeneriren. Bei Neugeborenen sind sie wenig erregbar (Albertoni). Bei verengten Hautgefässen (in der Kälte) macht die Reizung Erweiterung, bei erweiterten (in der Wärme) Verengung (Lépine, Bernstein).

Bei Reizung eines Muskels vom Nerven aus erweitern sich gleichzeitig mit der Contraction die Muskelgefässe (Ludwig & Sczelkow); diese Erweiterung tritt auch ohne die Contraction, bei curarisirten Thieren ein, und beruht auf der Mitreizung gefässerweiternder Fasern im Nervenstamm, welcher daneben auch gefässverengende enthält (Ludwig mit Hafiz, Gaskell u. A.).

Der Verlauf der gefässerweiternden Fasern ist im Allgemeinen der gleiche, wie der der verengenden.

3) Gefässcentra und deren Erregung.

Das Gefässcentrum im verlängerten Mark.

Nach Zerstörung des verlängerten Markes oder Durchschneidung des Halsmarkes verlieren sämmtliche Gefässe ihren Tonus, der arterielle Blutdruck sinkt fast auf Null (vgl. p. 71) und das anämische Herz arbeitet fruchtlos. Reizung der genannten Bezirke verengt dagegen alle Körpergefässe, der arterielle Blutdruck steigt mächtig und das Herz schwillt an (Ludwig & Thiry). Im verlängerten Mark liegt also ein allgemeines gefässverengendes Centrum (Gefässcentrum).

Die tonische Erregung desselben ist von mannigfachen Umständen abhängig; tonuserhöhende (in Folge dessen blutdruckerhöhende) Einwirkungen nennt man pressorische, vermindernde depressorische. Schon normal kommen centrale Schwankungen des Blutdrucks vor; stark pressorisch wirkt die Dyspnoe und Erstickung, ebenso die Einathmung stark kohlensäurereicher Luft, sowie locale Hirndyspnoe durch Verschluss der Hirnarterien, alles Einwirkungen, welche auch die übrigen Centra des verlängerten Markes erregen, besonders das Athmungscentrum. Die Erregung des Gefässcentrums nimmt sogar, wenn sie stark ist, einen dem respiratorischen synchronischen Rhythmus an (Traube-Hering'sche Blutdruckschwankungen), auf welchen von Einigen die respiratorischen Blutdruckschwankungen zurückgeführt werden (vgl. p. 74).

Ausserdem giebt es pressorische und depressorische Nerven, deren Wirkung entweder auf Erregung resp. Hemmung des Gefässcentrums oder auch auf entgegengesetzte Beeinflussung eines Erweiterungscentrums zurückgeführt werden kann. Dasselbe gilt von den psychischen Einwirkungen auf die Gefässe (Schamröthe, Erection etc.), welche aus Verbindungen des Grosshirns mit den Centren des verlängerten Marks erklärt werden müssen.

Die Feststellung der pressorischen und depressorischen Fasern begegnet ähnlichen Schwierigkeiten wie die der direct gefässverengenden und erweiternden, weil beide Gattungen meist in gleicher Bahn verlaufen. Im Allgemeinen wirkt fast jeder Nerv bei Reizung seines centralen Endes auf den Blutdruck ein. Schmerzhafte Reizung von Nerven, Haut, Schleimhäuten, inneren Organen erhöht den Blutdruck (Lovén u. A.), wirkt aber trotzdem erweiternd auf die Gefässe der Haut und der Muskeln (Heidenhain). Mechanische Reizung der Scheiden- und Mastdarmschleimhaut wirkt beim Hunde depressorisch (Belfield). Die Erfolge sind ausserdem wechselnd nach Art und Zustand des Thieres und nach dem Modus der Reizung. Ein Vagusast, welcher vom Herzen kommt, der R. depressor, wirkt depressorisch (Cyon & Ludwig). Andere Vagusfasern wirken wie gewöhnliche sensible Nerven pressorisch.

Andere Gefässcentra.

Der nach Durchschneidung des Rückenmarks verschwindende Tonus der Arterien stellt sich nach einiger Zeit wieder her, um nach Zerstörung des unteren Markabschnittes von Neuem zu verschwinden.

Dies beweist, dass die vasomotorischen Nerven in ihrem Verlauf durch das Mark, wie alle übrigen Nerven (vgl. Centralorgane), in der grauen Substanz Station machen und hier centralen Erregungen zugänglich sind (Goltz, Vulpian). Diese spinalen Gefässcentren sind auch reflectorischer (pressorischer und depressorischer), sowie dyspnoischer und thermischer Erregung fähig.

Auch nach Durchschneidung der Gefässnerven selbst stellt sich der Arterientonus wieder her (Schiff). Dies deutet auf die Existenz noch weiterer peripherischer (gangliöser) Gefässcentra, durch welche auch die Erscheinungen der localen Gefässerweiterung bei Entzündung, durch Wärme (p. 78, 89), ferner die Wirkung der gefässerweiternden Nerven (p. 90) u. dgl. vielleicht erklärbar sind.

Auch an entnervten Gefässgebieten, sogar an ausgeschnittenen Organen (Ludwig & Mosso), zeigt sich dyspnoische Verengerung der Gefässe, besonders bei Wiedererholung des erstickten Organes, wobei seine Erregbarkeit zunimmt, während der dyspnoische Reiz noch fortbesteht (Luchsinger, S. Mayer). Auch diese Erscheinungen beruhen möglicherweise auf peripherischen Ganglien.

Manche Gefässgebiete besitzen selbstständige, vom Herzen unabhängige Pulsationen oder wenigstens langsame Capacitätsschwankungen (z. B. die Milz, die Ohrarterien des Kaninchens, die Schwimmhautgefässe des Frosches), welche zum Theil von Gefässnerven unabhängig sind. Langsame selbstständige Venenpulsation besitzt die Flughaut der Fledermaus, ebenfalls von zutretenden Nerven unabhängig (Luchsinger). Manche andere pulsirende Gebilde haben herzartig verdickte Musculatur (Axillarherz der Chimaeren, Bulbus aortae der Amphibien und Fische, vgl. p. 59, 89), und sind also als accessorische Herzen zu betrachten, wie ja das Herz nichts anderes ist als ein Gefässstück mit sehr entwickelter und automatisch arbeitender Musculatur.

Ueber die Innervation der Capillaren und Venen ist noch nichts Sicheres ermittelt, ja bei ersteren die Contractilität sogar zweifelhaft (vgl. p. 78).

Die complicirten Verhältnisse der Gefässinnervation deuten auf eine nervöse Regulirung des allgemeinen Blutdruckes und der localen Blutzufuhr hin, für deren vollkommenes Verständniss die bisher bekannten Thatsachen noch nicht ausreichen.

Zweites Capitel.

Die Athmung.

Bei allen Thieren bemerkt man während des ganzen Lebens eine Aufnahme von Sauerstoff aus dem umgebenden Medium (Luft oder Wasser) und eine Abgabe von Kohlensäure an dasselbe. Dieser Process, und überhaupt derjenige Theil des Stoffwechsels, welcher gasförmige Stoffe betrifft, heisst Athmung oder Respiration. Kein Thier kann die Athmung auf die Dauer entbehren; Unterbrechung derselben, z. B. Aufzehrung des ganzen Sauerstoffvorrathes bei Einschliessung in eine beschränkte Luft- resp. Wassermenge, bewirkt den Tod, welcher in diesem Falle Erstickung heisst. Kaltblütige Thiere verzehren einen gegebenen Sauerstoffvorrath viel langsamer als gleich grosse Warmblüter, und ersticken auch nach plötzlichen Unterbrechungen der Athmung viel später.

Die atmosphärische Luft ist eine Mischung von etwa $1/5$ (0,208) Vol. Sauerstoff und $4/5$ (0,792) Vol. Stickstoff, einer sehr geringen, schwankenden Menge (0,0003—0,0005 Vol.) Kohlensäure und einer ebenfalls schwankenden Menge Wasserdampf (deren Maximum von der Temperatur abhängt). Diese Mischung steht unter einem Druck von etwa 760 mm. Hg (für Meereshöhe). — Das zur Athmung vieler Organismen dienende Wasser enthält ausser etwas Stickstoff und Kohlensäure bei 15° C. und 760 mm. Barometerstand höchstens $1/12$ (0,084) seines Volums an Sauerstoff in Lösung. Die im Wasser lebenden Thiere haben dem entsprechend ein verhältnissmässig geringes Sauerstoffbedürfniss. Dass nur die absorbirte Luft das Athmen unterhält, folgt daraus, dass Fische in ausgekochtem Wasser sofort, in luftdicht eingeschlossenem bald sterben.

Als eigentlicher Sitz des Sauerstoffverbrauchs und der Kohlensäurebildung sind die Gewebe erkannt worden, das Blut aber als Vermittler ihres Gasaustausches mit dem äusseren Medium. Das Blut tritt mit diesem Medium in Verkehr, indem es ihm Sauerstoff entnimmt und Kohlensäure übergiebt, wobei es selber arteriell wird, und andrerseits mit den Geweben, indem es ihnen Kohlensäure entnimmt und Sauerstoff übergiebt und selber venös wird. Der erstere Verkehr, welcher an den dem Athmungsmedium exponirten Körperoberflächen, besonders aber in den Athmungsorganen geschieht, heisst äussere Athmung oder kurzweg Athmung; der letztere, welcher sich in allen Geweben vollzieht, innere Athmung.

Geschichtliches (grösstentheils nach Zuntz). Aristoteles hielt die Abkühlung des Blutes durch die Luft, resp. das Wasser, für den Zweck der Athmung; die eingeathmete Luft sollte in das Herz eindringen und sich in den Arterien im ganzen Körper verbreiten. Dass die Luft eine ähnliche Rolle spiele wie für die Unterhaltung der Flamme, erkannten zuerst Leonardo da Vinci und Helmont; letzterer und Boyle erkannten (Mitte des 17. Jahrhunderts), dass die Luft durch die Athmung verdorben wird und der Erneuerung bedarf, Jac. Bernoulli, dass nur der Luftgehalt des Wassers die Fische erhält. Das Sauerstoffgas und seine Beziehungen zur Verbrennung und zur Athmung entdeckte Mayow schon vor 1674, aber erst ein Jahrhundert später wurde diese Kenntniss durch Priestley und Lavoisier zum Gemeingut. Ersterer fand ferner, dass das schon 1665 von Fracassati bemerkte Hellrothwerden venösen Blutes an der Luft und in den Lungen (letzteres 1669 von Lower entdeckt) vom Sauerstoff herrührt, und dass die Pflanzen Sauerstoff exhaliren. Lavoisier wies nach, dass die von van Helmont entdeckte und von Black 1757 in der Exspirationsluft nachgewiesene Kohlensäure aus der Verbrennung thierischen Kohlenstoffs durch den eingeathmeten Sauerstoff entsteht, dass ein anderer Theil dieses Sauerstoffs zur Wasserbildung verwandt wird und dass die thierische Wärme von diesen Verbrennungsprocessen herrührt. Im Irrthum war er nur insofern, als er denselben in die Lunge verlegte; dieser Irrthum wurde erst in unserem Jahrhundert durch die Entdeckung und Untersuchung der Blutgase (zuerst 1838 durch G. Magnus, dann namentlich durch L. Meyer) gründlich beseitigt, indem sich fand, dass der Sauerstoff in den Lungen zwar in's Blut übergeht, aber mit demselben die Lungen verlässt, die Kohlensäure aber mit dem venösen Blute den Lungen fertig zugeführt wird. Der Ort der Kohlensäurebildung und des Sauerstoffsverbrauchs wurde erst durch G. Liebig, besonders aber durch Pflüger in die Gewebe verlegt. Dass auch in den Geweben die Kohlensäurebildung nicht auf unmittelbarer Verbrennung mittels des in ihnen enthaltenen Sauerstoffs, sondern auf Spaltungsprocessen beruht, ist erst in den letzten Jahrzehnten, zuerst an den Muskeln, erwiesen worden.

I. Die chemischen Vorgänge bei der Athmung.

1. Die Blutgase.

Das Blut enthält beständig einen Vorrath an Gasen, deren Untersuchung (hauptsächlich durch G. Magnus, Lothar Meyer, Ludwig, Pflüger und deren Schüler) erst das volle Verständniss des Athmungsprocesses ermöglicht hat.

Physicalische Vorbemerkungen. Das Grundgesetz für die Absorption von Gasen durch Flüssigkeiten (Henry-Dalton-Bunsen'sches Gesetz) lautet: Die Volumeinheit einer Flüssigkeit kann bei gegebener Temperatur ein bestimmtes Volum eines Gases aufnehmen, welches als **Absorptionscoëfficient** der Flüssigkeit für das Gas bezeichnet wird. Der Absorptionscoëfficient nimmt mit zunehmender Temperatur nach einem in jedem Einzelfall besonderen Gesetze ab und wird beim Siedepunkt der Flüssigkeit Null. Vom Druck ist der Absorptionscoëfficient unabhängig, woraus mit Zuhülfenahme des Mariotte'schen Gesetzes folgt, dass die aufgenommenen Gasgewichte dem Druck proportional sind. Da verschiedene Gase auf einander keinen Druck ausüben, so ist unter Druck hier nur der Partiardruck des betr. Gases zu verstehen. Wasser absorbirt z. B. aus der Atmosphäre nur so viel Sauerstoff als dem Partiardruck des Sauerstoffs in der Atmosphäre, also etwa $^{760}/_5 = 152$ mm. Hg entspricht. — Man kann also ein absorbirtes Gas aus einer Flüssigkeit austreiben: 1. indem man sie in ein Vacuum bringt, das beständig erneuert wird; 2. indem man sie in einen Raum bringt, der von dem betr. Gase frei ist und frei gehalten wird, also z. B. durch Hindurchleiten eines fremden Gases durch die Flüssigkeit; 3. durch Erhöhung der Temperatur, bis zum Siedepunct.

Gewisse Gase gehen mit bestimmten Körpern chemische Verbindungen (nach Aequivalentverhältnissen) ein, welche jedoch sich dissociiren, wenn sie mit einem Raume in Berührung sind, in welchem der Partiardruck des betr. Gases unterhalb einer gewissen Grenze liegt. Dieser Minimaldruck, der für das Bestehen der Verbindung Bedingung ist, ist für jeden einzelnen Fall eine Constante, die jedoch mit steigender Temperatur (ähnlich den Absorptionscoëfficienten) abnimmt. Aus diesen lockeren chemischen Gasverbindungen kann daher das Gas auf dieselbe Weise ausgetrieben werden wie aus blossen absorptiven Lösungen (durch das Vacuum, durch fremde Gase und durch Erwärmung). Sie unterscheiden sich aber von letzteren dadurch, dass bei Steigerung des Partiardrucks über die erwähnte Grenze die aufgenommenen Mengen nicht mehr mit dem Drucke wachsen. — Sind Körper, welche ein Gas locker chemisch binden, in einer Flüssigkeit gelöst, so findet neben der chemischen Bindung auch Absorption durch das Lösungsmittel selbst, seinem Absorptionscoëfficienten entsprechend statt; die absorbirten Gewichtsmengen sind dann also zu einem Theil dem Druck proportional, zu einem andern vom Druck unabhängig.

Der Grund der Abhängigkeit der aufgenommenen Gasmengen vom Partiardruck liegt offenbar darin, dass jedes aufgenommene Gas an der Oberfläche der Flüssigkeit eine **Spannung** besitzt, vermöge der es zu entweichen strebt; ist diese Spannung gleich dem Partiardruck des Gases im Raume über der Flüssigkeit, so findet Gleichgewicht statt; ist sie grösser oder kleiner, so findet Austritt oder Aufnahme statt, bis das Gleichgewicht hergestellt ist. Im Gleichgewichtszustande, der sich nach einiger Zeit jedesmal herstellt (durch Schütteln beschleunigt), ist also der Partiardruck jedes Gases im Raum ein directer Ausdruck für die Spannung desselben Gases in der Flüssigkeit. Führt man den Begriff Spannung in die oben angedeuteten Gesetze ein, so lauten dieselben: 1. Bei einfacher physicalischer Absorption ist die Spannung eines aufgenommenen Gases a. abhängig von der Natur der Flüssigkeit und des Gases, b. proportional der aufgenommenen in Gewichten ausgedrückten Menge, c. abhängig von der Temperatur, mit welcher sie im Allgemeinen zunimmt, um beim Siedepunct unendlich gross zu werden. — 2. Enthält die Flüssigkeit einen das Gas locker chemisch bindenden Körper, so ist die Spannung nicht der ganzen aufgenommenen Menge proportional, sondern nur dem Ueber-

Blutgase. Entbindung derselben. 97

schuss über die zur Sättigung des bindenden Körpers nöthige Menge; ist der Körper nicht gesättigt, so bewirkt weitere Aufnahme des Gases keine Zunahme der Spannung, sondern diese bleibt bis zur Sättigung gleich dem oben erwähnten Grenzpartiardruck, der aber von der Temperatur abhängig ist.

Zur Entbindung, sowie zur qualitativen und quantitativen Bestimmung des Gasgehalts einer Flüssigkeit, z. B. des Blutes, kann man eins der drei oben genannten Mtitel, oder eine Combination mehrerer derselben (z. B. Auskochen im Vacuum der Luftpumpe oder des Barometers) benutzen. Am besten ist die von Pflüger benutzte Quecksilber-Gaspumpe in der Helmholtz-Geissler'schen Form, welche gestattet, ein Glasgefäss vollkommen zu evacuiren, das Blut direct aus der Ader in das Vacuum eintreten zu lassen, die Gase zu sammeln und aufzufangen und das Vacuum zu erneuern. Fig. 13 stellt diese ganz aus Glas be-

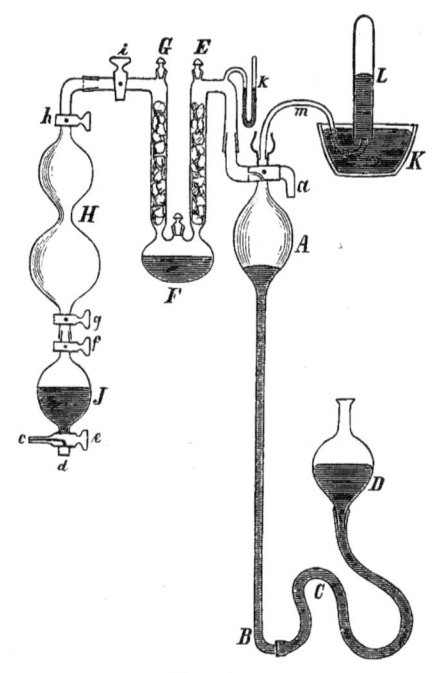

Fig. 13.

stehende Pumpe schematisch dar. AB ist ein oben kugelförmig erweitertes Barometerrohr, das durch den Schlauch C mit der Helmholtz'schen Füllkugel D communicirt. Das in letzterer befindliche Quecksilber steigt beim Heben von D in die Kugel A bis über den Hahn a; wird a geschlossen und D gesenkt, so bildet sich in A ein Toricelli'sches Vacuum; dies wird wie ein Pumpenstiefel benutzt um die Räume EFGHJ zu evacuiren, indem der Raum A leer mit EJ verbunden und die eingetretene Luft durch Drehung von a und Hebung von D ins Freie entleert wird. Nach vollständiger Evacuirung wird Blut in die Kugel J eingelassen, indem eine Arterie mit der Bohrung c verbunden, und sobald das Blut bei d austritt, der Hahn e um 180° gedreht wird. Das Blut kocht in das Schaumgefäss H hinein, und fliesst in J zurück. Das Kochen wird unterstützt, indem J in warmes Wasser getaucht und der Wasserdampf durch die Trockenröhren EFG absorbirt wird. Das Gas wird in ähnlicher Weise wie vorher die Luft in die Kugel A übergesogen, aber nicht ins Freie, sondern durch das Rohr m in die Quecksilberwanne K und das Rohr L entleert. — Wegen der Sauerstoffzehrung (s. unten) muss man, um den wahren Gasgehalt des Blutes zu erhalten, dasselbe sofort nach der Entleerung entgasen oder bis zur Entgasung in Eis aufbewahren. — Um die Frage zu entscheiden, ob Gase im Blute einfach absorbirt oder locker chemisch gebunden sind, dienen Absorptionsversuche an entgastem Blute unter verschiedenen Drücken, oder Spannungsbestimmungen.

Zur Bestimmung der Gasspannungen einer Blutart hat man dieselbe nur mit einem abgeschlossenen Gasquantum zu schütteln; die Gasspannungen des letzteren nach dem Schütteln (ermittelt aus der Zusammensetzung und dem Gesammtdruck) sind dann ein directes Maass für die Gasspannungen im Blute (Ludwig). Der Versuch misst strenggenommen nur die Spannungen des Blutes am Ende des Schüttelns; er ist also um so richtiger, je weniger das Blut durch das Schütteln seine Gasspannung verändert, d. h. je grösser die verwendete Blutportion, je kleiner die verwendete Gasportion, endlich je näher diese schon von vornherein der Gasspannung des Blutes entspricht. Am richtigsten ist es das Blut gleichzeitig mit zwei Gasportionen zu schütteln, deren eine etwas höhere, deren andere etwas niedrigere Spannung besitzt als das zu untersuchende Blut, und aus beiden gefundenen Spannungen das Mittel zu nehmen („Aërotonometer", Pflüger & Strassburg).

1. *Sauerstoffgas* ist stets in grossen Mengen im Blute, im arteriellen mehr als im venösen. Das Verhalten gasfreien Blutes gegen Sauerstoffgas zeigt, dass letzteres von Blut nicht bloss absorbirt, sondern zum grössten Theil chemisch gebunden wird. Die Sauerstoffaufnahme ist nämlich (dem Gewichte nach) vom Drucke bis auf einen kleinen Theil ganz unabhängig, folgt also nicht dem Dalton'schen Gesetz. · Blosses Plasma oder Serum wirken nur absorbirend und zwar ebensoviel, wie der dem Dalton'schen Gesetze folgende (absorbirte) Theil des vom Blute im Ganzen aufgenommenen Sauerstoffs beträgt (L. Meyer). Man muss deshalb annehmen, dass der Sauerstoff von einer in den Blutkörperchen enthaltenen Substanz locker chemisch gebunden, vom Wasser des Blutes aber nur absorbirt wird.

Als die den Sauerstoff locker chemisch bindende Substanz hat sich das Hämoglobin ergeben, dessen bezügliche Eigenschaften schon p. 45 ff. erörtert sind. Das Blut verhält sich gegen Sauerstoff chemisch und optisch wie eine gleich starke Hämoglobinlösung, jedoch findet die Sauerstoffaufnahme wahrscheinlich, wegen der grossen Oberfläche der Blutkörperchen, viel schneller statt. Ueber Menge und Spannung des Sauerstoffs im Blute s. unten.

Der Sauerstoff des Blutes wird an oxydirbare Substanzen so leicht abgegeben, dass man vermuthet hat, er besitze die Form des activen Sauerstoffs oder Ozons O_3. Hierfür werden folgende Eigenschaften des Blutes angeführt: 1. Das Blut, die Blutkörperchen und das Hämoglobin sind sog. „Ozonüberträger", d. h. sie vermögen das Ozon von ozonhaltigen Körpern (längere Zeit aufbewahrtes Terpenthinöl) auf leicht oxydirbare Substanzen (Ozonreagentien, z. B. Guajactinctur, welche sich durch Oxydation bläut) augenblicklich zu übertragen (Schoenbein, Ilis); hierfür ist es gleichgiltig, ob das Blut oder Hämoglobin sauerstoffhaltig ist oder nicht (z. B. mit CO gesättigt). 2. Blut und Hämoglobin können selbst Sauerstoff ozonisiren, also bei Gegenwart von Luft die Guajactinctur bläuen (A. Schmidt); enthält das Blut selbst Sauerstoff, so ist die Gegenwart von Luft für die Reaction nicht nöthig, wohl aber, wenn es mit CO gesättigt ist (Kühne & Scholz). Die Gegenwart von Ozon im Blute ist also hierdurch nicht bewiesen; aber selbst das Ozonisirungsvermögen des Blutes ist zweifelhaft, weil zum Gelingen aller besprochenen Versuche Zersetzung des Hämoglobins Bedingung ist (Pflüger).

2. *Kohlensäure* bildet den überwiegenden Theil des Gasgehaltes im Blute und ist im venösen Blute reichlicher enthalten als im arteriellen. Ein Theil der Kohlensäure ist, dem hohen Absorptionscoëfficienten dieses Gases entsprechend (1,8 für 0°, 1,0 für 15°), ohne Zweifel vom Wasser des Blutes absorbirt, aber der ganze Gehalt auspumpbar. Man unterschied früher ausser der auspumpbaren noch fest gebundene, d. h. nur durch Säuren austreibbare Kohlensäure, jedoch wird mit den vervollkommneten Methoden der ganze Kohlensäuregehalt an das trockne Vacuum abgegeben (Setschenow, Pflüger), ja sogar künstlich zugesetzte Soda zersetzt (Pflüger), und zwar ohne dass etwa eine Säurebildung durch Zersetzung angenommen werden darf, denn die alkalische Reaction bleibt unverändert (Zuntz). Entgastes Blut bindet Kohlensäure zum Theil abhängig, zum Theil unabhängig vom Druck (L. Meyer), d. h. es findet theils Absorption, theils chemische Bindung statt. Die Art dieser Bindung ist aber bei Weitem nicht so klar, wie beim Sauerstoff. Da sowohl blosses Serum wie Gesammtblut ein chemisches Bindungsvermögen zeigen, so muss ein bindender Körper im Serum enthalten sein; da aber das Gesammtblut mehr Kohlensäure bindet, als seinem Serumgehalt entspricht (Ludwig & Schmidt), so müssen auch die Blutkörperchen einen solchen Körper enthalten. Die Zersetzung zugesetzter Carbonate beim Evacuiren kann nur so erklärt werden, dass das Blut neben seinem Alkali eine schwache Säure enthält, welche an sich weder auf Lacmus wirkt, noch Kohlensäure austreibt, letzteres aber thut, wenn das Entweichen

der Kohlensäure durch das Vacuum begünstigt wird (Zuntz). Die Vergleichung des Verhaltens von Blut und Serum zeigt, dass das Serum diese Säure nur in geringer Menge enthalten kann.

Sowohl über die Substanzen, an welche die Kohlensäure im Serum und den Körperchen gebunden ist, als auch über den austreibenden sauren Körper existiren nur Vermuthungen. — In ersterer Hinsicht könnte vor Allem an Alkalicarbonate gedacht werden, welche bekanntlich ein zweites Molecül CO_2 locker chemisch binden ($CO_3Na_2 + CO_2 + H_2O = 2 CO_3NaH$), zumal das entgaste Serum gerade so viel CO_2 chemisch binden kann, wie zur Verwandlung des Alkaligehalts im Bicarbonat erforderlich ist. Auch die neutralen Alkaliphosphate verhalten sich ähnlich (Fernet), wahrscheinlich indem sie sich mit CO_2 zu saurem Phosphat und saurem Carbonat umsetzen ($PO_4Na_2H + CO_2 + H_2O = PO_4NaH_2 + CO_3NaH$); aber der in der Blutasche gefundene Phosphatgehalt rührt fast ganz von verbranntem Lecithin her (Hoppe-Seyler & Sertoli). Auch organischen Bestandtheilen des Serums (Globulin) und der Körperchen (Hämoglobin, Lecithin) wird von einigen Autoren ein Bindungsvermögen für Kohlensäure zugeschrieben. — In diesen organischen Substanzen, welche in der That bei hohem CO_2-Druck selber CO_2 absorbiren, ist aber wahrscheinlicher der oben erwähnte Kohlensäure austreibende Körper zu suchen, indem man annimmt, dass Globulin und Hämoglobin bei vermindertem CO_2-Druck die Kohlensäure aus den neben ihnen vorhandenen Bicarbonaten, resp. Carbonaten verdrängen, indem sie selber Alkaliverbindungen eingehen. Die schwach saure Natur des Hämoglobins wird durch gewisse Thatsachen, z. B. seine Löslichkeit und grosse Haltbarkeit in Alkalien, sein leichtes Krystallisiren bei Abstumpfung des Alkali durch Säure (Kühne) wahrscheinlich gemacht. Ein Beweis für jene Anschauung liegt namentlich darin, dass mit CO_2 gesättigtes Blut weniger CO_2 enthält als das aus ihm abgeschiedene Serum (A. Schmidt, Frédericq), während das vorher abgeschiedene Serum weniger CO_2 aufzunehmen vermag als das Gesammtblut (Zuntz, Setschenow); es muss also beim Sättigen des Gesammtblutes mit CO_2 eine CO_2-Verbindung in den Blutkörperchen entstehen, welche in das Serum übergeht; diese kann nicht Hämoglobin sein, wohl aber Bicarbonat, das auf Kosten von Hämoglobin-Alkali gebildet ist (Zuntz). Dem Oxyhämoglobin kommt die Eigenschaft CO_2 auszutreiben in höherem Grade zu als dem gasfreien Hämoglobin; hierüber s. unten bei der Lungenathmung.

3. *Stickstoff* enthält das Blut in viel geringeren Mengen und zwar nur absorbirt.

Beim Erwärmen (Thiry), ja selbst beim blossen Stehen (Brücke), giebt das Blut Spuren von Ammoniak ab, welche vielleicht von der Zersetzung eines im Blute enthaltenen Ammoniaksalzes herrühren (Kühne & Strauch), obwohl der Nachweis eines solchen im Blute bisher nicht gelungen ist (Brücke). Sauerstoffzutritt befördert die Ammoniakentwickelung (Exner).

So lange ein Thier normal athmet, zeigt es eine sehr bedeutende Verschiedenheit der Farbe und des Gasgehalts im arteriellen und venösen Blute, und zwar lässt sich zeigen, dass der Farbenunterschied nur vom Sauerstoffgehalt abhängt. Auch künstlich lässt sich arterielles Blut durch Entziehung von Sauerstoff (Gaspumpe, Schütteln mit O-freien Gasen) dunkelroth, venöses durch Schütteln mit Luft oder Sauerstoff scharlachroth machen. An der Oberfläche röthet sich venöses Blut und durchschnittener venöser Blutkuchen sofort. Völlig entgastes Blut ist fast schwarz, stark dichroitisch und durch Zerstörung der Blutkörperchen lackfarben (p. 43). Auch das Blut erstickter Thiere ist schwarz und fast sauerstofffrei.

Die Menge und Spannung der Gase ergiebt sich aus folgender Zusammenstellung (die Mengen nach Schöffer, die Spannungen nach Pflüger & Strassburg, das Erstickungsblut nach einer Zusammenstellung von Zuntz):

Blutart	Mengen in Volumprocenten*)			Spannung in mm. Hg		Spannung in Procenten des entspr. Schüttelgases	
	Sauerstoff	Kohlensäure	Stickstoff	Sauerstoff	Kohlensäure	Sauerstoff	Kohlensäure
Arteriell	19,2	39,5	2,7	29,6	21,0	3,9	2,8
Venös	11,9	45,3	1,7	22,0	41,0	2,9	5,4
Differenz .... art. minus ven.	+ 7,3	− 5,8	+ 1,0	+ 7,6	− 20,0	+ 1,0	− 2,6
Erstickungsblut.	0,96	49,5	2,1	—	—	—	—

*) Die Gasvolume sind für 0° und 760 mm. Druck berechnet.

Bemerkenswerth ist, dass das arterielle Blut in allen Gefässen gleiche Zusammensetzung und Spannungen hat, während das venöse von Natur und Thätigkeitsgrad des Organes abhängt, aus welchem es fliesst. Das Muskelvenenblut hat z. B. bei Ruhe des Muskels weit mehr Sauerstoff und weniger Kohlensäure als während der Contraction (Sczelkow). Das Venenblut der Tabelle ist gemischtes, wie es sich in den Venenstämmen, im rechten Herzen und in der Lungenarterie findet.

Der Sauerstoffgehalt des arteriellen Blutes stellt nicht ganz das Maximum dar, welches dasselbe aufnehmen kann. Durch Schütteln mit Luft, oder durch lebhafte künstliche Respiration des Thieres kann der O-Gehalt auf über 23 pCt. getrieben werden, was auch der Aufnahmefähigkeit des im Blute enthaltenen Hämoglobins gut entspricht. Der Kohlensäuregehalt beträgt, selbst im venösen Blute, noch nicht die Hälfte der aufnehmbaren Menge.

Beim Stehen entleerten Blutes ändert sich sein Gasgehalt durch die Anwesenheit reducirender Substanzen (s. unten sub 4), man muss daher die Entgasung sogleich vornehmen oder das Blut bei 0° aufbewahren.

2. Die Chemie der Lungenathmung.

a. Qualitative Feststellung.

Der chemische Vorgang der Lungenathmung kann sowohl durch Vergleichung der ein- und ausgeathmeten Luft, als auch durch Vergleichung des (venösen) Arterien- und (arteriellen) Venenbluts der Lunge erkannt werden. Letztere Vergleichung ist identisch mit der schon soeben erfolgten des arteriellen und venösen Blutes überhaupt und lehrt, dass das Blut beim Durchgang durch die Lungencapillaren an Kohlensäuregehalt und -Spannung verliert, dagegen an Sauerstoffgehalt und -Spannung gewinnt. Da nun die exspirirte Luft Kalk- und Barytwasser stark trübt, und in einem Raume, in welchem ein Thier bis zum Ersticken eingeschlossen war, sich fast kein Sauerstoff mehr findet (höchstens 3—4 pCt., Stroganow), so ergiebt sich, dass das **Blut in der Lunge der Luft Sauerstoff entzieht und Kohlensäure an sie abgiebt.**

Ausserdem ist die ausgeathmete Luft auch **wärmer** und **wasserreicher** als die eingeathmete, der „Hauch" ist mit Wasserdampf für Körpertemperatur gesättigt, und bildet daher in der Kälte Nebel. Die Erwärmung und Befeuchtung der eingeathmeten Luft geschieht aber schon an den warmen feuchten Schleimhäuten des langen Athmungscanals, und ist nur zum kleinsten Theil dem Lungenblute zuzuschreiben. Allerdings ist das Lungenvenenblut etwas wasserärmer und nach einigen Autoren auch wärmer als das Lungenarterienblut (vgl. die Wärmelehre). Auch andere chemische und selbst morphologische Unterschiede des arteriellen und venösen Blutes werden behauptet.

Die Lunge scheidet spurweise **Ammoniak** aus, nachweisbar durch Nessler'sches Reagens (Thiry, Schenk). Ueber eine behauptete **Stickstoffausscheidung** s. unten. Die exspirirte Luft der Pflanzenfresser enthält häufig **Grubengas**, welches jedoch aus dem Magen stammt.

b. Quantitative Bestimmung.

Quantitative Bestimmungen des Lungengaswechsels sind besonders für die Lehre vom Gesammt-Stoffwechsel wichtig, bei welcher ihre Hauptresultate mitzutheilen sind. Die einfachste Methode ist, die durch den Athmungsraum gegangene Luft durch Apparate streichen zu lassen, welche die gebildete Kohlensäure und das Wasser auffangen, so dass beides gewogen werden kann. Hierzu sind Aspirationsvorrichtungen nöthig, z. B. luftleere Räume (Andral & Gavarret), ein sich entleerendes Wassergefäss (Scharling), oder eine Saugpumpe (Pettenkofer). Die einströmende Luft muss entweder von CO_2 und H_2O befreit sein, oder ihr Gehalt an beiden muss ermittelt und in Abzug gebracht werden. Will man den Versuch im Grossen anstellen (wie bei dem Pettenkofer'schen Apparat, dessen Athmungsraum bequem einem Menschen zum Aufenthalt dienen kann), so genügt es, nur einen gemessenen Bruchtheil der ein- und austretenden Luft durch die Absorptionsflüssigkeiten streichen zu lassen, vorausgesetzt, dass die Gesammtmengen beständig gemessen werden.

Fig. 14 stellt das Pettenkofer'sche Verfahren schematisch dar. A ist der Athmungsraum, durch welchen Luft mittels der Saugpumpe P hindurchgesogen wird: dieselbe tritt durch Thürspalten bei a ein und strömt bei b und c ab; in der grossen Gasuhr G wird sie gemessen. Bei d zweigt sich ein Rohr ab, durch

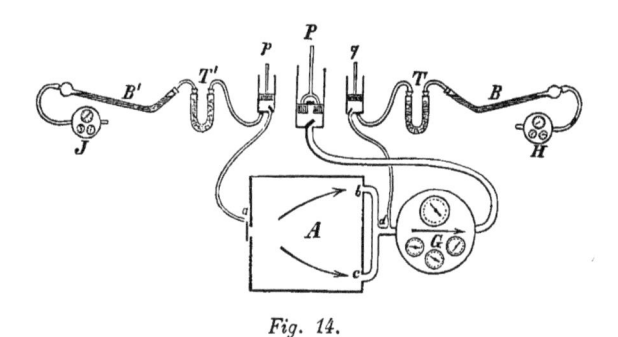

Fig. 14.

welches die Pumpe q einen Antheil der abströmenden Luft entnimmt, um ihren H_2O- und CO_2-Gehalt zu bestimmen: ersteren in dem Trockenapparat T, letzteren in dem geneigten Barytrohr B; die Gasuhr H misst den analysirten Bruchtheil der Luft. Ein ganz ähnlicher Apparat ap T'B'J entnimmt einen gemessenen Antheil der in die Kammer einströmenden Luft, um die wegen ihres H_2O und CO_2-Gehalts nöthige Correctur zu ermöglichen. Der Apparat bestimmt nur die exhalirte Kohlensäure (und den Wasserdampf) direct; der verbrauchte Sauerstoff kann durch Rechnung gefunden werden: ist S das Anfangsgewicht, T das Endgewicht des Körpers im Versuch, s das Gewicht der aufgenommenen Nahrung, t das Gewicht sämmtlicher Ausgaben mit Einschluss der respiratorischen, so ist das Gewicht des verzehrten Sauerstoffs $= T + t - (S + s)$.

Eine andere Methode, von Regnault & Reiset, welche den Vortheil hat, dass auch der Sauerstoffverbrauch direct bestimmt wird, entzieht dem ganz geschlossenen Athmungsraume die Kohlensäure durch Absorption, und lässt dafür ein gleiches Volumen Sauerstoff eintreten.

Das Schema Fig. 15 zeigt in A den Athmungsbehälter, aus welchem die Absorptionsmaschine M beständig die Kohlensäure absaugt; die Maschine besteht aus den zwei Pipetten p und q, welche unten durch den Schlauch r communiciren und durch den (von einem Motor getriebenen) Balancier B abwechselnd auf und nieder steigen, so dass sie sich mit der eingeschlossenen Kalilauge, welche vor und nach dem Versuch gewogen wird, gleichsam ausspülen; die eine steht mit dem Boden, die andere mit der Kuppel von A durch die Schläuche s und t in Verbindung, wodurch die Luft in A in Bewegung erhalten wird. Die durch die

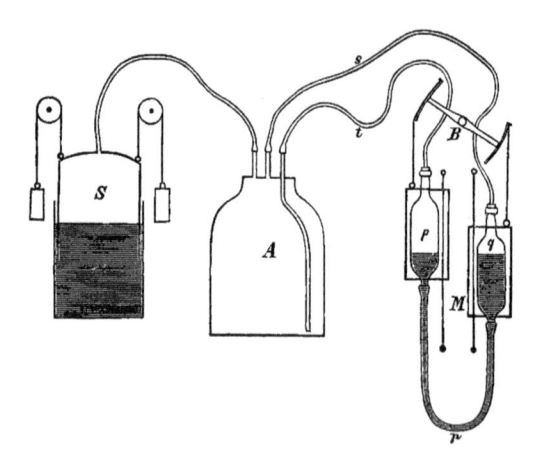

Fig. 15.

Absorption der Kohlensäure entstehende Druckverminderung saugt aus dem Sauerstoffbehälter S Sauerstoff nach, dessen Verbrauch also direct ablesbar ist. Dieses Verfahren (neuerdings durch Ludwig u. A. modificirt und vereinfacht) eignet sich nur für kleine Thiere und gestattet zugleich Bestimmungen etwaigen Austauschs von Stickstoff (s. unten).

Ein drittes Verfahren besteht darin, durch eine mit Ventilen versehene Gabelung (W. Müller) die In- und Exspirationsluft zu trennen, erstere aus einem gemessenen Vorrath zu beziehen, letztere in geeigneter Weise aufzusammeln und zu analysiren.

Will man den Gaswechsel der gesammten äusseren Athmung bestimmen, so muss der Athmungsraum den ganzen Körper aufnehmen; sucht man nur den der Hautathmung, so athmet Mund und Nase durch ein besonderes nach Aussen geführtes Rohr; sucht man endlich nur den der Lungen, so besteht der Athmungsraum nur aus einer vor Mund und Nase gebundenen, luftdicht anschliessenden Maske oder, bei Thieren, einer über den Kopf gezogenen Kautschukkappe oder einer in die Trachea gebundenen Canüle.

Beim Regnault-Reiset'schen Verfahren lässt sich die Frage entscheiden, ob Stickstoff bei der Athmung eine Rolle spielt. Die Genannten fanden, dass der Stickstoffvorrath im Raume langsam zunimmt, und schlossen daraus, dass eine geringe N-Ausscheidung stattfinde. Jedoch lässt sich der Verdacht eines geringen Luftgehaltes des eingesogenen Sauerstoffgases schwer beseitigen.

Verfehlt muss es erscheinen, diese Frage, welche nur durch Respirationsversuche entschieden werden kann, durch Versuche über das sog. Stickstoffdeficit (vgl. Cap. V.) beantworten zu wollen, da die Stoffwechselversuche hierzu viel zu ungenau sind. Die neuesten sorgfältigen Respirationsversuche (Leo) ergaben eine äusserst kleine N-Ausgabe, welche innerhalb der Fehlergrenzen zu liegen scheint.

c. Die Mechanik des Gasaustauschs.

Der Process der Lungenathmung wäre ohne Weiteres klar, wenn das Lungencapillarblut mit der äusseren Atmosphäre in Verkehr wäre. Da die O-Spannung der letzteren etwa 158 mm., die des venösen Blutes aber nur 22 mm. beträgt (p. 101), so muss durch einfache Spannungsausgleichung Sauerstoff in das Blut übergehen; da ferner die CO_2-Spannung in der Luft nur 0,38 mm., im venösen Blute aber 41 mm. ist, muss das Blut CO_2 an die Luft abgeben.

Da aber das Lungenblut nicht mit der äusseren, sondern mit der Alveolenluft verkehrt, welche stets O-ärmer und CO_2-reicher ist als die Atmosphäre, so entsteht die Frage, ob auch hier noch eine einfache Spannungsausgleichung angenommen werden darf. Hierzu ist eine directe Untersuchung der Alveolenluft erforderlich. Die erste Bestimmung geschah so (Ludwig & Becher), dass der Athem so lange als möglich angehalten, und dann die exspirirte Luft, welche jetzt nahezu als der Alveolenluft gleichkommend angesehen werden kann, untersucht wurde. Da aber eingewendet werden kann, dass das Anhalten des Athems einen abnormen Spannungszustand des Blutes schafft, wurde später (Pflüger & Wolffberg) durch einen „Lungencatheter", welcher im Uebrigen die Athmung nicht unterbrach, der Inhalt eines einzelnen Lungenabschnitts mittels Einsetzung des Catheters in seinen Bronchialast entnommen. So zeigte sich die Kohlensäurespannung der Alveolenluft fast genau gleich der oben angegebenen des venösen Herzblutes (Wolffberg, Nussbaum), so dass also die Lungenathmung als einfache Spannungsausgleichung zwischen venösem Blute und Luft betrachtet werden kann. Die Diffusionsgeschwindigkeit in der Lunge ist so gross, dass auch ohne Absperrung, bei ruhiger Athmung, die Exspirationsluft des Hundes eine Kohlensäurespannung hat, die der des venösen Blutes nahe steht (im Mittel 2,8 pCt. CO_2 und 16,6 pCt. O_2).

Dies schliesst jedoch nicht aus, dass nicht die CO_2-Spannung des Blutes in der Lunge durch besondere Umstände erhöht, und dadurch die CO_2-Ausscheidung befördert wird. Gewisse Thatsachen sprechen dafür, dass die **Sauerstoffaufnahme** in diesem Sinne wirkt. Man findet nämlich die Kohlensäurespannung des Blutes grösser, wenn das Schüttelgas (p. 98) Sauerstoff enthält, als wenn es sauerstofffrei oder der Ausgleichungsraum leer ist (Ludwig & Holmgren; Wolffberg). **Der Sauerstoff erhöht also die Kohlensäurespannung, wirkt chemisch CO_2 austreibend**; der eine respiratorische Vorgang unterstützt also den anderen. Den Schlüssel für diese Wirkung des Sauerstoffs liefern Versuche (Ludwig mit Sczelkow, Preyer, Gaule u. A.), welche zeigen, dass die Kohlensäurespannung des Serums kleiner ist, als die des Gesammtblutes und durch Blutzusatz erhöht wird, nicht aber durch blosses Schütteln mit Sauerstoff. Hiernach muss ein Bestandtheil der Blutkörperchen die CO_2-austreibende Wirkung des Sauerstoffs vermitteln, höchst wahrscheinlich das Hämoglobin, dessen saure Eigenschaften (p. 100) durch Sauerstoffbindung höchst wahrscheinlich verstärkt werden.

Hin und wieder ist auch eine active (chemische?) Betheiligung des **Lungenparenchyms** an der Kohlensäureaustreibung behauptet worden; Blut soll, wenn man es durch die Gefässe einer mit Stickstoff gefüllten Lunge leitet, mehr Kohlensäure an deren Gasraum abgeben, als an einen einfachen, mit Stickstoff gefüllten Gasraum (J. J. Müller); indess wird die Beweiskraft dieser Versuche angefochten (Pflüger & Wolffberg).

Da die Lungenathmung zunächst eine Spannungsausgleichung zwischen Lungenblut und Alveolenluft ist, so wird das Blut in der Lunge um so sauerstoffreicher und kohlensäureärmer, je mehr die Alveolenluft in ihrer Zusammensetzung der atmosphärischen Luft sich nähert, was wieder von der Energie der Lüftung, also von der Frequenz und Tiefe der Athembewegungen abhängt. So ist z. B. nachgewiesen, dass lebhafte künstliche Athmung den Sauerstoffgehalt des arteriellen Blutes bis zur Sättigung steigert (s. oben). Dagegen wirkt der Athmungsmodus auf den Sauerstoffconsum und die Kohlensäureproduction des Gesammtorganismus nicht ein, sondern derselbe hängt lediglich von den Functionen der Organe ab (Pflüger). Hieraus ergiebt sich ferner, dass nur in der Vergleichung der in **längeren Zeiträumen** in- und exspirirten Luft der Gaswechsel des Körpers einen richtigen Ausdruck findet.

3. Die Haut- und Darmathmung.

Auch wenn die Lungenathmung eliminirt ist (bei Fröschen durch Ausschneiden der Lungen, bei Warmblütern nach der p. 104 angegebenen Methode), ist noch Saüerstoffaufnahme und Kohlensäureausscheidung wahrnehmbar, welche der Hautathmung oder Perspiration zuzuschreiben ist. Jedoch ist der Hautgaswechsel bei Warmblütern verschwindend klein gegen den der Lunge (die CO_2-Ausscheidung im Mittel etwa $1/_{225}$ der pulmonalen, nach Zahlen von Aubert); an Fröschen ist sie, bei der Kleinheit der Lungenoberfläche und der Feuchtigkeit der Haut, relativ viel beträchtlicher, zumal die Blutarten, welche den Lungen und der Haut zuströmen, beim Frosche weniger verschieden sind (vgl. p. 59 f.). Die Existenz der Hautathmung erklärt sich aus der Spannungsausgleichung des durch die Hautgefässe strömenden Blutes mit der Luft, ihre Geringfügigkeit aus der Dicke der zwischenliegenden Epidermis und daraus, dass hier arterielles und nicht venöses Blut zuströmt. — Zur Perspiration ist auch die Wasserverdunstung der Haut, welche bei Schweisssecretion besonders gross ist, zu rechnen, sowie die Verdunstung anderer, noch wenig bekannter Substanzen, welche den specifischen Geruch der Thiere und Menschen verursachen. — Auch im Darm findet eine Art Athmung statt, indem der Sauerstoff der verschluckten Luft verschwindet und durch Kohlensäure ersetzt wird (vgl. Verdauung).

Für die functionelle Bedeutung der Hautathmung wurde früher angeführt, dass geschorene und überfirnisste Thiere unter starker Abkühlung schwer erkranken und sterben (Bernard). Dieser Tod hat aber mit Erstickung Nichts gemein und scheint eher von der starken Hautreizung herzurühren, denn die Erscheinungen sind den nach ausgedehnten Hautverbrennungen auftretenden ziemlich ähnlich. Andere leiten dieselben von der Zurückhaltung unbekannter Ausdünstungsstoffe her.

Die Darmathmung gelangt bei einem luftschluckenden Fisch, dem Schlammpeizger (Cobitis fossilis) zu wirklicher functioneller Bedeutung.

4. Die innere Athmung.

Die alte Ansicht (Lavoisier), dass die Kohlensäure in der Lunge selbst entstehe, ist durch den Kohlensäurereichthum des in der Lunge anlangenden venösen Blutes widerlegt. Diese Beschaffenheit lässt sich bis zu den Capillaren zurückverfolgen; entweder in ihnen, oder in der Umgebung derselben, in den Geweben, muss die Sauerstoffverzehrung und Kohlensäurebildung erfolgen. Das erstere ist an sich unwahrscheinlich, weil die Oxydationsprocesse so innig an die Functionen der Organe geknüpft sind, dass sie auch in ihnen ablaufen müssen. Am besten würde die Frage zu entscheiden sein, wenn sich die Gasspannungen der Gewebe ermitteln und mit denen des Blutes vergleichen liessen. Dies ist im Allgemeinen nicht direct möglich, aber in Gasräumen und Flüssigkeiten, welche allseitig von unverletzten Geweben umgeben sind (Gas abgebundener Darmschlingen, Gallen- und Harnblaseninhalt) findet man die Kohlensäurespannung bedeutend grösser als selbst im venösen Blute, woraus ein Kohlensäureübergang aus den Geweben in das Blut hervorgeht; wo aber die Kohlensäure entsteht, dahin muss auch der Sauerstoff wandern (Pflüger & Strassburg). Ein anderer Beweis für die Athmung der Gewebe liegt in dem Gaswechsel ausgeschnittener Organe (s. die Muskelphysiologie), sowie in dem Gaswechsel entbluteter Frösche, welcher kaum hinter dem normalen zurücksteht (Pflüger & Oertmann).

Eine andere Methode, indirect die Gasspannungen der Gewebe kennen zu lernen, wäre die Untersuchung der Gasspannungen der Lymphe (Ludwig mit Hammarsten, Tschiriew, Buchner, Gaule). Hier findet man die Kohlensäurespannung kleiner als im venösen Blut, wenn auch grösser als im arteriellen. Hieraus aber darf nicht geschlossen werden, dass die Kohlensäure nicht in den Geweben entsteht, denn die untersuchte Lymphe hat schon im Bindegewebe und in den Lymphdrüsen Gelegenheit gehabt, ihre Spannungen mit arteriellem Blute auszutauschen. Dass bei der Erstickung die Kohlensäure im Blute stärker zunimmt als in der Lymphe (Tschiriew), könnte auf dem verschiedenen Bindungsvermögen beider und dem unmittelbareren Abfluss des Blutes beruhen.

Ein anderer, aber für sich nicht ausreichender Grund, der für die Gefässe als Sitz der Oxydationsprocesse zu sprechen schien, ist das Vorkommen leicht oxydirbarer (reducirender) Substanzen im Blute (s. oben), besonders im Erstickungsblute (A. Schmidt). Die Quelle dieser Substanzen (welche nicht im Plasma, sondern in den Körperchen enthalten sind, Afonassieff) kann aber im Blute selber liegen; die Lymphe enthält dieselben nicht (Hammarsten). Auch nimmt der Sauerstoffgehalt in der Wärme digerirten Blutes auffallend wenig ab (Schützenberger).

Die Sauerstoffspannung vieler Gewebe scheint geradezu Null zu sein, so dass sie also mit Begierde dem Blute Sauerstoff entziehen müssen. Der Muskel enthält z. B. keinen auspumpbaren Sauerstoff (Hermann). Arterielles Blut wird durch ausgiebige Berührung mit Geweben seines Sauerstoffs vollkommen beraubt. Die Sauerstoffzehrung der Gewebe lässt sich sogar am lebenden Menschen beobachten (Vierordt). Die Fuge zwischen den Fingern zeigt im durchfallenden Lichte rothe Farbe und mit dem Spectralapparat die Streifen des Oxyhämoglobins. Umschnürt man den Finger, so dass die Circulation stillsteht, so tritt nach kurzer Zeit der Streifen des reducirten Hämoglobins auf.

Diese Zeit beträgt etwa 100—150 Secunden und ist bei Kindern kleiner (63 bis 75 Sec.); sie wechselt mit der Tageszeit und wird durch Kälte vergrössert. Durch voraufgehende längere Athmungsunterbrechung wird sie verkleinert, durch Anbäufung reducirender Substanzen im Blut (Vierordt & Dennig).

Auch die Kaltblüter reduciren bei Athmungsunterbrechung ihr Blut sehr schnell; es wird z. B. bei curarisirten Fröschen schnell dunkel. Die Gewebe der Kaltblüter sind also nahezu ebenso sauerstoffbegierig wie die der Warmblüter, obwohl sie den Sauerstoff viel träger verbrauchen (Hermann).

Aus dem Gesagten erhellt die Bedeutung der lockeren Bindung des Sauerstoffs und der Kohlensäure im Blute. Beide Gase sollen an einem Orte vom Blute durch Bindung aufgefangen, an einem anderen Orte aber weiter abgegeben werden. Dies wird durch die angegebene Abstufung der Spannung erreicht:

Sauerstoffspannung:
äussere Luft $>$ Alveolenluft $>$ Blut $>$ Gewebe,
Kohlensäurespannung:
Gewebe $>$ Blut $>$ Alveolenluft $>$ äussere Luft,

da jedes Gas stets nach dem Orte geringerer Spannung wandert.

Die Energie der inneren Athmung ist natürlich für die verschiedenen Organe verschieden und wechselt in jedem einzelnen mit der Zeit je nach der Energie seiner Oxydationsprocesse. Einen Massstab für jene Energie giebt die Vergleichung des Arterien- und Venenblutes des Organs in Bezug auf Gasgehalt und Farbe. In den Nierenvenen ist das Blut fast arteriell gefärbt, in den Muskelvenen sehr dunkel.

5. Der respiratorische Quotient und die Umsetzung in den Geweben.

Das Verhältniss der ausgeschiedenen Kohlensäure zum gleichzeitig aufgenommenen Sauerstoff ($\frac{CO_2}{O_2}$), beide nach dem Volumen oder Aequivalent genommen, nennt man den „respiratorischen Quotienten". Derselbe muss im Allgemeinen <1 sein, da der Sauerstoff auch zu anderen Oxydationen als zur CO_2-Bildung verwandt wird (Bildung von Wasser, Schwefelsäure, Phosphorsäure etc.). Für kurze Zeiträume ändert sich der Quotient beständig, und kann, z. B. durch Muskelarbeit, >1 werden, d. h. die O_2-Aufnahme und die CO_2-Ausscheidung sind nicht unmittelbar an einander gebunden.

Auch für die Athmung der Gewebe (s. oben) lässt sich ein respiratorischer Quotient aufstellen, der ganz ähnliche Verhältnisse zeigt. Derselbe kann ∞ werden, da die Gewebe, z. B. Muskeln, **ohne jede Sauerstoffaufnahme Kohlensäure bilden können** (G. Liebig, Hermann). Ebenso verhalten sich kaltblütige Thiere, welche in völlig sauerstofffreier Luft leben können und dabei nicht weniger Kohlensäure bilden wie sonst (Pflüger, Aubert).

Der Grund dieser Verhältnisse ist darin erkannt worden (Hermann, Pflüger), dass die CO_2-Bildung fast überall Resultat von **Spaltungsprocessen** ist, welche ohne Sauerstoffverzehrung verlaufen, während die letztere wesentlich an die **Bildung der spaltbaren Substanzen** geknüpft ist. Je mehr Verbrauch und Neubildung dieser Substanzen parallel gehen, um so mehr muss der respiratorische Quotient seinen Mittelwerth erreichen. In Zeiten vorwiegender Thätigkeit wird er sich erhöhen, in Zeiten vorwiegender Ruhe sich vermindern. Dies gilt nicht bloss für den Gaswechsel des Gesammtorganismus, sondern auch für den des einzelnen Organs, z. B. des Muskels.

Dass das Freiwerden von Kräften nicht an unmittelbare Verbrennung gebunden zu sein braucht, sondern auch bei solchen Spaltungsprocessen stattfindet, bei welchen die Atomumlagerung zur Sättigung stärkerer Affinitäten führt, ergiebt sich aus dem Princip der Erhaltung der Energie. Ein bekanntes Beispiel eines Spaltungsprocesses mit Wärmeentwicklung ist die alkoholische Gährung des Zuckers ($C_6H_{12}O_6 = 2\,C_2H_6O + 2\,CO_2$).

6. Athmung fremder Gase.

Für die Erhaltung des Lebens kann bei Warmblütern die Zufuhr von **Sauerstoff** auch die kürzeste Zeit nicht entbehrt werden; derselbe darf jedoch mit anderen unschädlichen Gasen (Wasserstoff, Stickstoff) gemengt sein, wie in der Atmosphäre.

Die Angabe, dass das Stickstoffoxydulgas längere Zeit hindurch den Sauerstoff vertreten könne (H. Davy), hat sich nicht bestätigt. Reines N_2O bewirkt bei Warmblütern sofort Dyspnoe und Erstickung; beim Menschen wird erstere nur durch den Rausch (s. unten) subjectiv unmerklich (Hermann).

Unter hohem Druck wirkt Sauerstoffgas schädlich; die Thiere serben, wenn der O-Partiardruck über 2000 mm. steigt, gleichgültig, ob der Sauerstoff rein, oder mit Stickstoff gemischt ist (Bert). Die Erscheinungen sind denen der Erstickung durch Sauerstoffmangel analog (Hermann, K. Lehmann). Der Grund dieser Schädlichkeit, welche auch für Pflanzen gilt, ist noch nicht genügend aufgeklärt; auch das Leuchten des Phosphors erlischt bei hoher O-Tension, z. B. in reinem

Sauerstoffgas von 1 Atm. Druck: möglicherweise sind auch die Gewebe nicht im Stande, des Sauerstoffs sich zu bemächtigen, wenn derselbe hohe Pression hat (Pflüger).

Die übrigen Gasarten lassen sich folgendermassen eintheilen:

A. *Indifferente Gase.* Sie können, mit Sauerstoff gemischt, beliebig lange ohne Schaden geathmet werden, bewirken jedoch für sich geathmet Erstickung: Stickstoff, Wasserstoff, Grubengas.

B. *Irrespirable Gase.* Sie können nur spurweise, mit anderen Gasen gemengt, eingeathmet werden, weil sie in grösserer Concentration reflectorisch Stimmritzenkrampf bewirken (s. unten); durch Trachealcanülen eingeführt wirken sie auf die Lunge zerstörend.

Hierher gehören alle Gase von starker chemischer Wirkung, wie Chlor, Fluor, Ozon, die gasförmigen Säuren (HCl, HFl, NO_2, SO_2, CO_2), die mit Sauerstoff oder mit Wasser Säuren bildenden Gase (NO, $COCl_2$, BCl_3, BFl_3, $SiFl_4$), die gasförmigen Alkalien (NH_3 und dessen Substitutionsproducte). CO_2 ist nur bei grösserer Concentration irrespirabel; über NO s. auch unten.

C. *Giftige Gase.* Dieselben können eingeathmet werden, bewirken aber durch ihre Aufnahme in das Blut schädliche oder tödtliche Veränderungen im Organismus.

Speciellere Angaben über diese Gase gehören in die Toxicologie. Von physiologischem Interesse sind: Kohlenoxyd CO, welches durch Verdrängung des Sauerstoffs erstickend wirkt (p. 46); Stickoxyd NO, ist wegen Bildung von NO_2 irrespirabel, würde aber dem Blute zunächst seinen O_2 entziehen, und dann sich selbst noch fester als CO mit dem Hämoglobin verbinden (p. 46). Sauerstoffentziehend (reducirend) wirken ferner auf Blut: H_2S (zersetzt weiterhin das Hämoglobin), PH_3, AsH_3, SbH_3, C_2N_2. Berauschend wirkt das Stickoxydulgas N_2O, eine Reihe toxischer Erscheinungen bewirkt auch CO_2, wenn sie verdünnt genug ist, um eingeathmet zu werden.

II. Die Mechanik der Athmungsorgane.

1. Die Athmungsorgane im Allgemeinen.

Bei den niedersten Organismen mit sehr geringer Körpermasse genügt die blosse Umspülung der Oberfläche durch das Respirationsmedium (Wasser), um den Gasverkehr durch Diffusion zu unterhalten. Bei entwickelteren Thieren von grösserer Masse muss eine grössere Oberfläche für den Verkehr zwischen den Säften und dem Medium vorhanden sein. Bei den Thieren mit unentwickeltem oder fehlendem Blutgefässsystem muss das Respirationsmedium in den Körper eingeführt und darin verbreitet werden, um gleichsam überall die Säfte aufzusuchen; bei entwickeltem Blutgefässsystem dagegen kann die Blutmasse in ein Organ mit grosser Oberfläche geleitet werden, wo sie das Respirationsmedium antrifft und auf grossen Flächen mit ihm in Diffusionsverkehr treten kann. Ersteres geschieht durch verzweigte Röhrensysteme, welche den ganzen Körper durchziehen, nämlich die **Wassergefässsysteme** der Strahlthiere und Würmer, und die **Luftröhren- oder Tracheensysteme** der Arthropoden; — letzteres: bei Wasserathmung durch eine vom Wasser umspülte **Ausstülpung** der Körperoberfläche, die **Kiemen** der Mollusken, Krebse, Fische und Batrachierlarven, bei Luftathmung durch ein Einstülpungs-System, die **Lungen** der Amphibien, Vögel, Säugethiere und des Menschen. Als ein besonderes Athmungsmedium für den **Foetus** der Säugethiere und des Menschen ist endlich noch das sauerstoffhaltige mütterliche Blut zu betrachten. Das Begegnen des Blutes mit dem Athmungsmedium, d. h. beider Blutarten, geschieht in der Placenta (foetalis und uterina), in welcher durch Capillarwände der Gasverkehr vermittelt wird (s. d. Zeugungslehre).

2. Die Lungen und der Brustkasten.

Die menschlichen Athmungsorgane, die **Lungen**, sind zwei elastische Säcke, die ein verzweigtes Röhrensystem mit endständigen Bläschen (Alveolen) enthalten; die Oberfläche jeder Alveole ist noch dadurch vergrössert, dass ihre Wände durch hervorspringende Leistchen vielfach ausgebuchtet sind. Der Hohlraum der Lunge communicirt durch Luftröhre, Kehlkopf, Rachen und Nasen- oder Mundhöhle mit der äusseren Luft.

Die Lungen des Foetus sind luftleer (anectatisch) und sinken daher in Wasser unter. Durch die erste Athmung bei der Geburt werden die Lungen lufthaltig. Durch Einstechen von Fäden von der unversehrten Brustwand der Leiche aus und darauf Eröffnung des Thorax überzeugt man sich, dass die Lungen der Brustwand im unversehrten Zustande unmittelbar anliegen. Wird dagegen der Thorax ohne Weiteres geöffnet, so findet man die Lunge auf ein viel kleineres Volum zusammengesunken, aber doch noch beträchtlich lufthaltig (sie schwimmt auf Wasser). Auch im Leben macht eine penetrirende Brustwunde sofort Zurücksinken der Lunge der eröffneten Brustseite, während Luft in die letztere (d. h. in ihren Pleuraraum) eindringt (einseitiger, event. doppelseitiger Pneumothorax). Durch Auspumpen der eingedrungenen Luft kann man die Lunge wieder in den alten

Zustand zurückführen, indem sie durch die mit der Atmosphäre communicirende Luft ihres Röhrensystems entfaltet wird.

Der atmosphärische Luftdruck also ist es, welcher das ganze Leben hindurch die Lunge entfaltet und an die Thoraxwand angedrückt erhält.

Zu Haller's Zeit war man über die Mechanik des Thorax noch sehr im Unklaren. Viele behaupteten, dass der Pleuraraum Luft enthalte. Haller widerlegte dies durch sorgfältige Versuche und zeigte, dass erst durch Oeffnung des Pleuraraums Luft in denselben eindringt.

Zur Ausfüllung des Thoraxraumes müssen nicht nur die Lungen, sondern auch Herz und Gefässe beitragen. Auf die Innenwand aller dieser Organe wirkt der atmosphärische Luftdruck, — auf die Lungen direct (durch Communication mit Trachea u. s. w.), auf das Herz indirect, da der ganze Körper, mithin sämmtliche ausserhalb des Thorax gelegenen Blutgefässe unter dem Luftdruck stehen, und diese mit dem Herzinhalt communiciren. Da somit auf alle im Thorax liegenden Hohlorgane derselbe Druck entfaltend wirkt, so werden dieselben einfach ihrer Dehnbarkeit entsprechend ausgedehnt werden; das dehnbarste Organ, die Lunge, wird daher bei Weitem am meisten zur Ausfüllung des Thorax beitragen müssen, d. h. am meisten über das natürliche Volum ausgedehnt werden, die dickwandigen Herzkammern am wenigsten, sehr merklich dagegen die dünnwandigen Vorkammern und Venenstämme (vgl. p. 64). Ferner müssen auch die nachgiebigen Theile der Thoraxwand selbst, auf deren Aussenfläche ebenfalls der Atmosphärendruck wirkt, durch Hineinwölbung in den Thorax zur Ausfüllung oder vielmehr Verkleinerung des Thorax beitragen. Daher sind Zwerchfell und Intercostalweichtheile in den Thorax hineingewölbt. Der Spannungszustand aller den Thorax durch die Wirkung des Luftdrucks ausfüllenden Theile ist natürlich der gleiche; man bezeichnet ihn zuweilen als den „negativen Druck" des Brustkastens. Man kann diese Spannung messen, indem man die Luftröhre durch ein Manometer verschliesst und dann den Thorax öffnet; sie beträgt etwa 6 mm. Hg (Donders). Ueber andere Messungsmethoden s. unten sub 3c.

Vollständig kann die Elasticität der Lunge nach Eröffnung des Thorax ihren Luftgehalt nicht austreiben, wie schon oben erwähnt; der Grund hierfür liegt ohne Zweifel in den Reibungswiderständen der collabirten Bronchien. Dagegen lässt sich eine Lunge völlig anectatisch gleich der fötalen machen, wenn man die Luft allmählich durch ein absorbirbares Gas, z. B. Kohlensäure, verdrängt und dann längere Zeit liegen lässt (Hermann & Keller). Lungenlappen, welche durch Bronchialverschluss abgesperrt sind, werden nach einiger Zeit anectatisch, wahrscheinlich eben falls durch Resorption ihres Gasgehalts Anectatische Lungen bedürfen wegen der Adhäsion der Bronchialwunde viel grösseren Druckes zur Entfaltung als gewöhnliche (Hermann & Keller).

Die fötale anectatische Lunge füllt den fötalen Thorax ohne Zwang aus, d. h. sie weicht bei Oeffnung des Brustkastens nicht zurück und zeigt beim Donders schen Versuch, s. oben, keine Spannung (Bernstein). Dieser Zustand wird auch durch die erste Athmung nach der Geburt nicht geändert; in der Leichenstellung füllt die Lunge den Thorax ebenfalls noch vollkommen aus, collabirt nicht bei der Oeffnung und zeigt keinen Donders'schen Druck (Hermann). Aspiration ist also hier nur während der Inspirationen vorhanden. Erst ganz allmählich bildet sich die permanente Aspiration aus, indem wahrscheinlich der Brustkasten schneller wächst als die Lunge und so das bleibende räumliche Verhältniss entsteht, — beim Menschen anscheinend noch langsamer als bei Säugethieren (Hermann, K. Lehmann).

Ueber den Kreislauf in der Lunge und die Wirkung der Thoraxaspiration auf den allgemeinen Kreislauf s. p. 74, über die Vasomotoren der Lunge p. 90. Die Lungengefässe sind sehr dehnbar und haben einen sehr geringen Tonus, so dass Verschlüsse grosser Pulmonalarterienstämme auf den grossen Kreislauf kaum zurückwirken (Lichtheim). — Ueber die glatten Bronchialmuskeln s. unten sub 4.

3. Die Athembewegungen.

Während des ganzen Lebens erfolgt eine abwechselnde Erweiterung und Verengerung des Brustkastens und somit der Lungen. Lei der Erweiterung (Einathmung, Inspiration) tritt jedesmal ein Quantum neuer Luft ein, bei der Verengerung (Ausathmung, Exspiration) wird ein Theil der Lungenluft entleert. Es wird also die Lungenluft regelmässig partiell erneuert, und dadurch der bereits besprochene Gasaustausch zwischen Luft und Blut unterhalten. Die schichtweise diffusorische Gaserneuerung, wie sie ohne Athembewegung eintreten würde, ist ein viel zu langsamer Process um dem Ventilationsbedürfniss der Alveolen zu genügen.

a. Die Inspiration.

Die Inspiration geschieht stets durch Muskelwirkung. Die regelmässig wirkenden Inspirationsmuskeln sind: das Zwerchfell, die Scaleni und die Intercostales, namentlich die externi. Bei absichtlich tiefer oder wegen irgendwelcher Hindernisse angestrengter Inspiration treten noch andere, accessorische Inspirationsmuskeln in Thätigkeit, zunächst die Serrati postici superiores und die Levatores costarum, bei höchster Athemnoth die Sternocleidomastoidei, Pectorales, Serrati antici etc. Das Zwerchfell erweitert den Thoraxraum, indem es sich bei seiner Contraction, namentlich an den musculösen Partien, abflacht, und an seinen Rändern, mit denen es in der Ruhe an der Thoraxwand anliegt, sich von ihr abhebt. Die übrigen Muskeln wirken erweiternd durch Hebung der Rippen; sie haben im Allgemeinen einen Verlauf von hinten und oben nach vorn und unten, und sind an ihrem oberen Ende durch die Wirbelsäule oder (Pectorales, Serrat. antic.) festgestellte Theile der oberen Extremität, fixirt. Inspiratorisch wirkt endlich noch der Serratus posticus inferior, indem er die hintersten Insertionspuncte des Zwerchfells fixirt (Henle, Landerer).

Jede Rippe ist vermöge ihrer beiden an zwei Wirbelkörpern und einem Querfortsatze befindlichen Gelenke um eine horizontale Axe drehbar. Die Drehaxen je zweier correspondirender Rippen convergiren nach vorn unter Winkeln, die von oben nach unten abnehmen (oben 125°, unten 88°, Volkmann). Jede Rippenhebung, d. h. Drehung um die Axe nach oben, macht die geneigte Ebene, die man sich durch den Rippenbogen gelegt denkt, mehr horizontal, erweitert somit den Thorax im Querschnitte. Die Drehung der Rippen um ihre Axe ist jedoch durch die, freilich nachgiebigen, elastischen Knorpel, durch die sie mit dem Sternum verbunden sind, auf enge Grenzen beschränkt. Mit jeder Rippenhebung erfolgt daher ausser einer Hebung des Sternum auch eine leichte Torsion der Knorpel um ihre Längsaxe. Aus der Lage der Drehaxen folgt ferner (Volkmann), dass die oberen Rippen, deren Axe mehr frontal steht, den Thorax mehr in sagittaler Richtung erweitern, die unteren dagegen, mit mehr sagittaler Axe, mehr in frontaler Richtung.

Die Wirkung einiger Athemmuskeln ist zweifelhaft und streitig, besonders die der Intercostalmuskeln. Zur Aufklärung benutzt man theils theoretische Betrachtungen, theils die Wirkung künstlicher Reizung, theils endlich die Messung des Abstandes der Insertionspuncte bei künstlich an der Leiche hervorgebrachter In- und Exspirationsstellung. Eine alte theoretische Betrachtung (Hamberger) ergiebt Folgendes: Sind in nebenstehender Figur RR' und rr' die hinteren (nach vorn absteigenden) Stücke zweier benachbarten Rippen in ihrer Ruhestellung, RR'' und rr'' dieselben in der Inspirationsstellung, stellt ferner a b eine Faser der Intercostales externi, c d eine der interni dar, so muss offenbar, wie schon der Augenschein lehrt, der Abstand a b in der gehobenen Stellung (a'b'), c d dagegen

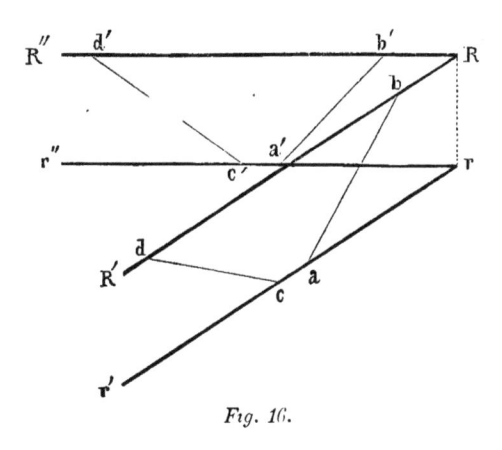

Fig. 16.

in der gesenkten, am kleinsten sein. Hieraus folgt umgekehrt, dass Verkürzung von a b beide Rippen heben, von c d dagegen beide senken muss. Diese schematische Betrachtung reicht aber wegen der vom Angulus costaé an nach vorn aufsteigenden Gestalt der Rippen, sowie wegen des beschränkten Verbreitungsbezirks beider Faserrichtungen nicht aus. Ueber die inspiratorische Wirkung der Externi ist kein Zweifel; dagegen ist die exspiratorische der Interni streitig. Neuerdings wird nach graphischen Versuchen behauptet, dass sie sich abwechselnd mit dem Zwerchfell contrahiren, also in der That Exspiratoren sind (Hartwell & Martin). Künstliche Reizung soll aber stets Verengerung der Intercostalräume machen, mögen die Interni oder die Externi durchschnitten sein (Lukjanow). Einige Autoren (Henle, Brücke, v. Ebner u. A.) nehmen an, dass die Intercostales nur die Intercostalräume steifen und so die Einziehung derselben bei der Inspiration hindern.

Während die Rippenheber den Thorax im Querschnitt erweitern, vergrössert die Zwerchfellcontraction den Längendurchmesser. Je nachdem die Rippen- oder die Zwerchfellsbewegung vorwiegt, unterscheidet man einen Costal- und einen Abdominaltypus der Athmung (letzterer Name rührt davon her, dass jede Zwerchfellabflachung die Baucheingeweide nach unten drängt, also die Bauchwand hervorwölbt). Der Costaltypus ist beim weiblichen, der Abdominaltypus beim männlichen Geschlechte meist der vorwiegende.

b. Die Exspiration.

Die Exspiration geschieht in der Regel passiv, nämlich dadurch, dass die bei der Inspiration aus ihrer Gleichgewichtslage gebrachten Thoraxwandungen nach dem Aufhören der Inspirationskräfte durch Schwere und Elasticität wieder in jene zurückkehren. Die Schwere zieht die gehobenen Rippen wieder herab; die Elasticität der Lungen zieht das Zwerchfell wieder in die Höhe und die Thoraxwände einwärts, die Elasticität der torquirten Rippenknorpel bringt die Rippen wieder in ihre natürliche Lage. — Bei angestrengter oder behinderter Exspiration treten auch hier Muskelkräfte in Thätigkeit, und zwar haben die Exspirationsmuskeln im Allgemeinen die Richtung von hinten und unten nach vorn und oben. Die hauptsächlichsten Exspirationsmuskeln sind die Bauchmuskeln, welche bei ihrer Contraction den Bauchinhalt comprimiren und dadurch das Zwerchfell in die Höhe treiben; auch ziehen sie die Rippen nach unten; dasselbe thun die Quadrati lumborum und die Serrati postici inferiores (vgl. jedoch p. 115). Die Rippen werden ferner vielleicht gesenkt durch die Intercostales interni (s. oben). Wie die Herabziehung der Rippen den Thorax verengt, ergiebt sich aus dem oben Gesagten.

c. Die Wirkungen auf Lunge und Brustkasten.

Da die Lungen jeder Bewegung der Thoraxwand nachfolgen müssen, so bewirkt jede Inspiration eine Vergrösserung der Lungen im Querschnitt und in den Längsdurchmessern (auch in der Wandschicht, da die Randtheile des Zwerchfells sich von der Thoraxwand abheben). Letztere ist mit einem Herabrücken der ganzen Lunge längs der Thoraxwände verbunden, und bedingt schon für sich, auch ohne Erweiterung des Thoraxquerschnittes, eine Vergrösserung des Lungenquerschnitts, da durch das Herabrücken in dem kegelförmigen Thorax jede Lungenschicht in einen tieferen, also grösseren, Thoraxquerschnitt gelangt. Das Herabrücken der Lungen zieht auch Luftröhre und Kehlkopf bei der Inspiration etwas nach unten, was man leicht von aussen bemerkt.

Der respiratorische Wechsel des Luftgehaltes der Lungen, welcher höchst wahrscheinlich hauptsächlich die nachgiebigsten Theile, die Alveolen, betrifft, ist je nach der Tiefe der Athmung sehr verschieden. Die in- oder exspirirten Luftvolumina kann man bequem durch calibrirte Glockengasometer (sog. Spirometer) oder Gasuhren messen.

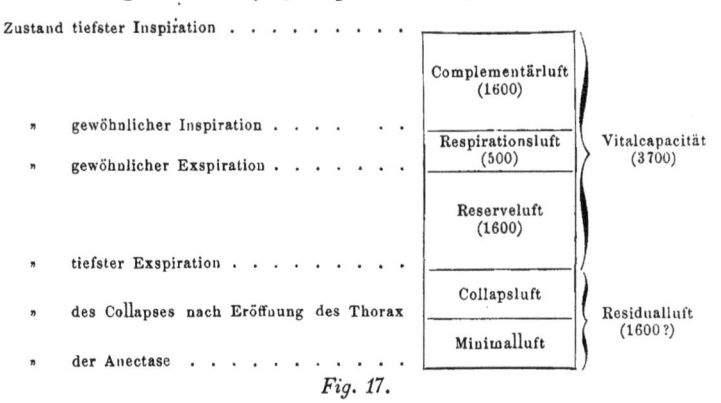

Zustand tiefster Inspiration ....
" gewöhnlicher Inspiration ....
" gewöhnlicher Exspiration ....
" tiefster Exspiration ....
" des Collapses nach Eröffnung des Thorax
" der Anectase ....

Complementärluft (1600)	
Respirationsluft (500)	Vitalcapacität (3700)
Reserveluft (1600)	
Collapsluft	Residualluft (1600?)
Minimalluft	

Fig. 17.

Die Volumina, um welche es sich handelt, ergeben sich ohne Weiteres aus vorstehendem Schema (die Zahlen in Ccm. nach Hutchinson). Die gewöhnliche Athmung ist, wie man sieht, sehr flach, besonders beim Manne, und wechselt nur etwa $1/10$ des gesammten Luftgehalts der Lungen. Der grösste mögliche Luftwechsel (die Vitalcapacität, s. unten) beträgt dagegen über $2/3$.

Da es sehr schwer ist, willkürlich den Stand gewöhnlicher In- und Exspiration herzustellen, so sind die drei oberen Volumina sehr unsicher, sicherer ihre

Summe, die **Vitalcapacität**, welche durch tiefste Einathmung und dann tiefste Ausathmung in das Spirometer gemessen wird. Sie zeigt sich von Körpergrösse, Geschlecht, Beschäftigung u. s. w. abhängig; bei erwachsenen Männern beträgt sie im Mittel 3770 Ccm. (Arnold). Noch viel unsicherer ist die Residualluft, zu deren Bestimmung eine bewährte Methode fehlt. Sie wurde früher durch Einathmung eines Quantums Wasserstoff und Bestimmung des in der Ausathmungsluft fehlenden, also in der Lunge gebliebenen Antheils desselben gemessen; unter der (nicht ganz zutreffenden) Voraussetzung, dass die Residualluft den gleichen relativen Wasserstoffgehalt hat, wie die exspirirte Luft, lässt sich das Volumen der Residualluft aus dem Wasserstoffmanco berechnen (H. Davy, Gréhant). Andere Methoden (Neupauer, Waldenburg, Gad) beruhen darauf, dass man aus einem mit Manometer versehenen, in starre Wände eingeschlossenen kleinen Luftquantum einathmet und dadurch eine Druckverminderung hervorbringt, aus der sich der Luftvorrath in der Lunge berechnen lässt, wenn die Vergrösserung des Brustkastens und das kleine Luftvolum bekannt ist; geschieht der Versuch in tiefster Exspirationsstellung, so ist der gefundene Luftvorrath die Residualluft. Diese Versuche ergaben anfangs Werthe von gegen 10000 Ccm., dagegen bei verbessertem Verfahren (Messung der Thoraxvergrösserung durch Einschliessen des Menschen in eine Art Plethysmograph, Gad) etwas über die Hälfte der Vitalcapacität. Ein anderes Verfahren (Pflüger) schliesst ebenfalls den Menschen in ein geschlossenes Gefäss ein und lässt ihn passiv in ein mit eingeschlossenes Spirometer Luft entleeren, indem an dem Behälter mittels einer Pumpe gesogen wird. Dies entleerte Volum und die beobachtete Druckverminderung lassen den Luftgehalt der Lunge, also bei tiefster Exspirationsstellung die Residualluft berechnen; Resultate sind noch nicht mitgetheilt. — Als Minimalluft wird der nicht entweichende Luftrest der collabirten Lunge (p. 113) bezeichnet (Hermann); Bestimmungen existiren bisher nur für Thiere (Lehmann).

Verbindet man die Luftwege mit einem äquilibrirten Spirometer oder analogen Vorrichtungen und schreibt man die Bewegungen der Glocke auf, so gewinnt man Athmungscurven, welche die Volumina der ein- und austretenden Luft erkennen lassen (Aëroplethysmograph, Gad).

Der oben zu $1/_{10}$ bei gewöhnlicher Athmung veranschlagte **mechanische Ventilationscoëfficient** ist nicht identisch mit dem **chemischen**, da, wie durch die Davy'sche Wasserstoffmethode gefunden wird (Gréhant), ein Theil der eingeathmeten Respirationsluft gleich bei der folgenden Exspiration wieder herausgeht, also nichts zur Erneuerung beiträgt; der chemische Ventilationscoëfficient ergiebt sich zu nur etwa $3/_5$ des mechanischen. Die letzte Spur von 500 Ccm. eingeathmeten Wasserstoffs ist nach der 6. bis 10. Respiration entleert (Gréhant).

Da in den ersten Lebenstagen die Lunge den eröffneten Thorax ganz ausfüllt (vgl. oben p. 114), so fehlt dem **Neugeborenen** die Collapsluft, oder es ist für ihn Residualluft = Minimalluft. Da hiernach die Lunge bei jeder Exspiration nahezu luftleer wird, so ist der **Ventilationscoëfficient** des **Neugeborenen ungemein gross, seine Lufterneuerung nahezu integral** (Hermann).

Die Athembewegungen verändern zugleich den Druck im Thorax und den Blutgefässen. Der negative Druck im Thorax und im Herzen (die Aspiration des Thorax) wird durch Inspiration vermehrt, durch Exspiration vermindert. Bei activer Exspiration mit behindertem Lufteintritt durch Verschluss der Stimmritze wird die eingeschlossene Luftmasse comprimirt, der Thoraxdruck positiv, und das Einströmen des Blutes in die Venenstämme und das Herz behindert (vgl. p. 76). Dieser Zustand tritt besonders beim Schreien und Drängen (Bauchpresse) ein; bei letzterem dient die im Thorax eingeschlossene Luft als Widerlager für die Compression des Bauchinhaltes. Ueber den Einfluss der Athembewegungen auf den arteriellen und venösen Blutdruck vgl. p. 74 und 76.

Die Messung des intrathoracalen Drucks und seiner respiratorischen Veränderungen ist noch nicht in befriedigendem Maasse erfolgt. Der Donders'sche Versuch (p. 113) ergiebt ihn nur für die Leichenstellung. Zur Messung am Lebenden ist die Schlundsonde mit angesetztem Manometer benutzt worden (Luciani, Rosenthal); als exspiratorischer Werth ergab sich so beim Menschen — 3 bis $4^{1}/_{2}$, als tief inspiratorischer — $7^{1}/_{2}$ bis 9 mm. Hg (Rosenthal); jedoch sind die Werthe wegen der eigenen Elasticität der Schlundwand nicht ganz genau. Aehnliches gilt von den Bestimmungen an Thieren durch ein mit dem Pericard verbundenes Manometer (Adamkiewicz & Jacobson). Auf indirectem Wege, durch Anstellung des Donders'schen Versuches an der Leiche bei den verschiedenen Respirationsstellungen, ergab sich für den Hund als mittlerer inspiratorischer negativer Druck 9,4 mm., als Druckschwankung 5,5 mm. Hg (Heynsius). Directe Messungen im Pleuraraum existiren kaum.

Der (in der Ruhe dem Atmosphärendrucke gleiche) Druck der in den Athemwegen enthaltenen Luft erleidet wegen der Enge der Zugänge (Nasenlöcher, Stimmritze) geringe Schwankungen, eine negative (etwa 1 mm.) bei der Inspiration, eine positive (1—3 mm.) bei der Exspiration (Donders). Man kann sie nachweisen: bei Thieren, indem man ein Manometer seitlich mit der Trachea in Verbindung setzt, beim Menschen, indem man das Manometer in ein Nasenloch bringt und bei geschlossenem Munde durch das andere athmet. Nach neueren Messungen (J. R. Ewald) sollen diese Schwankungen nur etwa 0,1 mm. betragen; man kann sie graphisch registriren. — Das registrirende Luftröhrenmanometer zeigt (Ceradini) auch cardiale Schwankungen („cardiopneumatische Bewegung"), welche hauptsächlich daher zu rühren scheinen, dass die Lunge wie ein Marey'sches Luftkissen den Herzschlag registrirt.

Die vorstehende Druckschwankung ist eins der einfachsten Mittel, die Athembewegung graphisch darzustellen (vgl. auch p. 118), statt des schreibenden Manometers genügt natürlich der Marey'sche Pantograph (p. 2). Ergiebigere Druckschwankungen, welche noch besser zum Aufschreiben geeignet sind, erhält man mit endständigem Luftröhrenmanometer (hiermit misst man auch die Saug- und Druckkraft der Athmung, p. 121): jedoch ist es dann rathsam, zur Verhütung von Dyspnoe zwischen Luftröhre und Manometer ein geräumiges Luftreservoir einzuschalten (Hering). statt der Trachealcanüle genügt auch eine über den Kopf gezogene trichterförmige Kautschukkappe. Ausser den Volum- und Druckschwankungen kann man auch die Durchmesser- und Umfangsänderungen des Thorax graphisch registriren, erstere durch Tasterzirkel, zwischen deren Branchen elastische Hohlkörper eingeschaltet sind (Thoracographen, Stethographen), letztere durch Gürtel mit ähnlicher Einschaltung (Pneumographen, Atmographen); die Druckänderungen in den Hohlkörpern werden durch den Marey'schen Pantographen registrirt. Auch kann man einzelne Puncte des Brustumfanges oder des Zwerchfells auf Triebwerke, welche mit Zeigern verbunden sind (Sibson's und Ransome's Thoracometer), oder auch schreibende Hebelsysteme (Rosenthal's Phrenograph, Riegel's Stethograph) wirken lassen, u. dgl.

Bei Lufteinblasungen in die Lungen geht merkwürdig leicht Luft in die Gefässe und das Herz über, schon bei Drucken, welche unter den im Leben vorkommenden liegen (Ewald & Kobert); diese Thatsache bedarf noch weiterer Aufklärung.

An Kehlkopf, Luftröhre und Brust hört man, namentlich bei der Inspiration, Athmungsgeräusche, welche an den ersteren einen hauchenden (bronchialen), an der Lunge einen schlürfenden oder zischenden (vesiculären) Character haben, erstere dem Laut h oder ch, letztere dem w oder f ähnlich.

Die Betrachtung der Athmungsorgane der Fische, Amphibien und Vögel würde den Rahmen dieses Werkes überschreiten.

4. Die zuleitenden Luftwege.

Oberhalb des Kehlkopfs setzt sich der Respirationscanal, unter Kreuzung des Digestionscanals, in das Cavum pharyngonasale, die Choanen und die Nasenhöhle fort; durch die Mundhöhle wird nur ausnahmsweise geathmet. Der ganze Respirationscanal besitzt eine nach aussen gerichtete Flimmerbewegung, welche für die Herausbeförderung von Staub, Russ, Schleim aus der Lunge von fundamentaler Bedeutung ist. Auch sonst ist der Zuleitungscanal reich an Schutzvorrichtungen für die Lunge, so das Geruchsorgan, die Verschlussvorrichtung der Stimmbänder, die Entleerungsbewegungen des Niesens, Hustens, Räusperns etc., endlich die Vorwärmung der Luft in dem langen Canal.

An den Athembewegungen betheiligt sich der Zuleitungsapparat activ durch inspiratorische Erweiterung der Nasenlöcher und der Stimmritze, erstere beim Menschen nur in der Dyspnoe beträchtlich. Das passive Herabrücken des Kehlkopfs bei der Inspiration ist schon oben erwähnt (p. 117). Ueber die Function und Innervation der glatten Bronchialmuskeln ist nichts Sicheres bekannt.

Die Erscheinungen des Asthma bronchiale deuten auf einen Krampf der eben erwähnten glatten Bronchialmuskeln hin. Reizung der peripherischen Vagusenden macht eine eben nachweisbare Verkleinerung des Lungenvolums (Schiff, Gerlach u. A.); der linke Vagus ist beim Kaninchen wirksamer als der rechte (Bókai). Eine deutlichere Wirkung zeigt sich beim Durchtreiben von Luft durch die an der Oberfläche mit Löchern versehene Lunge: Vagusreizung vermehrt deutlich den Widerstand; wahrscheinlich sind die verengenden Contractionen nicht allgemein, sondern vielleicht peristaltisch ihre Stelle wechselnd, woraus sich der geringe Einfluss auf das Volum erklären würde (Mac Gillavry).

Die Mechanik des Stimmritzenschlusses ist bei der Lehre von der Stimme zu erörtern. Die Bedeutung desselben zeigt sich in dem Schutze gegen irrespirable Gase (p. 111), dem Abfangen von Speisetheilchen beim Falsch-Schlucken u. s. w. Nach Durchschneidung beider Vagi gehen die Säugethiere nach 24—48 Stunden an einer Fremdkörperpneumonie zu Grunde, welche im Wesentlichen von Lähmung des Kehlkopfes, verbunden mit Schlucklähmung, herzuleiten ist (Traube, O. Frey). — Räuspern und Husten sind reflectorische, mit Schall verbundene Sprengungen der verengten resp. geschlossenen Stimmritze; hierdurch können Schleim und Fremdkörper herausgeschleudert werden. Ein ähnlicher, jedoch noch nicht völlig aufgeklärter Vorgang ist das Niesen. Die respiratorischen Luftströme im Zuleitungsapparat werden in mannigfachster Weise zu anderen Zwecken verwendet, zum Hauchen, Schnäuzen, Gurgeln, Blasen, Saugen, Singen, Sprechen u. s. w. Bis auf beide letzteren, welche im 9. Capitel behandelt werden, sind diese Vorgänge ohne Erläuterung verständlich. Ueber die höchsten erreichbaren Sauge- und Blasedrucke gehen die Angaben sehr auseinander; es scheint, dass erstere bis über $1/5$, letztere bis über $1/3$ Atm. gehen können.

5. Der Rhythmus und die Innervation der Athembewegungen. Die Erstickungserscheinungen.

a. Der Rhythmus der Athmung.

Die Athembewegungen erfolgen unwillkürlich (auch bei Schlafenden und Betäubten) in einem bestimmten Rhythmus und mit bestimmter Tiefe. Der Wille kann beides beliebig variiren, auch, freilich nur auf kurze Zeit, die Bewegung unterdrücken. Die durchschnittliche Frequenz ist beim Erwachsenen 18 in der Minute.

In frühem und spätem Lebensalter, beim weiblichen Geschlecht, bei erhöhter Temperatur, bei Muskelanstrengungsn, während der Verdauung, bei Gemüthsbewegungen, nach einer zeitwesen Unterdrückung (also etwa bei denselben Momenten, die die Herzfrequenz erhöhen) sind die Athembewegungen häufiger. Im Allgemeinen kommen in jedem Zustande auf 4 Herzcontractionen eine In- und Exspiration. — Der Einfluss der Affecte betrifft nicht bloss die Frequenz, sondern oft auch Tiefe und Form der Athembewegung; letztere bewirkt zuweilen characteristische Töne oder Geräusche im Zuleitungsrohre. So sind mit Schallerscheinungen verbunden: die schnell auf einander folgenden Inspirationen des Schluchzens, die tiefe Inspiration mit folgender kräftiger Exspiration beim Seufzen, die langsame und anhaltende Inspiration durch den krampfhaft geöffneten Mund beim Gähnen, die stossweise unterbrochene Exspiration des Lachens u. s. w.

b. Das Athmungscentrum und seine Erregung.

Das Centralorgan für die Athembewegungen liegt im verlängerten Mark; Verletzung der betr. Stelle hebt sogleich die Athmung auf und ist für Warmblüter tödtlich (Flourens); man hat sie daher als „Lebensknoten" bezeichnet. Näheres über ihre Lage, über Reizversuche u. dgl. s. im 11. Capitel.

Die Athmungsnerven (Phrenici, Intercostales, Thoracici etc.) entspringen jedoch nicht direct aus dem Athmungscentrum, sondern aus dem Rückenmark. Hohe Rückenmarkdurchschneidung hebt daher ebenfalls die Athmung auf, durch Trennung der Verbindungsstränge vom Athmungscentrum.

Unter günstigen Umständen, besonders nach Darreichung von Strychnin, sieht man auch an so operirten Thieren noch schwache automatische Athmung und dyspnoische und reflectorische Beeinflussung derselben. Die Athmungsfasern gehen also durch das Rückenmark nicht einfach hindurch, sondern machen in der grauen Substanz, wie die Gefässnerven (p. 92 f.), Station; diese Theile der grauen Substanz haben ähnliche Centralfunctionen wie das Athmungscentrum (P. Rokitanski, v. Schroff, Langendorff). Auch bei Insecten beschränkt sich das Athmungscentrum nicht auf den Kopf. Abgeschnittene Hinterleibsegmente können noch athmen vermöge ihres Bauchstrangantheils (Luchsinger, Langendorff).

Die Thätigkeit des Athmungscentrums wird höchst evident durch das Athmungsbedürfniss beeinflusst (Rosenthal). Wird künstlich durch Lufteinblasungen das Blut arteriell gemacht (p. 101), so hört die selbstständige Athmung auf (Apnoe). Umgekehrt wird die Athmung vertieft und es betheiligen sich immer mehr accessorische Athemmuskeln (Dyspnoe), wenn aus irgendwelchem Grunde die Venosität des Blutes zu gross ist, z. B. bei Vergeblichkeit der Athembewegungen durch Pneumothorax, Verschluss der Luftwege etc., oder bei Sauerstoffmangel im Athmungsraum. Die Dyspnoe ist ein regulatorischer Act, welcher häufig das Blut auf die normale Beschaffenheit bringt; bei weiterer Zunahme der Venosität des Blutes geht sie jedoch in allgemeine klonische und tetanische Krämpfe (Erstickungskrämpfe) über, welche auf immer weiterem Umsichgreifen der Erregung im verlängerten Mark, und (nach Rückenmarkdurchschneidung) im Rückenmark beruhen. Zu diesen Erregungserscheinungen gehört auch der schon (p. 92) besprochene allgemeine Gefässkrampf, ferner eine Erweiterung der Pupille. Bei immer fortschreitender Venosität des Blutes tritt schliesslich allgemeine Lähmung (Erstickung, Asphyxie, Suffocation) ein, weil der Sauerstoffmangel alle Organe unerregbar macht, so dass die vorhandenen dyspnoischen Reize nicht mehr wirken. Ihr Fortbestand zeigt sich jedoch darin, dass bei Wiederzufuhr von Sauerstoff die ersten Erscheinungen dyspnoische Erregungserscheinungen sind (vgl. p. 93).

Die Apnoe, welche man auch an sich selber durch eine Reihe schneller und tiefer Inspirationen hervorrufen kann, beweist, dass auch die gewöhnliche Athmung durch den Reiz des Athmungsbedürfnisses, welcher noch näher zu untersuchen ist (s. unten), hervorgerufen wird. Der Angriffspunct dieses Reizes ist das Athmungscentrum selbst, und nicht wie Manche behauptet haben, die peripherischen Enden seiner sensiblen Nerven; denn die Athmung besteht noch fort, wenn alle zum Athmungscentrum tretenden centripetalen Nerven durchschnitten sind (Rosenthal); die Athmung ist also kein Reflexact.

Noch sicherer wird dies dadurch bewiesen, dass auch locale Hirndyspnoe dyspnoische Athmung und Erstickungskrämpfe bewirkt. Unterbindet man nämlich alle vier Hirnarterien, so verfällt das Thier in Dyspnoe, Krämpfe und wird asphyctisch (Kussmaul & Tenner). Die Ursache liegt in dem gestörten Gaswechsel der Hirnsubstanz (Rosenthal); dass nicht die Anämie an sich die Krämpfe macht, wird dadurch bewiesen, dass Hemmung des venösen Abflusses die gleiche Wirkung hat (Hermann & Escher). Die Athmungscentra reagiren also auf den dyspnoischen Zustand mit immer stärkerer Erregung (ebenso die des Rückenmarks, s. oben). Auch die erste Athmung des Neugeborenen wird hauptsächlich durch Dyspnoe (Unterbrechung der bisherigen Placentarathmung) bewirkt (Schwartz); jedoch spielen auch Hautreize eine Rolle, da man durch dieselben vorzeitige Athembewegungen auslösen kann. Die Verblutungskrämpfe (p. 80), denen ebenfalls dyspnoische Athmungen voraufgehen, beruhen wahrscheinlich ebenfalls auf der Reizung der nicht mehr respirirenden Hirnsubstanz.

Welches die eigentlich erregende Substanz ist, ist noch zweifelhaft. Man muss annehmen, dass sie ein Stoffwechselproduct des Gehirns, oder vielleicht der Gewebe überhaupt, ist, welches durch die normale Blutcirculation entweder weggeführt oder zerstört wird. In ersterer Hinsicht könnte z. B. an die Kohlensäure, in letzterer an Zerstörung oder Sättigung durch den zugeführten Sauerstoff gedacht werden. Man drückt diese Alternative meist so aus, ob die normale Athmung, resp. Dyspnoe, durch Kohlensäureanhäufung oder durch Sauerstoffmangel unterhalten werde. Festgestellt ist nur, dass Dyspnoe sowohl bei Anhäufung von Kohlensäure im Blute ohne Sauerstoffmangel, als auch bei Mangel von Sauerstoff im Blute ohne Kohlensäureanhäufung eintritt (Pflüger & Dohmen).

Ersteren Zustand erreicht man durch Einathmung einer stark mit CO_2 versetzten, aber normal O_2-haltigen Luft (L. Traube), letzteren durch Einathmung indifferenter O-freier Gase, z. B. N_2, H_2 (Rosenthal); beide Fälle bewirken Dyspnoe; dass sie wirklich den vorausgesetzten Mischungszustand der Blutgase hervorbringen, ist durch directe Untersuchung der letzteren festgestellt (Pflüger), namentlich wurde früher bezweifelt, ob nicht wegen der p. 106 erwähnten Umstände die N_2- oder H_2-Athmung ausser O_2-Mangel auch CO_2-Anhäufung bewirke, was aber nicht der Fall ist. Immerhin bleibt der Schluss, dass sowohl die Anhäufung der CO_2, als der Mangel an O_2 im Gehirn dieselbe Erregung herbeiführe, unbefriedigend. Man könnte daran denken, dass doch in allen Fällen die CO_2 das erregende Moment wäre, ihre Wirkung aber durch Sauerstoffmangel gesteigert wird (ähnlich wie die Wirkung des Strychnins), so dass sie nunmehr schon bei normalem CO_2-Gehalt eintritt (Hermann). Neuerdings wird aus der Beobachtung des Verhaltens bei beiden Gasmischungen der (wenig wahrscheinliche) Schluss gezogen, dass O_2-Mangel hauptsächlich das inspiratorische, CO_2-Anhäufung hauptsächlich das exspiratorische Centrum errege (Bernstein).

In der Apnoe ist der Sauerstoffgehalt im arteriellen Blute in der That vermehrt (p. 101), im venösen aber vermindert (Ewald); letzteres wahrscheinlich durch Verminderung der Stromgeschwindigkeit, in Folge bedeutender Herabsetzung des arteriellen Blutdrucks (Pflüger). Durch erstere Thatsache ist die obige Deutung der Apnoe gesichert. Neuerdings wird angegeben, dass nach Durchschneidung der Vagi Apnoe nicht oder schwer zu Stande komme, also Hemmungswirkungen seitens der aufgeblasenen Lunge betheiligt seien (Gad, Knoll); indess stehen dem andere Beobachtungen entgegen. In der Apnoe scheint auch die Erregbarkeit des Athmungscentrums erniedrigt, und nicht bloss der Reiz vermindert zu sein; denn die Athmung beginnt erst dann wieder, wenn das arterielle Blut dunkel wird (Franz) und an Herz, Gefässen und Darm dyspnoische Erscheinungen auftreten (Knoll).

Bei der Erstickung geht den letzten („terminalen") Athemzügen ein längerer, noch nicht aufgeklärter Athmungsstillstand vorher (Högyes, S. Mayer). Die Erstickungserscheinungen sind wesentlich andere, wenn der O-Mangel sehr allmählich eintritt; die Dyspnoe ist dann geringer, die Krämpfe bleiben aus, der Körper wird allmählich kühler (vgl. auch unter thier. Wärme), die Leistungsfähigkeit vermindert die Gefässe sind erschlafft und mit dunklem Blute erfüllt (Cyanose). Im abgeschlossenen Luftraum wird der Sauerstoff bis auf geringe Reste verzehrt. Ueber Erstickungsblut vgl. oben p. 101, über Stoffwechseländerungen durch chronische Athemnoth s. unter Stoffwechsel des Gesammtorganismus.

Bei Hirn- und Herzkranken kommt zuweilen ein eigenthümliches **periodisches Aussetzen** der Athmung vor, wobei jede Respirationsreihe mit einer tiefen Inspiration beginnt (Cheyne-Stokes'sches Phänomen). Da sich künstlich durch Gifte, Ernährungsstörungen und Verletzungen in der Nähe des Athmungscentrums ähnliche Erscheinungen hervorrufen lassen, so liegt wahrscheinlich eine Schädigung des unbekannten die Rhythmik bedingenden nervösen Mechanismus vor, welche an die Gruppenbildung verletzter Herzen (p. 85) erinnert (Luciani u. A.). Manche Thiere, z. B. Schildkröten, haben diesen Athmungsmodus normal (Fano).

Die Wärme erregt das Athmungscentrum stark; sie macht die sog. **Wärmedyspnoe** und schliesslich allgemeine Krämpfe. Die Wirkungen treten auch ein, wenn die Medulla oblongata durch Einlegen der Carotiden in sogenannte Heizröhren erwärmt wird (Fick & Goldstein, v. Mertschinski). Andre leiten die Wärmedyspnoe von Erregung sensibler Nerven her (Sihler). Bemerkenswerth ist, dass Hitze bei künstlicher Respiration die Apnoe verhindert (Ackermann); eine ähnliche Erregung des Athmungscentrums machen die Brechmittel (Hermann & Grimm, vgl. Cap. IV.).

c. Nervöse Einflüsse auf das Athmungscentrum.

Obwohl automatisch thätig, wird das Athmungscentrum doch von den verschiedensten Körperbezirken aus in seiner Thätigkeit beeinflusst. Die schon erwähnten Einflüsse des Willens und der Gemüthsbewegungen beruhen auf den Verbindungen des Centrums mit den Grosshirnhemisphären. Aber auch unwillkürlich (reflectorisch) wird die Athmung durch die mannigfachsten Empfindungsreize verändert: vertieft, verflacht, angehalten, verlangsamt, beschleunigt, oder in Form des Hustens, Niesens etc. modificirt. Hautreize können bei Scheintod Athembewegungen hervorrufen (vgl. auch p. 123).

Am mächtigsten sind diese Einwirkungen bei den sensiblen Nerven des Athmungsapparates selbst, vor allem beim **Vagus**. Durchschneidung eines oder beider Vagi verlangsamt und vertieft die Athmung, schwache Reizung der centralen Vagusenden beschleunigt sie. Der Erfolg starker Reizung ist unbeständig, meist exspiratorischer, häufig aber inspiratorischer Stillstand (letzterer kann als äusserste Beschleunigung bis zum Tetanus aufgefasst werden). Von den Aesten des Vagus macht besonders der Laryngeus superior bei Reizung exspiratorischen Stillstand (Rosenthal). Diese Erscheinungen deuten darauf, dass der Vagus sowohl beschleunigende als auch verlangsamende Fasern enthält und letztere zugleich Exspirationsmuskeln in Thätigkeit bringen.

Nächstdem scheinen namentlich die Nerven des Zuleitungsapparates, auch oberhalb des Kehlkopfs, z. B. der Nase, einzuwirken. Reizung der Nasenschleimhaut macht exspiratorischen Stillstand (Hering & Kratschmer), sowohl durch Vermittlung der Trigemini als auch der Olfactorii (Gourewitsch).

Es giebt kaum einen sensiblen Bezirk, von dem nicht Einwirkungen auf die Athmung nachgewiesen wären. Ausser den schon genannten seien noch angeführt das Gebiet der Sehnerven in ihrem cerebralen Verlauf (Martin & Booker, Christiani), die Bauch- und Brusthaut (Stillstand beim Untertauchen in Wasser, Rosenthal & Falk), das Zwerchfell (der Phrenicus führt sensible Fasern, welche u. A. auf die Athmung wirken, Schreiber, v. Anrep & Cybulski), die Baucheingeweide (Reizung des Splanchnicus macht exspiratorischen Stillstand, Pflüger & Graham).

Die meisten dieser Einwirkungen sind hemmend, jedoch ist dies wohl nur die gröbere Folge starker Reize, und die feineren Einwirkungen bestehen vermuthlich in complicirten Modificationen der Athmung, welche durch die der Natur nicht entsprechende künstliche Reizung der Nervenstämme nicht erhalten werden können; z. B. macht die Reizung der centralen Stümpfe der sensiblen Nerven des Kehlkopfs keineswegs Husten, oder die der Nasennerven Niesen. Dieser Umstand erklärt es, dass der eigentliche regulatorische Mechanismus der Athemreflexe, besonders die Wirkung der Vagi, noch in vielen Puncten streitig ist. Dass die Vagi lediglich die Vertheilung der Erregung auf die Zeit modificiren, so dass z. B. die Beschleunigung mit genau entsprechender Schwächung der Athmung ohne Veränderung des Gesammteffects verbunden wäre (Rosenthal), wird von Anderen bestritten (Gad, Langendorff). Ebenso streitig sind die Bedingungen, von denen es abhängt, ob die Reizung beschleunigend oder verlangsamend, in- oder exspiratorisch wirkt und wie die verschiedenen Fasern auf den Stamm und die Aeste vertheilt sind; auf die zahlreichen Arbeiten dieses Gebietes kann hier nicht eingegangen werden.

Fruchtbarer erscheinen die Versuche über Reflexe von den natürlichen Enden, d. h. von den Athmungsorganen aus, deren Abhängigkeit vom Vagus und seinen Aesten durch Durchschneidungsversuche geprüft werden kann. Experimentell festgestellte, nach Durchschneidung der Vagi wegfallende Reflexe sind namentlich folgende: Stimmritzenverschluss und Husten kann nicht allein vom Kehlkopf, sondern auch, wenn auch nicht so leicht, von Trachea, Bronchien und Pleura aus durch jede Art von Reiz, z. B. durch reizende Dämpfe, hervorgerufen werden (Nothnagel, Kohts u. A.). Im Kehlkopf sind die Stimmbänder selbst wenig hustenerregend; der wirksamste Punct ist ein der Glottis respiratoria angehörender Theil der Giessbeckenknorpel. Aufblasung der Lunge wird durch eine Exspiration, Ansaugung durch eine Inspiration beantwortet, so lange die Vagi erhalten sind (Hering & Breuer); man hat diesen Versuch im Sinne einer „Selbststeuerung der Athmung" gedeutet, was jedoch nur dahin verstanden werden kann, dass die Vagi einen gewissen mittleren Dehnungszustand der Lunge zu erhalten tendiren. Das Alterniren von In- und Exspiration bleibt ja auch nach Durchschneidung der Vagi bestehen. Hier mag noch erwähnt werden, dass nach

Entfernung der vorderen Hirntheile Einzelreize, welche die Vagi treffen, je nachdem sie in In- oder Exspirationsstellung des Thorax fallen, Ex- resp. Inspiration bewirken (Marckwald & Kronecker).

Ueber die Lungenentzündung nach doppelseitiger Vagusdurchschneidung s. p. 121.

Drittes Capitel.

Die Absonderungsvorgänge und ihre Producte.

I. Der Absonderungsvorgang im Allgemeinen.

Unter Absonderung oder Secretion versteht man die Bildung von Flüssigkeiten, welche entweder in innere Hohlräume des Körpers (z. B. Darmcanal, Pleurahöhle) oder auf die äussere Oberfläche ergossen werden, und welche man Secrete nennt. Die meisten werden von besonderen Absonderungsorganen oder Drüsen geliefert, einige beständig, andere nur zu gewissen Zeiten. Die Substanz der Secrete stammt aus dem Blute, welches jedoch nur durch die geschlossene Capillarwand hindurch Stoffe abgiebt

Häufig wird der Begriff der Absonderung dahin erweitert, dass man alle Ausgaben des Blutes darunter einreiht; es sind dann auch alle Gewebssäfte und Gewebe, ferner die respiratorische CO_2-Ausscheidung als Secrete zu betrachten. Von geringer Bedeutung ist es, den nach aussen fliessenden Secreten eine besondere Bezeichnung als Excrete zu geben. Richtiger bezeichnet man als Excrete die Auswurfsstoffe des Organismus, gleichgültig auf welche Weise sie entstehen (ihre Aufzählung s. beim allgemeinen Stoffwechsel).

Die nicht von Drüsen gelieferten Absonderungen, wie die Flüssigkeiten der serösen Säcke, der Gelenke, der Hirnhöhlen, werden auch als Transsudate bezeichnet, ein Name, der bei dem jetzigen Stande der Wissenschaft nicht mehr passt. Sie werden nach den eigentlichen Absonderungen abgehandelt; das Folgende betrifft wesentlich die Drüsenabsonderung.

Geschichtliches. Die Alten hatten von der Natur der Absonderung so unklare Vorstellungen, dass z. B. der Nasenschleim lange als ein Abfluss aus dem Gehirn durch das Siebbein betrachtet wurde. Erst die Untersuchungen Schneider's über die Nasenschleimhaut (1660) beseitigten diesen Irrthum. Ungefähr um die gleiche Zeit wurde durch zahlreiche Arbeiten (Glisson, Wharton, Stenson, Rivini, Peyer, Brunner, Malpighi) die Anatomie der Drüsen genauer bekannt, welche aber erst in unserm Jahrhundert durch die Entdeckung der Nierenstructur (Joh. Müller, Bowman) und durch das umfassende Werk Joh. Müller's über die Drüsen (1830) einen gewissen Abschluss erhielt. Der Absonderungsvorgang selbst musste so lange im Dunkeln bleiben, als man von der Geschlossenheit der Blutbahnen in den Drüsen noch nicht überzeugt war, sondern die blasigen oder röhrigen Hohlräume der Drüsen mit den feinsten Arterien communiciren liess (Malpighi), so dass das Secret als eine directe „Colatur" des Blutes, dessen Körperchen in die feinen Räume nicht eindringen konnten, betrachtet, ja von Ruysch die Drüsen geradezu nur als aus Blutgefässen bestehend angesehen wurden. Die neuere Entwicklung der Absonderungslehre knüpft an an die Entwicklung der Zellenlehre (Schwann) und an die Entdeckung der Endosmose (Dutrochet), wurde aber erst durch die vivisectorischen Versuche an den Absonderungsnerven (Ludwig, Bernard) und durch die microscopische Vergleichung der ruhenden und thätigen Drüsen (Heidenhain) über das Niveau blosser Speculation erhoben.

1. Die Absonderungsorgane.

Die Drüsen sind Organe, welche einen einfachen oder verästelten Canal enthalten, der mit Zellen ausgekleidet und von Blutgefässen umsponnen ist; der Stamm dieses Canals heisst Ausführungsgang Bei den einfachsten Drüsen bilden die Zellen nur eine Fortsetzung des Epithels derjenigen Fläche, auf welche der Drüsencanal mündet. Bei den meisten Drüsen sind aber die tieferen Zellen von specifischem Bau, und namentlich ist dies der Fall bei denjenigen Drüsen, deren Canäle an ihren feinsten Enden mit Erweiterungen (Acini) versehen sind, welche ein Zellenlager enthalten; diese Erweiterungen haben häufig kein freies Lumen, sondern sind ganz mit specifischen Zellen erfüllt. Das Wesentliche der Drüsen ist somit ein von Gefässen umsponnenes Zellenlager, welches meist als Wandschicht eines Röhrensystems entwickelt ist; die Oberfläche dieser Schicht ist durch vielfache Verzweigung, zuweilen auch durch knäuelförmige Aufwicklung der Röhren, sehr gross, bei Zusammendrängung auf ein möglichst kleines Volumen. Ausserdem sind die meisten Drüsen reich an Lymphgefässen und Nerven. Die Lymphgefässe entspringen aus den Spalträumen zwischen den Drüsencanälen, Gefässen, Nerven etc., die Nervenfasern verzweigen sich in der Drüse und sind in manchen Drüsen bis zu den Zellen verfolgt worden (Pflüger).

Die Drüsen mit verzweigtem Canal heissen zusammengesetzte, diejenigen ohne endständige Erweiterung der Canäle tubulöse, solche mit endständigen Erweiterungen acinöse. Der Ausführungsgang grösserer Drüsen enthält häufig Erweiterungen, welche als Reservoirs für das fertige Secret dienen (Harnblase, Milchcysternen), oder er hängt mit wandständigen Reservoirs durch Canäle zusammen (Gallenblase). — Die sog. Drüsen ohne Ausführungsgang (Milz, Lymphdrüsen, Follikel, Nebennieren, Thymus, Schilddrüse) sind keine eigentlichen Absonderungsorgane.

Gewinnung der Secrete. Manche Secrete gewinnt man einfach durch Auffangung bei der natürlichen Entleerung, oder durch Aufsammlung aus ihren Reservoirs nach Freilegung der letzteren. Meist aber ist zur Gewinnung reiner Secrete und zur Feststellung ihrer Absonderungsgeschwindigkeit die Anlegung von Fisteln am lebenden Thiere erforderlich, d. h. künstliche Oeffnung des Ausführungsganges und Einführung von Röhren in den letzteren. Auch Flächensecrete, welche aus zahlreichen kleinen Drüsen der Schleimhaut stammen, kann man durch Fisteln, d. h. künstliche Oeffnungen des betr. Organs (Magenfisteln, Darmfisteln), nach aussen entleeren. Beide Arten von Fisteln kommen beim Menschen zuweilen pathologisch vor.

2. Die Absonderungsvorgänge.

Da die Stoffe der Secrete aus dem Blute stammen, so würde man an einen rein physicalischen Austritt derselben denken können, wenn nicht fast alle Secrete chemische Substanzen enthielten, welche im Blute nicht vorgebildet sind, also in der Drüse durch chemische Processe entstehen. Immerhin enthalten alle Secrete eine Anzahl Blutbestandtheile, vor Allem Wasser, Salze, häufig Eiweissstoffe, und es liegt nahe, wenigstens für diese Stoffe eine physicalische Ausscheidung durch Filtration oder Endosmose anzunehmen; Filtration, weil ausserhalb der Capillaren wohl stets ein geringerer Druck herrscht als in denselben, Endosmose, weil das Blut eine andere Zusammensetzung hat als die die Capillarwand bespülenden äusseren Flüssigkeiten, so dass eine Tendenz zur Ausgleichung, d. h. zum Austritt und Eintritt von Stoffen, vorhanden sein muss.

So unzweifelhaft aber auch diese Vorgänge in gewissem Grade stattfinden, so wenig ist bei den meisten Secreten nachweisbar, dass sie wesentlich zur Bildung derselben beitragen. Vor Allem spricht hiergegen, dass viele Drüsen nur zu gewissen Zeiten absondern, obgleich doch der Blutdruck beständig vorhanden ist, und ebenso die Bedingungen des endosmotischen Verkehrs. Freilich ist für viele dieser Drüsen erwiesen, dass gleichzeitig mit der Secretion die Blutgefässe sich erweitern, also der Capillardruck steigt; aber einmal sieht man an nicht drüsigen Organen keineswegs mit der Gefässerweiterung eine

Filtration eintreten oder zunehmen, und zweitens kann durch Einwirkung von Giften die Secretion unmöglich werden, während die Gefässerweiterung nach wie vor hervorgerufen werden kann (Heidenhain); auch giebt es Einwirkungen, welche Secretion hervorrufen und gleichzeitig die Drüsengefässe verengen (Bernard). Die wichtigsten Thatsachen aber sind, dass die Secretion fortdauern kann, auch wenn der Druck in den Drüsencanälen unvergleichlich höher ist als in den Blutcapillaren der Drüse (Ludwig), und ferner an circulationslosen oder ausgeschnittenen Drüsen (Ludwig).

Diese Thatsachen, im Verein mit den schon berührten chemischen Processen, deuten darauf hin, dass der ganze Secretionsprocess eine Leistung der Drüsenzellen ist, welche bisher der Erklärung ebensosehr sich entzieht, wie die Leistungen anderer Elementarorgane (Muskeln, Nerven etc.). In der That sind bei manchen Drüsen auch morphologische, mit der Secretion verbundene Vorgänge in den Drüsenzellen entdeckt worden (Heidenhain). Auch enthalten manche Secrete morphologische Bestandtheile.

Die chemischen Umsetzungen in den Drüsen sind nachweisbar mit Wärmeentwicklung verbunden (Ludwig), also mit Sättigung stärkerer Affinitäten; sie scheinen aber nicht durchweg oxydativer Natur zu sein, sondern eher in Spaltungen zu bestehen (vgl. die Pancreassecretion). Bei solchen Secretionen, welche nur im Blute präexistirende Stoffe zur Ausscheidung bringen, also nicht mit chemischen Umsetzungen verbunden sind, wirken die Zellen zuweilen durch specifische Anziehung für gewisse Stoffe wesentlich mit (vgl. Harnsecretion).

Die Bedeutung der Gefässerweiterung bei der Secretion scheint wesentlich in der erleichterten Zufuhr von Materialien für die Secretbildung, besonders auch von Sauerstoff, zu liegen.

3. Die Absonderungsnerven.

Alle Absonderungen stehen sichtlich unter dem Einfluss des Nervensystems, namentlich erfolgen die nur temporären lediglich auf Nervenreizung. Die oben gegen die Erklärung der Absonderung aus Filtration angeführten Gründe widerlegen zugleich die Annahme, dass die Absonderungsnerven lediglich Gefässnerven seien. Vielmehr müssen die Absonderungs- oder secretorischen Nerven eine besondere Nervengattung sein, welche direct die unbekannten Absonderungsprocesse der Drüsenzellen hervorrufen oder verstärken. Einige Erscheinungen sprechen auch für das Dasein absonderungshemmender Nervenfasern. Die mit der Secretion verbundenen Circulationsänderungen in den Drüsen rühren nachweisbar von besonderen gefässerweiternden und verengenden Fasern her, welche den Drüsennerven beigemischt sind.

4. Galvanische Eigenschaften der Drüsen.

An den grösseren Drüsen des Frosches verhalten sich künstliche Querschnitte und Aetzstellen negativ electrisch gegen die natürliche Oberfläche (Matteucci); jedoch fehlt diese Wirkung nach Entfernung des Blutgehaltes der Drüse (Hermann), und hängt daher wahrscheinlich mit Vorgängen im Blute zusammen, zumal sie auch anderen bluthaltigen Organen zukommt.

Die drüsenreichen Häute und Schleimhäute der nackten Amphibien besitzen eine von der Aussenfläche gegen die Innenfläche gerichtete electromotorische Kraft, welche sehr beträchtlich ist und von welcher auch die drüsenreichen Häute der Warmblüter und des Menschen weniger leicht feststellbare Spuren zeigen (du Bois-Reymond, Rosenthal). Diese Kräfte werden durch Aetzung der Oberfläche schnell vernichtet, so dass eine geätzte Haut- (oder Schleimhaut-) Stelle sich positiv gegen eine ungeätzte verhält (du Bois-Reymond).

Bei Reizung der secretorischen Hautnerven zeigen diese Ströme Veränderungen (Roeber), welche man auch als selbstständige Ströme (Secretionsströme) auffassen kann. An der Froschhaut tritt ein dem Ruhestrom gleichgerichteter einsteigender Secretionsstrom auf, welchem an vielen Hautstellen ein entgegengesetzter (aussteigender) Strom vorangeht (Hermann). An der Froschzunge wechseln beide Richtungen des Secretionsstroms wiederholt ab; an der Haut der Warmblüter ist der Secretionsstrom rein einsteigend (Hermann & Luchsinger); ebenso an den feuchten Stellen um Maul und Nase vieler Warmblüter (Luchsinger); an behaarten, nicht secernirenden Hautstellen fehlt er (Bubnoff). Atropin, welches die Secretionsvorgänge lähmt, beseitigt auch den Secretionsstrom (Hermann). Der oben erwähnte aussteigende Antheil des Secretionsstroms einzelner Hautbezirke nackter Amphibien kann durch Wärme, Aetzung, Ermüdung etc. verschwinden, unter gleichzeitiger Verstärkung des Ruhestroms (Hermann mit Bach & Oehler).

Leitet man von zwei symmetrisch gelegenen Hautstellen des Menschen symmetrisch zum Galvanometer ab, und strengt man die Muskeln der einen Seite an, so werden die Hautdrüsen mit erregt (oft tritt Schwitzen auf), und der entsprechende einsteigende Secretionsstrom (s. oben) giebt sich zu erkennen als ein im Körper von der angestrengten zur ruhenden Seite gerichteter Strom (Hermann; der Strom ist von du Bois-Reymond entdeckt und als Muskelstrom aufgefasst worden; vgl. Cap. VII.).

Die Ruheströme der Haut wurden früher ausschliesslich den Drüsen zugeschrieben; seit sie aber auch an drüsenlosen Häuten der Fische gefunden sind (Hermann), muss man dem Hautepithel einen Antheil zuerkennen, wofür auch spricht, dass sie bei oberflächlicher Hautätzung verschwinden, ohne dass die Drüsen todt sind, deren einsteigender Secretionsstrom noch vorhanden ist (Bach & Oehler). Sie lassen sich (Hermann) aus der in den Epithelzellen von aussen nach innen fortschreitenden hornigen oder schleimigen Metamorphose des Protoplasma, d. h. als Demarcationsströme, erklären, wie die Ruheströme der Muskeln und Nerven (Cap. VII. und X.), indem der alterirte Theil des Protoplasma negativ gegen den unveränderten ist. Da ähnliche Processe auch in den Drüsenzellen stattfinden (vgl. unten), so lässt sich der Antheil der Drüsen am Hautstrom und dessen Zunahme bei der Nervenreizung aus dem gleichen Princip ableiten. Da die Drüsenzellen erst beim Austritt des Secrets zur wirksamen Ableitung gelangen, so kann man sich, wenn der Ruhestrom (Epithelstrom) stärker ist, als der Drüsenstrom, ein Stadium vermeintlich aussteigenden Secretionsstroms, d. h. negativer Schwankung des Ruhestroms, erklären.

5. Verrichtungen und Schicksale der Secrete.

Während einige Secrete nur die Bestimmung haben, den Organismus von gewissen Auswurfsstoffen zu befreien (z. B. der Harn), leisten die meisten in oder an dem Organismus gewisse Dienste, theils mechanischer, theils chemischer Natur. So wirken die meisten Verdauungssecrete auflösend oder chemisch umwandelnd auf die Nahrung, der Schleim der verschiedenen Schleimhäute erhält dieselben schlüpfrig und erleichtert die Fortbewegung des Inhalts, der Schweiss kühlt durch seine Verdampfung den Körper ab, die fettigen Secrete scheinen für die Erhaltung gewisser Horngebilde von Wichtigkeit, und nützen an manchen Stellen, indem sie die Benetzung mit Wasser hindern (z. B. zur Zurückhaltung der Thränen auf der Conjunctiva; an den Federn der Schwimmvögel). Eine dritte Reihe von Secreten steht mit der Fortpflanzung in Beziehung und dient zur Hervorbringung und zur ersten Ernährung der Embryonen und Jungen.

Die Substanz der direct nach aussen entleerten Secrete ist definitiv ausgeschieden; dagegen können die auf Schleimhäute sich ergiessenden Secrete zum Theil noch einmal durch Aufsaugung in die Säfte zurückkehren; der Rest wird durch Muskel- oder Flimmerbewegung den natürlichen Oeffnungen zugeführt und entleert.

II. Die einzelnen Drüsenabsonderungen.
A. Die Verdauungssäfte.
1. Der Speichel und der Mund- und Rachenschleim.

In der Mundhöhle befindet sich stets Mundspeichel, eine schwach trübe, etwas fadenziehende, alkalische Flüssigkeit, von niedrigem specifischem Gewicht (1,002—1,009). Die Trübung rührt von morphologischen Bestandtheilen her: 1. Mundepithelien, platte grosse Zellen, zuweilen noch in natürlichem Zusammenhang; 2. Speichel- oder Schleimkörperchen, runde kleine Zellen mit körnigem Inhalt; die Körner zeigen Molecularbewegung.

Die chemischen Bestandtheile des Mundspeichels sind: 1. Wasser; 2. Salze, besonders Chlorkalium, Chlornatrium und phosphorsaures Natron; 3. Spuren von Eiweiss; 4. Mucin; 5. ein diastatisches Ferment (Leuchs, 1831), als Ptyalin bezeichnet; 6. Rhodanverbindungen (Treviranus, 1814), häufig fehlend; 7. Gase, besonders Kohlensäure (Pflüger). — Vermöge des Ptyalins verwandelt der Speichel Stärke, besonders in gequollenem Zustande (Kleister), in Zucker (Näheres bei der Magenverdauung).

Das Ptyalin kann durch mechanisches Niederreissen mittels eines Niederschlages von Kalkphosphat isolirt werden (Cohnheim). Das Rhodankalium (p. 17), an der blutrothen Färbung mit Eisenchlorid erkennbar, fehlt im menschlichen Speichel häufig, und im Thierspeichel meistens, so dass Manche seine Gegenwart pathologischen Mundaffectionen (Catarrhe, Zahncaries) zuschreiben.

Der Mundspeichel ist ein Gemisch der Secrete der Parotiden, Submaxillar- und Sublingualdrüsen, und des Mundschleims, welcher von zahllosen Schleimdrüsen der Mundhöhle gebildet wird, und dem Rachen- und Nasenschleim anscheinend gleich ist.

Die Drüsenspeichel (aus Fisteln, p. 129, gewinnbar, Parotidenspeichel beim Menschen auch aus der natürlichen Oeffnung des Ductus Stenonianus) sind dem Mundspeichel mit Ausnahme des fehlenden Mundepithels in jeder Hinsicht ähnlich, nur im Mucingehalt verschieden. Der Parotidenspeichel ist am wenigsten schleimhaltig. Bei den Drüsenspeicheln fehlt zuweilen das zuckerbildende Ferment, noch häufiger das Rhodankalium.

Der Mundschleim und die übrigen Schleimarten sind schwer zu gewinnen (ersterer bei Thieren nach Unterbindung aller Speichelgänge); ihr Hauptbestandtheil ist Mucin.

Für die quantitative Zusammensetzung mögen folgende Analysen (von Bidder & Schmidt, No. 2 nach Hoppe-Seyler) angeführt werden (in 1000 Theilen):

	1. Mundspeichel. Mensch.	2. Parotidenspeichel. Mensch.	3. Submaxillarspeichel. Hund.	4.	5. Mundschleim. Hund.
Wasser	995,16	993,16	991,45	996,04	990,02
Feste Bestandtheile	4,84	6,84	8,55	3,96	9,98
organisirte	1,62	—	—	—	—
organische	1,34	3,44	2,89	1,51	3,85
unorganische	1,82	3,40	5,66	2,45	6,13

Ueber die genauere Zusammensetzung menschlichen Speichels giebt folgende Tabelle (nach Hammerbacher) Aufschluss; der Speichel enthielt 5,797 p. m. feste Bestandtheile.

In 100 Theilen fester Bestandth.:
Epithel und Mucin . . 37,985
Ptyalin und Albumin . 23,978
Anorganische Salze . . 38,037
Rhodankalium 0,707

In 100 Theilen Asche:
KCl 38,006
K_2SO_4 13,908
K_3PO_4 21,278
Na_3PO_4 16,917
$Ca_3P_2O_8$ 9,246
$Mg_3P_2O_8$ 0,338

Absonderung des Speichels und Schleims.

Aus Speichelfisteln fliesst in der Regel kein Secret aus, wenn nicht die Mundschleimhaut durch Geschmacks- oder mechanische Reizung erregt wird; ausser dieser reflectorischen Secretion soll noch eine associirte bei Kaubewegungen vorkommen. Die reichliche Speichelsecretion beim Uebelsein (Nausea) wird als Reflex vom Magen betrachtet. Der Schleim scheint beständig abgesondert zu werden, ebenso der Parotidenspeichel des Schafs (Eckhard).

Die secretorischen Nerven verlaufen vom Gehirn: für die Submaxillar- und Sublingualdrüse durch den Facialisstamm, die Chorda tympani, den R. lingualis trigemini und einen von diesem zu beiden Drüsen abtretenden Zweige, welcher wesentlich aus Chordafasern besteht (Schiff, Bernard); für die Parotis durch den Glossopharyngeus, den Nervus Jacobsonii, den Petrosus superficialis minor, das Ganglion oticum und den Auriculotemporalis (Bernard, Nawrocki, Eckhard). Ausserdem erhalten alle Speicheldrüsen mit ihren Gefässen sympathische Fasern, welche vom Halssympathicus, also vom Rückenmark kommen.

Reizung der cerebralen Absonderungsnerven liefert, wenigstens an den unteren Speicheldrüsen, einen reichlichen und dünnflüssigen, Reizung der sympathischen einen spärlichen und zähen Speichel (Eckhard). Erstere erweitern und letztere verengen die Drüsengefässe (Bernard). Die reflectorische Secretion erfolgt nur durch die cerebralen Nerven. Die Absonderung ist mit einer Temperaturerhöbung verbunden; das Secret ist bis 1,5° wärmer als das Carotidenblut (Ludwig). Verschliesst man die Canüle durch ein Manometer, so steigt dessen Druck weit über den arteriellen Blutdruck, selbst den der Carotis (Ludwig).

Die letzteren Thatsachen sind schon oben (p. 130) verwendet worden, um zu zeigen, dass die Secretion nicht auf Filtration, sondern auf complicirten Zellfunctionen beruht. Die Gefässveränderungen sind nur Begleiterscheinungen; so lässt Atropin, welches die Secretion aufhebt (Keuchel), die Gefässveränderungen bestehen (Heidenhain). Ferner bleibt die Secretion auf Nervenreizung auch noch nach Aufhebung des Blutstroms bestehen (Ludwig, Giannuzzi).

Bei der Secretion finden morphologische Veränderungen in den Drüsenzellen statt. Bezüglich derselben sind zwei Arten von Drüsen zu unterscheiden (Heidenhain): 1. Eiweissdrüsen; sie liefern ein schleimfreies Secret; hierher gehört die Parotis, bei manchen Thieren (Kaninchen) auch die Submaxillardrüse, ferner ein Theil der sog. Schleimdrüsen der Mundhöhle; 2. Schleim bereitende Drüsen, welche ein mucinhaltiges Secret liefern; hierher gehören die übrigen Speichel- und Schleimdrüsen. Die ersteren enthalten in ihren Acinis nur Protoplasmazellen, die letzteren neben denselben hellere Schleimzellen mit Fortsätzen. Die Protoplasmazellen sind in den Schleim bereitenden Drüsen häufig in einer besonderen halbmondförmigen (Giannuzzi) oder circulären Randschicht des Acinus angeordnet. Manche Drüsen enthalten Acini beider Drüsenformationen. — Bei der Secretion der Schleimdrüsen gehen die Schleimzellen zu Grunde, ihr Inhalt geht in das Secret über, während durch Wucherung der Protoplasmazellen und schleimige Metamorphose ihres Inhalts ein Ersatz stattfindet. Stark thätig gewesene Drüsen enthalten nur Protoplasmazellen, von denen die Acini ganz erfüllt sind. Die Speichelkörperchen sind wahrscheinlich abgelöste junge Protoplasmazellen. Jedoch ist neuerdings eine Auswanderung farbloser Zellen aus den Tonsillen beobachtet, welche hier in Betracht kommen könnte (Stöhr; vgl. Cap. IV.). Auch in den Eiweissdrüsen finden Veränderungen der Zellen statt, welche auf Bildung eiweissartiger löslicher Stoffe aus dem Protoplasma und Wegführung derselben in das eiweisshaltige Secret hindeuten (Heidenhain).

Während der Absonderung und bei Veränderungen der Absonderungsgeschwindigkeit durch die Reizstärke ändert sich der Wasser- und Salzgehalt in ganz andrer Weise als der Gehalt an organischen Bestandtheilen, welcher letztere an der frischen Drüse rascher wächst als der Wassergehalt, während an der ermüdeten das Umgekehrte der Fall ist. Man schliesst hieraus, dass die absondernden Nerven zwei Gattungen von Fasern enthalten: „secretorische", welche die Abscheidung des Wassers und der Salze aus dem Blute (in einer noch nicht aufgeklärten Weise) bewirken, und „trophische", welche die angeführten Processe in den Zellen hervorrufen (Heidenhain).

Nach Durchschneidung der Absonderungsnerven beginnt die Drüse nach einiger Zeit beständig zu secerniren (paralytische Secretion, Bernard) und verfällt dann einer Degeneration. Vermuthlich ist jene Secretion Wirkung einer degenerativen Erregung, wie sie auch an gelähmten Muskeln vorkommt (s. die Muskelphysiologie).

Das Centralorgan für die Speicheldrüsen liegt im verlängerten Mark, sowohl für die cerebralen, als für die sympathischen Fasern (Bernard, Eckhard & Loeb, Grützner & Chlapowski). Reflectorisch wird dasselbe erregt (s. oben) von den sensiblen und Geschmacksnerven des Mundes und Rachens, sowie vom Vagus. Ferner macht Reizung gewisser Grosshirnbezirke (s. Centralorgane) Speichelsecretion. Die Bedeutung des Ganglion submaxillare ist noch nicht festgestellt.

Die in 24 Stunden secernirte Speichelmenge wird sehr verschieden geschätzt ($1/2$—2 Kgrm.). Die flüssigen Bestandtheile des Speichels werden vermuthlich mit Ausnahme des Mucins grossentheils im Verdauungscanale wieder resorbirt.

2. Der Magensaft.

Das Secret der Magenschleimhaut gewinnt man aus Magenfisteln (p. 129) nur auf Reizung, am besten mechanische, der Schleimhaut; der nüchterne Magen enthält keinen vorräthigen Saft. Der Magensaft ist eine farblose, klare, saure Flüssigkeit von 1,001—1,010 spec. Gewicht, ohne morphologische Bestandtheile. Die hauptsächlichsten chemischen Bestandtheile des Magensaftes sind mehrere Fermente (vgl. Verdauung), von denen zwei bisher isolirt sind:

1) Das *Pepsin* (Schwann), ein Eiweiss und Leim verdauendes Ferment;

2) das *Labferment* (Hammarsten, A. Schmidt), ein Milch coagulirender Körper.

3) Die *freie Säure* des Magensaftes ist Salzsäure (Prout, 1834). Von sonstigen Bestandtheilen ist noch Wasser, Salze und unbedeutende organische Beimengungen, namentlich Pepton anzuführen.

Auf Grund ungenügender qualitativer Reactionen wird die Identität der freien Säure des Magensafts mit Salzsäure häufig bestritten; bewiesen ist sie dadurch, dass die Chlormenge des Saftes grösser ist als das Aequivalent sämmtlicher in ihm enthaltenen Basen (C. Schmidt).

Ueber die quantitative Zusammensetzung (p. mille) giebt folgende Tabelle eine Uebersicht (Bidder & Schmidt):

Magensaft des	Menschen.	Hundes.		Schafes.
Wasser	944,4	973,1	971,2	986,1
Salzsäure	0,2	3,3	2,4	1,2
Organ. Bestandth. (Pepsin etc.)	3,2	17,1	17,3	4,1
Salze	2,2	6,5	9,1	8,6

Bei Thieren ist der Magensaft etwas fadenziehend, was auf einen Schleimgehalt schliessen lässt, obwohl Essigsäure keine Fällung giebt. Der nüchterne Magen, welcher, wie schon bemerkt, keinen Magensaft enthält, zeigt beim Hunde eine mit Schleim bedeckte Schleimhaut.

Alles Weitere über die verdauenden Wirkungen des Magensaftes und die Einflüsse auf dieselben s. bei der Lehre von der Magenverdauung.

Absonderung des Magensaftes.

Der eben erwähnte Magenschleim scheint beständig abgesondert zu werden, und zwar von dem cylindrischen Epithel der Magenschleimhaut, welches sich allmählich durch jungen Nachwuchs regenerirt; der Absonderungsprocess ist noch nicht hinreichend bekannt.

Der Magensaft wird von zwei Drüsenarten geliefert: 1. Pylorusdrüsen, die blasse Pylorusregion einnehmend, cylindrische, am Grunde zum Theil etwas verzweigte, mit cylindrischen Zellen ausgekleidete Schläuche; 2. Fundusdrüsen, im grösseren, röthlichen Theil der Schleimhaut, cylindrisch, am Grunde verzweigt, und mit zwei Zellenarten versehen: a. die Hauptzellen (Heidenhain) oder adelomorphen Zellen (Rollett), in allen Theilen der Drüse, und im Drüsenhalse ausschliesslich, vorhanden; cylindrisch, den Zellen der Pylorusdrüsen ähnlich; b. die Belegzellen (Heidenhain) oder delomorphen Zellen (Rollett), früher Labzellen genannt, rundlich, im Drüsenkörper zwischen die Hauptzellen eingeschoben.

Die Absonderung des sauren Magensaftes ruht bei leerem Magen (bei langem Hungern tritt sie spärlich ein, Heidenhain); sie erfolgt durch den mechanischen Reiz eingeführter Speisen oder Speichels, wird aber anscheinend erst mit dem Beginn der Resorption reichlich, unter Röthung (Gefässerweiterung) der Schleimhaut. Ein Einfluss äusserer Nerven (Vagi, Sympathicus) ist nicht nachweisbar, die Absonderung rührt also von eigenen Centren der Magenwand oder von directer Reizung der Drüsen her.

Von den Bestandtheilen des Magensaftes enthält die Schleimhaut die **Fermente vorräthig**, so dass sich durch Extraction derselben mit Wasser oder Glycerin (v. Wittich) ein wirksamer **künstlicher Magensaft** bereiten lässt, wenn man dem Extracte Säure hinzufügt; angesäuertes Wasser erleichtert die Extraction. In Milch bewirkt die Magenschleimhaut ohne Weiteres Coagulation. Die **freie Säure** entsteht erst durch den Absonderungsreiz.

Die Zellen der Magendrüsen ändern bei der Absonderung ihr Aussehen. Die Hauptzellen (und Pyloruszellen) sind im Hungerzustand am grössten, verkleinern und trüben sich während der Absonderung mehr und mehr; umgekehrt sind die Belegzellen im Hungerzustand klein, und schwellen während der Absonderung an (Heidenhain u. A.). Durch Isolirung der Pylorusportion lässt sich nachweisen, dass dieselbe einen nicht sauren, aber pepsinhaltigen Magensaft absondert. Da nun ausserdem Schichtschnitte der Fundusschleimhaut um so leichter mit Salzsäure einen wirksamen Magensaft liefern, je mehr Hauptzellen sie enthalten, und die Hauptzellen mit Salzsäure in der Wärme schnell zerfallen, so ist es höchst wahrscheinlich, **dass die Hauptzellen das Pepsin liefern; so dass für die Belegzellen die Bildung der Säure anzunehmen ist** (Heidenhain, Ebstein & Grützner, Klemensiewicz). Früher wurde den Belegzellen oder Labzellen die ganze Magensaftbildung, und den Pylorusdrüsen nur Schleimabsonderung zugeschrieben, eine Ansicht, welche noch Vertreter hat.

Die Quelle der Bestandtheile des Magensafts ist nicht bekannt; Zellprocesse spielen hier eine noch nicht aufgeklärte Rolle. Für die Salzsäure müssen die Chloride des Blutes als Quelle angesehen werden, nach deren Entziehung in der Nahrung die Säurebildung aufhört (Voit). Die Abscheidung der freien Säure aus alkalischem Material ist ein besonders räthselhafter Vorgang. Da zerriebene Magenschleimhaut freie Milchsäure entwickelt (Brücke), letztere aber Chloride zersetzen kann (Mulder, Maly), so ist ein möglicher Weg angedeutet. Wenn ferner im Blute (vermöge der freien Kohlensäure) saures Natriumphosphat vorhanden ist, so könnte aus ihm und den Chloriden etwas freie Salzsäure entstehen und diese sehr leicht diffundirende Substanz die Quelle der Magensäure sein (Maly). Ausserdem scheint auch Kohlensäure, reichlich durchgeleitet, Chloride etwas zu zersetzen (H Schulz). — Der Umstand, dass Salzsäure leichter Pepsin extrahirt als Wasser (s. oben), deutet darauf hin, dass das Pepsin nicht als solches in den

Drüsen vorräthig ist, sondern eine pepsinogene Substanz (Ebstein & Grützner). — Die Behauptung, dass die Fähigkeit zur Magensaftbildung an die Zufuhr gewisser die Drüsen „ladender" Substanzen, z. B. Dextrin, gebunden sei (Schiff), wird vielfach bestritten.

Der abgesonderte Magensaft wird im Darme vermuthlich grossentheils wieder resorbirt. Man findet daher geringe Mengen von Pepsin in verschiedenen Körperflüssigkeiten, z. B. im Parenchymsaft der Muskeln, im Urin (Brücke). Die Säure des Magensaftes wird durch die alkalischen Darmsecrete neutralisirt. Wird dies verhindert (z. B. durch Ausfluss des Magensafts aus Fisteln), so wird der Harn alkalisch (Maly). Ueber die secernirten Mengen existiren weder brauchbare Bestimmungen noch Schätzungen.

3. Die Galle.

Die Galle ist eine stark gefärbte, intensiv bittere, fadenziehende, zuweilen dickflüssige, neutrale Flüssigkeit von schwachem eigenthümlichen Geruch; spec. Gewicht 1,01—1,04. Sie ist, wenn sie aus der Gallenblase entnommen wird, durch beigemischten Schleim aus deren Drüsen meist zähflüssiger und häufig alkalisch. Die Farbe ist grünlich gelb, grünlich braun, auch rein grün oder braun.

Mit Ausnahme des Mucins sind die Bestandtheile der eingedampften Galle in Alkohol löslich, die Lösung giebt, nach Entfärbung mit Thierkohle, mit Aether einen harzigen, sehr langsam krystallinisch werdenden Niederschlag, die krystallisirte Galle (Platner), welcher aus zwei in Wasser leicht löslichen, bitteren Salzen besteht und die Hauptmasse der festen Bestandtheile ausmacht.

1. Das *glycocholsaure* und *taurocholsaure Natron* (Strecker), die eben erwähnten Gallensalze (vgl. p. 25, 26), sind in verschiedenen Verhältnissen gemischt. Meist überwiegt das S-haltige taurocholsaure Salz; am stärksten ist der S-Gehalt bei Hund, Bär, Gans, Fischen, Schlangen, gering beim Rind, noch geringer bei Mensch und Schwein. Bei Gans, Schwein etc. sind besondere Cholalsäuren vorhanden (vgl. p. 16). Die Lösungen der gallensauren Salze verhalten sich gegen Fette ähnlich den Seifenlösungen.

2. Die *Gallenfarbstoffe* (p. 30 besprochen) sind in der Galle nur in geringen Mengen enthalten, viel reichlicher in gewissen Gallensteinen, in welchen sie mit alkalischen Erden verbunden und erst nach Einwirkung von Salzsäure extrahirbar sind. Die braunen Gallen

werden durch oxydirende Einwirkungen grün, anscheinend durch Oxydation von Bilirubin zu Biliverdin.

3. Das *Cholesterin* (Gren, 1788; vgl. p. 17), ebenfalls in gewissen Gallensteinen reichlicher enthalten, ist in der Galle anscheinend durch die gallensauren Salze gelöst.

Von sonstigen Bestandtheilen enthält die Galle Wasser, Salze, Gase (besonders Kohlensäure), geringe Mengen von Lecithin (durch seine Zersetzungsproducte, Glycerinphosphorsäure und Cholin, nachweisbar), Harnstoff, Zucker, Fetten und Seifen, auch ein zuckerbildendes Ferment (J. Jacobson, v. Wittich); manche zufällig genossene Substanzen erscheinen in der Galle wieder.

Beispiele der quantitativen Zusammensetzung sind folgende:

In 1000 Theilen sind:	Mensch. 1.	Mensch. 2.	Mensch. 3.	Hund.
Wasser	860,0	822,7	908,8	?
Glycochols. Natron	} 102,2	107,9	21,0	—
Taurochols. „			7,5	119,6
Mucin	} 26,6	22,1	24,8	4,5
Farbstoffe			?	?
Cholesterin	1,6	} 47,3	2,5	4,5
Fette und Seifen	} 3,2		} 13,4	60,0
Lecithin				26,9
Salze	6,5	10,8	?	2,0
Autor	Frerichs.	v. Gorup-Bes.	Trifanowski.	Hoppe-Scyler.

Ueber die Wirkungen der Galle s. unter Verdauung.

Absonderung der Galle.

Die Galle fliesst aus dem Ductus hepaticus, dem Ausführungsgang der Leber. Die Zweige desselben, die Gallencanäle, verlaufen mit den ebenfalls in den Hilus eintretenden blutzuführenden Gefässen (Leberarterie und Pfortader) interlobulär, und endigen in einem mit Epithel ausgekleideten, die Acini umspinnenden Netzwerk. Durch Injection der Gallencanäle füllt sich aber noch ein feineres Netz von im Acinus selbst liegenden Canälen (Gallencapillaren), deren Einmündung in die interlobulären Gallengänge noch dunkel ist. Die Wand dieser Capillaren wird von den blassen polygonalen Leberzellen gebildet, welche den ganzen Acinus, so weit die Capillaren Raum lassen, erfüllen. Die Capillaren bilden ein dichtes, radialmaschiges Netzwerk, welches das Blut aus den interlobulären Gefässen, also von der Peripherie des Acinus, nach dem im Centrum desselben als Vena intralobularis entspringenden Lebervenenzweige führt.

Die Bildung der Galle geschieht beständig. Ihre wesentlichen Bestandtheile entstehen erst in der Leber; das normale Blut, auch das der Leber zuströmende, enthält weder für gewöhnlich, noch nach Unterbindung oder Exstirpation der Leber Gallenbestandtheile. Nur bei behindertem Abfluss der Galle aus der Leber (Verschluss der Ausführungsgänge) wird das Blut gallehaltig, die Gewebe färben sich gelb (Gelbsucht, Icterus), und der grünlichbraune Harn, durch welchen die aus der Leber resorbirte Galle zur Ausscheidung kommt, enthält Gallenfarbstoffe und Gallensäuren.

Schon bei mässigem Druck in den verschlossenen Gallenwegen tritt die Resorption ein (beim Meerschweinchen etwa 200 mm. Galle, Friedländer & Barisch). Auch andre unter solchem Druck in die Gallenwege gebrachte gefärbte Substanzen, z. B. indigschwefelsaures Natron, werden resorbirt und färben Gewebe und Harn. Die Acini färben sich dabei nicht und die gleich darauf secernirte Galle ist ebenfalls ungefärbt; die Resorption in der Leber geschieht also nicht in den Acinis, sondern in den gröberen Gallenwegen, und zwar durch Vermittlung der Lymphgefässe (Heidenhain).

Von welcher der beiden in die Leber gelangenden Blutarten das Material zur Gallenbereitung vorzugsweise geliefert wird, ist ungewiss; nach den Einen (Oré, Frerichs u. A.) hebt die Unterbindung oder Obliteration (Kottmeyer) der Leberarterie die Gallensecretion auf, nicht aber die der Pfortader, andere Untersuchungen (Schiff) gaben ein entgegengesetztes Resultat. Nach neuerer Angabe (Cohnheim & Litten) versorgt die Leberarterie als ernährendes Gefäss nur Gallengänge und Bindegewebe mit Capillaren, die dann in die Vv. interlobulares einmünden; nur die Pfortader versorgt direct die Acini, ist also wohl das functionelle Gefäss. Aber es steht nicht einmal fest, ob überhaupt die Acini und Leberzellen als Sitz der Gallenbildung anzusehen sind, da die Leber noch beträchtliche andere Functionen hat (s. d. folgende Cap.), und in den Leberzellen sich keine Gallenstoffe nachweisen lassen. Zwar verändert sich das Aussehen der Zellen wesentlich in der Verdauung (Heidenhain & Kaiser), was aber nichts für Zusammenhang mit der Gallenbildung beweist. Manche verlegen letztere in die Zellen der Gallencanäle.

Die Gallenbildung ist wie die meisten Secretionen eine Zellfunction, anscheinend mit Oxydation verknüpft, denn das Lebervenenblut ist beträchtlich wärmer als das zufliessende (Bernard), auch ist die

Galle sehr reich an Kohlensäure (Pflüger). Die Wasserabscheidung ist keine Filtration, da der Druck in den Gallenwegen (s. oben) bei fortbestehender Secretion höher steigen kann als der Pfortaderdruck. Vollends muss der Druck in den Lebercapillaren ungewöhnlich niedrig sein, da das Pfortaderblut schon ein Capillargebiet passirt hat. Der chemische Ursprung der specifischen Gallenbestandtheile lässt sich nur für den Farbstoff angeben, welcher sicher vom Blutfarbstoff stammt. Der Ursprung der Cholalsäure ist vollkommen unbekannt. Die Angaben über Unterschiede des Pfortader- und Lebervenenblutes haben sich nicht bestätigt, und könnten, wegen der anderen Functionen der Leber, gar nicht einmal zur Ermittelung der chemischen Quellen der Galle verwerthet werden.

Die Bildung des Gallenfarbstoffs aus Blutfarbstoff wird bewiesen 1. durch die Identität (Virchow, Valentin, Jaffé), oder wenigstens grosse Aehnlichkeit (Städeler & Holm) des Bilirubins mit Hämatoidin, einem rothgelben krystallinischen Farbstoff, der sich in hämorrhagischen Heerden findet, 2. durch das Auftreten von Gallenfarbstoff im Harn, sobald freier Blutfarbstoff im Blute ist, z. B. nach Injection von Wasser (M. Herrmann), gallensauren Salzen (Kühne, vgl. p. 43), oder Hämoglobinlösungen (Tarchanoff) in die Gefässe. Bei diesen Versuchen gehen die Thiere leicht durch Blutgerinnung zu Grunde; der Harn wird anfangs hämoglobinhaltig, der grössere Theil des gebildeten Bilirubins geht in die Galle über (Schiff, Tarchanoff). Die Beweiskraft dieser Versuche für eine Bilirubinbildung im Blute aus Hämoglobin wird jedoch vielfach angezweifelt.

Die Menge der gebildeten Galle kann nur durch Fisteln gemessen werden, und auch hier nicht genau, weil der Abfluss der Galle nach Aussen statt in den Darm die Absonderung vermindert (vielleicht weil ein Theil der Galle im Darm resorbirt und in der Leber wieder ausgeschieden wird, Schiff). Die Absonderung ist von der Nahrung in hohem Grade abhängig, wird gesteigert durch Wassertrinken (wobei die Galle wasserreicher ist), ferner durch Fleischkost, weniger durch Vegetabilien, gar nicht durch Fettgenuss; sehr verringert wird sie beim Hungern. Das Maximum der Secretion fällt mehrere Stunden nach der Nahrungsaufnahme, um so später, je reichlicher die Mahlzeit war (Béchamp). Nervöse Einflüsse auf die Gallenbildung sind noch wenig bekannt; Reizung des Rückenmarks oder des Splanchnicus vermindert die Secretion (Heidenhain, J. Munk), was auf vasomotorischem Wege erklärbar ist, zumal auch andere Veränderungen des Blutdrucks in der Leber entsprechende Aenderungen der Gallenmenge nach sich ziehen (Heidenhain). Eigentliche secretorische Nerven sind also nicht nachgewiesen.

Die absoluten Gallenmengen ergeben sich aus folgender Zusammenstellung (nach Heidenhain):

1 Kilo Thier liefert in 24 Stunden in grm.

	Katze.	Hund.	Schaf.	Kaninchen.	Meerschweinchen.	Mensch.
Flüssige Galle ..	14,5	20,0	25,4	136,8	175,8	8,83—20,11
Trockner Rückstd.	0,8	1,0	1,3	2,5	2,2	0,25— 0,8

Die 24stündige Menge für den Menschen wurde in einzelnen Fällen direct zu 450—600 grm. gefunden Die Pflanzenfresser bilden relativ mehr Galle als die Fleischfresser, kleine Thiere mehr als grosse.

Die Entfernung der gebildeten Galle aus der Leber geschieht vermuthlich durch das mechanische Nachrücken des Secrets, unterstützt durch die Compression der Leber bei der Inspiration, die aus Fisteln ausfliessenden Gallenmengen vermindern sich daher bei der verlangsamten Respiration nach Vagusdurchschneidung; die Entleerung der Gallenblase aber und der grossen Gallengänge geschieht wahrscheinlich durch eine gleichzeitig mit den Darmbewegungen eintretende Contraction ihrer glatten Muskelfasern (Heidenhain).

Durch Rückenmarkreizung kann man letztere künstlich herbeiführen; dieselbe wirkt daher anfangs gallenaustreibend; bald aber tritt durch vasomotorische Abnahme der Secretion (s. oben) Verminderung des Ausflusses ein; beide Nervengattungen verlaufen im Splanchnicus (J. Munk).

Ueber das Schicksal der Galle im Darm s. unter Verdauung.

4. Der Bauchspeichel oder Pancreassaft.

Aus frisch angelegten Fisteln des Wirsung'schen Ganges erhält man eine klare, zähe, alkalische, fäulnissfähige Flüssigkeit, vom spec. Gew. 1,03, welche beim Kochen vollkommen fest wird. Wird die Fistel unterhalten, so wird das Secret dünnflüssiger (spec. Gew. 1,01) und eiweissärmer, anscheinend wegen Veränderung der Drüse.

Die Bestandtheile des Bauchspeichels sind: 1. Eiweiss, 2. eine Anzahl Fermente, 3. Salze, besonders Natronsalze, 4. Wasser. Spurweise kommen auch Producte der Selbstverdauung des Saftes, besonders Leucin, vor.

Die Fermente des Bauchspeichels und deren Wirkungen können, da die ersteren aus der Drüse selbst sich extrahiren lassen (s. unten), auch durch Digestion der Objecte mit der zerkleinerten Drüsensubstanz und Wasser, am besten unter Zusatz von Alkali (Soda), bei Körper-

144   Bauchspeichel. Darmsaft.

temperatur untersucht werden. Das Nähere ist bei der Verdauung angegeben.

1000 Theile Bauchspeichel vom Hunde enthalten (Bidder & Schmidt):

	aus frischer Fistel:	aus bestehender Pistel:
Wasser	900,8	976,8 — 984,6
Feste Bestandtheile	99,2	23,2 — 15,4
organische ..	90,4	16,4 — 9,2
unorganische .	8,8	6,8 — 6,1

Absonderung des Bauchspeichels.

Das Pancreas sondert bei Pflanzenfressern beständig, bei Fleischfressern nur während der Verdauung ab (Heidenhain). Die Fermente sind stets in der Drüse vorräthig, das Trypsin (s. Verdauung) jedoch nur in einer Vorstufe, einem sog. Zymogen, welches durch Spaltung Trypsin liefert (Heidenhain); diese Spaltung wird bewirkt durch Liegen der Drüse an der Luft, Einwirkung von Sauerstoff, sehr verdünnten Alkalien, Säuren, Platinmoor, Alkohol etc. Während der Secretion verändern sich die Zellen der Drüsenschläuche unter Anschwellung der letzteren bedeutend (Heidenhain, Kühne & Lea). Die körnige Innenzone (mit Carmin sich nicht färbend) wird verbraucht, die streifige Aussenzone (färbbar) wandelt sich innen in körnige Substanz um, während sie aussen neue Substanz ansetzt. Die Secretion ist mit Gefässerweiterung verbunden (Bernard).

Die auf die Secretion einwirkenden Nerven sind nicht bekannt; sie scheinen von der Magenschleimhaut aus reflectorisch erregt zu werden, ähnlich wie die der Speicheldrüsen von der Mundschleimhaut (Ludwig); daher gehen Magensaft- und Pancreassecretion meist Hand in Hand (Bidder & Schmidt). Reizung des verlängerten Marks steigert den Ausfluss, vielleicht nur durch Contraction des Ganges (Landau). Reizung des centralen Vagusendes bringt die Secretion zum Stillstand (N. O. Bernstein); derselbe Stillstand erfolgt beim Erbrechen (Weinmann, Bernard). — Der Gehalt an festen Bestandtheilen ist der Secretionsgeschwindigkeit umgekehrt proportional (Weinmann), der Gehalt an Salzen aber ziemlich constant und gleich dem des Blutserums (N. O. Bernstein). — Die Secretionsmenge ist für den Menschen und die meisten Thiere unbekannt.

5. Der Darmsaft.

Darmsaft oder Darmschleim heisst das Secret der Darmschleimhaut. Dieselbe besitzt zwei Drüsenarten: die acinösen Brunner'schen im Duodenum, und die einfach tubulösen Lieberkühn'schen im ganzen Darm. Früher gewann man nur unreinen Darmsaft durch Darmfisteln bei Entziehung der Nahrung, durch Einlegen von Schwämmen, durch Abschluss der übrigen Secrete, die sich in den Darm ergiessen. Auch behalf man sich mit Extracten der abpräparirten Schleimhaut. In reinem Zustande lässt sich der Darmsaft nach folgender Methode gewinnen (Thiry): Einem Thiere wird ein Stück des Darms vom Reste abgetrennt, aber mit seinem Mesenterium in Verbindung gelassen; die beiden Enden des Restes werden mit einander vereinigt, so dass das Thier mit einem etwas verkürzten Darm am Leben bleibt. Das resecirte Stück wird am einen Ende verschlossen, das andere in die Bauchwunde eingenäht, durch welche es nun, ohne in seiner Ernährung und Absonderung gestört zu sein, sein Secret entleert. Man kann auch beide Enden des resecirten Stücks in die Bauchwunde münden lassen (Vella).

Der so gewonnene Saft ist dünnflüssig, hellgelb, stark alkalisch, eiweisshaltig, spec. Gew. 1,01. Ueber die Bestandtheile und Wirkungen ist nichts Sicheres bekannt; Näheres s. im Cap. IV.

Der Darmsaft des Hundes enthält 97,6 pCt. Wasser, 0,8 pCt. Eiweiss, 0,7 pCt. andere organische Stoffe, 0,09 pCt. Asche (Thiry).

Noch viel unvollkommener sind die Angaben über das Secret der Brunner'schen Drüsen; dieselben sind im Bau den Pylorusdrüsen sehr ähnlich und liefern ein stark schleimiges Secret. Die Extracte der Duodenalschleimhaut enthalten Pepsin (Grützner) und diastatisches Ferment (Middeldorpff, Krolow, Costa).

Absonderung des Darmsaftes.

Aus Thiry'schen Fisteln gewinnt man nur auf mechanische, electrische oder chemische Reizung der Schleimhaut Secret (13 bis 18 grm. auf 100 Qu.-cm. pro Stunde). Die Secretion scheint also sich wie die des Magens zu verhalten. Ein äusserer Nerveneinfluss ist bisher nicht bekannt. Abgebundene, noch ernährte Darmschlingen füllen sich mit einem anscheinend abnormen Secret, wenn ihre Nerven unterbunden sind (Moreau). Die Zellen der Darmdrüsen sind im Dünn- und Dickdarm wesentlich verschieden. Die ersteren sind einfache Protoplasmazellen, mit ähnlichem Saum wie das Darmepithel, die letzteren enthalten neben Protoplasmazellen zahlreiche Becherzellen, welche nach reichlicher Secretion verschwinden, und deshalb als ein Zustand der Mucinmetamorphose der gewöhnlichen Zellen betrachtet werden (Heidenhain, vgl. p. 135). Wahrscheinlich ist das Darmepithel, welches die gleichen Zellen besitzt, von ähnlicher secretorischer Function wie die Drüsen, welche einfache Einstülpungen desselben darstellen.

B. Der Harn.

Der menschliche Harn ist eine klare, in verschiedenen Nüancen gelbe, schwach saure Flüssigkeit von salzigbitterem Geschmack und aromatischem Geruch (spec. Gew. 1,005—1,030). Ein wenig Schleim aus den Schleimdrüsen der Ausführungsgänge, besonders der Blase, ist ihm beigemischt.

1. Die Zusammensetzung des Harns.

Die hauptsächlichsten Harnbestandtheile sind:
1. Wasser;
2. unorganische Salze, besonders Chlornatrium, saures Natriumphosphat, Natriumsulphat, Carbonate, unter den Basen auch Kalk und Magnesia;
3. Gase: hauptsächlich Kohlensäure, daneben viel Stickstoff;
4. Harnstoff;
5. Harnsäure, in Form neutraler Alkalisalze;
6. Hippursäure, kann fehlen (s. unten).

In kleineren Mengen finden sich:
7. Kreatinin;
8. Xanthin;
9. Sarkin (Hypoxanthin);
10. Ammoniak, frei und in Salzen, darunter oxalursaures Ammoniak (p. 24, Neubauer);
11. Harnfarbstoffe: Urobilin, Urohämatin, zuweilen Indigblau;
12. Indican (s. unten);
13. Oxalsäure, in Salzen.

Unter den drei organischen Hauptbestandtheilen wiegt bei den fleischfressenden Säugethieren wie beim Menschen der Harnstoff bedeutend vor, sehr wenig Harnsäure, beim Hunde Kynurensäure, keine, oder nach Anderen nur Spuren von Hippursäure; bei den Pflanzenfressern wenig Harnstoff, viel Hippursäure, keine Harnsäure; wandelt man gewaltsam die Nahrung um, so ändert sich dem entsprechend auch der Harn. Auch der menschliche Harn ändert mit der Nahrung seine Verhältnisse (s. unten); namentlich mehrt sich beim Genuss von Pflanzenkost die Hippursäure, schwindet dagegen bei blosser Fleischkost. Der breiige, gleich nach der Entleerung fest werdende Harn der Vögel, beschuppten Amphibien, Insecten u. s. w. besteht dagegen überwiegend aus Harnsäure oder harnsauren

Salzen, der Vogelharn enthält daneben auch Harnstoff, Ammoniak, Kreatin, Eiweiss etc. (Meissner).

Als inconstante, spurweise vorkommende, oder zweifelhafte Bestandtheile sind noch anzuführen: Alloxan, Allantoin, Taurin, Cystin, Leucin, Tyrosin, Paraxanthin ($C_{15}H_{17}N_9O_4$? Salomon), ein höheres Homologes des Harnstoffs (Amidopropionsäureamid, $H_2N.CO.CH_2.CH_2.NH_2$, Baumstark), Rhodankalium (Külz, Gscheidlen, vom Speichel herstammend), Traubenzucker (Brücke, von Vielen bestritten), Bernsteinsäure (Meissner), unterschweflige Säure (bei Fleischfressern, Schmiedeberg).

Ueber zufällige Harnbestandtheile s. unten.

Die quantitative Zusammensetzung des menschlichen Harns ergiebt sich aus folgenden Mittelzahlen (J. Vogel):

24stündige Menge 1500 grm.; spec. Gew. 1,020.

	in 24 Stunden grm.	in 1000 Theilen
Wasser	1440	960
Feste Bestandtheile	60	40
Harnstoff	35	23,3
Harnsäure	0,75	0,5
Chlornatrium	16,5	11,0
Phosphorsäure	3,5	2,3
Erdphosphate	1,2	0,8
Schwefelsäure	2,0	1,3
Ammoniak	0,65	0,4
Säuregrad als Oxalsäure ausgedrückt	3,0	2,0

Die Farbe des Harns variirt mit seiner Concentration, sie ist am dunkelsten in dem concentrirten Morgenharn (urina sanguinis), am hellsten in dem nach reichlichem Getränk gelassenen (urina potus).

Die saure Reaction rührt meist von dem Gehalt an saurem phosphorsaurem Natron her (Liebig); zuweilen ist der normale Harn alkalisch, nämlich nach dem Genuss von caustischen, kohlensauren oder pflanzensauren Alkalien (s. unten). Beim Stehen des Harnes tritt um so schneller, je höher die Temperatur, eine Fäulniss, die sog. alkalische Gährung ein, bei welcher hauptsächlich der Harnstoff sich in kohlensaures Ammoniak verwandelt und letzteres alkalische Reaction und üblen Geruch verursacht; zugleich entwickeln sich zahlreiche Organismen, unter welchen wahrscheinlich auch das Fäulnissferment sich befindet.

Vor der alkalischen Gährung scheidet der Harn Harnsäure und saure Urate ab, jedoch nicht wie früher angenommen wurde durch eine Säurebildung (saure

Gährung), sondern durch Umsetzung neutraler Urate mit sauren Phosphaten zu saurem Urat und neutralem Phosphat. Die saure Reaction nimmt nicht zu, sondern von Anfang an durch Harnstoffzersetzung ab (F. Hofmann, Röhmann).

Die Harne der Pflanzenfresser sind meist von Anfang an alkalisch, theils klar (Kuhharn), theils durch Kalksalze trüb (Pferdeharn). Bei der alkalischen Gährung trübt sich auch der menschliche Harn, theils durch die Organismen, theils durch Sedimente von harnsaurem Ammoniak, phosphorsaurer Ammoniak-Magnesia etc.

Zufällige Harnbestandtheile.

Der Harn enthält zahlreiche Substanzen nur dann, wenn gewisse Stoffe zufällig mit der Nahrung oder als Arznei etc. in den Körper eingeführt worden sind. Wie gewisse regelmässige Nährstoffe, z. B. Eiweiss, nach den Umsetzungen im Körper denselben hauptsächlich durch den Harn (als Harnstoff etc.) verlassen, so auch zahlreiche andere Substanzen.

Ein Theil der eingeführten Substanzen geht **unverändert** in den Harn über, andere mehr oder weniger **verändert**, oder in **Verbindung** mit anderen Producten des Organismus. Die Untersuchung dieser Veränderungen ist sowohl deshalb von Wichtigkeit, weil sie den Stoffwechsel genauer kennen lehrt, als auch deshalb weil sie über den Ursprung gewisser normaler Harnbestandtheile Aufschluss giebt. Dieser letztere Umstand rechtfertigt es, dass die bezüglichen Thatsachen beim Harn angeführt werden.

1. **Unverändert gehen in den Harn über:** Wasser, viele Salze, viele Alkaloide, Alkohol (nur zu einem kleinen Theil), manche Farbstoffe.

2. **Nur wenig verändert gehen über:** Gerbsäure (hydrolytisch gespalten als Gallussäure: $C_{14}H_{10}O_9 + H_2O = 2\,C_7H_6O_5$), Terpenthinöle (das gewöhnliche wird mit Veilchengeruch ausgeschieden), manche Farbstoffe.

3. **In höher oxydirtem Zustande gehen in den Harn über:** manche Oxydule als Oxyde; manche organische Säuren, wenn sie mit Alkalien verbunden sind, als Alkalicarbonat (wodurch der Harn alkalisch wird), z. B. Milchsäure, Bernsteinsäure, Weinsäure, Citronensäure, Aepfelsäure (Wöhler); Benzol als Phenol (Naunyn & Schultzen), zum Theil auch als Brenzcatechin und Hydrochinon (Nencki & Giacosa), Harnsäure zum Theil als Allantoin (Salkowski). Substanzen welche vollständig oxydirt werden, also in CO_2 und H_2O übergehen, liefern keinen besonderen Harnbestandtheil.

4. **Viele Substanzen verbinden sich** bei ihrem Durchgang

durch den Organismus mit Stoffwechselproducten desselben, namentlich mit Säuren (Amidosäuren), und gehen so in den Harn über. Der merkwürdigste und zuerst entdeckte Vorgang dieser Art ist die Paarung eingegebener Benzoësäure mit Glycin zu Hippursäure (Wöhler 1824). Ausser mit Glycin kommen Paarungen vor mit Cystin, Schwefelsäure, Cyansäure oder Carbaminsäure etc.

Paarungen mit Glycin. Hippursäure entsteht ausser durch Genuss von Benzoësäure auch durch solchen von Bittermandelöl (Benzaldehyd C_7H_6O), Phenylpropionsäure, Zimmtsäure (Phenylacrylsäure, $C_9H_8O_2$), Chinasäure (gesättigte Tetraoxybenzoësäure, $C_7H_{12}O_6$); ferner (Nencki & Giacosa) Aethyl- und Propylbenzol ($C_6H_5.C_2H_5$ und $C_6H_5.C_3H_7$); bei ersterem entsteht zunächst Acetophenon ($C_6H_5.CO.CH_3$). In allen diesen Fällen oxydirt sich die Seitenkette bis zu Carboxyl, so dass zunächst Benzoësäure entsteht (bei der Chinasäure ist die Oxydation tiefer gehend), an welche sich Glycin anlegt. Substituirte Benzoësäuren, z. B. Chlorbenzoësäure, Nitrobenzoësäure, Salicylsäure (Ortho-Oxybenzoësäure), Anissäure (Methylparaoxybenzoësäure), bilden die entsprechend substituirten Hippursäuren (Chlorhippursäure, Salicylursäure, Anisursäure). Aromatische Säuren mit zwei Carboxylen am Benzol, z. B. Phthalsäure (Benzol-Orthodiameisensäure, $C_6H_4(CO.OH)_2$), legen an beide Carboxyle Glycin an (Phthalursäure).

Die Hippursäure im Harn der Pflanzenfresser bildet sich höchst wahrscheinlich durch Genuss eines der Benzoësäure nahestehenden pflanzlichen Stoffes. Als solcher ist vielleicht die Cuticularsubstanz der Pflanzen zu betrachten, welche der Chinasäure in ihrer Zusammensetzung am nächsten zu stehen scheint (Meissner & Shepard); diejenigen Pflanzentheile, welche keine Cuticularsubstanz besitzen, z. B. die unterirdischen Pflanzentheile, enthülste Getreidekörner, geben keine Hippursäure. Gegen jene Annahme wird jedoch angeführt, dass mit verdünnter Schwefelsäure erschöpftes Heu keine Hippursäure liefert (Weiske). Uebrigens könnte auch aus Eiweisskörpern Hippursäure entstehen, da dieselben Benzolgruppen enthalten (vgl. Tyrosin etc.); jedoch liefert Tyrosin keine Hippursäure (s. unten).

Bei Vögeln paart sich dargereichte Benzoësäure nicht mit Glycin zu Hippursäure, sondern mit Ornithin (Diamidovaleriansäure, $C_5H_{12}N_2O_2$) zu Ornithursäure ($C_{19}H_{20}N_2O_4 = C_5H_{12}N_2O_2 + 2\, C_7H_6O_2 - 2\, H_2O$, Jaffé).

Paarungen mit Schwefelsäure. Im Pferdeharn findet sich reichlich Phenol (Städeler), wird jedoch erst durch Erhitzen mit Mineralsäuren, nicht mit Essigsäure, frei (Buliginski); es ist also als gepaarte Verbindung im Harn enthalten, und zwar als Phenolschwefelsäure, $HO.C_6H_4.SO_2.OH$ (Baumann). Auch dargereichtes, oder im Darm durch Fäulniss entstehendes Phenol (vgl. Cap. IV.) erscheint als Phenolschwefelsäure im Harn; diese findet sich daher besonders reichlich beim Pferde, dessen langer Darm die Fäulniss begünstigt (J. Munk), oder nach Unterbindung des Darms (Jaffé). Wie Phenol (und Benzol, vgl. oben), verhalten sich auch Brenzcatechin, Hydrochinon, Toluol, Kresol, Naphthalin, Indol und Scatol (Baumann mit Herter und Preusse, Jaffé). Die Indolschwefelsäure ist das Indican, welches durch Versetzen des Harns mit Chlorkalk und Salzsäure eine blaue Färbung liefert; es ist ebenfalls bei Darmstauungen besonders reichlich (Jaffé).

150 Paarungen mit Glycuronsäure, Mercaptursäure, Carbaminsäure etc.

Paarungen mit Glycuronsäure ($C_6H_{10}O_7$, eine dem Zucker nahestehende rechtsdrehende Säure) liefern Campher (Wiedemann, Schmiedeberg & H. Meyer), Chloral und Butylchloral (v. Mering & Musculus, Külz). Die gepaarten, rechtsdrehenden Säuren sind Campher-Glycuronsäure ($C_{16}H_{24}O_8$), Urochloralsäure ($C_8H_{11}Cl_3O_7$) und Urobutylchloralsäure ($C_{10}H_{15}Cl_3O_7$). Die beiden letzteren geben bei hydrolytischer Spaltung den betr. 3fach gechlorten Alkohol und Glycuronsäure ($C_8H_{11}Cl_3O_7 + H_2O = C_2H_3Cl_3O + C_6H_{10}O_7$).

Paarungen mit Mercaptursäure (dem Cystin verwandt) giebt Bromphenyl, nach dessen Darreichung Bromphenylmercaptursäure ($C_{11}H_{12}BrSNO_3$) im Harn erscheint (Baumann & Preusse, Jaffé). Dieselbe zerfällt in Essigsäure und Bromphenylcystin:

$$\begin{array}{cc} S-C_6H_4-Br & S-C_6H_4-Br \\ | & | \\ CH_3-C-CO-CH_2-CO-OH & CH_3-C-CO-OH \\ | & | \\ NH_2 & NH_2 \\ \text{Bromphenylmercaptursäure.} & \text{Bromphenylcystin (vgl. p. 26).} \end{array}$$

Durch Reduction lässt sich aus den genannten Körpern Phenylmercaptursäure, resp. Phenylcystin gewinnen.

Paarungen mit Carbaminsäure (p. 23) und Sulphaminsäure ($NH_2.SO_2.OH$) liefern Sarcosin (Schultzen, von Anderen bestritten) und Taurin (Salkowski); hierbei entstehen Sarcosincarbaminsäure oder Methylhydantoinsäure ($C_4H_8N_2O_3$), Sarcosinsulphaminsäure ($C_3H_8N_2SO_4$), Taurocarbaminsäure ($C_3H_8N_2SO_4$).

$$H_2N-CO-N\begin{array}{l}CH_3 \\ CH_2-CO-OH\end{array} \quad H_2N-SO_2-N\begin{array}{l}CH_3 \\ CH_2-CO-OH\end{array} \quad H_2N-CO-NH-CH_2-CH_2-SO_2-OH$$

Sarcosincarbaminsäure oder Methylhydantoinsäure (vgl. p. 25).   Sarcosinsulphaminsäure.   Taurocarbaminsäure.

Da die Carbaminsäure nicht mit Sicherheit im Organismus beobachtet ist, so kann man als das sich paarende Stoffwechselproduct ebenso gut Cyansäure (CO.NH)[*] betrachten, die sich von ersterer nur durch H_2O unterscheidet, und welche wenigstens künstlich mit Sarcosin und Taurin Methylhydantoinsäure resp. Taurocarbaminsäure liefert (Baumann, Salkowski). Aehnlich verhält sich Tyrosin (Jaffé), welches auch bei Einführung in den Organismus zum Theil als Tyrosinhydantoin oder Hydroparacumarsäure-Hydantoin ($C_{10}H_{10}N_2O_3$) im Harn erscheint (Blendermann). Die eben genannte Hydroparacumarsäure oder Paraoxyphenylpropionsäure ($HO.C_6H_4.CH_2.CH_2.CO.OH$), ein Fäulnissproduct des Eiweiss und Tyrosin (Baumann), sowie die entsprechende Essigsäure sind auch im Harn enthalten, und paaren sich zum Theil nach Oxydation der Seitenkette (s. oben) mit Glycin (Paraoxyhippursäure, Schotten, Salkowski).

Andere eingeführte Amidosäuren und Amide, sowie auch Ammoniak erscheinen grösstentheils als Harnstoff im Harn, so Glycin, Leucin, Asparaginsäure, Asparagin (Schultzen & Nencki, v. Knieriem). Auch dies kann als Paarung mit Carbaminsäure oder Cyansäure aufgefasst werden; hierfür spricht, dass die Einführung jener Stoffe den eigenen Eiweissumsatz des Körpers steigert (Salkowski). Ebenso der Uebergang von Amidobenzoësäure ($H_2N.C_6H_4.CO.OH$) in Uramidobenzoësäure ($H_2N-CO-NH-C_6H_4-CO-OH$, Salkowski). Dass

---

[*] Die sogenannte Cyansäure ist wahrscheinlich Isocyansäure $O=C=N-H$; in diesem Sinne ist auch p. 23 zu corrigiren; die Bildung des Harnstoffs aus isocyansaurem Ammoniak ist leichter verständlich, als aus wirklichem cyansaurem.

Ammoniaksalze in Harnstoff übergehen (was ebenfalls als Paarung mit Carbaminsäure aufgefasst werden kann), schliesst man aus der Zunahme des Harnstoffs bei Fütterung mit kohlensaurem oder pflanzensaurem Ammoniak (Feder & E. Voit), sowie aus der Harnstoffbildung in Blut, welches mit kohlensaurem Ammoniak versetzt durch die Leber geleitet wird (v. Schröder).

2. Die Absonderung des Harns.

Ursprung der Harnbestandtheile.

Der Harn wird in der Rindensubstanz der Niere, und zwar beständig, gebildet. Die Streitfrage, ob seine Bestandtheile im Blute präexistiren oder erst in der Niere aus anderen Blutbestandtheilen gebildet werden, ist, abgesehen von Wasser und Salzen, zunächst für den Harnstoff in ersterem Sinne entschieden. Das Blut enthält beständig Harnstoff und bei Vögeln auch Harnsäure, und zwar in genügender Menge, um den Harnstoffgehalt des Harns zu liefern; ausserdem ist der Harnstoffgehalt im Nierenarterienblute grösser als im Nierenvenenblute (Picard, Gréhant), und vermehrt sich nach Unterbindung oder Exstirpation der Nieren (Prévost & Dumas 1823, Meissner, Voit, Gréhant). Aehnliche Beobachtungen existiren für die Harnsäure, deren Anhäufung nach Nierenexstirpation bei Schlangen und Vögeln ohne weiteres sichtbar ist, da sie wegen ihrer Unlöslichkeit weisse Incrustationen bildet (Meissner, Pawlinoff, v. Schröder). Dagegen wird die Hippursäure in der Niere selbst gebildet; sie fehlt meist im Blute (Meissner & Shepard), und die Niere vermag Benzoësäure und Glycin, wenn Sauerstoff zugegen ist, zu Hippursäure zu verbinden, mögen dieselben dem Blute beigemischt sein oder mit Nierensubstanz digerirt werden (Bunge & Schmiedeberg, Kochs). Ob der Harnfarbstoff im Blute präexistirt, ist sehr zweifelhaft. Abgesehen von der Hippursäurebildung, und vielleicht der Farbstoffbildung, hat also die Niere eine lediglich abscheidende Function. Die Entstehung der sauren Reaction muss auf ähnlichen Processen beruhen wie beim Magensaft (p. 138).

Die Hippursäurebildung geschieht in den obigen Versuchen auch ohne Zusatz von Glycin, wenn auch langsamer. Bei manchen Thieren enthält das Blut nach Nierenexstirpation Hippursäure; es muss also auch andre, vicariirende Bildungsstätten für letztere geben. — Der Harnfarbstoff wird nach der verbreitetsten Ansicht erst in der Niere gebildet (vgl. über die Verwandtschaft des Bilirubins mit Blutfarbstoff oben p. 49).

Die Nierenexstirpation tödtet die Thiere rasch, unter den noch nicht genügend erklärten Erscheinungen der Urämie. Bei Hunden tritt Erbrechen und Durchfall auf, durch welche grosse Wassermengen, und zwar stark ammoniakhaltig, entleert werden (Bernard & Barreswil); vermuthlich findet eine vicariirende Wasser- und Harnstoffausscheidung durch die Magen- und Darmschleimhaut statt, und eine Verwandlung des Harnstoffs in Ammoniumcarbonat; letzterem werden von Einigen die nervösen Erscheinungen der Urämie (Betäubung, Convulsionen) zugeschrieben, während andere den angehäuften Harnstoff, andere die Wasserretention beschuldigen.

Die Erscheinungen der Harnretention treten auch dann ein, wenn der schon gebildete Harn durch Verschluss der Abflusswege an der Ausscheidung gehindert wird. Namentlich wird bei Vögeln die Harnsäureretention durch Incrustationen sichtbar (s. oben), wenn die Harnleiter, die Harnröhre oder die Cloake unterbunden werden (Galvani, Zalesky). Harnstofffütterung soll urämische Erscheinungen bewirken, wenn die Ausscheidung durch Wassermangel erschwert wird (Voit).

Ueber den eigentlichen Ursprung der im Blute enthaltenen Harnbestandtheile, namentlich des Harnstoffs und der Harnsäure, existiren keine sicheren Thatsachen.

Mechanismus und Menge der Absonderung.

Da das Wasser den Hauptbestandtheil des Harns bildet, und für das Volumen und die Erscheinung desselben massgebend ist, so ist die Art seiner Abscheidung in der Niere die erste sich darbietende Frage. Nun zeigt sich die Harnmenge in erster Linie von der Circulation abhängig (Ludwig mit Goll, Max Herrmann u. A.; Eckhard, Traube). Jede pathologische oder experimentelle Verminderung des arteriellen Blutdrucks, allgemein oder in der Nierenarterie, vermindert dieselbe, z. B. Herzkrankheiten, Pulsverlangsamung, Rückenmarkdurchschneidung, Verengerung der Nierenarterie, mechanisch oder durch Splanchnicusreizung, während Steigerung sie vermehrt (Durchschneidung des Splanchnicus, Reizung des Rückenmarks); sinkt der Aortendruck unter 40—50 mm. Hg, so hört die Harnbildung auf. In zweiter Linie ist die Harnmenge vom Wassergehalt des Blutes abhängig, wird z. B. durch Trinken rasch gesteigert, durch reichliches Schwitzen vermindert. Ferner führt Steigerung der Harnstoffbildung im Körper auch zu gesteigerter Wasser- d. h. Harnausscheidung. Endlich giebt es zahlreiche „harntreibende" Substanzen in Nahrungsmitteln (Bier), Arzneistoffen und Giften.

Die erstgenannten Einflüsse deuten auf ein filtratorisches Moment bei der Wasserausscheidung hin, für welches auch die Anatomie der Niere spricht. Die am Ende der gewundenen Harncanälchen sitzenden Kapseln enthalten den arteriellen, und doch mit capillardünnen Wänden begabten Gefässknäuel, dessen hoher Druck (da das Vas efferens sich noch einmal in Capillaren auflöst) und grosse Oberfläche die Annahme einer Filtration in die Kapsel rechtfertigt (Ludwig).

Diese Ansicht wird jedoch neuerdings angefochten und zwar aus folgenden Gründen (Heidenhain): 1. Verengerung oder Verschliessung der Nierenvene steigert die Harnbildung nicht, sondern hebt sie auf, nachdem vorher spärlicher eiweisshaltiger Harn abgesondert war (H. Meyer, Frerichs; indess ist es möglich, dass die venöse Stauung die Harncanälchen comprimirt und auch sonstige unberechenbare Störungen macht). 2. Vorübergehende Verschliessung der Nierenarterie zieht eine längere Unterbrechung der Harnbildung nach sich, nachdem die Circulation längst wiederhergestellt ist (Overbeck). 3. Die Harnvermehrung durch Trinken könnte nicht aus der Verdünnung, sondern höchstens aus der Volumvermehrung und Drucksteigerung des Blutes erklärt werden, und doch macht reichliches Getränk keine Blutdrucksteigerung (Pawlow), und andrerseits macht Injection von Blut oder Serum in die Gefässe keine Harnvermehrung (Ponfick). 4. Durchströmung ausgeschnittener Nieren mit Blut liefert kein harnartiges Filtrat (Löbell). Diese Bedenken haben Anlass gegeben, der Filtrationstheorie eine andere entgegenzustellen, nach welcher die den Glomerulus bedeckenden Epithelzellen die Wasserabsonderung bewirken; diese Zellen würden durch Arterienverschluss oder Ausschneiden der Niere functionsunfähig werden (Heidenhain).

Die Abscheidung der gelösten Harnbestandtheile ist nachweisbar eine Function der gewundenen Harncanälchen, deren Zellen diese Substanzen in specifischer Weise aus dem Blute anziehen und an das Harnwasser abgeben (Bowman, Heidenhain). Schon die saure Reaction des Harns bei Fleischfressern beweist, dass Zellprocesse im Spiel sein müssen, da das Blut alkalisch reagirt. Pathologische Entartung der Canalzellen stört die Secretion. Ferner sieht man bei Vögeln die harnsäurehaltigen Harnkugeln innerhalb der Zellen entstehen, durch deren Zerfall sie erst frei zu werden scheinen, ebenso bei Säugethieren nach Injection von harnsaurem Natron (v. Wittich, Meissner); vor Allem aber sieht man nach Injection gewisser Farbstoffe in die Gefässe nur die Epithelien der gewundenen Harncanälchen von ihnen gefärbt, während die Kapseln und die graden Canälchen frei bleiben; die Kapseln liefern nur die Flüssigkeit, welche diese Stoffe aus den Zellen auswäscht; werden die Kapseln durch Aetzung zerstört, so bleibt der Farbstoff in den gewundenen Canälchen liegen; Aehnliches tritt ein, wenn durch Rückenmarksdurchschneidung (s. oben) die Filtration aus den Glomerulis abnimmt (Heidenhain).

Früher wurde auch die Abscheidung der festen Harnbestandtheile rein physicalisch erklärt: das Filtrat der Glomeruli musste diese Substanzen schon, wenn auch in grosser Verdünnung, enthalten, und sollte sich durch resorptiven Wasserverlust in den Harncanälchen zu Harn concentriren (Ludwig). — Die grosse Länge der gewundenen Harncanälchen und der Henle'schen Schleifen vermehrt die secernirende Epithelfläche; die Zellen derselben zeichnen sich durch eine eigenthümliche radiale Streifung aus. Vermuthlich ist auch die Bildung der Hippursäure und des Harnfarbstoffs (s. oben) diesen Zellen zuzuschreiben, möglicherweise auch die pathologische Eiweissausscheidung, welche andere in die Glomeruli verlegen und aus abnorm hohem Filtrationsdruck erklären. Die künstlich mit Blut durchströmte Niere (vgl. oben p 153) soll auf Zusatz von Harnstoff zum Blut Harn absondern; hieraus würde folgen, dass Harnstoff die Nierenzellen zur Thätigkeit anregt (Abeles).

Die Mengen der festen Harnbestandtheile (s. oben die Tabelle) hängen wesentlich von ihrer Quantität im Blute ab. Die hauptsächlichsten, namentlich Harnstoff, sind Endproducte des Verbrauches stickstoffhaltiger Substanzen im Körper, und daher von Stoffumsatz und Nahrung in erster Linie abhängig, worüber Specielleres bei der Lehre vom Gesammtstoffwechsel gesagt werden wird. Der Säuregrad des Harns ist sehr variabel. Während der Magenverdauung, namentlich wenn man die Resorption der Magensäure im freien Zustande hindert (durch Neutralisation mittels eingegebenen Calciumcarbonats) wird der Harn neutral und alkalisch (Mály); dasselbe tritt ein, wenn die Magensäure durch Erbrechen oder Auspumpen entleert wird (Stein, Quincke). Durch Muskelanstrengung nimmt nach einigen Autoren der Säuregrad des Harns zu.

Einflüsse des Nervensystems.

Nerveneinflüsse auf die Nierensecretion sind unzweifelhaft vorhanden. Gemüthsbewegungen, Nervenleiden vermehren häufig die Harnmenge; die Wirkungen der Operationen am Rückenmark und Splanchnicus sind schon oben (p. 152) erwähnt; endlich bewirkt Verletzung einer bestimmten Stelle des verlängerten Marks (s. unter Centralorgane) eine abnorm vermehrte Harnsecretion, in gewissen Fällen mit Zuckergehalt des Harns, Diabetes mellitus (s. d. folg. Cap.), in anderen ohne solchen, Diabetes insipidus, Polyurie (Bernard). Alle diese Einwirkungen können jedoch auf Gefässveränderungen zurückgeführt werden, zumal da in der Gegend der erwähnten Verletzung Gefässcentra, und speciell auch solche der Niere liegen, so dass die Wirkung auf Lähmung ihrer vasomotorischen, oder Reizung gefässerweiternder Fasern beziehbar ist. Eigentlich secretorische Nerveneinflüsse sind bisher nicht erwiesen.

Die nach Trennung des Plexus renalis beobachtete Albuminurie (Krimer, Brachet, Müller & Peipers) ist noch nicht aufgeklärt.

Beobachtung des Nierenvolums mit dem Oncographen (Cohnheim & Roy, vgl. p. 73) ergaben cardiale und respiratorische Volumschwankungen, welche denen der Arterien genau parallel gehen, ferner asphyctische Verkleinerung, entsprechend dem asphyctischen Gefässkrampf (p. 123). Da letztere auch nach Durchschneidung der Splanchnici eintritt, dagegen nach Durchschneidung aller in den Hilus eintretenden Nerven ausbleibt, so erhalten letztere auch aus anderen Bahnen ausser den Splanchnici Gefässnerven. Reizung des Splanchnicus macht Verkleinerung, Durchschneidung hat meist keine vergrössernde Wirkung; ein Tonus der im Splanchnicus verlaufenden Nervenfasern ist also nicht nachweisbar. Die Niere bildet bei diesen Versuchen Harn in normaler Quantität.

3. Die Herausbeförderung des Harns.

Der secernirte Harn gelangt aus den gewundenen Harncanälchen in ihre Fortsetzung, die geraden, welche, nach mehrfachen gabeligen Vereinigungen, an der Oberfläche der Nierenpapillen in die Nierenkelche und das Nierenbecken münden. Alle diese Theile sind stets mit Harn gefüllt; ein Rücktritt aus dem Becken in die Canälchen ist unmöglich, weil jeder erhöhte Druck in jenem die Mündungen dieser zusammendrückt. Aus den beiden Nierenbecken gelangt der Urin durch die beiden **Ureteren** in das Reservoir, die **Harnblase**, und zwar durch periodische **wellenförmig ablaufende Contractionen** der ersteren.

Die Ureterwellen haben beim Kaninchen eine Geschwindigkeit von 20—30 mm. in der Secunde. Jede Reizung des Ureter bewirkt eine nach beiden Seiten ablaufende Contractionswelle; dies geschieht auch in gänzlich ganglienlosen Ureterstücken, die Welle scheint also bloss durch Muskelleitung sich fortzupflanzen. Die spontanen Wellen laufen auch nach Durchschneidung der äusseren Nerven ab, und können auch nicht von einer directen Reizung der Wand durch den in den Ureter eintretenden Harn abgeleitet werden, denn sie bestehen noch nach Aufhebung der Harnsecretion (Engelmann). Erhöhter Druck im Ureter vermehrt die Frequenz der Wellen (Sokoloff & Luchsinger).

Die **Harnblase**, welche in leerem Zustande von vorn nach hinten abgeplattet ist, wird durch den sich ansammelnden Harn entfaltet und ausgedehnt, wobei der Scheitel über die Symphyse emporsteigt; sie fasst 1,5—1,8 Liter. Der Rücktritt des Harns in die Ureteren ist durch deren eigenthümliche Einmündungsweise verhindert (schiefe Durchbohrung der Blasenwand, so dass ein Druck von innen den Canal verschliesst). Die Entleerung in die Harnröhre wird durch einen permanent contrahirten Schliessmuskel (Sphincter vesicae), auch wohl durch die Elasticität der Prostata beim Manne, und bei Harndrang auch durch willkürliche Contractionen der Harnröhrencompressoren

(Budge) verhindert. Der Tonus des Blasensphincter wird dadurch bewiesen, dass im Leben die Blase einen höheren Harndruck aushält ohne sich zu entleeren, als nach dem Tode (Heidenhain & Colberg u. A.). — Die nähere Ursache des Harndrangs muss in der Erregung sensibler Nerven durch die Spannung der Blasenwand gesucht werden. Die Ansicht, dass er vom Eindringen einer Harnportion in die Harnröhre herrühre, wird dadurch widerlegt, dass er auch bei Füllung der Blase mit Wasser mittels eines Catheters, und zwar bei bestimmtem Druck (etwa 18—20 cm. Wasser) auftritt (Mosso & Pellacani). Ist das Wasser kalt, so dass der Tonus der Blase stärker wird (s. unten), so stellt sich dieser Druck schon bei geringerer Füllung her. Der gewöhnliche Blasendruck beträgt in der Rückenlage 13—15 cm. Wasser und wird im Stehen höher (Schatz, Dubois).

Verbindet man die Blase durch einen Catheter mit einer plethysmographischen Vorrichtung (Mosso & Pellacani), so zeigen sich sowohl passive als active Volumschwankungen; erstere entsprechen den respiratorischen Schwankungen des Abdominaldrucks (Schatz u. A.); letztere bestehen in langsamen Contractionen durch reflectorische, psychische (Schreck) und selbst willkürliche Einflüsse. Der Tonus der Blase wechselt also sehr; im Schlafe ist er herabgesetzt, Kälte steigert ihn; im Allgemeinen geht er dem Gefässtonus parallel, steigt z. B. durch Erstickung, ebenso auch durch bloss locale Dyspnoe (Aortencompression etc.).

Die Blasenentleerung wird willkürlich zugelassen, ist aber ein reflectorischer Act, bestehend in Nachlass (oder nur Ueberwindung, Mosso & Pellacani) des Sphinctertonus und Contraction der glattmuskeligen Blasenwand (Detrusor urinae); die Bauchpresse kann beschleunigend mitwirken, ist aber für gewöhnlich unthätig. Thiere können bei weit geöffnetem Abdomen die Blase entleeren (Mosso & Pellacani). Die longitudinalen Detrusorfasern scheinen ausserdem am Sphincter radial zu ziehen und so die Blase zu öffnen (Kohlrausch). Am Schlusse wird die Harnröhre selbst durch einige Contractionen des Bulbocavernosus entleert.

Das reflectorische Centralorgan für den Blasenschluss und die Blasenentleerung liegt im Lendenmark (s. Cap. XI.). Ist dasselbe durch Durchschneidung des Dorsalmarks sich selbst überlassen, so entleert sich die Blase bei einem gewissen Füllungsgrade von selbst, ausserdem auf gewisse Hautreize (Goltz); der Wille kann aber den

Reflex selbst bei starker Füllung hindern, und andrerseits auch bei wenig gefüllter Blase den Entleerungsapparat spielen lassen. Nach Zerstörung des Lendenmarks träufelt durch Lähmung des Sphincter beständig Harn ab, und doch entleert sich die Blase nie vollkommen. Eine neuere Angabe (Mosso & Pellacani) will die Innervation der gewöhnlichen Blasenreflexe in das Gehirn verlegen, selbst die durch Hautreize der hinteren Extremitäten ausgelösten.

Die Nerven treten theils direct durch die Kreuzbeinnerven, theils indirect durch Lendennerven und Sympathicus zur Blase, letztere das Gangl. mesentericum inf. durchsetzend, welches ein selbstständiges Reflexcentrum für die Blase enthalten soll (Sokownin, H. Nussbaum).

Während des Aufenthalts in der Blase soll der Urin einen Theil seines Wassers durch Resorption verlieren (Kaupp). Andere bestreiten dies, da die Blase von Leichen Salz- und Harnstofflösungen nicht von innen nach aussen durchtreten lasse, so lange ihr Epithel unversehrt ist (Küss, u. A.). Jedoch ist das Resorptionsvermögen der Blase durch neuere Versuche an Menschen und Thieren bestimmt erwiesen (Maas & Pinner, Cazeneuve & Lépine). Fraglich konnte nur erscheinen, ob, da auf feste Bestandtheile resorbirt werden, der Harn concentrirter wird. In Blase und Harnröhre findet eine Beimischung von Schleim aus den zahlreichen Drüsen statt; der Schleim schlägt sich beim Stehen des Harns als Wölkchen nieder. In der Blase sind die spätesten Harnportionen wegen der Lage der Uretermündungen die untersten; die Schichtung kann sich lange erhalten (Edlefsen).

4. Die Bedeutung der Harnsecretion.

Die Bedeutung der Harnsecretion liegt in der **Ausscheidung von Wasser, gewissen Salzen und stickstoffhaltigen Stoffwechselproducten aus dem Körper**. Nebenbei schafft der Harn zahlreichen zufällig eingeführten Substanzen einen Ausweg, und ermöglicht dadurch z. B. Genesung nach vielen Vergiftungen; ja die Ausscheidung kann, besonders bei langsamer Aufsaugung (z. B. Curare vom Magen aus), so schnell geschehen, dass das Blut gar nicht zu einem wirksamen Giftgehalt gelangt (Bernard, Hermann).

C. Die Hautabsonderungen und die Milch.

Ueber Hautathmung und Hautausdünstung s. p. 107.

1. Der Schweiss.

Der Schweiss ist eine nur unter besonderen Umständen von der Haut gelieferte Flüssigkeit, farblos, klar (oder durch beigemischte

Epidermisschuppen getrübt), von zweifelhafter Reaction (s. unten) und characteristischem Geruch. Seine Zusammensetzung ist wenig bekannt. Gefunden sind ausser Wasser und Salzen hauptsächlich Harnstoff, flüchtige Fettsäuren (bis zur Propionsäure und höher), Fette und Cholesterin.

Grössere Mengen Schweiss, jedoch stets durch Hauttalg und Epidermis verunreinigt, erhält man durch Lagerung des Körpers auf eine geneigte Mettallrinne im Dampfbade, oder durch Bekleiden einzelner Körpertheile mit einem luftdicht schliessenden Ueberzuge (Guttapercha), der mit einem Auffangegefäss verbunden ist. Die Reaction wurde früher für den Menschen als sauer, und nur durch Zersetzung alkalisch, bezeichnet. Indess ist der Schweiss der Säugethiere durchweg alkalisch, und ebenso wird der menschliche Schweiss an talgdrüsenfreien Stellen (Vola manus) nach sorgfältiger Reinigung gefunden (Trümpy & Luchsinger); die saure Reaction rührt also vermuthlich nur von Beimengungen oder Zersetzung her. — Als zweifelhafte Schweissbestandtheile werden angeführt eine N-haltige Säure, Hidrotsäure (Favre) und ein rother Farbstoff (Schottin). Manche genossene Substanzen gehen in den Schweiss über.

Die quantitative Zusammensetzung des Schweisses ist ungefähr folgende (in 1000 Theilen): Wasser 995,6, Harnstoff 0,04, Fette 0,01, andere organische Stoffe 1,88, unorganische Stoffe 2,5 (Favre).

Absonderung des Schweisses.

Der Schweiss wird von den langen, am Grunde knäuelförmig aufgewundenen Schlauchdrüsen der Cutis, den Schweissdrüsen, abgesondert, welche namentlich an Stirn, Achselhöhlen, Fusssohlen, Handtellern reichlich und gross sind. Bei Säugethieren sondern fast nur die nackten Hautstellen, besonders stark und beständig gewisse Gegenden um Maul und Nase, ab.

Für gewöhnlich findet an den meisten Hautstellen keine Secretion statt. Dieselbe wird durch folgende Umstände hervorgerufen; 1. Hitze, d. h. erhöhte Körpertemperatur, sowohl allgemeine als locale; 2. Muskelanstrengung bewirkt allgemeines Schwitzen, locale Anstrengung häufig locales Schwitzen; 3. reichliches Getränk, besonders warmes; 4. Gemüthsbewegungen (Angstschweiss); 5. dyspnoische Zustände (bei Erstickung und in der Agonie); 6. gewisse Substanzen (Pilocarpin, Ammoniaksalze etc.).

Einzelne dieser Einwirkungen beweisen schon ohne Weiteres einen Einfluss des Nervensystems. Für einen solchen spricht auch der Mangel der Schweisssecretion in gelähmten Theilen und nach Nervendurchschneidung. Die erste experimentelle Beobachtung (Dupuy 1816) schien aber in entgegengesetztem Sinne zu sprechen, indem beim Pferde nach einseitiger Durchschneidung des Halssympathicus gleichzeitiges Schwitzen des Kopfes (neben der Hyperämie) auftrat. Man war deshalb geneigt, die Schweisssecretion als Filtration in Folge von Gefässerweiterung zu betrachten.

Neuere Beobachtungen (Goltz, Luchsinger) zeigten jedoch, dass Reizung des Nervenstammes einer Extremität Schweissabsonderung auf ihrer Haut bewirkt; dieselbe tritt auch an abgeschnittenen Gliedmassen ein, ist also von vasomotorischen Einflüssen unabhängig; indess ist sie wahrscheinlich gewöhnlich mit Gefässerweiterung verbunden. Die Schweisssecretion ist also der Speichelsecretion analog, und ohne Zweifel wie diese im Wesentlichen ein Zellprocess. Die Ausstossung des Schweisses wird wahrscheinlich durch die an den Drüsen vorkommenden glatten Muskelfasern (Kölliker) befördert. Der oben erwähnte Dupny'sche Versuch bedarf noch der Aufklärung.

Die Schweissnerven können sowohl durch directe Reizung, wie auch durch das Ausbleiben central erregten Schwitzens nach ihrer Durchschneidung festgestellt werden. Sie entspringen in der Regel nicht mit den cerebrospinalen Nerven des betreffenden Bezirks aus Hirn und Rückenmark, sondern mischen sich diesen grösstentheils erst aus dem sympathischen Grenzstrang bei, in welchen sie aus anderen cerebrospinalen Wurzeln gelangen; ihr Verlauf ist also dem der Gefässnerven ähnlich (Luchsinger, Nawrocki).

Die Schweissnerven haben einen centralen Angriffspunct im Rückenmark, welches unter der Einwirkung von Hitze, Dyspnoe und Giften (besonders Pilocarpin) Secretion einleitet, auch wenn das Gehirn abgetrennt ist (Luchsinger). Höhere Centra befinden sich im verlängerten Mark und im Grosshirn (letzteres durch die psychischen Schweisse erwiesen). Da Pilocarpin und andere Gifte auch an Gliedern, deren Nerven durchschnitten sind, Schweiss hervorbringen (wenn auch später als an den anderen), und ferner bei subcutaner Injection zuerst an der Applicationsstelle Schweiss machen, so muss man ausser der indirecten auch eine directe Erregbarkeit der Schweissdrüsen oder ihrer nervösen Endapparate annehmen. Atropin lähmt sowohl die directe wie die indirecte Erregbarkeit. Ob das gewöhnliche Schwitzen durch Hitze auf reflectorischer Reizung oder directer Erwärmung der Schweisscentra (s. oben) beruht, ist noch unentschieden. Bei vielen Menschen schwitzt bei Muskelanstrengungen die über den thätigen Muskeln liegende Haut, jedenfalls durch associirte Erregung der Schweissnerven.

Bei vielen Thieren tritt Schweiss nur an beschränkten, meist an unbehaarten Hautstellen auf (bei der Katze an den Zehenballen), obgleich die Knäueldrüsen viel weiter verbreitet sind; vermuthlich liefern sie fettige Secrete, wie die Knäueldrüsen des Gehörgangs (Ohrenschmalzdrüsen). Den Schweissdrüsen analog sind die Drüsen am Flotzmaul des Rindes, der Rüsselscheibe des Schweins u. dgl., sowie deren Innervation. — Ueber Secretionsströme der Haut s. p. 131.

Die physiologische Bedeutung der Schweissabsonderung wird bei der thierischen Wärme (Cap. VI.) besprochen.

2. Der Hauttalg.

Ein fettiges Secret, von fast unbekannter Zusammensetzung und Reaction, wird von den behaarten Hautstellen geliefert, aus kleinen traubigen Drüsen, welche in die Haarbälge münden. Das Secret wird durch die glatten Muskelfasern, welche um die Drüse herum zum Haarbalg gehen (Arrectores pili) anscheinend ausgepresst; ist die Drüse im Vergleich zum Haare gross, so wird sie durch die genannten Fasern über das Hautniveau vorgetrieben, wodurch die sog. „Gänsehaut" entsteht; die Veranlassungen sind hauptsächlich Kälte und psychische Zustände. Die Zellen der Talgdrüsen sind mit Fetttröpfchen erfüllt, und gehen wahrscheinlich bei der Talgbildung zu Grunde. Ein Nerveneinfluss ist nicht nachzuweisen.

Grössere und selbstständige Talgdrüsen bilden die Meibom'schen Drüsen der Augenlider, die Drüsen des Praeputium penis, die Oeldrüsen der Schwimmvögel etc. — Das Ohrenschmalz wird dagegen zum Theil von Knäueldrüsen wie der Schweiss abgesondert; die Haarbälge des Gehörgangs haben Talgdrüsen. — Beim Neugebornen ist die Haut mit einer dünnen Talgschicht (Vernix caseosa) überzogen.

3. Die Milch.

Die Milch ist ein ausschliesslich von weiblichen Säugethieren und normal nur nach der Geburt der Jungen längere Zeit geliefertes, zur ersten Ernährung der letzteren bestimmtes Secret. Sie bildet eine nur in dünnen Schichten durchscheinende, gelblich oder bläulich weisse, süsslich schmeckende und schwach riechende Emulsion feiner Fetttröpfchen (Milchkügelchen, Butterkügelchen) in einer klaren Flüssigkeit. Das spec. Gewicht ist 1,008—1,014. Die Reaction ist meist alkalisch, selten schwach sauer, oft amphichromatisch. Die Anwesenheit einer Membran um die Milchkügelchen ist nie mit Sicherheit erwiesen, und wegen der leichten Vereinigung der Kügelchen beim Buttern höchst unwahrscheinlich. Die in den ersten Tagen nach der eburt abgesonderte Milch nennt man Colostrum oder Biesmilch; e zeichnet sich durch grössere Concentration, stärkeren Eiweissgehalt d die Anwesenheit runder, blasser, contractiler (Stricker), zum eil mit Fetttröpfchen erfüllter Zellen (Colostrumkörperchen) ben den Milchkügelchen aus.

Die chemischen Bestandtheile der Milch sind:

1. Wasser;
2. Salze, und zwar hauptsächlich Kali-, Kalk-, Phosphorsäureerbindungen, auch etwas Eisen und Mangan (die Salze zeigen eine iffallend ähnliche Mischung mit denen der Blutkörperchen);
3. Milchzucker;
4. Albuminstoffe, besonders Casein, viel weniger Albumin, ich etwas Pepton (Schmidt-Mülheim);
5. Fette: die Glyceride der Palmitin-, Stearin- und Oelsäure, kleinen Mengen auch der Butter-, Capron-, Caprin-, Capryl- und yristinsäure (letztere als Butterfette bezeichnet);
6. Cholesterin (Schmidt-Mülheim);
7. Lecithin, oder Verbindungen desselben (Tolmatscheff) d Nuclein;
8. verschiedene Extractivstoffe, darunter Kreatin, Harnstoff efort) und Hypoxanthin (Schmidt-Mülheim);
9. Gase (CO_2, O_2, N_2).

Das Casein (vgl. p. 34) wird aus der Kuhmilch durch Säuren und älberlab gefällt, dagegen nicht oder nicht vollständig aus der Frauend Stutenmilch, welche also andere Caseine enthalten müssen; der enschliche Magensaft coagulirt übrigens die Frauenmilch. Der Caseinederschlag schliesst die Milchkügelchen fast vollständig ein. Das lbumin gewinnt man nach Ausfällung des Caseins durch Neutralition und Erhitzen. Beim Erhitzen der frischen Milch bildet sich if derselben ein Häutchen, welches aus Albumin besteht. Dasselbe ldet sich jedoch nach dem Abheben durch neues Erhitzen wieder, as beliebig oft wiederholt werden kann, und zwar ist dazu Berühng mit Luft nöthig; die so abgeschiedenen Albuminmengen sind össer als der sog. Albumingehalt der Milch; das Casein ist dabei theiligt (Hermann & Sembritzki). — Beim Filtriren von Milch rch Thonfilter mit Hülfe von Luftdruck bleiben nicht bloss die tte, sondern auch das Casein im Filter zurück (Zahn, Kehrer). a dasselbe auch geschieht, wenn die Milch mit gepulvertem Thon er Thierkohle gemischt, und dann durch Papier filtrirt wird, so muss man annehmen, dass das Casein durch eine Oberflächenwirkung festgehalten wird (Hermann & Dupré).

Beim Stehen der Milch steigen die Milchkügelchen langsam auf und bilden oben eine fettreichere Milchschicht, den Rahm; durch Schlagen desselben vereinigen sich die Kügelchen zur Butter. Bei längerem Stehen, besonders in der Wärme, findet Umwandlung des Milchzuckers in Gährungsmilchsäure (p. 15), durch ein unbekanntes, durch Aufkochen zerstörbares Ferment statt, die Milch wird sauer, wodurch Coagulation des Caseins eintritt.

Das aus Casein mit den eingeschlossenen Milchkügelchen (s. oben) bestehende Coagulum heisst Käse, das albumin-, zucker- und salzhaltige Filtrat Molken (Serum lactis). Im abgepressten und sich selbst überlassenen Käse findet ein noch nicht völlig übersehbarer Process (Reifen des Käses) statt, in welchem sowohl das Casein wie die Fette Zersetzungen erleiden; ersteres geht dabei in peptonartige Körper, weiter zum Theil in Leucin, Tyrosin und fäcal riechende Stoffe über.

Die Angaben, dass in der Milch beim Stehen Casein aus Albumin, Fette aus Eiweissstoffen u. s. w. sich bilden, haben sich nicht bestätigt, ebensowenig die angebliche Umwandlung von Casein in Fett beim Reifen des Käses.

Die quantitative Zusammensetzung der Milch ist folgende (Mittelzahlen nach Moleschott):

In 1000 Theilen.	Frau. Milch	Frau. Colostrum	Kuh. Milch	Kuh. Colostrum	Ziege. Milch	Stute. Milch
Wasser	885,7	864,4	857,1	787,6	863,6	828,4
Salze	2,4	4,7	5,5	7,8	6,2	} 86,5
Milchzucker + Extr.	48,2	44,7	40,4	42,6	40,0	
Butter	35,6	33,5	43,1	35,0	43,6	68,7
Casein	28,1	} 52,7	48,3	} 127,0	33,6	16,4
Albumin	—		5,8		13,0	—

Doch sind die Methoden der Milchanalyse in manchen Puncten unsicher, und manche Angaben, namentlich über Frauenmilch, von obigen stark abweichend.

Absonderung der Milch.

Die Milchdrüsen lassen sich als sehr vergrösserte, agglomerirte Talgdrüsen betrachten, und sind daher an den verschiedensten Hautstellen und in sehr verschiedener Zahl entwickelt: beim Menschen 2 an der Brust; bei der Stute und Ziege 2, bei der Kuh 4, in der Schamgegend; bei multiparen Thieren 10—12 und mehr längs des Bauches. Sie entwickeln sich erst bei der Pubertät, und secerniren nur nach Geburten, dann aber für längere Zeit beständig. Das Secret sammelt sich in flaschenförmigen Reservoirs (Milchcysternen, beim Menschen nur schmale Erweiterungen der Drüsengänge, deren jede Mamma 15—24 besitzt, bei der Kuh für jede Drüse eine grosse, fast ganz in der Zitze gelegene Höhle), welche mit je einem feinen Canale auf der Spitze der Warze, resp. Zitze münden und durch Luftdruck (Saugen) oder Melken entleert werden.

Auch bei Neugeborenen, vom 4. bis zum 8. Tage, kommt eine Milchsecretion vor („Hexenmilch"); ferner in seltenen Fällen bei Männern.

Die specifischen Bestandtheile der Milch, Casein, Milchzucker und Butterfette, sind im Blute nicht oder nur in verschwindender Menge enthalten, entstehen also erst in den Zellen der Milchdrüsenalveolen. Dieselben bilden eine einfache Wandschicht, schwellen bei der Secretion an, und bilden in ihrem inneren Theile Fetttropfen; dieser Theil scheint sich aufzulösen und durch den nachwachsenden äusseren Theil der Zelle ersetzt zu werden; ein Nachwuchs neuer Zellen an Stelle der verfettenden, wie bei der Talgbildung, findet also nicht Statt (Heidenhain). Die Colostrumkörperchen sind sich ablösende Epithelien, welche anscheinend erst nach der Ablösung sich durch amöboide Bewegungen mit Fetttropfen füllen (Heidenhain & Partsch). Ueber die speciellen chemischen Quellen der einzelnen Milchbestandtheile ist durchaus nichts Sicheres bekannt (über die Fettbildung s. d. allg. Stoffwechsel).

In der Wärme digerirter Brei von Milchdrüsen zeigt eine Zunahme der reducirenden Substanz, also wahrscheinlich des Milchzuckers; letztere könnte also durch ein Ferment aus einem vorräthigen Saccharogen entstehen. Dies letztere geht in Decocte über, welche mit frischer Drüsensubstanz digerirt ebenfalls jene Zunahme des Reductionsvermögens zeigen (H. Thierfelder). Auch ein Ferment, das Serumalbumin in Casein verwandelt, soll in der Drüse auf ähnlichem Wege nachweisbar sein.

Die Nahrung hat grossen Einfluss auf Menge und Zusammensetzung der Milch. Reichliche Kost, namentlich eiweissreiche, vermehrt unter Zunahme des Drüsenvolums (durch Vermehrung der Zellen, Heidenhain) die Menge, den Casein- und Fettgehalt, während der Zuckergehalt besonders durch Kohlehydrate gesteigert wird; Fettnahrung vermehrt den Fettgehalt nicht.

Ein Nerveneinfluss wird dadurch constatirt, dass Gemüthsbewegungen Menge und Qualität der Milch verändern können. Die spärlichen experimentellen Ergebnisse an Thieren (Eckhard, Röhrig) stehen vor der Hand unter einander in Widerspruch. Häufige Entleerung vermehrt die Milchbildung, möglicherweise durch einen Einfluss des Secretdrucks auf die Zellen. Das Secret wird wahrscheinlich durch die glatten Muskelfasern der Drüse den Behältern zugetrieben;

auch eine Art von Erection der Warze beim Säugen scheint durch glatte Muskeln bewirkt zu werden.

Die 24stündige Milchmenge beider Brüste wird auf etwa 1350 grm. geschätzt.

D. Andere Drüsensecrete.

Die Schleimhäute der Athmungs-, Harn-, Geschlechts- und Sinnesorgane sind mit Schleimdrüsen ausgestattet, deren Secrete kaum untersucht sind. Sie reagiren meist alkalisch, der Scheidenschleim sauer. Für ihre Bildung gilt vermuthlich das vom Mundschleim Gesagte. Die fettigen Secrete des Gehörgangs und der Augenlider sind schon erwähnt. Der Samen, in welchem morphologische Bestandtheile die Hauptsache sind, wird bei der Zeugung besprochen. Es bleiben noch zu besprechen die

Thränen.

Sie bilden eine klare, farblose, alkalische, salzig schmeckende Flüssigkeit, welche aus Wasser, Salzen (besonders Chlornatrium), etwas Mucin und Eiweiss besteht. Ueber ihre Bedeutung, Ergiessung und Schicksal s. unter Sehorgan.

Die Thränen enthalten 99 pCt. Wasser, 0,1 Albumin, 0,8 Salze, 0,1 Epithelien (Frerichs).

Die Thränendrüse schliesst sich in Bau und Absonderung vollkommen den Eiweissdrüsen an (Heidenhain, vgl. p. 135). Sie secernirt beständig; ihre Secretion wird aber bei psychischen Erregungen gewisser Art, und ferner reflectorisch bei Reizung der Nasenschleimhaut, der Conjunctiva und der Retina bedeutend gesteigert. Der Reflex von der Nasenschleimhaut erstreckt sich nur auf die gereizte Seite. Die Nerven, deren Reizung die Secretion steigert, welche also die secretorischen Fasern enthalten, sind: R. lacrymalis trigemini, R. subcutaneus malae trig., und der Halssympathicus. Der Nasenreflex bleibt nach Durchschneidung des Lacrymalis aus (Herzenstein).

III. Drüsen ohne Ausführungsgang.

Eine Anzahl drüsiger Gebilde besitzt keinen Ausführungsgang und liefert kein Secret. Ein Theil dieser Organe, Milz und Thymusdrüse, kommt im folgenden Capitel bei der Blutbildung zur Sprache. Von der Function der übrigen ist fast Nichts bekannt.

Die **Schilddrüse** ist ein gefässreiches Organ, welches möglicherweise für die Regulation des Hirnblutlaufs einige Bedeutung besitzt (vgl. Cap. XI.). Ihrer Entstehung durch Abschnürung entsprechend (vgl. Cap. XIV.) enthält sie kuglige von Epithel ausgekleidete und mit Flüssigkeit erfüllte Blasen, deren Bedeutung unbekannt ist.

Die **Nebennieren** besitzen in ihrer Rindensubstanz eingelagerte compacte Massen epithelartiger Zellen, in der Marksubstanz ähnliche Zellen in kleineren Gruppen angeordnet, und im Gerüste zahlreiche Ganglienzellen und Nervenfasern. Wegen dieses Umstandes halten sie Einige für eine Art von sympathischem Ganglion, Andere bringen sie mit der Erzeugung von Farbstoffen in Verbindung; bei einer gewissen Pigmentanomalie der Haut („Bronzed skin") sollen die Nebennieren erkrankt sein (Addison); aus ihrer Substanz lässt sich ein violetter Farbstoff darstellen (Holm).

IV. Die Körperflüssigkeiten, Parenchymsäfte und Parenchyme.

In vielen Körperhöhlen, besonders in den sogenannten serösen Säcken, finden sich alkalische Flüssigkeiten, welche früher als Secrete der Höhlenwände, z. B. der mit einer einfachen Endothelschicht bekleideten serösen Häute, betrachtet wurden, und zwar galten sie, da sie im Wesentlichen nur Bestandtheile des Blutplasma enthielten, als einfache **Filtrate** oder sog. **Transsudate** des Blutes. Sehr ähnlich verhält sich der Inhalt der **Spalträume** sämmtlicher Gewebe des Körpers, die sog. **Parenchymsäfte**. Alle diese Flüssigkeiten werden neuerdings, da sie mit Lymphgefässen communiciren und Lymphzellen enthalten, als **Lymphe** betrachtet (v. Recklinghausen; vgl. Cap. IV.). Sie unterscheiden sich untereinander nur durch die Mengenverhältnisse ihrer Bestandtheile, über welche folgende Tabelle (nach K. B. Hofmann), in welche auch einige pathologische Transsudate aufgenommen sind, eine Uebersicht giebt.

In 1000 Theilen.	Wasser.	Feste Bestandth.	Albumin.	Fibringeneratoren, resp. Fibrin.	Extractivstoffe.	Salze.
(Blutplasma)	908,4	91,6	71,1	9,2	4,8	7,4
(Blutserum).....	913,2	86,7	72,5	—	6,4	7,8
Liquor pericardii...	948,1	51,9	38,8	0,7	4,7	7,5
Humor aqueus....	986,9	13,1	1,2	—	4,2	7,7
Liquor cerebrospinalis	988,2	11,8	?		?	9,5
Ascitesflüssigkeit...	983,3	16,7	(33,0)[1]		(13,0)[1]	8,2
Hydroceleflüssigkeit .	937,4	62,6	47,3		6,3	7,9

[1] Die eingeklammerten Zahlen gehören einer anderen Analyse an.

Es gehören noch hierher Liquor pleurae, peritonei, amnii, allantoidis, Endo- und Perilymphe des Ohres, Glaskörper u. s. w. — Die Gelenkschmiere oder Synovia, welche in den Zotten der Synovialhaut eine Art Absonderungsorgan hat, enthält auch Mucin (2—6 p. mille), Fett (0,6—0,8 p. mille) und Epithelien. Die Schleimbeutel- und Sehnenscheidenflüssigkeiten enthalten einen noch nicht erforschten gallertartigen Stoff.

Hier mögen auch noch einige Bemerkungen über die Chemie mehrerer Gewebe ihre Stelle finden (über Muskel- und Nervengewebe s. die betr. Capitel).

Knochengewebe. Das reine Knochengewebe (nach Entfernung von Periost, Marksubstanz etc.) besteht höchst überwiegend aus unorganischen Salzen; in dem vollkommen getrockneten Knochen (Wasser etwa 2 pCt.) findet sich eine für jede Thierart sehr constante Zusammensetzung; beim Menschen 68 pCt. Salze, 32 pCt. organische Substanz (Zalesky). Erstere bestehen aus 84 pCt. basisch phosphorsauren Kalks ($P_2O_8Ca_3$), 1 pCt. basisch phosphorsaurer Magnesia ($P_2O_8Mg_3$), 7,6 pCt. anderer Kalksalze (CO_3Ca, $CaCl_2$, $CaFl_2$) und 7,4 pCt. Alkalisalze (NaCl etc.). Der organische Antheil besteht fast ganz aus leimgebender Substanz, und wandelt sich durch Kochen, namentlich nach Behandlung mit Säuren, in Leim um.

Die eigentliche Knochensubstanz hat in spongiösen und compacten Knochen genau dieselbe Zusammensetzung. Die Constanz der Zusammensetzung der Knochensubstanz (Milne Edwards jun., Zalesky) berechtigt zu der Annahme, dass die Salze nicht mechanisch in die organische Substanz eingelagert, sondern chemisch mit dieser verbunden sind.

Verdünnte Säuren entziehen dem Knochen die Salze und lassen die weiche knorpelartige organische Substanz zurück. Glühen zerstört umgekehrt die letztere und hinterlässt eine weisse poröse unorganische Masse (gebrannter Knochen). In beiden Fällen bleibt die ungefähre äussere Gestalt des Knochens erhalten.

Dem Knochen schliessen sich die anderen mit Kalksalzen imprägnirten Gewebe an, z. B. die Zähne. Der Zahnschmelz, fast wasserfrei, enthält nur 4 pCt. organischer Substanz, und im übrigen die Bestandtheile des Knochens in analogen Verhältnissen.

Knorpelgewebe. Abgesehen vom Wasser und den Bestandtheilen der Zellkörper enthält der Knorpel hauptsächlich chondringebende Substanz, Einlagerungen von Elastin und wenig unorganische Salze.

Dem Knorpel am nächsten steht die Cornea, welche beim Kochen eine chondrinähnliche Substanz liefert; sie enthält ausserdem viel fibrinoplastische Substanz.

Bindegewebe. Im Bindegewebe kann man unterscheiden

Kühne): 1) die Substanz der Fibrillen, — leimgebende Substanz, 2) die Kittsubstanz zwischen den Fibrillen, durch Kalk- und Barytwasser extrahirbar (Rollett), das Extract enthält Mucin, 3) die Einlagerungen von Elastin und 4) die Zellkörper mit ihren gewöhnlichen, hauptsächlich eiweissartigen Elementen; häufig sind dieselben von Fett erfüllt, das Gewebe heisst dann Fettgewebe. In den foetalen und einigen anderen Bindegeweben tritt die leimgebende Substanz gegen die mucingebende zurück.

Im Fettgewebe machen die neutralen Fette ca. 83 pCt. des Gesammtgewichts aus; unter ihnen überwiegt das Olein bedeutend, relativ wenig Palmitin, am wenigsten Stearin, Fette flüchtiger Fettsäuren nur in Spuren; der Schmelzpunct liegt unterhalb 15—20°. Beim Kinde ist das Fett etwas palmitinreicher als beim Erwachsenen, daher schwerer (bei 45°) schmelzbar (L. Langer). Bei gemästeten Thieren ist das Fett ärmer an Fetten fester Fettsäuren als vor der Mästung (Muntz).

Viertes Capitel.

Die Verdauung, Aufsaugung und Blutbildung.

Die Verluste, welche das Blut durch die Absonderungsprocesse erleidet, werden durch beständige Aufsaugung neuer Stoffe ersetzt, deren hauptsächlichste Quelle die Nahrung ist (über Wesen und Bestandtheile derselben s. d. 5. Cap.). Die Aufnahme derselben in die Säfte wird aber erst nach gewissen Vorbereitungen möglich, welche man Verdauung oder Digestion nennt.

I. Die Verdauung.

Geschichtliches. Im Alterthum bezeichnete man die Verdauung als coctio ciborum, indem man an eine dem Kochen vergleichbare Garmachung der Speisen dachte. Im Mittelalter wurde vielfach wirklich an einen kochenden Einfluss der thierischen Wärme gedacht. Erst im 17. Jahrhundert entwickelten sich bestimmtere Vorstellungen, und zwar nahmen die Iatrochemiker, von der Wahrheit nicht sehr fern, ein verdauendes Ferment im Magen an, dessen Zusammenhang mit einer Absonderung sie jedoch nicht erfassten, während die iatromechanische Schule die Verdauung nur als fortschreitende mechanische Zerkleinerung betrachtete. Erst

168 Verdauung im Allgemeinen.

Réaumur (1752) und Spallanzani (1783) stellten als das Hauptmoment der Verdauung den Magensaft fest, der ohne mechanische Beihülfe verdaut. Die saure Reaction desselben, welche schon vor Réaumur bekannt war, wurde erst 1834 durch Prout von freier Salzsäure hergeleitet, während das Pepsin von Schwann 1836 erkannt wurde. Das ganze Verdauungsgeschäft wurde zum ersten Male in Folge einer 1823 von der Pariser Academie gestellten Preisaufgabe von Leuret & Lasseigne und von Tiedemann & Gmelin einer classischen experimentellen Bearbeitung unterworfen. Während die natürliche Magenverdauung von Beaumont an einem Manne mit Magenfistel 1834 sorgfältig beobachtet wurde, lehrte im gleichen Jahre Eberle künstlichen Magensaft bereiten und mit ihm künstlich verdauen. Künstliche Magenfisteln legte erst Blondlot 1843 an. Die zuckerbildende Wirkung des Speichels entdeckte Leuchs 1831.

Die Kenntniss der Vorgänge im Darm begann erst durch Cl. Bernard's Entdeckung (1848), dass der Bauchspeichel Fette verdaut, was schon Eberle behauptet hatte. Corvisart entdeckte (1857) die eiweissverdauende Wirkung dieses Secretes, welche Kühne (1867) in einem wesentlichen Functe weiter verfolgte. Den Darmsaft lehrte erst Thiry (1865) in reinem Zustande gewinnen. Noch heute harren wichtige die Darmverdauung betreffende Fragen, namentlich die Function der Galle, ihrer Lösung.

Von umfassenden und fördernden Arbeiten über die gesammte Verdauung sind noch die von Frerichs (1849) und von Bidder & Schmidt (1852) zu nennen.

Die festen und flüssigen Nahrungsmittel werden in das obere Ende des Verdauungscanals, den Mund, aufgenommen, und unterliegen durch mechanische Vorrichtungen im Canal und die chemischen Einflüsse seiner Secrete mannigfachen Veränderungen, welche, ähnlich der Extractbereitung in der Apotheke, in Zerkleinerung und Behandlung mit lösenden und löslich machenden Flüssigkeiten bestehen. Der gewonnene Auszug wird von den Wänden des Canals aufgesogen und dadurch von dem unextrahirbaren Rest, dem Koth, gleichsam abfiltrirt, welcher letztere durch das untere Ende des Canals, den After, ausgeworfen wird. Bei den Pflanzenfressern, deren Nahrung viel schwieriger extrahirbar ist als die der Fleischfresser, ist der Canal viel länger als bei letzteren.

	Verhältniss der	
	Canallänge zur Körperlänge	Canaloberfläche zur Körperoberfläche
Rind (Pflanzenfresser)	21 : 1	3 : 1
Schwein (Omnivor)	15 : 1	?
Katze (Fleischfresser)	4,5 : 1	1,7 : 1

1. Die Vorgänge im Munde.

Das Ergreifen der Nahrung geschieht für flüssige Substanzen durch Eingiessen unter Beihülfe des Einsaugens (Trinken), für feste dadurch, dass kleine Stücke hinter Lippen und Zähne gebracht, oder durch die Schneidezähne von einem grösseren Stücke abgeschnitten (abgebissen) werden.

Für gewöhnlich, d. h. bei geschlossenem Munde, wird der Unterkiefer sammt der Zunge vom Luftdruck getragen, so dass es mehr Anstrengung kostet den Kiefer abgezogen als angezogen zu erhalten; der Mundraum ist vorn durch die Lippen, hinten gegen den Athmungscanal durch das über die Zungenwurzel gespannte Gaumensegel luftdicht abgeschlossen und hat einen negativen Druck von 2—4 mm. Hg (Mezger, Donders). Das Saugen des Säuglings geschieht durch diese Aspiration, und nicht durch Einathmung.

Sofort nach dem Ergreifen erfolgt bei festen Bissen die Zerkleinerung, das Kauen. Dasselbe beginnt mit gröblichem Zerschneiden zwischen den messerförmigen Schneidezahnreihen, hierauf folgt eine Zermalmung zwischen den höckrigen Flächen der Back- (Mahl-) Zähne. Bei den pflanzenfressenden Säugethieren sind die Backzähne für das Zermalmen des resistenten Futters meist besonders ausgestattet. Sie haben nicht bloss einen oberflächlichen Schmelzüberzug, sondern sie sind schmelzfaltig, d. h. von vertical gestellten Schmelzfalten ganz durchzogen, so dass die sich stark abnutzenden Kauflächen nach Verbrauch der oberflächlichen Schicht stets Schmelzleisten darbieten; da diese sich langsamer abnutzen als das Zahnbein, so stehen sie über das letztere hervor, und verleihen der Kaufläche eine mühlsteinartige Rauhigkeit. Bei den Omnivoren sind die vorderen Backzähne ähnlich denen der Fleischfresser, die hinteren schmelzfaltig. Die Raubthiere haben keine eigentlichen Mahlflächen an den Backzähnen, sondern die Höcker derselben sind zu scharfen Spitzen entwickelt, welche scheerenartig gegen einander wirken. — Die Eckzähne sind bei vielen Thieren zu weit hervorstehenden spitzen Haken entwickelt, welche oft als Waffe dienen. — Den Wiederkäuern fehlen die oberen Schneidezähne (der Zwischenkiefer hat keine Zahnalveolen), statt derselben wirkt das harte Flotzmaul als Widerlager.

Das Beissen geschieht durch abwechselnde An- und Abziehung des Unterkiefers senkrecht gegen den Oberkiefer, also Drehung des ersteren um eine durch seine beiden Gelenke gehende, horizontale Axe; die Anziehung durch den Masseter, Temporalis und Pterygoideus internus, die Abziehung durch den Digastricus, Mylo- und Geniohyoideus, bei befestigtem Zungenbein (Omo-, Sterno-, Thyreohyoideus, Sternothyreoideus). Zur Zermalmung gehört eine Verschiebung der Gelenkköpfe des Unterkiefers in ihren Gelenkgruben, welche den Unterkiefer gegen den Oberkiefer nach vorn, nach hinten und nach den Seiten verrückt; hierzu dienen besonders beide Pterygoidei, welche den Unterkiefer nach vorn und bei einseitiger Contraction nach der andern Seite hin ziehen; ferner die oben genannten drei Abzieher des Kiefers, die eine nach hinten ziehende Componente haben.

Von den beiden Pterygoidei wirkt der externus hauptsächlich verschiebend. Seine Insertion an der Schädelbasis (der Raumwinkel zwischen Tuber maxillae, Proc. pterygoideus und Ala magna des Keilbeins) liegt nicht wesentlich nach oben, dagegen nach innen und vorn von seiner Insertion am Unterkiefer (Grube unter dem Gelenkkopf). Er hat also keine anziehende (beissende) Componente, sondern zieht den Unterkieferrand nach innen (d. h. nach der anderen Seite) und nach vorn, wobei der Kieferkopf und der Gelenkknorpel aus der Gelenkgrube auf das Tuberculum articulare vorrücken. Contrahiren sich beide externi symmetrisch, so heben sich die Züge nach innen auf und es bleibt nur die Vorschiebung übrig. Der Pterygoideus internus hat nur eine schwache einwärts und vorwärts ziehende Componente, und ist wesentlich wie der Masseter (dem er an der Innenseite des Unterkiefers gegenüber liegt) ein Beissmuskel. Die oben erwähnte Vorziehung des Gelenkkopfes auf das Tuberculum articulare geschieht auch beim blossen Oeffnen (Abziehen) des Kiefers, wie man leicht an sich selber fühlen kann. Nur die mässigen Oeffnungsgrade beim Sprechen sind blosse Drehungen um die Gelenkaxe.

Das Hineinschieben des Bissens oder seiner Theile zwischen die Zahnreihen geschieht von aussen her durch die Wangen- und Lippenmuskeln, bes. den Buccinator, von innen her durch die Zunge. Letztere vermag auch weichere Bissen durch Andrücken und Reiben gegen den harten Gaumen zu zerquetschen.

Die Zunge wird in toto durch den Genioglossus nach unten und etwas nach vorn, durch den Hyoglossus nach unten und hinten, durch den Palato- und Styloglossus nach oben und hinten gezogen. Alle diese Muskeln, sowie der Lingualis durchsetzen den Zungenkörper mit verticalen, queren und longitudinalen Fasern. Durch Combination ihrer Contractionen kann er die mannigfachsten Formen annehmen: Abplattung durch Contraction der Vertical- und Querfasern, Verkürzung durch Contraction der Längsfasern, nach oben concave Rinne durch Contraction der Quer- und der inneren Verticalfasern, Convexität nach oben durch Contraction der unteren Querfasern, Seitwärtsbiegung der Spitze durch einseitige Contraction der Längsfasern u. s. w.

Die Nerven für den Kauapparat verlaufen im Ram. maxillaris inferior trigemini, bes. seinem oberen Zweig: Crotaphitico-buccinatorius, welcher den Masseter, Temporalis, die Pterygoidei versorgt (der Ram. buccinatorius ist wesentlich sensibel, der M. buccinator wird vom Facialis versorgt); ferner im Facialis und im Hypoglossus wegen der Mitwirkung der Weichtheile. Das Centrum für die Kaubewegungen liegt in der Medulla oblongata.

Durch das Kauen und die gleichzeitige Einspeichelung, d. h. Mischung mit den Mundsecreten (p. 133) wird der formbare Brei des Bissens gebildet.

2. Das Schlucken.

Die Beförderung des Inhalts vom Munde in den Magen, welche bei Flüssigkeiten meist unmittelbar mit dem Trinken verbunden ist, bei festen Substanzen die gekauten Bissen betrifft, heisst Schlucken oder Schlingen. Es hat den Character der zur Fortbewegung in Canälen sehr allgemein verwendeten Peristaltik, d. h. fortschreitende Schnürung durch die Wandmusculatur; im Munde und Rachen ist jedoch, wegen der complicirten Gestalt, der Vorgang weniger einfach. Es lassen sich mehrere Stadien unterscheiden:

1. Der Bissen wird auf dem vorderen Theil der Zunge, welche eine nach oben concave Rinne bildet, durch eine von vorn nach hinten fortschreitende Anpressung derselben an den harten Gaumen vorgeschoben und gelangt hinter den vorderen Gaumenbogen.

2. a) Der vordere Gaumenbogen schliesst sich durch Contraction der Musc. palatoglossi und zugleich nähert sich die Zungenwurzel durch diese Contraction, sowie durch die Hebung des ganzen Mundbodens (Contraction der Mylohyoidei) dem Gaumensegel. b) Auch die hinteren Gaumenbögen schliessen sich unter Zuhülfenahme der Uvula und das so geschlossene Gaumensegel wird nach hinten und oben gezogen, bis zum Anschluss an die hintere Rachenwand (Mm. pharyngopalatini, Levator und Circumflexus palati). c) Zungenbein und Kehlkopf werden einander genähert (Thyreohyoideus) und beide stark nach vorn und oben gezogen (Genio- und Mylohyoideus, Digastricus anterior; der Unterkiefer, welcher durch die Kaumuskeln angezogen ist, bildet den festen Halt); auch den Pharynx ziehen der Stylo- und Salpingopharyngeus nach oben; hierdurch wird die Zungenwurzel nach hinten umgebogen und sammt der Epiglottis auf den Kehlkopfeingang gedrückt. Durch a) ist der Rücktritt in die Mundhöhle, durch b)

der Abweg in das Cavum pharyngonasale und in die Nase, durch c) der in den Kehlkopf abgesperrt, so dass der Bissen der fortschreitenden Schnürung durch die Constrictores pharyngis folgend keinen anderen Weg als in den Oesophagus hat. Beim Vorübergang an der schleimdrüsenreichen Gegend der Tonsillen wird er mit Schleim überzogen und dadurch seine Fortbewegung erleichtert.

Figur 18 und 19 (nach Henke, Zaufal und S. Mayer) stellen die Ruhe- und die hauptsächlichste Schlingstellung des Pharynx dar. In Fig. 19 sieht man die Vorziehung der Zungenwurzel, den Schluss des Kehlkopfes und die Hebung des Gaumensegels. Letzterem kommt die hintere Pharynxgegend (bei Ph) etwas entgegen in Form eines durch Contraction des Constrictor pharyngis superior bewirkten queren Wulstes (Passavant). Bei der Hebung des Segels findet auch Oeffnung

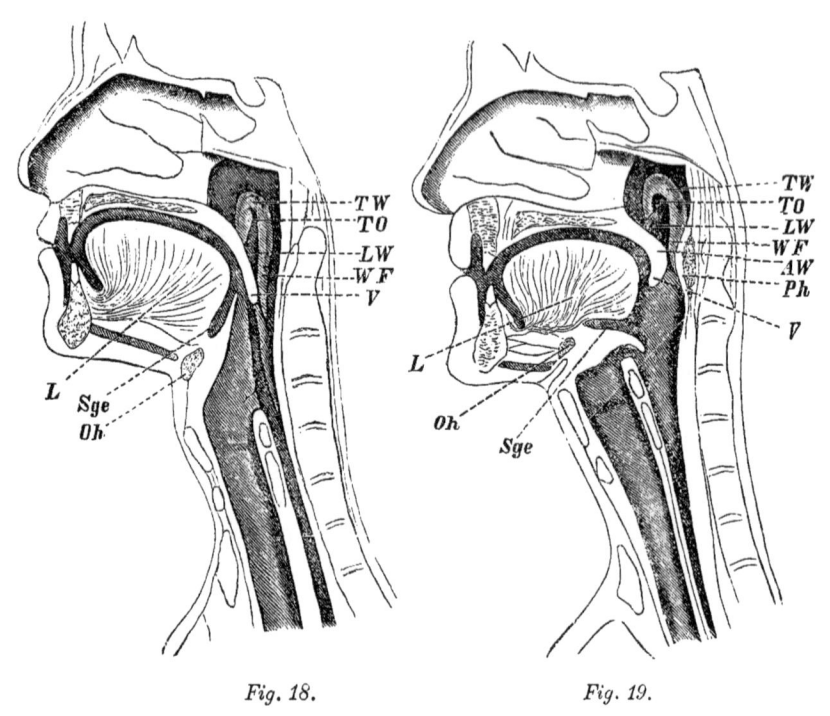

Fig. 18. Fig. 19.

L Lingua, V Velum palati, Oh Os hyoideum, Sge Sinus glossoepiglotticus, TO Tubenostium. TW Tubenwulst, WF Wulstfalte, LW Levatorwulst, AW Azygoswulst.

der Tuba Eustachii unter Veränderungen der von der Tubenöffnung ausgehenden Schleimhautwülste und Falten statt (Zanfal), auf welche die Figur hindeutet. (Näheres s. beim Gehörorgan.)

Auch bei fehlender Epiglottis kann die Zungenwurzel den Kehlkopfeingang, wenn auch weniger sicher, schliessen. Die Tasche zwischen Zungenwurzel und

Epiglottis ist beim Schlucken so vollkommen geschlossen, dass von verschluckten (gefärbten) Flüssigkeiten nichts eindringt (Schiff).

3. Die Bewegung durch den Oesophagus kann auf zwei Arten vor sich gehen: a) rein passiv, indem die Contraction des Schlundkopfs den Bissen durch den Schlund bis in den Magen schleudert oder presst (Kronecker mit Falk und Meltzer); bei der capillaren Enge des langen Rohres ist wohl nur letzteres, namentlich beim Verschlucken von Flüssigkeiten denkbar; b) activ durch die Peristaltik der Wandmusculatur, welche im oberen Drittel quergestreift, in den unteren zwei Dritteln glatt ist. Diese Peristaltik erfolgt mit so grosser Kraft, dass Hunde hölzerne Kugeln verschlucken können, welche durch Faden und Rolle mit 250—450 Grm. belastet sind (Mosso).

Der erstere Bewegungsmodus ist viel schneller als der letztere, wie man durch Einführung einer Schlundsonde constatiren kann, deren unteres Ende eine nachgiebige Stelle hat, und welche mit einem Pantographen verbunden ist; beim Verschlucken von Wasser sieht man dann zwei Markirungen auftreten: die erste, welche fast gleichzeitig mit der (auf ähnliche Weise registrirten) Contraction des Pharynx auftritt, rührt von der directen Hinabpressung, die zweite, etwa 7 Secunden später, von der anlangenden peristaltischen Welle her. Die letztere scheint die Aufgabe zu haben, die letzten Reste aus dem Rohre zu entleeren, und ferner grössere und festere Bissen hinabzubefördern. Folgen mehrere Schlucke rasch hintereinander, so tritt das peristaltische Schlucken (Nachschlucken) erst nach dem letzten ein (Meltzer). Ueber das Verhalten der Cardia s. unten sub 3a.

Innervation des Schluckens.

Die Schluckbewegung ist eine geordnete Reflexbewegung, welche durch Berührung der Zungenwurzel, des Gaumensegels und seiner Umgebung, auch der Kehlkopfschleimhaut, ausgelöst wird, hauptsächlich durch den Bissen selbst; das sog. Leerschlucken ist nur ein Verschlucken von Speichel und wird nach Erschöpfung des Speichelvorraths unmöglich. Im Oesophagus pflanzt sich die Contractionswelle auch über unterbundene oder excidirte Schlundstellen hinweg fort, ein Beweis, dass die Coordination im Centralorgan und nicht durch den Zusammenhang des Rohres selbst bedingt ist (Mosso). Die Fortpflanzung erfolgt im oberen, quergestreiften Abschnitt schneller als im unteren (Kronecker & Meltzer).

Nach neueren Angaben (Kronecker & Meltzer) soll sogar die Pharynxcontraction nicht dem eigentlichen Schlucken, sondern wie die Schlundcontraction dem Nachschlucken angehören, und der ganze Schluckact in fünf Tempo's zerfallen: 1. Contraction der Mylohyoidei und Hyoglossi (eigentlicher Schluckvorgang, welcher hinreicht den Mundinhalt bis in den Magen zu spritzen; alles folgende ist Nachräumung), 2. Contraction der Schlundkopfschnürer, 3. Contraction des obersten, ganz quergestreiften Schlundabschnittes (Halstheil), 4. die des mittleren gemischten, 5. die des untersten glatten Abschnitts. Die Intervalle zwischen diesen Acten werden immer grösser. In jedem der genannten drei Schlundabschnitte soll die Contraction auf einmal in seiner ganzen Länge auftreten. Es müssten also auch ebensoviel besondere Innervationscentra existiren.

Die beim Schlucken betheiligten motorischen Nerven sind der Hypoglossus für die Zunge, Plexus pharyngeus (gebildet vom Glossopharyngeus, Vagus-Accessorius und Sympathicus) für den Rachen, und Vagus für den Oesophagus. Der Tensor palati mollis und der Mylohyoideus werden ausserdem vom Trigeminus versorgt. Die sensiblen Fasern, welche reflectorisch das Schlingen einleiten, liegen im Glossopharyngeus, in den Gaumenzweigen des Trigeminus, sowie im R. laryngeus sup. vagi, zuweilen auch im Recurrens. Das Reflexcentrum liegt in der Medulla oblongata.

Ausser den oben angeführten Schlucken auslösenden Nerven existiren höchst wahrscheinlich auch hemmende. Hierauf deutet das oben erwähnte Verhalten des Nachschluckens bei einer Reihe von Schlucken; jeder Anfangsschluckact bewirkt ein Nachschlucken, unterdrückt aber dasselbe, wenn es durch einen vorgängigen Anfangsschluckact ausgelöst war. Die betr. Hemmungsnerven liegen hauptsächlich im Glossopharyngeus, dessen centrale Reizung den Schluckact unmöglich macht, während seine Durchschneidung eine anhaltende krampfhafte Schlundcontraction nach sich zieht (Kronecker & Meltzer).

Nach Durchschneidung der Vagi geräth der untere Schlundabschnitt in anhaltende Contraction (Bernard). Die hierdurch nachgewiesene Hemmungswirkung scheint aber anderer Natur zu sein als die soeben erwähnte, da bei Fröschen auch Zerstörung der Medulla oblongata wie Durchschneidung der Vagi wirkt (Goltz). Es müsste sich also um eine peripherische Hemmung der automatischen Contractionen des glattmuskeligen Schlundantheils handeln. Bei manchen Thieren ist beständiges Muskelspiel des Schlundes beobachtet (Magendie u. A.).

Die reflectorisch vom Laryngeus sup. ausgelösten Schluckbewegungen sind stets von Athembewegung begleitet, auch wenn im Uebrigen aus irgend welchem Grunde Athmungsstillstand herrscht; das Schluck- und Athmungscentrum scheinen also eine innige Beziehung zu besitzen (Steiner).

Während des Schluckacts ist die Pulsfrequenz zuerst beschleunigt, dann verlangsamt der Blutdruck herabgesetzt (Meltzer).

3. Die Vorgänge im Magen.

a. Mechanische Vorgänge.

Der Magen ist an seinen beiden Oeffnungen, Cardia und Pylorus, für gewöhnlich durch die sphincterartigen Ringmuskelverdickungen geschlossen. Die Cardia öffnet sich bei jedem Schlucken (und zwar am Schlusse der peristaltischen Contraction, so dass die nur hinabgepressten Massen einige Zeit über der Cardia liegen bleiben müssten, Kronecker & Meltzer). Der Pylorus öffnet sich ab und zu, um eine Inhaltsportion in den Darm zu lassen. Während der Verdauung macht der Magen Bewegungen, welche wahrscheinlich sowohl das Durchkneten des Inhalts mit dem Magensaft als die Entleerung durch den Pylorus bewirken; sie bestehen soweit bekannt in Einschnürungen und wellenförmig vorrückenden seichteren Contractionen, und scheinen meist träge zu sein. Ueber ihren specielleren Verlauf ist nichts Sicheres bekannt. Nach Beobachtungen an einer menschlichen Magenfistel sollen die Contractionen längs der grossen Curvatur zum Pylorus und von da längs der kleinen Curvatur zur Cardia zurückgehen (Beaumont); nach anderer Angabe gehen sie längs der Wandungen zum Pylorus, und der Inhalt kehrt längs der Axe zum Fundus zurück (Lesshaft). Im gefüllten Zustande des Magens drängt sich die sonst nach unten gerichtete grosse Curvatur nach vorn, durch eine passive Drehung des Magens um die durch die festen Punkte Cardia und Pylorus gelegte Axe. Verschluckte oder im Mageninhalt entwickelte Gase treten zum Theil durch die am höchsten gelegene Cardia wieder aus. Während des Schlafes sollen die Magenbewegungen fehlen (Busch).

Ueber die Innervation der Magenbewegungen ist nur bekannt, dass Reizung der Vagi Magencontractionen hervorbringt (nicht ganz constant), und Durchschneidung derselben die Fortbewegung der Speisen aus dem Magen erheblich beeinträchtigt. Auch dem Sympathicus wird ein Einfluss zugeschrieben. Ob diese Nerven die normalen Bewegungen bewirken oder diese nur reguliren, während sie durch Nahecentra unterhalten werden, ist unbekannt.

Beim Frosche werden nicht bloss die Schlund-, sondern auch die Magenbewegungen nach Durchschneidung der Vagi oder Zerstörung der Cerebrospinalorgane sehr lebhaft, so dass ein mittels der Vagi ausgeübter Hemmungseinfluss anzunehmen ist (Goltz, vgl. p. 174).

Beim Kaninchen treten auf Verschluss der Arteria coeliaca rhythmische

Contractionen der Cardia ein, welche durch Vagusreizung gehemmt werden (Openchowsky).

Das Erbrechen ist eine durch Magenreizung (Ueberfüllung, ätzende Substanzen, abnorme Verdauungsproducte) oder gewisse Gifte, welche auch bei Einführung ins Blut wirken, (Brechmittel) hervorgerufene, von Ekelgefühl eingeleitete Entleerung des Magens nach oben. Es findet um so leichter statt, je mehr der Magen nur eine longitudinale Darmerweiterung (wie bei Fischen und Amphibien) darstellt; die Querstellung des Magens, namentlich aber starke Entwicklung des Fundus, erschwert es; deshalb brechen Raubthiere leichter als Pflanzenfresser, Kinder leichter als Erwachsene; Vögel erbrechen nur aus dem Kropf (Mellinger). Bei Fischen und Amphibien reicht die Magenbewegung zum Erbrechen aus (Mellinger), bei Säugethieren muss die Bauchpresse mitwirken (Magendie); jedoch kann letztere allein kein Erbrechen machen, sondern es ist active Betheiligung des Magens, namentlich Oeffnung der Cardia, nöthig (Schiff, Mellinger); Ansaugung durch den Thorax wirkt unterstützend (Lüttich). — Das Centralorgan für den Brechact ist dem Respirationscentrum nahe verwandt (Hermann); Brechmittel verhindern das Zustandekommen der Apnoe (vgl. p. 122), und ebenso verhindert starke künstliche Respiration das Zustandekommen des Brechacts; das Brechmittel scheint also das Respirationscentrum stark zu erregen (Grimm); diese Erregung ist auch bei Injection des Brechmittels in das Blut meist eine Wirkung centripetaler Nerven (Kleimann & Simonowitsch), doch giebt es anscheinend auch central wirkende Brechmittel, besonders Apomorphin. — Sehr ähnlich der Mechanik des Brechacts ist die der Ructus (Lüttich).

Manche Thiere haben accessorische Schlund- und Magengebilde, in welchen die Zerkleinerungsarbeit oder die Einwirkung des Speichels fortgesetzt wird. Zu ersteren gehört der Kaumagen der Käfer, das Magengerüst der Krebse und der Muskelmagen der Vögel, zu den letzteren der Kropf der Vögel und die Vormägen der Wiederkäuer. Bei letzteren gelangt nur flüssiges oder feinbreiiges (wiedergekautes) Futter direct an das wirkliche Ende des Oesophagus, in den Blättermagen (Psalter) und den eigentlichen Drüsenmagen (Labmagen), während das grobe, nur oberflächlich durchgekaute Futter die Lefzen einer Spalte im unteren Oesophagustheil auseinander drängt und in die drüsenlosen Säcke des Netzmagens (Haube) und des Wanstes (Pansen) fällt, um hier mit Speichel digerirt und portionsweise durch einen noch dunklen Mechanismus zum Wiederkäuen wieder in das Maul befördert zu werden. Der ganze Vorgang des Futteraufsteigens und des Wiederkäuens ist reflectorischer Natur, denn er tritt auch in tiefer Narcose ein, wenn der Wanst oder der Netzmagen gereizt werden (Luchsinger). Der ganze Mechanismus scheint dem des Erbrechens sehr nahe zu stehen.

<small>Die accessorischen Mägen sind in der Regel drüsenlos. Dagegen hat der Muskelmagen der Vögel Drüsen, deren Secret jedoch zu einem harten Ueberzuge erhärtet, welcher lediglich mechanische Bedeutung besitzt. Der Kropf vieler Vögel ist reich an Drüsen, welche ein verdauendes Secret liefern.</small>

b. **Verdauungsvorgänge.**

Im Magen findet hauptsächlich die Einwirkung des Speichels und des Magensaftes auf die verschluckte Nahrung statt. Diese Wirkungen sind theils am Mageninhalt selbst, bei pathologischen oder künstlichen Magenfisteln, theils durch künstliche Verdauungsversuche mit Speichel, Magensaft oder sauren Aufgüssen von Magenschleimhaut (p. 138) beobachtet. Sie bestehen in Folgendem:

1. Lösliche Nahrungsbestandtheile (Zucker, Salze etc.) werden gelöst; von stark saurem Magensaft können auch Knochenerden gelöst werden.

2. Der verschluckte Speichel (das Ptyalin, p. 133) verwandelt die Stärke, besonders die gequollene (Kleister), in Zucker; nach neueren Untersuchungen wird sie nur in Dextrin und Zucker (zu gleichen Molecülen) gespalten (Musculus, Payen u. A.). Der gebildete Zucker ist nicht Traubenzucker, sondern Maltose, eine etwas weniger reducirende wasserärmere Zuckerart; erst nach langem Digeriren entsteht Traubenzucker (v. Mering). Die Wirkung des Speichels wird mit zunehmender Temperatur schneller; die im Magen herrschende Körpertemperatur ist am günstigsten. Schwach saure Reaction ist nicht allein unschädlich, sondern sogar förderlich, stärker saure dagegen hindernd; der Peptongehalt befördert die Zuckerbildung (Ellenberger & Hofmeister, Nylén, Chittenden & Ely).

3. Der saure Magensaft löst durch sein Pepsin unlösliche oder geronnene Eiweisskörper bei Körpertemperatur auf. Die Lösungen, sowie das schon gelöst zugeführte Eiweiss, werden weiterhin chemisch verändert; das Eiweiss wird zunächst durch Neutralisation fällbar, d. h. in ein Säurealbuminat (Syntonin) verwandelt; endlich verliert es diese Fällbarkeit, sowie die durch eine

Anzahl Metallsalze, durch Alkohol, und die Coagulirbarkeit durch Hitze und Mineralsäuren. Es wird dünnflüssig und leicht durch thierische Membranen dringend. In diesem Zustande heisst das modificirte Eiweiss Pepton.

Die Auflösung geschieht bei Casein und Fibrinflocken am leichtesten, schwerer bei Muskelfasern, am schwersten bei Albumin, gleichgültig ob gekocht oder gelöst. — Der günstigste Säuregrad ist derjenige, welcher für sich allein am schnellsten aufquellend wirkt; die Quellung ist für die Pepsinverdauung wesentlich; mechanische Behinderung durch Umschnüren hindert auch letztere; der günstigste Säuregrad für Fibrin ist 0,86—0,88 p. mille HCl (Brücke). Statt der Salzsäure wirken auch andre Säuren, aber langsamer. — Die Pepsinmenge beschleunigt die Verdauung bis zu einem gewissen Maximum. — Die günstigste Temperatur liegt bei 35—50°, doch findet Verdauung noch zwischen 10 und 60° statt, bei Kaltblütern zwischen 0 und über 40° (Optimum für den Hecht 20°). Durch Erhitzen über 60° wird das Ferment zerstört (trocken verträgt es weit über 100°). — Das Pepsin wird bei der Verdauung nicht verbraucht, sondern kann bei Zusatz neuer Säure immer neue Fibrinmengen verdauen.

Sowohl die Speichel- wie die Magensaftwirkung ist mit Wärmeentwicklung verbunden (Maly).

Die Fortschritte der Pepsinwirkung werden am genauesten durch sog. Pepsinproben festgestellt, z. B. durch Vergleichung der Rückstände des festen Stoffes vor und nachher (Bidder & Schmidt), durch Bestimmung der durch ein Filter, welches das Verdauungsgemisch enthält, abtropfenden Lösungsmengen (Grünhagen), durch Tinction des Eiweissstoffes und Beobachtung des Farbstoffübergangs in die Lösung (Grützner).

Das Pepton ist kein einheitlicher Körper. So liefern z. B. die beiden Componenten des Albumins (p. 34) zwei verschiedene Peptone, das „Hemipepton" und das „Antipepton", von denen nur das erstere durch Trypsin in Leucin und Tyrosin verwandelt wird (Kühne & Chittenden). Nur ein Theil des Peptons (das sog. „Alkophyr") ist in Alkohol löslich und giebt die sog. Biuretreaction, d. h. eine rothe Farbe mit Kupfersulphat und Kali (Brücke). — Zwischen dem Säurealbuminat und dem Pepton wird neuerdings noch ein Zwischenproduct unterschieden, das Propepton oder Hemialbumose (Schmidt-Mühlheim, Kühne, Salkowski), welches noch einige Eiweissreactionen giebt, die dem Pepton fehlen, z. B. durch Salpetersäure in der Kälte fällbar ist.

4. Der saure Magensaft löst durch das Pepsin auch Leim und leimgebendes Gewebe auf, und verwandelt sie in einen nicht gelatinirenden, leicht diffundirenden Leim (Leimpepton). Diese

Umwandlung geschieht viel schneller als die sonst ähnliche durch die Säure allein. Auch Elastin wird, wenn auch schwierig, gelöst (Etzinger, Horbaczewski).

5. Der Magensaft bringt, gleichgültig, ob sauer oder neutralisirt, Milch zur Coagulation; das gefällte Casein wird dann wie jeder Eiweisskörper verdaut und peptonisirt. Die fällende Substanz ist ein besonderes Ferment, das Labferment (p. 136).

6. Trauben- und Milchzucker werden durch Magensaft (durch ein besonderes, noch nicht isolirtes Ferment, Hammarsten) in Milchsäure verwandelt (was aber zu langsam geschieht um für die Milchcoagulation in Frage zu kommen). Rohrzucker wird intervertirt (Leube).

7. Cellulose, namentlich die jüngeren und weicheren Formen, wird im Magen von Pflanzenfressern, namentlich im Pansen der Wiederkäuer, aufgelöst (Hofmeister); das Product ist noch nicht bekannt.

8. Fette werden zu einem kleinen Theil schon im Magen hydrolytisch gespalten (Cash, Ogata); in grösserem Umfange geschieht dies erst im Darm (s. unten).

Die Fermente des Speichels und Magensaftes werden durch Carbolsäure, Salicylsäure, arsenige Säure in ihrer Wirkung nicht gestört, gehören daher nicht zu den organisirten, sondern zu den löslichen Fermenten, welche man neuerdings als Enzyme (Kühne) bezeichnet. Die meistens auf Organismen beruhenden Gährungs- und Fäulnissprocesse werden im Gegentheil durch den Magensaft unterbrochen. Jedoch werden einige mehr nebensächliche der oben genannten Processe, namentlich die Zucker- und Celluloseverdauung von Einigen organisirten Fermenten zugeschrieben.

Die Selbstverdauung des Magens wird nach den Einen durch die Resistenz seines Epithels (Keratin ist nicht verdaulich), nach Anderen durch das circulirende alkalische Blut verhindert; necrotische Schleimhautstellen sind der Verdauung zugänglich, welche schliesslich die ganze Wand durchbohrt.

Ueber die Dauer des Verbleibens im Magen existiren keine brauchbaren Bestimmungen; anscheinend verlassen die flüssigen Inhaltstheile den Magen schneller, und der Nutzen der Milchcoagulation würde sich auf diese Weise erklären. Ob die Aufenthaltszeit zur Peptonisirung des Eiweisses hinreicht, ist unbekannt. Neben der Verdauung findet ohne Zweifel, und selbst nachweisbar, auch Aufsaugung durch die sehr reichen Blut- und Lymphgefässe der Magenwand statt. Der in den Darm tretende saure, meist dünne Brei heisst Chymus; doch treten auch feste Stücke über.

4. Die Vorgänge im Darm.

a. Mechanische Vorgänge.

Die peristaltische Darmbewegung, welche bei Warmblütern nach Eröffnung der Bauchhöhle sehr lebhaft ist, besorgt das Durchkneten und die Fortschiebung des Inhaltes; sie ist am Dünndarm bedeutend lebhafter als am Dickdarm, und besteht hauptsächlich in localen ringförmigen Einschnürungen, welche wellenförmig, normal anscheinend stets in der Richtung zum After, fortschreiten. Dabei verlagern sich die Darmschlingen gegen einander, kriechen gleichsam über einander hinweg, werden jedoch durch ihre mesenteriale Anheftung an Verschlingung gehindert. Das normale Verhalten der Darmbewegung ist sehr wenig bekannt, weil dieselbe durch die Eröffnung der Bauchhöhle schon stark verändert wird, sei es durch den Reiz der Luft oder durch die Abkühlung. Künstlich erzeugte Einschnürungen (durch mechanischen oder electrischen Reiz) pflanzen sich oft nach beiden Richtungen, oft aber gar nicht fort. Die fortschiebende Wirkung auf den Inhalt soll durch eine klappenförmige Anordnung der queren Schleimhautfalten des Dünndarms in richtiger Richtung erhalten werden; sicherer ist, dass die grosse Falte an der Mündung des Dünndarms in das Coecum (die Valvula Bauhini) dem Inhalt den Rücktritt aus letzterem in ersteren versperrt. Die speciellere Bedeutung des Coecums, welches besonders bei Pflanzenfressern zu mächtiger Länge entwickelt ist, ist unbekannt, ebenso die des Wurmanhangs. In den Haustra coli bleibt der Darminhalt lange liegen, und verwandelt sich in Koth.

Die Innervation der peristaltischen Darmbewegung ist in Dunkel gehüllt. Da letztere auch an ausgeschnittenen Darmstücken stattfindet, vermuthet man ihr nächstes Centrum in der Darmwand selbst, welche sowohl in der Submucosa (Plexus submucosus, Meissner), als zwischen der Längs- und Ringmuskelschicht (Plexus myentericus, Auerbach) gangliöse Geflechte enthält. Ob die peristaltische Fortleitung der Contraction auf diesen nervösen Verbindungen beruht, oder auf rein musculärer Fortleitung (Engelmann), ist noch streitig. Die Bewegungen des Dünndarms werden verstärkt durch Reizung des Vagus (nicht constant), des Plexus coeliacus, mesentericus, hypogastricus, des Grenzstrangs und des Rückenmarks, gehemmt durch Reizung des Splanchnicus (Pflüger).

Die Geschwindigkeit der peristaltischen Fortbewegung des Inhalts (im Dünndarm) könnte an Thiry-Vella'schen Fisteln (p. 145) gemessen werden. In einem solchen Versuch am Hunde wurde 1 cm. in 55 Minuten zurückgelegt (Fubini), in einem anderen Versuch an der Ziege war überhaupt kein Vorrücken zu constatiren, vielleicht weil der normale Darminhalt (Galle?) zur regelmässigen Fortbewegung nöthig ist (K. Lehmann).

Von grossem Einfluss auf die Darmbewegungen ist die Temperatur; in der Wärme werden sie lebhafter, unterhalb 19° hören sie auf. Viele Substanzen wirken ebenfalls stark ein, sowohl vom Darmlumen als auch von der äusseren Darmfläche aus. Nicotin macht starke Contractionen und tetanischen Krampf, auch dann wenn es in eine Darmarterie eingeführt wird. Atropin wirkt umgekehrt lähmend.

Die Darmbewegungen werden durch Sättigung des Blutes mit Sauerstoff aufgehoben, durch Erstickung und Aortencompression (Schiff) verstärkt und sind wahrscheinlich deshalb unmittelbar nach dem Tode sehr kräftig; der sie auslösende Reiz scheint also ähnlich wie beim Athmungscentrum durch die Venosität des Blutes in den Darmgefässen bedingt zu sein (S. Mayer & v. Basch). Bei Durchleitung warmer indifferenter Flüssigkeiten durch die Gefässe bleiben ausgeschnittene Darmstücke in Ruhe, beim Aufhören der Durchströmung treten periodische Contractionen ein; hiernach ist anzunehmen, dass der Darm selber erregende Stoffe producirt, deren Beseitigung Ruhe macht (Salvioli).

Der Splanchnicus ist zugleich der vasomotorische Nerv des Darms (p. 90); seine Reizung bewirkt also eine Verminderung des Blutzuflusses, welche möglicherweise die Hemmung der peristaltischen Bewegungen durch Abhaltung von im Blute enthaltenen Reizen erklären könnte (v. Basch); jedoch wirkt schwache Splanchnicusreizung hemmend, ohne die Gefässe zu verengen (van Braam-Houckgeest). Nach dem Tode bewirken Splanchnicus- und Vagusreizung verstärkte Darmbewegung. — Die Wirksamkeit der Vagusreizung wird bestritten, oder von Magencontractionen abgeleitet, welche Mageninhalt in den Darm treiben (van Braam-Houckgeest).

b. Verdauungsvorgänge.

Die Beobachtung der Darmverdauung geschieht, abgesehen von Versuchen mit den Darmsecreten und Extracten (p. 143 ff.), also durch künstliche Darmverdauung, hauptsächlich durch Benutzung von Darmfisteln am Menschen (liegt die Fistel im Bereich des Dickdarms, so nennt man sie widernatürlichen After), aus welchen man Darminhalt entnehmen und in die man zu verdauende Körper in Tüllsäckchen einführen und wieder herausziehen kann; liegt die Fistel weit unten, so kann man sie zur Injection von Substanzen benutzen, deren Veränderungen am Koth untersucht werden.

Im Darm kommt der saure Chymus mit durchweg alkalischen Secreten in Berührung, nämlich mit Galle und Pancreassaft im Duodenum, mit Darmsaft im ganzen Darm. Dies muss zunächst eine Umwandlung der Reaction zur Folge haben, welche in der Mitte des

Dünndarms meist vollendet ist. Von Verdauungsvorgängen ist Folgendes bekannt:

1. Die Galle, welche den Darminhalt gelb färbt, unterbricht zunächst die weitere Wirkung des noch vorhandenen Pepsins (Bernard), anscheinend durch Bildung eines Niederschlages aus Eiweiss- und Gallenbestandtheilen, welcher das Pepsin mit niederreisst (p. 37), und ausserdem durch Verhinderung der zur Magenverdauung erforderlichen Quellung (p. 178) (Brücke, Hammarsten). Die viel untersuchte Ursache jener Fällung ist noch nicht genügend festgestellt. Auch Eiweiss wird durch Galle gefällt, namentlich durch Taurocholsäure. Dagegen werden die Peptone nicht gefällt; der durch Gallensäuren entstehende Niederschlag besteht lediglich aus den Gallensäuren selbst (Maly & Emich).

Die Bedeutung dieser Wirkungen der Galle ist noch völlig unbekannt. Ebensowenig kann damit die Rolle der Galle im Darm erschöpft sein. Ueber antiputride Wirkungen derselben s. unten, über Beziehungen zur Aufsaugung p. 188.

2. Der Bauchspeichel (sowie die alkalischen Extracte des Pancreas, vgl. p. 143) hat folgende verdauenden Einwirkungen:

a) Gequollene Stärke wird durch ein sehr kräftiges diastatisches Ferment in Dextrin und Zucker verwandelt (Bernard), also die Wirkung des Speichels im Darme fortgesetzt.

b) Geschmolzene und flüssige Fette (Oele) werden sofort emulgirt (eine Eigenschaft, welche in geringerem Grade auch der Galle zugeschrieben wird), und theilweise zu Glycerin und Fettsäure gespalten, so dass bei Butterfetten saure Reaction auftritt (Bernard). Bei der Emulgirung sind die gebildeten Fettsäuren und deren Alkalisalze (Seifen) wesentlich betheiligt (Brücke, Gad, G. Quincke).

c) Eiweisskörper und leimgebendes Gewebe werden, und zwar abweichend von der Magenverdauung bei alkalischer Reaction, aufgelöst und in Peptone verwandelt (Corvisart). Letztere werden theilweise weiter gespalten, wobei im Falle des Eiweiss Leucin und Tyrosin (Kühne), Asparaginsäure und Glutaminsäure (Radziejewski & Salkowski, v. Knieriem), Xanthin und Sarkin (Salomon), im Falle des Leims statt des Tyrosins Glycin und Ammoniak auftreten.

d) Milch soll wie vom Magensaft durch ein Labferment zuvor coagulirt werden (Roberts).

Die bisher genannten Verdauungswirkungen des Pancreassaftes werden durch antiseptische Mittel nicht verhindert, beruhen also auf (hydrolytischen, p. 19) Enzymen, von denen die des Bauchspeichels isolirbar sind (Danilewski, Paschutin), namentlich das eiweissverdauende Ferment, das Pancreatin oder Trypsin (Kühne).

Ausserdem aber tritt im Darm, und ebenso bei Verdauungsversuchen mit Pancreassaft oder Pancreassubstanz, noch eine weitergebende faulige Zersetzung von Eiweiss und Leim unter Entwicklung von Fäulnissorganismen auf (Nencki). Dieselbe liefert Indol (Kühne), Scatol (Nencki & Brieger), Phenol (Baumann), flüchtige Fettsäuren, Gase (Wasserstoff, Grubengas, Stickstoff, Kohlensäure); die erstgenannten Producte haben intensiven Kothgeruch. Diese Fäulniss findet nach der gewöhnlichen Ansicht im Darm normal nur in geringem Umfange statt, in weit grösserem, wenn die Galle durch Fisteln oder Gangunterbindung ferngehalten wird, so dass man der Galle eine antiputride Function zuschreibt; ausserdem wirkt jedenfalls die Resorption der Verdauungsproducte beschränkend auf deren weitere Zersetzung. Die Taurocholsäure hindert schon in grossen Verdünnungen die meisten Fäulniss- und Gährungsprocesse (Maly & Emich). Die Erfahrungen an Gallenfistelthieren stehen jedoch zum Theil mit dieser Anschauung im Widerspruch (s. unten sub II.).

Die Pancreasfäulniss, welche sich durch Salicylsäure u. dgl. unterdrücken lässt, liefert auch einen durch Chlorwasser violett bis rosenroth sich färbenden Körper, eine Reaction, welche auch die zersetzte Pancreassubstanz giebt (Tiedemann & Gmelin). Ob die fäcal riechenden Körper wirklich Indol und Scatol sind, oder diesen Substanzen nur sehr hartnäckig anhaften, ist noch zweifelhaft; in reinem Zustande (z. B. aus Indigo, Baeyer) dargestellt, sind diese Körper geruchlos, doch wäre eine riechende Modification denkbar. Aehnliche Zersetzungen wie mit Pancreas erleidet das Eiweiss auch in manchen Käsen, ferner beim Schmelzen mit Kali (künstliche Fäces).

3. Das Secret der Brunner'schen Drüsen enthält zwar Pepsin (p. 145), doch würde dasselbe wegen der Galle nicht wirken können; daneben diastatisches Ferment. Die Bedeutung dieser Drüsen ist noch in Dunkel gehüllt.

4. Das Secret der Lieberkühn'schen Drüsen, der sogen. Darmsaft (p. 144), ist in seiner Wirkung wegen der einander widersprechenden Angaben ebenfalls noch nicht übersehbar. Der Dickdarmsaft, der am wenigsten untersucht ist (Vella'sche Fistel, Klug & Korek; Glycerinextracte der Schleimhaut, Eichhorst), scheint überhaupt keine Verdauungswirkung zu besitzen. Dasselbe gilt vom Dünndarmsaft der Ziege (K. Lehmann), und wird auch für die Schleimhautextracte der anderen Thiere behauptet (Frick).

Dagegen werden für denjenigen des Hundes folgende Wirkungen angegeben, jedoch auch bestritten: a. Zuckerbildung aus Stärke (Schiff, Quincke, Garland, Vella), Intervertirung von Rohrzucker (Vella); b. Emulgirung und Spaltung von Fetten (Schiff); c. Verdauung von Fibrin bei alkalischer (Thiry) oder saurer Reaction (Masloff); auch Verdauung von Albumin (Vella); d. Coagulirung und Verdauung von Milch (Vella).

Von anderen Verdauungsvorgängen im Darm sind noch folgende zu erwähnen. Bei Pflanzenfressern wird ein Theil der genossenen Cellulose verdaut (wahrscheinlich in Zucker verwandelt), ebenso die zur Hippursäurebildung führenden Cuticularsubstanzen; auch beim Menschen erscheint die genossene Cellulose nicht vollständig im Koth wieder (Henneberg & Stohmann, Weiske). Das verdauende Secret soll der Pancreassaft sein (Schmulewitsch, vgl. auch p. 179). Rohrzucker wird durch den Darmsaft (Paschutin) in Traubenzucker verwandelt, und die Milchsäurebildung aus Traubenzucker fortgesetzt. Unter abnormen Verhältnissen kommt auch alkoholische, häufiger Buttersäuregährung (vgl. unten, Darmgase) und bei Pflanzenfressern eine Grubengas liefernde Gährung vor; letztere namentlich im Pansen und im Dickdarm (Tappeiner); diese beiden Gährungen rühren von Organismen her. Salze mit organischen Säuren werden im Darm ganz oder theilweise in kohlensaure Salze umgewandelt (Magawly). Auch die bei der Fettzersetzung gebildeten Fettsäuren oxydiren sich zum Theil zu flüchtigen Fettsäuren, die zusammen mit dem übelriechenden Product der Pancreasverdauung dem Darminhalt den eigenthümlichen Kothgeruch verleihen. Die gepaarten Gallensäuren werden im Darm vermuthlich durch den pancreatischen Saft hydrolytisch gespalten in Glycin resp. Taurin, und Cholalsäure, welche zum Theil in Anhydridform (Choloidinsäure, Dyslysin) in den Koth übergeht.

Aus dem Gesagten ergiebt sich, dass die Darmverdauung noch sehr wenig aufgeklärt ist. Namentlich ist auch die Bedeutung des Coecum und des Proc. vermiformis noch vollständig unbekannt. Der Magenverdauung gegenüber bietet der Darm als neu hinzukommendes Moment die Verdauung der Fette. Die Verdauung der Stärke und der Eiweisskörper wird in veränderter Weise weiter fortgesetzt. Eine vollständigere Kenntniss ist mehr von der Untersuchung des Darminhalts als von den Ergebnissen künstlicher Verdauung mit den einzelnen Secreten zu erwarten.

Auch bei ausgeschaltetem Magen, d. h. bei Einführung der Nahrung unterhalb des Pylorus, findet ausgiebige Verdauung von Eiweiss und Fleisch statt (Ogata).

Neben den Verdauungsprocessen geht die Resorption im Darme einher, welche die von vornherein löslichen und die durch die Verdauung resorbirbar gemachten Nährstoffe in die Blut- und Chylusgefässe überführt (Näheres s. unten sub II.). Im Dickdarm scheint sogar keine Verdauung, sondern nur Resorption stattzufinden, hauptsächlich von Wasser. Die fortschreitende Resorption dickt den Darminhalt immer mehr ein, und verwandelt ihn in Koth.

5. Die Excremente und ihre Entleerung.

Der durch die Resorption eingedickte Darminhalt bildet in der Flexura sigmoidea die Excremente (Koth, Faeces). Dieselben bestehen: 1. aus den unverdaulichen, oder wegen zu grosser Menge nicht verdauten Nahrungsresten, z. B. Cellulosegebilde, Muskelfasern, elastische Fasern, Hornsubstanzen (Mundepithel, bei Thieren häufig Haare), Stärkekörner, Fetttropfen; 2. aus den unresorbirbaren Resten der Verdauungssäfte, namentlich Schleim, Gallensäureanhydride (vgl. p. 184), Gallenfarbstoffe, welche den Koth braun oder grünlich färben, Cholesterin, Wasser, Salze; 3. aus im Darm gebildeten Zersetzungsproducten, besonders Indol, Scatol, die oben erwähnte, den Kothgeruch bedingende Substanz, Excretin (Marcet; eine anscheinend dem Cholesterin nahestehende Substanz von unbekanntem Ursprung und zweifelhafter Zusammensetzung), flüchtige Fettsäuren; 4. zahlreichen Bacterienformen (Nothnagel). Die Reaction ist meist sauer, oft neutral oder alkalisch; die Menge in 24 Stunden beträgt im Mittel 130 grm.

Die Darmgase bestehen am Ende des Dickdarms aus Stickstoff, Kohlensäure (vgl. p. 107), Wasserstoff (jedenfalls von Buttersäuregährung herrührend), Grubengas (vgl. p. 184) und Spuren von Schwefelwasserstoff.

Der Koth scheint erst kurz vor der Entleerung in den Mastdarm einzutreten und dadurch den Stuhldrang zu bewirken. Er wird dann durch den Tonus des glatten Sphincter ani internus und des quergestreiften Sphincter externus, sowie durch den ebenfalls das Rectum umschlingenden Levator ani zurückgehalten (Henle, Budge). Die Entleerung (Defaecation) geschieht in meist 24 stündigen Intervallen, unter Erschlaffung der Sphincteren und Contraction der Mastdarmmusculatur; die Bauchpresse (p. 119) wirkt unterstützend, ebenso die Contraction des Levator ani, welche den Mastdarm comprimirt, und durch Anspannung der Fascia pelvis der Bauchpresse einen Widerhalt giebt.

Der Verschluss und die Entleerung des Mastdarms sind reflectorische Acte, welche im Lendenmark (s. d.) ihr Centrum haben, aber durch den Willen wesentlich modificirt werden. Nach Isolirung des Lendenmarks vom übrigen Centralnervensystem treten beim Hunde rhythmische Sphinctercontractionen ein (Goltz).

Hinsichtlich des peripherischen Nervenverlaufs wird angegeben, dass die Längsmusculatur des Mastdarms von den Nn. erigentes (vgl. Cap. XIII.), die Quermusculatur vom Plexus hypogastricus und dem Gangl. mesentericum post. versorgt wird (Fellner).

Die Abführmittel wirken nach den Einen (Moreau) durch gesteigerte Secretion von Flüssigkeiten in den Darm, nach Andern (Thiry, Radziejewski) durch beschleunigte peristaltische Bewegung, durch welche der Darminhalt an vollständiger Resorption gehindert, und daher reichlich und flüssig entleert wird. Die salinischen Abführmittel, deren Wirksamkeit von ihrem endosmotischen Aequivalent abhängt (Buchheim), und welche umgekehrt Verstopfung machen wenn sie in die Gefässe injicirt werden (Aubert), wirken hauptsächlich durch Retention von Wasser im Darm (Buchheim).

6. Natur und Bedeutung der chemischen Verdauungsprocesse.

Die Zerkleinerung, Emulgirung (bei Fetten) und Auflösung der Nährstoffe sind unverkennbar Vorbereitungen für deren Aufnahme in die Säfte; ebenso deutlich ist die gleiche Bedeutung der chemischen Umsetzungen bei der Verdauung, denn sie verwandeln unlösliche in lösliche, schwer diffundirende in leicht diffundirende Substanzen.

Der chemische Character aller digestiven Umsetzungen ist die hydrolytische Spaltung (Hermann, vgl. p. 19), so dass sich die Wirkung aller Verdauungsfermente durch anhaltendes Kochen mit Mineralsäuren ersetzen lässt. Höchstwahrscheinlich erfüllen diese Spaltungen zwei Aufgaben (Hermann): erstens Verkleinerung der Moleküle, wodurch im Allgemeinen Löslichkeit und Diffundirvermögen gefördert werden; zweitens Sortirung gewisser Ingredientien für die Assimilation (vgl. sub IV.).

II. Die Aufsaugung (Resorption).

1. Die Aufsaugung der Digestionsschleimhaut.

Die gelösten und verdauten Nahrungsbestandtheile werden von der Wand des Magens und des Darmes aufgenommen und gehen theils in die Blut-, theils in die Lymph- (Chylus-) Gefässe derselben über.

Durch Reichthum an beiderlei Gefässen, ferner durch besondere anatomische Einrichtungen, ist die Darmwand specifisch für die Aufsangung eingerichtet. Die letzteren bestehen: 1. in einer beträchtlichen Vergrösserung der aufsaugenden Fläche, durch Ausstülpungen, die Dünndarmzotten, 2. einer eigenthümlichen Beschaffenheit des Darmepithels, 3. grossem Reichthum an sogenanntem reticulären Gewebe in verschiedenen Formationen.

Das Speciellere s. in den anatomischen und histologischen Lehrbüchern. Hier ist nur zu erwähnen, dass die an Flimmerzellen erinnernde pallisadenförmige Structur des Basalsaums der Zottenepithelien sehr allgemein als ein den Durchtritt emulgirter Fette begünstigendes Moment betrachtet wird; in der Tiefe stehen nach Einigen diese Zellen durch Ausläufer mit dem Saftcanälchensystem des Bindegewebes in Zusammenhang, welches den Ursprung der Lymph- oder Chylusgefässe darstellt (s. unten). Die Becherzellen sind nur schleimig metamorphosirte Epithelzustände (vgl p. 145). — Das reticuläre Gewebe (s. p. 191) ist in dem Zottengewebe stark vertreten, und bildet ausserdem in der Schleimhaut des ganzen Verdauungscanals folliculäre Anhäufungen (Balgdrüsen des Mundes und Rachens, Tonsillen; solitäre Follikel und Peyer'sche Haufen des Dünndarms).

Die Aufsaugung in die Blutgefässe kann anscheinend nur durch Diffusion (Endosmose) erfolgen, deren Bedingungen — ungleiche Flüssigkeiten, getrennt durch poröse Membranen (Zellen und Capillarwände) — hier verwirklicht scheinen. Man schreibt daher nur die Resorption diffundirfähiger Stoffe, wie Wasser, Salze, Zucker, Glycerin, Seifen, Peptone, den Blutgefässen des Magens und Darmes zu. Bemerkenswerth ist, dass die von den Blutgefässen resorbirten Stoffe zunächst durch die Pfortader in die Leber gelangen. Der wirkliche Nachweis der Resorption in die Blutgefässe ist bei Giften durch ihre schnelle Verbreitung im Gesammtkörper, beim Zucker und Glycerin durch ihre Einwirkung auf die Leber und Abhängigkeit derselben von der Einführung in den Darm (vgl. unten sub IV.) geführt, bei Peptonen nicht mit Sicherheit.

Die Aufsaugung in die Lymphgefässe (Chylusgefässe) ist dagegen auch für stark colloide (Eiweiss) und für unlösliche, aber fein vertheilte Stoffe (Fettemulsion) möglich; letzteres zeigt der milchweisse Inhalt der Chylusgefässe des Mesenteriums und die Erfüllung der ganzen Darmwand und ihrer Zotten, namentlich aber der Epithelien und der Lymphräume, mit Fetttröpfchen während der Verdauung. Dies Eindringen wird durch den directen Zusammenhang zwischen Chylusgefässen und Darmlumen mittels der Saftcanälchen und der Epithelzellen verständlich. Unklar sind aber die Kräfte, welche diesen Uebergang bewirken. Filtration durch hohen Druck im Darmlumen ist sehr unwahrscheinlich, Capillarattraction der feinen Röhren und Spalten würde nur für einmalige Füllung ausreichen. Wahrscheinlich findet aber eine regelmässige Entleerung nach den weiteren Räumen hin statt, besonders durch Contraction der mit longitudinalen glatten Muskeln versehenen Zotten (Brücke). Die Galle soll diese Contraction anregen (Schiff), ausserdem aber wirkt sie physicalisch fördernd auf das Eindringen der Fette, indem sie als seifenartige Flüssigkeit die Imbibition von Fetten in wässrig durchtränkte poröse Gewebe erleichtert (v. Wistinghausen).

Thiere mit Gallenfisteln, welche am Auflecken der Galle verhindert werden, zeigen in der That eine mangelhafte Fettresorption (Bidder & Schmidt, Röhmann). Weniger sicher ist die ebenfalls behauptete starke Gefrässigkeit und Abmagerung. Aus dieser, sowie aus dem Einfluss der Gallenfisteln auf die Gallenabsonderung (p. 142), folgern Einige, dass ein grosser Theil der Galle zur Resorption und Wiederabscheidung in der Leber bestimmt sei; ein andrer Theil geht sicher in den Koth über (p. 185). Die Angabe, dass der Koth der Gallenfistelthiere einen ungewöhnlich fauligen Geruch habe (vgl. p. 183), wird neuerdings bestritten, auch soll keine ungewöhnliche Eiweisszersetzung im Darm stattfinden (Röhmann). Die Hauptbedeutung der Galle scheint noch ganz unbekannt zu sein.

Das Verständniss der Resorption im Darm, selbst der durch die Blutgefässe, ist hiernach sehr unvollkommen; denn selbst für die endosmotische Aufnahme des Wassers, Zuckers etc. sind die Bedingungen nicht klar nachweisbar. Möglich dass, ähnlich wie bei der Secretion, Zellen eine bisher nicht geahnte Hauptrolle spielen (vgl. auch unten sub 3). Der Chylusresorption müssen natürlich auch die von den Blutgefässen aufnehmbaren Stoffe theilweise anheimfallen. Die Unklarheit wird dadurch vermehrt, dass man nicht weiss, in welchem Umfange das Eiweiss peptonisirt wird (p. 179), und ob die vorgefasste Meinung, dass unpeptonisirtes Eiweiss den Blutgefässen unzugänglich sei, richtig ist. Ein ganz neues Moment, welches weiterer Prüfung bedarf, ist die Ausstossung farbloser Zellen aus den folliculären Organen des Digestionscanals (vgl. p. 135); diese Zellen sollen durch Aufnahme von Stoffen und Einwanderung in die Lymphräume sich an der Resorption betheiligen (Stöhr, Wiedersheim).

Die älteren Versuche über Resorption (Tiedemann & Gmelin u. A.) suchten meist die Substanzen im Ductus thoracicus oder nach Unterbindung desselben im Blute auf. Directe Versuche über die Darmresorption, d. h. mit Nachweis der resorbirten Substanz in den mesenterialen Venen, resp. Chylusgefässen, existiren nur in geringer Zahl. Salze gehen in Blut und Lymphe gleich schnell über (K. Lehmann). Aus Schlingen des oberen Dünndarmabschnitts verschwinden injicirte Lösungen schneller als aus solchen des unteren (Lannois & Lépine).

2. Die Aufsaugung anderer Schleimhäute und der Haut.

Die Conjunctiva, Respirationsschleimhaut und andre Schleimhäute bekunden ihre Resorptionsfähigkeit namentlich durch die Vermittlung der Wirkung auf sie aufgetragener Gifte. Specifische Vorkehrungen wie beim Darm fehlen hier, wie denn diese Resorptionen kaum physiologische Bedeutung haben. Die Resorptionsfähigkeit der Blase ist neuerdings erwiesen (p. 157).

Auch die Haut ist nicht zur Aufsaugung bestimmt, und nur in sehr geringem Grade dazu fähig, besonders wegen der Mächtigkeit und Trockenheit der Epidermis; indess ist die Resorptionsfähigkeit für wässrige Lösungen (Bäder) und Salbenbestandtheile unzweifelhaft erwiesen. Durch Einreibung können sogar ungelöste Stoffe, z. B. die Quecksilbertröpfchen der grauen Salbe, zur Aufsaugung gebracht werden, offenbar durch mechanisches Eintreiben in tieferliegende Spalträume (s. unten).

3. Die Aufsaugung der Höhlen und Spalträume.

Lösliche Substanzen, welche mit Wundflächen oder der von der Epidermis befreiten Cutis in Berührung gebracht, oder in die Pleurahöhle, Peritonealhöhle, die Spalträume des subcutanen Bindegewebes, oder in die subcutanen Lymphräume des Frosches injicirt werden, gehen schnell in den Kreislauf über. Die Wandungen aller genannten Gebilde sind mit Blutgefässcapillaren versehen, welche (durch Diffusion, s. oben) aufsaugend wirken. Da aber die genannten Hohlräume sämmtlich mit Lymphgefässen direct communiciren, deren Endothel sich in sie hinein verfolgen lässt (v. Recklinghausen), so können die eingeführten Substanzen auch in den Lymphstrom gelangen, welcher sie, freilich ungleich langsamer, in das Blut überführt. Dieser Weg ist aber auch ungelösten Partikelchen, wie Fetttropfen, Lymphzellen, Farbstoffkörnern, und vor Allem den alle diese Räume erfüllenden eiweisshaltigen Flüssigkeiten zugänglich, welche als Parenchymsäfte, Höhlenflüssigkeiten, oder mit ebensoviel Recht schon als Lymphe bezeichnet werden. Der Abfluss dieser Flüssigkeiten in die Lymphgefässe ist direct nachweisbar, besonders durch die Vermehrung des Lymphstromes nach vermehrter Bildung von Parenchymsaft, sog. Oedem (Ludwig); Farbstoffe, welche durch Tättowiren in das subcutane Bindegewebe gelangt sind, finden sich in den nächstgelegenen Lymphdrüsen wieder. **Die Lymphgefässe können demnach als Regulatoren des Gewebsturgor bezeichnet werden.**

Auch für die Höhlen- und Spaltraumresorption durch die Blutgefässe ist die rein endosmotische Erklärung vielleicht nicht ausreichend, da bei Fröschen nach Aufhebung des Blutkreislaufs noch eine Resorption beobachtet wird, welche jedoch nach Abtrennung der Nerven oder Zerstörung des Rückenmarks aufhört, so dass ein directer Nerveneinfluss behauptet wird (Goltz, Lautenbach); dieser letztere bestätigt sich dadurch, dass die Hautresorption bei Fröschen durch Nervendurchschneidung verzögert wird, was freilich vielleicht nicht die Aufnahme der Substanz, sondern deren Weiterbeförderung betreffen mag (Hermann & v. Meyer). Ein directer Nerveneinfluss würde es wahrscheinlich machen, dass zellige Apparate (Epithelien) bei der Resorption activ betheiligt sind.

III. Die Lymph- und Blutbildung.

1. Die Lymphe und der Chylus und deren Bewegung.

Die Lymphe, wie man sie aus grösseren Lymphgefässen gewinnt, am reichlichsten bei passiver Bewegung oder Kneten des betr. Körpertheils, ist eine farblose oder gelblichweisse Flüssigkeit, welche aus einem farblosen Plasma und darin suspendirten Zellen, den Lymphkörperchen besteht; daneben finden sich feine Fetttröpfchen und Kerne. Die Lymphkörperchen gleichen völlig den farblosen Blutkörperchen, und sind contractil. Die Lymphe gerinnt wie das Blut, nur langsamer; sie bildet einen Lymphkuchen und presst ein Lymphserum aus; sie enthält also die Fibringeneratoren und bildet das Ferment (p. 51), jedoch weniger als das Blut, so dass Zusatz von Blut die Gerinnung beschleunigt. Die übrigen Bestandtheile sind, auser dem fehlenden Farbstoff, ganz die des Blutes, also Wasser, Salze, Albuminstoffe, Lecithin, Fette, Zucker, Harnstoff, Extractivstoffe und Gase (fast nur Kohlensäure, Hammarsten; vgl. p. 108).

Der Chylus oder die Darmlymphe ist schwer rein zu gewinnen, weil er sich in der Cysterna chyli und im Ductus thoracicus mit Lymphe mengt. Er unterscheidet sich von der Lymphe nur durch seinen hohen Fettgehalt während der Verdauung, der ihm ein milchweisses Aussehen giebt; das Fett bildet eine ungemein feine Vertheilung; ein Aufsteigen wie in der Milch findet nicht statt (v. Frey);

ferner wird auch Fett von den contractilen Lymphkörperchen in deren Protoplasma aufgenommen.

Der Ursprung des Chylus und der Lymphe ist, was die flüssigen Bestandtheile betrifft, bereits angegeben. Man muss annehmen, dass die in den Spalträumen aller Gewebe und in den Saftcanälchen des Bindegewebes und Knochens enthaltene Parenchymflüssigkeit, welche aus dem Blute stammt, in beständiger, langsamer Erneuerung begriffen ist, indem sie in die Lymphgefässe abfliesst; in den Spalträumen der Darmschleimhaut mischt sich während der Verdauung die resorbirte Substanz hinzu. Die näheren Bedingungen jener Erneuerung sind noch so gut wie unbekannt. Die Zellen der Lymphe und des Chylus stammen ebenfalls aus jenem Spaltraumsystem, namentlich da wo es sich zu dem adenoiden oder reticulären Gewebe entwickelt; hier ist die Grundsubstanz zu einem feinen Reticulum reducirt, und die Spalträume zu dem schwammigen Hohlraumsystem desselben entwickelt, welches ganz und gar mit einem Lager von Lymphzellen erfüllt ist. Ausser den schon p. 187 genannten zerstreuten reticulären Formationen kommen grössere Anhäufungen in den Alveolen der Lymphdrüsen vor. Der Lymphstrom, welcher diese Räume langsam durchsetzt, nimmt Zellen mit, während anscheinend durch Theilung ein Ersatz solcher stattfindet. Ausserdem findet ein nicht näher bekannter Verkehr mit dem Blute der die Zellenlager durchflechtenden Capillaren statt.

Die Bewegung der Lymphflüssigkeiten zum Blute hin geschieht unter geringem Druck (Noll) und sehr langsam, besonders wegen des bedeutenden Widerstandes, den die Lymphdrüsen bieten müssen. Die Kräfte, welche die Bewegung unterhalten, kann man nur vermuthen; wahrscheinlich sind es: 1. das einfache Nachrücken des neu gebildeten Parenchymsafts, resp. der aufgesogenen Flüssigkeiten; 2. Contraction der die Lymphgefässe umgebenden Körpermuskeln, die wegen der zahlreichen Klappen derselben den Inhalt, ganz wie den der Venen, nach der Mündung zu auspressen; 3. die Aspiration des Thorax, da die Mündungen der Hauptstämme, und ausserdem der grösste Theil des Ductus thoracicus, innerhalb der Brusthöhle liegen.

Besondere Lymphherzen finden sich bei manchen Fischen (Caudalherz des Aales), Amphibien (beim Frosch 2 axilläre und 2 coccygeale) und einigen Vögeln (Struthionen). Ihre Pulsationen sind selbstständig, werden aber vom Rückenmark durch erregende und Hemmungsfasern regulirt. Beim Meerschweinchen hat man an den Lymphgefässen (Chylusgefässen) des Mesenteriums rhythmische Contractionen der durch die Klappen getrennten Abschnitte, mit regelmässigem Fortschreiten nach den Stämmen hin, also einen herzartigen Mechanismus beobachtet (A. Heller). Die Chylusgefässe des Mesenteriums werden durch Reizung der Mesenterialnerven verengt, durch Splanchnicusreizung erweitert (Bert & Laffont).

2. Die Blutbildung.

Der chemische Bestand des Blutes unterliegt durch Absonderung und Aufsaugung einem unaufhörlichen Wechsel, der aber im Speciellen noch so gut wie unbekannt ist. Namentlich sind noch die Umstände unverständlich, welche trotz dieses Wechsels eine so grosse Constanz der Zusammensetzung und Menge des Blutes sichern. In letzterer Beziehung kann allenfalls auf den Einfluss der Wasserresorption auf die Wasserausscheidung durch Harn und Schweiss verwiesen werden (p. 152 und 158).

Aber auch die Blutkörperchen werden ohne Zweifel fortwährend erneuert. Vor Allem ist erwiesen, dass mit der Lymphe beständig grosse Mengen farbloser Zellen in das Blut einströmen. Andrerseits bildet die Entstehung des Gallen- und Harnfarbstoffs ein Anzeichen des Untergangs rother Blutkörperchen. Die erstere Thatsache erweckt die Frage nach dem Schicksal der farblosen Blutkörper, welche nothwendig in entsprechender Zahl untergehen oder eine andre Gestalt annehmen müssen, die letztere fordert eine Neubildung rother Blutkörper.

Eine Zeit lang war die Ansicht verbreitet, dass die farblosen Blutkörper sich in rothe verwandeln, hauptsächlich gestützt auf das Vorkommen vermeintlicher Zwischenformen, namentlich im Froschblut (v. Recklinghausen). Obgleich diese Ansicht die einfachste Lösung der eben aufgeworfenen Fragen darstellen würde, zählt sie doch wenig Anhänger, namentlich seitdem andere Bildungsweisen rother Blutkörperchen mit grösserer Sicherheit constatirt sind.

Die Organe, an welche die Bildung theils farbloser theils rother Körperchen geknüpft ist, sind das reticuläre Gewebe der Lymphdrüsen, Follikel etc., ferner das rothe Knochenmark, endlich die Milz.

a. Das lymphatische Reticulum.

Im Reticulum der Lymphdrüsen, der Darmfollikel etc. (p. 191) sind die eingeschlossenen Zellen in beständiger Neubildung durch Theilung begriffen, und wandern allmählich mit dem Lymphstrom in die Blutgefässe ein. Welche Zahl an farblosen Blutkörperchen auf diesem Wege zuwächst, lässt sich bisher nicht schätzen.

b. Das Knochenmark.

Das rothe Knochenmark enthält ein dem lymphatischen analoges Reticulum, dessen Räume nach Einigen (Hoyer, Rindfleisch) mit den Blutgefässen in directer Communication stehen. In demselben finden sich nicht bloss farblose, sondern auch rothe Zellen, welche kernhaltig sind (Neumann) und sich durch Theilung vermehren (Bizzozero, Flemming). Dies ist die einzige vollkommen festgestellte Quelle rother Blutkörperchen, abgesehen von der Embryonalzeit (s. unten). Wie dieselben in das Blut hineingelangen, ist so lange unsicher, wie die Beziehung der Gefässe zum Reticulum noch nicht festgestellt ist. Das Knochenmark liefert also sowohl farblose wie rothe Körperchen, und zwar auch erstere möglicherweise direct an das Blut.

c. Die Milz.

Die *Milz*, ein grosses, drüsiges Organ ohne Ausführungsgang, besitzt (vgl. die anatomischen Werke) in ihrer Pulpa ein von farblosen Zellen erfülltes adenoides Gewebe, in welches nach den meisten Autoren die Blutgefässe direct einmünden, so dass nothwendig der Blutstrom farblose Zellen mitnehmen müsste, was sich durch den Reichthum des Milzvenenblutes an solchen (p. 50) bestätigt. Die Milzkörperchen vermehren sich durch Theilung (Flemming). Die Angabe, dass auch Uebergangsstufen zwischen farblosen und rothen Körperchen (kernhaltige rothe Blutkörper) in der Milz und ihrem Venenblute vorkommen (Funke), hat sich nicht bestätigt. Die Malpighi'schen Körperchen der Milz sind wahre Lymphfollikel, welche die Arterien begleiten (bei manchen Thieren hat statt derselben die Adventitia eine continuirliche adenoide Entwicklung). Die Milz giebt also farblose Elemente sowohl direct an das Blut ab, wie auch indirect durch die Lymphgefässe.

Die chemische Untersuchung ergiebt in der sauer reagirenden Pulpa die Anwesenheit zahlreicher Zersetzungsproducte des Eiweisses und anscheinend des Hämoglobins, z. B. Harnsäure, Hypoxanthin (1 p. mille), Xanthin, Leucin, Tyrosin, Inosit, flüchtige Fettsäuren (Ameisen-, Essig-, Buttersäure), Milchsäure; ferner zahlreiche Pigmente, ein eisenhaltiges Albuminat, und überhaupt auffallend viel Eisenverbindungen (zuweilen sogar freies Eisenoxyd, Nasse); diese Stoffe deuten auf den Untergang rother Blutkörper in der Milz. Die sog. „blutkörperhaltigen Zellen", welche übrigens zuweilen auch im Knochenmark vorkommen, werden ebenfalls mit diesem Untergang in Verbindung gebracht, sind aber inconstante, vielleicht pathologische Gebilde.

Die physiologische Untersuchung der Milz besteht theils in Exstirpationsversuchen, theils in Versuchen an den Milznerven. **Exstirpation der Milz macht keine handgreiflichen Störungen im Organismus.** Die Milznerven, welche im Plexus lienalis verlaufen, beherrschen vermöge der reichlichen glatten Muskelfasern der Kapsel und der Trabekeln (beim Menschen sollen dieselben fehlen, also nur die gewöhnliche Musculatur der Arterienwände vorhanden sein) in ausgiebiger Weise das Volumen der Milz. Durchschneidung des Plexus vergrössert dasselbe, es ist also ein Tonus der Milz vorhanden, während Reizung desselben die Milz verkleinert (Jaschkowitz), desgleichen Reizung der Splanchnici und Vagi (Roy). Ebenso wirkt Kälte, Erstickung und sensible Reizungen (Bulgak, Botkin, Mosler, Roy). Die Contractilität der Milz verhält sich also ganz wie die der Arterien. Wie plethysmographische, resp. oncographische Versuche zeigen (Roy), nimmt der Milzraum an den cardialen und respiratorischen Arterienschwankungen nicht Theil, vermuthlich wegen zu grosser Enge der Arterienbahnen. Dagegen zeigen sich unabhängige langsame Volumschwankungen, deren Periode im Mittel 1 min. ist, und welche auch nach Durchschneidung der Splanchnici und Vagi fortbestehen; die Durchschneidung dieser Nerven hebt weder den Tonus noch die reflectorischen Contractionen auf; die Nerven müssen also noch andere Bahnen vom Rückenmark zum Plexus lienalis haben (Roy). Der Zusammenhang der Milzcontractilität mit der morphologischen Function ist noch räthselhaft.

d. Andere Bildungsstätten.

Die Thymusdrüse, ein embryonales, nach der Geburt langsam abnehmendes, erst spät ganz verschwindendes Organ, enthält ebenfalls reticuläres Gewebes, trägt also vermuthlich im Embryo zur Lieferung farbloser Blutkörperchen wesentlich bei. Die später auftretenden Fettzellen und zwiebelartig geschichteten Körperchen sind wahrscheinlich Rückbildungsproducte.

Die Bildung der rothen Blutkörperchen im Embryo und ähnlich auch im Schwanz der Froschlarve geschieht gleichzeitig mit der Gefässbildung (vgl. Cap. XIV.) in der Weise, dass sich netzförmig anastomosirende Zellbalken ausbilden, deren peripherische Zellschicht zum Endothel der Gefässwand, deren centrale Zellen zu den, zuerst kernhaltigen rothen Blutkörperchen werden. Dieser Process geschieht ausser in der Area vasculosa namentlich in der Leber. Ein ähnlicher Process soll nach Einigen (Ranvier, Schäfer) auch nach der Geburt vorkommen, nämlich die Bildung von Zellen mit Ausläufern, welche im Innern mit rothen Blutkörpern erfüllt sind, dann mit bestehenden Gefässen sich verbinden, deren Blut die neuen Zellen wegschwemmt („vasoformative Zellen"); indess ist dieser Modus nicht sicher constatirt.

Die vorstehenden Angaben zeigen, dass der Wechsel der farblosen und derjenige der rothen Blutkörperchen wahrscheinlich gar Nichts mit einander zu thun haben. Der beständigen starken Einwanderung farbloser Zellen aus dem Lymphsystem, der Milz und dem Knochenmark muss ein ebenso reichlicher Untergang farbloser Elemente gegenüberstehen, über dessen Modus (Auswanderung?, vgl. p. 135, 188) Nichts bekannt ist. Weniger lebhaft scheint der Wechsel der rothen Körperchen zu sein, deren Zugang nur im Knochenmark feststeht, während ein Untergang in der Milz und in den pigmentbildenden Organen, Leber, Niere etc., stattzufinden scheint.

Bei den zahlreichen Quellen der farblosen Blutelemente ist es begreiflich, dass Exstirpation einzelner der betr. Organe keine erheblichen Folgen hat, sondern durch Mehrleistung anderer ersetzt wird. Bemerkenswerth ist, dass die Leukämie, eine pathologische Vermehrung der farblosen Blutkörperchen, von Schwellung der Milz, der Lymphdrüsen oder des Knochenmarks begleitet ist.

IV. Die Assimilation.

Assimilation nennt man die Verwandlung der aus der Nahrung dem Blute direct oder indirect zugeführten Substanzen in die verschiedenen chemischen Körperbestandtheile. Die meisten der letzteren können gar nicht als solche mit der Nahrung zugeführt werden, weil sie unresorbirbar sind oder durch die Verdauung zerstört werden müssten, z. B. das Hämoglobin und die wesentlichen Bestandtheile des contractilen Protoplasma. Andrerseits finden sich gewisse Verdauungsproducte, z. B. die Peptone, in den Säften und Geweben nicht wieder, so dass ein Uebergang in andere Bestandtheile anzunehmen ist.

Da die wichtigsten Körperbestandtheile eine viel complicirtere Zusammensetzung haben, als die Nahrungsstoffe, aus welchen sie entstehen (vgl. p. 10, 37), so müssen nothwendig viele, wenn nicht alle, assimilatorischen Processe den Character der Synthese haben (Hermann). Jedoch ist es nicht wahrscheinlich, dass das synthetische Vermögen des Organismus über die hydrolytische Synthese (p. 19) hinausgeht, so dass es also von dem pflanzlichen wesentlich verschieden ist. Der Ort der thierischen Synthesen sind in erster Linie die Zellen und sonstigen Gewebsbestandtheile der Organe selbst, welche die Stoffe brauchen; denn im Blute finden sich die characteristischen gewebsbildenden Stoffe nicht vor. Gewisse Vorstufen der Synthese aber, welchen zunächst die Verdauungsproducte unterliegen, mögen schon im Chylus und Blut, besonders aber in demjenigen Organe, welchem das Blut die im Digestionscanal resorbirten Stoffe zunächst zuführt, in der Leber ihren Verlauf nehmen.

Zu den genannten Vorstufen der Assimilation kann man rechnen:
1. Die Zurückverwandlung des Peptons in Eiweiss. Eine solche muss angenommen werden, weil Peptone weder in den Säften und Geweben (Lehmann, Hoppe-Seyler, de Bary) noch im normalen Harn (Fede) nachzuweisen sind; und andrerseits gegen Verbrennung des Peptons der Umstand spricht, dass Thiere mit Pepton statt Eiweiss ernährt werden können (Plósz, Maly). Injicirt man Pepton direct in die Blutgefässe (wobei die p. 52 erwähnten Blutveränderungen eintreten), so verschwindet es aus dem Blute, ohne dass eine Vermehrung der Eiweissstoffe des Blutes nachzuweisen ist (Schmidt-Mülheim, Hofmeister); ist die Menge nicht zu gross, so erscheint das Pepton im Harn, bei zu grossen Mengen stockt die Harnsecretion, und das Pepton häuft sich in den Nieren an. Da das im Darm gebildete Pepton, obgleich es resorbirt wird und in der Darmwand reichlich nachweisbar ist (Hofmeister), weder im Blute, noch im Harn erscheint, so muss der Assimilationsvorgang an die Darmresorption geknüpft sein. Die Annahme, dass es im reticulären Gewebe der Darmwand (p. 187) von den farblosen Zellen aufgenommen und verarbeitet wird (Hofmeister), ist weniger wahrscheinlich als die schon früher aufgestellte (Fede, Hermann), dass es durch die Pfortader der Leber zugeführt und hier in Eiweiss verwandelt wird. Bei directer Injection in die Blutgefässe entgeht es der Festhaltung in der Leber (vgl. unten bei der Glycogenbildung).

2. Die Zurückverwandlung der Fettspaltungsproducte in Fette; sie wird angenommen, weil nach Fütterung mit Seifen die den Fettsäuren der letzteren entsprechenden Glyceride im Körper gefunden werden; z. B. findet sich nach Fütterung mit erucasaurem Alkali das Glycerid der Erucasäure (Erucin) im thierischen Fett (Radziejewski).

Ein anderer Beweis liegt darin, dass der Einfluss der Fettfütterung auf den Eiweissumsatz (vgl. Cap. V.) auch dann sich zeigt, wenn statt der Fette nur Fettsäuren dargereicht werden (J. Munk).

3. Die Verwandlung von Zucker in ein Anhydrid, das Glycogen, in der Leber; hierüber s. unten.

Alle genannten Assimilationsprocesse sind hydrolytische Synthesen.

Der neuerdings bemerkte Nährwerth gewisser Amidosäuren und Amide, z. B. Tyrosin in Verbindung mit Leim (Hermann & Escher), Asparagin (Weiske, Zuntz u. A.), letzteres nur bei Pflanzenfressern (J. Munk), beruht vielleicht ebenfalls auf assimilatorischer Umwandlung in Eiweiss. Die Assimilationsprocesse höherer Ordnung, welche in den Geweben vermuthet werden müssen, sind noch gänzlich unbekannt.

Wenn die Assimilation auf organische Complexe der Nahrung angewiesen ist, so muss es bei deren unregelmässiger Beschaffenheit zweckmässig erscheinen, dass durch die hydrolytischen Spaltungen der Verdauung (p. 186) zunächst eine Zerlegung in einfachere Bestandtheile stattfindet; diese werden für die erforderlichen Synthesen ein zweckmässigeres Material liefern, etwa wie ein Buch nur aus den zerlegten und sortirten Buchstaben eines andern, nicht aber aus dessen Wörtern oder Sätzen gesetzt werden kann (Hermann).

Die Glycogenie der Leber.

Die hier folgenden Thatsachen stehen bis jetzt im physiologischen Lehrgebäude ziemlich vereinzelt. Dass sie an dieser Stelle eingereiht werden, hat nur darin seinen Grund, dass eine, jedoch nicht unbestrittene Auffassung sie mit der Assimilation der Kohlehydrate in Zusammenhang bringt.

a. Der Zucker- und Glycogengehalt der Leber und anderer Gewebe.

Die Leber gesunder Thiere giebt an Wasser Traubenzucker ab (Bernard). Beim Liegen ausgeschnittener Lebern nimmt deren Zuckergehalt beständig zu, die Leber enthält also eine zuckerbildende Substanz. Diese, das Glycogen (p. 20), lässt sich aus frischen Lebern durch Fällung des Wasserextractes mit Alkohol isoliren (Bernard, Hensen); sie wandelt sich durch diastatische Fermente leicht in Dextrin und Zucker um, und die ausgeschnittene Leber enthält selbst ein solches Ferment.

Das Glycogen ist ferner in sehr vielen anderen Geweben als regelmässiger Bestandtheil gefunden worden, so in den Muskeln (Mac-Donnel, O. Nasse; auch bei niederen Thieren, Foster), vielen Drüsen, und in allen Theilen des Embryo (Bernard).

Bei jungen Thieren sind die Gewebe ebenfalls noch reich an Glycogen; ferner schliesst sich dem embryonalen Glycogengehalt derjenige pathologischer Neubildungen

(Kühne) und des Eiters (Salomon) an. Zuckerbildende (glycogene) Substanzen, die dem Glycogen der Leber mehr oder weniger nahe stehen, finden sich auch im Gehirn (Jaffé), in den Muskeln (Dextrin, Limpricht), in vielen Drüsen (Kühne, Brücke), im Blut (Brücke) u. s. w.

Eine noch nicht entschiedene Frage ist es, ob die Leber auch während des Lebens Zucker bilde. In der ganz frischen, dem eben getödteten Thiere entnommenen Leber haben die Einen (Bernard u. A.) geringe, aber deutliche Zuckermengen gefunden, die Andern (Pavy u. A.) keine Spur. Für eine Zuckerbildung in der Leber während des Lebens spricht ferner der Zuckergehalt des Blutes (nach zahlreichen Bestimmungen zwischen 0,05 und 0,1 pCt.); ferner der Umstand, dass das Lebervenenblut (bei stärke- und zuckerfreier Kost) reicher an Zucker ist, als das Pfortaderblut (Bernard); diese beständige Abfuhr von Zucker liesse sich mit sehr geringem Zuckergehalt oder selbst mit Zuckermangel der Leber vereinigen; indess ist auch dieser Befund und überhaupt der Zuckergehalt des Blutes, insbesondere des Lebervenenblutes, bestritten worden (Pavy u. A.). Diejenigen, welche keine Zuckerbildung in der lebenden Leber annehmen, bestreiten entweder das Vorhandensein des zuckerbildenden Fermentes, das sich erst nach dem Tode oder unter pathologischen Bedingungen (s. unten, Diabetes) bilde (Schiff), oder nehmen an, dass das vorhandene Ferment (durch eine Art Hemmungswirkung von Seiten des Nervensystems) an seiner Wirkung während des Lebens gehindert sei (Pavy).

Diastatische Fermente finden sich zwar in fast allen Geweben und im Blute (v. Wittich, Lépine), doch wird ihre Präexistenz bestritten. Blut wirkt nicht auf Glycogen, wenn nicht dessen Blutkörperchen (durch Wasser, Aether etc.) bei Gegenwart des Glycogens zerstört werden, so dass wahrscheinlich die Blutkörper im Augenblick ihrer Zerstörung das Ferment entwickeln (Plósz, Tiegel). Bemerkenswerth ist hierbei, dass in der Leber wahrscheinlich fortwährend Blutkörper zerstört werden (vgl. p. 195).

Die Angabe, dass es ausser dem Glycogen noch andere Zuckerquellen in der Leber gebe, dass namentlich Pepton sowohl bei Zufuhr zur Leber durch die Pfortader, wie auch beim Digeriren mit Lebersubstanz den Zuckergehalt vermehre (Seegen & Kratschmer), wird bestritten.

b. Herkunft und Schicksal des Glycogens.

Der Glycogengehalt der Leber ist sehr von der Nahrung abhängig; er ist um so stärker, je reicher dieselbe an Kohlehydraten ist (Pavy). Bei hungernden Warmblütern schwindet das Glycogen in wenigen Tagen, und erscheint sofort wieder reichlich nach Zuckerinjection in den Darm (Hermann & Dock). Ebenso wirken Rohrzucker, Milchzucker und Fruchtzucker, welcher letztere, obwohl linksdrehend, rechtsdrehendes Glycogen liefert (Luchsinger), dagegen nicht Mannit (Luchsinger) und Inosit (Külz). Zu den Glycogenanhäufung machenden Substanzen gehören ferner Glycerin (Weiss), Leim (Woroschiloff); vom Eiweiss existiren neben vielen negativen auch positive Angaben. Von diesen Substanzen könnten die meisten wegen ihrer Verwandtschaft mit Zucker (Kohlehydrate, Glycerin) oder ihrer Glucosidnatur (Leim?) direct sich in Glycogen verwandeln; die Glycogenbildung könnte dann als assimilatorischer Act betrachtet werden, welcher den Nahrungszucker fixirt und in eine für andre Zwecke des Organismus verwendbare Form überführt. — Gegen diese Anschauung wird hauptsächlich die (zweifelhafte) Glycogenbildung aus Eiweiss angeführt, und behauptet, dass das Glycogen ein normales Umsatzproduct des Eiweisses im Organismus sei.

Betrachtet man die Eiweissstoffe als Quelle des Glycogens, so muss man den glycogenbildenden Einfluss der Kohlehydrate auf Umwegen erklären, z. B. durch eine conservirende Wirkung auf das aus Eiweiss entstehende Glycogen; Manche nehmen an, dass letzteres der Oxydation anheimfalle, wenn nicht andere leicht oxydirbare Substanzen, wie Kohlehydrate, Glycerin, dem Körper zugeführt werden (Weiss). Allein einerseits ist die leichte Verbrennlichkeit des Zuckers im Organismus durchaus streitig, andrerseits wirken nicht alle leicht oxydirbaren Substanzen Glycogen ansetzend (z. B. nicht das milchsaure Natron, Luchsinger). Besonders beweisend für die directe Glycogenbildung aus Zucker ist die Thatsache, dass Zufuhr von Glycerin und Zucker nur dann Glycogenansatz bewirkt, wenn die Substanzen der Leber direct durch die Pfortader zugeführt werden; in andere Gefässgebiete gebracht gehen sie in den Harn über (Luchsinger, Schöpffer). Sollte also auch Glycogen aus Eiweiss entstehen können, so ist doch daneben eine directe Bildung aus Zucker höchst wahrscheinlich.

Der Ursprung des Muskelglycogens scheint nicht ausschliesslich in der Leber zu liegen; auch entleberte Frösche zeigen eine Zunahme des Glycogengehalts der Muskeln durch Zuckerinjectionen unter die Haut (Külz).

Noch weniger als über den Ursprung weiss man über das Schicksal des Leberglycogens. Nach der älteren Anschauung (Bernard) sollte es in Zucker übergehen, und dieser im Blute verbrannt oder durch den Harn ausgeschieden werden (vgl. auch unten, Diabetes). Seitdem man umgekehrt die Entstehung des Glycogens aus Zucker ins Auge gefasst hat sind andere Verwendungen des ersteren vermuthet worden, z. B. Verwandlung in Fett, Ueberführung in die Muskeln und functioneller Verbrauch daselbst u. dgl. Es fehlt durchaus an experimentellen Feststellungen.

c. Der Diabetes.

Während der Zuckergehalt des normalen Harns gering und zweifelhaft ist, giebt es eine Krankheit, bei welcher der Harn 4—12 pCt. Zucker enthält, und wegen zugleich stark vermehrter Harnmenge bis über 300 grm. Zucker in 24 Stunden ausführt, der Diabetes oder die Zuckerruhr.

Künstlich wird dieser Zustand auf einige Stunden erzeugt durch den Zuckerstich (Piqûre), eine mediane Verletzung am Boden des vierten Ventrikels, etwa in der Mitte zwischen Acusticus- und Vagusursprung (Bernard); weiter nach vorn macht die Verletzung nur Polyurie ohne Zuckerausscheidung (Diabetes insipidus), weiter nach hinten Zuckerharn ohne Polyurie. Ausserdem sind diabetische Zustände beobachtet bei Reizung des centralen Vagusendes (Bernard, Eckhard), des Depressor (Filehne, Laffont), beliebiger sensibler Nerven (Külz), nach Durchschneidung der vasomotorischen Bahnen der Leber (Schiff, Cyon & Aladoff), besonders der Splanchnici (v. Gräfe, Eckhard, übrigens nicht constant), auch nach Durchschneidung der Vagi (Eckhard u. A.), der Ischiadici (Külz), bei gewissen Vergiftungen (Curare, Amylnitrit), endlich bei Einflössung sehr verdünnter Salzlösungen in die Blutgefässe (Bock & Hofmann).

Die diabetische Zuckerausscheidung ist, ähnlich wie der Glycogengehalt der Leber, sehr von der Nahrung abhängig; sie schwindet fast vollkommen, wenn letztere von Kohlehydraten frei ist (Pavy). Der Zuckerstich (und ebenso die Curarevergiftung) macht bei glycogenlosen Hungerthieren keine Zuckerausscheidung, dagegen tritt solche auf Zuckerzufuhr ein, während der Glycogenansatz in der Leber verhindert ist und bestehender Glycogengehalt durch den Zuckerstich verschwindet (Hermann & Dock, Luchsinger). Die nächstliegende Deutung des Diabetes ist also die Annahme einer Veränderung der Leber, durch welche deren Fähigkeit Zucker durch Umwandlung in

Glycogen festzuhalten verloren geht, und schon vorhandenes Glycogen sich in Zucker verwandelt.

Die Veränderung der Leber wird meist auf blosse **Gefässerweiterung** zurückgeführt (Bernard, Schiff) und die Zuckerstichstelle mit Bezirken des Gefässcentrums identificirt. Zweifelhaft ist, ob die Erweiterung auf Lähmung verengernder oder Reizung erweiternder Nerven beruht; beides scheint nach den obigen Versuchen vorzukommen. Die gleichzeitige Vermehrung der Harnmenge wird auf Gefässerweiterung der Nieren zurückgeführt, deren Eintritt von der Lage des Stiches abhängt (s. oben). Die Wirkung der Gefässerweiterung könnte darauf beruhen, dass das Blut so rasch die Leber durchströmt, dass der Zucker nicht zur Umwandlung in Glycogen Zeit findet (Luchsinger); doch reicht diese Annahme wegen des Verschwindens vorhandenen Glycogens nicht aus, sondern es muss auch eine Fermentbildung durch die Circulationsänderung vermuthet werden (Schiff). Für den Diabetes durch Injection verdünnter Salzlösungen kann eine Zerstörung von Blutkörperchen an der Fermentbildung betheiligt sein (vgl. p. 198); das Ferment geht hier mit in den Harn über (Plósz & Tiegel). — Gewisse Gifte, z. B. Arsenik, vernichten die Fähigkeit der Leberzellen Glycogen zu bilden (Salkowski); in Folge dessen geht injicirter Zucker in den Harn über (W. L. Lehmann, Luchsinger). Aehnlich wirkt Unterbindung des Ductus choledochus auf die Leber (Wickham Legg, v. Wittich). Der Curarediabetes kann auf Gefässerweiterung zurückgeführt werden. — Auch wenn der Stoffwechsel selber Kohlehydrate producirt, worauf die freilich geringe Zuckerausscheidung der Diabetiker bei kohlehydratfreier Kost deutet, müsste eine Unfähigkeit der Leber diese Producte festzuhalten angenommen werden.

Fünftes Capitel.

Der Stoffwechsel des Gesammt-Organismus.

Die speciellen Umsetzungen der Stoffe im Organismus sind, wie die vorstehenden Capitel ergeben, erst zum geringsten Theile aus directen Ermittelungen bekannt; durch die Untersuchung des stofflichen Verkehrs des Körpers mit der Aussenwelt lässt sich jedoch eine summarische Vergleichung der Einnahmen und Ausgaben gewinnen, welche Rückschlüsse auf die Umsetzungen im Organismus gestattet. Ein auf diesem Wege gewonnenes Resultat, nämlich dass im Organismus hauptsächlich **Oxydationen** stattfinden, ist schon in der Einleitung erwähnt worden. Die Ermittelungen über den äusseren Stoffverkehr haben aber ausserdem, wegen ihrer Beziehungen zu den Fragen der Ernährung, Ventilation, Excrementabfuhr u. dgl., unmittelbare practische Bedeutung.

Für jede vollständige Stoffwechselbeobachtung müssen Einnahmen und Ausgaben genau nach Menge und elementarer Zusammensetzung, und ebenso die Veränderungen des Körpergewichts ermittelt werden. Es ist klar, dass letztere gleich der Differenz zwischen Einnahme und Ausgabe sein müssen, und ebenso für jedes einzelne Element Gewinn oder Verlust des Körpers aus der Differenz seines Betrages in Einnahme und Ausgabe sich ergiebt.

Brauchbare Versuche müssen sich auf eine grössere Anzahl von Tagen erstrecken, weil die Einnahmen und Ausgaben zum Theil in Intervallen stattfinden, so dass ihre Zugehörigkeit zu einzelnen Perioden nicht mit Sicherheit anzugeben ist. Die Einnahmen (Nahrung) wählt man meist von ganz gleichmässiger und genau bekannter Zusammensetzung. Von den Ausgaben wird die respiratorische nach den p. 102 ff. angegebenen Methoden, Harn und Koth durch genaues Aufsammeln und Analysiren bestimmt. Die Ausgabe durch Hornverluste (Haare, Epidermis etc.) sowie durch Schweiss kann in der Regel vernachlässigt werden; Milch und ähnliche progeniale Ausgaben kommen nur ausnahmsweise vor. Die tägliche Hornausgabe eines Mannes beträgt etwa (Moleschott) an Haaren 0,2 grm., Bart und Nägel 0,06 grm., Epidermis (wahrscheinlich zu viel) 14,4 grm.; die entsprechenden N-Mengen wären 0,03, 0,008 und 2,10 grm.

Geschichtliches. Die Idee, dass sich durch Wägung eine Bilanz von Einnahme, Ausgabe und Bestandänderung herausstellen müsse, war schon im 17. Jahrhundert, und früher, geläufig, und führte u. A. Sanctorius um 1600 zu der Erkenntniss, dass ausser Harn und Koth noch eine viel beträchtlichere unmerkliche Stoffausgabe (Perspiratio insensibilis) stattfinden müsse, d. h. die durch Lungen und Haut. Stoffwechsel-Untersuchungen im jetzigen Sinne sind aber erst im zweiten Drittel dieses Jahrhunderts angestellt worden. Eine einigermassen vollständige Uebersicht der Einnahmen und Ausgaben war erst nach der vollständigen Aufdeckung des respiratorischen Stoffwechsels (vgl. p. 95) sowie nach Kenntniss der wesentlichen Bestandtheile des Harns etc. und ihrer elementaren Zusammensetzung denkbar, und die ersten wirklichen Stoffwechselgleichungen wurden von Boussingault, Sacc, Valentin, Barral, Dalton, Liebig zwischen 1840 und 1850 gewonnen. Die wichtige Entdeckung der specielleren Bedeutung des Umsatzes stickstoffhaltiger Theile im Organismus und seiner Beziehung zur Harnstoffausscheidung verdankt man hauptsächlich Liebig, Bischoff und Voit. Die Untersuchungen über das andere Hauptproduct des Stoffwechsels, die Kohlensäure, sind p. 95 erwähnt.

1. Die Maasse des Stoffverbrauches.

Wir geben zunächst zwei Beispiele der Haushaltsbilanz für Mensch und Hund, beide bei reichlicher Ernährung (nach Pettenkofer & Voit).

Haushalt des Menschen, des Hundes.

1. Kräftiger Mann. Anfangsgewicht 69,290, Endgewicht 69,550 Kilo.

Gramm in 24 Stunden.	Wasser	C	H	N	O	Asche
Einnahmen:						
Fleisch 139,7	79,5	31,3	4,3	8,50	12,9	3,2
Eiweiss 41,5	32,2	5,0	0,7	1,35	2,0	0,3
Brod 450,0	208,6	109,6	15,6	5,77	100,5	9,9
Milch 500,0	435,4	35,2	5,6	3,15	17,0	3,6
Bier 1025,0	961,2	25,6	4,3	0,67	30,6	2,7
Schmalz 70,0	—	53,5	8,3	—	8,1	—
Butter 30,0	2,1	22,0	3,1	0,03	2,8	—
Stärke 70,0	11,0	26,1	3,9	—	29,0	—
Zucker 17,0	—	7,2	1,1	—	8,7	—
Salz 4,2	—	—	—	—	—	4,2
Wasser 286,3	286,3	—	—	—	—	—
Inspirirter Sauerstoff . 709,0	—	—	—	—	709,0	—
	2016,3 =	—	224,0	—	1792,3	—
Summe der Einnahmen 3342,7		315,5	270,9	19,47	2712,9	23,9
Ausgaben:						
Harn 1343,1	1278,6	12,60	2,75	17,35	13,71	18,1
Koth 114,5	82,9	14,50	2,17	2,12	7,19	5,9
Exspiration 1739,7	828,0	248,60	—	—	663,10	—
	2189,5 =	—	243,30	—	1946,20	—
Summe der Ausgaben . 3197,3		275,70	248,22	19,47	2630,20	24,0
Differenz Einn. minus Ausgabe + 145,3	—	+39,8	+22,7	0	+ 82,7	— 0,1

2. Hund von 33 Kilo.

	Wasser	C	H	N	O	Asche
Einnahmen:						
Fleisch 1500,0	1138,5	187,8	25,9	51,0	77,2	19,5
Inspirirter Sauerstoff . 486,6	—	—	—	—	486,6	—
	1138,5 =	—	126,5	—	1012,0	—
Summe der Einnahmen 1986,6		187,8	152,4	51,0	1575,8	19,5
Ausgaben:						
Harn 1061,0	920,5	30,3	7,9	50,3	35,9	16,1
Koth 40,1	28,8	4,9	0,7	0,7	1,5	3,4
Exspiration 910,6	365,3	149,3	1,5	—	394,5	—
	1314,6 =	—	146,1	—	1168,5	—
Summe der Ausgaben . 2011,7		184,5	156,2	51,0	1600,4	19,5
Differenz Einn. minus Ausgabe — 25,1		+ 3,3	— 3,8	0	— 24,6	0

Man sieht aus den Tabellen, dass der im Körper verbrauchte Kohlenstoff zum bei weitem grössten Theile (90,2 pCt. beim Menschen, 80,9 pCt. beim Hunde) in der exspirirten Kohlensäure, der verbrauchte Stickstoff aber fast ganz im Harn (und zwar in dessen Harnstoff), gänzlich aber im Harn und Koth wiedererscheint. **Kohlensäure und Harnstoff sind also die wichtigsten Maasse des Stoffverbrauches**, und zwar kann die **Kohlensäure als Maass des Verbrauchs organischer (kohlenstoffhaltiger) Substanzen überhaupt, Harnstoff als das Maass des Verbrauchs stickstoffhaltiger Substanzen**, besonders als Maass des Eiweissconsums im Organismus betrachtet werden; genauer gilt als solches der gesammte Stickstoffgehalt in Harn und Koth. Berechnet man aus letzterem das zersetzte Eiweiss, und erscheint in den Excreten mehr Kohlenstoff als dem zersetzten Eiweiss entspricht, so muss noch eine andere kohlenstoffhaltige Substanz zersetzt sein, welche der Hauptmasse nach nur **Fett** sein kann; umgekehrt schliesst man, wenn die Excrete weniger Kohlenstoff enthalten, als dem Eiweissverbrauch entspricht, auf einen **Fettansatz (Voit)**

Der alte Streit, ob bei gleichbleibendem Körpergewicht sämmtlicher aufgenommene Stickstoff in den sensiblen Excreten (besonders Harn und Koth) wiedererscheint (Voit u. A.), oder ob ein sog. Stickstoff-Deficit existirt (Seegen), welches zur Annahme einer respiratorischen Stickstoff-Ausscheidung zwingen würde (vgl. p. 104), scheint jetzt zu Gunsten der ersteren Alternative entschieden; speciell für sehr eiweissreiche Kost wird noch das Vorhandensein eines Stickstoffdeficits behauptet (Stohmann). Beim Schwitzen tritt natürlich wegen der Stickstoff-Ausgabe durch den Schweiss ein scheinbares Stickstoff-Deficit ein (Lenhe).

2. Einfluss der Nahrung auf den Stoffverbrauch.

a. Der Hungerzustand.

Bei vollständigem Nahrungsmangel leben Thiere und Menschen noch längere Zeit. Der **Hungertod** (oder Tod durch **Inanition**) tritt um so später ein, je wohlgenährter der Organismus im Beginn des Hungerns ist; die Winterschläfer, welche normal einen sehr langen Hungerzustand durchmachen, sind im Beginn desselben stark gemästet, am Schluss ungemein abgemagert. Fleischfresser vertragen den Hunger länger als Pflanzenfresser; beim Hunde ist 60tägiger Hunger beobachtet (Falck). Junge magere Tauben erliegen schon nach Verlust von $1/_4$ ihres Körpergewichtes (nach 3 Tagen), ältere fette dagegen erst nach Verlust der Hälfte (nach 13 Tagen) (Chossat).

Da die einzige Stoffaufnahme beim Hungern in dem eingeathmeten

Sauerstoff besteht, welcher unmittelbar in der ausgeathmeten Kohlensäure grösstentheils wiedererscheint, ist nothwendig schon durch den Kohlenstoff der letzteren, ausserdem aber durch die fortdauernde Harnabsonderung (im Anfang wird auch Koth entleert) eine beständige Abnahme des Körpergewichtes bedingt. Die Ausgaben vermindern sich jedoch von Tag zu Tag, d. h. die mangelnde Zufuhr vermindert den Stoffverbrauch. Die Abnahme betrifft sowohl die Kohlensäure- als die Harnstoffausscheidung, dagegen fast gar nicht die Sauerstoffaufnahme (Finkler). Bei Pflanzenfressern nimmt jedoch letztere im Anfang zu, und der Harn wird sauer, d. h. der Pflanzenfresser verwandelt sich in einen Fleischfresser, da er nur von (seinen eigenen) thierischen Bestandtheilen zehrt. Die Abnahme des Verbrauches ist durch eine Verminderung der Leistungen ermöglicht: die Temperatur, sowie die Puls- und Athemfrequenz nehmen ab, und das Thier vermeidet jede entbehrliche Muskelanstrengung. Dass die Sauerstoffaufnahme sinke, wird neuerdings bestritten (Finkler); dagegen sinkt die Kohlensäureproduction, anscheinend weil die Verbrennung von Kohlehydraten wegfällt.

In Folge der Abnahme der Ausgaben sinkt das Körpergewicht in einer Curve von abnehmender Steilheit. Auch die Ausgaben selber nehmen nicht gleichmässig, sondern anfangs rascher ab, besonders die Harnstoffausscheidung, wodurch die Gewichtscurve gleichmässiger abfällt, als es sonst der Fall wäre. Man schliesst hieraus, dass ausser dem Fett auch ein zersetzbarerer Eiweissvorrath vorhanden ist, von dem anfangs vorzugsweise gezehrt wird, während später das eigentliche Organeiweiss angegriffen wird (Voit).

Sehr verwickelt sind die Umsatzprocesse während des Hungerns, wenn reichlicher Fettvorrath vorhanden ist (s. oben). Die Stickstoffausfuhr (der Eiweissverbrauch) kann dann längere Zeit constant bleiben, ja sogar zunehmen (Falck). Letzteres tritt namentlich zu der Zeit ein, wo die Fettzersetzung wegen Erschöpfung des Vorrathes fast aufgehört hat (Rubner, Kuckein).

In der Leiche zeigt sich der Gewichtsverlust der einzelnen Körpertheile durchaus verschieden; am meisten geschwunden ist der Fettinhalt des Fettgewebes, oder kurzweg das Fett (Verlust 91—93 pCt.); weniger geben ab die Baucheingeweide und die Muskeln, und zwar die häufig gebrauchten weniger als die unthätigen; fast nichts dagegen das Gehirn (etwas mehr das Rückenmark). Das Blut und besonders dessen Hämoglobingehalt behält annähernd sein Verhältniss zum Körpergewicht. Dieser ungleiche Verlust deutet darauf hin, dass durch Vermittlung des Blutes zwischen den verschiedenen Organen eine gewisse intermediäre Aushülfe mit Material stattfindet, dass die mehr verbrauchenden Organe auch reichlicher versorgt werden.

Bei unzureichenden Nahrungsmengen tritt ein langsameres Verhungern ein, dessen Gang, soweit bekannt, dem der vollständigen Inanition gleich ist.

b. **Zufuhr von Eiweiss allein.**

Fleischfresser lassen sich durch blosses Eiweiss, z. B. ausgelaugtes Fleischpulver, mit Wasser, am Leben erhalten. Die wichtigsten Resultate der so angestellten Versuche sind folgende (Bischoff & Voit, Pettenkofer & Voit): 1. **Die Stickstoffausscheidung ist um so grösser, je grösser die täglich zugeführte Eiweissmenge**, der Eiweissverbrauch ist also von der Eiweisszufuhr abhängig. 2. **Wird eine bestimmte Eiweisskost längere Zeit unterhalten, so setzt sich der Organismus mit derselben nach einiger Zeit ins Gleichgewicht, so dass nunmehr die Einnahme und Ausgabe von Stickstoff sich gleich sind.** Ist das frühere Kostmaass ein kleineres gewesen, so wächst die Ausgabe nicht augenblicklich, sondern allmählich mit abnehmender Steilheit; während dieser Zeit überschreitet also die Einnahme die Ausgabe, der Organismus nimmt daher bis zur Herstellung des neuen Gleichgewichtszustandes an Eiweiss („Fleisch") und an Gewicht zu. Umgekehrt nehmen nach dem Uebergang zu einem kleineren Kostmaass die Ausgaben nicht augenblicklich, sondern mit abnehmender Steilheit ab, so dass bis zum Gleichgewicht die Ausgaben die Einnahmen überschreiten, also der Körper an Fleisch und Gewicht abnimmt. **Jedem Kostmaass entspricht also ein anderer Fleischbestand (und Kräftezustand) des Thieres.** Der Hungerstoffwechsel (s. oben) passt in dieses Schema; nur wird hier ein Gleichgewichtszustand begreiflicherweise nicht erreicht. 3. Auch die **respiratorischen Grössen** (O, CO_2) wachsen mit der Eiweisszufuhr. Die Berechnung des Fettverbrauchs (p. 204) ergiebt, dass die Eiweisszufuhr nicht allein den beim Hunger stattfindenden Fettverbrauch vermindern, sondern auch, wenn sie sehr bedeutende Grössen erreicht, **ein Fettansatz bewirken kann**.

Das Schema Fig. 20 diene zur Veranschaulichung des sub 2. Gesagten. Die Abscissen AA' bedeuten Zeiten, die Ordinaten der starken Curve das Körpergewicht oder dessen Eiweissbestand, die der feinen Curve die Grösse der täglichen Ausgabe, die der punctirten die Grösse der täglichen Einnahme. Die Einnahme wird

Einfluss des Leims, der Fette, der Kohlehydrate.

zur Zeit a plötzlich vergrössert, zur Zeit c plötzlich vermindert, zur Zeit e Null. A a, b c, d e sind Gleichgewichtszustände, a b Ausgleichungsperiode mit Zunahme der Ausgaben und des Bestandes, c d Ausgleichungsperiode mit Abnahme der Aus-

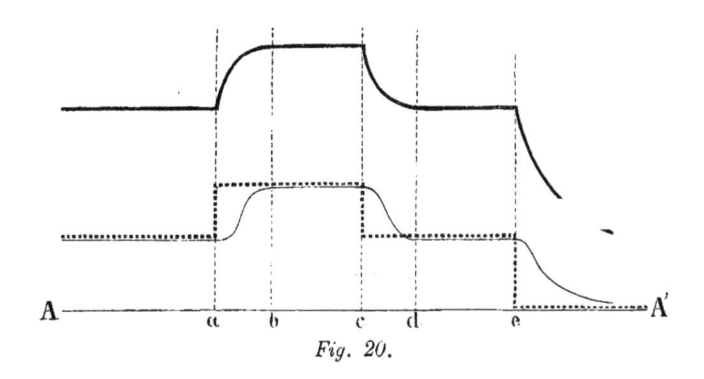

Fig. 20.

gaben und des Bestandes, e A′ Hungerperiode, ebenfalls mit Abnahme beider. Die Veränderung des Bestandes ist natürlich an jedem Tage gleich der Differenz zwischen Einnahme und Ausgabe.

c. Zufuhr von Leim oder Collagen allein.

Bei blosser Leimnahrung gehen die Thiere unter Gewichtsabnahme zu Grunde, jedoch weit weniger schnell als beim Hungern. Die Stickstoffausfuhr ist stets grösser als dem zugeführten Leim entspricht. Man schliesst hieraus, dass der Leim zerstört wird, und den Eiweissconsum nicht verhindern, wohl aber vermindern kann; auch der Fettverbrauch ergiebt sich etwas geringer als beim Hungern (Voit).

d. Zufuhr von Fetten oder Kohlehydraten allein.

Blosse N-freie Nahrung wirkt kaum anders als vollständiges Hungern. Die Stickstoffausscheidung ist dieselbe wie beim Hungern (Frerichs), der Eiweissconsum wird also durch blosse Fett- oder Kohlehydratzufuhr nicht beeinflusst. Die Fettzersetzung geht ebenfalls so wie beim Hungern vor sich, jedoch findet bei genügend grosser Zufuhr kein Fettverlust des Körpers mehr statt (Voit).

e. Zufuhr von Eiweiss mit Fetten oder Kohlehydraten.

Durch den Zusatz N-freier organischer Nährstoffe zur Eiweisskost wird der Eiweissconsum vermindert (Bischoff, Botkin, Voit), so dass dem gleichen Eiweisskostmaass ein höherer Körperbestand entspricht als ohne den N-freien Zusatz, und der letztere, zu einer bestehenden Eiweisskost hinzukommend, einen Fleischansatz hervorbringt; umgekehrt genügt zur Erhaltung eines gewissen Fleischbestandes eine geringere Eiweisskost mit, als ohne Fett- oder Stärkezusatz. In dieser Hinsicht sind 100 Theilen Fett äquivalent 175 (Pettenkofer & Voit), oder nach anderer Angabe (Rubner) 240 Theile Kohlehydrat. Aus der sich succedirenden Fett- und Eiweisszersetzung im Hungerzustand (p. 205) lässt sich ferner feststellen, dass 100 Theilen Fett, also 240 Theilen Kohlehydrat, äquivalent sind 211 Theile Eiweiss, oder 100 Theilen Eiweiss 113 Theile Kohlehydrat (Rubner).

Bei Zusatz von Fett oder Kohlehydrat zum Eiweiss findet nicht allein eine Verminderung des Fettverlustes, sondern schon bei mässigen Gaben ein Fettansatz statt, welcher sich nicht allein aus der Rechnung, sondern auch durch die sichtbare Zunahme des Fettkörpers ergiebt. Ueber den Modus des Fettansatzes s. unten sub 7.

Dieselbe Wirkung wie Fette haben auch die Fettsäuren (vgl. p. 197).

f. Einfluss der Wasser- und Salzzufuhr.

Die zugeführten Wassermengen gehen nicht einfach durch den Körper hindurch (vgl. p. 152), sondern haben möglicherweise auch Einfluss auf den Stoffumsatz; vermehrte Wasserzufuhr steigert die Harnstoffausscheidung, jedoch nur wenn sie die Harnmenge vermehrt, nicht wenn sie zum Ersatz von Wasserverlust durch Schweiss etc. dient. Ob diese Steigerung von vermehrtem Eiweissconsum (Voit), oder nur von beschleunigter Wegspülung vorhandenen Harnstoffs herrührt (Bidder & Schmidt, J. Meyer), ist noch nicht entschieden; für ersteren spricht die anhaltende Vermehrung bei dauernd hoher Wasserzufuhr. Bei vollständiger Entziehung des Wassers, d. h. auch des in den festen Nahrungsmitteln enthaltenen (Schuchardt), nehmen die Thiere sehr bald auch nichts Festes, bei Entziehung aller festen Nahrung (Bischoff & Voit, Chossat) sehr bald auch kein Wasser mehr auf, so dass beides de facto dem vollständigen Hungern gleichkommt.

Die Zufuhr der die Asche der Gewebe, und namentlich der Excrete, bildenden Salze ist fast so unentbehrlich wie die des Wassers; bei Fütterung mit ausgelaugten Nahrungsmitteln (Salzhunger) gehen die Thiere in wenigen Wochen unter Erscheinungen von Schwäche und Lähmung zu Grunde (Forster). Dabei nimmt die Ausscheidung von Salzen stark ab, und hört zum Theil ganz auf, und zwar zu einer

Zeit, wo die Gewebe noch grosse Mengen der betr. Salze enthalten. Mangelnde Kalkzufuhr soll Knochenbrüchigkeit hervorbringen (Chossat), und macht bei jugendlichen Thieren Rachitis (E. Voit); mangelnde Eisenzufuhr bewirkt Hämoglobinmangel, Blässe etc. (v. Hösslin).

Die Aschensalze, sowie das Eisen, die Kieselsäure etc., werden als natürliche Bestandtheile der Nahrungsmittel und des Trinkwassers aufgenommen. Als besonderer Stoff wird nur das Kochsalz genossen, von dessen Menge die Harnstoffausscheidung in ähnlicher Weise abhängig ist wie vom Wassergenuss, vielleicht weil Salzgenuss auch den Wassergenuss steigert. Dass bei Verminderung der Kochsalzzufuhr unter eine gewisse Grenze die Harnstoffausscheidung wegen Vermehrung des Eiweissumsatzes steige (Klein & Verson), wird bestritten (Forster).

Auch von vielen anderen Salzen, z. B. Salpeter, Borax, essigsaures und phosphorsaures Natron, Salmiak, kohlensaures Ammoniak, ist bei grösseren Dosen eine Steigerung der Harnstoffausscheidung nachgewiesen; vom Glaubersalz ist eine Verminderung behauptet (Seegen), welche jedoch bestritten wird (Voit); neuerdings wird sogar Vermehrung angegeben (Zuntz & v. Mering). Auch essigsaures und phosphorsaures Natron sollen vermindernd wirken (J. Meyer). Vom kohlensauren Natron wird die Vermehrung ebenfalls bestritten (A. Ott) und behauptet (J. Meyer).

Von anderen Stoffen mag hier noch Folgendes angeführt werden. Die Wirkung des Alkohols ist sehr streitig; nach der Mehrzahl der Angaben scheinen kleine Dosen die Stickstoff- und Kohlensäureausscheidung zu vermindern, grosse beide zu steigern. Chinin vermindert den Stoffverbrauch (Schulte), was aber neuerdings bestritten wird (Oppenheim). Benzoësaures und salicylsaures Natron werden als steigernd bezeichnet (H. Virchow). Von arseniger Säure wird ebenfalls eine Herabsetzung der N- und CO_2-Ausscheidung behauptet (Schmidt & Stürzwage), aber bestritten (Voit). Aehnliches gilt von Kaffee, Thee, Quecksilbersalzen etc. Phosphor steigert die N-Ausscheidung, vermindert dagegen die CO_2-Ausscheidung, vielleicht wegen Fettablagerung. Die Wirkung der Opiumalkaloide ist durchaus streitig.

3. Einfluss der Athmung auf den Stoffverbrauch.

Die Angabe, dass die Energie der Athembewegungen auf den Stzffwechsel direct einwirke, hat sich durch neuere Versuche als unrichtig erwiesen; die gesteigerte Ventilation kann zwar momentan durch Aenderung des Gasgehaltes im Blute eine gewisse Vergrösserung der O-Aufnahme und CO_2-Ausscheidung bewirken, aber nicht auf die Dauer. Während bestehender Apnoe (p. 122) ist die Sauerstoffaufnahme nicht grösser als sonst (Pflüger mit Finkler & Oertmann). Anhaltend verminderte Sauerstoffzufuhr (z. B. durch langsame Kohlenoxydvergiftung, Aufenthalt in stark verdünnter Luft u. dgl.), von der man früher annahm, dass sie den Umsatz vermindere, oder wenigstens zur Ausfuhr unoxydirten Materials (Zucker etc.) führe, vermindert nicht nur nicht den Eiweissumsatz (Senator), sondern vergrössert ihn sogar (Fränkel, Levy, Fränkel & Geppert), eine Thatsache, welche weiter unten (sub 7) ihre Verwendung finden wird.

4. Einfluss der Temperatur auf den Stoffverbrauch.

Bei kaltblütigen Thieren ist der respiratorische Gaswechsel um so höher, je höher die umgebende und in Folge dessen die innere Temperatur; bei Fröschen z. B. ist der Umsatz bei 1^0 nahezu Null, bei 36^0 gleich dem der Warmblüter (Moleschott, Regnault & Reiset, Pflüger & Schulz). Warmblütige Thiere verhalten sich nur dann ebenso, wenn ihre Eigenwärme sich mit der umgebenden Temperatur ändert, d. h. wenn ihre Regulationsgrenzen (vgl. Cap. VI.) überschritten werden (Ludwig & Sanders-Ezn, Erler), oder wenn durch Rückenmarksdurchschneidung, Curarisirung u. dgl. gewisse nervöse Einflüsse beseitigt sind (Pflüger, Velten). Unter normalen Verhältnissen dagegen, wo der Warmblüter seine Temperatur unabhängig von der äusseren behauptet, ist der Gaswechsel um so grösser, je niedriger die letztere ist (Crawford, Lavoisier, Berthollet, Vierordt, Liebermeister, Pflüger mit Röhrig, Zuntz, Colasanti und Finkler).

Hieraus ist zu schliessen, dass die thierischen Umsetzungen, sobald die Gewebe sich selbst überlassen sind, dem allgemeinen Naturgesetze folgen, dass die Wärme die chemischen Processe beschleunigt. Beim Warmblüter sind jedoch Einrichtungen vorhanden, durch welche die äussere Temperatur den Stoffumsatz um so stärker macht, je niedriger sie ist, und zwar durch Vermittelung des Nervensystems (Pflüger). Höchstwahrscheinlich bildet die Haut, vermöge ihres Temperatursinns, den Angriffspunct dieses Einflusses, und die Organe, in welchen hauptsächlich der Umsatz durch Einwirkung von Wärme auf die Haut vermindert, von Kälte erhöht wird, scheinen in erster Linie die Muskeln zu sein, wofür die Wirkung des Curare spricht; auch bilden die Muskeln unter den Geweben mit regem Stoffumsatz die Hauptmasse. Der Eiweissverbrauch wird durch die Temperatur beim Warmblüter nicht verändert (Liebermeister, Senator, Voit). Weiteres über diese Beziehungen s. im folgenden Capitel.

5. Einfluss der Leistungen auf den Stoffverbrauch.

Schon in der Einleitung ist ausgeführt, dass jede Arbeitsleistung mit einem Stoffumsatz verbunden sein muss. Am meisten untersucht ist der Einfluss der **Muskelarbeit**. Die Vorgänge im Muskel selbst werden in der Muskelphysiologie (Cap. VII.) besprochen. Ueber die Vorgänge im Gesammtorganismus ist Folgendes ermittelt:

1. Die Muskelarbeit steigert sowohl den Sauerstoffverbrauch als die Kohlensäurebildung (Lavoisier & Séguin, Vierordt, Scharling, Regnault & Reiset), also den Stoffverbrauch im Allgemeinen. Der respiratorische Quotient (p. 109) wird durch Arbeit erhöht und kann grösser als 1 werden; über die Folgerungen hieraus s. Cap. VII.

2. Die frühere Angabe, dass auch der Eiweissverbrauch (die Harnstoffausscheidung) durch Muskelarbeit gesteigert werde (C. G. Lehmann u. A.), ist durch genaue Versuche (Voit u. A.), wenigstens für mässige Arbeitsgrade, widerlegt; die in manchen Fällen beobachtete Vermehrung des Eiweissverbrauches wird, da sie nicht constant auftritt, entweder besonders erschöpfenden Anstrengungsgraden, oder Nebenumständen, z. B. der gesteigerten Wasseraufnahme (p. 208), oder dem indirecten Einfluss des Verbrauchs N-freier Substanzen (s. oben sub 2 e) zugeschrieben.

Hierher gehört ferner die Thatsache, dass im Schlafe, wo sämmtliche Bewegungen ausser Herz- und Athembewegung auf ein Minimum reducirt sind, der Gaswechsel bedeutend herabgesetzt ist (Scharling, Pettenkofer & Voit u. A.), ohne Aenderung der Harnstoffausscheidung; ferner, dass beim Aufenthalt im Lichte der Gaswechsel grösser ist als im Dunklen (Moleschott, Pflüger & v. Platen u. A.); ausser den Retinareizen wirken auch Hautreize, z. B. Salzbäder, Senfteige, erhöhend auf den Gaswechsel (Röhrig & Zuntz, Paalzow), und der oben erwähnte analoge Einfluss der Kälte gehört wahrscheinlich ebenfalls hierher; man vermuthet bei all diesen Einflüssen Rückwirkung auf die Muskeln (vgl. oben sub 4). Ein Einfluss geistiger Arbeit auf den Stoffumsatz ist bisher nicht genügend experimentell festgestellt, und wird in Abrede gestellt (Speck).

<small>Der erwähnte Einfluss des Lichtes soll auch nach Exstirpation der Augen, also durch Wirkung auf die Haut noch merklich sein, und sogar am Gaswechsel ausgeschnittener Gewebe auftreten; rothes Licht soll weniger wirksam sein als blaues, violettes und weisses (Moleschott & Fubini).</small>

6. Einige andere Einflüsse auf den Stoffverbrauch.

Die Vergleichung des Stoffumsatzes verschiedener Thiere für gleiche Zeiten und Thiergewichte ergiebt einen sehr grossen Einfluss der Thierart; es existiren jedoch fast nur über den Gaswechsel brauchbare Vergleichswerthe. Im Allgemeinen haben grössere Thiere geringeren Gaswechsel, Warmblüter grösseren als Kaltblüter, Vögel grösseren als Säugethiere.

Als Beispiel diene folgende Zusammenstellung, welche zugleich Anhaltspuncte für die absoluten Zahlen der Gaswechselgrössen liefert. Alle Zahlen gelten für den Ruhestand.

Thierart.	Sauerstoff grm.	Sauerstoff Liter	Kohlensäure grm.	Kohlensäure Liter	Beobachter.
Mensch min.	0,461	0,322	0,535	0,271	Speck.
„ max.	0,601	0,420	0,717	0,364	„
Pferd	0,553	0,394	0,776	0,393	Boussingault.
Kuh	0,460	0,328	0,631	0,320	„
Schaf	0,490	0,343	0,671	0,341	Reiset.
Schwein	0,561	0,392	0,661	0,336	„
Hund	1,016	0,911	1,325	0,674	Regnault & Reiset.
Katze max.	1,356	0,947	1,397	0,710	Hzg. Carl Theodor z. Bay.
Kaninchen	0,987	0,690	1,244	0,632	Regnault & Reiset.
Maus	—	—	6,455	3,282	Pott.
Murmelthier im Winterschlaf	0,048	0,034	0.037	0,019	Regnault & Reiset.
Huhn	1,057	0,739	1,403	0,714	„
Grünfink	13,000	9,091	13,590	6,909	
Sperling	9,595	6,710	10,492	5,335	
Frosch min.	0,063	0,044	0,045	0,031	
„ max.	0,105	0,073	0,081	0,058	
Eidechse	0,065	0,045	0,063	0,032	„
Süsswasserfische min.	—	0,015	—	0,026	Jolyet & Regnard.
„ max.	—	0,148	—	0,120	„
Seefische min.	—	0,047	—	0,043	
„ max.	—	0,171	—	0,275	„
Insecten min.	0,687	0,480	0,767	0,391	Regnault & Reiset.
„ max.	1,170	0,818	1,189	0,605	„
Mollusken min.	—	0,012	—	0,009	Jolyet & Regnard.
„ max.	—	0,044	—	0,038	„
Regenwurm	0,101	0,071	0,108	0,055	Regnault & Reiset.
Blutegel max.	—	0,040	—	0,036	Jolyet & Regnard.

Ferner ergiebt sich aus zahlreichen Vergleichungen, dass Alter und Geschlecht grossen Einfluss auf den Stoffumsatz haben. Der Gaswechsel ist beim Manne grösser als beim Weibe, beim Kinde grösser als beim Erwachsenen, und bei letzterem im kräftigsten Lebensalter am grössten. Kräftige Constitutionen haben ferner grösseren Stoffumsatz. Während des Tages zeigt sich ein erhöhender Einfluss der Verdauungsperioden, und ein (schon erwähnter) vermindernder der Nacht- und Schlafzeit. Die Vermehrung der Stickstoffausgabe tritt schon in den ersten beiden Stunden nach der Mahlzeit hervor (Feder), das Maximum stellt sich aber erst später ein (Oppenheim). Schwangerschaft erhöht den Gaswechsel.

Sehr erheblich vermindert, ja sogar unter den des Kaltblüters, ist, wie die Tabelle zeigt, der Stoffumsatz im Winterschlaf (vgl. auch p. 204 f.).

7. Zur Theorie des Stoffumsatzes.

Da im Blute selbst bisher keine Umsatzprocesse mit irgendwelcher Sicherheit beobachtet sind, so müssen die Gewebe als Sitz dieser Processe betrachtet werden. Die Ursachen des Stoffumsatzes hängen ohne Zweifel innig mit den noch unverständlichen Lebenseigenschaften der Zellen zusammen, und sind noch gänzlich unbekannt. Insbesondere sind die Theorien, welche die Ursache des Umsatzes in dem oxydirenden Angriffsvermögen des Sauerstoffs, resp. seiner Modification als Ozon (p. 99) sahen, als widerlegt zu betrachten; denn erstens ist der Umsatz von der Energie der Athmung unabhängig (vgl. p. 209), zweitens deuten viele Verhältnisse darauf hin, dass die Kohlensäurebildung ein von der Sauerstoffaufnahme völlig getrennter Act ist. Zuerst ergab sich bei den Muskeln (vgl. Cap. VII.), dass ihre bei Contraction und Erstarrung auftretende Kohlensäurebildung völlig unabhängig von der Gegenwart von Sauerstoff, also als Resultat eines Spaltungsprocesses zu betrachten ist; die Sauerstoffaufnahme konnte also nur mit der Synthese der spaltbaren Substanzen in Zusammenhang stehen. Diese, alsbald auch auf Nerven und Drüsen ausgedehnte Ansicht vom Lebensprocess (Hermann) ist später verallgemeinert und weiter ausgebildet worden (Pflüger), namentlich auf Grund der Beobachtung, dass nicht bloss die musculären Processe, sondern der ganze Lebensvorgang kaltblütiger Thiere bei völliger Abwesenheit von Sauerstoff sich vollziehen kann. Speciellere Hypothesen über den Modus der Spaltung und Regeneration können hier nicht wiedergegeben werden; nur das sei erwähnt, dass vermuthlich gewisse Spaltungsproducte für die Regeneration wieder verwendet werden

(Hermann, Pflüger), wodurch zugleich erklärlich wird, warum Mangel an dem für die Regeneration nöthigen Sauerstoff (s. oben) solche Producte zu weiterem Zerfall verurtheilen und so den Stoffverbrauch steigern kann (vgl. oben p. 210).

Da die Umsatzprocesse mit den Functionen der organisirten Elemente innig zusammenhängen, letztere aber vielfach durch das Nervensystem beeinflusst werden, so ist auch eine sehr allgemeine Abhängigkeit des Stoffumsatzes von den Nerven denkbar. Speciell ist eine solche an den Muskeln und Drüsen erwiesen, aber auch an anderen Geweben nicht unwahrscheinlich, so dass z. B. die nervöse Regulation, welche oben sub 4 erwähnt ist, keineswegs auf die Muskeln beschränkt zu sein braucht.

Am schwierigsten ist es zu erklären, warum der Umsatz, besonders der der Eiweissstoffe, ausser von den Functionen, auch von der Zufuhr in so hohem Grade abhängt. Man nahm früher an, dass das über den unmittelbaren Bedarf zugeführte Eiweiss sofort, ohne Gewebsbestandtheil geworden zu sein, im Blute verbrannt werde, und bezeichnete dies als Luxusconsumption (C. G. Lehmann, Frerichs, Bidder & Schmidt); jedoch spricht hiergegen, ausser den allgemeinen Bedenken gegen die Annahme von Verbrennungen im Blute (s. oben), der Umstand, dass es keinen festen Bedarf giebt, sondern Zustand und Bedarf des Organismus in schon angegebener Weise von der Zufuhr abhängig sind. Eine andere Theorie lässt in den Geweben selbst hauptsächlich das gelöste, „circulirende" und in seiner Menge von der Zufuhr abhängige Eiweiss unter dem Einfluss der Zellen verbrannt werden, während das unlöslich gewordene „Organeiweiss" mehr stabil ist und nur langsam in seinem Bestande sich dem ersteren anpasst (Voit). Als directer Beweis hierfür wird angeführt, dass transfundirtes Blut, also gleichsam ein eingeführtes Gewebe, die Harnstoffausscheidung kaum merklich steigert, wohl aber transfundirtes Serum oder verfüttertes Blut (Tschiriew, Forster); gegen die Annahme eines zersetzbaren circulirenden Eiweisses spricht jedoch, dass der Gaswechsel verbluteter Frösche nicht merklich geringer ist als der gewöhnlicher (Pflüger & Oertmann). Andere schreiben auch grade im Gegentheil dem organisirten oder „lebenden" Eiweiss ausschliesslich die Fähigkeit zur Zersetzung, in Form der schon oben erwähnten Spaltung zu (Pflüger).

Im Sinne der Luxusconsumption wird von Einigen die weitgehende Spaltung eines Theils des Eiweisses im Darm (zu Leucin, Tyrosin etc., vgl. p. 182 f.) gedeutet.

Manche betrachten sogar die Peptone als einen zu directer Verbrennung bestimmten Theil des genossenen Eiweisses (vgl. p. 196).

Jedenfalls fehlt es vor der Hand an einer befriedigenden, alle Thatsachen umfassenden Theorie. Die nächstliegende Erklärung für das Gesetz, dass der Organismus sich (zunächst für den Stickstoff) mit jedem Kostmaass ins Gleichgewicht setzen kann, wäre die, dass die Ausgaben stets dem Bestande proportional bleiben. Hieraus liesse sich eine sehr exacte mathematische Theorie entwickeln, welche zu jener Folgerung führt. (Die Curven der Fig. 20 würden dann Exponentialcurven.) Allein diese Annahme scheitert an der Thatsache, dass der erste Fleischtag nach einer Hungerperiode die Harnstoffausscheidung sofort enorm (z. B. auf das 6 fache) steigert, während doch der Bestand an Fleisch unmöglich schon in diesem Verhältniss gestiegen sein kann; und ähnliches zeigt sich auch nach anderen plötzlichen Koststeigerungen (Voit). Solche Erscheinungen werden kaum anders als durch eine Art von Luxusconsumption erklärt werden können, mag man dieselbe in den Darm, in das Blut oder in das gelöste Eiweiss der Gewebe verlegen.

Die Steigerung des Gaswechsels durch Einfuhr von Nährstoffen (p. 206) tritt nicht ein, wenn dieselben direct in die Gefässe injicirt werden (Zuntz mit v. Mering, Wolfers und Pothast), woraus man geschlossen hat, dass jene Steigerung nur von der Darmthätigkeit herrühre. Jedoch bleibt sie umgekehrt unter gewissen Umständen aus, auch wenn die Nahrung auf natürlichem Wege zugeführt wird; die Darmthätigkeit an sich macht also keine Umsatzsteigerung (Rubner).

Die Fettbildung.

Eine andere Schwierigkeit für die Theorie des Stoffumsatzes bildet die bei reichlicher Nahrung auftretende Fettbildung (Mästung), deren nähere Bedingungen oben angegeben sind. Das Fett bildet hiernach einen in den Perioden des Nahrungsüberflusses abgelagerten Vorrath spannkraftreicher Substanz, von welchem in Zeiten der Noth in erster Linie gezehrt wird.

Eine ziemlich unbestrittene Fettquelle ist das in der Nahrung enthaltene Fett, welches unter günstigen Umständen (p. 208) Fettansatz herbeiführt. Dass es wirklich direct selber zum Ansatz gelangen kann, wird dadurch bewiesen, dass ungewöhnliche Nahrungsfette, z. B. Leinöl, sich im Körperfett nachweisen lassen (Lebedeff). Die Frage, ob auch Fettsäuren und Seifen als Fett assimilirt werden, ist p. 196 behandelt.

Nächstdem wird eine Fettbildung aus Eiweiss ziemlich allgemein angenommen. Die chemische Möglichkeit einer solchen ist nicht vollkommen verständlich, da von Fettsäuren nur Capronsäure (Leucin) als Bestandtheil des Eiweissmoleculs bekannt ist; das Glycerin könnte aus anderen Quellen stammen, so gut wie bei der Fettbildung aus Seifen. Für die Fettbildung aus Eiweisskörpern wird angeführt:

a) die Entstehung des Leichenwachses (Fettwachs, Adipocire) bei der Verwesung von Leichen in wasserhaltigem Terrain, also bei mangelhaftem Sauerstoffzutritt (auch künstlich unter ähnlichen Bedingungen erreichbar, und zwar nach Beendigung der eigentlichen Fäulniss, Kratter). Die eiweissreichen Gewebe (Muskeln, Haut) verwandeln sich in eine schmelzbare, fettartige Substanz; b) das Auftreten von Stearin im Körper, wenn neben Eiweiss eine stearinfreie Fettart (Palmöl) im Futter gereicht wird (Subbotin); c) Fettansatz unter Umständen wo weder der Fett- noch der Kohlehydratgehalt der Nahrung zu seiner Erklärung gross genug ist (Voit u. A.). Andere für Fettbildung aus Eiweisskörpern u. dgl. angeführte Erscheinungen, z. B. die vermeintliche Fettbildung in Milch und Käse (p. 162), sind widerlegt, andere wie die fettige Degeneration stickstoffreicher Organe haben keine volle Beweiskraft, weil sie nur zeigen, dass an einem Orte im Organismus, der also mit allen übrigen in stofflichem Verkehr steht, statt des einen ein anderer Körper auftritt; dies kann natürlich nicht sicherstellen, dass auch letzterer aus ersterem hervorgeht. So wurde auch eine Zeit lang unter den Beweisen für die Fettbildung aus Eiweisskörpern angeführt, dass fettlose Krystalllinsen und andere stickstoffhaltige Körper, in die Bauchhöhle lebender Säugethiere eingebracht, nach einiger Zeit sehr fettreich waren und an Stickstoff verloren hatten. Allein Controllversuche mit ganz indifferenten porösen Körpern, Holz, Hollundermark etc., zeigten, dass auch diese sich in der Bauchhöhle lebender Thiere mit Fett imprägnirten; wahrscheinlich durch Einwanderung und Verfettung farbloser Lymphkörperchen.

Eine andere Quelle der Fettbildung liefern nach Manchen die Kohlehydrate; obwohl die Umwandlung von Kohlehydraten in Fette ein Reductionsprocess wäre, wenn nicht etwa die Kohlehydrate nur das Glycerin liefern, so werden doch folgende Erfahrungen für diesen Vorgang angeführt: a) die Bienen liefern bei reiner Zuckerfütterung einen fettartigen Körper, das Wachs; b) eine an Kohlehydraten reiche Nahrung macht den Körper fett (Mästung, s. oben); besonders zeigt sich hierbei unmittelbar eine starke Fettanhäufung in der Leber (Tscherinoff); diese Thatsachen lassen sich aber auch so erklären, dass die Oxydation der leicht verbrennlichen Kohlehydrate die Verbrennung von Fett oder fettbildenden Körpern (z. B. Eiweisskörpern) beeinträchtigt (s. unten). Der Umstand endlich, dass in Früchten (Oliven) sich Fette aus Kohlehydraten (Mannit) bilden, beweist nichts für einen ähnlichen Vorgang im Thiere.

Die Meisten halten jetzt die Fettbildung aus Eiweiss für die einzige neben der aus genossenem Fett; denn in allen bekannten Fällen, selbst bei der enormen Fettbildung milchender Kühe, reicht das Fett und Eiweiss der Nahrung aus, Fett zu liefern. Dagegen lässt sich die Wachsbildung der Bienen bei blossem Zuckergenuss kaum ebenfalls durch vorräthiges Eiweiss erklären, da der Eiweissgehalt der Thiere dabei nicht merklich abnimmt (Erlenmeyer & v. Planta). Die Mästung mit Kohlehydraten gelingt nur bei gleichzeitiger Eiweissfütterung (Voit, Weiske & Wildt). Fleisch kann etwa 11 pCt. seines Gewichts Körperfette liefern (Pettenkofer & Voit). Das aus Eiweisskörpern (wahrscheinlich in den Geweben) abgespaltene Fett zeigt keine anderen Ablagerungsstätten als das direct genossene; am stärksten geht es in das subcutane Gewebe über (Forster).

Die Fettbildung aus Eiweiss würde besagen, dass dasselbe nicht vollständig verbrannt würde, sondern unter Umständen einen werthvollen Rest im Körper zurückliesse. Man nimmt an (Hoppe-Seyler, Pettenkofer & Voit), dass diese Spaltung stets stattfindet, das gebildete Fett aber weiter verbrannt wird, wenn nicht andere leicht oxydable Stoffe (Kohlehydrate, Nahrungsfett) dasselbe vor der Oxydation schützen.

Das Fettgewebe, besonders das mesenteriale, ist nach neueren Untersuchungen (Toldt, Rollett) nicht als einfaches Bindegewebe zu betrachten, dessen Zellen mit Fett erfüllt sind (Virchow), sondern als drüsenartiges Organ mit besonderen Gefässen, welches beim Menschen schon frühzeitig vom Bindegewebe umwachsen wird.

Sehr streitig ist auch die Theorie des Fiebers, d. h. eines pathologischen Zustandes mit vermehrtem Stoffumsatz (Gaswechsel und Harnstoffausscheidung) und erhöhter Temperatur. Es ist namentlich zweifelhaft ob die Temperaturerhöhung Folge oder Ursache des gesteigerten Umsatzes ist. Vgl. Cap VI.

8. Der Stoffersatz durch die Nahrung.

a. Die Ernährungstriebe.

Der Ersatz der durch den Stoffverbrauch bedingten Verluste geschieht durch die Aufnahme der Nahrung und des Sauerstoffs; die letztere, continuirlich erfolgende, ist schon besprochen, die erstere geschieht in willkürlichen Intervallen, die jedoch meist so klein sind, dass Verdauung und Aufsaugung, wenigstens bei Tage, kaum unterbrochen werden. Angeregt wird die Aufnahme durch gewisse, noch nicht hinreichend erklärte Empfindungen, Hunger und Durst, welche das Bedürfniss des Organismus nach Nahrung anzeigen. Die

Sinnesorgane, in denen sich das Bedürfniss des Gesammtorganismus als Empfindung geltend macht, sind gewisse Theile des Verdauungsapparats.

Der Durst, ein Gefühl von Trockenheit und Brennen im Schlunde, wird hervorgerufen durch Wassermangel der Gaumen- und Rachenschleimhaut. Dieser Wassermangel ist gewöhnlich eine Theilerscheinung allgemeinen Wassermangels im Organismus, kann aber auch örtlich durch Austrocknung (Durchstreichen trockener Luft) oder sonstige Wasserentziehung (Genuss hygroscopischer Salze) entstehen. Gestillt wird das Gefühl gewöhnlich durch örtliche Befeuchtung der genannten Theile, welche meist durch Trinken geschieht, so dass zugleich der Gesammtorganismus Wasser erhält; — aber auch anderweite Wasserzufuhr (z. B. durch Einspritzen von Wasser in die Venen) löscht den Durst, entsprechend seiner Entstehung durch allgemeinen Wassermangel.

Der Hunger dagegen, eine drückende, nagende Empfindung des Magens und bei höheren Graden auch des Darms, kann nicht als der Ausdruck örtlichen Substanzmangels, etwa der Magen- und Darmhäute, als Theilerscheinung allgemeinen Nahrungsbedürfnisses, betrachtet werden; sondern er ist, wie es scheint, eine Empfindung von Leere im Verdauungsapparat, deren Zustandekommen noch vollkommen dunkel ist; wenigstens wird er durch Anfüllung selbst mit unverdaulichen Dingen gestillt. Später tritt freilich in diesem Falle eine vom gewöhnlichen Hunger verschiedene, ganz räthselhafte Empfindung von allgemeinem Nahrungsbedürfniss ein.

Die Nerven, welche das Durstgefühl vermitteln, sind wahrscheinlich die des Gaumens und Rachens (Trigeminus, Vagus, Glossopharyngeus) oder einzelne derselben, die für den Hunger sind noch gänzlich unbekannt. Durchschneidung der Vagi, der Splanchnici hebt die Fresslust bei Thieren nicht auf.

b. Begriff und Quelle der Nahrungsstoffe und Nahrungsmittel.

Die Elemente der Nahrung müssen im Allgemeinen dieselben sein wie die Körperelemente (p. 9), wenn sie den Verlust der letzteren ersetzen sollen. Indessen genügt die Zuführung dieser Elemente im isolirten Zustande nicht zur Ernährung, weil sie theils zur Aufnahme in das Blut untauglich sind, theils wenn sie auch aufgenommen sind, doch ihre Synthese zu den chemischen Verbindungen, welche sie ersetzen sollen, im Organismus nicht ausführbar ist. Es können daher als Nahrungsstoffe im Allgemeinen nur chemische Verbindungen benutzt werden, und zwar nur solche, die die folgenden Bedingungen erfüllen: 1. die Verbindung muss zur Aufnahme in das Blut oder den Chylus direct oder nach der Vorbereitung durch die Verdauungsvorgänge geeignet (verdaulich) sein; 2. sie muss einen unorganischen oder organischen Bestandtheil des Organismus direct ersetzen oder im Körper in einen solchen sich verwandeln, oder als Ingrediens zum Aufbau desselben verwandt werden können; 3. weder sie selbst, noch eines ihrer etwaigen Umwandlungsproducte darf Eigenschaften besitzen, welche den Bestand oder die Thätigkeiten irgend eines Körperorgans beeinträchtigen (derartige Stoffe werden Gifte genannt).

Kaum ein einziger der Nahrungsstoffe wird für sich allein, fast alle werden in gewissen natürlichen Gemengen genossen, welche man Nahrungsmittel nennt; es sind meist pflanzliche oder thierische Gewebe oder Theile von solchen. Auch diese werden meist noch künstlich mit einander vermischt und, theils zur leichteren Verdauung, theils zur Erhöhung des Wohlgeschmacks, auf mannigfache Weise zubereitet. Solche zubereitete Gemenge von Nahrungsmitteln nennt man Speisen.

Bei der Mischung von Nahrungsmitteln zu Speisen ist die Zufügung eines sog. Gewürzes das Wesentlichste, d. h. eines Stoffes, der durch gewisse reizende Eigenschaften zur reflectorischen Anregung der Absonderung der Verdauungssäfte (Speichel, Magensaft etc.) besonders geeignet ist; das gewöhnlichste Gewürz ist das Kochsalz (welches aber auch als Nahrungsstoff eine Rolle spielt, s. p. 209). Die Zubereitungen der Speisen (Kochen, Braten, Backen etc.) haben besonders zum Zweck, der Verdauung durch Vorwegnahme einiger ihrer Verrichtungen, z. B. durch Lösung des Löslichen, Löslichmachen des Unlöslichen, Auflockern des Compacten, Zersprengen unverdaulicher Hüllen, Vorschub zu leisten.

Wie aus dem oben Gesagten hervorgeht, zerfallen die Nahrungsstoffe in zwei natürliche Gruppen, welche beide nothwendig in der Nahrung vertreten sein müssen. Die erste, welche zum Ersatz unoxydabler Körperbestandtheile dient, ist die unorganische Nahrung und besteht wesentlich aus Wasser und Salzen; die zweite, zum Ersatz der oxydirbaren Körperbestandtheile dienende, welche also oxydirbar sein muss, ist die organische Nahrung. Diese stammt, wie alle organischen Stoffe, unmittelbar oder mittelbar aus der Pflanze; denn auch die organischen Bestandtheile des Thierkörpers sind auf pflanzliche zurückzuführen, weil auch das fleischfressende Thier sich direct oder jedenfalls in letzter Instanz von Pflanzenfressern nährt.

Die mannigfachen organischen Verbindungen von C, H, N, O, S

u. s. w., die in der Pflanze sich bilden, sind nur zum geringsten Theile wirkliche Nahrungsstoffe, weil viele von ihnen die oben angegebenen Bedingungen nicht erfüllen. Die von den Nahrungsstoffen unter ihnen herstammenden thierischen Stoffe müssen, wie sich leicht ergiebt, zum grössten Theile wieder als Nahrungsstoffe dienen können; indessen sind diese wieder um so werthlosere Nahrungsstoffe, je höhere Oxydationsstufen sie sind; so sind z. B. Harnstoff, Kreatin, Xanthin keine Nahrungsstoffe, da der Organismus sie nicht weiter oxydiren kann, sondern fast unverändert ausscheidet.

Von grosser Wichtigkeit ist die Ermittelung, dass die Quantitäten, in welchen sich die Nährstoffe im Organismus vertreten können, zugleich annähernd isodynam sind, d. h. gleiche Verbrennungswärme haben (Rubner).

Für die theoretische Entscheidung, ob eine Substanz ein Nahrungsstoff sei, sind unsre jetzigen Kenntnisse des Stoffumsatzes und der synthetischen Fähigkeiten des Organismus (vgl. p. 196) nicht ausreichend. Man ist also durchaus auf die Erfahrung angewiesen, d. h. einerseits auf die Analyse der gebräuchlichen Nahrungsmittel unter Berücksichtigung ihrer Ausnutzung, d. h. des nicht im Koth wiedererscheinenden Antheils, andrerseits auf die oben angeführten Wirkungen der Stoffe auf den Stoffverlust des Körpers.

So ergeben sich als wichtigste Nahrungsstoffe: 1. Wasser; 2. Mineralstoffe, in welchen besonders Natrium, Kalium, Calcium, Eisen, Phosphorsäure und Chlor vertreten sein muss; 3. Eiweissstoffe; 4. Fette; 5. Kohlehydrate. Die beiden letzteren können (vgl. p. 207 f.) bei sehr starker Eiweisszufuhr entbehrt werden, und sich gegenseitig vertreten, sind aber eben wegen der Eiweissersparniss nützlich; eine ähnliche Bedeutung hat auch Leim und Collagen, welche jedoch wie Fette und Kohlehydrate das Eiweiss nicht entbehrlich machen.

c. Functionelle Eintheilung der Nahrungsstoffe.

Von grosser Wichtigkeit wäre es zu wissen, ob bestimmte Zwecke und Leistungen des Organismus bestimmte Nahrungsstoffe erfordern. Von diesem Gesichtspunct aus sind verschiedene Eintheilungen der letzteren versucht worden. Als plastische Nahrungsstoffe wurden die für den Gewebsaufbau und -Ersatz unentbehrlichen Eiweissstoffe, als respiratorische die nur zur Verbrennung bestimmten N-freien Fette und Kohlehydrate bezeichnet (Liebig). Obwohl auch die Fette am Gewebsaufbau Theil nehmen, und andrerseits auch die Eiweissstoffe der Verbrennung direct anheimfallen und Fette sowie Kohlehydrate (Glycogen?) als Spaltungsproduct liefern, ist doch insofern etwas Richtiges an dieser Eintheilung, als die Eiweissstoffe eine stabilere und vorzugsweise zum Gewebsbestandtheil bestimmte Körpersubstanz darstellen, so dass besonders beim Wachsthum das Eiweiss eine relativ grössere Bedeutung gewinnt. Die weitere Ausdehnung dieser Eintheilung jedoch, nach welcher das Eiweiss zugleich dynamogen sein sollte, weil es als wesentlicher Bestandtheil des Muskelgewebes das Substrat der Muskelarbeit sein müsse, die N-freien Nährstoffe dagegen thermogen, d. h. nur zur Wärmeproduction verwendbar, ist als unrichtig erkannt, seitdem man weiss, dass die Muskelarbeit den Eiweissverbrauch nicht steigert (vgl. p. 211). So lässt sich also keine Beziehung zwischen einer Leistungsform und einer bestimmten Ernährungsart angeben, und der Arbeiter braucht nur im Allgemeinen mehr Nahrung als der nicht Arbeitende, aber keine besondere arbeitsfördernde Substanz.

Zur Widerlegung der Theorie von der dynamogenen Bedeutung der N-haltigen, und der thermogenen der N-freien Nährstoffe können noch folgende Umstände angeführt werden (M. Traube): 1. Auch bei sehr stickstoffarmer (pflanzlicher) Kost kann bedeutende mechanische Arbeit geleistet werden; die meisten Arbeitsthiere sind Pflanzenfresser, die Bienen sind bei blosser Honignahrung fortwährend in Bewegung. 2. Kaltblütige Thiere, und ebenso Thiere und Menschen in heissen Zonen, deren Wärmebildung somit nur geringfügig sein kann, leben dennoch zum grossen Theil von stickstoffarmer Pflanzenkost. 3. Fleischfresser haben trotz ihrer geringen Aufnahme an stickstofflosen Stoffen dennoch eine genügende Wärmeproduction, auch ohne etwa durch reichliche mechanische Arbeit sich die nöthigen stickstofflosen Spaltungsproducte zu verschaffen. 4. Endlich hat sich direct ergeben, dass die in einer bestimmten Zeit verbrauchten Eiweisskörper (aus der Harnstoffausscheidung berechnet) auch nicht entfernt ausreichen, um die in derselben Zeit geleistete Arbeit zu erklären, selbst wenn man ihre Verbrennungswärme übertrieben hoch annähme (Fick & Wislicenus, Frankland); hiermit steht im Einklang, dass in Gebirgsgegenden die Bewohner für anstrengende Touren als Proviant nur Speck und Zucker mitzunehmen pflegen.

d. Quantitativer Nahrungsbedarf.

Ueber die nothwendige tägliche Menge der einzelnen Nahrungsstoffe für den Menschen lassen sich keine allgemeingültigen Zahlen, etwa pro Kilo Körpersubstanz, aufstellen, weil erstens der Organismus sich innerhalb gewisser Grenzen mit den verschiedensten Kostmaassen ins Gleichgewicht setzen kann, zweitens die zur Erhaltung eines gewissen Gleichgewichtszustandes erforderliche Nahrungsmenge von der Mischung der Nährstoffe abhängt, drittens der Nahrungsbedarf sehr wesentlich durch Constitution, Leistungsgrösse, Temperatur, Klima u. s. w. bedingt wird, auch bei noch wachsenden Individuen der Bedarf ein andrer ist als bei ausgewachsenen.

Man kann also höchstens aus einer grossen Anzahl von Beobachtungen annähernd normal ernährter Individuen ein mittleres Kostmaas annehmen, welches keineswegs eine normative Bedeutung hat. So ergiebt sich z. B. für 24 Stunden in grm. (nach Voit zusammengestellt):

Individuum.	Ei-weiss	Fett	Kohle-hydrate	N	C	Autor.
28j. Arbeiter (70 Kilo)	137	72	352	19,5	283	Pettenkofer & Voit.
Derselbe bei Arbeit	137	173	352	19,5	356	"
36j. Dienstmann	133	95	422	21	331	Forster.
40j. Schreiner	131	68	494	20	342	"
Junger Arzt	127	89	362	20	297	"
Junger Arzt	134	102	292	21	280	"
Kräftiger alter Mann	116	68	345	—	—	"
Erwachsener, Normalration	130	—	—	20	310	Payen.
" "	119	51	530	18	337	Playfair.
Mann bei mittlerer Arbeit	130	40	550	20	325	Moleschott.
" " "	120	35	540	19	331	Wolff.
Soldat, leichter Dienst	117	35	447	18	288	Hildesheim.
" im Felde	147	44	504	23	336	"
Niederländische Soldaten	100	—	—	16	—	Mulder.

Als Mittelwerthe werden angegeben

	Forster	Voit
Wasser	2945,9	—
Eiweiss	131,2	118
Fette	88,4	
Kohlehydrate	392,3	—
Stickstoff	20,3	18,3
Kohlenstoff	312,2	328

Die letzteren 18,3 grm. N und 328 grm. C könnten repräsentirt sein (Voit) durch:

18,3 grm. N =		328 grm. C =	
Käse	272 grm.	Speck	450 grm.
Erbsen	520 "	Mais	801 "
Mageres Fleisch	538 "	Weizenmehl	824 "
Weizenmehl	796 "	Reis	896 "
Eier (18 Stück)	905 "	Erbsen	919 "
Mais	989 "	Käse	1160 "
Schwarzbrod	1430 "	Schwarzbrod	1346 "
Reis	1868 "	Eier (43 Stück)	2231 "
Milch	2905 "	Mageres Fleisch	2620 "
Kartoffeln	4575 "	Kartoffeln	3124 "
Speck	4796 "	Milch	4652 "
Weisskohl	7625 "	Weisskohl	9318 "
Weisse Rüben	8714 "	Weisse Rüben	10650 "
Bier	17000 "	Bier	13160 "

1300—1400 grm. Schwarzbrod wären also etwa eine Normalration.

Der Wasserbedarf ist in besonders hohem Grade von der perspiratorischen Wasserausscheidung, sowie von etwaigen harnvermehrenden Umständen (p. 152 f.) abhängig. In ersterer Hinsicht ist besonders anzuführen, dass Wärme, Trockenheit und Bewegung der Luft, reichlicher Blutzufluss zur Haut (todte Haut verdunstet nur $^1/_6$ bis $^1/_5$ soviel als lebende, Erismann), und endlich Schweisssecretion die Wasserverdunstung steigern, in letzterer, dass Salzgenuss, Diabetes, Affecte die Harnabsonderung vermehren. Bei Polyurie ist unstillbarer Durst vorhanden. Auch intestinale Wasserverluste (Diarrhoen) steigern den Wasserbedarf.

Als täglicher Eisenbedarf für den erwachsenen Menschen werden 0,14—0,16 Milligramm pro Kilo Körpergewicht angegeben (v. Hösslin).

Bei Kindern ist der Nahrungsbedarf natürlich entsprechend geringer, und für gleiche Altersstufe ungefähr dem Körpergewicht proportional (Sophie Hasse). Aus den Mittelzahlen der vorliegenden Bestimmungen (Camerer, Uffelmann, Hasse) ergiebt sich als Consum pro Kilo Körpergewicht:

Kinder von	Eiweiss.	Fett.	Kohlehydrate.
$1^1/_2$—$2^1/_4$ Jahren ..	4,3	3,5	8,9
$2^1/_2$—$4^1/_4$ „ ..	3,5	3,0	8,4
$4^3/_4$—$5^3/_4$ „ ..	3,7	3,0	10,6
$8^1/_2$—$9^1/_3$ „ ..	2,7	2,5	8,1
$10^1/_2$—$11^1/_4$ „ ..	2,6	2,2	8,7
(Erwachsene ca.	1,8	1,2	5,2)

Es bestätigt sich also der schon p. 212 f. am Gaswechsel gezeigte Einfluss der Körpergrösse und des Lebensalters.

Die Gesammtmenge der Nahrung ist bei vegetabilischer Kost, durch deren grossen Gehalt an unverdaulichem Ballast, beträchtlich grösser als bei animalischer.

In Folge dessen nimmt der Koth der Pflanzenfresser fast die Hälfte der Gesammtausgabe ein (Pferd 40—50 pCt., Valentin, Boussingault; Kuh 34,4 pCt., Boussingault); der der Fleischfresser ist dagegen sehr unbedeutend (Katze 1 pCt., Bidder & Schmidt); der der Omnivoren steht in der Mitte (Mensch 4—8 pCt., Valentin, Barral, Hildesheim; Schwein 19,9 pCt., Boussingault).

e. Die wichtigsten Nahrungs- und Genussmittel.

1. *Trinkwasser*, enthält ausser Wasser stets gelöste Salze, besonders Kalksalze, und Gase, besonders Luft und Kohlensäure.

2. *Fleisch* (Muskeln), enthält ausser Wasser und Salzen (bes. Kalisalze) von

wesentlicheren Nahrungsstoffen mehrere theils lösliche, grösstentheils aber unlösliche Eiweisskörper, leimgebendes Gewebe, wenig Lecithin (von den intramuscularen Nerven?), Fette, ausserdem einige „Extractivstoffe", welche theils wohlschmeckend sind (Osmazom), theils schwach aufregende Wirkungen zu haben scheinen (Kreatin etc.). — Es wird genossen: 1) roh; 2) mit Wasser gekocht; das Extract, die Fleischbrühe, enthält hauptsächlich Leim, die Extractivstoffe, die Salze (welche durch ihren Kaligehalt der concentrirten Brühe eine erhebliche Wirkung auf das Herz verleihen, Kemmerich), und etwas oben schwimmendes Fett; die Eiweisskörper sind im heissen Wasser unlöslich und bleiben vollständig im Fleisch, wenn dieses sofort mit heissem Wasser behandelt wird; wenn nicht, so geht das Albumin in das kalte Wasser über, gerinnt aber beim Erhitzen und wird mit dem „Schaum" entfernt; — das rückständige Fleisch enthält noch die meisten nahrhaften Bestandtheile (fast das ganze Eiweiss und Collagen, im erstgenannten Falle auch das Albumin), aber nicht mehr die wohlschmeckenden und die Salze; 3) gebraten, d. h. ohne oder mit möglichst wenig Flüssigkeit (Wasser oder Fett) stark erhitzt; so zubereitet behält das Fleisch seine sämmtlichen Bestandtheile, und es entstehen, besonders an der Oberfläche, einige braune, empyreumatische, angenehm riechende und schmeckende Stoffe.

3. *Milch* (vgl. p. 160), enthält Eiweisskörper (Albumin, Casein), Fette (Butter), wahrscheinlich Lecithin, ferner Kohlehydrate (Milchzucker), Wasser und sehr viel Salze. Sie wird frisch oder sauer genossen; ferner die für sich dargestellte Butter; endlich der Käse, d. h. das durch spontane Säuerung der Milch oder durch Magensaft (Labmagen von Kälbern) ausgefällte Casein, welches einen grossen Theil der Fette in sich einschliesst; beim Aufbewahren verändert sich der Käse in einer der Verdauung analogen Weise, indem er (durch Peptonisirung und weitere Spaltung des Caseins) weich und durchscheinend wird („Reifen" des Käses, wobei Leucin und Tyrosin entstehen). Ueber Molken s. p. 162.

4. *Eier.* Das Weisse enthält eine concentrirte Albuminlösung; der Dotter Eiweisskörper, viel Lecithin, Cholesterin und Fette, ferner Zucker. Beim Erhitzen coagulirt das Weisse compact, das Gelbe krümelig.

5. *Getreidekörner* (Weizen, Roggen, Mais, Gerste, Reis, Hafer u. s. w.), enthalten Eiweisskörper (Albumin, Kleber, Pflanzenfibrin, in Wasser unlöslich), ein Albuminoid (Pflanzenleim), Lecithin, Spuren von Fett, in grosser Menge Stärke, daneben, besonders im Keimungszustand, ein zuckerbildendes Ferment (Diastase). Das zermahlene und von der Rinde (Kleie) befreite Getreide, das Mehl, wird hauptsächlich zur Bereitung des Brodes verwandt. Beim Anrühren des Mehls mit Wasser entsteht eine durch den Kleber zähe Masse, der Teig, welchen man auf irgend eine Weise lockert und dann stark erhitzt; das Lockern geschieht durch Kohlensäureentwicklung, indem man im Teige erst einen Theil der Stärke durch die Diastase in Dextrin und Zucker übergehen lässt und letzteren danach durch Zusatz von Hefe oder Sauerteig in alkoholische Gährung überführt; der gelockerte Teig wird dann (auf etwa 200⁰) erhitzt, wobei zugleich der Alkohol entweicht; neuerdings treibt man statt der Gährung auch künstlich Kohlensäure in den Teig ein. — Ein anderes Getreideproduct ist das Bier, ein wässeriges Decoct gekeimten und erhitzten, daher sehr dextrin- und zuckerreichen Getreides (Malz); das Decoct wird durch Hefe in alkoholische Gährung übergeführt; das Bier enthält

ptsächlich Dextrin, Alkohol, zugesetzte Bitterstoffe (Hopfen) und absorbirte
lensäure; es ist das alkoholärmste der berauschenden Getränke (2—8 pCt.).
ch Destillation des Bieres und ähnlicher gegohrener Getreide- oder Kartoffel-
ɔcte (Schlempe) erhält man alkoholreichere Getränke (Branntwein).

6. *Leguminosenfrüchte* (Erbsen, Bohnen, Linsen u. s. w.), enthalten viel Ei-

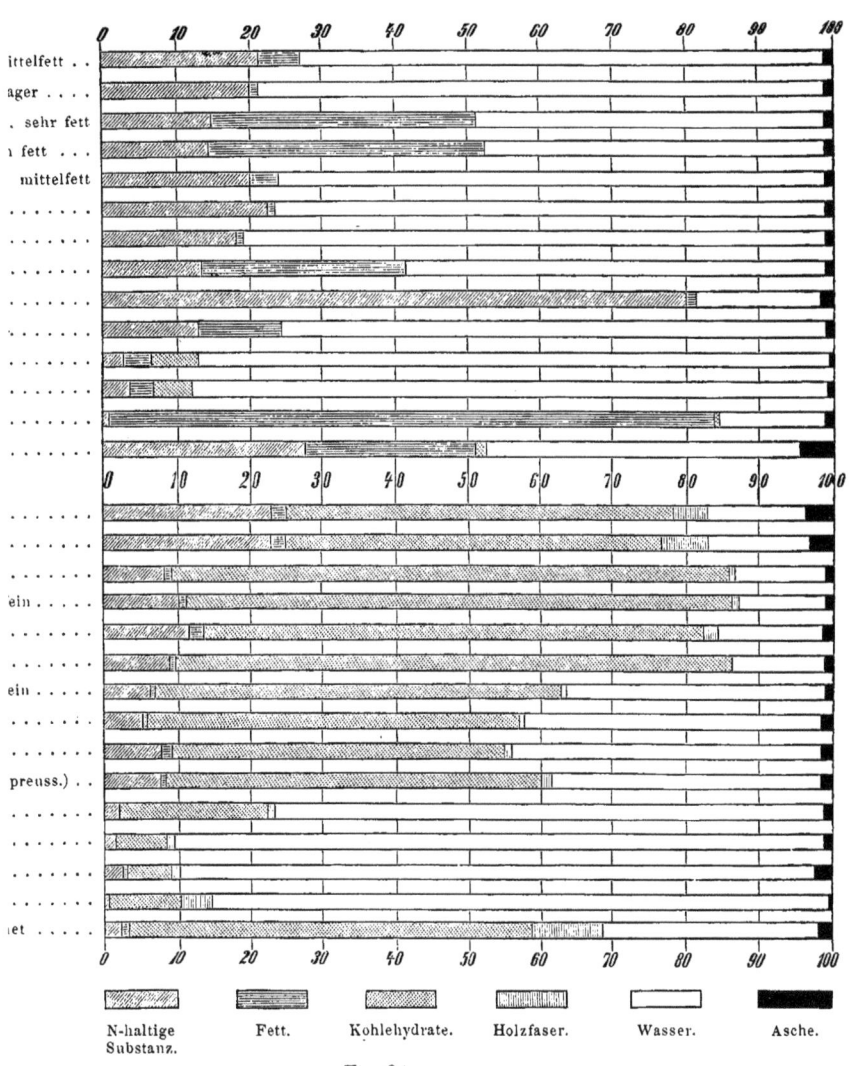

Fig. 21.

Die graphische Uebersicht Fig. 21, welche der viel vollständigeren Tafel von
König entnommen ist, giebt eine Vorstellung der **quantitativen Zusammen-**
un der wichtigsten Nahrungsmittel.

Hermann, Physiologie. 8. Aufl.

weissstoffe (Legumin), ausserdem Lecithin und Stärke. Sie werden meist gekocht genossen (wobei die Stärke zu Kleister aufquillt); zur Brodbereitung eignen sie sich nicht, weil sie wegen des Mangels an Kleber keinen zähen Teig geben.

7. *Kartoffeln*, enthalten neben sehr wenig Eiweiss hauptsächlich Stärke.

8. *Zuckerhaltige Früchte (Obst)*, enthalten Zuckerarten, Dextrin, Pflanzengallerte, sehr wenig Eiweiss, ferner organische Säuren (Weinsäure, Aepfelsäure, Citronensäure u. s. w.). Viele, besonders die Weintrauben, liefern durch Gährung des ausgepressten Saftes alkoholische Getränke, Weine

9. *Grüne Pflanzentheile* (Blätter, Stengel u. s. w.) und Wurzeln enthalten hauptsächlich Stärke, Dextrin, Zucker, wenig Eiweissstoffe.

Alle pflanzlichen Nahrungsmittel enthalten der Hauptsache nach Cellulose, welche für Menschen und Fleischfresser völlig oder beinahe unverdaulich, für Pflanzenfresser aber möglicherweise ein sehr werthvoller Nahrungsstoff ist (vgl. p. 179, 184).

Als Genussmittel bezeichnet man eine Anzahl Substanzen, welche nicht zum Ersatz von Stoffverlusten dienen, sondern wegen ihres angenehmen Geschmackes (wodurch auch die Verdauung befördert wird, Gewürze, vgl. p. 219) oder wegen aufregender Wirkungen ziemlich allgemein genossen werden; hierher gehören die alkoholischen Getränke, der Caffee, Thee, Tabak u. s. w.

Zweiter Abschnitt.
Die Leistungen des Organismus.

Sechstes Capitel.

Die Wärmebildung und die thierische Temperatur.

Geschichtliches. Die Alten leiteten die hohe Eigenwärme des Menschen und der höheren Thiere von einer besonderen, nicht weiter erklärten Eigenschaft des in den Adern enthaltenen πνεῦμα oder auch des Herzens selbst her, welche sie als eingepflanzte Wärme (ἔμφυτον θερμόν) bezeichneten. Erst nach Erfindung des Thermometers durch Galilei (um 1595) wurde der Wärmegrad des Körpers genauer bestimmt, und seine Constanz und Unabhängigkeit von äusseren Umständen beobachtet. Ueber die Quelle der thierischen Wärme begannen jetzt zahlreiche nutzlose Speculationen, welche grösstentheils an die damals bekannt gewordenen chemischen Wärmebildungen (beim Zusammenbringen von Säuren und Basen, bei Gährungsprocessen etc.) anknüpften. Die enge Verknüpfung zwischen Wärme und Blutbewegung, die Abkühlung der Leiche und circulationsloser Glieder liess das Blut als den eigentlichen Wärmeträger erscheinen, und die Frage gestaltete sich nun dahin, woher das Blut seine Wärme empfange. Den vielfach behaupteten Ursprung aus dem Herzen widerlegte Haller, indem er zeigte, dass das Herz nicht wärmer ist als die übrigen Eingeweide. Wahrscheinlicher war Boerhave's Ansicht, dass die Reibung des Blutes in den Gefässen die Wärme bilde; Haller jedoch erklärte diese Wärmequelle für nicht hinreichend gross, und auch mit der Geringfügigkeit der Wärmebildung bei Kaltblütern nicht vereinbar. — Erst nachdem Lavoisier die thierische Oxydation erkannt hatte (vgl. p. 95), war das Räthsel der Lösung nahe, und Lavoisier selbst war nur noch in Bezug auf den Ort der Wärmebildung im Unklaren, da er dieselbe mit der ganzen Oxydation in die Lunge verlegte. Höchst bewunderungswürdig ist es, dass Lavoisier auch die ersten calorimetrischen Versuche (1780) anstellte, und die gebildete Wärme mit der nach seiner Theorie aus dem Gaswechsel sich berechnenden verglich. Die in diesen, sowie in Dulong's und Despretz's analogen Untersuchungen (1823) sich ergebenden Abweichungen hätten vielleicht von der Beibehaltung der Theorie abgeschreckt, wenn nicht namentlich Liebig die Ursachen aufgedeckt hätte, so dass diese Untersuchungen für das Princip der Erhaltung der Kraft eine wesentliche Stütze lieferten (R. Mayer, 1842). Die letzten Jahrzehnte haben, abgesehen von dem bestimmten Nachweise des Sitzes der Wärmebildung in den Geweben, sowie der Entdeckung der functionellen Wärmebildung der Muskeln und Drüsen (Helmholtz, 1848, Ludwig, 1857), besonders die Wärmeregulation näher kennen gelehrt, vor Allem durch die Entdeckung der Gefässnerven (Bernard, 1851) und die Studien über den Gaswechsel (Ludwig, 1866, Pflüger, 1875).

1. Die Temperaturen des Körpers.

a. Warmblüter und Kaltblüter.

Dringt man mit dem Gefässe eines Thermometers möglichst tief in die Körpermasse ein (s. unten), so findet man beim Menschen, den Säugethieren und Vögeln eine hohe, sehr constante, von derjenigen der Umgebung fast unabhängige Temperatur; man nennt daher diese Organismen warmblütige oder gleichmässig warme (homöotherme). Bei den übrigen Thieren dagegen ist die Temperatur durchaus von der der Umgebung abhängig, und zwar nach längerem Aufenthalt in einer bestimmt temperirten Umgebung stets um einige Grade wärmer als letztere, wodurch auch bei diesen Thieren, welche man kaltblütige oder wechselwarme (pökilotherme) nennt, eine selbstständige Wärmebildung nachgewiesen ist.

b. Messung und Vertheilung der Temperatur beim Warmblüter.

Die Temperatur der Körperoberfläche des Warmblüters muss nothwendig stets gleich der der unmittelbar anliegenden Schicht des umgebenden Mediums sein, welches fast stets, auch im heissesten Sommer, kühler ist als die innere Körpermasse. Die Temperatur nimmt also von der Oberfläche zum Innern des Körpers zu, aber schon in mässiger Tiefe ist die eigentliche Körpertemperatur vorhanden. Zum Eindringen in diesen Bereich eignet sich die Einführung des Thermometers in den Mastdarm, die Scheide, weniger die Mundhöhle; ein der Oberfläche etwas nahe gelegener und deshalb etwas kühlerer, aber sehr bequemer Messort ist die sorgfältig durch Lagerung des Armes geschlossene Achselhöhle. Bei Thieren kann man durch die Jugularvene in den rechten Vorhof und selbst in die Cava inferior, durch die Carotis in die linke Kammer, geeignete Thermometer einführen.

Von sonstigen Messmitteln ist noch zu erwähnen: die Einführung von kleinen Maximumthermometern, d. h. mit Quecksilber gefüllten Glaskörpern, in Darm oder Blutgefässe; die durchlaufene Maximaltemperatur ist diejenige, welche nachher nöthig ist um das noch vorhandene Quecksilber wieder bis an die Mündung auszudehnen

(Kronecker); — ferner die Einführung eines Maximumthermometers in den Harnstrahl (Oertmann). — Zur Vergleichung zweier Temperaturen ist die thermoelectrische Methode sehr geeignet.

Die Messungen ergeben beim erwachsenen Menschen in der Achselhöhle 36,5—37,5° C. Bei grossen Säugethieren ist die Körpertemperatur ähnlich oder etwas niedriger, bei kleinen höher, bis gegen 40°. Bei Vögeln dagegen liegt sie stets über 40°, und kann bis 45° gehen.

Von den inneren Organen, deren Temperaturen ziemlich übereinstimmen, wird den Drüsen und Muskeln die höchste Temperatur zugeschrieben, besonders im Zustande ihrer Thätigkeit; sie sind dann wärmer als das Blut, wie sich aus der höheren Temperatur ihres Venenblutes im Vergleich zum Arterienblute ergiebt. Die Bluttemperatur selbst ist im rechten und linken Herzen nicht immer gleich, doch wird von den Einen dem rechten, von Anderen dem linken Herzen höhere Temperatur zugeschrieben (s. unten sub 5a).

Die Haut*) ist stets kühler als das Körperinnere, und ihre Temperatur wie schon erwähnt sehr vom umgebenden Medium abhängig. Ausserdem aber schwankt dieselbe ungemein durch circulatorische Verhältnisse; sie steigt durch reichlicheren und sinkt durch spärlicheren Blutzufluss, und kann als Maass für die Geschwindigkeit des cntanen Blutstroms, also namentlich für die Weite der Hautgefässe benutzt werden (vgl. p. 89). Die Hitze entzündeter Hautstellen ist niemals über der Blutwärme, rührt also nur von Hyperämie her (Hunter). Die näheren Bedingungen der Temperatur einzelner Hautstellen (Nerveneinfluss, Lage des Gliedes etc.) ergeben sich also aus der Kreislaufslehre.

c. Temperatur der Kaltblüter.

Bei allen Thieren, welche darauf hin untersucht wurden, fand man die Eigentemperatur höher als die der Umgebung, vorausgesetzt dass das Thier nicht unmittelbar aus einer kälteren Umgebung kam. Die Differenz ist bei Reptilien, Amphibien und Fischen selten höher als 1—4°, oft kleiner als 1°. Bei den glattmuskeligen Wirbellosen beträgt die Differenz wie es scheint stets weniger als 1°. Nur bei Insecten, besonders in Bienenkörben, sind Ueberschüsse bis zu 20° beobachtet, indess ist zu bedenken, dass hier vermuthlich viel Bewegung in Wärme umgesetzt wird; über die Temperatur isolirter Insecten existiren keine genügenden Beobachtungen.

---

*) Die Achselhöhlentemperatur darf nicht als Hauttemperatur aufgefasst werden, sondern annähernd als Temperatur der inneren Körpermasse (vgl. p. 228).

d. Abhängigkeit der Temperatur von äusseren und functionellen Einflüssen.

Die Innentemperatur des Warmblüters ist, wie schon erwähnt, im normalen Zustande ungemein constant. Die vorkommenden geringen Schwankungen durch functionelle Einflüsse compensiren sich dergestalt, dass die tägliche Mitteltemperatur fast genau die gleiche ist (Jürgensen, H. Jäger). Folgende Einflüsse sind beobachtet:

1. Die Temperatur der Umgebung. Während der nackte Mensch der Umgebungstemperatur ziemlich schutzlos preisgegeben ist, zeigt der normal Bekleidete, sowie die durch ihre Behaarung resp. Befiederung bekleideten Thiere, nur einen äusserst geringen Einfluss der Aussentemperatur (Bonnal). Der sehr geringe Einfluss des Klimas (J. Davy) wird neuerdings bestritten (Boileau, Pinkerton), so dass also die regulirenden Einflüsse (s. unten) für Intervalle von $\pm 30^0$, also 60 Graden, sich ausreichend erweisen.

2. Die Nahrung. Die Temperatur genossener heisser oder kalter Substanzen hat einen ähnlichen geringen Einfluss wie die Aussentemperatur. Ausserdem aber existirt ein geringer temperaturerhöhender Einfluss der Ernährung an sich, denn im Hungerzustand ist die Temperatur herabgesetzt (vgl. p. 205). Ob endlich auch die Verdauung temperaturerhöhend wirkt, und in welchem Stadium, ist zweifelhaft.

3. Muskelbewegung bewirkt eine geringe Erhöhung der Körpertemperatur (J. Davy u. A.).

4. Geistige Anstrengung und Aufregung soll die Temperatur erhöhen (J. Davy).

5. Die Tageszeit hat, auch bei Ausschliessung von Verdauung und Bewegung, einen Einfluss auf die Temperatur. Das Minimum liegt nach Mitternacht und dauert bis 3 Uhr, nach Andern bis 7 Uhr früh; in unregelmässiger Weise pflegt dann die Temperatur bis Nachmittag zu steigen, und zwischen 2 und 4 Uhr das Maximum zu erreichen, welches bis gegen 9 Uhr Abends anhält; dann Sinken bis nach Mitternacht. Die Differenz zwischen Maximum und Minimum beträgt im Mittel $1,2^0$ (H. Jäger).

6. Bei chronisch Kranken, bei schwächlichen Constitutionen und bei Greisen ist die Temperatur erniedrigt, bei Kindern und Frauen meist etwas höher als bei erwachsenen Männern.

Ueber den Einfluss des Fiebers, der Arzneistoffe und über das Verhalten der Temperatur nach dem Tode s. unten.

2. Die Wärmeproduction.

a. Messung derselben.

Die Wärmeproduction des Organismus ist in Calorien ausdrückbar, und durch Calorimeter messbar (Lavoisier). Das brauchbarste und fast ausschliesslich zu den Bestimmungen verwendete Calorimeter ist das Wassercalorimeter (Crawford, Dulong, Despretz). Das Thier befindet sich in einem ganz von Wasser umgebenen Blechbehälter; die Luft wird durch Röhren zu- und abgeleitet; die Ableitung geschieht durch ein Schlangenrohr, damit die abströmende Luft ihre Wärme vollständig an das Wasser abgeben kann. Zweckmässig wird der Luftstrom zugleich zur Gaswechselmessung benutzt (vgl. p. 102 ff.). Das Wassergefäss muss mit schlechten Wärmeleitern umgeben sein. Die Fehler der mangelhaften thermischen Isolation compensiren sich, wenn die Anfangstemperatur des Calorimeterwassers so gewählt wird, dass sie um die Hälfte der zu erwartenden Zunahme unter der Aussentemperatur liegt; in der zweiten Hälfte des Versuchs wird dann ebensoviel Wärme verloren, wie in der ersten gewonnen wird (Favre & Silbermann).

Das Calorimeter misst zunächst nur die vom Thiere ausgegebene Wärme; diese kann aber, wenn der Versuch lange genug dauert, der producirten Wärme gleich gesetzt werden. Kurze Calorimeterversuche sagen über die Wärmebildung Nichts aus.

Für den Menschen existiren bisher eigentliche calorimetrische Bestimmungen nicht; man sucht sie hier durch calorimetrische Messung der Wärmeausgabe eines bekannten Bruchtheils der Körperoberfläche, z. B. eines Unterschenkels, zu ersetzen (Leyden). Ueber Schätzungen aus dem Wärmehaushalt s. unten.

Soweit man aus dem geringen vorhandenen Material schliessen kann, ist die Wärmeproduction der Warmblüter dem Körpergewicht nicht proportional, sondern bei kleineren Thieren grösser. Sie betrug z. B. bei kleinen jungen Hunden pro Stunde und Kilo im Mittel 6440 Calorien[*] (Dulong), dagegen bei erwachsenen Hunden im Mittel nur 2530 Calorien (Senator). Zum Vergleich sei angeführt, dass für den Menschen durch Rechnung (s. unten) die Zahl von 1388 Calorien gefunden worden ist (Helmholtz).

---

[*] Die hier und im Folgenden vorkommenden Calorien sind die kleinen (entspr. der Erwärmung von 1 grm. Wasser um 1°).

b. Die Quellen der thierischen Wärme.

1) Die thierischen Verbrennungsprocesse.

Seitdem man weiss, dass im thierischen Organismus ein beständiger **Verbrennungsprocess** stattfindet, lag es nahe, diesem Process die Erzeugung der thierischen Wärme zuzuschreiben. Diese Herleitung wird wesentlich unterstützt durch die Thatsache, dass die kaltblütigen Thiere, deren Wärmebildung so geringfügig ist, dass die Eigenwärme des Thieres zuweilen nur um Bruchtheile eines Grades höher ist als die Aussentemperatur, auch einen sehr wenig energischen Verbrennungsprocess haben (vgl. p. 212), und ähnlich auch die Winterschläfer.

Zur absolut sicheren Feststellung aber müsste gezeigt werden, dass wirklich die von einem Thiere producirte Wärmemenge gleich ist der aus den gleichzeitigen Umsatzprocessen sich ergebenden Verbrennungswärme. Hierzu würde genügen, die verbrannten Substanzen und deren Verbrennungswärme zu kennen, da die Zwischenstufen, auf welchen die Verbrennung Halt macht, keinen Einfluss auf die resultirende Verbrennungswärme haben können, sondern nur Anfangsstoffe und Endproducte des ganzen Processes bekannt zu sein brauchen. Sind die Endproducte noch nicht vollkommen verbrannt, so ist ihre Verbrennungswärme von der vollständigen Verbrennungswärme der Anfangsstoffe in Abzug zu bringen. Aber es ist bisher unmöglich gewesen, die in dem Zeitraum eines calorimetrischen Versuches stattfindenden chemischen Umsetzungen auch nur in ihren Anfangs- und Schlusswerthen soweit quantitativ festzustellen, dass eine sichere Berechnung der Verbrennungswärme stattfinden konnte.

Der früher, namentlich von Dulong und Despretz eingeschlagene Weg, die Wärmebildung aus dem während des Versuches verzehrten Sauerstoff und der gebildeten Kohlensäure zu berechnen (der calorimetrische Kasten diente zugleich als Respirationskasten, s. oben), ist theoretisch unrichtig. Denn wenn man den nicht in der Kohlensäure wiedererscheinenden Sauerstoff als zur Verbrennung von Wasserstoff verbraucht ansieht (wobei schon die Oxydation von S, P etc. vernachlässigt wird), so ist doch bekanntlich die Summe der Verbrennungswärmen des verbrannten C und H keineswegs identisch mit der Verbrennungswärme der oxydirten organischen Verbindungen. Man muss vielmehr diese Verbindungen und ihre Verbrennungswärme direct kennen. Aber auch die Kenntniss der in einer bestimmten Zeit verbrauchten Nahrungsstoffe reicht nicht aus, da die Verbrennung dieser Stoffe ihrer Aufnahme keineswegs parallel geht.

Immerhin ist jene Berechnung aus den Verbrennungsproducten als eine erste Annäherung zu betrachten. Sie ergab über 90 pCt. der wirklich producirten Wärmemengen, so dass also die ausgesprochene Theorie als annähernd experimentell bewiesen zu betrachten ist. Sie wird aber mehr noch deswegen als unumstösslich angesehen, weil das Princip der Erhaltung der Energie erfordert, dass die Leistungen des Organismus aus dem Verbrauch der ihm zugeführten Spannkräfte hervorgehen, und andere als die chemischen Spannkräfte der Nahrung nicht zugeführt werden.

Legt man die Theorie der Betrachtung zu Grunde, so kann man erfahrungsmässig Wärmecoëfficienten der hauptsächlichsten aus den Stoffwechselgrössen nach p. 204 berechneten Umsetzungen aufstellen. So ergiebt sich z. B. für verbrauchte stickstoffhaltige Substanz pro Gramm Stickstoff ein Werth von 25640 Cal., für verbrauchtes Fett pro Gramm 9686 Cal. (Rubner). Mittels dieser Werthe lässt sich die Wärmeproduction eines Thieres aus seinem Stoffumsatz annähernd berechnen. Hierbei zeigt sich, dass die äquivalenten Nährstoffmengen (p. 208) auch thermisch einander äquivalent sind (Rubner).

Von geringerem Werth für die annähernde Berechnung der Wärmebildung ist aus dem oben angegebenen Grunde die Verwerthung der Verbrennungswärme der aufgenommenen Nährstoffe, unter Abzug der Verbrennungswärme der ausgeschiedenen organischen Endproducte (Harnstoff etc.), obwohl diese Verbrennungswärmen mit genügender Sicherheit bekannt sind, theils auf Grund directer calorimetrischer Verbrennungsversuche (Favre & Silbermann, Frankland u. A.), theils, bei den Stoffen von bekannter Constitution, durch Berechnung (Hermann). Es folgt hier die Verbrennungswärme einiger in Betracht kommender Substanzen, pro Gramm.

Eiweiss, vollständig verbrannt	4998 Calorien	}	
„ bis zu Harnstoff verbrannt	4263 „		
Mageres Rindfleisch, vollst. verbr.	5103 „	} (Frankland)
„ „ bis zu Harnst.	4368 „		
Rinderfett	9069 „		
Casein	5785 „		
Kleber	6141 „		
Legumin	5573 „		
Blutfibrin	5709 „	} (B. Danilewsky)
Pepton	4997 „		
Glutin	5493 „		
Chondrin	4909 „		
Stärke	4479 „		
Cellulose	4452 „		
Milchzucker (Hydrat)	3945 „	} (v. Rechenberg)
Rohrzucker	4173 „		
Maltose (Hydrat)	3932 „		

Stearin	9036	Calorien
Palmitin	8883	„
Olein	8958	„
Glycerin	4179	„
Leucin	6141	„
Kreatin	4118	„
Harnstoff	2200	„
Hippursäure	5433	„

(Hermann)

Ohne Einfluss auf die angegebene Berechnung ist es, dass ein Theil der chemischen Processe im Organismus keine directen Verbrennungen, sondern Spaltungen mit Sättigung stärkerer Affinitäten sind (p. 213), dass ferner auch Processe vorkommen, welche Wärme verbrauchen, z. B. die Verflüssigung der Stärke und des festen Eiweisses im Verdauungscanal (Maly), welcher übrigens eine an den chemischen Spaltungsprocess gebundene Wärmeentwicklung (v. Rechenberg) gegenübersteht.

Da in allen Geweben, mit Ausnahme der Hornsubstanzen, oxydative Processe stattfinden, so hat auch die Wärmebildung in allen Organen ihren Sitz, wenn auch in sehr ungleichem Maassstabe. Für Drüsen und Muskeln (vgl. Cap. III. und VII.) ist ferner eine Steigerung der Wärmebildung zu den Zeiten der Erregung nachgewiesen, in der Nervensubstanz ist dies bisher nicht mit Sicherheit gelungen.

2) Die Reibung.

Eine Wärmequelle, welche jedoch auf die besprochene chemische Quelle zurückführt, liegt in der Verrichtung mechanischer Arbeit durch Reibung. Bei jeder Muskelcontraction reibt sich der Muskel im Inneren und an seiner Umgebung, es reiben sich die Knochen in den Gelenken, die Sehnen in ihren Scheiden, die Haut an den Kleidern. Die ganze Herzarbeit, deren Betrag p. 71 geschätzt ist, wird durch die Reibung des Blutes im Innern und an den Gefässwänden in Wärme verwandelt, ebenso die Athmungsarbeit durch die Torsion der Rippenknorpel, die Reibung der Luft in ihren Canälen, die Verdauungsarbeit durch die Reibung des Darmes und des Inhaltes im Digestionscanal, u. s. f. Nimmt man hinzu, dass auch die galvanischen Ströme der erregten Muskeln etc. sich in ihr Aequivalent von Wärme umsetzen, so ergiebt sich, dass die ganzen Leistungen des ruhenden Organismus schliesslich in Gestalt von Wärme auftreten also calorimetrisch messbar sind.

c. Einfluss des Nervensystems auf die Wärmebildung.

Ein Einfluss des Nervensystems auf die wärmebildenden Processe ist an sich nicht unwahrscheinlich (vgl. p. 214) und bei Muskeln und Drüsen schon durch die functionellen Nerven gegeben; ferner wird die verminderte Temperatur gelähmter Glieder von Manchen aus ihm abgeleitet. Indess sind die meisten Einflüsse von Nervendurchschneidungen und Reizungen aus der Einwirkung vasomotorischer Nerven ableitbar (s. unten sub 5 b).

Zur Annahme centraler Vorrichtungen, welche die wärmebildenden Processe beherrschen sollen, hat die Beobachtung geführt, dass nach zufälligen Rückenmarksdurchtrennungen (Brodie, Billroth, Quincke) und nach experimentellen Durchschneidungen unter gewissen Umständen eine Temperaturerhöhung eintritt; da nun auf vasomotorischem Wege die Rückenmarksdurchschneidung eine Temperaturverminderung bewirken müsste, so schliesst man auf direct die Wärmeproduction beherrschende, im Mark verlaufende Fasern, welche sonach dieselbe hemmen müssten: das Hemmungscentrum würde danach im Gehirn zu suchen sein (Naunyn & Quincke); damit die Temperaturerhöhung auf Rückenmarksdurchschneidung hervortrete, muss die Steigerung der Wärmeausgabe in Folge der Lähmung der Hautgefässe durch warme Umhüllung der Thiere verhindert werden. Andere erhielten bei diesem Versuch keine Temperatursteigerung (Rosenthal), oder dieselbe trat schon durch das Blosslegen des Marks, also nur durch die Verwundung ein (v. Schroff). Auch nach Abtrennung des verlängerten Markes vom Pons, sowie nach Verletzungen dieser beiden Hirntheile zeigen sich Temperaturerhöhungen (Tscheschichin; Bruck & Günther; Schreiber; Wood), welche noch nicht hinreichend erklärt sind.

3. Die thierische Arbeitsleistung im Ganzen.

Leistet der Organismus äussere Arbeit, so lässt sich der Betrag derselben mittels des mechanischen Wärmeäquivalentes in Wärmemengen umrechnen und zu den calorimetrisch gemessenen hinzuaddiren. Auch die so gewonnene Gesammtsumme muss, wenn die Theorie richtig ist, mit der Verbrennungswärme der gleichzeitigen chemischen Processe übereinstimmen, was im Allgemeinen der Fall zu sein scheint. Dass sog. negative Arbeit, z. B. Bergabgehen, einen Abzug bedinge, resp. für den Stoffumsatz sich mit gleich grossem Aufstiege compensire, ist eine Täuschung, da der Körper auch in diesem Falle durch die hemmenden Muskelanstrengungen und die gleichzeitige horizontale Wegcomponente positive Arbeit leistet. In der That wirkt sogar das Absteigen temperaturerhöhend, wenn auch weniger als das Aufsteigen (Villari).

4. Die Wärmeausgaben.

Den Wärmequellen stehen verschiedene Wärmeausgaben gegenüber, nämlich:

1. durch Strahlung von der freien Oberfläche des Körpers;
2. durch Leitung: a) an die die Körperoberfläche berührenden Gegenstände, welche kälter als der Körper sind, also besonders Luft und Kleidung; b) an die in den Körper aufgenommenen Stoffe, welche kälter als der Körper sind, also inspirirte Luft und Nahrung. Letztere Wärmeausgabe wird auch häufig so ausgedrückt, dass der Körper mit seinen Auswurfsstoffen (exspirirte Luft, Schweiss, Harn, Koth), welche sämmtlich die Temperatur des Körpers haben, Wärme ausgiebt; selbstverständlich läuft beides auf dasselbe hinaus, vorausgesetzt, dass Einnahmen und Ausgaben an Quantität und specifischer Wärme gleich sind, was im Allgemeinen zutrifft;
3. durch Verdunstung von den feuchten Schleimhäuten und der äusseren Haut (vgl. p. 102, 107); die Hautverdunstung wird ausserordentlich gesteigert durch die Schweissabsonderung, welche, wenn die Aussentemperatur der inneren nahe kommt, fast die einzige Wärmeausgabe darstellt.

Das Verhältniss der einzelnen Wärmeausgaben ergiebt sich ungefähr aus folgenden Schätzungen für einen erwachsenen Mann in 24 Stunden (Helmholtz):

	Calorien	Procente der ganzen Ausgabe
Erwärmung der Darmingesta	70157	2,6
Erwärmung der Athemluft	70032	2,6
Verdunstung von der Lunge	397536	14,7
Strahlung, Leitung und Verdunstung von der Haut	2162275	80,1
Summa der Ausgabe (= Einnahme):	2700000	100,0

In dieser Schätzung ist die Summe von 2700000 Calorien (1388 Cal. pro Kilo und Stunde) aus dem Gaswechsel (vgl. p. 232) mit Einführung einer erfahrungsmässigen Correctur berechnet, die drei ersten Summanden direct geschätzt, und die Hautausgabe als Rest ermittelt.

Der respiratorische Wärmeverlust gilt für 20° Lufttemperatur; bei 0° würde er auf das Doppelte steigen. Da fast die ganze Wärmeausgabe von der äusseren Körperoberfläche aus geschieht, so muss sie auch von der Grösse derselben abhängen, kleinere Thiere also entsprechend ihrer relativ grösseren Körperoberfläche auch mehr Wärme für gleiche Körpergewichte bilden, was in der That die Erfahrung bestätigt (vgl. oben p. 231). Berechnet man die Wärmeproduction statt für die Gewichtseinheit für die Einheit der Oberfläche, so ergiebt sie sich bei derselben Thiergattung nahezu unabhängig von der Körpergrösse (Rubner); z. B.:

Hund von	Wärmeproduction in 24 Stunden für	
	1 Kilo Körpergewicht.	1 Quadratmeter Körperoberfläche.
31,2 Kilo	38180 Cal.	1109000 Cal.
19,4 „	44370 „	1153000 „
9,61 „	61190 „	1112000 „
6,50 „	68060 „	1188000 „
3,19 „	90900 „	1252000 „

Auf den Quadratmeter Oberfläche ergiebt sich hiernach für den Hund eine mittlere tägliche Wärmeproduction von 1143000 Calorien. Für das Kaninchen ist die entsprechende Zahl 717000, für das Huhn 892000 (Rubner). Für den Menschen würde sich aus den oben angegebenen Helmholtz'schen Werthen und, wenn man pro Kilo Körpergewicht 287 Qu.-cm. Oberfläche annimmt, ergeben 1160700. — Das Verhältniss von Oberfläche und Körpergewicht ergiebt sich aus folgender Tabelle (Rubner):

Thierart.	Oberfläche pro Kilo in Qu.-cm.
Frosch	3059
Ratte	1650
Huhn	1014
Kaninchen	946
Hund	726—344
Mensch	287

5. Der Wärmehaushalt und die Erhaltung der constanten Temperatur.

a. Die innere Ausgleichung der Temperaturen.

Die Uebertragung der Wärme von den wärmebildenden zu den wärmeausgebenden Organen, sowie die Temperaturausgleichung zwischen den Organen von verschiedenem Wärmebildungsvermögen geschieht, da das Wärmeleitungsvermögen der thierischen Gewebe sehr gering ist, hauptsächlich durch das Blut, welches alle Organe beständig durchströmt. So erklärt es sich, dass die Blutwärme die mittlere Körpertemperatur darstellt, und dass die Temperatur der Gewebe von der Circulation sehr wesentlich abhängt; die vorzugsweise Wärme bildenden Organe erwärmen das Blut, ihr Venenblut ist kühler als ihr Arterienblut, und sie werden um so mehr abgekühlt, je rascher sie durchströmt werden; bei der Haut ist es umgekehrt (vgl. p. 229). Die Wärmeausgleichung kann natürlich nur eine annähernde sein, daher die p. 228 f. erwähnten localen Temperaturunterschiede.

Die Körperorgane zerfallen hiernach in zwei grosse Gruppen: solche welche wärmer sind als das Blut, d. h. hauptsächlich die Muskeln und Drüsen, und solche welche kälter sind als das Blut, d. h. hauptsächlich die Haut, gewisse Schleimhäute, und vielleicht die Lungen (s. unten). Da die Masse der ersten Gruppe sehr viel grösser ist als die der zweiten, so ergiebt eine einfache Ueberlegung, dass die Temperatur der ersteren viel weniger über der Blutwärme liegen muss, als die der zweiten unter derselben. Dies bestätigt die Erfahrung: die Muskeltemperatur liegt kaum merklich über der Bluttemperatur, die Hauttemperatur dagegen weit unter derselben.

Bei den Lungen ist das thermische Verhalten streitig; die Angabe, dass sich in ihnen das Blut abkühle, und daher der Inhalt des rechten Herzens wärmer sei als der des linken (G. Liebig, Bernard u. A.), wird theils bestritten (Colin, Jacobson & Bernhardt), theils aus dem Anliegen der dünnwandigen rechten Herzhälfte an die warme Leber erklärt (Heidenhain & Körner). Jedenfalls kommt der Haupttheil der respiratorischen Wärmeausgabe nicht den Lungen zu (vgl. p. 102). Diejenigen, welche der Lunge Wärmebildung zuschreiben, leiten dieselbe von der chemischen Bindung des Sauerstoffs her; doch würde letztere bei ihrer Lockerheit nur äusserst wenig Wärme liefern, und ausserdem wohl durch die Entbindung der Kohlensäure thermisch compensirt werden. Der abkühlenden oder erwärmenden Wirkung der Lunge muss eine umgekehrte Gesammtwirkung der übrigen Organe auf das Blut entsprechen.

b. Die regulatorischen Einrichtungen.

Die Erhaltung der constanten Körpertemperatur beruht auf einer Anzahl regulirender Einrichtungen, welche theils auf die Wärmebildung, theils auf die Wärmeausgabe einwirken.

1) Unwillkürliche Regulationsmittel.

a) **Die unwillkürliche Regulirung der Wärmebildung.** Im kalten Bade steigt die Innentemperatur (in der Achselhöhle gemessen), ehe sie sinkt, woraus man auf eine Vermehrung der wärmebildenden Processe durch die Kälte geschlossen hat (Hoppe, Liebermeister). Allerdings könnte gegen diesen Schluss eingewendet werden, dass möglicherweise die Verengerung der Hautgefässe im kalten Bade (s. unten) die Wärmeausgabe stärker vermindere als die äussere Kälte sie vermehrt, so dass eine Wärmeretention stattfände. Seitdem aber eine wirkliche Vermehrung des Stoffumsatzes durch Kälte für den Warmblüter zweifellos erwiesen ist (vgl. p. 210), kann auch über diese Art der Temperaturregulation kein Zweifel sein. Schon p. 210 ist bemerkt, dass das Kältegefühl der Haut wahrscheinlich die Muskelthätigkeit reflectorisch steigert (Pflüger), aber auch die übrigen Gewebe könnten betheiligt sein (vgl. p. 214). Bei den Muskeln ist es zweifelhaft, ob die erwähnte chemische Mehrleistung mit wirklicher Contraction verbunden ist; bei höheren Kältegraden aber empfindet man eine Art von Muskelspannung, und endlich tritt eine Art convulsivischer Contraction, das Schaudern und Zähneklappern, ein, deren erwärmende Wirkung sogar empfunden wird.

b) **Die unwillkürliche Regulirung der Wärmeausgabe.** Vor Allem wird die Hautcirculation durch die gefässerweiternde Wirkung der Wärme beschleunigt (p. 89), und dadurch die Wärmeausgabe gesteigert, wenigstens so lange die äussere Temperatur unter der inneren liegt; umgekehrt wirkt Kälte gefässverengend, also den Wärmeverlust vermindernd. In gleichem Sinne, wenn auch viel schwächer, muss der pulsbeschleunigende Einfluss der Wärme (p. 66, 83) wirken. Auch dem athmungsbeschleunigenden Einfluss der Wärme, namentlich der sog. Wärmedyspnoe (p. 125) wird wegen der respiratorischen Wärmeausgabe eine regulatorische Bedeutung zugeschrieben. Die kräftigste Steigerung der Wärmeausgabe in der Hitze wird aber durch die Schweisssecretion hervorgebracht, und zwar auch bei äusseren Temperaturen, welche die Körpertemperatur übertreffen.

Auf rascher Verdunstung beruht auch die Fähigkeit, sich kurze Zeit in einem geheizten Backofen aufzuhalten, und die Hand vorübergehend in geschmolzenes Blei zu tauchen; im letzteren Falle hindert die Dampfschicht den directen Contact, ähnlich wie beim Leidenfrost'schen Versuch.

2) Willkürliche Regulationsmittel.

Eine Anzahl anderer Regulationsmittel beruhen theils auf sog. Instinct, theils auf Ueberlegung, beide durch Empfindungen dirigirt. Kälte steigert und Wärme vermindert das **Hungergefühl** und die **Neigung zu Bewegungen**; bei der wärmebildenden Wirkung der Verdauung, der reichlichen Ernährung und der Muskelarbeit ist die regulatorische Bedeutung klar. Beim Menschen spielt aber eine noch viel grössere Rolle die durch den Temperatursinn geleitete willkürliche Wärmediätetik durch **Kleidung**, **Heizung**, **Bäder**, Genuss warmer und kalter Getränke, u. dgl.; nur sie setzt den Menschen in den Stand, in allen Klimaten der Erde zu leben.

Das Wesen der **Kleidung** besteht in der Umgebung des Körpers mit **stagnirenden** und dadurch hautwarm werdenden und bleibenden **Luftschichten**; es kommt daher viel weniger auf den Stoff des Gewandes, als auf dessen Luftgehalt (Pelz, Wolle) und die Zahl der Schichten an. Bewegte Luft kühlt trotz des schlechten Wärmeleitungsvermögens rasch ab, selbst wenn sie nur wenig unter Hauttemperatur ist, und befördert namentlich beim Schwitzen die Verdampfung und in Folge dessen die Wärmeausgabe. Wasser kühlt bei gleicher Temperatur rascher ab als Luft. Ob auch Einflüsse auf das Strahlungsvermögen, welches ausser der Temperatur der Haut von ihrer Oberflächenbeschaffenheit abhängt, unter dem Einfluss der Circulation oder des Nervensystems stattfinden, ist unbekannt.

Die Regulation der Körpertemperatur ist nur eine annähernde, wie die p. 230 angeführten zeitlichen Temperaturschwankungen ergeben.

6. Die Grenzen der Körpertemperatur im Leben.

Die angegebene mittlere Temperatur des Menschen und der Warmblüter scheint für das Zustandekommen der wichtigsten Lebensprocesse eine unerlässliche Bedingung zu sein. Man schliesst hierauf aus der Thatsache, dass selbst geringe Erhöhungen oder Erniedrigungen der Temperatur über die angegebenen Grenzen hinaus schon bedeutende Gefahren mit sich bringen. Die zahlreichen gährungsähnlichen Processe im Körper erklären diese Gefahren leicht; bei einer Temperatur von $42{,}6^{\circ}$ C. soll ferner in den Gefässen Blutgerinnung eintreten (Weikart), bei 49° C. tritt Wärmestarre der Muskeln ein (s. d. folgende Cap).

Abnorme Temperaturen.

Niedere pflanzliche Organismen können Temperaturen bis zu 60° ertragen (Hoppe-Seyler); in gewissen Entwicklungsstadien werden Bacterien sogar durch Siedehitze nicht vernichtet (Tyndall, Chamberland).

Abnorm hohe Körpertemperaturen.

Abnorme Temperaturen treten auf, wenn entweder die Regulationsapparate nicht normal spielen, oder wenn Wärmebildung oder Wärmeausgabe dermassen von der Norm abweichen, dass die Regulationsmittel nicht ausreichen. Den wichtigsten dieser Fälle stellt das Fieber dar, ein pathologischer Zustand, in welchem 1. der Stoffumsatz (Respirationsgrössen und Harnstoffausscheidung) trotz verminderter Nahrungsaufnahme gesteigert, 2. die Körpertemperatur abnorm hoch (oft über 40°), 3. die calorimetrisch gemessene Wärmeproduction erhöht, 4. die Hauttemperatur der inneren näher ist als im gewöhnlichen Zustande. Die Theorie des Fiebers ist noch unklar; die Meisten sehen das Primäre in dem gesteigerten Stoffumsatz, der unmittelbar die Wärmeproduction steigern muss; es fragt sich nur, warum nicht gleichzeitig wie sonst die Wärmeausgabe sich compensatorisch steigert; der Grund hiervon wird theils in Lähmung der Schweisssecretion, theils in Contractionszuständen der Hautgefässe gesucht, welche letztere freilich nur im Fieberfrost nachweisbar sind, während sonst die Haut im Gegentheil, wie oben erwähnt, heiss ist. Die Ursache sowohl des gesteigerten Stoffumsatzes als der abnormen Hautbeschaffenheit kann kaum anders als im Centralnervensystem gesucht werden.

Abnorm niedrige Körpertemperaturen. Winterschlaf.

Kaltblütige Thiere können Temperaturen bis an den Gefrierpunct anhaltend ertragen, doch hört ihr Stoffumsatz (p. 210) und ihre Leistungen nahezu auf. Warmblüter sterben durch Abkühlung, sobald ihre Temperatur auf eine gewisse Grenze (circa 19°) gesunken ist. Vorher sinkt die Pulsfrequenz und die Darmbewegungen enorm, und die Centralorgane werden zu vielen Leistungen, z. B. Erstickungskrämpfen, unfähig (Horwath). Erreicht die Abkühlung diese Grenze nicht, so kann man die Thiere durch Wiedererwärmung aus dem soporösen (dem Winterschlaf entsprechenden) Zustand wieder erwecken. Erreicht die Abkühlung nicht 20—18°, so erwärmen sich die Thiere von selbst wieder, sobald sie aus der Kälte entfernt und in mittlere Temperatur gebracht werden. Auch unter dieser Grenze erfolgt die Erwärmung von selbst, wenn man künstliche Respiration einleitet

(Walther; Horwath hat auf 5° abgekühlte Thiere durch blosse Erwärmung wieder in's Leben zurückgerufen).

Erfolgt die künstliche Abkühlung sehr allmählich, so verändern sich viele Warmblüter in eigenthümlicher Weise, indem sie eine Art **künstlicher Pökilothermie** annehmen (Bernard). Derselbe Zustand wird ausserdem erreicht durch Sauerstoffmangel beim Athmen im abgeschlossenen Luftraum, Ueberfirnissung der Haut (p. 107), Durchschneidung des Halsmarks (Bernard), Berieselung des Bauchfells mit verdünnter Kochsalzlösung (Wegener), Aufenthalt in kalter Umgebung (Israel). Die eigene Wärmebildung ist auf ein Minimum reducirt, so dass die Thiere wie wirkliche Kaltblüter nur wenig wärmer sind als ihre Umgebung. Auch die übrigen Functionen und der Stoffumsatz sind stark herabgesetzt; das Thier befindet sich in einem soporösen Zustande. Seine Organe bleiben nach der Ausschneidung viel länger functionsfähig als sonst.

Regelmässig tritt dieser Zustand in der kalten Jahreszeit bei den **Winterschläfern** ein, welche die eben erwähnte Anpassungsfähigkeit in besonders hohem Grade besitzen. Das Erwachen aus dem Winterschlaf kann ausser durch Wärme auch durch **sensible Reize** hervorgerufen werden, und überhaupt liegt der in Rede stehenden Eigenschaft eine Einwirkung des Centralnervensystems zu Grunde, denn nach Rückenmarksdurchschneidung nimmt der untere Körperabschnitt an der durch Hautreize eingeleiteten Wiedererwärmung nur sehr langsam Theil (H. Quincke).

Abnorme Veränderungen der Körpertemperatur werden ausserdem bewirkt: durch zahlreiche Gifte, welche die Gefässcentra reizen oder lähmen, ferner durch Reizung sensibler Nerven (Mantegazza), welche durch Vermittelung des verlängerten Markes die Gefässe der Haut erweitert (p. 92) und dadurch die Innentemperatur erniedrigt (Heidenhain). Manche Gifte, wie Chinin, Alkohol, erniedrigen die Temperatur anscheinend durch directe Verminderung des Stoffumsatzes (Binz).

7. Verhalten der Temperatur nach dem Tode.

Nach dem Tode sinkt die Körpertemperatur auf die der Umgebung herab. Zuweilen aber wird kurze Zeit nach dem Tode ein Ansteigen der Temperatur beobachtet. Diese **postmortale Temperatursteigerung** wird theils von der mit der Todtenstarre verbundenen Wärmebildung (vgl. Cap. VII.), theils von dem plötzlichen Aufhören der Wärmeausgabe durch die Hautcirculation, bei noch fortbestehenden chemischen Processen im Innern (Heidenhain), abgeleitet.

Anhang zum sechsten Capitel.
Die thierische Lichtentwickelung.

Bei zahlreichen niederen Thieren, namentlich Infusorien, Salpen, Medusen, seltener bei Arthropoden, kommt eine selbstständige Lichtentwicklung vor, meist so schwach, dass sie nur im Dunkeln mit adaptirtem Auge (Cap. XII.) sichtbar ist. Bei den kleinsten dieser Geschöpfe leuchtet in der Regel die ganze Körperoberfläche, bei vielen sind es besondere Leuchtorgane, welche an den verschiedensten Körperstellen angebracht sein können. Das Leuchten des Meerwassers rührt von kleinen Organismen her; das filtrirte Meerwasser leuchtet nicht (Artaud u. A.).

Verwesende Stoffe, wie Fische, Fleisch, Holz, leuchten häufig, und zwar immer nur an der Oberfläche. Frische Schnittflächen sind dunkel, fangen aber nach längerer Zeit oft ebenfalls zu leuchten an. Das Leuchten verbreitet sich auf das Wasser und auf benachbarte geeignete Substanzen, durch eine Art Infection. Es ist nachgewiesen, dass auch dieses Leuchten von Organismen herrührt, wahrscheinlich Spaltpilzen (Pflüger, Lassar). Durch alle Einwirkungen, welche Organismen zerstören, wird es vernichtet. Auch Leuchten des frisch entleerten Harns ist zuweilen beobachtet (Jurine, Guyton, Driessen), ebenfalls höchst wahrscheinlich in Folge des Eindringen bestimmter Organismen in die Blase (Pflüger).

Die Leuchtorgane der Leuchtkäfer (Lampyris u. A.) bestehen aus Zellen, welche mit den Enden der Tracheen in inniger Verbindung stehen (M. Schultze).

In allen angeführten Fällen ist die Lichtentwicklung an Sauerstoffzutritt unmittelbar gebunden; sie erlischt in sauerstofffreien Gasen, im Vacuum, in Wasser, sobald dessen Sauerstoffgehalt erschöpft ist. Die Sauerstoffverzehrung ist u. A. durch Reduction nachweisbar; die Leuchtzellen der Käfer reduciren kräftig Osmiumsäure (M. Schultze); das von leuchtenden Fischen abgegossene leuchtende Wasser reducirt Hämoglobinlösungen (Pflüger). Ausserdem ist bei Käfern ein Einfluss des Nervensystems auf das Leuchten nachgewiesen; es ist vom Willen abhängig, erlischt vorübergehend durch Köpfen und wird durch viele Reize verstärkt. Endlich wird es in allen Fällen auch durch directe mechanische, electrische, chemische Reize lebhafter,

z. B. durch blosse Erschütterung des Wassers, welches Leuchtorganismen enthält (Kielwasser der Schiffe).

Die Lichtentwicklung ist also eine elementare Function des Protoplasma, welche in allen Beziehungen den anderen Functionen analog, aber inniger als andere an die Sauerstoffaufnahme gebunden ist. Sie ist nur in den genannten Fällen bis zu einem sichtbaren Grade entwickelt, und in dem gewöhnlichen Protoplasma vielleicht ganz verloren gegangen.

Auch bei Pflanzen ist Leuchten vielfach beobachtet. Das Leuchten mancher Augen (Katzenaugen) im Dunkeln ist nur ein durch das Tapetum (Cap. XII.) verstärkter Reflex fremden Lichtes, und fehlt im absolut dunklen Raum. Die Lichterscheinungen bei Schlag, Druck und anderen Einwirkungen auf das Auge sind rein subjectiver Natur.

Siebentes Capitel.

Die Muskelbewegung und andere Bewegungsarten.

Die Einwirkung des Organismus auf die Aussenwelt beruht fast ausschliesslich auf seiner selbstständigen Bewegung, welche durch die vorübergehende Zusammenziehung der Muskeln in der Richtung ihrer Faserung bewirkt wird. Man unterscheidet nach dem anatomischen Bau zwei Arten von Muskeln, die quergestreiften oder animalischen, und die glatten oder organischen. Erstere, deren Fasern eine feine und regelmässige Querstreifung besitzen, und, abgesehen von den Inscriptiones tendineae, durch die ganze Länge des Muskels hindurchgehen, sind überall da im Körper angebracht, wo energische Bewegungen vorkommen; mit wenigen Ausnahmen sind alle Bewegungen dieses Characters, somit die Thätigkeit der quergestreiften Muskeln, vom Willen abhängig. Die glatten Muskeln bilden dagegen Schichten in den Wänden der Eingeweide-Hohlorgane, mit kurzen, nicht quergestreiften Spindelzellen, welche nicht bloss in der Querrichtung, sondern auch in der Längsrichtung der Zellen aneinandergereiht, und durchweg dem Willen entzogen sind.

Auch in den Eingeweiden kommen quergestreifte Muskeln vor, wo die Bewegung energisch ist, so im Herzen, in der Iris der Vögel, am Gaumen vieler Fische. Die sich träge bewegenden Klassen der Wirbellosen (Mollusken, Würmer, Echinodermen, Coelenteraten etc.) besitzen fast nur glatte Muskeln. Auch bei den Wirbelthieren und Articulaten sind die Muskeln im Embryo anfangs glatt, die Querstreifung stellt also einen höheren Entwickelungszustand des contractilen Gewebes dar. Bei Echinodermen, Würmern und Mollusken kommen auch doppelt schräggestreifte Muskelfasern an energischer sich contrahirenden Organen vor.

Geschichtliches. Die Haupteigenschaft der Muskeln, nämlich die Fähigkeit activer Bewegung, scheint zuerst am Herzen und am Darm von de Marchettis (1652) erkannt worden zu sein. Allgemeiner und schärfer wurde dann von Glisson 1677 dem Muskel die Fähigkeit zugeschrieben, sich auf äussere und innere Reize zu contrahiren, und diese „Irritabilität" als die Grundlage der thierischen Bewegung erkannt. Experimentell wurde diese Lehre aber erst durch Haller 1739 begründet und von zahlreichen Unklarheiten befreit. Er zeigte, dass der Muskel auf directe Reize auch ohne Betheiligung der Nerven sich activ contrahiren kann, dass diese Contraction von der Elasticität, welche auch der todten Faser zukommt, verschieden ist, und dass ihre Kraft zu der des Reizes in keinem Verhältniss steht, vielmehr im Muskel vorräthig und durch den Reiz auslösbar ist. — Den Contractionsvorgang selbst, seine Wirkung auf das Skelett etc. und seine Kraft untersuchte besonders der Mathematiker und Physiker Borelli (de motu animalium, 1680). Den nächsten bedeutenden Fortschritt auf diesem Gebiete begründete erst Ed. Weber durch seine classische Arbeit über die Muskelphysik 1846, welche zugleich lehrte anhaltende Contraction hervorzubringen, und Helmholtz durch die zeitliche Analyse der Zuckung 1850. — Eine Erklärung des Contractionsvorganges ist bis heute nicht möglich gewesen, obgleich zahlreiche Materialien durch die genaueste Untersuchung des Muskels nach allen Richtungen gesammelt worden sind. Von diesen Arbeiten sei hier erwähnt: die Entdeckung der Querstreifung und ihrer Ursache (Leuwenhoeck 1679, Bowman 1840), der glatten Muskelfasern (Kölliker 1847), der Anisotropie der Muskelfaser (Boeck 1839, Brücke 1857), der microscopischen Erscheinungen bei der Contraction (Weber 1846 und viele Neuere); ferner die Entdeckung und Verfolgung der galvanischen Eigenschaften (Galvani 1786, v. Humboldt 1797, Nobili 1827, Matteucci 1837, du Bois-Reymond 1843 und viele Neuere); die Entdeckung der Wärmebildung bei der Contraction (Helmholtz 1848); endlich die Untersuchung der Chemie und des Stoffumsatzes im Muskel (J. Liebig 1847, G. Liebig 1850, du Bois-Reymond 1850, Kühne 1859 u. A.).

I. Die quergestreiften Muskeln.

1. Die mechanischen Eigenschaften in der Ruhe.

Von den mechanischen Eigenschaften des Muskels ist fast nur das Verhalten gegen Längsdehnung untersucht, welches vorzugsweise wichtig ist, weil jede Arbeit des Muskels ihn selber entsprechend dehnt. Der Muskel ist ein Gebilde von geringer, aber sehr vollkommener Elasticität, d. h. er besitzt eine grosse Dehnbarkeit (wird durch geringe Belastung schon bedeutend verlängert), kehrt aber nach dem Aufhören der dehnenden Kraft wieder zu seiner ursprünglichen Länge zurück. Letzteres ist zwar beim ausgeschnittenen Muskel nicht ganz genau der Fall, muss aber für den normalen Zustand angenommen werden, weil sonst jede Anstrengung eine bleibende Verlängerung der Muskeln zur Folge haben müsste. Mit der Verlängerung nimmt natürlich der Querschnitt entsprechend ab, so dass das Volum annähernd dasselbe bleibt; in Wirklichkeit wird es ein wenig vermindert (Schmulewitsch). Wie bei allen organisirten Körpern sind auch beim Muskel nicht, wie bei den unorganisirten, die Dehnungslängen den spannenden Gewichten proportional, sondern ein gleicher Spannungszuwachs bringt um so geringere Verlängerung hervor, je mehr der Muskel bereits gedehnt ist (Ed. Weber). Die Dehnungscurve, d. h. die Linie, welche man erhält, wenn man die dehnenden Gewichte als Abscissen und die Dehnungslängen als Ordinaten aufträgt, ist daher nicht wie bei den unorganisirten Körpern eine gerade Linie, sondern nähert sich einer Hyperbel (Wertheim). In Fig. 28, p. 258, ist BC eine solche Dehnungscurve.

Der Muskel zeigt in hohem Grade die auch anderen organischen Substanzen eigene Erscheinung der elastischen Nachwirkung, d. h. er nimmt sowohl bei Belastung als bei Entlastung die neue Länge zunächst nur annähernd, und erst nach einiger Zeit vollkommen an (W. Weber). Wärme soll die Grösse und Vollkommenheit der Muskelelasticität vermehren, und die Dehnungscurve gradliniger machen (Boudet de Pâris).

Die Elasticität des Muskels schützt denselben vor Zerreissungen bei plötzlicher Contraction, und mildert auch die Wirkungen auf andere Körpertheile, indem die Kraft sich theilweise aufspeichern und allmählicher ausgeben kann; etwa wie beim Windkessel der Pumpen und beim sog. Pferdeschoner. Im lebenden Körper sind die Muskeln beständig etwas über ihre natürliche Länge gedehnt, so dass sie bei Lostrennung von ihren Befestigungspuncten etwas zurückschnellen. Diese Anordnung hat den Vortheil, dass bei eintretender Contraction sofort die Befestigungspuncte einander genähert werden, ohne dass erst Zeit und Kraft zur Anspannung des schlaffen Muskels verloren wird. In den losgetrennten Muskeln findet man die Muskelröhren gewöhnlich nicht gradlinig ausgestreckt, sondern wellenförmig oder im Zickzack gekrümmt.

2. Die optischen Eigenschaften in der Ruhe.

Die Querstreifung der Muskelfaser beruht auf regelmässiger Abwechselung hellerer und dunklerer, d. h. schwächer und stärker lichtbrechender Schichten, deren Deutung noch streitig ist. Die physiologischen Thatsachen sprechen gegen die Präexistenz aller in der todten Muskelfaser zuweilen sichtbaren longitudinalen und transversalen Membranen, also gegen die Eintheilung in sogenannte Muskelkästchen. Allgemeiner anerkannt ist die Präexistenz der Fleischprismen (Sarcous elements, Bowman), welche in transversaler Schicht die Muskelscheiben (Discs, Bowman), in longitudinaler Reihe die Fibrillen bilden. Die regelmässige Anordnung der Prismen ist bisher noch nicht erklärt, da die Zwischensubstanz den Bewegungen von Entozoen (Myoryctes Weismannii) keinen merklichen Widerstand bietet, also als flüssig betrachtet werden muss (Kühne). Ueber weitere Details des Muskelbaues s. d. anatomischen Werke.

Die Anisotropie des Muskels.

Anisotropie, d. h. ungleiche Fortpflanzungsgeschwindigkeit des Lichtes je nach der Durchgangsrichtung, wird am besten durch den Gangunterschied erkannt, welchen die beiden aus einem einfallenden polarisirten Lichtstrahl hervorgehenden, zu einander senkrecht polarisirten Strahlen, der ordinäre und der extraordinäre, vermöge ihrer ungleichen Geschwindigkeit erlangen, und welcher um so grösser wird, je dicker die durchlaufene Schicht des anisotropen Körpers. Dieser Gangunterschied liefert leicht erkennbare Interferenzerscheinungen, wenn beide Strahlen (welche wegen ihrer verschiedenen Schwingungsrichtung nicht mit einander interferiren können) wieder zu gleicher Schwingungsrichtung gebracht werden, am besten durch ein (analysirendes) Nicol'sches Prisma, welches von beiden Strahlen nur diejenige Componente hindurchlässt, welche auf seine eigene Schwingungsrichtung fällt. Der zu untersuchende Körper muss also zwischen einen polarisirenden und einen analysirenden Nicol gebracht werden, am besten so, dass die Schwingungsebenen beider Nicols zu einander senkrecht stehen, und die optische Axe des anisotropen Körpers mit beiden Winkel von 45° bildet. Der Körper zeichnet sich dann im dunklen Gesichtsfelde durch Helligkeit oder (bei weissem Lichte) Farbenerscheinungen aus, welche von der durchlaufenen Schichtdicke abhängen. Da letztere bei einer einzelnen Muskelfaser zu gering ist um erhebliche Interferenzerscheinungen zu machen, bringt man gewöhnlich eine doppeltbrechende (Gips- oder Glimmer-) Platte von solcher Dicke und Lage zwischen die Nicols, dass das Gesichtsfeld in der sog. Teinte de passage erscheint, d. h. in derjenigen (braunrothen) Interferenzfarbe, welche durch einen geringen positiven oder negativen Zuwachs an Gangunterschied am merklichsten (in Gelb oder Blau) verändert wird, so dass die aufgelagerte Muskelfaser nunmehr in anderer Farbe erscheint.

Die Untersuchung der Muskelfaser im polarisirten Lichte lehrt (Boeck, Brücke), dass dieselbe positiv anisotrop ist, d. h. in der optischen Axe die Geschwindigkeit am grössten (wahrscheinlich also die Substanzdichte am kleinsten) ist, dass sie ferner einaxig ist, d. h. nur eine einzige und zwar mit ihrer Längsaxe zusammenfallende optische Axe hat, da an Querschnitten Drehung in ihrer eigenen Ebene nichts an den Erscheinungen ändert. Endlich ergiebt sich (Brücke, Hensen, Merkel u. A.), dass nicht der ganze Faserinhalt, sondern fast nur die den Fleischprismen entsprechenden Schichten anisotrop sind, die Zwischensubstanz im Wesentlichen isotrop; doch enthält auch diese noch schwach anisotrope Lagen zu beiden Seiten einer feinen als Quermembran q bezeichneten Linie, die sog. Neben- oder Endscheiben n. Die anisotrope Hauptschicht mm zerfällt ferner durch eine schwächer anisotrope Mittelscheibe s in zwei dicke Querscheiben m, wie Fig. 22 schematisch veranschaulicht, in welcher das weiss Gelassene isotrope Substanz darstellt. Von der queren Zerklüftung der Scheiben mm zu Fleischprismen ist in der Figur abgesehen.

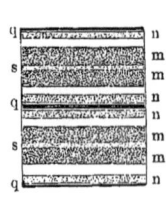

Fig. 22.

3. Die Zusammenziehung des Muskels.

a. Die Formveränderung im Allgemeinen.

Die Muskelcontraction besteht in einer Verkürzung der Längsaxe (d. h. der Primitivröhren) und Verdickung im Querschnitt. Mit diesen Veränderungen ist jedoch nach vielen Autoren eine sehr geringe Volumverminderung, also eine Verdichtung verbunden. Bringt man nämlich Muskeln in ein geschlossenes, mit Flüssigkeit erfülltes und mit einer Steigröhre versehenes Gefäss, und veranlasst sie zur Contraction, so sinkt während derselben die Flüssigkeit in der Steigröhre (Erman, Valentin). Da man nicht sicher ist, ob die Muskeln nicht eingeschlossene Luftblasen enthalten, so ist der Versuch nicht streng beweisend.

b. Die microscopische Erscheinungsweise.

Die Verkürzung und Verdickung ist auch an jeder einzelnen Faser eines unter dem Microscop gereizten Muskels nachzuweisen. Sind die Fasern im Zickzack gekrümmt, so strecken sie sich bei der Contraction. Die Querstreifung wird bei der Contraction enger, wie sie umgekehrt bei der Dehnung breiter wird (Ed. Weber).

Genauere Untersuchung lehrt, dass die Contractionserscheinungen vorzugsweise an den anisotropen Theilen auftreten (Engelmann), welche kürzer und dicker werden, und sich zugleich einander nähern. Der Helligkeitsunterschied der isotropen und anisotropen Substanz schwindet, so dass der Inhalt homogen aussieht und kehrt sich sogar um (Flögel); dies ist mit einer Volumzunahme der anisotropen Substanz auf Kosten der isotropen verbunden, bei welcher erstere Wasser aufzunehmen scheint (Engelmann).

Erfolgt die Reizung des Muskels während der Beobachtung im polarisirten Licht, so ändern sich die Farben gar nicht, wenn die Formveränderung durch feste Einschliessung verhindert wird (Brücke), und bei wirklicher Contraction oder Dehnung nur soweit als der Dimensionsänderung entspricht (Hermann). Die optischen Constanten der Muskelfaser werden also durch Contraction und durch Dehnung nicht verändert. Die merkwürdige Thatsache, dass das Verhältniss der longitudinalen und der transversalen Fortpflanzungsgeschwindigkeit des Lichtes trotz Veränderungen in der Gestalt der anisotropen Theile stets das gleiche bleibt, kann vor der Hand nicht anders erklärt werden als durch die Annahme, dass die anisotropen Schichten aus kleineren anisotropen Elementen (Disdiaclasten) zusammengesetzt sind, in deren veränderlicher Anordnung die Veränderung der Gestalt besteht (Brücke).

c. Die Zuckung.

Auf jeden einfachen, den Muskel treffenden Reiz entwickelt sich die Gestaltveränderung in Form eines schnell ablaufenden Vorgangs, den man eine Zuckung nennt.

Der zeitliche Verlauf der Kraftentwicklung im Muskel nach der Reizung kann nach zwei Methoden ermittelt werden (Helmholtz):
1. Man lässt den (schwach belasteten) Muskel sich frei verkürzen, wobei die Länge den Verkürzungskräften proportional zuerst ab- und dann wieder zunimmt; der Muskel ist vertical aufgehängt und sein unteres Ende zeichnet mittels eines Hebelsystems mit Schreibstift seine Bewegung auf eine sich schnell mit constanter oder doch gesetzmässiger Geschwindigkeit horizontal vorüberbewegende Fläche, z. B. den Mantel eines um eine verticale Axe rotirenden Cylinders (Helmholtz'sches Myographion), oder eine an einem langen Pendel befestigte ebene Platte (Fick'sches Myographion), oder eine durch eine gespannte Feder vorübergeschleuderte Tafel (du Bois'sches Myographion). Es entsteht so eine Curve, deren Abscissen die Zeit, und deren Ordinaten die Verkürzungsgrössen darstellen. Damit

an dieser Curve auch der Moment des Reizes markirt sei, lässt man die sich bewegende Fläche selbst beim Durchgang durch eine bestimmte Stellung die Zuckung durch Oeffnung eines Contacts auslösen. In Fig. 23 stellt c diesen Contact dar; derselbe wird umgeworfen, sobald der mit der Schreibplatte P fest verbundene

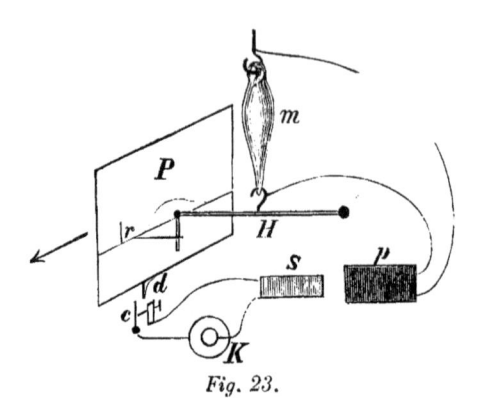

Fig. 23.

Daumen d ihn erreicht; hierdurch öffnet sich der Kreis der Kette K und die Spirale s inducirt in p einen Strom, der den Muskel m zum Zucken bringt. Bewegt man die Platte sehr langsam an c vorbei, so reducirt sich die Zuckungscurve auf einen verticalen Strich r, der den Reizmoment bedeutet. Die bei **stillstehender** Schreibplatte entstehenden Zuckungsstriche dienen zur bequemsten Messung von Zuckungshöhen (Pflüger'sches Myographion).

Statt der Verkürzung kann man auch **die Verdickung** des Muskels ihre Curve aufzeichnen lassen (Aeby, Marey); dies ist auch am unverletzten Körper (bei lebenden Menschen) ausführbar. Die Dickencurve stimmt natürlich mit der Längencurve überein.

2. Man lässt die Zuckung nicht frei zu Stande kommen, sondern ver-

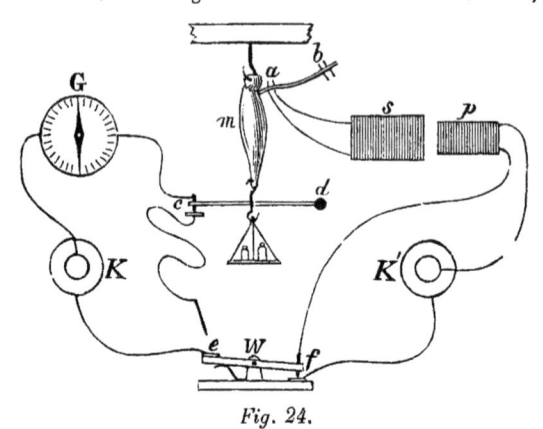

Fig. 24.

zögert sie durch Gewichte; diese werden in einer Wagschale unter dem bei c gestützten Hebel $d\,c$ so angebracht (Fig. 24), dass sie den Muskel in **der Ruhe** nicht dehnen können, aber an ihm hängen, sowie er sich verkürzen will. Jedes so angebrachte Gewicht ("Ueberlastung") hält den Muskel so lange auf seiner Ruhelänge fest, bis die Verkürzungskraft (Energie) bis zu einem Werthe angewachsen ist, der der Ueberlastung gleich ist; da die Verkürzungskraft sich successive nach der Reizung entwickelt, so ist die Zeit von der Reizung bis zur Abhebung der Ueberlastung von ihrer Unterlage, d. h. bis zur Lösung des Contacts bei c, um so grösser, je grösser die Ueberlastung ist. (Ist die Ueberlastung Null, so ist die bis zur Hebung verstreichende Zeit die der latenten Reizung.) Endlich kommt man zu einer Ueberlastung, welche überhaupt nicht mehr gehoben wird, welche also die Grenze darstellt, bis zu welcher die verkürzenden Kräfte sich entwickeln können (die sog. "absolute Kraft", s. unten). — Die Messung der Zeit vom Momente der Reizung bis zur Hebung der Ueberlastung, d. h. bis zur Lösung des Contacts bei c, geschieht nach der Pouillet'schen Methode, d. h. aus dem Ausschlag eines Galvanometers G, dessen Strom (Kette K) im Moment der Reizung geschlossen und durch die Oeffnung des Contacts c wieder geöffnet wird. Das Zusammenfallen der Schliessung des zeitmessenden Stromes mit der Reizung geschieht durch die Wippe W, an der das die Schliessung bewirkende Aufstossen des Griffels auf die Platte e zugleich den Contact f und somit den erregenden Strom K' öffnet, und hierdurch dem Muskel einen Oeffnungs-Inductionsstrom ertheilt (Helmholtz).

Die vorstehenden Methoden führen zu folgenden Ergebnissen: Die Verkürzung beginnt nicht sofort im Momente der Reizung, sondern es vergeht erst eine kurze Zeit (bis zu $1/100$ Secunde) ehe die Contraction anfängt, während welcher Zeit also der Muskel äusserlich in Ruhe bleibt: die Zeit der latenten Reizung. Dann beginnt die Verkürzung und steigt, zuerst mit zunehmender, dann mit abnehmender Geschwindigkeit, bis zu einem gewissen Maximum. Jetzt lassen die verkürzenden Kräfte allmählich nach und der Muskel wird durch die an ihm hängende Last zuerst schnell, dann langsamer wieder auf seine frühere Länge gedehnt (Helmholtz).

Die Rückkehr des Muskels zur ursprünglichen Länge geschieht nur dann vollkommen, wenn genügende dehnende Kräfte auf ihn wirken (Kühne, Hermann); vgl. Fig. 25. Der Verkürzungsrückstand ist aber ferner trotz dehnender Kräfte beträchtlich, wenn der Muskel stark ermüdet, oder der Erstarrung nahe, oder sehr heftig direct gereizt (Tiegel), oder durch Veratrin und einige ähnliche Gifte verändert ist (v. Bezold). Die Contraction kann dabei längere Zeit auf voller Höhe persistiren.

Fig. 25 stellt eine mit leichtem Myographionhebel gewonnene Zuckungscurve dar. Ra ist das Latenzstadium; die Curve zeigt bei c eine Trägheitsschwingung des Hebels; bei grösserer Hebelmasse treten mehrere solche ein, weil jeder Fall des Gewichts den elastischen Muskel dehnt. Die Curve erreicht wegen zu schwacher Last die Abscissenaxe nicht wieder (Verkürzungsrückstand bei d).

Trägt man die nach dem zweiten obigen Verfahren gefundenen Zeiten als Abscissen, die ihnen entsprechenden Ueberlastungen als Ordinaten auf, so erhält man eine Energiecurve (Helmholtz), welche mit dem aufsteigenden Theil der

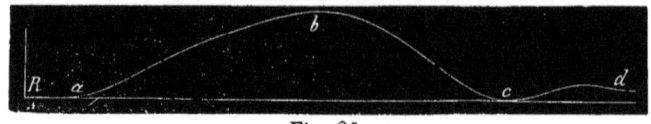

Fig. 25.

nach der myographischen Methode erhaltenen Curve übereinstimmt. Jedoch weicht die Myographioncurve wegen der Trägheit der am Muskel hängenden Last etwas von der Energiecurve ab (Klünder); durch geeignete Vorrichtungen lässt sich übrigens auch letztere direct graphisch gewinnen (Fick). Fig. 26 ist die Energie-

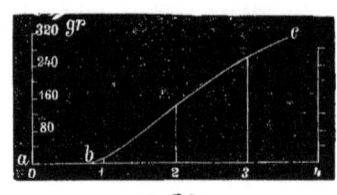

Fig. 26.

curve eines Gastrocnemius, $a\,b$ das Latenzstadium, die Zahlen unter der Abscisse Hundertstel Secunden.

Die Dauer des Latenzstadiums ist sehr variabel. Bei einem gegebenen Muskel wird es namentlich durch stärkere Reize verkürzt (Lautenbach, Mendelssohn u. A.), durch stärkere Belastung verlängert (Mendelssohn). Kälte, und überhaupt alle diejenigen Schädlichkeiten, welche die Zuckung in die Länge ziehen (s. unten), verlängern auch das Latenzstadium, und es ist auch in den von Natur langsamer zuckenden Muskeln länger.

Die Latenzzeit des Muskels braucht nicht mit der des einzelnen Muskelelements übereinzustimmen. Abgesehen davon, dass selbst bei directer Reizung die Zuckung meist nur von einzelnen Puncten ausgeht, also Zeit braucht, um merkliche Muskellängen zu ergreifen, muss die Elasticität des Muskels eine verzögernde Rolle für die Bewegung des Schreibhebels spielen. Die Latenzzeit des Muskelelements ist also jedenfalls kleiner als 0,01 sec., und da die Gesammtlatenz sich durch geeignete Vorrichtungen bis auf 0,004 sec. verkürzen lässt, auch kleiner als dieser Betrag (Gad).

Bei indirecter Reizung ist die Latenzzeit um etwa 0,003 sec. länger als sie sich aus der Latenzzeit bei directer Reizung und der Nervenleitungszeit berechnet; diese Zeit würde demnach auf Vorgänge im Nervenendorgan zu beziehen sein (Bernstein).

Dauer der ganzen Zuckung variirt besonders nach der
Muskels. In jedem Thiere finden sich schneller und lang-
ıckende Muskeln, z. B zuckt beim Frosche der Gastrocnemius
neller als der Hyoglossus. Beim Kaninchen und anderen
zeichnen sich die langsam zuckenden Muskeln durch rothe
.us, die schnell zuckenden sind weiss (Ranvier). Sogar im
Muskel können schnell und langsam zuckende Fasern ver-
in (Grützner). Die Muskeln der Schildkröte zucken sämmt-
langsam, noch langsamer der Herzmuskel (Marey); letz-
det den Uebergang zu der ungemein langsamen Contraction
;en Muskeln (s. unten). Kälte, Ermüdung, gewisse Gifte etc.
ı den Ablauf der Zuckung (Valentin, Klünder, Funke)
nindern die Grösse derselben (Volkmann).

d. Die. Superposition von Zuckungen.

ʒen zwei Reize so schnell aufeinander, dass die vom ersten
·e Zuckung beim Eintreten des zweiten Reizes noch nicht das
ı der Verkürzung erreicht, wohl aber das Stadium der latenten
überschritten hat, so setzen sich die Erfolge beider derartig
ler, dass eine stärkere Zuckung resultirt. Die Wirkung des
Reizes erfolgt nämlich so, als ob die verkürzte Form, welche
cel bei ihrem Eintritt bereits erreicht hat, seine natürliche
elmholtz); wie sich leicht ergiebt, kann das Maximum der
ıng unter den günstigsten Umständen sich hierbei verdoppeln,
wenn der Zeitunterschied der beiden Reizungen gleich der
ǝr einfachen Zuckung bis zu ihrem Maximum ist. Da diese
a $1/_{20}$ Sec. beträgt, so ist eine rhythmische Reizung von etwa
ın p. Sec. in Bezug auf den Effect die günstigste (Sewall

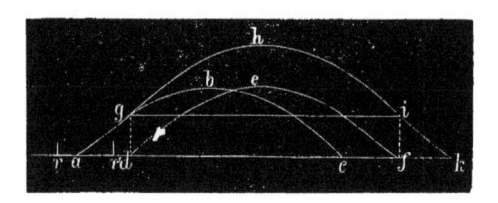

Fig. 27.

gl. auch sub e). In Fig. 27 stellen $a\,b\,c$ und $d\,e\,f$ die Curven
 der Reize r und r' dar. und $a\,g\,h\,i\,k$ die dem Gesetze ent-
de Superpositionscurve.

Bei einer anscheinend der natürlichen Erregung näher kommenden Reizungsart, nämlich mit gradlinigen Stromesschwankungen (vgl. Cap. X.), beobachtet man keine Superposition der Zuckungen (v. Fleischl).

e. Die anhaltende Contraction.

Trifft eine Reihe von Reizen in kurzen Intervallen den Muskel, so hat derselbe zwischen je zweien nicht Zeit, sich wieder auszudehnen, und behält seine verkürzte Gestalt während der Reizungsreihe bei; diesen Zustand, bei welchem zugleich eine Verstärkung der Contraction durch Superposition stattfindet (s. oben), nennt man Tetanus. Die niedrigste zum Tetanus erforderliche Reizfrequenz ist begreiflicherweise um so geringer, je länger die einzelne Zuckung dauert, also (vgl oben) besonders gering bei abgekühlten, ermüdeten, rothen, und bei Schildkrötenmuskeln; der Herzmuskel ist zum Tetanus unfähig (vgl. p. 81).

Zum Tetanisiren eines Muskel eignen sich am besten oft wiederholte electrische Reize, z. B. durch fortwährendes Oeffnen und Schliessen eines electrischen Stromes. Näheres in der Nervenphysiologie. Zum Studium derjenigen Eigenschaften des thätigen Muskels, zu deren gehöriger Entwickelung eine einzelne Zuckung zu flüchtig ist, z. B. der chemischen Veränderungen bei der Thätigkeit, der Wärmebildung, der negativen Stromesschwankung am Multiplicator, dessen träge Nadel einem einzigen flüchtigen Impulse nicht folgt, ist es am zweckmässigsten, den Muskel zu tetanisiren.

Bei sehr schneller Aufeinanderfolge der Reize (über 224 bis 360 pro Secunde) entsteht bei gewisser Schwäche derselben kein Tetanus (Harless, Heidenhain), sondern nur der Anfang der Reizung bewirkt eine Zuckung (Anfangszuckung, Bernstein); Verstärkung der Reize macht Tetanus. Genauere Untersuchung lehrt, dass die Anfangszuckung ein kurzer Tetanus ist, welchen die ersten Reize der Reihe bewirken; zuweilen treten diese kurzen Tetani rhythmisch während der Reizung auf (Bernstein & Schönlein). Bei Reizung vom Nerven aus soll die Erscheinung der Anfangszuckung von der Temperatur des Nerven abhängig sein; je höher dieselbe ist, um so grössere Reizfrequenz kann angeblich noch Tetanus machen (J. v. Kries).

Die Vermuthung, dass auch die natürlichen anhaltenden Muskelcontractionen, welche viel gewöhnlicher sind, als wirkliche Zuckungen, als tetanische zu betrachten sind, d. h. durch eine Reihe schnell aufeinander folgender Reize hervorgebracht werden (Ed. Weber), bestätigt sich durch die Erscheinungen des Muskelgeräusches. An einem nicht zu kleinen, in Tetanus versetzten Muskel (z. B. beim

Menschen) hört man mit dem aufgelegten Ohr oder Stethoscop ein schwaches Geräusch, in welchem ein deutlicher Ton vorherrscht, das Muskelgeräusch oder den Muskelton (Wollaston). Am besten hört man ihn Nachts bei verschlossenen Ohren, wenn man die Kaumuskeln contrahirt. Die Schwingungszahl dieses Tones ist bei Anwendung tetanisirender Inductionsströme gleich der Zahl der Reizungen in der Secunde. Dies ergiebt sich, wenn man seinen eigenen Masseter electrisch tetanisirt, mittels eines selbstthätigen Inductionsapparats, der in einem entfernten Zimmer steht; der Ton ist dann jedesmal gleich dem Ton der Feder des Apparats (Helmholtz). Da nun willkürlich tetanisirte Muskeln regelmässig einen bestimmten Ton von 19,5—20 Schwingungen in der Secunde geben, so muss die Zahl der von den motorischen Centralorganen ausgehenden Reizungen bei willkürlichem Tetanus etwa 20 in der Secunde sein (Helmholtz). Sehr bemerkenswerth ist, dass diese natürliche Reizfrequenz zugleich in Bezug auf Superposition nahezu die günstigste ist (s oben).

Die Höhe des Muskeltons wurde früher (Natanson, Haughton, Helmholtz) zu 36—40 Schwingungen angegeben; nachdem es aber gelungen ist, die Schwingungszahl objectiv (s. unten) zu bestimmen, hat sie sich zu 19,5 p. sec. ergeben, so dass also der hörbare Ton der erste Oberton des eigentlichen Grundtons im Muskelgeräusch ist (Helmholtz).

Die selbstständige Schwingungszahl eines von den Centralorganen aus tetanisirten Muskels wurde zum ersten Mal bemerkt an dem tiefen Geräusch, in welches ein durch electrische Reizung des Rückenmarks tetanisirtes Thier geräth (du Bois-Reymond); die Tonhöhe ist hier unabhängig von dem Ton der Feder des Apparats. An Froschmuskeln gelingt es, das Muskelgeräusch zu hören, wenn man sie belastet am Ende eines im Ohr steckenden Stabes aufhängt und tetanisirt. Sichtbar werden die Schwingungen, sobald man sie durch Resonanz auf eine Feder oder einen Papierstreifen von gleicher Schwingungszahl überträgt (Helmholtz). Merkwürdigerweise zeigt auch bei chemischer Reizung des Nerven der Muskel denselben tiefen Ton wie bei centraler Reizung (Bernstein); wofür noch keine genügende Erklärung existirt.

Die Dickenschwankungen tetanisirter Kaninchenmuskeln lassen sich aufschreiben und entsprechen der Reizzahl, bei Rückenmarkreizung aber dem natürichen Muskelton (20 p. sec.); bei einer Reizzahl von 20 treten auch Längenschwankungen auf (Kronecker & Hall).

Eine andere Art, über die Reizzahl bei natürlicher Muskelcontraction Aufschluss zu erhalten, kann auf die Beobachtung der Actionsströme (s. unten bei den galvanischen Erscheinungen), mit dem Telephon (Hermann) oder dem Capillar-Electrometer begründet werden. Auf ersterem Wege bestätigt sich, dass jedem Einzelreiz eine Erregungsperiode im Muskel entspricht (Bernstein, Wedenskii), mit letzterem konnte beim natürlichen Tetanus des Frosches (durch Willen, Strychnin) die Reizfrequenz zu etwa 8 p. sec. bestimmt werden (Lovén).

Bei Reizung mit gradlinigen Stromschwankungen (vgl. p. 254) genügen für den Froschgastrocnemius ebenfalls weniger als 10 Reize p. sec. zum Tetanus (v. Fleischl). Eine Ermittelung der natürlichen Reizfrequenz für den Menschen mittels der Actionsströme liegt bisher nicht vor.

Andere Arten anhaltender Contraction kommen durch **abnorme Verlängerung der Zuckung** zu Stande; hier kann auf p. 251 verwiesen werden.

f. Die Fortpflanzung der Verkürzung längs der Fasern.

Wird nur eine beschränkte Stelle eines Muskels oder einer Muskelfaser durch einen Reiz in den thätigen Zustand versetzt, so pflanzt sich derselbe in Form einer schnell ablaufenden Welle über die ganze Länge der getroffenen Faser fort (Aeby), und zwar nach beiden Richtungen. Die Geschwindigkeit dieser Fortpflanzung beträgt für Froschmuskeln etwa 3 Meter (Bernstein, Hermann), für das Kaninchen 4—5 Meter (Bernstein & Steiner), dagegen für den Herzmuskel und für glatte Muskeln nur 10—50 mm. p. sec. (Engelmann, Marchand). Sie sinkt durch Abkühlung, und namentlich durch Ermüdung und Absterben, und durch die gleichen Umstände wird die Fortleitung auch immer unvollkommener, die Welle langt an entfernteren Puncten schwächer an (Bernstein). Diese Abnahme zeigt sich auch an ganz frischen ausgeschnittenen Muskeln, dagegen nicht am absolut normalen Muskel im lebenden Körper; hier ist auch die Fortpflanzungsgeschwindigkeit viel grösser, am lebenden Menschen etwa 10—13 Meter (Hermann); die obigen Werthe sind also sämmtlich zu klein (früher wurden sie noch viel kleiner angegeben). — Bei schon weit vorgeschrittenem Absterben bleibt die Contraction geradezu auf die Reizstelle beschränkt und bleibt hier zugleich (vgl. p. 251) sehr lange bestehen; diese locale Verdickung, welche beim Ueberfahren mit einem stumpfen Instrument über einen Muskel den Gang des Instrumentes durch einen langsam vergehenden Wulst ausprägt, wird **idiomusculärer Wulst** genannt. — Niemals geht eine Contraction von einer Faser auf eine benachbarte über.

Aus den letzten Paragraphen geht hervor, dass die Vollkommenheit und die Geschwindigkeit der Fortleitung des Contractionsvorganges in inniger Beziehung steht zu der Schnelligkeit seines localen Ablaufes.

Die Fortpflanzungsgeschwindigkeit der Contraction misst man (Aeby), indem man zwei von der Reizstelle verschieden entfernte Muskelstellen gleichzeitig ihre Verdickung aufschreiben lässt (p. 250) und die Differenz der Latenzzeiten aufsucht. Vergleicht man dagegen die Latenzzeiten der gleichen Muskelstelle bei naher und entfernter Reizung, so erhält man die Fortpflanzungsgeschwindigkeit der Erregung, die wahrscheinlich mit jener identisch ist (Hermann). Zu letzterer Messung lassen sich auch die galvanischen Vorgänge verwenden (s. unten sub 7 b), und so sind obige Werthe für den lebenden Menschen gewonnen. — Ein idiomusculärer Wulst bildet sich an der Reizstelle auch durch heftige directe Reizung frischer Muskeln, obgleich die ganze Faserlänge mitzuckt, z. B. bei einem Schlage quer auf die Oberarmmuskeln.

g. Die Kraft, Verkürzungsgrösse und Arbeit des Muskels (bei maximaler Erregung).

1) Die Verkürzungskraft.

Die absolute Kraft misst man durch dasjenige Gewicht, welches, gleichzeitig mit der Reizung am Muskel angebracht, die Verkürzung gerade zu verhindern ausreicht, also der Verkürzungskraft das Gleichgewicht hält (Ed. Weber). Zur Messung führt von selber, wie p. 251 erwähnt, die Ueberlastungsmethode. Das gleiche Gewicht ist aber, wie man leicht findet, zugleich dasjenige, welches den contrahirten Muskel auf seine Ruhelänge zu dehnen vermag. Auch mit Federdynamometern kann man die Kraft ermitteln, muss aber dann durch einen Hebel dafür sorgen, dass der Muskel schon mit verschwindend kleiner Verkürzung die Feder genügend spannen kann (Fick). Die Kraft ergiebt sich für die gleiche Muskelgattung, wie leicht begreiflich, der Faserzahl proportional, d. h. bei parallelfaserigen Muskeln dem Querschnitt, bei schräggefaserten dem „physiologischen" Querschnitt, d. h. einem Schnitte senkrecht zur Faserung; solche Muskeln (wie der Gastrocnemius) sind also im Verhältniss zu ihrer Dicke besonders kräftig. Vergleicht man die Kraft pro Querschnittseinheit, so zeigen sich die Muskeln der Warmblüter kräftiger als die der Kaltblüter, lebende und frische Muskeln kräftiger als absterbende und ermüdete.

Beim Tetanisiren ist die Verkürzungskraft grösser als bei Einzelzuckungen (Hermann). Sie nimmt zwischen 10 und 50 Reizen p. sec. mit der Reizfrequenz zu, und bleibt dann bis zu 300 Reizen auf ihrer Höhe, d. h. etwa doppelt so gross wie bei der Zuckung (Bernstein). Für tetanisirte ausgeschnittene Froschmuskeln beträgt die Kraft pro Qu.-cm. bis 3 Kilo (Rosenthal), für willkürlich tetanisirte Muskeln des lebenden Menschen pro Qu.-cm. bis 10 Kilo (Henke & Knorz, Koster, Haughton).

258 Muskelkraft. Verkürzungsgrösse.

Am Menschen geschieht die Kraftmessung nach folgendem Verfahren (Weber): Beim Erheben auf die Zehen, oder richtiger die Metatarsusköpfchen, ziehen die Wadenmuskeln am Tuber calcanei, d. h. an einem einarmigen Hebel, dessen Drehpunct in der Berührungsstelle zwischen Cap. metatarsi und Fussboden liegt; die Last (des Körpers) wirkt auf den Punct, in welchem die Schwerlinie des Körpers den Fuss trifft; beschwert man nun den Körper so lange mit Gewichten, bis das Erheben der Ferse vom Boden unmöglich ist, so ist die absolute Kraft der Wadenmuskeln gleich dem Moment der Last (Körper + Gewichte) dividirt durch die Länge des Hebelarms der Wadenmuskeln; dies Gewicht braucht nur noch auf die Querschnittseinheit reducirt zu werden. Den physiologischen Querschnitt eines Muskels findet man, wenn man sein Volum (= absol. Gewicht dividirt durch spec. Gewicht) durch die Länge der Fasern dividirt.

Während der Verkürzung selbst wird die Kraft des Muskels immer geringer, d. h. es genügen immer kleinere Gewichte, um die weitere Verkürzung zu verhindern; man braucht hierzu nur das obere Ende des Muskels soweit zu senken, dass er erst um ein Bestimmtes sich verkürzen muss um an die kraftmessende Ueberlastung anzugreifen (Schwann).

2) Die Verkürzungsgrösse.

Der Betrag der Verkürzung ist bei sonst gleichen, unbelasteten Muskeln lediglich der Faserlänge proportional; schräggefaserte Muskeln (wie der Gastrocnemius) haben also im Vergleich zu ihrer Gesammtlänge einen kurzen Hub, dafür aber einen um so kräftigeren (s. oben). Die maximale Verkürzung im Tetanus beträgt je nach der Muskelgattung 65—85 pCt. der Faserlänge (Ed. Weber).

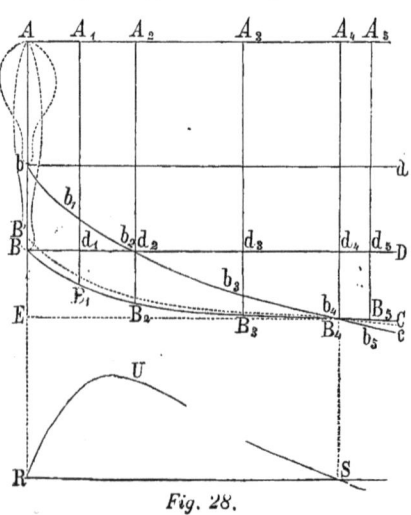

Bei belasteten Muskeln ist die Verkürzung ausserdem von der Belastung abhängig; sie nimmt mit zunehmender Last bis Null ab. Das Gesetz dieser Abnahme kann für den Fall, dass die Verkürzung nicht mit Schleudern verbunden ist (s. unten), also z. B. für die tetanischen Zughöhen, aus folgender Betrachtung (Ed. Weber, Hermann) entnommen werden. Der unbelastete Muskel AB (Fig. 28) geht durch die Reizung in eine neue, kürzere und dickere natürliche

Fig. 28.

Form Ab über. Verkürzt sich aber der Muskel mit einer Belastung p, so ist die Ausgangslänge diejenige, welche der ruhende Muskel AB durch diese Last p erhalten hat, und die erreichte Länge diejenige, welche der thätige Muskel Ab durch die gleiche Last erhält. Die Zughöhe ist also gleich der Längendifferenz der Formen AB und Ab, beide durch die Last p gedehnt. Wäre demnach BC die Dehnungscurve der Ruheform, bc diejenige der thätigen Form, so wären die Verticalabstände beider Curven die Zughöhen, z. B. $B_1 b_1$ die Zughöhe bei der Belastung Bd_1, $B_3 b_3$ die Zughöhe bei der Belastung Bd_3. Man sieht auch leicht, dass die Abscisse Bd_2, bei welcher der belastete thätige Muskel so lang ist wie der unbelastete ruhende, die absolute Kraft darstellt (vgl. p. 257).

Die Abnahme der Zughöhen mit zunehmenden Lasten erfordert nach dieser Theorie, dass die Dehnungscurve bc steiler abfällt als die Dehnungscurve BC, so dass beide einander immer näher kommen; hierzu muss die **Dehnbarkeit des thätigen Muskels grösser sein als die des ruhenden**, was in der That der Fall ist (Ed. Weber). Wo beide Curven sich schneiden (Last Bd_4), würde die Zughöhe Null, und darüber hinaus negativ; indessen wird von Anderen ein asymptotisches Anschliessen beider Curven angenommen, so dass keine Verlängerung durch Reizung stattfinden kann (A. Fick).

Die Schwann'schen Versuche (p. 258) messen gleichsam die absolute Kraft des Muskels in den verschiedenen Stadien seiner Verkürzung, also bei den Längen zwischen AB und Ab (Fig. 28); da nun die für die Länge $A_1 b_1$ gefundene Kraft dem Gewichte gleich ist, welches den thätigen Muskel Ab auf die Länge $A_1 b_1$ dehnt, so entspricht sie der Abscisse Bd_1. Man hat also in den Schwann'schen Versuchen ein Mittel, die Dehnungscurve des thätigen Muskels, wenigstens das Stück bb_2 derselben zu ermitteln (Hermann).

Da der Muskel elastisch ist, und daher bei der Zuckung zuerst sich selber etwas dehnt ehe er die Last bewegt (vgl. auch p. 246), nachher aber die aufgespeicherte Kraft ausgiebt, so hat der Zuckungshub etwas Schnellendes, und die Wurfhöhen sind daher grösser als die aus obigem Schema hervorgehenden Zughöhen.

Das Schnellen wird vermehrt, wenn man zwischen Muskel und Gewicht ein elastisches Band einschaltet (Hermann) oder den Hebel durch äquilibrirte Schwungmassen besonders träge macht oder ihn im Anfang der Zuckung durch einen Electromagneten festhält (Fick), vermindert dagegen durch sehr leichte Hebel und Anwendung von Spannfedern statt der Gewichte (Marey, Fick). Die gleichen

Umstände vermehren und vermindern auch die Nachschwingungen des Hebels (vgl. p. 251).

3) Die Arbeitsleistung.

Die *nutzbare Arbeit* des Muskels ist das Product aus der Verkürzungshöhe h mit dem gehobenen Gewicht P. Zur Berechnung der Gesammtarbeit ist noch das eigene Gewicht p des Muskels zu berücksichtigen, welches mit der mittleren Hebung der einzelnen Schichten, d. h. $\frac{1}{2}$h zu multipliciren ist; die Arbeit ist also $(P + \frac{1}{2}p)h$. Die nutzbare Arbeit bei verschiedenen Belastungen übersieht man, wenn man in Fig. 28 aus den Linien Bd_1 und $B_1 b_1$, $B d_2$ und $B_2 b_2$ etc. (d. h Last und Hubhöhe) Rechtecke bildet; die Grösse derselben nimmt von Null bis zu einem Maximum zu, und dann wieder ab, sie verhalten sich wie die Ordinaten der Curve RUS. Eine mittlere Belastung ist also für die Ausnutzung des Muskels am günstigsten.

Ein noch grösserer Nutzeffect wird, wie eine theoretische Betrachtung lehrt, dann erreicht, wenn die Last oder ihr Moment während des Hubes selbst abnimmt, z. B. wenn sie am Ende b des bei c drehbaren Winkelhebels a b c hängt, und bei a der Muskel zieht. Der so erreichte maximale Nutzeffect beträgt für 1 grm. Froschmuskel nahezu 1 grm.-mtr. (Fick).

Während des Tetanus wird kein Gewicht gehoben, also keine nutzbare, sondern nur innere Arbeit geleistet (vgl. unten sub 6).

4. Die Erregung des Muskels.

a. Die directe und indirecte Erregbarkeit.

Die natürliche Erregung des Muskels geschieht stets durch Erregung seines Nerven, und zwar von den Centralorganen aus, durch Willen, Reflex u. s. w, Künstlich lässt sich aber der Muskel nicht bloss durch künstliche Errregung seines Nerven (indirect), sondern auch durch unmittelbare Einwirkung von Reizen (direct) zur Contraction bringen.

Da der Muskel von der Ausbreitung seines Nerven durchzogen ist, wurde früher die Einwirkung directer Reize auf Erregung der intramusculären Nerven bezogen, und die directe Erregbarkeit des Muskels in Abrede gestellt, ohne dass hierzu ein positiver Grund vorlag. Unmittelbar wird jedoch die directe Erregbarkeit durch folgende Umstände bewiesen: 1. Die niederen contractilen Gebilde besitzen überhaupt keine Nerven. 2. Die Endstücke mancher Muskeln, z. B.

Electrische Einwirkungen. Electrotonus. Zuckungsgesetz. 261

des Frosch-Sartorius, sind nervenfrei und doch erregbar (Kühne). 3. Beim Ueberstreichen eines absterbenden Muskels mit einem stumpfen Instrument folgt die wulstförmige idiomusculäre Contraction (p. 256) durchaus dem Gange des Instrumentes und nicht der Ausbreitung der getroffenen Nervenfasern. 4. Muskeln, welche durch Durchschneidung und Degeneration ihrer Nerven (vgl. die Nervenphysiologie) oder durch Vergiftung mit Curare, welches die intramusculären Nervenendigungen in erster Linie lähmt (Bernard, Kölliker), entnervt sind, sind trotzdem noch direct erregbar.

b. **Die direct erregenden und erregbarkeitsändernden Einwirkungen.**

1) Electrische Einwirkungen.

Der galvanische Leitungswiderstand des Muskels ist in der Querrichtung über 9mal so gross als in der Längsrichtung, der Längswiderstand etwa $2^1/_2$ Millionen mal so gross wie der des Quecksilbers (Hermann).

Der galvanische Strom hat zunächst eine Einwirkung auf die Erregbarkeit des Muskels. In einer vom Strome durchflossenen Strecke herrscht erhöhte Erregbarkeit in der Gegend der Cathode und herabgesetzte in der Gegend der Anode (v. Bezold). Diese sog. electrotonischen Veränderungen sind vollständiger am Nerven entwickelt, und werden daselbst näher erörtert.

Ein den Muskel durchfliessender galvanischer Strom bewirkt im Allgemeinen während des Geschlossenseins keine Verkürzung, wohl aber bei seiner Schliessung und Oeffnung (Schliessungszuckung und Oeffnungszuckung).

Das zuerst am Nerven gefundene Gesetz, dass die Schliessungserregung von der Cathode, die Oeffnungserregung von der Anode ausgeht (Pflüger), gilt auch für den Muskel (v. Bezold, Engelmann, Hering). Am einfachsten ist dies an einem dem Absterben nahen Muskel zu sehen, welcher die Contraction nicht fortleitet, sondern nur an der Reizstelle selber einen stehen bleibenden Wulst zeigt (p. 256). Ein solcher Muskel zeigt bei der Schliessung an der Cathode, bei der Oeffnung an der Anode einen Wulst (Vulpian, Schiff). Diese Wulstbildungen treten auch an normalen Muskeln bei starken Strömen auf (Biedermann), und täuschen eine geringe dauernde Verkürzung während der ganzen Schlusszeit vor (Wundt). An normalen Muskeln lässt sich das angeführte Zuckungsgesetz erweisen, indem man den Muskel in der Mitte bei M ohne ihn zu quetschen befestigt und mit beiden Enden auf

Schreibhebel (*H* und *H'*) wirken lässt (Fig. 29); leitet man bei *A* und *K* einen Strom zu, so beginnt bei der Schliessung der Hebel *H*

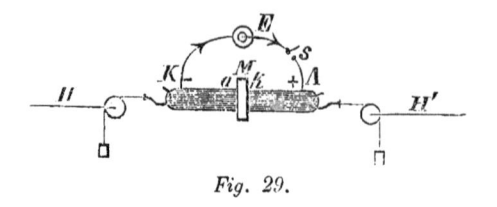

Fig. 29.

seine Zuckungscurve früher als *H'*, bei der Oeffnung umgekehrt *H'* früher als *H* (v. Bezold, Hering).

Würde man den Muskel bei M zerquetschen, so hätte man gleichsam zwei Muskeln, und der Strom würde für die rechte Hälfte bei *a* eine Anode, für die linke bei *k* eine Cathode bilden, und somit kein Unterschied in den Zuckungszeiten mehr auftreten (vgl. auch unten). Jede Faser und jeder künstlich hergestellte Faserabschnitt bildet ein Individuum, das seine besondere Anode und Cathode hat. Durch Berücksichtigung dieses Umstandes sowie der Ausbreitungsweise und der Dichte des Stromes erklärt sich auch das Verhalten des Muskels bei querer Durchströmung, welches zugleich einen weiteren Beweis für das Zuckungsgesetz bildet Legt man die Electroden an die scharfen Kanten eines platten, beinkleiderförmig gespaltenen Muskels (Fig. 30), so zuckt, bei mässigen Strömen, bei der Schliessung nur die Seite der Cathode, bei der Oeffnung nur die der Anode; ist der Muskel ungespalten (Fig. 31), so krümmt er sich bei der Schliessung (S) nach der Seite der Cathode, bei der Oeffnung (O) nach der der Anode (Engelmann). Die Erklärung dieses Verhaltens aus den obigen Umständen kann dem Nachdenken des Lesers überlassen werden.

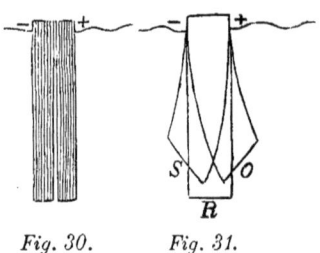

Fig. 30. *Fig. 31.*

Das Zuckungsgesetz gilt nur unter der Voraussetzung, dass der Strom durch lebende Muskel- resp. Faserabschnitte ein-, und durch ebensolche austritt. Durchschneidet man einen Muskel und legt die eine Electrode an den künstlichen Querschnitt, also an getödtete Faserenden an, so bleibt die Schliessungs- oder die Oeffnungszuckung aus, je nachdem die Querschnittselectrode die Cathode oder die Anode ist; oder mit anderen Worten: atterminale Ströme machen nur Oeffnungszuckung, abterminale nur Schliessungszuckung (Biedermann, Engelmann & van Loon). Aehnlich verhalten sich durch Quetschung, Hitze etc. abgetödtete Muskelabschnittte; wirkt also die Klemme *M* in Fig. 29 zerquetschend, so tritt Schliessungszuckung nur in der linken, Oeffnungszuckung nur in der rechten Muskelhälfte auf. Der Grund des angegebenen Verhaltens kann erst bei der analogen Erscheinung am Nerven (Cap. X.) erörtert werden, ebenso die Theorie des Zuckungsgesetzes überhaupt.

Sehr kurzdauernde Ströme wirken nur durch ihre Schliessung, Inductionsströme wie Schliessung eines gleichgerichteten Stromes, und der durch Curare entnervte sowie der ermüdete, degenerirende oder absterbende Muskel ist für dieselben überhaupt verhältnissmässig weniger erregbar (v. Bezold, Brücke u. A.).

Je mehr die Durchströmungsrichtung von der Faserrichtung abweicht, um so schwächer wird die erregende Wirkung des Stromes, und es lässt sich höchst wahrscheinlich machen, dass ganz streng transversale Ströme überhaupt keinen erregenden Effect haben würden (Hermann & Giuffrè).

Bei sehr starken Strömen sieht man im Muskel ein starkes Wogen der Substanz in der Richtung des Stromes. Die Erscheinung erinnert an das Porret'sche Phänomen der Flüssigkeitsfortführung zur Cathode, ist aber noch nicht genügend aufgeklärt. — Ferner sei hier erwähnt, dass unter gewissen Umständen, welche noch näherer Aufklärung bedürfen, während des Geschlossenseins constanter Ströme eine Reihe rhythmischer Zuckungen auftritt (Biedermann).

2) Thermische Einwirkungen.

Erwärmung des Muskels verändert im Allgemeinen nur die Erregbarkeit, ohne zu erregen. Der Muskel des Kaltblüters ist zwischen 0 und 40° erregbar, um so mehr, je höher die Temperatur, zugleich aber um so vergänglicher. Bei 40° verfällt er sogleich der Wärmestarre (s. unten sub 5d). Die beim Gefrieren oder bei plötzlicher Einführung in heisse Flüssigkeiten eintretenden Zuckungen können chemischen Ursprungs sein.

Die Contractionen der ausgeschnittenen Iris unter Einwirkung von Wärme und auch von Licht (Brown-Séquard u. A.), rühren möglicherweise von intramusculären Nervencentren her.

3) Mechanische Einwirkungen.

Plötzliche Dehnungen, Quetschungen, Durchschneidungen, Schläge bringen den Muskel zur Zuckung, bei heftiger Reizung zu bleibender Wulstbildung an der Reizstelle (p. 256). Mässige Dehnung erhöht die Erregbarkeit; starke mechanische Insulte schädigen sie bis zur Vernichtung.

4) Chemische Einwirkungen.

Gegen chemische Veränderungen ist der Muskel sehr empfindlich; fast alle Flüssigkeiten vernichten schnell seine Erregbarkeit, am schnellsten die Säuren. Destillirtes Wasser bewirkt Zuckungen und dann Unerregbarkeit mit starker Quellung, erstere am stärksten bei Wasserinjection in die Blutgefässe (Ed. Weber, v. Wittich). Die einzigen unschädlichen Flüssigkeiten sind solche, welche dem Serum und der Lymphe nahestehen, auch ohne Eiweissgehalt, also z. B. Kochsalzlösungen von $^1/_2$—1 pCt. (Kölliker), oder äquivalente Lösungen andrer Natronsalze (O. Nasse).

Bei der Prüfung der erregenden Wirkungen von Flüssigkeiten ist die Anwesenheit von Muskelquerschnitten zu vermeiden (Hering; den Grund s. unten sub 7 a); erregend wirken (Biedermann) alkalische Natronsalzlösungen, Alkohol, Sublimat u. s. w., und zwar häufig in Gestalt rhythmischer Zuckungen des hineingeworfenen Muskels (vgl. p. 81 f. und p. 263); sehr geringe Mengen dieser Substanzen steigern zugleich die Erregbarkeit (Biedermann), während Säuren, Kalisalze, Fleischbrühe sie vermindern (J. Ranke). Auch viele Gase und Dämpfe wirken chemisch reizend, die meisten zugleich tödtend (Kühne & Jani).

5) Einwirkung des Nerven.

Am wenigsten weiss man über die natürlichste Art der Muskelreizung, nämlich über diejenige durch den Nerven. Dieselbe beruht auf dem meist plattenförmigen Nervenendorgan, über dessen Physiologie bisher Nichts weiter bekannt ist, als dass es durch viele den Muskel treffende Schädlichkeiten, wie Curare, den Stensonschen Versuch (s. unten), Absterben, pathologische Zustände, leichter geschädigt wird als die Muskelsubstanz, so dass die indirecte Erregbarkeit und die Empfindlichkeit gegen Inductionsströme (p. 263) geschädigt wird, während die directe Erregbarkeit noch bestehen bleibt. Man vgl. auch die Bemerkung über den Zeitverlust im Endorgan, p. 252.

c. Die Beziehungen zwischen Reiz und Erregungsgrösse.
1) Directe Reizung.

Die durch die Reize ausgelösten Muskelarbeiten sind offenbar der Reizarbeit nicht äquivalent, sondern nur durch den Reiz ausgelöste selbstständige Spannkräfte des Muskels. Jedoch löst jeder Reiz nur einen kleinen Bruchtheil der vorräthigen Spannkraft aus, welcher mit seiner eigenen Grösse wächst und ausserdem mit dem Erregbarkeitszustande des Muskels. Die Reizerfolge lassen sich durch die Hubhöhen bei gegebener Last, oder auch durch die ausgelöste absolute Kraft messen; weniger leicht die Reize selbst, da es selbst bei dem exactesten Reizmittel, dem Strom, nicht auf die Intensität, sondern den zeitlichen Verlauf ankommt (vgl. unter Nervenphysiologie). Die Erfolge treten überhaupt erst von einer gewissen Reizintensität ab (Schwellenwerth) auf, und wachsen anfangs schnell, dann langsamer bis zu einem gewissen Maximum (Hermann).

Nach einer anderen Angabe (Fick) wachsen die Erfolge von der Reizschwelle ab gradlinig bis zum Maximum, bleiben auf diesem, erreichen aber, wenigstens für indirecte Reizung, bei sehr starken Reizen ein zweites Maximum; diese „übermaximalen" Reize werden jedoch von anderen auf Fehlerquellen (Summation zweier Reize) zurückgeführt.

Sucht man bei verschiedenen Belastungen den Schwellenwerth des Reizes, so findet man denselben bei allen gleich gross (Hermann). Diese scheinbar paradoxe Thatsache erklärt sich leicht aus der Weber'schen Theorie (Fig. 28, p. 258). Je schwächer der Reiz, um so näher rückt die Dehnungscurve bc der Curve BC (z. B. nach $B'C$), um so unabhängiger also werden die sehr kleinen Hubhöhen von der Last; so muss auch umgekehrt für sehr kleine Hubhöhen der Reiz immer unabhängiger von der Last werden.

Jeder Reiz hinterlässt eine geringe Erhöhung der Erregbarkeit, so dass bei regelmässiger Succession von Reizen die Zuckungen allmählich wachsen (Wundt u. A.), und unwirksame Reize durch Wiederholung wirksam werden können (Fick).

2) Indirecte Reizung.

Für indirecte Reize gelten dieselben Beziehungen wie für directe. Der gleiche Reiz wirkt indirect kräftiger als direct (Remak, Bernard); am besten wird dies dadurch bewiesen (Rosenthal), dass man den Nerven eines Muskels A auf einen anderen, durch Curare entnervten Muskel B legt, und nun B sammt dem Nerven von A electrisch reizt; der Strom, welcher beide Organe in gleicher Dichte (s. Nervenphysiologie) durchfliesst, bewirkt in A schon bei viel geringerer Intensität Contraction als in B.

Bei Reizung der Extremitätennerven zucken die Beugemuskeln schon bei schwächeren Strömen, als die Streckmuskeln (Ritter, Rollett), erstere haben also grössere indirecte Erregbarkeit. Ein ähnliches Verhalten ist aber neuerdings auch bei directer Reizung beobachtet, so dass also eine Verschiedenheit der Muskeln selbst zu Grunde liegen muss, wie denn auch die weissen Muskeln erregbarer sind als die rothen (Grützner; vgl. p. 253). Die Stimmritze schliesst sich bei schwacher Vagusreizung und öffnet sich bei starker (Grützner). An der Scheere des Krebses macht schwache Reizung Oeffnung, starke Schliessung (Richet, Luchsinger).

Die Muskeln Neugeborener sind direct und indirect weniger erregbar als später (Soltmann).

d. Die Ermüdung und Erholung; das Muskelgefühl.

Bei anhaltenden oder lange fortgesetzten unterbrochenen Muskelcontractionen tritt immer stärker das Gefühl der Ermüdung ein, zuerst in blosser Schwächeempfindung, dann in unangenehmen und schmerzhaften Empfindungen der angestrengten Muskeln bestehend Zugleich bedarf es immer grösserer Willenskraft um die Anstrengung fortzusetzen, und es stellt sich Röthe des Gesichts, Mitbewegungen (Stirnrunzeln), Schwitzen (zuerst an dem angestrengten Gliede) ein. Die der Ermüdung zu Grunde liegende Muskelveränderung, wahrscheinlich nur eine Steigerung der durch jede Contraction entstehenden Veränderungen, lässt sich am ausgeschnittenen Muskel näher untersuchen, und besteht, wie grösstentheils schon in den früheren Paragraphen erwähnt ist, in Abnahme an Erregbarkeit, an absoluter Kraft, an Hubhöhe für eine gegebene Last (im Tetanus allmähliches Nachlassen der Verkürzung), an Vollkommenheit und Geschwindigkeit der Faserleitung und des localen und totalen Ablaufs der Verkürzung. Reizt man einen zu zwei Muskeln A und B sich verzweigenden Nerven, hält aber die Erregung vom Muskel B fern (durch constante Durchströmung seines Nervenzweiges), so bringt der Nerv, wenn Muskel A ermüdet ist, B noch zur Contraction, wenn man die Reizung zu ihm hinzulässt; **der Muskel ermüdet also bei indirecter Reizung früher als sein Nerv** (Bernstein).

Wird dem Muskel Ruhe gegönnt, so **erholt** er sich allmählich wieder, und zwar auch der ausgeschnittene Muskel in gewissem Grade.

Bei rhythmischer, sei es maximaler oder untermaximaler Reizung eines Muskels nehmen die Hubhöhen in gerader Linie ab, und zwar hängt die Abnahme cet. par. nur von der Zahl der Zuckungen, nicht vom Intervall ab (Kronecker, Tiegel u. A.), sie ist ferner um so steiler, je grösser die gehobenen, resp. (im Tetanus) gehaltenen Lasten, hängt also von der äusseren und inneren Arbeit des Muskels ab. Ob auch unwirksame Reize zur Ermüdung beitragen, ist noch nicht entschieden; dafür spricht, dass der Tetanus um so stärker ermüdend wirkt, je schneller sich die Reize folgen, obgleich die Arbeit dadurch nicht vergrössert wird (Kronecker). Auch eine grössere Dehnbarkeit des ermüdeten Muskels wird behauptet (Donders & van Mansvelt).

Aus Versuchen am Menschen ergeben sich folgende empirischen Gesetze für den Ablauf der Ermüdung (Haughton). Hebt man ein Gewicht so oft bis die Muskeln erschöpft sind, und gelingt dies n mal, dauert ferner jeder Hub die Zeit t, so ist n $(1 + \beta^2 t^2)$ = At, worin β und A Constanten sind; am grössten wird n, wenn t = $1/\beta$ gemacht wird. Hält man ferner das Gewicht mit horizontal gestrecktem Arm so lange wie man kann, so ist die ausgehaltene Zeit umgekehrt proportional dem Quadrate der Summe des gehaltenen Gewichts und des Armgewichts.

Bei allen Versuchsreihen über den Einfluss der Last, Reizstärke u. s. w. muss die Fehlerquelle der Ermüdung eliminirt werden, am einfachsten dadurch, dass man, wenn die Variable ihr Maximum erreicht hat, wieder in umgekehrter Reihenfolge zum Anfangswerth zurückkehrt, und aus den Resultaten zweier correspondirender Versuche das Mittel nimmt (Ed. Weber).

Ursache der Ermüdung.

Die der Ermüdung zu Grunde liegende Muskelveränderung ist anatomisch nicht nachweisbar, also wahrscheinlich chemischer Natur. Da das wässrige Extract ermüdeter Muskeln die Erregbarkeit frischer Muskeln schädigt (J. Ranke), wurde angenommen, dass gewisse chemische Producte der Muskelthätigkeit (vgl. unten sub 8), besonders die freie Säure, vielleicht auch die Kohlensäure, die Ermüdung bewirken (vgl. auch p. 264), und ihre Wegschaffung durch den Kreislauf die Erholung bedingt. Indessen wirkt auch die Fleischbrühe unermüdeter Muskeln (durch ihren Kaligehalt, p. 264) schädlich auf andere Muskeln, ferner findet am ausgeschnittenen Muskel ebenfalls Erholung Statt. Die zukünftige Theorie der Ermüdung hat ausser der Anhäufung von Muskelproducten auch den Mangel an denjenigen Stoffen, welche durch die Muskelarbeit verzehrt werden, zu berücksichtigen. Wahrscheinlich ist die Ermüdung ein zeitweises Zurückbleiben der restitutiven Processe hinter dem functionellen Verbrauch (Hermann).

Muskelgefühl.

Das Ermüdungsgefühl wird den sensiblen Nerven des Muskels zugeschrieben. Auch für die Beurtheilung des Anstrengungsgrades der Muskeln sind die sensiblen Muskelnerven ohne Zweifel von grosser Wichtigkeit, obgleich auch die Sensibilität benachbarter Theile darüber mit belehren mag. Bei Lähmungen dieses Muskelgefühls werden die Muskeln in unzureichendem oder übermässigem Grade angestrengt und dadurch Haltung, Bewegung, Manipulationen unsicher (Rückenmarkleidende können bei geschlossenen Augen nicht sicher stehen, Gegenstände nicht sicher halten).

Die Existenz **sensibler Muskelnerven** wird nicht allein durch die rheumatischen Muskelschmerzen dargethan, sondern auch anatomisch durch die nicht degenerirten Nervenfasern, welche man in Muskeln, deren motorische Spinalwurzeln durchschnitten sind, neben den degenerirten motorischen (vgl. Cap. X.) vorfindet (C. Sachs; der Frosch-Sartorius enthält zwei solche Fasern). Auch die **Sehnen** sind sensibel und bewirken bei plötzlicher Anspannung oder sonstiger mechanischer Reizung reflectorische Contraction ihres Muskels (Erb, Westphal).

5. Die Lebensbedingungen des Muskels.

a. Der isolirte Muskel.

Nach dem Ausschneiden verliert der Muskel allmählich seine Contractilität oder Erregbarkeit. Vor dem Sinken findet eine vorübergehende Steigerung statt. Der ganze Process verläuft beim Warmblüter viel schneller als beim Kaltblüter (über künstliche Veränderung der Warmblütermuskeln vgl. p. 242), und bei beiden um so schneller je höher die Temperatur. Die indirecte Erregbarkeit schwindet lange vor der directen. Zur Zeit der Todtenstarre (s. unten) ist die Erregbarkeit für immer verschwunden.

Im getödteten Thiere verhalten sich die Muskeln wie ausgeschnittene; nach dem Tode durch Krankheiten sterben die Muskeln meist viel schneller ab.

Beim Frosche halten sich die kurzfaserigen dicken Muskeln (Gastrocnemius, Triceps) viel länger erregbar, als langfaserige (du Bois-Reymond). Beim Menschen sterben die Extensoren früher ab als die Flexoren (Onimus). Die absolute Dauer des Ueberlebens ist für den Frosch (directe Erregbarkeit) in der Sommerhitze unter 24 Stunden, bei mittlerer Temperatur 2—3, bei 0° über 10 Tage; für den Warmblüter $1^1/_2$—$12^1/_2$ Stunden; das Herz schlägt aber mitunter bei Warmblütern in kühler Witterung 2—4 Tage nach dem Tode noch schwach fort (Vulpian). — Die Curve der Erregbarkeit fällt anfangs am steilsten ab.

b. Die Abhängigkeit von Kreislauf und Athmung.

Nach Unterbindung der zuführenden Arterie (**Stenson'scher Versuch**) verliert auch im lebenden Körper der Muskel seine indirecte und directe Erregbarkeit, und zwar nach ganz denselben Gesetzen wie nach dem Ausschneiden. Wird vor Eintritt der Starre der Blutzufluss wieder hergestellt, so kehrt die Erregbarkeit wieder. Sie kann auch durch künstliche Durchströmung des Muskels mit arteriellem Blute unterhalten, resp. wiederhergestellt werden, dagegen nicht mit venösem Blute (Bichat, Ludwig & Schmidt), woraus folgt, dass der Stenson'sche Versuch in erster Linie auf Unterbrechung der **inneren Athmung** (p. 107 f.) des Muskels beruht, der Muskel also um dauernd zu functioniren, der Sauerstoffzufuhr und Kohlensäureabfuhr bedarf. So erklärt sich auch das Absterben der Muskeln in der Leiche und nach dem Ausschneiden.

Beim Kaltblüter gelingt der Stenson'sche Versuch wegen des viel geringeren Athmungsbedürfnisses der Muskeln kaum. Für den ausgeschnittenen Muskel ist die früher behauptete Abhängigkeit der Ueberlebensdauer von einem Sauerstoffgehalt der umgebenden Atmosphäre (v. Humboldt, G. Liebig) kaum merklich (Hermann), weil die Atmosphäre nur mit den oberflächlichsten Muskelschichten in Verkehr treten kann (und hier sogar zum Theil schädlich wirkt), während das Blut zu allen Theilen des Muskels gelangt.

Bei der Contraction erweitern sich die Blutgefässe des Muskels (Ludwig & Sczelkow), eine offenbar zweckmässige Einrichtung, da das Athmungs- und Ernährungsbedürfniss des Muskels bei der Contraction gesteigert ist (s. unten sub 8). Diese Erweiterung beruht auf der Miterregung gefässerweiternder, den motorischen beigemischter Nervenfasern (vgl. p. 91).

c. Die Abhängigkeit vom Nervensystem und vom Gebrauch.

Muskeln, deren Nerven durchschnitten sind, oder mit gelähmten Theilen des Centralnervensystems in Verbindung stehen, verlieren allmählich ihre Erregbarkeit und verfallen einer Entartung, welche den Faserinhalt trübt und zerstört, so dass schliesslich nur das Bindegewebe des Muskels als ein dünner Strang übrig bleibt (Atrophie). Diese Degeneration, welche ziemlich streng typisch verläuft, und auch durch künstliche Reizungen des gelähmten Muskels nicht verhindert wird, beweist, dass die Verbindung mit den Centralorganen zu den Lebensbedingungen des Muskels gehört, eine noch vollständig unverständliche Thatsache.

Auch in gelähmten Muskeln ist die Erregbarkeit eine Zeit lang erhöbt ehe sie ganz verschwindet (vgl. sub a). Beim Menschen zeigt sich am 3. oder 4. Tage Herabsetzung, dann Erhöhung der Erregbarkeit, deren Maximum etwa in die 7. Woche fällt; erst nach 6—7 Monaten ist der Muskel ganz unerregbar. Anatomisch wird die paralytische Degeneration zuerst in der 2. Woche nachweisbar. Zwischen dem 3. und 10. Tage nach der Durchschneidung des Nerven tritt in den Muskeln häufig ein fibrilläres Flimmern ein, welches Monate lang fortdauern kann (Schiff); diese Erregungserscheinung bleibt auch nach Curarisirung bestehen, hängt also direct mit der Muskelentartung zusammen (Bleuler & Lehmann, S. Mayer). Sie scheint mit der paralytischen Secretion (p. 136) verwandt zu sein (Hermann). Ueber

Einfluss des Gebrauchs. Todtenstarre.

die Einwirkung der Nerven auf das Flimmern s. Cap. X. Ueber das Verhalten gelähmter Muskeln gegen constante und Inductionsströme s. p. 263.

Ausserdem zeigt sich ein Einfluss des Gebrauches: häufig gebrauchte Muskeln nehmen allmählich an Volumen und Kraft zu, wenig gebrauchte ab; doch tritt durch Mangel des Gebrauches nie Degeneration ein.

d. Die Todtenstarre.

Die Leiche geräth kurze Zeit nach dem Tode in einen Zustand der Gelenksteifigkeit, die Todten- oder Leichenstarre (Rigor mortis); Durchschneidung der Muskeln macht die Gelenke sofort beweglich, Verkürzung aller Muskeln ist also das Wesen der Starre. Sie tritt bei Warmblütern schneller ein als bei Kaltblütern, in der Wärme schneller als in der Kälte, bei kräftiger Musculatur und nach gewaltsamem Tode später, als bei schwächlicher Musculatur und nach Krankheiten. Heftige Contractionen vor dem Tode befördern die Starre. Von den Muskeln werden meist die des Unterkiefers und Nackens zuerst ergriffen, dann die der oberen Extremität, von oben nach unten fortschreitend, endlich ebenso die der unteren Extremität (Nysten, Sommer). Die Starre löst sich durch die fortschreitende Fäulniss, daher in der Wärme schneller.

Beim Menschen beginnt die Starre frühestens 10 Minuten, spätestens 7, nach Andern 18 Stunden nach dem Tode, und kann viele Tage anhalten. Völliges Ausbleiben scheint nicht vorzukommen; dagegen fehlt die Starre dem Embryo vor dem 7. Monat. Die Stellung der Gliedmassen in der starren Leiche entspricht meist der Resultirenden aus der Spannung der erstarrten Muskeln und der Einwirkung der Schwere. Bei sehr plötzlich eintretender Starre bleiben zuweilen die Gliedmassen in der Stellung, die sie im Augenblick des Todes durch Muskelcontractionen angenommen hatten (Brinton, Rossbach u. A.), doch scheint diese sog. cataleptische Todtenstarre stets mit Rückenmarksverletzungen im Zusammenhang zu stehen (Falk). Auch soll sie künstlich durch Verletzung des Kleinhirns producirbar sein (Brown-Séquard).

Auch der isolirte Muskel verkürzt sich nach dem Tode, und auch hierauf ist der Name Todtenstarre übertragen worden. Auch hier hat die Natur des Thieres, die vorangegangene Anstrengung, und besonders die Temperatur den angegebenen Einfluss. Bei 0^0 bleibt die Starre beim Frosche 4—7 Tage aus, bei einer gewissen oberen Grenztemperatur (40^0 für Kaltblüter, 45—50^0 für Warmblüter) tritt sie sofort ein und wird dann als Wärmestarre (Pickford) bezeichnet.

In der Leiche erstarren Muskeln, deren Nerven durchschnitten sind, später als die anderen; das Nervensystem beschleunigt also die Starre, vermuthlich durch sein eigenes Absterben, woraus auch wohl die Nysten'sche Reihenfolge sich erklärt (Hermann mit v. Eiselsberg und v. Gendre).

Die Verkürzung bei der Erstarrung ist wie die bei der Reizung mit Verdickung und geringer Volumverminderung (Schmulewitsch, Hermann & Walker) verbunden und geschieht mit beträchtlicher Kraft, welche aber geringer ist als die des Tetanus (Walker). Der Muskel wird dabei weisslich, trübe, teigig und weniger elastisch, und völlig unerregbar. Aehnlich ist das Aussehen des durch Wasser, Säuren, Chloroform etc. getödteten Muskels (Wasserstarre, Säurestarre, Chloroformstarre). Die sog. Wasserstarre ist jedoch anfangs nur eine Quellung, welche durch 2 procentige Kochsalzlösung beseitigt werden kann (Biedermann).

Als Ursache der Todtenstarre wurde eine der Fibringerinnung analoge Gerinnung im Faserinhalt vermuthet (Brücke) und am ausgepressten Faserinhalt entbluteter Froschmuskel wirklich nachgewiesen (Kühne); das Gerinnsel wird als Myosin bezeichnet (p. 35). Hiermit ist allerdings der Verkürzungsvorgang selbst noch nicht erklärt. Ueber andere chemische Veränderungen bei der Erstarrung s. unten sub 8. c.

6. Thermische Erscheinungen am Muskel.

a. Bei der Contraction.

Die Zunahme der Körpertemperatur durch Muskelanstrengung (p. 230) führte zuerst auf die Vermuthung, dass der Muskel bei der Contraction Wärme entwickelt. Dies wurde in der That am ausgeschnittenen Muskel auf thermoëlectrischem Wege nachgewiesen (Helmholtz). Die Temperatur des Froschmuskels nimmt durch Tetanus um 0,14 bis 0,18° (Helmholtz), durch einzelne Zuckungen um 0,001 bis 0,005° (Heidenhain) zu.

Zum Nachweis der Wärmebildung sticht man nadelförmige Thermo-Elemente so in Froschmuskeln ein, dass die eine Löthstelle, resp. Löthstellenreihe, in einem ruhenden, die andre in dem zu erregenden Muskel steckt (Helmholtz), oder man befestigt beide Muskeln an den beiden Löthstellenflächen einer Melloni'schen Säule, welche so leicht beweglich angebracht ist, dass sie dem sich contrahirenden Muskel folgt (Heidenhain). Auch kann man die Thermonadeln zwischen die Muskeln einschieben (Fick). Auch am lebenden Menschen hat man schon viel früher durch eingestochene Thermonadeln die Erwärmung nachgewiesen (Becquerel & Breschet), später durch Befestigen feiner Thermometer an der Haut über dem Muskel (Béclard, Ziemssen); doch ist dieser Nachweis wegen der Einmischung der Circulation nicht entscheidend. Sicherer lässt sich am Warmblüter die Wärmebildung nachweisen, indem man ein Thermometer zwischen die Muskeln oder in deren Venen einsteckt, und den Ueberschuss der Temperatur über die in der Aorta gemessene feststellt (M. Smith).

Von grossem Interesse ist die Beziehung der Wärmebildung zur nutzbaren Arbeit des Muskels. Vor Allem tritt im Tetanus, in welchem abgesehen von der initialen Verkürzung keine äussere Arbeit geleistet wird, die stärkste Wärmebildung auf; man schliesst daraus, dass auch im Tetanus ein Stoffverbrauch im Muskel stattfindet (für welchen auch die Ermüdung und andere Umstände sprechen), dass aber die ganze freiwerdende Kraft als Wärme auftritt. Aber auch allgemeiner lässt sich nachweisen, dass bei der Muskelthätigkeit unter allen denjenigen Umständen, welche die mechanische Arbeit vermindern, ein äquivalentes Quantum von Wärme erscheint, so dass diese zusammen mit dem Wärmeäquivalent der wirklichen Arbeit dem Stoffverbrauch entspricht, und diese Summe ein gutes Mass für den letzteren darstellt, welcher direct schwer zu bestimmen ist (Béclard; Fick, Heidenhain und deren Schüler). Einige hierher gehörige Fälle sind folgende: Der Muskel leistet keine nutzbare Arbeit, wenn er eine Last so auf- und niederbewegt, dass dieselbe beim Niedergehen keine Fallgeschwindigkeit erreicht; seine Wärmebildung ist dann ebensogross als wenn er die Last gleich lange in der mittleren Höhe tetanisch festhält (Béclard). Auch dann leistet er keine äussere Arbeit, wenn er nach jeder Contraction erschlafft, so dass die Last fällt und ihn durch die plötzliche Dehnung jedesmal erwärmt; diese Wärmebildung ist dann äquivalent der Arbeit, welche der Muskel leistet, wenn die Last nach jedem Hube durch einen Sperrhaken festgehalten und so immer höher aufgewunden wird (Fick). Zu berücksichtigen ist bei allen Versuchen dieser Art, dass auf die vom Muskel producirte Gesammtleistung (chemischer Umsatz und entsprechendes Arbeits- und Wärmequantum) nicht bloss die Reizstärke, sondern auch die Spannung von Einfluss ist (Heidenhain), welche die Erregbarkeit erhöht (p. 263).

Beim Tetanus ist die Wärmebildung von der Reizfrequenz unabhängig (Heidenhain, Fick, Schönlein) und der Dauer desselben nicht proportional (Fick). Bei Zuckungen nimmt die Wärmebildung rascher zu als die Zuckungshöhe (Nawalichin).

Bei der Dehnung erwärmt sich der Muskel, wie Kautschuk (Schmulewitsch).

b. Bei der Erstarrung.

Die postmortale Temperatursteigerung (p. 242) führte auf die Vermuthung einer Wärmebildung bei der Todtenstarre (Walther). Nachdem festgestellt war, dass eine Leiche, welche man auf Körpertemperatur erwärmt, sich rascher abkühlt, als sie es nach dem wirklichen Tode that, also ein wärmebildender Process nach dem Tode wahrscheinlich gemacht war (Huppert), wurde direct nachgewiesen, dass ausgeschnittene Muskeln zur Zeit der Erstarrung sich erwärmen (Fick & Dybkowsky, Schiffer). Diese Erwärmung kann theils von den chemischen Processen bei der Erstarrung, theils von dem Festwerden flüssiger Eiweisskörper herrühren.

7. Galvanische Erscheinungen am Muskel.

Geschichtliches. Abgesehen von den electrischen Fischen (Cap. XI.) war die Beobachtung Galvani's (1786), dass die Herstellung einer leitenden Schliessung zwischen einem Muskel und seinem Nerven Zuckung macht, die erste Beobachtung über thierische Electricität. Freilich war dieser Versuch unrein, da in dem aus mehreren Metallen zusammengesetzten Schliessungsbogen, wie Volta alsbald erkannte, eine selbstständige Electricitätsquelle enthalten war. Doch gelang es Galvani und namentlich A. v. Humboldt auch bei nicht metallischer Schliessung Zuckungen hervorzubringen. Der endgültige Nachweis der thierischen Electricitätsquelle war aber erst nach Erfindung des Multiplicators möglich, und wurde 1827 von Nobili geliefert, indem er im enthäuteten Frosch eine von den Füssen zum Kopf gerichtete electromotorische Kraft, den sog. „Froschstrom", entdeckte. Auch dieser Strom war noch eine relativ unreine Erscheinung. Erst nach 1840 wurde der Muskelstrom und sein Gesetz von Matteucci und du Bois-Reymond, und von letzterem, welcher eine mustergültige Methodik schuf, dessen Veränderung bei der Contraction entdeckt. Die Stromlosigkeit unversehrter Muskeln wurde erst 1867 erkannt.

Methode der Untersuchung. Zur Untersuchung der Ströme thierischer Theile ist wegen des grossen Widerstandes derselben ein windungsreiches Galvanometer (Multiplicator oder Spiegelboussole mit astatischem und gedämpftem, am besten aperiodisirtem Magnet) erforderlich. Die Drähte desselben dürfen wegen ihrer Ungleichartigkeit und Polarisirbarkeit nicht unmittelbar an die feuchten thierischen Theile angelegt werden, sondern man führt sie zu amalgamirten Zinkstücken, welche in gesättigte Zinksulphatlösung tauchen (J. Regnauld); zwischen die Lösungen an beiden Electroden wird der thierische Theil eingeschaltet, und vor deren ätzender Einwirkung durch eingeschaltete mit 0,5—1 procentiger Kochsalzlösung (p. 264) getränkte Leiter geschützt (du Bois-Reymond). Statt des Galvanometers kann auch das Lippmann'sche Capillarelectrometer (Marey u. A.) oder ein Telephon mit Unterbrechungsvorrichtung (Hermann) benutzt werden. Ueber die Anwendung eines physiologischen Rheoscops s. unten. — Die electromotorischen

Kräfte werden am besten durch die Einführung eines entgegengesetzten Stromzweiges gemessen, den man mittels des Widerstandes der Nebenschliessung so lange verändert, bis er den Strom gerade zu Null compensirt (Poggendorff, du Bois-Reymond).

a. Erscheinungen am ruhenden Muskel.
1) Verletzte Muskeln.

An partiell verletzten Muskeln verhält sich jeder Punct des verletzten Theiles negativ gegen die Puncte der unversehrten Oberfläche (ruhender Muskelstrom, Matteucci, du Bois-Reymond). In allen Fällen lassen sich die vorhandenen Ströme aus dem Satze ableiten, dass **in jeder verletzten Muskelfaser die Demarcationsfläche zwischen lebendem und todtem Faserinhalt Sitz einer gegen den lebenden Theil gerichteten electromotorischen Kraft ist** (Hermann). Die Grösse dieser Kraft beträgt in ihrem nach aussen ableitbaren Theil bis 0,075 Daniell (du Bois-Reymond).

Durchweg abgestorbene oder todtenstarre Muskeln sind stromlos.

Der ruhende Muskelstrom zeigt sich am regelmässigsten an einem von zwei künstlichen Querschnitten QQ begrenzten Muskelcylinder (Fig. 32), gleichgültig ob die Längsoberfläche LL die natürliche Oberfläche des Muskels ist oder aus künstlich freigelegten, aber unversehrten Faserflächen (künstlicher Längsschnitt) besteht. An einem solchen Präparat zeigen sich (du Bois-Reymond) sowohl starke Ströme zwischen Längs- und Querschnittspuncten, als auch schwächere zwischen unsymmetrisch gelegenen Längs- und Querschnittspuncten, während symmetrische (d. h. gleich weit von Aequator, resp. Axe entfernte) Längs- oder Querschnittspuncte gegen einander stromlos sind. Die vollständige Untersuchung der electromotorischen Oberfläche ergiebt die Fig. 32 angegebene Lage der oberflächlichen Strömungslinien (ausgezogen) und Spannungsflächendurchschnitte (punctirt). Die stärkste positive Spannung herrscht am Aequator, d. h. um die Mitte des Längsschnittes, die stärkste negative an den Axenendpuncten, d. h. in der Mitte der Querschnitte. Diese Oberflächenbeschaffenheit erklärt sich aus der Lage der electromotorischen Demarcationsflächen unter den Querschnitten, wenn berücksichtigt wird, dass die Ströme schon im Innern des Muskelcylinders sich grösstentheils abgleichen müssen.

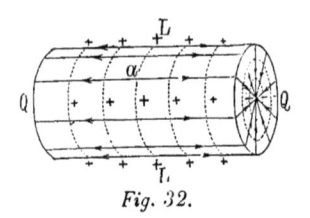

Fig. 32.

Liegen die Querschnitte schräg, so ist die Curve grösster positiver Spannung am Längsschnitt gegen die stumpfen Kanten hin verzogen, während die Puncte grösster negativer Spannung am Querschnitt gegen die scharfen Kanten des rhomboiden Körpers verschoben sind. Der Grund hiervon liegt in einer besonderen Strombildung an den schrägen Querschnitten (Neigungsstrom, du Bois-Reymond), deren Ursache sich aus Fig. 33 ergiebt; die Demarcationsflächen der Fasern, welche stets senkrecht zur Faseraxe liegen, bilden mit ihren electromotorischen Kräften eine kettenartige Anordnung, deren äussere Resultirende der Neigungsstrom ist; die electromotorische Kraft des Neigungsstromes ist daher grösser als die des gewöhnlichen Muskelstroms.

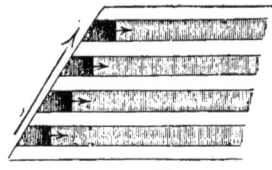

Fig. 33

Der Muskelstrom lässt sich auch durch Zuckungen nachweisen; hierzu muss in den Kreis desselben der Nerv eines Froschschenkels eingeschaltet sein, dann entsteht bei Schliessung oder Oeffnung des Kreises Zuckung des Schenkels (du Bois-Reymond); ebenso zuckt ein partiell verletzter Muskel, wenn man seinen eigenen Nerven plötzlich auf den künstlichen Querschnitt fallen lässt, so dass der Muskelstrom in den Nerven hereinbricht; diese „Zuckung ohne Metalle" (Galvani, v. Humboldt) war der erste Beweis für die Existenz einer thierischen Electricität (p. 273). Auch am Muskel selbst kann man den Strom durch Zuckung nachweisen, indem man das Querschnittsende plötzlich in eine leitende Flüssigkeit eintaucht, wobei die Stromesschwankung, durch die äussere Ableitung, den Muskel erregt (Hering); diese Zuckungen wurden früher als Folge chemischer Reizung durch die Flüssigkeit angesehen (vgl. p. 264).

Nicht bloss mit dem Messer hergestellte Querschnitte, sondern auch durch Aetzmittel, Wärmestarre, Quetschung hergestellte partielle Verletzungen (sog. caustische, thermische Querschnitte) machen negative Stellen. Aetzt man aponeurotische Flächen, an welche sich die Fasern schräg ansetzen, z. B. den Achillessehnenspiegel des Gastrocnemius, so entstehen durch die Aetzung besonders kräftige Neigungsströme (s. oben). Daher zeigen enthäutete Schenkel, oder ganze enthäutete Frösche, wenn ihre Oberflächen durch Salzlösungen oder Hautsecret angeätzt sind, meist im Ganzen aufsteigende Ströme (Nobili's „Froschstrom").

2) Unversehrte Muskeln.

Völlig unverletzte Muskeln, welche auch von Fragmenten fremder Muskeln frei sind, zeigen in der Ruhe keinen Strom (Hermann, Biedermann u. A.).

Die Stromlosigkeit unversehrter Muskeln ist am unenthäuteten Frosch wegen der Hautströme (p. 131) nicht demonstrirbar; wendet man Aetzmittel zur Beseitigung derselben an, so dringen diese leicht bis zu den Muskeln durch. Ausser an vorsichtig präparirten Skeletmuskeln (Hermann) ist die Stromlosigkeit besonders leicht am Herzen zu zeigen (Engelmann).

Auch glatte Muskeln zeigen den Muskelstrom, wenn künstliche Querschnitte angelegt sind; dieser Strom verschwindet aber nach kurzer Zeit, nämlich sobald die partiell verletzten Zellen in ganzer Länge abgestorben sind; neue Querschnitte geben sogleich wieder Strom; auch hier also zeigt sich die Stromlosigkeit der unverletzten Zellen; ähnlich verhält sich das Herz, dessen Muskelzellen noch getrennte Individuen darstellen (p. 59), und andere sog. pleiomere Muskeln (Engelmann). Subcutan verletzte gewöhnliche Muskeln lebender Thiere verlieren durch eine Art Heilung des künstlichen Querschnitts nach einiger Zeit ebenfalls dessen Strom, vorausgesetzt dass Nerv und Blutstrom erhalten sind (Engelmann).

3) Einfluss der Temperatur.

Mit zunehmender Temperatur nimmt die electromotorische Kraft des Muskels zu, bis zu ihrer Vernichtung durch die Wärmestarre; an unversehrten Muskelfasern oder Faserabschnitten verhalten sich wärmere Stellen positiv gegen kältere (Hermann).

b. Erscheinungen am thätigen Muskel.
1) Die negative Stromesschwankung verletzter Muskeln.

Bringt man einen Muskel, welcher mit einem künstlichen Querschnitt versehen ist, durch Tetanisiren seines Nerven zu tetanischer Contraction, so ist sein Strom während des Tetanus vermindert, und zwar um so stärker, je stärker die Erregung. Diese negative Stromesschwankung lässt sich mit besonders leichten Magneten auch bei der einzelnen Zuckung nachweisen. Sie tritt auch bei compensirtem Ruhestrom (p. 274) als ein selbstständiger, dem Ruhestrom entgegengesetzter Strom auf, beruht also nicht auf Widerstandszunahme, sondern auf Abnahme der electromotorischen Kraft. (Du Bois-Reymond.)

Der zeitliche Verlauf der Schwankung bei einer einzelnen Zuckung kann mittels eines eigenthümlichen Verfahrens ermittelt werden: Der Strom fällt steil ab, wird aber nicht Null, erhebt sich dann langsamer wieder auf den Anfangswerth; ihre Dauer beträgt etwa 0,004 Secunde (Bernstein).

Das Verfahren (Bernstein) besteht darin, die Reizung in regelmässigem Rhythmus zu wiederholen, z. B. in den Momenten r_1, r_2, r_3 etc. der Zeitabscisse R (Fig. 34), so dass die Schwankungen regelmässig auf einander folgen. Der Galvanometerkreis wird aber in gleichem Tempo, immer nur auf kurze Momente, geschlossen, z. B. in den Zeiten $a_1 b_1$, $a_2 b_2$ etc. der Zeitabscisse B. Auf das Galvanometer wirken also nur die schraffirten Flächendifferentiale der Curven ein, und geben eine ihrer Grösse proportionale Gesammtwirkung. Durch Veränderung des Zeitintervalls $r_1 a_1$, $r_2 a_2$, d. h.' der Zeit zwischen Reizung und Boussolschluss (Verschiebung der Abscissen R und B gegen einander) kann man successive alle Theile der Schwankungscurve untersuchen, indem man die jedesmaligen Gesammtwirkungen vergleicht. Der Apparat (Differential-Rheotom) ist in Fig. 35 schematisch in etwas verbesserter Construction dargestellt. Durch den Schnurlauf ff' wird der (auf einem horizontalen Rade angebrachte) Stab ab in schnelle Rotation versetzt. Er trägt an jedem Ende zwei Drahtbürsten. Die Bürsten a streifen bei jeder Rotation einmal über die festen Kupferbänke rr', und schliessen dadurch jedesmal den Strom der Kette K und der inducirenden Spirale p, wodurch der Muskel M bei c einen Inductionsschlag erhält. Die Bürsten b streifen ebenso über die Kupferbänke tt', und schliessen dadurch jedesmal den dem Galvanometer G zugeleiteten Muskelstrom von lq. Die Bänke tt' sind auf der Scheibe A befestigt, welche drehbar ist, wodurch sich die Stellung der Bänke tt' gegen die Bänke rr', und somit das Intervall zwischen Reizung und Stromableitung, ändern lässt. Die jedesmalige Stellung der Scheibe A wird mittels des Zeigers z an ihrer Randtheilung abgelesen.

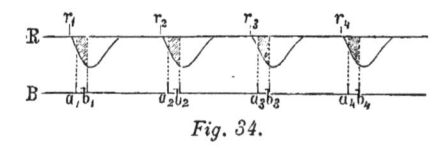

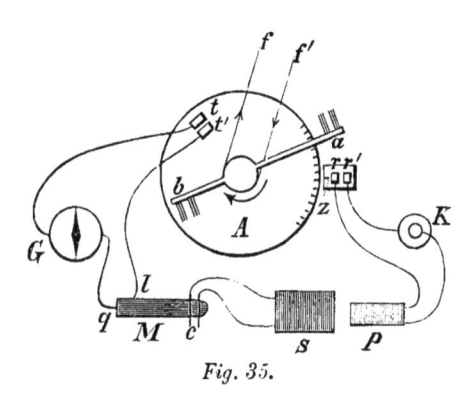

Bei sehr leichten Magneten lässt sich auch ohne Repetition die Schwankung analysiren, indem man mittels eines Fall-Rheotoms einzelne Stücke derselben ausschneidet und auf das Galvanometer wirken lässt (Hermann).

Die Stromesschwankung im Tetanus stellt sich am Galvanometer als eine einfache während des ganzen Tetanus anhaltende Herabsetzung des Muskelstroms dar, wie es die Curve b p q m in Fig. 36 verdeutlicht (O t ist die Abscisse der Zeiten, a b die Höhe des Muskelstroms vor dem Tetanus, m n dieselbe nachher. Es war aber zu vermuthen, dass trotzdem jedem einzelnen Reize eine besondere negative Schwankung entspreche, der Strom also fortwährend auf und nieder gehe, wie es die Curve b c d c f etc. darstellt; der Magnet kann natürlich diesen raschen Schwankungen nicht folgen, sondern nur ihrem Mittelwerth. Diese Vermuthung wurde durch den secundären Tetanus (s. unten sub 3) bestätigt (du Bois-Reymond). Auch das Rheotom, welches ja tetanisirend reizt, liefert eine Bestätigung, und lehrt ausserdem die Tiefe der Einzelschwankungen kennen, welche in der Figur unbestimmt gelassen ist: sie erreichen die Abscisse O t nicht (Bernstein). Auch das Telephon, welches Stromesschwankungen noch empfindlicher anzeigt als der stromprüfende Schenkel (Hermann), kann zur Bestätigung dienen. Leitet man ihm den Muskelstrom zu, so hört man während des Tetanus einen Ton, dessen Schwingungszahl der Reizfrequenz entspricht (Bernstein, Wedenskii).

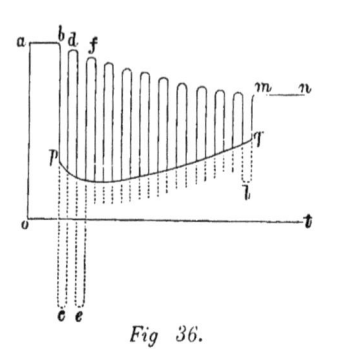

Fig 36.

2) Der Actionsstrom unversehrter Muskeln.

Wird ein ausgeschnittener stromloser Muskel vom Nerven aus tetanisirt, so zeigt sich zwischen zwei Ableitungspuncten ein atterminaler, d. h. im Muskel zu der dem Faserende näheren Ableitungsstelle gerichteter, Actionsstrom (Hermann). Liegen die Ableitungsstellen an beiden Muskelenden, oder sonst annähernd symmetrisch, so ist die Richtung des tetanischen Actionsstromes schwankend, zuweilen mit der Zeit wechselnd. — Bei einzelnen Zuckungen stromloser Muskeln, welche an dem einen Ende direct gereizt werden, entsteht ein durch das Rheotomverfahren nachweisbarer doppelsinniger Actionsstrom: Die erste Phase ist dem Gange der Erregungswelle in der Faser gleichläufig, die zweite entgegengesetzt gerichtet. Es verhält sich nämlich jedesmal diejenige Stelle, an welcher sich die Erregungswelle befindet, negativ gegen den ruhenden Faserrest; die erste Phase tritt also ein, wenn die Welle die erste Ableitungsstelle erreicht, die zweite bei Erreichung der zweiten; das Intervall beider Phasen entspricht in der That der Fortpflanzungszeit zwischen beiden Ableitungsstellen; jede erregte Stelle wird ohne Latenzzeit sogleich negativ; die zweite Phase ist wegen der Abnahme der Erregungswelle bei der Leitung (p. 256) schwächer als die erste (Bernstein). Bei indirecter Reizung (s. Fig. 37) tritt auf jeder Seite der Nerveneintrittsstelle ein doppelsinniger Actionsstrom von gleicher Beschaffenheit ein; die erste stärkere Phase, mit 1 bezeichnet, rührt von der Welle an der zuerst erreichten Ableitungsstelle her. die zweite, schwächere, (2) von der entfernteren: die erste ist ein atterminaler, die zweite ein abterminaler Strom; an einer einzelnen Muskelfaser wäre für die Richtung der Phasen offenbar die Nerveneintrittsstelle massgebend, am ganzen Muskel ist es diejenige als „nervöser Aequator" bezeichnete Querebene, welche von allen Nerveneintrittsstellen mittlere Entfernung hat (Hermann). Liegt die zweite Ableitungsstelle im Bereiche künstlichen Querschnitts, so fällt die zweite Phase vollständig fort, der Actionsstrom wird einsinnig und geht in die schon oben besprochene Erscheinung der negativen Stromesschwankung über (Hermann). Dieselben Erscheinungen lassen sich auch am Herzen beobachten, wenn künstliche Erregungswellen über dasselbe ablaufen (Sanderson & Page).

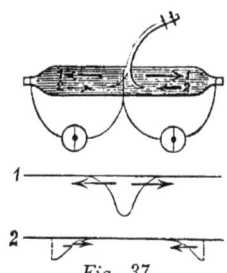

Fig. 37.

Die letztgenannten doppelsinnigen Actionsströme lassen sich auch am Vorderarm des lebenden Menschen bei Reizung des Plexus brachialis in der Achselhöhle (bei r r') nachweisen, wie Fig. 38 zeigt. Die Ableitung geschieht mit den ringförmig umfassenden Seilelectroden s g (g ist ein mit Zinklösung gefülltes Glasrohr, in welches der Zinkdraht z eintaucht). Der nervöse Aequator liegt am oberen Drittel des Vorderarms.

Fig. 38.

Mit 1 und 2 sind wiederum beide Phasen bezeichnet, und zwar zu beiden Seiten des nervösen Aequators. Hier sind aber beide Phasen gleich stark. d. h. die Erregungswelle zeigt am völlig normal ernährten Muskel kein Decrement. (Hermann.)

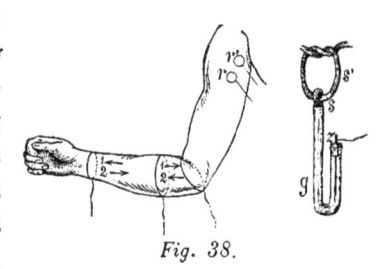

Der oben erwähnte atterminale Actionsstrom im Tetanus rührt lediglich von der Verschiedenheit der an beiden Ableitungsstellen fortwährend anlangenden Erregungswellen her; die dem nervösen Aequator nähere Stelle ist negativ gegen die entferntere, an welcher die Erregungswellen geschwächt anlangen. Der tetanische Actionsstrom fehlt daher am lebenden Organismus, weil an diesem diese Schwächung nicht stattfindet (s. oben), ausser wenn durch ermüdende Reizung ein Decrement der Erregungswelle eintritt; die alternirenden Phasen 1 und 2 compensiren sich zu Null (Hermann). Bei künstlichem Querschnitt, wo die zweite Phase fehlt, ist der tetanische Actionsstrom (die negative Schwankung, s. oben p. 279) nothwendig stärker, als am unversehrten Muskel, und zeigt nichts von den durch den Kampf zweier Gegenströme bedingten Schwankungen (du Bois-Reymond).

Die doppelsinnigen Actionsströme sind ein gutes Mittel zur Messung der musculären Leitungsgeschwindigkeit (Bernstein), ja für die des Herzens (p. 82) und der menschlichen Muskeln (p. 256) nahezu das einzige.

Die in Fig. 38 dargestellten Actionsströme sind bisher die einzige nachgewiesene galvanische Muskelwirkung am lebenden Menschen. Bei willkürlicher Anstrengung der Muskeln eines Arms tritt bei Ableitung von beiden Händen ein im ersteren aufsteigender Strom auf (du Bois-Reymond), welcher fälschlich als negative Schwankung des (nicht vorhandenen) ruhenden Muskelstroms betrachtet worden ist; derselbe lässt sich auch an curarisirten Thieren hervorbringen, bleibt durch Atropinisirung aus, und rührt von dem einsteigenden Secretionsstrom der abgeleiteten Haut des angestrengten Gliedes her (Hermann & Luchsinger; vgl. p. 131 und 159, unten).

3) Die secundäre Zuckung und der secundäre Tetanus.

Legt man auf einen Muskel den Nerven eines Froschschenkels, so dass der Muskelstrom durch den Nerven fliesst, so zuckt der Schenkel bei jeder Zuckung des ersten Muskels mit (Matteucci). Diese secundäre Zuckung beruht auf der negativen Schwankung des Muskelstroms (du Bois-Reymond). Bringt man ferner den ersten Muskel zum Tetanus, so geräth der stromprüfende Schenkel in secundären Tetanus (du Bois-Reymond), ein Beweis für die discontinuirliche Natur der Stromesschwankung im Tetanus (vgl. p. 278).

Zeichnet man die secundäre Zuckung myographisch auf, um ihren Zeitabstand von der primären Zuckung zu erkennen, so ergiebt sich, dass der zweite Nerv seinen Reiz empfängt, ehe die primäre Zuckung begonnen hat; die negative Stromesschwankung eines Muskels fällt also in das Latenzstadium seiner Contraction (Helmholtz).

Auch die Actionsströme unversehrter Muskeln geben secundäre Zuckung und secundären Tetanus (du Bois-Reymond).

Da die willkürliche anhaltende Contraction ebenfalls ein Tetanus ist (vgl. p. 254), so wäre zu erwarten, dass auch sie einen secundären Tetanus geben. Dies ist aber merkwürdiger Weise nicht der

Fall (du Bois-Reymond), und zwar lässt sich beweisen, dass nicht etwa die Grösse der Leitungswiderstände (Haut etc.) der Grund ist (Hermann). Es wäre denkbar, dass die Phasen beider Ableitungsstellen, welche natürlich nicht in allen Muskelfasern zu gleicher Zeit auftreten, sich so auf die Zeit vertheilen, dass sie sich beständig zu Null compensiren. Aber dem widerspricht die Angabe, dass das mit dem Armmuskel verbundene Telephon bei willkürlicher Contraction ein Geräusch liefert (Wedenskii). Beim Strychnintetanus des Frosches, welcher wie der willkürliche Tetanus von centralen Ganglienzellen innervirt wird, erhält man ebenfalls nur schwierig schwachen secuudären Tetanus.

Möglich wäre es, dass die natürliche Reizung im Muskel Actionsströme von anderem (sanfterem) zeitlichen Verlauf hervorbringt, als die gröbere künstliche, und dass hierin der Grund liegt, weshalb die secundäre Wirkung hier ausbleibt. Hierfür spricht, dass kein secundärer Tetanus, wenn der primäre Muskel durch gradlinige Stromesschwankungen, also eine mildere Reizform, tetanisirt wird (v. Fleischl, vgl. p. 254).

Die secundäre Zuckung tritt auch beim natürlichen Herzschlag auf, und zwar zuckt der Muskel, dessen Nerv dem Herzen angelegt ist, jedesmal vor der Systole, also auch hier fällt der galvanische Vorgang lange vor die Contraction (Kölliker & H. Müller). Uebrigens ist diese secundäre Zuckung als von natürlicher Erregung herrührend bemerkenswerth (s. oben). Dehnung des primären Muskels erleichtert den Eintritt der secundären Zuckung und des secundären Tetanus und zwar unabhängig von Gestalt- und Lageveränderungen (Meissner, Biedermann), vielleicht nur in Folge erhöhter Erregbarkeit (p. 263). Wird der primäre Muskel so frequent gereizt, dass nur Anfangszuckung eintritt, so zeigt sich auch secundär statt Tetanus nur Anfangszuckung (Schönlein).

c. Polarisationserscheinungen am Muskel.

Wird ein lebender Muskel galvanisch durchströmt, und gleich darauf die durchströmte Strecke mit einem Galvanometer verbunden, so zeigt dieselbe eine eigene, dem durchgeleiteten Strome entgegengesetzte Wirksamkeit, welche rasch verschwindet (Peltier). Jeder Theil der durchflossenen Strecke zeigt für sich dieselbe Wirkung (du Bois-Reymond). Der Muskel wird also durch den Strom innerlich polarisirt.

Diese Polarisation ist bei querer Durchströmung viel stärker als bei longitudinaler (Hermann), und beruht also auf der Structur; vermuthlich ist dieser Unterschied die Ursache des verschiedenen Leitungswiderstandes in beiden Richtungen (p. 261). Verlegt man den Sitz der Polarisation an die Mantelfläche des Faserinhaltes, so lassen sich alle Erscheinungen vollständig erklären, ohne eine wahre innere Polarisation wie in porösen Halbleitern anzunehmen (Hermann; vgl. Cap. X. beim Electrotonus).

Bei sehr starken und nur kurze Zeit geschlossenen Strömen ist der Nachstrom meist nicht dem polarisirenden Strome entgegengesetzt, sondern demselben gleich gerichtet; meist aber geht auch hier eine rasche entgegengesetzte Wirkung voraus (du Bois-Reymond). Der Grund dieser gleichgerichteten Wirkung ist aber die Oeffnungserregung an der Anode (vgl. p. 261), jeder Punct in der durchflossenen Strecke ist nach der Oeffnung um so stärker erregt, je näher er der Anode liegt; da nun nach dem allgemeinen Gesetz jeder erregte Punct negativ gegen schwächer erregte sich verhält, so entsteht ein dem polarisirenden Strom gleichsinniger Actionsstrom (Hermann, Hering & Biedermann).

Die extrapolaren Polarisationserscheinungen, welche beim Nerven mit besprochen werden, zeigen ebenfalls ein aus der Polarisation des Faserinhalts und der anodischen Oeffnungserregung völlig erklärbares Verhalten (Hermann).

d. Die Ursache der galvanischen Muskelwirkungen.

Alle besprochenen Wirkungen lassen sich aus folgenden einfachen Sätzen ableiten (Hermann): 1. In jeder verletzten Muskelfaser verhält sich an der Demarcationsfläche (p. 274) die absterbende Substanz negativ gegen die unveränderte (Demarcationsstrom). 2. In jeder partiell erregten Muskelfaser verhält sich die in Erregung begriffene Substanz negativ gegen die unveränderte, um so stärker je stärker die Erregung (Actionsstrom). 3. Wärmerer Faserinhalt verhält sich positiv gegen kälteren. Die tiefere Ursache dieser electromotorischen Kräfte ist bisher unbekannt. Ihre Bedeutung liegt vermuthlich einerseits in der Heilung verletzter Stellen (vgl. p. 276), andererseits in der Fortpflanzung des Erregungsvorganges (vgl. beim Nerven).

Die Beläge für diese Sätze sind in den vorstehenden Thatsachen enthalten, welche durch sie vollständig erklärt werden. Vor Allem die Stromlosigkeit unversehrter Muskeln; zu ihr kommt noch, dass bei Anlegung eines künstlichen Querschnitts der Muskelstrom nicht momentan in voller Stärke entwickelt ist, sondern einer gewissen, sehr kurzen Entwicklungszeit bedarf (Hermann). Die einmal geschaffene Demarcationsfläche rückt in der Faser allmählich vor, was sich durch die Säurung (s. unten) nachweisen lässt (du Bois-Reymond), so dass der Demarcationsstrom bis zur völligen Erstarrung der verletzten Faser bestehen bleibt. Auch sonstige Schädigungen eines Theiles der Muskelfaser, z. B. Einwirkung von Kalisalzen, machen denselben negativ gegen den Rest (Biedermann).

Die Actionsströme unverletzter Fasern sind **phasischer Natur**; im Tetanus kommt bei gewöhnlicher (nicht rheotomischer) Beobachtung nur die **algebraische Summe** beider Phasen zur Beobachtung, welche im ganz normalen Muskel Null ist, so dass nur durch Ermüdung oder Absterben **decrementielle** tetanische Actionsströme auftreten. Bei künstlichem Querschnitt, wo die zweite Phase ganz wegfällt (s. oben), besteht der Actionsstrom lediglich in einem dem Demarcationsstrom entgegengesetzten Strom, welcher sich als negative Schwankung desselben darstellt. Bei **directer Totalreizung** eines unversehrten Muskels tritt überhaupt **keinerlei Actionsstrom** auf (Hermann).

Der idiomusculäre Wulst (p. 256) verhält sich negativ gegen die ruhenden Fasertheile (Czermak); ebenso verhält sich ein mit Veratrin (p. 251) local vergifteter Faserabschnitt nach jeder Zuckung, da die Erregung im vergifteten Theil länger persistirt (Biedermann).

An Muskeln von unregelmässigem Bau, wie der Gastrocnemius, lassen sich bei gehöriger Berücksichtigung der Faserlage, der Nerveneintrittsstellen und der Ableitungsbedingungen ebenfalls alle bekannten Erscheinungen vollständig erklären.

Die Eigenschaft, auf partielle Tödtung electromotorisch zu reagiren, und zwar mit Negativität der absterbenden Substanz, scheint **allen protoplasmatischen Gebilden im Thier- und Pflanzenreich** zuzukommen. So ist an Pflanzen jede verletzte Stelle negativ gegen die unversehrte Oberfläche (Buff, Hermann), ebenso an thierischen Organen aller Art, Drüsen, Knochen etc. (Matteucci), jedoch nur solange sie ungeronnenes Blut enthalten (Hermann), vor Allem aber am Nerven (s. d.). Auch die Haut- und Secretionsströme (p. 131) sind auf das gleiche Princip zurückführbar, indem sich die verhornenden resp. verschleimenden Zellabschnitte negativ gegen das unveränderte Zellprotoplasma verhalten (Hermann).

Die Analogie im electromotorischen Verhalten des erregten und des absterbenden (erstarrenden) Faserinhalts stellt sich neben zahlreiche andere Analogien dieser beiden Muskelveränderungen.

8. Chemie und chemische Erscheinungen des Muskels.

a. Die chemische Zusammensetzung.

Die Reaction des frischen ruhenden Muskels ist neutral, oder durch die Bespülung mit alkalischen Säften (Lymphe) schwach alkalisch (Enderlin, v. Bibra, du Bois-Reymond).

Da der Muskel eine chemisch sehr veränderliche Substanz ist, so erfordert die Feststellung einiger seiner Bestandtheile besondere Vorsichtsmassregeln und ist noch nicht endgültig durchgeführt. Diese Substanzen sind namentlich die eiweissartigen.

Möglichst unveränderten Inhalt der Muskelröhren erhält man (Kühne): 1. durch Auspressen der Muskeln kaltblütiger Thiere, nach Entfernung des Blutes durch Ausspritzen der Gefässe mit indifferenten Flüssigkeiten ($1/2$- bis 1 procentige Kochsalzlösung); 2. durch Gefrierenlassen entbluteter Muskeln, Zerkleinerung mit abgekühlten Instrumenten und Filtration bei wenig über $0°$, am besten nach Verdünnung mit abgekühlter Kochsalzlösung. — Die so erhaltene, trübe, neutrale, oder schwach alkalische Flüssigkeit, das Muskelplasma, verändert sich, um so schneller je höher die Temperatur; sie gerinnt nämlich (vgl. p. 271), zuerst gleichmässig gallertartig, so dass man die Gerinnung nur am Zähwerden und am Nichtausfliessen beim Umkehren des Gefässes bemerkt; später zieht sich das Gerinnsel unter Bildung von Flocken und Fetzen zusammen, wobei die Masse sich stark trübt; hierbei wird eine saure Flüssigkeit frei (Muskelserum). Das Gerinnsel, Myosin (p. 35), tritt um so schneller auf, je höher die Temperatur, und bei derjenigen der Wärmestarre augenblicklich.

Das Muskelserum enthält die übrigen löslichen Muskelbestandtheile, nämlich:

1. eine Anzahl von Eiweisskörpern, welche bei verschiedenen Temperaturen ($45-70°$) gerinnen; der bei $60-70°$ gerinnende ist gewöhnliches Albumin;

2. verschiedene Kohlehydrate, nämlich Glycogen (Nasse), in besonders grosser Menge bei Embryonen und jungen Thieren (Mac-Donnell), daneben dessen Umwandlungsproducte: Dextrin (Limpricht) und Traubenzucker (Meissner), wohl erst postmortal entstanden (O. Nasse); ferner Inosit in grösseren Mengen;

3. wahrscheinlich Lecithin (nicht direct nachgewiesen, aber jedenfalls wegen des Nervengehaltes anzunehmen);

4. **Fette**, in geringen Mengen;
5. **freie Säuren**: hauptsächlich **Fleischmilchsäure** und **Aethylenmilchsäure** (p. 15), ferner noch einige flüchtige **Fettsäuren** (Ameisensäure, Essigsäure);
6. verschiedene **Amidsubstanzen**: **Kreatin** (nach Einigen auch Kreatinin, welches aber nach Anderen erst bei der Darstellung aus Kreatin sich gebildet hat), **Carnin, Hypoxanthin** (Sarkin), **Xanthin, Inosinsäure,** zuweilen **Harnsäure** (?);
7. ein rother **Farbstoff**, in den meisten Muskeln **Hämoglobin** (Kühne);
8. **Salze**, besonders Kalisalze;
9. **Wasser**;
10. **Gase**, hauptsächlich **Kohlensäure**; auspumpbarer **Sauerstoff ist auch im lebenden Muskel nicht vorhanden** (Hermann).

Die genannten Bestandtheile sind die des schon geronnenen Muskelinhalts. Da der Gerinnungsvorgang, ebenso die Contraction (s. unten), mit chemischen Veränderungen im Muskel verbunden ist, die zum Theil noch in Dunkel gehüllt sind, der ungeronnene Muskel oder das Muskelplasma aber nicht mit Vermeidung jener Vorgänge untersucht werden können, so sind die hier genannten Stoffe **nicht als die Bestandtheile des unveränderten lebenden Muskels anzusehen.**

Im Gesammtmuskel finden sich ausserdem die unlöslichen Faserbestandtheile, das sog. **unlösliche Muskeleiweiss**, sowie die Bestandtheile der übrigen Formelemente (Bindegewebe, Gefässe, Blut, Nerven etc.), also ausser den bereits genannten noch **leimgebende Substanz, Elastin** u. s. w. Das **Sarcolemm** scheint aus elastischer Substanz zu bestehen.

Die quantitative Zusammensetzung der (starren) Rindsmuskeln ist folgende in Procenten (Lehmann):

Wasser	70—80	Kreatin	0,07—0,14
Feste Bestandtheile	26—20	Fett	1,5—2,3
Unlösl. Eiweisskörper (darunter Myosin, Sarcolemme etc.)	15,4—17,7	Milchsäure	1,5—2,3
		Phosphorsäure	0,66—0,7
Lösliche Eiweisskörper und Kalialbuminat	2,2—3,0	Kali	0,5—0,54
		Andere Aschenbestandtheile	0,17—0,26
Leim	0,6—1,9		

Das Carnin ist bisher nur im Fleischextract des Rindes gefunden (1 pCt. des Liebig'schen Extractes, Weidel).

b. Der Stoffumsatz in der Ruhe.

Wie alle Gewebe zeigt der Muskel eine beständige Sauerstoffaufnahme und Kohlensäureabgabe, welche sich durch die Umwandlung des zuströmenden arteriellen Blutes in venöses zu erkennen giebt.

Auch an ausgeschnittenen Muskeln lässt sich eine Sauerstoffaufnahme und eine Kohlensäureausgabe nachweisen (du Bois-Reymond, G. Liebig); diese Processe finden auch in entbluteten Muskeln statt, sind also nicht dem Blute der Muskelgefässe, sondern der Muskelsubstanz selbst zuzuschreiben. Da jedoch starre Muskeln an der Luft denselben Gaswechsel zeigen, wie lebende (Hermann), so ist derselbe jedenfalls zum überwiegend grössten Theil nicht einem functionellen Process, sondern einer fauligen Zersetzung zuzuschreiben, welche namentlich die Oberfläche des Muskels, und ganz besonders die freiliegenden Querschnitte ergreift; die Grössen des Gaswechsels sind in der That um so bedeutender, je grösser die Oberfläche, und je mehr sich der Muskel der eigentlichen Fäulniss nähert. Vgl. auch p. 269.

c. Der Stoffumsatz bei der Erstarrung.

Schon oben (p. 271) ist erwähnt, dass die Erstarrung mit der Abscheidung eines Gerinnsels von Myosin verbunden ist. Ausserdem ist festgestellt, dass die Reaction des starren Muskels sauer ist (du Bois-Reymond); die entstehende freie Säure ist wahrscheinlich Milchsäure. Auch eine Kohlensäurebildung findet beim Erstarren Statt, der Kohlensäuregehalt der Muskelsubstanz ist nämlich viel kleiner, wenn der Muskel durch siedendes Wasser ohne Erstarrung getödtet ist, als wenn er zum Erstarren Zeit hatte (Hermann). Die behauptete Abnahme des Glycogengehalts beim Erstarren (O. Nasse) soll nach neueren Untersuchungen (Böhm) nur von gleichzeitiger Fäulniss herrühren.

Die Erstarrung ist hiernach mit complicirten chemischen Umsetzungen verbunden, welche noch nicht völlig übersehbar sind. Wird ein lebender Muskel in siedendes Wasser geworfen, so coaguliren zwar seine Eiweissstoffe und er verkürzt sich beträchtlich, es findet aber keine Säurung statt (du Bois-Reymond), und ebensowenig die anderen eben erwähnten Processe. Zum Erstarren gehört also längeres Verweilen auf Temperaturen unter 40° (vgl. p. 270); dicke Muskeln können beim Brühen in ihren inneren Schichten erstarren, weil sie hier nicht sogleich Siedehitze annehmen.

d. Der Stoffumsatz bei der Thätigkeit.

Der Stoffumsatz des arbeitenden Muskels hat als nothwendiges chemisches Substrat der Arbeit (p. 5) ein ganz besonderes Interesse. Bei der ersten Untersuchung dieser Art wurde festgestellt, dass von zwei Portionen ausgeschnittener Muskeln diejenige, welche nach dem Ausschneiden anhaltenden Reizungen ausgesetzt war, eine andre chemische Zusammensetzung hatte als die in Ruhe gebliebene; das Wasserextract war bei jener vermindert, das Alkoholextract vermehrt (Helmholtz).

Die nächste feststellbare Thatsache war, dass die Athmung des Muskels durch die Thätigkeit erhöht wird. Zuerst wurde dies an dem Gaswechsel des Gesammtorganismus beobachtet (Regnault & Reiset), dann auch am isolirten Muskel (Matteucci, Valentin, Hermann), und endlich auch durch die Untersuchung des den Muskel natürlich oder künstlich (p. 268) durchströmenden Blutes und seiner Gase (Ludwig mit Sczelkow und Schmidt). Der respiratorische Quotient des Muskels und des Gesammtorganismus wird durch Arbeit vergrössert.

Ferner wurde entdeckt, dass die Reaction des Muskels durch Anstrengung sauer wird (du Bois-Reymond), wie es scheint durch Bildung von Milchsäure.

Endlich scheint nach einer Reihe von Angaben der Glycogengehalt der Muskeln durch Thätigkeit sich zu vermindern (Brücke & Weiss, Chandelon u. A.)

Andere Angaben, namentlich über Eiweissconsum bei der Arbeit (theils auf Grund der angeblichen Harnstoffvermehrung, p. 211, theils auf Grund directer Muskelversuche), über Bildung von Kreatin und anderen N-haltigen Extractivstoffen, von Zucker, Fetten u. dgl., sind theils unrichtig, theils betreffen sie inconstante, an die Arbeit nicht nothwendig gebundene Zersetzungen. Sind die arbeitenden Muskeln noch im Kreislauf, so werden Stoffwechselproducte weggeführt, und die Vergleichung der Muskeln mit den ruhenden ergiebt dann Resultate, welche den obigen, jedoch nur scheinbar, widersprechen.

Ueber die Natur des chemischen Processes bei der Muskelarbeit s. unten.

9. Zur Theorie der Muskelthätigkeit.

Die wesentlichste Eigenschaft des Muskels ist die Fähigkeit, jeden Augenblick in den verkürzten Zustand übergehen zu können, aus demselben aber sogleich wieder in den gewöhnlichen zurückzukehren. Sehr bemerkenswerth ist es, dass die letztere Eigenschaft durch jede Schädigung des Muskels am meisten leidet (vgl. p. 251, 266), und dass der natürliche Tod des Muskels ebenfalls mit einer Verkürzung, aber mit einer bleibenden, verbunden ist. Es ist daher gerechtfertigt, die Verkürzungsrückstände durch abnorme Reize, Ermüdung, Absterben, Veratrin u. dgl. als Uebergangszustand zur Todtenstarre aufzufassen, und überhaupt die zahlreichen Analogien zwischen Contraction und Erstarrung (Formänderung mit Volumverminderung, Wärmebildung, Negativität, Säurung, Kohlensäure-Production) zum Ausgangspunct weiterer Betrachtung zu machen (Hermann).

Der chemische Process bei Contraction und Erstarrung ist mit Ausnahme der Myosinausscheidung, welche für die Contraction bisher nicht nachgewiesen ist, derselbe. Ja die Mengen freier Säure und der Kohlensäure, welche ein isolirter Muskel bei der Erstarrung bildet, fällt genau um so viel kleiner aus, wie er vor der Erstarrung durch Contraction gebildet hat (J. Ranke, Hermann). Man muss hieraus schliessen, dass bei Contraction und Erstarrung die gleiche Substanz zur Zersetzung kommt, und der isolirte Muskel einen bestimmten Vorrath derselben erhält.

Obgleich der Muskel keinen auspumpbaren Sauerstoff enthält, kann er ohne Blutzufuhr in O-freien Atmosphären und im Vacuum sowohl zahlreiche Contractionen vollziehen als auch todtenstarr werden. Der chemische Process, welcher bei diesen beiden Acten sich vollzieht, ist also keine Oxydation, sondern eine Spaltung, bei welcher, wie die freiwerdende Kraft beweist, stärkere Affinitäten gesättigt werden (Hermann). Da der sich selbst überlassene Muskel beständig Kohlensäure bildet, so darf vermuthet werden, dass der gleiche Spaltungsprocess schon in der Ruhe langsam abläuft, und zur Erstarrung führt, wenn der Vorrath der spaltbaren Substanz erschöpft ist, dass ferner Wärme und die Reize den Spaltungsprocess beschleunigen. Die krafterzeugende (inogene) Substanz muss wegen der Kohlensäure- und Milchsäurebildung kohlenstoffhaltig sein; manche vermuthen dieselbe in dem Glycogen (vgl. p. 287); indess geht die Milchsäure nicht aus dem Glycogen hervor, da dies bei der Starre nicht abnimmt (s. oben). Jedenfalls muss die krafterzeugende Substanz oder eine Vorstufe derselben durch das Blut zugeführt werden, da nur dies die Erschöpfung des Muskels verhindern kann. Da aber nur arterielles Blut diese Eigenschaft hat, muss weiter geschlossen werden, dass auch Sauerstoff sich an dem beständigen Ersatz der fraglichen Substanz betheiligt, also eine oxydative Synthese vorliegt. Ausserdem gehört zur Erhaltung des Muskels die Fortschaffung der Umsatzproducte (Kohlensäure, Milchsäure) durch das Blut.

Eine viel discutirte Frage ist, ob auch stickstoffhaltige Substanz bei der Muskelarbeit verbraucht wird. Allmählich sind fast alle Grundlagen dieser Behauptung (vgl. p. 221 und 287) hinweggeräumt, und ausserdem direct nachgewiesen worden, dass die während der Arbeitszeit verbrauchte Quantität von Eiweisskörpern (berechnet aus dem ausgeschiedenen Harnstoff) selbst bei übertrieben hoher Annahme ihrer Verbrennungswärme nicht im Stande ist, die geleistete Arbeit (in Wärmeeinheiten ausgedrückt) zu erklären (Fick & Wislicenus, Frankland). Die Analogie der Contraction mit der Erstarrung könnte auf die Vermuthung führen, dass auch bei ersterer eine Myosinausscheidung stattfinde (vgl. auch unten); dann müsste man aber annehmen, dass das ausgeschiedene Myosin bei der restitutiven Synthese der inogenen Substanz, welche hiernach stickstoffhaltig und von höchst complicirter Constitution wäre, wieder zur Verwendung kommt (Hermann). Eine isolirte Darstellung dieser Substanz ist wegen ihrer grossen Zersetzlichkeit, auf welcher ja die Muskelleistung beruht, nicht zu erwarten.

Dass sehr anstrengende Muskelarbeit trotzdem mit Vermehrung der Harnstoffausscheidung verbunden ist, wird häufig beobachtet; vermuthlich beruht dies auf wirklicher Erschöpfung und Erstarrung einzelner Fasern, wobei Eiweiss definitiv zerfällt. Diese Abnutzung im Muskel kann nur durch die morphologische Neubildung von Fasern ausgeglichen werden.

Die Ermüdung kann auf ein Zurückbleiben der Restitution hinter der Spaltung bezogen werden (vgl. p. 267). Die Unabhängigkeit beider Processe documentirt sich in der Veränderlichkeit des respiratorischen Quotienten und in seiner Zunahme bei der Arbeit; hier ist das Restitutionsbedürfniss besonders gross, die Beschleunigung der Blutzufuhr daher sehr zweckmässig. Das Sauerstoff-Anziehungsvermögen des Muskels kann durch reducirende Wirkungen nachgewiesen werden (Grützner, Gscheidlen).

Der Verkürzungsvorgang selbst ist noch vollkommen unerklärt; auch für ihn dürfte sich der Schlüssel dereinst in der Erstarrungsverkürzung finden. Für letztere ist ein Zusammenhang mit dem chemischen Process insofern angedeutet, als eine Eiweisscoagulation nachgewiesen ist, und jedes gefaserte eiweisshaltige Gewebe

(Sehnen, Nerven, Fibrinflocken etc.) sich bei der Coagulationstemperatur des Eiweisses in der Faserrichtung verkürzt (Hermann). Eine Erklärung hierfür ist aber noch nicht gegeben. Für die eigentliche Contraction aber, sollte sie auch mit einer Eiweissabscheidung zusammenhängen, wäre dann noch ihr Wiederverschwinden zu erklären. Endlich die Fortleitung der Erregung längs der Faser, ein Vorgang, welcher der Nervenleitung genau entspricht, sowie der Uebergang der Erregungsleitung von Nerv auf Muskel, bilden eine weitere Reihe ungelöster Fragen.

Gewöhnlich betrachtet man die Verkürzung als Resultat einer Anziehung von Theilchen in der Längsrichtung des Muskels, ohne dass aber diese Theilchen und die Natur der Anziehungskraft ermittelt wären. Gegen solche Theorien wurde früher der Schwann'sche Versuch (p. 258) geltend gemacht, nach welchem die Muskelkraft mit zunehmender Verkürzung abnimmt, während Anziehungskräfte mit der Annäherung der Theilchen wachsen. Indess würde auch eine auf (z. B. electrodynamischer) Anziehung beruhende verkürzungsfähige Vorrichtung das Schwann'sche Verhalten zeigen, sobald sie elastische Zwischenglieder erhält. Auch die Quellung der anisotropen Theile des Muskels bei der Contraction ist zum Ausgangspunct einer Theorie der letzteren gemacht worden (Engelmann). Für die Fortleitung der Erregung spielt vermuthlich der Actionsstrom eine wesentliche Rolle (s. beim Nerven). Wichtig ist, dass die Negativität der erregten Stelle früher eintritt als ihre Verkürzung (vgl. p. 280).

Für die Wirkung des Nervenendorgans auf die Muskelfaser sind, ausgehend von einer oberflächlichen Aehnlichkeit desselben mit der electrischen Platte der Zitterfische (Cap. X.), Theorien ausgebildet worden, welche darauf hinauslaufen, dass dasselbe der Faser einen electrischen Schlag ertheile („Entladungshypothesen" von Krause, Kühne, du Bois-Reymond). Ueber den Zeitverbrauch des Vorgangs im Nervenendorgan vgl. p. 252.

II. Die glatten Muskeln.

Die Physiologie der glatten Muskeln ist namentlich deswegen wenig entwickelt, weil sich von kaltblütigen Thieren kein geeignetes Untersuchungsmaterial gewinnen lässt. Von Warmblütern sind am meisten benutzt: Darm, Ureter, Blase, Retractor penis. Diese Organe enthalten aber ausser den Muskelfasern und zahlreichen Nerven auch viele Ganglienzellen, so dass sich automatische und reflectorische Erscheinungen einmischen.

Die Verkürzung der glatten Muskeln ist so träge (p. 253), dass man bei Reizung z. B. der Darmwand, ohne weitere Hülfsmittel ein langes Latenzstadium, ferner die Verkürzung und die Wiedererschlaffung beobachten kann; Curven lassen sich leicht gewinnen, und zeigen ausser dem gestreckten Verlauf ähnliches Verhalten wie die der quergestreiften Muskeln. Die Latenzzeit beträgt 0,4—0,8 sec. (Capparelli, Sertoli), die Dauer der ganzen Contraction wird zu 1 bis 3 Minuten angegeben (Sertoli). Kälte verlängert, Wärme verkürzt diese Vorgänge. Local erregte Verkürzungen pflanzen sich sehr langsam (20—30 mm. p. sec.) im glatten Muskelgewebe nach allen Richtungen fort, gehen also von einer Faserzelle auf die benachbarte über (Engelmann).

Die Reize sind im Wesentlichen dieselben wie für die quergestreiften Muskeln; für electrische Reize gilt das Zuckungsgesetz (Engelmann) (p. 261); einzelne Inductionsschläge sind oft wirkungslos und erst Wiederholung derselben macht eine Contraction, welche mit der Reizfrequenz zunimmt; bei langsamem Tempo tritt Tetanus ein. Ob die Contractionsgrösse mit der Reizstärke zunimmt oder wie beim Herzen (p. 81) constant bleibt, ist noch nicht endgültig festgestellt. Constante Ströme machen zuweilen rhythmische Contractionen (vgl. p. 263), welche jedoch auch spontan vorkommen und möglicherweise von den Ganglienzellen herrühren; ebenso die dyspnoischen Contractionen (Arterienverschluss, Erstickung). Dehnung erhöht die Erregbarkeit, ebenso Wärme. Plötzlicher Temperaturwechsel wirkt als Reiz (Sertoli). Die indirecte Reizung lässt sich am besten an den Gefässnerven und an der Iris (Cap. XII.) demonstriren. Ueber das galvanische Verhalten s. p. 276.

Bei der Untersuchung im polarisirten Lichte zeigen sich die glatten Muskelfasern in ganzer Ausdehnung doppeltbrechend, mit längsliegender optischer Axe (Brücke).

Die chemischen Bestandtheile der glatten Muskelfasern sind anscheinend dieselben, wie die der quergestreiften. Auf spontan gerinnbare Substanzen darf man aus der auch hier auftretenden Todtenstarre schliessen. Die Reaction wird stets neutral oder alkalisch gefunden (du Bois-Reymond); es ist daher unentschieden, ob auch hier bei der Starre eine Säurebildung stattfindet, welche vielleicht nicht genügt, das Alkali zu besiegen, oder so langsam erfolgt, dass der alkalisch machende Fäulnissprocess gleichen Schritt hält. Am contrahirten Uterus reagiren die Muskeln sauer (Siegmund).

19*

III. Die contractilen Zellkörper.

Die contractile Substanz kommt ausser in Form des Muskelgewebes auch in freien, membranlosen Conglomeraten vor, und bildet dann feinkörnige, meist microscopisch kleine Massen von sehr wechselnder Form, welche Kerne einschliessen, und deren Substanz man als Protoplasma bezeichnet. Solche contractile Massen sind: die ganze Leibessubstanz vieler niederer Thier- und Pflanzenformen (Amöben, Myxomyceten etc.), oder wenigstens die Weichtheile derselben (Rhizopoden), die farblosen Blutkörperchen und die ihnen analogen Bindegewebs-, Lymph-, Milz-, Schleim-, Eiterkörperchen der höheren Thiere; ferner der Inhalt vieler Pflanzenzellen.

Geschichtliches. Die Bewegung der Amöben entdeckte Rösel von Rosenhof 1755, die Protoplasmabewegung und Körnchenströmung der Rhizopoden Dujardin 1835. Bewegung freier Zellen in höheren thierischen Organismen wurde zuerst 1846 von Wharton Jones an den farblosen Blutkörperchen der Rochen beobachtet, dann 1850 von Davaine an denjenigen des Menschen. Später wurden diese Bewegungen namentlich von Lieberkühn, Häckel, M. Schultze, und an den Wanderzellen des Bindegewebes von v. Recklinghausen und Kühne untersucht. Die Protoplasmabewegungen der Pflanzen wurden von B. Corti 1772 an Chara, 1827 von Meyen an Vallisneria, und 1831 von Rob. Brown an Tradescantia entdeckt.

Die beobachteten Bewegungen sind: 1. Amöboide Bewegung, d. h. Aussenden und Wiedereinziehen einfacher oder sich verzweigender Fortsätze, wodurch das Gebilde activ wandern, und ferner fremde Körnchen in sich aufnehmen kann. 2. Fädchenströmung, die Ausläufer sind hier feine lange Fäden (Pseudopodien), ebenfalls wiedereinziehbar, mit einer strömenden Bewegung der Körnchen, welche zum Theil über die Oberfläche hervorragen. 3. Glitschbewegung, d. h. gleitende Bewegung einer oberflächlichen körnerfreien Schicht, durch welche das Gebilde sich fortbewegen kann. Bei Pflanzen finden sich ausser Fädchenströmungen in Strängen welche die Zellen durchziehen, auch rotirende Bewegungen körniger Randschichten der Zellen, entweder in sich allein oder mit Hinzuziehung der durchziehenden Fäden. Im Innern des körnigen Protoplasma sieht man Körnchen häufig in tanzender Molecularbewegung, ferner sieht man Bildung und Verschwinden kleiner mit Flüssigkeit oder Gas gefüllter Hohlräume (Vacuolen).

Diese Bewegungen werden durch die Temperatur stark beeinflusst; sie können nur in einem gewissen Bereiche bestehen, dessen

Minimum bei 0°, dessen Maximum bei etwa 40° liegt; in diesem Bereich sind sie um so lebhafter, je höher die Temperatur. Die Grenztemperatur sistirt die Bewegung bei kurzer Einwirkung nur vorübergehend, bei längerer für immer (Wärmestillstand, Wärmestarre). Eine weitere Bedingung ist die Sauerstoffzufuhr. Endlich darf die umgebende Flüssigkeit in ihrer Zusammensetzung, Concentration und Reaction nicht weit von der natürlichen abweichen. Destillirtes Wasser, fast alle Salze, Alkohol etc. heben sie auf, ebenso stark alkalische, besonders aber saure Reaction. Specifisch lähmend wirken manche Alkaloide, besonders Chinin (Binz).

Alle Protoplasmabewegungen sind automatisch, der Isolation der Gebilde entsprechend. Bei einigen festliegenden ist Nerveneinfluss behauptet, aber auch bestritten worden. Künstliche Reize bewirken meist allgemeine Contraction mit Annäherung an die Kugelform, unter Einziehung der Ausläufer und Stillstand der Strömungen; als solche wirken electrische Stromesschwankungen, Temperaturänderungen, Zerrung, Druck, chemische Einflüsse.

Eine befriedigende Erklärung der Protoplasmabewegungen existirt nicht; zahlreiche Analogien deuten auf eine Verwandtschaft des Protoplasma mit dem Muskelinhalt hin.

IV. Die Flimmer- und Samenkörperbewegung.

Die Flimmerbewegung wurde 1683 von de Heide an den Kiemen der Muscheln zuerst gesehen, und dann von verschiedenen Beobachtern das mannigfache Vorkommen in der Thierreihe aufgefunden. Die wichtigste zusammenfassende Darstellung ist die von Purkinje & Valentin 1835. Ueber die Entdeckung der Samenkörperbewegung s. Cap. XIII.

Beim Menschen kommt die Flimmer- oder Wimperbewegung vor: 1. auf der ganzen Respirationsschleimhaut mit ihren directen Fortsetzungen, d. h. Nasenschleimhaut (mit Ausnahme der Regio olfactoria), Nebenhöhlen der Nase, Thränencanal und Thränensack; Cavum pharyngonasale, Tuba und Paukenhöhle; Kehlkopf (mit Ausnahme der Stimmbänder), Luftröhre, Bronchien (bis an die Alveolen); 2. auf der inneren Genitalschleimhaut, nämlich Uterus, Tuben, Parovarium; Epididymis; 3. auf dem Ependym der Hirnhöhlen und des Rückenmarkscanals. Bei niederen Wirbelthieren flimmern auch Theile des Verdauungsschlauches, im Larvenzustand bisweilen auch die äussere Körperoberfläche. Die oberflächliche Epithelschicht dieser Flächen ist mit feinen structurlosen Härchen (Flimmercilien) dicht besetzt, welche unaufhörlich hin und her schwingen. Schleim, Wasser, Staub, das Ovulum etc. werden dabei in einer bestimmten Richtung fortgeschoben, offenbar weil die Schwingung in einer Ebene geschieht und nach der einen Richtung schnellerer Ausschlag stattfindet als nach der anderen. Abgelöste Flimmerzellen rudern sich durch die Cilien selber fort, ebenso niedere mit Cillen bedeckte Organismen, und Stücke von Flimmerhäuten, welche man auf die Flimmerseite legt. Dasselbe gilt von den Samenkörpern, welche als ein Körper mit einer einzigen Cilie zu betrachten sind (vgl. 4. Abschn.).

Legt man auf eine Flimmerhaut in passender Richtung eine leichte Walze, so geräth dieselbe in Rotation, welche, an einem Zeiger beobachtet (Calliburces), oder mittels galvanischer Contacte desselben registrirt (Engelmann), zur Beobachtung der Energie dienen kann. Die Kraft der Flimmerbewegung ist nicht unbedeutend; sie kann Lasten von über 3 grm. pro Qu.-mm. horizontal fortbewegen (Wyman). Bei schräger oder verticaler Aufwärtsbewegung kann 1 Qu.-cm. p. Minute 6,8 grm.-mtr. Arbeit leisten, oder die Zellen ihr eigenes Gewicht über 4 mtr. hoch heben (Bowditch).

Die Flimmerbewegung ist durchaus automatisch, vom Nervensystem durchweg unabhängig, und kann nach dem Tode des Thieres noch lange bestehen bleiben. Doch pflanzen sich die Schwingungsphasen wellenförmig über das Epithel fort, es scheint also eine Art Erregungsleitung von Zelle zu Zelle stattzufinden. Letzteres bestätigt sich dadurch, dass locale Abtödtung des Flimmerepithels das Flimmern auch in der in der Fortpflanzungsrichtung angrenzenden Strecke aufhebt (Grützner). Die Fortpflanzungsgeschwindigkeit wird zu mindestens 0,5 mm. p. sec., die Schwingungszahl eines Härchens zu mindestes 6—8 p. sec. angegebenen (Engelmann).

Die Bedingungen der Bewegung sind fast genau dieselben wie für die Protoplasmabewegung: Erhaltung der Concentration der Flüssigkeit, Sauerstoffzutritt (Kühne, nach Engelmann kann derselbe lange Zeit entbehrt werden), mittlere Temperatur; Erhöhung der Temperatur wirkt beschleunigend (Calliburces), ebenso electrische Stromesschwankungen (Kistiakowsky); sehr niedrige und sehr hohe Temperaturen bewirken einen Stillstand, der bei normaler Temperatur wieder aufhört: Kälte- und Wärmetetanus (Roth); bei 45° erfolgt bleibender Stillstand unter Säurebildung: Starre; eine spontane Starre tritt nach der Entfernung aus dem Organismus ein. Sehr schädlich sind auch hier die Säuren; der Einfluss der Alkalien, spontan erloschene Flimmer- und Zoospermienbewegung wieder zu erwecken (Virchow), beruht daher vielleicht nur auf Neutralisation schädlicher Säuren (Roth; während Engelmann auch den Säuren, dem Alkohol, Aether etc. wiederbelebende Kraft zuschreibt).

Auch die Flimmerbewegung ist noch vollständig unerklärt; das active Element scheint in dem Zellprotoplasma zu liegen, während die Cilien nur passiv bewegt werden; es liegt also eine besondere Form der Protoplasmabewegung vor.

Die flimmernden Häute (Rachenschleimhaut des Frosches) haben eine von aussen nach innen gerichtete electromotorische Kraft (Engelmann), welche aber auch den nicht flimmernden Häuten und Schleimhäuten zukommt (vgl. p. 131).

Achtes Capitel.

Die Bewegungen des Skelets und die Locomotion.

Geschichtliches. Das erste umfassende Werk über die Wirkung der Muskeln auf das Skelet und über das Stehen und die Locomotion ist das schon p. 245 erwähnte von Borelli (1680). Gegenüber seiner Darstellung enthielten die Schriften von Barthez (1798) und Gerdy (1829) nichts Neues von Bedeutung. Poisson (1833) berechnete die beim Gehen geleistete Arbeit. Einen wesentlichen Fortschritt begründeten hiernach erst die Gebrüder Wilhelm und Eduard Weber durch ihre 1836 erschienene Mechanik der menschlichen Gehwerkzeuge. Seit der Mitte dieses Jahrhunderts wurde das Gebiet hauptsächlich durch anatomische Arbeiten über die Gestalt der Gelenkflächen und die Bedeutung der Bänder gefördert (H. Meyer, Langer u. A.) In den letzten Jahren ist das Studium der Locomotion durch die Einführung der graphischen Registrirung und der Phasen-Photographie (Muybridge, Marey) in ein neues Stadium getreten.

I. Die Mechanik des Skelets.

Die Knochen sind grösstentheils beweglich mit einander verbunden. Absolut unbeweglich für solche Kräfte, die nicht das Bestehen des Organismus gefährden, ist nur die Verbindung der Knochen durch Nähte, wie sie am Schädel vorkommt. Durch Naht verbundene Knochen hat daher die Mechanik als ein unveränderliches Ganzes zu betrachten. Unter den beweglichen Knochenverbindungen sind zwei Formen zu unterscheiden: Die erste gestattet nur eine sehr geringe, aber der Richtung nach ziemlich unbeschränkte Bewegung; der Complex der verbundenen Knochen besitzt eine durch die Verbindung gegebene stabile Gestalt, aus welcher er nur durch bedeutende Kräfte entfernt werden kann, und in die er beim Nachlassen derselben mit elastischen Kräften zurückschnellt; diese Form bilden die Synchondrosen oder Symphysen. Die zweite Form gestattet eine ausgiebige, aber der Richtung nach beschränkte Bewegung, ohne wesentlichen Widerstand; sie bedingt also keine Gleichgewichtsstellung; diese Form bilden die Gelenke.

1. Die Synchondrosen.

Die Synchondrosen werden dadurch gebildet, dass zwei einander gegenüber stehende, meist congruente, Knochenflächen durch ein festeres oder weicheres Bindemittel, meist hyalinen oder Faserknorpel, zusammengekittet sind. Das Ausweichen des Bindemittels nach den Seiten wird durch eine ligamentöse Umhüllung der Verbindungsstelle verhindert. Die Beweglichkeit dieser Knochenverbindungen hängt ab: 1. von der absoluten Festigkeit des Bindemittels; 2. von den Dimensionen desselben; die Beweglichkeit ist nämlich (abgesehen von dem ad 3. genannten Einfluss) direct proportional der Länge der Verbindung, d. h. dem Abstande der beiden Knochenflächen, und umgekehrt proportional dem Querschnitt des Bindemittels, d. h. der Grösse der Knochenflächen; 3. von der Straffheit des umhüllenden Bandes. — Immer ist die Beweglichkeit sehr gering, und Muskelzüge haben daher auf derartige Knochenverbindungen fast keinen Einfluss. Dagegen ist die Elasticität derselben von grosser Bedeutung, namentlich für die Wirbelsäule, in welcher eine ganze Reihe von Synchondrosen (die Intervertebralknorpel) auf einander folgen, und dadurch der mehrfach gekrümmten Säule eine gewisse Biegsamkeit und grosse Elasticität verleihen (Näheres s. unter Stehen).

2. Die Gelenke.

Bei den Gelenken sind die der Bewegung entgegenwirkenden Widerstände auf ein Minimum reducirt. Dagegen ist die Richtung der Bewegungen schon durch die Form der Gelenkverbindung mannigfach beschränkt. — Die beiden mit einander in Gelenkverbindung tretenden Knochen kehren sich zwei glatte, überknorpelte Flächen

(Gelenkflächen) zu, welche durch gewisse weiter unten zu besprechende Mittel beständig in möglichst ausgedehnter gegenseitiger Berührung gehalten werden.

a. Die Formen der Gelenkflächen und die Drehaxen.

Die übersehbarsten Gelenkformen entstehen, wenn die Gelenkflächen an ihren einander berührenden Abschnitten beständig mit allen Puncten in Berührung bleiben, d. h. auf einander schleifen. Hierzu müssen die beiden Flächen nicht allein congruent sein, sondern sie müssen, damit überhaupt Bewegung gestattet sei, die Gestalt von Rotationsflächen haben. Die Axe der Rotationsfläche ist dann zugleich Drehaxe des Gelenkes, und das Gelenk ein einaxiges oder Charniergelenk (Ginglymus). Nur in dem Falle, wo die Gelenkfläche kuglig ist, kann jeder Durchmesser Drehaxe sein, das Kugel- oder Nussgelenk (Arthrodie) ist also vielaxig.

Rotationsflächen entstehen durch Rotation einer beliebigen ebenen Curve (die erzeugende genannt) um eine in ihrer Ebene liegenden Grade. Die hauptsächlichsten sind: der Cylinder und der Kegel (die erzeugende Curve ist eine Grade), die Kugel (die erzeugende ist ein Halbkreis, die Axe ihr Durchmesser), das Rotations-Paraboloid, -Ellipsoid und -Hyperboloid; durch Rotation von Bogenstücken entstehen ferner sphäroidische Flächen, wenn die Axe auf der concaven, und sog. Sattelflächen, wenn sie auf der convexen Seite liegt. Durch Rotation beliebiger Curven entstehen zahllose drehrunde und gekehlte Formen.

Ein vollkommenes Schleifen gestatten auch die Schraubenflächen, Rotationsflächen, bei deren Entstehung die erzeugende Curve eine dem Rotationswinkel proportionale Verschiebung parallel der Drehaxe erleidet. Bei den Schraubengelenken findet in Folge dessen mit der Drehung eine gegenseitige Verschiebung beider Knochen in der Axenrichtung Statt, wie bei einer Schraube in ihrer Mutter.

Die Bedingungen vollkommenen Schleifens sind nur bei einem Theile der im Körper vorhandenen Gelenke verwirklicht, und auch hier nirgends mit mathematischer Genauigkeit. Bei einer grossen Zahl von Gelenken sind die Gelenkflächen nicht congruent, so dass eine vollkommene und beständige Berührung unmöglich ist. Auch für die bereits besprochenen Formen sind Stellungen möglich, in welchen eine nicht ganz vollkommene, sondern nur annähernde Deckung stattfindet; dadurch ist z. B. den Gelenken mit sattelförmigen Flächen (s. oben) ausser der Drehung um die Rotationsaxe noch eine zweite gestattet, um eine Axe, welche zu jener senkrecht gerichtet ist, nämlich um eine durch das geometrische Centrum des rotirenden Kreisbogens gehende, zur Rotationsaxe senkrechte Axe, vorausgesetzt, dass die eine Gelenkfläche nur einen kleinen Theil der anderen bedeckt; solche Gelenke sind daher annähernd zweiaxig. Ueberall, wo keine unmittelbare Berührung der Gelenkflächen stattfinden kann, werden die Lücken durch gewisse im Gelenke befindliche Weichtheile und Flüssigkeiten ausgefüllt.

Wenn eine vollkommene Deckung der Gelenkflächen nicht erforderlich ist, so wächst dadurch die Zahl der Gelenkformen und die Möglichkeit ihrer Bewegungen in's Unübersehbare. Auch wird es dann unmöglich, aus der blossen Form der beiden Gelenkflächen auf die Beweglichkeit zu schliessen, da die Beschränkungen derselben überwiegend von den übrigen Bestandtheilen des Gelenkes herrühren. Eine allgemeine Betrachtung dieser unregelmässigen Gelenke, deren Flächen nicht Rotationskörpern angehören, ist daher unmöglich; jedes einzelne aber durchzugehen, würde, selbst wenn die Forschung bereits alle behandelt hätte, hier zu weit führen.

b. Die Haftmechanismen.

Die beständige und möglichst innige Berührung der beiden Gelenkflächen wird durch folgende Mittel erhalten: 1. Der Raum zwischen beiden Gelenkflächen ist nach aussen abgeschlossen. Beide Knochenenden werden nämlich durch ein kurzes Rohr mit einander verbunden, das um den Umfang jedes Gelenkkopfes angewachsen ist (Gelenkkapsel); die so gebildete Höhle hat nur ein capillares Lumen, und ist mit einer entsprechenden Menge einer zähen, schlüpfrigen Flüssigkeit (Gelenkschmiere, Synovia) erfüllt. Die beiden Gelenkflächen können sich demnach nicht weiter von einander entfernen, als die geringe in der Gelenkhöhle befindliche Flüssigkeitsmenge gestattet. Jede weitere Entfernung verhindert der äussere Luftdruck mit einer Kraft, die gleich ist dem Product aus dem Flächeninhalt der Sehnenfläche des schleifenden Flächenabschnitts und dem barometrischen Luftdruck für die Flächeneinheit. Diese Befestigung ist namentlich für Gelenke mit grossen Flächen von Wichtigkeit, besonders für die Kugelgelenke, bei welchen jede andere Befestigungsweise die allseitige Beweglichkeit beschränken würde. Beim Hüftgelenk, dem grössten Kugelgelenk des Körpers, ist die kleinere Gelenkfläche (die des Acetabulum) so gross, dass der Luftdruck dem Gewicht des ganzen Beins das Gleichgewicht hält, so dass letzteres nicht herabfällt, nachdem man alle umgebenden Weichtheile und selbst die Gelenkkapsel durchschnitten hat (Gebr. Weber); die Fläche des Acetabulum wird noch vergrössert und der Schluss des Gelenks gesichert durch einen den freien Rand umgebenden zugeschärften elastischen Knorpelring (Labrum cartilagineum), der sich bei allen Bewegungen innig an den Schenkelkopf anschmiegt. Wo eine mangelhafte Congruenz der Gelenkflächen einen grösseren Gelenkhohlraum nöthig macht, ist der grösste Theil desselben nicht durch flüssige Synovia, sondern durch verschiebbare Knorpel, Fettmassen oder Bänder, welche durch die Gelenkhöhle gehen, ausgefüllt; das ausgebildetste Gelenk dieser Art ist das Kniegelenk. 2. Bei fast allen Gelenken dienen ausserdem noch ligamentöse Massen zur Befestigung; dieselben bestehen entweder in gespannten Bändern, welche von einem Knochen zum andern hinübergehen (meist mit der Kapsel verwachsen), oder in gespannten Theilen der Kapsel selbst. Da die Haftbänder eine beständige Spannung besitzen müssen, so können sie nur so liegen, dass sie die Bewegung nicht hindern, also bei Charniergelenken an beiden Enden der Drehaxe. Bei den meisten Gelenken mit nicht congruenten Flächen werden erst durch die Insertion der Haftbänder die Drehaxen bestimmt. 3. Einen wesentlichen Beitrag zur Aneinanderheftung der Gelenkenden liefert die Spannung und Contraction der umgebenden Muskeln.

c. Die Hemmungsmechanismen.

Die Vorrichtungen, welche nicht die Richtung, sondern die Ausgiebigkeit der Gelenkbewegungen bestimmen, sind folgende: 1. besondere Gestaltung des Knochens; so bildet z. B. beim Ellbogengelenk das Anstemmen des Olecranon ulnae gegen den Sinus maximus humeri eine absolute Grenze für die Extension des Vorderarms; 2. sog. Hemmungsbänder, d. h. Ligamente, welche bei mittleren Gelenkstellungen ungespannt sind, aber bei gewissen extremen Stellungen sich anspannen (auch bei den Gelenken mit Knochenhemmung tritt häufig schon vor der Erreichung dieser eine elastische Bandhemmung ein). Einen Fall, wo die Haftbänder zugleich die Rolle von Hemmungsbändern spielen, liefern die sog. Spiralgelenke, von denen das Kniegelenk das auffallendste Beispiel bietet. Ein Sagittalschnitt durch das Gelenkende des Femur zeigt als Begrenzung eine Spirale, deren Mittelpunct nach hinten liegt und deren Vectoren von hinten nach vorn an Länge zunehmen. An den Endpuncten einer quer durch diesen Mittelpunct gelegten Axe (Tuberositas condyli interni und externi femoris) sind die oberen Enden der beiden Ligamenta lateralia befestigt (das untere Ende des inneren ist am Condylus internus tibiae, das des äusseren am Capitulum fibulae angeheftet). Durch diese beiden Bänder wird das Kniegelenk zu einem unvollkommenen Charniergelenk. Dadurch aber, dass bei flectirtem Knie die kleinsten Vectoren der Spirale, bei vorschreitender Extension immer grössere in die Richtung der Bänder einrücken, wird der Abstand ihrer Ansatzpuncte, mithin ihre Spannung, von der Flexions- zur Extensionsstellung stetig vergrössert, bis zu einem Maximum, über welches hinaus eine weitere Extension unmöglich ist. Hierdurch wird zugleich bewirkt, dass die Drehung des Unterschenkels um seine Längsaxe nur in der Flexion unabhängig vom Oberschenkel möglich ist, nicht aber bei gestrecktem Bein, wo Unter- und Oberschenkel durch jene Einkeilung ein einziges Stück bilden. 3. Auch die die Gelenke umgebenden Weichtheile (Muskeln, Sehnen, Haut) können ähnlich wie die Hemmungsbänder den Bewegungen durch ihre Anspannung Grenzen setzen.

Bei Muskeln, welche über zwei Gelenke laufen, kommt es vor, dass die Beugung oder Streckung des einen den Muskel der Art spannt, dass er zum Hemmungsbande für das andere wird (passive Insufficienz; unter activer Insufficienz versteht man den entgegengesetzten Fall, der ebenfalls bei zweigelenkigen Muskeln vorkommt, dass die Beugung oder Streckung des einen Gelenks den Muskel der Art abspannt, dass seine Contraction keinen Effect mehr hat; C. Hüter, Henke).

II. Die Wirkung der Muskeln.

Die Verkürzungsfähigkeit der Muskeln wird auf die mannigfaltigste Art benutzt, um Körpertheile, welche gegen einander beweglich sind, aus ihrer Gleichgewichtslage zu bringen, und dadurch Formveränderungen am Körper hervorzubringen. Die Gleichgewichtslage der Körpertheile wird durch mannigfache mechanische Einflüsse bestimmt, haupsächlich durch Schwere und Spannung (Elasticität).

Die Formveränderung, welche durch die Verkürzung eines Muskels (zunächst möge man sich statt des Gesammtmuskels eine einzelne Muskelfaser denken) bewirkt wird, lässt sich in jedem Falle berechnen, wenn die Gleichgewichtslage und die Beweglichkeit der zu bewegenden Objecte sowie die Situation des Muskels bekannt ist.

Die Muskelfasern sind entweder in geschlossenen Curven angebracht (z. B. die des Herzens, die Ringfasern des Darms, der Arterien, der Iris), dann wird durch ihre Contraction, d. h. durch Verkürzung des Umfangs der umschlossenen Figur, im Allgemeinen auch ihr Inhalt verkleinert, wobei zugleich eine Tendenz zur Annahme der Kreisform vorhanden ist, weil diese den grössten Inhalt bei gegebenem Umfang gestattet. — Oder (der Hauptfall bei den animalischen Muskeln) die Fasern sind zwischen zwei von einander unabhängigen Puncten ausgespannt; dieselben werden dann durch die Muskelcontraction einander genähert: ihre Verschiebungen verhalten sich umgekehrt wie die vorhandenen Widerstände; ist der eine Punct fest, so wird die ganze Kraft auf den andern verwendet. Die Richtung der Verschiebung braucht durchaus nicht mit der graden Verbindungslinie beider Puncte zusammenzufallen, sie hängt ab: bei frei beweglichen Puncten nur von der Richtung des sich inserirenden Muskel- oder Sehnenstranges, die durch rollenartige Vorrichtungen sehr häufig von jener Verbindungslinie abweicht; bei Puncten von beschränkter Beweglichkeit von der Richtung, welche gestattet ist. Immer wird eine Stellung erreicht, bei welcher die Insertionspuncte des Muskels einander nähergerückt sind, wozu oft beide Puncte ganz andre Wege zurücklegen müssen als ihre grade Verbindungslinie. Ein instructives Beispiel hierfür liefert die p. 115 erörterte Wirkung der Intercostalmuskeln auf die Rippen.

Beschränkte Bahn ist der gewöhnliche Fall bei den durch Gelenke verbundenen Knochen. Hier kann nur diejenige Componente des Muskelzuges wirksam werden, welche in die augenblickliche Tangente zur gestatteten Bahn fällt, während die zur Bahn normale Componente für die Bewegung fortfällt, d. h. der entsprechende Kraftantheil durch Druck auf die Widerstand leistenden Gelenkflächen etc. in Wärme verwandelt wird. Bei den einaxigen Gelenken ist der Knochenpunct gezwungen in einer zur Drehaxe senkrechten Kreisbahn zu bleiben. Hier ist also die Zugwirkung zu zerlegen in eine bewegende (tangentiale) und eine unwirksame (gegen die Axe gerichtete) Componente. Liegt die Zugrichtung nicht in der Ebene des Kreises, so kommt noch eine dritte Componente längs der Axe hinzu, welche nur dann wirksam ist, wenn das Gelenk eine Verschiebung längs der Axe gestattet. Das Drehmoment einer Muskelkraft in Bezug auf eine Axe, d. h. das Product aus der Kraft mit dem kleinsten Abstande zwischen Kraftrichtung und Drehaxe, ist stets leicht zu übersehen.

In Fig. 39, welche zwei durch ein Charnier c verbundene Knochen ca und cb darstellt, ist dg ($d_1 g_1$) die bewegende, und dh ($d_1 h_1$) die unwirksame Componente der Muskelfaser de, wenn df die Zugkraft darstellt. Man sieht, dass dg

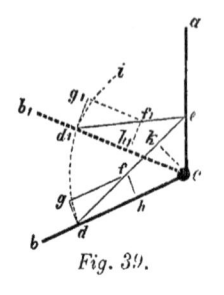

mit zunehmender Beugung zunimmt, dh dagegen abnimmt. Bezeichnet man die Kraft df mit K, so ist die wirksame Componente

$$dg = K . \sin cde,$$

und deren Moment am Hebelarm cd ist

$$K . cd . \sin cde$$

Da aber

$$cd . \sin cde = ck,$$

Fig. 39.

so ist das wirksame Moment $= K . ck$, d. h. die Kraft multiplicirt mit dem Abstand ihrer Kraft vom Drehpunct.

Wo mehrere Zugkräfte gleichzeitig auf denselben Punct einwirken, sind dieselben nach dem Parallelogramm der Kräfte successive zusammenzusetzen, um die Resultirende zu finden. Wirkt letzterer eine gleiche und entgegengesetzt gerichtete Kraft entgegen, so bleibt der Punct im Gleichgewicht. Ist der Punct gezwungen auf gegebener Bahn zu bleiben, so ist er schon dann im Gleichgewicht, wenn die Resultirende zur Bahn normal steht. — Die Zusammensetzung muss sowohl für die einzelnen Fasern desselben Muskels geschehen, um dessen resultirende Zugrichtung zu finden, als für verschiedene auf denselben Punct wirkende Muskeln.

Wirken mehrere Muskeln nicht auf den gleichen Punct, aber auf ein starres Punctsystem, so ist die Behandlung besonders einfach wenn dasselbe eine feste Drehaxe, oder einen festen Drehpunct hat (im letzteren Falle hat jeder Muskelzug seine besondere Drehaxe); man kann nämlich jetzt die Drehmomente als Längen auf die Drehaxen vom Drehpunct aus auftragen (in positiver oder negativer Richtung je nach dem Sinn des Drehmoments) und durch Zusammensetzung dieser Längen nach dem Parallelogramm der Kräfte die resultirende Drehaxe und das resultirende Drehmoment finden.

Eine Anwendung dieses „Parallelogramms der Drehmomente" s. bei der Lehre von den Augenbewegungen. Für die Rechnung ist es bequemer statt der Drehaxe und des Drehmomentes jedes einzelnen Muskels (resp. seiner resultirenden Zugrichtung) die Componenten nach drei zu einander senkrechten Drehaxen anzugeben. Als Beispiel diene folgende Tabelle für die Drehmomente der Hüftmusculatur beim Stehen (nach A. E. Fick), in welcher die drei Axen frontal (Flexion $+$, Extension $-$), sagittal (Abduction $+$, Adduction $-$) und vertical (Rotation nach aussen $+$, nach innen $-$) angenommen sind.

Wirkung der Muskeln am Skelet.

Muskel	Flexions-moment	Abductions-moment	Rotations-moment
Glutaeus max.	− 157,6	− 66,6	+ 78,2
Pyriformis	− 3,3	+ 15,1	+ 15,9
Obtur. und Gemelli	− 2,8	− 7,6	+ 18,8
Quadratus femoris	+ 0,3	− 26,2	+ 25,2
Semitendinosus	− 20,8	− 8,4	− 1,6
Biceps, cap. long.	− 32,7	− 9,9	+ 0,9
Semimembranosus	− 20,5	− 7,3	− 1,3
Adductor magn., obere Partie	+ 4,0	− 17,5	+ 2,1
„ „ untere „	− 42,7	− 67,1	− 1,4
Psoas und Iliacus	+ 76,6	0	− 12,2
Pectineus	+ 11,6	− 10,6	− 1,9
Adductor brevis	+ 26,5	− 42,2	+ 2,2
„ longus	+ 33,7	− 40,6	− 1,9
Gracilis	+ 3,9	− 17,6	0
Sartorius	+ 11,2	+ 4,0	+ 0,7
Tensor fasciae	+ 12,5	+ 7,6	0
Rectus femoris	+ 46,2	+ 14,8	+ 3,0
Glutaeus medius	− 9,9	+ 114,2	− 17,6
„ minimus	+ 7,9	+ 53,9	− 15,8
Obturator ext.	+ 16,8	− 25,1	+ 0,1
Summe	− 40,7 (extendirend).	− 137,2 (adducirend).	+ 93,3 (nach aussen rotirend).

Ebenso für die **Schultermusculatur** (A. E. Fick) bei vertical hängendem Arm (hier bedeutet + Flexion, Adduction, Rotation nach innen; − das Entgegengesetzte):

Muskel	Componenten des Moments			Grösse des Momentes	Winkel der Drehaxe mit der		
	Flexion	Adduction	Rotation		Flexions-axe	Adduc-tionsaxe	Rota-tionsaxe
Coracobrachialis	+ 30,1	+ 20,9	0	36,7	34,5°	55°	90°
Cap. brev. bicipitis	+ 34,4	+ 19,0	+ 4,2	39,5	29	61	84
Infraspin. Port. 1	+ 8,3	− 10,6	− 23,3	26,9	72	113	150
„ „ 2	+ 10,9	+ 4,6	− 19,3	22,7	61	78	148,5
Teres major	− 33,3	+ 43,1	− 10,3	55,4	127	39	79
Supraspinatus	+ 4,6	− 23,6	+ 10,3	26,2	80	154,5	113
Cap. long. bicipitis	− 8,0	+ 23,6	0	24,9	109	19	90
Teres minor	+ 6,6	+ 18,4	− 13,5	23,8	74	39,5	125
Subscapul. Port. 1	+ 5,2	− 10,7	+ 22,3	25,3	78	115	28
„ „ 2	− 9,5	− 17,8	+ 23,3	26,2	111	106	27
„ „ 3	− 17,2	− 5,2	+ 16,4	24,3	135	102	47,5
Deltoideus Port. 1	+ 32,8	+ 7,8	+ 8,9	34,8	20	77	75
„ „ 2	+ 23,8	− 9,8	+ 11,8	28,3	33	110,5	56
„ „ 3	− 8,4	− 28,5	− 5,4	30,1	106	161	96,5
„ „ 4	− 24,8	− 6,0	− 5,8	26,2	161	103	103
„ „ 5	− 35,3	+ 20,6	− 7,0	41,5	148,5	60	100
„ „ 6	− 28,3	+ 42,9	− 8,2	52,1	123	34,5	99
„ „ 7	− 28,2	+ 60,9	− 10,1	67,9	114,5	26	98,5
Cap. long. bicipitis	+ 9,2	− 20,4	+ 11,6	25,4	68,5	143,5	62,5

Mit Aenderung der Lage ändern sich natürlich auch die Drehaxen und die Momente.

Für eine verlangte Bewegung lassen sich ferner durch Rechnung diejenigen Muskelcontractionen angeben, welche sie bewirken; hierzu muss die Bewegung unendlich klein angenommen werden, und ferner muss, damit die Aufgabe bestimmt werde, das Minimum von Muskelanstrengung vorausgesetzt sein (es könnten z. B. zwei antagonistische Muskeln sich contrahiren ohne auf das Resultat einzuwirken), eine Bedingung, welche auch in der Natur wahrscheinlich stets erfüllt ist.

Im Vergleich zum Angriffspunct der zu bewegenden Lasten oder zu bewältigenden Widerstände greifen die Muskeln meist relativ nahe den Drehaxen an, wirken also an kurzen Hebelarmen. Hierdurch wird Geschwindigkeit auf Kosten der Kraft gewonnen. Die meisten Hebel des Knochengerüstes sind einarmig, doch kommen auch einzelne zweiarmige vor (z. B. der Vorderarm für den am Olecranon angreifenden Triceps).

Die genaue Anpassung der Muskeldimensionen (vgl. p. 257) an die Function lässt sich sowohl vergleichend anatomisch, als auch durch Beobachtung der Muskelveränderungen bei pathologischen Skeletabweichungen (Gelenksteifigkeit etc.) nachweisen (Roux, Strasser).

Von den Skeletbewegungen sind ausser der schon besprochenen Athembewegung besonders die Bewegungen der Extremitäten von Interesse, jedoch erst zum kleinsten Theile wissenschaftlich untersucht. Die Bewegungen der oberen Extremität sind so ungemein mannigfaltig, dass es schwer sein dürfte eine Uebersicht zu gewinnen. Mehr typisch sind die Bewegungen der unteren Extremität, von denen hier das Gehen, nach Vorausschickung der Lehre vom Stehen, kurz erörtert werden soll.

III. Das Stehen.

Unter freiem Aufrechtstehen versteht man diejenige Gleichgewichtsstellung des Körpers, bei welcher der Gesammtkörper nur durch die beiden den Boden berührenden Fusssohlen gestützt ist. Wäre der ganze Körper eine starre, ungegliederte Säule, so wäre hierfür keine weitere Bedingung zu erfüllen, als dass der Schwerpunct derselben durch die Unterstützungsfläche (gegeben durch die Berührungspuncte zwischen Fusssohlen und Boden) gestützt wäre, d. h. dass die Schwerlinie (ein durch den Schwerpunct gehendes Loth) den Boden innerhalb der Unterstützungsfläche träfe. Zu einer solchen starren Säule kann aber der Körper nur dadurch werden, dass alle in Betracht kommenden beweglichen Knochenverbindungen unbeweglich festgestellt werden. Beim natürlichen Stehen geschieht diese Feststellung fast ohne Beihülfe von Muskelcontractionen, so dass die Muskeln beim Stehen nur für das allerdings etwas anstrengende Balancement des ziemlich labilen Gleichgewichts beschäftigt sind.

Die in Betracht kommenden Knochenverbindungen sind: die Tarsal- und Tarso-Metatarsal-Gelenke, das Fussgelenk, das Kniegelenk, das Hüftgelenk, die Wirbelverbindungen (die Beckensymphysen können als absolut fest gelten) und die Gelenke zwischen Kopf und obersten Halswirbeln. Die übrigen Knochenverbindungen (des Thorax, der oberen Extremität und der Kiefer) kommen nicht in Betracht, weil die betreffenden Knochen nur an den übrigen aufgehängt sind.

1. *Die Gelenke zwischen Kopf und oberen Halswirbeln.* Die beiden Gelenkflächen zwischen Kopf und Atlas bilden Theile einer einzigen, nach oben concaven Fläche, deren Krümmung frontal geringer ist als sagittal; das Gelenk ist also im wesentlichen zweiaxig, d. h. die sagittale Drehaxe liegt im Kopfe höher als die frontale, und um letztere geschehen die ausgiebigsten Bewegungen. Bei vornüber gebengtem Kopf gestattet das Gelenk auch eine Rotation des Kopfes auf dem Atlas. Die hauptsächlichste Rotation geschieht aber im Gelenk zwischen Atlas und Epistropheus; der Proc. odontoideus des letzteren bildet in seinem Gelenk eine verticale Drehaxe für Atlas mit Kopf. Die Gelenkflächen der Proc. obliqui sind im Sagittalschnitt an Atlas und Epistropheus gegen die Gelenkhöhle convex. Da bei der Zahndrehung diese beiden Flächen auf einander ruhen, so muss Atlas und Kopf in der symmetrischen Mittelstellung am höchsten stehen und bei den Seitwärtsdrehungen etwas heruntergleiten: die Bewegung ist also schraubenartig; vermuthlich wird durch diese Einrichtung die Zerrung des Rückenmarks bei der Seitenwendung des Kopfes verhütet. — Während in den folgenden Knochenverbindungen Alles auf Ersparung von Muskelarbeit und mechanische Fixation berechnet ist, erfordert die allseitige Beweglichkeit des Kopfes, dass die Stellung desselben ausschliesslich von dem Contractionszustande der zahlreichen Muskeln des Halses und Nackens abhängt. Fehlt dieser (im Schlaf etc.), so sinkt bei aufrechter Rumpfstellung der Kopf nach vorn über und stützt sich mit dem Kinn auf die Brust, da der Schwerpunct des Kopfes weiter nach vorn liegt, als sein Unterstützungspunct.

2. *Die Wirbelsäule.* Da die Wirbelverbindungen der Hauptsache nach Synchondrosen sind, so bildet die Wirbelsäule einen starren, aber

etwas biegsamen und sehr elastischen Stab; derselbe ist mehrfach gekrümmt, nach vorn convex in der Hals- und Lendengegend, nach vorn concav im Brust- und Kreuzbeintheil. Die Beweglichkeit der Wirbelsäule, welche im Kreuztheil ganz fehlt, nimmt nach oben zu, weniger durch die Abnahme des Querschnitts der Intervertebralknorpel (denn dieser Einfluss wird zum Theil compensirt durch die parallel gehende Abnahme der Höhe derselben; vgl. p. 296), als durch die Beschaffenheit der wahren Gelenke zwischen den Processus obliqui. In der Lendenwirbelsäule stehen diese Gelenkflächen fast vertical, sagittal und nahezu einander parallel (schwach nach vorn convergent), so dass jeder obere Wirbel wie eingezapft in den unteren eingreift; Rotation um die Längsaxe ist dadurch vollkommen verhindert, auch Beugung und Streckung sowie Biegung nach den Seiten nur in geringem Grade möglich. Am Rücken stehen die Gelenkflächen mehr frontal, nach hinten convergent, und gestatten dadurch eine Längsdrehung, da ihre gemeinsame Axe etwa in die Wirbelkörper fällt, auch die Seitenbeugung ist nicht absolut verhindert, Vor- und Rückwärtsbeugung aber ohne Klaffen fast unmöglich. In der Halswirbelsäule nähern sich die Flächen der horizontalen Richtung und gestatten alle drei Bewegungsrichtungen. Durch die Vereinigung von Symphysen und Gelenken vereinigt die Wirbelsäule beide Eigenschaften: beschränkte Bewegungsrichtung und elastische Rückkehr zur Gleichgewichtslage.

3. *Das Hüftgelenk* (vgl. p. 298). a) Der Schwerpunct des hier zu unterstüzenden Körperantheils, Rumpf + Kopf, liegt in einer durch den Proc. xiphoideus sterni gelegten Horizontalebene (Weber), und zwar nahe der Wirbelsäule (vor dem 10. Brustwirbel, Horner); er schwankt begreiflich mit der Füllung des Digestionsapparates u. s. w. Das durch ihn gelegte Loth (die Schwerlinie) fällt hinter die Verbindungslinie der Hüftgelenke. Der Rumpf müsste hiernach hinten überfallen, wäre er nicht vorn jederseits durch ein starkes, an die Spina ilium ant. inf. geheftetes Band, Lig. superius seu iliofemorale, am Oberschenkelknochen (Linea intertrochanterica ant.) befestigt (H. Meyer). Der Rumpf wird also auf den Schenkelköpfen etwa so gehalten, wie ein schräg geschultertes Gewehr, dessen Hintenüberfallen man durch Festhalten des Kolbens mit der Hand verhindert. Ganz ähnlich wie das Lig. iliofemorale wirkt der vordere Theil der gespannten Fascia lata (Lig. iliotibiale) und die Spannung der grossen Unterschenkelstrecker (M. extensor quadriceps), mit dem Unterschiede, dass der untere Ansatzpunct dieser Halter am Unterschenkel liegt.

b) Seitliches Ueberfallen, d. h. eine Drehung des Rumpfes um einen Schenkelkopf nach der Seite, würde eine Adduction des Oberschenkels über die Mittellinie hinaus erfordern, welche jedoch bei gestrecktem Oberschenkel durch das Lig. teres verhindert wird (das Lig. teres hemmt bei gestrecktem Oberschenkel die Adduction, bei gebeugtem die Rotation), namentlich wenn es durch das Auswärtsrollen des Beines, wie es beim Stehen der Fall ist, gespannt wird; dies Auswärtsrollen besorgt der Glutaeus maximus; der Adduction wirkt ferner das gespannte äussere Blut der Fascia lata entgegen. c) Eine Feststellung gegen Rotation des Rumpfes auf dem Schenkelkopf ist beim Stehen auf zwei Beinen unwesentlich; das Lig. iliofemorale muss bei seiner Anspannung in der Streckung den Oberschenkel nach innen zu rotiren suchen, resp. durch Rotation desselben nach aussen in seiner Spannung verstärkt werden; hierdurch wird der Kniemechanismus zu einem Unterstützungsmittel der Hüftbefestigung (s. unten).

4. *Das Kniegelenk.* a) Der gemeinsame Schwerpunct von Kopf + Rumpf + Oberschenkeln liegt zwar tiefer, aber nicht wesentlich weiter nach vorn, als der von Kopf und Rumpf allein. Auch für das Kniegelenk fällt also die Schwerlinie hinter den Unterstützungspunct, freilich so wenig, dass geringe Kräfte genügen, um das Hintenüberschlagen (Beugung) zu verhindern. Diese bestehen in der Spannung des Lig. iliotibiale (s. oben), in geringer Spannung und Contraction des Extensor quadriceps und endlich in dem Umstande, dass zur Beugung im Kniegelenk bei feststehendem Unterschenkel das Femur eine geringe Rotation nach aussen machen müsste, gegen welche, wie eben erwähnt, das Lig. iliofemorale in der Streckung antagonistisch wirkt, so dass Knie und Hüfte sich gegenseitig befestigen (H. Meyer). b) Die Feststellung in frontaler Richtung ist schon durch die Charnierbewegung des Kniegelenks, nämlich durch die Ligg. lateralia unnöthig gemacht. c) Die Rotation auf den Unterschenkeln ist in der Streckung durch den p. 299 f. erwähnten Mechanismus verhindert.

Eine vollständige physiologische Betrachtung des Kniegelenks, des grössten und complicirtesten Gelenkes, würde hier zu weit führen. Die Ligamenta lateralia machen das Knie zu einem Charniergelenk; durch die Abspannung derselben in der Flexion (p. 300) wird jedoch ausserdem eine Rotation des Unterschenkels um seine Längsaxe möglich, wobei die im Inneren des Gelenkes liegenden Ligamenta cruciata als Haftbänder fungiren. Aber auch die Charnierbewegung selbst enthält ein nothwendiges rotatorisches Element (H. Meyer), indem durch die Ungleichheit der Sagittalschnitte des Condylus externus und internus femoris, deren letzterer nach vorn verlängert ist, die durch beide Schnitte gelegte ideale Gelenkfläche des Femur kegelförmig wird. Bei der Streckung muss daher, etwa wie bei einem zweirädrigen Karren mit ungleichen Rädern, zugleich eine Rotation stattfinden, und zwar rotirt bei festgehaltenem Femur die Tibia bei der Extension nach aussen, bei festgehaltener Tibia das Femur nach innen. Bei der Flexion auf dem Unterschenkel müsste also der Oberschenkel nach aussen rotiren, was in Widerspruch treten würde mit der nach innen rotirenden Componente des Lig. iliofemorale bei der Streckung.

5. *Das Sprunggelenk.* Der Schwerpunct des Gesammtkörpers liegt ungefähr im Promontorium ossis sacri, die Schwerlinie (die Füsse werden hier vernachlässigt) trifft hiernach beim Stehen etwas vor die Verbindungslinie der beiden Fussgelenkaxen. Es muss also hier das Vornüberschlagen des Körpers verhindert werden. Dies kann geschehen: a) dadurch, dass die Axen der beiden Sprunggelenke einen Winkel mit einander bilden, so dass eine gleichzeitige Rotation um beide ohne Stellungsveränderung (Entfernung) der Beine unmöglich ist; b) durch Einklemmung des hinteren, schmaleren Theils der Astragalusrolle in die von den beiden Malleolen gebildete Gabel, welche in der Streckung des Unterschenkels so eng ist, dass sie den vorderen, breiteren Theil der Rolle nicht aufnehmen kann (wie es doch beim Vornüberbeugen nöthig wäre); die Einklemmung zwischen den Malleolen geschieht durch die mit dem Schluss der Streckung des Unterschenkels verbundene Rotation der Tibia (s. oben), wodurch die Gabel so gedreht wird, dass sie die Rolle schräg umgreift; c) durch die Contraction und Spannung der Fussbeuger (im anatomischen Sinne), Gastrocnemius, Soleus, Tibialis post., Peronaei post. etc.

6. *Kleine Fussgelenke.* Die Tarsal- und die Metatarsalknochen bilden ein Gewölbe, auf dessen höchstem Punct (Caput astragali) die Last des Körpers ruht, und das sich mit drei Puncten auf den Boden stützt: mit dem Tuber calcanei (Ferse) und mit den Capitula metatarsi 1. und 5. (Ballen der grossen und kleinen Zehe.) Die Wölbung, welche die Schwere des Körpers abzuplatten sucht, wird hauptsächlich durch die Spannung der Bänder an der Plantarseite des Fussskelets erhalten; nur bei krankhafter Erschlaffung derselben giebt die Wölbung nach (Plattfuss). — Die Zehen dienen beim Stehen nicht zur Unterstützung des Körpers, sind jedoch auch hier für die Balancirbewegungen, namentlich aber beim Gehen von Wichtigkeit. Auch das

Stehen auf den Zehen ist nur ein Balanciren auf den Capitula metatarsi mit gestrecktem Fussgelenk (i. vulgären S.), wobei der Rumpf soweit vorgebeugt wird, dass seine Schwerlinie in die Unterstützungslinie fällt.

Die im Vorstehenden erwähnten Schwerpunctslagen werden dadurch ermittelt, dass man eine Leiche, resp. den fraglichen Theil derselben, auf ein um eine Axe oder auf einer Schneide drehbares, äquilibrirtes Brett legt, und so lange verschiebt bis Gleichgewicht eintritt; dies ist in verschiedenen Lagen der Leiche zur Drehaxe zu wiederholen; bei jedem Versuch liegt der Schwerpunct in der durch die Axe gehenden Verticalebene (Borelli, Gebr. Weber). Die Lage des Schwerpuncts nach vorn oder hinten bestimmt man genauer durch Versuche am Lebenden, den man steif stehend sich bis zum Falle neigen lässt (H. Meyer).

Sitzen.

Beim Sitzen ruht der Rumpf auf den beiden Tubera ischii, wie auf den Kufen eines Wiegepferdes (H. Meyer); er kann deshalb nach vorn und nach hinten schaukeln. Man unterscheidet eine vordere und eine hintere Sitzlage, je nachdem die Schwerlinie des Rumpfes vor oder hinter die Verbindungslinie der Ruhepuncte der Tubera ischii fällt. — In der vorderen Sitzlage wird das Vornüberfallen des Rumpfes verhindert: a) durch Anstemmen desselben (Aufsetzen der Ellbogen auf den Tisch u. s. w.), b) durch Fixation gegen die unteren Extremitäten, welche durch Aufsetzen der Füsse auf den Boden, oder der Oberschenkel auf den vorderen Stuhlrand gestützt sind; die Fixation geschieht hauptsächlich durch die Oberschenkelstrecker. — In der hinteren Sitzlage muss sich der Rumpf gegen eine hintere Lehne stützen, entweder mit dem Rücken (Rückenlehne, hohe Stuhllehne), oder mit der concaven Lumbosacralgegend (Kreuzlehne, niedrige Stuhllehne). Auch ohne Lehne kann das Gleichgewicht erhalten werden, dadurch dass die Spitze des Kreuzbeines den dritten Unterstützungspunct bildet. Endlich kann durch weites Vorstrecken der Beine und Fixation des Rumpfes gegen diese durch (anstrengende) Muskelwirkung eine Stellung erreicht werden, bei welcher der Gesammtschwerpunct so weit nach vorn gerückt wird, dass die Füsse den dritten Unterstützungspunct abgeben. Sowie in dieser Stellung der Rumpf ein wenig rückwärts neigt, verlassen die Füsse den Boden.

IV. Das Gehen und Laufen.

Die Untersuchung des Ganges geschah ursprünglich durch einfache Betrachtung Gehender; auf diese Weise konnten die Grunderscheinungen genügend festgestellt werden (Gebr. Weber). Gewisse Eigenschaften des Ganges (Schwankung um die Längsaxe) erfordern Betrachtung von oben, andere (Auf- und Niederschwankung des Rumpfes) eine einfache Graphik, indem z. B. ein an der Schulter befestigter Pinsel an einer Wand eine Spurlinie zeichnet. Vervollkommnete graphische Methoden gestatten aber die Feststellung weiterer Details (Marey). Der Ort des Aufsetzens der Füsse und somit die Schrittlänge kann einfach durch die Spuren im Sande, oder durch eine abfärbende Substanz an der Sohle bestimmt werden, die Zeit des Aufsetzens durch ein in der Sohle angebrachtes Luftkissen, welches mit dem Pantographen (p. 2) verbunden ist; diesen und den rotirenden Cylinder kann der Gehende in der Hand tragen. Auch der Druck des aufgesetzten Fusses kann durch schwer comprimirbare Luftkissen in der Sohle, welche mit dem Pantographen verbunden sind, registrirt werden.

Vollständige Bilder der Gangphasen liefert die Momentanphotographie. Die vollkommenste Methode derselben besteht in folgendem: Die weiss bekleidete Versuchsperson geht längs eines schwarzen Hintergrundes, dessen Bild auf der empfindlichen Bromsilber-Gelatineplatte Platz hat. In das Objectiv der Camera wird aber durch eine mit Ausschnitten versehene schnell rotirende Platte nur für eine Reihe von Momenten das Licht eingelassen. Hierdurch entsteht eine Reihe von Momentbildern, welche, wegen der Ortsveränderung des Gehenden, nebeneinander auf der Platte erscheinen. Zur Registrirung der Momente, welchen jedes Bild entspricht, wird ein auf dem Hintergrund angebrachtes Zifferblatt mit schnell rotirendem Zeiger mit photographirt; jede auf dem Bilde erscheinende Zeigerstellung entspricht einer Aufnahme; eine solche Vorrichtung sieht man in Fig. 45 oben links. Folgen, wie es für genaue Analyse nöthig ist, die Aufnahmemomente sehr rasch aufeinander, so decken sich die Bilder theilweise, und die Photographie wird schwer entwirrbar. Sie wird aber deutlicher, wenn der Gehende nur auf der einen Körperhälfte weiss, auf der anderen schwarz bekleidet ist, so dass nur die erstere Körperhälfte photographirt wird. Fig. 41 (auf p. 312) stellt die Copie einer solchen Aufnahme dar. Noch mehr lassen sich die phasischen Momentbilder häufen, wenn man die ganze Person schwarz bekleidet, und nur die Linien des Skelets, auf welche es hauptsächlich ankommt, auf der dem Apparate zugewandten Körperhälfte mit weissen Borten markirt. Eine derartige Aufnahme ist in Fig. 44 dargestellt.

Das Vorwärtsgehen besteht darin, dass das Becken und mit ihm der Rumpf rhythmisch abwechselnd durch eins der beiden Beine (das active) gestützt und eine Strecke weit (eine Schrittlänge) vorwärts geschoben wird, während das andere (passive) Bein nur an ihm hängt. Im Beginne eines Schrittes ist das während desselben active Bein leicht gebeugt und senkrecht gestellt, und bildet eine Cathete eines rechtwinkeligen Dreiecks, dessen Hypotenuse von dem nach hinten vollkommen ausgestreckten und nur mit der Zehenspitze den Boden berührenden passiven Bein gebildet wird, und dessen andere Cathete die Verbindungslinie beider Füsse am Boden darstellt. Das active Bein geht nun, das Becken vorschiebend, aus seiner senkrechten Cathetenstellung in eine schräg nach vorn gerichtete Hypotenusenstellung über, wobei es sich; da das Becken in horizontaler Richtung vorgeschoben werden soll, entsprechend verlängern muss. Dies geschieht dadurch, dass sich das (im Anfang leicht gebeugte) Bein in allen seinen Gelenken vollkommen streckt; die Streckung im Fussgelenk (vulgär) bedingt eine Ablösung der Ferse vom Boden, wodurch der Stützpunct auf die Capitula metatarsi übergeht; auch diese aber werden zuletzt vom Boden erhoben, so dass das Bein nur noch mit der Spitze der grossen Zehe den Boden berührt; der Fuss wird also wie eine aufgehobene Kette vom Boden abgewickelt. Jetzt hat das active Bein gegen den Rumpf dieselbe Stellung, welche im Anfang das passive hatte. — Dieses letztere, welches soeben beim vorhergehenden Schritte als actives fungirt, also dieselbe Bewegung durchlaufen hatte, verlässt im Beginn des Schrittes den Boden und macht um seinen Aufhängepunct am Becken eine Pendelschwingung nach vorn (Gebr. Weber), durch welche sein Fuss um eben so weit vor den activen gebracht wird, als er im Beginn des Schrittes hinter demselben stand, d. h. eine Schrittlänge; er wird jetzt niedergesetzt und steht, da unterdess die Vorschiebung des Beckens durch das active Bein vollendet ist, senkrecht unter diesem, wie im Anfange des Schrittes der active Fuss. Während der Pendelschwingung hat sich das Bein wieder flectirt, wodurch zugleich das Streifen des Fussbodens verhindert wurde. Beide Beine stehen nun, jedoch mit vertauschten Rollen, genau wie im Anfang des Schrittes, und es beginnt ein neuer Schritt; das ganze Dreieck ist um eine Schrittlänge vorgeschoben, der active Fuss ist stehen geblieben, der passive um zwei Schrittlängen vorgependelt.

Fig. 40 stellt, nach Gebr. Weber, 14 auf einander folgende Stellungen des Körpers während eines Schrittes dar, der Deutlichkeit halber in vier Gruppen vertheilt. Die Gruppe 4 bis 7 giebt die Stellungen, bei welchen beide Füsse den Boden berühren. In 8 hat das abgewickelte passive Bein den Boden verlassen, macht in 8 bis 14 seine Pendelschwingung, welche sich in 1 bis 3 vollendet; in 12 oder 13 etwa ist es vor dem activen Bein vorübergegangen, und ist in 14, 1, 2, 3 vor demselben; in 4 ist es niedergesetzt, und beginnt etwa in 7 activ zu werden. Weit sprechender ist die Marey'sche Photographie Fig. 41, welche die rechte Körperhälfte (s. oben) bei langsamem Gehen darstellt. Sie umfasst 4 Schritte; die

312 Gehen. Geschwindigkeit.

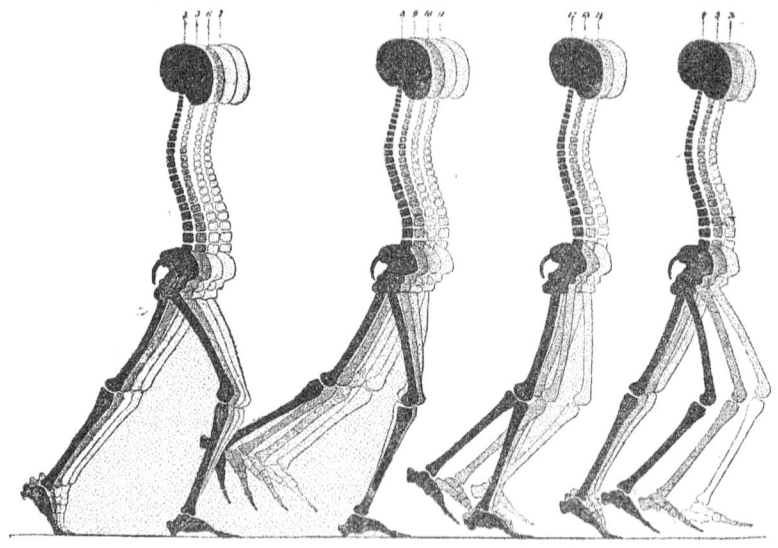

Fig. 40.

ersten 3 Bilder zeigen die Activität, die beiden nächsten das Pendeln, die 3 folgenden wieder die Activität u. s. f. Man erkennt auch die begleitenden Armbewe-

Fig. 41.

gungen, sowie das unten zu erwähnende Auf- und Niederschwanken des Rumpfes. Die Zahlen bedeuten etwa halbe Secunden.

Geschwindigkeit des Gehens.

Die Geschwindigkeit, mit welcher der Gehende fortschreitet, muss abhängen: 1. von der Schrittlänge s; ist l die Länge eines Beines bei völliger Streckung, f seine Verkürzung durch Flexion im Beginn der Abwicklung, so ist nothwendig

$$s = \sqrt{l^2 - (l-f)^2} = \sqrt{f(2l-f)},$$

Schrittlänge und Schrittdauer. Laufen. 313

d. h. die Schrittlänge ist um so grösser, a) je länger das Bein (die Person), b) je grösser seine Verkürzung durch Flexion, d. h. je niedriger das Becken getragen wird; Fig. 42 stellt das Profil der Beine der gleichen Person bei kleinen und bei grossen Schritten dar. — 2. von der Schrittdauer t. Für ein einzelnes Bein setzt sich die ganze Periode, d. h. die Dauer zweier Schritte, zusammen aus der Zeit der Abwicklung a und der Zeit der Pendelschwingung b, es ist also

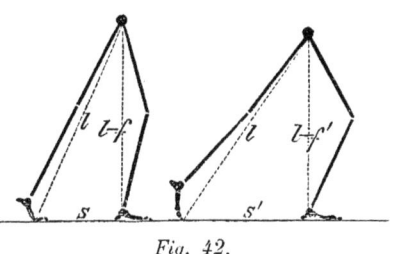

$$t = \tfrac{1}{2}(a+b);$$

der Schritt erfordert also um so weniger Zeit, a) je rascher die Abwicklung geschieht, was von der Willkür abhängt, b) je kürzer die Pendelschwingungsdauer, d. h. je kürzer das Bein (die Person); kleine Personen machen also rasche, aber kurze Schritte. Bei gewöhnlichem schnellen Gange ist $a = b$, also $t = a = b$, die Schrittdauer also gleich der Schwingungsdauer; dies wird durch die Curven r und l (für rechtes und linkes Bein) in A, Fig. 43, dargestellt; die graden Linien stellen die Zeit der Abwicklung oder Bodenberührung, die Bogen die Zeit der Schwingung dar. Bei langsamem Gange (B, Fig. 43) ist dagegen $a > b$, in Folge dessen existirt bei jedem Schritte ein Zeitraum $c = \tfrac{1}{2}(a - b)$, in welchem beide Füsse den Boden berühren. Umgekehrt beim Laufen (Springen, Rennen) ist $a < b$ (siehe C, Fig. 43), d. h. die Abwicklung geschieht so rasch und schleudernd (wozu starke Flexion im Anfang nöthig ist), dass der Körper geworfen wird, und in dem Zeitraum $c = \tfrac{1}{2}(b-a)$ kein Fuss den Boden berührt. Man kann daher auch die Schrittdauer t als die Summe der Schwingungsdauer b und der Zeit $c = \tfrac{1}{2}(a-b)$, in welcher beide Füsse den

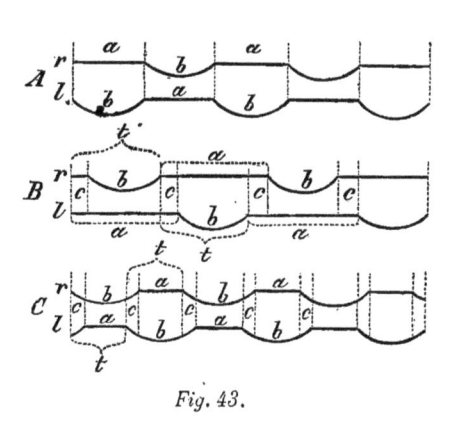

Boden berühren, definiren; diese Zeit wird bei schnellem Gang 0, beim Lauf negativ. Der Werth $t = b + c$ ist derselbe wie oben, denn $b + \frac{1}{2}(a-b) = \frac{1}{2}(a+b)$. Die Ganggeschwindigkeit ergiebt sich also zu

$$v = \frac{s}{t} = \frac{\sqrt{f(2l-f)}}{\frac{1}{2}(a+b)}.$$

Fig. 44 ist eine Marey'sche Skelet-Photographie eines Laufenden, in der p. 310 besprochenen Weise gewonnen. Die Zeiteintheilung stellt je $\frac{1}{15}$ Secunde dar.

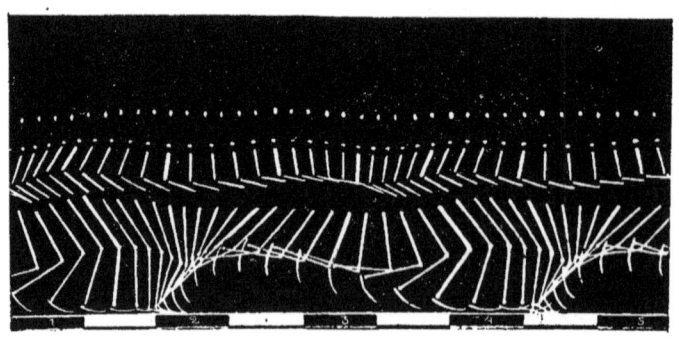

Fig. 44.

Die vorstehende Beschreibung des Ganges ist wesentlich schematisch, und wird in dieser Hinsicht durch die verschiedenen Einwände, welche namentlich gegen die Pendelschwingung erhoben worden sind, nicht umgestossen. Für die Theorie spricht namentlich, dass bei schnellem Gange die Schrittdauer wirklich der Dauer einer Pendelschwingung des Beins entspricht (Gebr. Weber). Als Nebenerscheinungen beobachtet man beim Gange ein leichtes Auf- und Niedergehen des Rumpfes (beim Gehen etwa 32, beim Laufen 21 mm., Gebr. Weber), welcher also nicht streng horizontal vorgeschoben wird; ferner eine leichte Schwankung desselben um die Längsaxe (aus der Vogelperspective erkennbar), indem die Beckenseite des activen Beins etwas vorangeht; Mitbewegungen der oberen Extremität u. dgl. m. Der Rumpf ist nach vorn geneigt, um so stärker je schneller der Gang. Als Beispiele der absoluten Zeit- und Raumwerthe mögen hier einige äusserste und mittlere aus den zahlreichen Messungen der Gebr. Weber herausgegriffen werden.

Gehen.			Laufen.		
Schrittdauer	Schrittlänge	Geschwindigkeit	Schrittdauer	Schrittlänge	Geschwindigkeit
0,335 sec.	0,851 m.	2,397 m.	0,247 sec.	1,753 m.	6,66 m.
0,630 „	0,658 „	1,044 „	0,326 „	0,934 „	2,862 „
1,050 „	0,398 „	0,379 „	0,301 „	0,315 „	1,047 „

Unter Springen versteht man eine schnellende Streckung eines oder beider Beine nach starker Beugung, wodurch der Rumpf in die Höhe geworfen und eine Strecke weit, z. B. über einen Graben, ein Seil, fortgeschleudert wird. Die Mannigfaltigkeit dieser Bewegungsform ist, ihrem verschiedenen Zweck entsprechend, weit grösser als die des Ganges.

Fig. 45 ist die Phasenaufnahme eines Sprunges über ein schlaffes Seil. Beim Anlauf ist die Vorwärtsbewegung viel schneller als beim Niedergang, daher die Bilder bei ersterem weit abstehend, beim letzteren gedrängt und sich theilweise

Fig. 45.

deckend; die Aufnahmen sind nämlich, wie der mitphotographirte Zeiger aufweist (vgl. p. 310), in genau gleichen Intervallen gemacht. In dem Augenblick der höchsten Elevation werden die Arme nach oben gestreckt, und dadurch dem Schwerpunct eine nach oben gerichtete, dem Fall entgegengesetzte Bewegung ertheilt, durch welche der Fall gemildert wird.

Auf den Gang der Vierfüsser kann hier nicht eingegangen werden.

V. Das Schwimmen.

Das wahre Schwimmen an der Oberfläche des Wassers, für Luftathmer die einzige länger aushaltbare Form, ist in der Regel kein einfach hydrostatisches Schwimmen, da das specifische Gewicht des

Körpers grösser ist als das des Wassers, und auch der Gasgehalt der Lungen und des Darmes das mittlere specifische Gewicht des Gesammtkörpers nicht unter das des Wassers bringen; es findet daher ein langsames Sinken statt, welchem Muskelbewegungen, sog. Schwimmbewegungen, entgegenzuwirken haben. Das Schwimmen ist um so leichter: 1) je grösser der oben angegebene Gasgehalt, also in Inspirationsstellung erleichtert; Leichen steigen durch Fäulnissgase an die Oberfläche; die Brust steht beim Schwimmen höher als der Hinterkörper; Vögel schwimmen wegen ihrer Luftsäcke ohne Weiteres, dazu kommt noch die im Gefieder gefangene Luft; 2) je fettreicher der Körper; 3) je schwerer das Wasser; im Meerwasser und namentlich im Wasser sehr salzreicher Steppenseen (todtes Meer) ist das Schwimmen begünstigt.

Die angegebenen Schwimmbewegungen sind wesentlich solche, welche durch einen Flächendruck nach unten gegen den Widerstand des Wassers den Körper heben, und so das Sinken rhythmisch compensiren. Aehnliche Flächendrücke nach hinten treiben den Körper vorwärts, und lenken ihn seitwärts. Die drückende Hand muss in die Ausgangsstellung entweder langsamer oder in widerstandsfreierer Haltung (schneidend) zurückkehren, damit die beiden Bewegungen sich nicht in ihrer Wirkung aufheben.

Uneigentlich wird auch die Bewegung der Fische innerhalb des Wassers als Schwimmen bezeichnet. Auch der Fisch würde wegen seines specifischen Gewichtes zu Boden sinken, wenn er nicht durch den Gasgehalt der Schwimmblase gehoben würde. Compression der Schwimmblase durch die umgebenden Muskeln vermindert den Auftrieb; es ist aber eine irrthümliche Ansicht, dass der Compressionszustand der Blasenluft den Fisch für verschiedene Niveau's in dem Sinne accommodire, dass er um so stärker wird, je tiefer der Fisch sinken will; denn das kaum compressible Wasser hat trotz des sehr verschiedenen Druckes in allen Niveau's die gleiche Dichte. Da todte Fische an die Oberfläche gelangen, so scheint es, dass bei nicht comprimirter Blase der Fisch leichter ist, als das verdrängte Wasser, so dass ein bestimmter Grad von Compression der Blasenluft nöthig ist um den Fisch mit dem Wasser ins Gleichgewicht zu setzen. Er würde nun in jedem Niveau sich aufhalten können, wenn nicht der mit dem Niveau variable Druck das Volum der eingeschlossenen Luft zu verändern strebte. Hierdurch würde der Fisch immer unaufhaltsamer aufwärts getrieben werden, wenn er nicht durch den Grad der activen Compression den Einfluss des Niveau's compensirte. Er muss also, um sich stets mit dem Wasser im Gleichgewicht zu erhalten, die Blase um so stärker comprimiren, je höher er sich befindet. Allerdings wird der Fisch, wenn er mit irgend einem Niveau im Gleichgewicht ist, durch Nachlass der Contraction steigen, durch Zunahme sinken, aber ersteres würde ihn bis an die Oberfläche, letzteres bis auf den Grund bringen; er muss also, um z. B. beim Steigen in einem bestimmten höheren Niveau stehen zu bleiben, nunmehr die Blase wieder comprimiren, und zwar stärker als im tieferen Niveau. Da die disponible Muskelkraft eine Grenze hat (bei vielen Fischen sind überhaupt keine direct auf die Blase wirkenden Muskeln vorhanden), und der Gasgehalt der Blase ein bestimmter ist, so wird jeder Fisch auf einen bestimmten Tiefenbereich angewiesen sein. Tiefseefische werden mehr Gas enthalten müssen, als Hochseefische; werden erstere gewaltsam an die Oberfläche gezogen, so langen sie meist mit geplatzter Blase an. Eine dauernde Anpassung an geringere oder grössere Tiefen kann durch Verminderung resp. Vermehrung des Gasgehalts der Blase erfolgen, erstere durch Entleerung (wo ein Schlundcanal vorhanden ist) oder Resorption, letztere durch Secretion.

Die Fortbewegung des Fisches unter Wasser geschieht durch Beugung und Streckung des Rumpfes, besonders des Schwanzes, unter Beihülfe der Flossen. Plötzliche Streckung des Schwanzes treibt das Thier vorwärts; die seitliche Componente wird durch abwechselnde Streckung von beiden Seiten her compensirt. Auch hier muss die Beugung mit geringerer Geschwindigkeit oder in anderer Haltung geschehen als die Streckung (vgl. oben).

VI. Das Fliegen.

Die Bewegung in der Luft ist der im Wasser insofern analog, als der Körper beständig die Tendenz zum Sinken hat, welcher durch reactive Bewegungen der Flügel entgegengewirkt werden muss. Diese bestehen in raschem Drucke der Flügelfläche nach unten, während das Zurückkehren nach oben in widerstandsfreierer Haltung erfolgt. Der speciellere Modus der Bewegung, welcher noch wenig erforscht ist, sowie die Art des Steuerns in der Luft, kann hier nicht erörtert werden. Der Vogel ist ausser durch die Grösse der Flügel und die enorme Brustmusculatur, welche durch den Brustbeinkamm eine sehr vergrösserte Ansatzfläche gewinnt, auch durch die mit den Lungen communicirenden Luftsäcke und den Luftgehalt der Knochen für das Fliegen organisirt, indem dadurch das Volumen, dessen Widerstand das Fallen erschwert, ohne Vermehrung der Masse vergrössert ist.

Auch für das Studium der Flugbewegung wird die Momentanphotographie mit Vortheil verwendet (Marey). Da aber der helle Himmel das p. 310 besprochene Verfahren verbietet, so wird eine Camera auf den Vogel gerichtet, welche eine schnell rotirende photographische Platte enthält; diese geht mit ihrer peripherischen Zone am Objectiv vorbei, und wird in kurzen Intervallen festgehalten, während gleichzeitig eine andere mit Ausschnitten versehene Platte dem Lichte auf einen Moment (von $1/700 - 1/1200$ sec.) Zutritt gestattet; so entsteht an der Peripherie der Scheibe eine Reihe von Momentbildern. Der Apparat hat die Gestalt einer Flinte.

Ueber die centrale Innervation der Locomotionsbewegungen s. unter Centralorgane.

Neuntes Capitel.

Die Stimme und Sprache.

Der durch den Kehlkopf und die Rachen-, Mund- und Nasenhöhle streichende Exspirationsluftstrom, ausnahmsweise auch der Inspirationsstrom, wird benutzt, um Theile dieser Organe in Schwingungen zu versetzen und dadurch Klänge und Geräusche hervorzubringen; erstere bezeichnet man als Stimme, beide, sobald sie als Zeichen zum Zwecke der Verständigung benutzt werden, als Sprache.

Geschichtliches. Schon Galen weiss, dass die Stimme durch Anblasen der Stimmritze entsteht. Nach Haller's Darstellung scheint Dodart 1700 der Erste gewesen zu sein, welcher erkannte, dass die Höhe des Stimmtons hauptsächlich von der Spannung der Stimmbänder abhängt. Ferrein zeigte 1741, dass die Weite der Stimmritze keinen Einfluss auf die Tonhöhe hat; er lehrte zuerst ausgeschnittene Kehlköpfe künstlich anblasen. Die erste genaue Herleitung des Stimmklanges aus der Physik der membranösen Zungenpfeifen lieferte Joh. Müller 1839 auf Grund der acustischen Untersuchungen von Chladni, Biot, Savart, W. Weber und Wallis. Einen weiteren Fortschritt führte die Erfindung und Vervollkommnung des Kehlkopfspiegels durch Garcia (1855) und Czermak (1860) herbei, sowie die von Helmholtz 1863 eingeführte Klanganalyse. Umfassende Darstellungen der Physiologie der Stimme lieferten ausserdem namentlich Liscovius 1814, Harless 1853 und C. L. Merkel 1857.

Die Sprache scheint zuerst von Amman 1727 wissenschaftlich untersucht worden zu sein. van Kempelen förderte dies Gebiet 1791 namentlich durch die Construction einer Sprechmaschine. Die physicalische Analyse der Vocale wurde durch die Untersuchung der Flüsterlaute von Willis 1832 und Donders 1857 angebahnt, und von Helmholtz 1858 und 1863 auf die lauten Vocale ausgedehnt. Die Physiologie der Consonanten förderte namentlich Brücke 1858 durch die Entdeckung des Stimmantheils an den Tennes. Die Erfindung des Telephons (Graham Bell 1877) und des Phonographen (Edison 1878) vertiefte das Studium der Sprachlaute beträchtlich.

I. Die Stimme.
1. Klänge und Töne im Allgemeinen.

Als Klang bezeichnet man (Helmholtz) jede Gehörempfindung, welche durch regelmässige periodische Schwingungen hervorgebracht wird. Sind die Luftschwingungen einfach pendelartig, so wird der Klang zum Ton. Jede complicirte regelmässige Schwingung lässt sich aber nach einem bekannten mathematischen Lehrsatz in eine Summe einfach pendelartiger Schwingungen zerlegen, deren Schwingungszahlen sich wie 1 : 2 : 3 u. s. w. verhalten (Fourier). Diese Zerlegung kann jedoch nicht bloss mathematisch, sondern auf gleich zu beschreibende Weise auch gewissermassen mechanisch geschehen. Es lässt sich also jeder Klang auffassen als **eine Summe von Tönen**, deren Schwingungszahlen sich wie 1 : 2 : 3 u. s. w. verhalten (Partialtöne des Klanges). Den tiefsten dieser Töne nennt man den **Grundton** des Klanges, die folgenden dessen **harmonische Obertöne**. Hat der Grundton die Schwingungszahl n, so sind die Schwingungszahlen der harmonischen Obertöne: 2n (Octave des Grundtons), 3n (Duodecime), 4n (2. Octave), 5n (grosse Terz davon) u. s. w. Die Anzahl der Partialtöne und die relative Stärke der einzelnen ist bei verschiedenen Klängen, z. B. bei denen verschiedener Instrumente, äusserst verschieden; oft fehlen einzelne Partialtöne aus der Reihe ganz. Man benennt den Klang meist nach seinem stärksten Partialton (Hauptton, die andern: Nebentöne). Tritt ein Ton, z. B. a, in verschiedenen Klängen als Hauptton auf, so bezeichnet man dies im gewöhnlichen Leben dadurch, dass man die Note a mit verschiedener **Klangfarbe** (Timbre) gehört habe. Die Schwingungscurve eines Klanges, welche man mittels eines Phonautographen, gegen welchen der Klang tönt, gewinnen kann, weicht von der seines Grundtones in ihrer Gestalt mannigfaltig ab, lässt aber dessen Periode stets erkennen; man sagte daher früher, zwei gleich hohe und starke „Töne verschiedenen Timbres" differiren in dem Verlauf ihrer (gleich langen und hohen) Wellen.

Wenn ein materieller Punct pendelartig um eine Gleichgewichtslage schwingt, so ist sein Abstand y von dieser Gleichgewichtslage zur Zeit t:

$$y = a . \sin 2\pi \frac{t}{T}.$$

Der Werth von y schwankt periodisch zwischen den Grössen $+a$ und $-a$; a ist also die Amplitude der Schwingung. T ist die Zeit, nach deren Verlauf y immer wieder den gleichen Werth erreicht, also die Dauer einer vollständigen Periode (Hin- und Herschwingung). Ist T der $n$te Theil der Zeiteinheit (Secunde), also $n = 1/T$ die Anzahl der Schwingungen in der Secunde, so kann man auch schreiben:

$$y = a . \sin (2\pi . nt).$$

Ist ferner $y = P(t)$, worin P eine beliebige, aber periodische Function der Zeit darstellt, so lässt sich nach Fourier's Lehrsatz die Function in folgender Reihe entwickeln:

$$y = A_0 + a_1 \sin 2\pi . nt + a_2 \sin 2\pi . 2nt + a_3 \sin 2\pi . 3nt + ...$$
$$+ b_1 \cos 2\pi . nt + b_2 \cos 2\pi . 2nt + b_3 \cos 2\pi . 3nt + ...$$

Hierin lassen sich je zwei unter einander stehende Glieder zu einem einzigen vereinigen, wenn man setzt:

$$\sqrt{a_1{}^2 + b_1{}^2} = A_1, \quad \sqrt{a_2{}^2 + b_2{}^2} = A_2 \text{ u. s. w.}$$

und
$$arc\ tg\ \frac{b_1}{a_1} = c_1, \quad arc\ tg\ \frac{b_2}{a_2} = c_2 \text{ u. s. w.}$$

Man erhält dann:

$$y = A_0 + A_1 \sin(2\pi.\ nt + c_1) + A_2 \sin(2\pi.\ 2nt + c_2) + A_3 \sin(2\pi.\ 3nt + c_3) + \ldots$$

y stellt sich also dar als eine Summe von Gliedern, deren jedes eine pendelartige Schwingung bedeutet, die Schwingungszahlen sind:

$$n,\ 2n,\ 3n \text{ u. s. w.}$$

Die Coëfficienten $A_1, A_2, A_3 \ldots$ sind die Amplituden der einzelnen Schwingungen. Die Grössen $c_1, c_2, c_3 \ldots$ bedeuten, dass die einzelnen Glieder für $t = 0$ nicht Null werden, sondern zu einer anderen Zeit (nämlich zur Zeit $t = -\dfrac{c_1}{2\pi.\ n}$ u. s. f.); d. h. die Schwingungen beginnen nicht mit gleicher, sondern mit verschiedenen Phasen, und die Grössen $c_1, c_2 \ldots$ geben diese Phasenverschiedenheit an. Ist die Function $y = P(t)$ gegeben, so lassen sich jedesmal die Grössen A und c durch Rechnung finden

Die Zerlegung eines Klanges in seine Partialtöne geschieht am einfachsten durch Mittönen oder Resonanz (Helmholtz). Durch einen einfachen Ton werden fast ausschliesslich die Körper in Mitschwingung versetzt, welche dieselbe Schwingungszahl haben; durch einen Klang aber alle diejenigen, deren eigene Schwingungszahl mit der eines seiner Partialtöne übereinstimmt, und zwar genau in dem Intensitätsverhältniss, welches den einzelnen Partialtönen bei der Zerlegung des Klanges nach der Fourier'schen Reihe zukommt. Hat man also eine Reihe von leicht mittönenden Körpern (Resonatoren), deren Eigentöne den einzelnen harmonischen Obertönen eines Tones a entsprechen, so werden, beim Ertönen eines Klanges vom Grundton a, die einzelnen Resonatoren mit verschiedenen Intensitäten, einzelne gar nicht, mittönen. Als Resonatoren benutzt man meist mit zwei Oeffnungen versehene Glas- oder Blechkugeln, oder Trichter, deren eine Oeffnung in den Gehörgang passt. So wie in einem Klange der Eigenton des Resonators als Partialton vorkommt, so wird dieser laut gehört, während alle übrigen Töne unhörbar bleiben (das andere Ohr wird verstopft). Wird der Resonator mit einer Gasleitung so verbunden, dass er nur durch eine feine Membran von ihr getrennt ist, so kann man seine Schwingungen durch die Flamme objectiv darstellen, indem man dieselbe mit einem rotirenden Spiegel betrachtet (König). Durch Rechnung kann man aus der phonautographischen Klangcurve das

Intensitätsverhältniss der Partialtöne ermitteln, wenn eine genügende Anzahl von Ordinaten der Curve gemessen sind.

Ebenso wie man auf diese Weise die Klänge analysiren kann, kann man sie auch umgekehrt aus einfachen Tönen zusammensetzen. Methoden, völlig einfache Töne darzustellen und zu combiniren, s. unter Sprache.

Auch der Schall des Kehlkopfes und der ihm analogen Zungenpfeifen sind Klänge, in denen der Grundton bedeutend überwiegt, aber die harmonischen Obertöne meist bis zum 6. oder 8. durch die Analyse nachweisbar sind.

2. Die Klänge der Zungen und Zungenpfeifen.

Unter Zungen im acustischen Sinne versteht man elastische Platten, welche in einer Oeffnung so angebracht sind, dass ein durch die Spalten an den Rändern der Platte geblasener Luftstrom sie in Schwingungen versetzt, etwa wie ein Fiedelbogen die Saite; da die Schwingungen zugleich dem Luftstrom eine periodische Verstärkung und Schwächung ertheilen, indem sie die Spalten weiter und enger machen, so ist der Klang weit stärker, als wenn die Zunge allein auf irgend eine Weise in Schwingungen versetzt wird. Starre, metallene oder hölzerne Zungen besitzen die Kindertrompete, die Maultrommel, das Harmonium, die Zungenpfeifen der Orgel, die Clarinette, Oboe, das Fagott; membranöse Zungen der Kehlkopf in den Stimmbändern, und die Blechinstrumente (Trompete, Horn etc.) in den Lippen des Blasenden. Künstlich kann man eine membranöse Zunge sich herstellen, indem man über das Ende eines Holz- oder Papprohrs zwei Kautschukblätter so spannt, dass ihre Ebenen dachförmig zusammenlaufen, und an der Berührungsstelle eine Spalte bleibt.

Bei starren Zungen ist die Schwingungszahl

$$n = k \cdot \frac{h}{l^2} \sqrt{\frac{gE}{s}},$$

worin k eine Constante, h die Dicke, l die Länge, s das spec. Gewicht der Platte, E ihr Elasticitätsmodulus und g die Beschleunigung des Falls. Bei membranösen Zungen befolgt dagegen annähernd die Schwingungszahl das gleiche Gesetz wie bei Saiten. Für letztere ist

$$n = \frac{1}{2l} \cdot \sqrt{\frac{gP}{q \cdot s}},$$

worin, bei sonst gleicher Bedeutung der Buchstaben, P die Spannung, in Gewicht ausgedrückt, und q den Querschnitt bezeichnet; sie ist also hier der Länge umgekehrt, der Wurzel der Spannung direct proportional. Bei membranösen Zungen hängt die Spannung P auch von der **Stärke des Anblasens** ab, welche demnach den Ton erhöht. Die Schwingungszahlen n sind aber nur die des tiefsten Partialtons; durch Schwingen in Knoten kommen noch höhere hinzu, deren Schwingungszahlen Vielfache von n sind.

Zungenpfeifen nennen die Meisten die Verbindung einer Zunge mit einem Rohr (manche nennen jede in einem Rahmen schwingende Zunge eine Zungenpfeife); den Rohrabschnitt vor der Zunge nennt man **Windrohr**, den anderen **Ansatzrohr**. Das Ansatzrohr giebt für sich einen Ton, dessen Schwingungszahl annähernd

$$n = \frac{c}{l}, \text{ resp. } n = \frac{c}{2l},$$

je nachdem die Pfeife offen oder gedeckt ist; hierin ist l die Rohrlänge und c die Schallgeschwindigkeit in der Luft. Die Ansatzröhren können den Zungenton durch Interferenz vertiefen, und zwar nach fogendem Gesetz (W. Weber, Willis): Das Rohr lässt den Ton unverändert, wenn es die Länge l hat, bei welcher sein Eigenton dem Zungenton gleich ist, oder wenn es $2l$, $3l$, $4l$ etc. lang ist. Ehe es aber die Länge l, $2l$, $3l$ ... erreicht, findet jedesmal eine Vertiefung statt, welche unmittelbar vor l bis auf $^1/_2 n$, vor $2l$ nur bis $^3/_4 n$, vor $3l$ bis $^5/_6 n$ etc. geht, bei den Längen l, $2l$ etc. springt der Ton jedesmal auf die ursprüngliche Höhe zurück. Beim Kehlkopf existirt übrigens kein höhenändernder Einfluss des Ansatzrohrs, weil dasselbe zu weich und unregelmässig ist. Dagegen wirkt es auf die Klangfarbe ein.

3. Die stimmbildenden Vorrichtungen.

Die **wahren Stimmbänder** sind, wie ein Frontalschnitt durch den Kehlkopf lehrt (Fig. 46), zwei prismatische, sagittal gestellte Massen aa, welche zwischen ihren inneren scharfen Kanten eine Spalte, die **Stimmritze**, frei lassen, die innere Kante ist rein ligamentös und der eigentlich schwingende Theil. Die Stimmbänder sind vorn dicht neben einander an der hinteren Fläche des Schildknorpels befestigt; dieser Insertionspunct kann, vermöge der Drehbarkeit des Schildknorpels um eine frontale, durch seine Gelenke am Ringknorpel gehende Axe, einen Bogen beschreiben, welcher von hinten (und oben) nach vorn und etwas nach unten geht; die Stimmbänder werden dadurch **gespannt** und **entspannt**. Die hinteren Insertionspuncte beider

Stimmbänder sind getrennt, jeder am Proc. vocalis eines Giessbeckenknorpels; sie können der Hauptsache nach eine Bewegung von innen nach aussen ausführen, durch Drehung der Giessbeckenknorpel um ihre verticale Axe, hierdurch kann die Stimmritze bis zum Schluss **verengt**, und umgekehrt **weit geöffnet** werden, und zwar, da die vorderen Insertionspuncte stets vereinigt bleiben, in Gestalt eines nach hinten offenen Winkels.

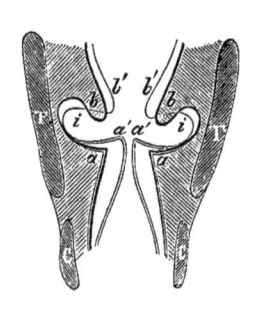

Fig. 46.
T Durchschnitt des Schildknorpels, C desgl. des Ringknorpels, a wahres, b falsches Stimmband in Ruhestellung, a' b' dieselben in Intonationsstellung, i Morgagni'sche Tasche

Die erstgenannte Bewegung wird bewirkt: in der Richtung nach vorn (Spannung der Stimmbänder) durch den paarigen Musc. cricothyreoideus, in der Richtung nach hinten (Abspannung) durch Fasern des im Stimmbandprisma selbst liegenden Musc. thyreo-arytaenoideus s. vocalis. Die zweite Bewegung wird bewirkt: in der Richtung nach aussen (Erweiterung der Stimmritze) durch den Musc. crico-arytaenoideus posticus, in der Richtung nach innen (Verengerung und Schluss der Stimmritze) durch den Musc. crico-arytaenoideus lateralis, und die schräg nach hinten und aussen ziehenden Fasern des schon genannten Musc. vocalis

Von den genannten inneren Kehlkopfmuskeln ist der M. thyreoarytaenoideus s. vocalis der complicirteste; er füllt das prismatische Stimmband fast ganz mit Muskelfasern verschiedenster Richtung aus; er hat ausser der schon angeführten entspannenden und stimmritzenschliessenden Wirkung auch noch eine abplattende Wirkung auf das Prisma, durch welche die innere scharfe Kante nach innen gedrängt wird, und ändert endlich durch seine Contraction die Consistenz des Stimmbandes, was ohne Zweifel für dessen Schwingungszahl von Bedeutung ist. Auch soll er das Klaffen der Stimmbänder während der Phonation durch Zusammendrängen verhindern (Jelenffy). Ein Theil der Fasern strahlt in das falsche Stimmband ein (Taschenbandmuskel, Rüdinger). — Der M. crico-thyreoideus spannt die Stimmbänder ausser durch die Drehung des Schildknorpels auch durch seitliche Compression desselben, da seine schräg nach oben und aussen gehenden Fasern eine einwärts ziehende Componente haben; die seitliche Compression drängt die mediane, beim Manne scharf vorspringende Kante des Schildknorpels und somit die Stimmbandinsertion nach vorn. Die gewöhnliche Annahme, dass der Ringknorpel der feste und der Schildknorpel der bewegliche Theil ist, scheint nach neueren graphischen Untersuchungen (Martel, Hooper) unrichtig zu sein; für die Stimmbänder kommt übrigens nur die relative Bewegung in Betracht. — Die Mm. arytaenoidei proprii (transversus und obliqui) drängen die inneren Flächen und hinteren Kanten der Giessbeckenknorpel an einander und schliessen dadurch die zwischen beiden liegende Fortsetzung der Stimmritze, die sog. Athemritze, was für die Anblasung unentbehrlich ist. — Die Muskeln der Epiglottis und die äusseren Kehlkopfmuskeln können hier übergangen werden.

In der Leiche und bei Lähmung sämmtlicher Kehlkopfmuskeln findet man die Stimmritze weit geöffnet, ohne Zweifel durch die Spannung der ligamentösen Theile. Im Leben lässt sich die Stimmritze mittels des Kehlkopfspiegels oder Laryngoscops beobachten. Beim ruhigen Athmen ist sie weniger weit als in der Leiche, erweitert sich aber bei jeder Inspiration (p. 120), und bei tiefer Inspiration ad maximum. Bei jeder Stimmgebung nähern sich die Stimmbänder bis fast zum Verschluss, und schliessen sich völlig luftdicht bei der Bauchpresse, beim Husten u. s. w. Wichtig ist, dass das Offenhalten der Stimmritze fast keine Muskelarbeit erfordert, wie der Zustand in der Leiche zeigt.

Der Kehlkopfspiegel von Garcia besteht in einem gestielten Spiegelchen, welches (erwärmt, um das Beschlagen zu verhindern) an das Gaumensegel angedrückt wird. und mit den Axen des Kehlkopfs und der Mundhöhle Winkel von 45° bildet. Beleuchtet wird der Spiegel durch directes Sonnenlicht oder reflectirtes Lampenlicht; der Beobachter blickt im letzteren Falle durch eine Oeffnung des Reflectors. Fig. 47 und 48 stellen schematisch das laryngoscopische Bild dar, Fig. 47 bei ruhiger Einathmung und weiter Stimmritze (in der Tiefe derselben erscheinen die Knorpelringe und die Theilungsstelle der Luftröhre), Fig. 48 für Intonationsstellung. Bei tiefster Einathmung ist die Stimmritze noch weiter als in Fig. 47 und in der Mitte winklig nach aussen gezogen, so dass sie einen Rhombus bildet.

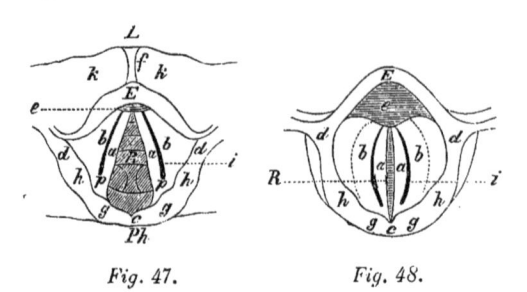

Fig. 47. *Fig. 48.*

L Zungengrund, Ph hintere Pharynxwand, E Rand der Epiglottis, e hintere Fläche derselben, k Sinus glosso-epiglotticus, f Frenulum epiglottidis, R Rima glottidis, a wahres, b falsches Stimmband, i Eingang in die Morgagni'sche Tasche, c d Lig. ary-epiglotticum, p Processus vocalis, g Wulst des Santorini'schen, h desgl. des Wrisberg'schen Knorpels.

Die falschen oder oberen Stimmbänder sind anscheinend nur Befeuchtungsapparate für die wahren, können aber ebenfalls einander stark genähert werden und den Kehlkopfverschluss vervollständigen, ja selbstständig bewirken; ihr Mechanismus ist noch nicht völlig klar gestellt. Die zwischen oberen und unteren Stimmbändern liegenden, aussen nach oben umbiegenden Höhlungen, die Morgagnischen Taschen (vgl. Fig. 46), werden meist als Resonanzräume betrachtet.

Die motorische Innervation des Kehlkopfs geschieht durch den R. laryngeus inferior (recurrens) n. vagi; den Crico-thyreoideus versorgt der R. laryngeus superior. Einseitige Recurrenslähmungen (z. B. des linken durch Aneurysmen des Aortenbogens) lähmen das gleichseitige Stimmband und machen dadurch Aphonie; jedoch geht ein Theil der Fasern des Recurrens sowohl wie des Laryngeus sup. über die Mittellinie auf die gleichnamigen Muskeln der anderen Seite über (Mandelstamm, Weinzweig).

4. Die Stimmbildung.

Die Anblasung der zu einer Spalte verengten Stimmritze (vgl. Fig. 46, $a' a'$ und Fig. 48, R), welche auch am ausgeschnittenen Kehlkopf Stimmtöne hervorbringt, geschieht durch den Exspirationsmechanismus. Der hierzu nöthige Druck ist an ausgeschnittenen Kehlköpfen je nach der Intensität der Töne zu 13—135 mm. Wasser bestimmt worden (J. Müller). Bei Menschen mit Luftröhrenfistel, an welche ein Manometer angesetzt wurde, betrug er 140—200 mm. Wasser (Cagniard-Latour, Grützner), stieg aber bei lautem Rufen bis fast 1 m. Bei höheren Tönen ist er cet. par. stärker als bei tieferen. Wird ein Ton von piano auf forte getrieben, so muss zur Compensation der durch das stärkere Anblasen bewirkten Erhöhung (p. 322) eine vertiefende Wirkung der Kehlkopfmuskeln eintreten; die höchsten Töne können, wenigstens mit der Bruststimme, nur forte angegeben werden. Als hauptsächlichste, durch Länge und Spannung der Stimmbänder abstimmende Muskeln müssen der Crico-thyreoideus und der Thyreo-arytaenoideus (Vocalis) betrachtet werden. Die Epiglottis pflegt sich bei tiefen Tönen zu senken und bei hohen zu heben; jedoch hat sie wahrscheinlich keine die Höhe bedingende Bedeutung, sondern ihre Stellung ist nur von Einfluss auf die Klangfarbe (Walton); dasselbe gilt von den Stellungen der oberen Stimmbänder.

Beim Singen hebt sich der Kehlkopf um so mehr, je höher die Töne sind; diese durch die äusseren Kehlkopfmuskeln bewirkte Einstellung ist wahrscheinlich ebenfalls ein lediglich im Interesse günstigster Resonanz erfolgender Vorgang.

5. Der Klang und die Register der Stimme.

Schon oben ist bemerkt, dass das Ansatzrohr des Kehlkopfes, bestehend aus Vestibulum laryngis, Cavum pharyngonasale, Mund- und Nasenhöhle mit ihren Anhängen, auf die Höhe des Stimmtons keinen Einfluss hat (J. Müller). Dagegen modificirt es durch die Zusammensetzung seiner Eigentöne mit dem Stimmklang, oder, was auf das Gleiche hinauskommt, durch die resonatorische Verstärkung einzelner Partialtöne des letzteren, die Klangfarbe der Stimme beträchtlich; am stärksten ist dies bei der Sprache der Fall (s. unten); aber auch beim Singen klingt nicht allein die gleiche Note bei verschiedenen Sängern sehr verschieden, sondern auch dieselbe Person kann ihren Stimmklang durch willkürliche Veränderungen im Ansatzrohr sehr variiren, und das Singenlernen besteht grossentheils in dem Erlernen der zweckmässigsten Stellungen. So nimmt bei absichtlich hoch gestelltem Kehlkopf und dadurch verkürztem Ansatzrohr (z. B. beim Bauchreden) die Stimme einen gedrückten Character an, und bei Senkung des Gaumensegels, so dass die Nase stark resonirt, den sogenannten näselnden; gewöhnlich wird bei der Phonation das Gaumensegel gehoben, aber der Zugang zur Nase nicht völlig abgeschlossen, wie man mit einem Flämmchen vor den Nasenlöchern nachweisen kann.

Beim Singen unterscheidet man verschiedene Stimmarten, welche sich durch Productionsweise und Klang, hauptsächlich aber durch die Höhenlage unterscheiden, und welche man in Analogie mit den Orgelregistern als die Register der Stimme bezeichnet. Die beiden hauptsächlichsten sind die Brust- und die Fistelstimme.

Die Bruststimme ist die normale Stimmart, welche zugleich am wenigsten anstrengt und die längste Tondauer gestattet, weil durch die wenig geöffnete Stimmritze (Fig. 48) die Luft langsam entweicht. Sie kommt scheinbar aus der Brust, weil deren Luftinhalt stark resonirt; dies ist u. A. durch den Fremitus pectoralis, ein fühlbares Schwirren der Brustwand, erkennbar.

Die Fistelstimme ist eine mit grösserer Anstrengung verbundene Stimmart, welche eine durchweg höhere Tonlage hat und zur Erzwingung der höchsten Töne benutzt wird. Sie hat ihren scheinbaren Ort im Kopfe, und heisst daher auch Kopfstimme, weil die Resonanz im Ansatzrohr am stärksten ist; ihr Klang ist weicher und ärmer an

Obertönen. Der Kehlkopf ist stark gehoben und nach hinten gezogen, die Stimmritze weniger geschlossen, die falschen Stimmbänder stark gespannt und den wahren genähert, nach Einigen sogar aufliegend. Man nimmt an, dass die wahren Stimmbänder nur mit ihrem innersten Rande (Lehfeldt) oder mit Bildung einer dem Rände parallelen Knotenlinie (Oertel) schwingen, sei es in Folge besonderer Contractionsart des M. vocalis, sei es durch das Aufliegen des oberen Stimmbandes längs der Knotenlinie. Die Kleinheit des schwingenden Theiles erklärt die Höhe der Töne; die Weite der Stimmritze ferner die Anstrengung, die schnellere Erschöpfung des Luftvorrathes und die stärkere Resonanz des Kopfes.

Auch in der Tiefe giebt es besondere Register, welche als Strohbass und Kehlbass bezeichnet werden, auf deren Entstehung aber hier nicht eingegangen werden kann.

Die Schwingungsform bei der Fistelstimme lässt sich am besten durch phasisch intermittirende Beleuchtung (Mach) im Kehlkopfspiegel beobachten (Oertel).

6. Der Umfang, die Lage und Genauigkeit der Stimme.

Der Umfang gewöhnlicher Singstimmen beträgt für die Brusttöne etwa 2 Octaven. Ihre Lage hängt hauptsächlich von den Dimensionen des Kehlkopfes ab, und ist daher beim Manne, dessen kielförmig vorstehender Schildknorpel lange Stimmbänder bedingt, am tiefsten; sie erreicht aber diese Tiefe erst durch das plötzliche Wachsthum des Kehlkopfs bei der Pubertät (Stimmwechsel, Mutation). Castraten und Hypospaden behalten zeitlebens eine hohe Stimme. Bei beiden Geschlechtern giebt es tiefere und höhere Stimmlagen (Bass, Tenor; Alt, Sopran).

Die gewöhnlichen Lagen sind (J. Müller):

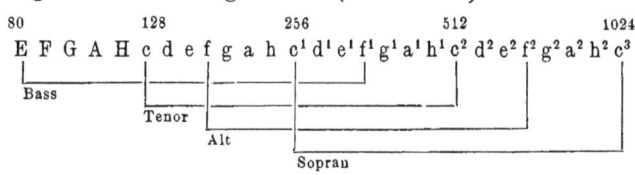

```
   80        128           256              512                  1024
   E F G A H c d e f g a h c¹d¹e¹f¹g¹a¹h¹c² d²e²f²g²a²h²c³
      |_____|_____|
      Bass
           |_____|_____|
           Tenor
                   |_____|_____|
                   Alt
                           |_____|_____|
                           Sopran
```

In ungewöhnlichen Fällen geht der Bass bis F_1 (42 Schw.) und der Sopran bis a^3 (1708 Schw.). Im mittleren Lebensalter ist der Stimmumfang am grössten. — Den Einfluss der Register zeigt folgende Uebersicht (nach Rossbach):

für den Mann:

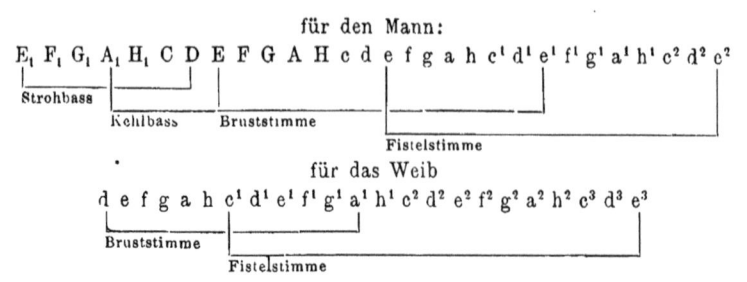

E_1 F_1 G_1 A_1 H_1 C D E F G A H c d e f g a h c^1 d^1 e^1 f^1 g^1 a^1 h^1 c^2 d^2 e^2

Strohbass
Kehlbass   Bruststimme
Fistelstimme

für das Weib

d e f g a h c^1 d^1 e^1 f^1 g^1 a^1 h^1 c^2 d^2 e^2 f^2 g^2 a^2 h^2 c^3 d^3 e^3

Bruststimme
Fistelstimme

Im Einsetzen des richtigen Tones sind die Kehlkopfmuskeln der Sänger ungemein geübt, wenn man die Schwierigkeiten der Compensation (p. 325) bedenkt. Beim Nachsingen eines angegebenen Tones beträgt der mittlere Fehler nur $\pm$ 0,357 pCt. der Schwingungszahl, doch weicht der Ton durch zeitweises Detoniren bis $\pm$ 1,54 pCt. ab; dies wurde ermittelt, indem man den originalen und den gesungenen Ton phonautographisch aufschrieb und die Differenz der Vibrationen zählte (Hensen & Klünder); auch kann man gegen eine manometrische Flamme singen (p. 320), welche sich in einem an einer horizontal schwingenden Stimmgabel befestigten Spiegelchen reflectirt; der Ton der Stimmgabel wird nachgesungen; die durch die Zusammensetzung der horizontalen Spiegel- und der verticalen Flammenoscillation entstehenden Figuren lassen die Abweichung erkennen (Hensen).

Anhang.
Die Thierstimmen.

Bei den Säugethieren verhält sich das Stimmorgan wie beim Menschen, die Stimme ist aber viel einförmiger. Bei den Vögeln ist der eigentliche (obere) Kehlkopf an der Stimmgebung nicht betheiligt; der untere, meist an der Theilungstelle der Luftröhre liegende Kehlkopf besitzt mediane und laterale Membranen, welche sich durch musculäre Anziehung der Bronchi gegen die Trachea nach innen einfalten und zwischen sich eine Spalte bilden, welche angeblasen wird. Unter den Amphibien besitzen besonders die nackten, z. B. die Frösche, in ihrer Stimmlade wahre Stimmbänder, deren Ton bei den männlichen Esculenten durch ausstülpbare Schallblasen verstärkt wird. Einzelne Fische geben Töne von sich, deren Natur noch nicht aufgeklärt ist; bei einigen rühren sie von der Reibung rauher Knochentheile gegen einander her (J. Müller, Haddon). Bei den übrigen Thieren giebt es zwar mannigfache stimmartige Geräusche, deren sehr verschiedenartige Entstehungsarten (z. B. durch Reiben gezahnter Schrillleisten bei den Heuschrecken, durch Anreissen einer Trommelmembran bei der Cicade) indess mit der menschlichen Stimme keine Analogie haben.

II. Die Sprache.

Die dem Menschen durchaus eigenthümliche Sprache setzt sich aus Klängen und Geräuschen zusammen, an welchen sich meist, aber nicht nothwendig, die Kehlkopfstimme betheiligt, welche aber hauptsächlich im Ansatzrohr des Stimmapparates entstehen. Das Sprechen ohne Stimme heisst Flüstern.

Die Beobachtung der sprachbildenden Bewegungen geschieht theils durch Inspection der Mundhöhle, wenn der Mund offen ist, theils durch Palpation mittels des in den Mund eingeführten Fingers. Die Anliegestellen der Zunge bei den Consonanten kann man durch Bestreuen der Zunge mit gefärbten Pulvern markiren (Grützner). Neuerdings hat man auch angefangen, die Bewegungen der Mundtheile graphisch zu verzeichnen (Marey). Um über Offensein oder Verschluss des hinteren Naseneinganges zu entscheiden, bringt man vor die Nasenlöcher eine Kerzenflamme oder einen blanken Spiegel; Defecte der Nase gestatten zuweilen directe Beobachtung. Endlich sind viele Sprachverhältnisse durch Beobachtung der Sprache bei pathologischen Missbildungen (Mangel, Adhaesionen des Gaumensegels etc.) aufgehellt worden.

1. Die Vocale.

a. Die Bildung der Vocale.

Die Vocale entstehen durch Anblasen der Mundhöhle mit oder ohne Stimme; die Mundhöhle nimmt für jeden Vocal eine besondere Gestalt an, welche beim lauten Aussprechen und beim Flüstern die gleiche ist. Die Veränderungen bestehen: 1. in der Grösse und Gestalt der Mundöffnung; dieselbe ist am grössten bei A, wird kleiner bei O, am kleinsten bei U; auch bei E und I wird sie kleiner als bei A, mehr als die Lippen nähern sich aber hier die Zahnreihen. 2. In der Lage und Gestalt der Zunge; bei A ist dieselbe auf den Boden der Mundhöhle niedergelegt, bei O und noch mehr bei U mit ihrem hinteren Theil dem weichen Gaumen genähert, vorn niedergedrückt, bei E und namentlich bei I im Gegentheil vorn dem harten Gaumen genähert und hinten niedergedrückt. 3. in der Stellung des Kehlkopfs; derselbe rückt etwas nach oben, am wenigsten bei U, am stärksten bei I; die Reihenfolge der Hebungen ist U, O, A, E, I. 4. in der Stellung des Gaumensegels; dasselbe wird gehoben, am wenigsten bei A, am vollständigsten bei I; Reihefolge A, E, O, U, I

330 Bildung der Vocale. Flüstern.

(nach Falkson I, U). Unterbleibt die Hebung, so entstehen die nasalirten Vocale (vgl. auch p. 326). Der Verschluss des Nasenrachenraums ist bei der Hebung nie so vollständig wie beim Schlucken (Voltolini, Falkson).

Die Gestalten, welche der Resonanzraum des Mundes in Folge dieser Veränderungen annimmt, sind annähernd folgende: bei A ein nach vorn weit geöffneter Trichter, bei O und U eine bauchige Flasche, deren Hals nach hinten liegt, bei E und I eine ebensolche, jedoch mit nach vorn liegendem Halse.

Den sogen. Zwischenvocalen oder Umlauten (Oa, Ä, Ö, Ü) entsprechen Stellungen, welche zwischen denen der angrenzenden Vocale liegen.

Die Figuren 49, 50 und 51 (nach Grützner) geben eine Anschauung von der Stellung der Mundtheile bei den Vocalen U, A und I.

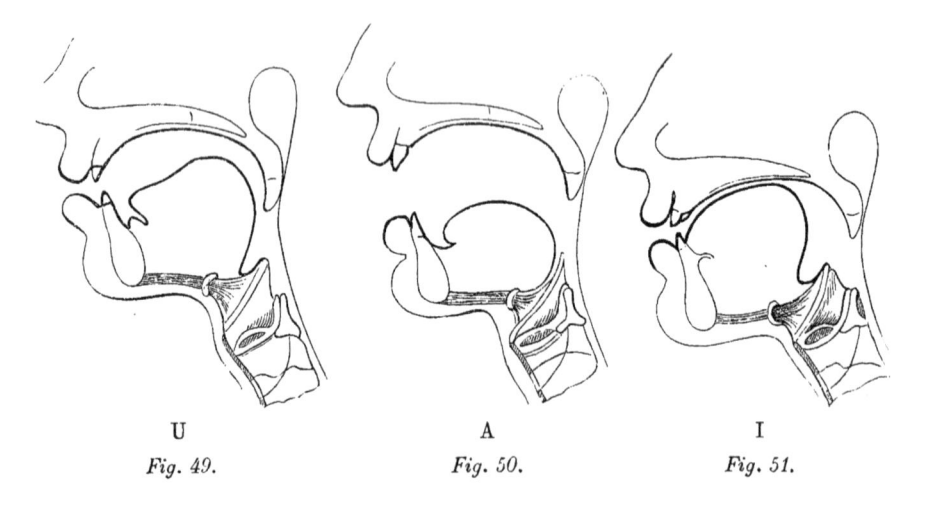

U   A   I
Fig. 49.   *Fig. 50.*   *Fig. 51.*

b. Das Wesen und die Reproduction der Vocale.

Das Wesen der Vocale lässt sich am leichtesten an den geflüsterten Vocalen feststellen. Hier sind sie nämlich Geräusche, welche eine bestimmte vorherrschende Tonhöhe erkennen lassen, am besten, wenn man mehrere Vocale hinter einander flüstert (Donders); einige Vocale haben zwei solche Töne. Jedoch sind die Angaben über die Tonhöhen sehr verschieden, mit Ausnahme der Thatsache, dass sie bei U sehr tief, bei E und besonders bei I sehr hoch sind. Offenbar entstehen diese Geräusche durch das Anblasen des Mundhöhlenraumes, und ähnliche Geräusche erhält man auch durch Anblasen künstlicher Behälter von flaschenförmigem und ähnlichem Lumen.

Viel schwieriger ist das Wesen der lauten Vocale festzustellen. Auf den verschiedensten Wegen lässt sich jedoch zeigen, dass sie Klänge sind, welche sich durch das Intensitätsverhältniss ihrer Partialtöne unterscheiden. Darüber jedoch gehen die Meinungen auseinander, ob dies Intensitätsverhältniss für jeden Vocal ein constantes, von der Höhe auf welche er gesungen wird unabhängiges ist, d. h. ob der Unterschied lediglich auf dem relativen Moment beruht, wie bei den Klangfarben der Instrumente (v. Qvanten, Schneebeli u. A.), oder ob ein characteristischer Ton von absoluter Höhe, nämlich der Mundhöhlenton (s. oben), dem Stimmklang unabhängig von dessen Höhe sich beimischend, den Vocal characterisirt (Helmholtz). Eine neuere Arbeit (Helmholtz & Auerbach) lässt sowohl ein relatives als ein absolutes Moment zur Vocalbildung beitragen.

Die hauptsächlichsten Versuche dieses Gebietes sind folgende.

1. Analyse des Vocalklanges mit Resonatoren (p. 320). Früher wurde angegeben (Helmholtz), dass ausschliesslich absolute Partialtöne den Vocalklang bedingen, und zwar schienen dieselben identisch mit den schon oben erwähnten Eigentönen der Mundhöhle. Um letztere genauer festzustellen, wurden angestrichene Stimmgabeln vor den Mund gehalten, während die Mundhöhle in eine Vocalstellung gebracht wurde; für jeden Vocal giebt es eine oder mehrere Gabeln, deren Ton hierbei resonatorisch verstärkt wird, also dem Eigenton der Mundhöhle entspricht (Helmholtz). Auch hört man die Mundtöne, wenn man für den Vocal einstellt und nun die Wange mit dem Finger percutirt oder anschnippt (Auerbach). Als Mundtöne werden angegeben:

	U	O	A	Ä	E	I	Ö	Ü
für den Vocal von Helmholtz (Stimmgabelmethode)	f	b^1	b^2	d^2, g^3	f^1, b^3	f, d^4	f^1, cis^3	f, g^3
von König (desgl.)	b	b^1	b^2		b^3	b^4		
„ Auerbach (Percussionsmethode)	f^1	a^1	f^2-b^1	c^2-d^2	g^1-a^1	f^1	gis^1-a^1	e^1-f^1

Wo zwei Töne vorhanden sind, lässt sich dies durch Bauch und Hals des flaschenförmigen Raumes (s. oben) erklären. Resonatorische Analysen der auf verschiedene Noten gesungenen Vocale (Auerbach) ergaben ein scheinbar regelloses Verhältniss der Partialton-Intensitäten, welches sich aber unter das Gesetz ordnete, dass sowohl ein relatives

Analyse des Vocalklangs.

Moment, ausgedrückt durch das Intensitätsverhältniss nach den Ordnungszahlen der Partialtöne, als ein absolutes, ausgedrückt durch das Intensitätsverhältniss nach ihrer absoluten Höhe, mitwirken, so dass man durch Multiplication der beiden Verhältnisszahlen für jede Notenhöhe des Vocals das wirkliche Verhältniss der Partialtöne ausrechnen kann, welches demnach jedesmal ein anderes ist. Die folgende Tabelle stellt diese Verhältnisszahlen zusammen; in der Reihe der Relativmomente, welche links stehen, ist der 1. Partialton durchweg = 27 gesetzt; in der Reihe der Absolutmomente (rechts stehend) ist dasjenige von c durchweg = 1 gesetzt. Man sicht, dass erstere fast ausnahmslos mit steigender Ordnungszahl abnehmen, letztere dagegen bei einer oder (Ü, Ö, Ä) zwei mittleren Höhen das Maximum haben (die Maxima sind stark gedruckt). Die wirklichen Intensitätsverhältnisse erhält man durch Multiplication der links und rechts stehenden Zahlen; die Tabelle giebt sie unmittelbar für die auf die Note c gesungenen Vocale; sollten die Vocale auf die Note g^1 gesungen werden, so müssten alle rechts stehenden Zahlen um so viel Felder nach vorn verschoben werden, dass g^1 in die erste Columne kommt, und dann die Multiplication ausgeführt werden.

rdnungszahl des Partialtons:	1	2	3	4	5	6	7	8	9	10	11	12	13	14
bsolute Höhen der vorkommenden Töne:	c	g	c^1	g^1	c^2	g^2	c^3	g^3	c^4	g^4	c^5	g^5	c^6	g
....	27 / 1	19 / 1,2	10 / 2,2	9 / **3,2**	4 / **3,3**	3 / 1,6	2 / 1,1	1 / 1,0						
....	27 / 1	19 / 2,1	14 / 2,8	10 / 7,0	6 / **7,5**	5 / 5,5	2 / 2,0	1 / 1,1	1,1					
....	27 / 1	18 / 1,6	17 / 2,3	17 / 4	15 / 6	7 / **12**	5 / 10	3 / 8	2 / 6	1 / 4	2	1		
....	27 / 1	19 / 1,3	18 / 2,3	12 / 3,9	8 / 4,3	6 / **5,5**	5 / 2,5	5 / 2,0	4 / 1,5	3 / 1,4	2 / 1,3	1 / 1,2	1,1	1,(
....	27 / 1	21 / 1,2	15 / 1,4	11 / 2,2	9 / 4,0	7 / 4,4	6 / **5,2**	5 / 4,0	5 / 3,0	4 / 2,5	4 / 2,0	3 / 1,7	2 / 1,4	1 / 1,'
....	27 / 1	14 / 1,9	10 / 1,5	11 / **2,0**	8 / 1,8	4 / **2,5**	2 / 1,6	1 / 1,0						
....	27 / 1	21 / 2,0	22 / 1,7	15 / 3,7	10 / 3,9	6 / 4,0	3 / **4,5**	2 / 1,8	1 / 1,0					
....	27 / 1	19 / 1,3	15 / 1,5	10 / 3	**16** / 4	9 / **6**	6 / 3,5	4 / 1,2	2 / 1,0	1 / 1,0				

2. **Analyse der phonautographischen Curven (Donders).** Die Curven der Vocale beim Singen derselben auf gleiche Note sind sehr verschieden, eine ganz genaue Analyse durch Ordinatenmessungen (p. 321) jedoch nicht erreichbar. Nach den Resultaten solcher Analysen wird behauptet, dass das Intensitätsverhältniss der Partialtöne von der Notenhöhe unabhängig sei (Schneebeli). An die phonautographischen Messungen reiht sich die Analyse der Schwingungen einer manometrischen Flamme (p. 320), gegen deren Membran die Vocale gesungen werden, mittels des rotirenden Spiegels (König); die erhaltenen Bildreihen sind zwar characteristisch, lassen aber keine genaue Zergliederung zu. Endlich der Phonograph von Edison, ein Phonautograph, der seinen Schwingungen entsprechende intermittirende Eingrabungen in eine Zinnfolie macht, gestattet durch Verfolgen der Eingrabungen mit einem Stift zu beliebiger Zeit die Schwingungen von Neuem einer Membran mitzutheilen, wobei man die fixirten Vocale wieder hört. Ist nun lediglich das relative Moment massgebend, so muss die Geschwindigkeit der Stiftführung nur die Note, nicht aber den Character des Vocals ändern, was in der That von Einigen behauptet wird (Jenkin & Ewing, Grützner), während Andere (Graham Bell) auch Aenderung der Klangfarbe finden.

3. **Synthese der Vocale.** Die einfachste Synthese ist die resonatorische durch Singen des Vocals gegen die Saiten eines Klaviers bei aufgehobenem Dämpfer (Helmholtz); indem die den Partialtönen entsprechenden Saiten im Verhältniss der Intensitäten der ersteren mitschwingen, erzeugt sich der Vocal wieder, und man hört ihn deutlich herausschallen. Doch beweist dieser Versuch nur die Klangnatur des Vocals und entscheidet nichts über die obige Hauptfrage. Dasselbe gilt vom Graham-Bell'schen Telephon; die der Eisenplatte mitgetheilten Vocalschwingungen induciren oscillirende Ströme, welche durch ihre electromagnetische Wirkung die Platte des zweiten Telephons in gleiche Oscillationen versetzen, und so den Vocal reproduciren. Dies gelingt auch noch, wenn die Ströme nicht direct dem zweiten Telephon zugeleitet werden, sondern einer inducirenden Spirale, während die inducirte mit dem zweiten Telephon verbunden wird, ja sogar bis zu den Inductionsströmen fünfter Ordnung (Hermann). Dass trotz multipler Inductionen das Intensitätsverhältniss der Partialtöne (und ebenso das Phasenverhältniss, Hermann, welches jedoch für das Hören ohne Belang ist, vgl. Gehörorgan) unverändert bleibt, erklärt sich, wenn die Induction der Spiralen auf sich selbst

334 Synthese der Vocale.

berücksichtigt wird (F. Weber, Helmholtz). Bemerkenswerth ist, dass die durch den Vocal I inducirten Ströme Froschnerven nicht erregen, während die übrigen Vocale dies thun (du Bois-Reymond, Goltz, Hermann). — Directe Synthese aus den einzelnen Partialtönen wurde bewerkstelligt (Helmholtz) durch Stimmgabeln, welche auf die Noten B, b, f¹, b¹, d², f², gis², b² (harmon. Obertöne von B) abgestimmt waren, in Schwingung erhalten durch Electromagneten, welchen die Ströme einer nach dem Princip des Wagnerschen Hammers spielenden B-Gabel zugeleitet wurden; die Gabeln waren unhörbar aufgestellt, vor jeder aber befand sich eine auf ihren Grundton abgestimmte verschlossene Resonanzröhre, deren Oeffnung den Grundton rein erklingen liess. So ergab sich z. B. (fte = forte, p = piano):

```
           B    b   f¹  b¹  d²  f²  gis² b²
U dumpf   fte
U heller  fte  p   p
O               p   p   p   fte p
A               p   p   p   p   fte fte  fte  fte.
```

Fig. 52 stellt den Apparat schematisch dar. b ist die erregende Stimmgabel;

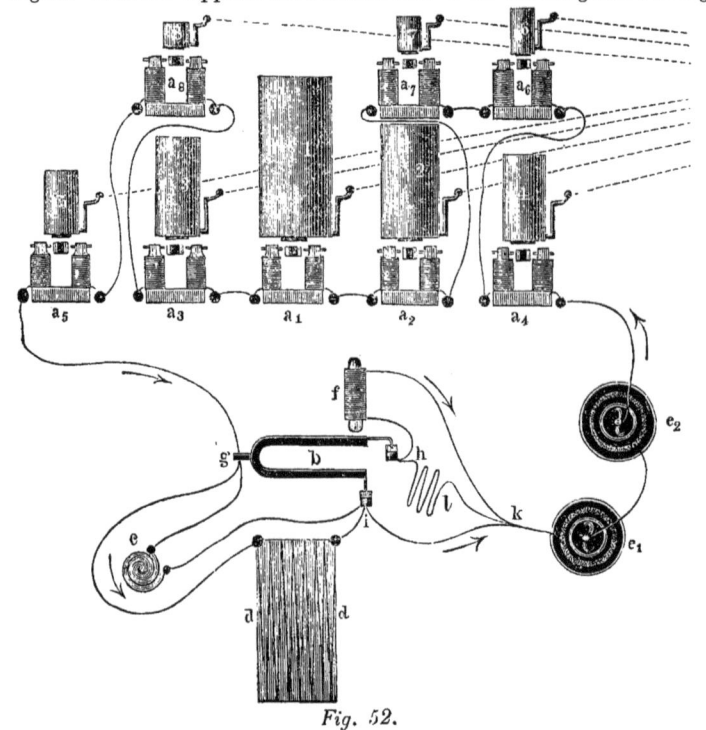

Fig. 52.

die übrigen sind nur von oben zwischen den Polen der Electromagnete a_1—a_3 sichtbar. 1—8 sind die zugehörigen Resonanzröhren; die Bügel, welche durch die punctirten Fäden mit einer Claviatur verbunden sind, ziehen den Deckel vor der Mündung der Röhren weg. Der Strom der Elemente e_1, e_2 geht durch sämmtliche Electromagnete a_1—a_3, ferner durch den Electromagnet f und durch die Gabel b; er wird im Quecksilbernäpfchen h geöffnet, indem f die obere Zinke von b anzieht, und durch die Elasticität der Gabel jedesmal wieder geschlossen. Die Hilfsvorrichtungen c, d, i, l, auf deren Bedeutung hier nicht eingegangen werden kann, kann der Leser sich wegdenken.

Neuerdings benutzt man auch Zungenpfeifen zur Vocalsynthese. Wichtig ist, dass jeder reine Ton, besonders die tieferen, den Character des Vocals U hat. Endlich kann man durch Aufsetzen von Resonatoren, welche den Mundtönen entsprechen, auf eine Zungenpfeife, der letzteren Vocalklänge ertheilen (Helmholtz).

Trotz der mannigfachen, vorstehend erwähnten Versuche kann man die Frage über die acustische Natur der Vocale noch nicht als endgültig gelöst bezeichnen.

Die Diphthongen (Ai, Au, Aü, gewöhnlich unphysiologisch äu oder eu geschrieben), sind nichts Anderes als zwei schnell auf einander folgende Vocale.

2. Die Consonanten.

Man kann drei Gruppen von Consonanten unterscheiden: 1) die Liquidae oder Halbvocale; sie entstehen ähnlich den Vocalen durch Anblasen der Mund- oder Nasenhöhle bei bestimmten Stellungen der beweglichen Theile, wodurch leise Klänge, resp. Modificationen des Stimmklanges entstehen; an sie reihen sich an 2) die Zitter- oder R-Laute, bei welchen dieses Anblasen langsam intermittirend erfolgt, so dass ein schnurrendes Geräusch entsteht; 3) die Reibungslaute (Aspiratae), Geräusche, welche durch Anblasen einer verengten Stelle des Canals, mit oder ohne Stimme, entstehen; 4) die Explosivlaute, knallartige Geräusche, entstehend durch plötzliche Sprengung einer geschlossenen Canalstelle, ebenfalls mit oder ohne Stimme.

Die hauptsächlichsten zur Einstellung für diese Laute benutzten Canalstellen sind: a) der Lippenverschluss, zwischen den Lippen, oder der Unterlippe und den oberen Schneidezähnen (Lippenbuchstaben); b) der vordere Zungenverschluss, zwischen Zungenspitze und vorderem Theil des harten Gaumens (Zungenbuchstaben); c) der hintere Zungenverschluss, zwischen Zungenwurzel und hinterem Theil des harten Gaumens oder weichem Gaumen (Gaumenbuchstaben).

1) Die Liquidae.

M, N und N nasale (wie in ng) entstehen durch die Stimme bei offnem Zugang zur Nasenhöhle und Verschluss der Mundhöhle am Lippenthor (M), vorderen (N) oder hinteren Zungenthor (N nasale). L entsteht durch stimmloses Anblasen, während die Zunge mit ihrer Spitze dem Gaumen vorn anliegt, aber seitlich zwischen sich und den Backzähnen zwei Spalten lässt (vgl. Fig. 53).

2) Die Zitterlaute.

Durch intermittirendes Spielen der drei genannten Verschlüsse entstehen drei Arten von R, von denen das Lippen-R sprachlich nicht verwendet wird, wohl aber das Zungen- und Rachen-R je nach Sprache, Dialect und Gewohnheit.

3) Die Aspiratae.

Dieselben klingen mit Stimme weicher als ohne Stimme, und bilden so zwei Consonanten-Reihen:

	ohne Stimme	mit Stimme
am Lippenverschluss, meist in der zweiten oben genannten Form	F (V)	W
die Zungenspitze zwischen die Zahnreihen geschoben	engl. Th hart (wie in thing)	engl. Th weich (wie in the)
die Zungenspitze an den oberen Alveolarfortsatz gelegt, beide Zahnreihen einander genähert, vorn in der Mitte eine enge Lücke durch Aushöhlung der Zungenspitze (vgl. Fig. 55)	S scharf	S weich
die Zungenspitze etwas weiter nach hinten, sonst wie voriges; die Lücke etwas grösser (vgl. Fig. 56)	Sch	J französisch
der Zungentheil hinter der Spitze an den Gaumen gelegt, Zähne weniger genähert	vorderes Ch (wie in ich)	J deutsch
die Zungenwurzel dem weichen Gaumen genähert	hinteres Ch (wie in ach)	
Reibungslaut der Stimmritze	H	

4) Die Explosivae.

Auch diese Laute nehmen mit Stimme einen anderen, weicheren

Consonanten.

Character an, so dass sie zwei Reihen bilden; sie können auch durch plötzlichen Verschluss (am Ende der Sylben) entstehen.

	ohne Stimme	mit Stimme
am Lippenverschluss...............................	P	B
am vorderen Zungenverschluss	T	D
am hinteren Zungenverschluss	K	G

Das Gaumensegel wird bei den Consonanten, mit Ausnahme der Liquidae, gehoben, am stärksten bei den Explosivae, namentlich bei K.

Zusammengesetzte Consonanten werden namentlich durch raschen Uebergang von Explosivlauten zu Aspiraten gebildet, wie Pf, Ps, Ts (Z), Ks (X).

Die Figuren 53—56 (nach Grützner) geben schraffirt die Stellen an, an welchen die Zunge dem Oberkiefer bei den angegebenen Consonanten anliegt (über

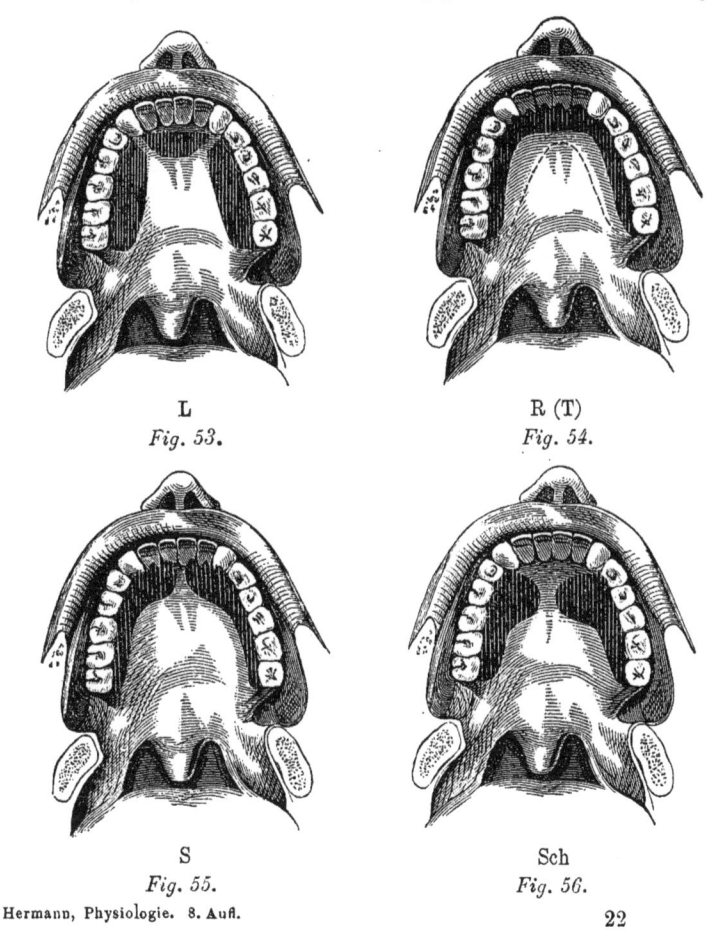

L
Fig. 53.

R (T)
Fig. 54.

S
Fig. 55.

Sch
Fig. 56.

das Verfahren s. p. 329). In Fig. 53 sieht man die 2 seitlichen Lücken für *L*, in Fig. 55 und 56 die medianen Lücken für *S* und *Sch*. In Fig. 54 ist die punctirte Linie die vordere Grenze des Anliegens für *T*, die schraffirte Fläche die Anliegestelle des Zungen-*R*.

Zur Nachbildung der Sprachlaute (über directe Reproduction durch Telephon und Phonograph s. p. 333) hat man Sprechmaschinen construirt (van Kempelen, Faber), welche auf Nachbildung der Mundtheile in Verbindung mit einem künstlichen Kehlkopf beruhen. Die Vocale lassen sich durch hölzerne Hohlräume mit veränderlichen Mundstücken, welche vor eine Zungenpfeife gebracht werden, zum Theil gut nachahmen (Willis u. A.).

Die Nerven, welche für die Sprache in Betracht kommen, sind ausser denen des Kehlkopfs hauptsächlich Hypoglossus und Facialis. Ueber die centrale Innervation s. unter Centralorgane.

Dritter Abschnitt.
Die Auslösungsapparate: Nervensystem und Sinnesorgane.

Das Nervensystem umfasst diejenigen Apparate, durch welche eine functionelle Verbindung zwischen Organen des Thieres hergestellt wird, der Art, dass gewisse Vorgänge in einem Organ nothwendig gewisse Vorgänge in einem anderen nach sich ziehen, und zwar unabhängig von directer gegenseitiger Berührung und von der Strömung flüssiger Säfte. In der Pflanze finden sich nirgends Organverkettungen, welche über die letztgenannten Beziehungen hinausgehen; das Nervensystem ist den Thieren eigenthümlich. Wie in der Einleitung schon besprochen, bietet das Nervensystem auch den Vorgängen der Aussenwelt Angriffspuncte, die Sinnesorgane, dar, durch welche diese Vorgänge Reactionen des Organismus auslösen. Die Sinnesorgane werden im vorliegenden Abschnitt zweckmässig mit abgehandelt, obgleich sie nicht rein nervöser Natur sind.

Zehntes Capitel.

Allgemeine Nervenphysiologie.

Geschichtliches. Obwohl die Anatomie und Verzweigung der Nerven sowie ihr Ursprung aus Gehirn und Rückenmark schon den Alten bekannt war, dauerte es doch sehr lange ehe klare Vorstellungen über ihre Bedeutung sich Bahn brachen. Den Alexandrinern Herophilus und Erasistratus (um 300 v. Chr.) wird die Unterscheidung von Bewegungs- und Empfindungsnerven zugeschrieben, welche Galen experimentell sicherte, indem er die Folgen von Nervendurchschneidungen studirte. Während Erasistratus nur die Bewegungsnerven vom Gehirn, die Empfindungsnerven aber von den Meningen entspringen lässt, weiss Galen, dass sie sämmtlich aus dem Cerebrospinalorgan hervorgehen, und zwar lässt er die härteren Bewegungsnerven aus dem Rückenmark, die weicheren Empfindungsnerven aus dem Gehirn, diejenigen von mittleren Eigenschaften aus der Gegend des verlängerten Marks entspringen, eine Lehre, welche sich durch das ganze Mittelalter erhielt. Die Natur der Nervenwirkung stellten sich die Einen nach Art der Klingelzüge, Andere nach Art von Saiten, welche Schwingungen fortpflanzen, vor; auch eine Art Moleculartheorie kommt vor, indem N. Robinson (um 1630) in den Nerven eine grosse Anzahl kleinster Theilchen annimmt, welche sich ihre Schwingung mittheilen. Die Meisten aber sahen das Nervenprincip als eine mehr oder weniger feine Flüssigkeit oder ein Gas an, welche Fluida im Nerven circuliren und durch Unterbindung zurückgehalten werden sollten. Newton stellt sich das Nervenfluidum als einen unwägbaren Aether vor. Die ersten Aeusserungen über electrische Natur des Nervenprincips rühren von Hausen (1743) und de Sauvages (1744) her. Haller, welcher die angeführten mechanischen Theorien sorgfältig widerlegt und auch die electrischen Theorien wegen der mangelnden Isolation der Nerven und wegen der unterbrechenden Wirkung der Unterbindung unwahrscheinlich findet, schliesst sich der Annahme einer circulirenden Flüssigkeit an.

Die Erkennung der electrischen Natur des Schlages der Zitterfische durch Walsh (1773), ferner die Entdeckung der thierischen Electricität durch Galvani und seine Nachfolger (vgl. p. 273), und die Entdeckung der Gesetzmässigkeiten der electrischen Reizung hielten jedoch die Ueberzeugung von der electrischen Natur der Nervenvorgänge aufrecht. Trotzdem gelang es erst 1843 du Bois-Reymond, eigene galvanische Wirkungen des Nerven nachzuweisen, und durch die Entdeckung der negativen Schwankung des Nervenstroms und des Electrotonus die Aufstellung einer electrischen Theorie anzubahnen.

Die allgemeine Physiologie der Nerven wurde im letzten Jahrhundert durch zahlreiche Entdeckungen gefördert. 1776 entdeckte Cruikshank die Wiedervereinigung durchschnittener Nerven am Menschen, welche Fontana und Michaelis an Thieren bestätigten. Die Degeneration der vom Centrum abgetrennten Nerven entdeckten Joh. Müller und Steinrück 1838, die Beziehung derselben zu den Spinalganglien Waller 1850. Die Gesetzmässigkeiten der Nervenerregung, besonders der electrischen, stellten im Anfang dieses Jahrhunderts namentlich A. von Humboldt, Ritter und Pfaff fest; du Bois-Reymond (1848) und Pflüger (1859) ordneten sie allgemeinen Gesetzen unter. Die Gesetze der Nervenleitung und das Gesetz der specifischen Energie wurden zuerst von Joh. Müller (1838) in voller Schärfe formulirt. Im Jahre 1850 führte Helmholtz die erste Messung der nervösen Leitungsgeschwindigkeit aus, welche J. Müller noch 1844 für unmessbar gross erklärt hatte.

Ueber die Entwicklung der speciellen Nervenphysiologie vgl. Cap. XI.

I. Die Nervenleitung.

Durchschneidung eines Nerven im lebenden Thiere hat stets bestimmte Functionsstörungen zur Folge; ist es ein Muskelnerv, so bleibt willkürliche Anstrengung den Muskel zu contrahiren erfolglos, und überhaupt der Muskel in Ruhe, wenn er nicht direct oder sein Nerv unterhalb der Schnittstelle gereizt wird; ist es ein Sinnesnerv, so bleiben alle Eindrücke auf das Sinnesorgan fortan ohne Wirkung auf das Bewusstsein.

Man schliesst hieraus, dass der Nerv gewisse Vorgänge durch seine Continuität fortpflanzt und nennt diese Fortpflanzung Leitung.

1. Die Grundgesetze der Nervenleitung.

Da ausser der Durchschneidung auch Unterbindung oder sonstige Zerquetschung, ferner Aetzung, Verbrennung einer Nervenstelle die Leitung unterbricht, so ist unversehrte Continuität des Nerven die erste Leitungsbedingung. Bis an die verletzte Stelle findet die Leitung statt, denn verzweigte Nervenfasern, denen ein Zweig abgeschnitten wird, leiten noch in den anderen Zweig hinein.

In gemischten Nervenstämmen können die Bewegungsfasern erregt sein, ohne dass zugleich Empfindungen eintreten, und umgekehrt; ferner können im Bereich eines Empfindungsnerven, z. B. des Sehnerven, die feinsten räumlichen Unterscheidungen stattfinden, d. h. einzelne Fasern leiten, während die übrigen ruhen. Hieraus geht hervor, dass die Leitung nie von einer Nervenfaser auf eine andere übergeht, oder dass die neben einander im Nervenstamm verlaufenden Fasern physiologisch von einander isolirt sind. Die Nervenstämme sind also nur gemeinsame anatomische Bahnen von Fasern, und bilden keine physiologischen Einheiten; die Verästelung der Nerven besteht nur in einem Auseinanderweichen der Fasern, ohne Verzweigung der Fasern selbst. Letztere kommt nur in den Endorganen (Muskeln etc.) vor, wo keine physiologische Trennung der Fasereffecte mehr nöthig ist.

Der Leitungsvorgang in den Nervenfasern wird normal immer von einem ihrer natürlichen Enden aus eingeleitet: bei den Bewegungs- und Absonderungsfasern vom centralen, bei den Empfindungsfasern vom peripherischen Ende; während der Erfolg der Leitung am andern Endorgan stattfindet. Man unterscheidet hiernach centrifugale und centripetale Nervenfasern. Die Einleitung des Leitungsvorganges bezeichnet man kurz als Erregung der Nervenfaser.

Aber auch an jeder Stelle ihres Verlaufes kann eine Nervenfaser durch künstliche Reize erregt werden, worauf derselbe Leitungsvorgang wie sonst, und an demselben Ende wie sonst der Erfolg eintritt. **Dieser Erfolg ist in jeder Hinsicht der gleiche wie bei der natürlichen Erregung vom anderen Endorgan her,** beim motorischen Nerven also Bewegung, beim secretorischen Absonderung, beim Empfindungsnerven Empfindung. Letztere ist ferner ihrer Qualität und Localisation nach genau dieselbe, als wenn vom natürlichen Reiz im Endorgan ein Leitungsvorgang ausgelöst worden wäre, also beim Sehnerven eine im Aussenraum auftretende Lichterscheinung, beim Hörnerven Schall, bei einem Hautnerven Empfindung in seinem Endpunct in der Haut. So erklärt sich leicht, warum Amputirte bei Reizung der Nervenstümpfe noch **Schmerzen in dem nicht mehr vorhandenen Gliede** haben. Den sonach unabänderlichen Erfolg der Reizung einer Nervenfaser nennt man ihre **specifische Energie.**

Die, scheinbar naheliegende Annahme, dass die centrifugalen Nerven nur in centrifugaler Richtung, die centripetalen nur centripetal leiten können, ist in Wirklichkeit überflüssig, und viel verwickelter als die Annahme, dass **jede Nervenfaser in beiden Richtungen leitet,** aber nur an einem Ende mit einem solchen Organ verbunden ist, in welchem ein Erfolg der Leitung auftreten kann. Direct aber wird das doppelsinnige Leitungsvermögen bewiesen: 1. durch die bei Reizung in der Mitte nach beiden Richtungen sich erstreckenden galvanischen Erregungswirkungen (du Bois-Reymond; vgl. unten sub IV. 1. b); 2. durch den bei Reizung eines Zweiges verästeteter motorischer Fasern im ganzen Bereich der Verzweigung auftretenden Erfolg (Kühne, Babuchin); 3. durch die Versuche an künstlich vereinigten sensiblen und motorischen Nerven, welche also an beiden Enden Erfolgsorgane haben (Bidder, Philipeaux & Vulpian).

Spaltet man einen Frosch-Sartorius an seinem breiten Ende in zwei Zipfel, so treten bei Reizung des einen fibrilläre Zuckungen im andern auf, welche nur von verzweigten Nervenfasern herrühren können, deren Zweige auf beide Zipfel vertheilt sind; die motorischen Zweige im gereizten Zipfel leiten also hierbei centripetal (Kühne). Beim Zitterwelse besitzt das electrische Organ nur eine einzige, vielfach verzweigte Nervenfaser; reizt man einen Zweig derselben, so entladet sich das ganze Organ (Babuchin). — Vereinigt man das centrale Ende des sensiblen Lingualis mit den peripherischen des motorischen Hypoglossus (über solche Verheilungen s unten sub III.), so hat man einen künstlichen Nerven, der bei irgendwelcher Reizung an beiden Enden Erfolge zeigen kann und zeigt. Gegen die Beweiskraft dieses Versuches sind aber Einwände erhoben worden, weil der Lingualis Fasern der Chorda tympani enthält, welche ihm auch ohne Verwachsung mit dem Hypoglossus nach Durchschneidung des letzteren motorische Wirkungen ertheilen (s. unten sub III.).

2. Die Geschwindigkeit der Nervenleitung.

Die früheren übertriebenen Vorstellungen von der Geschwindigkeit der nervösen Processe wurden zuerst erschüttert durch die bei den Centralorganen zu erwähnenden Fehler, welche die Astronomen bei Bestimmung der Zeit eines Sterndurchganges bemerkten. Die erste genaue Messung geschah 1850 durch Helmholtz an motorischen Froschnerven.

Bestimmt man die Latenzzeit einer indirect erregten Muskelzuckung (durch das Myographion oder die Pouillet'sche Zeitmessung, p. 249 und 250), einmal bei Reizung einer nahen und einmal bei Reizung einer entfernten Nervenstelle, so ist sie im letzteren Falle grösser. Die Zeitdifferenz ist der Differenz der Reizabstände proportional, und ergiebt eine Leitungsgeschwindigkeit von im Mittel 27,25 m. p. sec. (Helmholtz). Derselbe Betrag ergiebt sich durch Versuche mit dem Actionsstrom (Bernstein, vgl. unten sùb IV. 1. b).

An den motorischen Nerven des Menschen lassen sich nach ähnlicher Methode am Arme Messungen mittels eines Dicken-Myographions (p. 250) anstellen, sie ergeben etwa 34 m. (Helmholtz & Baxt). Versuche mit dem Actionsstrom ergaben 36,9—43,4 m. (Hermann). Die Eingeweidenerven scheinen viel langsamer zu leiten; so wird angegeben für die Schlundfasern des Vagus 8,2, für die Kehlkopffasern desselben 66,7 m. (Chauveau). Die Nerven des Hummers haben eine Leitungsgeschwindigkeit von 6—12 m. je nach Jahreszeit (Frédéricq & Vandevelde).

An den sensiblen Nerven des Menschen sind zahlreiche, sehr bedeutend von einander abweichende Messungen mittels der Reactionszeit angestellt worden (Helmholtz und viele Andere), d. h. es wurde bei Reizung einer dem Gehirn näheren und einer entfernteren Nervenstelle die Empfindung durch eine Reaction signalisirt, und die Zeit zwischen Reiz und Reaction gemessen; die Resultate schwanken zwischen 26 und mehreren Hundert Meter. Die Methode ist wegen anderer, höchst schwankender Einflüsse auf die Reactionszeit unbrauchbar (s. unter Centralorgane). Man darf annehmen, dass die sensiblen Nerven mit derselben Geschwindigkeit leiten wie die motorischen.

Die Leitungsgeschwindigkeit zeigt sich von folgenden Umständen abhängig: 1. Durch Kälte wird sie ausserordentlich verlangsamt

(Helmholtz). 2. Einige geben an, dass stärkere Erregungen schneller geleitet werden (Helmholtz & Baxt, Hirsch u. A.), was Andere bestreiten (Lautenbach), oder nur für submaximale Reize gelten lassen (Rosenthal). 3. Electrotonus (s. unten) verzögert die Leitung (v. Bezold; nach Rutherford nur an der positiven Electrode, während die negative beschleunigt). 4. Die Leitungsgeschwindigkeit ist nach Einigen keine constante, sondern eine beschleunigte (H. Munk; nach Rosenthal im Gegentheil eine verzögerte).

Ueber das zeitliche Verhalten an den motorischen Endapparaten s. p. 252.

II. Die Erregung des Nerven.

1. Electrische Einwirkungen.

a. Die Wirkungen des Stromes auf die Erregbarkeit. Electrotonus.

Ein constanter Strom, welcher eine Strecke des Nerven der Länge nach durchfliesst, erhält den ganzen Nerven in einem veränderten Zustande, welcher als Electrotonus bezeichnet wird (du Bois-Reymond). Die Veränderung besteht in besonderen galvanischen Eigenschaften (s. unten sub IV. 1. c) und in Abnormitäten der Erregbarkeit (Ritter, Nobili, Valentin). Die Grunderscheinungen sind folgende (Eckhard, Pflüger):

Am einfachsten sind sie am motorischen Nerven festzustellen. Leitet man durch eine Strecke desselben einen constanten Strom, und bringt man zwischen dieser und dem Muskel einen submaximalen electrischen, mechanischen oder chemischen Reiz an (ein Tropfen gesättigter Kochsalzlösung), so ist der Erfolg, d. h. die Zuckung oder der Tetanus, während der Schliessung des constanten Stromes verstärkt oder bis zur Aufhebung geschwächt; ersteres bei absteigendem, letzteres bei aufsteigendem Strom. Dieser Einfluss ist um so stärker, je näher die Reizstelle der durchflossenen Strecke liegt.

Ueberschreitet man mit der Reizstelle die untere Electrode des constanten Stromes, so dass erstere sich in der durchflossenen („intrapolaren") Strecke befindet, so ist der Einfluss des Stromes der gleiche. Rückt man immer weiter aufwärts, so nimmt der Einfluss ab, und wird an einer gewissen Stelle (bei mittlerer Stromstärke in der Mitte der intrapolaren Strecke) Null. Noch weiter aufwärts rückend findet man das entgegengesetzte Verhalten, und zwar immer stärker, je näher man der oberen Electrode kommt; jenseits derselben, also oberhalb des Stromes, nimmt dieser Einfluss wieder ab. Für die Versuche innerhalb der durchflossenen Strecke darf nur chemische oder mechanische Reizung verwendet werden, weil bei electrischer Reizung der Reizstrom und der constante Strom sich in einander verzweigen würden.

Aus diesen Erscheinungen ergiebt sich folgendes Gesetz (Pflüger): **Der Nerv zerfällt durch den constanten („polarisirenden") Strom in eine Strecke erhöhter und eine Strecke verminderter Erregbarkeit, erstere zu beiden Seiten der Cathode, letztere zu beiden Seiten der Anode.** Die Veränderung nennt man Catelectrotonus und Anelectrotonus. An den Electroden selbst ist diese Veränderung am stärksten, nimmt nach beiden Seiten ab, und wird in einiger Entfernung unmerklich. In der durchflossenen (intrapolaren) Strecke selbst giebt es einen neutralen Grenzpunct zwischen Cat- und Anelectrotonus, mit unveränderter Erregbarkeit, den **Indifferenzpunct**.

Fig. 57 stellt das Schema eines electrotonischen Versuches dar. NN ist der Nerv des Muskels M. K ist die polarisirende Kette, deren Strom im Nerven aufsteigend angenommen ist, so dass die Anode bei A, die Cathode bei C liegt. ag sei ferner die Abscissenaxe, auf welche die Erregbarkeiten längs des Nerven als Ordinaten aufgetragen werden sollen, und NN stelle die Höhe der (überall gleichen) Erregbarkeit im Normalzustande dar. Wird der polarisirende Strom durch den Schlüssel s geschlossen, so geht die Curve der Erregbarkeiten in die Linie $bcdief$ über; i ist der Indifferenzpunct. In der Strecke hk würde also der Nerv ganz unerregbar sein (wenigstens für die angenommene submaximale Reizgrösse). Die Prüfung der Erregbarkeit geschieht in der Figur durch Schliessungs- oder Oeffnungs-Inductionsströme, welche durch den leicht verständlichen Apparat $K's'pq$ erzeugt und den Reizelectroden rr' zugeleitet werden.

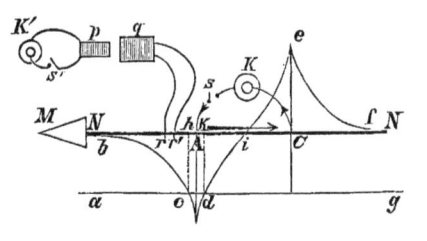

Fig. 57.

Genauere Untersuchung lehrt, dass der Indifferenzpunct nicht immer in der Mitte der intrapolaren Strecke liegt; er ist bei schwachen Strömen nach der Anode hin, bei starken nach der Cathode hin verschoben. Bei suprapolarer Reizung findet ferner eine scheinbare Abweichung vom Grundgesetz insofern statt, als die Reizung über dem aufsteigenden Strom, sobald derselbe eine gewisse (mässige) Stärke überschreitet, verminderte oder gar keine Wirkung hat, obgleich die

Reizstelle im Catelectrotonus liegt. Der Grund wird darin gesucht, dass die von der Erregung auf dem Wege zum Muskel zu durchlaufende anelectrotonische Strecke bei starken Strömen nicht allein unerregbar, sondern auch leitungsunfähig wird (Pflüger).

Nach der Oeffnung hinterlässt für kurze Zeit umgekehrt der Catelectrotonus verminderte, der Anelectrotonus erhöhte Erregbarkeit.

Schon bei mässigen Stromstärken ist auch die Cathodenstelle leitungsunfähig (Grünhagen, Hermann); sogar früher als die Anodenstelle. Neuerdings wird angegeben, dass diese Leitungsunfähigkeit erst einige Zeit nach der Schliessung auftrete und auch mit herabgesetzter Erregbarkeit verbunden sei (Werigo).

Bringt man am lebenden Menschen dem Verlauf eines Nerven entsprechend polarisirende und Reizelectroden an, so sind die Erscheinungen scheinbar dem Gesetze nicht entsprechend (Erb). Der Grund hiervon liegt aber darin (Helmholtz), dass der in den Nerven unter der Anode eintretende Strom, wie Fig. 58 andeutet, den Nerven nicht bis zur Cathode verfolgt, sondern schon in der Nähe der Anode, und zwar zu beiden Seiten derselben Austrittsstellen findet, an denen also Catelectrotonus herrscht; ebenso sind die unter der Cathode C austretenden Stromfäden nicht an der Anode, sondern zu beiden Seiten der Cathode in den Nerven eingetreten. Es herrscht also an einem in leitende Masse eingebetteten Nerven in der Regel zu beiden Seiten der Anode Catelectrotonus und zu beiden Seiten der Cathode Anelectrotonus (in der Figur mit c und a bezeichnet). Diese paradoxen Electrotoni werden sich extrapolar leichter ausbilden als intrapolar, so lange die Electroden A und C einander nahe sind; sind sie so weit auseinander gerückt, dass der Nerv als Leiter zwischen ihnen nicht mehr in Betracht kommt, so hat jede Electrode zu ihren beiden Seiten gleich entwickelten Gegenelectrotonus. Am vollständigsten ist dies der Fall, wenn überhaupt nur eine Electrode am Nerven, die andere an einer entfernten Körperstelle liegt. Unter Be-

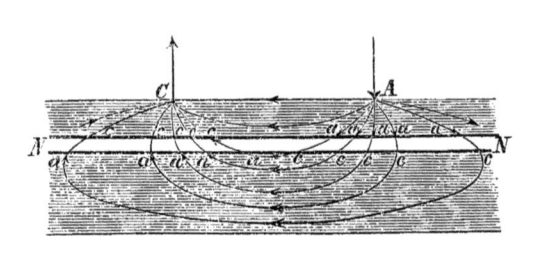

Fig. 58.

rücksichtigung dieses Umstandes stimmen die Erscheinungen mit dem Gesetze überein (de Watteville & Waller).

Einige weitere electrotonische Wirkungen auf Erregbarkeit und Leitungsfähigkeit können erst im Folgenden zur Sprache kommen.

An sensiblen Nerven ist die Feststellung der electrotonischen Erscheinungen bei Thieren nur mittels der Reflexzuckungen möglich, und giebt das erwartete Resultat (Hällsten); d. h. wird ein sensibler Nerv oberhalb einer durchströmten Strecke gereizt, so ist der Reflex verstärkt bei aufsteigender, und geschwächt oder aufgehoben bei absteigender Stromrichtung. Am Menschen müssten sich entsprechend auch die Empfindungen verhalten, jedoch existiren noch keine zweifellosen Nachweise.

Ueber die Geschwindigkeit der Ausbreitung des Electrotonus s. unten sub IV. 1. c.

b. Die erregenden Wirkungen des Stromes.

1) Das allgemeine Erregungsgesetz.

Im Allgemeinen bewirkt ein durch einen motorischen Nerven geleiteter Strom nur bei der Schliessung und Oeffnung, nicht aber während seines Bestandes Zuckung (Ritter u. A.); ferner wirken Entladungsschläge der Reibungselectricität und Inductionsströme stark erregend. Man kann aus diesen Thatsachen folgendes Gesetz ableiten (du Bois-Reymond): Erregend wirkt nicht die Intensität des den motorischen Nerven durchfliessenden Stromes, sondern nur die Veränderung der Intensität in der Zeit.

Genauer müsste es in diesem Satze statt Intensität heissen: Dichte. Während nämlich für alle äusseren Wirkungen des Stromes, z. B. die electromagnetischen und inducirenden, nur die Intensität, d. h. die den ganzen Leiterquerschnitt durchströmende Electricitätsmenge, in Frage kommt, handelt es sich bei den Wirkungen auf den durchströmten Leiter selbst, z. B. den erwärmenden, electrolytischen und physiologischen, um die durch jedes Theilchen fliessende Electricitätsmenge, also um den Quotienten aus Intensität durch Querschnittsgrösse, die sog. Stromdichte. Da aber plötzliche Querschnittsschwankungen nicht vorkommen, so ist der obige Ausdruck unbedenklich.

Die gewöhnlich zur Reizung benutzte Intensitätsschwankung ist die zwischen Null und dem vollen Werthe des Stromes, d. h. Schliessung und Oeffnung; aber auch andere Schwankungen des Stromes im Nerven, z. B. Herstellung und Wegräumung einer Nebenschliessung, wirken erregend, wenn ihre Curve steil ist. Die Steilheit hängt aber ab: 1. bei gegebenem schliessenden, öffnenden oder sonst Schwankung bewirkenden Vorgang von der absoluten Grösse der Stromesschwankung, z. B. bei gewöhnlicher Schliessung von der Stromintensität; 2. bei gegebener Schwankungsgrösse von der Plötzlichkeit der Schwankung. Besonders langsame und daher nicht erregende Schwankungen lassen sich hervorbringen durch Verschieben eines Rheochordschiebers (s. unten), oder durch das sog. Hineinschleichen in eine Kette (Ritter), d. h. die Aufnahme eines Elementes nach dem andern in den Kreis der thierischen Theile. Inductions- und Entladungsströme haben nur momentane Dauer und bilden daher sehr steile Stromesschwankungen (s. auch unten p. 352 f.).

Mathematisch ausgedrückt würde sich hiernach die Erregung als eine Function des ersten Differentialquotienten der Stromstärke nach der Zeit $\left(\dfrac{di}{dt}\right)$ darstellen.

Nach dem Ohm'schen Gesetze kann die Intensität eines Stromes im Nerven sowohl durch Variiren der electromotorischen Kraft der Kette, als auch durch Veränderung der Widerstände im Kreise verändert werden. Die erstere Veränderung kann aber nur grob und sprungweise (durch Aenderung der Elementzahl) geschehen, die letztere ist, da neben dem enormen Widerstande des Nerven alle übrigen verschwinden, nicht ausgiebig möglich. Man wendet daher das Princip der Nebenschliessung an, d. h. man lässt den vom Elemente ausgehenden Strom sich in zwei Zweige spalten, deren einer den Nerven enthält. Geschieht die Verzweigung in den Puncten ab (Fig. 59), und nennt man Intensität und Widerstand im unverzweigten Theil aKb, welcher die Kette K mit der electromotorischen Kraft E enthält, i resp. w, und in den beiden Zweigen ai_1b und ai_2b i_1, i_2, resp. w_1, w_2, so ergeben sich aus den Kirchhoff'schen Sätzen für verzweigte Leitungen die drei Gleichungen

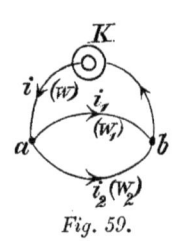

$$i = i_1 + i_2,$$
$$i_1 w_1 = i_2 w_2,$$
$$i w + i_1 w_1 = E.$$

Fig. 59.

Aus diesen Gleichungen ergiebt sich

1) $i_1 = \dfrac{E w_2}{W}$, 2) $i_2 = \dfrac{E w_1}{W}$, 3) $i = \dfrac{E(w_1 + w_2)}{W}$,

worin $\qquad W = w w_1 + w w_2 + w_1 w_2.$

Es ergiebt sich hieraus, dass die Intensität in dem einen Zweige wächst, wenn der Widerstand im anderen Zweige vergrössert wird. Enthält also der eine Zweig den Nerven (aNb in Fig. 60), der andere eine Drahtleitung, deren Widerstand man durch Verlängerung und Verkürzung (mittels des Schiebers c oder mittels der Stöpsel 1, 2, 3, 4 eines Stöpselrheostaten) verändern kann, so hat man ein einfaches und wirksames Mittel, die Stromstärke im Nerven zu verändern. Eine solche Vorrichtung heisst **Rheochord**. Eine andere Anordnung des Rheochords (eindrähtig) ist aus Fig. 62 ersichtlich. Uebrigens ist die Stromintensität im Nerven i_2 nicht etwa proportional dem Widerstand der Rheochordleitung w_1, da in Gleichung 2) w_1 auch im Nenner vorkommt. Man kann aber Proportionalität herstellen, indem man die Widerstände w und w_2 so gross nimmt, dass w_1 dagegen verschwindet (bei w_2 ist dies wegen des Nerven ohne Weiteres der Fall). Unter dieser Voraussetzung verschwinden in W die Glieder ww_1 und w_1w_2, so dass

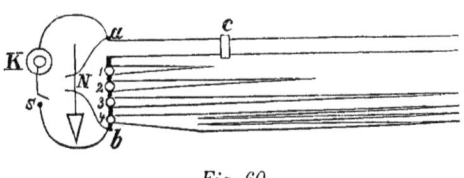

$$i_2 = \frac{Ew_1}{ww_2}.$$

Fig. 60.

Die Rheochordmethode ist mehr geeignet, den Strom, durch dessen Schliessung und Oeffnung man reizen will, abzustufen, als durch Verschiebung des Schiebers c die erregende Schwankung selber herzustellen, denn dazu kann diese Verschiebung nicht schnell genug hergestellt werden. Folgendes Verfahren kann dazu dienen, erregende, und zwar **gradlinige** Stromesschwankungen herzustellen. Leitet man dem kreisförmigen homogenen Leiter $acbd$ (Fig. 61) an zwei diametral gegenüber liegenden Puncten a und b einen Strom zu und lässt man den diametralen Leiter cd um den Mittelpunct e rotiren, so wechselt der in cd sich ergiessende Stromzweig regelmässig seine Richtung und wird jedesmal Null, so oft cd senkrecht zu ab steht. Es lässt sich leicht zeigen, dass die Intensität des Stromzweiges in cd der Differenz der Widerstände in den Abtheilungen ac und cb proportional ist, vorausgesetzt dass der Widerstand von cd sehr gross ist gegen denjenigen des kreisförmigen Leiters. Rotirt also die Brücke cd mit gleichförmiger Geschwindigkeit, so schwankt in ihr der Strom gradlinig auf und nieder, entsprechend der Curve $fghik$ (die Zeiten m, o, q, s sind diejenigen, in welchen cd in ab fällt, l, n, p, r diejenigen, in welchen cd senkrecht zu ab steht). In diese Brücke ist demnach mittels zweier Schleifcontacte der Nerv einzuschalten („**Ortho-Rheonom**", v. Fleischl).

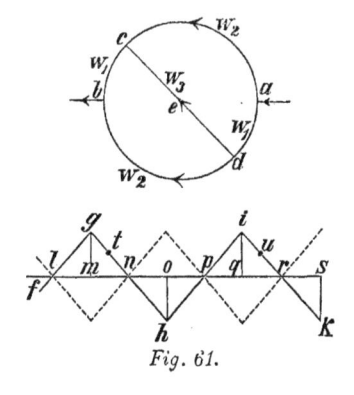

Fig. 61.

Die Grösse $\frac{di}{dt}$ (vgl. oben) ist bei diesem Versuche im Nerven von constantem Betrage, aber von abwechselndem Vorzeichen; ihre Veränderung ist also an den

Wendepuncten der Curve discontinuirlich; hier wird der zweite Differentialquotient $\frac{d^2i}{dt^2}$ unendlich gross, während er in den übrigen Lagen Null ist. Beim Spielen des Apparates treten jedoch bei diesen Wendepuncten (welche der Brückenstellung *ab* entsprechen) keine Zuckungen auf; der zweite Differentialquotient der Stromintensität hat also keinen Einfluss auf die Erregung (v. Fleischl). Ueber die eintretenden Zuckungen s. unten.

2) **Das Zuckungsgesetz und das polare Erregungsgesetz.**

Die Zuckungen treten nicht jedesmal bei Schliessung und Oeffnung, sondern häufig nur in Einem der beiden Fälle auf; massgebend hierfür ist Richtung (Pfaff) und Stärke (Heidenhain) des Stroms· die hier herrschenden Regeln nennt man das Zuckungsgesetz (Pfaff, Nobili u. A.), dessen regelmässigste Form folgende ist (Pflüger):

Stromintensität	Aufsteigender Strom		Absteigender Strom	
	Schliessung	Oeffnung	Schliessung	Oeffnung
Schwächste	Zuckung	Ruhe	Zuckung	Ruhe
Mittlere	Zuckung	Zuckung	Zuckung	Zuckung
Stärkste	Ruhe	Zuckung	Zuckung	Ruhe

Die Grenzen der Intensitätsstufen sind höchst veränderlich.

Zum Nachweise des Zuckungsgesetzes wird der Strom dem Nerven mittels unpolarisirbarer Electroden (p. 273) zugeleitet und die Stromstärke mittels des Rheochords (p. 349) abgestuft. Einige Vervollständigungen des Zuckungsgesetzes werden im Folgenden erwähnt werden.

Der Grund des Zuckungsgesetzes ist darin erkannt worden (Pflüger), dass der Strom den Nerven bei der Schliessung nur an der Cathode, bei der Oeffnung nur an der Anode erregt, und zwar ist die Schliessungserregung an sich die stärkere. Hieraus erklärt sich zunächst, warum die schwächsten Ströme nur Schliessungszuckung geben. Mittlere Ströme geben alle 4 Zuckungen, weil sowohl die Cathoden- als die Anodenerregung dem Muskel zugeleitet wird. Bei den stärksten Strömen verliert die anelectrotonische Strecke ihr Leitungsvermögen (p. 346), der aufsteigende Strom kann daher bei der Schliessung, weil zwischen Reizstelle und Muskel die Anode liegt, keine Zuckung machen. Bei der Oeffnung ist die catelectrotonische Strecke momentan leitungsunfähig (vgl. p. 346), deshalb bleibt beim absteigenden Strom die Oeffnungszuckung aus.

Das eben angeführte Gesetz lässt sich nun weiter dahin fassen (Pflüger), dass eine Nervenstelle nur durch das Entstehen von Catelectrotonus und durch das Verschwinden von Anelectrotonus erregt wird (also jedesmal nur durch den Uebergang in einen Zustand grösserer Erregbarkeit). Der erstere Vorgang ist der stärker erregende. An ganz unversehrten Nerven, namentlich am lebenden Menschen, sind Oeffnungserregungen oft schwierig zu erhalten (Fick u A.).

Auch an den herzhemmenden Vagusfasern bewährt sich das sog Zuckungsgesetz in den kurzen, der Schliessung absteigender und Oeffnung aufsteigender Ströme folgenden Verzögerungen des Herzschlages (Donders). An secretorischen Nerven existiren keine Erfahrungen, ausser dass sie auf constante Ströme nicht reagiren, ebensowenig die vasomotorischen (Grützner).

An sensiblen Nerven bewährt sich das Erregungsgesetz insofern, als hauptsächlich Stromesschwankungen erregend wirken, und zwar entstehen bei starken Strömen am Frosche Reflexe nur bei Schliessung des aufsteigenden und bei Oeffnung des absteigenden Stromes (Pflüger), was leicht aus Obigem erklärlich ist. Ausserdem entstehen mässigere Empfindungen während der ganzen Dauer des Stromes, besonders Geschmacksempfindungen bei Durchströmung der Zunge, Schmerzen bei Durchströmung der Haut, besonders wenn diese excoriirt ist, u. s. w. Jedoch lassen sich diese Erscheinungen möglicherweise aus Einwirkungen electrolytischer Producte auf die sensiblen Endorgane erklären (vgl. die Lehre vom electrischen Geschmack im zwölften Capitel). Nur eine Thatsache, nämlich die Schmerzempfindungen in der Hand während starker Durchströmung des Ulnaris am Vorderarm (Volta), würde zur Annahme einer erregenden Wirkung des constanten Stromes auf sensible Nerven zwingen.

Bei den Versuchen mit dem Rheonom (p. 349) wechselt jedesmal beim Durchgang der Brücke durch die Querstellung die Richtung des Stromes im Nerven, so dass an jeder Electrode Abnahme des Anelectrotonus unmittelbar in Zunahme des Catelectrotonus, und darauf Abnahme des Catelectrotonus in Zunahme des Anelectrotonus übergeht. Stellt z. B. die ausgezogene Curve *fghik*, Fig 61, den Electrotonus der einen Electrode dar (positive Ordinaten bedeuten Anelectrotonus), so würde diese Electrode in den Zeiten *mo, qs,* u. s. w. nach dem Erregungsgesetz beständig erregt, in den Zwischenzeiten *oq* u. s. w. in Ruhe sein. Die andere Electrode, deren Zustand durch die punctirte Curve dargestellt ist, würde mit der ersten alternirend erregt werden. Der Muskel aber beantwortet den gleichmässigen Vorgang im Nerven während der Zeit *mo* nicht mit einer dauernden Contraction, sondern mit einer einzigen Zuckung, welche in ein bestimmtes Stadium, z. B. die Puncte *t, u* hineinfällt (v. Fleischl). Einige Eigenthümlichkeiten dieser Zuckungen sind schon p. 254 und 281 erwähnt. Entweder also ist die Erregung des Nerven nicht einfach eine Function von $\frac{di}{dt}$, sondern auch von i, oder die Muskelcontraction ist kein adäquater Ausdruck der Nervenerregung.

3) Der Einfluss der Streckenlänge und des Stromwinkels.

Die Länge der durchflossenen Nervenstrecke hat auf die erregenden Wirkungen innerhalb gewisser Grenzen einen begünstigenden Einfluss, wenn der grössere Widerstand der längeren Strecke durch entsprechende Steigerung der electromotorischen Kraft compensirt wird (Pfaff, v. Humboldt u. A.). Der Grund liegt jedenfalls darin, dass der Abstand der Electroden den Electrotonus vermehrt (s. unten sub IV. 1. c), auf welchem ja die Erregung beruht.

Ferner nimmt die erregende Wirkung ab, wenn der Strom nicht longitudinal, sondern schräg durch den Nerven geleitet wird, und wird bei streng transversaler Stromrichtung Null (Galvani), was sich am besten durch Versenken des Nerven in eine durchströmte Flüssigkeit nachweisen lässt (Hermann mit Albrecht & Meyer). Mit zunehmendem Winkel zwischen Faser- und Stromaxe nimmt die Erregung nach unbekanntem Gesetze ab (annähernd wie der Cosinus, du Bois-Reymond, E. Fick). Der Grund dieses Verhaltens liegt darin, dass bei querer Durchströmung in jeder Faser Anode und Catode einander gegenüberliegen, so dass ihre Wirkungen auf den Nerven sich aufheben (vgl. auch unten sub IV. 1. c). Ueberhaupt muss bei jeder Betrachtung eines Falles electrischer Erregung die Lage der physiologischen Anode und Cathode, d. h. der Ein- und Austrittsstellen des Stromes an den einzelnen Fasern, berücksichtigt werden.

Liegt nur Eine Electrode, z. B. die Cathode, am Nerven, die andere an irgend einer Körperstelle, so wird immer zu beiden Seiten der physiologischen Cathode eine Anode liegen (p. 346), aber meist von geringerer Dichte; es wird also hauptsächlich die Wirkung der am Nerven liegenden äusseren Electrode für den Erfolg massgebend sein.

4) Der Einfluss der Durchströmungsdauer.
a. Sehr kurze Ströme; Inductionsströme.

Einen wesentlichen Einfluss auf die Erregung hat endlich die Dauer des Stromes. Zunächst fällt bei kurzdauernden Strömen die Oeffnungserregung fort; Inductionsströme erregen überhaupt nur an ihrer Cathode (Chauveau, Fick u. A.), d. h. durch ihre Entstehung und nicht durch ihr Verschwinden. Offenbar kann das Verschwinden des Anelectrotonus nur dann erregen, wenn dieser Zeit hatte sich zu entwickeln. Bei immer kürzerer Schlussdauer wird aber auch die Schliessungserregung (aus ähnlichem Grunde) immer schwächer (Fick, Brücke u. A.), und endlich Null, wenn die Schliessung weniger als 0,0015 sec. dauert, an auf 0° abgekühlten Nerven schon unter 0,02 sec. (Helmholtz & König).

Von den Inductionsströmen, welche das wirksamste electrische Erregungsmittel sind (p. 347), wirkt der Schliessungsinductionsstrom schwächer als der Oeffnungsstrom, weil ersterer durch den Extracurrent verzögert und geschwächt wird, während bei der Oeffnung der Extracurrent nicht zu Stande kommt. Sollen beide Inductionsströme annähernd gleiche Wirkung haben, so muss man statt Schliessung und Oeffnung des primären Kreises Wegnahme und Herstellung einer gutleitenden Nebenschliessung zur primären Spirale einführen, so dass diese nie offen ist und daher stets der Extracurrent zu Stande kommt (Helmholtz). Auch den Wagner'schen Hammer, welcher den primaren Strom selbstthätig unterbricht (behufs des Tetanisirens) kann man so modificiren (Helmholtz), dass er eine Nebenschliessung herstellt und wegräumt.

Auch bei offenem Inductionskreise treten häufig in einem damit verbundenen Präparate Zuckungen resp. Tetanus durch die Inductionen ein, die sog. unipolaren Inductionszuckungen (du Bois-Reymond), namentlich wenn eins der offenen Enden mit einem grossen Conductor, z. B. der Erde, verbunden ist, oder wenn beide Enden in Form von Condensatorplatten einander nahe gegenüberstehen, kurz also wenn die Enden des Kreises grosse Ladungscapacität haben. Es scheint, dass in diesem Falle durch die Ladung und Entladung ein stromartiger Vorgang entsteht. Das Zuckungsgesetz bewährt sich hier so als ob ein wirklicher Inductionsstrom vorhanden wäre.

<small>Die unipolaren Wirkungen bilden bei Reizversuchen am lebenden Thiere eine Quelle von Täuschungen durch Ausbreitung der Reizung auf nicht im Kreise befindliche Nerven, zumal auch bei Schliessung des Kreises durch einen Nerven der grosse Widerstand des letzteren die Schliessung so unvollkommen macht, dass noch unipolare Wirkungen möglich sind (du Bois-Reymond). Man verhindert letztere, indem man erstens den Inductionskreis nie offen lässt, sondern die Ströme durch eine gutleitende Nebenschliessung (du Bois-Reymond's Schlüssel) vom Nerven abblendet, welche behufs Reizung geöffnet wird, zweitens die untere</small>

Electrode (durch die Gas- oder Wasserleitungsröhren) mit der Erde verbindet (Engelmann & Place).

Auch die inducirten Ströme des Telephons bei Erschütterung oder Hineinsprechen sind zur Nervenerregung geeignet. Der Vocal I erregt nicht, während A leicht erregt (du Bois-Reymond u. A.), offenbar wegen des verschiedenen zeitlichen Verlaufs der primären Schwingungen.

β. Sehr lange Ströme; Oeffnungstetanus.

Nach sehr langen Schliessungen eines Stromes tritt bei der Oeffnung statt der Zuckung häufig Tetanus ein (Oeffnungstetanus, Ritter), welcher bei Wiederschliessung aufhört, durch Schliessung in entgegengesetzter Richtung dagegen verstärkt wird (Volta'sche Abwechselungen). Der Grund des Oeffnungstetanus liegt in der starken und dauernden Erregung der anelectrotonischen Strecke, was sich bei absteigenden Strömen dadurch zeigen lässt, dass der Tetanus durch einen Schnitt im Indifferenzpunct, welcher die anelectrotonische Strecke vom Muskel trennt, sofort beseitigt wird (Pflüger). Die Verstärkung durch Stromumkehr erklärt sich dadurch, dass die erregte Strecke nunmehr in Catelectrotonus, d. h. in erhöhte Erregbarkeit versetzt wird.

Zuweilen bewirkt, scheinbar abweichend von dem Grundgesetz (p. 347), der Strom während seiner ganzen Dauer unregelmässige Zuckungen oder Tetanus (Pflüger). Dieser Schliessungstetanus rührt möglicherweise davon her, dass auch dem constanten Strome eine erregende Wirkung zukommt, wofür die Erscheinungen an sensiblen Nerven (p. 351) angeführt werden. Wahrscheinlicher ist' es (Engelmann u. A.), dass sowohl der Schliessungs- wie der Oeffnungstetanus von latenten tetanischen Reizen (Vertrocknung u. dgl.) herrühren, welche für sich nicht zur Erregung ausreichen, wohl aber in solchen Strecken, deren Erregbarkeit electrotonisch erhöht ist, d. h. die cathodische nach der Schliessung und die anodische nach der Oeffnung (p. 346). Hierfür spricht, dass der Schliessungstetanus nur bei gewissen Stromstärken, und stets unsicher auftritt, und dass zum Tetanisiren noch ein discontinuirliches Moment erforderlich ist, welches ohne die letztgenannte Annahme weder beim Schliessungs- noch beim Oeffnungstetanus klar ist. Uebrigens geben diese Tetani keinen secundären Tetanus (Hering & Friedrich, Morat & Toussaint; vgl. p. 280 f.); dagegen wohl intermittirende Actionsströme, welche am Capillarelectrometer und am Telephon nachweisbar sind (v. Frey).

rposition von Stromesschwankungen auf bestehende Ströme.

ǝ Frage nach dem Einfluss der absoluten Stromintensität
erregende Wirkung von Stromesschwankungen kann so auf-
werden (Pflüger), dass die erregende Stromesschwankung
en bestehenden electrotonisirenden Strom superponirt wird,
ır so, dass die polarisirenden Electroden zugleich als erregende
werden. Der Versuch wird am einfachsten so angestellt, dass
m Rheochorddraht ac bei ab
!) abgezweigter constanter Strom
rven MN in mn durchfliesst, in
omzweig des Nerven aber die se-
Spirale q eines Inductionsappa-
ngeschaltet wird, in dessen pri-
Spirale p ein Strom geschlossen
öffnet wird. Die hier auftreten-

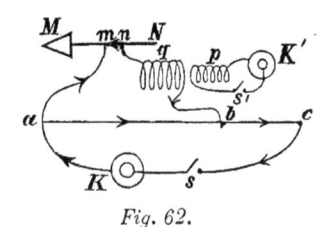

Fig. 62.

cheinungen entsprechen durchaus dem Gesetze des Electrotonus
ann). Ist der Inductionsstrom dem polarisirenden gleichge-
so ist die erregende Wirkung des ersteren verstärkt, weil die
le Cathode (vgl. p. 353) auf den Catelectrotonus des constanten
fällt. Bei entgegengesetzter Richtung beider Ströme ist die
ǥ herabgesetzt, weil die erregende Cathode auf bestehenden
rotonus fällt. Wenn man statt des Inductionsstromes eine
ıe Verstärkung oder Schwächung des constanten Stromes er-
wirken lässt, so lässt sich erstere wie die Schliessung eines
ınigen oder wie die Oeffnung eines entgegengesetzten, letztere
Schliessung eines entgegengesetzten oder wie die Oeffnung
leichsinnigen Stromes betrachten, und wiederum das electro-
Gesetz anwenden. So ergiebt sich, wie man leicht findet,
ır Satz: Eine Stromesschwankung von gegebener Steilheit wirkt
erregend, wenn sie eine Verstärkung eines bereits bestehen-
omes darstellt, schwächer aber, wenn sie eine Verminderung
ıstehenden Stromes ist.

dagegen der Bestandstrom schon sehr stark, so wirken super-
mässige Stromesschwankungen überhaupt nicht mehr, wahr-
ıh weil der Electrotonus schon so stark ist, dass die Schwan-
ihn nicht mehr verändern, also die Grundbedingung der Erre-
hlt (Hermann).

s diesen Sätzen erklären sich zahlreiche Einzelerscheinungen im Gebiete der Nervenreizung, wenn berücksichtigt wird, dass der ausgeschnittene Nerv vermöge der Demarcationsströme (vgl. unten sub IV.) am Querschnitt und an den Querschnitten der abgeschnittenen Aeste Sitz constanter Ströme ist (Hermann, Biedermann, Grützner u. A.). 1. Liegt die eine Electrode am Querschnitt des Nerven, so giebt der abterminale Strom nur Schliessungszuckung, der atterminale nur Oeffnungszuckung (Biedermann, Engelmann & van Loon). Der Grund liegt zum Theil darin, dass der Demarcationsstrom einen abterminalen Bestandstrom darstellt, auf dessen Cathode bei abterminalem Strome die Cathode, bei atterminalem die Anode des erregenden Stromes fällt (vgl. auch p. 355). Jedoch ist es auch möglich, dass das Absterben die locale Erregbarkeit herabsetzt. Ueber die gleiche Erscheinung am Muskel s. p. 262. 2. Compensirt man den Demarcationsstrom durch einen Rheochordzweig einer Kette, so erhält man eine Zuckung, wenn der Hauptkreis dieser Kette geöffnet, nicht aber wenn er geschlossen wird (Biedermann). Auch dies erklärt sich leicht: Die Oeffnung stellt eine Verstärkung des Bestandstroms, die Schliessung eine Schwächung desselben dar. 3. Die Erregbarkeit eines Nerven für absteigende constante und Inductionsströme ist am oberen, für aufsteigende am unteren Ende grösser (Hermann, v. Fleischl); das erstere folgt schon aus dem sub 1 Gesagten, das letztere erklärt sich, wie auch eine Anzahl anderer analoger Erscheinungen aus dem durch die Aststümpfe bedingten Electrotonus (Grützner). 4. Werden gleichzeitig zwei Strecken desselben Nerven mit Strömen gereizt, so treten ebenfalls Erscheinungen ein, welche sich erklären, wenn man den an der erregenden Electrode jedes Stromes durch den anderen Strom hervorgebrachten Electrotonus berücksichtigt (Sewall). Interferenzerscheinungen beider Erregungswellen, welche sich wegen des doppelsinnigen Leitungsvermögens (p. 342) in der Zwischenstrecke begegnen müssen, sind bisher nicht mit Sicherheit festgestellt.

2. Thermische Einwirkungen.

Die Erregbarkeit der Nerven erhält sich von 0^0 bis gegen 50^0 (für Froschnerven), bei den 50^0 nahen Temperaturen aber nur für kurze Zeit; bis 50^0 kann der Nerv durch Abkühlung die verlorene Erregbarkeit wiedergewinnen; bei 65^0 stirbt er sofort ab; die Erwärmung über mittlere Temperatur erhöht ausserdem die Erregbarkeit, während letztere unterhalb 15^0 herabgesetzt wird (Rosenthal & Afanasieff).

Die Verlangsamung der Leitung durch Kälte ist schon p. 343 erwähnt. Temperaturen über 35° bewirken häufig Erregung, Tetanus (Valentin, Eckhard u. A.); jedoch bleibt dieselbe bei reinen Versuchen aus, rührt also wohl von unbekannten Umständen her, welche erst durch die erhöhte Erregbarkeit zur Wirkung gelangen; nur sensible Nerven erregen bei hohen Temperaturen regelmässig Reflexe (Grützner). Auch Kälte kann erregend wirken: taucht man den Ellbogen in Eiswasser, so entsteht im Verbreitungsgebiet des Ulnaris Schmerz und dann „Einschlafen" und Anästhesie (E. H. Weber).

3. Mechanische Einwirkungen.

Plötzliche mechanische Läsionen (Schlag, Quetschung, Zerrung) erregen den Nerven, während allmähliche Drucksteigerung unwirksam ist (Fontana). Durch, regelmässiges leichtes Hämmern einer Nervenstelle (mechanischer Tetanomotor, Heidenhain) oder durch den oscillirenden Zug einer schwingenden Stimmgabel (Langendorff) kann man tetanisch reizen. Die zur Erregung eines Froschnerven nöthige lebendige Kraft liegt unter 0,007 grm.-mtr., und ist mehrere Hundert mal kleiner als die ausgelöste Muskelarbeit (Tigerstedt).

Allmähliche mechanische Schädigungen verändern nur die Erregbarkeit, und zwar bei mässigen Graden erhöhend, bei höheren herabsetzend bis zur Unerregbarkeit und Leitungsunfähigkeit. Bei Dehnung ist die Erhöhung der Erregbarkeit leicht nachweisbar (Harless u. A.); das Maximum liegt für Froschnerven etwa bei einer Belastung von 20—25 grm. (Tigerstedt). Die Erhöhung durch Druck tritt am Froschnerven bei aufgesetzen Lasten von 75—900 grm. ein (für 9 mm. Streckenlänge); noch bei 1700 grm. Belastung war die Strecke leitungsfähig (Zederbaum). Hohe Drucke, welche das Leitungsvermögen beeinträchtigen, bewirken zuweilen Erregungserscheinungen, namentlich im Entlastungsstadium. Hierher gehört das sog. Einschlafen der Glieder durch Druck auf den Nervenstamm, bei welchem Verminderung des Tastvermögens und gleichzeitiges Kriebeln auftritt. Jedoch kann die Erregung möglicherweise auf latente Reize, welche durch erhöhte Erregbarkeit wirksam werden, zurückgeführt werden (vgl. p. 354 und diese Seite oben).

Ob Druck (Ligatur) die motorischen Fasern leichter, resp. früher schädigt als die sensiblen (Lüderitz), oder umgekehrt (Zederbaum), bedarf weiterer Versuche. Bei mässiger Compression des Ischiadicus sind die Reflexe vom betr. Bein auf das andere noch erhalten, aber nicht auf das gleiche (Zederbaum);

358 Chemische Reizung. Reiz und Erfolg.

die sensiblen Fasern bleiben also für den in Frage kommenden Reiz länger durchgängig als die motorischen; dies kann jedoch darauf beruhen, dass die ausgelöste Erregung schwächer ist als die auslösende.

Die Fontana'sche Querbänderung der Nerven, welche bei Dehnung verschwindet, beruht nur auf Zickzackbiegung der nicht gedehnten Fasern und hat keine physiologische Bedeutung.

4. Chemische Einwirkungen.

Vertrocknung des Nerven ist mit heftigen Zuckungen und Tetanus des Muskels verbunden, welche durch Befeuchtung wieder beseitigt werden können (Kölliker); eine Erhöhung der Erregbarkeit geht der Erregung voraus (Harless). Auch concentrirte Salz- und Harnstofflösungen und concentrirtes Glycerin erregen durch Wasserentziehung; Auswässern beseitigt häufig die Erregung. Destillirtes Wasser vernichtet langsam die Erregbarkeit; in verdünnter ($^1/_2$ procentiger) Kochsalzlösung (Kölliker), in Oel, Quecksilber hält sie sich sehr lange. Säuren, Alkalien, Salze der Schwermetalle, Alkohol, Chloroform und viele andere Substanzen vernichten die Erregbarkeit, häufig mit vorangehender heftiger Erregung (Eckhard, Kühne u. A.). Vom Ammoniak ist es streitig ob letztere eintritt. Die chemischen Schädlichkeiten sollen in gemischten Nerven die sensiblen Fasern zuerst angreifen (Moriggia).

5. Die natürliche Nervenerregung

besteht in unverständlichen Einwirkungen der mit den Faserenden verbundenen centralen und Sinnesapparate, von denen die folgenden Capitel handeln.

6. Die Beziehungen zwischen Reiz- und Erregungsgrösse.

Nur die electrischen Reize lassen sich einigermassen graduiren; bei stets gleichem Schliessungsvorgang darf im Wesentlichen die erregende Dichtenschwankung (vgl. p. 348) der Stromintensität proportional gesetzt werden, welche sich mittels des Rheochords abstufen lässt (p. 349). Inductionsströme können auch durch Verschieben der secundären Spirale gegen die primäre abgestuft werden; die Graduirung der Intensitäten muss mittels der Ablenkungen am Galvanometer geschehen (Fick). — Die Reizerfolge lassen sich nur indirect und unvollkommen an der Kraft oder Hubhöhe des Muskels vergleichen.

An einem gegebenen Präparat wachsen die Erfolge von einem gewissen Schwellenwerth des Reizes ab (p. 265) in einer gegen die

Abscisse concaven Curve (Hermann, Tigerstedt) bis zu einem Maximum (über die übermaximalen Wirkungen s. p. 265).

Folgen gleiche untermaximale Reize rhythmisch auf einander, so nimmt häufig die Wirkung allmählich zu, d. h. jeder Reiz hinterlässt eine kurze Erhöhung der Erregbarkeit (Wundt, v. Bezold & Engelmann). Die dadurch hervorgebrachte verstärkte Wirkung wird meist als Summation der Erregungen bezeichnet.

Dagegen bewirkt lange anhaltende oder sehr häufige, besonders tetanische, ferner sehr heftige Reizung Ermüdung, welche dadurch nachgewiesen werden kann, dass man den Muskel durch Einschiebung eines electrotonisirenden Stromes vor der Mitreizung und Mitermüdung bewahrt, und nachher den Strom öffnet (Bernstein).

Am gleichen Nerven hat die gleich starke Reizung verschiedener Stellen oft ungleichen Erfolg: namentlich ist die Erregbarkeit der dem Querschnittsende näheren Stellen grösser (Budge, Pflüger). Der Grund hiervon könnte darin liegen, dass die Erregung bei ihrer Fortleitung lavinenartig anschwillt (Pflüger), indessen sind bei sensiblen Nerven die Erfolge bei Reizung nahe dem Centrum grösser (Rutherford, Hållstén). Der wahrscheinlichste Grund (vgl. p. 356) ist der am Querschnittsende wegen des Demarcationsstroms herrschende Catelectrotonus (Hermann), und vermuthlich hat der ganz unversehrte Nerv überall gleiche Erregbarkeit; für mechanische Reize soll dies stets der Fall sein (Tigerstedt). Hierher gehören auch die anderen p. 356 erwähnten scheinbaren localen Erregbarkeitsdifferenzen.

Ueber die Wirkung des Absterbens an sich s. unten sub III.

III. Die Lebensbedingungen des Nerven.

1. Das Absterben ausgeschnittener Nerven.

Ausgeschnittene Nerven verlieren nach einer gewissen, beim Kaltblüter längeren und durch Wärme verkürzten Zeit ihre Erregbarkeit und Leitungsfähigkeit; genauere Angaben sind nicht möglich, weil der Muskel bei indirecter Reizung schon früh versagt (p. 268), vermuthlich wegen Absterbens der Nervenenden; es scheint aus galvanischen Versuchen, dass der Nervenstamm zu dieser Zeit noch leistungsfähig ist. Im Beginn des Absterbens findet ein erhebliches Ansteigen der Erregbarkeit statt (Rosenthal). Die Stadien des Absterbens treten nicht an allen Stellen des Nerven gleichzeitig auf, sondern um so früher je näher dem Centrum (Valli, Ritter) oder dem Querschnitt (Rosenthal). Eine der Todtenstarre analoge sichtbare Veränderung ist nicht nachweisbar; die Meinung Einiger, dass der Axencylinder nicht präexistire, sondern eine postmortale Eiweissgerinnung darstelle, ist nicht erwiesen. Nur am Querschnitt tritt eine degenerative Veränderung (traumatische Degeneration) der verletzten Fasern ein (Schiff), welche jedoch nur bis zum nächsten Ranvier'schen Schnürring geht, d. h. sich auf die verletzte Nervenfaserzelle beschränkt (Engelmann).

Die Ursache des Absterbens nach dem Ausschneiden lässt sich nicht so bestimmt wie beim Muskel ermitteln, weil der Stenson'sche Versuch aus dem oben angegebenen Grunde über das Verhalten des Nervenstammes nichts aussagt. Im Vacuum bleibt der Nerv, wie der Muskel (p. 288), lange erregbar (Pflüger & Ewald); auch seine grosse Gefässarmuth deutet auf grosse Unabhängigkeit von Kreislauf und Athmung. (Dies gilt jedoch keineswegs für die centralen und peripherischen Endorgane.)

2. Der Einfluss der Nervencentra.

Im lebenden Thiere durchschnittene Nerven sterben in ihrem peripherischen Abschnitt ab, genau unter denselben Erscheinungen der Erregbarkeitsveränderungen wie ausgeschnittene (J. Müller & Sticker, Valli, Pfaff u. A.). Gleichzeitig beginnt eine paralytische Degeneration des vom Centrum abgetrennten Stückes (J. Müller, Steinrück u. A.), und zwar in ganzer Länge jeder abgetrennten Faser; der Axencylinder schwindet, das Mark wird trübe und körnig, und verschwindet dann ebenfalls, so dass nur das Neurilemm übrig bleibt, und der Nerv zu einem dünnen grauen Strange wird. Durchschneidet man die sensible Wurzel eines Spinalnerven zwischen Ganglion und Rückenmark, so degenerirt nur der centrale am Rückenmark bleibende Stumpf, während der ganze, mit dem Ganglion noch verbundene Nerv unentartet bleibt; für die sensiblen Nervenfasern liegt also das Ernährungscentrum, von welchem sie nicht getrennt werden dürfen ohne zu degeneriren, nicht im Mark, sondern im Spinalganglion (Waller). Diese Angabe wird indess neuerdings bestritten (Vejas), so dass der Gegenstand weiterer Untersuchung bedarf.

Die genannten Vorgänge verlaufen beim Kaltblüter sehr viel langsamer als beim Warmblüter. Bei letzterem ist die Erhöhung der

Erregbarkeit und der Beginn der Degeneration schon in den ersten Tagen merklich, und der Verlust der Erregbarkeit am 4. Tage vollendet (Longet). Die Degeneration, welche auch innerhalb der Centralorgane an durchschnittenen Fasern im peripherischen Verlauf eintritt, ist ein ausgezeichnetes Mittel um den anatomischen Verlauf einzelner Nervenfasern festzustellen, indem man sie durch Durchschneidung an einer centralen Stelle gleichsam kennzeichnet (Budge & Waller). Die Angabe, dass bei durchschnittenen sensiblen Nerven auch die centralen Enden wegen Mangel an Erregung degeneriren, ist höchst zweifelhaft.

3. Die Regeneration durchschnittener Nerven.

Die beiden Abschnitte eines durchschnittenen Nerven heilen sehr leicht wieder zusammen, mit voller Wiederherstellung des Leitungsvermögens (Cruikshank, Fontana); ein an zwei Stellen durchschnittener Nerv verheilt nur an der oberen Schnittstelle, d. h. die Verheilung erfolgt nur unter Vermittlung des Centralorgans (Vulpian).

Die Regeneration tritt auch dann ein, wenn die beiden Nervenstümpfe ziemlich weit auseinander liegen; jedenfalls kann eine bleibende Trennung eines Nerven nicht sicher durch blosse Durchschneidung, sondern nur durch Excision (Resection) eines möglichst langen Stückes erreicht werden. Bei der Regeneration gemischter Nerven kehrt zuerst die Sensibilität, dann der Willenseinfluss und erst zuletzt die directe Erregbarkeit des peripherischen Stückes wieder (Schiff, Duchenne, Erb, Ziemssen & Weiss).

Eine schwer erklärbare Beobachtung ist, dass nach Durchschneidung und Degeneration des Hypoglossus der sensible Lingualis motorische Wirkungen auf die Zunge gewinnt, welche mit der Regeneration des ersteren wieder schwinden (Philipeaux & Vulpian); die Erscheinung fehlt aber, wenn die Chorda tympani durchschnitten und degenerirt ist, ist also den dem Lingualis beigemischten Chordafasern zuzuschreiben (Vulpian; vgl. p. 342). Wesentlich ist die Feststellung, dass der gereizte Lingualis das nach Durchschneidung des Hypoglossus auftretende paralytische Flimmern der Zunge (p. 269) verstärkt (Schiff); diese Verstärkung geht in wirkliche Bewegung, ähnlich derjenigen durch Hypoglossusreizung über, jedoch mit ungewöhnlich langem Latenzstadium (bis 3 Sec.); sie geht der gefässerweiternden Wirkung (p. 91) parallel, tritt aber auch bei verschlossenen Arterien ein, so dass ein unbekanntes Moment, wahrscheinlich verstärkte Lymphbildung, das Zwischenglied bildet (Heidenhain).

IV. Die am Nerven selbst auftretenden functionellen Erscheinungen.

Obgleich die Thätigkeit des Nerven hauptsächlich an seinen Endorganen festgestellt wird, hat man sich doch mit Erfolg bemüht auch an ihm selber Veränderungen festzustellen. Mechanische Vorgänge (Bewegung) sind an den Nervenfasern auf Reizung nicht zu sehen. Auch eine Erwärmung konnten die sorgfältigsten thermoelectrischen Untersuchungen (Helmholtz, Heidenhain) nicht constatiren. Nur galvanische und chemische Veränderungen sind beobachtet.

1. Galvanische Erscheinungen an den Nerven.

Die galvanischen Erscheinungen am Nerven sind denjenigen des Muskels in jeder Hinsicht analog, und können daher unter Verweisung auf p. 273 ff. sehr kurz behandelt werden. Wegen des grossen Widerstandes des Nerven (longitudinal etwa $2\frac{1}{2}$ Millionen mal so gross wie der des Quecksilbers, transversal etwa das 5 fache hiervon, Hermann) sind alle Ströme schwächer als beim Muskel, und daher empfindlichere Vorrichtungen nöthig.

a. Erscheinungen in der Ruhe.

An ruhenden ausgeschnittenen Nerven verhält sich der künstliche Querschnitt negativ gegen die Längsoberfläche (du Bois-Reymond); die electromotorische Kraft beträgt 0,02—0,03 Dan. Unsymmetrische Längsschnittspuncte geben schwächere Ströme, nach demselben Gesetz wie am Muskel (p. 274). Der Strom eines künstlichen Querschnitts (welcher auch caustisch, thermisch etc. angelegt sein kann, vgl. p. 275), nimmt schnell ab, während neue Querschnitte volle Wirkung zeigen; der Grund liegt in der Begrenzung des Absterbeprocesses an den Ranvier'schen Schnürringen (p. 360), und in der Stromlosigkeit der unversehrten Zellen (Engelmann; vgl. auch p. 276). Ganz abgestorbene Nerven sind stromlos. Die natürlichen Enden der Nervenfasern sind tief in andere Gewebe vergraben, und können daher nicht untersucht werden; ein Strom der ihnen angehörte, ist nirgends nachgewiesen (über Netzhautströme s. d. zwölfte Cap.).

Alle Wirkungen ruhender Nerven sind also auf die Negativität verletzter Faserstellen gegen den lebenden Rest zurückführen, und daher als Demarcationsströme (p. 282) zu bezeichnen (Hermann).

Die bei ungleicher Temperatur verschiedener Nervenstellen

auftretenden Ströme zeigen dieselben Gesetze wie am Muskel (Grützner; vgl. p. 276).

b. **Die Erscheinungen bei der Thätigkeit.**

Der Demarcationsstrom zeigt bei tetanischer Erregung des Nerven eine **negative Schwankung** (du Bois-Reymond), welche unter günstigen Umständen, bei hoher Erregbarkeit der Reizstelle (abterminale Ströme am Querschnittsende, vgl. p. 356) secundären Tetanus giebt (Hering). Für Einzelreize ist die negative Schwankung ebenso durch secundäre Zuckung (Hering), sicherer aber mit dem Rheotom (p. 277) nachweisbar (Bernstein), wobei sich zeigt, dass der Nervenstrom rascher abnimmt als er wieder ansteigt, und sich beim Maximum der Schwankung umkehrt. Ohne Zweifel hat auch die tetanische Schwankung eine Curve wie die ersten Senkungen der Fig. 36 (p. 278) sie andeuten. Die Gesammtdauer einer einzelnen Schwankung wird zu 0,0007 sec. angegeben (Bernstein).

Die negative Schwankung bewährt sich ebensogut wie die Muskelzuckung als Zeichen der am Nervenende anlangenden Erregung; so ist z. B. ihre Latenzzeit bei entfernter Reizung in r (Fig. 63) grösser als bei naher in r', wenn beide Male der Demarcationsstrom in lq abgeleitet wird, und zwar genau um so viel, wie der Leitungszeit in der Nervenstrecke rr' entspricht;

Fig. 63.

ferner nimmt die Schwankung an Grösse zu oder ab, wenn die Reizstelle in Cat- oder Anelectrotonus versetzt wird (Bernstein). Bei Reizung des Ischiadicus zeigen nicht allein die hinteren, sondern auch die vorderen Spinalwurzeln negative Schwankung, ein sicherer Beweis, dass die motorischen Fasern auch centripetal leiten, und ebenso zeigt ein Querschnitt am Stamm negative Schwankung nicht bloss bei Reizung der vorderen, sondern auch bei solcher der hinteren Wurzeln; die sensiblen Fasern leiten also auch centrifugal, womit das doppelsinnige Leitungsvermögen bewiesen ist (du Bois-Reymond, vgl. p. 342).

Leitet man den Demarcationsstrom so ab, dass die Längsschnittselectrode der Reizstelle r (Fig. 64) einmal näher und einmal entfernter liegt (Ableitung lq und $l'q$), so ergiebt das Rheotom im ersteren Falle früheren Eintritt der Schwankung als im letzteren, und zwar ist wiederum die Zeitdifferenz etwa gleich der Leitungszeit

Fig. 64.

in der Strecke ll'; hieraus ergiebt sich mit grosser Wahrscheinlichkeit, dass die negative Schwankung von einer Veränderung an der Längsschnittsstelle des abgeleiteten Stromes herrührt, dass diese durch die Erregung negativer wird, und diese Negativität mit derselben Geschwindigkeit wie die Erregung über den Nerven abläuft (Bernstein).

Leitet man von zwei Längsschnittspuncten ll' eines Nerven (Fig. 65) so ab, dass kein Ruhestrom vorhanden ist, so gelingt es mit gewöhnlichen Hülfsmitteln nicht, eine Erregungswirkung nachzuweisen. Verzögert man aber die Leitung durch Kälte, so dass die Phasen in l und l' mehr aus einander gezogen werden, und benutzt man ein Bündel mehrerer Nerven, so findet zwischen l und l' ein **doppelsinniger Actionsstrom** statt, die erste Phase dem Erregungsablauf gleichläufig, die zweite gegenläufig (Hermann). Unterbindet man den Nerven zwischen l und l', so dass die Erregung nicht nach l' gelangt, so **fällt die zweite Phase fort**, und der Versuch reducirt sich auf den obigen Fall des künstlichen Querschnitts; der Actionsstrom rührt also davon her, dass **erregte Stellen sich gegen unerregte der gleichen Faser negativ verhalten**, so dass zuerst l negativ ist gegen l', und dann umgekehrt; und die negative Schwankung rührt nur daher, dass die Erregungswelle den künstlichen Querschnitt nicht erreicht, weil die negative Substanz desselben an der Erregung nicht Theil nimmt (Hermann).

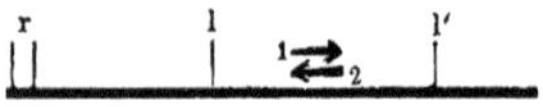

Fig. 65.

Im Tetanus zeigt sich zwischen l und l' kein Actionsstrom, weil die abwechselnden Negativitäten beider Stellen sich in ihrer Wirkung auf das Galvanometer aufheben. Kälte zieht nicht allein die Fortleitung, sondern auch den Ablauf der Erregung an der einzelnen Stelle (den phasischen Actionsstrom) in die Länge (Hermann).

c. Der Electrotonus.

Wird eine Nervenstrecke von einem constanten Strome durchflossen, und irgend eine andere Strecke des Nerven mit dem Galvanometer verbunden, so zeigt sich in letzterer ein dem durchgeleiteten (polarisirenden) Strome **gleichgerichteter** Strom, welcher sich, falls ein Demarcationsstrom in der abgeleiteten Strecke ist, zu diesem algebraisch summirt (du Bois-Reymond).

Diese, als **Electrotonus** bezeichneten Ströme (vgl. auch p. 344) sind um so stärker: 1. je stärker der polarisirende Strom, 2. je länger, bei gleicher Stromstärke, die durchflossene Strecke, 3. je näher der durchflossenen Strecke die abgeleitete liegt; 4. sie fehlen wenn der polarisirende Strom quer durch den Nerven geleitet wird; 5. sie fehlen, wenn der Nerv zwischen durchflossener und abgeleiteter Strecke unterbunden oder sonstwie physiologisch unterbrochen ist; 6. sie fehlen am abgestorbenen Nerven; 7. sie sind auf der Seite der Anode stärker als auf der der Cathode, und nehmen auf ersterer allmählich zu, auf letzterer ab; 8. ihre Grösse kann die des Demarcationsstromes um das 25fache und mehr übertreffen (du Bois-Reymond).

Legt man der abzuleitenden Strecke statt der Galvanometerenden den Nerven eines Froschschenkels an, so entsteht bei Schliessung resp. Oeffnung des polarisirenden Stromes eine secundäre Zuckung und bei rascher Wiederholung der Schliessungen secundärer Tetanus; da diese Erscheinung bei nicht electrischen Reizungen ausbleibt, und durchaus von der Nähe der durchflossenen Strecke abhängt, kann sie nicht wie die wahren secundären Zuckungen (p. 280, 363), von dem Actionsstrom oder der negativen Schwankung herrühren, sondern muss von der plötzlichen Entstehung resp. Aufhebung des Electrotonus abgeleitet werden (du Bois-Reymond); sie macht bei oberflächlicher Betrachtung den paradoxen Eindruck, als ob die Leitung von einem Nerven auf den andern übergegangen wäre (paradoxe Zuckung). Mittels der secundären Zuckung lässt sich nachweisen, dass der Electrotonus sehr schnell bei der Schliessung des polarisirenden Stromes im ganzen Nerven vorhanden ist, und mindestens mit derselben Geschwindigkeit, wie die Erregung, sich ausbreitet (Helmholtz). Reizt man ferner an einer Stelle und schliesst in demselben Moment einen starken aufsteigenden Strom oberhalb der Reizstelle, so bleibt die Wirkung des Reizes aus; der Anelectrotonus ist also auch an entfernten Nervenstellen schon im Momente der Schliessung vorhanden (Grünhagen; Hermann mit v. Baranowski & Garrè). Eine neuere auf Rheotomversuchen am Galvanometer beruhende Angabe schreibt im Gegentheil dem Electrotonus eine äusserst geringe Ausbreitungsgeschwindigkeit von 8—10 m. zu (Bernstein).

Auch der Muskel besitzt electrotonische Ströme, welche jedoch viel schwächer sind als die des Nerven (Hermann); auch electrotonische Erregbarkeitsänderungen sind, wenigstens in der intrapolaren Strecke, vorhanden (vgl. p. 261).

Bei Tetanisirung eines im Electrotonus befindlichen Nerven zeigen die electrotonischen Ströme eine negative Schwankung (Bernstein);

ausserdem zeigt der polarisirende Strom selbst eine positive Schwankung (Grünhagen, Hermann), von welcher sich nachweisen lässt, dass sie nicht etwa auf Widerstandsabnahme im Nerven beruht. Die Untersuchung mit dem Rheotom ergiebt, dass der Actionsstrom an jeder Nervenstelle einen Zuwachs erhält, welcher intrapolar dem polarisirenden Strome gleichsinnig, extrapolar ihm entgegengesetzt ist, dass aber ausserdem die Erregungswelle selbst auf dem Wege zur Anode anschwillt, auf dem Wege zur Cathode abnimmt und selbst erlöschen kann (Hermann).

d. Die Erscheinungen nach der Oeffnung des polarisirenden Stromes.

Wird eine von einem Strome durchflossene Nervenstrecke unmittelbar nach Oeffnung des Stromes mit einem Galvanometer verbunden, so zeigt sich im Allgemeinen eine dem polarisirenden Strome entgegengesetzte („negative") Wirksamkeit, welche rasch verschwindet (Peltier). Dieselbe Erscheinung zeigt auch jeder einzelne zum Galvanometer abgeleitete Abschnitt der durchflossenen Strecke (du Bois-Reymond). War jedoch der Strom kräftig und die Schliessungsdauer kurz, so geht der negative Nachstrom sofort in einen gleichsinnigen („positiven"), lange anhaltenden Strom über, ja letzterer kann unmittelbar nach der Oeffnung schon auftreten. Diese letztere Wirkung tritt nur am lebenden, die negative auch am todten Nerven ein. Gekochte Nerven zeigen überhaupt keine Nachwirkung (du Bois-Reymond).

In den extrapolaren Strecken zeigt sich ebenfalls ein Nachstrom, und zwar ist derselbe in der catelectrotonischen positiv, in der anelectrotonischen negativ mit kurzem positiven Vorschlag (Hermann).

Die positive Phase des intrapolaren Nachstroms ist an die anelectrotonische Strecke und deren Oeffnungserregung geknüpft, welche wegen der Verschiebung des Indifferenzpunctes (p. 345) fast die ganze durchflossene Strecke umfasst. Dies lässt sich dadurch beweisen, dass sie am stärksten auftritt, wenn die ableitenden Electroden an die Anode selbst und einen ihr nahegelegenen intrapolaren Punct angelegt werden. Noch sicherer wird der Beweis dadurch, dass man den Strom durch Quer- und Längsschnitt eines Nerven zuleitet, und von beiden Electroden den Nachstrom ableitet; jetzt tritt positive Phase überhaupt nur bei atterminaler, nicht bei abterminaler Stromrichtung auf, weil (vgl. p. 356) nur erstere Oeffnungserregung bewirkt; auch genügen hier schon schwache Ströme (Hermann).

Beim Muskel (vgl. p. 282) sind die Erscheinungen nach der Oeffnung ähnlich wie beim Nerven (Peltier, du Bois-Reymond). Die positive Phase ist hier noch deutlicher an die Anode gebunden (ebenso beweisbar) und tritt überhaupt nur in deren Nähe auf (Hermann, Hering & Biedermann). Auch die extrapolaren Nachströme verhalten sich wie am Nerven (Hermann).

e. Theorie der galvanischen Nervenphänomene.

Die Erscheinungen des Demarcations- und des Actionsstroms erklären sich genau wie beim Muskel (vgl. p. 282) aus einem **electromotorischen Gegensatz zwischen unverändertem Faserinhalt einerseits und absterbendem oder erregtem andrerseits, wobei letzterer negativ ist.**

Die **electrotonischen Ströme sind Zweige des polarisirenden Stromes**, welcher durch eine innere Polarisirbarkeit der Nervenfasern gezwungen ist, sich sehr weit längs des Nerven auszubreiten (Hermann).

Leitet man einem Metalldraht, welcher von einem feuchten Leiter umgeben ist, an einer Strecke mittels des letzteren einen Strom zu, so zeigt die Oberfläche des ganzen Leiters Ströme, welche dem Gesetz des Electrotonus folgen; dieselben bleiben aus, wenn der Kerndraht aus amalgamirtem Zink und die Hülle aus Zinklösung besteht (Matteucci, Hermann). Der Grund hiervon liegt in der Polarisationsconstante zwischen Hülle und Kern; dieselbe stellt einen so grossen Widerstand dar, dass die übrigen, von den Längen der Stromfäden abhängigen Widerstände dagegen sehr klein sind, und deshalb der Eintritt des Stromes in den Kern sich auf lange Leiterstrecken fast gleichmässig ausbreitet. Dies ist, wie die Rechnung ergiebt (H. Weber), auch dann der Fall, wenn der Kern nicht besser leitet als die Hülle. Dass nun die Nervenfasern aus zwei concentrischen Substanzen bestehen, zwischen denen eine Polarisation stattfindet, darauf deutet der grosse Querwiderstand des Nerven im Vergleich zum Längswiderstand (p. 362). Im polarisirten Nerven sind also die Faserkerne an ihrer Oberfläche polarisirt, und zwar in der anelectrotonischen Strecke positiv, in der catelectrotonischen negativ, am stärksten an den Electroden selbst. Auch erklärt sich aus der Superposition beider Polarisationen der begünstigende Einfluss längerer intrapolarer Strecken auf den Electrotonus (p. 365). Die Ausbreitung des Stromes kann, wie sich auch am Drahtmodell zeigen lässt, nur soweit gehen, als die Continuität sowohl der Kern- als der Hüllensubstanz reicht; da die Unterbindung die Substanzen in indifferente Leiter verwandelt, muss sie die Ausbreitung unterbrechen (p. 365). Auf zahlreiche andere Folgerungen aus dieser Theorie, welche sämmtlich den Thatsachen entsprechen, kann hier nicht eingegangen werden.

Zur Erklärung der intrapolaren negativen Nachströme könnte herbeigezogen werden (du Bois-Reymond), dass auch feuchte poröse Halbleiter in allen Theilen der durchflossenen Strecke negative Nachströme zeigen, welche aus polarisirbaren halbleitenden Zwischenplatten erklärt werden können. Indessen genügt schon die electrotonische Ausbreitung der Kernpolarisation vollständig zur Erklärung (Hermann). Die positiven Nachwirkungen aber sind nichts anderes als die durch die Erregung im verschwindenden Anelectrotonus verursachten Actionsströme, durch welche jeder der Anode nähere Punct stärker erregt wird, also sich negativ verhält gegen jeden entfernteren. In den extrapolaren Strecken ist die rein polarisatorische Nachwirkung, wie auch Versuche am Modell zeigen, beiderseits dem Strome gleichsinnig; in der anelectrotonischen Strecke aber muss ein Actionsstrom entstehen, welcher dem Strome entgegengesetzt ist. Nun sind die Actionsströme viel dauerhafter als die Polarisationsströme, daher treten letztere, wo sie den ersteren entgegengesetzt sind, als kurze Vorschläge, oder bei trägem Magneten gar nicht auf. Nach langen Schliessungen sind die Polarisationen so stark, dass sie die Actionsströme übercompensiren können; bei schwachen Strömen können letztere ebenfalls fehlen. Das Schema Fig. 66 verdeutlicht das Princip der Nachströme: AC ist die durchflossene Strecke, die Pfeile der Reihe p geben die Richtung der (flüchtigeren) Polarisationsströme, die der Reihe a diejenige der anhaltenderen Actionsströme durch den schwindenden Anelectrotonus an.

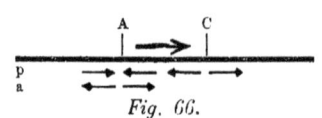

Fig. 66.

Die Wirkungen der Erregung auf den Electrotonus (p. 365 f.) lassen sich erklären, wenn man annimmt, dass die Polarisationsconstanten des Nerven durch die Erregung herabgesetzt werden; dies muss den polarisirenden Strom selbst verstärken, seine extrapolare Ausbreitung aber vermindern (Hermann). Ueber die Veränderungen der Erregungswelle selbst s. unten sub V.

2. Chemische Erscheinungen am Nerven.

Die chemische Zusammensetzung der Nervensubstanz ist wenig bekannt, und wird meist nur aus der Zusammensetzung des Gehirns entnommen, da die dünnen Nerven kein genügendes Material liefern; es muss daher auf die Lehre vom Gehirn verwiesen werden. Die Reaction des Nerven ist in der Ruhe neutral, und soll wie beim Muskel durch Anstrengung und Absterben sauer werden (Funke), was aber von manchen Autoren bestritten wird. Sonstige Umsetzungen bei der Nerventhätigkeit sind nicht in brauchbarer Weise nachgewiesen. Der Stoffverbrauch des Nerven kann bei seiner Gefässarmuth und dem Mangel nachweisbarer Wärmebildung (p. 362) nur sehr gering sein. Es wäre aber denkbar, dass bei der Erregung trotzdem Zersetzungen stattfinden, welchen aber eine sofortige Regeneration folgt, so dass kein definitiver Verbrauch eintritt. Diejenigen Bestandtheile des Nerven, welche für seine Function ins Spiel treten, sind wahrscheinlich, noch mehr als die des Muskels (p. 289), so ungemein unbeständig, dass an eine Darstellung schwerlich zu denken ist.

V. Zur Theorie der Nervenfunction.

Die älteren Theorien, welche die Nerventhätigkeit durch Bewegungen eines Fluidums u. dgl. zu erklären versuchten, können gänzlich übergangen werden. Die Idee, dass die Nerventhätigkeit auf Electricität beruhe (Hausen 1743) konnte, selbst als der electrische Telegraph erfunden war, und die in manchen Puncten glückliche Vergleichung des Nervensystems mit einem Telegraphensystem sehr allgemein wurde, zu keiner brauchbaren Theorie entwickelt werden. Gegen jede tiefere Analogie mit dem Telegraphen spricht die Abwesenheit geschlossener Stromkreise, stromgebender batterieartiger Apparate, das Fehlen jeder galvanischen Isolation der Nervenfasern, die Wirkung der Unterbindung und vor Allem die Langsamkeit der nervösen Leitung. Nach Entdeckung des Nervenstroms (du Bois-Reymond 1843) waren neue Handhaben für electrische Theorien gegeben; besonders wurde eine Zeit lang vermuthet, dass regelmässig angeordnete electromotorische Molecüle im Nerven, welche man zur Erklärung des Nervenstroms annahm, zugleich durch electrodynamische Aufeinanderwirkung die Leitung besorgen; jedoch ist weder eine solche

Theorie näher entwickelt worden, noch hat sich die Annahme solcher Molecüle überhaupt als nothwendig herausgestellt.

Die Nervenleitung wird fast allgemein jetzt so aufgefasst, dass jeder Faserabschnitt durch den angrenzenden Abschnitt grade so wie durch einen äusseren Reiz erregt wird, also als eine Fortpflanzung der Erregung von Theilchen zu Theilchen. Einige Thatsachen, welche gegen diese einfache Anschauung angeführt werden, namentlich dass eine Nervenstrecke unter gewissen abnormen Umständen leiten könne, ohne durch äussere Reize erregbar zu sein, sind theils streitig, theils nicht beweisend, da es sehr denkbar ist, dass die Erregung durch den Reiz des Nachbartheilchens günstigere Bedingungen findet als die durch äussere Reizmittel.

Worin nun aber diejenige Veränderung, welche man Erregung nennt, besteht, und wodurch sie dem Nachbartheilchen sich mittheilt, ist unbekannt. Sicher weiss man nur, dass jene Veränderung mit einer Negativität der erregten Stelle innig verbunden ist. Da nun der electrische Strom zugleich das wirksamste Reizmittel für den Nerven ist, und ausserdem die Erregbarkeit mächtig beeinflusst, ist es allerdings höchst wahrscheinlich, dass galvanische Vorgänge bei der Erregungsleitung die Hauptrolle spielen. Sehr bemerkenswerth ist, dass der Actionsstrom an einer erregten Nervenstelle so verläuft, dass er die erregte Stelle selbst in Anelectrotonus, ihre nächste Nachbarschaft aber in Catelectrotonus versetzt (Hermann). Fig. 67 verdeutlicht dies: KK sei der Kern, $HHHH$ die Hülle einer Nervenfaser, und $pqrs$ ein erregter Theil des Kerns, so erzeugen die beiden electromotorischen Flächen ps und qr des Actionsstroms die gezeichneten Strömchen, welche wegen des geringen Widerstandes bei den microscopischen Dimensionen als sehr kräftig anzusehen sind; dieselben bilden für den Kern bei c, c Cathoden, bei a, a Anoden, wirken folglich auf die erregte Stelle beruhigend, auf die Nachbarschaft erregend.

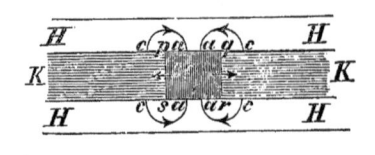

Fig. 67.

Dieser Umstand genügt freilich noch nicht zu einer vollständigen Theorie der Nervenleitung. Bemerkenswerth aber ist, dass das p. 367 erwähnte Kernleitermodell bei kurzen localen Stromschliessungen wellenförmig ablaufenden Electrotonus zeigt, d. h. Auftreten electrotonischer Ströme an entfernteren Stellen zu einer Zeit, wo der polarisirende Strom schon geöffnet ist; dass also auch rein galvanische Processe zu wahren Wellenerscheinungen Anlass geben können (Hermann & Samways).

. Jedenfalls kann kein Zweifel sein, dass die nervösen Processe mit der Polarisation der Nervenkerne innig zusammenhängen. Die electrotonische Polarisation gestattet, das p. 345 angeführte Gesetz so auszudrücken, dass positive Polarisation einer Nervenstelle ihre Erregbarkeit und Leitungsfähigkeit herabsetzt, negative sie erhöht. Der Indifferenzpunct ist der neutrale Grenzpunct zwischen positiver und negativer Polarisation. Das p. 351 entwickelte Erregungsgesetz kann so ausgedrückt werden: Eine Nervenstelle wird durch plötzliche Vermehrung negativer oder Verminderung positiver Polarisation erregt. Endlich das p. 366 erörterte Gesetz des Anschwellens und Abschwellens der Erregungswelle lautet: Die Welle nimmt zu, wenn sie zu positiveren, und ab, wenn sie zu negativeren Stellen übergeht. Der letztere Satz gestattet übrigens, den Einfluss des Electrotonus auf die Nervenerfolge ohne Annahme von Erregbarkeitsveränderungen vollständig zu erklären, worauf indess hier nicht eingegangen werden kann.

Wenn die Oeffnungserregung vom Schwinden der positiven Polarisation herrührt, so muss sie, da letzteres durch den polarisatorischen Nachstrom selber wesentlich geschieht, durch das Zustandekommen des letzteren begünstigt werden. In der That erhält man bei der Rheochordanordnung Fig. 60 (p. 349) leichter Oeffnungszuckung, wenn der Schlüssel s im Hauptkreise aKb, als wenn er im Nervenzweige aNb sich befindet (Hermann, Grützner); im letzteren Falle fände der Polarisationsstrom nach der Oeffnung keine äussere Schliessung, sondern nur die innere durch die Hüllensubstanz. Manche schreiben sogar dem Oeffnungsgegenstrom, dessen Cathode offenbar die Anode des polarisirenden Stromes ist, die Oeffnungserregung selbst zu, und betrachten sie als eine Schliessungswirkung dieses Gegenstromes (Tigerstedt, Grützner). Allein es lässt sich durch die p. 366 f. angeführten Erscheinungen direct zeigen, dass die Oeffnungserregung den Gegenstrom lange überdauert und durch ihre eigene Wirkung übercompensirt (Hermann); sie rührt also direct vom Schwinden der positiven Polarisation her, welches durch den Gegenstrom begünstigt, aber nicht bedingt wird. In den Fällen von Oeffnungstetanus (p. 354) ist die dauernde Erregung der anodischen Strecke durch lange Dauer des Actionsstroms direct nachweisbar (Hermann).

VI. Die verschiedenen Arten von Nervenfasern.

Ob den anatomischen Verschiedenheiten der Nervenfasern (doppeltcontourirte oder markhaltige; einfachcontourirte oder marklose; nackte Axencylinder) Verschiedenheiten der Function entsprechen, ist bisher nicht bekannt. Die grauen sympathischen, meist aus marklosen Fasern bestehenden Nerven sind reizbar und leiten grade wie die übrigen; ihre Leitungsgeschwindigkeit könnte möglicherweise eine andere sein (p. 343).

Nach der Lage des Erfolgsorgans und nach dem Erfolge theilt man die Nervenfasern in centrifugale, centripetale und intercentrale ein, wobei jedoch die eigentliche Function, und wahrscheinlich auch alle anderen Eigenschaften der Faser selbst wahrscheinlich stets die gleichen bleiben. Thatsachen, welche vielleicht auf Verschiedenheiten motorischer und sensibler Fasern deuten, sind p. 351, 357 und 361 erwähnt.

Centrifugale Fasern.

Von centrifugalen Fasern sind mit Sicherheit bisher nur motorische und secretorische bekannt Eine zweifelhafte und streitige Gattung bilden die trophischen Fasern; man hat solche annehmen zu müssen geglaubt, um gewisse Ernährungsstörungen, welche nach Nervenläsionen auftreten, zu erklären. Die Entzündung und Vereiterung des Augapfels, welche nach Durchschneidung des Trigeminus eintritt, ist indess nur dem Wegfall der Sensibilität zuzuschreiben; denn das Auge bleibt gesund, wenn man es durch Schutzbrillen oder Vornähung des empfindenden (weil von Cervicalnerven versorgten) Ohres vor Verletzung schützt (Snellen).

Die vorstehende Erklärung der neuroparalytischen Augenentzündung hat man später wieder umzustossen versucht, weil nach Lähmung des Facialis, trotzdem das Thier jetzt sein Auge nicht mehr durch Lidschluss schützen kann, keine Entzündung eintritt (Samuel), und weil nach partieller Durchschneidung des Trigeminusstammes, sobald die innersten Fasern intact sind, trotz vollkommener Empfindungslähmung und ohne dass man das Auge künstlich schützt, keine Entzündung eintreten soll, während umgekehrt das Auge sich sehr leicht entzünde (wenn es nicht geschützt wird), sobald nur die innersten Fasern verletzt, die übrigen erhalten, das Auge also sensibel geblieben ist (Meissner, Schiff). Doch ist letzteres bestritten, und ersteres beweist nicht viel, da das Thier sein Auge auch ohne Lidschluss vor vielen Insulten schützen kann. Gegen besondere trophische Nerven spricht auch, dass das Auge nach Trigeminus-Durchschneidung auf Entzündungsreize genau wie ein normales reagirt (Cohnheim & Senftleben).

Die Mundgeschwüre, welche nach derselben Operation auftreten, rühren von Eindrücken der Zähne in die Schleimhaut her, weil der

Unterkiefer wegen der einseitigen Kaumuskellähmung sich schief stellt (Rollett).

Die Atrophie gelähmter Glieder erklärt sich aus der paralytischen Atrophie des Muskeln (p. 269), welche der Trennung der gewöhnlichen motorischen Fasern zugeschrieben wird. Dass auch Haut, Haare und andere Theile Veränderungen erleiden, würde erst dann zur Annahme besonderer die Ernährung beherrschender Nerven nöthigen, wenn der Einfluss der aufgehobenen Gefässinnervation und Sensibilität sicher eliminirt wäre. Dasselbe gilt, wenn man zur Erklärung von Hauterkrankungen, welche der Nervenausbreitung folgen, wie z. B. des Zoster, trophische Nerven annehmen will.

Centripetale Fasern.

Die centripetalen Nerven werden als sensible oder sensuelle, und als reflectorische bezeichnet, je nachdem man als ihre Hauptfunction die Erregung von Empfindungen oder von Reflexen betrachtet; wahrscheinlich sind beide Functionen stets vereinigt (vgl. die Lehre von den Centralorganen).

Intercentrale Fasern.

Als intercentrale Fasern hat vorliegendes Werk zuerst solche Fasern bezeichnet, welche zwischen zwei centralen Gebilden verlaufen. Sie bilden die Hauptmasse der Fasern in den Centralorganen (s. d.). Als intercentrale Fasern von peripherischem Verlauf müssen u. A. die regulatorischen Nerven, z. B. des Herzens, bezeichnet werden, da dieselben nach allgemeiner Annahme in den Ganglienzellen der Organe münden.

Nervenstämme.

Die Nervenstämme enthalten meist Fasern verschiedener Gattung (gemischte Nerven), welche erst in der Nähe ihres Verbreitungsbezirks in rein motorische, rein sensible u. s. w. Aeste sich spalten. Nur bei den kurzen Hirnnerven führen die Nerven grösstentheils von Ursprung ab nur Fasern Einer Art (rein motorische, rein sensuelle Nerven).

Die Physiologie hat für jede Nervenfaser ihre specielle Function festzustellen, oder mit anderen Worten ihr Erregungs- und ihr Erfolgsorgan zu ermitteln. Diese Aufgabe könnte rein anatomisch durch Präparation, oder durch das Hülfsmittel der Degeneration (p. 361) gelöst werden. Meist ist es einfacher, durch Reizung oder durch den Functionsausfall nach der Durchschneidung die Frage zu lösen. Die

Ermittelungen dieses Gebietes (die sog. specielle Nervenphysiologie) werden zweckmässiger im Zusammenhang mit den Central- und Sinnesorganen dargestellt.

Anhang zum 10. Capitel.
Die electrischen Fische.

Eine Anzahl Fische, nämlich hauptsächlich von Flussfischen der Zitteraal (Gymnotus electricus) und Zitterwels (Malopterurus electricus), von Seefischen der Zitterrochen (Torpedo marmorata und ocellata), haben die merkwürdige Eigenschaft, willkürlich und reflectorisch electrische Schläge durch das Wasser zu senden, welche kräftig genug sind, um als Angriffs- und Vertheidigungswaffe zu dienen. Der Ausgangspunct dieser Schläge ist das electrische Organ, eine säulenartig geschichtete Folge plattgedrückter Fächer, deren jedes eine sogenannte electrische Platte enthält, in welcher ein Zweig des electrischen Nerven endet. Die Axe der Säulen ist bei Gymnotus und Malopterurus der Körperaxe parallel, bei Torpedo senkrecht zu derselben und zur Fläche des platten Thieres. Die electrischen Platten liegen also bei Gymnotus und Malopterurus vertical und senkrecht zur Thieraxe, bei Torpedo horizontal und parallel der Körperfläche. Bei Malopterurus bilden die electrischen Fächer keine Säulen, sondern greifen wie die Ziegel eines Baues in einander. Die electrischen Nerven sind bei Gymnotus zahlreiche Spinalnerven, bei Torpedo jederseits ein Trigeminus- und 4 Vagusäste, bei Malopterurus jederseits eine einzige colossale Nervenfaser spinalen Ursprungs, welche sich vielfach verzweigt.

Der Schlag ist als electrischer durch electromagnetische, electrolytische, inducirende Wirkungen und durch Funken festgestellt (Walsh, Faraday, du Bois-Reymond u. A.), und hat vor Allem starke erregende Wirkung auf thierische Theile. Seine Richtung ist im Fische selbst der Axe des Organs entsprechend: bei Gymnotus tritt der positive Strom am Kopfe, bei Malopterurus am Schwanze, bei Torpedo an der Rückenfläche aus. Diese Richtungen folgen der Regel (Pacini 1852), dass beim Schlage jede Platte eine zu ihrer Ebene senkrechte electromotorische Kraft gewinnt, welche von derjenigen Fläche, an welcher die Nervenfaser eintritt, durch die Platte zur anderen Fläche gerichtet ist (bei Malopterurus ist die wahre Eintrittsfläche der scheinbaren gegenüber, da jede Nervenfaser ihre Platte erst durchbohrt, ähnlich wie der Opticus die Retina; sollte diese Beobachtung [M. Schultze] irrthümlich sein, wie mehrfach behauptet wird, so wäre die obige Regel nicht allgemein gültig). Diese Kräfte summiren sich kettenartig, so dass die Schlagkraft von der Anzahl der Platten in der Säule, also von der Länge der Säulen abhängt (daher beim Gymnotus am grössten). Die Zahl der Säulen verstärkt den Schlag durch Verminderung des Widerstandes, wie bei neben einander eingeschalteten Elementen.

Der Schlag kann ausser durch Willen und Reflex auch durch Reizung des electrischen Nerven (dessen Durchschneidung ihn aufhebt) oder des Organs selbst hervorgerufen werden, verhält sich also analog der Muskelcontraction. Untersuchung mit dem Capillarelectrometer oder dem Telephon zeigt, dass der Schlag nicht einen einfachen, sondern einen oscillirenden Strom darstellt (Marey).

Ruheströme des electrischen Organs sind anscheinend normal nicht vorhanden. Ströme, welche senkrecht zu den Platten durch das electrische Organ geleitet werden, hinterlassen einen zuerst negativen, dann positiven Nachstrom (du Bois-Reymond). Offenbar rührt wie bei den Nerven (p. 368), ersterer von einer Polarisation der Plattenflächen, letzterer von der Oeffnungserregung her.

Die Reaction des electrischen Organs ist im Leben alkalisch, nach dem Absterben sauer, endlich durch Fäulniss wieder alkalisch (Boll, Weyl u. A.).

Der electrische Schlag ist offenbar eine Art Actionsstrom der zu dieser Wirkung möglichst günstig angeordneten Nervensubstanz. Betrachtet man die Platte als eine enorm verbreitete Endigung der Nervenfaser, so wäre der Schlag, die Richtigkeit der Pacini'schen Erklärung vorausgesetzt, erklärlich, wenn die Platte an ihrer Sohle eine Substanz hätte, auf welche die Erregungswelle nicht oder nur unvollkommen übergeht, welche aber doch noch zur Continuität der irritablen Substanz gehört (möglicherweise nimmt die Welle beim Ablauf durch die Plattendicke wegen der raschen Zunahme des Querschnitts rapide ab). Die Sohle würde hiernach im Augenblick der Erregung positiv gegen die Eintrittsseite, etwa wie das Faserende ermüdeter Muskeln gegen die Nerveneintrittsgegend (atterminaler Actionsstrom, p. 279). Die gleichzeitige Erregung aller Platten und die kettenartige Anordnung derselben erklärt die Kraft des Schlages.

Da die electrischen Organe bei den verschiedenen electrischen Fischen ganz verschiedene Körperregionen einnehmen, und auch sehr verschieden innervirt werden (vgl. oben), so muss angenommen werden, dass sie sich aus einer allgemein verbreiteten Structurformation entwickelt haben. Am nächsten liegt die Annahme, dass dies der Muskel sei, wofür auch positive anatomische Thatsachen vorliegen (Babuchin, Fritsch). In der That könnte man sich vielleicht auch physiologisch das Organ wie einen Muskel vorstellen, von welchem nur die Nerven und deren Endplatten, säulenartig angeordnet, übrig geblieben sind, und die contractile Substanz bis auf eine Sohlenschicht an jeder Platte (welche die Erregungswelle vermindert aufnimmt) geschwunden ist.

Da der Körper des Fisches den Schlag ebenfalls und in grösster Dichte erhält, der Fisch aber beim Schlag nicht einmal zuckt, so muss eine **Immunität** dieser Thiere gegen erregende Stromesschwankungen angenommen werden, welche sich auch beim Durchleiten von Inductionsströmen durch das Wasser bestätigt (du Bois-Reymond). Das Wesen dieser Immunität ist aber noch völlig unaufgeklärt.

Elftes Capitel.

Die nervösen Centralorgane mit Einschluss der speciellen Nervenphysiologie.

Geschichtliches. Schon früher (p. 128) ist erwähnt, dass die Bedeutung des Gehirns als nervöses Centralorgan und Sitz der seelischen Functionen im Alterthum keineswegs allgemein bekannt war, obwohl Einzelne, wie Alcmaeon (im 6. Jahrh. v. Chr.) und Plato, diese Lehre aussprachen, und der Alexandriner Herophilus sie durch die Beziehung des Gehirns zu den Nerven begründete. Versuche mit Exstirpation des Grosshirns, und somit die Beweisführung für dessen seelische Bedeutung wurden erst in den zwanziger Jahren unseres Jahrhunderts von Desmoulins, Calmeil, Bouillaud und später namentlich von Flourens ausgeführt, nachdem schon die vergleichend anatomische Betrachtung, besonders durch Blumenbach, Rudolphi und Carus zu demselben Resultate geführt hatte.

Hinsichtlich des specielleren Sitzes der Functionen hatte die Physiologie bis in dies Jahrhundert hinein fast nur Irrlehren zu überwinden, namentlich die Gall'sche Schädellehre (1796). Die ersten positiven Thatsachen für eine Localisationslehre erbrachte die pathologische Beobachtung der Aphasie durch Bouillaud (1825), Dax Vater (1836) und Sohn (1864) und Broca (1861). Die Grundthatsachen für die experimentelle Ermittelung lieferten Fritsch & Hitzig 1870 durch Reizversuche, denen sich eine grosse Anzahl von Exstirpationsversuchen und pathologischen Beobachtungen anschlossen. Für die Physiologie der Seelenorgane wurden ferner entscheidend die Zeitmessungen von Helmholtz (1854), Donders (1865) u. A., und die psychophysischen Ermittelungen von Fechner (1859).

Die specielle Physiologie der Hirnnerven und ihrer Ursprungsgebiete, sowie des Mittel- und Kleinhirns basirt auf zahllosen experimentellen Arbeiten, deren Urheber hier nicht einzeln aufgeführt werden können. In diesem Jahrhundert sind besonders Magendie, Longet, Flourens, Schiff und Bernard als Bearbeiter dieses Gebietes zu nennen. Die Wichtigkeit der Centra des verlängerten Markes erschloss sich durch die Untersuchungen über das Athmungscentrum von Lorry (1760), Legallois (1812) und namentlich Flourens (1824). Das Herzhemmungscentrum ergab sich aus Weber's und Budge's Entdeckung der Vagushemmung (p. 85). Die medullären Krämpfe und deren Zusammenhang mit Kreislauf und Athmung enthüllte die folgenreiche Arbeit von Kussmaul & Tenner (1857), das medulläre Gefässcentrum besonders die Untersuchung von Ludwig & Thiry (1864). Ein nicht geringer Theil der physiologischen Anschauung über die Hirnfunctionen basirt auf den anatomischen Studien über den Hirnbau, besonders durch Stilling und Meynert.

Das Rückenmark wurde sehr lange Zeit als ein blosser Nervenstamm für Rumpf und Extremitäten aufgefasst. Eine richtigere Anschauung wurde durch das Studium der Reflexbewegungen angebahnt. Descartes († 1650), Swammerdam, Willis und andere Forscher des 17. Jahrhunderts hoben die unbewussten Reactionen als eine wesentliche Einrichtung des Organismus hervor. Jedoch schrieb man dieselben meistens dem Gehirn zu. Die von Redi und Boyle beobachteten Reflexe enthaupteter Thiere wurden meist von Nervenanastomosen hergeleitet, besonders durch Vieussens, bis Hales und Whytt nachwiesen, dass dieselben durch Zerstörung des Rückenmarks beseitigt werden. Erst in unserem Jahrhundert aber wurde der Reflex, besonders durch Marshall Hall's, Grainger's, Volkmann's u. A. Arbeiten als eine wesentliche Function aller Centralorgane erkannt. Grainger verlegte ihn zuerst 1837 in die graue Substanz. Die falsche Theorie Marshall Hall's von dem excito-motorischen Nervensystem wurde namentlich durch R. Wagner's Schema des Reflexvorganges (1846) verdrängt, welches sich in seinem wesentlichen Theile bis heute erhalten hat. Weitere wesentliche Fortschritte in der Reflexlehre führten herbei: Helmholtz 1854 durch die Messung der Reflexzeit, Pflüger 1854 durch Aufstellung der Reflexgesetze, Setschenow 1863 durch die Uebertragung der Weber'schen Lehre von den Hemmungsnerven auf die Reflexbeherrschung durch das Gehirn. Allgemeiner wurde die functionelle Selbstständigkeit des Rückenmarks namentlich durch Legallois (1812) hervorgehoben, dessen Richtung in neuester Zeit namentlich von Goltz weiter entwickelt worden ist; von Bedeutung war namentlich auch der Nachweis bestimmter functioneller Spinalcentra durch Budge (1853). Das Verständniss der Leitungsfunction des Rückenmarks wurde mächtig gefördert durch das von Charles Bell 1811 zuerst aufgestellte, besonders durch Magendie (1822) und J. Müller (1831) bestätigte Gesetz der Nervenursprünge, welches durch die Deiters'sche Entdeckung des Axencylinderursprungs in den Ganglienzellen (1865) eine wichtige Ergänzung fand. Die Lage der cerebralen Leitungsbahnen in den Seitensträngen wurde durch Ludwig und seine Schüler festgestellt. Von Wichtigkeit sind ferner die Arbeiten van Deen's und Schiff's über die directe Rückenmarkreizung, sowie die Durchschneidungsversuche von Schiff, Brown-Séquard u. A.

Das Wenige, was über das sympathische Nervensystem bekannt ist, basirt, nachdem die älteren Ansichten über die centralen Functionen der sympathischen Ganglien grösstentheils als irrthümlich erkannt sind, hauptsächlich auf der Arbeit von Bidder & Volkmann (1842), welche die selbstständige Function der vom Sympathicus versorgten Organe nachwies, und auf den Arbeiten von Pourfour du Petit, Bernard u. A. über die Functionen des Halssympathicus, sowie auf der schon erwähnten Zurückführung der betr. Fasern auf spinalen Ursprung durch Budge.

I. Das Rückenmark und seine Nerven.

1. Der Bau des Rückenmarks in physiologischer Hinsicht.

In der Physiologie der nervösen Centralorgane sind die Resultate der gewöhnlichen experimentellen Methoden, Durchschneidung und Reizung, wegen ihrer im Vergleich zur Feinheit des Baues groben Eingriffe, zur Erlangung sicherer Resultate oft nicht ausreichend, und werden jedenfalls durch die rein anatomische Untersuchung in sehr wesentlichen Puncten ergänzt. Andererseits beruht auch die anatomische Untersuchung zum Theil auf dem Gebrauch physiologischer Methoden. So kommt es, dass in diesem Gebiete die Hineinziehung des Anatomischen in die physiologische Darstellung unentbehrlicher ist als auf anderen; jedoch wird sie sich hier auf das physiologisch Verwerthbare zu beschränken haben.

Ausser den gewöhnlichen anatomischen Methoden (Zerfaserung, Untersuchung von Schnittserien verschiedener Richtungen) und der vergleichenden Anatomie sind im Gebiete der Centralorgane besonders von Erfolg gewesen: 1. die Beobachtung der Degenerationen nach Durchschneidungen und pathologischen Zerstörungen (vgl. p. 361); 2. die Beobachtung der embryonalen Ausbildung der verschiedenen Fasersysteme,

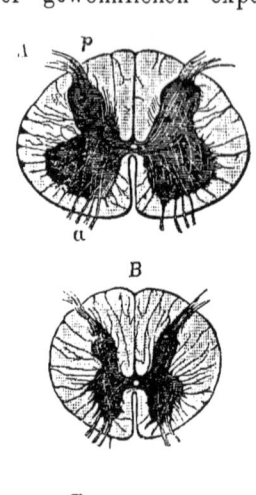

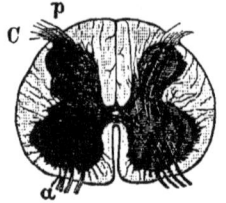

Fig. 68.

Querschnitte des Rückenmarks, 2 mal vergrossert, nach Schwalbe: *A* durch die Mitte der Halsanschwellung (6. Cervicalnerv), *B* Mitte des Brustmarks, *C* Mitte der Leudenauschwellung, *a* vordere, *p* hintere Spinalwurzeln.

welche namentlich hinsichtlich der Entwicklung der Markscheiden zu verschiedenen Zeiten erfolgt (Flechsig); 3. die Beobachtung der Entwicklungshemmung centraler Theile nach frühzeitigen Exstirpationen einzelner Nervengebiete (Gudden).

Das Rückenmark besteht aus grauer und weisser Substanz.

Die graue Substanz bildet den um den engen Centralcanal angeordneten Kern des Organs, welcher auf dem Querschnitt (Fig. 68) eine H-förmige Figur bildet. Die Brücke dieses H ist die den Centralcanal einschliessende graue Commissur, die Seitentheile bestehen aus je einem Vorder- und Hinterhorn, das erstere kürzer und dicker als das letztere; das Vorderhorn zeigt, besonders im Dorsaltheil, noch einen lateralen Vorsprung etwa in der Frontalebene des Centralcanals, das sog. Seitenhorn. Die Mächtigkeit der grauen Substanz bleibt im Verlauf des Marks im Allgemeinen dieselbe, ist aber in der Cervical- und Lumbalanschwellung vergrössert. In Fig. 68 gehört Querschnitt *A* der Cervicalanschwellung, *B* der Mitte des Brustmarks, *C* der Lumbalanschwellung an. Man kann also sagen, dass die graue Substanz etwa der Mächtigkeit der dem Niveau zugehörigen Nervenursprünge entspricht.

Abgesehen von der anscheinend nicht nervösen Substantia gelatinosa, welche den Centralcanal umgiebt (Subst. gelat. centralis *s. g. c.*, Fig. 69) und den hinteren Theil des Hinterhorns bildet (Subst. gelat. Rolandi, *s. g. R.*), besteht die graue Substanz aus Ganglienzellen, sowie aus einem Geflecht markhaltiger und markloser Fasern, endlich aus feinsten Fibrillen. Die graue Commissur besteht ausschliesslich aus queren, wahrscheinlich sich kreuzenden, Fasern; der vordere Theil (vordere graue Commissur, in der Figur nicht bezeichnet) ist viel schwächer als der hintere (*c. p.*); der Haupttheil der vorderen Commissur (*c. a.*) gehört der weissen Substanz an (s. unten). Die Ganglienzellen treten in folgenden Gruppirungen auf: a) Gruppen des Vorderhorns, hauptsächlich in dessen vorderstem Theil, oft in eine laterale und eine mediale Gruppe (*a* und *b* in Fig. 69) geschieden. Dieselben sind gross, multipolar, und ihre Zahl in den Anschwellungen vermehrt, also offenbar in Beziehung zur Zahl der entspringenden Wurzelfasern. b) Gruppe des Seitenhorns (*c*), besonders da gesondert, wo das Seitenhorn deutlich entwickelt ist; kleiner als die vorigen, mehr spindelförmig. c) Zellen der Clarke'schen Säulen, scharf abgegrenzte Felder an der medialen Seite der Insertion des Hinterhorns (*d*), welche besonders im unteren Dorsal- und oberen Lenden-

Graue Substanz des Rückenmarks.

mark entwickelt sind; multipolar, klein; d) Zellen der Hinterhörner (e), gleichmässig zerstreut, am kleinsten, spindelförmig. Die Vertheilung der Ganglienzellen in Nestern ist auch in der Längsrichtung merklich, und erinnert hier an die Segmentirung der Wirbellosen in Gestalt einer Ganglienkette; bei niederen Wirbelthieren ist diese Längs-Segmentirung ausgeprägter als bei höheren.

Alle Ganglienzellen des Rückenmarks haben ausser einer grossen Zahl verzweigter einen unverzweigten Fortsatz (Axencylinderfortsatz oder Deiters'scher Fortsatz). Die verzweigten Fortsätze lösen sich

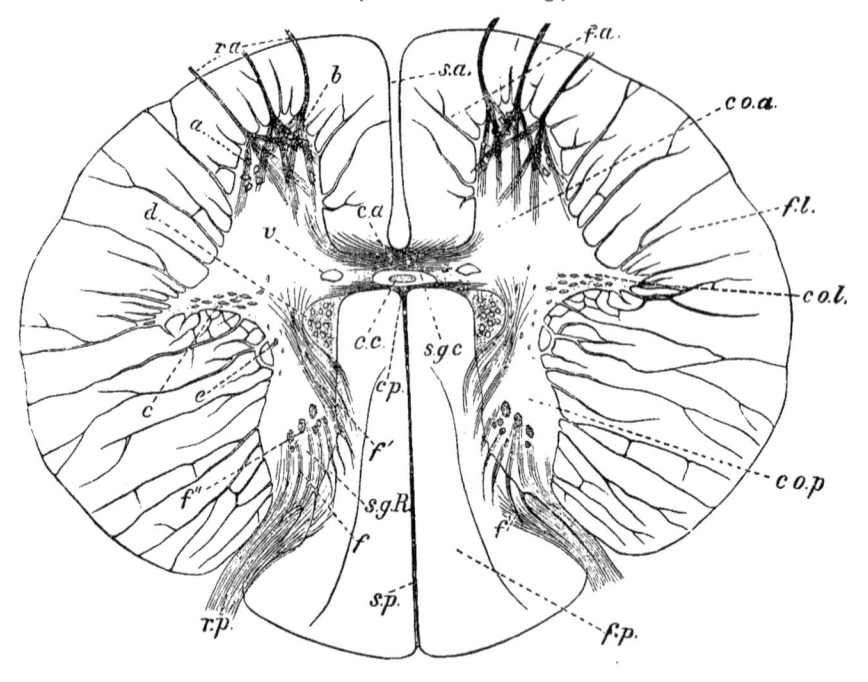

Fig. 69.
Querschnitt des Rückenmarks in der Höhe des 8 Brustnerven, 10 mal vergrössert, nach Schwalbe.
s. a. fissura longitudinalis anterior. s. p. septum posterius. c a. vordere weisse, c. p. hintere graue Commissur. c. c. Centralcanal. s g. c. subst. gelatinosa centralis. co. a. Vorderhorn. co. l. Seitenhorn. co. p. Hinterhorn. a laterale, b mediale Gangliengruppe des Vorderhorns. c Zellen des Seitenhorns. d Zellen der Clarke'schen Säulen e solitäre Zellen des Hinterhorns. r. a. vordere, r. p. hintere Wurzeln. f Bündel der letzteren zum Hinterhorn. f' desgl. zum Hinterstrang. f" longitudinale Fasern des Hinterhorns. s. g R. subst. gelatinosa Rolandi. f. a Vorderstrang, f. l. Seitenstrang, f. p. Hinterstrang der weissen Substanz. v. Vene.

schliesslich in ein feines Fibrillennetz auf, durch welches die Zellen, besonders diejenigen der gleichen Gruppe, unter einander communiciren. Aus dem gleichen Netze gehen aber auch Nervenfasern hervor.

Die Räume zwischen den Zellgruppen sind hauptsächlich von markhaltigen Nervenfaserzügen eingenommen.

2. Die weisse Substanz besteht aus longitudinalen markhaltigen Nervenfasern von sehr verschiedenem Caliber und wird durch die Wurzeln der Spinalnerven in verschiedene Stränge getheilt.

a. Die vorderen Spinalwurzeln ($r.a.$ Fig. 69) treten in ziemlich weit getrennten Faserbündeln durch die weisse Substanz hindurch in die grauen Vorderhörner ein, und sind identisch mit den Axencylinderfortsätzen der vorderen, nach Einigen auch der hinteren Ganglienzellen. Zweifelhaft ist es, ob ein Theil der vorderen Wurzelfasern lateralwärts in die Längsfaserung der Seitenstränge, und zwar nach oben, umbiegt. Ein Theil endlich geht durch die vordere Commissur auf die andere Seite über, und biegt nach den Einen in die Längsfasern des Vorderstrangs um, nach Andern endigen sie in den vorderen Ganglienzellen der anderen Seite.

b. Die hinteren Spinalwurzeln ($r.p.$) treten als compactes Bündel ein, und begeben sich mit einem grösseren medialen Theil (f') in die weissen Hinterstränge, mit einem kleineren lateralen Theil (f) in das graue Hinterhorn. Die ersteren steigen eine Strecke im Hinterstrang aufwärts (manche vielleicht bis zum Gehirn), biegen dabei nach vorn um, und treten in einem höheren Niveau in der Nähe der Clarke'schen Säulen in die graue Substanz und zum Theil in die Clarke'schen Säulen ein, wo ihr weiteres Schicksal unbekannt ist (in Fig. 69 ist der Buchstabe f' in der rechten Hälfte bei den eben eingetretenen, in der linken Hälfte dagegen bei schon aufgestiegenen und nach vorn umgebogenen, grade in die graue Substanz einstrahlenden Fasern dieser Gattung angebracht). Der direct in das Hinterhorn übergehende Theil der Wurzelfasern betritt dasselbe theils direct, theils gekreuzt durch die hintere Commissur. Sie bleiben theils im Eintrittsniveau, theils steigen sie im Hinterhorn selbst eine Strecke longitudinal auf- und abwärts (f''), um endlich ebenfalls unbekannt, zum Theil in den Vorderhörnern, zu endigen. Eine directe Verbindung mit Ganglienzellen, etwa mit denjenigen der Hinterhörner, wird vielfach behauptet, ist aber durchaus nicht sicher erwiesen. Ihre Verbindung mit den vorderen Ganglienzellen, wie sie der Reflex postulirt, scheint also nur durch das feine Fibrillennetz stattzufinden, und die wahrscheinlich streng geordnete Art des Eintritts in dies Netz ist bisher noch nicht festgestellt.

c. Die Vorder- und Seitenstränge, d. h. der aus longitudinalen Fasern bestehende Theil der weissen Substanz von der Fissura longitudinalis anterior bis zu den hinteren Wurzeln. Durch

382   Vorderseitenstränge. Hinterstränge.

die sehr zersplitterten vorderen Wurzeln geschieht eine unvollkommene Abgrenzung in einen Vorder- und einen Seitenstrang (*f. a.* und *f. l.* Fig. 69). Durch die degenerative und die myelogenetische Methode (p. 378) lassen sich folgende Abtheilungen unterscheiden: 1) Die **Pyramiden-Seitenstrangbahn** (*ps* Fig. 70), im hinteren Theil des Seitenstrangs, von oben nach unten an Caliber abnehmend; die directe Fortsetzung der gekreuzten Pyramidenfasern. 2) Die **Pyramiden-Vorderstrangbahn** (*pv* Fig. 70), von individuell sehr wechselndem Caliber, zu beiden Seiten der Fissura longit. ant., meist nur bis zur Mitte des Dorsalmarks reichend; die Fortsetzung ungekreuzter Pyramidenfasern, welche sich wahrscheinlich an ihrem unteren Ende in der vorderen Commissur nachträglich kreuzen, so dass die individuelle Variation nur eine Variation des Kreuzungsortes bedeutet. 3) Die **Kleinhirn-Seitenstrangbahn** (*ks*) bildet hauptsächlich eine lateral von der Pyramiden-Seitenstrangbahn an der Oberfläche des Seitenstranges verlaufende Lage, welche nach unten zu an Caliber abnimmt, und bis zur Mitte des Lendenmarks reicht. Die Abnahme ist am stärksten, wo die Clarke'schen Säulen beginnen, in deren Zellen die Fasern als Axencylinderfortsätze endigen. 4) Die **Reste des Vorderseitenstranges** haben eine gleichmässige und in den Anschwellungen verstärkte, also der Anzahl der Wurzelfasern proportionale Mächtigkeit. Ueber ihren Zusammenhang mit anderen Gebilden sind die anatomischen Angaben zweifelhaft.

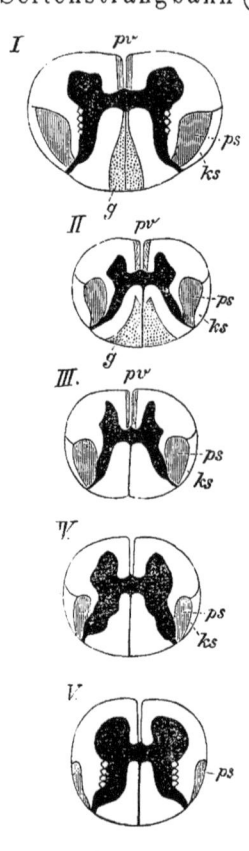

Fig. 70. Abtheilungen der weissen Substanz, nach Flechsig. Die Querschnitte entsprechen I. dem 6. Cervicalnerv, II. 3., III. 6., IV. 12. Dorsalnerv, V. 4. Lumbalnerv. *pv* Pyramiden-Vorderstrangbahn. *ps* Pyramiden-Seitenstrangbahn. *ks* Kleinhirn-Seitenstrangbahn. *g* Goll'sche Stränge.

d. Die **Hinterstränge** (*f. p.*, Fig. 69) liegen zwischen dem hinteren Septum und dem Hinterhorn mit den hinteren Wurzeln, durch welche sie von den Seitensträngen scharf geschieden sind. Man unterscheidet in ihnen: 1) den **Goll'schen Strang** oder **Funiculus gracilis** (*g*, Fig. 70), eine keilförmige, durch ein bindegewebiges Septum (Fig. 69) auch grob anatomisch vom

Reste des Hinterstranges geschiedene Abtheilung, aus feinen Längsfasern bestehend; er lässt sich nur bis zur Mitte des Brusttheils mit Bestimmtheit verfolgen, nimmt nach unten an Mächtigkeit ab, und scheint in den Hinterhörnern, besonders den Clarke'schen Säulen zu endigen. 2) den Rest des Hinterstrangs (Burdach'schen Keilstrang, Funiculus cuneatus), anscheinend den Wurzelfasern proportional, longitudinale Fasern, deren Verbindungen noch streitig sind.

e. Die vordere weisse Commissur (*c. a.*, Fig. 69) besteht grösstentheils aus transversalen, wahrscheinlich gekreuzten, zum Theil aber auch aus longitudinalen Faserzügen; ihre Mächtigkeit nimmt im Wesentlichen nach unten ab. Unter den gekreuzten Fasern sind nachgewiesen: 1) Verbindungen zwischen vorderen Wurzelfasern und vorderen medialen Ganglienzellen des anderen Vorderhorns; 2) Verbindungen zwischen dem einen Vorderhorn und dem anderen Vorderstrang; 3) Verbindungen zwischen Pyramiden-Vorderstrangbahn und dem anderen Seitenstrang (s. oben sub c. 2).

Als Reticulär-Formation bezeichnet man Durchflechtungen von Längs- und Querfasern, sowie von weisser und grauer Substanz; im Rückenmark kommt dieselbe besonders in dem Winkel zwischen Seiten- und Hinterhorn vor.

2. Die Rückenmarksnerven und der Bell'sche Lehrsatz.

Die vom Rückenmark entspringenden Nerven sind sämmtlich in einem grossen Theil ihres Verlaufes gemischt; jedoch sind sie es nicht von Anfang an, sondern ein jeder entspringt mit zwei Wurzeln, einer vorderen, welche die centrifugalen, und einer hinteren, welche die centripetalen Fasern enthält (Charles Bell, Magendie, J. Müller); jene heisst daher auch die motorische, diese die sensible Wurzel. Letztere besitzt ein Ganglion, dessen Function, abgesehen von der p. 360 erwähnten trophischen Wirkung, völlig unbekannt ist.

Durchschneidet man sämmtliche vordere Wurzeln einer Seite, so sind die Muskeln der entsprechenden Körperhälfte vollständig gelähmt; durchschneidet man die hinteren, so ist die Körperhälfte unempfindlich. Durchschneidet man bei einem Thiere (Frosch) auf der einen Seite (z. B. rechts) die hinteren, auf der anderen (links) die vorderen Wurzeln der Schenkelnerven, so bleibt es, wenn man das rechte Bein insultirt, unbeweglich, weil es den Schmerz nicht fühlt; verletzt man dagegen das linke, so macht es mit dem rechten abwehrende Bewegungen, während das linke unbewegt bleibt, denn es fühlt den Schmerz im linken Bein, kann aber nur das rechte bewegen. Beim Hüpfen schleppt es auch das rechte Bein nach, weil es dasselbe nicht fühlt.

Die Sensibilité récurrente.

Eine scheinbare Abweichung vom Bell'schen Gesetze liegt in dem Umstande, dass die Durchschneidung und Quetschung der vorderen Wurzeln bei Warmblütern schmerzhaft ist (Longet). Indess ist nach der Durchschneidung nur das peripherische Ende der Wurzel empfindlich, das centrale nicht (Magendie); die beigemischten sensiblen Fasern kommen also von der Peripherie her (sensibilité récurrente), und die Sensibilität schwindet nach Durchschneidung der hinteren Wurzeln; auch zeigt nach der Durchschneidung der vorderen Wurzeln ihr centrales Ende eine Anzahl degenerirter und ihr peripherisches eine Anzahl undegenerirter Fasern (Schiff, Vulpian). Die Umbiegung der sensiblen Fasern in die motorische Bahn findet in der Nähe der peripherischen Endausbreitung statt; auch in sensible Bahnen biegen sensible Fasern rückwärts um, so dass das peripherische Ende eines durchschnittenen sensiblen Nerven meist empfindlich ist (Arloing & Tripier). Am Kopfe kommt ebenfalls recurrirende Sensibilität vor, welche vom Trigeminus herrührt.

Durchschneidet man die hinteren Wurzeln der Rückenmarksnerven, so sinkt plötzlich die Erregbarkeit der vorderen (Ludwig & Cyon). Es müssen also die ersteren durch einen reflectorischen Vorgang beständig die Erregbarkeit der letzteren steigern, oder was verständlicher wäre, sie beständig schwach erregen (vgl. unten beim Muskeltonus), so dass bei Reizung der vorderen sich der Reiz zu dieser beständigen Erregung addirt.

Functionen der Spinalnerven.

Die centrifugalen Fasern der Rückenmarksnerven (in den vorderen Wurzeln enthalten) sind: 1. motorische für sämmtliche quergestreifte Muskeln des Rumpfes und der Extremitäten, und, zum Theil durch Vermittlung des Sympathicus, für gewisse glatte Muskeln der Eingeweide, z. B. den Detrusor urinae, Uterus; 2. vasomotorische und gefässerweiternde Fasern für die Arterien des Körpers; diese gehen jedoch theilweise zunächst in den Sympathicus über und treten dann in andere Spinalwurzeln ein (vgl. p. 89 f.); 3. secretorische (Schweissnerven) und möglicherweise auch trophische Fasern. — Die centripetalen Fasern sind die sensiblen Nervenfasern für die Empfindung der ganzen Körperoberfläche mit Ausnahme des Gesichts und Vorderkopfes.

Die Vertheilung der verschiedenen motorischen und sensiblen

Nerven der einzelnen Muskeln, Hautstellen etc. auf die 31 Wurzelpaare ist aus den Angaben der Anatomie zu entnehmen.

3. Das Rückenmark als Leiter zum Gehirn.

Das Rückenmark bildet die einzige nervöse Verbindung zwischen dem Gehirn und den Rückenmarksnerven, wenn man von einigen schwachen anastomotischen Verbindungen zwischen Hirn- und Spinalnerven durch den Sympathicus absieht. Das Rückenmark muss also alle Einwirkungen des Willens und der Hirncentra auf die Muskeln des Rumpfes und der Extremitäten, und andrerseits alle Empfindungen der letzteren Theile, durch Leitung vermitteln.

a. Durchschneidungsversuche.

Das eben Gesagte bestätigt sich sofort durch die Wirkungen zufälliger oder experimenteller Durchtrennungen des Markes: alle Theile, welche ihre Nerven aus Markniveau's unterhalb der Durchschneidung beziehen, sind fortan dem Bewusstsein völlig entzogen, können weder willkürlich bewegt werden noch empfinden. Liegt die Durchschneidung hoch oben im Halsmark, so hört auch die Athmung auf, und die Gefässe (auch die des Kopfes, wegen des spinalen Ursprungs des Kopfsympathicus) verlieren ihren Tonus.

Die Anatomie weist longitudinale Faserstränge in der weissen Substanz des Rückenmarks nach, und das Experiment und pathologische Erfahrungen bestätigen, dass diese die Leitung zum Gehirn besorgen, wenn auch keineswegs in ihrer ganzen Masse. Durchschneidungen der ganzen weissen Substanz mit Schonung der grauen wirken wie totale Rückenmarksdurchschneidung, während Durchschneidung der grauen Substanz um so wirkungsloser ist, je mehr es gelingt die umgebende weisse zu schonen (Brown-Séquard, Schiff).

Halbseitige Durchschneidungen der weissen Substanz lähmen die Empfindung und willkürliche Bewegung zwar vorzugsweise auf der Seite der Verletzung, jedoch treten nach vielen Autoren auch auf der unverletzten Seite Störungen auf, ja bei höher oben gelegenen halbseitigen Schnitten ist sogar die Störung, besonders der Sensibilität, in beiden Hinterbeinen von gleicher Grösse. Ein Theil der Leitungsbahnen zum Gehirn erleidet also im Bereich des Rückenmarks eine Kreuzung, ein anderer nicht. Die Kreuzung scheint ziemlich hoch über dem Ursprungsniveau zu liegen und von den sensiblen Fasern einen grösseren Theil zu betreffen (wenigstens noch im Rückenmarksbereich) als von den motorischen Ueber andere Folgen halbseitiger Durchschneidungen s. unten sub 4e.

Macht man in verschiedenen Niveau's einen rechts- und einen linksseitigen Halbschnitt, so tritt weder vollständige sensible, noch vollständige motorische Lähmung ein; auch bei zwei vorn und hinten gelegten Halbschnitten verschiedener Niveau's bleibt wenigstens die Motilität ziemlich intact (Osawa). Ein Theil der Fasern muss also geschlängelt verlaufen, sowohl in frontalem wie in sagittalem Sinne.

Zahlreiche Untersuchungen sind über den specielleren Verlauf der motorischen und sensiblen Leitungsbahnen in der weissen Substanz angestellt worden; Vieles schien dafür zu sprechen, dass, im Anschluss an das Bell'sche Gesetz, der ganze vordere Abschnitt der weissen Substanz die motorische, der ganze hintere die sensible Leitung vermittle. Neuere Untersuchungen aber haben festgestellt, dass, zunächst am Kaninchen, besonders am unteren Dorsaltheil, Durchschneidungen der weissen Vorder- und Hinterstränge die Leitung zum Gehirn nicht stören. Dagegen wirkt Durchschneidung der weissen Seitenstränge wie totale Durchschneidung, d. h. unterbricht die motorische und vasomotorische und die sensible Leitung; eine Sonderung der Lage beider Fasergattungen, etwa nach vorn und hinten, ist auf physiologischem Wege nicht nachweisbar (Ludwig mit Dittmar und Woroschiloff; Ott; Stricker & Weiss). Die Leitung zum Gehirn besorgen also, wenigstens in gewissen Niveau's, ausschliesslich die Seitenstränge. Nach anderen Durchschneidungsversuchen (Osawa, Kusmin, Wood Field) ist dies nicht in aller Strenge der Fall, sondern an der motorischen Leitung nehmen auch die Vorderstränge, an der sensiblen auch die Hinterstränge einen gewissen Antheil.

In diesem Sinne sprechen auch die anatomischen Ermittelungen (p. 382). Die Pyramiden-Vorder- und -Seitenstrangbahnen characterisiren sich durch Degenerativversuche als motorische; d. h. die motorischen Bahnen verlaufen, soweit sie ihre Kreuzung nicht schon in den Pyramiden vollzogen haben, in den Vordersträngen bis zu ihrer Kreuzung. Als sensible Leitungsbahnen characterisiren sich einmal die Kleinhirn-Seitenstrangbahnen, welche nach Durchschneidung im oberen Abschnitt degeneriren (Schiefferdecker), ausserdem aber sehr wahrscheinlich die Goll'schen Stränge, also ein Theil der Hinterstränge. In den Seitensträngen wäre also der hintere Theil hauptsächlich der zum Gehirn leitende, und zwar lägen die sensiblen Bahnen lateral von den motorischen. Der Rest der Vorderseiten- und der Hinterstränge, welcher keine Mächtigkeitsabnahme nach unten zeigt, muss eine andere Bedeutung haben (vgl. unten sub 5).

b. Reizversuche.

Merkwürdigerweise sind die directen electrischen und mechanischen Reizungen des Rückenmarks grossentheils unwirksam, sobald sie nicht die vorderen oder hinteren Wurzelfasern treffen (Brown-Séquard, Schiff, van Deen u. A.). Eine Ausnahme machen die vom vasomotorischen Centrum durch das Rückenmark verlaufenden Fasern, da jede Rückenmarkreizung unterhalb der Reizstelle alle Arterien verengt (Ludwig & Thiry). Sie verlaufen in den Seitensträngen, und durch Reizung des Halsmarks nach halbseitiger Durchschneidung im Brusttheil kann man in der Wirkung auf die Nierengefässe feststellen, dass sie eine Kreuzung vollziehen (Nicolaides). Ebenso bewirkt Reizung der Rückenmarkssubstanz die p. 92 erwähnte reflectorische Erregung des Gefässcentrums, wirkt also pressorisch (Ludwig & Dittmar); überhaupt wird den sensiblen Bahnen Erregbarkeit meist zugeschrieben (Schiff).

Ob die Wirkungslosigkeit der Rückenmarkreizungen auf wirklicher Unerregbarkeit der longitudinalen Bahnen beruht, d. h. ob man die an sich wenig wahrscheinliche Annahme (vgl. p. 370) einer leitungsfähigen, aber nicht erregbaren Nervensubstanz („kinesodische" und „ästhesodische" Substanz) machen muss, ist bis in die neueste Zeit lebhaft discutirt worden. Vor Allem sind von vielen Beobachtern am Frosch positive Resultate der Reizung erhalten worden (Fick & Engelken, Luchsinger u. A.), und zwar Bewegung der Hinterbeine bei Anbringung des Reizes an den obersten Rückenmarkstheilen, an welchen ausserdem, um den Verdacht des Reflexes auszuschliessen, die graue Substanz und die weissen Hinterstränge weggenommen waren. Als weiterer Beweis wird angeführt, dass die Latenzzeit der Reizerfolge von den Vordersträngen aus kürzer sein soll, als diejenigen von den Hintersträngen aus, woraus zu schliessen wäre, dass nur letztere, aber nicht erstere auf Reflex beruhen (Mendelssohn). Der sicherste Beweis für die Erregbarkeit des Rückenmarks liegt darin, dass es sich dem Zuckungsgesetz gegenüber genau wie ein Nerv verhält, indem ein am Querschnitt eben wirksamer abterminaler Inductionsstrom weiter unten seine Wirksamkeit verliert (vgl. p. 356), obgleich er den Wurzeln und den Reflexcentren näher kommt (Biedermann). Auch mechanische Reize sind wirksam, anscheinend aber nur auf die Ganglienzellen der Vorderhörner (Birge). Die Erregbarkeit der grauen Substanz ist auch durch electrische Reize nachweisbar (Biedermann). Da sonach an der Erregbarkeit auch der motorischen Längsfasern kein Zweifel sein kann, so bleiben die Bedingungen des offenbar häufigen Ausbleibens der Erfolge noch aufzuklären; möglicherweise handelt es sich um Mitreizung von Hemmungsfasern (s. unten).

Die motorische Wirkung der Rückenmarkreizung hat gewisse Eigenthümlichkeiten. Beim Tetanisiren des Rückenmarks hört man einen tiefen Muskelton (p. 255), welcher von der Reizfrequenz unabhängig ist (du Bois-Reymond). Ferner zeigen sich Einzelreize oft unwirksam, werden aber bei Wiederholung durch Summation wirksam (Kronecker & Nicolaides, Biedermann). Diese Erscheinungen erklären sich durch den Umstand, dass die Längsfasern nicht direct in die Nervenwurzeln übergehen, sondern ein Stück graue Substanz und motorische Ganglienzellen in die Leitung eingeschaltet sind. Diese centralen Apparate (s. unten sub 5) reagiren auf die Reizung, ähnlich wie beim Reflex, mit selbstständiger Erregung und eigener Periodik. Erregt man sie reflectorisch durch Reizung der dem motorischen Gebiet entsprechenden sensiblen Nerven, so spricht in der That die gleichzeitige motorische Längsreizung leichter an (Biedermann).

4. Die Reflexfunction des Rückenmarks.

Dass das Rückenmark mehr ist als ein blosser vom Gehirn entspringender Nervenstamm für Rumpf und Extremitäten, lehrt schon die anatomische Betrachtung, vor Allem die Existenz der grauen Substanz, deren Bau durchaus auf centrale Functionen deutet, ferner das Fehlen des Gehirns beim Amphioxus lanceolatus, endlich der Umstand, dass das Rückenmark nicht, wie ein Nervenstamm beim Abgang seiner Aeste, mit der Abgabe der Spinalnerven an Dicke abnimmt, sondern seinen Querschnitt annähernd bis fast an sein Ende beibehält, und in der Hals- und Lendengegend sogar Anschwellungen besitzt. Eine Abnahme nach unten zeigen nur die in der anatomischen Darstellung als cerebrale Leitungsbahnen bezeichneten Strangabtheilungen.

Noch mehr aber beweisen zahlreiche physiologische Thatsachen (Legallois, Marshall Hall, Goltz), dass das Rückenmark ein **selbstständig fungirendes Centralorgan** ist. Vor Allem zeigt das Thier nach Abtrennung oder Lähmung des Gehirns die mannigfaltigsten Reflexerscheinungen.

a. Die geordneten Reflexe.

Geköpfte Frösche machen auf Reizungen regelmässige und zweckmässige Abwehrbewegungen, welche von willkürlichen Bewegungen sich so wenig unterscheiden, dass man sie als die Wirkungen von im Rückenmark vorhandenen Seelenorganen betrachtet hat (Pflüger). Da aber ganz ähnliche Bewegungen auch am unversehrten Menschen, und zwar hier nachweisbar unbewusst, in grosser Zahl vorkommen, z. B. der Lidschluss auf Berührung der Conjunctiva, die Bewegungen Schlafender, wenn sie gekitzelt werden, da ferner die Mitwirkung eines Bewusstseins bei den Bewegungen geköpfter Thiere nicht nachweisbar ist, betrachten die Meisten jene Bewegungen, sowie die zuletzt genannten, als maschinenmässige nervöse Reactionen, und bezeichnen sie, sowie überhaupt jede unwillkürliche Erregung centrifugaler Nerven, wenn sie unmittelbare Folge der Erregung centripetaler Nerven ist, als Reflexe. Zum Unterschiede von den unten zu besprechenden abnormen Reflexerscheinungen hat dieses Werk die normalen Reflexe von erkennbarer Zweckmässigkeit als geordnete Reflexe bezeichnet. Ueber die Frage, ob diese Erscheinungen mit Bewusstsein verbunden sind, s. Weiteres unten beim Gehirn.

Der geköpfte Frosch zeigt schon durch seine sitzende Stellung centrale Functionen, denn ein ganz gelähmter nimmt jede beliebige ihm ertheilte Stellung ein. Die erwähnten Abwehrreflexe bestehen hauptsächlich in Befreiungsversuchen bei schmerzhaftem Festhalten, Abwischen von Säure, welche auf die Haut aufgetragen ist. Diese Abwehrbewegungen sind zwar sehr regelmässig, aber es ist doch eine Abwechselung derselben möglich; schneidet man z. B. das Glied ab, welches zum Abwischen der Säure von einer Hautstelle benutzt wurde, so wird, nach vergeblichen Bewegungen des Stumpfes, ein anderes Glied zu demselben Zwecke verwendet; indess hat in diesem Falle die Reizung durch längere Dauer (während der vergeblichen Stumpfbewegungen) eine grössere Intensität erreicht, so dass eine rein mechanische Erklärung dieser Erscheinung wohl möglich ist.

Auch über die Abwehr hinaus kommen zahlreiche geordnete Reflexe des Froschrückenmarks vor. So beobachtet man (Goltz) an Fröschen, deren Grosshirn vom Rückenmark getrennt ist, regelmässig ein Quaken, sobald man die Haut der Rückengegend sanft streicht, oder deren Nerven mechanisch reizt; ferner, zur Zeit der Begattung, beim Männchen ein festes und dauerndes Umarmen des Weibchens, wenn man dasselbe mit dem Rücken gegen die Brust des Männchens legt; auch andere ähnlich geformte Gegenstände (Männchen, der Finger des Untersuchenden) werden in gleicher Weise umklammert. Der unversehrte Frosch quakt dagegen nicht regelmässig beim Streicheln des Rückens, und umarmt andere Gegenstände als das Weibchen nur dann, wenn man ihn unmittelbar vorher aus der Umarmung des Weibchens gerissen hat. Näheres über diesen Unterschied im Verhalten s. unten.

Auch an Säugethieren kann man die geordneten Reflexfunctionen des isolirten Rückenmarks beobachten, z B. indem man das Gehirn durch Unterbindung seiner vier Hauptarterien tödtet (S. Mayer, Luchsinger) oder indem man das Rückenmark im mittleren Theil durchschneidet, und die vom Lendenmark abhängigen Theile des Thieres beobachtet (Goltz). Sehr junge Thiere zeigen auch wie Frösche die Reflexe nach dem Köpfen. Jedoch darf man die Versuche nicht zu bald nach der Trennung vornehmen, weil letztere eine vorübergehende Functionsunfähigkeit des unteren Markabschnitts, den sog. Shock (s. unten sub 5 d), nach sich zieht, dessen Schwinden abgewartet werden muss. Von geordneten Reflexen im Bereich des Lendenmarks sind namentlich zu erwähnen (Goltz mit Freusberg und Gergens): Kratzen gekitzelter Hautstellen, Harnentleerung bei gefüllter Blase, besonders auf Kitzeln am After, ebenso Kothentleerung, Erection des Penis bei sensibler Reizung desselben, ja alle zum Begattungsact sowie zur Gestation und zur Geburt erforderlichen Reflexe, endlich die das Gefässsystem betreffenden.

Am Menschen endlich stellen die geordneten Abwehrbewegungen im Schlafe grossentheils reine Markreflexe dar, da wenigstens das Seelenorgan eliminirt ist; ebenso zahlreiche unbewusste zweckmässige Bewegungen im wachen Zustande (vgl. auch unter Gehirn).

b. Die Reflexkrämpfe.

Unter abnormen Bedingungen können ungeordnete Reflexe oder Reflexkrämpfe auftreten, nämlich bei sehr heftiger Reizung, oder nach Einwirkung gewisser Gifte (Strychnin) und gewisser pathologischer Processe (traumatischer und rheumatischer Tetanus, Hydrophobie). Sie bestehen in vorübergehenden tetanischen Contractionen einzelner Muskelgruppen oder sämmtlicher Körpermuskeln, auf die Einwirkung sensibler Reize. Bei Strychninvergiftung genügt die leiseste Berührung oder Erschütterung um einen Krampf sämmtlicher Muskeln auszulösen, bei welchem durch das Uebergewicht der Strecker die Schenkel extendirt, der Rumpf nach hinten concav gespannt und der Kopf in den Nacken gezogen wird (Opisthotonus). Lebhafte künstliche Respiration. bis zur Apnoe, verhindert diese Reflexkrämpfe (Rosenthal & Leuhe), ebenso starke Abkühlung des Rückenmarks (Kunde).

c. Gesetzmässigkeiten der Reflexe.

Durch Reizung verschiedener Hautbezirke hirnloser Thiere. sowie durch pathologische Beobachtung lassen sich gewisse Gesetzmässigkeiten der Reflexausbreitung erkennen (Pflüger). Vor Allem beschränkt sich der Reflex zunächst auf die gereizte Seite und das gereizte Glied, allgemeiner auf solche Muskelgruppen, deren Nerven aus gleichem Markniveau wie die erregten sensiblen Nerven entspringen. Doppelseitige Reflexe pflegen symmetrisch zu sein, und nie auf der nicht gereizten Seite stärker. Die Ausbreitung der Reflexe auf andre Niveau's als das gereizte geschieht meist continuirlich, d. h. es werden keine Muskelgruppen übersprungen; nur die Bewegungsgebiete der Medulla oblongata nehmen häufig an Reflexen Theil ohne Miterregung der zwischenliegenden Niveau's Reflexe in fremden Niveau's, z. B. von den Vorderbeinen auf die Hinterbeine oder umgekehrt treten am isolirten Rückenmark viel weniger leicht ein, als wenn die Medulla oblongata erhalten ist; diese enthält also Reflexcentra höherer Ordnung, welche mit allen Rückenmarksniveau's in Verbindung stehen (Owsjannikow u. A.); ähnlich scheinen sich auch die oberen Rückenmarksabschnitte zu verhalten (Rosenthal, Mendelssohn). Indess gelten alle vorher genannten Regeln nur ungefähr. Auch am isolirten Rückenmark werden zuweilen Reflexe auf entfernte Niveau's, und sogar, was den obigen Sätzen ganz widerspricht, gekreuzte Reflexe (Gergens. Luchsinger), z. B. vom linken Hinterbein auf das rechte Vorderbein, beobachtet, namentlich bei solchen Thieren, deren normale Locomotion mit gekreuztem Zusammenwirken beider Beine (trabartig) geschieht; sie kommen aber auch beim Frosch vor. dessen Bewegungen nicht trabartig sind. Viele geordnete Reflexe sind der normalen Locomotion ganz entsprechend. z. B. bei Schlangen schlängelnd (Tiegel). Die für den gekreuzten Reflex erforderliche Ueberschreitung der Mittelebene gehört den sensiblen Bahnen an, und erfolgt in der Regel nahe dem Eintrittsniveau, wie sich durch Halbschnitte nachweisen lässt (Guillebeau & Luchsinger).

d. Die Reflexauslösung und die Reflexzeit.

Geordnete Reflexe können durch mechanische, chemische, thermische und electrische Reizung der Haut ausgelöst werden, und sind meist nach der Reizart verschieden. Reizung der sensiblen Nervenstämme selbst hat nur selten und schwierig geordnete Reflexe zur Folge, wohl aber, namentlich bei Strychninvergiftung, Reflexkrämpfe. Die Ursache liegt zum Theil darin, dass starke Reizungen die Reflexe hemmen können (s. unten), grösstentheils aber wohl darin, dass der geordnete Reflex auch ein geordnetes Zusammenwirken vieler sensibler Fasern erfordert, wie es dem Tastbilde entspricht, dem der Reflex als Abwehr oder dgl. zugehört.

Jeder Hautreiz muss, um Reflex zu erzeugen, einen gewissen Schwellenwerth überschreiten. Manche Reize sind ihrer Natur nach so beschaffen, dass sie allmählich anwachsen müssen, z. B. die thermischen und chemischen; bei ersteren, z. B. Eintauchen der Haut in warmes Wasser, nimmt die Haut immer höhere Temperaturen an, bei letzteren, z. B. Eintauchen in verdünnte Säure, wird die chemische Veränderung immer grösser. In diesen Fällen tritt der Erfolg erst nach längerer Zeit ein, obgleich offenbar die zur Erregung der Hautnerven erforderliche Einwirkung längst erreicht ist. Entweder also muss ihre Erregung erst eine gewisse Grösse erreichen, um im Marke den Reflex auszulösen, oder es ist eine gewisse Dauer der Einwirkung auf das Mark für den Reflex erforderlich. Die chemischen Reize werden häufig benutzt, um durch die Zeit, welche vom Beginn des Eintauchens bis zum Eintritt des Reflexes vergeht (nach Metronomschlägen gemessen), die Reflexerregbarkeit des Rückenmarks zu bestimmen (Türck'sche Methode), was zulässig ist, wenn in den zu vergleichenden Fällen ausserhalb des Rückenmarks Alles gleich bleibt.

Bei electrischen Hautreizen zeigt sich die wichtige Thatsache, dass ein einzelner Inductionsschlag keinen Reflex auslöst, sondern erst eine Reihe von Schlägen, und zwar tritt der Erfolg nach um so weniger Schlägen ein, je stärker dieselben sind; dagegen ist das Intervall der Reize innerhalb gewisser Grenzen ohne Einfluss (Ludwig mit Stirling und Ward). Es findet also eine Summation der Wirkungen auf das Mark statt, und erst diese führt endlich zum Reflexe. Auch bei mechanischen Hautreizen findet Summation statt; so tritt beim Coitus die Ejaculation erst nach längerer mechanischer Reizung des erigirten Penis ein. Bei permanenten sensiblen Einwirkungen, wie thermischen und chemischen beruht wahrscheinlich die Länge der erforderlichen Einwirkung (s. oben) ebenfalls auf Summation der Erregung im Mark.

Was für die Hautreize ermittelt ist, gilt ohne Zweifel auch für viele innere reflexauslösende Reize, z. B. die Spannung der Blase und des Mastdarms bei der Auslösung der entleerenden Acte, die die Geburt einleitenden unbekannten Reize u. s. w.

Als Reflexzeit (nicht zu verwechseln mit der oben besprochenen Zeit bei der Türck'schen Methode, deren Haupttheil die Zeit der reflexauslösenden Hautveränderung ist) bezeichnet man das Intervall zwischen dem Anlangen der auslösenden centripetalen Erregung im Mark und dem Abgang der ausgelösten centrifugalen. Diese Zeit kann man messen, indem man bei enthirnten Thieren die Zeit zwischen Reiz und Bewegung nach einer der bei der Reactionszeit (s. unter Gehirn) anzugebenden Methoden bestimmt, und die Zeit der Leitung in den Nerven, sowie die Latenzzeit der Muskelzuckung in Abzug bringt. Solche Messungen (Helmholtz, Rosenthal, Exner, Wundt u. A.) ergaben Werthe von etwa $1/_{20}$ Secunde, und weniger; die Reflexzeit wird durch Kälte verlängert, durch Reizverstärkung verkürzt, ebenso durch Strychnin (jedoch giebt Wundt umgekehrt für schwache Reize Verlängerung durch Strychnin an); sie ist ferner grösser wenn der Reflex auf ein anderes Markniveau, und ganz besonders wenn er auf die andere Seite übergeht.

e. Die Einwirkung des Gehirns auf die Reflexe und die Reflexhemmung.

Schon oben (p. 390) ist erwähnt, dass die regelmässigen geordneten Reflexe des isolirten Rückenmarks bei Thieren mit erhaltenem Gehirn nicht unfehlbar auftreten. Der Grund liegt vor Allem in Einwirkung des Willens, welcher die meisten Reflexe unterdrücken kann. So geschieht das Kratzen einer juckenden Hautstelle nur im Schlafe regelmässig und wird im Wachen häufig unterdrückt; die Berührung des Augapfels, des Gaumensegels, kann durch Willensanstrengung ohne Lidschluss, resp. Schluckreflex ertragen werden; die Entleerung der gefüllten Harnblase, der Quakreflex des Frosches (p. 389 f.) erfolgen erst nach Wegnahme des Gehirns als unfehlbare Reflexe. Jedoch kann der Wille nur solche Bewegungen unterdrücken, welche er auch umgekehrt selbstständig hervorrufen kann, z. B. nicht die Pupillenverengerung durch Licht, die Ejaculatio seminis auf der Höhe des Coitus.

Die Rückenmarksreflexe werden aber nach Abtragung des Gehirns nicht allein regelmässiger, sondern auch stärker, oder es genügt zu ihrer Auslösung ein schwächerer Reiz, resp. bei der Türck'schen Methode (p. 392) eine kürzere Einwirkungszeit. Zur Erklärung nimmt man an, dass Hemmungsfasern vom Gehirn zu den Reflexapparaten des Markes gehen, welche jedoch von den willkürlichen Hemmungsfasern verschieden zu sein scheinen, da sie nur quantitativ und nicht exclusiv auf die Reflexe einwirken. Beim Frosche gelingt es, ihren Ursprung im Gehirn einigermassen nachzuweisen; fällt nämlich der hirnabtrennende Schnitt unterhalb der Lobi optici (welche den Seh- und Vierhügeln höherer Thiere entsprechen), so werden die Reflexe verstärkt; dagegen nicht verändert, wenn er oberhalb der Lobi fällt; Reizung der Lobi optici mit Kochsalzpulver, Galle oder Blut hemmt die Reflexe sehr bedeutend; die Lobi optici enthalten also ein reflexhemmendes Centralorgan, welchem man beständige Erregung zuschreiben muss (Setschenow). Den Ursprung dieses Tonus suchen Einige in der Erregung der höheren Sinnesnerven, besonders des Opticus, welcher in den Lobi mündet; nach Zerstörung des Opticus und Acusticus fällt indess der Tonus des Hemmungscentrums nach Andern nicht fort, sondern es werden nur die geordneten Markreflexe regelmässiger, etwa wie nach Abtrennung des Grosshirns (Langendorff).

Ist das Grosshirn erhalten, so sieht man nach halbseitigen Rückenmarksdurchschneidungen in dem unteren Körperabschnitt auf der verletzten Seite eine Hyperästhesie, z. B. Schreien auf mässige Reizung, auftreten, welche natürlich auf doppelseitige Durchschneidung wegfällt (Foderà, Schiff u. A.). Auf der anderen Seite ist zuweilen gleichzeitig Verminderung der Empfindlichkeit vorhanden (vgl. p. 385). Zur Erklärung dieser merkwürdigen Erscheinung hat man angenommen, dass das Rückenmark cerebripetale Hemmungsfasern enthält, welche den sensiblen Eindruck auf das Gehirn vermindern, deren Durchschneidung also die Empfindlichkeit vergrössert. Partielle Durchschneidungen des Seitenstranges im inneren Abschnitt des mittleren Drittels sollen in der That die Hyperästhesie beseitigen; hier also müssten jene Hemmungsfasern verlaufen (Woroschiloff). Es wäre aber auch möglich, dass die Hyperästhesie auf der Durchschneidung der oben besprochenen cerebrifugalen Reflexhemmungsfasern beruht, indem mit Erleichterung des Reflexes zugleich der Uebergang der Erregung von den sensiblen Wurzeln auf die zum Gehirn gehenden Längsfasern erleichtert ist (s. unten sub 5) Endlich darf auch die Möglichkeit traumatischer Veränderungen des Rückenmarks durch den Schnitt, welche die Erregbarkeit steigern, nicht ausser Acht gelassen werden.

Endlich ist anzuführen, dass jede starke Reizung sensibler Nerven die Rückenmarksreflexe vermindert und unterdrücken kann, auch wenn sie den reflexauslösenden Nerven selbst betrifft (Goltz, Setschenow u. A.). Starke Hautreize können auf diesem Wege die umfangreichsten lähmungsartigen Functionsstörungen hervorbringen (Brown-Séquard).

5. Theorie der Rückenmarksfunctionen nebst weiteren Thatsachen.

a. **Das Wesen des Reflexes und die Erregung der grauen Substanz.**

Die hauptsächlichste Rückenmarksfunction, der Reflex, wurde anfangs von besonderen Nervenfasern hergeleitet, welche, von sensiblen Endorganen ausgehend, das Centralorgan nur aufsuchen um daselbst in centrifugale Richtung umzubiegen. Diese Vorstellung, welche die Annahme eines besonderen, ausschliesslich für Reflexe bestimmten („excitomotorischen") Nervensystems involvirt, und es unverständlich erscheinen lässt, warum die Umbiegung nicht an beliebiger Stelle auch ausserhalb des Centralorgans geschehen sollte, scheitert an der Thatsache, dass eine centripetale Faser nicht immer den gleichen, sondern die verschiedensten Reflexe auslöst, und selbst alle centrifugalen Fasern reflectorisch erregen kann. Ebenso musste die Vorstellung, dass die Reflexe auf mangelhafter Isolation der centripetalen und centrifugalen Leitungsbahnen im Centralorgane beruhen, wegen der Regelmässigkeit und · functionellen Wichtigkeit der Reflexe aufgegeben werden.

Die Anatomie des Rückenmarks führt zu einer viel befriedigenderen Vorstellung vom Wesen des Reflexes. Sie lehrt, dass sowohl die sensiblen als die motorischen Wurzelfasern grösstentheils, wenn nicht alle, aus der grauen Substanz entspringen, und dass diese letztere wahrscheinlich ein leitendes Fasernetz enthält, mit welchem die vorderen Wurzeln durch die Ganglienzellen der Vorderhörner communiciren (deren Axencylinderfortsätze sie bilden, vgl. p. 380); die hinteren treten entweder direct oder ebenfalls durch Vermittlung von

Ganglienzellen (vgl. p. 381) in das Netz ein, die letztere Annahme, obgleich nicht mehr die wahrscheinlichste, ist der schematischen Figur 71 zu Grunde gelegt, welche einen sagittalen Längsschnitt durch das Rückenmark, etwas seitlich vom Centralcanal, darstellt. Es hat also keine Schwierigkeit, den Reflex im Grossen und Ganzen zu erklären.

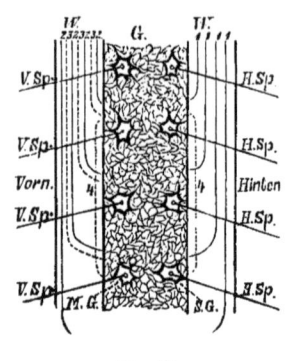

Dennoch ist der Reflex keineswegs als eine blosse Ueberleitung durch die graue Substanz hindurch zu betrachten. Denn es gelingt niemals, durch Reizung der centralen Enden motorischer Fasern andere motorische Fasern zu erregen oder in sensiblen Fasern negative Stromesschwankung zu erzeugen, weder am normalen, noch am strychninisirten Thiere (J. Müller, Volkmann u. A.). Der Reflex muss also in einem selbstständigen Erregungsprocess der grauen Substanz, vermuthlich in den motorischen Ganglienzellen bestehen, auf welchen die von den sensiblen Fasern einstrahlende Erregung nur auslösend wirkt. Hierfür spricht ausserdem die Länge der Reflexzeit, welche wahrscheinlich die Latenzzeit der Ganglienerregung ist; weiter die Erscheinungen der Reizsummation, ferner der Umstand, dass die motorische Erregung, wie die Erscheinungen des Muskeltons zeigen, ein selbstständiges, und von der Erregungsart ganz unabhängiges Tempo von 19—20 Erregungen p. sec. (p. 255 und 388) innehält, für welches übrigens noch keine genügende Erklärung existirt, ebensowenig wie für die trotz continuirlicher Reizung erfolgenden periodischen Erregungen an Muskeln (p. 263), beim Athmungscentrum u. s. w. (über letzteres, und einschlägige Hypothesen s. unten beim Gehirn). Endlich sind auch die directen Reize, welche die motorischen Apparate des Markes zu erregen vermögen, ganz andere als die allgemeinen Nervenreize, deren Wirkungsfähigkeit sogar zweifelhaft ist (p. 387). Dagegen wirken stark erregend Dyspnoe, gewisse Hitzegrade, gewisse Gifte, z. B. Picrotoxin. Die Wirksamkeit dieser Reize auf das isolirte Rückenmark wurde früher vielfach bestritten, weil das Vorübergehen der Shockwirkung (p. 390) nicht abgewartet wurde, ist aber jetzt festgestellt (Luchsinger u. A.). Ueber die Wirkun-

Fig. 71.
G. graue Substanz. W. weisse Substanz (und zwar mit Einschluss der Seitenstränge). M.G. Motorische Ganglienzelle. S.G. sogenannte sensible Ganglienzelle. V.Sp. Vordere Spinalwurzelfaser. H. Sp. Hintere Spinalwurzelfaser. Die Bedeutung der Ziffern s. im Text.

gen dieser Reize s. unten. Im Gegensatz zur erregenden Wirkung der Dyspnoe scheint Apnoe die Reflexe zu vermindern (vgl. p. 391).

    b. **Die Beschränktheit des Reflexes und die isolirte Leitung zum Gehirn.**

Dieselben sensiblen Fasern der peripherischen Nerven, welche den Reflex auslösen, dienen offenbar auch zur Vermittelung der Empfindung, und dieselben motorischen Fasern, welche reflectorisch erregt werden, werden auch durch den Willen in Action gesetzt. Wenn dies richtig ist, so muss jede zum Hirn gehende und vom Hirn kommende Erregung durch ein Stück der grauen Substanz geleitet werden, und dies bestätigt auch die Anatomie, welche nirgends mit Sicherheit einen directen Uebergang der Wurzelfasern in Längsfasern der weissen Substanz aufweist (vgl. p. 381).

Da aber die graue Substanz ein Continuum durch die ganze Länge des Markes darstellt, so sind zur Erklärung der isolirten Empfindung und Bewegung, sowie der Beschränktheit der Reflexe besondere Annahmen nöthig. Als die einfachste erscheint die, dass die Leitung in der grauen Substanz einen sehr grossen Widerstand findet, so dass sie immer nur auf geringe Entfernungen sich erstrecken kann (Hermann). Dass in der That die graue Substanz nicht etwa selbst vom und zum Gehirn leiten kann, beweisen die p. 385 mitgetheilten Erfahrungen. Bei grossem Widerstand wird es fast so sein als ob die Wurzelfasern mit den in unmittelbarer Nähe ihres Ursprungs in die graue Substanz eintretenden Längsfasern in directer und isolirter Verbindung ständen. Auch stimmen einige Erfahrungen im Gebiete der Hautempfindungen sehr gut zu dieser Annahme. Starke Erregungen haben eine grössere scheinbare Ausbreitung in der Haut als schwache, der Schmerz strahlt aus; die in die graue Substanz eintretende Erregung muss um so weiter sich ausbreiten können, also um so mehr benachbarte Längsfasern mit erregen, je stärker sie ist. Diese stärkere Ausbreitung zeigen denn auch die Reflexe bei stärkerer Reizung (p. 389). Strychnin endlich würde jenen Widerstand vermindern oder beseitigen, und müsste eigentlich, wenn die Theorie richtig ist, die Localisationsschärfe der Empfindung herabsetzen.

    c. **Der geordnete Reflex und die Coordination.**

Zur Erklärung der geordneten Reflexe reicht das bisher Gesagte schwerlich aus, denn es ist kaum anzunehmen, dass die mannigfachen zu einem solchen zusammenwirkenden motorischen Fasern in demselben Niveau entspringen und in unmittelbarer Nähe der reflexauslösenden Faser; denn oft wirken sehr verschiedene Muskeln und selbst Gliedmassen zusammen (p. 391), deren Nerven gewiss nicht aus gleichen Markniveau's stammen. Man muss also annehmen, dass im Rückenmark gutleitende Verbindungen zwischen verschiedenen Niveau's existiren, durch welche motorische Zusammengehörigkeiten gebildet und coordinirte Bewegungen vorgesehen sind. Die Coordinationsvorrichtungen könnten entweder durch besserleitende Stränge der grauen Substanz selbst, oder, was wahrscheinlicher ist, durch Fasern der weissen Substanz hergestellt sein, welche verschiedene Puncte der grauen Substanz unter einander in gutleitende Verbindung setzen. Diese coordinirenden oder Commissuren-Fasern werden auch dadurch höchst wahrscheinlich, dass nur ein relativ kleiner Theil der weissen Substanz von oben nach unten beständig an Dicke abnimmt; während der Haupttheil, nämlich die Vorderseitenstrang- und die Hinterstrangreste (p. 382 f.), sich durch seine gleichmässige und in der Cervical- und Lumbalanschwellung verstärkte Mächtigkeit als selbstständige Formation des Rückenmarks, also fast unzweifelhaft als Commissurenfaserung, characterisirt. Zu dem Commissurensystem müssen auch transversale und gekreuzte Verbindungen gehören, wahrscheinlich hauptsächlich in der weissen Commissur der Anatomie (p. 383), welche freilich grossentheils cerebrospinale Kreuzungen enthält. In Fig. 71 sind die Längscommissuren durch die mit 4 bezeichneten Fasern schematisirt.

Für die willkürlichen und sonstige vom Hirn aus erregte Bewegungen wird ohne Zweifel derselbe coordinirte motorische Complex in Thätigkeit versetzt, wie durch die sensiblen Fasern beim Reflex, und zwar durch die hauptsächlich in den Seitensträngen verlaufenden (im Schema Fig. 71 mit 2 bezeichneten) Fasern. Der Wille innervirt also keineswegs jeden einzelnen zur geordneten Bewegung nöthigen Muskel für sich, ja er kann dies nicht einmal.

d. Die Reflexhemmung.

Am schwierigsten verständlich ist die Hemmung der Reflexe vom Gehirn aus und durch die anderen oben angeführten Umstände. Zunächst ist es zweifelhaft, ob die Hemmung durch den Willen und durch die Setschenow'schen Hemmungscentra wirklich so verschiedene Vorgänge sind, als es nach den Versuchen scheint. Die Abtrennungs- und Reizversuche sind so roh, dass sie von den wirklichen Vorgängen nur eine höchst ungenaue Vorstellung geben. Möglicherweise sind auch die von den sogenannten Hemmungscentren ausgehenden Hemmungen im Grunde Unterdrückungen einzelner Reflexe, wie die durch den Willen, und nur ihr summarischer Wegfall oder ihre summarische Erregung durch unnatürliche Reizung bewirkt jene allgemeine und graduelle Erhöhung und Depression der Reflexthätigkeit. Ob der oben p. 390 erwähnte Shock nach Markdurchschneidungen von Reizung von Hemmungsfasern oder sonstiger Schädigung herrührt, weiss man nicht.

Die nächstliegende Annahme zur Erklärung wäre die schon oben erwähnte reflexhemmender Fasern, welche in alle Niveau's der grauen Substanz eintreten (in Fig. 71 punctirt und mit 3 bezeichnet). Die Art ihrer Einwirkung auf die graue Substanz und die Ganglienzellen bleibt aber unverständlich. Eine andere Annahme (Goltz u. A.) meint, dass jede reflectorische Wirkung eines Centralorgans durch gleichzeitige andere centripetale Einwirkungen vermindert werde, wegen grösserer Inanspruchnahme der vorräthigen Kräfte des Organs, welche bis zur Erschöpfung, d. h. zum Versagen des Reflexes gehen könne. Diese Vorstellung ist hergenommen von der reflexhemmenden Wirkung starker sensibler Reizungen (p. 395), und mittels derselben erklären manche die Reflexsteigerung nach Abtrennung der Lobi optici aus dem Wegfall der durch diese Organe vermittelten Einwirkungen des Opticus und andrer Sinnesnerven (vgl. p. 394) auf das Rückenmark. Neuerdings ist sogar der Versuch gemacht worden, die Reflexhemmung ganz in Abrede zu stellen und auf Innervation antagonistischer Muskeln zurückzuführen (Schlösser).

Eine andre, noch nicht in Angriff genommene Frage ist die, wovon es abhängt, ob eine sensible Erregung zum Reflex führt, oder lediglich dem Gehirn zugeleitet wird; möglicherweise hängen beide Fragen innig zusammen.

e. Die Localisirung der spinalen Centra.

Nach dem oben Gesagten enthält das Rückenmark die nächsten Centra für sämmtliche Organe des Rumpfes und der Extremitäten, und diese Centra sind theils zu reflectorischer, theils zu cerebraler Reizung bestimmt, lassen sich aber auch direct durch die p. 396 genannten Reize in Action setzen. Im Allgemeinen liegen dieselben im Niveau des Ursprungs der betreffenden Nerven oder etwas höher; so dass z. B. Bewegungs-, Gefässverengerungs-, Gefässerweiterungs- und Schweisssecretionscentra einer Extremität nahe an gleicher Stelle sich finden. Directe oder reflectorische Reizung des isolirten Rückenmarks setzt alle diese Thätigkeiten in Gang. Aus der speciellen Topographie der Niveaucentra kann angeführt werden, dass die Halsregion hauptsächlich für die Brustorgane, Athemmuskeln und obere Extremität bestimmt ist; an der Grenze zwischen Hals- und Brustmark liegen Centra für den Halssympathicus, dessen Bewegungs-, Gefäss- und Secretionsfasern hauptsächlich zum Kopfe gehen (Centrum ciliospinale, Budge; vgl. auch unten beim Sympathicus); der Brusttheil scheint hauptsächlich ausser der Rippenmusculatur die Baucheingeweide motorisch und vasomotorisch zu beherrschen (Ursprung des Splanchnicus); der Lendentheil die unteren Extremitäten und die Beckenorgane. Für den Sphincter ani ist das Centrum beim Hunde am untern Drittel des 5. Lendenwirbels, beim Kaninchen zwischen 6. und 7. Lendenwirbel gefunden worden (Budge, Giannuzzi, Masins); für den Blasenverschluss unmittelbar darunter (Masins). Mit isolirtem Lendenmark können Hündinnen concipiren und gebären (Goltz).

f. Tonus spinaler Centra.

Von grosser Wichtigkeit ist die Frage, ob diese Centra auch durch natürliche directe Reize, oder wie es gewöhnlich ausgedrückt wird, automatisch erregt werden können. In dieser Hinsicht ist nach Isolation des Rückenmarks (p. 390) festgestellt: allgemeine Convulsionen, Gefässkrampf, Schwitzen durch Dyspnoe (Aortenverschluss oder allgemeine Erstickung) und Hitze (Luchsinger). Ferner sind auch rhythmische Athembewegungen nach Abtrennung des Gehirns beobachtet, besonders unter Zuhülfenahme kleiner Dosen von Strychnin und namentlich bei Neugeborenen (P. Rokitansky, v. Schroff jun., Langendorff & Nitschmann), eine wegen der automatischen Periodik besonders bemerkenswerthe Erscheinung. Am Lendenmark ist ferner eine automatische Gefässerregung durch die p. 92 f. erwähnte Wiederherstellung des mit der Abtrennung geschwundenen Gefässtonus der unteren Extremitäten nachgewiesen, da dieser Tonus nach Zerstörung des Lendenmarks wieder aufhört (Goltz).

Endlich gehört hierher auch die Frage des sogenannten Muskeltonus. Unter diesem Namen beschrieb man früher eine beständige schwache automatische vom Nervensystem abhängige Contraction sämmtlicher Muskeln, zunächst der animalischen. Alle gewöhnlich als Beweise für dieses Verhalten angeführten Erscheinungen sind indess auf andere Weise zu erklären, z. B. die Retraction durchschnittener oder tenotomirter Muskeln (sie tritt auch ein, nachdem vorher der Nerv durchschnitten ist, und beruht einfach auf der Ausspannung der Muskeln über ihre natürliche Länge, p. 246); ferner die Gesichtsverzerrung nach einseitiger Facialislähmung (erklärt sich ohne Annahme eines Muskeltonus aus dem Verkürzungsrückstand der Muskeln der gesunden Seite, p. 251, später auch Degeneration der gelähmten). Dass ferner ein wirklicher automatischer Muskeltonus nicht existirt, wird dadurch bewiesen, dass an einem aus Centralnervensystem, motorischem Nerven und gespanntem Muskel bestehenden Präparate der Muskel sich nicht im geringsten dadurch verlängert, dass man den Nerven durchschneidet (Auerbach, Heidenhain). Dagegen lässt sich unter gewissen Bedingungen für einzelne willkürliche Muskeln in der That eine unwillkürliche schwache Contraction darthun, die aber nicht automatischer, sondern reflectorischer Natur ist. Ein senkrecht aufgehängter Frosch, dessen Gehirn vom Rückenmark getrennt ist, zeigt nämlich, wenn die Nerven des einen Hinterbeins durchschnitten sind, ein schlafferes Herabhängen desselben im Vergleich mit dem unverletzten; dieselbe Erscheinung tritt auch ein, wenn statt des ganzen Plexus ischiadicus nur die hinteren Wurzeln desselben durchschnitten sind; dies beweist, dass die schwache Beugung des (unverletzten) Beins nicht automatischer sondern reflectorischer Natur ist, und dass die sensiblen Fasern des Beins den Reflex auslösen (Brondgeest). Diese Contraction ist jedoch weder allen Muskeln des Beines gemeinsam, noch ist ihr Vorhandensein für gewöhnliche Körperstellung nachgewiesen. Denn erstens nehmen nachweislich nur die Flexoren an der Contraction Theil; zweitens ist die ganze Erscheinung nur eine andere Form der bekannteren, dass ein hirnloser Frosch in allen Stellungen die Beine anzuziehen strebt (p. 389); es ist nicht nachgewiesen, dass wenn das Anziehen der Beine erfolgt ist, die Contraction der Flexoren fortdauert, wie im Hängen, wo die Beugung der Schwere wegen nur in geringem Grade dauernd eingehalten werden kann (Hermann). Das Brondgeest'sche Phänomen ist also nur ein durch die abnorme Lage dauerndes Auftreten eines in gewöhnlicher Lage nur vorübergehenden geordneten Reflexes.

Als Ausgangspunct des Brondgeest'schen Reflexes wird die Haut angegeben (Cohnstein); jedoch giebt es wahrscheinlich noch andere Ausgangspuncte, z. B. die Sehnen, deren plötzliche Anspannung oder Erschütterung reflectorische Contractionen auslöst (Erb, Westphal). Wahrscheinlich steht die Haltung der Glieder unter beständiger reflectorischer Regulation seitens der beweglichen Theile selbst, und auch der Anstrengungsgrad der Muskeln bei Bewegungen könnte von diesen regulirt werden.

Der p. 384 erwähnte Einfluss der hinteren Wurzeln auf die Erregbarkeit der vorderen lässt sich auf das Brondgeest'sche Phänomen zurückführen (Steinmann & Cyon).

Der Tonus der Sphincteren (p. 156, 185) ist wahrscheinlich ebenfalls reflectorischer Natur.

II. Das Gehirn und seine Nerven.

1. Anatomische Vorbemerkungen.

Das Gehirn ist als eine obere Fortsetzung des Rückenmarks zu betrachten, welche jedoch im Bau mannigfach modificirt ist. Diese Modificationen führen zur Entstehung besonderer Organe, welche dem Rückenmark gegenüber in den oberen Wirbelthierclassen immer mächtiger hervortreten, bis beim Menschen das Rückenmark nur noch wie ein an Masse zurücktretender Anhang des Gehirns erscheint.

a. Allgemeines über die Fortsetzung der Rückenmarksbestandtheile.

Im verlängerten Mark ist, wie schon sein Name andeutet, die Rückenmarksformation noch ziemlich deutlich erhalten. Weiter nach oben kann diese Formation nur noch an der Hand der Nervenursprünge verfolgt werden, da die Hirnnerven, mit Ausnahme des Olfactorius und des Opticus, eine Fortsetzung der Spinalnerven darstellen. Soweit die Rückenmarksformation verfolgt werden kann, pflegt man die Theile als Hirnstamm zu bezeichnen. Derselbe besteht aus gewissen Abschnitten des verlängerten Marks und der Brücke.

Beim Uebergang des Rückenmarks in das verlängerte Mark bricht der Centralcanal im Calamus scriptorius nach hinten durch und bildet an der hinteren Oberfläche eine flache Grube, die Rautengrube. Die den Centralcanal umgebende graue Substanz des Rückenmarks begiebt sich gleichfalls zur hinteren Oberfläche und liegt nunmehr am Boden der Rautengrube, die bisherigen Hinterhörner nach aussen von der Fortsetzung der Vorderhörner. Die Auseinanderdrängung der Hinterhörner, welche dabei ein gestieltes Aussehen annehmen (Fig. 72), wird dadurch eingeleitet, dass in den stark zunehmenden Funiculi graciles und cuneati ebenfalls graue Kerne auftreten (Nucleus gracilis und cuneatus. Fig. 72), welche nach Vollendung der Bodenlagerung zwischen Vorder- und Hinterhornrest zu liegen kommen (Fig. 73 und 74). Weiter nach oben gehen diese grauen Massen in zerstreuter liegende sog. Kerne der Hirnnerven über. Dieselben erstrecken sich auch noch längs der vorderen, wiederum geschlossenen Fortsetzung des Centralcanals, nämlich des Aquaeductus Sylvii. Entsprechend der nunmehrigen Anordnung der grauen Substanz liegen die Ursprünge der motorischen Hirnnerven oder Hirnnervenwurzeln median von den sensiblen. Ein Theil des Vorderhorns wird durch die Pyramidenkreuzung vom Reste abgeschnürt (Fig. 72), und löst sich allmählich in Reticulärformation auf, mit Ausnahme eines als Seitenstrangkern (*v.l.* Fig. 73, 74) bezeichneten compacteren Restes.

Ausser den Fortsetzungen der grauen Substanz des Rückenmarks treten nun aber neue selbstständige graue Formationen auf, namentlich die Oliven, das Kleinhirn, die Vierhügel und die Sehhügel. Zu ihnen begeben sich zum Theil die weissen Longitudinalstränge des Rückenmarks, ausserdem aber tritt ein Theil der Hirnnerven, besonders der Opticus und Acusticus, zu ihnen in directe Beziehungen, und weicht insofern von dem Schema der Spinalnerven wesentlich ab.

Die Figuren 72, 73, 74 (nach Schwalbe) erläutern das Verhalten der grauen Substanz im verlängerten Mark. Fig. 72 ist ein 6 mal vergrösserter Querschnitt durch die untere Pyramidenkreuzung am Uebergang zwischen Med. spinalis und oblongata; Fig. 73 und 74 4 mal vergrössserte Schnitte höher oben, im Gebiete der oberen Pyramidenkreuzung und durch die Mitte der Oliven. (Siehe umstehend.)

Von den weissen Rückenmarkssträngen gehen zunächst die Pyramiden-Vorder- und -Seitenstrangbahnen in die vorn (unten, ventral) gelegenen Pyramiden des verlängerten Marks über, nachdem letztere sich bündelweise gekreuzt haben (Fig. 72), wobei sie steil nach vorn umbiegen („untere" Pyramidenkreuzung). Die Pyramidenkreuzung stellt gleichsam eine mächtige Entwicklung des Systems der vorderen Commissur dar, und es ist individuell sehr verschieden, wieviel Pyramidenfasern hier oben schon sich kreuzen und in die Seitenstränge übergehen, und wieviel zunächst in den Vordersträngen bleiben und erst weiter unten in der vorderen Commissur Kreuzung und Uebergang in die Seitenstränge vollziehen (vgl. p. 382). Weiter aufwärts gehen die Pyramidenfasern durch die Brücke in die Grosshirnstiele über; während des Verlaufs durch die Brücke werden sie durch die Einschiebung transversaler, vom Kleinhirn stammender Fasern

404   Verlängertes Mark.

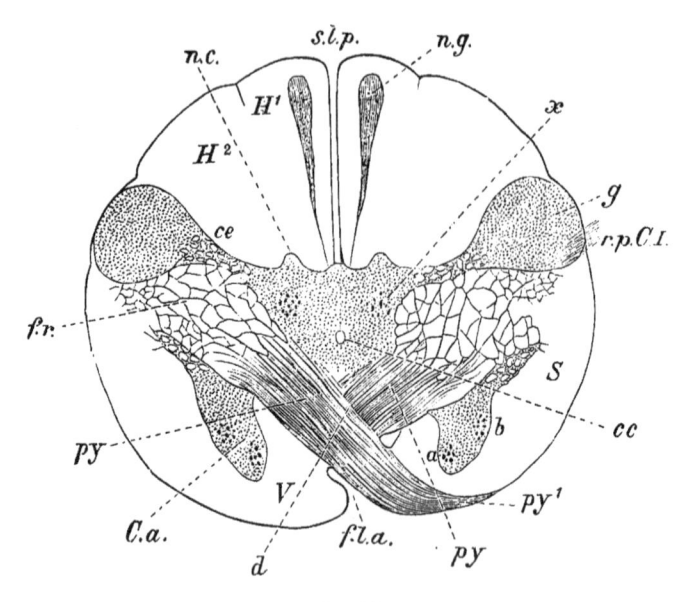

Fig. 72.

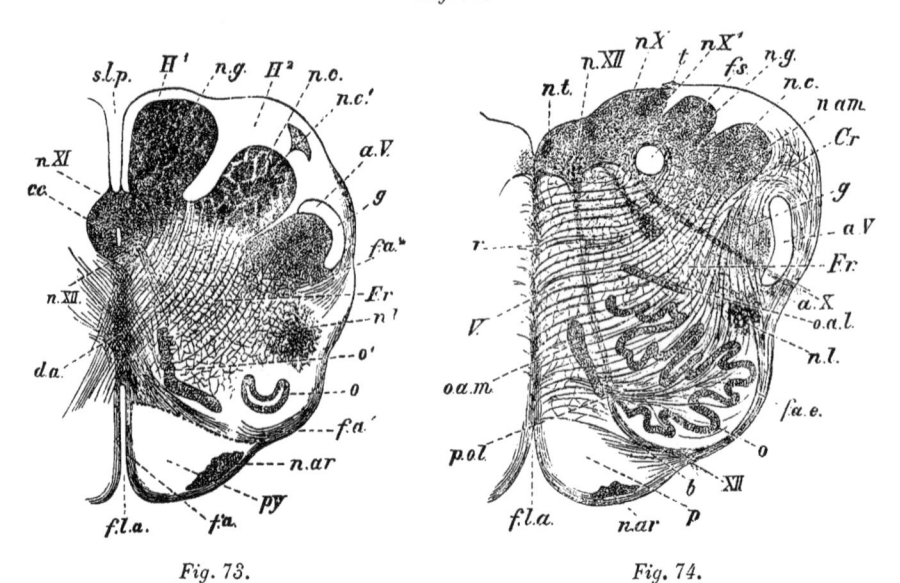

Fig. 73.   *Fig. 74.*

cc Centralcanal. f.l.a. Fissura longitudinalis anterior. s.l p. Sulcus longit. post. g Kopf und ce Hals des Hinterhorns. n.g., n.t. Nucleus funiculi gracilis, n.c. Nucleus funiculi cuneati. n.c'. Nucl. ext. funic. cuneati. C.a. Vorderhorn. n.l. Nucleus funiculi lateralis. o. Olive (in Fig. 73 beginnend). o¹ und o.a.m. innere Nebenolive. o.a.l. äussere Nebenolive. H¹ Funiculus gracilis. H² Funiculus cuneatus S Seitenstrang. V Vorderstrang. d Decussatio pyramidum. p, py, py¹ Pyramidenstrang und Pyramidenbündel. X, XI, XII N. vagus. accessorius und hypoglossus. n.X, n.XI, n.XII deren Kerne, a V. aufsteigende Trigeminuswurzel. C.r. Corpus restiforme. f.s. Solitäres oder Respirationsbündel des N. vagus r. Raphe. f.a., f.a.e., f.a¹, f.a² Fibrae arciformes. F.r. Formatio reticularis.

immer mehr zerklüftet (Reticulärformation), und zugleich durch Umbiegung und Beimischung eines Theiles dieser Fasern bedeutend verstärkt. Die Pyramidenfasern sind also Bahnen zum (resp. vom) Grosshirn, und die Mächtigkeit der Pyramiden, sowie der entsprechenden ventralen Hirnstielabtheilung (Hirnschenkelfuss, Basis pedunculi) geht in der Thierreihe ungefähr der Entwicklung des Grosshirns parallel.

Die Kleinhirn-Seitenstrangbahnen gehen durch das Corpus restiforme in den Pedunculus cerebelli über, und endigen wahrscheinlich grösstentheils in der Kleinhirnrinde.

Die Funiculi graciles und cuneati mit ihren grauen Kernen (s. oben) nehmen äusserlich, median von den vorigen, denselben Verlauf in die Pedunculi cerebelli, scheinen aber nicht wirklich mit ihren Fasern in das Kleinhirn überzugehen, sondern in ihren Kernen zu endigen, deren weitere Verbindungen unklar sind.

Die Reste des Vorderseitenstranges lassen sich im verlängerten Mark über den Pyramiden, medial von den Oliven, in die Brücke, und weiter in die Haube des Hirnstiels (Tegmentum pedunculi) verfolgen, durch welche sie in den Sehhügel eintreten; ein Theil communicirt durch die sog. untere Schleife mit den hinteren Vierhügeln.

Als Haubenregion bezeichnet man, im Gegensatz zur Pedunculusregion (wesentlich aus den Pyramidenbahnen und deren Fortsetzung in den Hirnschenkelfuss bestehend, also ventral gelegen), die dorsale Abtheilung des Hirnstamms, d. h. des verlängerten Marks, der Brücke, der Pedunculi (Haube im engeren Sinne) und die Regio subthalamica. Sie enthält demnach die Fortsetzungen des Rückenmarksgrau am Boden der Rautengrube und um den Aquaeduct, und verschiedene andere graue Massen, wie die Oliven, die grauen Massen der Formatio reticularis der Brücke, die sog. oberen Oliven, den Haubenkern, das Corpus subthalamicum und die graue Bodencommissur (Corpora mamillaria, Tuber cinereum). Bau und Verbindungen dieser Theile, über welche noch wenig Uebersichtliches gesagt werden kann, müssen hier übergangen werden.

b. Speciellerer Ursprung der Hirnnerven.

Von den grauen Kernen der Hirnnerven (s. oben) liegen die des 12, 11., 10., 9. und theilweise des 8. im Bereich des verlängerten Marks, die des 8. zum Theil, ferner des 7., 6. und 5. im Bereich der Brücke, die des 4., 3. und zum Theil des 2. im Mittelhirn (Vierhügel, Aquaeduct). Die erstgenannten Kerne sind, soweit der Centralcanal noch geschlossen ist, noch als vordere (Hypoglossus) und hintere (Accessorius vagi), oberhalb des Calamus dagegen (vgl. oben) als mediale (Hypoglossus) und laterale (Accessorius, Vagus, Glossopharyngeus, Acusticus) angeordnet.

1. **Hypoglossus** (XII.). Er entspringt aus einem langgestreckten Kern mit Zellen nach Art derjenigen der Vorderhörner (p. 379 f.), welcher anfangs vor dem Centralcanal (Fig. 73), vom Calamus ab median dicht unter dem Boden der Rautengrube liegt (Fig. 74). Die Wurzelfasern entspringen grossentheils gleichseitig, zum Theil aber gekreuzt. Andere behauptete Ursprünge von Hypoglossusfasern sind noch streitig. Beim Frosche ist der Hypoglossus erster Cervicalnerv.

2. **Accessorius** (XI.). Die spinale Abtheilung (Accessorius spinalis, Schwalbe) entspringt aus dem Vorderhorn und Seitenhorn (p. 379) des ganzen Halsmarks, die Fasern verlaufen eine Strecke im Seitenstrang aufwärts und treten in einer Anzahl von Fäden zwischen den vorderen und hinteren Cervicalwurzeln aus. Die obere Abtheilung (Accessorius vagi, Schwalbe) entspringt zuerst aus der grauen Substanz hinter dem Centralcanal (Fig 73), dann (vgl. oben) aus dem gemeinsamen Kern der folgenden Nerven in der Ala cinerea.

3. **Vagus** (X.) entspringt (zu einem kleinen Theil gekreuzt) aus einem lateralen, unter der Ala cinerea liegenden Kern ($N.X$, Fig. 74), dessen Zellen denjenigen der Hinterhörner analog sind; ein diesem Kern anliegendes Bündel (aufsteigende Wurzel, auch solitäres oder Respirationsbündel, $f.s.$ Fig. 74) stammt aus dem Halsmark und lässt sich bis in die Ursprungsgegend des Phrenicus verfolgen.

4. **Glossopharyngeus** (IX.), beim Frosche ein Ast des Vagus, entspringt aus einer unmittelbar an den Vaguskern sich anschliessenden oberen Fortsetzung derselben.

5. **Acusticus** (VIII.), entspringt mit einer hinteren, feinfaserigen und einer vorderen Wurzel mit stärkeren Fasern. Erstere setzt sich aus zwei Bündeln zusammen, welche den Pedunculus cerebelli zwischen sich nehmen; das äussere derselben ist im Wesentlichen die Fortsetzung der sog. Striae acusticae, welche quer über den Boden der Rautengrube laufen, und deren centraler Ursprung unbekannt ist; das innere entspringt aus dem in der Gegend des Tuberculum acusticum liegenden Hauptkern des Acusticus. Die vordere Wurzel empfängt einen Theil ihrer Fasern durch den Pedunculus cerebelli (Corpus restiforme) aus dem Kleinhirn, die übrigen aus einem zweiten, lateralen Acusticuskern, mit grösseren Zellen als der Hauptkern; wahrschein-

lich aber stammen diese Fasern gekreuzt aus dem Lateralkern der gegenüberliegenden Seite. Der Nervus intermedius Wrisbergii, welcher wesentlich dem Facialis zugehört, entspringt wahrscheinlich aus einem dritten sogenannten Acusticuskern, lateral von der vorderen Wurzel gelegen, dessen Ganglienzellen, ähnlich den Spinalganglienzellen, eine kernhaltige Hülle besitzen.

6. **Facialis (VII.)** und

7. **Abducens (VI.)** entspringen aus grosszelligen Kernen vor den Striae acusticae; der Facialiskern liegt mehr in der Tiefe, als der Acusticuskern, welcher letztere nach vielen Autoren auch dem Facialis Fasern abgiebt. Die Angabe, dass der Facialis auch absteigende Fasern durch den Pedunculus cerebri aus dem Grosshirn empfängt, wird bestritten. Der Facialisaustritt erfolgt zum Theil gekreuzt, der Abducens kreuzt sich dagegen nicht, wie Exstirpationsversuche bestätigen (Gudden).

8. **Trigeminus (V.).** In der Austrittsebene des Trigeminus liegen, unter dem vorderen Theil des Bodens der Rautengrube, entsprechend der sog. Substantia ferruginea (deren pigmentirte Ganglienzellen übrigens mit dem Trigeminusursprung Nichts zu thun haben), zwei langgestreckte Trigeminuskerne, ein mehr medialer motorischer mit grossen Ganglienzellen, und ein mehr lateraler sensibler mit kleinen Zellen. Die kleinere motorische Wurzel des Trigeminus entspringt zum Theil aus dem motorischen Kern (von diesen Fasern scheint ein Theil gekreuzt zu sein), zum Theil aber aus dem sog. absteigenden Trigeminusbündel (früher als sensibel oder als trophisch betrachtet); der Ursprung des letzteren reicht längs des Aquaeducts bis an die oberen Vierhügel hinauf, und besteht aus vereinzelten blasenförmigen Ganglienzellen. Die grössere sensible Wurzel hat 3 Ursprünge: a) aus dem sensiblen Kern, b) aus der sog. aufsteigenden Trigeminuswurzel ($a.V$, Fig. 73 und 74), welche sich längs der Hinterhörner bis in die Mitte des Halsmarks verfolgen lässt, mit unbekanntem Ursprung, c) aus dem Kleinhirn durch den Bindearm (Proc. cerebelli ad corpora quadrigemina).

9. **Trochlearis (IV.)** und

10. **Oculomotorius (III.)** entspringen aus grosszelligen Kernen der hinteren und mittleren Vierhügelgegend am Aquaeduct. Während der Oculomotorius, den Pedunculus durchbohrend, an dessen unterer Fläche dicht an der Brücke austritt, geht der Trochlearis nach oben, durchbohrt das Dach des Aquäductus, sich dabei kreuzend, und schlingt

sich, ähnlich dem Tractus opticus, um den Pedunculus herum nach unten. Nach Reizversuchen (Exner) soll aber diese äussere Kreuzung, welche in ihrer Vollständigkeit fast ohne Analogie ist, nur scheinbar sein; dagegen wird sie auf Grund von Exstirpationsversuchen aufrecht erhalten (Gudden).

11. Opticus (II.). Der Tractus opticus entspringt theils vom äusseren Kniehöcker und dem Sehhügel, theils vom inneren Kniehöcker und dem vorderen Vierhügelganglion. Um die Pedunculi cerebri herumbiegend, bilden die Tractus das Chiasma, in welchem beim Menschen eine halbe, bei Thieren eine halbe bis totale Kreuzung stattfindet vgl. beim Sehorgan, Cap. XII.). Ein Theil der Tractusfasern geht am hinteren Rande des Chiasma von einer Seite auf die andere über, bildet also eine blosse Commissur beider Seiten, wahrscheinlich der inneren Kniehöcker.

12. Olfactorius (I.). Der Tractus olfactorius des Menschen stellt ein sehr reducirtes Analogon des Riechlappens der Thiere dar, ist also ein besonderer Grosshirntheil, von welchem die Nervi olfactorii (jederseits etwa 20) entspringen, und auf dessen complicirten Bau hier nicht eingegangen werden kann. Zusammenhänge sind nachgewiesen: mit der Rinde des Gyrus uncinatus und Gyrus cinguli, mit dem Mark des Stirnlappens und mit der vorderen Commissur.

c. Selbstständige graue Massen des Hirnstammes.

Die p. 303 erwähnten grauen Massen, welche nicht als Fortsetzungen des Rückenmarksgraus betrachtet werden können, sind in ihrem Bau und ihren Verbindungen so verwickelt, und zum Theil noch dunkel, dass hier nur einige Andeutungen, und nur über die hauptsächlichsten dieser Körper gegeben werden können.

1. Die Oliven und Nebenoliven (Fig. 73 und 74) sind graue Massen des verlängerten Marks, welche hauptsächlich durch die Corpora restiformia mit dem Kleinhirn in Verbindung stehen.

2. Die grauen Massen des Kleinhirns bilden theils die Rinde desselben, theils eine Anzahl centraler Kerne (Nucleus dentatus, Embolus, Kugelkern, Dachkern). Die Rinde besteht hauptsächlich aus einer inneren Körnerschicht, an welche nach aussen sich eine einfache Lage grosser keulenförmiger Ganglienzellen (Purkinje'sche Zellen) anschliesst, welche einen Axencylinderfortsatz in die Tiefe, einen verzweigten Protoplasmafortsatz nach der Oberfläche aussenden; die oberflächlichste graue Schicht ist feinkörnig und enthält ausser den eben

genannten Fortsätzen eine Lage feiner Nervenfasern und vereinzelte kleine Zellen. Die centralen Kerne enthalten ebenfalls multipolare Ganglienzellen, die grössten im Kugel- und Dachkern. In das Kleinhirn sind hauptsächlich verfolgt: die Brückenschenkel und die Corpora restiformia zur Rinde, die Bindearme und die mit ihnen gebende Trigeminuswurzel (p. 407) zum Nucleus dentatus und (zweifelhaft) zur Rinde, die innere Abtheilung der Kleinhirnstiele und die Kleinhirnwurzel des Acusticus zum Dachkern.

3. Die **Vierhügel** enthalten graue Massen: a) in der Umhüllung des **Aquaeducts** (Kerne verschiedener Hirnnerven, s. oben); b) die **hinteren Vierhügelganglien**; sie stehen in Verbindung: durch die untere Schleife mit Vorderseitenstrangfasern (p. 405), ferner durch die sog. Seitenarme mit der zur Vierhügelformation zu rechnenden grauen Substanz des **inneren Kniehöckers**; weitere Verbindungen sind zweifelhaft; c) die complicirter gebauten **vorderen Vierhügelganglien**, welche hauptsächlich mit dem Tractus opticus, wahrscheinlich auch mit den Kernen der motorischen Augennerven, ferner durch die obere Schleife mit der Haubenregion, endlich wahrscheinlich mit der Grosshirnrinde in Verbindung stehen.

4. Die **Sehhügel** enthalten folgende graue Massen: a) die graue Umgebung des **dritten Ventrikels** mit der Commissura mollis, b) die grauen Kerne des eigentlichen **Sehhügels**, c) die graue Substanz des **äusseren Kniehöckers**. Verbindungen sind nachgewiesen: zur Haubenregion (p. 405), zum Sehnerven (p. 408) und zu zahlreichen Theilen der ganzen Grosshirnrinde.

d. Das Grosshirn.

Die **graue Substanz** der Grosshirnhemisphären tritt in folgenden Formationen auf:

1. Die **Grosshirnrinde** bildet eine in Gestalt der Sulci und Gyri gefaltete äussere Mantelschicht, welche wiederum verschiedene Schichten unterscheiden lässt. Auf eine äussere zellenarme Schicht folgt eine Schicht kleiner, und dann eine solche grosser Pyramidenzellen, d. h. keulenförmiger, senkrecht zur Oberfläche gestellter multipolarer Ganglienzellen (die grössten bis $1/8$ mm. Länge), welche einen Axencylinderfortsatz in die Tiefe, und Protoplasmafortsätze nach den Seiten aussenden. Zu innerst folgt, an das Mark grenzend, eine Schicht kleiner körnerartiger Zellen. Die Ausbildung und Anordnung dieser Schichten zeigt in den einzelnen Rindenregionen locale Verschiedenheiten. Die

sog. **Vormauer** (Claustrum) ist nur ein abgeschnürter Rindentheil nahe der sog. Insel.

2. Die **Grosshirnganglien**, der **Streifenhügel** (Nucleus caudatus) und die drei **Glieder des Linsenkerns**.

Die Markmassen des Grosshirns lassen sich in folgende Formationen eintheilen:

1. Die im Allgemeinen radialen Verbindungen zwischen der Rinde und den tieferen Gebilden: Hirnganglien, Mittel- und Kleinhirn, Rückenmark, das sog. **Stabkranzsystem**. Die Fasern des Hirnschenkelfusses (p. 405) treten zwischen Sehhügel und Linsenkern, durch die sog. innere Kapsel in das Hemisphärenmark ein, und bilden den Stabkranz; sie enthalten hauptsächlich die Pyramidenfasern und die ihnen beigemischten Fasern aus dem Kleinhirn (p. 403). Ferner ist die Grosshirnrinde mit dem Sehhügel sowohl durch Fasern der inneren wie durch solche der äusseren Kapsel verbunden (letztere zur Insel gehend). Auch zur Haube sind Verbindungen nachgewiesen. Endlich sind wahrscheinlich, aber nicht sicher, Verbindungen zwischen Rinde und Grosshirnganglien vorhanden. Diese letzteren communiciren ihrerseits mit dem Hirnschenkelfuss, und zwar der Linsenkern direct, der Streifenhügel wahrscheinlich durch Vermittelung des Linsenkerns, und zwar der beiden inneren, auch als **Globus pallidus** bezeichneten Glieder desselben. Seitdem ihre Verbindungen mit der Rinde zweifelhaft geworden sind, werden die Grosshirnganglien, etwa mit Ausnahme des Globus pallidus, von Manchen als **isolirte Homologa der Rinde selbst** aufgefasst.

2. Die Verbindungen von Rindenbezirken unter einander. Man unterscheidet: a) unilaterale Verbindungen verschiedener Rindengebiete, sog. **Associationssysteme** (*a*, Fig. 75); b) bilaterale Verbindungen symmetrisch gelegener, vielleicht auch unsymmetrischer Rindengebiete, sog. **Commissurenfasern** (*c*, Fig. 75), durch den Balken und die Commissura anterior verlaufend.

e. Das Meynert'sche Schema der Centralorgane.

Aus den vorstehenden Angaben ergiebt sich, dass mit Ausnahme einiger höheren Sinnesnerven, und abgesehen von den p. 381 erwähnten zweifelhaften Angaben betr. Längsfaserübergänge der Spinalwurzeln, sämmtliche Nerven aus einer grauen Substanz entspringen, welche sich vom unteren Rückenmarksende bis an das vordere Ende des dritten Hirnventrikels verfolgen lässt, und welche wegen ihrer räumlichen Beziehung zum Centralcanal und dessen Fortsetzungen als centrales Röhrengrau (*H* in Fig. 75) bezeichnet wird. Sie bildet das nächste Reflexcentrum der Nerven, ist aber zugleich Durchgangsstation für die Leitung zu den höheren Centren und zur Hirnrinde. Nimmt man die Repräsentation der motorischen und sensiblen Peripherie im höchsten Centrum (Hirnrinde) zum Ausgangspunct der Betrachtung, so kann man die äusseren Nerven (*3* in Fig. 75) als das äussere Projectionssystem bezeichnen. Die Verbindung des Röhrengraus mit der Grosshirnrinde (*R*) sollte nach Meynert nicht direct, sondern durch Vermittlung des Gangliengraus (*G*)

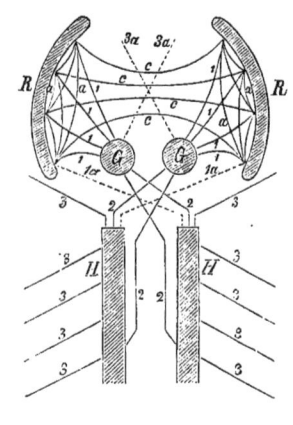

Fig. 75.

des Gross-, Mittel- und Kleinhirns geschehen, so dass also ein mittleres (*2*) und ein inneres (*1*) Projectionssystem, letzteres den Stabkranz bildend, anzunehmen wäre. Indessen haben die neueren Untersuchungen für einen grossen Theil der Markmassen, besonders für die Pyramidenbahnen einen directen Fortgang bis zur Hirnrinde (im Schema mit *1a* bezeichnet) erwiesen.

In den Verbindungen zwischen Röhrengrau und Hirnrinde findet eine Kreuzung der Fasermassen statt, welche im Meynert'schen Schema in das mittlere Projectionssystem fallen würde; sie beginnt schon tief unten im Rückenmark, vollzieht sich der Hauptsache nach im verlängerten Mark, und vollendet sich in der Brücke. Aber die neueren Forschungen haben auch im äusseren Projectionssystem, d. h. zwischen Ursprungskern und Nervenaustritt, mannigfache Kreuzungen nachgewiesen; für den Opticus und Trochlearis sind solche längst bekannt (vgl. p. 407 f.); für die vorderen und hinteren Spinalwurzeln ist partieller Ursprung aus der Gegenseite erwiesen (p. 381), und ebenso für die meisten Hirnnerven (p. 406 f.). Wäre also die Kreuzung in der mittleren Projection eine vollständige, so würde sie durch diejenige der äusseren partiell wieder aufgehoben.

Die höheren Sinnesnerven weichen ferner insofern vom allgemeinen Schema ab, als der Olfactorius vielleicht direct vom Rindengrau, der Opticus und zum Theil der Acusticus (p. 406) vom Gangliengrau entspringen (*3a* in Fig. 75), ihnen also das Röhrengrau fehlt. Manche vermuthen dessen Analogon in den peripherischen Ganglienzellen dieser Nerven (Ganglienschicht der Netzhaut).

Bemerkenswerth ist, dass das mittlere Projectionssystem weit faserärmer ist als das äussere und das innere.

2. Die Functionen der Hirnnerven.

Die Physiologie der Hirnnerven ist schon grossentheils in anderen Capiteln erörtert, oder kommt bei den Sinnesorganen zur Sprache, so dass es sich hier nur um eine übersichtliche Zusammenstellung handelt. Es ist schon erwähnt (p. 373), dass die Hirnnerven nur zu einem kleinen Theile gemischte sind wie die Rückenmarksnerven; die gemischten entspringen zum Theil wie die Spinalnerven mit zwei Wurzeln, einer centripetalen mit einem Ganglion, und einer centrifugalen. Die rein motorischen besitzen eine recurrirende Sensibilität (p. 384), welche nach Durchschneidung des Trigeminus fast ganz wegfällt, also grösstentheils von dessen Fasern herrührt; der Rest stammt vom Vagus her. Ueber die Ursprünge der Hirnnerven s. oben p. 403, 405.

1. *Olfactorius*, characterisirt sich anatomisch als der Riechnerv oder vielmehr als ein die Riechnerven abgebender, beim Menschen im Verhältniss zum Lobus olfactorius der Thiere sehr kleiner Hirnlappen. Bei jungen Thieren ist Durchschneidung ausführbar, wonach riechendes Fleisch nicht mehr erkannt wird, wenn es dem Blick entzogen ist (Biffi, Schiff). Constatirung der specifischen Energie durch electrische Reizung ist bisher nicht gelungen.

2. *Opticus*. Seine Durchschneidung macht Blindheit und Pupillenerweiterung und setzt ferner den Gaswechsel herab (vgl. p. 211). Seine Reizung macht nie Schmerz, sondern nur Lichtempfindung. Näheres über seine Functionen, unter welchen auch eine centrifugale, s. bei der Lehre von der Netzhaut, Cap. XII.

3. *Oculomotorius*, ferner

4. *Trochlearis*, und

6. *Abducens*, die motorischen Nerven der äusseren und inneren Augapfelmuskeln, ersterer auch für den Levator palpebrae superioris, werden beim Sehorgan besprochen; die Fasern für die inneren Augenmuskeln verlaufen vom Oculomotorius durch das Ganglion ciliare und die Nervi ciliares, welche auch die sympathischen Fasern für den Augapfel enthalten. Der Abducens bezieht durch seine Anastomose mit dem Sympathicus auch aus der Regio ciliospinalis des Rückenmarks (p. 400) Fasern.

5. *Trigeminus*, ein gemischter Nerv, der mit zwei Wurzeln, einer sensiblen (Portio major) und einer motorischen (P. minor), nach Art der Rückenmarksnerven entspringt, und bald wieder in motorische und sensible Aeste zerfällt. Die sensible Wurzel enthält ähnlich den Rückenmarksnerven ein Ganglion, das G. Gasseri.

Seine sensiblen Fasern vermitteln die Empfindung fast am ganzen Kopf und eine sehr grosse Zahl von Reflexen. Die nicht vom Trigeminus innervirten Kopfgebiete sind die vom Vagus und Glossopharyngeus versorgten Theile des Pharynx, Gaumens und der Zungenwurzel, ferner Tuba Eustachii, Paukenhöhle und ein Theil des äusseren Gehörgangs und der Ohrmuschel, die vom R. auricularis vagi innervirt werden, endlich ein Theil des Hinterhaupts, welcher von Cervicalnerven des Rückenmarks versorgt wird. Ein Theil der Trigeminusfasern scheint zu den Geschmacksnerven zu gehören (s. Cap. XII.) — Seine motorischen Fasern versorgen die Kaumuskeln (Temporalis, Masseter, Mylohyoideus und beide Pterygoidei), den Tensor tympani und Tensor palati mollis; über die Beziehung zur Iris s. Cap. XII.; endlich verlaufen in ihm vasomotorische Fasern für Conjunctiva und Iris (vermuthlich sympathischen Ursprungs). — Ferner enthält er secretorische Fasern für die Schweissdrüsen des Gesichts (Luchsinger), die Thränendrüse (p. 164) und die Speicheldrüsen. Näheres über Ursprung und Verlauf der Speichelnerven, welche vom Glossopharyngeus und Facialis stammen, s. p. 134. — Ueber die angeblichen trophischen Fasern vgl. p. 372, über das Motorischwerden des sensiblen R. lingualis p. 361. Die Durchschneidung des Trigeminus kann in der Schädelhöhle ohne erhebliche andere Verletzungen des Thieres erfolgen (Magendie).

7. *Facialis*, ein wahrscheinlich rein centrifugaler Nerv, da die ihm zugeschriebene Geschmacksfunction vielleicht nur beigemischten Fasern zukommt (vgl. Cap. XII.). Seine recurrirende Sensibilität rührt nicht bloss vom Trigeminus, sondern auch vom Vagus her.

Die motorischen Fasern versorgen vor Allem die Gesichtsmuskeln (Orbicularis palpebrarum und oris, Zygomatici, Levator alae nasi, Corrugator supercilii, Platysma, äussere Ohrmuskeln, etc.), so dass er der mimische Nerv ist. Seine Lähmung macht das Lachen, Pfeifen, Lidschluss u. s. w., bei Pferden, Kaninchen auch die respiratorische Nasenflügelbewegung unmöglich; halbseitige Lähmung verzerrt das Gesicht nach der gesunden Seite (vgl. p. 401); Ausreissen aus dem Foramen stylomastoideum bei jungen Thieren zieht eine Verkrümmung des Schädels nach der verletzten Seite nach sich (Brown-Séquard, Schauta). welche noch nicht erklärt ist. Ausserdem enthält der Nerv motorische Fasern für einige Gaumenmuskeln (besonders Levator palati), den Stylohyoideus und den hinteren Bauch des Digastricus, endlich für den Stapedius (diesen wird die zuweilen bei Facialislähmungen beobachtete Hyperästhesie des Hörapparates zugeschrieben). — Die Chorda tympani führt secretorische Fasern für die unteren Speicheldrüsen (p. 134) und gefässerweiternde für dieselben und den vorderen Zungentheil.

8. *Acusticus*; über seine Function s. das Gehörorgan.

9. *Glossopharyngeus*, ein gemischter Nerv, der indess nur wenige motorische Fasern für den Levator palati mollis, Azygos uvulae, Constrictor faucium medius und Stylopharyngeus enthält. Die übrigen Fasern sind centripetal und vermitteln theils die Tastempfindungen, zum grössten Theil aber die Geschmacksempfindungen, des weichen Gaumens und der Zungenwurzel; für letztere wirkt er auch gefässerweiternd.

10. und 11. *Vagus* und *Accessorius Willisii* bilden zusammen einen gemischten Nerven. Der äussere Ast des Accessorius ist rein motorisch und versorgt den Sternocleidomastoideus und Cucullaris, der innere, mit dem Vagus sich vereinigende bildet die centrifugale Wurzel des Vago-Accessorius, während der Vagus selbst die centripetale Wurzel darstellt (Bischoff, Longet u. A.) Ausziehen des Accessorius aus dem Gehirn lähmt sämmtliche centrifugale Wirkungen des Vagus.

Die meist schon besprochenen Wirkungen des Vagus erstrecken sich auf sehr zahlreiche Organe, und sind hier kurz zusammengestellt.

a. Circulationsapparat: Hemmungs- und nach Einigen auch Beschleunigungsfasern für das Herz; angegeben werden auch vasomotorische Fasern für die Bauchgefässe (Rossbach & Quellhorst) und für die Lungengefässe (Genzmer, Zander, bestritten von O. Frey u. A.), und gefässerweiternde Fasern für die Nieren (Bernard). Auch eine trophische Wirkung auf das Herz (fettige Entartung nach Durchschneidung, Eichhorst) wird behauptet, von Andern aber auf die Inanition wegen der Schlucklähmung zurückgeführt (Knoll). Auch die sensiblen Fasern des Herzens werden dem Vagus zugeschrieben. Regulatorische (pressorische und depressorische) Fasern für das Gefässcentrum und das Herzhemmungscentrum.

b. **Athmungsapparat:** Motorische Fasern für den Kehlkopf im Recurrens und für den Cricothyreoideus im Laryngeus superior, ferner für die Bronchialmuskeln. Sensible Fasern für Kehlkopf, Luftröhre, Lungen. Diese Fasern haben zugleich die bei der Athmung erörterte regulatorische Wirkung auf das Athmungscentrum. Die Lähmung der Kehlkopfinnervation in Verbindung mit der Schlucklähmung ist die Ursache der Lungenentzündung nach Durchschneidung beider Vagi.

c. **Verdauungsapparat und Baucheingeweide:** Motorische Fasern für den Schluckapparat (zum Theil im Recurrens) und den Magen, nach Einigen auch für den Darm und Uterus. Hemmungsfasern für die erstgenannten Apparate. Secretorische Fasern (zweifelhaft) für Magen und Nieren. Sensible Fasern (wahrscheinlich mit den vorigen identisch) für die Speichelsecretion; ferner reflectorisch hemmende Fasern für die Pancreassecretion, und die angeblich zur Zuckerbildung in der Leber in Beziehung stehenden. Zu erwähnen ist, dass sowohl Durchschneidung als centrale Reizung der Vagi zuweilen Erbrechen macht.

Die Erregbarkeit der einzelnen Vagusfasern, oder wohl richtiger ihrer Endorgane, ist verschieden; bei Reizung des peripherischen Endes tritt die Contraction der Kehlkopfmuskeln schon bei schwächerer Erregung ein, als die verlangsamende Wirkung auf das Herz (Rutherford): bei Reizung des centralen Endes ermüden die athmungsbeschleunigenden Fasern schneller als die verlangsamenden (Burkart). Die Hemmungsfasern sind zuweilen sehr ungleich auf beide Vagi vertheilt (p. 86).

12. *Hypoglossus*, der motorische Nerv für sämmtliche Zungenmuskeln, also auch für die Sprache; ferner versorgt er die meisten zum Zungenbein gehenden Muskeln. Durch seinen Ramus descendens empfängt er auch sensible Fasern aus dem 1. Cervicalnerven (Ansa hypoglossi), so dass die Zunge auch nach Durchschneidung des Trigeminus noch einen Rest von Empfindlichkeit behält.

3. Die Functionen des verlängerten Marks.

Lässt man bei einem Thiere das verlängerte Mark noch in Verbindung mit dem Rückenmark, trennt es aber vom übrigen Gehirn ab, so zeigen sich eine Reihe von Functionen, welche über die rein spinalen hinausgehen. Theils sind dies Functionen der hinteren Hirnnerven, welche im verlängerten Mark ihr nächstes Centrum haben, theils neue Functionen der vom Rückenmark abhängigen Theile.

a. **Beziehungen des verlängerten Marks zu seinen eigenen Nerven.**

Das verlängerte Mark enthält in seinem Röhrengrau die den spinalen völlig analogen Niveau- und Coordinationscentra für die von ihm selbst abgehenden hinteren Kopfnerven, also die Centra für das Kauen, Schlucken, Speichelsecretion, Stimmgeben, Husten, Niesen, Würgen, Erbrechen (vgl. jedoch p. 176), die herzhemmenden Vagusfasern, möglicherweise auch die Beschleunigungsfasern. Auch für diese gilt durchweg das beim Rückenmark Gesagte, z. B. die Erregbarkeit durch Dyspnoe und andre directe Reize (dyspnoische Pulsverlangsamung); ferner ist ein Zusammenhang der natürlichen Erregung des Herzhemmungscentrums mit der des Athmungscentrums nachgewiesen (vgl. p. 88). Das verlängerte Mark stellt sich also zunächst als ein Rückenmarksabschnitt dar, welcher wegen der wichtigen Functionen der hinteren Hirnnerven eine relativ hohe Bedeutung hat.

b. **Beziehungen des verlängerten Marks zu Rückenmarkscentren.**

1) *Das Athmungscentrum.*

Die selbstständige Athmung wird durch das verlängerte Mark unterhalten. Nach Abtrennung desselben lassen sich zwar unter günstigen Umständen noch Athembewegungen beobachten (p. 400); aber für gewöhnlich haben die spinalen Athmungscentra keine Automatie, sondern empfangen einen Antrieb von einem sehr kleinen Bezirk der Medulla oblongata. Verletzung einer beschränkten Stelle am Boden des vierten Ventrikels, dicht am Calamus scriptorius, zu beiden Seiten der Mittellinie hebt die Athmung sofort auf, und zwar nur auf der entsprechenden Seite des Thorax, wenn die Verletzung einseitig erfolgt (Flourens, Schiff u. A.). Ein medianer Schnitt ist ohne störende Wirkung (Longet), macht aber beide Hälften insofern von einander unabhängig, als nunmehr Durchschneidung und Reizung eines Vagus nur auf die gleichseitige Brusthälfte die p. 125 f. erörterten Wirkungen hat (Langendorff). Man findet freilich an der Stelle des sog. Athmungscentrums kein anatomisches Substrat in Gestalt einer Zellengruppe, sondern die Wirkung der Verletzung soll wesentlich auf der Durchschneidung des sog. Respirationsbündels des Vagus (Funiculus solitarius, p. 406) beruhen (Gierke), so dass Einige das bulbäre Athmungscentrum neuerdings ganz bestreiten und auf die Wirkung der absteigenden Vagus- und Trigeminusfasern auf das Halsmark reduciren. Indess sind die respiratorischen Wirkungen von Eingriffen auf das verlängerte Mark (Wärme und Kälte, Dyspnoe etc.) der Art, dass vor der Hand die Annahme eines Centrums nicht zu umgehen ist. Auch muss die angenommene Erregung der absteigenden Fasern von einem Centrum herstammen, da die Durchschneidung der Vagi, Trigemini etc. die Athmung nicht beseitigt (vgl. p. 123).

Die rhythmische Automatie des Athmungscentrums, sowie die Abwechselung zwischen in- und exspiratorischer Erregung sind unerklärt. Der nachgewiesene dyspnoische Athmungsreiz (p. 122 ff.) ist ein continuirlicher. Um die Rhythmik seiner Wirkung zu erklären, hat man einen Widerstand angenommen, den der Reiz erst nach einer gewissen Aufsammlung zu durchbrechen vermag (Rosenthal). Aber dies Schema genügt nicht, wenn nicht noch weitere Annahmen (Trägheit der agirenden Theilchen) hinzugefügt werden, und stellt bestenfalls nur eine der vorliegenden zahlreichen Möglichkeiten dar. Weiteres über die Physiologie des Athmungscentrums ist im 2. Capitel angegeben.

2) Das allgemeine Reflexcentrum (sog. Krampfcentrum) des verlängerten Marks.

Bei Zunahme des dyspnoischen Reizes werden, wie in der Athmungslehre erörtert ist, immer mehr Muskeln in Anspruch genommen, zunächst die accessorischen Athemmuskeln, die maulaufsperrenden Muskeln, zuletzt aber alle Muskeln des Rumpfes und Kopfes. Obgleich auch am isolirten Rückenmark die Dyspnoe allgemeine Krämpfe macht, geschieht dies bei erhaltener Oblongata schon auf viel geringere Entwicklung des Reizes, so dass man annehmen muss, dass das verlängerte Mark einen besonders erregbaren Angriffspunct für die gesammte Musculatur enthält. Man hat denselben als Krampfcentrum bezeichnet, und verlegt ihn vermuthungsweise in unmittelbare Nähe des Athmungscentrums, mit welchem er insofern grosse Analogie hat, als auch jenes einen erregbareren Angriffspunct für die Athmungscentra des Rückenmarks darstellt.

Für die Existenz jenes Centrums, welches alle Rückenmarksniveau's beherrscht und gleichsam zusammenfasst, sprechen nun noch weitere Thatsachen, namentlich die schon p. 391 angeführte, dass die Rückenmarksreflexe bei erhaltener Oblongata viel mannigfaltiger und weniger auf das Niveau beschränkt sind, als nach Abtrennung derselben, ferner die Erfolge directer, z. B. mechanischer Reizungen am Boden der Rautengrube beim Kaninchen (mehr nach vorn) und beim Frosche (hintere Hälfte), welche allgemeine Krämpfe auslösen (Nothnagel, Henbel). Der Kussmaul-Tenner'sche Versuch und die Verblutungskrämpfe beruhen auf dyspnoischer Reizung der Oblongata, wie schon p. 123 erörtert ist. Auch für manche krampfmachende Gifte, wie Picrotoxin, Nicotin, Barytsalze wird diese Stelle als Angriffspunct angesehen (Röber, Heubel, Böhm); da diese Gifte aber auch das isolirte Rückenmark erregen (Luchsinger), kann sie nur als der erregbarste und deshalb erste Angriffspunct angesehen werden.

Die Bezeichnung Krampfcentrum ist schon deshalb verfehlt, weil man Functionen nicht wesentlich aus abnormer Inanspruchnahme der Organe herleiten darf; die physiologische Bedeutung dieses Centrums ist eher die eines umfassenderen Reflexcentrums. Ebensogut könnte man die graue Substanz des Rückenmarks nach dem Erfolge abnormer und nicht mehr localisirter directer Reizung als Krampfcentrum bezeichnen.

Bei halbseitigen Verletzungen des verlängerten Marks treten sehr oft abnorme Augen- und Kopfstellungen, ferner abnorme Augenbewegungen (Nystagmus) und abnorme Locomotionen, sog. Zwangsbewegungen ein, von welchen weiter unten gesprochen wird. Sie deuten ebenfalls auf umfassende reflectorische Functionen.

3) Das Gefässcentrum.

Ausser der selbstständigen Athmung geht mit Abtrennung des verlängerten Marks vom Rückenmark auch der Arterientonus, wenigstens für einige Zeit (p. 93, 400), verloren, während er umgekehrt auf Reizung des ersteren verstärkt wird. Das in Folge dessen in der Oblongata angenommene Gefässcentrum steht zu den spinalen Gefässcentren genau in derselben Beziehung wie das Athmungs- und irrthümlich sog. Krampfcentrum zu den spinalen motorischen Centren. Beim Kaninchen beginnt es unten etwa 3 mm. oberhalb des Calamus scriptorius, seine obere Grenze, die sich weniger genau angeben lässt, entspricht dem oberen Theil der Rautengrube; das Centrum liegt bilateral ziemlich weit von der Mittellinie, in dem Theil des verlängerten Marks, der die Fortsetzung der spinalen Seitenstränge enthält; es enthält zum Theil grosse multipolare Ganglienzellen (Owsjannikow, Dittmar), und scheint dem als Seitenstrangkern bezeichneten Reste des Vorderhorns (p. 403) zu entsprechen. Die Zuckerstichstelle wird, wie schon erwähnt (p. 201), auf dies Centrum zurückgeführt, und die daselbst angeführten Thatsachen zeigen, dass die Bezirke desselben für die einzelnen Organe, z. B. Leber und Niere, räumlich getrennt sind.

Die Analogie dieses Centrums mit dem Athmungscentrum erstreckt sich aber noch viel weiter; es wird wie dieses durch Dyspnoe erregt, und geht sogar auf der Höhe der Dyspnoe in den respiratorischen Rhythmus über, es wird ferner durch regulatorische Nerven, namentlich durch im Vagus verlaufende, beherrscht

Als zweifelhafte Centra des verlängerten Marks müssen noch angeführt werden: ein Centrum für die gefässerweiternden Nerven, für die Puppillenerweiterung (dyspnoisch erregbar), und das p. 235 erwähnte hypothetische Centrum für Wärmeregulation.

Die bisher genannten Centra können also als Zusammenfassungen höherer Ordnung für sämmtliche Niveaucentra des Rückenmarks betrachtet werden, welche selber theils automatisch, theils reflectorisch in Thätigkeit treten, und auch künstlich erregbar sind.

c. Sonstige Functionen des verlängerten Marks.

Die Medulla oblongata ist, wie das Rückenmark, dessen einzige Verbindung mit dem Gehirn sie darstellt, neben seinen Centralfunctionen, Leitungsbahn. Ueber den Durchgang der Rückenmarksstränge ist das Wichtigste oben p. 402 f. angeführt; da experimentelle Angaben kaum vorliegen, so genügt es, darauf zu verweisen. Ein Blick auf die anatomischen Daten lehrt übrigens, dass die physiologische Bedeutung des bei weitem grössten Theils des verlängerten Marks, sowohl seiner weissen, wie seiner grauen Substanz (Oliven, Nebenoliven, Nucl. funic. gracilis und cuneati etc.), noch gänzlich unbekannt ist.

4. Die Functionen des Mittel- und Kleinhirns.

Die Functionen des Mittel- und Kleinhirns lassen sich nur sehr ungenau, und mehr auf Grund anatomischer Betrachtungen als auf Grund von Versuchen angeben. Unsre Versuchsmittel sind im Vergleich zu der Feinheit und Complicirtheit der Organe unverhältnissmässig grob, so dass man die Hirnversuche sehr treffend mit dem Zergliedern einer Taschenuhr durch Pistolenschüsse verglichen hat (Ludwig). Schnitt, Stich, Reizmittel treffen die heterogensten, dicht zusammengedrängten Apparate, und man weiss nicht, auf welche der

Erfolg zu beziehen ist; auch ist meist schwer zu entscheiden, ob letzterer auf Lähmung oder Reizung beruht. Als förderndstes Verfahren hat sich noch die stufenweise fortschreitende Exstirpation erwiesen, obwohl auch sie stets mit reizenden und lähmenden Fernewirkungen auf andere Organe verbunden ist, und daher nie ein ganz reines Experiment darstellt.

Der einfachste Versuch, um die allgemeine Bedeutung des Mittel- und Kleinhirns zu ermitteln, besteht in der Vergleichung des Verhaltens zweier Thiere, deren einem nur die Medulla oblongata in Verbindung mit dem Rückenmark belassen ist, während das andere noch Mittel- und Kleinhirn besitzt, indem nur das Grosshirn exstirpirt ist. Dieser Versuch lässt sich am besten beim Frosch anstellen, und lehrt (Goltz), dass das letztere Thier noch zu höchst complicirten Locomotionen befähigt ist, welche dem ersteren fehlen. Ein Frosch mit erhaltenem Mittel- und Kleinhirn wehrt sich z. B. beim Schiefstellen seiner Unterlage geschickt so lange wie möglich gegen das Herabgleiten, behauptet, wenn man ihn auf eine langsam rotirende Walze setzt, die Stellung obenauf, reagirt auf passive Rotationen mit Gegenbewegungen (s. unten), u. dgl. m.

Für Beziehungen zur Locomotion sprechen nun auch die Folgen einseitiger Verletzungen im Bereich des Kleinhirns und seiner Verbindungsstränge, sowie der Brücke, Hirnschenkel, Sehhügel, Streifenhügel u. s. w.. nämlich die Zwangsbewegungen; es sind dies zwangmässige Kreisbewegungen, bald in der Peripherie eines Kreises (Reitbahn- oder Manégebewegung), bald Rotation um die Axe des Thieres (Roll- oder Wälzbewegung). Eine seltenere Abart ist die Zeigerbewegung, ein Reitbahngang, bei welchem der Hinterkörper an der Fortbewegung nicht Theil nimmt. Die Richtung der Bewegung ist bald nach der verletzten, bald nach der entgegengesetzten Seite, je nach dem Orte der Verletzung.

Für die Erklärung der Zwangsbewegungen ist es sehr wichtig, dass ganz gleiche Bewegungen sich auch ohne Hirnverletzung hervorrufen lassen, und zwar als höchste Entwicklung des sogenannten Drehschwindels, der auch beim Menschen als Wirkung passiver Rotationen auftritt, bei Thieren aber experimentell viel weiter getrieben werden kann (Purkinje, Breuer, Tomaszewicz). Während der Rotation bleiben die Augäpfel immer etwas zurück. und rücken in Zuckungen nach (sog. Nystagmus); die Aussenwelt dreht sich scheinbar entgegengesetzt; wird nur die Unterlage eines Thieres in Drehung versetzt, so sucht dasselbe durch entgegengesetzte active Bewegung zurückzubleiben, welche zu krampfhafter Rotation ausarten kann. Unmittelbar nach Aufhören der Rotation entsteht beim Menschen die Täuschung, als ob die Aussenwelt sich drehte oder er selbst in entgegengesetzter Richtung als vorher in Rotation versetzt würde, und er sucht sich gegen dieselbe durch Gegendrängen (in ursprünglicher Drehrichtung) festzuhalten; bei Thieren nach raschen und anhaltenden Rotationen artet letzteres in eine vollkommene Zwangsbewegung, Rollen in der früheren Drehrichtung, aus. Fällt die Axe der passiven Drehung nicht mit der Körperaxe zusammen (z. B. Carousseldrehung, Ueberkugelungsdrehung etc.), so ändert sich entsprechend auch die Axe der reactiven Drehung. Die Zwangsbewegung tritt also hier als Reaction auf Schwindelempfindung, resp. (da die Wegnahme des Seelenorgans nichts ändert) auf die sie hervorrufenden centripetalen Einwirkungen auf. Eine zweite Art, Schwindel und Zwangsbewegung hervorzurufen, ist die Durchleitung galvanischer Ströme quer durch den Kopf (Purkinje, Hitzig u. A.). Beim Menschen tritt hierbei scheinbare Drehung der Aussenwelt von der Anode, über oben, nach der Cathode ein, entsprechender Nystagmus (s. oben) und Gegendrängen (der Kopf wird nach der Anodenseite geneigt); bei starken Strömen am Thiere wird wiederum das Gegendrängen zur Zwangsbewegung (Wälzen von der Cathode, über oben, nach der Anode). Wird nach längerem Schluss geöffnet, so treten die entgegengesetzten Erscheinungen auf.

Die Zwangsbewegungen sind hiernach Erscheinungen von Reizung gewisser Vorrichtungen, sei es auf centripetalem Wege, z. B. durch Drehung, sei es direct durch Verletzung oder galvanische Durchströmung. Da im wirklichen Leben nichts Aehnliches vorkommt, so müssen sie als abnorme Reactionen in Folge abnormer, übertriebener Reize betrachtet werden. Es ist schwer, aus diesen unnatürlichen Erscheinungen einen Schluss auf die normalen Functionen jener Apparate zu ziehen. Am nächsten liegt es sich zu erinnern, dass die Gangbewegung unbewusst geschieht (sie ist daher auch bei Tauben, deren Grosshirn exstirpirt ist, noch möglich) und dass von dem in Gedanken versunkenen gehenden Menschen nicht allein verwickelte Wege in einer Stadt richtig zurückgelegt werden, sondern der Gehende auch unzähligen Hindernissen, begegnenden Menschen und Fuhrwerken, unbewusst ausweicht, Straucheln über Unebenheiten des Bodens geschickt vermeidet, Treppen ersteigt u. s. w. Es müssen also ohne Zuthun der Seele arbeitende höchst verwickelte Apparate im Gehirn vorhanden sein, welche im Wesentlichen als reflectorische zu bezeichnen sind, da die Bewegungen durch Eindrücke aller Art, namentlich die Tasteindrücke der Sohlen, den Inhalt des Gesichtsfeldes, vielleicht auch Schall, auf das Feinste dirigirt werden. Jedem gegebenen Tast- oder Gesichtsbild werden bestimmte locomotorische Reactionen entsprechen müssen, und die Zwangsbewegungen beim Drehschwindel sind nur ein einzelner höchst ungewöhnlicher Fall derselben, welcher nun auch durch directe unsymmetrische Reizungen im Gebiete jener Apparate zu Stande kommen kann. Bei erhaltenem Bewusstsein werden die Thiere während der operativen Zwangsbewegung vermuthlich auch die entsprechenden Schwindelempfindungen haben.

Fast zweifellos enthält das Mittelhirn auch analoge Apparate für andre complicirte Bewegungen ausser der Locomotion. Nachgewiesen ist dies bisher nur für die Augenbewegungen (s. unten), welche zugleich durch ihre Beziehung zur Raumorientirung (s. Cap. XII.) für die Locomotion eine massgebende Bedeutung haben, was auch durch die oben erwähnten nystagmischen Erscheinungen angedeutet wird. Aber man darf es ausserdem vermuthen für die mannigfachen Verrichtungen der Arme und Hände; hier kann das Experiment Nichts lehren, weil bei Thieren die vordere Extremität nur locomotorische Bedeutung hat. Aber da z. B. Beziehungen des Kleinhirns zum Flugvermögen der Vögel, also einer Action der vorderen Extremität, erwiesen sind, wird man beim Menschen auf Beziehungen zu den Händen schliessen dürfen. Auch an die Innervation der Kehlkopf- und Zungenbewegungen bei Stimme und Sprache, deren Erscheinungen ebenfalls bei Thieren ziemlich fehlen müssen, wird zu denken sein.

Wie die Medulla oblongata für die hinteren Hirnnerven, so enthält das Mittelhirn für die vorderen auch die directen Niveaucentra, z. B. für die Augennerven.

Gegenüber den ebenfalls schon zusammenfassenden Reflexapparaten der Medulla oblongata zeichnen sich die des Mittelhirns durch das Hinzukommen der Einwirkungen höherer Sinnesnerven aus, und diese stehen, wie eben erwähnt zu vielen Leistungen des Mittelhirns in inniger Beziehung. Ferner sind an diesen Organen auch Hemmungswirkungen auf die Rückenmarksapparate nachgewiesen, und es ist ziemlich verständlich, dass der Apparat höherer Ordnung über diejenigen niederer Ordnung nicht nur positiv, sondern auch negativ zu disponiren haben muss.

Speciellere Daten über die Wirkungen der einzelnen Theile des Mittel- und Kleinhirns existiren nur in geringer Zahl und Sicherheit. Die Vierhügel, welche einerseits mit dem Opticus, andrerseits mit dem Oculomotoriuskern communiciren, kennzeichnen sich anatomisch, und auch experimentell, als ein Hauptreflexheerd zwischen der Netzhaut und den inneren und äusseren Muskeln des Auges. Nach Zerstörung derselben hört die reflectorische Pupillenverengerung auf; bei Reizung verengt sich die Pupille der gegenüberliegenden, nach Andern beider Seiten (Flourens, Longet, Budge), nach neueren Angaben (Knoll) sollen diese Erfolge nur eintreten, wenn der Tractus opticus getroffen wird, die Vierhügel wären hiernach nicht Centra des Irisreflexes; wohl aber soll sich bei Reizung des vorderen Vierhügels die gleichseitige Pupille erweitern, so lange der Halssympathicus erhalten ist, also das Centrum ciliospinale erregt werden. Reizung des vorderen Vierhügels bewirkt ferner Drehung beider Augäpfel nach der entgegengesetzten Seite (Adamük). An dem ebenfalls mit dem Opticus communicirenden Sehhügel lässt sich ohne die gröbsten Verletzungen anderer Hirntheile nicht experimentiren. Da seine Verletzung Zwangsbewegungen macht, so vermuthet man, dass er den Einfluss des Sehorgans auf die coordinirten Locomotionen vermittle (s. oben). Tauben, denen das Grosshirn mit Schonung der Sehhügel exstirpirt ist, folgen einem im Kreis bewegten Lichte mit dem Kopfe (Longet). Die innige Verbindung des Sehhügels mit der Grosshirnrinde deutet ausserdem auf Functionen für die bewussten Sehwahrnehmungen hin.

Bei niederen Wirbelthieren sind die Vierhügel zu den Lobi optici entwickelt, deren reflexhemmende Wirkung auf das Rückenmark p. 394 und 398 erwähnt ist. Dass diese Organe regulatorische Beziehungen zu tieferen Centren haben, scheint sich auch darin zu bestätigen, dass beim Kaninchen Reizung bestimmter Theile der vorderen Vierhügel und der Sehhügel auf die Athmung verändernd einwirken (Christiani).

Ueber die physiologische Stellung und Function der zahlreichen grauen Einlagerungen der Brücke ist nicht das Mindeste bekannt. Hier mag auch erwähnt werden, dass der Hirnanhang und die Zirbeldrüse keine nervösen Organe sind, und ihre Bedeutung unbekannt ist.

Ueber Linsenkern und Streifenhügel s. unter Grosshirn.

Dem Kleinhirn wurden früher ohne genügende Begründung

p'sychische Functionen, z. B. der Geschlechtstrieb (Gall), zugeschrieben. Die pathologischen Thatsachen und die Resultate der Exstirpation sprechen am meisten dafür, dass es ähnlich den oben besprochenen Theilen ein grosses coordinatorisches Centralorgan für geordnete Locomotion enthalte (Flourens, Longet, R. Wagner). Unbeholfenheit der Bewegungen, häufiges Fallen, bei Vögeln Unfähigkeit zu fliegen, sind die Folgen seiner Erkrankung oder Wegnahme. Nach Anderen (Schiff) ist das Kleinhirn für geordnete Muskelwirkung überhaupt, und nicht bloss für Locomotion, erforderlich. Manche nehmen, wegen der anatomischen Beziehungen des Acusticus zum Kleinhirn an, dass dieser Nerv hier eine analoge Rolle spiele, wie der Opticus für die Coordinationsapparate des Mittelhirns; besonders wegen angeblicher Beziehungen des Acusticus zu den Bewegungsempfindungen (Cap. XII.) hält man dies für wahrscheinlich. Taubheit ist bei Fehlen des Kleinhirns nicht vorhanden Bei einseitigen Kleinhirnerkrankungen scheinen die Bewegungsstörungen hauptsächlich die entgegengesetzte Körperhälfte zu betreffen. Nach einer neueren Angabe (Luciani) gehen die Bewegungsstörungen nach Kleinhirnexstirpation allmählich stark zurück, und es treten Ernährungsstörungen, Entzündungen, Eiterungen u. dgl. in den Vordergrund. Reizungen des Kleinhirns bewirken nach den meisten Autoren weder Bewegungen noch anscheinend Schmerzen; jedoch werden von Anderen Bewegungen verschiedener Art als Wirkung der Reizung angegeben.

Ueber die Leitung im Mittelhirn, welches die Verbindung zwischen Grosshirn und Medulla oblongata herstellt, ist experimentell nichts festgestellt, und die auf die anatomischen Data (p. 405) gegründeten Vermuthungen zu unsicherer Natur, um hier angeführt zu werden.

5. Die Functionen des Grosshirns.

a. Allgemeine Bedeutung und morphologische Stellung.

Das Grosshirn stellt sich sowohl durch sein relativ spätes Auftreten in der Thierreihe als auch durch seine späte Entwicklung im embryonalen Leben als das höchste nervöse Gebilde des Organismus dar. Noch mehr drängt sich dies auf, wenn man die graue Masse für sich betrachtet, in welcher die centralen Functionen des Grosshirns ihren Sitz haben müssen. Schon dies deutet darauf, dass das Grosshirn das Organ der höchsten nervösen Function, nämlich der Seelenthätigkeit, ist.

Bei den niederen Wirbelthieren, und bei allen im ersten Embryonalstadium (Cap. XIV.), stellt das Grosshirn eine paarige Ausstülpung der vorderen Hirnblase (3. Ventrikel) dar, welche das übrige Gehirn an Mächtigkeit kaum übertrifft. Bei den Reptilien und Vögeln gewinnt es eine stärkere Ausbildung, wie sich namentlich durch Vergleichung mit dem der Körpermasse ungefähr proportional bleibenden Mittelhirn (Vier- und Sehhügel) ergiebt, und beginnt letzteres zu überwachsen. Bei den Säugethieren setzt sich dieser Vorgang fort, und es entwickeln sich nun die Commissurensysteme des Balkens (den Monotremen und Marsupialien noch fehlend) und des Gewölbes. Ferner knickt sich das Gehirn gegen das Rückenmark nach vorn um. Vor Allem aber nimmt die relative Menge der grauen Substanz, sowohl in den Hirnganglien (Streifenhügel und Linsenkern), als namentlich in der Rinde mächtig zu, indem letztere durch Faltung zu Furchen und Windungen mehr Oberfläche, und dadurch mehr Raum für graue Rindensubstanz gewinnt. Unter den Furchen ist die Fossa Sylvii, welche seitlich und unten den Schläfenlappen vom Stirnlappen trennt, die constanteste, bei vielen Säugethieren (Mus, Talpa, Sorex, Chiropteren) ist sie die einzige; andere (Lepus, Cavia, Castor etc.) zeigen ausserdem einige longitudinale Furchen und Gyri an der Convexität. Auf einer höheren Stufe (Canis) wird die Fossa Sylvii von drei concentrischen Furchen umzogen und dadurch vier Urwindungen (vgl. unten Fig. 77) gebildet; zugleich tritt am Vorderhirn eine quere Furche auf, die von der oberen Längsspalte ausgeht (Fossa Rolandi oder Sulcus cruciatus, s. d. Fig.) und von der vierten Urwindung umbogen wird. Bei vielen anderen windungsreicheren Säugethierhirnen sind die Urwindungen schwerer zu erkennen. Auf die complicirten Windungen des menschlichen Gehirns und ihre Benennung kann hier nicht eingegangen werden. Die höchste Entwicklung erreicht das Grosshirn bei den anthropoiden Affen und namentlich beim Menschen, sowohl durch Gewicht und Windungsreichthum, wie namentlich durch die Entwicklung eines das Kleinhirn völlig bedeckenden Hinterhauptslappens.

Auch noch innerhalb des Menschengeschlechts lässt sich eine Zunahme des relativen Grosshirngewichts und des Windungsreichthums bei den fortgeschritteneren Rassen nachweisen, welche sich zugleich in der Schädelentwicklung ausspricht. Der Schädel kann nicht allein hinsichtlich des Volums seiner Höhle, sondern auch durch die Ausbildung der Stirn nach Höhe, Breite und Vorwölbung im Vergleich zum Kiefergerüst einen Anhalt für die Entwicklung des Grosshirns liefern; ein Mass für die Stirnentwicklung liefert der Camper'sche Gesichtswinkel, gebildet von einer durch den hervorragendsten Punct der Stirn und die Oberkieferfuge, und einer anderen durch die Schädelbasis gezogenen Linie. Je spitzer dieser Winkel, um so thierähnlicher ist das menschliche Gesicht.

Das Verhältniss des Hirngewichts zum Körpergewicht ergiebt sich aus folgender Zusammenstellung (nach Exner u. A.):

Thunfisch	1 : 37440	Zeisig	1 : 231
Wels	1837	Adler	160
Elephant	500	Taube	104
Salamander	380	Ratte	82
Schaf	351	Gibbon	48

Mensch 1 : 23—47, nach Andern 1 : 35—60.

Das absolute Hirngewicht des Menschen (wovon etwa $7/8$ auf das Grosshirn zu rechnen sind) beträgt im Mittel in grm.:

	Huschke	Davis
bei Deutschen	1416	1425
„ Engländern	1435	1346
„ Franzosen	1323	1280

Die Körpergrösse hat einen deutlichen Einfluss, der wohl auch in den vorstehenden Zahlen sich geltend macht. So haben auch manche Thiere ein absolut schwereres Gehirn als der Mensch, z. B.:

Wal......... 2660 grm.
Elephant..... 4500 „

während das relative Gewicht bei ihnen sehr unbedeutend ist (s. oben). Beim Pferde beträgt das Hirngewicht weniger als 1000 grm., obgleich seine Hirnnerven fast 10 Mal so dick sind wie die menschlichen.

Der Camper'sche Gesichtswinkel beträgt
  bei Affen bis 35° (im Jugendzustand wegen unentwickelter Kiefer 60°)
  beim Menschen 75—85°, bei einigen Südafrikanern herab bis 64°.

Weniger sicher ist die Angabe, dass auch bei gleicher Rasse das relative oder absolute Gewicht des Gehirns oder Grosshirns, sowie dessen Windungsreichthum der Intelligenz proportional sei. Neben einer Anzahl Fälle, in welchen an Gehirnen hervorragender Männer diese Regel sich zu bestätigen scheint, sind andere bekannt, welche ihr widersprechen.

Weit über den Mittelwerth lag das Gewicht der Gehirne von

Cuvier......... mit 1861 grm.
Byron......... „ 1807 „ (nach Andern 2238 grm.)
Dirichlet...... „ 1520 „
Fuchs......... „ 1499 „
Gauss......... „ 1492 „

b. **Pathologische und experimentelle Daten über die Function des Grosshirns.**

1. Bei angeborener Kleinheit (Microcephalie), Wachsthumshemmung (Cretinismus), Entartung der Grosshirnhemisphären (Hydrocephalus etc.) findet sich eine entsprechende Verminderung der höheren Seelenthätigkeiten (Blödsinn).

2. Verletzungen, Compressionen, Erkrankungen des Grosshirns sind fast immer mit Bewusstlosigkeit, Benommenheit, Schlafsucht oder psychischer Aufregung verbunden.

3. Abtragung der Grosshirnhemisphären (am besten bei Amphibien und Vögeln gelingend) bringt einen schlafähnlichen Zustand hervor, in welchem alle willkürlichen Bewegungen fehlen. Jedoch bestehen noch Reactionen gegen Sinneseindrücke; nur sind dieselben von einer vorauszuberechnenden Regelmässigkeit. Bei schichtweiser Abtragung soll eine allmähliche Abnahme aller Seelenfunctionen eintreten (Flourens).

Diese Thatsachen beweisen, dass das Grosshirn das Seelenorgan ist.

c. **Die Localisirung der Grosshirnfunctionen.**

1) Pathologische Erfahrungen.

Einen einzelnen Punct des Grosshirns als Sitz des Bewusstseins anzunehmen ist unmöglich, weil man so ziemlich für jeden Theil Fälle kennt, in welchen derselbe zerstört war oder fehlte, ohne dass das Bewusstsein dauernd mangelte. Locale Hirnläsionen bewirken jedoch immer nur Trennung bestimmter Körperregionen von dem Zusammenhang mit der Seele, während das Bewusstsein selbst nach Zerstörung einer ganzen Hemisphäre noch bestehen kann. Leider besitzt man für den Menschen keine sicheren Erfahrungen darüber, ob nach solchen Zerstörungen ein Theil der Erinnerungsbilder ausgelöscht ist, und welcher Zusammenhang zwischen dem Ort der Zerstörung und der Schädigung der Erinnerung eventuell besteht.

Die einzige, noch sehr dunkle Thatsache dieser Art ist die Aphasie, d. h. ein Verlust der Erinnerung an einzelne Worte, welcher das Sprechen behindert; dieser Zustand tritt auf bei pathologischen Veränderungen in einer bestimmten Gegend des Vorderhirns, nämlich der Insel (dem in der Tiefe der Fossa Sylvii gelegenen Rindentheil, zu welchem man gelangt wenn man den zwischen beide Aeste der Fossa herabragenden sog. Klappdeckel in die Höhe hebt), und der zwischen ihr und dem Linsenkern liegenden grauen Platte, der Vormauer.

Die meisten Fälle der Aphasie betreffen Läsionen der linken Hemisphäre (mit rechtsseitiger Rumpflähmung combinirt). Man hat daraus, mit Widerstreben, geschlossen, dass das sog. Sprachcentrum unsymmetrisch, unilateral sei; indess kommen auch Fälle von Aphasie mit rechtsseitiger Läsion vor (Bouillaud), und die grössere Häufigkeit der anderen wird auf circulatorische Verhältnisse bezogen. Auch ist vermuthet worden, dass von den beiden symmetrischen Sprachcentren für gewöhnlich nur das linke zu voller Ausbildung erzogen sei, etwa wie von beiden Händen nur die rechte; und man hat dies sogar mit dem rechtshändigen Schreiben in Verbindung bringen wollen (Bouillaud).

Der bei weitem häufigste Fall localisirter Störungen ist der einer Blutung in die Substanz einer Grosshirnhemisphäre (Schlagfluss, Apoplexie). Nach vorübergehender Bewusstlosigkeit bleibt eine auf die der verletzten Hemisphäre gegenüberliegende Körperhälfte beschränkte Lähmung des Empfindungsvermögens und des Willenseinflusses zurück (Hemiplegie), welche sich weiterhin immer mehr auf einzelne Gebiete beschränkt, und schliesslich ganz verschwinden kann. Diese Erfahrung beweist, dass die Seele mit bestimmten Regionen des Körpers mittels bestimmter Fasern communicirt. Die nächste Frage ist nun, ob eine Gruppe solcher Fasern aus einem bestimmten Gebiete der Hirnrinde entspringt oder aus sehr verschiedenen, ja aus allen Theilen derselben.

2) Reizversuche.

In ein neues Stadium ist die vorliegende Frage getreten, als es gelang, experimentell durch Reizung bestimmter Puncte der Grosshirnrinde localisirte Erfolge am Körper zu erlangen (Fritsch & Hitzig, Ferrier), während früher allgemein Unerregbarkeit des Grosshirns für allgemeine Nervenreize behauptet worden war. Fast bei allen untersuchten Thieren gelingt es, durch electrische Reizung bestimmter Puncte des Vorderhirns, bestimmte Muskelgruppen der gegenüberliegenden Körperhälfte zur Contraction zu bringen. Beim Hunde liegen die betr. Puncte in dem sog. Gyrus sigmoideus, einem sich um den Sulcus cruciatus herumbiegenden Theile der 4. Urwindung. Beim Affen und vermuthlich auch beim Menschen (für den bisher ein Fall von Reizversuchen vorliegt, Sciamanna) liegen sie am

Scheitellappen. Vgl. unten Fig. 76—79, wo auch die speciellere Lage der einzelnen Hitzig'schen Bezirke mit C—J angegeben ist. Reizung weiter hinten gelegener Bezirke macht nie Bewegungen. Für die Deutung (s. unten) ist sehr wichtig, dass die Reizversuche auch nach Exstirpation der betreffenden Rindenpartien noch gelingen, wenn die Electroden in die Tiefe versenkt werden (H. Braun, Hermann, Couty), und zwar anscheinend bei geringeren Stromstärken, als von der Rinde aus (Vulpian).

Von anderen als electrischen Reizen sind zwar Wirkungen behauptet, aber durchaus nicht allgemein anerkannt. Die Wirksamkeit chemischer Reize (Eulenburg & Landois) konnte Verf. nie sehen; diejenige mechanischer Reize (Couty, Luciani) wird ebenfalls bestritten (Vulpian).

Dass an neugeborenen Thieren die Reizung der Rinde erfolglos sei, während tiefere Reizung wirkt (Soltmann), wird neuerdings in Abrede gestellt (Marcacci).

Neuerdings sind auch circulatorische und intestinale Wirkungen von Reizungen und Exstirpationen an der Hirnrinde behauptet worden, besonders Pulsveränderungen (Schiff), Aenderungen der Gefässweite und Hauttemperatur (Eulenburg & Landois, Hitzig, von Andern bestritten), Bewegungen der Eingeweide (Bochefontaine), Schluck- und Stimmbewegungen (H. Krause), Secretionen (Lépine), Blutungen (Schiff, Albertoni) u. s. w. Bei Reizung gewisser Rindenstellen sind auch Zwangsbewegungen beobachtet (Nothnagel), und möglicherweise gehört hierher auch die durch Cysticerken der Hirnrinde bedingte Drehkrankheit der Schafe.

Dass die Wirkungen der Reizung in allen Fällen gekreuzt sind, wird von Einigen bestritten, sie betreffen zuweilen beide Seiten (Exner, Couty).

Bei übermässiger Reizung der motorischen Zone treten anhaltende epileptiforme Convulsionen auf, bei Hunden und Katzen leichter als bei Kaninchen. Sie betreffen bei schwacher Entwicklung nur die Muskelgruppen des gereizten Bezirks, bei stärkerer auch angrenzende Gruppen und selbst den ganzen Körper; sie bestehen in einem tetanischen Krampf, der in clonische Zuckungen übergeht; das Thier ist nachher psychisch aufgeregt oder somnolent. Der Anfall kann sich spontan wiederholen. Ob Exstirpation des gereizten Rindenbezirks während des Anfalls den letzteren beseitigt, ist streitig, ebenso ob nach Entfernung der Rinde auch Reizung der unter ihr liegenden Markregionen epileptische Anfälle machen kann.

Weitere Angaben über die Reizversuche s. unten sub 4).

3) Exstirpationsversuche.

Ein anderes Experimentirmittel dieses Gebietes sind die nach dem Gelingen der Reizversuche alsbald ausgeführten Exstirpationen und Eliminationen einzelner Rindentheile, durch Ausschneiden (Hitzig, H. Munk), ätzende Injectionen (Fournié u. A.), Wegspülen mit Wasser (Goltz). Die ersten solchen Versuche beschränkten sich auf die motorischen Bezirke des Vorderhirns und ergaben Störungen in der geschickten Benutzung des betr. Gliedes, welche auf Schädigung des Muskelsinns oder auch der Willensenergie bezogen wurden (Hitzig, Nothnagel). Später zeigten sich bei solchen Versuchen auch Sensibilitätsstörungen der Haut (Hermann & Borosnyai, Goltz), und nach ausgedehnteren Exstirpationen mangelhafte Perception der Gegenstände durch Gefühl und Gesichtssinn, verbunden mit Verminderung der Intelligenz (Goltz). Diesen Beobachtungen wurde endlich noch hinzugefügt, dass es besondere, mehr nach hinten gelegene Rindenbezirke sind, deren Exstirpation die höhere Sinnesperception schädigt, während Exstirpation in den vorderen Partien die Motilität und gleichzeitig die sensible Wahrnehmung derjenigen Glieder schädigt, in welchen Reizung der gleichen Bezirke Bewegungen hervorruft (Hitzig, Munk) Alle den Exstirpationen folgenden Störungen gehen allmählich wieder zurück, und können vollständig verschwinden, wenn die Läsion nicht zu umfangreich war.

Auf Grund dieser Versuche wird angenommen (Munk), dass die graue Hirnrinde regionenweise mit den einzelnen Abschnitten der sensiblen und motorischen Peripherie zusammenhängt, und zwar speciell der Hinterhauptslappen mit der Netzhaut, der Schläfenlappen mit der Acusticus-Ausbreitung. Weiter nach vorn liegen zunächst die Regionen für die sensiblen und motorischen Gebilde des Auges und Ohres, dann für die übrigen Kopfgebiete, für die Extremitäten, und am weitesten nach vorn für den Rumpf; die letztgenannten fallen mit den Hitzig'schen Reizbezirken zusammen."[*]

Als Riechregion wird auf Grund des Sectionsbefundes an einem

---

[*] Der Ausdruck „psychomotorische Centra" für diese Bezirke ist, abgesehen von der Hypothese welche er einschliesst, namentlich deshalb zu verwerfen, weil er bedeutet „die Seele bewegende Centra"; ausserdem ist er eine Vox hybrida.

riechunfähigen Hunde der Gyrus hyppocampi angenommen. Die nachstehenden Figuren 76—79 (nach Munk's Angaben) verdeutlichen diese Topographie schematisch für den Hund und den Affen.

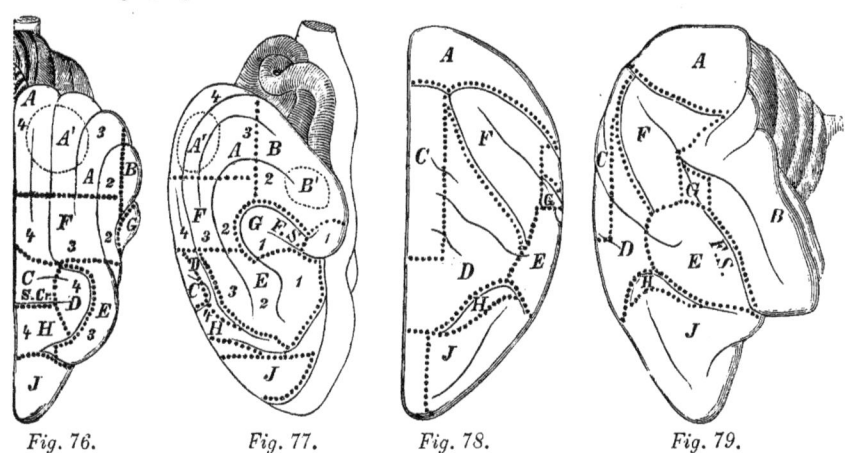

Fig. 76.   *Fig. 77.*   *Fig. 78.*   *Fig. 79.*

Fig 76 und 77 Hundegehirn; Fig. 78, 79 Affengehirn; Fig. 76, 78 linke Scheitelansicht; Fig. 77, 79 Seitenansicht von links. — *F. S.* Fossa Sylvii. *S. Cr.* Sulcus cruciatus. *C D H* Gyrus sigmoideus. 1, 2, 3. 4 erste bis vierte Urwindung. — *A* Sehregion. *B* Hörregion. *C* Region für das Vorderbein, *D* für das Hinterbein, *E* für den Kopf, *F* für das Auge, *G* für das Ohr, *H* für den Nacken, *J* für den Rumpf.

Das Verhalten eines Thieres mit Defecten der Sehregion, resp. Hörregion soll so sein, dass ihm eine Anzahl optischer, resp. acustischer Erinnerungsbilder verloren gegangen seien, so dass es Personen, Gegenstände, Rufe, die ihm früher wohlbekannt waren, nicht mehr kennt (Munk); die gleiche Beobachtung war schon früher nach umfassenderen Rindenläsionen gemacht worden (Goltz). Den stärksten Verlust an Erinnerungsbildern macht beim Hunde die Zerstörung der mit A', resp. B' bezeichneten Stellen, von denen erstere der Projection der Stelle des schärfsten Sehens entsprechen soll (Munk, s. unten). Während alle Exstirpationswirkungen nur die gegenüberliegende Körperhälfte betreffen, steht die Sehsphäre (beim Hunde) auch zu der gleichzeitigen Netzhaut in Beziehung. In der Hörsphäre sollen die Seelenorgane für die Tonhöhen scalenartig von vorn nach hinten angeordnet sein, die für die tiefsten Töne vorn.

Brauchbare Exstirpationsversuche am Streifenhügel und Linsenkern (p. 410) existiren bisher nicht. Ob ihre Reizung motorische Erfolge habe, ist streitig.

4) Folgerungen, betreffend die Localisationsfrage.

Unzweifelhaft scheint durch die erwähnten Versuche festgestellt, dass im Grosshirn die motorische und sensible Peripherie localisirte

Vertretung findet, in einer den Oberflächenbezirken entsprechenden Vertheilung. Weiterer Untersuchung aber bedarf es, ob diese Vertheilung der grauen Rinde selbst angehört.

Die Reizversuche beweisen hierfür an sich Nichts, solange nur electrische Reizung wirksam ist, da diese auch tiefere Gebilde treffen kann, zumal auch nach Entfernung der Rinde noch der Erfolg eintritt (pag. 429). Beweisender ist der Umstand, dass die Zeit zwischen Reizung und Bewegung grösser ist, wenn die Rinde, als wenn die unterliegenden Markmassen oder das Rückenmark gereizt werden (Frank & Pitres, Krawzoff & Langendorff, Bubnoff & Heidenhain), und ferner dass durch narcotische Mittel die Rindenreizung erfolglos wird, aber nicht die Markreizung (Bubnoff & Heidenhain): Hiernach wäre anzunehmen, dass die Oberflächenreizung zellige Elemente betrifft, deren Erregung Zeit braucht, und welche durch Narcotica gelähmt werden. Hierfür spricht auch, dass, wie bei der Rückenmarkreizung (p. 388), die Wirkungen bei wiederholter Reizung sich summiren, was freilich auch auf den tieferen eingeschalteten Ganglienzellen beruhen könnte. Immerhin bleibt noch die Möglichkeit bestehen, dass die Unterschiede der Rinden- und Markreizung darauf beruhen, dass die Marksubstanz durch Blosslegung und den Einfluss der Querschnitte in eine abnorme Erregbarkeit geräth, und dadurch auch die weiterhin eingeschalteten Zellen ihre Eigenschaften ändern. Die Ableitung der motorischen Erfolge aus Reflexen von der Rinde aus (Schiff u. A.) wird dadurch unwahrscheinlich, dass Reizung der sensuellen Bezirke des Hinterhirns nie motorische Wirkungen auslöst.

Auch die nach Exstirpationen beobachteten Defecte könnten darauf beruhen, dass die Operation auf tiefere Gebilde vorübergehend schädlich und lähmend wirkt, wofür namentlich spricht, dass fast alle Exstirpationswirkungen vergänglich sind. Die Annahme, dass dies auf Wiederherstellung vorübergehend geschädigter Nachbartheile beruhe, ist wahrscheinlicher, als die, dass andere Theile die Function der verloren gegangenen vicariirend übernehmen. Grosse Vorsicht in den die Rinde selbst betreffenden Schlüssen ist namentlich deshalb geboten, weil es a priori nicht wahrscheinlich ist, dass im eigentlichen Seelenorgan noch eine so grobe räumliche Vertheilung nach Körperelementen vorhanden ist, da alle Vorstellungen und Begriffe verwickelte Ableitungen aus den unmittelbaren Wahrnehmungen sind, welche von der zufälligen Lage des Objects zur Sinnesfläche unabhängig sind. Am wenigsten begreiflich wäre es, wenn die Sehsphäre nichts Anderes wäre als eine Projection der Netzhautelemente nach deren räumlicher Anordnung (Munk). Die optischen Erinnerungsbilder sind gewonnen, während der Gegenstand sich Tausende von Malen, stets in anderer Projection und Lage, auf der Netzhaut abbildete, ihre Deposita im Seelenorgan können also, sollte man meinen, Nichts mit einer festliegenden Projection der Netzhaut in letzterem zu thun haben. Man ist in Gefahr sich auf Grund der gewonnenen Thatsachen eine voreilige und viel zu rohe Vorstellung von der Anordnung der Rindenelemente zu bilden, während die Versuche vielleicht nur über die aus sehr verschiedenen Rindenpuncten gesammelten, in die Markmasse übergehenden Faserstränge, welche nach Körperregionen geordnet sind, etwas aussagen. So werthvoll also die Ergebnisse für die Topographie der Grosshirnfunctionen nach der Fläche oder, wie man auch sagen kann, nach Sectoren des Stabkranzes sind, so unsicher erscheinen sie zunächst bezüglich der Topographie nach der Tiefe. Nimmt man an, dass die Reizversuche eine Localisation nach Körperregionen für die Rinde beweisen, so ist doch davor zu warnen, diese Topographie auf die ganze Dicke der Rinde auszudehnen. Wenn wirklich vielleicht die tiefsten, mit den Stabkranzfasern unmittelbar communicirenden Schichten noch diese regionale Beziehung haben, oder die Stabkranzfasern noch regional geordnet durch die Rinde hindurchgehen, so ist eine solche Beziehung für die Hauptmasse der Rinde weder wahrscheinlich noch im geringsten erwiesen.

Die frühere Topographie der Phrenologen, welche auf willkürlicher Abgrenzung der Seelenfunctionen nach „Trieben", und noch willkürlicherer Localisirung derselben beruht, bedarf keiner weiteren Erwähnung.

d. Die physiologische Stellung der psychischen Functionen.

Das Wesen der psychischen Processe kann nur nach einer Richtung hin Gegenstand der Erörterung an dieser Stelle sein. Völlig undefinirbar ist nämlich, wie bereits in der Einleitung angeführt, der seelische Vorgang selbst, welcher auf unbegreifliche Weise mit der materiellen Thätigkeit der Seelenorgane verknüpft ist. Also nicht das Wesen der Vorstellung kann Gegenstand naturwissenschaftlicher Untersuchung sein, sondern nur die Frage, wie weit diese Function verbreitet ist, und ob sie in den materiellen Process der Nerventhätigkeit activ eingreift.

1) Verbreitung der psychischen Functionen.

Während die Einen ausschliesslich der Grosshirnrinde seelische Functionen zuschreiben, halten Andere auch die Reactionen enthirnter Thiere für bewusst, nehmen also eine Rückenmarksseele an. Der Einwand, dass das einheitliche Ich-Bewusstsein einer solchen Vertheilung von Seelenfunctionen widerspreche, ist nicht entscheidend, da ja auch die Grosshirnrinde ein räumlich sehr ausgedehntes, also aus multiplen Seelenorganen zusammengesetztes Seelenorgan darstellt. Andererseits ist es, da die Grosshirnrinde anscheinend keine neuen anatomischen Elemente gegenüber den anderen Centralorganen enthält, sehr schwer sich vorzustellen, dass eine so hervorragende Function den Nervenzellen hier zukommen sollte und dort nicht, zumal niedere Thiere, denen man doch das Bewusstsein nicht absprechen kann, kein Gehirn haben, sondern nur ein Rückenmark oder eine Ganglienkette. Freilich würde diese Betrachtung, weiter geführt, dahin leiten, auch dem Protoplasma Bewusstsein zuzuschreiben, da die niedersten Thiere keine besonderen Nervenapparate besitzen, und die Ganglienzellen höherer Thiere aus dem Eiprotoplasma hervorgegangen sind, der Keim zu psychischer Function, den man sich nur als einen niederen Grad dieser Function selbst denken kann, also schon im Eiprotoplasma gelegen haben müsste. Noch weiter gehen Einzelne, indem sie annehmen, eine so fundamentale Eigenschaft wie das Bewusstsein könne der Materie nicht erst in bestimmten organischen Formen neu zukommen, sondern müsse jedem Atom in nuce innewohnen. Allein mit der organisirten Form treten überhaupt so unerklärliche Eigenschaften auf, dass es nichts verschlägt, auch die psychische Function erst hier beginnen zu lassen.

Mag nun auch jede nervöse Reaction, also auch der Rückenmarkreflex, mit Bewusstseinserscheinungen verbunden sein, so sind diese doch einmal nicht nachweisbar und zweitens unvergleichlich unbedeutender als die an das Grosshirn geknüpften, sei es dass die Apparate des letzteren mit intensiverer psychischer Function begabt, sei es dass dieselbe durch die grosse Zahl der Apparate und deren Verbindungen zu höherer Entwicklung gelangt ist. Nachweisbar sind Bewusstseinserscheinungen überhaupt niemals an einem fremden Organismus. Wir beobachten immer nur Bewegungen, und schliessen lediglich durch Analogie, dass Reactionen, welche an uns selbst, wie wir unmittelbar wissen, mit Bewusstseinserscheinungen verbunden sind, es auch an anderen Menschen und an Thieren sind. Da aber diejenigen Reactionen, welche als Reflexe bezeichnet werden, bei uns selbst sich uns unbewusst abspielen, so fehlt uns eine Basis für jenen Analogieschluss.

2) Beziehungen der bewussten Handlungen zum Reflex.

Viel schwieriger ist die Frage, ob der Bewusstseinsvorgang activ in das materielle Geschehen eingreift. Uns selbst stellt er sich so dar; unser Bewusstsein empfängt Nachrichten von der Aussenwelt, fasst Entschlüsse, und macht dieselben durch willkürliche Bewegungen geltend. Hiernach müsste der Bewusstseinsvorgang in die Bewegung materieller Theilchen eingreifen, also nach den Grundsätzen der Mechanik selber in Bewegung materieller Theilchen bestehen. Dieses Resultat ist aber einerseits unbefriedigend und unverständlich, andererseits unvereinbar mit der Freiheit unsrer Entschlüsse, welche also eine grossartige Täuschung wäre. Viele nehmen das letztere an, und behaupten, dass unsre scheinbar freien Entschlüsse das streng gesetzmässige Resultat unsres Bewusstseinsinhalts und der auf uns stattfindenden Einwirkungen seien, so dass also unsre Handlungen streng mechanisch prädestinirt sind. Andere lassen, da die Identificirung des Bewusstseins mit materieller Bewegung völlig unbefriedigend ist, die materiellen Processe im Gehirn, welche ihrerseits mechanischen Gesetzen folgen, also prädestinirte Handlungen hervorbringen, von den immateriellen psychischen Vorgängen nur begleitet werden, welche dann durch prästabilirte Harmonie, resp. eine Analogie der logischen und mechanischen Abhängigkeiten, stets zu solchen Entschlüssen führen müssten, welche der mechanische Vorgang wirklich ausführt. Das Unbefriedigende dieser, ebenfalls schwierigen Vorstellung liegt einerseits darin, dass es kaum denkbar ist, eine prästabilirte Harmonie anzunehmen zwischen dem logischen Gange, welchen die Lösung einer mathematischen Aufgabe nimmt, und der vermeintlichen mechanischen Verkettung der in Symbolen auf Auge oder Ohr wirkenden Aufgabe mit (der in Symbolen ausgesprochenen oder hingeschriebenen Lösung); — andererseits namentlich darin, dass das Psychische hier nur eine wirkungslose Begleiterscheinung darstellt; wir sehen aber die psychischen Functionen in der Thierreihe fortschreitend zu höheren Stufen sich heranbilden, und die neuere Naturforschung nimmt an, dass Functionen sich nur auf Grund ihres Nutzens entwickeln. Es muss genügen, hier auf diese alte unlösbare Schwierigkeit hingewiesen zu haben.

Betrachtet man nun die bewussten Handlungen als gesetzmässige

Folge der Einwirkungen auf die Sinne, also als eine Art verwickelten Reflexes, so ergiebt sich gegenüber dem unbewussten spinalen Reflex ausser dem Bewusstsein selbst noch ein wesentlicher Unterschied: dass für den letzteren nur die augenblicklich einwirkenden centripetalen Erregungen, für den psychischen Vorgang aber auch längst vergangene centripetale Erregungen von Einfluss sind. Den Seelenorganen müssen also Apparate zugeschrieben werden, in welchen die centripetalen Erregungen eine dauernde Veränderung hinterlassen (deren psychischer Ausdruck die Erinnerung ist). Welcher Art diese Veränderungen seien, dafür fehlt jeder Anhaltspunct zu Vermuthungen. Da indess auch die geordneten Reflexe unter der Einwirkung der centripetalen Eindrücke sich ändern (die Reaction eines verstümmelten Thieres wird allmählich den veränderten Umständen angepasst), so ist vielleicht auch dieser Unterschied zwischen dem spinalen und dem psychischen Reflex nicht ganz durchgreifend, also wenn man ersterem Bewusstsein zuschreibt (s. oben), überhaupt die Grosshirnfunction nicht principiell von derjenigen der übrigen Centra verschieden.

3) Physiologisches Schema der centralen Anordnung.

Es ergiebt sich hiernach folgendes Gesammtschema des Centralnervensystems. Ein erstes Centrum (centrales Röhrengrau), anscheinend ohne directen Connex mit den höheren Sinnesnerven, besorgt die einfachsten geordneten Reflexe, bei denen wesentlich Organe der erregten Körpergegend selbst betheiligt sind, wir haben diese einfachste Art geordneter Reflexe als Niveau-Reflexe bezeichnet. Eine zweite Gruppe von Centren höherer Art (verlängertes Mark, Mittelhirn, Kleinhirn?), mit allen Bezirken des ersten Centrums, ausserdem aber mit den höheren Sinnesnerven verbunden, und ferner auch mit Hemmungsfasern für das erste Centrum versehen, besorgt complicirtere Actionen und Reflexe, bei denen distante Theile des Körpers betheiligt sind, z. B. Reactionen der vorderen Extremität auf die hintere, der Extremitäten auf Gesichtseindrücke, Locomotionen die nach dem Gesichtsfelde dirigirt werden etc. Ein drittes Centrum höchster Art endlich (Grosshirnrinde), mit allen übrigen verbunden, hat die Eigenschaft, durch gewisse centripetale Eindrücke auf längere Zeit oder auf immer so verändert zu werden, dass in ihm ungleich complicirtere Actionen zu Stande kommen können, indem zu den mannigfachen Combinationen der momentanen centripetalen Eindrücke auch noch zahllose Eindrücke der Vergangenheit auf die centrifugalen Erregungen bestimmend einwirken. Die Anzahl der möglichen Combinationen wird hierdurch so ungeheuer gross und unübersehbar, dass man vielleicht Spielraum genug hat um alle Handlungen als Resultate centripetaler Beeinflussungen erklären zu können. An die Erregungen dieses höchsten Centrums sind nun unzweifelhaft seelische Erscheinungen geknüpft, und hier ist die Grenze der physiologischen Betrachtung.

Ganz unbekannt sind die Umstände, von welchen es abhängt, ob ein sensibler Reiz schon im Niveau-Centrum einen Reflex auslöst, oder erst in höheren Centren, oder endlich im höchsten zu bewusster Perception kommt. Für die zukünftige Beantwortung dieser Frage ist vielleicht von Bedeutung, dass die Erregbarkeit der Centren für manche Reize, z. B. den dyspnoischen (vgl. p. 418), mit ihrer Dignität zunimmt, ebenso aber auch die Abhängigkeit von den Lebensbedingungen. So wird z. B. bei Circulationsunterbrechung und beim Tode anscheinend das Grosshirn zuerst, und das Rückenmark zuletzt unerregbar.

4) Coordination, Association und Mitempfindung.

Directe Verbindungen der Hirnrinde mit sensiblen oder motorischen Nervenfasern des äusseren Systems sind nach den oben dargestellten anatomischen Ermittelungen zweifelhaft und jedenfalls nur in einzelnen Gebieten vorhanden. Vielmehr scheint es, dass auch zu den bewussten Empfindungen und den willkürlichen Bewegungen dieselben Zwischenapparate benutzt werden, welche den Reflexen niederer und höherer Ordnung dienen. Da in diesen Apparaten motorische Nervencentra so verbunden sind, dass Muskeln in geordneter Weise bei den Reflexen zusammenwirken, so ist es möglich, dass diese Coordinationsapparate auch bei den willkürlichen geordneten Bewegungen vom Seelenorgan aus in toto zur Thätigkeit gebracht werden, und dadurch gleichsam der Seele Beschäftigung erspart wird. Dies wird um so wahrscheinlicher, als wir die einzelnen Muskeln meist gar nicht isolirt willkürlich zu contrahiren vermögen. Vermuthlich ist das Seelenorgan nicht bloss mit incitirenden, sondern auch mit hemmenden Fasern für diese Centra versehen. Ob auch für die centripetalen Erregungen Zwischenapparate vorhanden sind, welche dieselben für das Seelenorgan umgestalten, ist zweifelhafter, und jedenfalls wären diese viel unverständlicher.

Neben den angeführten zweckmässigen Zusammenordnungen von Bewegungen giebt es auch solche, welche als Mängel oder Schwächen bezeichnet werden können; man nennt sie im Gegensatz zu den Coordinationen associirte Bewegungen oder Mitbewegungen (im engeren Sinne). Hierher gehört z. B. das Runzeln der Stirn bei einer starken körperlichen oder geistigen Anstrengung. Von den Bewegungsassociationen kann man sich durch den Willen jedesmal, und durch häufige Wiederholung dieses Wollens, Uebung, dauernd frei machen (vgl. die Unabhängigkeit beider Hände von einander beim Clavierspieler).

Als Mitempfindung bezeichnet man Empfindungen im Bereiche anderer Fasern als objectiv erregt sind. Ein derartiger Fall ist die Irradiation, das Uebergreifen der scheinbaren Erregung auf die Nachbarschaft einer erregten Hautnervenfaser, wahrscheinlich durch die Verhältnisse der grauen Substanz (vgl. p. 397). In anderen Fällen erscheinen auch entfernte Fasern erregt, vermuthlich ebenfalls durch nahes Entspringen in der grauen Substanz; z. B. Kitzel im Kehlkopf bei Berührung des äusseren Gehörgangs nahe dem Trommelfell (beide werden von Vagusfasern versorgt). Auch die Irradiation lässt sich durch Uebung vermindern (Verkleinerung der Empfindungskreise bei Blinden, s. Cap. XII.).

e. Der Schlaf.

In ziemlich regelmässigen Intervallen werden die psychischen Functionen durch den Schlaf auf längere Zeit unterbrochen. Das Einschlafen wird durch körperliche und geistige Ermüdung befördert, kann aber trotz stärkster Müdigkeit durch den Willen und besonders durch Sinnesreize unterdrückt werden, wodurch u. A. diejenigen Theorien, welche den Schlaf aus Anhäufung chemischer Thätigkeitsproducte erklären wollen, widerlegt werden. Andererseits ist Abhaltung der Sinnesreize, z. B. die Dunkelheit, Stille, die gleichmässige Wärme des Bettes, dem Einschlafen förderlich und kann auch ohne Ermüdung Schlaf bewirken. Das Erwachen geschieht ebenfalls meist durch Sinnesreize, wie Tageshelle, Anrufen, Berührungen. Die Ermüdung wird durch den Schlaf beseitigt.

Das Einschlafen ist wie das Erwachen ein plötzlicher Vorgang, doch geht ersterem ein kurzes Uebergangsstadium voraus, in welchem die sinnlichen Wahrnehmungen undeutlich werden und Täuschungen oder Hallucinationen, d. h. Sinnesbilder ohne reelle äussere Ursache, auftreten. Im Schlafe selbst sind nur die Grosshirnfunctionen suspendirt, die automatischen und reflectorischen Thätigkeiten und die Eingeweidefunctionen bleiben in regelmässigem Gange (jedoch die Reflexe etwas deprimirt, Rosenbach). So wehrt der Schlafende sich gegen kitzelnde Berührung, ändert unbequeme Lagen, bedeckt entblösste Körperstellen. Hierher gehört auch, dass stark gefüllte Blase und Mastdarm im normalen Schlaf keine reflectorische Entleerung machen, sondern ein höherer Hemmungsreflex oder Erwachen eintritt. Das Gesicht ist meist etwas geröthet, die Lider geschlossen, die Augäpfel nach innen gedreht, die Pupillen verengt, erweitern sich aber auf jeden Sinnesreiz, der Puls und die Athmung verlangsamt, letztere auch in ihrem Habitus verändert. Die Exspiration ist im Verhältniss zur Inspiration länger als im Wachen, und die Rippenathmung im Verhältniss zur Zwerchfellathmung begünstigt; ferner zeigt sich im Rhythmus eine Gruppenbildung, welche an das Cheyne-Stokes'sche Phänomen (p. 125) erinnert (Mosso). Die Gefässe der Extremitäten sind im Schlafe erweitert und contrahiren sich durch Sinnesreize und beim Erwachen; das Gehirn scheint also im Schlafe blutärmer zu sein als im Wachen, jedoch nimmt sein Volum beim Erwachen nicht immer zu, sondern zuweilen ab. Ueber Aenderungen im Gaswechsel s. p. 211.

Die Träume sind im Schlafe auftretende Hallucinationen mannigfachster Art. In den sich abspielenden scheinbaren Erlebnissen des Schlafenden, von welchen übrigens die Erinnerung nur sehr unvollkommen berichtet, fehlt die logische Beherrschung, so dass unmögliche Combinationen von Thatsachen, geistreich erscheinende, aber in Wirklichkeit sinnlose Unterhaltungen und Lösungen von Aufgaben vorkommen. Bei manchen Träumen lässt sich ein äusserer Eindruck (Entblössung, Stoss) als Veranlassung nachweisen. Die Träume beweisen, dass das Seelenorgan im Schlafe nicht völlig gelähmt ist.

Die Tiefe des Schlafes lässt sich durch die Intensität des zum Erwecken nöthigen Reizes ermessen (Kohlschütter). Sie nimmt vom Beginn des Schlafes zuerst sehr schnell, dann langsamer zu, bis etwa zum Ende der ersten oder zweiten Stunde, dann wieder ab, zuerst schnell, dann sehr langsam, um beim Erwachen den gewöhnlichen Werth zu erreichen; gegen Morgen soll nach neuerer Angabe (Mönninghoff & Piesbergen) eine nochmalige Vertiefung eintreten. Häufig stellen sich ohne bekannte Ursachen Verflachungen ein, denen dann wieder Vertiefungen folgen; je tiefer der Schlaf überhaupt wird, um so länger dauert er.

Die nähere Ursache, welche die Grosshirnrinde ausser Thätigkeit setzt, ist unbekannt. Alle Angaben über mechanische, circulatorische oder chemische Veränderungen im Gehirn ausser den obigen sind unbewiesene und zum Theil höchst unwahrscheinliche Vermuthungen. Die oben angegebenen Thatsachen zeigen, dass Schlaf und Wachen im engsten Zusammenhange mit den Sinneseindrücken stehen, und man könnte sagen, dass zur Erhaltung der gewöhnlichen Thätigkeit der Rinde, d. h. des wachen Zustandes, beständige Sinneseindrücke nöthig sind, womit aber das Räthsel keineswegs gelöst ist. An einem Individuum, welches anästhetisch und ausserdem einseitig blind und taub war, trat bei Verschluss des noch fungirenden Auges und Ohres stets Schlaf ein, und nur Eindrücke auf diese Organe machten Erwachen (Strümpell).

Abnorme Schlafarten, in welchen Gehbewegungen und andere selbstständige Handlungen vorkommen, nennt man Somnambulismus; abnorm tiefer Schlaf, mit Unmöglichkeit des Erweckens und unwillkürlichen Entleerungen, kommt pathologisch und toxisch vor, und wird als Sopor oder Coma bezeichnet. Als Hypnotismus bezeichnet man eine abnorme Art von Halbschlaf, welche dem Somnambulismus nahesteht und bei manchen Personen durch sehr lange gleichmässige Sinnesbeeinflussung hervorgerufen werden kann; die Reflexerregbarkeit ist in diesem Zustande bedeutend erhöht (Heidenhain). Thiere werden durch behutsames Niederlegen in einen Ruhezustand versetzt (Kircher's Experimentum mirabile), welcher von Einigen als Schlaf oder Hypnotismus, von Andern als blosse Einschüchterung angesehen wird.

f. Zeitliche Verhältnisse der psychischen Functionen.

Bei der Bestimmung von Sterndurchgangszeiten nach dem Gehör (Pendelschläge) nahmen die Astronomen wahr (Maskelyne 1785, Bessel 1814 u. A.), dass die Angaben zweier Beobachter um eine constante Zeitgrösse differiren (die sog. persönliche Gleichung). Dieselbe Erscheinung zeigte sich, als (seit 1854) die Zeiten nicht mehr nach dem Gehör, sondern durch graphische Zeichen auf rotirenden Cylindern (p. 441) markirt wurden. Die Vermuthung, dass die Ursache in einem (individuell variirenden) Zeitverlust zwischen der optischen Einwirkung und der reactiven Bewegung liege, wurde zur Gewissheit, als auch bei Beobachtung künstlicher Sterndurchgänge, deren absoluter Moment sich markirte, eine messbare Zeit, bis über $1/3$ Secunde verging, ehe der Beobachter den Vorgang markirte (Hirsch & Plantamour 1863). Aus diesen Anfängen entwickelten sich die folgenden Messungen psychischer Zeitaufwände.

1) Die Reactionszeit.

Die eben erwähnte Zeit zwischen einem Sinneseindruck und der (verabredeten) bewussten Reaction auf denselben, entweder roh oder nach Abzug der sensiblen und motorischen Nervenleitungszeit und der musculären Latenzzeit, bezeichnet man als Reactionszeit (Exner).

Die astronomische Registrirmethode mit ihren mannigfachen Variationen dient denn auch zur Messung der Reactionszeit; auf einer gleichmässig rotirenden Fläche, wie beim Kymo- oder Myographion, werden durch den Reiz und die reactive Muskelbewegung zwei Marken gemacht und deren Abstand gemessen; meist wird die Zeit gleichzeitig durch ein Secundenpendel oder eine Stimmgabel aufgeschrieben; die Uebertragung auf die Schreibspitzen geschieht meist electromagnetisch. Mechanische und electrische Reize lassen sich am leichtesten notiren, ebenso die Reaction, wenn sie eine Handbewegung ist, welche einen Contact öffnen kann. Optische und acustische Reize kann der Apparat selbst, z. B. als electrischen Funken und dessen Knall, in einer Durchgangslage auslösen (vgl. p. 250); acustische Reactionen (Aussprechen eines Lautes) können phonautographisch notirt werden. Endlich kann auch die Pouillet'sche Methode (p. 251) oder Uhrwerke mit Echappements (Hipp'sches Chronoscop) zur Messung benutzt werden; im letzteren Fall setzt der Experimentator das Uhrwerk gleichzeitig mit der Reizgebung in Bewegung, oder lässt gleichzeitig Strom durch eine Geissler'sche Röhre gehen, welche das Object beleuchtet; die Reaction der Versuchsperson arretirt das Uhrwerk. Alle diese Methoden dienen zugleich zur Messung der Reflexzeit (p. 393) und indirect zu derjenigen der Leitungsgeschwindigkeit sensibler Nerven (p. 343).

Da die Reactionszeit u. A. die Wahrnehmungszeit und die Zeit der Entschlussfassung enthält, so ist es verständlich, dass sie ungemein variabel ist. Sie variirt vor Allem nach dem Sinnesorgan, und innerhalb desselben Sinnes auch nach der Reizstelle (auch abgesehen von der Verschiedenheit der Nervenlängen, welche die Erregung zu durchlaufen hat, so dass schon dieser Umstand die Messungen der Leitungsgeschwindigkeit mittels der Reactionszeit vereitelt, vgl p. 343); geübtere sensible Bezirke, z. B. die Netzhautmitte, die Fingerkuppen, bedingen raschere Reaction als weniger geübte desselben Sinnes (Peripherie der Netzhaut, Armhaut). Ferner reagiren die Individuen je nach ihrem Temperament und der augenblicklichen Stimmung verschieden rasch. Auf stärkere Reize wird schneller reagirt; Kälte verkürzt, Alkohol verlängert die Reactionszeit. Dieser Verlängerung geht eine Verkürzung voran; bei Aether, Chloroform etc. erfolgt zuerst Verlängerung und dann Verkürzung. Am meisten endlich kommt auf Aufmerksamkeit und Uebung an; vorheriges Avertiren verkürzt die Reactionszeit. (Donders & de Jager, Exner, v. Kries & Auerbach u. A.) Die Reactionszeit beträgt in Secunden bei

optischem Reiz	acustischem Reiz	Tastreiz	Geschmacksreiz	Beobachter
0,200	0,149	0,182 (Hand)	.	Hirsch
0,225	0,151	0,155		Hankel
0,188	0,180	0,154 (Nacken)	.	Donders
0,194	0,182	0,130 (Stirn)		v. Wittich
0,175	0,128	0,188		Wundt
0,151	0,136	0,128 (linke Hand)	.	Exner
0,191	0,122	0,146	.	Auerbach
.	.	0,089 (Zunge)	0,16—0,22	v. Vintschgau

Für Geruchsreize lassen sich die Bestimmungen nicht mit genügender Genauigkeit ausführen; die Reactionszeit ist hier jedenfalls länger als für Gehörsreize (Moldenhauer).

Die Reactionszeiten sind, wie man sieht, viel länger als die Reflexzeiten. Die Verkürzung der ersteren durch Uebung kann so gedeutet werden, dass oft wiederholte Reactionen dem Character des Reflexes sich nähern.

2) Die Wahrnehmungszeiten.

Die Reactionszeit setzt sich, wie man annehmen darf, zusammen aus einer für die Wahrnehmung und einer für die Entschlussfassung nöthigen Zeit, in welcher letzteren die Zeit der etwa erforderlichen Ueberlegung inbegriffen ist.

Der sensuelle Antheil der Reactionszeit ergiebt sich schon aus dem verschiedenen Werthe der letzteren bei verschiedenen Sinnesorganen und Sinnesregionen. Er setzt sich zusammen: 1. aus der Zeit während welcher der Sinnesreiz auf das Sinnesorgan wirken muss, um überhaupt wahrgenommen zn werden; diese Zeit kann man die Präsentationszeit nennen; 2. aus der Zeit bis zum Bewusstwerden der Empfindung, welche man Wahrnehmungszeit nennen kann; 3. aus der Zeit bis zur Erkennung der besonderen Qualitäten der Empfindung (Farbe, Helligkeit, Tonhöhe, Gestalt etc.), der sog. Apperceptionszeit.

1. Ueber Präsentationszeiten existiren hauptsächlich optische Bestimmungen. Zur Wahrnehmung überhaupt genügen hier fast unmessbar kurze Einwirkungen, wie die Sichtbarkeit des Blitzes, des electrischen Funkens und der durch solche beleuchteten Gegenstände beweist. Soll der Gegenstand genau erkannt werden, z. B. grosse Buchstaben, so beträgt die erforderliche Präsentationszeit etwa 0,0005 sec., sie ist um so grösser, je kleiner das Object und je weniger es sich von seinem Grunde auszeichnet; folgt unmittelbar auf das Verschwinden

eines Objects ein zweites, so muss das erste, um erkannt zu werden, länger betrachtet werden, und zwar um so länger je stärker der zweite Reiz und je complicirter gestaltet das erste Object ist (Helmholtz & Baxt). Richtet man vor der (momentanen) Beleuchtung eines bekannten Objectes die Aufmerksamkeit auf einen Theil desselben, so wird derselbe wahrnehmbar, während er es vorher wegen zu kurzer Beleuchtung nicht war (Helmholtz). Natürlich dürfen diese Zeiten nicht mit den viel längeren Zeiten, welche das Erkennen selbst in Anspruch nimmt, verwechselt werden; das Erkennen erfolgt, nachdem das Object längst verschwunden ist, mittels des Nachbildes und der Erinnerung. Auf acustischem Gebiet ist die Frage der Präsentationszeit verwickelter, da das Object selber, z. B. eine Tonhöhe, erst in der Zeit sich darstellen kann; zur Erkennung eines Tones müssen 16 bis 20 Schwingungen desselben auf das Ohr gewirkt haben (Exner), die Präsentationszeit wächst also mit abnehmender Höhe; indess mischt sich hier die Wahrnehmungszeit selber bei.

2. Die Wahrnehmungszeit lässt sich nicht messen. Einen gewissen Aufschluss erhält man aus den Unterschieden der Reactionszeiten bei derselben Versuchsperson. Nimmt man an, dass die Ueberlegung und der Entschluss stets gleiche Zeit kostet, welches auch der Sinnesreiz sei (was übrigens sehr zweifelhaft ist), so müsste z. B. in der ersten Horizontalreihe für den optischen Reiz die Wahrnehmungszeit jedenfalls mehr als 0.051 sec. betragen, da die optische Reactionszeit um diesen Betrag länger ist als die acustische, und bei letzterer die Wahrnehmungszeit nicht Null sein kann.

3. Ueber Apperceptionszeiten existiren zahlreiche Versuche. Sie bestehen meist darin, dass die Versuchsperson erst dann zu reagiren hat, wenn sie die Objectqualität erkannt hat, z. B. weiss ob das präsentirte Licht roth oder blau, central oder peripherisch, nahe oder fern, ob der Schall ein Ton oder ein Geräusch war. Um dies zu sichern, kann man entweder bei unregelmässig wechselnden Qualitäten nur auf eine bestimmte reagiren lassen, z. B. nur auf rothes Licht, während der Experimentator nach Belieben Roth und Blau erscheinen lässt, oder man kann das Object mit der Reaction verschwinden lassen (z. B. durch Oeffnung des lichtgebenden Stroms bei der Geissler-schen Röhre), und die Erkennung der Qualität seitens der Versuchsperson durch Angabe constatiren. In allen diesen Fällen zeigt sich die erforderliche Zeit länger als bei einfacher Reaction auf Licht, Schall etc. überhaupt; wenn man die letztere Zeit (die sog. einfache

Reactionszeit) von der gefundenen Zeit in Abzug bringt, so ergiebt sich die Verlängerung, d. h. die Apperceptionszeit. Dieselbe betrug in Secunden

nach v. Kries & Auerbach:
für optische Richtungslocalisation 0,011
„ Farbenunterscheidung 0,012
„ Gehörslocalisation . . . . 0,015—0,062
„ Unterscheidung zweier Töne . . . . 0,019—0,034
„ Localisation von Tastempfindungen 0,021
„ optische Entfernungslocalisation 0,022
„ Unterscheidung von Ton und Geräusch 0,022
„ Unterscheidung zweier verschieden starker Tastreize. . . 0,033—0,053

nach Wundt & Friedrich:
„ Unterscheidung von 2 Farben . . . . 0,019—0,084
„   „   „ 4   „ . . . . 0,066—0,234
„ Erkennung 1—3 ziffriger Zahlen . . . . 0,320—0,346
„   „   4   „   „ . . . . 0,481 *)
            5   „   „ 0,670
            6   „   „ 1,043

nach Tigerstedt und Bergquist:
„ Erkennung 1—3 ziffriger Zahlen . . . . 0,015—0,035

nach Wundt & Merkel:
„ Erkennung einer Ziffer . . . . 0,021—0,025

nach v. Vintschgau:
„ Unterscheidung zweier Geschmäcke . . . . 0,12 —0,22

3) Die Ueberlegungs- und Entschlusszeit (Wahlzeit).

Ist für die Art der Reaction eine besondere Ueberlegung nöthig, so verlängert dies die Reactionszeit beträchtlich, um so mehr je complicirter die Ueberlegung ist. Zunächst zeigt sich der nicht sensuelle Bestandtheil der Reactionszeit dadurch deutlich, dass dieselbe bei stets gleichem Reiz verschieden ausfällt, je nach der Art der Reaction. So reagirt auf einseitigen Hautreiz die gleiche Seite schneller als die entgegengesetzte, ausserdem aber die rechte Seite überhaupt etwas schneller als die linke; ferner wird auf Gehörtes am schnellsten durch Nachsprechen reagirt, offenbar wegen grösserer Verwandtschaft zwischen Reiz und Reaction (Donders & de Jager). Eine Ueberlegung wird erforderlich, wenn verabredet ist, dass jeder der Reize, zwischen denen der Experimentator wählt, von der Versuchsperson mit einer besonderen Reaction beantwortet werden soll, z. B. rechtsseitige Hautreize mit der rechten, linksseitige mit der linken Hand, oder rothes Licht

---

*) Die mit 18 anfangenden 4 ziffrigen Zahlen werden schneller erkannt, ohne Zweifel wegen ihres häufigeren Vorkommens.

mit der einen, blaues mit der andern, oder eine gezeigte unter 10 Nummern mit dem entsprechenden der 10 Finger. In der Reihenfolge dieser Beispiele wächst ungefähr die Reactionszeit. Soll jede vorgesprochene Silbe nachgesprochen werden, so ist die Verlängerung gegenüber dem Nachsprechen von stets derselben Silbe geringfügig ($1/_{12}$ sec.), weil hier kaum Ueberlegung nöthig ist.

4) Complicirtere psychische Processe.

Je grösser die gestellte Aufgabe, um so länger ist im Allgemeinen die erforderliche Zeit. Messungen existiren für die Zeit, die es kostet, zu einem gezeigten Wort einen verwandten Begriff zu finden (Associationszeit, Galton, Wundt & Trautschold); doch haben schon hier wegen der grossen individuellen Verschiedenheiten die absoluten Zeitwerthe wenig Interesse. Noch grösser würde der Einfluss des Individuums sein, wenn es gälte zu einem Wort einen Reim, zu einer Frage eine Antwort zu finden.

5) Die Zeitempfindung (der Zeitsinn).

Hier mögen noch die Versuche erwähnt werden über die Trennung ungleichzeitiger Eindrücke und über die Schätzung von Zeitintervallen. Nach einer Zusammenstellung von Exner

erscheinen als gleichzeitig:	wenn ihre wahre Zeitdifferenz beträgt:
Zwei Geräusche (electrische Funken)	0,002 sec.
„ Tasteindrücke am Finger	0,0277 „
„ Lichteindrücke, Netzhautmitte	0,044 „
„ „ Netzhautperipherie	0,049 „
Tast- und dann Lichteindruck	0,05 „
Schall und dann Licht	0,06 „
Zwei Geräusche, jedes in Einem Ohr	0,064 „
Licht und dann Tasteindruck	0,071 „
Licht und dann Schall	0,16 „

Der Grund scheint darin zu liegen, dass eine Sinnesempfindung gleichsam zeitlich irradiirt, d. h. das Bewusstsein für einige Zeit so in Anspruch nimmt, dass innerhalb derselben kein Zeitbewusstsein eintritt.

Die Genauigkeit der Schätzung von Zeitintervallen ist meist so geprüft worden, dass man ein variables Intervall (z. B. zwischen zwei Metronomschlägen) einem gegebenen derselben Art gleich zu machen versuchte oder nachsah, ob sehr kleine Unterschiede zweier Intervalle erkannt wurden (Vierordt, Wundt und deren Schüler). Hierbei zeigt sich, dass kleine Zeiten leicht überschätzt, grosse unterschätzt werden, dass ferner längere Intervalle nach kürzeren besonders lang erscheinen, und umgekehrt, also eine an den Contrast erinnernde Beziehung (vgl. beim Sehorgan). Andere Resultate dieser Versuche können hier übergangen werden.

III. Das sympathische Nervensystem.

Wenn man bei einem Frosche Gehirn und Rückenmark zerstört, so gehen die Functionen des Kreislaufs, der Absonderung und Verdauung noch eine Zeit lang von Statten, namentlich wenn die Medulla oblongata und somit die Athembewegung erhalten geblieben ist (Bidder & Volkmann). Die Selbstständigkeit der Eingeweide kann bei diesem Versuche, wenn sie überhaupt von Nervencentren abhängt, nur vom sympathischen Nervensystem abgeleitet werden. Der Reichthum desselben an Nervenknoten, welche reichlich Ganglienzellen enthalten, also dieselben Organe, an welchen die centralen Functionen des Cerebrospinalorgans zu haften scheinen, war ein Moment, welches jene Selbstständigkeit des sympathischen Nervensystems begreiflich erscheinen liess.

Trotzdem ist es, wenn man von den in den Organen selbst liegenden Ganglienzellen, z. B. des Herzens und Darms, absieht, niemals gelungen an einem sympathischen Ganglion centrale Functionen, wie Reflex oder Automatie, mit Sicherheit nachzuweisen. Alles was vom Sympathicus physiologisch bekannt ist, beschränkt sich auf solche Wirkungen seiner Nerven, wie sie auch den cerebrospinalen zukommen: motorische, regulatorische, secretorische, und überall lässt sich das Innervationscentrum im Rückenmark nachweisen. Physiologisch stellt sich also das sympathische Nervensystem nur als ein Theil des cerebrospinalen dar, der sich nur anatomisch durch seinen eigenthümlichen Verlauf in anastomosirenden Plexus, seinen Reichthum an dünnen marklosen Nervenfasern und die Einstreuung der Ganglien auszeichnet. Die vom Sympathicus versorgten Organe sind mit den Seelenorganen kaum verbunden, ihre Bewegungen durchweg unwillkürlich, und Empfindungen nicht deutlich vorhanden, ausser in pathologischen Zuständen, wo Schmerzen auftreten können. Die Seele wird also von der Beschäftigung mit den rein vegetativen Processen frei gehalten. Jedoch zeigen sich mannigfache unbewusste Einwirkungen der Affecte auf die Eingeweide (Herz, Gefässe, Nieren, Darm).

Da noch keine Function der sympathischen Ganglien nachgewiesen ist, schreiben Einige ihnen lediglich morphologische (S. Mayer) oder neurotrophische Bedeutung zu; für letzteres wird namentlich die neurotrophische Function der Spinalganglien (p. 360) angeführt. Keineswegs dürfen aber den Parenchymganglien centrale Functionen abgesprochen werden.

In den Spinalganglien sind die Zellen theils als Unterbrechung der Nervenfasern, also bipolar, angebracht (Fische), theils durch T-förmige Seitenzweige unipolar mit denselben verbunden (Ranvier, Retzius). In den sympathischen Ganglien des Frosches haben die bipolaren Zellen meist einen graden und einen spiraligen Ausläufer (Beale u. A.). — Ein vereinzelter Versuch, wo nach Exstirpation der Ganglia coeliaca beim Hunde eine hochgradige Verdauungsstörung eintrat (Lamansky), ist fast die einzige bisher unangefochtene Angabe über eine physiologische Function, die über die neurotrophische hinausgeht.

Da die Parenchymganglien des Herzens, des Digestionsapparates, Ureters etc. und die hypothetischen der Gefässe, Iris etc. in den betr. Capiteln erörtert sind, bleibt hier nur noch übrig die Functionen der sympathischen Nerven und Plexus, soweit sie ermittelt sind, kurz zusammenzustellen, wobei ebenfalls auf die betr. Capitel verwiesen werden muss.

Im Halstheil des Sympathicus sind folgende Fasern nachgewiesen: 1. Vasomotorische Fasern für die entsprechende Kopfhälfte: Ursprung im Cerebrospinalorgan. 2. Fasern für den Dilatator pupillae; Ursprung im Cerebrospinalorgan. 3. Fasern für die glatten Müller'schen Orbitalmuskeln und auch anscheinend für den Musc. rectus externus (nach Durchschneidung des Sympathicus am Halse tritt Schielen nach innen ein). 4. Secretorische Fasern für die Speicheldrüsen und die Thränendrüse; Ursprung unbekannt. 5. Beschleunigende Fasern für das Herz (v. Bezold). 6. Das unterste Halsganglion leitet (neben dem obersten Brustganglion [G. stellatum], mit dem es häufig vereinigt ist) beschleunigende Fasern zum Herzen, und zwar durch den dritten Ast des Ganglion (E. & M. Cyon), — der erste und zweite Ast sind die Wurzeln des N. depressor. 7. Zum Cerebrospinalorgan gehende Fasern, welche das Herzhemmungssystem erregen. 8. Zum Cerebrospinalorgan gehende Fasern, welche das Gefässcentrum erregen (pressorische Fasern).

Am Brusttheil sind noch wenig sichere Versuchsergebnisse gewonnen worden. Das oberste Brustganglion (Gangl. stellatum) leitet beschleunigende Fasern zum Herzen, welche durch den Hals-Grenzstrang und durch die die Art. vertebralis begleitende Wurzel zum Ganglion treten. — Der zum Brusttheil gehörige Plexus cardiacus wird von dem zum Herzen tretenden und von ihm kommenden Vagus-, Depressor- und Sympathicus-Fasern zusammengesetzt. Vom Brusttheil entspringen ferner die Splanchnici (major und minor), welchen folgende Fasern zugeschrieben werden (Spl. major): 1. Hemmungsfasern für den Darm; 2. Beschleunigungsfasern für den Darm (wegen der Wirkung der Reizung nach dem Tode); 3. vasomotorische Fasern für das grosse Gefässgebiet des Abdomen; 4. secretionshemmende Fasern für die Nieren (wahrscheinlich mit den vorigen identisch); 5. centripetale Fasern, welche reflectorisch das Herz und die Athmung hemmen (erstere beim Frosche im Grenzstrang liegend). Ueber Diabetes nach Splanchnicusdurchschneidung vgl. p. 200.

Für den Bauchtheil existiren nur sehr wenige zuverlässige Angaben. Reizung des Grenzstranges und der Plexus (coeliacus, mesenterici, renalis, suprarenalis, spermaticus, hypogastrici) bewirken meist Bewegungen oder verstärkte Bewegungen der benachbarten Organe: Darm, Blase, Ureteren, Uterus, Samenblasen, Milz (Plexus lienalis); Durchschneidungen und Exstirpationen bewirken meist Circulations- und Ernährungsstörungen.

IV. Chemie, Ernährung und Druckverhältnisse des Cerebrospinalorgans.

a. Die chemische Zusammensetzung.

Trotz zahlloser Untersuchungen ist die chemische Zusammensetzung der Hirn- und Rückenmarkssubstanz noch sehr wenig bekannt, weil sie äusserst zersetzliche Bestandtheile enthält; bestenfalls würde die Analyse die Zusammensetzung des todten Organs ermitteln können, während die functionirenden Bestandtheile des lebenden aus den p. 369 angeführten Gründen wahrscheinlich sich jeder Feststellung entziehen. Die bis jetzt gefundenen Bestandtheile der weissen Substanz sind: Cerebrin, Lecithin, Protagon und wahrscheinlich noch höhere Verbindungen dieser Körper; Albumin, Kalialbuminat und Globulinkörper; Neurokeratin; Cholesterin, Fette; Kreatin, Xanthin, Hypoxanthin; Inosit und ein Zuckeranhydrid; Milchsäure (gewöhnliche, Gscheidlen), flüchtige Fettsäuren; Salze und Wasser. Die graue Substanz unterscheidet sich von der weissen chemisch hauptsächlich durch grösseren Wassergehalt, und unter den festen Bestandtheilen durch mehr Eiweiss, Lecithin und Milchsäure, weniger Cholesterin, Fett und Protagon. Die Reaction ist in der weissen Substanz neutral oder alkalisch, in der grauen sauer gefunden worden (Gscheidlen), doch rührt letzteres höchst wahrscheinlich von sehr schnellem Absterben her. Bei Fröschen reagirt das Gehirn erst nach dem Absterben sauer (Langendorff).

Sehr viele Substanzen, welche jetzt als Zersetzungsproducte des Lecithins, oder als Gemenge von solchem mit anderen Körpern erkannt sind, sind früher als genuine Hirnbestandtheile beschrieben worden. Auch die oben genannten Bestandtheile sind vielleicht selbst Zersetzungsproducte complicirterer präexistirender Verbindungen. Einer von ihnen, das Protagon, wird neuerdings als ein Gemenge von Lecithin und Cerebrin betrachtet (Hoppe-Seyler), das hauptsächlich in der weissen Substanz vorkommt (Petrowsky). Die Zusammensetzung beider Substanzen ist folgende (Petrowsky):

	Graue Substanz.	Weisse Substanz.
Wasser	81,6 pCt.	68,4 pCt.
Feste Bestandtheile	18,4 „	31,6 „
Die festen Bestandtheile bestehen aus:		
Eiweissstoffe und Leim	55,4 „	24,7 „
Lecithin	17,2 „	9,9 „
Cholesterin und Fette	18,7 „	51,9 „
Cerebrin	0,5 „	9,5 „
In Aether unlösliche Substanz	6,7 „	3,3 „
Salze	1,5 „	0,6 „

Ueber den Stoffumsatz in den Centralorganen ist Nichts weiter bekannt, als dass dieselben wie andere Gewebe arterielles Blut in venöses verwandeln, also Sauerstoff verzehren und Kohlensäure bilden; über die zu Grunde liegenden Oxydations- oder wahrscheinlicher Spaltungs- und Restitutionsprocesse (p. 369) weiss man durchaus Nichts. Vermuthlich ist der Umsatz in der grauen Substanz, d. h. in den Nervenzellen, weit lebhafter als in der lediglich aus Nervenfasern und indifferenter Kittsubstanz (Neuroglia) bestehenden weissen; hierauf deutet der viel grössere Gefässreichthum der ersteren.

b. Die Abhängigkeit vom Blutkreislauf.

Von der Circulation sind die Centralorgane in hohem Grade abhängig, und zwar anscheinend in ähnlicher Abstufung wie ihre Erregbarkeit gegen Reize (vgl. p. 437). Das Bewusstsein schwindet durch Anämie der Hirnrinde, wohl richtiger durch Verminderung des Druckes, sehr leicht (Ohnmacht), z. B. bei Verblutung oder zu schwacher Herzthätigkeit; erhöhter Blutdruck (Congestion) scheint Aufregung, Delirien und endlich Coma (p. 440) zu erzeugen. Diese Verhältnisse können leider an Thieren nicht genügend untersucht werden. Schon weniger abhängig zeigen sich die Organe der Medulla oblongata, jedoch werden sie, wie gehörigen Orts bemerkt, durch mangelhaften Gaswechsel stark erregt, und schliesslich unerregbar; ausserdem ist nachgewiesen, dass blosse Blutdruckerhöhung erregen kann, z. B. den Puls mittels der Vagi verlangsamt. Am Rückenmark (s. d.) ist es schon schwierig, auch nur die dyspnoische Erregbarkeit nachzuweisen. Das Gehirn, das hiernach am meisten eines sehr constanten Blutzuflusses bedarf, besitzt in den Anastomosen des Circulus Willisii eine Sicherung gegen plötzliche Circulationsstörungen. Bei Drehungen des Kopfes wird die eine Vertebralarterie gedrückt und gedehnt, die andere aber um ebensoviel entspannt und verkürzt, und hierdurch die Wirkung auf die Basilararterie ausgeglichen. Die Ursache liegt in der Mechanik der Kopfgelenke (L. Gerlach).

Die Blutdruckveränderungen im Gehirn, welche plötzliche Veränderung der Körperstellung (Aufrichten aus horizontaler Lage) hervorbringen könnte, sollen dadurch verhindert sein, dass die Schilddrüse ein collaterales Blutreservoir darstelle (Liebermeister); geschehe die Stellungsänderung zu plötzlich, so trete vorübergehende Ohnmacht ein. Hierfür spricht u. A., dass der Halsumfang beim Liegen grösser ist als beim Stehen (Meuli). Auch noch in anderer Weise soll die Schilddrüse den Blutdruck reguliren, indem sie, bei starkem arteriellen Blutdruck anschwellend, ihrerseits die Carotiden comprimire (Guyon); bei starken Muskelanstrengungen ist nämlich die Carotis zuweilen pulslos (Maignien).

Bei Kaltblütern sind die Functionen des Cerebrospinalorgans vom Kreislauf viel weniger abhängig. Aber auch hier sind in neuerer Zeit Lähmungszustände nach Aufhören der Blutzufuhr beobachtet (Ringer & Murrel, v. Anrep, Luchsinger u. A.); zuerst fallen die Grosshirnfunctionen aus (Martius). In sauerstofffreier Atmosphäre werden Frösche völlig bewegungslos (Aubert).

c. **Die Hirnbewegungen und der Hirndruck.**

Die Druckverhältnisse des Gehirns sind durch seine Einschliessung in die unnachgiebige Schädelkapsel complicirt und vor der Hand nicht übersehbar. Die circulatorischen und respiratorischen Schwankungen des Gefässvolums (vgl. p. 72, 74) bewirken am blossgelegten und am kindlichen Gehirn die Hirnbewegungen, deren Curve (durch Fühlhebel oder plethysmographisch gewonnen, indem der Schädel selbst als Plethysmograph benutzt wird, Mosso u. A.) mit der des Arteriendrucks grosse Aehnlichkeit hat; sie scheinen bei geschlossenem verknöchertem Schädel unmöglich zu sein, wenn nicht etwa der Liquor cerebrospinalis einen Abfluss gefunden hat. Die Mechanik des Schädelinneren, die etwaige mechanische Bedeutung des Liquor, der Plexus chorioidei u. s. w. sind zur Zeit noch nicht übersehbar.

Künstliche Erhöhung des Drucks im Schädelraum (Leyden, Naunyn & Schreiber u. A.) bewirkt Schmerz, und dann alle Erscheinungen der Reizung und nachfolgenden Lähmung der Centralorgane, welche bei Arterienverschluss beobachtet werden, also Bewusstlosigkeit, Krämpfe, Pulsverlangsamung etc. Wahrscheinlich verschliesst der erhöhte Druck die feineren Hirngefässe. Der Schmerz rührt vermuthlich von Zerrung empfindlicher Gebilde (Dura mater) her, und ist von reflectorischer Blutdrucksteigerung begleitet.

Zwölftes Capitel.

Die Sinnesorgane.

Die Vorgänge der Aussenwelt, welche nach dem in der Einleitung Gesagten auf die peripherischen Enden der sensiblen Nerven in den Sinnesorganen erregend wirken, gehören grösstentheils nicht zu den allgemeinen Nervenreizen (p. 344 ff.) können also nur durch Vermittelung besonderer Vorrichtungen erregen, welche man als Aufnahmeapparate*) bezeichnen kann; das Auge enthält solche für Licht, das Ohr für Schall u. s. w. Diese Organe sind aber zugleich als nervöse zu betrachten, da ihre irritative Veränderung den sensiblen Nerven sich direct mittheilt. Manche Sinnesorgane enthalten ausser den Sinnesnerven und den specifischen Aufnahmeapparaten noch physicalische Hülfsvorrichtungen, welche den wahrzunehmenden Vorgang in geeigneter Weise den Aufnahmeapparaten zuleiten, und mit zu betrachten sind.

Die Sinnesorgane werden hier in der Reihenfolge abgehandelt, dass mit den einfachsten begonnen wird.

A. Das Gemeingefühl und die Hautempfindungen.

Geschichtliches. Galen wusste bereits, dass die Empfindungen durch die sensiblen Nerven vermittelt werden, und durch Compression derselben vorübergehend, durch Unterbindung oder Durchschneidung definitiv verloren gehen. Von Endorganen der sensiblen Nerven wurden zuerst die sog. Vater'schen oder Pa-

---

*) In früheren Auflagen habe ich den längeren Ausdruck „specifische Erregungsapparate" gebraucht.

cini'schen Körperchen 1741 von Vater entdeckt, dann 1852 die Tastkörperchen von R. Wagner & Meissner und 1858 die Terminalkörperchen von W. Krause. Die bedeutendste physiologische Arbeit über den Tast- und Temperatursinn ist die 1834 lateinisch und 1846 deutsch erschienene von E. H. Weber, welche das ganze Gebiet nahezu erschöpfte. Sie enthält u. A. den Zirkelversuch und die Lehre von den Empfindungskreisen, sowie das Gesetz von der Unterschiedsempfindlichkeit, aus welchem Fechner 1859 das psychophysische Gesetz ableitete.

I. Allgemeines über das Empfindungsvermögen.

Fast alle Organe des Körpers sind empfindlich, d. h. sie können zum Mindesten Schmerzempfindung und Reflexe verursachen, jedoch in sehr ungleichem Grade. Ganz unempfindlich sind nur die Horngebilde, sehr wenig empfindlich die Knochen, Sehnen, Bänder, etwas mehr die Eingeweide und Muskeln, am empfindlichsten die Haut und die der Haut nahen Schleimhäute, wie Conjunctiva, Nasenschleimhaut, äusserer Gehörgang, Lippen- und Mundhöhlenschleimhaut, Kehlkopfschleimhaut, After, Harnröhre, Vulva und Vagina. Das Gehirn und Rückenmark sind mit Ausnahme der sensiblen Nervenursprünge völlig unempfindlich, ebenso ihre Häute, mit Ausnahme der Dura.

Alle empfindlichen Theile bewirken bei heftigen Eingriffen und gewissen pathologischen Veränderungen das unangenehme Gefühl des Schmerzes. Sehr zweifelhaft ist es, ob es verschiedene elementare Arten von Schmerz giebt, ob nicht der brennende, stechende, reissende, drückende Schmerz nur verschiedene räumliche und zeitliche Vertheilungsarten der gleichen Empfindung darstellen.

Im normalen Zustande sind die Empfindungen der meisten inneren Organe kaum merklich und in ihrem Character undeutlich. Trotzdem haben sie vermuthlich eine gewisse Bedeutung; so z. B. haben die Zähne ein deutliches Tastvermögen, welches beim Kauen unzweifelhaft eine leitende Rolle spielt; an den Knochen, Gelenken, Sehnen und den Muskeln selbst empfinden wir undeutlich den Grad der Anstrengung, Ermüdung, Dehnung, Verbiegung und lassen uns dadurch bei der Muskelthätigkeit leiten (s. unten sub V.). An verschiedenen, zum Theil nicht genügend angebbaren Eingeweiden haftet die Empfindung der Sättigung, des Hungers, des Stuhl- und Harndranges. Alle diese undeutlich empfindenden Organe lösen aber mit ihren sensiblen Nerven zahlreiche wichtige, grösstentheils schon besprochene Reflexe aus.

In der Haut und den erwähnten Schleimhäuten sind die Empfindungen weit deutlicher und lebhafter, und befähigen zu klaren sinnlichen Wahrnehmungen. Die ganze äussere Körperumhüllung wird hierdurch zu einem wichtigen Sinnesorgan, ist aber zugleich durch ihre lebhafte Schmerzempfindlichkeit ein wachsamer Hüter gegen alle den Körper bedrohenden Eingriffe. Das mit den Empfindungen verbundene Lust- und Unlustgefühl ist hier besonders lebhaft, und nimmt sehr mannigfache, und an gewissen Stellen specifische Gestalten an, wie die Empfindung des Juckens, des Kitzels, der geschlechtlichen Wollust.

Eine speciellere Betrachtung erfordern nur die eben angeführten sinnlichen Wahrnehmungen der Haut und der angrenzenden Schleimhäute, und ferner die aus sehr zahlreichen Elementen sich zusammensetzenden Wahrnehmungen der activen und passiven Bewegungen.

II. Der Tastsinn.

Durch den Tastsinn der Haut und einiger Schleimhäute, besonders der Lippen und der Zunge, sind wir befähigt, den Ort, die Gestalt und mannigfache andre Eigenschaften der berührenden oder berührten Gegenstände zu erkennen. Dies Erkennen lässt sich zurückführen: 1. auf die Wahrnehmung der Orte, welche berührt werden (Ortssinn, Raumsinn), 2. auf die Wahrnehmung der Intensität oder des Druckes, mit welchem jeder Hautpunct berührt wird (Drucksinn), 3. auf die Wahrnehmung der Gestalt, welche das berührende Glied grade hat, und der Veränderungen, welche dieselbe durch den Druck erleidet. Wird z. B. ein kantiger Gegenstand mit der Hand betastet, so üben die Kanten und Ecken auf gewisse Linien und Puncte der Haut einen stärkeren Druck aus als die gleichmässiger drückenden Flächen, Höhlungen bewirken Lücken in dem Druckbilde, welche durch stärkeres Andrücken und Hineinschmiegen weicher Theile verschwinden u. s. w. Flüssigkeiten werden an ihrem überall gleichen Drucke und an ihrer Nachgiebigkeit gegen Bewegungen der Hand erkannt, Quecksilber an dem fühlbaren Auftriebe, rauhe oder stachlige Flächen verursachen Ungleichmässigkeiten und ausgezeichnete Puncte des Drucks u. s. w. Die Wahrnehmung wird vervollständigt, wenn die Berührungsweise successiv verändert, und so eine Reihe von Tastbildern erzeugt wird. Für die Deutung des Tastbildes ist aber die Kenntniss der Hand- und Fingerhaltung selbst unentbehrlich, und über diese belehren die schon erwähnten Empfindungen der Muskeln, Sehnen, Bänder u. s. w. Wie wichtig dies letztere Moment ist, zeigt der Versuch des Aristoteles: Schlägt man den Mittelfinger so über den

Zeigefinger, dass man einen kleinen runden Gegenstand (Erbse, Federhalter) zwischen die Kleinfingerseite des ersteren und die Daumenseite des letzteren bringen und hin- und herrollen kann, so fühlt man stets zwei runde Körper, weil eine Berührung dieser beiden Flächen durch Einen runden Körper ohne unnatürliche Fingerstellung nicht vorkommen kann, und diese Fingerstellung unmittelbar nicht genügend empfunden wird.

Zu feineren Tastwahrnehmungen werden fast nur die Hände und Finger benutzt, deren Tastsinn am feinsten ist; nächstdem kommen hauptsächlich in Betracht das Tasten der Zunge, Lippen etc. für das Kauen, wohl auch für das Sprechen (auch die Epiglottis hat z. B. feinen Tast- und Temperatursinn, Pieniaczek), und das Tasten der Fusssohle und der Zehen für das Stehen und Gehen.

Zur Beurtheilung und Vergleichung der Feinheit des Tastvermögens ist, entsprechend obiger Zergliederung desselben, das Empfindungsvermögen und das Localisationsvermögen der Hautbezirke festzustellen.

1. Das absolute Empfindungsvermögen.

Das scheinbar nächstliegende Verfahren, nämlich die Feststellung desjenigen Minimaldrucks für jede Hautstelle, welcher überhaupt noch wahrgenommen wird, scheitert daran, dass die wahrnehmbaren Berührungen so leise sind, dass sie sich nicht mehr sicher durch Gewichte repräsentiren lassen, und der Modus der Berührung sich viel einflussreicher erweist als die Intensität. An der Stirn wird als wahrnehmbarer Minimaldruck 2 mgrm. angegeben, an anderen Hautstellen mehr (Kammler).

Man hat daher zu electrischen Hautreizen seine Zuflucht genommen und so eine ziemlich gleiche Empfindlichkeit aller Hautstellen gefunden, wenn der sehr verschiedene Leitungswiderstand der Hautbezirke berücksichtigt wird (Leyden). Eliminirt man denselben durch Einschaltung sehr grosser Nebenwiderstände, und eliminirt man ferner die Verschiedenheitn des Nervenreichthums möglichst durch Anwendung zahlreicher auf die Hautfläche vertheilter Einströmungspuncte, so bestätigt sich, dass für alle Hautstellen ziemlich dieselbe Stromintensität zur Wahrnehmung erforderlich, die absolute Empfindlichkeit der sensiblen Endapparate also nahezu überall gleich ist (Tschirjew & de Watteville). Durch Bäder wird die Empfindlichkeit erhöht.

2. Die Unterschiedsempfindlichkeit und das sogenannte psychophysische Gesetz.

Ein andres Verfahren (E. H. Weber) prüft die Empfindlichkeit für Druckunterschiede, indem successive verschiedene Gewichte auf die Haut gesetzt werden und ermittelt wird, welcher Gewichtsunterschied bei den Abwechselungen noch erkannt wird. Die Gewichte müssen bei diesen Versuchen stets mit einer gleich grossen und gleich geformten Fläche aufliegen, z. B. (Kammler) in Gestalt runder Plättchen. Noch besser ist es, unter einer Wagschale eine Korkpelotte anzubringen, welche auf die Haut drückt, während der Druck mittels der anderen Wagschale vorsichtig verändert wird (Dohrn, Bastelberger).

Hierbei zeigt sich zunächst das Gesetz, dass die wahrnehmbaren Differenzen des Drucks für eine gegebene Hautstelle mit dem absoluten Druck variiren, und zwar demselben proportional sind (E. H. Weber). Das Gesetz, dass die Unterschiedsempfindlichkeit um so geringer wird, je höher die bestehende Einwirkung bereits ist, bewährt sich auch auf manchen anderen Sinnesgebieten (Weber, Fechner), z. B. bei der Beurtheilung der Helligkeit, der Grösse, der Schallintensität, ja sogar auch bei moralischen Eindrücken: ein Gewinn oder Verlust eines bestimmten Betrages macht einen um so geringeren Eindruck, je mehr die Person schon besitzt; der Gewinn muss, um den gleichen Eindruck zu machen, beim n mal Reicheren n mal so gross sein.

Aus dem Weber'schen Gesetze hat man ein andres Gesetz über die Beziehungen zwischen Reizgrösse und Empfindung abgeleitet, welches als das psychophysische Gesetz bezeichnet wird (Fechner). Wenn nämlich das Weber'sche Gesetz so ausgedrückt werden darf (s. unten), dass der Empfindungszuwachs proportional ist dem Reizzuwachs dividirt durch die absolute Reizstärke, so stehen die Empfindungen zu den Reizen offenbar in gleichem Abhängigkeitsverhältniss wie die Logarithmen zu ihren Numeris.

Exact formulirt gestaltet sich die Ableitung folgendermassen. Ist β die Reizgrösse, γ die zugehörige Empfindungsgrösse, so lautet die eben angeführte Formulirung des Weber'schen Gesetzes

$$d\gamma = k \cdot \frac{d\beta}{\beta}, \qquad (1)$$

worin k eine Constante. Die Integration ergiebt

$$\gamma = k \cdot \log nat \ \beta + const.$$

Wählt man die Constante so, dass ein unterer Grenzwerth von β, der

sog. Schwellenwerth b eingeführt wird, bei welchem die Empfindung anfängt, also die Null überschreitet, so wird
$$0 = k \cdot \log nat\ b + const.,$$
also
$$\gamma = k\ (\log \beta - \log b) = k \cdot \log \frac{\beta}{b}, \quad (2)$$
die sogenannte psychophysische Maassformel; für gewöhnliche Logarithmen ist nur die Constante k zu ändern.

Gegen diese Ableitung sind aber erhebliche Bedenken geltend gemacht worden (Hering, Trotter u. A.). Die Gleichung 1 ist nämlich keine richtige Wiedergabe des Weber'schen Gesetzes; das letztere behauptet nur, dass das Verhältniss des eben merklichen Reizzuwachses zur absoluten Reizgrösse eine Constante ist, nicht aber dass dem merklichen Reizzuwachs immer eine gleiche Empfindung entspricht und dass diese Empfindungen sich zur Gesammtempfindung einfach summiren, wie in der Gleichung 1 liegt. Sie ist ebenso unrichtig, als wollte man, weil der wahrnehmbare Längenunterschied zweier Linien ihrer Grösse proportional ist, behaupten, dass die eben merklichen Längendifferenzen bei verschiedenen Längen immer gleich gross erscheinen. Die Fechner'sche Ableitung aus dem Weberschen Gesetz ist also unberechtigt.

Eine andre Reihe von Einwänden (Delboeuf, Plateau, Hering u. A.) richtet sich gegen die Gültigkeit des Weber'schen Gesetzes selbst. Aus Modificationen desselben haben Andere wiederum psychophysische Gesetze abgeleitet, auf welche hier nicht eingegangen werden kann.

Für verschiedene Hautstellen ergiebt sich die Unterschiedsempfindlichkeit, d. h. das Verhältniss der wahrnehmbaren Druckunterschiede zu den absoluten Drucken, nicht gleich gross, wozu die Resultate der electrischen Versuche nicht gut stimmen; an günstigen Stellen, z. B. den Fingerkuppen, ist der wahrnehmbare Zuwachs etwa $1/30$ (Weber). Die Reihefolge der Hautstellen in dieser Hinsicht ist eine etwas andere als beim Ortssinn (s. unten); jedoch weichen die specielleren Angaben (Kammler, Goltz) von einander ab.

Das Verfahren von Goltz (vervollkommnet von Bastelberger) besteht darin, statt alternirender Drücke eine Druckschwankung wirken zu lassen, indem ein mit Wasser gefüllter Kautschukschlauch, in welchem Wellen erzeugt werden, der Haut angelegt wird. Zu beachten ist übrigens, dass bei diesem Verfahren die räumliche Empfindung nicht ganz ausgeschlossen ist, weil mit der positiven Druckschwankung wahrscheinlich auch eine geringe Vergrösserung der Berührungsfläche verbunden ist, da Schlauch und Hautstelle sich gegenseitig etwas abplatten. Das Verfahren ist hergeleitet von der Erfahrung, dass man mit dem Finger an vielen Körperstellen den Arterienpuls fühlt, ohne dass die berührte Hautstelle, auf welche doch dieselbe Druckschwankung wirkt, dieselbe wahrnimmt. Schon Vergleichungen dieser Art können zur Aufstellung einer Scala benutzt werden.

3. Das Localisationsvermögen und die Empfindungskreise.

Zur Prüfung des Localisationsvermögens kann man bei verschlossenen Augen den Ort einer Berührung oder die scheinbare Distanz mehrerer Berührungen, endlich die Gestalt auf die Haut unter Druck geschriebener Züge angeben lassen. Viel exacter aber ist es, diejenige Entfernung aufzusuchen, welche zwei punctförmige Berührungen haben müssen, um als zwei empfunden zu werden, wozu am besten die Spitzen eines mit Theilung versehenen Stangenzirkels dienen (E. H. Weber). Hierbei zeigt sich das Verhalten der verschiedenen Hautstellen sehr verschieden. Die Grenzdistanzen sind in Pariser Linien (Weber):

Zungenspitze 0,5	Backen 5	Scheitel 15
Fingerkuppen, Volars. 1	Augenlid 5	Kniescheibe 16
Lippen, rother Theil . 2	Harter Gaumen, Mitte . 6	Kreuzbein 18
2. Phalanx, Volarseite 2	Jochbein, Haut vorn .. 7	Glutäengegend 18
3. Phalanx, Dorsalseite 3	Metatars.hallucis,Plant. 7	Unterarm 18
Nasenspitze 3	1. Phalanx der Finger,	Unterschenkel 18
Capit. metacarpi,Volarseite 3	Dorsalseite 7	Fussrücken, vorn..... 18
	Cap. metatarsi, Dorsals. 8	Brustbein 20
Rücken- und Seitenwand der Zunge ... 4	Lippen, Innenseite ... 9	Nacken 24
	Jochbein, Haut hinten. 10	Rücken, oben 24
Lippenhaut 4	Stirn, unten 10	Rücken, unten 24
Metacarpus d. Daumens 4	Ferse, hinten 10	Nacken 30
Zehenkuppen,Plantars. 5	Hinterhaupt, unten ... 12	Rücken, Mitte 30
2. Phalanx der Finger,	Handrücken 14	Oberarm u. Oberschenkel, Mitte 30
Dorsalseite....... 5	Hals unter dem Kinn . 15	

An den Extremitäten sind die Abstände in der Längsrichtung grösser als quer. **Durch Uebung werden sie kleiner** (Volkmann) und sind besonders klein bei Blinden (Goltz); sie sind ferner kleiner, wenn die Spitzen nach einander aufgesetzt werden; wenn man von grossem Abstande ausgeht, und den Abstand aufsucht, bei welchem die vorher gesonderten Empfindungen verschmelzen, sind sie kleiner, als wenn man umgekehrt von einem kleinen Abstande ausgehend die Entfernung aufsucht, bei welcher zuerst zwei gesonderte Eindrücke auftreten. Zwei eben noch gesondert empfundene Eindrücke vereinigen sich zu Einem, wenn man die Haut zwischen beiden erregten Puncten durch Kitzeln oder Inductionsströme mit erregt (Suslowa). Ueber den Einfluss gleichzeitiger Temperaturdifferenzen s. unten sub III. Dehnung der Haut, z. B. der Bauchhaut in der Schwangerschaft, vergrössert die Empfindungskreise (Czermak, Teuffel), ebenso Morphiumdarreichung (Rumpf). Die Angabe, dass subcutane Morphiuminjection diese Wirkung local habe (Eulenburg), wird bestritten (Rumpf).

Zur Erklärung der angeführten Erfahrungen muss man folgende Annahmen machen (Lotze, E. H. Weber, Meissner, Czermak): Das Bewusstsein hat fortwährend eine Vorstellung von dem Erregungszustande sämmtlicher Hautpuncte in ihrer gegebenen räumlichen Anordnung, es fühlt ein Tastfeld. Jede Erregung eines sensiblen Endorgans wird an eine bestimmte Stelle des Tastfeldes, der Körperoberfläche, verlegt. Diese Stelle ist aber nicht der erregte Punct, sondern eine kreisförmige oder (an den Extremitäten) elliptische Fläche, deren Mittelpunct der erregte Punct ist, der sog. Empfindungskreis. Zwei sich berührende oder theilweise deckende Empfindungskreise können aber in der Vorstellung nicht räumlich gesondert werden; die Sonderung geschieht erst, wenn zwischen beiden ein unerregtes sensibles Element vorhanden ist, und die scheinbare Entfernung der beiden Erregungen ist um so grösser, je mehr unerregte Elemente zwischen beiden Empfindungskreisen übrig bleiben. Hieraus ergibt sich, dass zwei benachbarte Eindrücke auf der Haut erst dann gesondert wahrgenommen werden können, wenn ihr Abstand grösser ist, als zwei halbe, also ein ganzer Durchmesser eines Empfindungskreises; die angegebenen Zahlen sind also die Durchmesser der Empfindungskreise an den betreffenden Hautstellen. Ferner ergibt sich, dass zwei distincte Eindrücke sich vermischen müssen bei Erregung der zwischenliegenden empfindenden Elemente.

Es ist nun noch zu erklären, wie es kommt, dass die Empfindungskreise an verschiedenen Körperstellen verschiedene Grösse haben. Offenbar ist ein Empfindungskreis nicht eine feste anatomische Grösse, etwa der Verbreitungsbezirk einer Nervenfaser; denn einmal ist er veränderlich durch Aufmerksamkeit, Uebung und andere Einflüsse, zweitens müsste ein Zirkelabstand, der geringer ist als der Durchmesser eines Empfindungskreises, bald mit beiden Füssen in Einen, bald in zwei zusammenstossende Empfindungskreise fallen können; vielmehr ist ein Empfindungskreis um jeden einzelnen Hauptpunct anzunehmen. Diese Ausstrahlung oder Irradiation der Erregung in die Nachbarschaft kann aber wiederum nicht einfach mechanisch erfolgen, denn sonst müsste der Empfindungskreis überall ziemlich gleiche Grösse haben, und vollends wären die elliptischen Irradiationsbezirke an den Extremitäten unerklärlich. Vielmehr muss die Dichte der Nervenversorgung eine Rolle spielen, denn im Allgemeinen sind die Empfindungskreise um so kleiner, je mehr Nervenenden auf die Flächeneinheit fallen, und diese Vertheilung ist in der That an den Extremitäten in Längs- und Querrichtung ungleich. Der Durchmesser des Empfindungskreises soll etwa 12 Tastkörperchen umfassen (Krause). So ist also eine centrale Irradiation der Erregung der Art anzunehmen, dass bei Reizung einer Hautnervenfaser eine Anzahl benachbarter mit erregt erscheinen. Wahrscheinlich liegt der Schlüssel zu dieser Erscheinung in den p. 397 erörterten Eigenschaften des centralen Röhrengraus. Da die benachbarten Fasern schwächer erregt erscheinen müssen, werden die Empfindungskreise um so kleiner, je schärfer das Sensorium feine Intensitätsunterschiede aufzufassen vermag.

Für das Tasten ist auch die Persistenzzeit einer Berührungsempfindung nicht gleichgültig; von einer gewissen Frequenz ab vermischen sich die Berührungen zu einer continuirlichen Empfindung. Am Schenkel geschieht dies schon bei 52 Reizen p. sec., am Arm erst bei 58—60, an den Fingerkuppen noch nicht einmal bei 70 (Bloch; vgl. auch p. 445).

III. Der Temperatursinn.

Die Temperatur der die Haut berührenden Körper, Luft, Flüssigkeiten, feste Gegenstände, wird durch das von ihnen verursachte Wärme- und Kältegefühl annähernd empfunden, und dadurch auch zuweilen beim Tasten das Material der Körper beurtheilt, indem z. B. Metalle wegen ihres besseren Wärmeleitungsvermögens sich kälter anfühlen als Holz von gleicher Temperatur.

Die letztere Erfahrung zeigt schon, dass der Temperatursinn nicht die absolute Temperatur anzeigt, etwa wie das Thermometer; ferner kommt uns das gleiche Wasser warm vor, wenn die eintauchende Hand soeben in kälterem war, und kalt wenn in wärmerem. Viele Erfahrungen zeigen, dass im Allgemeinen Körper, welche wärmer sind als die Haut, sich warm anfühlen, Körper, welche kälter sind als die Haut, kalt, so dass man das Wärmegefühl vom Wärmerwerden, das Kältegefühl vom Kälterwerden der Haut ableiten muss (E. H. Weber, Hering). Jedoch ist die Formulirung, dass Wärmeabgabe der Haut Kälteempfindung macht, nicht richtig, denn die Haut giebt z. B. an die Luft fast immer Wärme ab, ohne immer Kältegefühl zu haben. Die richtigste Formulirung scheint folgende zu sein (Hering): Der nervöse Apparat der Haut nimmt je nach den Umständen eine bestimmte Temperatur an, z. B. an der Luft eine zwischen Luft- und Innentemperatur liegende (p. 228). Wird diese Temperatur erhöht, so entsteht Wärmegefühl, wird sie erniedrigt, Kältegefühl, und keine Temperaturempfindung, wenn sie unverändert bleibt. Je schneller die Veränderungen dieses „Nullpuncts" sind und je grössere Flächen sie betreffen, um so stärker werden die Temperaturempfindungen.

Gegenstände, welche kälter als ungefähr 10 oder wärmer als ungefähr 47° C. sind, machen, nach kurzer Zeit oder sogleich, keine Temperaturempfindung mehr, sondern Schmerz, welcher schnell zunimmt. Ob die angegebenen Grenzen mit der obigen „Nullpuncts"-Temperatur des Nervenapparats sich ändern, bedarf noch der Untersuchung. Der Schmerz tritt um so schneller ein, je mehr die Temperatur von der Körpertemperatur abweicht und je grösser die ihr ausgesetzte Fläche (E. H. Weber).

In der Nähe der Hauttemperatur selbst ist der Temperatursinn am feinsten, und gestattet am schärfsten die Temperatur verschiedener Körper zu unterscheiden. Durch successives Aufsetzen dünner mit temperirtem Wasser gefüllter Blechcylinder ergab sich die Unterscheidung am feinsten zwischen 27 und 33°, demnächst zwischen 33—39° und zwischen 14—27° (Nothnagel). Die Körpergegenden gruppiren sich in Bezug auf die Empfindlichkeit gegen Temperaturdifferenzen, mit Hinweglassung der sehr regellosen Extremitäten, folgendermassen (E. H. Weber): Zungenspitze, Augenlider, Wangen, Lippen, Hals, Rumpf. Die der Mittellinie näheren Theile empfinden weniger fein.

Die Temperaturempfindung hat auch auf die Druckempfindung und die Localisation Einfluss. Ein kälteres Gewicht erscheint schwerer als ein gleich schweres warmes (Weber). Ferner wird beim Weberschen Zirkelversuch die Unterscheidung erleichtert, die Empfindungskreise verkleinert, wenn beide Spitzen ungleiche Temperatur haben (Czermak, bestritten von Klug); fallen die Spitzen so nahe zusammen, dass sie nicht unterschieden werden, so erscheint die Berührung abwechselnd warm und kalt, oder es wird nur die kalte Spitze empfunden (Czermak). Bei gleicher Temperatur beider Spitzen wird ihre Unterscheidung um so leichter, je mehr diese Temperatur von der der Haut verschieden ist (Klug).

Das Frost- und Hitzegefühl sind anscheinend nicht Empfindungen erhöhter oder erniedrigter Allgemeintemperatur, sondern nur ausgedehntere Hautempfindungen. So tritt z. B. der Fieberfrost bei abnorm erhöhter Innentemperatur auf.

IV. Die Organe und die Abhängigkeiten der Hautempfindungen.

Tast- und Temperaturempfindungen sind so verschiedenartig, dass man verschiedene Organe für dieselben annehmen muss. Jedoch existirt bisher nicht der mindeste Anhalt dafür, welche von den in der Haut und den Schleimhäuten bisher aufgefundenen sensiblen Nervenendorganen für die eine und die andere Empfindung bestimmt sind. Auffallend bleibt, dass beide Organe bei gewisser Erregungsstärke Schmerz geben, doch könnte letzterer vielleicht doch nur von dem einen herrühren. Nach dem Princip der specifischen Energie (p. 342) müssen ausserdem für die Wärme- und Kälteempfindung verschiedene Nervenfasern angenommen werden. (Ueber eine andre Ansicht, von Hering, vgl. beim Sehorgan, unter Farbenempfindung.)

Die Endorgane der sensiblen Nerven sind erst an wenigen Stellen bekannt, und ihr feinster Bau noch vielfach streitig. Man kennt bisher folgende Formen: 1. Vater'sche (Pacini'sche) Körperchen, ziemlich gross (0,5—4 mm.) im subcutanen Zellgewebe, namentlich der Hohlhand und Fusssohle liegend, ausserdem an den Geschlechtsorganen, vielen Muskeln und Gelenken, und in den sympathischen Plexus der Bauchhöhle (z. B. im Mesenterium der Katze). Sie sind eiförmig und bestehen aus vielfachen concentrischen Bindegewebsschichten, die einen cylindrischen aus Protoplasma bestehenden Körper (Innenkolben) umschliessen; in letzterem verläuft die eintretende Nervenfaser als nackter Axencylinder und endigt einfach oder in mehrere kurze Endzweige gespalten, mit einer kleinen knopfartigen Anschwellung. — 2. Nervenendkolben (W. Krause), ebenfalls ovale oder mehr kuglige Bläschen von nur 0,03—0,06 mm., bestehend aus einer bindegewebigen Hülle mit Kernen und einem weichen homogenen Inhalt, in den die Nervenfaser eintritt, um zugespitzt zu endigen; sie finden sich in vielen Organen, namentlich in Schleimhäuten, und liegen hier in der bindegewebigen Mucosa. Vermuthlich sind die Organe ad 1. und 2. Modificationen einer einzigen Grundform, welche in ihrer einfachsten Gestalt, d. h. ohne Hüllenformation, dargestellt zu werden scheint durch die folgenden: 3. Nervenendknöpfchen, die Endigungen der sensiblen Nerven der Cornea; die letzteren verzweigen sich zu feinen Fasern, welche in der subepithelialen Schicht ein gitterförmiges Netzwerk bilden, von diesem treten feine, zuweilen verzweigte Fasern in das Epithel aus und endigen auf der freien Oberfläche, in der Thränenflüssigkeit flottirend (Cohnheim), nach andern innerhalb des Epithels (Hoyer), mit einem kleinen Knöpfchen. — 4. Tastkörperchen (Wagner & Meissner), in einem Theile der Papillen der Cutis (die übrigen Papillen tragen Capillarschlingen), am zahlreichsten in der Hohlhand und Fusssohle; länglich ovale, grob und unregelmässig quergestreifte Kölbchen von 0,05—0,1 mm. Länge, welche fast den ganzen Raum der Papille einnehmen, und in welche eine oder mehrere Nervenfasern, oder Zweige von solchen eintreten; dieselben endigen in eigenthümlichen quergestellten platten Zellen; den Tastzellen (Merkel), welche das Lumen ausfüllen. Diese Zellen kommen auch vereinzelt, oder zu mehreren vereinigt, als Nervenendapparate vor, z. B. am Entenschnabel, die sog. Grandry'schen Körperchen. Ausser den hier genannten Grundformen kommen noch zahlreiche Modificationen und Uebergangsformen an einzelnen Fundorten vor, z. B. an den Geschlechtstheilen, an den Tasthaaren, an der Schnauze des Maulwurfs etc.

Durch Reizung der Nervenstämme selbst kommen meist nur Schmerzempfindungen zu Stande, welche in die natürlichen Endigungen verlegt werden (p. 342); zuweilen haben dieselben einen juckenden oder prickelnden Character, nie aber den einer Temperaturempfindung, wahrscheinlich weil die Tastnerven im Stamme überwiegen. Ebenso haben bei Hautdefecten die unterliegenden Theile zwar Schmerz-, aber kein Temperaturempfindungsvermögen (E. H. Weber). Thermische Einflüsse können nur dann Temperaturempfindungen machen, wenn sie auf die natürlichen Endorgane in der Haut wirken. So z. B. macht Eintauchen des Ellbogens in Eiswasser in den Ulnarfingern nur Schmerzempfindung, wie jede andre Reizung des Ulnarisstammes, während an der Ellbogenhaut selbst Kälteempfindung auftritt (E. H. Weber). Bei Compression eines Nervenstammes, z. B. beim sog. „Einschlafen" eines Gliedes (p. 375), schwindet das Kälteempfindungsvermögen und das Tastvermögen vor dem Warmeempfindungsvermögen (Herzen), woraus sich aber vor der Hand kein bestimmterer Schluss ziehen lässt.

Der Ernährungs-, Circulations- und Temperaturzustand der Haut sind für den Tastsinn von grosser Bedeutung. Hyperämie der Haut und warme Bäder vermindern den Tast- und Temperatursinn, Anämie vermindert den Tastsinn, erhöht den Temperatursinn, kalte Bäder erhöhen den Tastsinn, Alles natürlich nur innerhalb gewisser Grenzen (Alsberg, Stolnikow). Sehr starke Abkühlung (z. B. durch zerstäubten Aether), ferner gewisse Gifte machen die Haut vollkommen unempfindlich.

V. Die Bewegungsempfindungen.

1. **Das Muskelgefühl.** Ein zweckmässiger Gebrauch der Muskeln ist nicht möglich, ohne dass das Bewusstsein beständig von deren Wirkung unterrichtet wird, oder wenigstens centripetale, auf diesen Wirkungen beruhende Erregungen auf die geordneten Reflexe zurückwirken. Man kann sich in der That leicht überzeugen, dass man bei geschlossenen Augen von jeder Lage eines Gliedes ohne Weiteres Kenntniss hat. theils durch die Hautempfindungen, theils aber durch Empfindungen in den Muskeln selbst, wohl auch in den Skelettheilen, Sehnen u. s. w.; an all diesen Gebilden sind sensible Nerven nachgewiesen. Fraglich ist nur, ob nicht eine unmittelbare Wahrnehmung des motorischen Impulses beim Muskelgefühl mitspielt. Für die Bedeutung der sensiblen Erregungen können angeführt werden: die Störungen der Muskelthätigkeit durch Sensibilitätsstörungen (die sog. Ataxie), welche auch experimentell durch Durchschneidung der hinteren Spinalwurzeln hervorgerufen werden können (Bernard, vgl. p. 383), ferner der Sehnenreflex (p. 402) und der Umstand, dass Glieder welche wegen Kälte oder Druck auf den Nerven (Einschlafen) undeutlich empfinden, auch ungeschickt bewegt werden. Dass nicht allein die Hautempfindungen in Betracht kommen (s. oben), wird dadurch bestätigt, dass enthäutete Frösche noch geordnete Bewegungen ausführen (Bernard).

Messbar ist das Muskelgefühl durch die Schätzung gehobener Gewichte; die Unterschiedsempfindlichkeit (vgl. p. 456) wird zu $1/_{40}$ angegeben (E. H. Weber).

2. **Die Empfindung passiver Bewegungen.** Passive Bewegungen des Gesammtkörpers, sowohl gradlinige als drehende, werden deutlich empfunden, auch wenn der Gesichtssinn ausgeschlossen ist; die Empfindung schwindet jedoch bei gleichförmiger Bewegung bald, und beim plötzlichen Aufhören der Bewegung tritt die Täuschung einer entgegengesetzten Bewegung auf, so dass möglicherweise nicht die Geschwindigkeit, sondern nur die Beschleunigung empfunden wird (Mach). Die dabei auftretenden Schwindelempfindungen und reactiven Bewegungen, welche bis zur Zwangsbewegung gehen können, sind schon an anderer Stelle (p. 420 f.) besprochen.

Zur Erklärung der Bewegungsempfindungen genügen anscheinend die sensiblen Vorrichtungen aller Körpertheile. Bei jeder regelmässigen Bewegung müssen durch Trägheit, Centrifugalkraft etc. gewisse Verlagerungen der beweglicheren Körperelemente gegen die festeren stattfinden, z. B. eine veränderte Vertheilung der Blutmasse; durch Empfindung dieser Veränderungen, ferner des veränderten Drucks des Bodens, der Umgebung etc., Wahrnehmung der zur Erhaltung des Gleichgewichts nöthigen Muskelanstrengungen (s. oben) sind Momente genug zu unbewussten Schlüssen über Art, Richtung etc. der Bewegung gegeben. Dass wesentlich die Beschleunigung empfunden wird und die folgende Ruhe als negative Beschleunigung erscheint, kann leicht durch das allgemeine Princip der grösseren Empfindlichkeit für Veränderungen im Vergleich mit Zuständen, und den successiven Contrast, welcher zweckmässiger beim Gesichtsorgan behandelt wird, erklärt werden. Die Annahme eines besonderen Sinnesorgans für Bewegungswahrnehmung ist also nicht erforderlich; ein solches glauben Einige in den Bogengängen des Ohrlabyrinthes sehen zu müssen; hierüber s. unter Gehörorgan.

B. Der Geschmackssinn.

I. Das Geschmacksorgan und die Geschmacksnerven.

Das Geschmacksorgan hat seinen Sitz in gewissen Theilen der Mundschleimhaut, vor allem in der Zungenschleimhaut. Die genauere Begrenzung kann erstens durch Auftupfen schmeckbarer Pulver (Flüssigkeiten würden sich zu leicht weiter verbreiten), zweitens durch die anatomische Aufsuchung der Schmeckbecher geschehen, welche als die eigentlichen Geschmacksorgane zu betrachten sind (Lovén, Schwalbe 1867). Die letzteren sind becherförmige offene Körper, mit einem Bündel spindelförmiger Zellen erfüllt, deren innerste Lage mit den eintretenden Nervenfasern verbunden, und am freien Ende borstenförmig zugespitzt sind; sie finden sich hauptsächlich an den Spalträumen der Papillae circumvallatae und foliatae, aber auch spärlicher auf den Papillae fungiformes, am weichen Gaumen und der Epiglottis. Hieraus ist zu schliessen, dass hauptsächlich der hintere Theil der Zunge am Rücken und an den Seiten schmeckfähig ist, aber auch alle anderen Zungentheile sowie weicher Gaumen und selbst Epiglottis etwas Geschmackssinn besitzen. Dies wird nun durch die zahlreichen Schmeckversuche bestätigt: ausser der Zungenwurzel wurden schmeckfähig befunden die Zungenspitze und die Zungenränder (Schirmer, Klaatsch & Stich, Camerer, E. Neumann), der weiche Gaumen

(J. Müller, Drielsma), oder wenigstens ein Theil desselben (Schirmer, Klaatsch & Stich), selbst der harte Gaumen (Drielsma). Am vorderen Zungentheil ist aber das Schmeckvermögen unvollkommen, am besten meist für saure, am schlechtesten für bittere Substanzen (Lussana, v. Vintschgau). Auch kommen grosse individuelle Verschiedenheiten vor (Urbantschitsch). Nicht schmeckfähig sind die Lippen, das Zahnfleisch, die Wangenschleimhaut, die untere Zungenfläche.

Der Geschmacksnerv scheint nach dem jetzt vorliegenden sehr reichhaltigen Untersuchungsmaterial ausschliesslich der Glossopharyngeus zu sein, welcher dem hinteren Zungentheil direct, den anderen schmeckfähigen Gegenden aber durch Vermittelung anderer Nervenbahnen, namentlich des Trigeminus, seine Fasern zuführt. Nach Durchschneidung desselben degeneriren die Schmeckbecher (v. Vintschgau & Hönigschmid).

Bei Facialislähmungen kommen Geschmacksstörungen im vorderen Zungentheil häufig vor, welche von Geschmacksfasern der Chorda tympani abgeleitet werden. Gegen die Betheiligung des Facialis wird dagegen angeführt, dass nach Durchschneidung der Chorda sich im Lingualis jenseits des Abgangs der Speichelnerven keine degenerirten Fasern finden (Vulpian). Andere fanden solche (Prévost; beim Hunde auch Vulpian); auch sind Geschmacksstörungen nach operativer Durchschneidung der Chorda (am Trommelfell) beobachtet (O. Wolf), sowie Geschmacksempfindungen bei Reizung der Chorda (Urbantschitsch). Da ein Fall beobachtet ist, in welchem der intracranielle Theil der Faciales vollständig degenerirt war, ohne Geschmacksstörung (Wachsmuth), so wird angenommen, dass die Geschmacksfasern erst durch den N. petrosus superficialis major zum Facialis treten, und theils durch den N. petrosus superficialis minor und das Ganglion oticum, theils durch die Chorda in die Trigeminusbahn übergehen (Schiff). Da aber auch centrale Trigeminuslähmungen ohne Geschmacksstörung vorkommen (indess ist in solchen Fällen auch vollständiger Geschmacksverlust der gelähmten Seite beobachtet, Gowers, Senator), so müsste ein Uebertritt von Glossopharyngeusfasern durch die Jacobson'sche Anastomose (Plexus tympanicus), den Petrosus superfic. min. und das Gangl. oticum in den Trigeminus angenommen werden, wofür auch einige Fälle von Geschmacksstörung durch Paukenhöhlenaffection ohne Störung der Chorda zu sprechen scheinen (Carl, Urbantschitsch). Auch zu den schmeckfähigen Gaumentheilen sind Glossopharyngeusfasern anatomisch verfolgt worden.

II. Die Geschmackserregung.

Die Erregung des Geschmacksorgans geschieht durch flüssige, gelöste oder wenigstens in der Mundflüssigkeit lösbare Substanzen; zu diesen gehören vermuthlich auch die grossentheils (Stich) schmeckbaren Gase. Der Erregungsvorgang ist völlig unbekannt. Der Erfolg der Erregung der Endorgane, ebenso jeder beliebigen Erregung der Geschmacksnerven, sind die Geschmacksempfindungen, die sich der Intensität und dem Character nach unterscheiden. Die Intensität hängt ab von der Stärke, der Dauer der Erregung und von der Zahl der erregten Fasern. Geschieht die Erregung durch eine schmeckende Substanz, so muss demnach der Geschmack um so intensiver sein, 1. je erregungsfähiger die Substanz ist, 2. je concentrirter sie einwirkt, 3. je länger sie einwirkt, 4. je grössere Flächen des Geschmacksorgans sie berührt, 5. je erregbarer die Nervenenden sind. Die Schmeckbarkeit scheint durch Reiben erhöht zu werden, vielleicht weil dies das Eindringen in die mit Schmeckbechern besetzten Spalträume befördert. Durch welche Eigenschaften der schmeckenden Körper die verschiedenen empirisch bekannten, undefinirbaren Charactere des Geschmacks, der süsse, bittere, saure, alkalische, salzige, faulige, bedingt sind, weiss man nicht; die verschiedenen süss schmeckenden Stoffe, z. B. Zuckerarten, Glycerin, Glycin, Bleisalze, Beryllsalze u. s. w., gehören den verschiedensten Körpergruppen an und zeigen in ihren anderen Eigenschaften keine Uebereinstimmung. Saure und salzige Substanzen bewirken auch bei Lähmung des Glossopharyngeus noch brennende Empfindungen (K. B. Lehmann), welche möglicherweise bei ihrer Geschmacksqualität betheiligt sind (v. Vintschgau).

In Bezug auf den Geschmack von Substanzen chemischer Gruppen lässt sich anführen: der saure Geschmack der löslichen Säuren; der süsse Geschmack aller mehratomigen Alkohole, welche soviel OH-Gruppen als C-Atome enthalten (hierzu gehören: $C_2H_4(OH)_2$ Glycol; $C_3H_5(OH)_3$ Glycerin; $C_4H_6(OH)_4$ Flechtenzucker; $C_5H_8(OH)_5$ Mannit; $C_6H_6(OH)_6$ Traubenzucker; der bittere Geschmack der complicirteren Zuckerverbindungen (Glucoside), vieler Alkaloide u. s. w.

In der Nähe der Papillae circumvallatae und foliatae finden sich auffallend viele Eiweissdrüsen (p. 135), von denen eine Beziehung zur Geschmackserregung vermuthet wird (v. Ebner). An den Papillae foliatae des Kaninchens tritt bei

Reizung des Glossopharyngeus ein klares alkalisches Secret aus, welches vielleicht die schmeckende Substanz zu beseitigen bestimmt ist (Drasch).

Das Princip der specifischen Energie erfordert die Annahme verschiedener Geschmacksfasergattungen, um die verschiedenen Geschmacksqualitäten zu erklären. Wie viele solche Gattungen und mit welchen Grundqualitäten anzunehmen sind, dafür fehlt es vor der Hand an jedem sicheren Anhalt.

Erregungen der Geschmacksnerven selbst sind beim Menschen nur auf electrischem Wege zu bewerkstelligen. Sendet man einen aufsteigenden Strom durch die Geschmacksnerven (z. B. indem man die positive Electrode einer Kette an die Zungenspitze, die negative aber an irgend einen andern Körpertheil, etwa an die Hand, anlegt), so empfindet man einen deutlich sauren Geschmack; ist der Strom absteigend gerichtet, so ist der Geschmack brennend und wird als langenhaft (alkalisch) bezeichnet (Sulzer). Wenn es sich hier wirklich um directe Erregung der Nerven durch den Strom handelte, so widerspräche das Auftreten verschiedener Geschmäcke je nach der Stromrichtung einigermassen dem Princip der specifischen Energieen. Man hat deshalb versucht, den Erfolg als ein Schmecken electrolytischer Producte, die in der Zunge abgeschieden werden, zu deuten. Der Einwand, dass der Geschmack auch dann ebenso eintritt, wenn man den Strom der Zunge nicht durch Anlegen von Metall, sondern durch Vermittelung feuchter Leiter zuführt (Volta, Rosenthal), kann diese Deutung nicht widerlegen, weil auch an der Grenze zweier feuchter Leiter, und speciell zwischen Nerveninhalt und Hülle (p. 367), electrolytische Zonen abgeschieden werden können.

Ueber subjective Geschmacksempfindungen ist nichts Näheres bekannt, obwohl ihr Vorkommen festgestellt ist (Nachgeschmack etc.). Von den subjectiven Empfindungen sind die durch gewisse Zustände der Mundschleimhaut bewirkten Geschmackserregungen zu sondern („perverse" Geschmacksempfindungen bei Catarrhen etc.).

C. Der Geruchssinn.

I. Das Geruchsorgan und die Geruchsnerven.

Die Regio olfactoria bildet einen braungelb gefärbten, und beim Menschen, wenigstens in grösserer Ausdehnung, nicht flimmernden

Theil der Nasenschleimhaut, welcher die enge Spalte zwischen der oberen Hälfte der Nasenscheidewand und der Lamina concharum (obere und mittlere Muschel) auskleidet. Mit diesem Raume communiciren direct die hinteren Siebbeinzellen, indirect auch die vorderen sowie die Stirn-, Keilbein- und Kieferhöhlen, welche in den Hohlraum hinter dem freien Ende der Lamina concharum einmünden. Der grössere, untere Theil der Nasenschleimhaut (Schneider'sche Haut) gehört zum Respirationsapparat, und ist roth, flimmernd, mit fast cavernöser Gefässentwicklung versehen und daher sehr schwellbar.

Figur 80 stellt einen frontalen Schnitt durch die Nasenhöhle dar; die Ebene geht durch die Mitte des Augapfels und den 1. Backzahn (nach Braune & Clasen). *O* ist die Riechspalte, *R P* der respiratorische Theil der Nasenhöhle, *S S* die wie gewöhnlich verkrümmte Nasenscheidewand, *M* die untere Muschel, *L* die Lamina concharum. Die Räume *O* und *P* laufen hinten in den allgemeinen Nasenraum zusammen und in diesen Theil münden die meisten Nebenhöhlen. In der Figur trifft der Schnitt rechts die Mündung der Kieferhöhle *K*. Die weiss gelassene Schleimhaut wird durch Injection viel dicker und dadurch die Hohlräume viel enger.

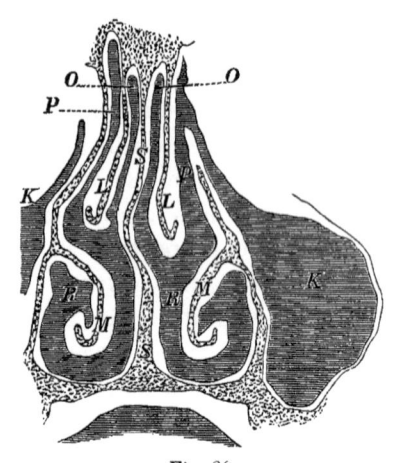

Fig. 80.

Das Sinnesepithel der Regio olfactoria, zu welchem die aus Fibrillenbündeln bestehenden Fasern der Olfactorii sich begeben, besitzt specifische Zellen, welche vermuthlich, wenigstens zum Theil, mit den Nervenfasern zusammenhängen, und an der Oberfläche bei Vögeln und Amphibien mit langen unbeweglichen Haaren (Riechhaare, **Max Schultze**) bekleidet sind. Bei Säugethieren werden theils ähnliche Haare angenommen, theils sind wirkliche Flimmerhaare beobachtet, welche auch bei den anderen Classen neben den Riechhaaren vorkommen, aber wie es scheint nicht den eigentlichen Sinneszellen zukommen. Die Schleimdrüsen der Riechhaut sind tubulös, beim Menschen aber acinös wie die der Schneider'schen Haut.

Beim Menschen ist, im Vergleich zu den meisten Thieren, das Geruchsorgan von geringer Ausbildung, sowohl was die Entwicklung des Bulbus (Lobus) olfactorius und die Oberflächengrösse der Muscheln, als was die Leistungen (z. B. im Vergleich zum Hunde) betrifft.

II. Die Geruchserregung.

Das Geruchsorgan wird ausschliesslich durch Gase und Dämpfe in Erregung versetzt; Anfüllung der Nasenhöhle mit stark riechenden Flüssigkeiten (in Rückenlage bei herabhängendem Kopfe) bewirkt keinen Geruch (E. H. Weber). Die riechenden Dämpfe müssen, um wahrgenommen zu werden, in einem Strome die Nase passiren, oder wenigstens hört der Geruch nach einmaliger Anfüllung der Nase sogleich wieder auf, und kehrt erst auf neue Einführung wieder, vielleicht weil die Substanz sehr rasch absorbirt und verbraucht wird (Fick). Häufiges Einziehen (Schnüffeln) befördert daher das Riechen. Der Geruch ist beim Einziehen von vorn lebhafter, als wenn man die Dämpfe durch den Mund einathmet und durch die Choanen in die Nase treibt; er fehlt aber keineswegs im letzteren Fall. Es scheint, dass beim Einathmen durch die Nasenlöcher ein grösserer Bruchtheil dem Riechorgan zugeleitet wird (Bidder). Der vordere Theil des Nasenlochs ist, wie sich durch Einführung von Röhrchen nachweisen lässt, directer mit dem Riechorgan verbunden als der hintere (Fick); an Leichen lässt sich durch Einführung ammoniakhaltiger Luft und Anbringung rother Lacmuspapierchen in der Nase nachweisen, dass der Luftstrom vom vorderen Nasenlochabschnitt in einem aufwärts gerichteten Bogen längs der Scheidewand die Riechregion erreicht (Exner & Paulsen). Die zum Riechen nöthigen Substanzmengen sind ausserordentlich gering.

Die lufthaltigen Nebenhöhlen der Nase besitzen keine specifische Ausstattung, welche auf Geruchsvermögen schliessen liesse. Den Nebenhöhlen wird von Einigen die Bedeutung zugeschrieben, das Uebergewicht des Kopfes nach vorn (p. 305) geringer zu machen. Andre meinen, dass sie, indem sie an der inspiratorischen Luftverdünnung (p. 119) Theil nehmen, nachher wieder Luft in sich einsaugen, und die eingesogene Luft nun über die Regio olfactoria zu streichen genöthigt ist (Braune & Clasen). Hiergegen spricht aber, dass man grade beim Inspiriren am stärksten riecht, und dass ferner die meisten Nebenhöhlen mit dem geräumigeren mittleren Nasengang in ebenso directer Beziehung stehen wie mit der Regio olfactoria, auf letztere also wenig wirken können.

Die Art der Erregung der Nervenendorgane durch die Riechstoffe ist vollkommen unverständlich. Den Riechhaaren schreibt man eine gewisse Bedeutung für diesen Vorgang zu, weil sie durch Wasser leicht zerstört werden (M. Schultze) und andererseits Anfüllung der Nasenhöhle mit Wasser das Geruchsvermögen für einige Zeit aufhebt (E. H. Weber). Ob das den riechenden Dämpfen eigene starke Wärmeabsorptionsvermögen (Tyndall) eine Rolle spielt, ist höchst zweifelhaft. Die Ursache des besonderen Characters eines Geruches ist ebenso unbekannt, wie die der Riechbarkeit überhaupt; auch giebt es keinerlei Eintheilung oder Scala, ja nicht einmal Namen für die verschiedenen Gerüche, denn wir benennen sie nur nach Beispielen. Es ist deshalb auch unmöglich, etwa eine Anzahl elementarer Geruchsarten anzugeben, aus welchen sich die Gerüche zusammensetzen, und welchen nach dem Princip der specifischen Energie eine gleiche Anzahl von Geruchsfasergattungen entsprechen würde.

Dass auch mechanische, electrische u. s. w. Erregung der Olfactorii Geruchsempfindungen veranlasst, ist nach der Analogie aller übrigen Sinnesnerven kaum zweifelhaft, aber noch nicht sicher experimentell erwiesen: der fast einzig sichere Weg, den Olfactoriis electrische Stromzweige zuzusenden, ist der, die Nasenhöhle mit Wasser zu füllen und in dieses die eine Electrode zu tauchen; hier aber verursacht die gleichzeitige Erregung der sensiblen Trigeminuszweige so heftige Schmerzen, dass über Geruchsempfindungen nicht zu entscheiden ist (Rosenthal). Der Trigeminus wird auch durch manche etwas ätzende Riechstoffe mit erregt, was zu der irrthümlichen Behauptung Anlass gegeben hat, dass auch nach Zerstörung der Olfactorii noch Geruchsvermögen vorhanden sei. Es besteht also hier eine ähnliche Beziehung zwischen sensiblem und sensuellem Eindruck, wie sie für gewisse Schmeckstoffe p. 466 erwähnt ist.

Ueber subjective Geruchsempfindungen ist nicht viel ermittelt; gewisse krankhafte Zustände der Nase (Schnupfen etc.) heben das Geruchsvermögen zeitweise auf, und bringen selbst abnorme Geruchseindrücke hervor. Ueber „Nachgerüche" ist so gut wie Nichts bekannt. Verf. bemerkt nach gewissen lebhaften Gerüchen, z. B. nach cadaverösen, dass jede innerhalb einiger Stunden folgende unangenehme Geruchsempfindung auf das deutlichste den Character der ersten hat, und zwar ohne dass Etwas an den Kleidern oder dgl. haften geblieben wäre. — Ueber die Beziehungen beider Nasenhöhlen zu einander weiss man nur, dass die Erregung beider durch verschiedene Gerüche gewöhnlich nicht zu einem einzigen Eindrucke verschmolzen wird, sondern einen gewissen Wettstreit der beiden Wahrnehmungen verursacht (Valentin).

D. Der Gehörssinn.

Geschichtliches. Die Lehre vom Gehörorgan und dem Nutzen seiner Bestandtheile wird schon von Haller ungefähr so vorgetragen wie sie heute lautet, und sogar Ansichten erwähnt, welche später vergessen und erst neuerdings wieder aufgestellt worden sind. Die Bedeutung der einzelnen Theile des inneren Ohres konnte erst nach Auffindung der Nervenendorgane sicherer discutirt werden, welche in der Schnecke 1846 durch Corti, in den Vorhofssäckchen und Ampullen 1850 durch M. Schultze erfolgte. Die 1842 angestellten Flourens'schen Versuche an den Bogengängen, welche eine nicht acustische Function dieses Theiles anzuzeigen schienen, sind seit der Wiederaufnahme durch Goltz 1869 Gegenstand zahlreicher Arbeiten geworden, deren Endresultat noch nicht feststeht. Helmholtz förderte die Lehre vom Nutzen der Ohrtheile 1868 durch eine physicalische Studie über das Trommelfell und die Gehörknöchelchen, und begründete eine exacte Theorie der Ton- und Klangempfindungen, ja sogar der musicalischen Aesthetik, durch ein 1863 erschienenes Werk.

I. Das Gehörorgan im Allgemeinen.

Sowohl die anatomische Verfolgung des Acusticus, als auch die Thatsache, dass Menschen mit zerstörtem äusseren oder mittleren Ohr noch hören können, lehrt, dass die Aufnahmeapparate (p. 451) des Hörnerven im inneren Ohre oder Labyrinth liegen, das mittlere und äussere Ohr also nur physicalische Hülfsapparate darstellen. Die Schallwahrnehmung durch das innere Ohr, welches in das Felsenbein eingeschlossen ist, erfordert nur, dass der Schall dem Felsenbein zugeleitet wird, und dies kann auch nach Zerstörung oder Ausschaltung der übrigen Ohrtheile durch Knochenleitung geschehen. Hält man bei verschlossenen Gehörgängen ein schwingende Stimmgabel an die Zähne oder setzt man dieselbe auf den Scheitel, so wird ihr Ton deutlich gehört, indem die Schwingungen durch die Kopfknochen dem Felsenbein und dem Labyrinth zugeleitet werden. Bei den im Wasser lebenden Thieren beschränkt sich der Gehörapparat auf das Labyrinth.

Beim Menschen und überhaupt bei den an der Luft lebenden Geschöpfen findet sich eine Hülfsvorrichtung, welche den durch die Luft zugeleiteten Schallwellen eine günstige Leitung zum Labyrinthe bietet. Durch blosse Kopfknochenleitung ist dieser Schall, wie der Versuch mit verschlossenen Gehörgängen zeigt, nur bei sehr grosser Intensität hörbar. Das Princip der Zuleitung besteht in der Aufnahme des Schalles durch eine Membran, das Trommelfell, und Weiterleitung von dieser zum Labyrinth durch feste Körper. Den Zugang zum Trommelfell gewährt dem Schall das äussere Ohr, die Weiterleitung zum Labyrinth besorgt das mittlere Ohr.

Absolut genommen ist das Hören mit dem Trommelfell empfindlicher als dasjenige durch Knochenleitung (Rinne). Eine mit den Zähnen gehaltene Stimmgabel, welche soweit ausgeklungen ist, dass man sie nicht mehr hört, wird wieder hörbar, wenn man sie nunmehr vor das Ohr bringt.

II. Die Functionen des äusseren Ohres.

Das äussere Ohr besteht aus einem nach oben convex gekrümmten, frontal verlaufenden Rohr von hochelliptischem Querschnitt, dem (äusseren) Gehörgang, welcher 24 mm. lang, in seinen inneren zwei Dritteln knöchern, im äussern Drittel knorpelig ist; und einem aussen angesetzten unregelmässigen flachen Trichter, der Ohrmuschel, deren Grundlage aus Knorpel besteht. Die Ohrmuschel kann durch Muskeln sowohl in ihrer Form etwas verändert, als auch im Ganzen etwas verstellt werden, indess sind namentlich die das Erstere besorgenden Muskeln beim Menschen und bei vielen domesticirten Thieren gänzlich ungeübt.

Der Gehörgang muss zweifellos als ein Leitungsrohr betrachtet werden, welches den Schall etwa wie die Sprechröhren in Häusern, wegen totaler Reflexion von den Wänden, ungeschwächt dem am inneren Ende ausgespannten Trommelfell zuleitet. Seine Verschliessung schwächt das Hören sehr beträchtlich. Ueber die Ohrmuschel können Versuche am Menschen, bei welchem sie verkümmert ist, nichts Wesentliches aussagen; bei Thieren dient sie offenbar als Schalltrichter, welcher die Schallwellen der grösseren Eingangsfläche auffängt, und sie durch Reflexion dem Gehörgang zuleitet. Ihre Stellung beim Menschen begünstigt etwas die Reflexion der von vorn kommenden Schallwellen gegen den Gehörgang, was möglicherweise zur Beurtheilung der Schallrichtung etwas beiträgt (s. unten sub V.).

Versuche, bei welchen die ganze Ohrmuschel bis auf den durch eine Röhre verlängerten Gehörgang mit einer weichen Masse ausgefüllt war, haben keine merkliche Schwächung des Gehörs ergeben, also (für den Menschen) die reflectorische Function der Ohrmuschel unwahrscheinlich gemacht (Harless); Andere freilich kamen zu entgegengesetzten Resultaten (Schneider). Fehlen der Ohrmuschel bedingt keine Schwächung des Gehörs. Gegen die Reflexion überhaupt, sowohl an der Ohrmuschel wie am äussern Gehörgang, wird angeführt, dass die Dimensionen dieser Organe zu klein sind im Verhältniss zur Wellenlänge des Schalls (Mach).

Künstliche Reflectoren von bedeutender Wirkung (für Schwerhörige) sind die Hörrohre, röhrenförmige, mit einem Trichter endende Verlängerungen des Gehörgangs. Die Stethoscope sind ebenfalls röhrenförmige Verlängerungen des Gehörgangs, welche mit dem andern Ende den tönenden Körper berühren; bei ihnen ist indess ein grosser, vielleicht der grösste Theil der Wirkung auf die Leitung der Wände zu beziehen. Das Audiphon von Rhodes ist eine mit den Zähnen verbundene grosse dünne Platte, welche die Luftschwingungen mit grosser Fläche aufnimmt und auf die Kopfknochen überträgt.

III. Die Functionen des mittleren Ohres.

1. Das Trommelfell.

Die Lufttheilchen schwingen longitudinal, d. h. in der Fortpflanzungsrichtung des Schalls; hierdurch entstehen abwechselnde Verdünnungs- und Verdichtungsschichten, die zur Schwingungsrichtung senkrecht liegen (concentrische Kugelschalen um den Ausgangspunct des Schalls). Der Abstand zweier benachbarter Schichten gleicher Phase heisst Wellenlänge ($l = c \cdot t = \dfrac{c}{n}$, worin l die Wellenlänge, c die Fortpflanzungsgeschwindigkeit, t die Dauer einer ganzen Schwingung, n die Zahl der Schwingungen in der Secunde). Treffen Luftwellen einen festen Körper, so schwingen dessen Theilchen in der gleichen Richtung weiter, es entstehen also auch in dem Körper Longitudinalschwingungen mit Verdichtung und Verdünnung. Ist aber die Dimension des Körpers in der Richtung der Schwingungen sehr klein im Vergleich zur Wellenlänge, so dass seine Theilchen keine merkliche Phasendifferenz besitzen, so schwingt der Körper in toto hin und her; dies ist also der Fall, wenn dünne Platten oder Membranen senkrecht zu ihrer Fläche von Schall getroffen werden. Man nennt diese Schwingungen Transversalschwingungen (transversal zur grössten Dimension, nicht zu verwechseln mit zur Fortpflanzungsrichtung transversalem Schwingen wie beim Licht). Da solches in toto Schwingen viel geringeren Widerstand findet, als Verdichtung und Verdünnung, so sind dünne Platten wie das Trommelfell zur Aufnahme senkrecht auffallenden Schalls besonders geeignet.

Das Trommelfell hat die Gestalt eines flachen Kegels, dessen Meridiane wegen der Spannung der circulären Fasern nicht grade, sondern nach Aussen convex sind (vgl. Fig. 81), und wird durch den Hammergriff, der von oben her in radialer Richtung zwischen seine Lamellen eingeschoben ist, in die Paukenhöhle hineingezogen. Die vom Trommelfellrand gebildete Ebene steht schief gegen die Axe des Gehörgangs, oben nach aussen, unten nach innen geneigt.

2. Die Gehörknöchelchen.

Die Gehörknöchelchen, Hammer, Amboss und Steigbügel, bilden eine starre Verbindung zwischen dem Trommelfell und der das Labyrinth abgrenzenden Membran des ovalen Fensters, durch welche die Schwingungen der ersteren Membran auf die letztere übertragen werden.

Der Hammer wird durch eine Bandmasse getragen, welche von vorn nach hinten durch die Trommelhöhle gespannt ist und zugleich seine Drehaxe bildet (Axenband, Helmholtz); sie besteht aus zwei an den Hals des Hammers sich inserirenden Bändern: einem vorderen, an die Spina tympanica ant. angehefteten, und einem hinteren, welches die Verlängerung des vorderen bildet. Um diese Axe wird der Hammer durch die seinem Griff sich mittheilenden Bewegungen des Trommelfells gedreht, und sammt ihm der mit ihm articulirende Amboss; letzterer wird wesentlich vom Hammer getragen, ist aber durch seinen kurzen Fortsatz dergestalt mit der hinteren Trommelhöhlenwand verbunden, dass er die Bewegungen des Hammers etwas modificirt, so dass beide zusammen einen complicirten Winkelhebel bilden, und der Nabel des Trommelfells nur vertical zu dessen Randebene sich bewegen kann. Der lange Ambossfortsatz, dessen Ende mit dem Steigbügel articulirt, schwebt etwas nach innen vom Hammergriff, dem er stets annähernd parallel bleibt. Die Spannung des Axenbands bewirkt als Gleichgewichtsstellung des Hammergriffs und Trommelfells das Hineinragen beider in die Paukenhöhle. Das Gelenk zwischen Hammer und Amboss ist sattelförmig; der Körper des Amboss umfasst die convex-concave Gelenkfläche am Halse des Hammers. Die Gelenkflächen sind mit einer Art von Sperrzahn versehen, so dass Einwärtsdrehungen des Hammers dem Amboss genau mitgetheilt werden, Auswärtsbewegungen aber nicht; der Steigbügel

Paukenhöhle. Tuba Eustachii.

kann daher durch letztere nicht aus dem ovalen Fenster herausgerissen werden; gegen das zu starke Hineintreiben schützt die Spannung des Trommelfells selbst (Helmholtz).

Zur Veranschaulichung des Trommelfells, der Gehörknöchelchen und der Paukenhöhle diene die Figur 81. Dieselbe stellt (nach Hensen) einen frontalen Schnitt durch das linke Ohr dar, bei viermaliger Vergrösserung. Der Schnitt geht dicht hinter dem Hammergriff hindurch, und das Präparat ist von hinten betrachtet, so dass z. B. der vor dem Schnitt liegende Hammer und ein Theil des Amboss in hinterer Ansicht erscheinen. G ist der Gehörgang, C die Paukenhöhle. Man sieht die Wölbung und den Anheftungsrand des Trommelfells, welches oben durch den kurzen Hammerfortsatz etwas nach aussen gedrückt ist. Am Hammerhalse ist bei L eine Leiste zum Ansatz von (abgeschnittenen) Ligamenten. H Kopf des Hammers, LS Lig. superius. Am Amboss sieht man die Sperrzähne, und die Sägefläche des kurzen Fortsatzes. Am Hammerstiel sieht man den Stumpf der Tensorsehne, ebenso am Steigbügelkopf den Stumpf des Stapedius.

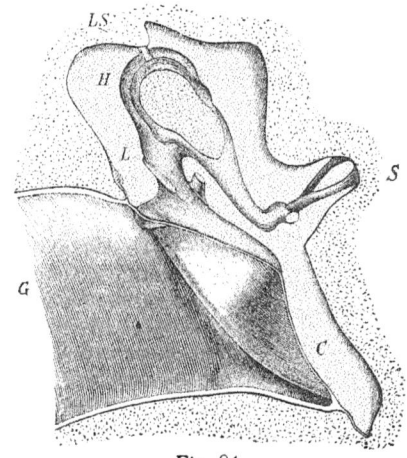

Fig. 81.

3. Die Paukenhöhle, die Tuba Eustachii und die inneren Ohrmuskeln.

Die Paukenhöhle ist ein mit Luft erfüllter Hohlraum, welcher den Gehörknöchelchen freien Spielraum gewährt; sie communicirt mit den Warzenzellen (Bedeutung unbekannt), und ferner mit dem Nasenrachenraum durch die Tuba Eustachii. Die letztere ist in der Ruhe in ihrem knorpelig-membranösen Theile geschlossen, öffnet sich aber bei jeder Schluckbewegung, wahrscheinlich auch beim Gähnen und giebt auch bei tiefer Inspiration und bei der Stimmgebung etwas nach. Bei jeder Oeffnung der Tuba hat die Paukenhöhlenluft Gelegenheit, ihre Spannung mit dem äusseren Luftdruck auszugleichen (s. unten). Zugleich dient die nach aussen flimmernde Tubenschleimhaut als Abzugscanal für den Schleim etc. der Paukenhöhle.

Der Tubencanal ist 35 mm. lang, im hinteren Drittel knöchern und hier permanent offen. Die vorderen zwei Drittel bilden einen vertical gestellten Spaltraum, dessen Höhe nach vorn zunimmt (hinten 2, vorn 9 mm.). Fig. 82 stellt einen vergrösserten Durchschnitt durch die Mitte der Tuba dar, *T* ist das spaltförmige Lumen derselben. Die mediale Wand wird von einem Knorpel *a* dargestellt, welcher oben nach aussen umbiegend (der sog. Knorpelhaken *b*) auch einen Theil der lateralen Wand bildet; den Rest der letzteren bildet eine dem Knorpel anliegende Membran. Der Verschluss ist nachgiebig, wie der Valsalva'sche Versuch beweist (s. unten); ausserdem kann vom unteren Nasengang aus, welchem die Tubenöffnung gegenüberliegt, ein Catheter in die Tuba eingeschoben werden. Muskeln, welchen die Eröffnung der Tuba zugeschrieben wird, sind der Tensor palati mollis (Sphenostaphylinus) und der Levator palati mollis (Petrostaphylinus). Der erstere *c* entspringt zum Theil von dem Knorpelhaken *b*, nach Einigen auch von der lateralen Tubenwand selbst, welche er demnach von der medialen abziehen könnte. Manche sprechen ihm, da seine Hauptzugrichtung nach unten und innen geht, überhaupt die Oeffnungswirkung ab. Jedoch wäre es möglich, dass er durch Herabziehen des Knorpelhakens die laterale Tubenwand schlaff macht, und dadurch dem Luftdruck die Oeffnung ermöglicht. Noch unklarer ist die öffnende Wirkung des Levator, welcher der Tube nur entlang läuft; *d* stellt seinen Querschnitt dar; man sieht beim Schlucken durch seine Contraction einen queren Wulst im unteren Theil des Tubenostium sich erheben (LW, Fig. 19, p. 172), während gleichzeitig der sog. Tubenwulst medianwärts und etwas nach oben rückt. Auch ohne Bewegung des Gaumensegels soll Oeffnung der Tuba möglich sein (Yule).

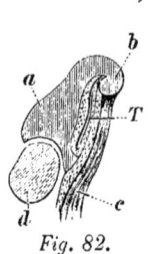

Der oben angegebenen Darstellung, dass die Tuba für gewöhnlich geschlossen ist und nur beim Schlingen sich öffnet (Toynbee, Politzer, Moos u. A.), steht die Behauptung beständigen Offenseins (Rüdinger, Lucae), ja der Schliessung beim Schlingen (Cleland, Lucae) gegenüber. Dass man im geschlossenen Raum bei starken Luftdruckschwankungen eine Bewegung des Trommelfells fühlt (Mach & Kessel), beweist nicht viel, da dies auch bei Offensein der engen Röhre eintreten würde (Lucae). Vgl. auch unten sub 4. Dass die Tuba zum Hören der eigenen Stimme diene, ist unwahrscheinlich, da sie wahrscheinlich gewöhnlich geschlossen ist, und die Stimme grade bei ihrer Oeffnung abnorm klingt. Für kräftige Schallübertragung ist Geschlossensein der Tuba von Vortheil, ebenso die Communication der Paukenhöhle mit den unregelmässigen Hohlräumen der Cellulae mastoideae etc. (Mach & Kessel).

Durch In- oder Exspiration bei geschlossener Mund- und Nasenöffnung kann Luft durch die Tuba aus der Paukenhöhle ausgesogen resp. in dieselbe eingetrieben werden (Valsalva'scher Versuch). Der zur Ueberwindung des Tubenverschlusses nöthige Druck kann am besten im pneumatischen Cabinet gemessen werden; er beträgt zum Eintreiben über 200, zum Aussaugen nur 20—40 mm. Hg, die Tuba wirkt also ventilartig; beim Schlucken gelingt das Eintreiben schon unter 20 mm.; der Valsalva'sche Versuch trägt schon an sich zur Lockerung des Tubenverschlusses bei (Hartmann). Oefteres Schlucken vermindert auch die beim Eintritt in comprimirte Luft (Fundamentirungsschachte) auftretenden Trommelfellbeschwerden.

Durch Luftdruckschwankung in der Paukenhöhle kann das Trommelfell an der Spitze des Hammergriffs um 0,76, der lange Ambossfortsatz um 0,21, die Steigbügelplatte um 0,25 mm. ihre Stellung ändern; die Bewegungen durch positiven Druck sind 2—3 mal so gross als beim Saugen (Weber-Liel, F. Bezold).

Die Sehne des Tensor tympani, welche, nachdem sie über ihre Rolle gegangen, einen rechten Winkel mit dem Hammergriff bildend sich dicht unter der Drehaxe des Hammers ansetzt, zieht bei der Contraction des Muskels den Hammergriff sammt dem Trommelfell weiter nach innen, wodurch das letztere stärker gespannt wird. Die vom Trigeminus abhängige Contraction kann von Manchen willkürlich hervorgerufen werden (J. Müller); ferner erfolgt sie als Mitbewegung bei kräftiger Contraction der Kaumuskeln (Fick). Am Hunde lässt sich eine auf jeden Ton oder Geräusch erfolgende reflectorische Contraction durch in die Sehne oder den Hammer eingestochene feine Nadeln nachweisen (Hensen & Bockendahl); ein Anspannen des Trommelfells bei aufmerksamem Horchen wurde schon früher vermuthet (Boerhave). Der Nutzen der Contraction für das Hören im Allgemeinen könnte im festeren Anschluss der Knöchelchengelenke oder auch in der Spannungszunahme des Trommelfells liegen (s. unten). Nach Aufhören der Contraction kehren Trommelfell und Hörknöchelchen durch elastische Kräfte wieder in ihre Gleichgewichtslage zurück.

Der von hinten her an das Köpfchen des Steigbügels, rechtwinklig gegen dessen Ebene sich ansetzende kleine Stapedius, welcher vom Facialis innervirt wird, zieht das Amboss-Steigbügelgelenk nach hinten; die Folgen hiervon sind nicht klar; Manche schreiben ihm eine Auswärtsbewegung der Gehörknöchelchen, also eine gegen den Tensor antagonistische, trommelfellerschlaffende Wirkung zu (Politzer).

Viele Personen können willkürlich ein knackendes Geräusch im Ohre hervorbringen, welches früher mit der Contraction des Tensor tympani in Zusammenhang gebracht wurde (Muskelgeräusch oder plötzliche Trommelfellspannung). Gegen diese Erklärung spricht, dass das Geräusch nicht mit Einziehung des Trommelfells (nachweisbar an einem in den Gehörgang eingepassten Manometer) verbunden ist (Politzer, Löwenberg). Man leitet es daher von plötzlicher Oeffnung der Tuba Eustachii ab.

4. Die Schallleitung im mittleren Ohr.

Da die Dimensionen des ganzen schallleitenden Apparats im Verhältniss zur Wellenlänge der hörbaren Töne sehr klein sind, so muss man annehmen, dass alle Theile gleichzeitig in gleicher Phase begriffen sind, also als Ganzes hin und herschwingen (E. Weber, Helmholtz). Die schwingenden Theile des Ohres verhalten sich also dem Schall gegenüber wie ein Resonator. Die künstlichen Resonatoren werden nur durch solche Töne in Schwingungen versetzt, welche mit ihrem Eigenton nahe übereinstimmen. Dass im Gegensatz zu diesem Verhalten das Ohr nicht bloss auf jeden Ton gleich gut reagirt, sondern auch jedem Klang und jedem Geräusch auf das genaueste folgt, ist die wichtigste Thatsache der Acustik. Wenn auch im Ohr eine Zerlegung jedes Schalls in einfache Bestandtheile durch eine Reihe von Resonatoren stattfindet (s. unten), so muss doch vor dieser Zerlegung die Leitung den Schall in all seinen Details erhalten, die äusseren schallleitenden Theile also, besonders das Trommelfell, als dessen mehr passive Anhängsel Gehörknöchelchen und Labyrinthwasser betrachtet werden können, wesentlich andere Eigenschaften besitzen als gewöhnliche Resonatoren, z. B. gespannte Membranen. Geringe Masse und grosse Widerstände scheinen die Hauptmomente, welche den Einfluss des Eigentons abschwächen, gerade wie bei den Wellenzeichnern (p. 72) den Einfluss der Trägheitsschwingungen. Ausserdem aber scheint ein wesentliches Moment, dass schon die kleinsten Elongationen zur Erregung der höchst empfindlichen Hörnervenendigungen ausreichen, und für sehr kleine Elongationen der Einfluss des Eigentons sehr gering ist. Ja es werden sogar Vorrichtungen angegeben, welche die Grösse der Elongation vermindern, während entsprechend an Kraft gewonnen wird. So hat die Krümmung der Trommelfellmeridiane (p. 474), wie theoretische Betrachtung lehrt, die Folge, dass die auf die Fläche wirkenden Stösse den Nabel des Trommelfells so bewegen, als ob sie am Ende eines sehr langen, dieser aber am Ende eines sehr kurzen Hebelarms angebracht wäre; ferner wirkt in gleichem Sinne, dass von der Axe ab gerechnet der Hammergriff 1,5 mal so lang ist als der lange Ambossfortsatz (Helmholtz); endlich ist die Kleinheit der Membran des ovalen Fensters im Verhältniss zum Trommelfell ein ähnliches Moment.

Obgleich das Trommelfell allen Schwingungen genau folgt, so hat doch sein Eigenton insofern einigen Einfluss, als gesteigerte Spannung (welche den Eigenton erhöht) hohe Töne stärker wirksam macht. Auf diese Weise ist also eine Art Accommodation an höhere Tonlagen möglich, über deren wirkliches Eintreten aber nichts Sicheres bekannt ist. Ausserdem vermindert höhere Spannung die Intensität der Schwingungen, wirkt also dämpfend (J. Müller). Die Spannung des Trommelfells wird vermehrt durch Contraction des Tensor tympani, vielleicht vermindert durch den Stapedius (p. 478). Ausserdem wird die Stellung und Spannung des Trommelfells durch den Luftdruck in der Paukenhöhle verändert, dessen Ausgleichung mit dem äusseren (p. 475 f.) daher sehr wichtig ist.

Neben der Accommodation des Trommelfells für hohe Töne durch Tensorcontraction, soll auch eine solche für tiefe Töne durch Stapediuscontraction möglich sein; erstere tritt als Mitbewegung bei der Kieferpresse (p. 477), letztere ebenso bei kräftigem Lidschluss ein (Lucae).

Die Membran des runden Fensters bildet neben der des ovalen eine zweite Abgrenzung zwischen Paukenhöhle und Labyrinthwasser; auf Druck gegen die letztere wölbt die erstere sich hervor, da das Labyrinthwasser in eine sonst unnachgiebige Höhle eingeschlossen ist. Ohne das runde Fenster würde der Steigbügel keine Bewegungen machen können, jede Bewegung des Trommelfells würde die Membran des ovalen Fensters und das Labyrinthwasser gefährden. Unrichtig ist aber die Vorstellung, dass auch bei den zum Hören nöthigen Schwingungen des Steigbügels die Membran des runden Fensters jedesmal in entgegengesetzter Richtung auszuweichen habe; die Amplituden sind hierzu viel zu gering. Ueberhaupt bestehen vielleicht die Oscillationen der Gehörknöchelchen gar nicht in Drehungen um deren Axe, sondern die Axe schwingt möglicherweise mit. Die ganze oben besprochene Mechanik könnte lediglich den Zweck haben, Verstellungen des Trommelfells ohne Gefährdung des Labyrinths zu ermöglichen. Als zweiter Zugang zum Labyrinth kann auch das runde Fenster Schwingungen zuleiten, wie durch directe Beobachtung seiner Membran bei verschlossenem ovalen Fenster nachweisbar ist (Weber-Liel).

Wie normal die Luftschwingungen durch das Trommelfell auf die schwingenden Theile des Gehörorgans übertragen werden, so geschieht auch das Umgekehrte, wenn das Gehörorgan primär (durch Knochenleitung, z. B. die eigene Stimme) in Schwingungen versetzt wird. Diese Ableitung schwächt die Schwingungen des Ohres (Mach). Verhindert man sie, durch Schliessen des Gehörgangs, so hört man daher den durch Knochenleitung zugeführten Schall und die eigene Stimme stärker (Weber).

IV. Die Functionen des inneren Ohres.

1. Die Nervenendigungen im Labyrinth.

Die Endapparate des Hörnerven sind an der inneren Oberfläche geschlossener Hohlorgane angebracht, welche das Labyrinth grossentheils ausfüllen. Beim Menschen sind zwei getrennte Systeme solcher Organe zu unterscheiden: 1. der Utriculus (Sacculus hemiellipticus) mit den häutigen drei Bogengängen, welche die halbkreisförmigen Kanäle fast ganz ausfüllen; 2. der Sacculus (Sacc. hemisphaericus) mit dem Canalis cochlearis der Schnecke; der letztere Raum wird dadurch gebildet, dass von der knöchernen Schneckentreppe (L. o., Fig. 84) zwei Membranen zur gegenüberliegenden Schneckenwand abgehen, die Membr. basilaris $M. b.$ und die Reissner'sche Membran $M. R.$; der zwischen beiden bleibende Canal $C. C.$ ragt am unteren Schneckenende in den Vorhof hinein, und ist hier durch den feinen Canalis reuniens (Hensen) mit dem Sacculus verbunden. Beide Systeme sind von continuirlichem Epithel ausgekleidet und mit einer zähen Flüssigkeit, der Endolymphe, erfüllt. Der Rest des knöchernen Labyrinths, also der Vorhof ausserhalb der Otolithensäckchen, der enge Raum der Bogengänge ausserhalb ihrer Häute, endlich die beiden den Can. cochlearis einschliessenden Schneckentreppen, die obere, Scala vestibuli $Sc. Ve.$, die untere, mit dem runden Fenster endende Scala tympani $Sc. Ty.$, sind mit dem eigentlichen dünnflüssigen Labyrinthwasser (Perilymphe) erfüllt; die Endolymphe kann dem Glaskörper, die Perilymphe dem Humor aqueus des Auges verglichen werden. Fig. 83 stellt das innere Ohr schematisch dar.

Der Hörnerv besitzt Endorgane: 1. In den Ampullen der

Bogengänge, und zwar in einer mit einem Nervenepithel versehenen halbkreisförmigen Falte derselben (Crista acustica) an der Concavität des Bogengangs. Auf derselben stehen die langen feinen Hörhaare, bei manchen Thieren weit in die Ampulle hineinragend; dieselben wurzeln auf den mit Nervenfasern zusammenhängenden Hörzellen des Nervenepithels, dessen übrige Zellen indifferente Zwischenglieder zu sein scheinen

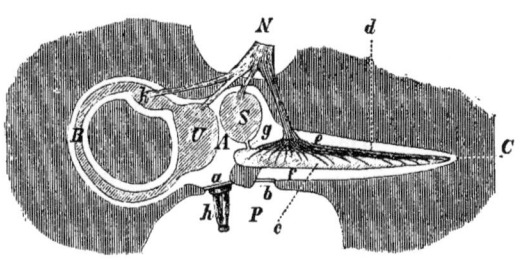

Fig. 83.

A Vorhof, B ein Bogengang, C Schnecke, aufgewickelt dargestellt, P Paukenhöhle, U Utriculus, S Sacculus, N Hörnerv, a Membran des ovalen Fensters, b Membran des runden Fensters, c Canalis cochlearis, d Lamina spiralis ossea, e Scala vestibuli, f Scala tympani, g Canalis reuniens, h Steigbügel, k Ampulle. — Das senkrecht Schraffirte ist Knochen, das schrag Schraffirte Endolymphe, die weiss gelassenen Felder im Labyrinth Perilymphe.

2. In den Vorhofs- oder Otolithensäckchen (Utriculus und Sacculus). Auch hier endigt der Nerv in einer Crista oder (bei den Säugethieren) Macula acustica, welche mit kürzeren Haaren besetzt ist, und welcher eine die Otolithen enthaltende Gallerte anliegt; letztere Gebilde bestehen aus microscopischen Krystallen von Kalkcarbonat in Arragonitform, die kleinsten Krystalle haben Molecularbewegung; bei Fischen und Wirbellosen sind die Krystalle zu einem harten Conglomerat vereinigt. 3. Im Corti'schen Organ des Canalis cochlearis (*C. C.*, Fig. 84). Die Fasern des in die Spindel eintretenden Schneckennerven gehen durch die radiären Canälchen *NN*

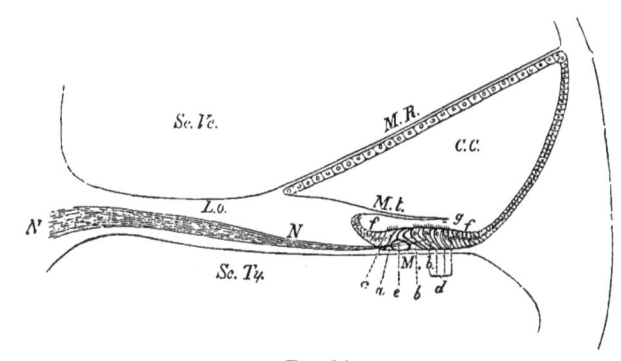

Fig. 84.

der Lamina ossea in den Canalis cochlearis ab, und begeben sich zu einer eigenthümlichen Formation, welche sich aus dem Epithel des letzteren auf der Basilarmembran entwickelt hat, dem Corti'schen Organ. Die Haupttheile desselben sind nach den neueren Untersuchungen folgende: Auf jedem radialen Durchschnitt finden sich zwei elastische, härtliche Pfeiler (*a* und *b*), welche mit ihren Köpfen untereinander articuliren, die Corti'schen Bögen oder Pfeiler. Nach innen vom inneren Pfeiler findet sich eine mit einer Nervenfaser in Verbindung stehende „innere Haarzelle" (*c*), ebenso nach aussen vom äusseren Pfeiler eine Anzahl „äusserer Haarzellen" (*d*); bei Säugethieren 3, beim Menschen 4—5; Vögel und Amphibien haben nur die inneren), welche ebenfalls mit Nervenfasern (*e*) versorgt werden. Die Köpfe der Corti'schen Pfeiler sind mit Fortsätzen versehen, durch welche sie zur Bildung eines stützenden Netzwerkes beitragen, das im Niveau des Epithelsaums liegt (Lamina reticularis, *ff*); in den Ringen dieses zierlichen Netzes sind die Köpfe der Haarzellen, in quincuncialer Anordnung, befestigt. Das ganze Corti'sche Organ ist von einer weichen **Deckmembran** (*M. t.*) bedeckt, die von der Lamina ossea ausgeht, und in der Flüssigkeit des Can. cochlearis mit freiem Rande endigt (*g*). Die Zeichnung ist schematisch gehalten.

Von den Labyrinththeilen finden sich die Otolithensäckchen überall, soweit Gehörorgane vorkommen, bis herab zu den Würmern und Quallen, die Bogengänge nur bei den Wirbelthieren und die Schnecke nur bei den Vögeln und Säugethieren.

2. Die Erregung der Nervenendigungen.

Als unzweifelhaft kann angesehen werden, dass das Labyrinthwasser und mit ihm seine häutigen Einschlüsse sammt den auf ihnen befindlichen Apparaten und Nervenendigungen, beim Hören in Schwingungen versetzt werden und dass diese Schwingungen den Hörnerven erregen. Beim Hören durch Knochenleitung werden die Schwingungen vom Schädel, beim gewöhnlichen Hören durch die Membran des ovalen, und vielleicht auch (s. oben) durch die des runden Fensters erregt. Das alle Theile des Ohres stets in gleicher Schwingungsphase begriffen sind, also in toto hin- und herschwingen, ist schon oben (p. 478) bemerkt. Ueber die Richtung der Schwingungen, namentlich in den verzweigten Canaltheilen, lässt sich nichts Sicheres angeben.

Der Umstand, dass das acustische Nervenepithel theils mit Haaren versehen ist, welche in die schwingende Endolymphe hinausragen, theils mit in dieser suspendirten harten Körpern in Berührung ist, hat die Hypothese begünstigt, dass die Erregung der Hörnerven direct auf mechanische Weise durch die Schwingungen geschehe, etwa wie beim mechanischen Tetanisiren eines Nerven. Indess ist diese Erklärung mit Vorsicht aufzunehmen, weil erstens haartragende Nervenepithelien auch bei anderen Sinnesorganen vorkommen, zweitens die Intensität der Bewegung im Labyrinth verschwindend klein ist gegen diejenigen Intensitäten, welche sonst zur mechanischen Nervenerregung nöthig sind; man müsste also mindestens eine besondere Empfindlichkeit der acustischen Nervenenden annehmen, was nicht mehr befriedigt, als das Geständniss, dass die Erregung durch Schall noch ebenso unverständlich ist, als die der Netzhaut durch Licht.

Von anderen Acusticus-Erregungen als durch Schall ist nur über electrische Einiges bekannt. Leitet man einen starken Strom durch das Ohr, so entsteht beim Schliessen oder Oeffnen, je nachdem die Cathode oder die Anode im Gehörgang steckt, ein Klingen, welches etwas nachdauert; zugleich treten Geräusche auf; jedoch ist unbekannt, ob der Nerv selbst oder nur gewisse Endorgane gereizt werden (Brenner, Schwartze).

3. Die Functionen der einzelnen Labyrinththeile.

Die Reihenfolge des Auftretens der einzelnen Labyrinththeile in der Thierreihe (p. 482) lässt vermuthen, dass die Otolithensäckchen mit der elementarsten, die Schnecke mit der höchsten Gehörleistung betraut ist. In der That haben gewisse, bei der Schallwahrnehmung zu erörternde Thatsachen zu dem Schlusse geführt, dass die Schnecke zur Unterscheidung der Tonhöhen und Klangfarben, also zum musicalischen Hören, bestimmt ist, so dass den übrigen Hörapparaten vielleicht nur die Wahrnehmung von Schall überhaupt, nach Intensität, Geräuschart etc., vielleicht auch die Wahrnehmung der Richtung zukäme.

Den Bogengängen ist neuerdings von vielen Autoren die acustische Function ganz abgesprochen werden, und zwar auf Grund der sog. Flourens'schen Erscheinungen, welche nach Verletzung der Bogengänge, namentlich bei Vögeln, beobachtet worden. Die constanteste derselben ist Pendeln des Kopfes in der Ebene des verletzten Ganges; die übrigen, Neigung zum Fallen um eine zur Ebene des Canals senkrechte Axe, Zwangsdrehungen um diese Axe, Kopfverdrehung, so dass (bei Tauben) der Schnabel im Nacken steht, etc., können ganz fehlen, oder treten nur auf Reizung und Aufregung des Thieres ein, oder entwickeln sich so spät, dass sie auf Mitleidenschaft des nahen Kleinhirns bezogen werden können. Man hat nun aus diesen Phänomenen, sowie aus dem auffallenden Umstande, dass die Bogengänge stets in drei zu einander senkrechten Ebenen angeordnet sind, geschlossen, dass die Bogengänge ein nicht acustisches, sondern zur Wahrnehmung der absoluten Kopfstellung (Goltz) oder zur Wahrnehmung von Kopfbewegungen (Breuer, Mach) bestimmtes Sinnesorgan seien, oder neben der acustischen Function diese Rolle spielen. Druck, resp. relative Bewegung der Endolymphe sollte die Nervenenden erregen, und so die Drehungen, nach den drei Axen der Bogengänge zerlegt, wahrgenommen werden. Die auf Verletzung auftretenden Störungen wurden von den Einen durch Ausfall von Orientirungsfunctionen, von Andern als Reizung des Organs, Auftreten abnormer Bewegungsempfindungen, sog. Schwindelempfindungen erklärt. Von diesen Organen sollten auch die p. 420, 463 erwähnten reactiven Drehungen reflectorisch ausgelöst werden, ebenso der bei transversaler galvanischer Durchströmung des Kopfes auftretende Schwindel mit Zwangsbewegung (p. 421) von ihnen ausgehen. Alle diese Theorien werden dadurch widerlegt, dass nach Durchschneidung beider Acustici die Thiere nicht desorientirt sind, und auf passive Drehung und galvanische Durchströmung wie gewöhnlich reagiren (Cyon, Tomaszewicz). Fische verlieren auf Durchschneidung der Bogengänge nicht das Gleichgewicht (Tomaszewicz, Kiesselbach, Sewall). Auch zeigen Personen mit Mangel des Labyrinths keine anderen Störungen als Taubheit; die neuere Angabe, dass bei Taubstummen Schwindelgefühle, Seekrankheit u. dgl. weniger häufig seien als bei Normalen (James), beruht nur auf den Individuen einer Anstalt und auf Ausfragung, und bedarf daher der Bestätigung.

Auf der andern Seite wird die acustische Function der Bogengänge durch anatomische Betrachtung überzeugend dargethan. Die Bogengänge hängen mit dem Utriculus ganz so zusammen, wie der Schneckencanal mit dem Sacculus und sind bei niederen Wirbelthieren das Hauptorgan. Ferner giebt der N. cochlearis auch an Utriculus und Ampullen Fasern ab (Breschet, Retzius).

Das Flourens'sche Pendeln würde sich vielleicht durch ängstigende Geräusche, welche das Thier in bestimmter Richtung hört, erklären lassen, wenn die Richtungen der Bogengänge etwas mit Wahrnehmung der Schallrichtung zu thun hätten. Diese letztere Annahme bietet freilich grosse Schwierigkeiten. Erstens wird überhaupt, wenigstens beim Menschen, die Schallrichtung nur sehr unsicher wahrgenommen; zweitens könnte eine solche mittels der Bogengänge nur dann stattfinden, wenn die Schwingungen des Labyrinths der Schallrichtung, etwa nach dem Savart'schen Princip, entsprächen; dies ist aber nur denkbar für den Schall, welcher den Schädel direct trifft, und nicht für denjenigen, welcher dem Labyrinth mittels der Steigbügelplatte zugeleitet wird.

Nach Einführung reizender Substanz in den Gehörgang (Chloroform, Chloral) werden zuweilen Zwangsbewegungen und Gleichgewichtsstörungen beobachtet (Brown-Séquard n. A.), welche von Einigen einer Einwirkung auf die Bogengänge zugeschrieben werden (Vulpian). Aber ähnlich wirkt zuweilen auch Reizung beliebiger Hautstellen (Brown-Séquard). Dieselbe Wirkung hat auch Eintreibung von Flüssigkeiten in die Paukenhöhle, aber nicht durch Reizung der Bogengänge, sondern durch Eindringen in den Arachnoidalraum auf dem Wege des runden Fensters und des Aquaeductus cochleae (Baginsky).

IV. Die Schallwahrnehmung.

Die Gehörempfindungen kann man in unmusicalische oder Geräusche (im weiteren Sinne, also auch die kurzen Schalle, welche als Knall, Stoss etc. bezeichnet werden) und in musicalische oder Klänge eintheilen; eine besonders einfache Art der letzteren (vgl. p. 318) sind die Töne. An den Geräuschen und Klängen unterscheiden wir die Intensität und den Character, an den Klängen ausserdem die Tonhöhe, jedoch lassen auch Geräusche, namentlich solche von ähnlichem Character, Höhenunterschiede wahrnehmen, wenn sie hinter einander angegeben werden (angeschlagene Bretter, Knälle beim Oeffnen von Pappfutteralen), so dass man mit gleichartigen Geräuschen Musik machen kann (Holz- und Strohinstrument).

1. Die Wahrnehmung der Intensität.

Die Intensität einer Schallempfindung hängt vor Allem von der Intensität des Schalles selbst, d. h. von der lebendigen Kraft der Schwingungen ab, welche selber mit dem Quadrate der Entfernung von der Schallquelle abnimmt. Eine scheinbare Ausnahme von jenem Gesetz zeigt sich beim Schall fallender Körper, deren lebendige Kraft gleich $p \cdot h$ ist, wenn p das Gewicht und h die Fallhöhe darstellt. Hiernach sollte die Intensität des Schalles beim Gewicht p' und der Fallhöhe h' dieselbe bleiben, wenn

$$\frac{p}{p'} = \frac{h'}{h}$$

ist. In Wirklichkeit aber tritt dies dann ein, wenn

$$\frac{p}{p'} = \left(\frac{h'}{h}\right)^{0,54} \text{ oder annähernd } = \sqrt{\frac{h'}{h}},$$

d. h. die Intensität ist annähernd der Wurzel der Fallhöhe, d. h. der

Grösse der Bewegung, proportional (Schafhäutl, Vierordt, nach Oberbeck ist der Exponent 0,63). Hieraus wäre zu schliessen, dass beim Fall die lebendige Kraft nicht vollständig in Form von Schallbewegung auftritt. Der Fall ist noch hörbar, wenn $p = 1$ mgrm. und $h = 1$ mm. ist.

Die Reizschwelle (p. 456) des Schalles in Bezug auf Intensität, oder die Hörschärfe wird meist durch das Quadrat der Entfernung gemessen, in welcher ein Geräusch, z. B. eine tickende Uhr, gehört wird, genauer mit Fall-Phonometern (s. oben), oder mit einem Telephon, dessen Ströme bis zur Hörgrenze geschwächt werden. Aus der Entfernung, bis zu welcher Orgelpfeifen hörbar sind, hat man berechnet, dass Hören noch stattfindet, wenn die Lufttheilchen am Ohre eine Druckschwankung von 0,018 mm. Wasser und eine Schwingungsamplitude von 0,00004 mm. haben (das Trommelfell eine noch viel geringere); die lebendige Kraft des ganzen Trommelfells betrüge dabei für jede Schwingung $1/_{543000}$ mgrm.-mm. (Töpler & Boltzmann).

Intensitätsunterschiede müssen, um gleich gut erkannt zu werden, der absoluten Intensität proportional sein (E. H. Weber), woraus für die wahrgenommene und wirkliche Intensität ein logarithmisches Verhältniss abgeleitet wird (Fechner, vgl. p. 455).

Ueber Ermüdung des Ohres s. unten sub 5.

2. Die Wahrnehmung der Tonhöhe.

a. Die Tonempfindung und ihre Grenzen.

Die Empfindung der Tonhöhe hängt von der Zahl der Schwingungen in der Zeiteinheit ab, die Höhe nimmt mit letzterer zu. Die absolute Höhe oder Schwingungszahl wird viel weniger leicht wahrgenommen, als gewisse Höhenbeziehungen, welche Verhältnissen der Schwingungszahlen entsprechen, z. B. das Octavenverhältniss (Schwingungszahlen wie 1 : 2) u. s. w.

Es bedarf einer gewissen, anscheinend individuell variirenden Schwingungszahl, damit überhaupt ein Ton, und nicht getrennte Stösse, empfunden werde. Die Angaben schwanken zwischen 15 und 40 p. sec. Auch eine obere Grenze existirt; hier schwanken die Angaben zwischen 16000 und 41000 p. sec. Manche können so hohe Töne wie das Zirpen der Heimchen, die hohen Partialtöne der Zischlaute nicht mehr hören. Ueber Accommodation des Trommelfells an die Tonhöhe s.

p. 479. Die Hörfähigkeit erstreckt sich nach Obigem auf mindestens 8½ und höchstens 11½ Octaven.

Zur Wahrnehmung der Tonhöhe müssen mindestens 16—20 Schwingungen auf das Ohr wirken (Exner, Auerbach), die Präsentationszeit (p. 442) ist also um so länger, je tiefer der Ton. Aber auch bei weniger als 16 Schwingungen, ja bis zu 2 herab, ist die Tonhöhe noch, wenn auch immer ungenauer, erkennbar (W. Kohlrausch).

Ferner dürfen die Oscillationen unterbrochen sein, ja es genügen schon 2 derselben, um aus ihrem Zeitabstande die Tonhöhe bestimmt zu erkennen, wenn nur diese Stosspaare genügend häufig nach einander einwirken (Savart, Pfaundler, W. Kohlrausch). Der letztere Versuch kann so ausgeführt werden, dass in einem rotirenden Zahnrade, dessen Zähne durch Stoss gegen ein Kartenblatt Töne hervorbringen, die Zähne bis auf 2 benachbarte entfernt werden (Savart), oder durch Anblasen einer Lochsirene mit zwei Röhren zugleich (Pfaundler), oder durch Hinüberfahren mit den Nägeln zweier Finger über geripptes Papier (W. Kohlrausch). In den letzteren Fällen hört man neben dem Ton der Sirene resp. der Papierleistchen noch einen besonderen Ton, der vom Abstande der beiden Röhren oder Fingernägel abhängt. Fig. 85, *A* verdeutlicht dies, indem die Reihe ... den einen, ,,, den zweiten Ton darstellt; man hört dann noch einen dritten, vom Abstand ., abhängigen Ton. Auf demselben Princip der Wiederholung von je zwei äquidistanten Impulsen beruhen auch die sog. Reflexionstöne (Baumgarten), welche z. B. entstehen, wenn das Geräusch eines Wasserfalles durch eine nahe Wand reflectirt wird, so dass jedem Stosse ein reflectirter in constant bleibendem Zeitabstand nachfolgt; in Fig. 85, *B* sind mit . die Stösse des ursprünglichen, mit , die des reflectirten Geräusches bezeichnet; der Reflexionston ist der dem Abstand ., entsprechende.

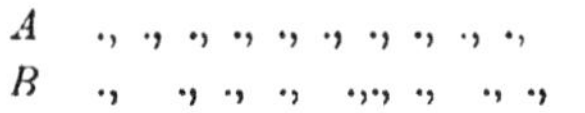

A ., ., ., ., .,, ., ., ., .,
B ., ., ., ., .,,, ., ., ., .,
Fig. 85.

b. Die Unterschiedsempfindlichkeit für Tonhöhen.

Die Empfindlichkeit für Höhenunterschiede hängt mehr als alles Andere von Anlage und Uebung ab. Sie ist schärfer für die Unreinheit von Intervallen als für die Differenz benachbarter Töne (Preyer). So konnte in einem Falle noch unterschieden werden der

Ton 503 von 500 (Intervall $^1/_{21}$ Ton), dagegen 500,4 von 500,5 bei Vergleichung mit der Octave 1001 (Differenz $^1/_{620}$ Ton). Geübte Musiker sollen noch die Töne 1000 und 1001 (Intervall $^1/_{128}$ Ton) unterscheiden können (E. H. Weber).

c. Theorie der Tonempfindung.

Zur Erklärung der verschiedenen Höhenempfindungen verlangt das Princip der specifischen Energie (p. 342) die Annahme von so viel verschieden empfindenden Acusticusfasern, als Tonhöhen unterscheidbar sind, und es ist weiter zu erklären, wieso jede derselben nur durch eine bestimmte Schwingungszahl erregt wird. Eine völlig ausreichende Annahme (Helmholtz) ist die einer genügend grossen Anzahl von Resonatoren (p. 320), deren jeder auf eine bestimmte Tonhöhe abgestimmt und mit einer besonderen Nervenfaser verbunden ist. Solche Resonatoren könnten dargestellt werden: erstens durch die Hörhaare, deren Länge und Steifigkeit verschieden ist, und an denen bei Krebsen in der That beobachtet werden kann, dass bei verschiedenen Tonhöhen die mitschwingenden Haare wechseln (Hensen); zweitens durch die Schnecke (Helmholtz), deren Gebilde durch ihre regelmässige Dimensionsabstufung zu einem Resonatorensystem besonders geeignet scheinen und deren ausschliessliches Vorkommen bei den höchsten Thierclassen auf eine besonders hohe acustische Function hindeutet.

Damit die Resonatoren des Ohres möglichst exclusiv erregt werden, müssen sie nur wenig gedämpft sein, was jedenfalls für die Schneckentheile eher zuzutreffen scheint, als für die Otolithen und besonders die Hörhaare. Das Mitschwingen eines Resonators erstreckt sich, wie die Theorie lehrt, auf um so distantere erregende Töne, je grösser die Dämpfung des Resonators, d. h. je schneller seine Schwingungen, einmal erregt, abnehmen. Der Dämpfungsgrad lässt sich bemessen nach der Anzahl der Schwingungen, nach welcher die Intensität auf einen gewissen Bruchtheil, z. B. $^1/_{10}$ der ursprünglichen herabgesunken ist, die Erstreckung des Mitschwingens nach dem Intervall zwischen Eigenton des Resonators und demjenigen Tone, welcher den Resonator mit einem bestimmten Bruchtheil z. B. $^1/_{10}$ der Intensität anspricht wie der Eigenton. Kennt man diesen Abstand, so lässt sich der Dämpfungsgrad berechnen und umgekehrt. Für die Beziehungen beider liefert folgende Tabelle einen Anhalt:

Bereich des Mitschwingens . .	$\frac{1}{8}$	$\frac{1}{4}$	$\frac{1}{2}$	$\frac{3}{4}$	1	$\frac{5}{4}$	$\frac{3}{2}$	$\frac{7}{4}$	2 ganze Töne
Erlöschen nach .	38,00	19,00	9,50	6,33	4,75	3,80	3,17	2,71	2,37 Schwingungen.

Der Dämpfungsgrad der Resonatoren im Ohr lässt sich hiernach aus folgender Erfahrung ermitteln: Ein Triller mit der Geschwindigkeit von 10 Tonschlägen in der Secunde kann in allen Tonlagen bis zum A (110 Schwingungen) herab mit vollkommener Schärfe gehört werden, ohne dass der Eindruck des Abwechselns zweier Töne sich durch Nachtönen der schwingenden Theile im Ohre verwischt; letzteres geschicht erst unterhalb A. Nimmt man nun an, dass die Schwingung bis auf $1/_{10}$ ihrer Intensität herabgesunken sein muss, um bei der Wiederkehr desselben Tones, also nach $1/_5$ Secunde, nicht mehr gehört zu werden, so ergiebt sich, dass die durch A in Schwingung versetzten Theile im Gehörorgan nach $1/_5$ Secunde, also 22 Schwingungen, nur noch mit $1/_{10}$ ihrer ursprünglichen Intensität nachschwingen. Der Dämpfungsgrad der Resonatoren im Ohr wird also etwa der zweiten, vielleicht der dritten oder vierten Stufe der obigen Tabelle entsprechen; unterhalb A werden wenigstens die Triller in der That bald rauh und verworren. Nimmt man die dritte Stufe als die richtige an, so ist für jeden Resonator, wenn man die Intensität der Erregung durch seinen Eigenton $= 100$ setzt, die durch die benachbarten Töne folgende:

Differenz der Tonhöhe in Bruchtheilen eines ganzen Tones	0	0,1	0,2	0,3	0,4	0,5	0,6	0,7	0,8	0,9	1,0
Intensität des Mitschwingens	100	74	41	24	15	10	7,2	5,4	4,2	3,3	2,7

Diejenigen Theile im Ohr, welche durch den Ton A in Schwingung versetzt werden, können also durch einen um $1/_2$ Ton abstehenden Ton nur mit $1/_{10}$ der Intensität angesprochen werden; für Ais und As müssen also nothwendig andere Resonatoren vorhanden sein als für A (Helmholtz).

Zu Gunsten einer räumlichen Trennung der Wahrnehmungsapparate für verschiedene Tonhöhen spricht namentlich auch das pathologische Vorkommen von Basstaubheit, und von Taubheit für die höchsten Töne; die Sectionsbefunde deuten darauf hin, dass die erste Windung der Schnecke für die höchsten Töne bestimmt ist (Moos), und ein ähnliches Resultat gaben partielle Exstirpationen beim Hunde (Baginsky). Für speciellere Bezeichnung der Resonatoren in der Schnecke, etwa die Corti'schen Bogen, oder die radialen Spannungen der Basilarmembran selbst, sind noch keine genügende Thatsachen bekannt; bemerkenswerth ist, dass die Radien der Basilarmembran in der ersten

Windung am kürzesten sind. Die Zahl der Corti'schen Bögen würde genügen; es sind etwa 3000 (Kölliker), so dass für die 7 Octaven des musicalischen Bereichs über 400 auf jede Octave, und über 33 auf den halben Ton kommen; wenn bei geübten Musikern 128 verschiedene Höhenempfindungen pro Ton möglich sind (p. 488), so muss angenommen werden, dass auch zwischen je zwei Resonatoren noch eine Tonstufe wegen gleich starker Erregung beider unterscheidbar ist (Helmholtz).

3. Die Wahrnehmung der Klangfarbe und des Geräuschcharacters.
a. Theorie der Klangunterscheidung.

Die Klangfarbe beruht auf dem speciellen zeitlichen Verlauf der Schwingung oder auf der relativen Intensität der Partialtöne des Klanges (p. 319). Die Wahrnehmung der Klangfarbe erklärt sich demnach leicht aus der eben angeführten Annahme von Resonatoren; denn jeder Partialton wird einen besonderen Resonator erregen, und zwar im Verhältniss seiner relativen Intensität im Klange, und das Bewusstsein setzt sich aus den gleichzeitigen Partialton-Empfindungen die Klangfarbe zusammen (Helmholtz).

Entscheidende Beweise für die Richtigkeit dieser Theorie sind: 1. die Möglichkeit, einzelne Partialtöne eines Klanges herauszuhören, was nur erklärlich ist, wenn jeder eine besondere Nervenfaser erregt, auf welche die Aufmerksamkeit gerichtet werden kann; 2. die Thatsache, dass die Klangfarbe vom Phasenverhältniss der Partialtöne unabhängig ist (Helmholtz). Ferner spricht auch die bekannte Thatsache, dass man aus dem complicirten Klanggemisch eines Orchesters einzelne Stimmen heraushören und für sich verfolgen kann, für eine Zerlegung des ganzen Schalls in seine einfachsten Componenten.

Welchen Einfluss das Phasenverhältniss der Partialtöne auf den zeitlichen Verlauf der Klangschwingung hat, kann man leicht durch Construction zeigen, indem man zwei Sinuscurven bei verschiedenen relativen Lagen zusammensetzt, und noch instructiver durch Fig. 86 (nach Hensen), welche oben zwei Schwingungen von incommensurablem Verhältniss der Schwingungszahlen (7 : 19), und unten deren Zusammensetzung darstellt; durch wechselndes Aufeinandertreffen der Phasen wechselt das Bild regelmässig. Diesen Verschiedenheiten entspricht nun aber keineswegs ein Wechsel der Klangfarbe, wie sich mit den p. 334 erwähnten Stimmgabeln

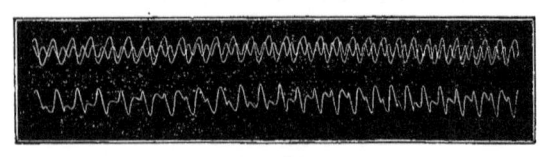

Fig. 86.

zeigen lässt, bei welchen Phasenverschiebungen den Vocal nicht ändern (Helmholtz); jeder Partialton muss also durch eine besondere Faser für sich zur Wahrnehmung gelangen. Neuere Versuche sprechen jedoch für einen Einfluss der Phase: Schneidet man nämlich die aus denselben harmonischen Tönen bei verschiedenem Phasenverhältniss hervorgehenden Curven in Blech aus, biegt diese Bleche zu geschlossenen Cylindern zusammen, und lässt sie vor einer Spalte, durch welche Luft strömt, schnell vorüberrotiren, so dass die periodische Aenderung der Spaltlänge einen Klang giebt (Wellensirene), so ist der letztere bei den verschiedenen Curven nicht identisch (König). Jedoch scheint der Versuch nicht absolut beweiskräftig.

b. Schwebungen und Combinationstöne.

Beim gleichzeitigen Erklingen zweier Töne von den nahe übereinstimmenden Schwingungszahlen m und n schwankt die Intensität $m-n$ mal in der Secunde auf und ab, weil abwechselnd Berg auf Berg und Berg auf Thal fällt. Diese rein subjective Erscheinung bezeichnet man als Schwebungen oder Stösse. Sind die Töne kräftig und ziemlich distant, so dass $m-n$ grösser als etwa 40 wird, so hört man einen Ton von der Schwingungszahl $m-n$, den Differenzton oder Sorge'schen (Tartini'schen) Ton. Wäre dieser Ton nichts als sehr frequente Schwebungen, so würde die Zerlegungstheorie auf Schwierigkeiten stossen, da ein Resonator auf diese Weise nicht in Schwingung versetzt werden könnte. Die Differenztöne lassen sich aber auch als eine objective Erscheinung betrachten, wenn nämlich die primären Schwingungen so stark sind, dass die elastische Kraft nicht mehr einfach dem Abstand von der Gleichgewichtslage proportional ist; es entstehen dann durch Interferenz objective Combinationstöne, und zwar nicht bloss Differenztöne, sondern auch, freilich schwache, Summationstöne von der Schwingungszahl $m + n$, und auch diese lassen sich durch das Ohr nachweisen (Helmholtz). Freilich würden sich die letzteren auch als Differenztöne höherer Ordnung mit Zuhülfenahme des zweiten Partialtons erklären lassen, da $2m-(m-n)=m+n$; indess entstände dann die oben bezeichnete theoretische Schwierigkeit. Die Hörbarkeit der objectiven Combinationstöne wäre dagegen umgekehrt eine Bestätigung der Zerlegungstheorie. Ob die Tartini'schen Töne objective Combinations- oder Stosstöne sind, ist streitig. Für letzteres wird namentlich angeführt (König), dass sie auch bei schwachen Tönen auftreten und ferner, dass sie gehört werden, wenn man die combinirte Curve beider Grundtöne, also etwa eine Curve wie die untere der Fig. 86, an der Wellensirene (s. oben) vor dem

Spalt rotiren lässt. Bei langsamer Rotation erscheinen dann Stösse, bei schneller Stosstöne.

c. Geräusche.

Die Verschiedenheit der Geräusche beruht theils auf ihren gröberen zeitlichen Verhältnissen (man vergleiche z. B. den Knall, den Laut R u. s. w.), theils auf ihrer Zusammensetzung aus Partialtönen, welche sich von der der Klänge nur durch das geringere Hervortreten eines die Höhe bezeichnenden Haupttones unterscheidet (vgl. p. 319). Viele Geräusche haben einen Vocalcharacter und werden danach benanut (Knattern, Knittern, Klirren, Schmettern, Donnern). Offenbar muss derselbe Apparat, welcher Klangfarben zur Wahrnehmung bringt, auch zur Perception von Geräuschen geeignet sein; es sind aber Apparate denkbar, welche Geräusche in einer weniger analysirenden Weise wahrnehmen und für musicalisches Hören nicht ausreichen. Besonders weil die Schnecke den niederen Thieren fehlt, vermuthet man, dass die Otolithensäckchen und vielleicht die Bogengänge diese Function haben.

4. Die Consonanz und die Dissonanz.

Treffen mehrere Klänge gleichzeitig das Ohr, so entsteht ein angenehmeres oder unangenehmeres Gefühl unter Bedingungen, welche mit dem Verhältniss der Schwingungszahlen ihrer Grundtöne im engsten Zusammenhange stehen. Man unterscheidet hiernach consonante (wohlgefällige) und dissonante Zusammenklänge. Das Octavenverhältniss (1 : 2) und die Duodecime (1 : 3) bilden die vollkommenste Consonanz; dann folgen in der Richtung der Dissonanz: Quinte (2 : 3), Quarte (3 : 4), grosse Sexte (3 : 5), grosse Terz (4 : 5), kleine Sexte (5 : 8), kleine Terz (5 : 6) u. s. w. — Diese Erscheinung lässt sich vollkommen dadurch erklären, dass die Dissonanz auf den durch sie bedingten Schwebungen (s. oben) beruhe, welche bei einer gewissen Frequenz (etwa 33 per sec.) einen ähnlich unangenehmen Eindruck auf das Ohr machen, wie das Flackern eines Lichtes auf das Auge (Helmholtz).

Um das Gesagte zu erläutern, stellt die Figur 87 die Schwingungszahlen der 8 ersten Partialtöne für die Tonleiter innerhalb einer Octave dar; sollten sich alle Bedingungen der Dissonanz ergeben, so müsste die Figur auch die Combinationstöne darstellen, welche hier nicht berücksichtigt sind. Die Puncte haben einen den Schwingungszahlen entsprechenden Horizontalabstand. Man erkennt, dass einzelne Partialtöne um so näher an solche der Prim heranrücken, je complicirter das Intervall-Verhältniss. Die Zahl von 33 Schwebungen würde beim Grundklang c 128

Consonanz und Dissonanz. 493

schon durch die grosse Terz, beim Grundklang c 256 erst durch die grosse Secunde und grosse Septime erreicht. Je tiefer das Intervall liegt, um so leichter wird es

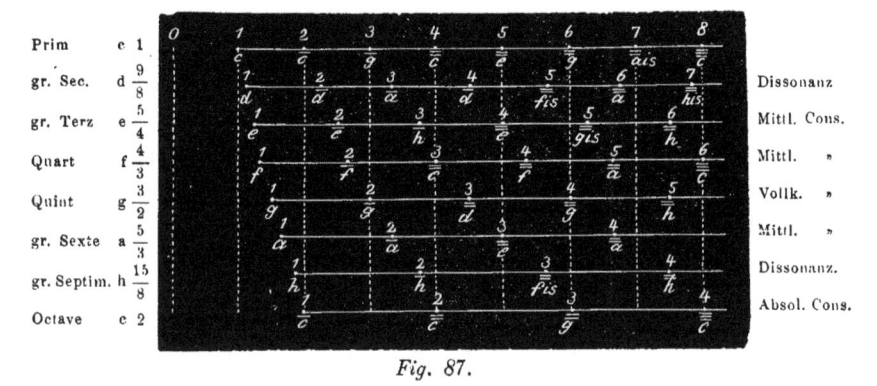

Prim	c	1	
gr. Sec.	d	$\frac{9}{8}$	Dissonanz
gr. Terz	e	$\frac{5}{4}$	Mittl. Cons.
Quart	f	$\frac{4}{3}$	Mittl. "
Quint	g	$\frac{3}{2}$	Vollk. "
gr. Sexte	a	$\frac{5}{3}$	Mittl. "
gr. Septim.	h	$\frac{15}{8}$	Dissonanz.
Octave	c	2	Absol. Cons.

Fig. 87.

dissonant Absolute Consonanz besitzen nur Octave, Duodecime, zweite Octave etc., bei welchen nur Partialtöne der Prim sich wiederholen.

Ist n die Schwingungszahl des tieferen und m die des höheren Grundtons, und reducirt man den unächten Bruch m/n auf die kleinsten ganzen Zahlen (m_1/n_1), so ist die kleinste Schwebungszahl $= n_1/n$, also um so kleiner, je kleiner n (je tiefer das Intervall) und je grösser n_1 (je incommensurabler das Intervallverhältniss).

Für die angeführte Theorie spricht, dass der Zusammenklang reiner Töne von dissonanten Intervallen (z. B. 6 : 7; 15 : 19; 11 : 13) nicht dissonant klingt, wenn sie so hoch liegen, dass keine Schwebungen merklich werden (Preyer).

Auf der Consonanzlehre beruht die Theorie der Harmonie, der Accordarten etc., auf welche hier nicht eingegangen werden kann. Aber auch für die Melodie, d. h. die Aufeinanderfolge der Klänge, ist das Verhältniss der Partialtöne von Bedeutung; folgt auf einen Klang die Octave, so wird die Aufmerksamkeit nicht durch neue Töne gefesselt, wohl aber bei Quint, Quart etc.

5. Das An- und Verklingen und die Ermüdung des Ohres.

Ein Schall, welcher dem Ohre nur sehr kurze Zeit durch einen Schlauch zugeleitet wird, wird nicht wahrgenommen; die Schallempfindung tritt also nicht augenblicklich ein, sondern erfordert eine Zeit, welche mit der Schwäche der Töne zunimmt und bei den schwächsten 1—2 Secunden dauern kann (Urbantschitsch). Diese Zeit des Anklingens ist nicht zu verwechseln mit der zur Erkennung der Tonhöhe nöthigen. Andererseits klingt die Schallempfindung nicht augenblicklich mit dem objectiven Schall ab, sondern überdauert denselben eine kurze Zeit (Helmholtz u. A.), so dass man z. B. bei kurzem Intervall zweier Töne keine Pause hört. Die Zeit des Abklingens beträgt

>   für tiefe Töne (c¹)   0,0395 sec. (A. M. Meyer)
>   „ hohe   „   (c⁵)   0,0055   „   „
>   „ Geräusche   0,016   „   (Mach)
>   „   „   0,002   „   (Exner).

Das Nachtönen kann ebensogut auf unvollkommener Dämpfung der schwingenden Theile im Ohre wie auf Persistenz der nervösen Erregung beruhen. Das Nachtönen bewirkt bei schnell auf einander folgenden Tönen (wie sie entstehen, wenn man den Abstand der Zähne am Savart'schen Rade von Strecke zu Strecke wechseln lässt) eine Mischung derselben in Form eines Geräusches, analog der Farbenmischung auf dem Farbenkreisel. Sehr lang anhaltende Nachtöne, z. B. das in den Ohren Klingen eines Tones oder gar eines Musikstücks lange nach dem Aufhören gehören zu den psychischen Erscheinungen; ebenso andere Gehörhallucinationen.

Bei anhaltender Einwirkung eines Tones nimmt der Eindruck bald an Intensität ab, oder schwindet ganz, offenbar durch Ermüdung des Hörnerven oder seiner Centralorgane. Hält man z. B. vor beide Ohren zwei gleich tönende Stimmgabeln, und dreht die eine so um ihre Axe, dass der Ton durch Interferenz beider Zinken abwechselnd verschwindet und wieder auftritt, so hört man nicht etwa die andere continuirlich, sondern beide tönen abwechselnd, die nicht gedrehte nur während die andere nicht gehört werden kann (Dove). Der continuirliche Ton wirkt also schwächer als der eben wiedererscheinende. Ferner wird ein hoher continuirlicher Pfeifenton bald unhörbar, aber nach kurzem Pausiren sogleich wieder hörbar (Rayleigh). Eine Stimmgabel, welche vor dem Ohr, auf das sie wirkte, nicht mehr gehört wird, kann am anderen unermüdeten Ohr noch gehört werden; erst nach 5—6 Secunden hören beide Ohren den Ton wieder gleich gut; ein neuer Ton von anderer Höhe wird vom ermüdeten Ohre so gut gehört wie vom anderen, die Ermüdung erstreckt sich also nur auf die gehörte Tonhöhe und dauert mehrere Secunden (Urbantschitsch). Auf Ermüdung für die Obertöne beruht auch die Erscheinung, dass ein Klang leerer erscheint, wenn unmittelbar vorher Obertöne desselben stark angegeben worden sind (J. J. Müller).

6. Subjective und entotische Gehörempfindungen.

Subjective Gehörempfindungen nennt man solche, welche nicht

auf wirklichen Schallschwingungen beruhen. Hierher wird das Ohrenklingen und Ohrensausen gerechnet, Töne und Geräusche, welche von Erregungen des Hörnerven durch unbekannte Einflüsse, namentlich bei krankhaft erhöhter Erregbarkeit, herrühren sollen, von anderen aber als Eigentöne der Ohrtheile selbst, also als entotische Phänomene betrachtet werden. Die zuweilen beobachteten subjectiven musicalischen Töne sind höchstwahrscheinlich durch abnorme Erregung der einem einzelnen Resonator entsprechenden Nervenfaser (p. 488) zu erklären, da in den betreffenden Fällen zugleich Hyperästhesie gegen die entsprechenden objectiven Töne vorhanden war (Moos, Czerny, Samelson). Auch die electrischen Töne und Geräusche, welche bei Schliessung eines aussteigenden und bei Oeffnung eines einsteigenden Stroms auftreten (Brenner) gehören hierher. Da sie mit dem Eigenton des Ohres übereinstimmen, können sie auf electrotonische Erregbarkeitserhöhung des Acusticus zurückgeführt werden, welche den schwachen beständigen Eigenton hörbar macht (Kiesselbach).

Von den subjectiven Gehörempfindungen sind die entotischen zu unterscheiden, objective Wahrnehmungen, deren Ursache jedoch im Gehörorgan selbst liegt. Hierher gehören: 1. Brausende Geräusche, hervorgebracht durch Schwingungen der Luft im äusseren Gehörgang oder in der Paukenhöhle, wenn diese von der äusseren Atmosphäre abgesperrt sind (ersterer durch vorgehaltene oder eingesteckte verschliessende Körper, durch Ohrenschmalz u. s. w., letztere durch Verschliessung der Tuba Eustachii); jene erscheinen besonders stark, wenn die Luft in einem an den Gehörgang als dessen Verlängerung angesetzten hohlen Körper, z. B. einer Röhre, mitschwingt, sie rühren unzweifelhaft davon her, dass man jetzt besser durch Knochenleitung hört (p. 480) und daher die Muskelgeräusche, namentlich des Kopfes, die Reibungsgeräusche des Blutes in den Kopfgefässen etc. wahrnimmt. 2. Das p. 478 erwähnte knackende Geräusch. 3. Klopfende Geräusche, hervorgebracht durch das Pulsiren der Arterien im Gehörgang, oder das fortgeleitete fernerliegender Arterien, besonders wenn man mit dem Ohre auf einem harten Körper liegt. 4. Reibungsgeräusche, durch die Blutcirculation. 5. Muskelgeräusche etc. (s. oben). 6. Möglicherweise das Ohrenklingen (s. oben).

7. Das Hören mit beiden Ohren und die Localisation des Schalles.

Der Nutzen zweier Ohren liegt nicht allein in der grösseren Sicherung gegen völlige Taubheit und in gegenseitiger Ergänzung im Falle einseitiger Mängel, sondern vorzugsweise in der Beihülfe zu der, übrigens stets unsicheren, Beurtheilung der Richtung des Schalls, da meist das eine Ohr stärker getroffen wird. Ob eine unmittelbarere Richtungsempfindung stattfindet, ist nicht bekannt (vgl. p. 484). Es liegt in der Natur der Schallausbreitung, dass sie höchstens im freien Raume eine genaue Localisation zulässt. Schall, welcher nicht durch das Trommelfell, sondern durch Knochenleitung zugeführt wird (z. B. unter Wasser bei luftfreien Gehörgängen), wird überhaupt nicht nach aussen projicirt, sondern erscheint im Kopfe (E. H. Weber). Die Entfernung der Schallquelle wird nur indirect (nach der scheinbaren Stärke bei bekannter absoluter) beurtheilt; daher die bekannte Art herannahende und abziehende Musik auf dem Theater darzustellen.

Die reflectirenden Flächen beider Ohrmuscheln lassen sich auf zwei sich vorn schneidende Ebenen reduciren, und somit sind vier Schallquellenlagen unterscheidbar: Schall im vorderen Winkel trifft beide Ohren direct, in den seitlichen nur Eines und im hinteren keines (Steinhauser, S. P. Thompson).

Ein Schall, welcher beide Ohren ungleich stark trifft, wird im Allgemeinen auf die Seite des stärker getroffenen verlegt, wie der oben sub 5 angeführte Dove'sche Versuch zeigt. Auch auf den Schädel gesetzte Stimmgabeln scheinen (durch Knochenleitung, s. oben) im näheren Ohr zu tönen; jedoch ist die Localisationsgrenze beider Ohren nicht genau median (Urbantschitsch). Bei genau gleich starker Erregung beider Ohren durch zwei Telephone soll das Geräusch in der Medianebene seinen scheinbaren Sitz haben (Tarchanoff). Einen sehr merkwürdigen und für die obigen Theorien Schwierigkeit bietenden Einfluss soll die Phase haben; bei gleich starker Erregung beider Ohren, aber mit entgegengesetzter Schwingungsphase (z. B. in den negativen Schwebungsphasen zweier fast unisoner Gabeln, oder bei zwei Telephonen mit entgegengesetzter Stromphase) soll der Schall jedesmal in den Hinterkopf verlegt erscheinen (Thompson).

Ueber die nervösen Beziehungen beider Ohren ist wenig Sicheres bekannt. Ein Ton klingt stärker, wenn er beiden Ohren gleichzeitig zugeleitet wird, aber das Hören eines Ohres wird auch verstärkt, wenn das andere überhaupt durch irgend einen Schall gleichzeitig erregt wird (Le Roux, Urbantschitsch). Vertheilt man zwei mit einander schwebende Töne auf beide Ohren, so tritt die Schwebung ein, dagegen nie ein Differenzton (Thompson). Meist empfinden beide Ohren den gleichen Ton ungleich hoch (Fessel, Fechner), und pathologisch kann der Unterschied, welcher wie es scheint auf Verstimmung der Resonatoren beruht, vorübergehend sehr gross sein (v. Wittich, Burnett).

VI. Die Schutzorgane des Ohres.

In gewissem Sinne kann die Ohrmuschel, namentlich bei Thieren, wo sie äusserlich beweglich ist, als Schutzorgan für das Ohr betrachtet werden, da die Vorlagerung von Vorsprüngen (z. B. des Tragus beim Menschen) das Eindringen von Staub und kalter Luft in das Ohr erschwert. Fernere Schutzorgane des Ohres sind die steifen borstenähnlichen Haare (Vibrissae) des äusseren Gehörgangs und die Ohrenschmalzdrüsen, deren Secret die Wand des Gehörgangs schlüpfrig erhält. Die Bedeutung des Ohrenschmalzes ist unklar; bei Mangel desselben tritt Schwerhörigkeit und Brausen auf, ohne bekannte Ursache. — Das innere Ohr ist durch seine Lage im Innern des Felsenbeins vollkommen vor jedem Eingriff geschützt.

E. Der Gesichtssinn.

Geschichtliches (hauptsächlich nach Helmholtz, physiol. Optik). Die Dioptrik des Auges wurde zuerst von Kepler 1602 in ihren Grundzügen erkannt und dargestellt, nachdem schon Porta, der Erfinder der Camera obscura, das Auge mit letzterer verglichen hatte. Der Jesuitenpater Scheiner (1609) stellte das verkehrte Netzhautbild an Thieraugen und 1625 auch am menschlichen Auge durch Bloslegung der Netzhaut von hinten dar, und erfand den nach ihm benannten Versuch über Zerstreuungsbilder. Huyghens construirte 1695 ein künstliches Auge und demonstrirte an demselben die Wirkung der Brillengläser. Die Berechnung und experimentelle Bestimmung der Cardinalpuncte erfolgte, besonders nachdem Gauss 1841 die Theorie derselben begründet hatte, hauptsächlich durch Volkmann 1836 und 1846, Moser 1844 und Listing 1845. Helmholtz gab diesen Bestimmungen durch die Erfindung des Ophthalmometers 1855 eine festere Grundlage und gab der Dioptrik des Auges durch seine 1856—1866 erschienene physiologische Optik einen Abschluss. Den Astigmatismus bemerkte zuerst Young 1801, als allgemeineres Vorkommniss aber erst Donders und Knapp 1861. Die Dioptrik schief einfallender Strahlenbündel wurde erst 1874 in Angriff genommen. Die Lehre von der Reflexion im Auge und dem Augenleuchten wurde, nachdem Prévost und Gruithuisen 1810 gezeigt hatten, dass das Leuchten der Augen nur von reflectirtem Licht herrührt, durch Cumming 1846 und Brücke 1847 begründet, und durch Helmholtz's Erfindung des Augenspiegels 1851 zum Abschluss gebracht.

Die Nothwendigkeit einer Accommodation erkannte schon Kepler 1604, welcher auch die seit Anfang des 14. Jahrhunderts bekannte Wirkung der Brillengläser richtig erklärte. Scheiner bemerkte 1619 die mit der Accommodation verbundene Pupillenverengerung. Der eigentliche Mechanismus wurde aber erst in den letzten Jahrzehnten nach Ueberwindung zahlreicher irriger Ansichten aufgeklärt; die schon seit Descartes (1637) vielfach behauptete Formveränderung der Linse konnte Th. Young 1801 an sich selbst durch einen sinnreichen Versuch nachweisen; objectiv aber wurde sie erst durch die Spiegelbildchen 1849 von M. Langenbeck und 1851—53 von Cramer und Helmholtz nachgewiesen. Als Motor für die Accommodation wurde der von Brücke 1846 nachgewiesene Ciliarmuskel erkannt, für dessen Wirkungsweise Helmholtz 1856 die jetzt herrschende Hypothese aufstellte und dessen Innervation Hensen & Völkers 1868 ermittelten.

Den Nachweis, dass es nur eine positive Accommodation giebt, und eine elegante numerische Bezeichnung der Accommodationsgrösse verdankt man Donders.

Die Zurückführung des Sehactes auf eine Reizung der Netzhaut durch das Licht wurde, obgleich das Sehen schon von den Alten vielfach discutirt wurde, hauptsächlich durch Haller's Irritabilitätslehre (vgl. p. 245) und durch die Erfahrungen über Druckphosphene und electrische Lichtempfindungen (Pfaff, Ritter, Volta 1794—1805, Purkinje 1819—1825), sowie durch J. Müller's Lehre von den specifischen Energien (1826) angebahnt. Die Erkennung der lichtempfindlichen Schicht wurde, nachdem Mariotte schon 1668 den blinden Fleck entdeckt hatte, hauptsächlich durch H. Müller's Untersuchungen über die Netzhautstructur 1855 begründet; schon 1851 hatte Helmholtz die Stäbchen- und Zapfenschicht durch Exclusion als den Ort der Erregung bezeichnet. Das Verständniss des Sehacts wurde namentlich gefördert durch Volkmann's Vergleichungen zwischen der Grösse der Empfindungskreise und der Netzhautelemente (1863), durch Aubert's & Förster's Gesichtsfeldmessungen (1857), durch M. Schultze's vergleichende Beobachtungen der Netzhautelemente 1866, durch Boll's Entdeckung des Sehpurpurs 1876 und durch die Entdeckung der Actionsströme der Netzhaut (Holmgren 1871, Dewar & M'Kendrick 1874, Kühne & Steiner 1880).

Die Lehre vom Farbensehen datirt von Newton's Entdeckung der verschiedenen Brechbarkeit der Farben und der Zusammensetzung des weissen Lichtes 1675. Nachdem Huyghens 1690 die Undulationstheorie aufgestellt hatte, erkannte Euler 1746, dass der Unterschied der Farben auf der Verschiedenheit der Schwingungsdauer und Wellenlänge beruht. Die Lehre von der Farbenmischung und den Grundfarben, welche auf den Erfahrungen der Maler beruht, wurde besonders durch Grassmann, Maxwell und Helmholtz 1852—56 wissenschaftlich begründet, und die von Young 1807 aufgestellte Theorie der Farbenempfindung besonders durch Helmholtz mit dem Princip der specifischen Energie in Verbindung gebracht. Eine andere Theorie des Farbensehens wurde 1872 von Ewald Hering aufgestellt.

Die positiven und negativen Nachbilder wurden 1634 von Peiresc beschrieben, Newton berechnete aus ihnen die Dauer des Lichteindrucks. Der Farbenkreisel wird von Musschenbroek 1760 erwähnt, die stroboscopische Scheibe wurde von Plateau und von Stampfer 1832 erfunden. Die Contrasterscheinungen erwähnt Leonardo da Vinci († 1519), die farbigen Schatten Otto v. Guericke 1763,

Buffon 1743 u. A. Die Irradiation, welche von den Alten erwähnt wird, erklärte schon Kepler 1604, in neuerer Zeit namentlich Volkmann aus mangelhafter Accommodation, während Descartes (1637) und später Plateau (1838) sie auf nervöse Ausstrahlung zurückzuführen versuchten. Zahlreiche subjective Gesichtserscheinungen entdeckte Purkinje um 1820.

Die Bewegungen des Augapfels fasste zuerst J. Müller 1826 in der Hauptsache richtig auf; er entdeckte die sog. Raddrehung, war aber hinsichtlich der Lage des Drehpunctes im Irrthum, welche erst Donders & Doijer 1862 richtig bestimmten. Die Gesetze der Augendrehung wurden von Listing, Meissner, Donders und Helmholtz ergründet, und von letzterem 1863 auf das Princip der leichtesten Orientirung zurückgeführt.

Die Erklärung des Aufrechtsehens trotz der umgekehrten Netzhautbilder gab schon Kepler mittels des Projectionsgesetzes, welches Volkmann 1836 in die jetzt angenommene Gestalt brachte. Die Entfernungs- und Tiefenwahrnehmung wurde ebenfalls von Kepler ziemlich richtig aufgefasst; genauere Theorien datiren namentlich von der Erfindung des Spiegel-Stereoscops durch Wheatstone 1833 und des Linsenstereoscops durch Brewster 1843, und dem Dove'schen Momentanbeleuchtungsversuch 1841. In den damit innig zusammenhängenden Fragen des binoculären Doppel- und Einfachsehens, des Horopters und des Wettstreites der Sehfelder stehen sich schon seit Jahrhunderten zwei Anschauungen gegenüber: diejenige der absoluten Identitätslehre, welche schon von Galen vertreten wird, welcher je zwei Sehfasern sich im Chiasma vereinigen lässt, und die Projectionstheorie von Kepler. Die Horopterlehre wurde von Aguilonius 1613 begründet und namentlich von J. Müller 1826, Prévost 1843, Helmholtz 1862, Volkmann 1863 und Hering 1863 gefördert. Den stereoscopischen Glanz entdeckte Dove 1850.

Die Entwicklung der Lehre vom Sehen ist auch für allgemeinere Fragen über die Sinneswahrnehmung, besonders für den Streit zwischen der nativistischen und empiristischen Sinnestheorie, von Bedeutung gewesen Doch kann auf die Geschichte dieses Streites hier nicht eingegangen werden.

Allgemeines.

Die Perception des Lichtes geschieht durch die in der Netzhaut gelegenen Aufnahmeapparate des Sehnerven. Durch dieselben kann Intensität und Farbe (Wellenlänge) des Lichtes percipirt werden, während für die Schwingungsrichtung (Polarisation) keine unmittelbare Wahrnehmung existirt (vgl. jedoch unten die Haidinger'schen Büschel).

Auf den niedersten Thierstufen beschränkt sich wahrscheinlich das Sehvermögen auf die Unterscheidung von Hell und Dunkel und von Farben; bei den höheren Thieren wird jedoch auch der Ort jedes leuchtenden Punctes in seiner Lage zum Auge wahrgenommen, und dadurch die Unterscheidung der verschiedenen neben einander vorhanden Helligkeiten und Farben, d. h. das Sehen von Gegenständen ermöglicht. Hierzu ist nöthig, dass jeder Punct der Aussenwelt sein Licht nur auf ein einziges Nervenelement wirken lassen kann; es müssen also zu den Aufnahmeapparaten noch optische Hülfsapparate hinzukommen. Bis jetzt sind zwei Arten solcher bekannt: 1. In den facettirten Augen der Insecten und Crustaceen ist jedes nervöse Element am Grunde eines Krystallkegels angebracht, und alle Krystallkegel sind radial gruppirt und von einander optisch isolirt; jeder lässt also zu seinem Nervenelement nur das in der Richtung seiner Axe einfallende Licht zutreten, so dass ein musivisches Sehen zu Stande kommt, welches um so genauer sein muss, je näher die Gegenstände (J. Müller). 2. In den refractorischen Augen der Wirbelthiere, Mollusken etc. wird durch Brechung in einem gemeinsamen dioptrischen Apparat das von einem äusseren Puncte ausgehende Lichtstrahlenbündel in einem bestimmten Netzhautpuncte wieder vereinigt, d. h. ein reelles Bild der Gegenstände erzeugt wie in der Camera obscura (Kepler, Scheiner). Nur die refractorischen Augen werden hier erörtert.

Dass auch jedes Feld des Insectenauges von entfernten Gegenständen ein reelles Bildchen liefert, welches man unter dem Microscope sehen kann, hat wahrscheinlich für das Sehen keine Bedeutung, denn es ist unwahrscheinlich, dass innerhalb einer Abtheilung noch Bilddetails unterschieden werden können, und es wäre schwer begreiflich, wie ein Multiplum von Bildern desselben Objects zu einer einheitlichen Wahrnehmung führen sollte.

I. Die Abbildung der Gegenstände im Auge.

1. Die optischen Constanten des Auges.

a. Die Schematisirung des dioptrischen Apparats.

Die brechenden Medien des Auges sind, der Reihe nach wie sie der einfallende Lichtstrahl durchläuft, folgende: 1. Die Cornea, 2. der Humor aqueus, 3. die Linse mit ihrer Kapsel, 4. der Glaskörper. Diesen Medien entsprechen vier trennende oder brechende Flächen: zwischen Luft und Corneasubstanz, zwischen Cornea und Humor aqueus u. s. w. Um nun den Gang eines einfallenden Strahles durch das Auge bis zur Retina zu verfolgen, müssen gegeben sein: 1. die Brechungsindices sämmtlicher Medien, 2. die Gestalten sämmtlicher brechenden Flächen, 3. die Entfernungen der letzteren von einander und von der Projectionsfläche (Retina).

Die Linse ist kein einfaches brechendes Medium; ihre Consistenz und ihr Brechungsvermögen werden von aussen nach innen immer grösser und die Flächen gleichen Brechungsvermögens nehmen nach innen an Krümmung zu. Das Schema Fig. 88, welches den Bau der Linse vereinfacht darstellt, zeigt, dass man dieselbe sich zusammengesetzt denken kann aus einer starken Convexlinse c und zwei Concavlinsen a und b. Letztere neutralisiren einen Theil der Wirkung von c; und zwar einen um so geringeren Theil, je kleiner ihr Brechungsindex ist. Dadurch, dass a und b einen kleineren Brechungsindex haben als c, ist also die Gesammtwirkung der Linse grösser, als wenn sie denselben Index mit c hätten, d. h. die Linse homogen wäre und durchweg das hohe Brechungsvermögen des Kerns hätte. Für die Rechnungen am Auge denkt man sich an die Stelle der Linse eine homogene Linse von gleicher Brennweite und gleicher Gestalt gesetzt; man muss dann derselben einen Brechungsindex ertheilen, den man den Totalindex der Linse nennt, und der nach dem eben Gesagten grösser ist als der stärkste wirkliche Index der Linse (in ihrem Kern). Ueber den Nutzen der Linsenschichtung s. unten bei der Prüfung der Vollkommenheit des dioptrischen Apparates.

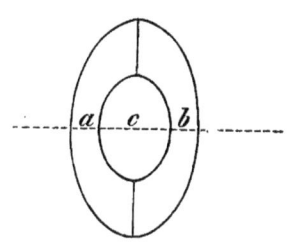

Fig. 88.

Das Problem der optischen Behandlung des Auges vereinfacht sich ferner dadurch bedeutend, dass die Cornea eine parallelwandige Platte ist, welche vorn und hinten an Flüssigkeiten annähernd gleichen Brechungsvermögens grenzt (vorn die bespülende Thränenflüssigkeit, hinten den Humor aqueus); ein solcher Körper kann aber bekanntlich (wie eine beiderseits von Luft begrenzte Glasplatte, eine Fensterscheibe, ein Uhrglas) dem durchgehenden Lichtstrahl keine neue Richtung geben, sondern ihn nur parallel mit sich selbst ein wenig verschieben. Man kann daher die Cornea ganz vernachlässigen, und so rechnen, als wenn der Humor aqueus bis zur vorderen Corneafläche, genauer der vorderen Grenze der Thränenschicht, reichte. Es bleiben demnach für das schematische Auge nur drei brechende Medien übrig, nämlich Humor aqueus, Linse und Glaskörper, somit drei brechende Flächen: vordere Corneafläche, vordere und hintere Linsenfläche. Diese drei Flächen sind annähernd centrirt, d. h. ihre Krümmungsmittelpuncte liegen annähernd in Einer geraden Linie, der optischen Axe des Auges.

b. Die Bestimmungsmethoden für die Constanten.

Die hauptsächlichsten Methoden zur Bestimmung der optischen Constanten des Auges sind folgende:

1. Die Brechungsindices. a) Man bildet durch Füllung des Raumes zwischen einer Linse und einer Glasplatte mit dem Augenmedium eine Concav- oder Convexlinse aus dem letzteren, aus deren Brennweite und Gestalt sich der Index berechnen lässt. Bei der Krystalllinse ergiebt sich der Totalindex (s. oben), indem man ihre Brennweite wie für eine gewöhnliche Linse bestimmt, und die Gleichung, welche für homogene Linsen die Beziehung zwischen Krümmungsradien, Dicke, Index und Brennweite angiebt, für den Index löst, nachdem die übrigen Werthe eingeführt sind. b) Man bringt das Medium in dünner Schicht zwischen die Hypotenusenflächen zweier Glasprismen und bestimmt durch Neigung des Systems den Winkel der totalen Reflexion (Abbe).

2. Die Krümmungsradien. Sie werden durch die Grösse der Spiegelbilder gemessen; als Object dienen zwei Lichtpuncte, deren Entfernung von einander und von der spiegelnden Fläche bekannt ist. Um das aus zwei Lichtpuncten a und b bestehende Bild genau zu messen, dient das Ophthalmometer (Helmholtz): Betrachtet man das Bild durch eine schief gehaltene planparallele Platte, so erscheint dasselbe verschoben, um einen Betrag, welcher von Dicke und Index der Platte und vom Durchfallswinkel der Strahlen abhängt. Am Ophthalmometer sind vor einem Fernrohr zwei solche Platten angebracht, deren jede das halbe Gesichtsfeld bedeckt; beide werden um eine zur Bildlinie senkrechte Axe nach entgegengesetzten Seiten gedreht, und jede verschiebt demnach das Bild $a\,b$ in seiner

$a \qquad b$

$a' \qquad b'$

$\quad a'' \qquad b''$

eigenen Richtung nach einer Seite. Man dreht nun so lange, bis im Gesammtbilde 3 Lichtpuncte erscheinen, d. h. das Bild b' mit dem Bilde a'' zusammenfällt. Jede Platte hat, da die Drehungen vermöge einer Triebverbindung gleich gross waren, das Bild $a\,b$ um seine halbe Länge verschoben, und aus dem abgelesenen Drehungswinkel lässt sich letztere genau berechnen. Indem man das Object (und die Axe der Platten) auf verschiedene Meridiane der spiegelnden Fläche einstellt, kann man untersuchen, ob alle Meridiane gleiche Krümmung besitzen, d. h. ob die Fläche genau sphärisch ist. Für die Hornhaut z. B. findet sich meist der verticale Meridian am stärksten, der horizontale am schwächsten gekrümmt (s. unten beim Astigmatismus). Für die beiden Linsenflächen ist die ophthalmometrische Messung am lebenden Auge mit Schwierigkeiten verbunden, und ausserdem ist bei der Berechnung der Krümmungsradien aus den Bildern zu berücksichtigen, dass das gespiegelte Licht an der Hornhaut, resp. Hornhaut und vorderen Linsenfläche Brechungen erleidet; auf die hier anzuwendenden Kunstgriffe und Messungen kann aber an dieser Stelle nicht eingegangen werden.

3. Die Flächendistanzen. a) Man kann sie an Durchschnitten gefrorener Augen messen. b) Am Lebenden misst man die Distanz zwischen Hornhaut- und Linsenscheitel durch Bestimmung der parallactischen Verschiebung eines Hornhautspiegelbildchens gegen das runde Pupillarfeld (Helmholtz), oder durch Einstellung eines sog. Cornealmicroscopes einmal auf die mit etwas Calomel bestreute Hornhaut und einmal auf den der Linse anliegenden Pupillenrand (Donders); die Details dieser Methoden, bei denen auch die Brechung der Hornhaut zu berücksichtigen ist, müssen hier übergangen werden; ebenso die noch complicirteren Methoden für die Bestimmung der Lage des hinteren Linsenscheitels.

4. Die Centrirung der drei Flächen wird geprüft, indem man die Lagen ihrer Scheitel zur Sehaxe bestimmt, worauf erst unten bei der Bestimmung der Lage der Sehaxe einzugehen ist; die Centrirung ist nicht vollkommen.

c. Die Werthe der Constanten.

Die genauen Werthe für die optischen Constanten sind ziemlich variabel, und die Angaben der Autoren verschieden. Folgende Werthe werden dem schematischen Auge gewöhnlich zu Grunde gelegt:

Brechungsindices: Humor aqueus . . $103/_{77}$
Linse (Totalindex) $16/_{11}$
Glaskörper . . . $103/_{77}$
Krümmungsradien: Vordere Hornhautfläche 8 mm.
Vordere Linsenfläche . . 10 „
Hintere Linsenfläche . . 6 „
Distanzen: Vordere Hornhaut- zu vord. Linsenfläche 3,6 mm.
Linsendicke . . . . 3,6 „
Hinterer Linsenscheitel zur Netzhaut ca. 15 „

2. Die Brechung an einer sphärischen Fläche.

1. CD (Fig. 89) sei eine kuglig gekrümmte brechende Fläche, K ihr Krümmungsmittelpunct, AB eine durch ihn gelegte Gerade, die

504 Brechung an einer sphärischen Fläche.

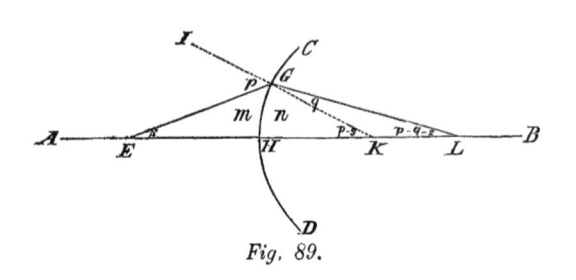

Fig. 89.

Axe. Von den beiden durch CD getrennten Medien habe das links gelegene (vordere oder erste) den Brechungsindex m, das andere (hintere oder zweite) den Brechungsindex n.

Der von dem Axenpuncte E im ersten Medium auf die Fläche CD fallende Strahl EG wird bei G gebrochen; das Einfallsloth für den Punct G ist der Radius KI, also $EGI = p$ der Einfallswinkel, $KGL = q$ der Brechungswinkel. Nach dem Brechungsgesetz liegen EG, KI und GL in Einer Ebene, GL muss also wie EG die Axe schneiden. Der Abstand des Punctes E von dem Hauptpunct H, EH sei gleich a_1, der Abstand des Punctes L vom Hauptpunct H, LH sei gleich a_2. Die Beziehung der Abstände a_1 und a_2 ergiebt sich dann folgendermassen: Der Winkel HEG sei $= s$, es ist dann Winkel $HKG = p-s$, und Winkel $HLG = p-q-s$; endlich sei der Radius $KH = KG = r$. Nach dem Brechungsgesetz ist

$$sin\ p : sin\ q = n : m \quad \dots \quad (1)$$

Im Dreieck EGK ist

$$a_1 + r : r = sin\ (180° - p) : sin\ s \quad \dots \quad (2)$$

und im Dreieck GKL

$$a_2 - r : r = sin\ q : sin\ (p-q-s) \quad \dots \quad (3)$$

Liegt E von H sehr entfernt, oder liegt G an H sehr nahe, ist also der Strahl EG nur wenig von der axialen Richtung abweichend und fällt er nahe der Axe auf die brechende Fläche, so sind die Winkel p, q und s so klein, dass man ihre Sinus den Bogen gleich setzen kann. Thut man dies, und berücksichtigt man, dass $sin\ (180°-p) = sin\ p$, so verwandelt sich

Gl. 1 in $$nq = mp \quad \dots \quad (4)$$
Gl. 2 in $$pr = s\ (a_1 + r) \quad \dots \quad (5)$$
Gl. 3 in $$qr = (p-q-s)\ (a_2-r) \quad \dots \quad (6)$$

Eliminirt man aus diesen drei Gleichungen q und s, so fällt p von selbst heraus und man erhält zwischen a_1 und a_2 folgende einfache Beziehung:

$$\frac{m}{a_1} + \frac{n}{a_2} = \frac{n-m}{r} \quad \dots \quad (7)$$

Da die Beziehung von den Winkeln p und s unabhängig ist, so müssen auch alle anderen von E aus auf CD auffallenden Strahlen, immer vorausgesetzt (s. oben) dass die Winkel p und s nicht zu gross werden, nach der Brechung durch den Punct L gehen. Ein von E ausgehendes **homocentrisches** Strahlenbündel ist also nach der Brechung wieder homocentrisch; der Vereinigungspunct nach der Brechung heisst der **Bildpunct** oder das **Bild** des leuchtenden Punctes E.

2. Liegt der Punct E nicht in der Axe, so kann man doch immer durch ihn und den **Knotenpunct** K eine grade Linie legen und diese als neue Axe betrachten; in dieser liegt dann der Bildpunct L.

3. Der Satz von den homocentrischen Strahlenbündeln gilt also allgemein, wo auch der Punct E liegen möge. Jedem leuchtenden Punct entspricht demnach ein Vereinigungspunct, und zwar liegt dieser immer in einer durch den leuchtenden Punct und den Knotenpunct gelegten graden Linie; diese Linie nennt man **Hauptstrahl** oder **Richtungslinie**. Der Vereinigungspunct oder das Bild heisst **reell**, wenn die Strahlen wie in Fig. 50 in ihrer wirklichen Verlaufsrichtung denselben erreichen, **virtuell** dagegen, wenn er nicht von den Strahlen selbst, sondern nur durch Rückwärtsverlängerung derselben erreicht werden kann. Im letzteren Fall nimmt a_2 in Gleichung 7 einen **negativen** Werth an. Für Gl. 7 ist ferner zu beachten, dass r negativ zu nehmen ist, wenn die Fläche nach hinten convex ist.

4. Werden die gebrochenen Strahlen zu einfallenden (also der reelle oder virtuelle Bildpunct zum reellen resp. virtuellen Ausgangspunct von Strahlen), so vereinigen sie sich, wie die einfachste Betrachtung lehrt, wieder im früheren Lichtpuncte. Lichtpunct und Bildpunct stehen also in reciprokem Verhältniss; man bezeichnet sie deshalb auch richtiger als **conjugirte Vereinigungspuncte** und ihre Abstände vom Hauptpunct (a_1 und a_2 in § 1) als **conjugirte Vereinigungsweiten**.

5. Wird der einfallende Strahl EG in Fig. 89 der Axe parallel, ist also $EH = a_1 = \infty$, so wird das erste Glied in Gleichung 7 zu Null und a_2 erhält demnach den Werth

$$\frac{nr}{n-m} = f_2 \quad \ldots \ldots \ldots \ldots (8)$$

Wird umgekehrt der vom zweiten Medium herkommende Strahl LG der Axe parallel, wird also $LH = a_2 = \infty$, so wird a_1 in Gleichung 7 zu

$$\frac{mr}{n-m} = f_1 \quad \ldots \ldots \ldots \ldots (9)$$

Alle im ersten Medium parallel der Axe verlaufenden Strahlen vereinigen sich also nach der Brechung in einem Puncte F_2 (Fig. 90), dem hinteren oder zweiten Brennpunct, dessen Abstand vom Hauptpunct, $HF_2 = f_2$ (Gl. 8), die zweite Brennweite heisst. Ebenso vereinigen sich alle im zweiten Medium der Axe parallelen Strahlen im ersten oder vorderen Brennpunct F_1, dessen Abstand vom Hauptpunct,

Fig. 90.

$HF_1 = f_1$ (Gl. 9) die erste Brennweite heisst. Umgekehrt werden natürlich alle von den Brennpuncten ausgehenden Strahlen nach der Brechung der Axe parallel. Ergeben sich für die Brennweiten negative Werthe, so sind die Brennpuncte virtuell (§ 3), und das System heisst dispersiv, bei positiven Brennweiten dagegen collectiv.

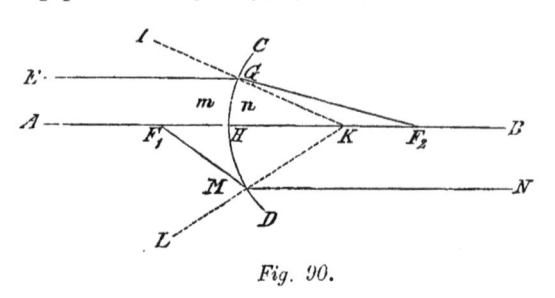

6. Aus Gl. 8 und 9 folgt ferner

$$f_1 : f_2 = m : n \qquad (10)$$
$$f_2 - f_1 = r \qquad (11)$$

d. h. die erste und zweite Brennweite verhalten sich wie der erste und der zweite Brechungsindex, und die Differenz beider Brennweiten ist gleich dem Krümmungsradius; in Fig. 90 ist also $HF_1 = KF_2$, also der Abstand des ersten Brennpuncts vom Hauptpunct gleich dem des zweiten Brennpuncts vom Knotenpunct

7. Die Brennpuncte kann man sehr vortheilhaft benutzen, um den Bildpunct S_2 zu einem gegebenen Lichtpunct S_1 durch Construction zu finden. In Fig. 91 sei wieder H der Hauptpunct, K der Knotenpunct, F_1 und F_2 die beiden Brennpuncte.

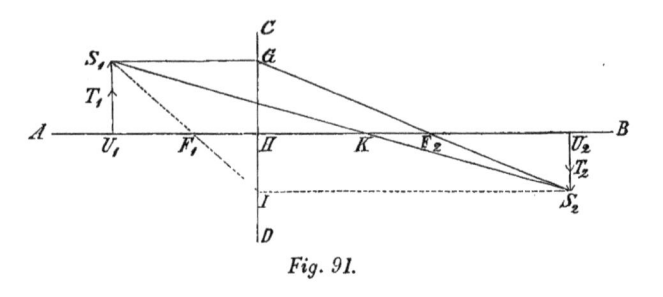

Fig. 91.

Wo zwei von S_1 ausgehende Strahlen nach der Brechung sich schneiden, müssen auch alle übrigen es thun (s. § 1); zur Construction dieses Schneidepuncts kann man am besten folgende Strahlen benutzen:

Brechung an einer sphärischen Fläche. 507

1. den ungebrochen hindurchgehenden Hauptstrahl (§ 3) $S_1 K S_2$; 2. den mit der Axe parallelen Strahl $S_1 G$, der nach der Brechung durch den zweiten Brennpunct geht, also nach $G F_2 S_2$ fällt; 3. den durch den ersten Brennpunct einfallenden Strahl $S_1 F_1 I$, der nach der Brechung der Axe parallel wird ($I S_2$). Zwei dieser Strahlen genügen, um S_2 zu finden, auch ist leicht geometrisch zu beweisen, dass sie alle durch S_2 gehen.

Durch dieselbe Construction findet man ferner, dass ein auf dem Lothe (zur Axe) $S_1 U_1$ liegender Punct T_1 sein Bild ebenfalls in das Loth $S_2 U_2$, nach T_2 wirft. Alle in einer zur Axe senkrechten Ebene liegenden Puncte haben also ihre Bilder ebenfalls in einer zur Axe senkrechten Ebene. Jeder ebene Gegenstand, welcher zur Axe senkrecht steht, liefert also ein zur Axe senkrechtes ebenes Bild, und zwar ist, wie ebenfalls geometrisch leicht zu beweisen ist, das Bild dem Gegenstande ähnlich.

Nach § 6 müssen auch alle unendlich entfernten Puncte ihre Bilder in Eine zur Axe, und zwar im Brennpunct senkrecht stehende Ebene werfen, die Brennebene. Unter einander parallele Strahlen haben also immer ihren Vereinigungspunct in einem Puncte der Brennebene.

8. Hieraus ergiebt sich eine einfache Construction, um zu einem gegebenen einfallenden Strahl EG (Fig. 92) den gebrochenen Strahl GI zu construiren. OP sei die Brennebene. Ein zu EG paralleler einfallender Strahl muss sich mit dem gesuchten Strahl in einem

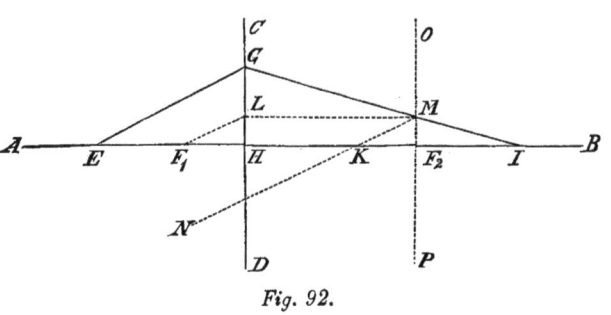

Fig. 92.

Puncte der Brennebene (M) schneiden; um diesen Punct zu finden, kann man entweder den zu EG parallelen ungebrochenen Hauptstrahl NKM benutzen, oder durch den Brennpunct F_1 einen zu EG parallelen Strahl legen ($F_1 L$), welcher nach der Brechung der Axe parallel wird, und so ebenfalls nach M führt.

9. Setzt man in Figur 91 (§ 7) $HU_1 = a_1$ und $HU_2 = a_2$, ferner die Grösse des Gegenstandes $U_1 S_1 = l_1$, die des Bildes $U_2 S_2$

$= -l_2$ (negativ, weil es unter der Axe liegt), so ergeben sich folgende Beziehungen:

In den ähnlichen Dreiecken $S_1 U_1 F_1$ und IHF_1 ist $a_1 - f_1 : l_1 = f_1 : -l_2$ . . (12)

„ „ „ „ $S_2 U_2 F_2$ „ GHF_2 „ $a_2 - f_2 : -l_2 = f_2 : l_1$ . . (13)

Aus Gl. 12 folgt $\quad \dfrac{l_1}{l_2} = 1 - \dfrac{a_1}{f_1}$ . . . . (14)

Aus Gl. 13 folgt $\quad \dfrac{l_2}{l_1} = 1 - \dfrac{a_2}{f_2}$ . . . . (15)

Endlich ergiebt sich aus Gl. 14 und 15:

$$a_1 f_2 + a_2 f_1 = a_1 a_2 \quad \text{oder} \quad \dfrac{f_1}{a_1} + \dfrac{f_2}{a_2} = 1 \ldots \ldots (16)$$

Die Gleichung 16 geht über in Gleichung 7, wenn man für f_1 und f_2 ihre Werthe aus Gl. 8 und 9 einsetzt.

10. Ebenen, welche in conjugirten Vereinigungspuncten (§ 4) senkrecht zur Axe stehen, kann man **conjugirte Ebenen** nennen, weil das Bild der einen sich in der anderen befindet. Das Verhältniss der Grösse ihrer Bilder wird durch l_1 und l_2 (vgl. § 9) ausgedrückt. Jeder Punct der einen Ebene hat also einen Bildpunct in der anderen, und zwar verhalten sich die Abstände dieser beiden Puncte von der Axe wie $l_1 : l_2$. Kennt man demnach Lage und Bildgrössenverhältniss zweier conjugirter Ebenen, so kann man sie zur Construction des Bildes eines beliebigen Punctes verwenden; denn jeder von letzterem zur ersten Ebene gerichtete Strahl muss nach der Brechung durch einen genau bestimmbaren Punct der zweiten Ebene gehen; wählt man nun die beiden Constructionsstrahlen (§ 7) so, dass sie noch eine zweite Bedingung zu erfüllen haben (z. B. Strahlen, die durch die Brennpuncte gehen), so sind sie dadurch vollkommen bestimmt. Am bequemsten sind natürlich zum Zwecke dieser Construction diejenigen conjugirten Ebenen, deren Bilder nicht bloss ähnlich, sondern auch gleich gross, also congruent sind und welche man **Hauptebenen** nennt. Man findet ihre Lage, wenn man in Gleichung 14 und 15 $l_1 = l_2$ setzt. Es ergiebt sich dann $a_1 = 0$ und $a_2 = 0$, d. h. die beiden Hauptebenen fallen unter einander und zugleich mit der brechenden Fläche zusammen. Diese ist also ihr eigenes Bild. Gründet man hierauf die eben angedeutete Construction, so ergiebt sich die schon im § 7 angegebene.

11. Zwischen den beiden Winkeln AEG und AIG (Fig. 92), welche der einfallende und gebrochene Strahl mit der Axe bilden, findet man leicht aus den Dreiecken EGH und IGH die Beziehung

$tg\ AEG : tg\ AIG = -a_2 : a_1$. Beide Winkel sind also gleich, wenn $-a_1 = a_2$ oder wenn (Gleichung 16) $a_1 = -(f_2 - f_1)$. Der Punct, welcher um $f_2 - f_1$ hinter dem Hauptpuncte liegt, hat also die Eigenschaft, dass jeder auf ihn gerichtete einfallende Strahl nach der Brechung den gleichen Winkel wie beim Einfall mit der Axe macht, also parallel mit sich selbst gebrochen wird. Puncte, welche diese Eigenschaft besitzen,* nennt man allgemein Knotenpuncte, und Strahlen, welche durch sie hindurchgehen, Hauptstrahlen. Bei der einfachen brechenden Fläche fällt ein Knotenpunct K in den Krümmungsmittelpunct, und sein Bild (wie man durch Einsetzen von $(f_2 - f_1)$ für a_1 in Gleichung 16 findet, ebendahin, also beide Knotenpuncte in einen zusammen, und der Hauptstrahl geht ungebrochen hindurch (was schon vorher aus seinem senkrechten Auffall auf die brechende Fläche abgeleitet wurde).

3. Die Brechung durch Systeme von zwei und mehr sphärischen Flächen.

12. Hat man zwei kuglige brechende Flächen, so ist die durch die beiden Krümmungsmittelpuncte gelegte Grade die gemeinsame Axe. Da ein auf die erste Fläche fallendes homocentrisches Strahlenbündel, dessen Strahlen nicht zu grosse Winkel mit der Axe bilden, auch nach der Brechung homocentrisch bleibt, also homocentrisch und unter kleinem Winkel auf die zweite Fläche fällt, so wird es auch nach der zweiten Brechung homocentrisch sein.

13. Der gegenseitige Abstand der beiden brechenden Flächen auf der Axe sei e; ferner seien f_1, f_2 die Brennweiten der ersten, g_1, g_2 die der zweiten Fläche. Ist jetzt a_1 der Abstand eines Gegenstandes vor der ersten Fläche, so entwirft die erste Fläche ein um die Entfernung a_2 hinter ihr gelegenes Bild; liegt dies Bild um b_1 vor der zweiten Fläche, so liegt das von dieser entworfene, definitive Bild um b_2 hinter dieser. Es bestehen nun folgende Beziehungen:

Aus Gl. 16 $\quad \dfrac{f_1}{a_1} + \dfrac{f_2}{a_2} = 1 \quad$ und $\quad \dfrac{g_1}{b_1} + \dfrac{g_2}{b_2} = 1$

ferner (s. oben) $\quad\quad\quad a_2 + b_1 = e.$

Hieraus ergiebt sich $\quad b_2 = \dfrac{(a_1 e - f_1 e - f_2 a_1)\, g_2}{(e - f_2 - g_1)\, a_1 - (e - g_1) f_1}$ . . . . (17)

14. Ist ferner l_1 die Grösse des Gegenstandes, l_2 die seines Bildes durch die erste Fläche, m_2 die des definitiven Bildes durch die zweite Fläche, so ist nach Gl. 14 und 15

$$l_2 = \frac{f_1}{f_1 - a_1} \cdot l_1 \quad \text{und} \quad m_2 = \frac{g_2 - b_2}{g_2} \cdot l_2.$$

Hieraus ergiebt sich mit Einsetzung des Werthes Gl. 17 für b_2:

$$m_2 = \frac{f_1 g_1 l_1}{(e - f_2 - g_1)a_1 - (e - g_1)f_1} \qquad \ldots \ldots (18)$$

15. Sucht man die Lagen der Hauptebenen (§ 10), so muss man in Gl. 18 $m_2 = l_1$ setzen, man erhält dann als Abstand der ersten Hauptebene vor der ersten brechenden Fläche

$$\mathfrak{a}_1 = \frac{f_1 e}{e - f_2 - g_1} \qquad \ldots \ldots \ldots \ldots (19)$$

und als Abstand der zweiten Hauptebene hinter der zweiten brechenden Fläche, durch Einsetzung des Werthes Gl. 19 für a_1 in Gl. 17:

$$\mathfrak{b}_2 = \frac{g_2 e}{e - f_2 - g_1} \qquad \ldots \ldots \ldots \ldots (20)$$

Die beiden Hauptebenen fallen also hier nicht in Eine zusammen, sondern liegen auseinander um

$$\mathfrak{a}_1 + \mathfrak{b}_2 + e.$$

16. Den definitiven Vereinigungspunct der vor der ersten Brechung parallelen Strahlen, also den hinteren Hauptbrennpunct, findet man, wenn man in Gl. 17 $a_1 = \infty$ setzt; b_2 ist dann der Abstand des hinteren Hauptbrennpuncts hinter der zweiten brechenden Fläche, und zwar

$$B_2 = \frac{(e - f_2)g_2}{e - f_2 - g_1} \qquad \ldots \ldots \ldots (21)$$

Ebenso ergiebt sich der Ausgangspunct der Strahlen, welche nach der letzten Brechung der Axe parallel werden, d. h. der vordere Hauptbrennpunct, wenn man in Gl. 17 $b_2 = \infty$ setzt; a_1 ist dann der Abstand des vorderen Hauptbrennpuncts vor der ersten brechenden Fläche, und zwar

$$A_1 = \frac{(e - g_1)f_1}{e - f_2 - g_1} \qquad \ldots \ldots \ldots (22)$$

17. Der Abstand des ersten (vorderen) Hauptbrennpuncts vom ersten Hauptpunct, d. h. die erste Hauptbrennweite ist $A_1 - \mathfrak{a}_1 = F_1$, also

$$F_1 = \frac{f_1 g_1}{f_2 + g_1 - e} \qquad \ldots \ldots \ldots (23)$$

Entsprechend ist der Abstand des zweiten (hinteren) Hauptbrennpuncts vom zweiten Hauptpunct, d. h. die zweite Hauptbrennweite $B_2 - \mathfrak{b}_2 = F_2$, also

$$F_2 = \frac{f_2 g_2}{f_2 + g_1 - e} \qquad \ldots \ldots \ldots (24)$$

Man hat also aus Gl. 23 und 24

$$F_1 : F_2 = f_1 g_1 : f_2 g_2 \qquad \ldots \ldots \ldots (25)$$

Ist nun m der Brechungsindex des ersten, n der des zweiten, o der des dritten Mediums, so ist

(aus 10, § 6) $\qquad f_1 : f_2 = m : n$
$$g_1 : g_2 = n : o$$
also $\qquad F_1 : F_2 = f_1 g_1 : f_2 g_2 = m : o \ \ldots\ldots\ldots\ldots$ (26)

d. h. **die beiden Hauptbrennweiten verhalten sich wie die Brechungsindices des ersten und letzten Mediums.**

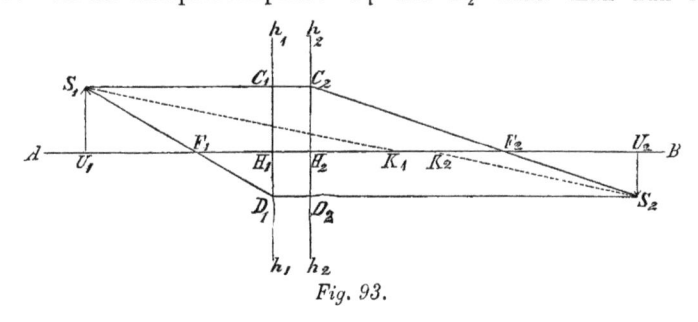

18. Mit Hülfe der beiden Hauptebenen ($h_1 h_1$ und $h_2 h_2$ in Fig. 93) und der beiden Hauptbrennpuncte F_1 und F_2 kann man nun leicht

Fig. 93.

zu jedem gegebenen Lichtpunct S_1 den Bildpunct S_2 construiren; wiederum benutzt man hierzu zwei Strahlen: der von S_1 ausgehende der Axe parallele Strahl $S_1 C_1$ geht nach der Brechung sowohl durch den C_1 congruent liegenden Punct der zweiten Hauptebene, C_2, als durch F_2, muss also in $C_2 F_2 S_2$ liegen; der von S_1 und F_1 gehende Strahl $S_1 D_1$ muss nach der Brechung erstens der Axe parallel sein, zweitens durch den D_1 congruent liegenden Punct der zweiten Hauptebene, D_2 gehen, also nach $D_2 S_2$ fallen, S_2 ist also der gesuchte Bildpunct.

19. Setzt man jetzt die Länge $H_1 U_1 = A_1$, $H_2 U_2 = A_2$, d. h. rechnet man die conjugirten Vereinigungsweiten (s. § 4) von den Hauptpuncten aus, so erhält man aus der Betrachtung der ähnlichen Dreiecke in Figur 54, die dem § 9, Gleichung 16 entsprechende Gleichung

$$A_1 F_2 + A_2 F_1 = A_1 A_2 \quad \text{oder} \quad \frac{F_1}{A_1} + \frac{F_2}{A_2} = 1 \ \ldots\ (27)$$

Die beiden **Knotenpuncte** (§ 11) findet man auch hier, indem man $-A_1 = A_2$ setzt; es wird dann $\mathfrak{A}_1 = -(F_1 - F_2)$ und $\mathfrak{A}_2 = F_1 - F_2$, d. h. der erste Knotenpunct (K_1 in Fig. 54) liegt um die Differenz beider Brennweiten hinter dem ersten Hauptpunct, und sein Bild, der zweite Knotenpunct (K_2) um ebensoviel hinter dem zweiten Hauptpunct. Jeder durch K_1 gehende einfallende Strahl geht also nach der Brechung parallel mit der Einfallsrichtung durch K_2. Auch diese Strahlen, die **Hauptstrahlen**, kann man, wie die punctirten Linien in Fig. 54 andeuten, zur Construction des Bildpuncts S_2 benutzen[*]).

20. Kommt zu dem eben betrachteten System aus zwei brechenden Flächen noch eine dritte brechende Fläche, oder ein zweites System zweier brechenden Flächen hinzu, so sind die gleichen Vereinfachungen wie bisher zulässig, **sobald alle brechenden Flächen eine gemeinsame Axe haben (centrirt sind)**, d. h. ihre Krümmungsmittelpuncte in derselben graden Linie liegen, was bei nur zwei Flächen natürlich stets der Fall ist; denn nur dann wird ein homocentrisches Strahlenbündel auf jede folgende Fläche unter so kleinen Winkeln mit der Axe auffallen wie auf die erste, also homocentrisch bleiben. Immer lässt sich dann für das ganze System die Lage der Cardinalpuncte angeben, die zu den Constructionen der Bilder dienen, nämlich der beiden Hauptpuncte, der beiden Brennpuncte und der beiden Knotenpuncte. Sind die Brennweiten zweier Systeme ermittelt, und der Abstand ihrer Hauptebenen e bekannt, so ergeben sich die Cardinalpuncte des resultirenden Systems immer mittels der Gleichungen 19—24 und § 19. Auch bleibt wie man leicht findet auch bei noch so complicirten Systemen immer das in Gl. 26 ausgedrückte einfache Verhältniss der Hauptbrennweiten bestehen.

Anhang über Linsen. Für eine Linse, die beiderseits an Luft grenzt, sind nach Gleichung 26 die beiden Hauptbrennweiten gleich; nach § 19 fallen in Folge dessen die Knotenpuncte mit den Hauptpuncten zusammen. Um den Werth der Brennweite zu finden, seien für eine biconvexe Linse r_1 und r_2 die beiden Krümmungsradien, n der Brechungsindex (Luft $= 1$); dann sind die 4 Brennweiten der beiden Flächen nach Gl. 8 und 9:

$$f_1 = \frac{r_1}{n-1}, \quad f_2 = \frac{nr_1}{n-1}, \quad g_1 = -\frac{nr_2}{1-n}, \quad g_2 = -\frac{r_2}{1-n}$$

---

[*]) Man kann die beiden Hauptebenen als zwei das brechende System repräsentirende brechende Flächen von gleicher Krümmung (wegen der Kleinheit des wirksamen Abschnitts als eben gezeichnet) und die beiden Knotenpuncte als ihre Krümmungsmittelpuncte betrachten. Die Constructionsregeln stimmen dann ganz mit den für eine einzige Fläche gegebenen überein (vgl. § 7), nur dass jeder einfallende Strahl so behandelt wird als ob er statt an der ersten Fläche gebrochen zu werden, parallel mit sich selbst verschoben auf den congruenten Punct der zweiten auffiele und hier gebrochen würde. Auch ergiebt sich leicht die Regel für die Construction des gebrochenen Strahls zu einem einfallenden (vgl. § 8). Man hat nur durch den zweiten Knotenpunct eine Parallele zum einfallenden Strahl zu ziehen, und den Durchschnittspunct derselben mit der Brennebene zu verbinden mit dem dem Einfallspunct congruenten Punct der zweiten Hauptebene.

Hiernach folgt aus Gl. 23 oder 24, wenn die Dicke der Linse, e, vernachlässigt wird:

$$\frac{1}{F} = (n-1)\left(\frac{1}{r_1} + \frac{1}{r_2}\right) \quad \ldots \ldots \ldots (28)$$

Ist eine der Flächen concav, so muss ihr Radius negativ genommen werden. Biconcave und convex-concave Linsen (bei denen die concave Fläche den kleineren Radius hat) haben daher negative Brennweiten, sind also **dispersiv** (§ 5). Ist eine der Flächen plan, ihr Radius also ∞, so fällt ein Glied unter der Klammer fort. Für Glaslinsen ist annähernd $n = 1,5$, also wenn die Linse symmetrisch, d. h. $r_1 = r_2$ ($= r$) ist, $F = r$, die Brennweite gleich dem Krümmungsradius.

Folgen zwei Linsen von den Brennweiten f und g so nahe aufeinander, dass ihre Entfernung e vernachlässigt werden kann, so folgt aus Gl. 23 für die Brennweite F der Combination

$$F = \frac{fg}{f+g} \quad \text{oder} \quad \frac{1}{F} = \frac{1}{f} + \frac{1}{g} \quad \ldots \ldots \ldots (29)$$

und ebenso für eine Combination mehrerer sich berührender Linsen

$$\frac{1}{F} = \Sigma\left(\frac{1}{f}\right) \quad \ldots \ldots \ldots \ldots \ldots (30)$$

Ist a_1 die Entfernung eines Gegenstandes von einer Linse, l_1 dessen Grösse, f die Brennweite, und a_2, l_2 Abstand und Grösse des Bildes, so folgt aus Gl. 16:

$$\frac{1}{a_1} + \frac{1}{a_2} = \frac{1}{f} \quad \ldots \ldots \ldots \ldots \ldots (31)$$

ferner aus Gl. 14:
$$\frac{l_1}{l_2} = 1 - \frac{a_1}{f} \quad \ldots \ldots \ldots \ldots \ldots (32)$$

Den reciproken Werth der Brennweite einer Linse ($1/f$) nennt man ihre **optische Kraft**. Da nach Gl. 30 die **optische Kraft eines Systems einfach gleich der algebraischen Summe der einzelnen optischen Kräfte ist**, so ist es sehr zweckmässig, die Wirkung einer Linse durch die optische Kraft auszudrücken. Als Einheit der optischen Kraft gilt die **Dioptrie**, d. h. die optische Kraft einer Linse von 1 Meter Brennweite. Es entspricht also z. B.

$1/4$ Dioptrie der Brennweite 4000 mm.
$1/2$ „ „ „ 2000 „
1 „ „ „ 1000 „
2 Dioptrien „ „ 500 „
10 „ „ „ 100 „
100 „ „ „ 10 „

Bilder collectiver und dispersiver Systeme. Die Gleichungen 16 (27), 14, 31 und 32 gestatten für jeden denkbaren Abbildungsfall Lage, Grösse und Richtung des Bildes anzugeben.

I. **Collectivsysteme** (Convexlinsen, Auge), Brennweiten positiv.
1) a_2 ist positiv und l_2 negativ, d. h. die Bilder reell und verkehrt, wenn $a_1 > f_1$;
a_2 ist negativ und l_2 positiv, d. h. die Bilder virtuell und aufrecht, wenn $a_1 < f_1$.
2) $l_2 < l_1$, d. h. die Bilder sind verkleinert, wenn $a_1 > 2f_1$;
$l_2 = -l_1$ wenn $a_1 = 2f_1$;
$l_2 > l_1$, d. h. die Bilder sind vergrössert, wenn $a_1 < 2f_1$
Hiernach giebt ein Collectivsystem, wenn $a_1 > 2f_1$, reelle verkehrte, verkleinerte Bilder (Objectiv der Fern- und Operngläser, Camera obscura, Auge); wenn $2f_1 > a_1 > f_1$,

so sind die Bilder reell, verkehrt und vergrössert (Sonnenmicroscop, Objectiv des zusammengesetzten Microscops); endlich wenn $a_1 < f_1$. so sind die Bilder virtuell, aufrecht und vergrössert (Loupe, Ocularlinse des astronomischen Fernrohrs und des zusammengesetzten Microscops).

II. **Dispersivsysteme** (Concavlinsen), Brennweiten negativ.

1) a_2 ist immer negativ, und l_2 immer positiv,
2) l_2 ist immer $< l_1$.

Concavlinsen geben also von jedem Gegenstande virtuelle, aufrechte, verkleinerte Bilder. —

Ist eine Convexlinse so aufgestellt. dass sie ein reelles verkehrtes Bild von einem Gegenstande giebt, und wird nun eine zweite Linse in die gebrochenen Strahlen gebracht, ehe sie sich zum Bilde vereinigt haben, so bildet dies letztere gleichsam ein **virtuelles Object** für die eingeschaltete Linse, dessen Abstand von der letzteren, a_1, **negativ** zu nehmen ist. Die Wirkung der eingeschalteten Linsen ist dann folgende:

III. **Eingeschaltete Collectivlinsen** (f positiv, a_1 negativ).

Für jeden negativen Werth von a_1 wird a_2 positiv, $a_2 < -a_1$, l_2 von gleichem Vorzeichen mit l_1, und $l_2 < l_1$, d. h. die eingeschaltete Convexlinse lässt das reelle verkehrte Bild reell und verkehrt, nähert es aber der ersten Linse und macht es kleiner. Diese Wirkung hat n. A. die Collectivlinse des zusammengesetzten Microscops.

IV. **Eingeschaltete Dispersivlinsen** (f negativ, a_1 negativ).

1) a_2 ist positiv und l_2 hat entgegengesetztes Vorzeichen mit l_1, wenn $-a_1 > f$, dagegen ist a_2 negativ und l_2 und l_1 von gleichem Vorzeichen, wenn $-a_1 < f$.

2) $l_2 < l_1$ wenn $-a_1 > 2f$; $l_2 = l_1$ wenn $-a_1 = 2f$; $l_2 > l_1$ wenn $-a_1 < 2f$.

Eine zwischen Convexlinse und reelles Bild eingeschaltete Concavlinse lässt also das letztere Bild reell und verkehrt, wenn sie um weniger als ihre Brennweite von ihm absteht; dagegen macht sie es virtuell und aufrecht, wenn sie um mehr als ihre Brennweite von ihm absteht; diese Wirkung hat die Ocularlinse des Opernglases. Sie verändert dabei die Grösse des Bildes nicht, wenn sie von ihm um ihre doppelte Brennweite absteht.

4. Die Cardinalpuncte des Auges und das reducirte Auge.

Um für das centrirte dreiflächige System des Auges die Cardinalpuncte aufzusuchen, sind zunächst die Brennweiten jeder einzelnen Fläche zu ermitteln. Hierzu dienen Gleichung 8 und 9 oder 8 und 11.

1. Vordere Hornhautfläche: $r = 8$ mm., $m = 1$, $n = {}^{103}/_{77}$.
Also $f_1 = 23{,}692$, $f_2 = 31{,}692$ mm.
2. Vordere Linsenfläche: $r = 10$, $m = {}^{103}/_{77}$, $n = {}^{16}/_{11}$.
Also $f_1 = 114{,}444$, $f_2 = 124{,}444$.
3. Hintere Linsenfläche: $r = -6$, $m = {}^{16}/_{11}$, $n = {}^{103}/_{77}$.
Also $f_1 = 74{,}667$, $f_2 = 68{,}667$.

Combinirt man jetzt zunächst 2. und 3. zu einem System, d. h.

sucht man die Cardinalpuncte der von den Augenflüssigkeiten umgebenen Linse, so ist $e = -3{,}6$, $f_1 = 114{,}444$, $f_2 = 124{,}444$, $g_1 = 74{,}667$, $g_2 = 68{,}667$. Also (durchweg in Millimetern):

der 1. Hauptpunct der Linse liegt hinter der vorderen Linsenfläche (nach Gl. 19) um $- \mathfrak{a}_1 = 2{,}1073$;

der 2. Hauptpunct der Linse liegt vor der hinteren Linsenfläche (nach Gl. 20) um $- \mathfrak{b}_2 = 1{,}2644$;

die beiden Brennweiten der Linse, welche (nach Gl. 26) wegen des gleichen Brechungsindex von Humor aqueus und vitreus einander gleich sind, sind (nach Gl. 23 oder 24) $F_1 = F_2 = 43{,}707$.

Wird nun schliesslich die Hornhaut mit der Linse zum vollständigen System des Auges combinirt, so ist für diese Combination $f_1 = 23{,}692$, $f_2 = 31{,}692$, $g_1 = 43{,}707$, $g_2 = 43{,}707$, endlich $e = 3{,}6 + 2{,}1073 = 5{,}7073$. Man erhält also für das ganze Auge folgende Resultate:

der 1. Hauptpunct liegt (nach Gl. 19) um $- \mathfrak{a}_1 =$ **1,9403** hinter dem Hornhautscheitel;

der 2. Hauptpunct liegt (nach Gl. 20) um $- \mathfrak{b}_2 = 3{,}5793$ vor dem 2. Hauptpunct der Linse, also um $3{,}5793 + 1{,}2644 = 4{,}8437$ vor der hinteren Linsenfläche, oder **2,3563** hinter dem Hornhautscheitel;

die 1. Hauptbrennweite ist (nach Gl. 23) $F_1 = 14{,}858$, der 1. Brennpunct liegt also **12,198** vor dem Hornhautscheitel;

die 2. Hauptbrennweite ist (nach Gl. 24) $F_2 = 19{,}875$, der 2. Brennpunct liegt also **22,231** hinter dem Hornhautscheitel.

Da der Abstand der Knotenpuncte von den Hauptpuncten $= F_2 - F_1 = 5{,}017$, so liegt der 1. Knotenpunct **6,957** hinter dem Hornhautscheitel; der 2. Knotenpunct **7,373** hinter dem Hornhautscheitel.

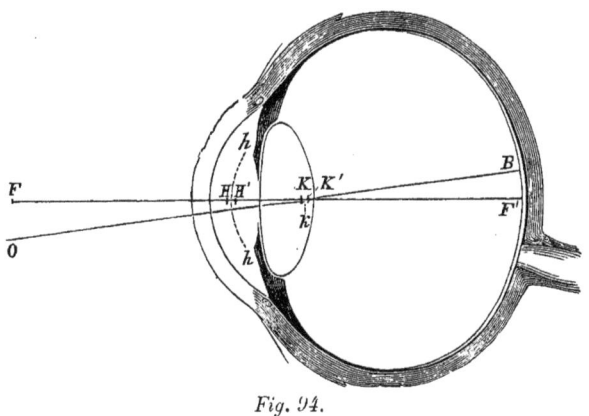

Fig. 94.

Das Auge bildet demnach ein collectives System mit ungleichen Brennweiten (weil erstes und letztes Medium ungleich sind, vgl. § 17). Figur 94 stellt dasselbe schematisch dar. Vernachlässigt man den kleinen gegenseitigen Abstand der Haupt- oder Knotenpuncte ($HH' = KK' = 0{,}416$ mm.), so erhält man das reducirte Auge. Dasselbe besteht aus einer einzigen brechenden Fläche hh, welche um den reducirten Knotenpunct k mit dem Radius $KH = F_2 - F_1 = 5{,}017$ mm. beschrieben ist (vgl. Gleichung 11), und deren Brechungsverhältniss $= F_2 : F_1 = {}^{103}/_{77}$ ist (Gleichung 10). Man kann also das Auge dahin reduciren, dass der Glaskörper bis an diese Fläche reicht, und hier an Luft grenzt. Die optische Kraft des Auges, aus der hinteren Brennweite berechnet, beträgt etwas über 50 Dioptrien.

Es giebt auch Methoden zur empirischen Bestimmung der Lage einzelner Cardinalpuncte, z. B des Knotenpunctes; doch sind die Fehlerquellen zu gross, um eine ganz genaue Controlle der berechneten Lagen zu gestatten.

5. Die Netzhautbilder.

Das verkehrte reelle Bild, welches das collective System des Auges von den äusseren Gegenständen entwirft (verkleinert, wenn sie $> 2F_1$ entfernt sind, was beim Sehen stets der Fall ist), schwebt im Glaskörper, wenn derselbe sich weit genug nach hinten erstreckt. Man kann es nach Entfernung aller Häute am Hintergrunde ausgeschnittener Augäpfel sehen. Durch Einrichtungen, welche unten erörtert werden, ist dafür gesorgt, dass (innerhalb gewisser Grenzen) sich stets die Netzhaut am Orte des Bildes befindet.

Dies vorausgesetzt, lässt sich für jeden Objectpunct einfach der Bildpunct finden, indem man von jenem aus eine gerade Linie durch den reducirten Knotenpunct k auf die Retina zieht. Solche Linien (z. B. OB, Fig. 94) nennt man Richtungslinien oder Sehstrahlen, und den Punct k den Kreuzungspunct der Richtungslinien; den Winkel, den zwei Sehstrahlen mit einander bilden, nennt man den Sehwinkel. — Will man ermitteln, in welcher Richtung der zu einem Netzhautpuncte gehörige Objectpunct liegt, so braucht man nur umgekehrt einen Sehstrahl vom Netzhautpunct aus durch den Punct k zu legen und nach aussen zu verlängern.

Liegt die Netzhaut nicht am Orte des Bildes, sondern hinter oder vor demselben, so durchschneidet sie den Kegel der von dem Objectpuncte ausgegangenen und gebrochenen Strahlen, im ersten Falle nach, im zweiten vor ihrer Vereinigung zum Bildpuncte; in beiden Fällen

Zerstreuungskreise. Scheiner'scher Versuch.   517

entsteht also auf der Retina statt des Bildpunctes ein sog. Zerstreuungskreis, d. h. eine kleine beleuchtete Kreisfläche, ein Durchschnitt des Strahlenkegels, und das Netzhautbild, welches sich statt aus Bildpuncten aus Zerstreuungskreisen zusammensetzt, ist undeutlich und verwaschen (Zerstreuungsbild). Die Zerstreuungsbilder sind um so undeutlicher, d. h. die Zerstreuungskreise um so grösser, 1. je weiter die Netzhaut vom Bilde entfernt ist, 2. je grösser der Umfang des Strahlenkegels, d. h. je weiter die Pupille ist, welche den Strahlenkegel begrenzt. Sieht man daher durch ein enges Loch in einem dicht vor das Auge gehaltenen Kartenblatt, so werden die Zerstreuungsbilder deutlicher, wenn auch lichtschwächer. In Fig. 95 stellt ab

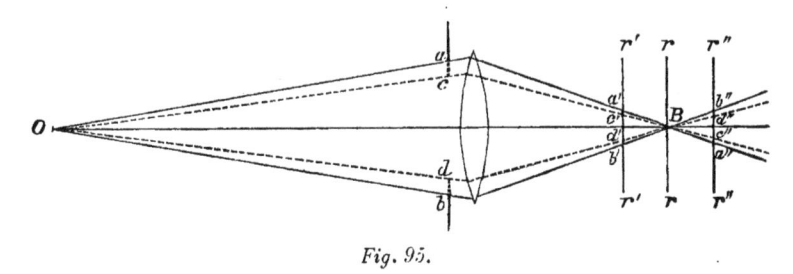

Fig. 95.

eine weite, cd eine enge Pupille dar; B ist der Bildpunct, rr die richtige, $r'r'$ und $r''r''$ unrichtige Lagen der Netzhaut, $a'b'$, $a''b''$ die Durchmesser der Zerstreuungskreise bei weiter, $c'd'$, $c''d''$ dieselben bei enger Pupille.

Ersetzt man die Pupille durch zwei feine Löcher in einem Kartenblatt (e und f, Fig. 96), so entsteht, wenn die Netzhaut rr am Orte

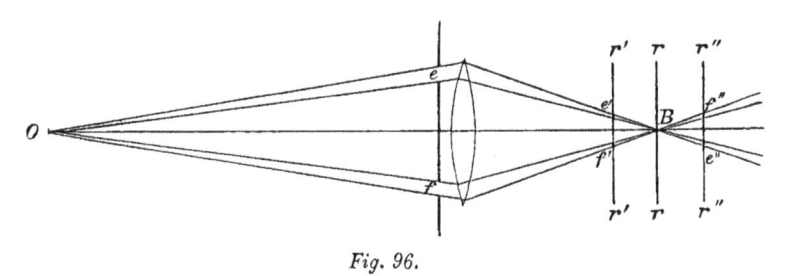

Fig. 96.

des Bildpunctes B liegt, nur Ein scharfes Bild; liegt sie dagegen anders (in $r'r'$ oder $r''r''$), so entstehen zwei Zerstreuungskreise $e'f'$, resp. $e''f''$, der Gegenstand erscheint daher doppelt. Durch diesen Versuch (Scheiner'scher Versuch) lässt sich daher entscheiden, ob die Netzhaut mit dem Bilde zusammenfällt oder nicht.

Die Netzhautbilder kann man an albinotischen Augen, oder an anderen nach Abtragung des hinteren Theiles der Sclera und Chorioidea, endlich am lebenden Auge mit dem Augenspiegel (s. unten) beobachten.

Beim Scheiner'schen Versuch entsteht, wenn mehr als 2 Löcher vorhanden sind, eine entsprechende Zahl von Zerstreuungsbildern. Hat der Ausschnitt im Kartenblatt eine andere Gestalt als die runde, so nehmen auch die Zerstreuungsfiguren jedes Objectpunctes diese Gestalt an; hierauf beruhen eine Anzahl Erscheinungen, auf welche hier nicht eingegangen werden kann.

6. Die Accommodation.

a. Der Bereich derselben und die Grenzen des deutlichen Sehens.

Wäre das Auge unveränderlich, so würden nur Gegenstände einer ganz bestimmten Entfernung, A_1, scharf gesehen werden; alles Uebrige müsste in Zerstreuungsbildern erscheinen. Jene Entfernung ergäbe sich aus Gleichung 27 (p. 511), wenn man die Brennweiten des Auges und für A_2 die Distanz zwischen Netzhaut und 2. Hauptpunct einsetzt. Die tägliche Erfahrung lehrt aber, dass das Auge in einem grossen Bereich der Entfernungen deutlich sehen kann, von einer gewissen grössten Entfernung, dem Fernpunct, bis zu einer gewissen kleinsten, dem Nahepunct. Es muss also eine Veränderlichkeit des Auges, eine willkürliche Anpassung oder Accommodation desselben an die Entfernung der zu betrachtenden Gegenstände vorhanden sein. Im normalen (emmetropischen) Auge liegt der Fernpunct unendlich entfernt, der Nahepunct sehr variabel, etwa 100—120 mm. vom Auge entfernt. Die bequemste Entfernung zum Betrachten kleinerer Gegenstände (Lesen), die Weite des deutlichen Sehens, ist dagegen für das normale Auge etwa 250 mm.

Die Bestimmung des Nahe- und Fernpuncts nennt man Optometrie. Die bequemste Methode besteht in der einfachen Erkennung der Gegenstände, für den Nahepunct parallele Linien oder Schriftproben; doch muss die Grösse der letzteren der Entfernung angepasst werden. Der Scheiner'sche Versuch (sowie die oben erwähnten analogen Erscheinungen) bietet ferner ein gutes Mittel, da der Gegenstand diesseits des Nahepuncts und jenseits des Fernpuncts doppelt erscheint (Stampfer's Optometer). Endlich kann man mit dem Augenspiegel indirect den Brechzustand des Auges und daraus die gesuchten Puncte ermitteln (s. unten).

Früher glaubte man, dass die Einstellung des Auges in der Ruhe eine mittlere sei, dass es demnach zwei active Accommodationsarten gebe, eine positive für die Nähe und eine negative für die Ferne. Folgende Gründe sprechen jedoch dafür, dass es nur eine Richtung der activen Accommodation giebt: 1. beim plötzlichen Oeffnen der lange geschlossen gewesenen Lider ist das Auge für die Ferne eingerichtet (Volkmann); 2. das Sehen in die Ferne ist nicht mit dem Gefühl der Anstrengung verbunden, wie das für die Nähe; 3. Atropin, welches den Accommodationsapparat lähmt, bewirkt eine unveränderliche Einstellung für die weiteste Ferne; gäbe es einen negativen Accommodationsapparat, so müsste man die unwahrscheinliche Annahme machen, dass dieser gleichzeitig mit der Lähmung des positiven in tetanische Anstrengung versetzt würde (Donders); 4. auch bei neurotischen Lähmungen des Accommodationsapparats (durch Oculomotoriuslähmung, s. unten) tritt stets Accommodation für die Ferne ein, dagegen kennt man keine Lähmungszustände mit Accommodation für die Nähe.

Der Ruhezustand des Auges ist also die Einstellung desselben auf den Fernpunct, es giebt folglich nur eine einzige Richtung der Accommodation, nämlich diejenige für die Nähe. Im ruhenden emmetropischen Auge liegt folglich der Brennpunct in der Netzhaut, und die Accommodation verschiebt ihn, wie unten gezeigt werden wird, nach vorn.

Die ganze Leistung des Accommodationsapparats lässt sich offenbar durch eine dem brechenden Apparat hinzugefügte Convexlinse (Accommodationslinse) ersetzen und ausdrücken (Donders). Diese Linse L (Fig. 97) bewirkt also, dass die vom Nahepunct N ausgehenden Strahlen in dieselbe Bahn einlenken, welche die vom Fernpunct E ausgehenden ohne Accommodationslinse haben; oder mit andern Worten: Der Fernpunct ist das durch die Accommodationslinse gelieferte virtuelle Bild des Nahepuncts. Sind E und N zugleich die Abstände des Fern- und Nahepuncts vom Auge und A die Brennweite der Accommodationslinse, so ergiebt sich also aus Gleichung 31 p. 513:

$$\frac{1}{A} = \frac{1}{N} - \frac{1}{E}.$$

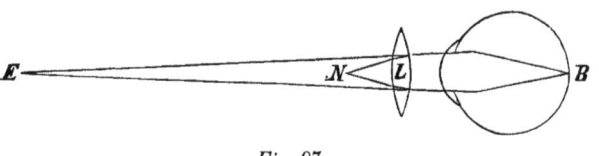

Fig. 97.

Für das emmetropische Auge, wo $E = \infty$, ist also $A = N$, oder die Accommodationslinse entsprechend 8–10 Dioptrien.

b. Die Ametropie.

In vielen Augen liegt der Brennpunct in der Ruhe nicht in der Netzhaut, sondern, durch abnorme Länge oder Kürze der Augenaxe, vor der Retina (Myopie) oder hinter derselben (Hypermetropie). Der Fernpunct myopischer Augen liegt daher abnorm nahe, der Fernpunct hypermetropischer Augen ist dagegen ein virtueller, hinter dem Auge liegender Punct, d. h. convergent auffallende Strahlen werden in der Netzhaut vereinigt, und um parallel auffallende in der Netzhaut zu vereinigen, d. h. die unendliche Ferne deutlich zu sehen, muss schon eine Accommodationsanstrengung gemacht werden. Bei gleicher Leistungsfähigkeit des Accommodationsapparats muss nun offenbar auch der Nahepunct bei Myopischen abnorm nahe, bei Hypermetropischen abnorm entfernt sein. Daher sind myopische Augen kurzsichtig, hypermetropische weitsichtig. Andere Abweichungen vom Normalen entstehen durch zu geringe Leistungsfähigkeit des Accommodationsapparats; diese influiren aber natürlich nur auf die Lage des Nahepuncts, nicht auf die des Fernpuncts.

Myopische und hypermetropische (ametropische) Augen müssen ihren für die Lage der Netzhaut zu starken oder zu schwachen Brechzustand durch ein vor das Auge gesetztes Brillenglas corrigiren; dasselbe muss natürlich im ersten Falle concav, im zweiten convex sein. Auch Mängel im Accommodationsvermögen lassen sich durch künstliche Accommodationen mittels zeitweiliger Anwendung der Brillengläser corrigiren. Die Brennweiten der erforderlichen Linsen ergeben sich auf gleichem Wege wie die der Accommodationslinse (s. oben). Ist E die Entfernung des Fernpunctes, welche normal ∞ sein soll, so wird die corrigirende Brillenbrennweite $\pm \Phi$ durch die Gleichung bestimmt:

$$\frac{1}{\infty} - \frac{1}{E} = \frac{1}{\Phi} \quad \text{oder} \quad \Phi = -E.$$

Beim hypermetropischen Auge hat E einen negativen, Φ also einen positiven Werth (s. oben). Die Brechkraft $1/\Phi$ ist der bequemste Ausdruck für den Grad der Myopie oder Hypermetropie. Die Nahepunctsentfernung N eines uncorrigirten ametropischen Auges ergiebt sich, wie man leicht einsieht, aus der Gleichung (A ist die Accommodationslinse):

Sehen unter Wasser. Mechanismus der Accommodation.

$$\frac{1}{N} = \frac{1}{A} - \frac{1}{\Phi}.$$

Unter Wasser ist das menschliche Auge enorm hypermetropisch, weil die Wirkung der ersten brechenden Fläche ganz fortfällt (vgl. p. 501); beim Fischauge ist dies durch die starke Krümmung der Krystalllinse compensirt. Zum deutlichen Sehen unter Wasser ist eine Convexbrille oder (Dudgeon) eine aus Uhrgläsern und einem Rohr zusammengesetzte concave Luftlinse erforderlich, welche letztere zugleich in der Luft das Sehen nicht hindert. Die p. 515 berechneten Brennweiten der Linse für sich in den Augenflüssigkeiten (43,707 mm.; entsprechend etwa 23 Dioptrien) sind zugleich die des Auges unter Wasser.

c. Der Mechanismus der Accommodation.

Die objectiven Veränderungen bei der Accommodation bestehen in einer Vorwölbung der vorderen Linsenfläche (Cramer) und in einer Verengerung der Pupille. Die letztere ist ohne Weiteres sichtbar, die erstere am besten durch die Spiegelbildchen der drei brechenden Flächen (p. 502), bei seitlich aufgestelltem leuchtenden Objecte (Purkinje, Sanson); das mittlere, grösste und verwaschenste derselben, welches von der vorderen Linsenfläche herrührt, verkleinert sich bei der Accommodation für die Nähe und nähert sich dem ersten, von der Hornhaut gebildeten, woraus man schliesst, dass

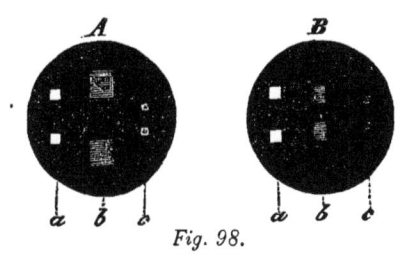

Fig. 98.

die vordere Linsenfläche sich stärker krümmt und nach vorn bewegt. Zur genaueren ophthalmometrischen Messung der Veränderung ist es zweckmässig, zwei helle Quadrate als Object zu nehmen (Helmholtz); Fig. 98 stellt die Bilder derselben dar, A für Ruhe, B für den accommodirten Zustand (a Hornhautbild, b vorderes, c hinteres Linsenbild). Auch die hintere Linsenfläche krümmt sich ein wenig stärker. Die Vorwölbung der Linse lässt sich auch an der Iris, deren Pupillarrand jener direct aufliegt, durch das Vordrängen derselben bei strenger Profilbetrachtung des accommodirenden Auges nachweisen, und ebenso durch die Ortsveränderung der caustischen Linie, welche ein seitlich aufgestellter Lichtpunct durch die schiefe Brechung an der Hornhaut auf die gegenüberliegende Irishälfte wirft, und welche sich beim Accommodiren dem Ciliarrande nähert (Helmholtz).

Verlagerung der Netzhaut, etwa durch Compression des Bulbus mittels der äusseren Augenmuskeln (also ein Accommodationsmodus, welcher dem des Photographen an der Camera entsprechen würde), ist sicher nicht an der Accommodation betheiligt, da die letztere durch Mangel der Augenmuskeln nicht gestört wird. Die Pupillenverengerung kann nicht das Wesentliche des Accommodationsactes sein, da sie keine Wirkung auf die Lage des Bildes haben kann, auch die Accommodation vor der Verengerung eintritt (Donders), und bei Mangel oder Spaltung der Iris nicht gestört ist, während sie bei Mangel der Linse durchaus fehlt (Young, Donders). Der Sinn der Pupillenverengerung ist vermuthlich darin zu suchen, dass bei einer stärker gewölbten Linse die sphärische Abweichung grösser wird und daher eine umfangreichere Abblendung der Randstrahlen erforderlich ist. Der eigentliche accommodirende Act ist also die Formveränderung der Linse, und der Effect derselben im Sinne der Verkleinerung der Brennweiten ergiebt sich auch sogleich, wenn man die Cardinalpunctlagen für das ruhende und das accommodirte Auge vergleicht (Helmholtz).

(Vorzeichen — bedeutet vor der Hornhaut.)	Ruhend (p. 503, 515)	Accommodirt
Ophthalmometrisch gefunden:		
Krümmungsradius der Hornhaut	8	8
„ „ vord. Linsenfläche	10	6
„ „ hint. „	6	5,5
Ort der vord. Linsenfläche	3,6	3,2
„ „ hint. „	7,2	7,2
Daraus berechnet (p. 515):		
Ort des 1. Hauptpuncts	1,9403	2,0330
„ „ 2. „	2,3563	2,4919
„ „ 1. Knotenpuncts	6,957	6,515
„ „ 2. „	7,373	7,974
„ „ 1. Brennpuncts	−12,918	−11,241
„ „ 2. „	22,231	20,248
Erste Brennweite	14,838	13,274
Zweite „	19,875	17,756

Die accommodative Veränderung der Linse geschieht durch den Ciliarmuskel oder Brücke'schen Muskel, welcher aus radiären und circulären Fasern besteht. Die ersteren, welche die Hauptmasse bilden, entspringen vorn von der Umschlagsstelle der Membrana Descemetii, da wo sie von der Cornea auf die Iris übergeht (Lig. iridis pectinatum) und setzen sich an die Processus ciliares der Chorioidea an; die unbedeutenden circulären Fasern, welche nach innen von den ersteren im vordersten Theile des Muskels liegen, umgeben den Rand der Linse. Die radiären Fasern ziehen für sich den vorderen Rand der Chorioidea nach vorn; nach einer sehr wahrscheinlichen Annahme wird hierdurch die Zonula Zinnii, deren Spannung in der Ruhe den Linsenrand nach hinten und aussen zieht, also die Linse abflacht (die Linse ist nach dem Ausschneiden stärker gewölbt als im Auge), durch Näherung ihrer hinteren Insertion an die vordere abgespannt und somit ein Dickerwerden der Linse bewirkt (Helmholtz). Die Mitwirkung der circulären Fasern ist noch nicht genügend aufgeklärt. Fig. 99 zeigt einen Durchschnitt des vorderen Augentheils, links für die Ferne, rechts für die Nähe eingestellt.

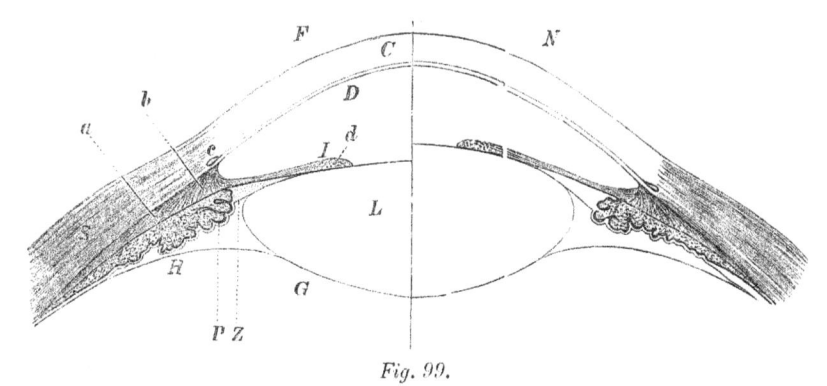

Fig. 99.
C Cornea, S Sclera, I Iris, L Linse, G Glaskörper, D Membrana Descemetii, P Processus ciliares, H Hyaloidea, Z Zonula Zinnii, a radiäre, b circuläre Fasern des Ciliarmuskels, c Canalis Schlemmii, d Sphincter iridis.

Die Geschwindigkeit der Accommodation ist ziemlich gering. Nach der Mehrzahl der Beobachter erfolgt die Einstellung für die Ferne schneller als für die Nähe (Vierordt, Aeby u. A.), d. h. die Erschlaffung des Accommodationsapparats erfolgt schneller als die Anspannung. Nach Anderen (Schmidt-Rimpler) soll die Accommodation für den Convergenzpunct am schnellsten erfolgen, sei es von näherer oder fernerer Einstellung aus. Die Einstellung für den Nahepunct erfordert etwa 1,6, die für den Fernpunct etwa 0,8 Secunden; die Pupillenveränderung braucht mehr Zeit als die Accommodation selbst (Angelucci & Aubert).

Die Nervenfasern für den Accommodationsapparat liegen in den Nervi ciliares, deren Reizung bei Thieren Vorwölbung der Linse hervorbringt; sie stammen aus dem Oculomotorius, und haben ihr Centrum in den Vierhügeln (Hensen & Völckers).

Zwischen den Nerven für die Accommodation, die Iris und die äusseren Augenmuskeln scheint ein noch wenig erforschter centraler

Connex zu bestehen. Hierfür spricht: 1. das Verhalten der Pupille bei der Accommodation (s. oben); 2. mit Rotation der Bulbi nach innen ist Verengerung der Pupillen (s. u.) und unwillkürliche Accommodation für die Nähe verbunden (Czermak); 3. das Atropin, welches die Pupille erweitert, lähmt zugleich, wie schon erwähnt, die Accommodationsfähigkeit; umgekehrt bewirkt die Calabar-Bohne Verengerung der Pupille und krampfhafte Accommodation für die Nähe. **Beide Augen sind stets in gleichem Accommodationszustande**, auch wenn, wie bei binocularer Betrachtung eines nicht median liegenden Objectes, der betrachtete Punct von beiden ungleich entfernt ist.

Mit zunehmendem Alter, schon vom 15. Jahre an (Mac-Gillavry), nimmt das Accommodationsvermögen für die Nähe ab, vermuthlich durch Härterwerden der Linse (Donders); auch Abnahme der Refraction (Presbyopie) stellt sich im Alter ein.

7. Die Iris und die Pupille.

a. Muskeln und Nerven der Iris.

Als Diaphragma zur Abblendung der Randstrahlen, analog den Diaphragmen optischer Linseninstrumente, sowie zur Regulirung der ins Auge dringenden Lichtmenge, dient die Iris mit ihrer centralen Oeffnung, der Pupille. Die Weite der letzteren wird bestimmt durch den Contractionszustand der beiden antagonistischen Irismuskeln, des Sphincter und Dilatator pupillae. Ersterer bildet eine Ringfaserschicht um die Pupille, letzterer hat radial gerichtete Fasern; jener ist vom Oculomotorius, dieser vom Sympathicus abhängig; die Oculomotoriusfasern treten durch das Ganglion ciliare und die Ciliarnerven zur Iris, die Sympathicusfasern verlaufen grösstentheils im Trigeminus (s. unten). Werden beide Muskeln, oder ihre Nerven, gleich stark gereizt, so überwiegt der Sphincter, so dass sich die Pupille verengt. Sie verengt sich ferner bei Durchschneidung des Sympathicus am Halse und erweitert sich bei Durchschneidung des Oculomotorius. Man muss also annehmen, dass beide antagonistische Muskeln durch beständige centrale Erregung ihrer Nerven **tonisch contrahirt** sind.

Die Existenz des Dilatator ist anatomisch nicht ganz unangefochten, und man hat versucht (Grünhagen), die Wirkung der Sympathicusreizung, der Dyspnoe etc. auf vasomotorische Wirkungen zurückzuführen, da sie den übrigen Gefässwirkungen ziemlich parallel gehen, und der Verlauf der Irisgefässe dieser Ansicht günstig scheint. Indess tritt bei Sympathicusreizung die Pupillenerweiterung nicht gleichzeitig mit der Gefässcontraction am Auge ein, und der Verlauf der auf die Gefässe des Auges wirkenden Fasern ist zum Theil verschieden von dem der pupillenerweiternden, ein Theil der letzteren verläuft nicht im Grenzstrang, sondern mit der Vertebralarterie (Bernard, François-Franck, bestritten von Guillebeau & Luchsinger); endlich macht local beschränkte, directe Reizung am Irisrande locale Erweiterung (Bernstein & Dogiel u. A.).

Nicht völlig aufgeklärt ist die Betheiligung des Trigeminus an der Pupilleninnervation. Seine Durchschneidung macht eine vorübergehende Erweiterung und dann Verengerung, diese Erfolge sind von der Integrität des Oculomotorius unabhängig. Erstere muss ohne Zweifel als Folge von Reizung betrachtet werden. Die Verengerung rührt grösstentheils davon her, dass die Sympathicusfasern in der Bahn des Trigeminus dem Auge zugeführt werden; jedoch bewirkt nach vielen Autoren (Bernard, Schiff u. A.) auch Reizung des Trigeminus an seinem Ursprung Erweiterung, so dass ihm neben dem Sympathicus dilatirende Fasern zugeschrieben werden. Manche schreiben ihm auch verengernde Fasern zu, worauf einige Beobachtungen nach Lähmung des Oculomotorius zu deuten scheinen (Schiff, v. Gräfe); auch im Abducens sind zuweilen verengernde Fasern enthalten (Adamük).

Die nächsten cerebrospinalen Centra der Iris liegen für die Verengerungsnerven am Boden des 3. Hirnventrikels, dicht am Aquaeductus Sylvii (Hensen & Völckers), für die Erweiterungsnerven im Centrum ciliospinale (p. 400), auf welches aber das verlängerte Mark (Schiff), die Vierhügel (Hensen & Völckers) und andere Hirntheile einwirken.

Gewisse Erscheinungen deuten darauf, dass in der Iris selbst noch gangliöse Centra enthalten sind, welche die Vermittlung zwischen Nerven und Muskeln bilden, vor Allem findet eine Verengerung der Pupille durch Licht auch an der ausgeschnittenen Iris statt (Brown-Séquard), ferner geschieht die Wirkung der Mydriatica und Myotica bei localer Application auch nach Aufhebung des centralen Sphinctertonus, z. B. nach Durchschneidung des Ganglion ciliare (Hensen & Völckers), ja am ausgeschnittenen Auge (de Ruyter).

b. Physiologisches Verhalten der Pupille.

1. Die Pupille verengt sich reflectorisch, wenn Licht in das Auge fällt, und um so stärker, je intensiver das Licht, und

je grösser die beleuchtete Netzhautfläche ist. Hierdurch wird die Beleuchtung der Retina einigermassen regulirt. Die Verengerung beginnt etwa 0,4—0,5 sec. nach dem Lichteinfall und erreicht in etwa 0,1 sec. ihr Maximum (Listing, Arlt jun.). Auch blosse Momentanbeleuchtung zieht den Reflex nach sich (v. Vintschgau). Die Verengerung tritt auch ein bei Reizung des Opticusstammes (Mayo), und bleibt aus nach Durchschneidung des Oculomotorius. Reizung Einer Netzhaut oder Eines Opticus genügt, um beide Pupillen zu verengen. Ueberhaupt sind beide Pupillen im normalen Zustande stets genau gleich weit (Donders). Der Sphinctertonus ist reflectorische Wirkung des Opticus, nach dessen Durchschneidung diejenige des Oculomotorius nicht mehr erweiternd wirkt (Knoll).

2. **Bei der Accommodation für die Nähe verengt sich die Pupille** durch associirte Erregung der pupillenverengenden Oculomotoriusfasern für den Sphincter; dass letztere später eintritt als die Accommodation, ist schon erwähnt.

3. **Drehung des Bulbus nach innen bewirkt Pupillenverengerung**, ebenfalls durch associirte Erregung der verengenden Fasern.

4. **Im Schlafe sind die Pupillen verengt**; es ist streitig, ob dies auf Reizung des Oculomotorius oder auf Nachlass des Dilatatortonus beruht. Die Reaction auf Licht ist im Schlafe erhalten (Hirschberg u. A.).

5. Erregung sensibler Nerven bewirkt reflectorisch eine **Pupillenerweiterung** (Bernard, Westphal; nach Foà & Schiff genügt schon der schwächste Tasteindruck).

6. Starke Muskelanstrengungen (namentlich starke In- und Exspirationen) sind mit **Pupillenerweiterung** verbunden (Romain-Vigouroux). Ausserdem bemerkt man schon in der Norm bei jedem Pulse eine sehr geringere Verengerung, ebenso bei jeder Exspiration; überhaupt scheint jeder Blutzufluss zur Iris eine Verengerung zu bewirken; so erklärt sich auch die bei Abfluss des Humor aqueus eintretende Pupillenverengerung (Hensen & Völckers).

7. Während der **Dyspnoe** ist eine Pupillenerweiterung vorhanden, die mit dem Eintritt der Asphyxie vorübergeht. Dieselbe bleibt aus, wenn vorher der Sympathicus durchschnitten worden.

8. Zahlreiche **Gifte** bewirken, sowohl bei Einführung in das Blut als bei örtlicher Application, Veränderungen der Pupille. Erweiternd wirken die sog. **Mydriatica**, deren hauptsächlichstes das

Atropin ist, verengend die sog. Myotica, namentlich Physostigmin, Nicotin, Muscarin, Morphin. Die mydriatischen Gifte machen zugleich permanente Einstellung des Auges auf den Fernpunct, und die myotischen permanente Einstellung auf den Nahepunct, d. h. erstere bewirken Lähmung und letztere Krampf des Accommodationsapparats. Wird die eine Pupille durch Atropin erweitert, so ist die andere durch den vermehrten Lichteinfall in das atropinisirte Auge reflectorisch verengt. Es ist nachgewiesen, dass die Wirkung der Mydriatica und Myotica hauptsächlich oder ausschliesslich auf Lähmung oder Reizung der Nervenenden im Sphincter (und im Ciliarmuskel) beruhen.

8. Die Reflexion im Auge und der Augenspiegel.

Das Pupillenfeld eines Auges erscheint stets völlig schwarz, d. h. das beobachtende Auge empfängt aus dem beobachteten kein reflectirtes Licht. Eine scheinbare Ausnahme machen die albinotischen Augen, deren Pupillenfeld roth aussieht: dies rührt aber nur von dem durch die Sclera und die pigmentlose Chorioidea eindringenden Lichte her, denn die Pupille wird schwarz, wenn man dies Licht durch einen vor das Auge gestellten Schirm (mit einer Oeffnung von der Grösse der Pupille) abblendet (Donders). Die Ursache der Dunkelheit des Pupillenfeldes liegt theils in der Absorption des auf die Netzhaut fallenden Lichtes durch das schwarze Pigment hinter derselben, theils darin, dass der nicht absorbirte Antheil sich so verhalten muss, als ob die Netzhaut Licht aussendete; die von einem Netzhautpunct ausgehenden Strahlen müssen sich aber in der zur Netzhaut conjugirten äusseren Fläche vereinigen. Bildet sich die Lichtquelle, etwa eine Flamme, in der Netzhaut scharf ab, so ist sie selbst zur Netzhaut conjugirt und das reflectirte Licht kehrt daher zur Lichtquelle zurück (vgl. p. 505, § 4).

Befindet sich die Pupille des Beobachters in dem Felde der reflectirten Strahlen, so muss das Pupillenfeld des beobachteten Auges erleuchtet erscheinen. Dies lässt sich auf zwei Arten erreichen: 1. Der Beobachtete A ist für den beleuchtenden Lichtpunct nicht accommodirt, so dass auf seine Netzhaut ein Zerstreuungskreis fällt; diesem Zerstreuungskreise entspricht ein grosses rundes Bild in der zur Netzhaut conjugirten Ebene; befindet sich nun der Beobachter mit seiner Pupille dicht neben dem Lichtpunct, also in dem reflectirten Strahlenkegel, so sieht er die Pupille von A roth erleuchtet (Brücke). 2. Wird zwischen B und A ein unbelegter oder mit einem kleinen

Loche versehener Spiegel so aufgestellt, dass er das Licht einer seitlichen Lampe in das Auge A reflectirt, so wird ein Theil der aus A zurückkehrenden Strahlen, statt zur Flamme, in das Auge B gelangen, und auch so erscheint die Pupille A roth erleuchtet (**Augenspiegel von Helmholtz**, vgl. Fig. 100, 101). Die rothe Farbe rührt von der Blutcirculation der Netzhaut her.

Der Augenspiegel ermöglicht eine wichtige Anwendung zur **Beobachtung der Netzhaut im lebenden Auge** (Helmholtz). Hierzu ist aber nicht allein erforderlich, dass das von A reflectirte Licht in das Auge B gelange, sondern auch, **dass die Netzhaut A sich auf der Netzhaut B abbildet**. Ohne Weiteres ist dies möglich, wenn beide Augen emmetropisch und in Accommodationsruhe sind; die von der Netzhaut A kommenden Strahlen sind dann parallel und vereinigen sich in der Netzhaut B. Etwas Aehnliches würde stattfinden, wenn das eine Auge myopisch und das andere zufällig in entsprechendem Grade hypermetropisch wäre, oder wenn in einem oder beiden Augen Accommodation zu Hülfe käme. Allgemein aber ist die Forderung nur mit Hülfe von **Linsen** erfüllbar, entweder einer Convexlinse (Fig. 100), in welchem Fall die beobachtete Netzhaut reell und verkehrt erscheint, oder mit einer Concavlinse (Fig. 101), welche ein virtuelles aufrechtes Bild der Netzhaut liefert.

In den Figuren 100 und 101 stellt A das beobachtete und B das beobachtende Auge dar, $l.$ die Hülfslinse. Der Augenspiegel SS (concav behufs grösserer Lichtstärke) und seine Lampe F sind nur angedeutet. Der Hintergrund ab der beobachteten Netzhaut bildet sich verkehrt und reell in $a'b'$ ab, d. h. in der zu ab conjugirten Ebene. Dies Bild ist nun für die eingeschaltete Linse L virtuelles Object (vgl. p. 514) und es entsteht das kleinere Bild $a''b''$, welches im Fall der Convexlinse verkehrt und reell bleibt, im Fall der Concavlinse sich umkehrt, also virtuell und aufrecht

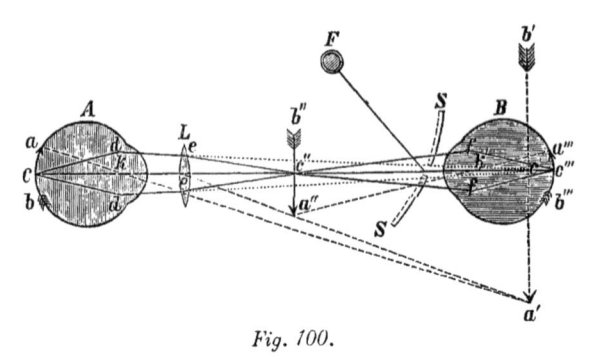

Fig. 100.

wird. Das Auge B muss sich in Sehweite vom Bilde $a''b''$ befinden, damit dieses sich auf dessen Netzhaut in $(a'''b''')$ abbilde. Befände sich das Auge B ohne Hülfslinse in Sehweite hinter dem Bilde $a'b'$, so würde es nur einen verschwindend kleinen Theil dieses sehr lichtschwachen Bildes wahrnehmen. In den Figuren ist ein centrales Strahlenbündel (von c aus) mit ausgezogenen Linien dargestellt, um die Orte der Bilder anzugeben, dagegen mit unterbrochenen Linien die von a ausgehenden Hauptstrahlen, um die Grösse der Bilder zu finden.

Der Augenspiegel, auf dessen verschiedene Formen hier nicht eingegangen werden kann, kann auch zur Erkennung und Bestimmung von Ametropie dienen (vgl. p. 518). Sind nämlich beide Augen A und B auf ihren Fernpunct eingestellt und das beobachtende Auge emmetropisch, so ist die zum Erkennen nöthige Linse die zur Correction von A erforderliche und giebt also Sinn und Grad seiner Ametropie an; ist auch das beobachtende Auge ametropisch, so muss dies in Rechnung gezogen werden; stets sind im Falle des Erkennens die Fernpuncte beider Augen für die erforderliche Linse conjugirte Puncte.

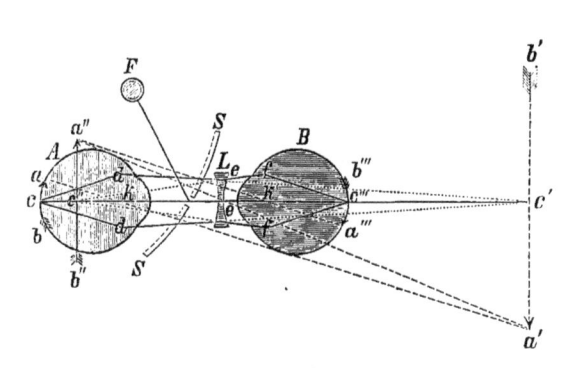

Fig. 101.

Das von dem Pigmentepithel nicht absorbirte Licht, welches also reflectirt wird, macht trotzdem für das Sehen keine Störung, es muss also verhindert sein, andere Netzhautstellen zu treffen. Man erklärt sich dies durch folgende Theorie (Brücke): Vor jedem Puncte des Pigmentepithels befindet sich das Aussenglied eines Stäbchens oder Zapfens der Netzhaut; diese Gebilde sind aber stark lichtbrechend und von einander durch eine schwach lichtbrechende Substanz getrennt. Das von dem Netzhauthintergrunde reflectirte Licht ist also durch totale Reflexion verhindert, in benachbarte Stäbchen überzugehen, und ist also genöthigt, nahezu ausschliesslich die zur Netzhautfläche senkrechte Richtung innezuhalten.

Viele Thiere besitzen an einem Theile ihrer Chorioidea eine blaugrün schillernde, stark reflectirende Fläche, deren Bedeutung unbekannt ist, das Tapetum; hier muss die vorstehende Einrichtung besonders wichtig sein. Die Augen dieser Thiere leuchten häufig im Dunkeln, jedoch nur durch Reflexion noch vorhandenen Lichtes. Im absolut dunklen Raum findet nie Leuchten statt (J. Müller). Der Nutzen des Tapetum wird in der nochmaligen Wirkung des reflectirten Lichtes gesucht, ist aber hiermit vermuthlich nicht erschöpft.

9. Der Grad der Vollkommenheit des dioptrischen Apparats.

a. Der Grad der Achromasie.

Weisses Licht wird bekanntlich durch die Brechung in seine farbigen Componenten zerlegt, weil diese verschiedene Brechbarkeit besitzen. Geht daher von einem Objectpuncte weisses Licht aus, so muss derselbe im Auge statt eines einzigen eine Reihe von hinter einander liegenden Bildpuncten haben, der vorderste für die brechbarsten (violetten), der hinterste für die am wenigsten brechbaren (rothen) Strahlen. Das Auge kann daher für einen weissen Punct nie vollkommen accommodiren: accommodirt es z. B. so, dass der Bildpunct der violetten Strahlen in die Retina fällt, so erscheinen die übrigen Farben in concentrischen Zerstreuungskreisen, die um so grösser sind, je weiter die Farbe vom Violett entfernt ist; da sich nun in der Mitte alle Zerstreuungskreise und der violette Punct decken, so entsteht ein weisser Fleck mit farbigen Rändern. Ebenso muss ein jeder weisse Gegenstand weiss mit farbigen Rändern erscheinen, da die farbigen Zerstreuungsbilder sich bis auf die Ränder sämmtlich decken. Accommodirt man für eine mittlere Farbe, etwa Grün, so entstehen zwei Reihen von farbigen Zerstreuungskreisen, diese decken sich auch an den Rändern zum Theil so, dass complementäre Farben auf einander fallen, so dass auch die Ränder grösstentheils weiss erscheinen. Letzterer Umstand trägt dazu bei, dass wir die farbigen Ränder beim gewöhnlichen Sehen nicht wahrnehmen; dieselben sind überhaupt wegen des geringen Dispersionsvermögens der Augenmedien (etwa gleich dem des destillirten Wassers, Helmholtz) nur unbedeutend und verschwinden vollends gegenüber dem stärkeren weissen Lichteindruck der Mitte; möglicherweise wirkt auch die Zusammenstellung der verschiedenen Augenmedien etwas achromatisirend, analog den Flint- und Crownglas-Linsen der optischen Instrumente. — Um die farbigen Ränder deutlich wahrzunehmen, muss man, wie aus Obigem hervorgeht, nicht für eine mittlere, sondern für eine extreme Farbe (Roth oder Violet) accommodiren; noch leichter und sicherer erreicht man dasselbe, wenn gar nicht für den Gegenstand selbst accommodirt. Weisse Felder erscheinen daher bei zu ferner Accommodation mit einem schwach rothgelben, bei zu naher mit einem blauen Rande;

ein durch ein rothviolettes Glas gesehener Lichtpunct erscheint bei Accommodation für die rothen Strahlen roth mit violettem Zerstreuungskreis, im anderen Falle umgekehrt. Ferner sieht man die Chromasie des Auges sehr leicht, wenn man die Pupille mittels eines Papierblatts grossentheils verdeckt (Helmholtz): Es sei W (Fig. 102) ein

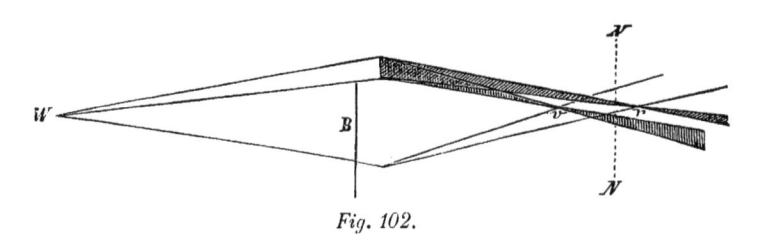

Fig. 102.

weisser Punct und v sein violetter, r sein rother Bildpunct; wird jetzt durch den Schirm B der Strahlenkegel grossentheils weggenommen, so dass nur der Theil a wirksam bleibt, so ist der vertical schraffirte Theil der violette, der schräg schraffirte der rothe Antheil der Strahlen; die Netzhaut NN empfängt also, wo sie auch liege, farbige Zerstreuungsbilder, die sich nicht decken, sondern wie im Spectrum auf einander folgen, also im Falle der Figur oben roth, dann gelb, grün etc., unten violett. Im Gesichtsfelde ist natürlich die Lage umgekehrt (s. unten); jeder leuchtende Punct erscheint als ein nach oben violettes, nach unten rothes Spectrum. Hieraus folgt, dass ein dem Rande des bedeckenden Blattes B paralleler weisser Streifen nach der Seite hin, von der die Bedeckung der Pupille erfolgt, einen rothgelben, nach der andern einen blauvioletten Rand zeigt, oder allgemeiner, dass die Grenze zwischen Schwarz und Weiss, wenn die Bedeckung der Pupille vom Schwarz her erfolgt, gelblich, wenn vom Weiss her, bläulich erscheint (Helmholtz).

Aus dem oben Gesagten ergiebt sich auch, dass der Bereich des deutlichen Sehens für verschiedene Farben verschieden ist. Offenbar muss Nahe- und Fernpunct für violettes Licht bedeutend näher liegen, als für rothes; man kann dies daran erkennen, dass man, um Puncte verschiedener Farbe, bei gleichem Abstand, durch ein Fernrohr deutlich zu sehen, das letztere verschieden einstellen muss (Fraunhofer). Rothe Flächen endlich erscheinen näher als in gleicher Ebene befindliche blaue, weil das Auge für erstere stärker accommodiren muss und daraus (s. unten) auf grössere Nähe urtheilt (Brücke).

b. Der Grad der Aplanasie.

Der Satz von der Homocentricität der Strahlenbündel (p. 505) gilt nur für sehr kleine Einfallswinkel; bei umfangreichen Strahlenbündeln schneiden sich die vom Mittelstrahl entfernteren nicht im Vereinigungspunct der centralen Strahlen, sondern haben eine kürzere Brenn- oder Bildweite, so dass sie Zerstreuungskreise um den Bildpunct verursachen. Vorrichtungen, in welchen diese Abweichung der Randstrahlen unschädlich gemacht ist, nennt man aplanatische. Der Grad der Aplanasie des Auges lässt sich nicht bestimmen, weil die Randstrahlen wie in den meisten optischen Instrumenten durch ein Diaphragma, die Iris, grösstentheils abgeblendet werden. Man vermuthet einen ziemlichen Grad von Aplanasie wegen folgender Umstände (Helmholtz): 1. Die Hornhautfläche ist nicht streng sphärisch, sondern stellt ein grossaxiges Rotationsellipsoid dar, indem die Krümmung von der Mitte nach dem Rande abnimmt; hierdurch muss die stärkere Brechung der Randstrahlen in gewissem Grade compensirt werden. 2. In gleichem Sinne muss die Linsenschichtung wirken, da die Randstrahlen Substanz von geringerem Brechungsvermögen durchlaufen und durch die stärkst gekrümmten brechenden Flächen nicht hindurchgehen.

c. Der Grad der Periscopie.

Für schief auffallende Strahlenbündel sind ebenfalls die Einfallswinkel so gross, dass sie sich nicht homocentrisch abbilden können. Ein unendlich dünnes, schief einfallendes Strahlenbündel bildet nach der Brechung ein System, welches keinen Vereinigungspunct hat, sondern durch zwei Brennlinien hindurchgeht, welche zu einander und zum mittleren Strahl senkrecht stehen; der Abstand zwischen beiden Brennlinien heisst die Brennstrecke (Sturm). Je länger die Brennstrecke eines solchen (astigmatischen) Systems, um so weniger brauchbar ist das Bild, da jeder Bildpunct in eine Linie verzerrt ist, deren Richtung von der Stellung der auffangenden Fläche abhängt. Im Allgemeinen ist die Astigmasie des Bildes dem Quadrate des Sinus der Incidenzschiefe proportional (Hermann). Im Vergleich mit anderen optischen Instrumenten ist nun die Periscopie, d. h. der Winkelbereich des brauchbaren Gesichtsfeldes (genauer: das Verhältniss zwischen Sinusquadrat des Incidenzwinkels und Astigmasie), beim Auge ungemein gross, und dieselbe Eigenschaft hat auch die Krystalllinse für sich (Hermann & Peschel,

Rasmus & Wauer). Die Theorie ergiebt, dass die Linsenschichtung die Wirkung hat, die Periscopic sehr bedeutend zu vergrössern, d. h. für gegebene Incidenzschiefe die Brennstrecke kürzer zu machen, als bei einer homogenen Linse von gleicher Brennweite (Hermann, Matthiessen).

d. Die Asymmetrien der brechenden Flächen und Medien.

Auch abgesehen von der elliptischen Gestalt der meridianalen Hornhautdurchschnitte (s. oben sub b) weicht die Hornhaut von der Kugelgestalt ab, sie ist nämlich in verschiedenen Meridianen verschieden stark gekrümmt, meist im verticalen am stärksten, im horizontalen am schwächsten. Dies ist direct durch die Spiegelbilder ophthalmometrisch nachweisbar (vgl. p. 502), bequemer durch die Spiegelung eines Systems concentrischer Kreise, welche sich verzerrt abbilden (Placido). Wiederum macht dies das gebrochene Bündel astigmatisch, und zwar gehen hier die beiden Brennlinien (s. oben) durch die Brennpuncte der beiden Hauptmeridiane hindurch, also im angegebenen Falle hat das Auge statt eines Brennpuncts eine nähere horizontale und eine entferntere verticale Brennlinie. Bei starkem Astigmatismus kann natürlich kein Gegenstand sich scharf abbilden, doch findet man leicht, dass die Verzerrung der Bildpuncte in gewissen Fällen wenig merklich wird, dass nämlich horizontale Linien sich gut abbilden, wenn die Netzhaut mit der vorderen Brennlinie zusammenfällt, verticale, wenn mit der hinteren. Für horizontale Linien wäre also das Auge auch etwas kurzsichtiger als für verticale, was für die meisten Augen zutrifft (Young, Donders, Knapp). Die Correction des Astigmatismus geschieht bei abnormen Graden durch cylindrische Brillengläser, deren krümmungslose Dimension man (im Falle des Convexglases) nach dem stärkstgekrümmten Hauptmeridian orientirt; oder auch durch schiefgestellte Linsen (vgl. sub c).

Die vorstehende Abweichung wird als regelmässiger Astigmatismus bezeichnet; unregelmässigen Astigmatismus nennt man dagegen die Wirkung von regellosen Krümmungs- und Indexabweichungen im Auge; so hat die Hornhaut beständig kleine Unebenheiten (Thränen, Schleim etc.), die Linse hat vermöge ihrer radialen Faserung in verschiedenen Meridianen nicht denselben Index. In diesen Unregelmässigkeiten liegt der Grund, warum, namentlich im Zerstreuungsbilde, ein leuchtender Punct nicht punctförmig, sondern sternförmig gesehen wird (Fixsterne, entfernte Lichter etc.) und warum

Linien u. dgl. bei ungenauer Accommodation zuweilen mehrfach erscheinen (Polyopia monophthalmica).

e. Der Grad der Centrirung.

Die Centrirung der brechenden Flächen ist eine nur annähernde, wie unten sub III. bei Bestimmung der Sehaxenlage gezeigt wird. Die nothwendige Folge unzureichender Centrirung ist wiederum eine Astigmasie der homocentrisch einfallenden Strahlenbündel, da ganz allgemein jedes solches Bündel, wenn es nicht senkrecht zu einer sphärischen Fläche oder einem centrirten System solcher Flächen einfällt, die Eigenschaft hat, nach der Brechung zwei Brennlinien zu bilden. Jedoch sind die Abweichungen der Centrirung meist zu klein, um das Sehen zu stören. In Fällen, wo (wie beim Entdecker des Astigmatismus, Young) Elimination der Hornhaut durch Wasser (p. 521) den Astigmatismus nicht beseitigt, ist vielleicht Centrirungsmangel der Linsenschichtung als Ursache anzusehen.

II. Die Erregung der Licht- und Farbenempfindung.

1. Der Ort der Erregung.

Als Aufnahmeapparate (p. 451) des Sehnerven sind die Stäbchen und Zapfen der äusseren Netzhautlamelle, das sog. Sehepithel, erkannt worden (H. Müller). Die Beweise sind folgende:

1. Die Eintrittsstelle des Sehnerven, an welcher die Netzhaut nur aus Opticusfasern ohne die übrigen Netzhautgebilde besteht, ist zur Lichtwahrnehmung unfähig; sie heisst daher der blinde Fleck (auch Mariotte'scher Fleck). Fixirt man mit dem rechten Auge den Punct a (Fig. 103) aus einer Entfernung, welche 3 mal so gross wie die Linie AB ist, so verschwindet der Fleck b vollkommen; sein Bild fällt nämlich in den blinden Fleck, der etwa $3\frac{1}{2}$ mm. nach innen von der Netzhautmitte liegt, auf welche das Bild von a fällt. Durch das Verschwinden einer hin und her geführten Zeichenspitze kann man die Begrenzung der blinden Stelle noch genauer fest-

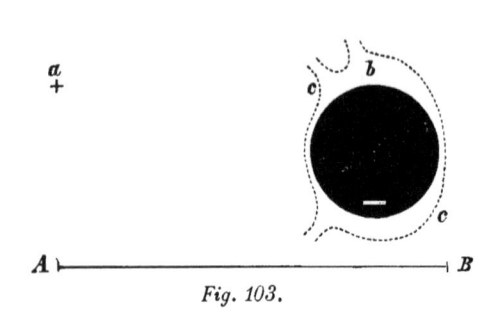

Fig. 103.

stellen; sie liegt etwa in der Punctlinie cc, deren Vorsprünge den Gefässabgängen entsprechen. Ueber die Rolle des blinden Flecks im Gesichtsfelde s. unten sub III.

2. Die Sehschärfe (s. unten sub III.) ist auf der Netzhaut entsprechend der Zusammendrängung der Stäbchen und Zapfen, besonders aber der letzteren, vertheilt, und ist in der Fovea centralis, welche nur dicht gedrängte Zapfen enthält, und in welcher die übrigen Netzhautelemente fehlen, am grössten; man schliesst hieraus, dass die Zapfen ein noch vollkommneres Perceptionsorgan sind als die Stäbchen.

3. Die Purkinje'sche Aderfigur (s. unten, entoptische Erscheinungen) lehrt, dass die percipirenden Netzhautelemente hinter den Netzhautgefässen liegen, und zwar um etwa so viel wie die Stäbchen- und Zapfenschicht.

Ueber die speciellere Function der Stäbchen und Zapfen s. unten p. 546, 550. Die Function der übrigen specifischen Netzhautelemente, der Körnerschichten und der Ganglienschicht, ist durchaus unbekannt. Die zu innerst liegende Schicht der Opticusfasern muss mit den Stäbchen und Zapfen in einer nervösen Verbindung stehen, welche früher in den Müller'schen Radialfasern gesucht wurde; dieselben werden aber jetzt als Stützfasern betrachtet. Der Zusammenhang zwischen Opticusfasern, Ganglienzellen und den radiären Fibrillen der inneren Körnerschicht gilt als sicher; die letzteren lassen sich jedoch nicht über die Zwischenkörnerschicht hinaus verfolgen, und ihr Zusammenhang mit den in letzterer wurzelnden Stäbchen- und Zapfenfasern ist nicht ermittelt. Manche halten die letzteren sammt ihren Anschwellungen (äussere Körner) für integrirende Bestandtheile des Sehepithels.

2. Veränderungen der Netzhaut selbst durch Licht.

Die Art und Weise der Umsetzung von Licht in Nervenerregung ist eine ebenso ungelöste Frage, wie die entsprechenden Fragen bei den übrigen Sinnesorganen. Jedoch ist es gelungen, in der Netzhaut wenigstens einige directe Wirkungen des Lichtes nachzuweisen.

a. Die Veränderung der Farbe.

Die Netzhaut eines Auges, welches längere Zeit vor Licht geschützt war, hat eine purpurrothe Farbe, welche ausschliesslich den Aussengliedern der Stäbchen angehört; durch Licht wird diese Farbe schnell gebleicht, während des Lebens aber stets wieder regenerirt (Boll, 1876). Die rothe Farbe, der Netzhaut- oder Sehpurpur, ist nur im Lichte sehr vergänglich, wird dagegen durch das Absterben der Netzhaut nicht zerstört (Kühne). Die Bleichung geschieht am schnellsten durch gelb-grünes Licht, dann folgt Grün, Blau, Gelb, Orange, Violet, Ultraviolet, zuletzt Roth; Wärme beschleunigt dieselbe. Die Regeneration erfolgt unter dem Einfluss des Pigmentepithels (früher zur Chorioidea gerechnet), bei dem jedoch das Pigment selbst nicht betheiligt sein kann, da die Regeneration auch in albinotischen Augen und auf dem Tapetum stattfindet (Kühne). Auch lange nach Durchschneidung des Sehnerven sind diese Vorgänge noch vorhanden (Holmgren). Da im Lichte gebleichte Netzhäute noch Lichtempfindung vermitteln, die Zapfen ferner des purpurnen Farbstoffs entbehren, so kann derselbe nicht das Sehen bedingen, sondern scheint nur die Erregbarkeit der Stäbchen zu erhöhen, welche ähnlichen Bedingungen unterliegt, wie die Menge des Farbstoffs (vgl. unten sub 3a). Immerhin ist es möglich, dass auch das Sehen selbst auf ähnlichen photochemischen Veränderungen der Stäbchen und Zapfen beruht, die betr. Substanzen aber farblos oder höchst vergängliche Farbstoffe sind.

Von den Eigenschaften des Sehpurpurs ist noch Folgendes erwähnenswerth (Kühne u. A.): Zur Untersuchung wird das Thier mehrere Stunden im Dunkeln gelassen und die Netzhaut bei Natriumbeleuchtung präparirt. Der Sehpurpur fehlt der stäbchenfreien Fovea centralis und den stäbchenlosen Reptiliennetzhäuten, allen Wirbellosen, ferner beim Menschen in den Stäbchen nahe der Ora serrata; das Kaninchen hat eine besonders purpurreiche horizontale Zone (Sehleiste). Die Bleichung, bei welcher braune und gelbe Zwischenstufen auftreten, kann zur Fixirung der Netzhautbilder benutzt werden (Optogramme), welche freilich dem Lichte nicht Stand hält. Viele chemische Agentien, ferner Temperaturen über 50^0 (76^0 sofort) zerstören den Farbstoff; dagegen hält er, wie schon bemerkt, dem Tode und selbst der Fäulniss Stand, ebenso Oxydations- und Reductionsmitteln. Die Regeneration erfordert im Leben beim Frosch etwa 1—2 Stunden (Anfang schon nach 20 Minuten merklich), beim Kaninchen 35 Minuten (Anfang nach 7 Minuten); beim Menschen scheint sie besonders lebhaft zu sein, da exstirpirte Augen ohne vorherige Dunkelzeit Purpur zeigen. Durch Pilocarpin und Muscarin wird sie beschleunigt. Ihr rudimentäres Auftreten auch in abgelösten, also pigmentfreien Netzhäuten beweist, dass auch die isolirte Netzhaut eine farblose Vorstufe des Farbstoffs vorräthig enthält, die aber vermuthlich vom Pigmentepithel geliefert ist. Auch eine Verwendung der Bleichungsproducte zur Regeneration ist nachgewiesen, aber keineswegs Bedingung der letzteren.

Beim Frosche beobachtet man auch gewisse morphologische Veränderungen des Pigmentepithels durch Licht, indem die pigmenthaltigen, zwischen die Stäbchenaussenglieder eindringenden Fortsätze im Lichte anschwellen und an Pigment reicher werden (Boll); ein Vorgang, der mit der regenerirenden Function der Zellen höchst wahrscheinlich in Zusammenhang steht (Kühne).

Der gelbe Farbstoff der Zapfen-Innenglieder, welcher die Macula lutea färbt, ist lichtbeständig, ebenso die Farbstoffe der verschiedenfarbigen Kugeln zwischen Aussen- und Innenglied der Stäbchen der Vogelretina (Hannover, s. unten p. 546).

b. Morphologische Veränderungen.

Ausser den schon erwähnten Veränderungen des Pigmentepithels ist neuerdings auch folgende Veränderung der Zapfen durch Licht festgestellt worden (Engelmann & v. Genderen Stort): Die Innenglieder derselben verkürzen und verdicken sich durch Licht, und verlängern und verdünnen sich im Dunkeln, und zwar auch wenn das Licht nicht das Auge selbst, sondern das andere Auge oder die Körperoberfläche trifft; dasselbe gilt von den Veränderungen des Pigmentepithels. Beide Bewegungen werden durch den Sehnerven vermittelt, welcher also auch centrifugale Functionen hat; nach Abtrennung des Gehirns wirkt das Licht nur noch auf die direct beleuchtete Netzhaut.

c. Galvanische Vorgänge.

Am unversehrten Auge beobachtet man in der Ruhe und im Lichte Ströme, welche auf die Netzhaut bezogen werden (Holmgren, Dewar & M'Kendrick). An der isolirten Netzhaut findet sich Folgendes (Kühne & Steiner): Die Faserseite verhält sich in der Ruhe positiv gegen die Stäbchenseite (im Folgenden mag dieser Strom als einsteigend bezeichnet werden). Durch Licht tritt in der Froschnetzhaut, auch wenn der Ruhestrom fehlt, ein zuerst einsteigender und dann aussteigender Strom auf; beim Aufhören des Lichtes von Neuem ein einsteigender. Diese Ströme fehlen, wenn das Licht sehr allmählich einwirkt oder schwindet. An purpurlosen Netzhäuten tritt nur der aussteigende Strom auf, ebenso an der Kaninchennetzhaut (hier sehr vergänglich); am unversehrten Augapfel dagegen macht sich nur die einsteigende Phase geltend, die aussteigende scheint also nur der abgelösten und geschädigten Netzhaut zuzukommen.

Der Ruhestrom der Netzhaut wurde, sogar ehe sein Sitz mit Sicherheit constatirt war, als Beweis für Negativität natürlicher Nervenendigungen angesehen (vgl. p. 362), was bei dem complicirten Bau der Netzhaut durchaus unzulässig ist. Ueber die Bedeutung und speciellere Ursache dieser Ströme ist noch nichts Sicheres bekannt.

3. Die Lichtempfindungen.

Die durch Einwirkung von Licht auf die Stäbchen und Zapfen, oder durch Einwirkung allgemeiner Nervenreize auf den Sehnerven oder seine Ausbreitung in der Netzhaut, ausgelösten Lichtempfindungen werden nach Helligkeit und Farbe unterschieden; die Empfindung mangelnder Erregung wird als Schwarz bezeichnet.

a. Die Helligkeitsempfindung.

Die Helligkeit oder Intensität der Lichtempfindung hängt in erster Linie von der Intensität des einwirkenden Lichtes, d. h. von der lebendigen Kraft der Aetherschwingung oder vom Quadrate ihrer Geschwindigkeit beim Durchgang durch die Gleichgewichtslage ab; ausserdem aber von der Erregbarkeit der Netzhaut, welche schon während einer constanten Einwirkung rasch abnimmt, so dass ein helles Object bei beständiger Betrachtung immer dunkler erscheint.

Diese Ermüdung der Netzhaut zeigt sich am deutlichsten in der Erfahrung, dass nach längerem Aufenthalt im Hellen die Netzhaut in dunkleren Räumen fast unempfindlich ist, alsbald aber immer deutlicher die Gegenstände erkennt (Adaptation, Aubert), d. h. sich von ihrer Ermüdung erholt; die hohe, hierdurch erreichte Erregbarkeit zeigt sich darin, dass das helle Licht jetzt unangenehm, blendend wirkt. Eine zweite aus der Ermüdung erklärbare Erscheinung sind die negativen Nachbilder (s. unten).

Die absolute Helligkeit ist ohne Einfluss auf die relative Ermüdung, letztere wirkt nur so, als ob das objective Licht um einen Bruchtheil seiner Intensität vermindert würde (Helmholtz). Die Ermüdung während constanter Einwirkung verläuft anfangs steiler als weiterhin (Fick, Exner), und ähnlich verhält sich auch die Ermüdung im Laufe des Tages. Der ganze Tagesverlust beträgt nur etwa 51 pCt., weil das Auge fortwährend Gelegenheit zur Erholung hat; des Morgens ist der Einfluss der Ermüdung am stärksten (Fick & C. F. Müller).

Im Centrum der Netzhaut tritt sie schneller ein als an der Peripherie (Aubert).

Die Netzhauterregung bängt ferner von der Dauer des Lichteindrucks auch insofern ab, als sie nicht sofort in voller Stärke auftritt, sondern erst in einer gewissen, annähernd gradlinigen Curve ihr Maximum erreicht (Curve des Anklingens, Fick, Exner), so dass sehr kurze Einwirkungen überhaupt die volle Erregung nicht zu Stande kommen lassen, und ein schwächeres Licht durch längere Einwirkung dieselbe scheinbare Helligkeit erlangen kann wie ein helleres bei kürzerer Dauer. Nach dem Maximum sinkt die Erregung, wie schon erwähnt, durch Ermüdung herab. Nach dem Aufhören des Lichtes hört ferner die Erregung nicht momentan auf, sondern klingt in einer gewissen Curve ab; hierin liegt die Ursache der positiven Nachbilder (s. unten).

Bei rasch intermittirendem Lichte entsteht im Allgemeinen wegen der positiven Nachbilder eine gleichmässige Helligkeit, deren Betrag so gross ist, als ob die ganze Lichtwirkung gleichmässig auf die Zeit vertheilt wäre (Talbot). Indessen mischen sich die Wirkungen des An- und Abklingens und der Ermüdung complicirend ein. Eine der bemerkenswerthesten hieraus resultirenden Abweichungen vom Talbot'schen Satze ist die, dass eine aus schwarzen und weissen Sectoren bestehende rotirende Scheibe nicht bei allen Rotationsgeschwindigkeiten gleiche Helligkeiten zeigt, sondern am hellsten wirkt bei 17—18 Abwechselungen p. Secunde (Brücke); der Hauptgrund liegt darin, dass das Verhältniss zwischen Ermüdungsgrad und Erholungszeit bei diesem Zeitverhältniss am günstigsten ist.

Auch der Umfang der Netzhauterregung hat auf den Intensitätseffect Einfluss. Für kleine Einwirkungszeiten ist die Wahrnehmbarkeit eines Objectes von seiner Grösse abhängig, und zwar verhalten sich die kleinsten Gesichtswinkel umgekehrt wie die Quadratwurzeln der Lichtintensitäten (Riccò). Je heller und grösser ferner die Netzhautbilder sind, um so weniger Zeit ist zu ihrer Wahrnehmung nöthig, jedoch nimmt die erforderliche Zeit nur in arithmetischer Progression ab, wenn Beleuchtungsintensität und Grösse des Netzhautbildes in geometrischer Progression zunehmen; der reizbarste Theil der Netzhaut liegt der Netzhautmitte ferner, als der am raschesten die Contouren der Gegenstände wahrnehmende Theil (Exner).

Für die Wahrnehmung von Helligkeitsunterschieden ist die Gültigkeit des Weber'schen Gesetzes (p. 455) vielfach bestritten.

b. Die Farbenempfindung.

1) Begriff und Grenzen.

Unter **Farbe** versteht man die von der Wellenlänge des einwirkenden Lichtes abhängige Qualitätsempfindung. Das Spectrum zeigt nebeneinander eine unendliche Zahl verschiedener Wellenlängen, zwischen den **Fraunhofer**'schen Linien A ($\lambda = 7617 \cdot 10^{-7}$ mm.) und H ($\lambda = 3929 \cdot 10^{-7}$ mm.). Das **ultrarothe** Licht erregt die Netzhaut nicht, sondern kann nur durch seine erwärmenden Wirkungen auf die thermoelectrische Säule nachgewiesen werden; das **ultraviolette** Licht, von H bis R ($\lambda = 3108 \cdot 10^{-7}$ mm.) und weiter, am besten durch seine photochemische Wirkung nachweisbar, ist bei Abblendung des übrigens Spectrums schwach sichtbar, und zwar mit lavendelgrauer Farbe (Helmholtz). Die ohne Weiteres sichtbaren Farben umfassen also nicht ganz eine Octave (es fehlt etwa eine halbe Tonstufe), und die überhaupt sichtbaren etwa eine Octave und eine kleine Sext; der Umfang ist demnach viel kleiner als beim Gehörorgan.

Die Unsichtbarkeit der **ultrarothen** Strahlen hat zur Untersuchung der Diathermansie der Augenmedien geführt, wobei sich ergeben hat, dass letztere über 90 pCt. der Wärmestrahlen absorbiren (Brücke, Jansen). In Bezug auf die einzelnen Spectraltheile verhält sich die Diathermansie der Augenmedien etwa wie die des Wassers (Franz); es wird sonach von den ultrarothen Strahlen noch soviel durchgelassen, dass man ihre Unsichtbarkeit nur durch ihre Unfähigkeit die Retina zu erregen, erklären kann. — Die geringe Wirkung der **ultravioletten** Strahlen (sie haben nur etwa $1/1200$ der Wirkung, welche der wahren Intensität entspräche; letztere kann man durch Photographie, oder besser durch Fluorescenz ermessen, indem man z. B. das ultraviolette Licht in Chininlösung eintreten lässt), rührt nicht etwa von besonderer Absorption dieser Strahlen durch die Augenmedien her, welche allerdings vorhanden (Brücke), aber viel zu gering ist (Donders), sondern beruht ebenfalls auf Unempfindlichkeit der Netzhaut selbst. Da die Netzhaut ein wenig fluorescirt (Setschenow u. A.), d. h. die Wellenlänge des eingeführten Lichtes vergrössert, so könnte die Wahrnehmung der ultravioletten Strahlen vielleicht nur eine solche des Fluorescenzlichtes sein (Helmholtz). Die Metallspectra haben ein noch längeres Ultraviolett als das Sonnenspectrum; das Ende dieser Spectra ist noch sichtbar, aber ohne Farbencharacter (Masoart).

Die **Erkennung der Farbe** erfordert eine stärkere Einwirkung als die des Lichtes überhaupt. Das farbige Object erscheint farblos bei zu schwacher Beleuchtung, bei zu kurzer Betrachtung oder bei zu kleinem Sehwinkel. Die einzelnen Farben zeigen in all diesen Hinsichten erhebliche Unterschiede; am schwersten wirkt in jeder genannten Beziehung Roth ein. Auch bei immer hellerer Beleuchtung wird der Farbeneindruck neutraler, weisslicher, und zuletzt farblos, weiss; am leichtesten geht Gelb in Weiss über. Ferner ist das Farbenerkennungs- und -Unterscheidungsvermögen in der Netzhautmitte am schärfsten und nimmt nach der Peripherie ab, und zwar nach der lateralen Seite der Netzhaut schneller als nach der medianen; auch in dieser Hinsicht liegen die Grenzen für die verschiedenen Farben verschieden; die Peripherie kann Roth kaum erkennen (Purkinje, v. Wittich, Aubert u. A.). Als pathologische Erscheinung kommt häufig ein mangelhaftes Farbenunterscheidungsvermögen vor, welches in den meisten Fällen auf Rothblindheit (Daltonismus), d. h. gänzliche Unempfindlichkeit für rothes Licht und die rothe Componente gemischten Lichtes, zurückgeführt werden kann.

Dass Roth die am schwersten erregende Farbe ist, zeigt sich auch darin, dass bei Sehnervenatrophie Rothblindheit vor völliger Blindheit eintritt (Benedict, Leber), dass im Roth das Intensitätsunterscheidungsvermögen am geringsten ist (Lamansky), dass sehr rasch intermittirendes weisses Licht grünlich erscheint, weil seine rothe Componente nicht zur Geltung kommt (Brücke), u. s. w. Die am stärksten erregende Farbe ist nach der nöthigen Beleuchtungsdauer und der scheinbaren Helligkeit das Gelb, demnächst Blau (Vierordt; Burckhardt & Faber); dagegen erkennt die äusserste Netzhautzone nur Blau.

Für die zeitlichen Verhältnisse der Empfindung gelten bei den Farben ähnliche Gesetze wie beim Sehen überhaupt (p. 538 f.); die Curve des An- und Abklingens hat ähnliche Form wie dort, ist aber für die einzelnen Farben verschieden (Kunkel; vgl. auch unten sub 3, beim Abklingen weissen Lichtes).

2) Die Farbenmischung.

Farbige Componenten können Weiss oder Grau (d. h. ein weniger intensives oder mit Schwarz gemischtes Weiss) geben, nicht bloss durch objective Mischung, sondern auch durch Vermischung ihrer Eindrücke auf das Auge, und das Resultat der physiologischen Mischung zweier oder mehrerer Farben ist überhaupt immer gleich dem Eindruck der objectiven Mischung. Es ist z. B. gleichgültig, ob zwei Spectralfarben objectiv durch Deckung zweier Spectra oder ihrer Netzhautbilder, oder physiologisch durch rasch abwechselnde Einwirkung auf die gleiche Netzhautstelle (durch den Farbenkreisel) zur Mischung gebracht werden. Weiss entsteht nicht allein durch Mischung sämmtlicher Spectralfarben in dem Intensitätsverhältniss, wie sie im Spectrum enthalten sind, sondern kann auch durch Mischung von je zwei Spectralfarben in bestimmtem Intensitätsverhältniss erhalten werden, welche man dann Complementärfarben nennt. Nicht complementäre Spectralfarben geben immer als Mischfarbe eine zwischen ihnen liegende Spectralfarbe, jedoch mit weisslicher Beimischung, welche um so stärker ist, je näher die beiden Farben dem complementären Verhältniss stehen. Die Mischung der äussersten Spectralfarben, Roth und Violet, giebt jedoch Farben, welche im Spectrum nicht vorkommen und welche man als Purpur bezeichnet. Die Purpurtöne sind zugleich die Complementärfarben für die gelbgrünen Spectraltöne, während alle übrigen Spectralfarben ihre Complementärfarben im Spectrum selbst haben. Die Purpurfarben, zwischen ihre Componenten Roth und Violet eingeschaltet, bilden also gleichsam eine Ergänzung des Spectrums zu einem Ringe, in welchem die Complementärfarben einander gegenüber liegen. (Newton, Grassmann, Helmholtz, Maxwell.)

Um dieselbe Netzhautstelle gleichzeitig mit zwei Farben, z. B. des Spectrums zu beleuchten, sieht man durch eine zum Spectrum vertical gestellte Glasplatte auf die eine Farbe, während man zugleich durch dieselbe Platte das Spiegelbild einer andern Spectralfarbe empfängt (Helmholtz); oder man entwirft objectiv oder mittels besonderer Spectroscope zwei Spectra über einander, welche sich theilweise decken und der Länge nach gegen einander verschiebbar sind. Ferner kann man den Scheiner'schen Versuch so modificiren, dass man in die beiden kleinen Oeffnungen zwei verschieden gefärbte Gläser bringt: accommodirt man nun so, dass die beiden verschieden gefärbten Zerstreuungskreise sich theilweise decken, so wird die gemeinschaftliche Stelle der Retina von gemischtem Licht beschienen (Czermak). Ueber das Princip des Farbenkreisels s. unten (Nachbilder). Dagegen ist die Farbenmischung durch Mischung von Pigmenten, wie auf der Palette des Malers, physiologisch nicht zulässig; sie giebt ganz andere, vor Allem viel dunklere Mischfarben als die optische Mischung der gleichen Farben mittels der angegebenen Methoden; wäre nämlich jedes Pigment ganz rein, d. h. liesse es nur eine einzige Farbe hindurch, so würde die Mischung ganz schwarz sein, weil das durch die Theilchen des einen Pigments durchgegangene Licht durch die des anderen nicht hindurchgelassen werden würde.

Die Resultate der Farbenmischung werden durch Farbengleichungen ausgedrückt. Nach dem Talbot'schen Satze (p. 539) ist beim Farbenkreisel das Verhältniss der Sectorenbreiten (in Winkelgraden ausgedrückt) zugleich das Intensitätsverhältniss der Componenten, so dass z. B. die Gleichungen

Mischfarben. 543

141° Grün + 219° Roth = 73° Gelb + 52° Weiss + 235° Schwarz
212° Blau + 148° Orange = 248° Fuchsin + 18° Weiss + 94° Schwarz
165° Roth + 73° Blau + 122° Grün = 100° Weiss + 260° Schwarz

welche auf der Gleichheit der Eindrücke zweier Farbenkreisel beruhen, leicht verständlich sind.

Allgemeiner lassen sich die Resultate der Farbenmischung constructiv darstellen, indem man das Spectrum in schon erwähnter Weise durch die Purpurtöne zu einem geschlossenen Ringe ergänzt. Verlegt man nun in die Mitte dieses geschlossenen Feldes (Fig. 104) das Weiss, und füllt man das Feld in der Weise farbig aus, dass jeder Vector von einer Spectralfarbe zum Weiss die Mischungen derselben mit Weiss in allen Verhältnissen enthält (so dass die Farbe nach dem Weiss zu immer weisslicher wird), so kann das Schema zur unmittelbaren Auffindung des Mischeindrucks bei gegebenen Componenten dienen. Denkt man sich nämlich in die den farbigen Componenten entsprechenden Puncte Massen gelegt, deren Grössen den Intensitäten derselben entsprechen, und sucht man den gemeinsamen Schwerpunct derselben auf, der natürlich innerhalb des ebenen Feldes liegen muss, so bezeichnet der Ort desselben den gesuchten Mischeindruck. Man sieht sofort, dass der Mischeindruck zweier Spectralfarben in der sie verbindenden Graden liegen muss, und dass er (vgl. oben) einer zwischenliegenden Spectralfarbe, mit Weiss gemischt, entspricht; dass ferner die Beimischung von Weiss um so stärker wird, je mehr die beiden Ingredientien einander diametral gegenüber liegen; dass endlich jede durch das Weiss selbst gelegte Grade zwei Complementärfarben verbindet. Die Gestalt der umgebenden Curve und die Lage des Weiss muss deshalb so gewählt werden, dass letzteres immer in der Verbindungslinie zweier Complementärfarben und zwar immer derjenigen Farbe näher liegt, welche relativ stark vertreten sein muss, um mit ihrer Complementärfarbe Weiss zu geben.

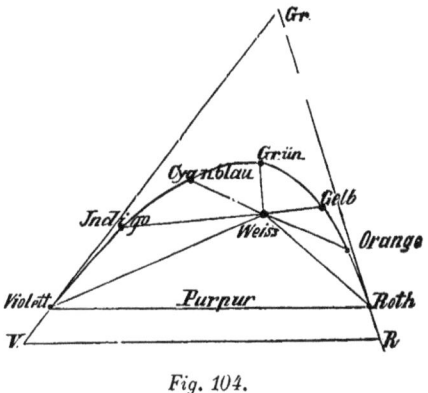

Fig. 104.

3) Theorie der Farbenempfindung.

Die vorstehenden Thatsachen zeigen, dass jede Farbenempfindung sich durch Mischung einer Anzahl von Grundempfindungen, und zwar mindestens drei solchen, reproduciren lässt, und es ist nun nur ein kleiner Schritt weiter, überhaupt alle Farbenempfindungen als aus drei Grundempfindungen zusammengesetzt zu betrachten, deren Qualität gegeben und constant ist, deren Intensitätsverhältniss aber variirt. Es ist dann leicht, auch dem Princip der specifischen Energie (p. 342) Genüge zu leisten, indem man für jede der drei Grundempfindungen ein besonderes percipirendes Element annimmt, welches ausschliesslich oder hauptsächlich durch Eine Grundfarbe erregt wird und durch seine Nervenfaser den Eindruck dieser Farbe hervorbringt; Weiss entsteht durch gleichzeitige und gleich starke Erregung aller drei Elemente (Th. Young, Helmholtz). Diese Theorie hat, gegenüber der analogen für das Ohr, nur die Schwierigkeit, dass dies Multiplum von Nervenendigungen sich an jeder farbenpercipirenden Netzhautstelle wiederholen muss. Welche drei Grundfarben man annehmen will, ist von geringerer Bedeutung; offenbar ist es am natürlichsten, sie möglichst distant zu wählen, am besten die beiden Endfarben und die mittlere Farbe des Spectrums, also Roth, Grün und Violet.

Die Young'sche Theorie erklärt, abgesehen davon, dass sie die einzige ist, welche dem Princip der specifischen Energie genügt, alle bekannten Erscheinungen; vor Allem die Identität der objectiven und subjectiven Farbenmischungen, da es gleich sein muss, ob ein gewisses Intensitätsverhältniss der drei Erregungen durch gleichzeitige oder durch alternirende Erregung der drei Fasergattungen hervorgebracht wird; ferner das Weisslichwerden der Mischung distanter Farben, da die gleichzeitige, wenn auch ungleich starke Erregung aller drei Fasergattungen immer ein gewisses Quantum Weiss einführen muss; ferner den Uebergang der Farben in Weiss bei zunehmender Lichtintensität: wird nämlich angenommen, was auch aus anderen Gründen wahrscheinlich ist, dass jede Young'sche Faser durch eine Grundfarbe nicht ausschliesslich, sondern nur hauptsächlich erregt wird, etwa wie es die 3 Curven der Fig. 105 angeben (deren Abscissenaxe das Spectrum, deren Ordinaten die Erregungsintensitäten darstellen), so erregt jede Farbe alle drei Fasern, nur in ungleichem Grade, und erscheint daher schon an sich etwas weisslich; bei zunehmender Intensität aber erreichen alle Erregungen schliesslich ihr Maximum und werden daher gleich gross, so dass Weiss entsteht. Die Farbenblindheit endlich erklärt sich durch relative oder absolute Erregbarkeit einer Fasergattung, besonders der rothempfindenden, welche ja schon normal am schwersten erregbar erscheint (s. oben).

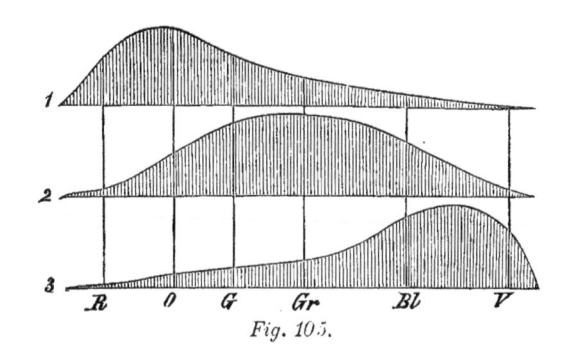

Die oben angeführten Unterschiede in der Intensität der Farbeneindrücke und im An- und Abklingen erscheinen nunmehr als Verschiedenheiten der drei Fasergattungen. Sehr gut erklären sich auf diese Weise die wechselnden Farben beim **Abklingen des Nachbildes sehr heller weisser Objecte**, z. B. der Sonne; denn die ursprünglich gleiche Erregung der drei Elemente muss durch die Verschiedenheit der Curven ihres Abklingens ungleich, also farbig werden, und aus dem zeitlichen Wechsel der dominirenden Farbe kann man auf den Verlauf der Abklingcurven Schlüsse ziehen; Roth z. B. klingt anfangs am steilsten ab, persistirt aber länger als die übrigen Componenten. Ueber andere Bewährungen der Young'schen Theorie s. bei den farbigen Nachbildern.

Auf Grund der Young'schen Theorie lässt sich die constructive Uebersicht der Fig. 104 noch vervollständigen; jeder Farbeneindruck des dargestellten Feldes liegt nicht allein im Schwerpunct seiner reellen Componenten, sondern muss auch als Schwerpunct dreier Erregungen der Young'schen Fasern dargestellt werden können. Zu diesem Zwecke müssen diesen Erregungen Orte in der Ebene der Zeichnung, und zwar ausserhalb des Farbenfeldes, ertheilt werden, z. B. in R, Gr, V. Weiss muss im geometrischen Schwerpunct des Dreiecks $R Gr V$ liegen (die Figur ist hierin ungenau). Der ausserhalb des reellen Farbenfeldes liegende Theil des Dreiecks umfasst solche Farbenempfindungen, welche nur subjectiv, z. B. beim Abklingen weissen Lichtes zu Stande kommen, weil durch reelle Farben so grosse Ungleichheit der drei Erregungen nicht vorkommt. Bei absolut Rothblinden würden alle Farbenempfindungen in die Linie $Gr V$ fallen;

doch ist das Vorkommen absoluter Rothblindheit unwahrscheinlich, es scheint sich nur um graduelle Verstärkung eines schon normal vorhandenen Verhaltens zu handeln.

Eine neuere Theorie des Farbensehens (Hering) nimmt eine schwarzweissempfindende, eine rothgrünempfindende und eine blaugelbempfindende Fasergattung an, und für jede zwei Veränderungen, eine der Dissimilation, d. h. des Consums erregbarer Substanz und eine der Assimilation oder Restitution; bei der ersten Fasergattung soll die Empfindung von Weiss der einen, die von Schwarz der anderen Veränderung entsprechen, bei den übrigen ist es zunächst willkürlich, welche der beiden antagonistischen Empfindungen der einen und welche der andern Veränderung angehört. Halten sich beide Veränderungen das Gleichgewicht, so entsteht keine Empfindung, bei der ersten Fasergattung, welche übrigens jedesmal mit erregt wird, die Empfindung Grau. Diese Theorie ist allerdings mit den Thatsachen in Uebereinstimmung, erscheint aber weniger natürlich als die Young'sche, und nöthigt zu der bisher gänzlich unvermittelt dastehenden Annahme, dass eine sensible Faser zweier antagonistischer Erregungszustände fähig sei. Auch die Wärme- und Kälteempfindung wird nach demselben Princip auf antagonistische Zustände des gleichen Elementes zurückgeführt (vgl. p. 460). Auf die neueren Modificationen der Young'schen Theorie kann hier nicht eingegangen werden.

Aus dem Fehlen der Zapfen bei den Nachtthieren (Eule, Fledermaus), für welche das Farbensehen unnütz wäre, ferner aus der Abnahme des Farbensinns auf der Netzhaut parallel mit der Anzahl der Zapfen, schliesst man, dass die Zapfen die farbenpercipirenden Netzhautelemente sind, während die Stäbchen nur Intensitäten zu unterscheiden vermögen (M. Schultze). Da die Zapfen an ihren Innengliedern eine feine fibrilläre Strichelung zeigen, und auch die von ihnen ausgehenden Radialfasern viel dicker als die der Stäbchen und von fibrillärem Bau sind, auch sich in der Zwischenkörnerschicht in ein Multiplum von Fibrillen auflösen, so wäre es möglich, dass jeder Zapfen ein solches Multiplum von Nervenendigungen darstellt, wie es die Young'sche Theorie verlangt (vgl. jedoch auch unten sub III, 2). Ueber die Ursache aber, weshalb bestimmte Farben vorzugsweise bestimmte Elemente erregen, und über die Art der Zerlegung des gemischten Lichtes in den Zapfen (welche übrigens schon durch die elective Erregbarkeit der Elemente gegeben sein würde) ist nicht das Mindeste bekannt.

Bei den Vögeln kommt eine Einrichtung vor, welche Aufschluss über deren Farbenperception giebt. Die Zapfen der Vogelretina sind nämlich einfache Elemente, indem sie nur mit einem einfachen Axencylinder verbunden sind, sie sind also im Sinne der Schultze'schen Theorie Stäbchen; dieselben enthalten aber an der Grenze zwischen

Innen- und Aussenglied eine fettartige Kugel, welche bei einen Theil roth, bei den andern gelb, bei noch andern farblos ist (Hannover). Sind nun die Aussenglieder die eigentlichen percipirenden Elemente, wofür ihre besonderen chemischen Reactionen, welche von den einfach nervösen der Innenglieder abweichen, ferner ihre Plättchenstructur und ihr Sehpurpurgehalt spricht, so würde bei den Vögeln jedes Stäbchen vorzugsweise durch eine bestimmte Farbe erreicht und erregt, so dass eine Gruppe von Stäbchen mit verschiedenen Pigmentkugeln den Anforderungen eines Farbenperceptionsorgans genügen würde, zumal der Eule die farbigen Stäbchen fehlen (M. Schultze). Neuere Messungen (Brücke) deuten übrigens darauf, dass auch beim Menschen die Farben nicht im Bereiche eines einzigen Zapfens, sondern erst im Bereiche eines Zapfencomplexes unterschieden werden, so dass also vielleicht jeder Zapfen nur Eine Grundfarbe percipirt.

Der gelbe Farbstoff der Macula lutea macht namentlich bei starker Entwicklung die Netzhautmitte empfindlicher für Gelb und weniger empfindlich für Violet, wie manche Erfahrungen lehren (Maxwell u. A.). Das bei Santoninvergiftung eintretende Gelbsehen wird von Einigen (M. Schultze) auf Vermehrung des gelben Pigments zurückgeführt, während Andere (Hüfner) eine Lähmung der violetempfindenden Fasern annehmen, besonders weil Anfangs Violetsehen eintritt, was durch anfängliche Reizung dieser Fasern zu erklären wäre.

III. Die Wahrnehmung der Gegenstände.

1. Das uniocular Gesichtsfeld.

Die Erkennung von Gegenständen beruht darauf, dass mit jeder Erregung eines Netzhautelementes nicht allein eine Helligkeits- und Farbenempfindung, sondern auch eine Ortsvorstellung verbunden ist. Schon oben (p. 516) ist gesagt, dass man von jedem auf der Retina befindlichen Bildpunct zum Objectpunct gelangt, wenn man den zugehörigen Sehstrahl zieht. In dieser Richtung verlegt nun auch das Bewusstsein die Ursache jedes Lichteindrucks, welcher durch Erregung eines Retinaelements entstanden ist, nach Aussen. In welche Entfernung auf dieser Linie der Objectpunct verlegt wird, soll später erörtert werden; vorläufig nehmen wir an, die Verlegung geschehe so, dass sämmtliche Objectpuncte in einer vor dem Auge schwebenden Fläche zu liegen scheinen. Diese Fläche heisst das Gesichtsfeld. Das Bewusstsein hat nun fortwährend eine Vorstellung von dem Erregungszustande sämmtlicher Netzhautelemente in ihrer gegebenen räumlichen Anordnung, es wird also fortwährend ein Gesichtsfeld gesehen;

dieses erscheint schwarz, wenn jede Erregung fehlt; jedem erregten Retinaelement entspricht ein leuchtender, jedem unerregten ein schwarzer Punct an den diametral gegenüberliegenden Stellen des Gesichtsfeldes. Letzteres ist also mit genau denselben, nur umgekehrten, Bildern erfüllt, welche objectiv auf der Retina vorhanden sind. Da nun diese im Verhältniss zu den gesehenen Gegenständen verkehrt sind, so erscheinen letztere im Gesichtsfelde aufrecht.

Der blinde Fleck verursacht keine bemerkbare Lücke im Gesichtsfelde. Der Mangel der optischen Erregung kann nämlich nur empfunden werden, wo lichtempfindliche Nervenendorgane vorhanden sind. Diese fehlen aber im blinden Fleck. Letzterer verhält sich also zum Licht wie irgend eine Hautstelle: wir empfinden mit der Hand nicht Schwarz, obgleich wir keinen Lichteindruck von ihr erhalten. Da nun aber die Gesichtseindrücke der Umgebung des blinden Flecks mittels der Sehstrahlen im Gesichtsfelde localisirt werden, so muss das Bewusstsein das Bedürfniss zwischenliegender leuchtender Puncte logisch wahrnehmen und scheint diese nach Anleitung der Wahrscheinlichkeit sich vorzustellen (E. H. Weber). Daher erscheint bei dem p. 534 angeführten Versuch an Stelle des verschwindenden Objects nicht ein schwarzer Fleck, sondern die Farbe des Grundes (das Weiss des Papiers) setzt sich als wahrscheinlichste Ergänzung über die Lücke fort.

Die Ausdehnung des Gesichtsfeldes wird mit sogenannten Perimetern bestimmt, d. h. mit Apparaten, welche Objecte in jeder Richtung in jeden beliebigen Winkelabstand von der Sehaxe zu bringen gestatten. Das Gesichtsfeld erstreckt sich nach aussen weiter als nach innen. Der ganze Bereich beträgt vertical etwa 100—120, horizontal etwa 135—145 Winkelgrade bei gradeaus gerichtetem Blick, etwas mehr wenn der Blick etwas nach aussen gerichtet ist, so dass die Nase nicht beschränkend wirkt. Der Einfluss der Nase, welche den temporalen Bezirken der Netzhaut weniger Gelegenheit zur Uebung giebt, scheint auch die Ursache der Asymmetrie der Gesichtsfeldgrenzen zu sein (Donders). Das Blickfeld, d. h. der Bereich des Sehens mit Zuhülfenahme der Augenbewegungen (Helmholtz), umfasst vertical etwa 200, horizontal etwa 260 Grade.

2. Die Empfindungskreise der Netzhaut und die Gesichtslinie.

Bei vollständiger Accommodation werden Gegenstände, resp. die Details von Gegenständen, um so leichter erkannt, je grösser ihr Netzhautbild ist, oder, was dasselbe ist, je grösser ihr Sehwinkel. Der Grund liegt offenbar darin, dass ein grösseres Netzhautbild mehr percipirende Elemente bedeckt. Für zwei nahe aneinander befindliche Linien oder Puncte giebt es eine Grenze des Abstandes ihrer Netzhautbilder, unterhalb welcher sie nicht mehr getrennt erscheinen; diesen Abstand kann man (p. 458) als **Durchmesser eines Empfindungskreises der Netzhaut** bezeichnen und als (reciprokes) **Maass der Sehschärfe** benutzen.

Die Sehschärfe zeigt sich auf der Netzhaut nicht überall gleich gross, sondern in deren Mitte, in der Fovea centralis, am grössten. Diese Stelle wird in der That zum schärfsten Sehen benutzt, d. h. der Sehstrahl der Netzhautmitte, die sog. **Sehaxe oder Gesichtslinie**, wird auf den scharf betrachteten Punct eingestellt, was man als **Fixation** dieses Punctes bezeichnet. Das Sehen mit der Netzhautmitte nennt man **directes Sehen**, der Rest des Gesichtsfeldes wird indirect gesehen. Um die Netzhautmitte nimmt die Sehschärfe in concentrischen Curven nach der Peripherie ab, nach aussen rascher als nach innen, so dass die Brauchbarkeit des Gesichtsfeldes sich umgekehrt nach aussen weiter erstreckt als nach innen (vgl. oben). Der Rand der Netzhaut nahe der Ora serrata scheint kein Localisationsvermögen zu haben, wohl aber noch Lichtempfindung (Schweigger). Im directen Sehen wird die Grenze des Sehwinkels zu 50 Secunden, d. h. der Durchmesser des Empfindungskreises zu 0,0035 mm. angegeben, nach Andern aber bis zu 0,002 mm. herab, was mit dem Durchmesser eines Zapfens der Fovea stimmen würde.

Der kleinste Abstand, in welchem zwei Netzhautbildpuncte noch getrennt wahrgenommen werden können, kann am besten auf folgende Art gefunden werden (Volkmann): Zwei feine Drähte oder Linien werden, in gleichbleibender Entfernung vom Auge, einander so lange genähert, bis sie nicht mehr unterschieden werden können, und dann der Zwischenraum ihrer Netzhautbilder berechnet. Statt die Objecte einander zu nähern, kann man sie auch durch einen verschiebbaren Verkleinerungsapparat (Macroscop) betrachten. Dabei muss aber stets die Irradiation (s. unten) berücksichtigt werden. In den älteren Messungen stimmte die kleinste wahrnehmbare Netzhautdistanz mit der damals angegebenen Grösse der Zapfendurchmesser (0,004 mm.) überein. Beide Grössen haben sich in neueren Messungen kleiner erwiesen, als sie früher angenommen wurden, und noch jetzt kann man eine Uebereinstimmung beider behaupten; auf 0,01 Quadratmm. der Fovea kommen 130—150 Zapfen und Empfindungskreise (Salzer, C. du Bois-Reymond). Die Zapfen der Fovea centralis haben etwa 0,002 mm. im Durchmesser; es scheint aber nur die Grenzfläche zwischen Aussen- und Innenglied in Betracht zu kommen, welche etwa 0,001 mm. im Durchmesser hat (M. Schultze). Da diese Flächen natürlich etwas von einander abstehen, so muss es vorkommen können, dass beim centralen Sehen kleine Puncte, Sterne dadurch verschwinden, dass ihr Bild in den Zwischenraum fällt. Dies ist in der That der Fall (Hensen)

Zählungen der Fasern im Opticusstamm haben eine sehr viel geringere Zahl ergeben, als die der Zapfen ist, so dass auf 1 Opticusfaser mehr als 7 Zapfen kommen würden (Salzer). Manche schliessen hieraus, dass die Stäbchen überhaupt keine selbstständigen Sehapparate sind, wenigstens keine Empfindungskreise bilden, und selbst mehrere Zapfen erst eine Seheinheit darstellen; immerhin könnte in der Fovea jeder Zapfen einen Empfindungskreis bilden, wie die obigen Versuche gezeigt haben. Jedenfalls erwächst aus diesen Verhältnissen für die Young'sche Theorie eine grosse anatomische Schwierigkeit, jedoch ist eine vollständige Zählung der feinen Opticusfasern kaum möglich (W. Krause). Der Umstand, dass die Netzhautperipherie Bewegungen leichter wahrnimmt als Contouren (Exner), lässt sich durch die Annahme erklären, dass die einen Empfindungskreis bildenden Zapfencomplexe hier so in einandergreifen, dass kleine Verschiebungen des Bildes es leicht in einen anderen Empfindungskreis bringen, während für die Sehschärfe dies Verhalten ungünstig ist (v. Fleischl).

Die Sehschärfe verschiedener Augen vergleicht man in der Praxis nicht durch Bestimmung der Empfindungskreise, sondern dadurch, dass man die Entfernung d aufsucht, in welcher eine Schriftprobe, welche normal in der Entfernung D erkannt wird, gelesen werden kann (Emmetropie, oder im Falle von Ametropie Correction vorausgesetzt); die Grösse $\frac{d}{D} = S$ ist dann ein Maass der Sehschärfe (Donders). Bei normaler Sehschärfe werden lateinische Buchstaben, deren Linien durchweg gleich dick sind, und welche 5 mal so hoch und so breit sind als die Dicke ihrer Linien (Snellen'sche Schriftproben) unter einem Sehwinkel von etwa 5 Minuten, d. h. in der 688fachen Entfernung ihrer Grösse, noch erkannt. Im Alter nimmt die Sehschärfe ab, vermuthlich wegen optischer Mängel des Refractionsapparates. Für gelbes Licht ist die Sehschärfe grösser als für andere Farben (Macé & Nicati).

Die Gesichtslinie fällt nicht mit der optischen Axe des Auges zusammen, sondern weicht von ihr (vorn) etwas nach innen und ein wenig nach oben ab; der Winkel zwischen beiden Axen wird mit α bezeichnet, und beträgt 3,5—7 Grad (Helmholtz); in Fig. 94, p. 515, welche das rechte Auge von oben gesehen darstellt, ist OB die Gesichtslinie. Befindet sich seitlich vom Auge eine Flamme, so sieht ein auf der anderen Seite befindliches Auge die 3 Spiegelbildchen (p. 521) aus geometrischen Gründen dann in gleichem Abstand (. . .), wenn die optische Axe nicht auf die Mitte zwischen

Licht und Auge, sondern um einen Winkel δ näher dem Lichte eingestellt ist (Hermann & Ehrnrooth); hierzu muss jedoch die Gesichtslinie stets auf einen weiter nasalwärts gelegenen Punct gerichtet werden (Helmholtz); diese Abweichung von der Mitte beträgt $\alpha+\delta$, oder $\alpha-\delta$, je nachdem das Licht auf der Nasen- oder Schläfenseite steht. Auch mit Berücksichtigung der Winkel α und δ zeigen sich jedoch noch Abweichungen, welche nur von mangelhafter Centrirung der drei brechenden Flächen herrühren können; z. B. stehen die drei äquidistanten Bildchen bei nasalem Licht einander näher als bei temporalem, was sich durch die Annahme erklären lässt, dass der Krümmungsmittelpunct der Hornhaut temporalwärts von der Linsenaxe liegt (Ehrnrooth). Der Winkel α lässt sich auch durch ophthalmometrische Methoden bestimmen.

3. Die optischen Instrumente.

Sehr kleine oder sehr weit entfernte Gegenstände erscheinen unter zu kleinem Sehwinkel, um erkannt zu werden. Zur Vergrösserung des Sehwinkels dienen die optischen Instrumente, nämlich für kleine Objecte Loupe und Microscop, für entfernte die Fernrohre.

Die Loupe ist eine Convexlinse; innerhalb ihrer Brennweite befindet sich das Object, welches also ein virtuelles, aufrechtes, vergrössertes Bild liefert (p. 513 f.). — Beim Sonnenmicroscop liegt das Object ausserhalb der Brennweite, nahe dem Brennpunct, liefert also ein reelles, vergrössertes, verkehrtes Bild, das auf einem Schirm aufgefangen wird. — Beim zusammengesetzten Microscop wird das ebenso beschaffene reelle Bild nicht aufgefangen, sondern ehe es zu Stande kommt durch eine eingeschaltete Convexlinse (die sog. Collectivlinse) etwas genähert und verkleinert (p. 514) und dann durch eine Loupe (Ocularlinse) betrachtet; es bleibt also verkehrt. — Bei allen Fernröhren wird zunächst durch die convexe Objectivlinse oder einen Concavspiegel ein reelles verkehrtes Bild des entfernten Gegenstandes entworfen. Beim astronomischen Fernrohr wird dies Bild durch eine convexe Ocularlinse (Loupe) betrachtet, bleibt also verkehrt und wird virtuell; beim terrestrischen Fernrohr wird das reelle verkehrte Bild durch ein zusammengesetztes Microscop, welches das Ocularsystem bildet, betrachtet, also noch einmal umgekehrt, so dass es aufrecht wird; beim holländischen Fernrohr (Opernglas) kommt das vom Objectiv entworfene reelle Bild nicht zu Stande, sondern wird durch eine eingeschaltete Concavlinse (Ocular) virtuell und umgekehrt (vgl. p. 514), so dass die Gegenstände aufrecht erscheinen.

Die Vergrösserung eines optischen Instrumentes ist gleich dem Verhältniss zwischen Sehwinkel des Bildes und Sehwinkel des Objects. Bei Loupen und Microscopen denkt man sich Object und Bild in Sehweite, so dass das Verhältniss der Sehwinkel einfach gleich dem Verhältniss zwischen Object- und Bildgrösse ist, auf welches selbst jedoch bei virtuellen Bildern die Sehweite Einfluss hat. Beim Sonnenmicroscop ist die Vergrösserung

$$V = \frac{l_2}{l_1} = \frac{a_2}{a_1} = \frac{f}{a_1 - f},$$

worin die Bezeichnungen dieselben sind wie p. 513. — Bei der Loupe muss das virtuelle Bild in der Sehweite S liegen, also — $a_2 = S$ sein, wodurch a_1 bestimmt ist, nämlich (nach Gleichung 31, p. 513)

$$\frac{1}{a_1} = \frac{1}{f} + \frac{1}{S},$$

folglich $\quad V = \dfrac{a_2}{a_1} = \dfrac{S}{a_1} = \dfrac{S+f}{f}.$

Die Vergrösserung einer Loupe ist also für Kurzsichtige geringer. — Beim zusammengesetzten Microscop giebt das Object für sich, wenn f_1 seine Brennweite ist, wie oben beim Sonnenmicroscop, die Vergrösserung $V_1 = \dfrac{f_1}{a_1 - f_1}$; vom Collectiv wird hier abgesehen; die Ocularloupe, deren Brennweite f_2 sei, giebt für sich wie eben entwickelt die Vergrösserung $V_2 = \dfrac{S + f_2}{f_2}$. Die Gesammtvergrösserung ist also

$$V = V_1 V_2 = \frac{f_1 (S + f_2)}{f_2 (a_1 - f_1)}.$$

Der Abstand zwischen Objectiv und Ocular, die Länge des Microscops, muss dann sein gleich der Summe der Bildweite des Objectivs, und der Objectweite der Loupe die nöthig ist damit — $a_2 = S$ werde; beide Summanden erhält man aus Gleichung 31, wonach

$$L = \frac{a_1 f_1}{a_1 - f_1} + \frac{S f_2}{S + f_2}.$$

Meist ist nun bei den Microscopen L unveränderlich gegeben, so dass also a_1, der Abstand des Objects vom Objectiv, für jede Sehweite S geändert werden muss; die Vergrösserung erhält man, wenn man aus den letzten beiden Gleichungen a_1 climinirt. Auch der Einfluss der Collectivlinse ist leicht zu berechnen, was aber hier zu weit führen würde. Um die Vergrösserung eines Microscopes angeben zu können, nehmen die Optiker die Sehweite S meist zu 250 mm. an.

Für das astronomische Fernrohr findet man die Vergrösserung, wenn man den für das Microscop gefundenen Werth noch mit der Grösse $\dfrac{a_1}{S}$ multiplicirt, da der Sehwinkel des Objects seiner Entfernung a_1 umgekehrt proportional ist, der des Bildes aber der Entfernung S; es wird also

$$V = \frac{f_1 (S + f_2) a_1}{f_2 (a_1 - f_1) S};$$

für die Länge des Rohrs ergiebt sich dieselbe Gleichung wie beim Microscop; da hier a_1 durch die Natur gegeben ist, so muss L veränderlich sein; aus der Gleichung folgt, dass das Fernrohr um so mehr ausgezogen werden muss, je kleiner a_1 und je grösser S. Wenn man f_1 gegen a_1 und f_2 gegen S vernachlässigt, so erhält man $V = \dfrac{f_1}{f_2}$ und $L = f_1 + f_2$; die Länge ist also etwa die Summe der Brennweiten von Objectiv und Ocular. Beim Opernglase ist sie, wie man leicht findet, etwa gleich der Differenz der Brennweiten.

4. Die subjectiven Gesichtserscheinungen.

a. Die Nachbilder und der successive Contrast.

Ein Gegenstand bleibt häufig noch eine Zeit lang sichtbar, nachdem sein Bild von der Netzhaut verschwunden ist; es entsteht ein Nachbild, welches an der erregten Netzhautstelle haftet, und daher beim Bewegen des Auges demselben stets folgt, indem es immer nach dem Projectionsgesetz im Raume erscheint. Die Nachbilder sind besonders stark und anhaltend im Dunkeln (bei geschlossenen Augen) und nach intensiven und lange anhaltenden Eindrücken, z. B. nach dem Betrachten hell beleuchteter Fensterscheiben. Auf der Erscheinung des Nachbildes beruht der feurige Kreis beim Herumschwingen einer glühenden Kohle; das Nachbild beharrt an jedem Puncte längere Zeit, so dass der Weg der Kohle in längerer Strecke sichtbar bleibt, und wenn bei der Rotation das Nachbild während der Zeit einer ganzen Umdrehung persistirt, so erscheint der ganze Kreis beständig leuchtend. Auf dem letzteren Princip beruht auch der Farbenkreisel. Ist die Rotation schnell genug, so vertheilt sich Helligkeit und Farbe jedes Sectors gleichmässig auf die ganze Fläche (p 539), und es erscheint eine gleichmässige Mischung des Inhalts aller Sectoren. Das Thaumatrop (Lebensrad) ist eine vor dem Auge rotirende Scheibe (oder Cylinder), auf deren Umfang ein sich continuirlich bewegender Körper in verschiedenen auf einander folgenden Phasen seiner Bewegung abgebildet ist, so dass jedes Bild einen Moment sichtbar ist; jeder Eindruck bleibt bei mässiger Rotationsgeschwindigkeit so lange bestehen, bis das folgende Bild heranrückt, und so entsteht der Anschein, als ob die Bewegung continuirlich geschähe.

Die Ursache der Nachbilder liegt in der schon erwähnten Eigenschaft der Netzhaut (p. 539), oder möglicherweise ihrer Centralorgane, dass die Erregung die Reizung überdauert und in einer bestimmten Curve abklingt.

Nach starken Eindrücken ist das Nachbild häufig negativ, d. h. es ist in ihm Hell und Dunkel vertauscht, so dass nach Betrachtung eines Fensters im Nachbilde die Scheiben dunkel, die Stäbe hell erscheinen. Die Ursache hiervon kann nur in der Ermüdung der erregten Netzhautstellen liegen, vermöge welcher das schwache, bei geschlossenen Augen oder im Dunkeln einwirkende Licht dieselben schwächer erregt als die weniger ermüdeten, den dunklen Stellen des

Vorbildes entsprechenden. Zuweilen wird das Nachbild abwechselnd positiv und negativ, je nachdem die Ermüdung oder die Nachwirkung der Erregung den Sieg davon trägt; letzteres wird namentlich zur Zeit der Erholung der Fall sein können.

Farbige Objecte erscheinen im Nachbilde zuweilen positiv, d. h. gleichfarbig, häufig aber negativ, d. h. in der Contrastfarbe: grünlichblau nach Roth, violet nach Gelb, orange nach Blau, und umgekehrt. Die Contrastfarbe ist immer diejenige, welche die primäre zu dem gewöhnlichen Tageslicht (das nicht rein weiss, sondern ein wenig röthlich ist) ergänzt, also sehr nahe die Complementärfarbe der primären (Brücke). Auch weisses Licht erscheint nach einem farbigen Eindrucke in der Contrastfarbe; legt man z. B. auf eine weisse Fläche ein gefärbtes Papierstück, starrt dies eine Zeit lang an und blickt dann auf die weisse Fläche, so erscheint hier ein Nachbild von der Gestalt des gefärbten Stücks, in der Contrastfarbe. Man kann die Contrasterscheinungen durch Ermüdung der der primären Farbe entsprechenden Young'schen Netzhautelemente erklären; das Weiss, resp. das schwache Grau bei geschlossenem Auge, wird dann die nicht ermüdeten Elemente stärker erregen, oder (allgemeiner) so erscheinen, als ob die der primären Farbe entsprechenden Erregungsantheile nicht vorhanden wären. An der Peripherie der Netzhaut sind die Contrasterscheinungen wegen der modificirten Farbenperception derselben (p. 541) modificirt, ebenso wie bei Rothblinden (Adamük & Woinow).

Die nach sehr hellen weissen Eindrücken, z. B. nach einem Blick in die Sonne, auftretenden wechselnden Nachbildfarben sind schon p. 545 erklärt.

b. Der simultane Contrast.

Weisse Objecte auf dunklem Grunde erscheinen von einem sehr schwarzen Hofe umgeben; ebenso schwarze Objecte auf hellerem Grunde von einem sehr hellem Hofe. Ein weisses Gitter mit schwarzen Feldern zeigt auf den Kreuzungspuncten im indirecten Sehen dunklere Flecken, weil hier die schwarze Nachbarschaft für jeden weissen Streifen unterbrochen ist. Erzeugt man mittels des Farbenkreisels concentrische graue, stufenweise dunkler werdende Ringe, so erscheint jeder gegen den dunkleren Nachbarring heller, gegen den helleren dunkler abschattirt.

Nicht nur Helligkeiten, sondern auch Farben erscheinen durch den Einfluss des angrenzenden Feldes modificirt. Sind z. B. die Ringe des letztgenannten Versuches, statt aus Weiss und Schwarz, aus Roth und Blau zusammengesetzt, so erscheint jeder violette Ring an der Grenze des rötheren Violets blauer, an der Grenze des blaueren Violets röther. Graue Felder auf farbigem Grunde erscheinen in der Contrastfarbe, z. B. Maulwurfshügel auf grüner Wiese röthlich, weisse Wolken auf blauem Himmel gelblich. Ein Gegenstand, der von Lampen- und Mondlicht gleichzeitig beleuchtet ist, wirft zwei farbige Schatten; der Schatten des Lampenlichtes erscheint blau, der Mondschatten gelb.

Der simultane Contrast wird am einfachsten als eine Urtheilstäuschung erklärt; das Urtheil über absolute Intensitäten ist sehr mangelhaft und auf Vergleichung angewiesen, so dass die Intensitätsunterschiede im Nebeneinander besonders stark hervortreten. Auch der simultane Farbencontrast lässt sich auf Intensitätsvergleichung zurückführen, indem die Erregungszustände der correspondirenden Youngschen Elemente benachbarter Felder verglichen werden. So erscheint Grau neben Roth grünlich, weil im grauen Felde die Erregung derjenigen Fasern besonders hervortritt, die im rothen Felde nicht erregt sind. Nach demselben Princip sind auch die farbigen Schatten leicht erklärbar, wenn man bedenkt, dass der Grund vom gelben und vom weissen, der Lampenschatten nur vom weissen, und der Mondschatten nur vom gelben Lichte beleuchtet ist; Weiss muss aber neben Weissgelb bläulich erscheinen, und Gelb neben Weissgelb besonders stark hervortreten.

Diese physiologische Erklärung des simultanen Contrastes wird dadurch besonders wahrscheinlich, dass auf ganz unerregten Netzhautstellen keine Farbeninduction stattfindet, also keine associirten Empfindungen auf der Netzhaut angenommen werden können (Rollett).

c. Die Irradiation.

Helle Gegenstände erscheinen auf dunklem Grunde vergrössert, auf Kosten des Grundes, so dass ein weisser Streifen zwischen schwarzen Feldern breiter aussieht, als ein ebenso breiter schwarzer Streifen auf weissem Grunde. Man erklärte dies früher durch wirkliche Irradiation, d. h. nervöse Ausstrahlung der Erregung (vgl. p. 397, 459). Nach der jetzt verbreiteteren Ansicht beruht die Erscheinung nur auf ungenauer Accommodation, wodurch die hellen Gegenstände in Zerstreuungsbildern erscheinen. Das Bewusstsein hat die Neigung, den halbbeleuchteten Saum (welcher die Breite des Radius der Zerstreuungskreise hat) dem prädominirenden Theile des Bildes hinzuzufügen; nun prädominirt einerseits das Helle vor dem Dunkeln, andererseits aber das Object vor dem Grunde. Ist der Grund schwarz, das Object weiss, so vereinigt sich beides, um das Object auf Kosten des Grundes vergrössert erscheinen zu lassen; ist aber das Object schwarz, der Grund weiss, so kann der zweite Einfluss den ersten so übertreffen, dass auch schwarze Linien auf Kosten des weissen Grundes verbreitert erscheinen (Welcker, Volkmann).

d. Die entoptischen Erscheinungen.

Diese Erscheinungen sind nur insofern als subjectiv zu betrachten, als ihre Ursache im Beobachter selbst liegt; es sind aber wirkliche optische Erregungen, deren Object nur dem Auge selbst angehört.

1. Die Mouches volantes und die fixen Augentrübungen; bewegliche oder seltener feste Trübungen des hellen Gesichtsfeldes, erstere meist in Form von Fasern, Perlschnüren u. s. w. Sie erklären sich aus dem Schatten, welchen Trübungen der brechenden Medien, namentlich des Glaskörpers, auf die Netzhaut werfen; diese Schatten sind um so diffuser, je entfernter von der Netzhaut die Trübung sitzt. Man kann sie dagegen sämmtlich, soweit sie im Glaskörper liegen, scharf projiciren, wenn man parallelstrahliges Licht durch den Glaskörper gehen lässt, d. h. einen leuchtenden Punct im vorderen Brennpunct des Auges anbringt.

2. Die Purkinje'sche Aderfigur, der auf die Stäbchenschicht fallende Schatten der Netzhautgefässe, eine schwarze Verästelung auf braunrothem Grunde. Der Schatten ist beständig vorhanden und wird deshalb nicht bemerkt; er wird auffallend: 1) durch langsame Bewegung eines Lichtes vor dem Auge (Purkinje), wobei die regelmässige Bewegung des Schattens alsbald auffällt; auch die Fovea centralis wird durch ihren Randschatten sichtbar; 2) durch starke seitliche Beleuchtung der Sclera, wobei der Schatten an eine ungewöhnliche Stelle fällt (Purkinje); 3) durch rasches Bewegen einer feinen Oeffnung vor der Pupille (Purkinje), wobei der Schatten durch seine schärfere Begrenzung und seine Bewegung auffällt; nur die Gefässe, welche zur Bewegung senkrecht verlaufen, werden sichtbar; 4) ohne Weiteres beim ersten Aufschlagen der Augen des Morgens, wobei die ausgeruhte Netzhaut durch den Schatten überrascht wird (Hermann).

Bei der ersten Methode wird der wahrnehmbare Schatten nicht direct von den einfallenden Strahlen, sondern von dem Netzhautbilde der Flamme geworfen; dies geht aus der Bewegungsrichtung der Schattenfigur hervor (H. Müller); dieselbe ist bei Bewegung der Flamme im Meridian gleichsinnig, bei Bewegung senkrecht zum Meridian entgegengesetzt. Ist a (Fig. 106) die Flamme, k der Knotenpunct, so ist b ihr Netzhautbild, c der Schatten des Gefässes g, und A dessen Projection nach aussen. Bewegt sich nun a nach rechts (a'), so geht b nach links, c ebenfalls nach links, also A wie a nach rechts. Bewegt sich dagegen a senkrecht zur Meridianebene, d. h. zur Zeichnung, z. B. nach oben, so geht b nach unten, c nach oben, also A nach unten. Bei der zweiten und dritten Methode geht der Schatten immer entgegengesetzt der Lichtquelle, seine Projection also gleichsinnig. — Dass die parallactische Bewegung des Schattens die Stäbchenschicht als Ort der Wahrnehmung ergiebt, ist schon p. 535 erwähnt.

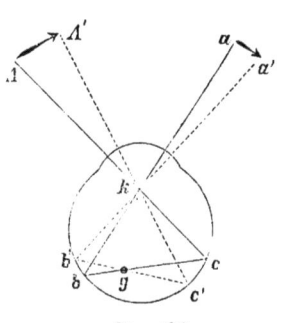

Fig. 106.

3. Die Haidinger'schen Büschel sieht man auf blauem oder weissem Grunde durch ein Nicol'sches Prisma als ein gelbes Doppelbüschel, welches sich mit dem Nicol dreht, und in dessen Polarisationsebene seine Axe hat. Die Ursache liegt wahrscheinlich in der strahlenförmig um die Fovea angeordneten Lage der schrägliegenden Radialfasern im gelben Fleck; da dieselben anisotrop sind, so werden sie die Figur bewirken können, wenn sie die extraordinären blauen Strahlen stärker absorbiren als die ordinären (Helmholtz).

4. Der Capillarstrom der Netzhautgefässe wird entoptisch bei rasch intermittirendem hellen Lichte (z. B. beim Flimmern rotirender schwarzweisser Sectorenscheiben, oder bei rascher Bewegung der gespreizten Finger vor einer Lampenglocke, Vierordt), ferner beim Betrachten der Sonne durch ein dunkelblaues Glas (Rood), in Form bewegter Puncte (Blutkörperchen) wahrgenommen. Die Erklärung dieser Erscheinung ist noch nicht ganz sicher; da die Körperchen nicht als Schatten erscheinen, wird angenommen, dass sie, durch enge Capillaren sich durchdrängend, mechanisch reizen, also eigentlich in die folgende Categorie (sub e) gehören (His).

5. Zahlreiche andere entoptische Erscheinungen, wie die Purkinje'sche Lichtschattenfigur, der Maxwell'sche und der Loewe'sche Ring, sind noch nicht genügend aufgeklärt.

e. Die Wirkungen nicht optischer Reizungen.

Jede Erregung des nervösen Apparates im Auge oder im Opticusstamm macht entsprechend der specifischen Energie dieser Gebilde Lichtempfindungen, welche in der Richtung des Sehstrahls nach Aussen projicirt werden.

1. **Mechanische Reizungen.** Quetschung oder Durchschneidung des Opticusstammes bewirkt eine blitzartige Erleuchtung des ganzen Gesichtsfeldes (neuerdings von Einigen bestritten); ebenso ein Schlag auf das Auge. Beim Druck auf eine beschränkte Stelle des Augapfels erscheint diametral gegenüber eine sog. Druckfigur, meist ringförmig, wahrscheinlich weil die Mitte der Druckstelle durch Anämie unerregbar wird; bei krankhaft erregten Augen genügt sogar die Berührung des die Retina durchfliessenden Blutes, um Lichterscheinungen (Funken, Gefässbilder) hervorzurufen (vgl. auch oben sub d. 4). Endlich bewirkt eine plötzliche Accommodationsveränderung im Dunkeln durch die damit verbundene Zerrung des vorderen Netzhautrandes das sog. Accommodationsphosphen, einen leuchtenden Saum am Rande des Gesichtsfeldes (Purkinje, Czermak); nach Andern (Hensen & Völckers, Berlin) entspricht der Ring nicht dem Rande, sondern dem hinteren Theil der Netzhaut, der, wegen seiner strafferen Befestigung, bei der Zerrung der Chorioidea gedehnt wird. Gleichmässiger Druck auf den Augapfel bewirkt sehr mannigfache und zeitlich wechselnde, zum Theil farbige Erscheinungen im Gesichtsfelde (Purkinje u. A.), auf welche nicht näher eingegangen werden kann.

2. **Electrische Reizung.** Galvanische Ströme, welche durch den Augapfel oder in der Nähe desselben durch den Kopf geleitet werden, erzeugen bei Schliessung und Oeffnung Lichtblitze. Der erstere ist beim aufsteigenden, der letztere beim absteigenden Strome stärker (Helmholtz). Während des Geschlossenseins erscheint das Gesichtsfeld in seiner Helligkeit und Farbe etwas verändert, heller und mehr violet bei aufsteigendem, dunkler und mehr röthlichgelb bei absteigendem Strome (Ritter, Schelske). Ausserdem werden, ähnlich wie bei Druck, mannigfache Erscheinungen, Flecken, Ringe etc., im Gesichtsfelde beobachtet (Purkinje u. A.).

f. Erscheinungen cerebralen Ursprungs.

Als Phantasmen oder Hallucinationen bezeichnet man die mannigfachen Bilder, welche beim Einschlafen, im Traume, pathologisch auch im wachen Zustande, ohne reelle Ursache auftreten. Hierher gehören auch die Bilder, welche willkürlich durch die Einbildungskraft mit grösserer oder geringerer Lebhaftigkeit im dunklen Gesichtsfelde erzeugt werden können.

IV. Die Bewegungen der Augäpfel.

1. Die Bewegungsgesetze.

Das Auge besitzt eine sehr grosse Beweglichkeit in der Augenhöhle, und die absolute Beweglichkeit des Sehorgans wird noch durch die des ganzen Kopfes bedeutend vermehrt. Hierdurch wird es möglich, bei Einer Körperstellung fast in allen Richtungen des Raumes Gegenstände zu fixiren. Die grosse Beweglichkeit des Bulbus beruht auf der Art seiner Befestigung in der Orbita. Er ruht nämlich in dem Fettpolster derselben, wie der Gelenkkopf eines Kugelgelenks in der Pfanne, ist daher um unzählige Axen drehbar. Gehemmt werden diese Drehungen, welche durch die Augenmuskeln bewirkt werden, erstens durch die Anheftung der Antagonisten, zweitens durch den Widerstand des Opticusstammes. Ausser den Drehbewegungen können noch Ortsveränderungen des Bulbus im Ganzen stattfinden, weil die Umgebung nachgiebig, also die Gelenkpfanne verschiebbar ist.

Die Lage des Drehpunctes kann dadurch bestimmt werden, dass man den Abstand zwischen rechtem und linkem Hornhautrand mit dem Ophthalmometer misst, und ausserdem den Winkel, um welchen das Auge sich drehen muss, damit einmal der linke und einmal der rechte Hornhautrand sich mit einem nahen Verticalfaden deckt; dieser Winkel wird an einem Visirbogen gemessen; im Mittel liegt der Drehpunct 10,957 mm. hinter der Basis der Hornhaut oder 13,557 mm. hinter deren Scheitel, d. h. etwas hinter der Mitte der Augenkugel; bei Myopen ist er mehr nach hinten, bei Hypermetropen etwas nach vorn gerückt (Donders & Doijer).

Die Bewegungen des Augapfels sind nicht ganz frei, sondern durch physiologische Gesetze beschränkt, welche für die Orientirung im Sehraum höchst wichtig sind (s. unten). Die Gesetze sind theils durch objective Beobachtungen am Augapfel, theils durch die Beobachtung der Lage von Nachbildern, welche sich mit dem Auge bewegen (p. 553), oder mit Hülfe des blinden Fleckes festgestellt worden.

Das wichtigste dieser Gesetze ist folgendes: **Jede Lage der Sehaxe im Kopfe ist mit einer ganz bestimmten Orientirung des ganzen Augapfels verbunden** (Donders, Meissner), also von den durch Drehung um die festgelegte Sehaxe (sog. Raddrehung) denkbaren unzähligen Stellungen kommt jedesmal nur Eine gesetzmässig vor.

Dies Stellungsgesetz kann nur durch ein Bewegungsgesetz des Augapfels innegehalten werden, welches durch zahlreiche Versuche

(Listing, Meissner, Donders, Helmholtz) festgestellt worden ist. Dasselbe lautet: Das Auge macht, von einer bestimmten Primärlage ausgehend, alle seine Drehungen so, dass die Drehaxe zur primären und zur neuen Lage der Sehaxe senkrecht steht (Listing'sches Gesetz), die Sehaxe bleibt also bei allen Drehungen des Auges ungedreht (atrop).

Die Gesetze der Augenstellungen ergeben sich aus diesem Gesetz am leichtesten, wenn man beide Augen zusammen betrachtet. Man nennt Visirebene diejenige Ebene, welche durch die Drehpuncte beider Augen geht, und in welcher beide Sehaxen, also auch der fixirte Punct liegt. Eine bestimmte Lage der Visirebene, welche weiter unten genauer definirt werden soll, heisse die Primärlage, und die sagittale Stellung der Sehaxe in der Primärlage (wobei also beide Sehaxen parallel sind) heisse die Primärstellung der Sehaxe, und die dadurch völlig bestimmte Stellung des Bulbus (z. B. geht die Visirebene durch den blinden Fleck) die Primärstellung des Auges. Man nennt nun den Meridian, in welchem die Netzhaut in der Primärstellung des Auges von der Visirebene geschnitten wird, den horizontalen Netzhautmeridian, und den dazu senkrechten den verticalen.

Wird bei sagittal bleibenden Sehaxen die Visirebene gehoben oder gesenkt, so fällt offenbar die gesetzmässige (zur ersten und zweiten Lage der Sehaxe senkrechte) Drehaxe mit der Verbindungslinie der Augendrehpuncte (Axe der Visirebene) zusammen, die horizontalen Meridiane bleiben in der Visirebene. Wird ferner bei bleibender Primärlage der Visirebene die Sehaxe nach aussen oder innen gewendet, so ist die gesetzmässige Drehaxe senkrecht zur Visirebene, und wiederum bleibt der Horizontalmeridian in der Visirebene. Geht dagegen die Sehaxe in irgend eine andere Lage über, so dass die gesetzmässige Drehaxe mit der Visirebene einen schiefen Winkel bildet, so fällt der Horizontalmeridian mit der Visirebene nicht mehr zusammen, sondern bildet mit ihr einen Winkel, den sog. Raddrehungswinkel. Die Raddrehung ist also Null: 1. bei allen sagittalen Parallelstellungen der Sehaxen, wo also nur Erhebung oder Senkung des Blicks aus der Primärlage stattgefunden hat, 2. bei allen Convergenzen innerhalb der Primärlage der Visirebene, wo also nur eine Innen- oder Aussenwendung des Blicks bei unveränderter Neigung stattgefunden hat. Raddrehung ist vorhanden, wenn sowohl Erhebung als Seitenwendung erfolgt ist. Die Raddrehung eines Auges hat den Sinn des Zeigers einer von ihm betrachteten Uhr, wenn der Blick nach links und oben oder

Raddrehungswinkel. 561

nach rechts und unten gewendet wird. Man nennt die von der Primärstellung abweichenden Augenstellungen Secundärstellungen (Manche nennen die mit Raddrehung verbundenen Secundärstellungen Tertiärstellungen).

Der Uebergang aus einer Secundärstellung A in eine andere B muss um eine solche Axe geschehen, dass das Auge in der neuen Stellung so orientirt ist, als ob es direct aus der Primärstellung in sie übergegangen wäre; denn nur so kann das Gesetz erfüllt bleiben, dass mit jeder Lage der Sehaxe die Orientirung vollkommen bestimmt ist. Die Drehung, welche diese Bedingung erfüllt, findet man folgendermassen: Man halbire den Winkel zwischen der Primärlage und der Lage A der Sehaxe, ebenso den Winkel zwischen der Primärlage und der Lage B der Sehaxe; die gesuchte Drehaxe steht auf den beiden Halbirungslinien senkrecht (Helmholtz'sche Ergänzung des Listingschen Drehgesetzes). Ist einer der beiden Winkel Null, d. h. A oder B die Primärlage, so geht das Gesetz in das Listing'sche über.

Die Verificirung des Listing'schen Gesetzes geschieht am besten dadurch, dass man einem Netzhautmeridian ein lineares Nachbild imprägnirt und durch Projection desselben auf eine mit horizontalen und verticalen Linien versehene Wand die Schnittlinie des Meridians mit dieser Wand für jede Lage der Sehaxe feststellt (Helmholtz). Es sei Fig. 107 eine vor dem Auge in der (reducirten) Entfernung AB befindliche verticale Ebene, und p der Durchschnittspunct derselben mit der Sehaxe in der Primärstellung. Blickt jetzt das Auge auf irgend einen andern Kreuzungspunct der Figur, so stellen die ein Hyperbelsystem bildenden Linien (entsprechend reducirt) die Richtungen dar, in der die Ebenen des horizontalen und des verticalen Meridians die betrachtete Ebene schneiden. Man sieht, dass

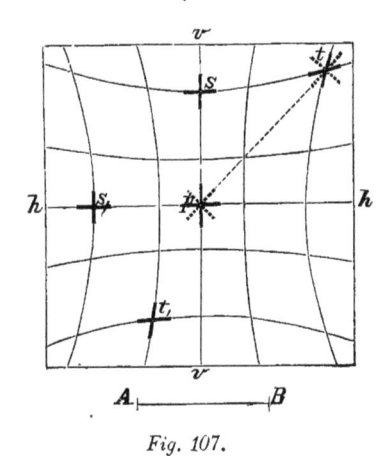

Fig. 107.

diese Richtungen bei den Secundärstellungen, d. h. bei Stellungen innerhalb der Linien hh und vv, horizontal, resp. vertical bleiben, bei allen übrigen Stellungen (Tertiärstellungen) aber vermöge der

Hermann, Physiologie. 8. Aufl.   36

Raddrehung von der horizontalen, resp. verticalen Richtung abweichen. Wird in der Primärstellung das verticale stark gezeichnete Kreuz bei p fixirt, und so dem verticalen und horizontalen Meridian ein Nachbild imprägnirt, so bleibt dasselbe in den Secundärstellungen (s, s_1) unverändert, nimmt aber in den Tertiärstellungen t und t_1 die angegebene Lage ein, erscheint also schräg und zugleich nicht mehr rechtwinklig, entsprechend den Durchschnittslinien der beiden (natürlich stets zu einander verticalen) Meridianebenen mit der betrachteten Ebene. Wäre das Kreuz in p (wie das punctirte) so gestellt, dass sein einer Schenkel in die Linie $p\,t$, in der sich der Blick bewegt, fällt, so würde keine Verziehung des Nachbildes bei t eintreten.

Die Wirkungen des Listing'schen Gesetzes lassen sich auf dem Wege der analytischen Geometrie oder der sphärischen Trigonometrie leicht ableiten. Ist α die verticale und β die horizontale Abweichung der Sehaxe von der Primärstellung, so findet man den **Raddrehungswinkel γ** aus der Gleichung (Helmholtz):

$$-\,tang\ \gamma = \frac{sin\ \alpha\ sin\ \beta}{cos\ \alpha + cos\ \beta}$$

oder
$$-\,tang\ \frac{\gamma}{2} = tang\ \frac{\alpha}{2}\ tang\ \frac{\beta}{2};$$

auch diese Gleichungen zeigen, dass für $\alpha = 0$ oder $\beta = 0$ die Raddrehung 0 ist (p. 560). — Am bequemsten lassen sich die Raddrehungsgesetze durch Modellvorrichtungen überblicken (Phänophthalmotrop von Donders, Blemmatotrop von Hermann).

Die Gesetze, welche die Augendrehungen beherrschen, sind nothwendige Bedingungen der Orientirung im Raume. Wäre bei gegebener Lage der Sehaxe jede Stellung der Netzhautmeridiane möglich, so könnte eine fixirte Linie sich in jedem Meridian abbilden, und wir müssten, um ihre Richtung zu erkennen, nicht bloss die Stellung der Sehaxe zum Kopf, sondern dazu auch die Orientirung der Netzhautmeridiane zum Kopf wahrnehmen; letzteres wird durch jene gesetzmässigen Beziehungen erspart. Wenn aber mit jeder Sehaxenstellung eine bestimmte Augenstellung gesetzmässig verbunden sein soll, so konnte dies, wie mathematisch nachweisbar, durch kein anderes Gesetz einfacher, als durch das Listing'sche erreicht werden, welches also durch das Princip der leichtesten Orientirung verlangt wird und sich vermöge seiner Zweckmässigkeit allmählich beim Individuum, oder durch natürliche Züchtung (s. Einleitung), herangebildet haben mag (Helmholtz). Die Primärstellung, deren Definition darin liegt, dass von ihr aus reine Erhebungen und reine Seitenwendungen ohne Raddrehung stattfinden, muss nach jenem Princip in der

Mitte des ganzen Bewegungsfeldes liegen, und entspricht in der That der Axe des Orbitalkegels.

In keinem Widerspruch mit diesen Principien steht die neuerdings gefundene Thatsache (Javal, Skrebitzky, Nagel) dass bei seitlichen Kopfneigungen eine wirkliche (compensatorische) Raddrehung stattfindet, die anscheinend mit der Kopfdrehung in unabänderlichem nervösem Connex steht, dass ferner beim Binocularsehen, namentlich zum Behufe des Einfachsehens (s. unten), mannigfache Abweichungen vom Listing'schen Gesetze vorkommen (Meissner, Hering u. A.).

2. Die Wirkung der Augenmuskeln.

Die Wirkungsweise jedes einzelnen Augenmuskels, d. h. die Lage der Axe, um welche er für sich allein das Auge zu drehen vermag, lässt sich berechnen, wenn man vorher den Ort seines Ursprungs in der Orbita (für den Obliquus superior statt dessen den Ort der Trochlea) und seines Ansatzes am Bulbus kennt; die Lage dieser Puncte wird ausgedrückt durch die Abscissenlängen, welche die von ihnen auf drei zum Auge feste Coordinatenaxen gefällten Lothe auf diesen abschneiden, und die Lage der Drehaxe durch die drei Winkel, welche sie mit den drei Coordinatenaxen des Auges in der Ausgangsstellung bildet. Als natürlichste Coordinatenaxen des Auges ergeben sich die Sehaxe und die äquatorialen Durchmesser des horizontalen und verticalen Meridians (Queraxe und Höhenaxe). Aus solchen Bestimmungen (Ruete, Fick) ergiebt sich für die Primärstellung: 1. die sechs Augenmuskeln stellen drei Antagonistenpaare dar, d. h. je zwei haben eine gemeinsame Drehaxe; 2. die Drehaxe des Rectus externus und internus fällt mit der Höhenaxe zusammen, d. h. sie drehen den Hornhautscheitel rein nach aussen und innen; 3. die Drehaxe des Rectus superior und inferior liegt im Horizontalschnitt des Auges, weicht aber von der Queraxe nach vorn und innen um etwa 20° ab, die Muskeln drehen also die Hornhaut nach oben und etwas innen, resp. unten und etwas innen; 4. die Drehaxe der Obliqui liegt ebenfalls im Horizontalschnitt, und bildet mit der Queraxe nach vorn und aussen einen Winkel von 60°; sie drehen also die Hornhaut: der Obl. superior nach aussen und unten, der Obl. inferior nach aussen und oben. Sowie das Auge nicht mehr in Primärstellung ist, ändert sich natürlich die Drehaxe jedes Muskels.

Die Listing'schen Drehaxen für Drehung aus der Primärlage liegen sämmtlich in der zur Sehaxe senkrechten oder äquatorialen Ebene (p. 560). Von den Drehaxen der Augenmuskeln liegt nur die des Rectus ext. und int. in dieser Ebene, für jede andere als reine Aussen- und Innenwendung des Blicks müssen also mehrere Muskeln zusammenwirken. Man findet die resultirende Drehwirkung mehrerer Muskeln, sowie auch umgekehrt die erforderliche Wirkung der einzelnen bei geforderter Drehung des Auges, nach dem p. 302 besprochenen Parallelogramm der Drehmomente. Fig. 108 stellt den Horizontalschnitt des linken Auges dar, SS_1

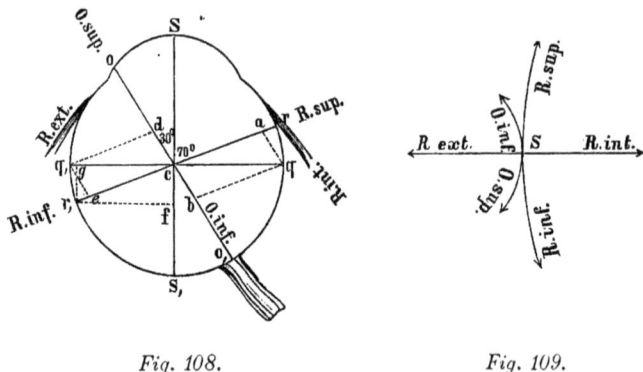

Fig. 108.   *Fig. 109.*

die Sehaxe, qq_1 die Queraxe. Die Ebene enthält nach dem oben Gesagten die Drehaxe des Rect. sup. und inf. rr_1 und die der Obliqui oo_1. Die Figur zeigt, dass zu einer Drehung des Bulbus um die Queraxe mit dem Moment cq (in der Richtung Hornhaut nach oben) der Rectus superior und Obliquus inferior zusammen wirken müssen und zwar im Verhältniss von ca und cb. Für eine gleich grosse Drehung cq_1 im entgegengesetzten Sinne (Hornhaut nach unten) müssen Obliquus superior und Rectus inferior im Verhältniss von cd und ce zusammenwirken. Ferner zeigt die Figur, dass der Rectus inferior für sich nicht bloss eine Drehung um die Queraxe (cg) sondern auch eine um die Sehaxe (cf) bewirken würde, etc. In Fig. 109 ist die Bewegung des Hornhautscheitels S durch die einzelnen Augenmuskeln dargestellt; die Figur bedarf keiner Erläuterung, als dass die Längen der Bahnen von S ab jedesmal einer Drehung von $50°$ entsprechen. Durch Vorrichtungen, in welchen die Augen durch Kugeln, die Zugrichtungen der Muskeln durch über Rollen gehende Schnüre dargestellt sind (Ophthalmotrop von Ruete und Knapp) lässt sich die Zusammenwirkung der Muskeln und die Inanspruchnahme derselben bei verlangter Drehung leichter als durch Rechnung übersehen.

Mit Ausnahme des Menschen und der Affen besitzen die Säugethiere, ebenso die Frösche, noch einen den Sehnerven trichterförmig umgebenden Retractor bulbi, welcher vom Abducens innervirt wird, und dessen Contraction nicht allein den Bulbus zurückzieht, was wegen der lateralen Offenheit der Augenhöhle möglich ist, sondern auch die Nickhaut vorschiebt. Bei den Vögeln inseriren sich an den Augapfel ausser den eigentlichen Augenmuskeln zwei besondere, die Nickhaut bewegende, ebenfalls vom Abducens versorgte Muskeln.

3. Die motorische Correspondenz beider Augen.

Beide Augäpfel sind in ihren Bewegungen sehr von einander abhängig, sie bilden einen einzigen Apparat, welcher sich immer in solchen Stellungen hält, in welchen möglichst viele Puncte, namentlich aber diejenigen Gegenstände, welche direct gesehen werden, einfach erscheinen Das Hauptgesetz ist daher, dass beide Sehaxen stets sich in einem vor den Augen liegenden Puncte, dem Fixationspuncte, schneiden, so dass sie immer in einer gemeinsamen Ebene, der Visirebene bleiben, und nach vorn convergiren oder parallel sind. Abweichungen hiervon nennt man Schielen (Strabismus); die gewöhnlichste ist die, dass das eine Auge an dem vom anderen fixirten Puncte vorbeivisirt, eine seltenere die, dass das eine Auge nach oben, das andere nach unten blickt. Die letztere Schielart lässt sich jedoch willkürlich an der Hand des binocularen Einfachsehens hervorbringen, wenn man zwei nebeneinander befindliche stereoscopische Ansichten ohne Apparat zur Deckung bringt (vgl. unten Fig. 119), und nun das Blatt langsam in seiner Ebene dreht; jedes Auge folgt dann seinem Bilde, das eine nach oben, das andere nach unten. Auch macht, wenn man ein einzelnes Bild dreht, das entsprechende Auge abnorme Raddrehungen (vgl. p. 563), so dass das Einfachsehen bestehen bleibt. Man ersieht hieraus, dass die ganzen Gesetze der Augenbewegungen dem Zwecke des binocularen Einfachsehens untergeordnet sind, und sich wahrscheinlich unter diesem Einfluss entwickelt haben. Dem Individuum sind sie angeboren; schon der Neugeborene fixirt binoculär.

Da die Bewegungen beider Augen keineswegs symmetrisch sind (nur bei Fixirung median gelegener Objecte ist dies der Fall), so ist zur Erklärung der motorischen Correspondenz die sehr wahrscheinliche Annahme gemacht worden (Hering), dass das Doppelauge zwei Bewegungstendenzen hat: 1) gleiche Erhebung und Seitenwendung; dies würde, für sich genommen, stets Parallelismus der Sehaxen bedingen; 2) gleiche Einwärts- oder Auswärtsdrehung. Aus dem Zusammenwirken dieser beiden Momente folgt die wirkliche Einstellung in jedem Einzelfalle, wobei Compensationen, sei es der antagonistischen motorischen Innervationen, sei es der antagonistischen Muskelzüge, stattfinden.

Der centrale Connex der Augenmuskelnerven (p. 407) hat seinen Sitz in den Vierhügeln (p. 423). Mit der zweiten eben genannten Bewegung ist zugleich die Accommodation und die Pupillenverengerung beider Augen dergestalt associirt, dass auch diese beiderseits stets gleich sind (p. 524, 526). Im Schlafe (nach Sander nur im Beginne und am Ende desselben) sind die Bulbi einwärts und nach oben gerollt.

V. Das binoculare Sehen.

Beim gewöhnlichen Sehen wirken beide Augen zusammen; die Vortheile, welche dadurch geboten werden, sind: 1. Correctionen von Fehlern etc. eines Auges durch das andere; z. B. correspondirt der blinde Fleck des einen Auges mit einer sehenden Stelle des andern (s. unten); 2. eine vollkommnere Raumanschauung, da das Betrachten eines Gegenstandes von zwei verschiedenen Standpuncten aus statt einer blossen Flächenprojection auch die Ausdehnung in der dritten Dimension zur Anschauung bringt; 3. genauere Schätzung der Grösse und Entfernung der Gegenstände.

1. Die Correspondenz beider Netzhäute.

Trotz des Sehens mit zwei Augen erscheinen die Gegenstände im Allgemeinen **einfach**; dies kann nur dadurch geschehen, dass die Erregung gewisser zusammengehöriger Puncte beider Netzhäute im Bewusstsein an dieselbe Stelle des Raumes verlegt wird, mit anderen Worten: dass beide Augen nur Ein gemeinschaftliches Gesichtsfeld haben, und dass die durch Erregung zweier zusammengehöriger Puncte entstehenden Lichteindrücke an Einer Stelle jenes Gesichtsfeldes erscheinen. Solche zusammengehörige Netzhautpuncte nennt man **zugeordnete, correspondirende oder identische**. Ein mit beiden Augen bei irgend einer Stellung derselben einfach gesehener Gegenstand muss also auf die beiden Netzhäute so seine Bilder werfen, dass die beiden Bildpuncte jedes Objectpunctes auf zwei identische Netzhautpuncte fallen.

Werden beiden Augen, und zwar correspondirenden Netzhautgegenden, Objecte dargeboten, die nach Contour, Helligkeit oder Farbe verschieden sind, so tritt meist abwechselnd das eine und das andere im gemeinsamen Gesichtsfelde auf (**Wettstreit der Gesichtsfelder**). Nur Figuren, die sich bequem zu einer einheitlichen vereinigen lassen, geben ein zusammengesetztes, aber auch hier sehr schwankendes Bild. Mischungen der Helligkeiten (Grau aus Schwarz und Weiss) und der Farben treten bei manchen Personen nie auf, während andere solche, zugleich mit der Empfindung des Glanzes (s. unten sub 4), wahrnehmen. Zwischen den Eindrücken beider Augen werden simultane und successive Contrasterscheinungen nach denselben Principien wahrgenommen, als ob die erregten Elemente demselben Auge angehörten.

Die angeführten Thatsachen, sowie einige unten zu erwähnende Erfahrungen der Stereoscopie, lehren, dass auch bei binoculärer Vereinigung die Erregungen beider Augen gesondert bestehen, die Identität also unmöglich darin bestehen kann, dass vermöge centraler Verbindung zweier correspondirender Opticusfasern dieselben nur Eine gemeinsame Nervenzelle erregen. Eine ungleich wahrscheinlichere Erklärung ist die, dass die Eindrücke identischer Stellen nur in Hinsicht auf Raumanschauung durch einen psychischen Act verschmolzen werden, und diese Verschmelzung empiristisch erworben ist durch die Erfahrung, dass sie wirklich bei richtigem Gebrauch der Augen immer von Einem Object herrühren; diese Annahme erklärt zugleich die beim stereoscopischen Sehen vorkommenden Abweichungen vom strengen Identitätsgesetz, sowie die Convergenz der verticalen Trennungslinien, die aus der Geläufigkeit des Fussbodens als Hauptobject abgeleitet werden kann (s. unten); endlich erwerben Schielende eine Correspondenz von Netzhautstellen, welche beim Gesunden durchaus nicht identisch sind.

Die Frage des Verhaltens der Opticusfasern im Chiasma (vgl. p. 408) hat für die Entscheidung dieser Fragen wenig Bedeutung. Beim Menschen findet eine ungefähr halbe Kreuzung im Chiasma statt, und zwar so dass die beiden rechten Netzhauthälften schliesslich ihre Fasern in den rechten Tractus, die beiden linken in den linken senden; dies lässt sich namentlich durch die partielle Degeneration in beiden Tractus nach Exstirpation des einen Auges nachweisen (Gudden u. A.). Der ungekreuzte Antheil liegt beim Menschen und Hunde medial, bei Kaninchen und Katze lateral. Streitig und anscheinend individuell wechselnd ist das Massenverhältniss des gekreuzten und des ungekreuzten Theiles. Bei Lähmung eines Tractus entsteht in Folge der halben Kreuzung gleichnamige Hemiopie, d. h. Erblindung zweier correspondirender Netzhauthälften, also Wegfall einer Hälfte des Gesichtsfeldes. Aehnliche Erscheinungen treten bei Thieren nach einseitigen Exstirpationen des Occipitallappens auf (vgl. p. 431). In der Thierreihe schwankt der relative Kreuzungsbetrag des Chiasma sehr bedeutend; es giebt Thiere mit unzweifelhaft totaler Kreuzung (Knochenfische; hier geht ein Opticus ohne Verbindung über den andern hinweg). Merkwürdigerweise sind beim Menschen Fälle ohne jede Kreuzung, d. h. ohne Chiasma, bei normalem Sehact, beobachtet (Vesal u. A.); da übrigens äussere Kreuzungen innerhalb des Gehirns ganz oder theilweise compensirt oder nachgeholt werden können, so verliert die Frage viel von ihrer Bedeutung für die Physiologie der Identität, zumal wenn letztere erworben und veränderlich ist. Zu beachten ist, dass bei sehr vielen Thieren die Augen seitwärts gerichtet sind, ihre Gesichtsfelder also nicht gemeinsam sind, sondern sich ergänzen.

2. Die Lage der identischen Puncte und der Horopter.

Ueber das Lageverhältniss der identischen Puncte ergeben sich sofort folgende Gesetze: 1. Da ein mit beiden Augen fixirter Punct C (Fig. 110), dessen Bilder also auf die Endpuncte der Sehaxen c und c_1 fallen, einfach erscheint, so müssen die beiden Endpuncte der Sehaxen c und c_1 identische Puncte sein. 2. Fixirt man nun die Mitte C eines Gegenstandes, welcher einfach erscheint, so müssen, wie die einfache Construction der Figur ergiebt, für alle Puncte der rechten Hälfte einer Netzhaut die identischen Puncte in der rechten Hälfte der anderen liegen, und umgekehrt (daher das p. 566 erwähnte Verhalten, betr. den blinden Fleck); ferner für die der oberen Netzhauthälfte eines Auges in der oberen des anderen, für die der unteren in der unteren des anderen. Sind die Kreise L und R (Fig. 111) Projectionen der beiden Netzhäute, so sind die gleichbezeichneten Quadranten a, a_1 u. s. w. identisch. Die beiden Meridiane, welche diese identischen Quadranten trennen, heissen Trennungslinien.

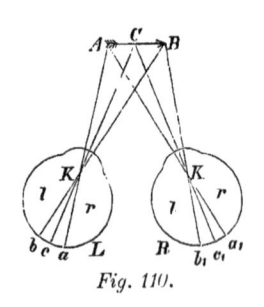

Fig. 110.

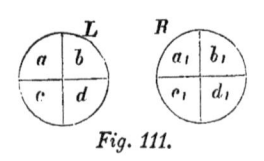

Fig. 111.

Zieht man bei einer gewissen Augenstellung für je zwei identische Puncte die zugehörigen Sehstrahlen, und verlängert sie über das Auge hinaus, bis sie sich (wenn überhaupt) schneiden, so sind die Durchschnittspuncte offenbar Puncte, welche bei dieser Augenstellung einfach erscheinen. Den Inbegriff aller derjenigen Puncte im Raum, welche bei einer bestimmten Augenstellung einfach erscheinen, nennt man den Horopter für diese Stellung. Hätte man für eine Augenstellung den Horopter auf irgend eine Weise vollständig ermittelt, so wäre dadurch offenbar das Lageverhältniss der identischen Puncte bestimmt, und für jede andere Augenstellung der Horopter zu construiren. Umgekehrt kann man, wenn man das Lageverhältniss jener kennt, für jede Augenstellung den Horopter ableiten. In Bezug auf dies Lageverhältniss ist nun die einfachste Annahme die, dass, **wenn man beide Netzhäute sich mit den entsprechenden Trennungslinien aufeinander gelegt denkt, alle sich deckenden Retinapuncte identische seien.** Dies ist jedoch, auch abgesehen von der nicht genau sphärischen Gestalt der Netzhaut (von welcher man sich unabhängig machen kann, indem man statt der identischen Netzhautpuncte identische Richtungslinien annimmt), nicht in aller Strenge der Fall. Namentlich sind die verticalen Trennungslinien nicht mit den verticalen Meridianen (p. 560) identisch. Liegen die horizontalen Meridiane (Trennungslinien) in einer Ebene, so **convergiren die verticalen Trennungslinien für die meisten Augen etwas nach unten** (Helmholtz, Volkmann). Die verticalen Trennungslinien sind zugleich die scheinbar verticalen Meridiane; d. h. ihre Bilder erscheinen zu denen der horizontalen senkrecht, obgleich sie es nicht wirklich sind. Der Winkel zwischen den ersteren beträgt 0 bis 3°, und kann merkwürdigerweise in kurzer Zeit beträchtlich schwanken (Donders).

Mit Hülfe der obigen Annahme und der eben erwähnten Abweichung lässt sich durch mathematische oder geometrische Ableitung der Horopter feststellen. Die Resultate der Rechnung werden durch Versuche bestätigt, woraus sich umgekehrt die Richtigkeit des angegebenen Lageverhältnisses der identischen Puncte ergiebt.

Eine allgemeine Ableitung des Horopters kann auf folgendem Wege geschehen (Helmholtz): Jeder Netzhautpunct kann als Durchschnittspunct eines **Meridianes** und eines **Parallelkreises** (Kreise, welche concentrisch um die Fovea centralis, gleichsam den Pol der Netzhautkugel, verlaufen) betrachtet werden. Man kann nun berechnen: 1. den **Meridianhoropter**, d. h. den Inbegriff der Durchschnittslinien von je zwei durch identische Meridiane (und die Knotenpuncte) gelegten Ebenen; 2. den **Circularhoropter**, d. h den Inbegriff der Durchschnitte von je zwei durch identische Parallelkreise und die Knotenpuncte gelegten Kegelflächen; es ist dann 3. der **Puncthoropter**, d. h. der gesuchte Horopter der identischen Functe, offenbar der Durchschnitt des Meridianhoropters und des Circularhoropters, also als Durchschnitt zweier Flächen, im Allgemeinen eine Curve doppelter Krümmung (Raumcurve).

Eine zweite Ableitungsmethode (Hering, Helmholtz) lässt die Ebene des verticalen Meridians um die Höhenaxe, und die des horizontalen um die Queraxe rotiren, die so erhaltenen Netzhautschnitte heissen **Längs- und Querschnitte**. Längsschnitte von gleichem **Breitenwinkel** (d. h. Winkel mit der Ebene des Verticalmeridians) sind identisch; die Durchschnittslinien der Ebenen identischer Längsschnitte bilden zusammen den Horopter der Längsschnitte. Ebenso bilden die identischen Querschnitte (von gleichem **Längenwinkel**) ein System

570   Horopter.

von Durchschnittlinien, den Horopter der Querschnitte. Der Durchschnitt beider Horopter ist der gesuchte Punctohoropter.

Beide Methoden müssen natürlich bei richtiger Ausführung gleiche Resultate geben. Indessen hat jede derselben ihr besonderes Interesse, weil nicht bloss der Punctohoropter, sondern auch die Linienhoropter, die zu dessen Ermittelung führen, von Bedeutung sind; dies gilt namentlich von dem oben erwähnten Meridianhoropter. Eine grade Linie, welche in einem Puncte fixirt wird, bildet sich nämlich offenbar in einem Netzhautmeridian ab. Wenn nun eine Linie auf zwei identischen Meridianen sich abbildet, so muss sie einfach erscheinen, auch wenn die einzelnen Puncte derselben nicht auf identische Puncte fallen. Denn die Doppelbilder werden sich dann im gemeinsamen Sehfelde so decken, wie die Linien AB und ab in Fig. 112. Der Meridianhoropter oder die Normalfläche (v. Recklinghausen) hat also die Eigenschaft, dass zwar nicht alle in ihm liegenden Puncte, aber wohl alle in ihm liegenden graden Linien einfach erscheinen.

A   a   B   b

Fig. 112.

Für die practische Ausführung der Berechnung ist die zweite der oben genannten Methoden vortheilhafter, namentlich weil sie eine Berücksichtigung der p. 569 erwähnten Abweichung der physiologischen Verticalmeridiane gestattet. Auf die Resultate dieser Berechnung kann hier nicht eingegangen werden, weil eine erschöpfende Behandlung des schwierigen Horopter-Problems die Grenzen dieses Grundrisses überschreiten würde. Statt dessen werden im Folgenden diejenigen Horopterbestimmungen behandelt werden, welche sich durch einfache geometrische Betrachtung ergeben.

1. In der Primärstellung und bei den Secundärstellungen mit parallelen und gradeaus gerichteten Sehaxen ist der Horopter eine der Visirebene parallele Ebene, welche durch den Schneidepunct der beiden Höhenaxen geht. Da es aber hier sich um die physiologischen Höhenaxen handelt, deren Schneidepunct etwa 1,5 Meter unter der Visirebene liegt (vgl. p. 569), so liegt die Horopterebene, welche sonst unendlich weit nach unten entfernt sein müsste, nur etwa 1,5 Meter unter der Visirebene. Ist also der Blick horizontal gradeaus in die unendliche Ferne gerichtet, so ist der Fussboden die Horopterfläche, was für das Sehen in dieser Stellung von Wichtigkeit ist (Helmholtz). Doch soll ein hierzu passender Meridianwinkel nur bei einzelnen Personen vorkommen (Hering, Donders & Moll; vgl. p. 569).

2. Bei convergenten symmetrischen Secundärstellungen ohne Raddrehung, d. h. mit Primärlage der Visirebene, besteht der Horopter aus zwei Linien: a) in Fig. 113 sind die beiden Augenquerschnitte durch die horizontalen Trennungslinien gelegt, die Ebene des Papiers also Visirebene, c und c_1 sind die Endpuncte der Sehaxen, C der

Horopter. 571

fixirte Punct. Die identischen Puncte zu zwei Puncten der horizontalen Trennungslinie, a und b, sind a_1 und b_1. Die zugehörigen Sehstrahlen schneiden sich in den Puncten A und B, welche also Puncte der gesuchten Horopterlinie sind. Man sieht nun sofort, schon aus der Winkelbezeichnung an den Knotenpuncten k und k_1, dass die Winkel bei A, B, $C(\gamma)$ sämmtlich einander gleich sind. Sie müssen also, da sie die gemeinschaftlichen Fusspuncte k und k_1 haben, sämmtlich Peripheriewinkel eines zugleich durch k und k_1 gehenden Kreises HH sein, in welchem sich auch die Sehstrahlen aller übrigen identischen Puncte der horizontalen Trennungslinien schneiden (J. Müller). — b) Die zweite Horopterlinie ist eine auf der Visirebene senkrechte, durch den Fixationspunct gehende Grade, nämlich diejenige, in welcher sich die beiden durch die verticalen Trennungslinien gelegten Ebenen schneiden (Prévost). Dies sieht man am leichtesten ein, wenn man die Fig. 114 auf ein Stück Papier zeichnet und dieses längs der Linie HH so bricht, dass die beiden Seiten nach vorn convergiren. Es sind nämlich die beiden Augendurchschnitte durch die verticalen Trennungslinien gelegt, so dass die beiden convergirenden und sich in HH schneidenden Ebenen die der verticalen Meridiane sind; man sieht nun sofort, dass die Sehstrahlen aller Puncte der Trennungslinien, welche gleichweit vom Endpunct c, c_1 der Sehaxe entfernt sind, also

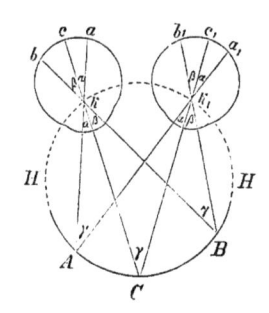

Fig. 113.

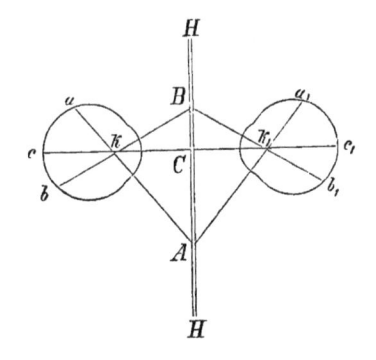

Fig. 114.

z. B. a und a_1, b und b_1 sich in Puncten der Durchschnittslinie HH treffen. In Wirklichkeit ist aber die mediane Horopterlinie nicht genau senkrecht zur Visirebene, weil die wahren verticalen Trennungslinien nicht vertical zu derselben stehen (p. 569). — Alle identischen Sehstrahlenpaare, die nicht zum verticalen oder horizontalen Meridian gehören, schneiden sich überhaupt nicht.

3. Bei (symmetrischen) Secundärstellungen mit Rad-

drehung (sog. Tertiärstellungen) bilden sowohl die verticalen als die horizontalen Trennungslinien beider Augen mit einander Winkel. Legt man durch jede verticale Trennungslinie eine Ebene, so schneiden sich diese beiden in einer zur Visirebene geneigten graden Linie (den Augen oben näher beim Blick nach oben und innen oder nach unten und aussen). Die geneigte Linie, sowie die geneigte Stellung der verticalen Trennungslinien verdeutlicht Figur 115, welche ebenso wie Figur 114, abzuzeichnen und in HH zu brechen ist. In dem geknifften Modell ist cCc_1 die Visirebene und HH die zu ihr geneigte Durchschnittslinie der beiden Trennungsebenen, wie in Figur 114. Man sieht nun, dass auch die Sehstrahlen aller in den verticalen Trennungslinien gelegenen identischen Puncte, z. B. a und a_1, b und b_1 sich in HH schneiden, dass diese Linie also den Horopter der vert. Trennungslinien darstellt. — Legt man auch durch die horizontalen Trennungslinien Ebenen, so schneiden sich auch diese in einer Linie; die Sehstrahlen identischer Puncte der horizontalen Trennungslinien könnten sich also, wenn überhaupt, nur in dieser Linie schneiden. Zieht man aber von irgend einem Puncte der letzteren zwei Sehstrahlen, so treffen diese, wie man leicht einsieht, auf symmetrische, also nicht auf identische, Quadranten der horizontalen Trennungskreise. Hieraus folgt umgekehrt, dass die Sehstrahlen der identischen Puncte der horizontalen Trennungslinien sich bei Tertiärstellungen überhaupt nicht schneiden, dass es für sie also keinen Horopter giebt.

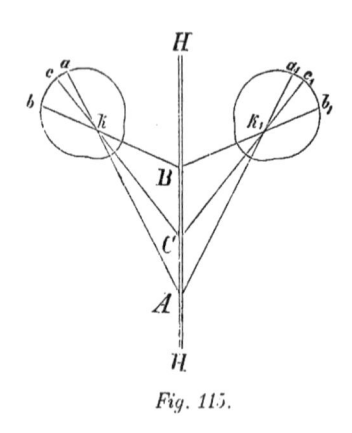

Bisher war nur von symmetrischen Augenstellungen die Rede; auf die unsymmetrischen, bei welchen der fixirte Punct ungleich weit von den beiden Knotenpuncten entfernt ist, kann hier nicht eingegangen werden. Ganz allgemein ist der Horopter eine Raumcurve (p. 569), die nur in den erwähnten besonderen Fällen in Kreise, resp. grade Linien ausartet, und bei manchen Stellungen sich auf den fixirten Punct beschränkt.

Zu erwähnen ist noch ausser dem bisher betrachteten Puncthoropter der Meridianhoropter oder die Normalfläche, deren Eigenschaften schon p. 570 angegeben sind. Dieselbe ist (v. Recklinghausen) bei convergenten Secundärstellungen eine auf der Visirebene im Fixationspuncte senkrechte Ebene; bei symmetrischen Tertiärstellungen ein Doppelkegel, dessen Spitze im fixirten Puncte liegt. — Aus ersterem ergiebt sich die wichtige Folgerung, dass in einer vor dem Auge befindlichen Ebene, vorausgesetzt dass sie, wie wohl meistens, in Secundärstellung betrachtet wird, jede grade Linie einfach erscheinen muss, sobald ein Punct derselben in's Auge gefasst wird. — Versuche haben aber ausserdem ergeben, dass alle in der Normalfläche liegenden Graden, und nur diese, senkrecht zur Medianebene erscheinen, auch bei Tertiärstellungen, wo ihre wirkliche Richtung eine andere ist. Betrachtet man nämlich einen Drahtstern, dessen Strahlen in einer Ebene liegen, mit Fixation seines Mittelpuncts, so erscheint er nur in Secundärstellungen eben, verkrümmt dagegen in Tertiärstellungen, und zwar weichen die Strahlen scheinbar in entgegengesetzter Richtung als die Normalfläche von der Ebene ab; erst dann erscheint der Stern in der Tertiärstellung eben, wenn man ihm künstlich die der Normalfläche entsprechende Krümmung giebt. — Andere Versuche zeigen, dass jeder leuchtende Punct, für dessen Entfernungsschätzung die anderen Mittel (s. unten) fehlen, auf der Richtungslinie in die Normalfläche projicirt wird. Wie es scheint ist also diese Fläche unseren Augen sehr geläufig und höchst wahrscheinlich spielt sie auch beim körperlichen Sehen (s. unten) eine grosse Rolle, indem die Lage jedes nicht in ihr liegenden Punctes nach ihr bemessen wird.

3. Die Doppelbilder.

Die Gegenstände, deren Bilder auf nicht identische (disparate) Netzhautpuncte fallen, müssen doppelt gesehen werden. Doch tritt dies nur dann stark hervor, wenn die Abweichung gross ist, besonders wenn die Gegend der Netzhautmitte betheiligt ist, wie bei Schielenden. Hier geht die Sehaxe des einen Auges weit am Fixationspunct des andern vorbei, so dass das Bild des fixirten Puncts auf sehr disparate Netzhautpuncte fällt (die zuweilen identisch werden, vgl. p. 567). Man unterscheidet gleichseitige und gekreuzte Doppelbilder, je nachdem die Sehaxen sich vor oder hinter dem fixirten Puncte F (Fig. 116) kreuzen. Man sieht sogleich, dass die Puncte A und

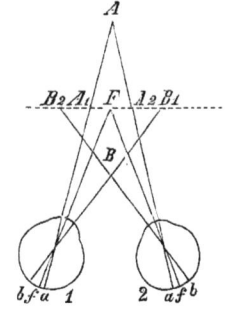

Fig. 116.

B, deren Bilder auf symmetrische, also disparate Netzhauthälften fallen, in Doppelbildern erscheinen, und zwar A in gleichseitigen, B in gekreuzten. Der Ort der Doppelbilder wird übrigens nicht, wie früher behauptet wurde, in die Entfernung des fixirten Puncts, sondern in die wahre Entfernung verlegt (Helmholtz, Hering); vgl. jedoch unten p. 580.

Dass im Allgemeinen nur einfache Bilder zum Bewusstsein kommen und von Verwirrungen im Sehfelde durch Verschmelzung nicht zusammengehöriger Bilder nichts bemerkt wird, hat seinen Grund wahrscheinlich in folgenden Umständen: 1. erscheinen die auf der Mitte der Retina sich abbildenden Gegenstände fast unter allen Umständen einfach, weil die Endpuncte der Sehaxen identische Puncte sind, und die Sehaxen sich stets in einem Puncte schneiden. Da diese Orte aber die des schärfsten Sehens sind und auf sie die Aufmerksamkeit fast ausschliesslich gerichtet ist, so überstrahlt der Eindruck des hier einfallenden Lichtes das ganze übrige Gesichtsfeld. 2. Die einfach erscheinenden Gegenstände könnten deshalb am intensivsten zum Bewusstsein kommen, weil sie denselben Theil des Seelenorgans mit doppelter Energie erregen. 3. Die Augen accommodiren immer zugleich für diejenigen Gegenstände, für welche ihre Axen eingestellt sind, so dass diese schärfer erscheinen als die vor oder hinter dem Schneidepunct der Axen, also nicht im Horopter, gelegenen. Jene Uebereinstimmung zwischen Augenbewegung und Accommodation wird einmal durch den Willen, dann aber auch durch einen nervösen Mechanismus (Czermak) bewirkt; denn auch bei Einwärtsdrehung nur Eines Auges tritt Accommodation für die Nähe ein (p. 524). 4. Das Bewusstsein bringt unter Umständen auch Bilder nicht identischer Puncte zur Deckung (vgl. unten bei der Stereoscopie.)

4. Die Wahrnehmung der Tiefendimension und die Stereoscopie.

a. Das körperliche Sehen.

Obwohl schon mit Einem Auge die Tiefendimension vermöge der Perspective, und der Veränderung der Projection bei Veränderung des Standpunctes, wahrgenommen wird, ist diese Wahrnehmung beim binocularen Sehen viel sicherer und vollkommener, wie z. B. der Versuch, mit Einem Auge einen Faden durch ein Nadelöhr zu bringen, zeigt. Auch lassen geometrisch einfache projectivische Zeichnungen von Körpern stets eine doppelte Auslegung zu, indem Vorn und Hinten in der Anschauung vertauscht werden kann. Die binoculare Tiefenwahrnehmung beruht darauf, dass beide Augen den Gegenstand von verschiedenen Standpuncten aus betrachten, so dass auf die beiden Netzhäute zwei verschiedene perspectivische Bilder desselben fallen. Nur congruente Netzhautbilder jedoch können durchweg auf identische Puncte fallen: bei unveränderlicher Augenstellung kann deshalb nur ein Theil des Körpers einfach erscheinen, das übrige erscheint eigentlich doppelt. Sind z. B. L und R (Fig. 117) die beiden perspectivischen Netzhautbilder einer vor dem Gesicht befindlichen abgestumpften Pyramide, die ihre Spitze den Augen zukehrt, so können nur entweder allein die Bilder der Grundfläche $a\ b\ c\ d$, $a_1\ b_1\ c_1\ d_1$, oder allein die der Abstumpfungsfläche $e\ f\ g\ h$, $e_1\ f_1\ g_1\ h_1$, auf identische Puncte fallen; im ersteren Falle erscheint die kleine Fläche doppelt, im zweiten die grosse. Dennoch werden beide Bilder zu einem, und zwar körperlichen Gesammteindruck vereinigt. Eine einfache Erklärung hierfür wäre folgende (Brücke): Die beiden Augen sind in fortwährender Bewegung, ihre Convergenz schwankt so hin und her, dass nach einander die Bilder aller Querschnitte der Pyramide auf

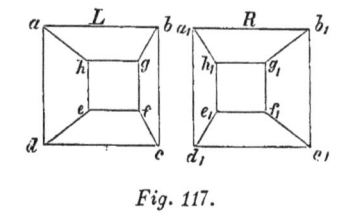

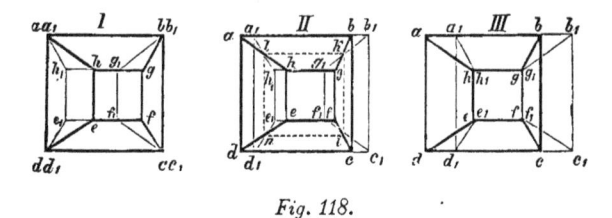

Fig. 117.

Fig. 118.

identische Puncte der Netzhäute fallen. In Fig. 118 sind aus der hierbei entstehenden Reihe von Vereinigungseindrücken drei ausgewählt. Bei dem ersten fallen die Bilder der Grundfläche, beim dritten die der Abstumpfungsfläche auf identische Puncte, beim mittleren wird ein zwischen beiden liegender Querschnitt der Pyramide ($i\ k\ l\ n$) einfach gesehen. Da nun zum Zustandekommen des Eindrucks III die Augen stärker convergiren müssen als für I, und die Convergenz ein Mittel zur Schätzung der Entfernung ist (s. unten), so zieht das Bewusstsein den Schluss, dass die Flächen $e f g h$, $i k l n$ und $a b c d$

hinter einander liegen, und gewinnt so die Anschauung des Körperlichen, indem sämmtliche schnell auf einander folgenden Eindrücke sich zu einem einzigen vermischen.

Gegen diese Erklärung spricht aber die Erfahrung, dass die verschwindend kleine Zeit der Beleuchtung durch den electrischen Funken genügt, um zwei einfache stereoscopische Bilder zu einem körperlichen Eindruck zu verschmelzen (Dove); in diesem Moment können keine Augenbewegungen stattgefunden haben.

Dieser Versuch zwingt, die Identität der Netzhautpuncte so aufzufassen, wie p. 567 geschehen, nämlich als nur annähernd und als erworben. Identische Puncte sind also diejenigen, deren Bilder wir, durch Erfahrung belehrt, gewöhnlich verschmelzen. Wenn es aber zur Hervorbringung eines vernünftigen Eindrucks nothwendig scheint, so verschmelzen wir auch die Bilder zweier nicht genau identischer Puncte, die wir unter gewöhnlichen Umständen als Doppelbilder wahrnehmen würden; es lässt sich leicht zeigen, dass gleichzeitig Bilder, welche auf identische Puncte fallen, nicht vereinigt werden, ohne freilich als Doppelbilder deutlich wahrgenommen zu werden. Muss aber die Seele Bilder vereinigen, die nicht auf Deckpuncte fallen, so muss dies mit der Vorstellung verbunden sein, dass die entsprechenden Objectpuncte in dem Orte liegen, für welchen die Augen eingestellt werden müssten, damit die Bilder auf Deckpuncte fallen. — Uebrigens wird die Brücke'sche Erklärung der stereoscopischen Vereinigung durch die Momentanbeleuchtungsversuche nicht gänzlich zurückgewiesen, denn für complicirte Gegenstände ist ein solches „Herumführen des Blickes" um dieselben jedenfalls sehr nützlich; auch genügt hier die Momentanbeleuchtung nicht.

b. Das Stereoscop.

Künstlich lässt sich das körperliche Sehen nachahmen, wenn man jedem Auge eine von seinem Standpuncte aus entworfene Zeichnung eines Körpers darbietet, nach Art der Fig. 117. Die Augen bringen auch hier successive oder momentan die verschiedenen Theile der Zeichnung zur Deckung und so entsteht der Eindruck des Körpers. Hierauf beruht die Anwendung der Stereoscope. Ohne weiteren Apparat lassen sich die nebeneinander liegenden Bilder R und L zur Deckung bringen, wenn man jede der beiden Augenaxen auf das entsprechende Bild richtet (Fig. 119). Da indess nur Wenige ihre Augen

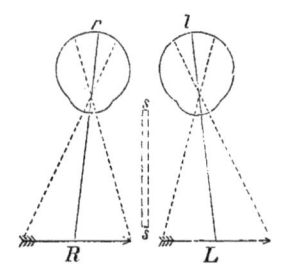

Stersoscop. 577

Fig. 119. 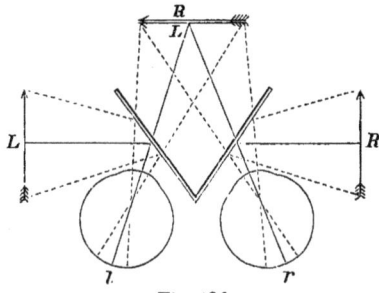 *Fig. 120.*

hinlänglich in ihrer Gewalt haben, um zwei verschiedene Puncte einer Fläche zu fixiren, anstatt wie gewöhnlich die Axen in der betrachteten Fläche sich schneiden zu lassen, so sind Vorrichtungen angegeben, um diese Anstrengung zu ersparen (eine Erleichterung für Ungeübte bietet eine zur Ebene der Bilder verticale Scheidewand *ss*, Fig. 119), und auch bei gewöhnlicher Augenstellung die Bilder auf identische Puncte zu werfen. Die beiden bekanntesten Stereoscope sind das Wheatstone'sche (Fig. 120) und das Brewster'sche (Fig. 121), beide aus den Figuren einleuchtend.

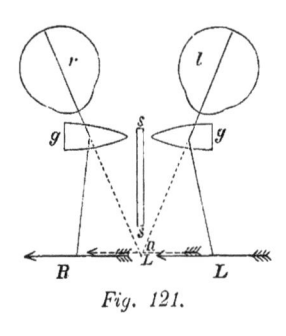

Fig. 121.

Bei ersterem werden durch zwei convergente Spiegel, bei letzterem durch zwei prismatische Gläser (Linsenhälften) *g g*, beide Bilder auf Einen Ort $\frac{R}{L}$ verlegt, auf den die Augenaxen gerichtet sind (in Fig. 121 sollte dieser Ort, wegen der Vergrösserung durch die Gläser, mehr nach unten liegen).

Bringt man zwei völlig gleiche Bilder in das Stereoscop, so erscheinen sie natürlich ganz wie ein einfaches. Sind sie aber in einer Kleinigkeit verschieden, die sich nur auf die Stellung gewisser Theile beschränkt, so müssen nach dem oben Erörterten diese Theile ausserhalb der Fläche erscheinen, vor oder hinter derselben. Daher kann man das Stereoscop benutzen, um zwei gleiche, aber in kleinen versteckten Puncten verschiedene Bilder von einander zu unterscheiden, z. B. eine ächte und eine nachgemachte Kassenanweisung, zwei (immer etwas verschiedene) Abgüsse derselben Form u. s. w. (Dove).

Verwechselt man die beiden stereoscopischen Bilder eines Körpers,

578 Stereoscop. Pseudoscop. Telestereoscop.

z. B. die beiden Bilder der Figur 117, so dass das für das rechte Auge bestimmte vor das linke gebracht wird und umgekehrt, so erscheint der Körper hohl und von innen gesehen, die kleine Fläche $efgh$ also hinter der grossen. In der That unterscheiden sich bei einer hohlen und von innen betrachteten Pyramide die von beiden Augen gewonnenen perspectivischen Ansichten nur insofern von denen, welche von der massiven und von aussen betrachteten Pyramide herrühren, dass im ersten Falle das rechte Auge dieselbe Ansicht gewinnt, wie im zweiten das linke. Beim Betrachten eines Gegenstandes von aussen sieht das rechte Auge mehr von der rechten Seite als von der linken; die Fläche $b_1 c_1 f_1 g_1$ (Fig. 117) ist daher grösser als $a_1 d_1 e_1 h_1$; beim Hineinsehen in einen hohlen Körper umgekehrt; das rechte Auge würde dann die Ansicht L gewinnen, wo $bcfg$ kleiner ist als $adeh$. Ein solcher durch Verwechseln zweier stereoscopischer Bilder entstandener täuschender Eindruck heisst ein pseudoscopischer. Das Pseudoscop von Wheatstone (Fig. 122) ist ein Apparat, durch welchen die beiden einen Körper betrachtenden Augen einen pseudoscopischen Eindruck erhalten; jedes Auge erhält nämlich durch Totalreflexion von der Hypotenusenfläche eines rechtwinkligen Prismas den ihm zugehörigen Eindruck in verkehrter Anordnung, so dass er dieselbe Gestalt annimmt, wie sonst der dem anderen Auge zugehörige. Dadurch erscheint der Körper hohl und von innen gesehen, während er seine Aussenfläche den Augen zuwendet, und umgekehrt: begreiflicherweise ist der Apparat nur bei symmetrisch geformten Körpern anwendbar.

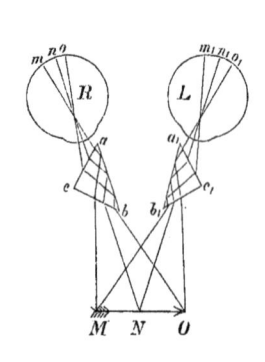

Fig. 122.

Sehr ferne Gegenstände, z. B. die am Horizont liegenden Landschaftstheile, erscheinen gewöhnlich flächenhaft ausgebreitet, wie auf einem Gemälde, weil die beiden Augen einander zu nahe stehen, um wesentlich verschiedene Ansichten der fernen Körper zu gewinnen. Zur künstlichen Vergrösserung des Abstandes beider Augenstandpuncte dient das Telestereoscop (Helmholtz), ein Wheatstone'sches Stereoscop, dessen beide Bilder L und R durch zwei den innern Spiegeln parallele, gegen den Horizont gewendete Spiegel ersetzt sind; die beiden Augen gewinnen hier Ansichten, als wenn sie den Ort der äusseren Spiegel einnähmen, und der Horizont erscheint daher verkörpert; der Apparat besitzt zugleich die Einrichtung des Fernrohrs. — Auf ähnlichem Princip beruhen die binoculären stereoscopischen Microscope.

Auch Nachbilder stereoscopischer Zeichnungen können zur stereoscopischen Vereinigung gebracht werden (Engelmann).

c. Der stereoscopische Glanz.

Giebt man den beiden stereoscopischen Bildern eines Körpers verschiedene Helligkeit oder verschiedene Farbe, — oder bringt man vor beide Augen verschieden helle oder verschieden gefärbte Flächen, so erscheint der Körper resp. die Fläche glänzend. — Die wahrscheinlichste Erklärung hierfür ist folgende: Eine mit Einem Auge betrachtete Fläche scheint glänzend, wenn sie das Licht sehr regelmässig reflectirt; jede vollkommen ebene oder vollkommen regelmässig gekrümmte Fläche zeigt daher Glanz. Wird dieselbe Fläche mit beiden Augen betrachtet, so erscheint sie beiden mit verschieden starkem Glanz und in verschiedener Helligkeit, weil das reflectirte Licht unter verschiedenen Winkeln in beide Augen einfällt. Erhalten nun umgekehrt beide Augen zwei an sich matte, aber verschieden helle Eindrücke, so schliesst das Bewusstsein auf eine regelmässig reflectirende, also beide Augen verschieden beleuchtende, mithin glänzende Fläche (Helmholtz). Die beiden stereoscopischen Bilder einer glatten Kugel, welche den Lichtreflex an verschiedenen Stellen zeigen, geben aus demselben Grunde den Eindruck einer glänzenden Kugel. — Nicht so leicht ist die Erklärung des Farbenglanzes; die einfachste scheint folgende: Ausser durch einfache regelmässige Reflexion können noch gewisse Arten von Glanz entstehen durch Reflexion von mehreren dicht hintereinander befindlichen Flächen, auch wenn diese an sich matt sind. So beruht z. B. der Metallglanz darauf, dass das ein wenig durchsichtige Metall nicht bloss von seiner Oberfläche, sondern auch aus tieferen Schichten Licht reflectirt (Brücke). Da nun für zwei verschiedene Farben von gleicher Entfernung eine etwas verschiedene accommodative Einstellung nothwendig ist (p. 531), so erscheint (s. unten) die eine Farbe etwas hinter der andern liegend, und so entsteht der Glanz (Dove). Da glänzende Flächen bei dem beständigen Wechsel der Augenstellungen immer andere Reflexe zeigen, so könnte auch ein fortwährend wechselnder Lichteindruck den Eindruck des Glanzes geben, und der Farbenglanz also sich aus dem Wettstreit der Sehfelder erklären (p. 566). Indess zeigt sich der binoculare Glanz auch bei Momentanbeleuchtung (Helmholtz).

VI. Das Augenmaass.
1. Die Schätzung der Entfernung und Grösse.

Das uniocular gesehene Object kann in jeder beliebigen Entfernung und in entsprechender Grösse erscheinen, da die Grösse des Netzhautbildes oder Sehwinkels nur über das Verhältniss zwischen Entfernung und Grösse, nicht aber über deren absolute Werthe Aufschluss giebt. Wir schätzen gewöhnlich die Entfernung bekannter Objecte nach deren scheinbarer Grösse, und auch auf die Grösse unbekannter Objecte ziehen wir Schlüsse, wenn uns die Entfernung bekannt ist, oder wir für sie andere Anhaltspuncte haben. Indirecte Entfernungsschätzungen finden ferner statt aus den relativen Verschiebungen der Gegenstände bei Bewegung des Kopfes, ferner aus der in der Entfernung abnehmenden Lichtstärke.

Directe und nicht mit Ueberlegung verbundene Schätzung der Entfernung unbekannter Objecte kann mittels des Bewusstseins der Accommodationsanstrengung stattfinden, jedoch nur für ziemlich nahe Objecte, da schon bei mässiger Entfernung die Accommodationseinstellungen kaum noch variiren. So erscheint ein Nachbild im Dunkeln, wo dasselbe nicht auf eine Fläche projicirt wird (im letzteren Fall ändert es seine scheinbare Grösse mit der Distanz der Projectionsfläche), um so näher und kleiner, je stärker accommodirt wird; ferner erscheinen in einer roth und blau gemusterten Fläche die rothen Felder etwas näher (Brücke, vgl. p. 531); endlich erscheinen nach Atropineinträufelung die Objecte kleiner (Micropsie, Donders, Förster), weil grössere Anstrengung des Accommodationsapparates nöthig ist; merkwürdigerweise aber zugleich entfernter, und nicht näher, weil das Bewusstsein der wirklichen Grösse nun wieder logisch grössere Entfernung verlangt (Aubert).

Beim binocularen Sehen kommt noch das Bewusstsein des Convergenzgrades der Sehaxen als wesentliches Hülfsmittel hinzu (vgl. p. 463), wie namentlich das sog. Tapetenphänomen (H. Meyer) beweist: Blickt man auf ein regelmässig gemustertes Feld (Tapete, Stuhlgeflecht), lässt aber die Sehaxen vor oder hinter demselben sich schneiden, so entstehen Doppelbilder, welche aber wegen Deckung gleichartiger Theile wie ein einfaches Bild erscheinen. Letzteres aber

Längen- und Winkelschätzung. 581

hat seine scheinbare Lage in der Entfernung des Fixationspunctes, und das Muster erscheint daher zu nah und zu klein, resp. zu entfernt und zu gross.

2. Die Schätzung der Dimensionen und Winkel in der Ebene.

Die Schätzung von Längen geschieht im Allgemeinen durch Vergleichung mit bekannten, und um so sicherer, je unmittelbarer die Vergleichung stattfinden kann. Zwei nach einander betrachtete Längen müssen, um als verschieden erkannt zu werden, einen ihrer absoluten Länge etwa proportionalen Unterschied haben, also entsprechend dem p. 455 erwähnten Gesetze für Intensitätsdifferenzen; die Unterschiedsempfindlichkeit beträgt etwa 1 pCt. (E. H. Weber). Ganz anders ist es natürlich, wenn die zu vergleichenden Linien unmittelbar und parallel neben einander liegen, wobei zur Wahrnehmung des Unterschiedes gar keine Längenschätzung nöthig ist. Distanzen, in welchen sich keine Objecte befinden, erscheinen kürzer als gleiche Distanzen, die mit Objecten erfüllt sind, z. B. erscheint in Fig. 123 die Distanz ab grösser als bc, obwohl beide genau gleich gross sind; ebenso erscheinen die Quadrate der Fig. 124 in der zu den Linien senkrechten Richtung aus gleichem Grunde verlängert, d. h. das erste höher als breit, das zweite breiter als hoch (Helmholtz). Der Grund dieser Erscheinung kann nur in psychologischen Motiven gesucht werden. Sie ist vielleicht auch die Ursache, warum uns das Himmelsgewölbe nicht halbkugelig, sondern uhrglasförmig erscheint, womit zusammenhängt, dass Sonne und Mond nahe dem Horizont grösser erscheinen als im Zenith.

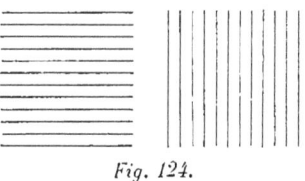

Eine sehr auffallende und noch nicht erklärte Erscheinung ist die, dass im Allgemeinen stumpfe Winkel zu klein und spitze zu gross erscheinen (Hering). Lässt man eine sehr dicke grade Linie durch eine feine Linie schief kreuzen, so erscheinen die beiden Stücke der letzteren nicht als gegenseitige Fortsetzung, sondern parallel gegen einander verschoben, durch die scheinbare Vergrösserung der spitzen Winkel. Wird eine Linie durch sehr viele parallele Linien schief gekreuzt, so erscheint sie selber in angegebener Richtung verlagert.

582   Täuschungen des Augenmaasses. Blutlauf im Auge.

Hierauf beruht die höchst auffallende in Fig. 125 dargestellte Täuschung (nach Zöllner und Hering); die sehr stark convergent erscheinenden schrägen Linien sind in Wirklichkeit genau parallel.

Hier mag auch noch erwähnt werden, dass im indirecten Sehen grade Linien häufig gekrümmt, und krumme Linien unter Umständen grade erscheinen. Vergrössert man die Zeichnung Fig. 107 (p. 561), etwa auf das 15 fache, und fixirt den Mittelpunct aus der in gleichem Massstabe vergrösserten Entfernung AB, so erscheinen die hyperbolischen Curven als grade Linien; die Erklärung, auf welche jedoch hier nicht eingegangen werden kann, basirt auf dem Listing'schen Gesetze (Helmholtz).

Fig. 125.

Sehr gross ist die Zahl der theils auf diesen Verhältnissen, theils auf der Beeinflussung des Urtheils durch Contrast (p. 555) beruhenden optischen Täuschungen, auf welche ebenfalls hier nicht eingegangen werden kann.

VII. Die Ernährung und der Schutz des Auges.
1. Der Blutlauf im Augapfel.

Die beiden gefässreichen Häute des Augapfels, Netzhaut und Aderhaut, empfangen ihr Blut aus getrennten Arterien: die erstere aus der mit dem Sehnerven eintretenden Arteria centralis retinae, die letztere hauptsächlich aus den Arteria ciliares (4—6 breves und 2 longae). Zwischen beiden Arteriensystemen besteht eine aus zahlreichen Anastomosen gebildete Communication um die Eintrittsstelle des Sehnerven herum, welche jedoch zur Ernährung der Netzhaut bei Verschluss der Art. centralis nicht ausreicht. Das Venenblut der Netzhaut fliesst durch die Vena centralis ab; die Aderhaut, welche ihr arterielles Blut von vorn (Art. cil. ant., und post. long.) und von hinten (Art. cil. post. brev.) erhält, giebt das Venenblut in der Aequatorgegend durch die Venae vorticosae ab. Die gröberen Netzhautgefässe liegen in der Faserschicht (vgl. p. 556), die feinen reichen bis an die äussere Körnerschicht heran; die Stäbchen- und Zapfenschicht ist gefässlos. Der Fläche nach sind die Netzhautgefässe sehr ungleich vertheilt; die Stämme verlaufen von der Sehnervenpapille aus hauptsächlich nach oben und unten, und verzweigen sich dann seitlich; in der Höhe der Papille und der Macula lutea herrscht Armuth an Gefässen, und die Fovea centralis ist wenigstens in ihrer Tiefe vollständig gefässlos. Die äusseren Netzhautschichten werden ohne Zweifel zum Theil von der Aderhaut mit ernährt, deren Capillarnetz in der Gegend der Netzhautmitte am feinsten und dichtesten ist.

Der intraoculare Druck (s. unten) verhindert, wie der Augenspiegel nachweist, die gewöhnlichen Pulsschwankungen in den Augengefässen; bei erhöhtem Augendruck tritt ein intermittirendes Strömen ein, welches nach dem p. 78 Gesagten leicht verständlich ist. Die Venen pulsiren meist schon normal, und zwar verengen sie sich systolisch; die Ursache wird in pulsatorischen Veränderungen des intraocularen Drucks gesucht. Die Respiration hat nur bei grosser Energie Einfluss auf die Venen des Auges, und zwar im gewöhnlichen Sinne (p. 76).

Unterdrückung des Blutkreislaufs in der Netzhaut bewirkt Functionsunfähigkeit und Atrophie.

2. Die Chemie und Absonderung der Augenflüssigkeiten.

Der Humor aqueus und der Glaskörper sind schon p. 165 f. als schwach eiweisshaltige Transsudate angeführt; sie reagiren neutral oder schwach alkalisch. Der Albumingehalt beider Flüssigkeiten wird zu 0,08—0,14 pCt. angegeben, der Glaskörper enthält auch Mucin, beide Spuren von Zucker. Ueber Erneuerung resp. Ersatz des Glaskörpers ist nicht Sicheres bekannt. Dagegen erneuert sich der Humor aqueus sehr schnell, wenn er durch eine Hornhautwunde zum Abfluss gebracht ist, und da Substanzen, welche irgendwo resorbirt sind, schnell in der vorderen Augenkammer auftreten, scheint auch für gewöhnlich ein beständiger Wechsel durch Resorption und compensatorische Neubildung stattzufinden. Als Absonderungsstätte werden die sehr gefässreichen Wände der hinteren Augenkammer, namentlich die Ciliarfortsätze und die Rückseite der Iris, angesehen, besonders weil die vordere Augenkammer bei vollständiger Verwachsung des Pupillarrandes mit der Linsenkapsel immer ärmer an Flüssigkeit wird (unter Vortreibung der Iris), und zur Zeit der Pupillarmembran keine solche enthält. Jedoch sieht man nach Resorption leicht nachweisbarer Farbstoffe, besonders des Fluoresceins, die Färbung der vorderen Augenkammer in dem Winkel zwischen Hornhaut und Iris beginnen, was auf einen diffusorischen Verkehr mit den Gefässen in der Gegend des Lig. pectinatum, besonders des Schlemm'schen Circulus venosus, deutet. Merkwürdigerweise tritt die erste Färbung in Form einer meridianalen Linie, die über den Scheitel der Hornhautconcavität läuft, und immer absolut vertical ist, auf (Ehrlich, Ulrich). Auch durch die Hornhaut hindurch können Stoffe diffusorisch in das Kammerwasser eindringen, z. B. Atropin, welches in den Conjunctivalsack eingeträufelt ist. Diese Resorption erfolgt viel schneller, wenn das vordere Epithel beseitigt ist, und wird beim Lebenden durch Resorption aus dem Kammerwasser in das Blut so bedeutend compensirt, dass die im ersteren vorhandenen Mengen der resorbirten Substanz stets klein sind (Leber & Krükow). Die Resorption des Kammerwassers. besonders bei Ueberfüllung, wird denselben Gefässen zugeschrieben; ein Abfluss durch Lymphgefässe, oder durch die Hornhaut findet nicht statt (Schwalbe, Leber).

3. Der intraoculare Druck.

Der Augapfel steht unter einer bedeutenden, anscheinend sehr constanten Spannung, welche als intraocularer Druck bezeichnet wird und durch vorsichtig in die vordere Kammer eingeführte mit einem Manometer verbundene Stichcanülen messbar ist (Ludwig & Weber u. A.); bei Thieren beträgt der Druck 20—30 mm Hg (Adamük, v. Hippel & Grünhagen), beim Menschen wird er, auf Grund von Messungen der Druckresistenz des Augapfels mit sog. Tonometern, auf 20—50 mm Hg geschätzt. Er steigt und sinkt im Allgemeinen mit dem Blutdruck, und wird daher durch die früher angegebenen Einflüsse, welche den arteriellen Druck allgemein oder am Kopfe steigern, sowie durch venöse Stauung (Unterbindung der Venae vorticosae) gesteigert. Druck auf den Bulbus, durch die Augenmuskeln oder mit den Fingern, steigert den Innendruck. Die inneren Muskeln sind ohne nachweisbare Wirkung; die Herabsetzung durch Atropin wird daher auf Gefässveränderungen zurückgeführt, auf Verengerung (Adamük) oder Erweiterung (Wegner). Da die Constanz des Druckes auf dem Gleichgewicht zwischen Secretion und Resorption der Augenflüssigkeiten beruht, so können auch directe secretorische Wirkungen des Atropins in Frage kommen. Reizung des Halssympathicus steigert den Druck und setzt ihn dann herab (Adamük); die Steigerung wird auf Contraction der glatten Orbitalmuskeln zurückgeführt (v. Hippel & Grünhagen). Viele andere Angaben über Beeinflussungen des intraocularen Drucks sind zu streitig um hier erwähnt zu werden.

4. Die Augenlider.

Das in der knöchernen Augenhöhle fast allseitig geschützte Auge kann auch nach vorn durch den Schluss der Augenlider vollkommen abgesperrt werden. Derselbe geschieht durch die Contraction des M. orbicularis palpebrarum (abhängig vom Facialis), beim oberen Augenlid auch durch die Schwere. Die Oeffnung geschieht beim unteren durch die Schwere, beim oberen durch den Levator palpebrae superioris (abhängig vom Oculomotorius), ausserdem bei beiden durch glatte, vom Sympathicus abhängige Retractoren (s. unten). Schluss und Oeffnung wechseln häufig ab (Lidschlag, Blinzeln). Der Schluss erfolgt willkürlich, ferner unwillkürlich und automatisch, im Schlafe, und reflectorisch auf Berührung des Augapfels oder der als Tasthaare dienenden Augenwimpern, oder auf Reizung des Opticus durch intensives Licht. Die Verengerung der Lidpalte und die Beschattung derselben durch die Augenwimpern unterstützt bei intensivem Licht die schützende Wirkung der Pupillenverengerung.

Die glatten Retractoren (Musc. palpebralis sup. und inf., H. Müller) liegen an der Rückseite der Augenlider dicht an der Conjunctiva, senkrecht zur Lidspalte. Ein anderer glatter Muskel überbrückt die Fissura orbitalis inferior, und verengt durch seine Contraction etwas den Raum der Orbita, so dass der Bulbus etwas hervortritt. Diese Muskeln sind tonisch contrahirt. Bei Durchschneidung des Sympathicus am Halse wird die Lidspalte enger und der Augapfel sinkt etwas zurück (H. Müller).

Die Augenlider fehlen im Allgemeinen den Wasserthieren. Die meisten Landthiere besitzen noch ein drittes, bei Vögeln und Fröschen durchsichtiges Augenlid, die Nickhaut; dasselbe ist jedoch kein Hautgebilde, sondern eine vom inneren Augenwinkel ausgehende Duplicatur der Conjunctiva, welche beim Menschen und bei den Affen nur rudimentär als Plica semilunaris vorhanden ist; bei Säugethieren besitzt sie einen Knorpel. Die Vorschiebung geschieht bei Vögeln und Reptilien durch besondere, vom Bulbus ausgehende, vom Abducens innervirte Muskeln, bei Säugethieren und Fröschen durch Zurückziehung des Bulbus mittels des Retractor (p. 564).

5. Der Thränenapparat.

Die vordere Augenfläche wird beständig von der Thränenflüssigkeit (p. 164) bespült, und dadurch rein erhalten und vor Eintrocknung geschützt. Die Thränen gelangen durch die feinen Ausführungsgänge der Drüse in den oberen äusseren Theil des Conjunctivalsackes, welcher nur ein capillares Lumen hat, und in welchem sich daher die Thränen durch Capillarität bis zum inneren Augenwinkel verbreiten. Diese Bewegung wird durch den Lidschlag unterstützt, da beim Schlusse der Lider zugleich ein Fortrücken derselben gegen den inneren Winkel, den Ansatzpunct des Orbicularis palpebrarum, stattfindet. Das Ueberfliessen der Thränen über den freien Rand der Lider wird, wenn die Secretion nicht übermässig stark ist, wie beim Weinen, durch das fettige Secret der Meibom'schen Drüsen (p. 160) verhindert. Im inneren Augenwinkel sammeln sich die Thränen in dem sog. Thränensee, in welchen die beiden capillaren, steifen Thränenröhrchen mit ihren Mündungen, den Thränenpuncten, eintauchen. Der Thränensack, in welchen die Thränenröhrchen führen, und dessen Fortsetzung, der Thränencanal, gegen den unteren Nasengang durch eine nach unten sich öffnende Klappe verschlossen ist, erweitert sich beim Schliessen der Augenlider, weil seine hintere Wand mit dem Knochen, seine vordere aber mit dem Lig. palpebrale internum, welches sich beim Lidschluss anspannt, verwachsen ist; hierdurch saugt er die Thränen aus dem Thränensee ein, und diese gelangen in die Nasenhöhle; dasselbe bewirkt die Contraction des sog. Horner'schen Muskels, welcher ebenfalls den Thränensack erweitert.

Der Lidschluss könnte auch bei vollkommenem Schluss der Lidspalte die Thränen in den Sack hineinpressen. Dies wird in der That von Einigen (Ross, Stellwag v. Carion, Demtschenko) behauptet. Die Experimente mit gefärbten Flüssigkeiten, welche zur Entscheidung der Frage angestellt wurden, haben nicht übereinstimmende Resultate gegeben (Stellwag, Arlt).

Den Augenbrauen wird der Schutz des Auges vor herabfliessendem Stirnschweiss zugeschrieben.

Vierter Abschnitt.
Die Fortpflanzung und die zeitlichen Veränderungen des Organismus.

Dreizehntes Capitel.

Die Zeugung.

Geschichtliches. Die ältere Geschichte der Zeugungslehre hat selbst bei den bedeutendsten Schriftstellern und Denkern nur von unbegründeten und halb mystischen Theorien zu berichten; eine festere Gestalt nimmt sie erst an mit der Bekämpfung der Urzeugungslehre und mit der Entdeckung der morphologischen Zeugungselemente. Die Urzeugung bestritten schon Harvey 1651, und namentlich Redi (1668), Malpighi und Swammerdam klärten zahlreiche Fälle vermeintlicher Urzeugung auf hohen Organisationsstufen durch Aufdeckung des wahren Sachverhaltes auf. 1765 folgte eine weitere Einschränkung der Urzeugung, indem Spallanzani die Wirksamkeit vertrockneter, aber noch lebensfähiger Keime nachwies. Für die niedersten Organismen sind erst in unserm Jahrhundert besonders durch Ehrenberg und Pasteur die letzten scheinbaren Fälle von Urzeugung beseitigt worden.

Das Ei der Säugethiere wurde wegen seiner Kleinheit erst spät entdeckt. Erst Stenson bezeichnete 1664 das von Galen testis muliebris genannte Organ als Eierstock; Regner de Graaf entdeckte 1672 die Follikel desselben, welche er für die Eier hielt, und fand beim Kaninchen auch entleerte Eier im Eileiter und Uterus, so dass er, wegen deren Kleinheit, im Follikel ausser dem Ei noch eine andere, den gelben Körper bildende Substanz annahm. Erst 1827 entdeckte v. Baer das Ei im Follikel, welchen er zugleich als das Analogon des Vogeleies erklärte. Das Keimbläschen fand Purkinje 1825 im Vogelei, Coste 1834 im Säugethierei, den Keimfleck R. Wagner 1834.

Die Samenkörperchen entdeckte bei Leuwenhoeck 1678 ein holländischer Student Ham (nach Anderen ein Stettiner, v. Hammen); Leuwenhoeck untersuchte sie genau und fand sie allgemein bei zeugungsfähigen Männchen. Die Theorie, dass sie Thiere seien, wurde erst 1841 durch Kölliker, welcher ihre Entwicklung in den Hodenzellen nachwies, definitiv widerlegt.

Für das Verständniss der Zeugung waren Jacobi's (1764) und namentlich Spallanzani's (1786) Versuche über künstliche Befruchtung von entscheidender Bedeutung; sie erwiesen die Samenkörperchen als das befruchtende Element und beseitigten zugleich die Irrlehre von der befruchtenden Kraft des Samendunstes (Aura seminis). Den eigentlichen Befruchtungsact erkannte zuerst Barry 1853 in dem Eindringen der Samenkörperchen in das Ei, eine Lehre, welche namentlich durch Meissner, Bischoff, Newport und durch Keber's Entdeckung der Micropyle (1854) befestigt wurde. Die Vorgänge nach dem Eindringen sind erst in neuester Zeit durch Fol, Auerbach, Strassburger, O. Hertwig u. A. Gegenstand wichtiger Entdeckungen geworden. Für die Zeugungslehre waren auch die zahlreichen Studien über ungeschlechtliche Zeugung niederer Thiere, und namentlich über die Parthenogenesis der Bienen (Dzierzon und v. Siebold 1856, Leuckart 1858) von fundamentaler Bedeutung.

Die specielle Physiologie der Zeugungsorgane datirt hauptsächlich von der Entdeckung der Eilösung bei der Menstruation durch Bischoff 1844, sowie von den Studien über den Erectionsvorgang, besonders durch J. Müller (1838), Kölliker (1851), Rouget (1858), Langer (1863) und Eckhard (1863—1876).

Vgl. auch die geschichtlichen Bemerkungen zum folgenden Capitel.

1. Die Fortpflanzung im Allgemeinen und die Fruchtbarkeit.

Man nahm früher an, dass Thiere, selbst so hoch organisirte wie Insecten, aus ungeformtem Material sich entwickeln können, und nannte dies Urzeugung (Generatio spontanea). Fast alle Stützen dieser Ansicht sind hinweggeräumt; fast überall ist es gelungen, die früher übersehenen Eier oder sonstigen Keime, aus denen die Brut hervorgegangen war, nachzuweisen. Auch die Entstehung von Eingeweidewürmern in geschlossenen Körperhöhlen (Gehirn, Auge) wurde verständlich, als man erkannte, dass Embryonen in diese Organe einwandern können. Dass Aufgüsse organischer Substanzen sich mit niederen Organismen erfüllen, erwies sich ebenfalls von dem Zutritt von Keimen abhängig, welche überall die Atmosphäre erfüllen, und die bis in die neueste Zeit sich erstreckenden Behauptungen, dass auch nach Zerstörung aller Keime, und Verhinderung des Zutritts neuer, Aufgüsse sich beleben können, sind theils unbestätigt geblieben, theils lassen sie den Einwand zu, dass selbst Siedehitze nicht unfehlbar alles Organisirte zerstört (vgl. p. 241). So ist es denn zum mindesten nicht bewiesen und nicht wahrscheinlich, dass ein lebendes Wesen anders entstehen könne, als aus schon bestehenden lebenden Wesen; ja dieser Satz kann auf jeden organisirten Formbestandtheil ausgedehnt werden, da Zellbildung auf keinem anderen Wege als aus schon bestehenden Zellen beobachtet ist.

Der Annahme, dass alle jetzt bestehenden organisirten Formen einmal durch Urzeugung entstanden seien, steht die schon in der Einleitung berührte gegenüber, dass eine Descendenz immer complicirterer Formen aus einfacheren, und vielleicht aus einer einzigen einfachsten Urform stattgefunden habe. Das Princip dieser Descendenz wird in der natürlichen Züchtung gesucht (Darwin). Der Züchter benutzt die Erblichkeit und Variabilität der Form, indem er von jeder Generation die der gewünschten Eigenschaft am nächsten stehenden Thiere (oder Pflanzen) absondert und zur Fortpflanzung zulässt, wodurch der Schwankungsmittelpunct (p. 7) sich mit jeder Generation mehr in der Richtung zum gewünschten Ziele verschiebt. Bei der natürlichen Züchtung tritt an die Stelle der bewussten Ziele die grössere Zweckmässigkeit für die bestehenden Verhältnisse, wobei die unbedeutendsten Vortheile für die Beschaffung der Nahrung, die Bekämpfung der Feinde, die Flucht oder Verbergung vor Verfolgern, die Anlockung des anderen Geschlechts zur Begattung u. dgl., zur Geltung kommen; und an die Stelle der künstlichen Absonderung tritt der Kampf um das Dasein, da die Lebensbedingungen nicht für soviel Individuen hinreichen, wie aus der ungeheuren Vermehrung hervorgehen, so dass die am meisten den Verhältnissen angepassten den Sieg davontragen.

Dass in der Urzeit Urzeugung stattgefunden habe, unter Bedingungen, welche nicht mehr existiren, wird wegen des ursprünglich feurigflüssigen Zustandes der Erde angenommen, obwohl mit Recht die Möglichkeit betont wird, dass die ersten Keime durch Meteorsteine auf die Erde gelangt seien.

Die erzeugten Organismen sind den erzeugenden innerhalb gewisser Schwankungsbreiten bis in die speciellsten Eigenschaften gleich, oder erreichen doch schliesslich diese Gleichheit nach gewissen gesetzmässigen Umwandlungen.

Die Bedingungen zur Fortpflanzung treten in allen Organismen erst auf einer gewissen Stufe ihrer Entwicklung ein, meist erst, wenn das Grössenwachsthum vollendet ist, so dass der bis dahin zur Vergrösserung verwandte Ueberschuss der Einnahmen über die Ausgaben von da ab zur Production der Keimstoffe oder selbst (bei Lebendiggebärenden) zur Ernährung des sich entwickelnden Eies verwandt wird. Bei den geschlechtlich zeugenden Thieren tritt erst um diese Zeit (Zeit der Reife, Pubertät) die vollständige Entwicklung der keimbereitenden Organe (Eierstock, Hoden) ein. Die Fortpflanzung geschieht von hier ab längere Zeit hindurch, oft bis zum Tode, meist in regelmässigen Intervallen. Sehr verschieden in der Thierreihe ist die Zahl der von einem Individuum oder einem Paare gelieferten Nachkommenschaft, — die Fruchtbarkeit. Man kann bei der quantitativen Bestimmung derselben von zwei Gesichtspuncten ausgehen. Betrachtet man die Fortpflanzung als Function des Mutterorganismus im Zusammenhang mit den übrigen, also als Ausgabe im Verhältniss zu den übrigen Ausgaben und den Einnahmen des Stoffwechsels, so kommt es darauf an, das Verhältniss zwischen dem Gewichte des Thieres und dem Gewichte des von ihm gelieferten Zeugungsmaterials in dem Zustande, in welchem es den Körper verlässt (also Eier bei eigebärenden, Jungen bei lebendiggebärenden, Samen bei männlichen Thieren), festzustellen. Solche Bestimmungen (Leuckart) zeigen eine enorme Verschiedenheit der Zeugungsausgaben; so beträgt z. B. die jährliche Zeugungsausgabe des weiblichen Organismus beim Menschen etwa $1/14$, beim Schwein $1/2$, bei der Maus fast das 3fache, beim Huhn das 5fache, bei der Bienenkönigin das 110fache des Körpergewichts. Betrachtet man dagegen die Zeugung in ihrer Beziehung zur Erhaltung der Thierart, so muss man statt der Gewichtsvergleichung die Zahl der wirklich entstehenden Nachkommenschaft bestimmen. Die Bestimmungen der ersten Art sind hierfür nicht zu verwenden, weil einmal dasselbe Gewicht an Zeugungsmaterial eine äusserst verschiedene Anzahl von Individuenanlagen bei verschiedenen Thierarten repräsentirt, und weil zweitens für die Befruchtung und Entwicklung eine grosse Anzahl von Umständen zusammentreffen muss, die nur verhältnissmässig selten vorhanden sind, so dass im Allgemeinen nur ein kleiner Bruchtheil des Zeugungsmaterials wirklich seine Bestimmung erfüllt. Die Anzahl der Nachkommenschaft lässt sich aber nur in den wenigsten Fällen direct bestimmen; da man indess annehmen darf, dass das Resultat der Fortpflanzung die Erhaltung der Thierart in einer annähernd constanten Individuenzahl ist, so folgt daraus, dass die Anzahl der Nachkommenschaft in bestimmtem Verhältnisse zur mittleren Lebensdauer der Thierart steht. Bezeichnet man letztere in Jahren mit n, die constante Individuenzahl mit a, so werden innerhalb eines Jahres a/n neue Individuen entstehen. Auf jedes einzelne Individuum kommen also jährlich im Durchschnitt 1/n Junge. Wieviel von dieser Production auf jedes zeugende Individuum kommt, hängt hauptsächlich ab: 1. davon, ob geschlechtlich, d. h. durch Concurrenz von zweien erzeugt wird, 2. von der Zahl der Zeugenden im Verhältniss zur Gesammtzahl, also von der Dauer des Zeugungsstadiums im Verhältniss zur Lebensdauer. Die Anzahl der producirten Keime wird nun die hieraus sich ergebenden Zahlen um so mehr im Allgemeinen übertreffen, je seltener die Bedingungen zur Befruchtung oder Entwicklung verwirklicht werden.

2. Die Formen der Zeugung.

Die Grundformen der Zeugung sind folgende:

1. Spaltung des bestehenden Organismus in mehrere gleichwerthige Stücke, welche selbstständig, vereinigt oder getrennt, weiter leben und zur Grösse des alten anwachsen, — Zeugung durch Theilung. Hieran schliesst sich das gesonderte Fortleben der Stücke künstlich getheilter Thiere, welches bei niederen Formen vielfach beobachtet ist.

2. Abspaltung eines Bestandtheils des alten Organismus, welcher vereinigt mit jenem oder getrennt von ihm sich selbstständig entwickelt, während der erstere weiter besteht. Ist der sich abspaltende Theil ein wesentlicher, mehrzelliger Bestandtheil des alten, der eine Zeit lang oder für immer mit ihm vereinigt bleibt, so nennt man den Vorgang Zeugung durch Knospenbildung. Ist der sich abspaltende Theil jedoch nur eine einzige Zelle, welche ohne organische Verbindung mit dem Mutterorganismus sich entwickelt, so entsteht eine Zeugung durch Eibildung und die sich entwickelnde Zelle heisst Keimzelle oder Ei.

Die Zeugung durch Theilung und durch Knospung kommt nur bei niederen Thierformen vor; dagegen ist die Zeugung durch Eibildung in der ganzen übrigen Thierreihe bis zum Menschen, und auch bei vielen niederen Thieren neben den erstgenannten Zeugungsformen, vorhanden.

Die Eizelle ist das Product eines besonderen Organs, des Eierstocks. Nur bei wenigen Thieren geht die Entwicklung des Eies ohne Weiteres bis zum Ende vor sich (Parthenogenesis). Die Regel ist, dass zur Entwicklung überhaupt, oder wenigstens über eine gewisse niedere Grenze hinaus, der Zutritt eines besonderen Elementes zum Ei erforderlich ist. Dies Element ist der Samen, das Product eines anderen Organs, des Hodens. Eierstock und Hoden sind entweder (bei den höheren Thierformen) auf verschiedene Individuen vertheilt, und dann heisst das eierstocktragende weiblich, das hodentragende männlich, — oder sie sind beide in einem einzigen Individuum vorhanden, welches dann hermaphroditisch genannt wird (bei vielen niederen Thierformen). Der Zutritt des Samens zum Ei heisst **Befruchtung** und die Zeugung durch zu befruchtende Eier **geschlechtliche Zeugung.** Die Zeugung durch Theilung, Knospung oder unbefruchtete Eier (Parthenogenesis) heisst im Gegensatze dazu ungeschlechtliche Zeugung.

Die **Parthenogenesis** ist bereits bei vielen Thierarten festgestellt; sie kommt überall nur neben geschlechtlicher Zeugung vor, und liefert stets nur Individuen eines einzigen Geschlechtes (z. B. bei den Bienen und bei Polistes [einer Wespenart] männliche, bei den Psychiden weibliche). Das bekannteste Beispiel, das der Bienen, möge hier etwas nähere Betrachtung finden: Im Bienenstocke finden sich drei Arten von Individuen: Männchen (Drohnen), zeugungsunfähige Weibchen (Arbeiter), und ein zeugungsfähiges Weibchen (die Königin). Die Königin wird einmal im Jahre bei dem sog. Hochzeitsfluge von einem der sie umschwärmenden Männchen befruchtet und kehrt mit gefülltem Receptaculum seminis zurück. Sie ist jetzt im Stande beim Legen die Eier zu befruchten oder unbefruchtet zu lassen; beides geschieht und zwar je nach der Zelle, in welche das Ei gelegt wird; in die Drohnenzellen gelangen unbefruchtete, in die Arbeiterzellen befruchtete Eier. Der Zutritt oder Nichtzutritt des Samens hängt entweder vom Willen (Instinct) der Königin oder von den mechanischen Verhältnissen der Zelle, in welche sie den Hinterleib eindrängt, ab. Ob die befruchteten Eier sich zum verkümmerten Weibchen (Arbeiter), oder zum ausgebildeten Weibchen (Königin) entwickeln, ist von der Fütterung der Larve durch die Arbeiter, vielleicht auch von der Form und Grösse der Zelle abhängig.

Ein Rudiment parthenogenetischer Entwicklung liegt bei vielen Thieren darin, dass unbefruchtete Eier die Anfänge der Entwicklung (erste Stadien der Furchung) durchmachen, dann aber stehen bleiben; dies ist z. B. beobachtet beim Schwein (Bischoff), beim Kaninchen (Hensen), beim Huhn (Oellacher), bei Salpen (Kupffer). Bei Batrachiern furcht sich kein unbefruchtetes Ei (Pflüger).

3. Das Ei und seine Lösung.

a. Das Ei und der Graaf'sche Follikel.

Das Ei (Ovum, Ovulum) stellt in seiner einfachsten Gestalt eine kugelige Zelle dar, deren meist lecithinhaltiges körniges Protoplasma

tter (Vitellus) oder Hauptdotter genannt wird; ausser ihm besitzen
Eier der Vögel, Reptilien und der meisten Fische einen Nebendotter,
?her aus eingewanderten Zellen besteht. Der blasenförmige Kern
Eizelle heisst Keimbläschen (Vesicula germinativa) und das
nkörperchen Keimfleck (Macula germinativa). Das Protoplasma
Eies ist in eine Hülle eingeschlossen, die Eihaut (Zona).
se Hülle ist in der einfachsten Form eine structurlose, ziemlich
:e Membran, so dass sie im optischen Querschnitt als heller Ring
beint (Zona pellucida der Säugethiere und des Menschen). Bei
meisten Eiern ist sie von zahllosen Porencanälchen durchbohrt,
einigen mit zottigen Auswüchsen besetzt, die mannigfachsten For-
ı endlich finden sich bei wirbellosen Thieren. Unter der Zona liegt
h Einigen noch eine feine Zellmembran (Dotterhaut). Bei vielen
eren besitzt die Hülle eine grössere, für die Befruchtung wesent-
e Oeffnung, die Micropyle (Keber); namentlich bei zahlreichen
bellosen und bei Fischen, auch bei einer Anzahl höherer Wirbelthiere.
Beim Menschen hat das reife Ei einen Durchmesser von 0,18 bis
mm. Eine Micropyle ist in der Zona beim Menschen nicht nach-
sbar.

Innerhalb des Eierstocks liegen die Eier bei den Säugethieren
beim Menschen in den Graaf'schen Follikeln, kugligen Bla-
die in den kleinsten Exemplaren bei der erwachsenen Frau etwa
3, im reifen Zustande dagegen 10—15 mm. Durchmesser haben;
sind in das Stroma des Ovariums eingebettet. Ihre Hülle besteht
einer gefässhaltigen bindegewebigen, geschichteten Kapsel, welche
en von einem mehrschichtigen Endothel (Membrana granulosa
;erminativa) ausgekleidet ist. Letzteres ist an einer Stelle zu
m Zellenhaufen (Cumulus s. Discus proligerus) entwickelt,
welchen das Ovulum eingebettet ist. Der Hohlraum des Follikels
von einer gelblichen, eiweisshaltigen Flüssigkeit erfüllt. Ueber
Entwicklung der Eier und Follikel s. das 14. Capitel.

Bei den Vögeln nimmt der eigentliche Hauptdotter mit dem Keimbläschen
einen sehr kleinen Theil des Eies ein, nämlich den sog. Hahnentritt oder die
ıscheibe, am höchsten Functe des Dotters. Der Rest des Gelben vom Vogelei
eht aus dem gelben und weissen Nebendotter, beide concentrisch abwechselnde
chten um die Keimscheibe und den von ihr zum Centrum des Gelben gehenden
sen Dotterstrang bildend; die gelben Schichten sind viel mächtiger als die
sen. Das Gelbe entspricht dem ganzen Follikelinhalt (His), dessen Grann-
zellen in das Ei vollständig eingewandert sind, so dass also dennoch die

äussere Dotterhülle der Zona entspricht. Auch bei Säugethieren wandert ein, aber stets kleiner Theil der Granulosazellen als Nebendotter in das Ei selbst ein. — Das Weisse und die Schalen des Vogeleis sind accessorische Umhüllungen, die auf dem Wege durch die Tuben hinzukommen (von der peristaltischen Ausstossung wird die spiralige Windung der Hagelschnüre oder Chalazen im Weissen abgeleitet). Auch das Kaninchen erhält in der Tuba eine Eiweissumhüllung.

Der Dotter des Vogeleis ist wegen seiner Grösse am meisten geeignet, über die chemische Zusammensetzung des Eies Aufschluss zu geben, jedoch sind die Ergebnisse nicht ohne Weiteres auf die Eier der Säugethiere übertragbar. Er enthält ausser Wasser und Salzen (besonders Kalisalzen) die Bestandtheile des Protoplasma, d. h. Eiweissstoffe verschiedener Art, namentlich auch Vitellin, ferner Fette, Cholesterin, Lecithin, Nuclein, einen gelben, dem Hämatoidin nahestehenden Farbstoff, Glycogen, Zucker etc. Die krystallartigen Dotterplättchen der Fische und Amphibien enthalten Vitellin und Lecithin, angeblich auch andere P-haltige Körper (vgl. p. 37 f.).

b. Weibliche Pubertät, Brunst und Menstruation.

Die Lösung der reifen Eier aus ihrer Bildungsstätte im Ovarium findet zu gewissen Zeiten, den Brunstzeiten, statt, welche periodisch ein- oder mehrmals jährlich eintreten; die Menge der gleichzeitig entleerten Eier schwankt von 1 (Mensch) bis zu vielen Tausenden. Nur zur Brunstzeit ist im Allgemeinen eine fruchtbare Begattung möglich.

Beim menschlichen Weibe heisst die regelmässige periodische Eilösung und der sie begleitende Erscheinungscomplex Menstruation (Periode, Regel, monatliche Reinigung). Die ersten Menstruationen stellen sich in der gemässigten Zone im 14. bis 16. Lebensjahre ein; als mittlere Zeit wird $14^1/_3$ Jahre angegeben, für die heisse Zone dagegen 13, für die kalte $15^5/_6$ Jahre; üppige Lebensweise beschleunigt, karge Nahrung und harte Arbeit verzögern den Eintritt; ausserdem hat die Race Einfluss. Gleichzeitig entwickeln sich die Brustdrüsen, die Behaarung der Schamgegend und der Achselhöhle, das Fettpolster unter der Haut nimmt zu, die Genitalien erreichen ihre vollständige Entwicklung; all dies bezeichnet man als den Eintritt der Mannbarkeit oder Pubertät. Zwischen dem 45. und 50. Lebensjahre hören die Menstruationen und in Folge dessen die Zeugungsfähigkeit auf (sog. Involution).

Die Lösung des Eies bei Brunst oder Menstruation wird durch die Reifung seines Follikels eingeleitet, d. h. dessen Grösse und Wandspannung nimmt durch Vermehrung des flüssigen Inhalts so bedeutend zu, dass er platzt; da der reifende Follikel jedesmal sich der Oberfläche des Ovariums nähert, und vor dem Bersten unmittelbar unter der Bindegewebshülle desselben liegt, so gelangt der ausfliessende In-

sammt dem in die Zellen des Cumulus proligerus gehüllten Ei ittelbar in die Bauchhöhle. Dadurch aber, dass sich vor dem sten die ausgefranzte Mündung der Tuba an die Ovarialfläche so gt, dass sie kelchartig die Stelle des Follikels umfasst, gelangt Ei (mit seltenen Ausnahmen, welche dann zur Bauchschwangerschaft en können) in den Canal der Tuba, und wird durch dessen nach sen gerichtete Flimmerbewegung in den Uterus getrieben; diese nderung scheint, nach Erfahrungen an Thieren, mindestens 3 Tage Anspruch zu nehmen, der Discus proligerus geht dabei verloren. gelöste Ei geht im Uterus, falls es nicht befruchtet wird, auf ekannte Weise zu Grunde.

Die geplatzte und entleerte Follikelwand, welche meist einen bei Zerreissung hineingelangten Bluttropfen einschliesst, verändert sich n Theil schon vor der Berstung) in eigenthümlicher Weise. Die len der Membrana germinativa wuchern zuerst und füllen sich mit m gelben Fette an, während die Kapsel selbst immer weniger von Stroma des Ovarium zu unterscheiden ist. So entsteht der sog. be Körper (Corpus luteum), welcher wiederum immer mehr in Innere des Ovariums hineinrückt. Nachdem er eine gewisse Grösse icht hat (meist schon vor dem Eintritt der nächsten Menstruation; n man findet meist nur Einen gelben Körper im Ovarium), schrumpft u einer bald unkenntlichen, zuweilen Pigmentkrystalle (Hämatoidin, dem Bluttropfen herrührend) enthaltenden Narbe zusammen. Auch der Rissstelle der Ovarialhülle bleibt eine Narbe zurück, so dass ursprünglich glatte Oberfläche mehr und mehr uneben wird.

Die Uterinschleimhaut ist während der Menstruation Sitz einer illären Blutung (vielleicht nur Diapedesis, p. 78). Das entte Blut (im Ganzen etwa 100—200 grm.) ist mit Uterinschleim, onders mit Epithelzellen und mit Schleimkörperchen vermengt; rscheinlich rührt daher seine grössere Alkalescenz und seine Unigkeit zu gerinnen. Mit der Menstruation ist häufig allgemeines wohlsein verbunden.

Die Menstruation tritt in einer meist 28 tägigen Periodik auf; Blutausfluss dauert 2—3 Tage und geht der Eilösung voraus, n man fiudet bei während der Blutung verstorbenen Frauen einen en, aber noch nicht geplatzten Follikel. Nach anderer Angabe eopold) findet man zu allen Zeiten reife und dem Bersten nahe likel. Nach der verbreitetsten Ansicht (Bischoff) ist jedoch die Eilösung das Wesentlichste der Menstruation, die Blutung kann fehlen.

Während der Schwangerschaft und der nachfolgenden Lactation sind die Menstruationen unterbrochen. Der von der letzten Eilösung herrührende gelbe Körper wird viel langsamer und zu einer viel bedeutenderen Grösse als sonst (bis zu $^1/_3$ des Eierstocksvolums) entwickelt, so dass man vor der Erkenntniss der periodischen Eilösung diesen als Corpus luteum verum und den gewöhnlichen als Corpus luteum spurium bezeichnete.

Die Vorgänge bei der Menstruation sind noch in vieler Beziehung dunkel; namentlich ist die Ursache der periodischen Follikelreifung, ihr Zusammenhang mit der Uterinblutung, der eigenthümliche Weg der Follikel im Ovarium vor und nach der Berstung, besonders aber die Anlegung des Tubenendes noch nicht hinreichend aufgeklärt. Die Entdeckung von eigenthümlich gelagerten glatten Muskelfasern in der den Uterus, die Tuben und die Ovarien tragenden Peritonealfalte (Rouget) scheint die Erklärung für die Mehrzahl dieser Erscheinungen anzudeuten. Es sollen dieselben erstens die Anlegung der Tubenmündung an das Ovarium (bei manchen Thieren findet diese nicht Statt, sondern statt dessen besitzt das Peritoneum zwischen beiden eine Flimmerstrasse, z. B. beim Frosch, Thiry), und zweitens durch Compression der Venenstämme eine Blutstauung in den Geschlechtsorganen bewirken; die Folge derselben soll eine Art Erection in den den Corpora cavernosa des Penis ähnlich gebauten Gefässen sein, welche im Uterus zur Hämorrhagie, im Ovarium aber zur Vermehrung des Inhalts eines Follikels durch Transsudation und schliesslich zum Bersten desselben führt. Jedoch ist die Betheiligung rein morphologischer Processe, namentlich für die Follikelreifung, sehr wahrscheinlich; die Wucherung und Entartung der Granulosazellen, welche sich im gelben Körper vollendet, beginnt nämlich schon vor dem Bersten des Follikels. Von den zahlreichen Follikeln des Ovarium kommt übrigens nur ein sehr kleiner Theil zum Bersten. Die übrigen machen, nachdem sie gereift sind (was schon beim Kinde vorkommt), einen Rückbildungsprocess ohne Eilösung durch (Slavjansky). Auch die Uterinblutung ist mit complicirteren morphologischen Processen verbunden; die Schleimhaut wuchert vorher in ihren oberflächlichen Schichten, und bildet eine Art Decidua, wie bei der Schwangerschaft, welche jedoch wieder zerfällt; zuweilen wird sie im Zusammenhange ausgestossen. Bei den Thieren mit präformirten Placentarstellen

l. Cap. XIV.) findet die Blutung nur aus diesen Statt. Offenbar
en die Vorgänge in der Uterinschleimhaut die Bedeutung einer
bereitung für die Aufnahme des Eies im Befruchtungsfalle.

Die Brunst der Thiere ist der menschlichen Menstruation völlig
log und besitzt eine ähnliche, je nach der Thierart 14—40tägige
iodik. Jedoch erstrecken sich die Brunsten bei den wild lebenden
eren meist nur über gewisse Jahreszeiten und sind in dieser Hin-
it sehr von Klima, Nahrungsüberfluss u. dgl. abhängig.

4. Der Samen, seine Bereitung und Entleerung.

a. Samen, Hoden und männliche Pubertät.

Der menschliche Samen, in dem Zustande, in welchem er entleert
d, ist eine sehr zähe, klebrige, weissliche, alkalische Flüssigkeit
eigenthümlichem Geruche, welche an der Luft dünnflüssiger wird.
ist ein Gemisch aus den Secreten der in die ausführenden Wege
idenden Drüsen mit dem ursprünglichen Hodensecret, welches al-
isch oder neutral und geruchlos ist und leicht eintrocknet. Das
entliche Element des Samens sind die etwa 0,05 mm. langen
nenkörperchen (Zoospermien, Spermatozoen) mit mandelförmi-
i Körper oder Kopf, einem schmalen Mittelstück und einem nach
i Ende zu immer feiner werdenden Schwanze. Die Bewegungen
selben sind pendelnde oder wellenförmige Schwingungen des Schwan-
durch welche das Samenkörperchen mit einer Geschwindigkeit von
a 0,05—0,15 mm. in der Secunde in gerader Richtung (unter Ro-
on um seine Axe, Eimer) vorwärts getrieben wird, bis ein Wider-
id die Richtung ändert. Die Bewegung ist am schnellsten im eben
eerten Samen, sehr langsam oder auch ganz fehlend im Samen des
lens. Ihr Bestand nach der Entleerung hängt von sehr vielen Um-
iden ab; im Allgemeinen von ähnlichen wie die Flimmerbewegung
294). Am längsten erhält sie sich in Flüssigkeiten, deren Concen-
ion derjenigen des Samens gleich ist oder nahe steht, namentlich leb-
, in den Secreten der Samenausführungswege (Prostatasaft, Cowper-
s Secret, etc.), auch in denen der weiblichen Genitalien; in sehr
ünnten Flüssigkeiten hört sie bald auf, in Wasser, Speichel so-
ch. Die Ursache der Bewegung ist gänzlich unbekannt; die Einen
en den Kopf für das active Bewegungsorgan (Grohe), die An-
i den Schwanz (Schweigger-Seidel, v. la Valette St. George).

Die Samenkörperchen der Thiere haben grösstentheils ähnliche
talt, wie die menschlichen; jedoch ist der Kopf bei den meisten

Thierclassen stabförmig, zuweilen wellig oder korkzieherartig gekrümmt. Bei manchen Wirbellosen kommen Formen ohne Wimperfaden vor, mit amöboider Bewegung oder ganz bewegungslos.

Die Bildung des Samens ist ein wesentlich **morphologischer** Vorgang, dessen Hauptstätte die gewundenen Hodencanälchen sind. Aus den in wesentlichen Puncten von einander abweichenden Angaben der Autoren scheint das sicher hervorzugehen, dass eine besondere Categorie der Canalzellen sich zu Samenkörperbildnern, sog. **Spermatoblasten** entwickelt, während die übrigen sich mehr indifferent verhalten; man hat erstere als das Analogon der Eier, letztere als dasjenige der Granulosazellen aufgefasst. Die ersteren wachsen in das Lumen der Canälchen hinein und entwickeln eine Anzahl kernhaltiger Protoplasmafortsätze, welche sich in Samenkörper verwandeln (die Kerne bilden die Köpfe), die sich packetförmig zusammenlegen. Ueber die Bildung der Flüssigkeit ist Nichts bekannt. Die Samenfäden der Hodencanälchen zeigen keine oder nur schwache Bewegungen. Die Samenbildung geschieht wie es scheint continuirlich, und wird durch häufige Entleerungen vermehrt. Ueber die secretorischen Nerven ist Nichts bekannt.

Der gebildete Samen sammelt sich in den schwammigen Räumen des Corpus Highmori, in den mit Flimmerepithel versehenen Vasa efferentia des Nebenhodenkopfes und in dem langen Vas deferens an. Die **Samenblasen**, welche manchen Thieren fehlen, enthalten meist keinen Samenvorrath, und sind nicht als Reservoirs, sondern, vermöge ihrer starken Oberflächenvergrösserung durch Zotten und Falten, als Secretionsorgane aufzufassen, ebenso das Ende des Vas deferens selbst. Beim Meerschweinchen enthalten die colossalen Samenblasen ein gallertiges Secret, welches bei der Begattung hinter dem Samen her ergossen wird (Leuckart). Die Secrete dieser Organe, sowie diejenigen der **Prostata und der Cowper'schen Drüsen**, mischen sich dem Samen bei der Entleerung bei und scheinen die Hauptmasse des ejaculirten Samens auszumachen, besonders aber bei rascher Folge der Entleerungen, in welchem Falle der Samen wässriger und an Samenkörperchen ärmer wird.

Ueber die Chemie des Samens ist wenig Sicheres bekannt; am besten untersucht ist der Lachssamen; der untersuchte Samen höherer Thiere und des Menschen war mit den eben genannten Nebensecreten gemischt. Der Samen enthält Eiweissstoffe, Nuclein, Lecithin, Cholesterin, Fett, und beim Lachse eine noch wenig bekannte N-haltige Substanz, Protamin, $C_9 H_{21} N_5 O_3$ (Miescher). In eingetrockem Samen finden sich farblose prismatische Krystalle (Böttcher), welche eine ;e von der Zusammensetzung C_2H_5N enthalten sollen (Schreiner); dieselbe d jedoch von der Prostata geliefert (Fürbringer). Sehr merkwürdig ist, dass ; Secret der Samenblasen des Meerschweinchens auf Blutzusatz gerinnt und reichi Fibrinogen enthält (Hensen & Landwehr); ein solches Gerinnsel bildet ırscheinlich nach der Begattung im Cervixcanal einen Propf, der den Abfluss Samens verhindert. Möglicherweise hängt auch das rasche Eintrocknen des nens mit Gerinnungsvorgängen zusammen.

Die männliche Pubertät, d. h. der Beginn der Bildung reifen mens, tritt zu einer etwa um ein Lebensjahr späteren Zeit ein, als) Eireifungen der Frau (p. 594) und mit ähnlichen Variationen; eine stimmte obere Altersgrenze ist nicht vorhanden. Die Pubertät künşt sich auch hier durch Haarentwicklungen (besonders diejenige des ,rtes), Grösserwerden der Geschlechtstheile u. dgl. an. Dazu kommt er hier noch die Vergrösserung des Kehlkopfes und der Stimmıchsel, ferner ein deutlicheres Erwachen des Geschlechtstriebes, d nächtliche reflectorische Samenentleerungen (Pollutionen). Bei iieren steht vielfach die Entwicklung von Hörnern, Geweihen u. s. w. innigem Zusammenhang mit der Pubertät. All diese Entwickıgen bleiben aus, wenn die Hoden exstirpirt oder in ihrer Entwickıg gehemmt sind.

b. Die Erection und die Ejaculation.

Die Samenentleerung ist die Folge einer complicirten Erscheinungshe, welche normal von psychischen Motiven ausgeht: von Vorstelıgen oder Sinneseindrücken, welche mit dem Geschlechtsleben in rbindung stehen. Die Neigung zu solchen Zuständen, oder das, was ın als Lebhaftigkeit des Geschlechtstriebes bezeichnet, wird durch rperliche und geistige Anstrengung, Sorge, kärgliche Ernährung beichtlich herabgesetzt.

Der erste der erwähnten Vorgänge ist die Erection, d. h. eine ·otzende Blutanfüllung der drei Corpora cavernosa, wodurch der Penis rlängert und zu einer abgerundet prismatischen Form gesteift wird; gleich richtet er sich in die Höhe, wegen der Kürze des Aufhängendes, und nimmt eine leichte nach der Bauchseite concave Krümıng an. Das Wesen der Erection ist noch nicht hinreichend aufklärt. Die Corpora cavernosa bilden ein communicirendes Höhlenstem, welches eine Erweiterung der Venen darstellt (v. Frey). ı die Septa der schwammigen Räume glatte Muskelfasern enthalten, ;o das Lumen der Corpora cavernosa activ verändern können, so sind zwei Erklärungen für die Erection möglich, nämlich: 1. ein vermehrter Zufluss durch Nachlass einer im Ruhezustande vorhandenen tonischen Contraction (Kölliker); 2. eine Hemmung des Blutabflusses aus den Schwellkörpern durch Compression der abführenden Venen. Beides scheint in der That stattzufinden, wie folgende Erfahrungen zeigen: Beim Hunde giebt Reizung der Nervi erigentes (Fäden, die vom Plexus ischiadicus zum Plexus hypogastricus gehen) Erection (Eckhard); bei dieser Reizung bluten zugleich angeschnittene Arterien des Penis stärker (Lovén); die Erectionsnerven müssen also zu den gefässerweiternden Nerven (p. 90) gezählt werden, jedoch erstreckt sich ihre Erweiterungswirkung auch auf Bezirke, welche morphologisch dem Venensystem zugehören; in den Arterien des Penis erreicht der Blutdruck bei der Erection $1/_6$ von dem der Carotis (Lovén). Die vasomotorischen Fasern des Penis gehen durch den N. pudendus und die N. dorsales penis; Durchschneidung derselben bewirkt für sich keine Erection, verhindert aber die Erection für die Zukunft (Hausmann & Günther). Eine Compression der abführenden Venen scheint stattzufinden, namentlich beim Maximum der Erection: a. durch den M. transversus perinaei, durch den die Vv. profundae hindurchtreten (Henle), b. durch trabeculäre, aus glatten Muskelfasern bestehende Vorsprünge in den Venen des Plex. Santorini (Langer), c. dadurch, dass die Vv. profundae durch die Corpora cavernosa selbst hindurchtreten (Langer). Die Volumzunahme des Penis ist dadurch ermöglicht, dass die Arterien eine rankenförmige Aufwickelung besitzen (Arteriae helicinae), und die Haut im Praeputium eine Falte besitzt, welche bei der Erection verstreicht, wobei die Eichel sich entblösst.

Das nächste Centrum für die Erection liegt im Lendentheil des Rückenmarks (Goltz). Nach Durchschneidung an der Grenze zwischen Hals- und Brustmark bewirkt bei Hunden mechanische Penisreizung noch reflectorische Erection (starke Reizung sensibler Nerven verbindert diesen, wie andere Reflexe, p. 395), nicht aber nach Zerstörung des Lendenmarks. Das Gehirn steht mit diesem Centrum in Verbindung; dies ergiebt sich schon aus der Erection durch psychische Zustände; ferner tritt bei Reizung der Pedunculi cerebri, des Halsmarks etc. (Ségalas, Budge, Eckhard), so auch häufig bei Erhängten, Erection ein.

Die Entleerung des Samens erfolgt reflectorisch durch anhaltende (p. 392) mechanische Reizung des erigirten Penis, welcher be-

rs entwickelte Nervenendorgane besitzt. Auch andere Reize der
enitalgegend, z. B. starke Füllung der Blase, können Samenent-
ng bewirken, jedoch normal nur im Schlafe (Pollutiones nocturnae).
spinale Centrum für den Ejaculationsvorgang liegt ebenfalls im
enmark.

Die Entleerung des Samens aus den Samenbehältern in die Harnröhre
ieht wahrscheinlich durch peristaltische Contractionen der mit
r Musculatur versehenen Samenleiter und Samenblasen, die Ent-
ng aus der Harnröhre aber (Ejaculatio seminis) durch rhythmische
actionen der Mm. bulbo- und ischio-cavernosi. Der Weg zur Blase
irch die Erection des Caput gallinaginis abgeschnitten, welche zu-
l die Harnentleerung während der Erection verhindert. Dem sich
renden Samen mischen sich die oben genannten Secrete bei. Die
e des entleerten Samens wird zu 0,75—6 Ccm. angegeben.

5. Die Begattung und Befruchtung.

Die Befruchtung erfordert eine Berührung des Samens mit dem
.en Ei. Diese geschieht entweder bereits innerhalb der weib-
ı Geschlechtsorgane, indem der Samen in dieselben eingeführt
oder ausserhalb derselben, indem der Samen über die bereits
rten Eier ergossen, oder zufällig (z. B. durch das sie umspü-
Wasser) ihnen zugeführt wird. Auch künstliche Befruchtung
öglich; selbst sehr kleine Mengen Samen scheinen zur Befruchtung
enügen, sobald sie noch Samenkörperchen enthalten, während
n, welcher durch Filtration von den letzteren befreit worden,
ngslos ist (Spallanzani).

Die für die Zuführung des Samens zum Ei erforderlichen Acte
n Begattung. Bei denjenigen Thieren, deren Eier sich im
rlichen Körper entwickeln, muss der Samen in denselben ein-
rt werden (innere Begattung); ebenso bei denjenigen eierlegenden
en, deren Eier vor der Entleerung sich mit accidentellen Hüllen
ben (p. 594), so dass sie nach der Entleerung nicht mehr be-
ungsfähig sind. Dagegen kann bei den nackte Eier entleeren-
Thieren die Befruchtung nach der Entleerung geschehen, und die
tung besteht hier entweder in einem Umklammern des Weibchens
das Männchen bis zur Entleerung der Eier, wobei der Samen
letztere ergossen wird, wie bei den Fröschen (vgl. p. 390), oder
ssem Verfolgen der Weibchen durch die Männchen bis zur Ent-
ıg der Eier, wie bei den Fischen. Auf die mannigfachen Modi-

ficationen dieser Vorgänge bei den niederen Thieren kann hier nicht eingegangen werden.

Bei den höheren Wirbelthierclassen und beim Menschen findet innere Begattung statt. Der in die Scheide eingeführte erigirte Penis wird beim Menschen durch die Reibung an den unebenen Scheidenwänden und durch den fest umschliessenden Constrictor cunni in der schon erwähnten Weise bis zur reflectorischen Ejaculation gereizt, unter allgemeinen Aufregungserscheinungen beider Theile. Auch in den weiblichen Geschlechtsorganen treten durch die sensiblen Reize beim Coitus gewisse Reflexbewegungen ein, welche wahrscheinlich hauptsächlich die Aufnahme des Samens in die inneren Genitalien befördern. Als solche werden angegeben: eine senkrechtere Aufstellung des Uterus (vielleicht durch Erection desselben, Rouget) und vermuthungsweise peristaltische Bewegungen des Uterus und der Tuben, nach dem Ovarium gerichtet, welche bei Thieren wenigstens beobachtet sind. Diese würden erklären, wie ein Theil des Samens trotz der entgegengesetzt gerichteten Flimmerbewegung, zum Ovarium geleitet wird, ein Vorgang, für welchen die regellose Bewegung der Zoospermien nicht verwerthet werden kann. Nach der Ejaculation hört die Erection und die psychische und physische Aufregung sehr schnell auf, beim Manne früher als beim Weibe; bei beiden Geschlechtern folgt eine andauernde Ermattung nach. Beim Weibe wird durch die erste Begattung der Hymen, meist unter geringer Blutung, zerrissen.

Der Ort der Berührung zwischen Ovulum und Samen ist noch nicht sicher festgestellt, höchst wahrscheinlich geschieht sie meist auf dem Ovarium selbst oder in der Nähe desselben in den Tuben; denn man findet häufig bei Säugethieren nach der Begattung die Oberfläche der Ovarien mit Samenfäden bedeckt (Bischoff); hierdurch sind auch die zuweilen vorkommenden Ovarial- und Abdominalschwangerschaften zu erklären. Eng hängt hiermit die Frage zusammen, ob mit der Begattung eine Eilösung ähnlich der menstrualen verbunden ist, oder ob bei fruchtbaren Begattungen nur die durch die Menstruation vorher oder später gelösten Ovula befruchtet werden. Für das letztere spricht die Analogie mit den Säugethieren, die nur zur Brunstzeit befruchtet werden können. Da nun das menschliche Weib zu jeder Zeit befruchtet werden kann, so muss man, wenn die Begattung nicht direct eine Eilösung bewirken kann (was neuerdings wieder behauptet wird, Slavjansky, Leopold), annehmen, dass entweder das noch vorhandene und befruchtungsfähige Ovulum der letzten Menstruation befruchtet

oder dass der Samen sich bis zur nächsten Eilösung befruchtungs-
in den weiblichen Genitalien, vielleicht auf dem Ovarium, erhält.
eicht kommt Beides vor.

Bei sehr vielen Thieren ist festgestellt, dass befruchtete Eier
enkörperchen enthalten, und das Eindringen derselben ist in
lnen Fällen direct beobachtet. Man nimmt jetzt allgemein an,
die Befruchtung sich durch das Eindringen eines oder
rerer Samenkörperchen in den Dotter vollzieht. Bei den
ı mit Micropyle scheint diese die Eintrittspforte zu sein; bei den
ethiereiern scheinen die Samenkörperchen sich vermöge ihrer Eigen-
gung durch die weiche Zona, oder durch Porencanäle derselben
bohren. Ein einziges Körperchen genügt höchst wahrscheinlich
efruchtung, obgleich häufig sehr viele eindringen; man vermuthet,
auch in diesem Falle nur ein einziges die Befruchtung vollzieht.
neueren Beobachtungen an Wirbellosen (Fol, O. Hertwig u. A.)
t das befruchtende Samenkörperchen an seinem Kopfe einen Zell-
(Spermakern, männlicher Pronucleus), welcher mit einem
ren aus dem Keimbläschen hervorgehenden Kern (Eikern, weib-
ıer Pronucleus) sich vereinigt (conjugirt), nachdem um beide
radiäre Streifungen des Dotters entwickelt haben; durch die
jugation bildet sich ein Furchungskern, welcher den Anstoss
weiteren Entwicklung giebt (Cap. XIV.). Jedoch darf nicht
sehen werden, dass die Furchung auch ohne Befruchtung bis zu
r gewissen Stufe fortschreiten kann (p. 592), auf welcher allerdings
Ei stehen bleibt und abstirbt. Der Eikern geht aus dem Keim-
chen in der Weise hervor, dass Theile desselben sich ablösen
an die Oberfläche des Dotters gelangen, die sog. Richtungs-
perchen; der Rest des Keimbläschens bildet den Eikern. Tiefer
las grosse Räthsel der Befruchtung einzudringen, und namentlich
Vererbung der speciellen väterlichen Eigenschaften durch das
enkörperchen zu erklären, muss einer vielleicht sehr fernen Zukunft
lassen bleiben.

6. Die äusseren Schicksale des befruchteten Eies und die Geburt.

Während die unbefruchteten Menstruationseier im Uterus zu
nde gehen, wird im Falle der Befruchtung das Ei im Uterus fest-
ılten und bleibt in demselben bis zum Schlusse der Entwicklung.
Zustand des Weibes während dieser Zeit heisst Schwangerschaft

(Graviditas, Gestatio), und die am Schlusse eintretende Entleerung des Eies **Geburt** (Partus).

Die Festhaltung des Eies geschieht höchstwahrscheinlich so (Sharpey), dass es in eine Falte der sich stark verdickenden Uterinschleimhaut (Decidua vera) sich einsenkt, und nun die Wände der Falte mit dem Ei wachsen und über demselben zusammenwachsen, so dass dieses von einer Fortsetzung der Uterinschleimhaut (Decidua reflexa) vollständig eingeschlossen ist. An der ursprünglichen Insertionsstelle bildet sich durch später zu erörternde Vorgänge die **Placenta** (Cap. XIV), ein gefässreiches Organ, welches aus zwei sich innig verbindenden und beim Menschen nicht ohne Zerreissungen trennbaren Theilen, einem fötalen und einem uterinen besteht. Der Uterus selbst vergrössert sich in all seinen Theilen, namentlich aber in der Musculatur, mit dem wachsenden Ei, und nimmt eine diesem entsprechende abgerundete Gestalt an. Am Schlusse der Schwangerschaft hat er von 30—40 grm. auf circa 1000 grm. zugenommen.

Figur 126 (nach Kölliker) stellt schematisch einen Längsschnitt durch den Uterus am Ende der Schwangerschaft dar. dv ist die Decidua vera, dr die Decidua reflexa; der der Deutlichkeit halber zwischen beiden gelassene Raum uh existirt in Wirklichkeit nicht. m Muscularis des Uterus, t Mündung einer Tube, plu Placenta uterina, plu' Fortsätze derselben zwischen die Zotten chz des Chorion frondosum chf (Placenta foetalis); chl Chorion laeve, a Amnion, as Amnionscheide des Nabelstrangs; der Foetus ist weggelassen; dg der Dottergang, ds der Dottersack.

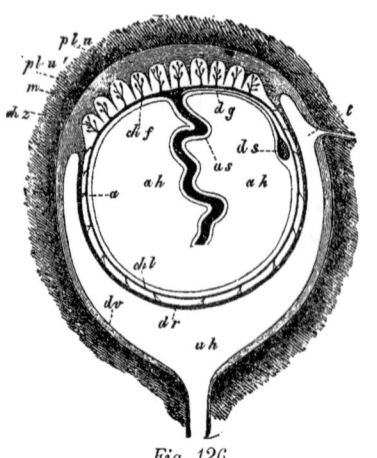

Fig. 126.

Die Schwangerschaft dauert 10 Menstruationsperioden, d. h. die Geburt erfolgt in der Regel am 280. Tage nach dem Eintritt der letzten Menstruation. Es sind anscheinend dieselben, auch während des Ausfalls der Menstruation sich in gleicher Periodik mehr latent wiederholenden Genitalveränderungen, welche in Verbindung mit den durch die Spannung u. dgl. gegebenen permanenten Reizen den Reflex der Entleerung herbeiführen; zumal auch Aborten am häufigsten in den Zeiten der latenten Menstruationen sich einstellen.

Vom Mechanismus der Geburt können hier nur die Grundzüge

z angeführt werden (das Nähere s. in den geburtshülflichen Lehrhern). Die Austreibung erfolgt durch periodische schmerzhafte Contionen der Uterusmusculatur, die Wehen, welche immer häufiger stärker werden, und auf der Höhe durch die Bauchpresse unterzt werden. Sie bewirken zunächst eine Erweiterung und völliges streichen des Muttermundes, durch welchen die aus Decidua reflexa, rion und Amnion bestehende Eiwand (s. Fig. 126) hervorgetrieben l, welche demnächst zerreisst und einen Theil des Liquor amnii chtwasser) abfliessen lässt. Der jetzt ungleichmässiger auf die nwand des Uterus drückende Embryo verstärkt die Wehen, und l durch dieselben allmählich, meist mit dem Kopfe voran, durch Becken und die sich erweiternde Vagina und Vulva herausgetriewobei der Kopf durch die Verschiebbarkeit der Schädelknochen, Becken durch geringe Nachgiebigkeit seiner Symphysen etwas adaptirt.

Ueber die Innervation des Uterus ist Folgendes ermittelt: zung des Rückenmarks bis hinauf zum Kleinhirn bewirkt Contracen; die vom Rückenmark zum Uterus tretenden Fasern entsprinhauptsächlich aus der Gegend des letzten Brust- und des 3. und Lendenwirbels. Erstere treten in sympathische Bahnen über, durchen das Gangl. mesenter. inf., und verlaufen in einem der Aorta liegenden Strange, letztere dagegen direct durch die Sacralnerven ι Uterus (Frankenhäuser, Kehrer u. A.). Nach einer neueren gabe (v. Basch & Hofmann) sollen die ersteren nur die Ringrn, die letzteren nur die Längsfasern zur Contraction bringen. ser der spinalen Innervation scheint der Uterus noch nähere, vielht theilweise in seinem Parenchym liegende Centra zu haben. Dieen werden durch dyspnoisches Blut erregt (Oser & Schlesin-), so dass Erstickung, Compression der Aorta (Spiegelberg), blutung u. s. w. Uteruscontractionen bewirken. Nach neuerer Ane (Dembo) soll dies Centrum nicht im Uterus selbst, sondern in vorderen Wand der Scheide liegen. Auch das im Gehirn liegende trum für die Uterusbewegungen wird durch dyspnoisches Blut er-, (Oser & Schlesinger). — Für die Geburt genügt das im denmark gelegene Centrum; denn der Eintritt derselben ist bei dinnen mit isolirtem Lendenmark beobachtet (Goltz u. A.).

Der Druck im Uterus setzt sich zusammen aus dem allgemeinen Abdominalk, welcher besonders mit den Athmungsphasen variirt, und aus der eigenen nung der Uteruswand; durch eingeführte, mit Manometern verbundene Wasserbeutel lässt sich der Druck annähernd bestimmen und graphisch regristriren (Schatz, Polaillon). Er beträgt etwa 100 mm. Hg, wovon zwei Drittel auf eigene Spannung kommen; die Abdominaleinflüsse sind im Uterus kleiner als in der Scheide, solange der Muttermund geschlossen ist. Die Drucksteigerung durch die Wehen kann 60 mm. Hg betragen; die Dauer einer Wehe ist im Mittel 106 Secunden; der Schmerz tritt später ein und endet früher als die Contraction und fehlt bei schwachen Contractionen ganz; er scheint erst bei Drucksteigerungen um mehr als 10 mm. zu beginnen. Die Kraft der Wehe wird zu 88, der Gesammtdruck auf das Ei auf der Höhe der Wehe zu 154 Kilo, die Arbeit einer Wehe zu 9 Kgrm.-Meter berechnet (Polaillon). Beim nicht trächtigen Kaninchen sind spontane rhythmische Contractionen beobachtet (Frommel), welche aber möglicherweise von der Reizung durch die Untersuchungsmethode herrühren.

Der völlig geborene Embryo hängt noch mit der Placenta durch den langen Nabelstrang (Cap. XIV.) zusammen, welcher bisher Athmung und Ernährung vermittelte. Durch die Contractionen des Uterus löst sich aber die Placenta in toto, also auch der uterine Theil, vom Uterus ab, ein Vorgang, welcher natürlich mit Blutung verbunden ist. Sobald nun die Placenta sich abzulösen beginnt, hört die foetale Respiration durch das mütterliche Blut auf, und es tritt in Folge dessen eine Veränderung der Blutgase ein, welche, vielleicht in Verbindung mit dem Luftreiz, die erste Inspiration durch die Lungen veranlasst (vgl. p. 123). Die noch im Uterus befindliche Placenta ist jetzt für das Kind unwesentlich und der Nabelstrang, dessen Arterien zu pulsiren aufhören, kann, nach vorheriger Unterbindung im foetalen Stück, durchschnitten werden. (Bei Thieren erfolgt diese Trennung durch Abreissen oder Durchbeissen.) Das Kind ist mit dem angehäuften Hauttalg (Vernix caseosa) überzogen. Nachdem die Austreibung der Placenta mit den Eihäuten, die sog. Nachgeburt, erfolgt und durch fortschreitende Contractionen des Uterus (Nachwehen) die Blutung gestillt ist, beginnt eine Regeneration der Uterusschleimhaut und Verkleinerung der Muskelschicht mit Neubildung von Faserzellen; erstere ist mit einem schleimigen, anfangs bluthaltigen Ausfluss (Lochien) verbunden; der Ausfluss dauert 2 Wochen, die volle Regeneration 2 Monate. — Mit der Geburt beginnen die mütterlichen Milchdrüsen zu secerniren, und erst beim Nachlass dieser Secretion, etwa nach 10 Monaten, tritt die seit der Befruchtung unterbrochene Menstruation wieder ein.

Vierzehntes Capitel.

Die Entwicklung des Embryo und des Geborenen.

Geschichtliches. Obgleich das Alterthum, namentlich Aristoteles, schon mannigfache Kenntnisse über einzelne entwicklungsgeschichtliche Stadien besass, wurden erst im 17. Jahrhundert von Fabricius ab Aquapendente, Harvey, Spigelius u. A. umfassendere Studien über die Entwicklungsgeschichte des Menschen und der Säugethiere, namentlich aber des bebrüteten Hühnereies, gemacht, welche letztere Malpighi 1687 vorzüglich beschrieb; die Entwicklung des Säugethieres musste, da das Ovulum noch unbekannt war (vgl. p. 587), namentlich in ihren Anfängen unverständlich bleiben. Die erste Erwähnung eines Furchungsstadiums findet sich bei Swammerdam für das Froschei. Die Begründung der heutigen Entwicklungslehre ist das Verdienst von Casp. Fried. Wolff († 1794), welcher 1759—1769 durch die Erkenntniss der Darmrohrbildung durch Abschnürung, die Entdeckung des nach ihm benannten Organs und vieler anderen wichtigen Entwicklungsvorgänge eine totale Umwälzung dieses Gebietes hervorbrachte, und zugleich die Lehre von den Keimblättern, ja sogar die Zellenlehre annähernd aussprach. Er entschied auch den namentlich im 18. Jahrhundert geführten Streit zwischen der Theorie der Evolution und der Epigenese: die erstere behauptete, dass der Embryo im Ei schon enthalten sei und durch die Entwicklung nur frei werde, womit folgerichtig die Annahme einer unendlichen Einschachtelung der Generationen verbunden wurde, die andere liess den Embryo im Ei aus einer einfachen Anlage erst entstehen. Wolff's Arbeiten bewiesen das letztere. Auf seine Arbeiten, welche erst 1812 ins Deutsche übertragen wurden, stützten sich alle folgenden Untersucher. Unter ihnen sind vor Allem zwei Schüler Döllinger's zu nennen: Pander, der Begründer der Lehre von den Keimblättern (1817) und K. E. v. Baer (schon p. 587 als Entdecker des Ovulum genannt), der Ausbilder derselben und zugleich Schöpfer der vergleichenden Entwicklungslehre (1819—1834). Schwann's Zellenlehre (1838) vertiefte die Studien über die Entwicklung, namentlich über die Furchung, beträchtlich, namentlich nachdem die Zellnatur des Ovulum durch die Entdeckung des Keimbläschens und Keimflecks (p. 587) festgestellt war. v. Siebold, Bischoff, Reichert, Kölliker und Remak, deren Arbeiten auch in allen speciellen Puncten für die Entwicklungsgeschichte von grösster Bedeutung waren, zeigten, dass die Furchung eine wahre Zelltheilung ist, und dass die von Schwann angenommene freie Zellbildung nicht existirt. Eine besondere Richtung erhielt in neuester Zeit die Entwicklungsgeschichte unter dem Einfluss der Theorie von Ch. Darwin (1859), durch den von Häckel 1875 aufgestellten Satz von der Uebereinstimmung der individuellen und der Stammesentwicklung, welcher namentlich auf die vergleichende Entwicklungsgeschichte und auf die Theorie der Keimblätter bedeutend eingewirkt hat.

1. Allgemeines.

Die Entwicklung der Eier geschieht in den meisten Fällen ausserhalb des mütterlichen Organismus, in den verschiedensten dazu geeigneten Localitäten. In den meisten Fällen ist eine bestimmte Temperatur für die Entwicklung erforderlich, welche theils durch die zum Legen gewählte Localität gegeben ist, theils durch Benutzung der Sonnenwärme erreicht wird, theils endlich durch die elterlichen Organismen mit ihrer Körpertemperatur unterhalten wird, indem sie mit ihrem Körper die Eier bedecken (Brütung); sie kann auch künstlich ersetzt werden (künstliche Brütung). Die zweite Bedingung der Entwicklung ist der Zutritt von Sauerstoff. Der Verkehr mit der Atmosphäre oder dem gashaltigen Wasser geschieht durch die porösen Eihüllen hindurch, unter welchen bei grösseren Eiern ein respirirendes gefässreiches Organ sich entwickelt. Bei den im Uterus der Mutter sich entwickelnden Eiern tritt dies Organ behufs Athmung und Ernährung mit dem mütterlichen Blute in Diffusionsverkehr (s. unten sub 4. e).

Die Ausbildung des Eies zum vollkommenen, dem erzeugenden ähnlichen Organismus geschieht nicht immer in ununterbrochener Entwicklung. In gewissen Thierclassen bleibt die Entwicklung auf bestimmten Stufen längere Zeit stehen; auf diesen Entwicklungsstufen zeigt der Organismus häufig ganz ähnliche Functionen wie der entwickelte: willkürliche Bewegung, Nahrungsaufnahme und Verdauung etc.; man nennt diesen Zustand den Larvenzustand, das bekannteste Beispiel bietet die Metamorphose der Insecten. Selbst Zeugung, freilich meist nur ungeschlechtliche, kommt in solchen Larvenzuständen vor; in diesem Falle nennt man den Vorgang Generationswechsel. Da die Larven meist eine von dem fertigen Organismus völlig verschiedene Form haben und ihr Leben sich von dem eines ausgebildeten Thieres nicht unterscheidet, so sind zahlreiche Larven als besondere Thierarten beschrieben worden, ehe man ihre Entstehung und weitere Entwicklung kannte. Namentlich in den Fällen des Generationswechsels sind die Larven (hier auch Ammen genannt), da die Functionen eines fertigen Thieres selbst mit Einschluss der Vermehrung bei ihnen vorkommen, und ihre Form meist ausserordentlich von der Endform abweicht, lange Zeit für besondere Thierformen, ja für Thiere ganz verschiedener Klassen oder Ordnungen gehalten worden.

Der allgemeine Gang der Entwicklung ist stets der, dass die Eizelle durch Vermehrung eine immer grössere Anzahl von Zellen bildet, welche sich in Gruppen sondern, aus denen die einzelnen Organsysteme und Organe hervorgehen.

2. Die Furchung.

Der erste Entwicklungsact ist die fortschreitende Theilung der Eizelle, welche als **Furchung** bezeichnet wird. Bei den Säugethieren findet **totale** Furchung statt, bei den Eiern der Vögel, Reptilien und Fische dagegen nur **partielle**, d. h. es nimmt nicht der ganze Dotter an der Furchung Theil, sondern nur die das Keimbläschen enthaltende Partie desselben, der Hauptdotter (p. 593) oder **Bildungsdotter**. Der sich nicht furchende Nebendotter, welcher von den Grannlosazellen des Follikels herrührt, betheiligt sich nicht morphologisch, sondern nur durch Abgabe seiner chemischen Bestandtheile an den Embryo, am Aufbau des letzteren; man nennt ihn deshalb auch den **Nahrungsdotter**.

Bei Säugethieren beginnt die Furchung schon wenige Stunden nach dem Contact des Samens mit dem Ei, resp. dem Eindringen der Samenfäden in den Dotter, so dass das Ei erst auf einer späteren Entwicklungsstufe in den Uterus gelangt. Sie besteht in einer fortschreitenden Zelltheilung, bei welcher jede kugelige Zelle in zwei Halbkugeln zerfällt. Die Zelltheilung geht von einer Theilung des **Zellkernes** aus, und der erste Zellkern ist der in Folge der Befruchtung durch die Conjugation des Ei- und Spermakerns gebildete Furchungskern (p. 603). Die Furchung schreitet schnell vorwärts, und liefert zuletzt eine grosse Menge kleiner, kugeliger, stark lichtbrechender Zellen, welche zusammen ein maulbeerförmiges Aussehen haben.

Die Lage der ersten Furchungslinie ist bei manchen Eiern morphologisch präjudicirt. Beim Froschei z. B. kann man eine dunkle und eine helle Zone unterscheiden; die erstere stellt sich im Wasser stets nach oben, besonders schnell nach der Befruchtung. Nennt man die Mitten der beiden Zonen die Eipole, so stellen die beiden ersten Furchungslinien zwei zu einander senkrechte Meridiane, die dritte den Aequator dar. Ob und in wieweit abnorme Lagen des Eies einen modificirenden Einfluss auf die Orientirung der ersten Furchungslinien ausüben, ist noch streitig (Pflüger, Born u. A.). Die erste Furchungslinie, auf deren Lage bei manchen Eiern die Richtungskörper (p. 603) Einfluss haben sollen, bestimmt zugleich die Lage der späteren Embryonalaxe (Pflüger, Roux), und zwar fällt das

Kopfende in die grössere der beiden ersten Furchungshalbkugeln (Roux).

Die Dauer des Furchungsstadiums der Säugethiere ist nur für einige ungefähr angebbar: Meerschweinchen 3½, Kaninchen 4, Katze 7, Hund 11, Mensch, Wiederkäuer und Dickhäuter 10—12, Fuchs 14, Reh über 60 Tage (Reichert).

3. Die Anlage der Keimblätter und des Embryo.

Die Verwendung der durch die Furchung entstandenen Zellen zum Aufbau des Embryo beginnt mit einer Anlagerung des grössten Theils derselben an die Zona zur Bildung einer geschlossenen Membran, der Keimblase. Die durch jene Anlagerung sowie durch die Vergrösserung des Eies gebildete Höhle ist mit Flüssigkeit gefüllt oder enthält bei den Eiern mit Nahrungsdotter den letzteren. Indem nun ein Theil der Keimblasenwand sich verdickt und vom Reste der Keimblase in Gestalt eines länglichen Rohres abschnürt, entsteht der Embryo. Das Lumen des abgeschnürten Rohres ist das Darmlumen (der Darm ist anfangs gradgestreckt, und an beiden Enden geschlossen); die Wand desselben ist die Leibes- und Darmwand des Embryo, welche sich durch einen Spaltraum, die Anlage der Pleuroperitonealhöhle, von einander trennen; der abgeschnürte Rest der Keimblase heisst Nabelblase oder Dottersack, und die sich röhrenförmig ausziehende Communication derselben mit dem Darme, solange sie noch offen ist, Nabelgang oder Dottergang (Ductus vitello-intestinalis oder omphalo-entericus).

Die Keimblase besteht ursprünglich nur aus einer einzigen Zellschicht: dem äusseren Keimblatt oder Ectoderm; etwas später bildet sich unter derselben aus dem Reste der Furchungszellen eine zweite Schicht, zuerst nur im Bereich des Fruchthofes, d. h. der der späteren Embryonalwand entsprechenden Fläche, dann an der ganzen Fläche der Keimblase: das innere Keimblatt oder Entoderm. Endlich sieht man im Fruchthof als erste Anlage der Embryonalaxe einen Streifen, den Primitivstreifen, auftreten, und zwar durch eine Verdickung des Ectoderms; diese Verdickung entwickelt ein drittes, mittleres Keimblatt oder Mesoderm, welches

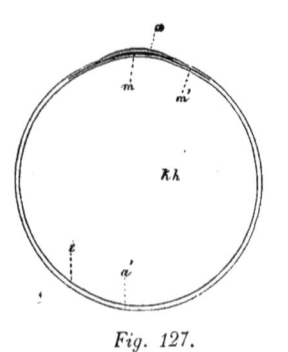

Fig. 127.
Die Zona ist weggelassen. *aa'* Ectoderm; *mm'* Mesoderm; *i* Entoderm: *h h* Hohlraum der Keimblase.

seiner Bildungsstätte aus immer weiter zwischen Ecto- und Entoherumwächst (dies Stadium stellt Fig. 127 dar), so dass endlich rosser Theil der Keimblase dreiblättrig ist. Das äussere Keimblatt ie Anlage des Nervensystems und der Sinnesorgane mit Einschluss äusseren Hautbedeckung, das innere die Anlage des Darmepithels seiner Fortsetzungen, der Darmdrüsenzellen, das mittlere endlich \nlage aller übrigen Organe, besonders des Bindegewebes und Knochen, der Muskeln, des Gefässsystems und der Geschlechtsie, und demgemäss sind die Keimblätter als **sensorielles tt, Darmdrüsenblatt, und motorisch-germinatives Blatt** chnet worden (Remak). Indess ist, da über manche Puncte eben angegebenen Abstammung noch Streit besteht, die unveriche Bezeichnung Ecto-, Ento- und Mesoderm (Kölliker) vorzun.

Aus den neueren Controversen über die Keimblätter mag Folgendes erwähnt n. Die neuere Entwicklung der Lehre von der natürlichen Züchtung (p. 589) ur Aufstellung des Gesetzes geführt (biogenetisches Grundgesetz, Haeckel), die embryonale Entwicklung des Thieres (Ontogenie) denselben Gang wiederden die selective Entwicklung der Thierform (Phylogenie) genommen hat. dieser Anschauung ist eins der ersten Embryonalstadien die sog. Gastrula, eine in sich selbst eingestülpte Blase, die also aus zwei am Rande verölzenen Keimblättern, einem äusseren und dem ihm anliegenden eingestülpten en besteht. Der umschlossene Hohlraum ist die Darmhöhle, der Eingang (von Umbiegungsrand umgeben) die Mundöffnung, also eine Form die viele niedere e bleibend haben. Zwischen diese beiden Blätter schiebt sich bei höheren en ein drittes (mittleres) Keimblatt ein, das durch Spaltbildung eine Rumpfbilden kann. Streitig ist nun hauptsächlich, ob auch der Wirbelthierembryo Gastrula darstellt, d. h. ob das äussere und innere Keimblatt am Rande des ithofs in einander umbiegen, oder ob sie durchweg gesondert sind, resp. jedes vollkommen herumgehende Schicht der Keimblase bildet, wie die ältere Lehre rstellt.

Der im Folgenden gegebene Abriss der Entwicklungsgeschichte im Wesentlichen der Darstellung von Remak, unter Berücksigung späterer Correcturen und Ergänzungen, wie sie namentlich Werke von Kölliker zu entnehmen sind.

4. Die Anlage der wichtigsten Organe.

a. Das Medullarrohr.

Der mittlere, dem Fruchthof entsprechende Theil des Ectoderms, eiden Seiten des Primitivstreifens, verdickt sich und bildet die ullarplatte, welche längs des Primitivstreifens eine anfangs

612　　　　　Hornblatt. Medullarrohr.

seichte Einfurchung, die Primitivrinne oder Rückenfurche (*rf* Fig. 128) besitzt. Diese Rinne wird immer tiefer, indem beide symmetrische

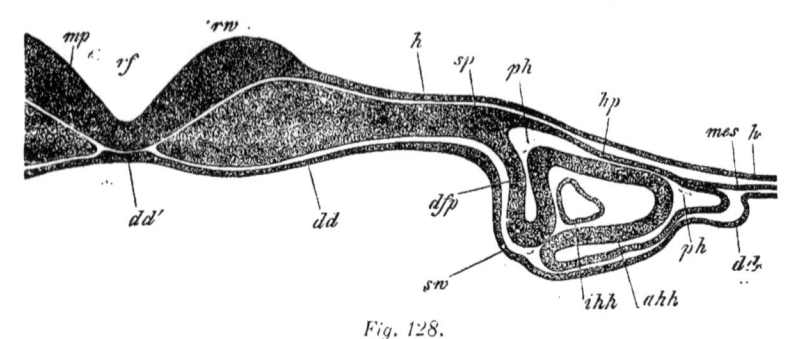

Fig. 128.

Querschnitt durch den vorderen Theil eines Kaninchenembryo vom 9. Tage, nach Kölliker. *mp* Medullarplatte; *rf* Rückenfurche; *rw* Rückenwulst; *h* Hornblatt, *sp* (Seitenplatte) und *mes* ungespaltene Theile des Mesoderms; *ph* Spalthöhle desselben, oder Parietalhöhle; *hp* Hautplatte; *dfp* Darmfaserplatte; *ahh* derjenige Theil derselben, welcher die äussere Herzhaut (Herzwand) bildet, *ihh* innere Herzhaut; *dd* Entoderm, *sw* Seitenwand des noch nicht abgeschnürten Vorderdarms oder Pharynx.

Hälften der Medullarplatte, die Rückenwülste (*rw*), sich gegen einander zusammenbiegen, den dünneren Theil des Ectoderms, das sog. Hornblatt (*h* Fig. 128—130), mit sich nehmend. Endlich vereinigen sich die Ränder der Rinne, so dass die Medullarplatte, vom Hornblatt sich

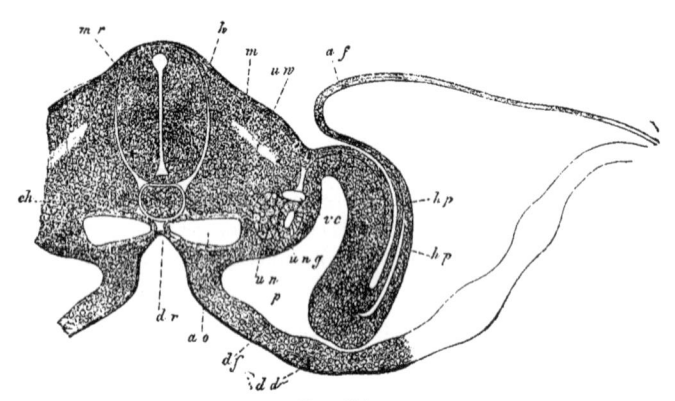

Fig. 129.

Querschnitt eines Hühnerembryo des 3 Brütungstages, nach Kölliker. *mr* Medullarrohr; *h* Hornblatt; *uw* Urwirbelplatte; *un* Urniere; *ung* Urnierengang; *ch* Chorda; *hp* Hautplatte; *df* Darmfaserplatte; der Uebergang zwischen beiden in der Gegend der Aorta *ao* und der Urniere ist die Mittelplatte; *p* Peritonealhöhle; *af* Amnionfalte *dr* Darmrinne; *dd* Entoderm, *vc* Vena cardinalis.

abschnürend, zu einem Medullarrohr (*mr* Fig. 129, *m* Fig. 130) wird. Dasselbe ist die Anlage von Rückenmark und Gehirn, sein Lumen der Centralcanal mit den Hirnventrikeln. Das vordere Ende (Gehirn) schwillt bald blasenförmig an (Fig. 130).

b. Das Wirbelsystem.

Im Mesoderm zeigt sich unter dem Primitivstreifen ein medianer
n, die Wirbelsaite, Chorda dorsalis (*ch* Fig. 129). Zu beiden
n derselben zeigen sich zwei längsverlaufende Platten, die Ur-
elplatten, welche sich durch Querlinien in eine Anzahl von
irbeln theilen. Der Rest des mittleren Keimblatts, soweit er
Fruchthof angehört, bildet die Seitenplatten. Die Urwirbel
n nach der Rückenseite die Spinalfortsätze empor, welche die oben
ochene Rohrbildung des Cerebrospinalorgans bewirken und schliess-
zwischen diesem und dem Hornblatt sich vereinigend, die Ab-
irung des Medullarrohrs vollenden und letzteres mit einer zuerst
gen Wirbelcanalanlage umschliessen. Nach innen dagegen um-
sen die Urwirbel die Chorda (vgl. Fig. 129 und 130). Ihre Sub-
wandelt sich in mannigfache Gebilde um, nämlich in die Wirbel
mit ihren Fortsätzen, den Rippen, ferner die zugehörigen Mus-
und die Rückenhaut. Die Wirbelkörper entstehen aus dem die
da umwachsenden Theil, jedoch so, dass in dem mittleren Quer-
itt jedes Urwirbels ein Intervertebralknorpel, und aus je zwei an
der grenzenden Hälften zweier Urwirbel ein bleibender Wirbel-
er entsteht (Remak).

c. Die Darm- und Rumpfwand.

In den Seitenplatten geschieht die bereits oben erwähnte Spal-
; der Embryonalwand in zwei Platten, eine innere, Darmfaser-
te *df* (Fig. 129) und eine äussere, Hautplatte oder Visceral-
te *hp*. Die Spalte bildet die Pleuroperitonealhöhle oder
etalhöhle, die inneren, ungespaltenen, allmählich in der Me-
inie auf der Bauchseite der Wirbelsäule zusammenrückenden Ränder
Seitenplatten bilden die Mittelplatten, die Anlage des Mesen-
um und der foetalen Harn- und Geschlechtsorgane. Die
eren entstehen als eine strangförmige Verdickung der Mittelplatten,
ne später hohl wird, nach Anderen als eine Ausstülpung der
roperitonealhöhle: der Wolff'sche Canal oder Urnierengang
); über dessen weitere Entwicklung und die übrigen urogenitalen
gen s. unten. Am Vorderdarm oder Schlund nähern sich die
lplatten weniger, so dass derselbe in ganzer Breite, ohne Mesen-
m, mit der Wirbelsäule in Verbindung bleibt (*ph*, Fig. 130).
Durch die Nabelabschnürung (p. 610) schliesst sich allmählich
loppelte Platte zu einem concentrisch doppelten Rohr, innen Darm-

rohr, aussen Leibesrohr; die Innenseite des Darmrohrs ist vom Entoderm ausgekleidet, welches die Anlage des Darmepithels bildet. Die Nabelabschnürung schreitet am Kopfe schneller vor, als an den Seiten und am Schwanz, so dass das Embryonalrohr eine Zeit lang pantoffel- oder schuhförmig aussieht (vgl. Fig. 131); der vordere, zuerst∙ abgeschnürte Darmtheil heisst auch Fovea cardiaca, wegen der Nähe des Herzens (s. unten). Kopf- und Schwanzende des Embryo sind stark gegen die Bauchseite gekrümmt.

Am Kopf- und Schwanzende des Darmes entsteht die Mund- und Afteröffnung, indem das Ectoderm eine Einbuchtung bildet, welche gegen das Entoderm durchbricht. Der am After liegende Darmtheil heisst Cloake, weil er zugleich die Mündung der fötalen Harnorgane enthält.

d. Das Gefässsystem.

Schon frühzeitig findet man um den birn- oder biscuitförmigen Fruchthof herum einen grösseren rundbegrenzten Bezirk der Keimblase mit einem Gefässnetz erfüllt, den Gefässhof (Area vasculosa); derselbe erstreckt sich soweit wie das Mesoderm. Der gefässlose Rest der Keimblase heisst Dotterhof (Area vitellina).

Die Gefässbildung gehört ausschliesslich dem Mesoderm, und zwar dessen innerer Schicht, d. h. im Embryo der Darmfaserplatte an; sie beginnt ausserhalb des Embryo, in der Area vasculosa (vgl. hierüber p. 194). Die Gefässe des Embryo selbst, oder wenigstens deren Endothelanlage, entstehen erst secundär durch Hineinsprossen von Fortsätzen aus dem Gefässhof.

Das Herz entsteht aus zwei symmetrischen Anlagen in der Gegend der Fovea cardiaca, indem hier jederseits die Darmfaserplatte (dfp, Fig. 128) eine longitudinale Falte (ahh) um ein vom Gefässhof hineingewachsenes Endothelrohr (ihh) herum bildet; die Convexität dieser Falte liegt in der Parietalhöhle (ph). Es entsteht so im Embryo jederseits ein longitudinales Gefässrohr in der Gegend des Mesenterium; dasselbe heisst längs der Wirbelsäule Aorta (ao, Fig. 129), der vordere Theil aber, welcher durch die Abschnürung der Fovea cardiaca an die Unterseite des Schlundes gelangt, bildet eine Hälfte des Herzens, und beide Hälften vereinigen sich, indem beide Parietalhöhlen auch hier (in ihrem nach unten umgebogenen Theile) gegen einander vorrücken (vgl. Fig. 130), zu einem einzigen Schlauche; auch die beiden Aorten vereinigen sich zu einer einzigen Aorta descendens; über die Aortenbögen s. unten sub f.

Ueber die Communication zwischen Herz und Area vasculosa ist
gendes zu bemerken. Seitlich entspringt von den Aorten eine Reihe
ι vertical abtretenden Arterien, welche auf der Darmfaserplatte

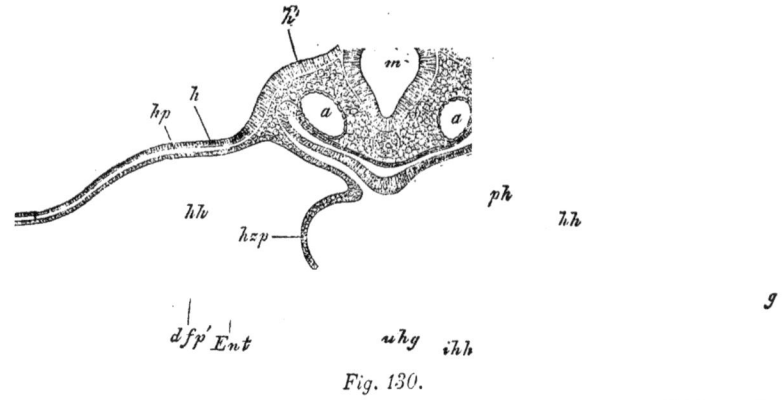

Fig. 130.

rschnitt durch die Herzgegend eines Hühnerembryo von ca. 40 Stunden, nach Kölliker. Die
len Herzanlagen sind hier durch Zusammenrücken, und Abschnürung des Pharynx, schon vereinigt
an die Bauchseite gerückt. *m* Medullarrohr; *h* Hornblatt; *ph* Pharynx; *aa* Aorten; *hp* Haut-
te; *hзp* Herzplatte; *ihh* innere Herzhaut mit noch vorhandenem Septum *s*; *dfp* Darmfaserplatte;
ɪ sog. unteres Herzgekröse; *hh* vorderer Theil der Parietalhöhle; *g* Gefässe der Area vasculosa;
Ent Entoderm (von dem ein Theil mit dem Pharynx abgeschnürt ist).

ch den Seiten verlaufen, die Abschnürungsfalte überschreiten und
f die Area vasculosa übergehen, mit deren arteriellem Netz com-
unicirend; diese Arterien heissen Arteriae omphalo-mesentericae (*a o*,
g. 131). Aus dem hinteren Herzende
entspringen mit einem kurzen gemein-
nen Stamm zwei Venenstämme, welche
ɪ nahe Abschnürungsfalte überschreitend
h ebenfalls auf der Area vasculosa ver-
eigen, die Venae omphalo-mesentericae (*vo*).
ide Verzweigungen communiciren durch
. kreisförmig die Area vasculosa be-
nzendes Gefäss, den Sinus terminalis (*s t*).
ǝ Gefässausbreitung der Area dient höchst
hrscheinlich zur ersten Athmung, sowie
: Ernährung des Embryo mittels der
der Keimblase befindlichen Stoffe; sie

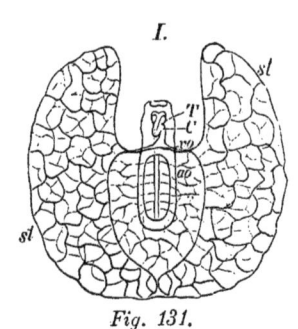

Fig. 131.
Gefässe der Area vasculosa.

windet um so früher, je weniger bedeutend der Inhalt der Keim-
se für die Ernährung ist (p. 610), und wird später durch die ähn-
hen Zwecke dienende Allantois ersetzt. Das Herz beginnt sofort
t seinem Entstehen rhythmisch zu pulsiren, so dass in den neuent-

standenen Gefässen die Blutkörperchen sofort eine freilich unregelmässige Wanderung antreten.

c Das Amnion, Chorion, die Allantois und die Placenta.

Indem der Embryo sich vergrössert, muss er in die Keimblase gleichsam einsinken, wobei die Hautplatten von allen Seiten rückwärts über den Embryo sich in Form einer Falte umbiegen, und schliesslich über demselben, vom Reste des Ectoderms sich abschnürend, zusammenwachsen (vgl. Fig. 129, 132, 133). Der Embryo liegt nun-

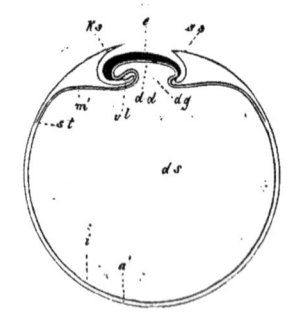

Fig. 132. 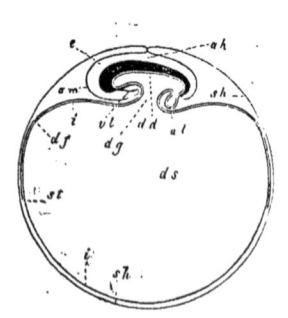   Fig. 133.

Längsschnitte durch das Ei nach Kölliker (Zona und Ectoderm weggelassen). *c* Embryo, in Abschnürung begriffen; *dd*, *i* Entoderm; *ds* Dottersack; *dg* Dottergang; *vl* vordere Leibeswand (Hautplatte), in die Kopfscheide *ks* des Amnion *am* umbiegend; *ss* Schwanzscheide des Amnion; *ah* Höhle desselben; *m'* Darmfaserplatte des Mesoderms, peripherischer Theil, bis zum Sinus terminalis *st* reichend; *sh* peripherischer Theil der Hautplatte, vom Amnion sich abschnürend, die sog. serose Hülle (später Chorion); *al* Allantois, beginnend.

mehr in einer häutigen, von einem entsprechenden Theile des Ectoderms ausgekleideten Scheide, der Schafhaut oder dem Amnion, welche am Nabel in die Haut der Embryo übergeht; dieser Theil, der sog. Stiel des Amnion, zieht sich später zu einem langen Rohre, der Scheide des Nabelstranges, aus (*as*, Fig. 126 und 135). Das Amnion ist mit einer serösen Flüssigkeit erfüllt, von welcher der Embryo demnach allseitig umgeben ist; sie enthält ausser den gewöhnlichen Transsudatbestandtheilen stickstoffhaltige Oxydationsproducte, welche von Haut und Nieren herstammen.

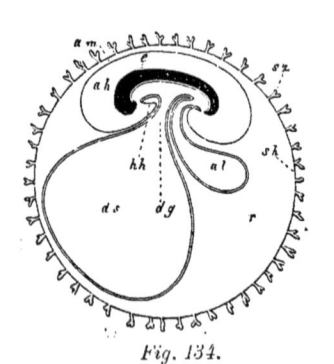

Nach Abschnürung vom Amnion bildet der Rest des peripherischen Theils des Hautblattes mit dem ihn bekleidenden ectodermalen Epithel (in Fig. 132 u. ff. nicht berücksichtigt) die sog. seröse Hülle. Die-

Fig. 134.

sz Chorionzotten; *hh* Herzhöhle, *r* Raum zwischen Amnion und seröser Hülle *sh*, der Deutlichkeit halber zu gross gezeichnet. Uebrige Buchstaben wie Fig. 133.

)e tritt an die Stelle der zu dieser Zeit verschwindenden ursprüng-
ien Eihaut, der Zona. Bald wächst sie an ihrer ganzen Oberfläche zu
den Zöttchen aus (*sz*, Fig. 134), und heisst von da ab Chorion.
Am hinteren Ende des Embryo bildet sich eine Ausstülpung des
:oderms in das Mesoderm, und zwar in die Darmfaserplatte des-
)en hinein, welche sackförmig mit ihrer Convexität in die Parietial-
ile hineinwächst, und durch die Abschnürung des Hinterdarms an
Unterseite des Embryo gelangt (*al*, Fig. 133, 134). Dieser mit
a Hinterdarm (Cloake) in Communication bleibende, mit Flüssigkeit
illte Sack, der Harnsack oder die Allantois, wächst mit seiner
ivexität alsbald in die äussere Fortsetzung der Parietalhöhle hinaus,
h. in den Raum zwischen Amnion und Nabelblase, und erreicht
lich das Chorion. Der im Embryo vor dem Hinterdarm liegende
eil der Allantois ist die spätere Harnblase, der verschmälerte,
ch den Nabel hindurchgehende (zwischen Amnionscheide und Nabel-
mgang liegende) röhrenförmige Stiel heisst Urachus. Der äussere
eil des Allantois gewinnt seine Bedeutung durch seine Gefässe. Mit
a Stiele der Allantois verlaufen zwei Arterien, welche von den
rtenenden entspringen, die Arteriae umbilicales; sie führen zu
em stark entwickelten Capillarsystem, dessen Schlingen in sämmt-
ie Chorionzotten (s. oben) hineinwuchern, während der Allantois-
k rasch abnimmt (vgl. Fig. 135). Jedoch erhält sich nur ein Theil
ser Vascularisation, nämlich an der Stelle, an welcher das Ei der
:ruswand anliegt; dieser Theil, dessen
:ten stark wuchern, heisst Chorion
indosum, der Rest, dessen Zotten
iwinden, Chorion laeve. Die Venen
· Allantois vereinigen sich zu der
paarigen Vena umbilicalis, wel-
:, wieder in dem Embryo eintretend,
die V. omphalo-mesenterica mündet,
l mit den Lebergefässen communi-
t; einen Ast sendet sie direct zur
na cava inferior (Ductus venosus
antii). Die stark entwickelten, die
fässe der Allantois tragenden Cho-
nzotten wachsen innig in die Uterin-
leimhaut hinein, in welcher sich an

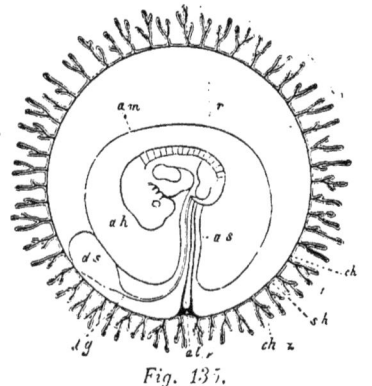

Fig. 135.

Längsansicht des Embryo im Ei *ch*, z Chorion mit seinen Zotten, in welche die Gefässe der im übrigen stark reducirten
Allantois *al* hineingewachsen sind; *as* röh-
renförmiger Stiel des Amnion. Das Uebrige
wie in Fig. 134.

der entsprechenden Stelle ganz ähnliche Capillarschlingen entwickeln. Beide zusammen bilden die Placenta (vgl. p. 604), in welcher ein Diffusionsverkehr zwischen foetalem und mütterlichem Blute behufs der Athmung und Ernährung stattfindet; das Blut der Nabelvene muss daher heller sein, als das der Nabelarterien, ganz wie später sich Lungenarterien- und Lungenvenenblut verhalten. Der Dottersack mit der Area vasculosa verliert jetzt seine Bedeutung und schrumpft sammt ihren Gefässen und dem Dottergang zu einem dünnen Gebilde zusammen, dessen Endbläschen sich am Amnion nahe der Placenta findet (vgl. Fig. 126 und 135). Auch die Allantois schwindet wie schon erwähnt beim Säugethiere bis auf ihre Gefässe und die Placenta (vgl. Fig. 135); nur der im Embryo bleibende Harnblasentheil persistirt blasenförmig, durch den strangförmigen Urachus zeitlebens mit dem Nabel verbunden. Die nicht an der Placentabildung betheiligten Chorionzotten vergehen, und das Chorion wird an seinem freien Theile glatt (Chorion laeve, Fig. 126).

Der Nabelstrang besteht ursprünglich aus den von dem Amnionstiel (s. oben) umhüllten Dottergang und Urachus, von denen aber bald nur die Umbilicalgefässe als wesentlicher Theil übrig bleiben; diese bleiben, in ein schleimiges Bindegewebe (Wharton'sche Sulze) eingebettet, vom Amnionstiel umhüllt.

Gewisse niedere Säugethiere (Marsupialien, Monotremen) haben keine Placenta, sondern das Ei liegt frei im Uterus. Ferner giebt es zahlreiche Säugethiere, deren Chorionzotten in sich entwickelnden Gruben der Uterinschleimhaut stecken und bei der Geburt ohne Blutung sich herausziehen; diese Verbindungen sind entweder diffus über einen grossen Theil oder das ganze Ei vertheilt (Dickhäuter, Einhufer u. A.), oder in Gruppen (Cotyledonen) angeordnet, welche bestimmten, persistirenden Placentarstellen (Carunkeln) des Uterus entsprechen (Wiederkäuer). Bei vielen Säugethieren und beim Menschen ist endlich die Verbindung der Placenta foetalis und uterina so untrennbar, dass letztere bei der Geburt sich unter Blutung vom Uterus mit ablöst (Mammalia deciduata). Jedoch ist die Placenta nicht immer wie beim Menschen scheibenförmig, sondern geht bei Manchen gürtelförmig um die Mitte des Eies herum und hat dann auch in dem röhrenförmigen Uterus eine gürtelförmige Anheftung (z. B. beim Hunde).

f. Die Leibeswand und die Extremitäten.

Unterhalb des nach vorn umgebogenen Vorderhirns und der Mundöffnung bricht die Schlundhöhle an jeder Seite in Gestalt von 4 parallelen Spalten, den Kiemenspalten, nach aussen durch die Hautplatten durch; zwischen diesen Spalten verdickt sich von hinten nach vorn die Schlundwand (Hautplatte) und bildet die Kiemen- oder

albögen (vgl. unten Fig. 140), an deren Innenseite je ein
 bogen verläuft; diese Aortenbögen bilden jederseits die Ver-
 zwischen der vorn gelegenen Herzaorta und der hinten ge-
Aorta descendens (vgl. p. 614). Auch die übrige Leibeswand
von den Urwirbelplatten her eine in die Hautplatten hinein-
nde Verdickung, welche als Visceralplatte bezeichnet wird.
e Extremitäten entstehen als massive Auswüchse der Haut-
, welche sich später gliedern. Die Schwanzbildung als Ende
·belsäule ist auch beim menschlichen Embryo als anfangs freier
z vorhanden (vgl. Fig. 140).

5. Speciellere Ausbildung der einzelnen Organe.

n der speciellen Entwicklung der Organe können hier nur die
üge kurz angegeben werden. Besonders die histologische
klung wird hier gänzlich übergangen.

a. Das Nervensystem und die Sinnesorgane.

as Medullarrohr, dessen Lumen sich durch Wandverdickung
mehr verengt, zeigt schon sehr früh an dem blasigen Hirnende
uerfurchen, wodurch drei Hirnblasen entstehen. Dieselben
als Vorder-, Mittel- und Hinterhirn bezeichnet. Das
hirn bildet nach den Seiten
lasigen, später gestielten Aus-
die primäre Augenblase:
wächst es nach vorn in Ge-
iner Blase aus, welche sich
median theilt und als se-
res Vorderhirn bezeichnet
der Rest des ursprünglichen
hirns heisst nunmehr Zwi-
hirn (vgl. Fig. 136). Auch
nterhirn gliedert sich in zwei
lungen: die vordere heisst
äres Hinterhirn, die
Nachhirn. Die secundären

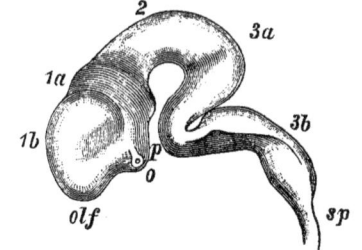

Fig. 136.
Gehirn eines 7 Wochen alten menschlichen
Embryo nach Mihalkowics.
1a primäres Vorderhirn oder Zwischenhirn;
o Sehnerv; 1b secundäres Vorderhirn (Grosshirnhemisphäre mit dem Riechlappen olf),
2 Mittelhirn und Scheitelbeuge; 3a secundäres
Hinterhirn (Kleinhirn); p Brücke und Brückenbeuge; 3b Nachhirn (verlängertes Mark); sp
Rückenmark.

hirnblasen, welche beim Menschen alle übrigen überwachsen,
die Grosshirnhemisphären mit den Riechlappen, dem Balken etc.,
öhlungen die Seitenventrikel. Das Zwischenhirn bildet basal
ber cinereum, den Trichter und das Chiasma, lateral die Thalami,

620　　　　　　　　　　Gehirn. Auge.

dorsal die hintere Commissur und die Zirbel; seine Höhlung ist der sog. dritte Ventrikel, welcher durch die Foramina Monroi mit den Seitenventrikeln communicirt. Die Mittelhirnhöhle ist der Aquaeductus Sylvii, seine Wand die Vierhügel. Die Höhle des Hinterhirns ist der vierte Ventrikel, die Wand ist am secundären Hinterhirn: basal Brücke, dorsal Kleinhirn; am Nachhirn: basal verlängertes Mark, dorsal die sog. Deckmembran. Der Rest des Medullarrohrs ist das Rückenmark mit dem Centralcanal.

Durch relativ starkes Längenwachsthum nimmt das Gehirn eine S-förmige Krümmung an, indem eine dorsale Umknickung am Mittelhirn, die **Scheitelbeuge**, und eine basale am secundären Hinterhirn, die **Brückenbeuge**, entsteht (vgl. Fig. 136).

Die **peripherischen Nerven** und ihre **Spinalganglien** sprossen aus dem Centralnervensystem hervor, und wachsen in das Mesoderm hinein, welches seinerseits die bindegewebigen Scheiden, vielleicht auch die Markscheiden, liefert.

Von der Entstehung des **Auges** ist folgendes das Wichtigste. In die primäre Augenblase (s. oben) stülpt sich von vorn eine blasige Ausbuchtung der Hautbedeckung (Meso- und Ectoderm) hinein, welche

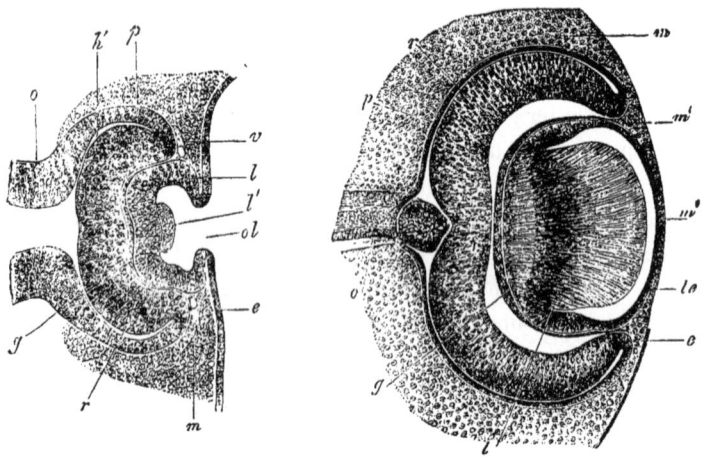

Fig. 137.　　　　　　　　　*Fig. 138.*

Zwei Horizontalschnitte durch das Auge des Kaninchenembryo vom 12. und vom 14. Tage. *o* Stiel der Augenblase, Opticus; *p* hintere Lamelle derselben, in Fig. 138 schon zur Pigmentschicht entwickelt; *r* vordere Lamelle oder Retina; *h'* Höhlung zwischen beiden Lamellen; *m* Mesodermhülle des Auges; *m'* Uebergang derselben in die als Glaskörperanlage *g* eingestülpte Partie; *m''* Anlage der Pupillarhaut und Cornea; *l* Linseneinstülpung des Ectoderms *e* (letzteres in Fig. 138 nicht vollständig erhalten); *le* vorderer dünner Theil der Linsenblase oder Epithel der Linsenkapsel; *l'* warzenförmige Anlage in der Linseneinstülpung.

sich von der Haut völlig abschnürt; die abgeschnürte Ectodermblase (vgl. Fig. 137 und 138) ist die Anlage der **Linse**, die umgebenden

mlagen sind die Anlage der Membrana pupillaris, der Iris
; Glaskörpers. Unter dem Einfluss dieser Einstülpung findet
ı eine Zurückstülpung der primären Augenblase in sich selbst
wodurch dieselbe in die sog. secundäre Augenblase umge-
wird. Dieser Vorgang (den man sich an einem dünnwandigen
ukballon, an den ein weiter Kautschukschlauch angefügt ist,
baulichen kann) ist folgender: Die Blase stülpt sich sammt
Stiele von unten nach oben in sich selber ein, und schliesst
nn, wiederum sammt dem Stiele, in sich selber zusammen, so
i, indem die unten entstandene Fuge verwächst, einen nach
fenen Becher, und der Stiel ein doppeltes Rohr darstellt. Die
oder innere Lamelle des Bechers wird zur Netzhaut, mit
uss des Pigmentepithels und hängt mit dem inneren Rohr des
zusammen; diese Theile sind die ursprünglich untere Hälfte
mären Augenblase und ihres Stieles; die hintere oder äussere
: der secundären Augenblase wird dagegen zum Pigment-
l. Der Stiel, dessen Lumen bald verschwindet, ist die Anlage
hnerven, in welchem jedoch die eigentlichen Opticusfasern
iter, anscheinend vom Gehirn hineinwachsend, auftreten. Cho-
ı, Sclera und Cornea entstehen aus den das Auge allseitig
nden Mesodermlagen.

n der Entstehung des Ohres kann hier nur erwähnt werden,
ch hier eine sich abschnürende Einstülpung des Ectoderms die
nlage des Labyrinths darstellt, welcher der Acusticus als ein
hs der hinteren Hirnblase entgegenwächst.

.s Geruchsorgan entsteht ebenfalls durch eine Einstülpung
oderms, welche sich jedoch nicht abschnürt. Die Bulbi olfac-
tstehen als blasige Auswüchse der vorderen Hirnblase.

ber die Entwicklung der äusseren Apparate an den Sinnes-
(Augenhöhlen, Gehörknöchelchen etc.) s. unten sub e.

). Der Darm, die anliegenden Drüsen und die Lungen.

r Darmcanal bildet zuerst eine einfache, nur in der Mitte,
Mesenterium am längsten ist, schwach geknickte Röhre. In
et sich in der Lebergegend eine bauchige Erweiterung, die An-
s Magens (e, Fig. 140), welcher später durch Drehung seine
le Querlage einnimmt und dadurch einen Fundus und die beiden
ren erhält. Durch Verlängerung des Darmrohrs und gleich-
Verlängerung des Mesenteriums bilden sich dann die Dünn-

darmschlingen und die Dickdarmkrümmungen. Das im Embryo liegende Stück des Ductus omph.-mesent. reisst am Nabel ab und bildet einen rudimentären Anhang des unteren Ileumtheiles.

Ueber die Ausbildung der Mund- und Rachenhöhle s. unten sub e.

Die in den Darm mündenden micro- und macroscopischen Drüsen entstehen sämmtlich durch Ausstülpungen des Entoderms oder Darmepithels in die Darmfaserplatte hinein, wodurch die zellige Anlage der Drüsen gebildet wird, während das Mesoderm die bindegewebige und gefässhaltige Umhüllung liefert. Geht die Ausstülpung so weit, dass auch die Darmfaserplatte selbst vorgestülpt wird, wie bei allen grösseren Drüsen, so muss die ausgestülpte Darmwand offenbar in die Pleuroperitonealhöhle hineinwuchern, in welcher in der That alle in den Darm mündenden Drüsen (vom Peritoneum überzogen) liegen, wie die Leber und das Pancreas. Die Speicheldrüsen bleiben in die Masse des Mesoderms eingelagert.

Die Leber entsteht durch Ausstülpung zweier hohler Fortsätze (primitive Lebergänge) von der Vorderdarmwand, dicht oberhalb des Nabels; die feinsten Zweigchen bilden das vielfach verschlungene Netzwerk der Lebercanälchen, deren innige Verflechtung mit den Gefässen das Parenchym der Leberinseln darstellt; die gröberen Canäle sind die Gallencanäle; eine Ausstülpung des einen primitiven Ganges bildet die Gallenblase. Die Leber umwächst den Stamm der V. omphalo-mesenterica (p. 615), welche mit ihren Gefässen Verbindungen eingeht; eine in sie mündende Darmvene, welche bestehen bleibt, bildet mit jenen Verbindungen später die Pfortader. Ueber die Verbindung mit der Nabelvene s. p. 617.

Auch die Lungen entstehen als paarige Darmdrüsen, und zwar als Ausbuchtung der ventralen Wand des Vorderdarms, oberhalb des Herzens, welche in die Pleuroperitonealhöhle hineinwächst; das gablige Mündungsrohr, welches demnach mit dem Pharynx zusammenhängt, entwickelt sich zu Luftröhre und Kehlkopf.

Die bisher genannten Drüsen sind offen bleibende Ausstülpungen des Entoderms. Einige andere entstehen dagegen durch Ausstülpung und Abschnürung und haben daher keinen Ausführungsgang. Die Schilddrüse entsteht als blasige Ausstülpung der ventralen Wand des Vorderdarms, welche sich abschnürt, dann durch weitere Ein- und Abschnürung in zwei symmetrische Höhlen theilt, die nun ihrerseits neue sich abschnürende Höhlchen bilden. Die Thymusdrüse entsteht, indem die Aortenbögen sich von der Innenseite der Visceralbögen (p. 619) zurückziehen und das Entoderm nach innen mitnehmen und dadurch die Kiemenspalten vertiefen. Durch den aussen erfolgenden Schluss der Kiemenspalten (s. unten) und durch die innen erfolgende Abschnürung vom Darmrohr bildet nun das Entoderm jederseits zwei der 3. und 4. Kiemenspalte entsprechende geschlossene Säckchen, welche sich durch weitere Ausbuchtung und spätere Vereinigung zur Thymusdrüse entwickeln.

Die übrigen Drüsen ohne Ausführungsgang, wie Milz, Lymphdrüsen und Nebennieren sind dagegen blosse Mesodermgebilde, ohne Betheiligung des Entoderms.

c. Das Gefässsystem.

Das Herz, anfangs ein grader medianer Schlauch (p. 614), ändert schon sehr frühzeitig seine Form so, dass das venöse (hintere, untere) Ende sich zum arteriellen aufbiegt, so dass das Ganze mit den Venenanfängen eine S förmige Gestalt annimmt (vgl. Fig. 131). Die Ursache hiervon liegt darin, dass eine Zeit lang die Aortenbogen nach hinten an Zahl zunehmen, während die vorderen schwinden; hierdurch wird das vordere Herzende nach hinten geschoben, während das Venenende seinen Platz behält. Es lassen sich jetzt drei Abtheilungen am Herzen erkennen, die hintereinander sich contrahiren, Venensinus (aus welchem später die beiden Auriculae sich ausstülpen), Kammer und Bulbus aortae. Jetzt bildet sich eine längsverlaufende Scheidewand, zuerst in der Kammer, später im Venensinus (unvollkommen), wodurch zwei getrennte Kammern und zwei durch das For. ovale communicirende Vorhöfe entstehen. — Von den drei zuletzt übrigen Aortenwurzelpaaren (3.—5.) liefert das vorderste die Carotiden, das zweite bildet links den bleibenden Aortenbogen, der zur ursprünglichen Aorta descendens führt und aus dem die Gefässe des ersten Paares entspringen; sein rechter Ast bildet die Subclavia dextra. Das dritte Paar giebt die Arteriae pulmonales ab; der rechte Bogen schwindet bis auf seine Pulmonalis, der linke bleibt mit der Aorta descendens verbunden, das Verbindungsstück ist der Ductus Botalli. Die Subclavia sinistra entspringt aus dem bleibenden Aortenbogen; daher ist nur rechts eine Anonyma vorhanden, gebildet aus einem Stück der rechten Aorta ascendens. Zur Erläuterung diene Fig. 139. Zuletzt theilt sich der Arterienbulbus so, dass der die Lungenarterien abgebende Abschnitt mit der rechten Kammer und der Rest (mit dem Aortenbogen) mit der linken verbunden ist. Noch aber kann alles Blut auch aus dem

Arterienstämme. Wolff'scher Körper. Niere.

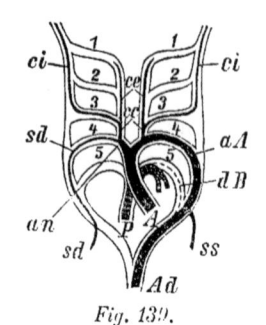

Fig. 139.

Metamorphose der Aortenbögen (1—5) nach Rathke. *A* Aorta; *P* Pulmonalarterie; *aA* bleibender arcus aortae; *Ad* Aorta descendens, *dB* ductus Botalli; *an* arteria anonyma; *sd* subclavia dextra; *ss* subclavia sinistra; *cc* carotis communis; *ce, ci* carotis ext. und int.

rechten Herzen in die Aorta gelangen, auch ohne vorher durch die Lungen zu fliessen, nämlich theils durch das For. ovale, theils durch den Ductus Botalli. Erst wenn die Lungenathmung begonnen hat, nach der Geburt, schliessen sich diese beiden Communicationen, so dass nunmehr das ganze Blut des rechten Herzens in die Lungen geführt wird. Zugleich schliessen sich jetzt die Nabelgefässe und der Ductus Arantii, indem sie sich in Ligamente umwandeln.

d. Die inneren Harn- und Geschlechtsorgane.

Die inneren Harnorgane entwickeln sich folgendermassen: Die ursprüngliche Anlage jederseits, der Wolff'sche Gang (p. 613), ist am Kopfende blind geschlossen und communicirt am Schwanzende mit dem Hinterdarm oder der Cloake. An der inneren Seite dieses Ganges entstehen nun eine Reihe querer, ursprünglich solider und später hohl werdender Zellbalken, welche vom Peritonealendothel her gegen den Wolff'schen Gang wachsen und schliesslich sich mit ihm vereinigen und in ihn münden (Kölliker). Diese Seitenzweige verlängern und krümmen sich, und erhalten an ihrem peritonealen Ende unter Verlust ihrer ursprünglichen Communication mit der Peritonealhöhle eine Kapsel mit Gefässknäuel von dem Bau der späteren Niere. So entsteht die Urniere oder der Wolff'sche Körper, ein langgestrecktes drüsiges Organ mit halbfiederförmig einmündenden geknäuelten Harncanälchen. Sein Secret ergiesst sich durch den Urnierengang in die Allantois nahe der Cloake.

Die bleibende Niere entsteht so (Kupffer), dass vom Schwanzende des Wolff'schen Ganges eine Ausstülpung röhrenförmig, parallel dem Urnierengang, in die Höhe wächst, die Anlage des Ureter; sich verästelnd entwickelt sie die später sich knäuelnden Harncanälchen, deren blasige Enden durch die gleichzeitig entstehenden Glomeruli in sich zurückgestülpt werden. Die Uretermündungen trennen sich später von den Mündungen der Wolff'schen Gänge.

Die inneren Geschlechtsorgane sind ursprünglich für beide

Geschlechter angelegt, und zwar nach den Einen neben einander, also hermaphroditisch, nach den Andern in einer einzigen indifferenten Anlage.

. Sicher ist zunächst, dass in einem gewissen Stadium neben einander ein weibliches und ein männliches Gebilde bestehen, welche die Ausführungsgänge der Geschlechtsdrüsen darstellen. Den weiblichen Canal bilden die beiden Müller'schen Fäden oder Gänge, die in die Cloake (p. 614) münden; ihre unteren Enden vereinigen sich später zu einem gemeinsamen Hohlraum, Uterus mit Vagina, die unvereinigten Canäle sind die Tuben, die in der Nähe des Ovariums eine von Franzen umgebene wandständige Oeffnung erhalten und oberhalb derselben zu einem Bläschen verkümmern; beim männlichen Embryo verkümmern die ganzen Müller'schen Gänge, es bleibt nur das oberste Ende als „gestielte Hydatide" und das Vereinigungsstück als Uterus masculinus s. Vesicula prostatica zurück (E. H. Weber). Der männliche Canal wird von einem besonderen Sexualtheil (Waldeyer) des Wolff'schen Körpers dargestellt, dessen Stammcanal zum Vas deferens mit den Samenblasen wird, dessen verzweigter und sich vielfach schlängelnder Theil den Nebenhoden bildet, nach Einigen (s. unten) auch zur Hodenbildung beiträgt; beim weiblichen Embryo verkümmert der Sexualtheil des Wolff'schen Körpers zum Paroarium (Rosenmüller'sches Organ), der Stammcanal zum Lig. teres uteri. Der Urnierentheil des Wolff'schen Körpers verkümmert bei beiden Geschlechtern zur Parepididymis (Giraldés'sches Organ), resp. zum Paraparoarium (Waldeyer).

Eierstock und Hoden entwickeln sich in der Nähe der oberen Enden des Wolff'chen Organs. Nach der einen Ansicht (Waldeyer) haben beide völlig getrennte Anlagen; die weibliche Anlage ist folgende: das peritoneale Plattenendothel, welches die freie Oberfläche des Wolff'schen Ganges bekleidet, ist scharf abgegrenzt von einer Cylinderepithellage, welche dem medianen und dem lateralen Winkel desselben aufliegt; dieses ursprünglich, und bei vielen Thieren bleibend, zusammenhängende Keimepithel soll nun durch Hineinwachsen in das mittlere Keimblatt auf der medianen Seite den Eiern und Granulosazellen (s. unten), auf der lateralen dem Epithel des Müller'schen Ganges, also dem Tuben- und Uterusepithel zum Ursprung dienen, also weiblicher Natur sein. Dagegen ist der Hoden sammt seinen samenbildenden Zellen nach dieser Ansicht ein Abkömmling des Sexualtheils des Wolff'schen Körpers, dessen sich verlängernde und knäuelförmig sich schlängelnde Canäle in ein bindegewebiges Stroma hineinwachsen. Nach der älteren, immer noch vertretenen Ansicht dagegen geht sowohl Eierstock als Hoden aus der gleichen, ursprünglich indifferenten Anlage der Geschlechtsdrüse hervor, deren Zellen entweder zu folliculären Haufen sich abgrenzen (Eier mit Granulosazellen) oder zu geknäuelten Canälen (Hodencanälen mit indifferenten und samenkörperbildenden Zellen), die später mit dem Wolff'schen Körper (Nebenhoden, s. oben) in Communication treten. Die Geschlechtszellen selbst (Eier, resp. Spermatoblasten) lassen die Einen vom Keimepithel (s. oben) abstammen, Andere im Stroma der Keimdrüse selbst entstehen, noch Andere endlich leiten sie vom Keimepithel, die indifferenteren Granulosazellen und die entsprechenden Hodenzellen dagegen vom Wolff'schen Körper her.

Die Entwicklung der Ovula und der Follikel geschieht bei den Säugethieren und beim Menschen nach neueren Untersuchungen (Pflüger, His, Waldeyer, Koster u. A.) folgendermassen: Durch die gegenseitige Durchwachsung des Keimepithels (s. oben) und des Bindegewebes und durch Abschnürung von Theilen des ersteren entsteht ein cavernöses, von Zellen ganz erfülltes Röhrensystem in dem Ovarialstroma: die sog. Eischläuche (Valentin). Einzelne der Zellen zeichnen sich bald durch Grösse und Aussehen vor den übrigen aus, es sind die Eizellen (nach Pflüger Ureier, welche erst durch weitere Theilung die Eier bilden). Später schnüren sich die Schläuche zu Abtheilungen ab, deren jede eine, seltener mehrere Eizellen, umgeben von den kleineren Inhaltszellen (Granulosazellen) enthält; in diesen Abtheilungen, den Anlagen der Follikel, entsteht dann im Zellenlager eine mit Flüssigkeit erfüllte Höhle, welche ringsum vorschreitet und das Zellenlager in eine der Follikelwand anliegende (Membr. granulosa) und in eine mit dieser in Zusammenhang bleibende, das nunmehr wandständige Ei umgebende Zellschicht (Cumulus proligerus) theilt. Beim Reifen der Eier erhalten diese ihre Zona pellucida und den Nebendotter, beides wahrscheinlich Producte der dem Ei unmittelbar anliegenden Schicht von Granulosazellen (diese Schicht zeichnet sich durch Cylindergestalt der Zellen aus). Wo der Nebendotter aus Zellen besteht, sind dies durch die Zona eingewanderte Granulosazellen; beim Vogelei sind alle Granulosazellen eingewandert, und das Gelbe stellt den ganzen Follikel dar (p. 593).

Durch welche Einflüsse das Geschlecht des Embryo entschieden wird, ist noch völlig unbekannt, obgleich neuerdings die Frage experi-

Mund und Nase. Kiefergerüst. 627

mentell mit künstlicher Befruchtung bei Amphibien in Angriff genommen ist (Born, Pflüger).

e. Die äusseren Canalöffnungen und deren Anhangsapparate.

Die obere Darmöffnung (p. 614) bildet eine zwischen dem Schädel, d. h. der mesodermalen Umhüllung des Gehirns, und dem ersten Kiemenbogenpaar gelegene weite Höhle, welche die gemeinsame Mund- und Nasenhöhle darstellt (vgl. Fig. 140). Das erste Bogenpaar wird zum Unterkiefer nebst den angrenzenden Schädeltheilen, darunter auch Amboss und Hammer; dadurch, dass es ferner in den Raum der Mund- und Nasenhöhle zwei einander entgegenwachsende Aeste sendet, welche sich zum Oberkiefer und Gaumen entwickeln, wird eine Trennung der Mund- und Nasenhöhle bewerkstelligt (geschieht das Zusammenwachsen dieser Fortsätze nicht vollkommen, so entsteht Hasenscharte, Wolfsrachen etc.). Die Zunge entsteht als Auswuchs an der Innenseite des Unterkiefers. Den Gebilden des ersten Kiemenbogens wachsen vom Schädel her die Stirn- und Nasenfortsätze, die Nasenscheidewand etc. entgegen, wodurch die Augen- und Nasenhöhlen ihren Abschluss finden. Die Zahnsäckchen entstehen durch eine sich abschnürende Einstülpung des Ectoderms; auf die weitere Entwicklung kann hier nicht eingegangen werden. Das zweite Kiemenbogenpaar liefert den Steigbügel (neuerdings bestritten), den Proc. styloideus, das Lig. stylohyoideum und das kleine Horn des Zungenbeins; das dritte das grosse Horn und den Körper des letzteren. Die Kiemenspalten schliessen sich (vgl. auch p. 623).

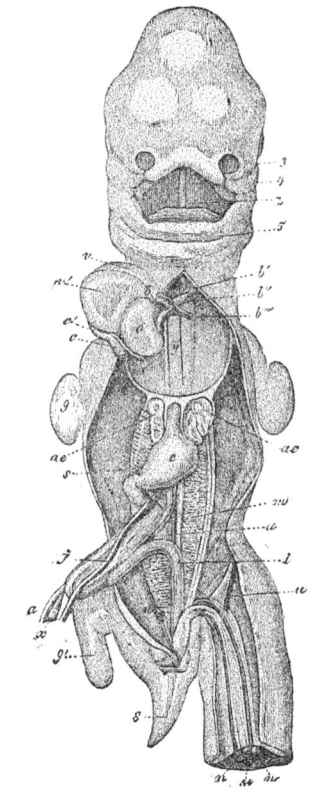

Fig. 140.
35tägiger menschlicher Embryo n. Coste. Brust und Bauch geöffnet; Leber entfernt. Der Nabelstrang geöffnet und die zum Dottersack gehörigen Theile desselben nach links hinübergelegt. 3 äusserer Nasenfortsatz; 4 Oberkieferfortsatz des 1. Kiemenbogens; 5 primitiver Unterkiefer; z Zunge; b Aortenbulbus; b' b'' b''' 1. bis 3. Aortenbogen; v v' rechte und linke Herzkammer; o' linkes Herzohr; c c' c'' obere Hohlvenen und Venensinus; a e Lunge; e Magen; j Vena omph.-mesent. sin; s deren Fortsetzung (spätere Pfortader); x Dottergang; o Art. omph.-mes. dextr.; i Enddarm; m Wolff'scher Körper; n Art. umbilicalis; u Vena umbilicalis; 8 Schwanz; 9 9' vordere und hintere Extremität.

40*

628 Aeussere Harn- und Geschlechtsorgane. Chronologisches.

Die **Cloakenöffnung** (p. 614) ist die gemeinsame Oeffnung für den Darm einerseits und für das Allantoisende andererseits. Das letztere enthält die Oeffnungen der Allantois selbst, d. h. der **Harnblase** (p. 617) mit den Ureteren, ferner der **Müller**'schen und **Wolff**schen Gänge, d. h. der inneren Geschlechtsorgane, und heisst daher **Sinus urogenitalis**. Dadurch, dass die Scheidewand zwischen Darm und Allantois in die Cloakenöffnung hervorwächst und das **Perinaeum** bildet, entsteht eine besondere **Afteröffnung** und eine vor ihr liegende **Oeffnung des Sinus urogenitalis**. Vor dieser letzteren entsteht ein länglicher Körper, welcher an der Unterseite eine Rinne trägt, die nach hinten in den Sinus urogenitalis ausläuft. Die Ränder dieser Rinne schliessen sich beim Manne, wodurch die canalförmige **Harnröhre** entsteht, die an der Spitze des länglichen Körpers, des **Penis**, mündet; den hinteren Theil der Harnröhre bildet der Sinus urogenitalis. Beim Weibe dagegen bleibt die Rinne offen, ihre Ränder wachsen zu den **kleinen Schamlippen** aus, und der Körper selbst wird zur **Clitoris**. Der Sinus urogenitalis aber verkürzt sich so, dass er nur noch eine Grube zwischen den kleinen Schamlippen bildet, in welche die Vagina und die Harnblase (als kurze Harnröhre) gesondert münden. Ferner liegen zu beiden Seiten der ursprünglichen Urogenitalöffnung zwei Hautwülste, welche beim Weibe die **grossen Schamlippen** bilden, beim Manne aber über dem hinteren Harnröhrentheil zum **Scrotum** zusammenwachsen und sich in einer persistirenden Nahtlinie (Raphe) schliessen. In das Scrotum steigen im 8. Monat die Hoden aus der Bauchhöhle durch den Leistencanal hinab (**Descensus testiculorum**), ein Vorgang, welcher in den anatomischen Lehrbüchern abgehandelt wird.

6. Chronologie der Embryonalentwicklung.

Bei weitem die meisten Untersuchungen über die Entwicklung betreffen die Eier von Thieren, und zwar unter den Wirbelthieren wegen der leichten Beschaffung hauptsächlich (aus den vier Hauptclassen) Lachs, Frosch, Hühnchen und Kaninchen. Die Chronologie ist für diese Thiere sehr genau bekannt. Vom Menschen sind aus der ersten Zeit der Eientwicklung, in welche grade die wichtigsten Vorgänge fallen, nur wenige Eier bekannt, welche durch Aborten oder Tod der Mutter zur Untersuchung kamen, aus der 1. Woche ist sogar kein einziges menschliches Ei bekannt. Aus den spärlichen vorhandenen Angaben lässt sich ungefähr entnehmen, dass die Furchung in der Mitte der 2. Woche beendet ist; in die 2. Woche (Eier 3—6 mm.) fällt anscheinend die Anlage der Keimblase und Keimblätter, ferner der Chorionzotten; in die 3. Woche (Eier bis etwa 15 mm., Embryo 4—6 mm.?) ein grosser Theil der Embryonalabschnürung, Beginn der Amnionbildung, vielleicht sogar Abschluss derselben, Anlage der Allantois, der Kiemenbögen, der Mundbucht, des Herzens und der Aorten; in die 4. Woche (Eier 15—30 mm., Embryo 6—12 mm.) Vollendung des Amnion, Auftreten der Sinnesblasen, der Extremitätenstummel, der Leber, des Pancreas, der Wolff'schen Körper; in der 5. und 6. Woche ist schon die Cloakenöffnung vorhanden, die Kiemenspalten zum Theil geschlossen, der Darm völlig abgeschnürt, der Magen entwickelt u. s. w., der bisher stark gekrümmte Embryo ist mehr gestreckt. Im 2. Monat entwickeln sich die Zahnsäckchen, die Zunge, die Milz u. s. w. Im 3. Monate ist die äussere Körperform schon sehr vollständig in allen Theilen ausgebildet, mit Ausnahme des Descensus testiculorum, der erst im 8. Monat stattfindet.

7. Die Entwicklungsvorgänge nach der Geburt.

Mit der Geburt sind weder die formellen, noch die functionellen Entwicklungsvorgänge abgeschlossen. Namentlich der Beginn des extrauterinen Lebens und die folgende Zeit bis zur Pubertät sind durch wichtige Entwicklungsvorgänge ausgezeichnet. In diesen Zeitraum (Säuglings- und Kindesalter) fällt die Entwicklung der Knochen, der ersten und zweiten Zähne (über beide Gewebsbildungsprocesse s. d. hist. Lehrbb.), das energischste Wachsthum, vor allem aber die Entwicklung der Seelenthätigkeiten, welche von der ersten niederen, dem Reflexe nahestehenden Stufe durch die Mannigfaltigkeit der äusseren Eindrücke (Erfahrung, Lernen) immer weiter sich ausbilden.

Beim Neugeborenen ist die Erregbarkeit der Muskeln und Nerven gering, die Zuckungscurve der Muskeln noch lang und die tetanisirende Reizfrequenz gering (p. 254). Das Grosshirn ist noch sehr unentwickelt (vgl. p. 429); ebenso haben die Hemmungsfasern des Vagus noch keinen Tonus (Soltmann), sind aber auf Reizung wirksam (v. Anrep, Langendorff).

Das Wachsthum ist die Zunahme in allen Dimensionen und im Gewichte des Körpers, bewirkt durch einen Ueberschuss der Einnahmen über die Ausgaben. Sämmtliche Gewebe und Körpertheile nehmen daran Theil, so dass im Allgemeinen die Proportionen des wachsenden Körpers erhalten bleiben; das Schema des Wachsthums ist hauptsächlich die Zunahme der Anzahl der gewebsbildenden Elemente, im Allgemeinen eine Wirkung der Zelltheilung, — weit weniger die Vergrösserung der bereits bestehenden; jedoch kommt auch diese als Wachsthumsmodus vor. Das gewöhnliche Maass für das Wachsthum ist die Längenzunahme des Körpers, und diese wiederum hauptsächlich an das Längenwachsthum der Knochen geknüpft, welches etwa bis zum 22. Lebensjahre dauert. — Das Wachsthum in anderen Dimensionen und die Gewichtszunahme dauert etwa bis zum 40. Jahre fort.

Eine Gewichtsabnahme kommt vor in den ersten Lebenstagen nach der Geburt; ferner nach dem 40.—50. Lebensjahre, woran sich etwa vom 50. Jahre ab eine Längenabnahme schliesst.

Man theilt gewöhnlich das Leben in folgende Zeitabschnitte (Lebensalter) ein:

Lebensalter.	Characteristik.	Dauer.
Säuglingsalter.	Bis zur ersten Dentition. Stärkstes Wachsthum (um etwa $^2/_3$ d. h. um ca. 20 cm.).	Bis zum 7.–9. Monat.
Kindesalter.	Bis zur zweiten Dentition. Wachsthum im 2. Jahre ca. 10, im 3. ca. 7, dann pro Jahr ca. $5^1/_2$ cm.	Bis zum 7. Jahre.
Knabenalter.	Bis zur Pubertät.	7.—14. Jahr.
Jünglingsalter.	Bis zum Abschluss des Längenwachsthums.	15.—22. Jahr.
Alter der Reife	Bis zur beginnenden Rückbildung (Involution beim Weibe).	22.—45. Jahr.
Alter der langsamen Rückbildung.	Späteres Mannes- und Greisenalter.	45. Jahr bis zum Ende.

Die mannigfachen senilen Rückbildungsprocesse werden, da die Grenze des Pathologischen nicht sicher zu ziehen ist, besser in pathologischen Werken behandelt.

8. Der Tod.

Bei allen Thierarten existirt eine ziemlich bestimmte Lebensgrenze, so dass man das Erlöschen der Functionen zum normalen typischen Entwicklungsgange der Organismen zählen muss. Die eigentliche Ursache des normalen oder physiologischen Todes ist aber ebenso unbekannt wie die der Pubertätsentwicklung oder irgend eines anderen typischen Processes. Bei niederen Thieren ist häufig der Tod an die Vollendung des Fortpflanzungsgeschäftes geknüpft. Beim Menschen gerade ist wegen der Mannigfaltigkeit der durch das Culturleben u. dgl. eingeführten Schädlichkeiten die eigentliche typische Altersgrenze nicht angebbar; der Marasmus senilis umfasst eine grosse Reihe pathologischer Erscheinungen von wenig regelmässigem Eintritt und Verlauf, welche zur Erklärung des Todeseintrittes nicht ausreichen. Es sind Fälle von nahezu 150 jähriger Lebensdauer festgestellt.

Bei weitem die meisten Leben endigen durch zufällige Schädigungen, bei welchen die unmittelbare Todesursache in vielen Fällen übersehbar ist, namentlich wenn Kreislauf oder Athmung, die beiden für das Leben des Warmblüters unentbehrlichsten Functionen, gestört werden. Jedoch lässt sich sehr häufig, namentlich bei pathologischen Processen, die unmittelbare Todesursache nicht angeben. Als Zeichen des eingetretenen Todes wird am besten der Herzstillstand betrachtet, weil dieser leicht constatirbar, und zugleich diejenige Leistungsunterbrechung ist, welche am sichersten alle übrigen nach sich zieht. Abkühlung, Todtenstarre sind Erscheinungen, welche erst längere Zeit nach dem Tode eintreten.

Der todte Körper fällt der Fäulniss anheim, falls nicht vorher Vertrocknung (Mumification) eintritt, wie z. B. in der Regel an sehr kleinen Thieren bei gewöhnlicher Luftbeschaffenheit. Die Fäulniss ist ein unter der Einwirkung von Organismen eintretender complicirter chemischer Process, bei welchem die organischen Bestandtheile einer langsamen Oxydation unterliegen, und specifische Producte, darunter gewisse Alkaloide (Ptomaine), entstehen. Da die Keime der Fäulnissorganismen beständig zum lebenden Körper Zutritt haben, so muss angenommen werden, dass der Kreislauf ihre Einwanderung und Vermehrung verhindert, zumal da einzelne Theile, deren Kreislauf unterbrochen ist, ebenfalls der Fäulniss (Gangrän) anheimfallen, wenn ihre Lage so ist, dass organische Keime aus der Atmosphäre eindringen können.

Sachregister.

(Bei den chemischen Körperbestandtheilen ist im Allgemeinen nur der Ort ihrer chemischen Besprechung, nicht die Stellen, die sich auf ihr Vorkommen beziehen, angegeben.)

Der Buchstabe N. verweist auf die Nachträge hinter dem Inhaltsverzeichniss.

Abbildung durch eine sphärische Fläche 503, durch mehrere 509, durch Linsen 513, im Auge 516.
Abdominaltypus der Athmung 116.
Abducens 407, 412.
Abführmittel 186.
Abklingen 494, 539, 545.
Absonderung 127; paralytische 136.
Absorption s. Gase und Aufsaugung.
Abwechselungen, Volta'sche 354.
Accelerans cordis 88.
Accessorius 406, 414.
Accommodation 518, 521; des Ohrs 479.
Accommodationsphosphen 558.
Achromasie 530.
Acrylsäure 16.
Actionsströme des Muskels 278, 283, des Nerven 364, der Netzhaut 537, der Drüsen s. Secretionsstöme.
Acusticus 406, 414, 480, 483.
Adaptation 538.
Adenoidgewebe 191, 193.
Aderfigur, Purkinje'sche 535, 556.
Aderhaut s. Chorioidea.
Aderlass s. Blutentziehung.
Adipocire 216.
Aëroplethysmograph 118.
Aërotonometer 98.
Aesthesodic 387.
Aethal 20.
Aether, Wirkung auf Blut 43.
Aetherarten 18.
Aethylen-, Aethyliden-Milchsäure 15.
After 185, 400; Entstehung 614, 628; widernatürlicher 181.
Alanin 26, 27.
Albumin 34.
Albuminate 33; s. auch Eiweisskörper.
Albuminoide 35.
Albuminurie 155, N.

Alkohol, Wirkung auf Blut 43, auf den Stoffumsatz 209, auf die Temperatur 242.
Alkohole 17.
Alkophyr 32, 178.
Allantoin 28, 29.
Allantois 617, 628.
Allantursäure 29.
Alloxan, Alloxantin 24, 28.
Alternativen, Volta'sche 354.
Amboss s. Gehörknöchelchen.
Ameisensäure 14.
Ametropie 520, s. auch Optometrie.
Amide 23.
Amidosäuren 25, 27, 150.
Amine 21.
Ammenzustand 608.
Ammoniak 20; im Blute 100; Ausscheidung durch Athmung 102.
Amnion 616.
Amöboidbewegung 292.
Amphibien, Kreislauf 59.
Ampullen s. Labyrinth.
Amylnitrit 200.
Amyloid 36.
Amylum s. Stärke.
Anastomosis Jacobsonii 134, 465.
Anectase 112, 117.
Anelectrotonus s. Electrotonus.
Anfangszuckung 254.
Anhydride 18, 31.
Anisotropie 247, 249.
Anissäure, Anisursäure 17, 149.
Anklingen 493, 539.
Ansatzrohr 322.
Antialbumid 34.
Antiarin 87.
Antipepton 178.
Anus s. After.
Aortenbögen 614, 619, 623.

Aphasie 427.
Aplanasie 532.
Apnoe 101, 122, 124, 391.
Apomorphin 176.
Apperceptionszeit 443.
Arbeit, äussere, innere, negative 235; s. auch Muskelarbeit.
Area vasculosa 614.
Aromatische Verbindungen 13, 17.
Arrectores pili 160.
Arsenik, arsenige Säure 201, 209.
Arten, Entstehung 589.
Arterien 56, 68, 70; Innervation s. Gefässnerven.
Arterienpuls 68, 72.
Arterientöne 76.
Arthrodie 297.
Asche 11; Gehalt der Organe 13.
Asparagin 150, N.
Asparaginsäure 26, 150.
Asphyxie s. Erstickung.
Aspiratae 335.
Assimilation 11, 195.
Association 437, 445.
Associationssysteme 410.
Asthma 120.
Asymmetrie des Auges 533.
Astigmatismus 532, 533.
Ataxie 463.
Atelectase s. Anectase.
Athembewegungen 114, erste 123, 606, terminale 124, Innervation 121.
Athemnerven 122.
Athmung 94; innere 107, s. auch Muskelathmung; künstliche 101, 122; Gaswechselgrössen 212; Wirkung auf den Stoffumsatz 209, auf den Blutdruck 74, 76; im Ei 608.
Athmungsbedürfniss 94, 122.
Athmungscentra 122, 400, 416.
Athmungsgeräusche 120.
Athmungsorgane 111.
Atlas 305.
Atmograph 120.
Atmosphäre 94.
Atrioventricularklappen 61, 62.
Atropin 86, 159, 181, 524, 527.
Audiphon 473.
Aufrechtstehen 304.
Aufsaugung 186; Nerveneinfluss 190.
Auge 497; schematisches 500, reducirtes 516; facettirtes 500; Entstehung 620; Bewegung 559; Blutlauf 582.
Augenbewegungen 559.
Augenbrauen 586.
Augendrehpunct 559.
Augenleuchten 244, 527.
Augenlider 585.

Augenmaass 580.
Augenmuskeln 563.
Augenspiegel 528.
Auriculotemporalis 134.
Ausgaben des Körpers 202.
Auslösung 6, 339.
Automatie 400, 417.

Bäder 211, 240.
Bänderung, Fontana'sche 358.
Baldriansäure 14.
Balken 410, 425.
Barbitursäure 24.
Basis pedunculi 405.
Basstaubheit 489.
Bauchpresse 119.
Bauchspeichel s. Pancreassaft.
Becherzellen 145.
Befruchtung 529, 601, 603.
Begattung 601; Centrum im Rückenmark 390.
Bell'scher Lehrsatz 383.
Benzoësäure 17, 25, 149, 209.
Benzol 13, 148, 149.
Beobachtung 1.
Bernsteinsäure 16.
Beschleunigungsnerven 88.
Beuger und Strecker 265.
Bewegung, thierische 3, 244.
Bewegungsempfindungen 436, 484.
Bezoare 17.
Bicuspidalklappe 62.
Bienen, Parthenogenesis 592.
Bier 224.
Biesmilch s. Colostrum.
Bilanzversuche 202.
Bild, Bildpunct 505; s. auch Abbildung.
Bildungsdotter 609.
Bilicyanin 30.
Bilifuscin 30.
Biliphäin 30.
Biliprasin 30.
Bilirubin 30, 49, 142, N.
Biliverdin 30.
Bindegewebe 166.
Binocularsehen 566.
Biogenetisches Gesetz 611.
Blättermagen 176.
Blase s. Harnblase.
Blei 9.
Blemmatotrop 562.
Blickfeld 548.
Blinddarm 180.
Blut 40; Analyse 54; Bedeutung 55; Wirkung auf Glycogen 198; Entstehung 614; Erneuerung s. Blutbildung.

Blutbewegung 56; Entdeckung 57; Geschwindigkeit 75, 77, 79; Innervation 80; s. auch Hämodynamik.
Blutbildung 192; embryonale 614.
Blutdruck im Allgemeinen 67; im Herzen 64, 70; in Arterien 70, respiratorische Schwankungen 74; in Venen 76; in Capillaren 78; Einfluss auf das Herz 83
Blutentziehung 55, 80.
Blutfarbstoff s. Hämoglobin.
Blutgase 95, 101.
Blutgefässe s. Arterien, Venen, Capillaren, Blutbewegung, Gefässnerven, Entstehung 614, 623; Einfluss auf das Blut 52.
Blutgerinnung 40, 51, 52, N.
Blutkörperchen 41; rothe 42; farblose 50; Zählung 43; Erneuerung 192.
Blutkrystalle 45.
Blutkuchen 40.
Blutmenge 54; Einfluss auf den Blutdruck 71.
Blutplättchen 50.
Blutplasma 41, 51.
Blutserum 40, 42, 51, 53.
Blutstillung 42.
Blutströme, galvanische 53.
Blutströmung s. Blutbewegung.
Blutumlauf, Dauer 79.
Blutvertheilung 55, 89.
Bogengänge s. Labyrinth.
Brechact, Brechmittel s. Erbrechen.
Brechungsgesetze 503.
Brennlinien, Brennstrecke 532, 533.
Brennpuncte, Brennweiten 506, 510; des Auges 515.
Brenzcatechin 18, 149.
Brillen 520.
Brod 224.
Bronchialmuskeln 120.
Bronzed skin 165.
Brücke s. Varolsbrücke.
Brütung 608.
Brunner'sche Drüsen 145, 183.
Brunst 594, 597.
Brustdrüse 162, 594.
Brustkasten s. Thorax.
Bruststimme 326, 327.
Büschel, Haidinger'sche 557.
Butalanin 26.
Butlactinsäure 15.
Butter 162.
Butterfette 19.
Buttersäure 14, 184.
Butylchloral 150.

Calabargift s. Physostigmin.
Calcium 9.

Campher 150.
Calorimetrie 231.
Canäle, halbcirkelförmige s. Labyrinth.
Capacität, vitale 117; des Herzens 79.
Capillaren 56, 77, 557.
Caprinsäure 14.
Capronsäure 14.
Caprylsäure 14.
Caput gallinaginis 601.
Carbamid s. Harnstoff.
Carbaminsäure 23, 150.
Carbolsäure s. Phenol.
Carbonate 15', 100.
Cardia 175.
Cardinalpuncte 512, des Auges 514.
Cardiographie 66.
Cardiopneumatische Bewegung 119.
Carnin 29.
Carunkeln 618.
Casein 33, 34, 161.
Castraten 327, 599.
Catelectrotonus s. Electrotonus.
Caulosterin 17.
Cellulose 20; Verdauung 179, 184, N.
Centralorgane, nervöse 376, 410; Chemie 449; Entstehung 611, 619.
Centrirung, mangelhafte des Auges 534, 551.
Centrum ciliospinale, anospinale 400.
Cerebellum s. Kleinhirn.
Cerebrin 38.
Chalazen 594.
Charniergelenk 297.
Chenocholalsäure 16.
Cheyne-Stokes'sches Phänomen 125.
Chiasma opticum 408, 568.
Chinasäure 149.
Chinin 209, 242.
Chinolin 22, 29.
Chitin 39.
Chlor 9, 111.
Chloral 150.
Chloride 12.
Chlornatrium 12, 209.
Chloroform, Wirkung auf Blut 43, auf Muskeln 271.
Chlorwasserstoffsäure 12, 136.
Cholalsäure 16.
Choleinsäure s. Taurocholsäure.
Cholepyrrhin 30.
Cholesterin, Cholesterinsäure 17.
Choletelin 30.
Cholin 21.
Choloidinsäure 16.
Cholsäure s. Cholalsäure, Glycocholsäure.
Chondrigen, Chondrin 38.
Chorda dorsalis 613.
Chorda tympani 90, 134, 361, 465.

Sachregister. 635

Chorioidea 529, 582; Entstehung 621.
Chorion 617, 618.
Chromasie des Auges 530.
Chylus 190.
Chylusgefässe 187.
Chymus 180.
Ciliarmuskel 523.
Clitoris, Entstehung 628.
Cloake 614, 628.
Coecum 180.
Coitus s. Begattung.
Collagen 36, Verdauung 178.
Coliapsluft 117.
Collateralkreislauf 71.
Collectivsysteme 506, 513.
Colostrum 161.
Coma 440.
Combinationstöne 491.
Commissuren des Rückenmarks 379, 383, 398; des Gehirns 410; der Optici 408.
Complementärfarben s. Farbensehen.
Complementärluft 117.
Concavlinsen 513.
Congestion 449.
Conjugation 603.
Conjugirte Functe und Ebenen 505, 508.
Consonanten 335.
Consonanz 492.
Contraction s. Muskelcontraction; idiomusculäre 256, 283.
Contrasterscheinungen 553, 554.
Convexlinsen 513.
Coordination 398, 437.
Cornea s. Hornhaut.
Coronargefässe 62, 64, 83.
Corpora cavernosa s. Erection; quadrigemina s. Vierhügel.
Corpus callosum s. Balken.
Corpus luteum 595.
Corpus striatum s. Streifenhügel.
Corti'sches Organ 481; s. auch Schnecke.
Costaltypus der Athmung 116.
Cotyledonen 618.
Cowper'sche Drüsen 598.
Cretinismus 427.
Cruor 40.
Crusta phlogistica s. Speckhaut.
Cumulus proligerus 593, 626.
Curare 86, 200, 261, N.
Cuticularsubstanz 149.
Cyan 21.
Cyansäure 23, 150.
Cystin 26, 150, N.

Daltonismus s. Farbenblindheit.
Darm, Länge 168; Entstehung 610, 613, 621, 628.
Darmathmung 107.
Darmaufsaugung 186.
Darmbewegung 180.
Darmdrüsenblatt s. Keimblätter.
Darmfaserplatte 613.
Darmfisteln 181; Thiry'sche 145, 181.
Darmgase 185.
Darmkoth s. Koth.
Darmsaft 144; Wirkung 183.
Darmsteine 17.
Darmverdauung 181.
Darmzotten 187, 188.
Darwin'sche Theorie 7, 589, 607.
Decidua 596, 604, 618.
Degeneration, paralytische, der Muskeln 269, der Nerven 360, centrale 378; traumatische 360.
Dehnungscurven 246, 258.
Demarcationsstrom 274, 282, 362.
Depressor 92, 200.
Descensus testiculorum 628.
Dextrin 20.
Diabetes 154, 200.
Dialursäure 24.
Diapedesis 78.
Diastase 37.
Diastole 61; active 64.
Diathermansie der Augenmedien 540.
Dickdarm s. Darm.
Dicrotie 73.
Differentialrheotom 277.
Differenztöne 491.
Diffusion s. Aufsaugung, Endosmose, Gase.
Digestion s. Verdauung.
Digitalin 87.
Dilatator iridis s. Iris.
Dioptrie 513.
Diphthongen 335.
Discs 247.
Discus proligerus s. Cumulus.
Disdiaclasten 249.
Dispersivsysteme 506, 513.
Dissonanz 492.
Distanzschätzung 580.
Doppelbilder 573.
Dotter, Dotterhaut s. Ei.
Dottergang, Dottersack 610, 618.
Dotterkrystalle 33, 37.
Drehmomente 301, 564.
Drehschwindel 420, 463.
Dromograph, Dromometer 75.
Druck, intraocularer 564.
Druckfigur 558
Druckreizung 357.
Drucksinn 454, 456.
Drüsen 127, 128; Ströme 131, 283; s. auch Brunner'sche, Meibom'sche etc.

Drüsenmagen 176.
Ductus, Botalli 623; omphalo-entericus s. Nabel; thoracicus 191; venosus Arantii 617.
Dünndarm s. Darm.
Durst 218.
Dyslysin 16.
Dyspnoe 122, 209, 396.

Ectoderm 610.
Ei 591, 592, 603; Entdeckung 587; Entstehung 626; als Nahrung 224; s. auch Eilösung.
Ejaculation 601.
Eientwicklung s. Entwicklung.
Eierstock 587, 591, 593, 594; Entwicklung 625.
Eihäute s. Zona, Chorion, Amnion, Allantois.
Eikern 603.
Eilösung 594; Entdeckung 588.
Einschlafen s. Schlaf; sogenanntes der Glieder 357, 462.
Einschleichen in die Kette 348.
Eischläuche 628.
Eisen 9, 209, 223.
Eiterung 78.
Eiweissdrüsen 135, 466.
Eiweisskörper 32, 33, 215; Verdauung 177, 182, 184.
Eiweissverbrauch 204, 206, 222, 289.
Eiweisszufuhr 206.
Elain, Elainsäure s. Olein, Oleinsäure.
Elasticität der Gefässe 69, 71; der Muskeln 246, 259.
Elastin 36; Verdauung 179.
Electricität, thierische 3; Geschichtliches 273; Methodik 273; des Muskels 274; des Nerven 362; der Fische 374; — Wirkung auf Blut 43, auf Muskeln 261, auf Nerven 344, 347, auf das Gehirn 421, 428, auf das Auge 558, auf das Ohr 483, auf den Geschmack 467.
Electrotonus, am Muskel 261, 365; am Nerven 344, 364, N.
Elemente, chemische 9.
Embryo s. Entwicklung und Foetus.
Emmetropie 518.
Empfindlichkeit der Organe 452.
Empfindung s. Seelenthätigkeiten.
Empfindungen, excentrische 342.
Empfindungskreise, der Haut 458; der Netzhaut 549.
Emulsion 19.
Emydin 38.
Endolymphe 480.
Endosmose 130, 187.

Endscheibe 248.
Energie, Erhaltung der 5; specifische 342, 488, 544.
Entfernungsschätzung 580.
Entoderm 610.
Entwicklung 607, 629; Ströme N.
Entzündung 78, 229.
Enzyme 37, 179, 183.
Epiglottis s. Kehlkopf.
Epilepsie 429.
Epistropheus 305.
Erbrechen 176.
Erection 91, 599.
Erinnerung 436.
Erkennungszeit 443.
Ermüdung, allgemeine 438; der Muskeln 266, 289; der Nerven 359, N.; des Ohres 494; des Auges 538, 553.
Erregung 6.
Erregungsgesetz, allgemeines 347, 351; polares 261, 282, 350, 361.
Erstickung 94, 122.
Erstickungsblut 101.
Essen 168.
Essigsäure 14.
Euter 162.
Excremente s. Koth.
Excrete 127, 202.
Experiment 1.
Explosivae 335, 336.
Exspiration s. Athembewegungen.
Extremitäten, Entstehung 619.

Facialis 407, 413.
Faeces s. Koth.
Fädchenströmung 292.
Fäulniss 631.
Farbenblindheit 541.
Farbenmischung 541.
Farbensehen 540, 544, 566.
Farbstoffe 30.
Faserstoff s. Fibrin.
Faserzellen, contractile s. Muskeln, glatte.
Fenster, ovales 474; rundes 479.
Fermente 19, 36; zuckerbildendes der Leber 198; s. auch Enzyme.
Fernpunct 519.
Fernrohr 514, 551.
Fett, Fettgewebe 167, 205, 217.
Fettansatz, Fettbildung 204, 206, 215.
Fette 19; Verdauung 179, 182; Aufsaugung 188, 196; Nährwerth 207.
Fettgewebe s. Fett.
Fettsäuren 14.
Fettwachs s. Adipocire.
Fibrin 35, 41, 51.
Fibrinferment 51, N.
Fibringeneratoren 51, 53, 599.

Fibroin 36.
Fieber 217, 241.
Filtration 130.
Fische, Kreislauf 57; Schwimmblase 316; Stimme 328; electrische 374.
Fissura sterni 66.
Fisteln 129; Thiry'sche 145.
Fistelstimme 326, 328.
Fixiren 549, 565.
Flamme, manometrische 320.
Fleck, blinder 534, 548; gelber 537, 547.
Fleisch 223; s. auch Muskeln.
Fleischansatz 204, 206.
Fleischfresser 168.
Fleischmilchsäure 15.
Fleischprismen 247.
Flimmerbewegung 293.
Flimmern, paralytisches 269, 361.
Flotzmaul 160.
Flüstern 329, 330.
Fluor 9, 111.
Fluorcalcium 166.
Fluorescenz der Augenmedien 540.
Fluorwasserstoffsäure 12.
Foetus s. Entwicklung; Zustand der Lunge 112.
Follikel, lymphatische 188, 192; Graafsche s. Eierstock.
Formveränderung, thierische 3.
Fortpflanzung 3, 8, 587.
Fovea cardiaca 614.
Fovea centralis s. Netzhaut.
Frostgefühl 461.
Fruchtbarkeit 590.
Fruchthof 610.
Fundusdrüsen 137.
Fuss des Hirnschenkels 405.
Fussgelenke 308.
Furchung 609.
Furchungskern 603, 609.

Gähnen 122.
Gährungsmilchsäure 15.
Gänsehaut 160.
Galle 139; Wirkung 182, 183, 188.
Gallenblase 139, 143.
Gallenfarbstoffe 30, 139, 142.
Gallenfisteln 188.
Gallensäuren s. Cholalsäure, Glycocholsäure etc.; Wirkung auf Blut 43.
Galvanische Erscheinungen s. Electricität.
Gang s. Gehen.
Ganglien s. Spinalganglien, Gehirnganglien, Sympathicus.
Gangliengrau 411.
Ganglienzellen 379, 446.
Gase, Absorptionsgesetze 95; lockere Bindung 96; Wirkungen 110.

Gaspumpe 97.
Gasspannung, in Flüssigkeiten 96; im Blute 98, 101; in Geweben 108.
Gastrula 611.
Gaswechsel s. Athmung; Grössen 212.
Gaumen, Gaumensegel 171, 329, 337.
Gaumenbuchstaben 336.
Geburt 604.
Gedächtniss 436.
Gefässbildung 614, 623.
Gefässcentra 91, 400; 418.
Gefässe s. Blutgefässe, Lymphgefässe.
Gefässhof s. Area vasculosa.
Gefässnerven 89, 90, 269.
Gefühl 451.
Gehen 310.
Gehirn, Geschichtliches 376; Anatomisches 402; Physiologie 415; Chemie 448; Entstehung 612.
Gehirnbewegung 73, 450.
Gehirndruck 450.
Gehirnganglien 410, 431.
Gehirnnerven, Geschichtliches 377; Ursprung 405; Function 412.
Gehörgang 472.
Gehörknöchelchen 474; Entstehung 627.
Gehörorgan 471; Schutz 497; Entstehung 621, 627.
Geistesarbeit, Einfluss auf Stoffumsatz 211.
Gelbsucht 141.
Gelenke 296.
Gelenkschmiere s. Synovia.
Gemeingefühle 453.
Generatio spontanea s. Urzeugung.
Generationswechsel 608.
Genussmittel 226.
Geräusche 485; Wahrnehmung 493.
Gerbsäure 148.
Geruchsorgane, Geruchssinn 467, N.; Entstehung 621.
Geschlechter 591; Entstehung 626.
Geschlechtsreife s. Pubertät.
Geschlechtstheile, Entwicklung 624, 628.
Geschlechtstrieb 599.
Geschmack, electrischer 467.
Geschmacksorgan, Geschmackssinn 464.
Gesichtserscheinungen, subjective 553; entoptische 556.
Gesichtsfeld 547; Wettstreit 566.
Gesichtslinie s. Sehaxe.
Gesichtssinn 497.
Gesichtswinkel 426; s. auch Sehwinkel.
Getreidekörner 224.
Gewebssäfte, Gewebe 166.
Gewürze 219.
Ginglymus 297.
Giraldés'sches Organ 625.

Glanz, stereoscopischer 579.
Glaskörper s. Auge.
Gleichung, persönliche 440.
Glitschbewegung 292.
Globulin 34, 47, 50.
Globus pallidus 410.
Glomeruli s. Niere.
Glottis s. Kehlkopf.
Glossopharyngeus 91, 174, 406, 414, 465.
Glucoside 20, 38.
Glutaminsäure 26.
Glutin s. Leim.
Glyceride 19.
Glycerin 17, 199.
Glycerinphosphorsäure 19; s. a. Lecithin.
Glycin 25, 149, 150.
Glycocholsäure 25.
Glycocoll s. Glycin
Glycogen 20, 197, 198, 286, 287.
Glycolsäuren 14, 24.
Glycolursäure 24.
Glycolylharnstoff 24.
Glycosamin 38.
Glycoside s. Glucoside.
Glycuronsäure 150.
Granulosazellen 593, 626.
Graphik 2.
Grosshirn, Anatomisches 409; Entwicklung 619; Windungen 425; Physiologisches 424, N.
Grubengas 13, 102, 111, 184.
Gruppenbildung 85, 125, 439.
Guanidin 22, 29.
Guanin 29.
Guanogallensäure 17.
Gummi 20.
Gurgeln 121.
Gymnotus 374.

Haarbalgmuskeln 160.
Hämatin 31, 48, N.; eisenfreies 49; reducirtes 49.
Hämatoidin 49, 142.
Hämatokrystallin s. Hämoglobin.
Hämatoporphyrin 49, N.
Hämin 48, N.
Hämochromogen 49.
Hämodromometer 75.
Hämodynamik 67.
Hämoglobin 37, 44, 98, 142.
Hämotachometer 75.
Haftbänder 298.
Hagelschnüre 594.
Hahnentritt 593.
Haidinger'sche Büschel 557.
Halbvocale 335.
Hallucinationen 438, 558.
Halssympathicus 88, 89, 159, 447.

Hammer s. Gehörknöchelchen.
Harmonie 493.
Harn 146, 157; Absonderung 151; Entleerung 155.
Harnblase 155; Entstehung 617, 628.
Harncanälchen s. Niere.
Harnentleerung 155.
Harnfarbstoffe 31, 151.
Harngährung 147
Harnleiter 155.
Harnorgane, Entwicklung 617, 624, 628
Harnröhre 156; Entstehung 628
Harnsack s. Allantois.
Harnsäure 28, 151; Schicksal im Organismus 148.
Harnstoff 23, 28, 150; Entstehung, Ausscheidung 151, 154; als Maass des Stoffwechsels 204.
Haube (Wiederkäuermagen) 176.
Haube des Hirnschenkels 405.
Hauchen 121.
Hauptbrennpuncte, Hauptbrennweiten 510, 515.
Hauptpuncte, Hauptebenen 504, 508, 510; des Auges 515.
Hauptstrahl 505, 509.
Haushalt, thierischer 201.
Hautabsonderungen 157.
Hautathmung 107.
Hautempfindungen 452, 459.
Hautmuskeln, glatte 160
Hautplatten 613.
Hautreize, Einfluss auf Stoffumsatz 211.
Hautresorption 189
Hautströme 131, 280, 283
Hauttalg 160.
Hauttemperatur 229.
Helligkeit 538.
Hemialbumin, Hemialbumose 34, 178
Hemiopic 568.
Hemipepton 178.
Hemmungsbänder 299.
Hemmungsnerven 85, 125, 181.
Herbivoren s. Pflanzenfresser.
Hermaphroditismus 592, 625.
Herz 56, 58, 61; vergleichend Anatomisches 59; Entstehung 614, 623; Capacität 79, N.; Arbeitsgrösse 71; Innervation 80, 84, N.; Musculatur 59, 81; galvanisches Verhalten 281.
Herzen, accessorische 93.
Herzgifte 86.
Herznerven 80, 85, 88, 629, N.
Herzohr 63.
Herzstoss s. Spitzenstoss.
Herztöne 65.
Hexenmilch 162.
Hidrotsäure 158.

Hinterhirn 619.
Hippursäure 25, 149, 151.
Hirn s. Gehirn.
Hirnanhang 423.
Hitzegefühl 461.
Hoden 591, 598; Entwicklung 625.
Hodensack, Entstehung 628.
Höhlenflüssigkeiten 165, 189.
Höhlengrau 411.
Hören s. Gehörorgan.
Hörhaare 481, 488.
Hörrohr 473.
Hörschärfe 486.
Homöothermie 228.
Horn 36.
Hornabstossung 202.
Hornblatt 612.
Hornhaut 166, 500, 532; Nervenendigungen 461.
Horopter 568.
Hüftgelenk 298, 302, 306.
Hüftmusculatur 303.
Hülle, seröse 616.
Humor aqueus 500, 503, 583.
Hunger 218.
Hungern 204.
Husten 121, 126.
Hyalin 39.
Hydantoin, Hydantoinsäure 24.
Hydatide 625.
Hydrobilirubin 30, 49
Hydrochinon 149.
Hydrocele 165.
Hydrolytische Spaltungen und Fermente s. Spaltung, Fermente.
Hyocholalsäure 16
Hyperästhesie 394.
Hypermetropie 520.
Hypnotismus 440.
Hypoglossus 361, 406, 415.
Hypophysis 423
Hypoxanthin 29.

Ichthin 38.
Icterus 141.
Identität der Netzhäute s. Netzhaut.
Inanition 204
Indican, Indigblau 31, 149.
Indifferenzpunct 345, 367
Indol, Indolschwefelsäure 22, 30, 148, 183.
Inductionsströme, unipolare Inductionswirkungen 263, 353.
Inosinsäure 29.
Inosit 18.
Insectenaugen 500
Insel 427.
Inspiration s. Athembewegungen.

Intercostalmuskeln 114, 115.
Intervallempfindlichkeit 487
Involution 594, 630
Iris 521, 524; Verhalten bei Erstickung 123; directe Lichteinwirkung 263.
Irradiation 397, 438, 459, 555.
Isocholesterin 17.

Kälte, Wirkungen 239, 241, auf Muskeln 253, 263. auf Nerven 343, 358, auf Stoffumsatz 210.
Kältegefühl 459.
Käse 162.
Käsestoff s. Casein.
Kalium 9.
Kaltblüter 210, 212, 228, 229; als Experimentirobjecte 2; künstliche 242.
Kartoffeln 226.
Kauen 169.
Kehldeckel s Kehlkopf
Kehlkopf 121, 126, 171, 172, 322, N.; unterer der Vögel 328; passive Bewegungen 117, 171, 329.
Kehlkopfspiegel 324
Keimbläschen, Keimfleck s. Ei
Keimblätter 610.
Keimblase 610.
Keimdrüsen s. Eierstock, Hoden.
Keimepithel 625.
Keimscheibe 593
Keimzelle s. Ei.
Keratin 36.
Kieferbildung 627.
Kiefergelenk 169.
Kiemen 112.
Kiemenbögen, Kiemenspalten 618, 627.
Kiesel 9.
Kieselsäure 13.
Kinesodic 387.
Klang, Klangfarbe 318; Wahrnehmung 490.
Kleidung 240.
Kleinhirn 408, 420, 423.
Kniegelenk 299, 307.
Kniehöcker 409.
Knochengewebe 166.
Knochenleitung 471.
Knochenmark 193.
Knochenverbindungen 295.
Knorpelgewebe 166.
Knospung 591.
Knotenpuncte 505, 509, 511; des Auges 515.
Kochsalz s. Chlornatrium.
Körper, gelber 595.
Kohlehydrate 18, 20, 198, 207, 216.
Kohlenoxyd 46, 111.
Kohlensäure 15; im Blute 99; Wirkung

111, 124; Ausscheidung 106, 109, Mengen 212; als Maass des Stoffwechsels 204; s. auch Athmung.
Kohlenstoff 9, 203.
Kohlenwasserstoffe 13.
Kopfgelenke 305.
Kopfstimme s. Fistelstimme.
Kostmaass 221.
Koth 185, 223.
Kothentleerung 185.
Krämpfe bei Erstickung s. Erstickung.
Kraft, auslösende 6; lebendige 5; absolute des Muskels s. Muskelkraft; optische 513.
Krampfcentrum 417.
Kreatin 27.
Kreatinin 27.
Kreislauf s. Blutbewegung.
Kresol 149.
Kreuzung, im Rückenmark 382, 385; im Gehirn 403, 411, 428; s. auch Chiasma.
Kropf 176.
Krystalllinse s. Linse.
Kugelgelenke 297.
Kupfer 9.
Kurzsichtigkeit 520.
Kymographion 72.
Kynurensäure 29.
Kynurin 29.

Labdrüsen s. Fundusdrüsen.
Labferment 136, 179, 182.
Labmagen 176.
Labyrinth, des Ohrs 480, 483; der Nase 468.
Lachen 122.
Lackfarbenes Blut 43.
Ladung 139.
Längenschätzung 581.
Larven 608.
Laryngei s. Vagus.
Laryngoscop 324.
Latenzstadium, des Muskels 251, 252, 280; des Herzvagus 86
Laufen 313.
Leben 1; Erscheinungen 3
Lebensalter 630
Lebenskraft 4, 6.
Lebensrad 553.
Leber 140, 187, 197; Entstehung 622.
Lecithin 21, 37, 38.
Leerschlucken 173.
Legumin, Leguminosenfrüchte 225.
Leichenstarre s. Todtenstarre.
Leichenwachs 216.
Leim 36, 199; Verdauung 178, 182; Nährwerth 207.
Leimpepton 178.

Leimzucker s. Glycin.
Leistungen 227, 235; Einfluss auf Stoffumsatz 211.
Leitung im Nerven s. Nervenleitung.
Leitungsvermögen, doppelsinniges der Nerven 342; galvanisches, der Muskeln und Nerven 261, 362.
Leuchten, thierisches 3, 243; im Auge 244, 527.
Leucin 26, 150, 182.
Leucinsäure 15.
Leukämie 195.
Levator ani 185.
Licht, Einfluss auf Stoffumsatz 211; erregende Wirkung auf Muskeln 263, auf das Auge s. Netzhaut; s. auch Leuchten.
Lichtentwicklung s. Leuchten.
Lidschlag 585.
Lieberkühn'sche Drüsen 144, 183.
Lingualis 134, 361, 465.
Linse 500, 521, 533; Entstehung 620.
Linsen, Wirkung 512; schiefe Incidenz 532.
Linsenkern 410, 425, 431.
Lippenbuchstaben 335.
Liquidae 335, 336.
Liquor, pericardii, peritonei, pleurae 165; cerebrospinalis 165, 450; sanguinis 41, 51; lymphae 190; amnii 616; allantoidis 617.
Listing'sches Gesetz 560.
Lithium 9.
Lithofellinsäure 17.
Lobi optici 394, 398, 423.
Lochien 606.
Locomotionscentra 420.
Loupe 514, 551.
Luftdruck auf Gelenke 298.
Luftröhre 120.
Luftröhren s. Tracheen.
Luftwege 120.
Lungen 112, 117; Wärmebildung 238; Entstehung 622.
Lungenathmung 102, 105, 117.
Lungenentzündung s. Pneumonie.
Lungenkreislauf 56, 59, 71, 90, 114.
Luxusconsumption 214.
Lymphdrüsen 191, 192, 623.
Lymphe 165, 189, 190; Gasgehalt 108.
Lymphgefässe 187, 191, N
Lymphherzen 191.
Lymphkörperchen 50, 190.

Mästung 215.
Magen, Entstehung 621; Anhangsapparate 176; Selbstverdauung 179; Aufsaugung 179, 186; Ausschaltung 185

Sachregister.

Magenbewegung 175.
Magendrüsen 137.
Magenfisteln 129, 136.
Magensaft 136, 177.
Magenschleim 137.
Magenverdauung 177.
Magnesium 9.
Malonsäure 16.
Malopterurus 374.
Maltose 177.
Mandeln s. Tonsillen.
Manégebewegung s. Zwangsbewegungen.
Mangan 9.
Margarin 19.
Margarinsäure 14.
Mark, verlängertes, Anatomisches 402; Physiologie 415.
Mastdarm 186.
Maximumthermometer 228.
Medulla oblongata s. Mark.
Medullarplatte, Medullarrohr 611, 619.
Meibom'sche Drüsen 160, 586.
Melanin 31.
Membrana granulosa 593, 626.
Menstruation 594, 602.
Mercaptursäure 150.
Mesenterium, Entstehung 613.
Mesoderm 610.
Meta-Stellung 13.
Metallglanz 579.
Metamorphose, progressive und regressive 11; der Insecten 608.
Methan s. Grubengas.
Methylamin 21.
Methylhydantoinsäure 150.
Methyluramin 22.
Microcephalie 427.
Micropsie 580.
Micropyle 593.
Microscop 514, 551, 579.
Milch 160, 224; Absonderung 162; Verdauung 179, 182.
Milchdrüse 162, 594
Milchsäure 15, 18
Milchzucker 18.
Milz 193; Entstehung 623; Blut 50.
Minimalluft 117.
Mischfarben s. Farbensehen.
Mitbewegung, Mitempfindung 437, 438.
Mitralklappe 62.
Mittelhirn 408, 419.
Mittelplatten 613.
Mittelscheibe 248.
Molecularbewegung 292.
Molken 162.
Mouches volantes 556.
Mucin 35, 39, 135.
Müller'scher Gang 625.

Mundbildung 614, 627.
Mundhöhle, Saugkraft 169.
Mundschleim 133.
Mundtöne 331.
Mundverdauung 168.
Murexid 28
Muscarin 86
Muskelarbeit 260; Stoffverbrauch 211, 221, 287.
Muskelathmung 286.
Muskelcontraction 248; anhaltende 254; Fortleitung 256; Grösse 258; Arbeit 260; Theorie 289.
Muskelgefässe, Innervation 91, 269.
Muskelgefühl 267, 463.
Muskelgeräusch 255.
Muskelirritabilität 245, 260
Muskelkraft 257, 301.
Muskeln 244; Geschichtliches 245; quergestreifte 245, 247; rothe und weisse 253, 265; Chemie 284; glatte 290; schräggestreifte 245; Sensibilität 267; Degeneration 269; Absterben 268.
Muskelplasma, Muskelserum 284.
Muskelreize 260, 264.
Muskelstarre s. Todtenstarre.
Muskelstrom 274; am Menschen 280.
Muskelton 255.
Muskeltonus 400.
Muskelwirkung 300.
Muskelzuckung 249.
Mutation 327.
Mutterkuchen s. Placenta.
Mydriatica 526.
Myographion 249
Myopie 520.
Myosin 35, 271, 286
Myotica 527.

Nabel, Nabelblase, Nabelgang 610, 618.
Nabelgefässe, Nabelstrang 617.
Nachbilder 538, 549, 553.
Nachgeburt, Nachwehen 606.
Nachhirn 619.
Nachschlucken 173.
Nachstrom, electrotonischer 281, 366, 368.
Nachtöne 494.
Nachwirkung, elastische 246.
Nahepunct 519.
Nahrung, Nahrungsstoffe, Nahrungsmittel 217, 218, 223; Menge 221; functionelle Eintheilung 220; Verbrennungswärme 233.
Nahrungsdotter 593, 609.
Naphthalin 149.
Nase, Entstehung 621, 627; Athmungsfunction 120, 126; Geruchsfunction 468.

Hermann, Physiologie. 8. Aufl.

Natrium 9.
Nebeneierstock, Nebenhoden 625.
Nebenhöhlen der Nase 468, 469.
Nebennieren 165, 623
Nebenoliven 408.
Nebenscheibe 248.
Nebenschliessung 348.
Neigungsstrom 275.
Nerven, Entstehung 620; Geschichtliches 339, 377; allgem. Physiologie 339, N.; specielle Physiologie 388; Absterben 359; Degeneration 360; Regeneration 261; galvanische Erscheinungen 362; Theorie 369; Arten 371; trophische 136, 372; vasomotorische und gefässerweiternde s. Gefässnerven; secretorische 130, 136; regulatorische s. Hemmungs- und Beschleunigungsnerven; pressorische, depressorische 92; specif. Energie s. Energie.
Nervenendknäuel, Nervenendkolben 461.
Nervenendplatte 252, 264.
Nervenleitung 340, 370; Geschwindigkeit 343.
Nervenreize 344.
Nervenstrom 362.
Nervensystem 6, 339; Geschichtliches 339.
Nervus, abducens s. Abducens; etc.
Netzhaut 529, 534, 546; Correspondenz 566, 576; Gefässversorgung 582; Entstehung 621.
Netzhautbilder 516.
Netzhautpurpur 535.
Netzhautströme 537.
Netzmagen 176.
Neugeborene 114, 118, 629.
Neurin s. Cholin.
Nickhaut 585.
Nicotin 86, 181, 418, 527.
Niere 151, 153; Entstehung 624.
Niesen 121.
Noeud vital s. Athmungscentrum
Normalfläche 570, 573.
Nuclein 38.
Nussgelenk 297.
Nutzeffect des Muskels 260.
Nystagmus 420.
Nysten'sches Gesetz 270.

Obertöne s Klang.
Obst 226.
Oculomotorius 407, 412.
Occoid 43.
Oedem 190.
Oeffnungstetanus 354.
Oeffnungszuckung s. Zuckungsgesetz.
Oeldrüsen 160.

Oele 19.
Oelsäuren 16.
Oesophagus 173.
Ohnmacht 449.
Ohr s. Gehörorgan.
Ohrenklingen, Ohrensausen 495.
Ohrenschmalz 160, 497.
Ohrlabyrinth s. Labyrinth.
Ohrmuschel 472, 496.
Ohrtrompete s. Tuba Eustachii.
Olein 19.
Oleinsäure 16.
Olfactorius 408, 412.
Oliven 408.
Oncograph 73.
Ophthalmometer 502.
Ophthalmoscop 528.
Ophthalmotrop 562, 564.
Opisthotonus 391.
Opticus 408, 412; Entstehung 621; s. auch Chiasma, Netzhaut.
Optogramme 536.
Optometrie 518, 529.
Organ, electrisches 374.
Organeiweiss 214.
Orientirungsprincip 562.
Ornithin, Ornithursäure 149.
Ortho-Rheonom 349.
Ortho-Stellung 13.
Ortssinn, der Haut 457; der Netzhaut 547, 549.
Oscillationen, paralytische 269, 361.
Otolithen 481.
Ovarium s. Eierstock.
Ovulum s. Ei.
Oxalsäuren 16, 24.
Oxalursäure 24.
Oxybenzoësäuren 13, 17, 149.
Oxydation 4, 10, 201, 232; s. auch Sauerstoff.
Oxyhämoglobin s. Hämoglobin.
Oxyproprionsäuren 15.
Ozon 9, 99.

Pacini'sche Körperchen 461.
Palmitin 19.
Palmitinsäure 14.
Pancreas 144; Entstehung 622.
Pancreasfäulniss 183.
Pancreassaft 143; Absonderung 144; Wirkungen 182.
Pancreatin s. Trypsin.
Pansen 176.
Pantograph 2.
Papillarmuskeln 61.
Para-Stellung 13.
Parabansäure 24, 28.
Paracholesterin 17.

Sachregister.

Paraglobulin 35, 53.
Paralbumin 35.
Paramilchsäure 15.
Parenchyme 166.
Parenchymganglien 446.
Parenchymsäfte 165, 189.
Parepididymis 625.
Paroarium 625.
Parotis s. Speichel.
Parthenogenesis 591, 592.
Partialtöne s. Klang.
Paukenfell, Paukenhöhle s. Trommelfell, Trommelhöhle.
Paukensaite s. Chorda tympani.
Pedunculus cerebri 405, 410.
Penis 160; Erection 599; Entstehung 628.
Pepsin 37, 136, 177.
Peptone 32, 178, 197, 198.
Perceptionszeit 442.
Pericardialflüssigkeit 165.
Perilymphe 480.
Perimetrie 548.
Periode s. Menstruation.
Periodik, centrale s. Herz, Athmungscentrum.
Periscopic 532.
Peristaltik s. Darmbewegungen.
Peritonealflüssigkeit 165.
Peritonealhöhle, Entstehung 613.
Perspiration s. Hautathmung.
Petrosus superficialis 134, 465.
Pflanzen, Ströme 283, N.
Pflanzenfresser 168, 219, 223.
Pfortader 57, 141, 199, s. auch Leber; Entstehung 622.
Phantasmen s. Hallucinationen.
Pharynx 171; Entstehung 613.
Phenol (Phenylsäure), Phenolschwefelsäure 17, 149, 183.
Phenyl 17.
Phenylcystin 150.
Phonautograph 320, 333.
Phonograph 333.
Phosgen 23.
Phosphate 12.
Phosphene 558.
Phosphor 9; Einfluss auf Stoffumsatz 209.
Phosphorsäure 12.
Phosphorwasserstoff 111.
Photographie, phasische 310, 317.
Phrenograph 120.
Phrenologie 433.
Physiologie, Inhalt 1; Aufgabe 4, 5.
Physostigmin 524, 527.
Phytosterin 17.
Picrotoxin 396, 418.
Pigmente 30.
Piqûre s. Zuckerstich.

Pilocarpin 159.
Placenta 112, 604, 618.
Plasma s. Blut, Lymphe, Muskeln.
Plasmafibrin 52.
Platte, electrische 374
Plethysmograph 72.
Plexus, sympathische 448; myentericus, submucosus 180.
Pneumograph 120.
Pneumonie, neuroparalytische 121.
Pneumothorax 112.
Poikilothermie s. Kaltblüter.
Point vital s. Athmungscentrum.
Polarisation, galvanische, des Muskels 281, des Nerven 366.
Polycrotic 73.
Polyopie 534.
Polyurie 154, 200, 223.
Pons Varolii s Varolsbrücke.
Praeputium s. Penis.
Praesentationszeit 442.
Presbyopie 524.
Pressorische Nerven 92.
Primärstellung s. Augenbewegungen.
Primitivstreifen 610.
Frojectionssysteme 411.
Pronucleus 603.
Propepton 178.
Propionsäure 14.
Prostata 598.
Protagon 38.
Protamin 598.
Proteinstoffe s. Eiweisskörper.
Protoplasma, Bewegungen 292; galvanisches Verhalten 283.
Psalter s. Blättermagen.
Pseudopodien 292.
Pseudoscop 578.
Psychophysik 455.
Ptomaine 631.
Ptyalin 133, 177, N.
Pubertät 590, 594, 599.
Puls s. Arterienpuls, Venenpuls.
Pulsfrequenz 66.
Pupille s. Iris.
Purpur 542; s. auch Sehpurpur.
Pylorus 175.
Pylorusdrüsen 137.
Pyramidenstränge 382, 403.

Quakversuch 390.
Querströme 263, 352.
Quotient, respiratorischer 109, 211.

Rachen s. Pharynx.
Raddrehungen s. Augenbewegungen
Räuspern 121.
Rahm 162.

41*

Ranzigwerden 19.
Raumsinn s. Ortssinn.
Reaction, thierische 4; s. auch Reflex.
Reactionszeit 441.
Rectum s Mastdarm.
Reflex 388, 395, 435.
Reflexgesetze 391.
Reflexhemmung 392, 398.
Reflexion im Auge 502, 521, 527.
Reflexionstöne 487.
Reflexkrämpfe 390.
Reflexzeit 392.
Refractärperiode 81
Regel, Reinigung s. Menstruation.
Regeneration durchschnittener Nerven 361.
Register der Stimme 326.
Registrirung, graphische 2.
Reibung als Wärmequelle 234.
Reitbahngang s. Zwangsbewegungen.
Reizbarkeit, Reize 6.
Reizschwelle 456; der Haut 454; des Ohres 486.
Reserveluft 117.
Residualluft 117, 118, N.
Resonanz, Resonatoren 320, 488.
Resorption s. Aufsaugung.
Respiration s. Athmung.
Respirationsluft 117.
Reticulärgewebe s. Adenoidgewebe.
Retina s. Netzhaut.
Rheochord 349.
Rheonom 349
Rheotom 277.
Rhodanverbindungen 17, 133.
Richtungskörper 603
Richtungslinien 505, 516.
Riechen s. Geruchssinn.
Riechhaut 467.
Rindenbezirke 428.
Rindengrau 411.
Ringe, Ranvier'sche 360, 362.
Rippen 114.
Röhrengrau 411.
Rohrzucker 179, 184.
Rollbewegung s. Zwangsbewegungen
Rosenmüller'sches Organ 625.
Rothblindheit s. Farbenblindheit.
Ructus 176.
Rückenmark, Bau 378; Physiologie 383; Chemie 448; Entstehung 612, 620.
Rückenmarksnerven, Anatomisches 381; Physiologie 383.
Rückenmarksseele 389, 435.

Sacculus 480.
Säurebildung, im Blute 53; im Muskel 286, 287; im Nerven und Gehirn 369, 448.
Säuren 14.
Säurestarre 271.
Saftcanälchen 187, 189.
Salicylsäure, Salicylursäure 17, 149, 209.
Salze 11, 208.
Salzsäure s. Chlorwasserstoffsäure.
Samen 591, 597; Entleerung 600, 602.
Samenblasen 598.
Samenkörperchen 294, 597, 603.
Santonin 547.
Sarcode s. Protoplasma.
Sarcosin 27, 150.
Sarcous elements s. Fleischprismen.
Sarkin s. Hypoxanthin.
Sattelgelenke 297.
Sauerstoff 3, 9; im Blute 45, 98; Aufnahme 105, 109; Verbrauch 212; Wirkungen 110, 124.
Saugen 121, 169.
Scatol 22, 149, 183.
Schädel 425.
Schafhaut s. Amnion.
Schallleitung 473, 478.
Schallwahrnehmung 485.
Schamlippen, Bildung 628.
Schatten, farbige 555.
Scheiner'scher Versuch 517, 518.
Schielen 565
Schilddrüse 165, 450, N.; Entstehung 622.
Schlaf 438, 526, 565, N.; Einfluss auf Stoffumsatz 211.
Schleim 133, 164; s. auch Mucin.
Schleimbeutel 166.
Schleimdrüsen 133, 135, 164.
Schleimgewebe 167.
Schleimkörperchen 133, 135.
Schleimstoff s. Mucin.
Schliessmuskel s. Sphincter.
Schliessungstetanus 354.
Schliessungszuckung s. Zuckungsgesetz.
Schlingen s. Schlucken.
Schluchzen 122.
Schlucken 171.
Schlund 173.
Schlundbögen, Schlundspalten 613, 619.
Schlundkopf 171.
Schmeckbecher 464.
Schmelz s. Zahnschmelz.
Schmerz 452, 460.
Schnäuzen 121.
Schnecke 481, 489.
Schnürringe s. Ringe.
Schraubengelenke 297.
Schritt s. Gehen.
Schultermusculatur 303.
Schwangerschaft 603; Stoffumsatz 213.

Sachregister. 645

Schwankung, negative s. Stromesschwankung.
Schwanz 619.
Schwebungen 491.
Schwefel 9.
Schwefelsäure 12; gepaarte im Harn 149.
Schwefelwasserstoff 111
Schweflige Säure 111.
Schweiss, Schweissdrüsen 157, 236.
Schwelle s. Reizschwelle.
Schwerpunct des Körpers 306, 308, 309.
Schwimmblase 316, N.
Schwimmen 315.
Schwindel 420, 463.
Scrotum, Entstehung 628.
Secrete, Secretion s. Absonderung.
Secretionsströme 131, 280, 283.
Secundärstellungen s. Augenbewegungen.
Seelenthätigkeiten 4, 6, 424, 433; Localisation 427, 431.
Sehaxe 549, 550.
Sehen 534, 538; binoculares 566; körperliches 574; unter Wasser 521.
Sehhügel 409, 420, 423.
Sehnenreflex 401.
Sehnenscheidenflüssigkeit 166.
Sehpurpur 535.
Sehschärfe 549, 550.
Sehstrahlen 516, 547.
Sehweite 518, 552.
Sehwinkel 516; Vergrösserung 551.
Seidenleim 36.
Seifen 14, 19.
Seitenplatten 613.
Seitenstränge s. Rückenmark.
Selbststeuerung, des Herzens 62; der Athmung 126.
Semilunarklappen 62.
Sensibilité récurrente 384.
Sericin 36.
Serin 26.
Seröse Hülle 616.
Serum s. Blutserum.
Serumcasein 53.
Serumglobulin 53.
Seufzen 122.
Shock 390.
Silicium 9.
Sinnesblatt s. Keimblätter.
Sinnesorgane 6, 451; Geschichtliches 451, 471, 497; Entstehung 620.
Sinus urogenitalis 628.
Sitzen 309.
Skelet 295.
Somnambulismus 440.
Sopor 440.
Spalträume 165, 189.

Spaltung, hydrolytische 11, 19, 31, 186; als Kraftquelle 110, 213.
Spannkraft 5; der Nährstoffe 220, 233.
Spannung s. Blutdruck, Gasspannung.
Speckhaut, Speckschicht 42.
Spectralapparat 46.
Spectrum 540.
Speichel, Speicheldrüsen, Speichelabsonderung 133, 177, N.
Speichelkörperchen 133, 135.
Spermakern 603.
Spermatoblasten 598.
Spermatozoen s. Samenkörperchen.
Sphincter ani 186, 400; iridis s. Iris; vesicae 155, 400.
Sphygmograph 72.
Sphygmomanometer 70.
Spinalganglien 360, 383; Entstehung 620.
Spinalwurzeln 381, 383.
Spiralgelenke 299.
Spirometer 117.
Spitzenstoss 65.
Splanchnicus 90, 126, 181, 200, 447.
Sprachcentrum 427.
Sprache 316, 329.
Sprechmaschinen 338.
Springen 315.
Sprunggelenk 308.
Stabkranz 410.
Stäbchen s. Netzhaut.
Stärke 20; Verdauung 177, 182.
Stapedius 477.
Stearin 19.
Stearinsäure 14.
Stehen 304.
Steigbügel s. Gehörknöchelchen.
Stenson'scher Versuch 268.
Sterben 630.
Stercobilin 30.
Stereoscopie 576.
Stethograph 120.
Stethoscop 473.
Stickoxyd 46, 111.
Stickoxydul 110, 111
Stickstoff 9; im Blute 100; Ausscheidung durch die Lungen 104, 204; Kostmaass 222.
Stickstoff-Deficit 105, 204.
Stimmbänder, Stimmritze s. Kehlkopf.
Stimmcentrum 390.
Stimme 318, 325; der Thiere 328.
Stimmumfang 327.
Stimmwechsel 327
Stirnhöhlen 468.
Stösse, Stosstöne 491.
Stoffwechsel 3, 9, 201; Einflüsse 204; Theorie 213.

Strabismus 565.
Strecker und Beuger 265.
Streifenhügel 410, 420, 425, 431.
Ströme s. Electricität.
Stroma der Blutkörperchen 43.
Stromafibrin 52.
Stromesschwankung, als Erreger 347, 351, 355; negative s. Muskelstrom, Nervenstrom.
Stromuhr 75.
Strychnin 390, 397.
Sublingualdrüse s. Speichel.
Submaxillardrüse s. Speichel.
Suffocation s. Erstickung.
Sulphaminsäure 150.
Sulphate 12.
Sulze, Wharton'sche 618.
Summation der Markreize 388, 392, 396.
Summationstöne 491.
Sumpfgas s. Grubengas.
Superposition von Zuckungen 253, von Strömen 355.
Sympathicus 446; Geschichtliches 378; s. auch Halssympathicus.
Symphysen, Synchondrosen 296.
Synovia 166, 298.
Synthesen, thierische 11, 195.
Syntonin 33, 35.
Systole 61.

Tachometer 75.
Talgdrüsen 160.
Tannin 148.
Tapetenphänomen 580.
Tapetum 529.
Tastkörperchen, Tastzellen 462.
Tastsinn 453.
Taucherbrille 521.
Taurin 26, 150.
Taurocholsäure 26.
Telephon 273, 277, 333, 354.
Telestereoscop 578.
Temperatur, Einflüsse s. Kälte, Wärme.
Temperaturen des Körpers 228, 230; abnorme 241.
Temperaturregulation 238.
Temperatursinn 459, 461.
Temperatursteigerung, postmortale 242.
Tensor chorioideae 522.
Tensor tympani 477
Tertiärstellungen s. Augenbewegungen.
Tetanomotor, mechanischer 357.
Tetanus 254, 272, 277, 354; secundärer 280, 354, 363, 365; Ritter'scher 354; Pflüger'scher 354; pathologischer und toxischer 390.
Thalamus opticus s. Sehhügel.

Thaumatrop 553.
Thoracograph, Thoracometer 120.
Thorax 64, 76, 112, 119.
Thränen 164.
Thränenapparat 586.
Thymusdrüse 194; Entstehung 622.
Tiefenwahrnehmung 574.
Timbre s. Klangfarbe.
Tod 630.
Todtenstarre 270, 273, 286.
Töne 318; subjective 495.
Toluol 149.
Tonempfindung 486, 488.
Tonsillen 135.
Tonus, der Arterien 89, s. auch Gefässnerven; der Muskeln 400; der Sphincteren 155, 186, 402; der Iris s. Iris.
Torpedo 364.
Tracheen 112.
Transfusion 55.
Transpirationscoëfficient 68.
Transsudate 127, 165.
Traubenzucker 18.
Traum 439.
Trennungslinien 568.
Tricrotic 73.
Tricuspidalklappe 62.
Trigeminus 407, 413; s. auch Lingualis.
Trimethylamin 21.
Trinken 168.
Trinkwasser 223.
Trochlearis 407, 411, 412.
Trommelfell 474, 478, 479.
Trommelhöhle 475, 479.
Trypsin 37, 144, 183.
Tuba, Eustachii 172, 475; Fallopiae 595, 602, 625.
Tyrosin 27, 150, 182.

Uebung, der Muskeln 270; der Reaction 441.
Ultraroth, Ultraviolet 540.
Umarmungscentrum 390.
Umbilicalgefässe s. Nabelgefässe.
Undulationen, paralytische 269, 361.
Unterschiedsempfindlichkeit 455, 487.
Urachus s. Allantois.
Uraemie 151.
Urari s. Curare.
Ureier 626.
Ureter s. Harnleiter.
Urin s. Harn.
Urniere 613, 624.
Urobilin 30, 31, 49.
Urochloralsäure 150.
Urohämatin 31.

Urwindungen 425.
Urwirbel 613.
Urzeugung 587, 588.
Uterus 602, 604; Entstehung 625; masculinus 625.
Utriculus s. Vorhofssäckchen.

Vagus 85, 121, 125, 174, 175, 181, 200, 325, 406, 414, N.
Valsalva'scher Versuch 477.
Variabilität 7.
Varolsbrücke, Anatomisches 403, 405; Physiologisches 420, 421.
Vasomotoren 89.
Vater'sche Körperchen 461.
Venen 56, 76.
Venenherzen 77.
Venenklappen 77.
Venenpuls 77, 93.
Ventilationscoëfficient 118.
Ventriculus Morgagni s. Kehlkopf.
Veratrin 87, 251, 283.
Verbindungen, chemische 10.
Verblutung 80.
Verbrennung s. Oxydation.
Verbrennungswärme 233.
Verdauung 167, 186.
Verdauungssäfte 133.
Vereinigungsweiten, conjugirte 505.
Vererbung 7.
Vergrösserung, optische 551.
Verhungern 204.
Verkürzungsrückstand 251.
Vernix caseosa 160, 606.
Vibrissae 497.
Vierhügel 409, 423, 523, 525, 565.
Visceralbögen, Visceralplatten 613, 619, 627.
Visirebene 560.
Vitalcapacität 117.
Vitellin 35, 37.
Vocale 329.
Vögel, Harn 146, 149; Oeldrüsen 160; Gaswechsel 212; Flug 317; Stimme 328; Netzhaut 546; Ei 593.
Vorderhirn 619.
Vorhöfe, Vorkammern s. Herz.
Vorhofssäckchen 480.
Vormauer 428.
Vorstellung s. Seelenthätigkeiten.

Wachsthum 629.
Wärme, thierische s. Temperaturen; Geschichtliches 227; Wirkung auf Muskeln 263, 270, 276; auf Nerven 357; auf den Stoffumsatz 210.
Wärmeausgaben 236.
Wärmebildung 3, 231; im Blute 53; in den Drüsen 120; in den Muskeln 271; in den Lungen 288; Nerveneinfluss 235, N.
Wärmedyspnoe 125, 239.
Wärmegefühl 459.
Wärmehaushalt 237.
Wärmestarre 271.
Wahlzeit 444.
Wahrnehmungszeit 442.
Walrath 20.
Wanst s. Pansen.
Warmblüter 210, 212, 228.
Wasser 11, 12; Gehalt der Organe 13; Bedarf und Einfluss auf den Stoffumsatz 208, 223; Wirkung auf Blut 43, auf Muskeln 264, 271.
Wasserathmung 94, 112
Wasserstarre 271.
Wasserstoff 9, 10, 111.
Wasserstoffsuperoxyd 12.
Wehen 605.
Weine 226.
Weitsichtigkeit 520.
Wettstreit der Sehfelder 566.
Widerstand s. Leitungsvermögen.
Wiederkäuer, Mägen 176; Darmlänge 168.
Wille s. Seelenthätigkeiten.
Willkürstrom 132, 280.
Windrohr 322.
Winkelschätzung 581.
Winterschlaf 242.
Wirbelsäule 305; Entstehung 613.
Wirbelsaite 613.
Wolff'scher Körper 613, 624, 625.
Wollust 453.
Worara, Wurali s. Curare
Wulstbildung, idiomusculäre 256, 283.
Wurfhöhe 259.

Xanthin 28, 29.
Xanthoproteinsäure 33.

Young'sche Theorie 544.

Zähne 169.
Zahnbein, Zahnschmelz 166
Zapfen s. Netzhaut.
Zeitmessung für kleine Zeiten 251, 441.
Zeitsinn 445.
Zellen, contractile 292.
Zerstreuungskreise 517.
Zerstreuungslinsen s. Dispersivsysteme.
Zeugung 587.

Zimmtsäure 149.
Zirbeldrüse 423.
Zirkelversuch 457.
Zitterfische 374.
Zitterlaute 335, 336.
Zona pellucida s. Ei.
Zonula Zinnii 523.
Zooïd 43.
Zoospermien s. Samenkörperchen.
Zotten des Darms s. Darmzotten.
Zuckeranhydride 20.
Zuckerarten 18.
Zuckerbildung in der Leber 197.
Zuckerstich 200.
Zuckung 249; secundäre 280, 363, 365; paradoxe 365; „ohne Metalle" 275.

Zuckungsgesetz, am Muskel 261, 282, 291; am Nerven 371.
Züchtung, natürliche 7, 580.
Zughöhe 258.
Zunge 170, 171; Entstehung 627; s. auch Mund, Stimme, Sprache, Geschmack.
Zungen, Zungenpfeifen 331.
Zungenbuchstaben 335.
Zwangsbewegungen 390, 412.
Zweckmässigkeit 7.
Zwerchfell 14.
Zwischenhirn 619.
Zwitter s. Hermaphroditismus.
Zymogen **144.**